国家科学技术学术著作出版基金资助出版
湖南省自然科技出版专著出版经费资助出版

湿法冶金原理

Principle on Hydrometallurgy

马荣骏　编著
Ma Rongjun

北京
冶金工业出版社
Metallurgical Industry Press
2007

内 容 简 介

本书对湿法冶金基础理论进行了全面、系统地归纳与总结。书中包括了全部湿法冶金过程的基础理论。从化学角度分章介绍了基础热力学、热力学平衡图、化学平衡、基础动力学、溶解度等；重点阐述了预处理、浸出过程、液固分离、脱除杂质、溶剂萃取、离子萃取、膜分离、制取粉体材料、微生物冶金及电化学沉积过程的原理；最后对湿法冶金理论的应用及展望做了概况性的评述。

本书可作为高等院校有色冶金、化工、环保及新材料等专业本科生和研究生的教学用书，也适用于上述专业的教师及企业、科研及设计单位有关技术人员参考。

图书在版编目(CIP)数据

湿法冶金原理/马荣骏编著.—北京：冶金工业出版社，2007.9

国家科学技术学术著作出版基金资助出版．湖南省自然科技出版专著出版经费资助出版

ISBN 978-7-5024-4281-1

Ⅰ.湿…　Ⅱ.马…　Ⅲ.湿法冶金　Ⅳ.TF111.3

中国版本图书馆 CIP 数据核字（2007）第 117948 号

出 版 人　曹胜利
地　　址　北京北河沿大街嵩祝院北巷 39 号，邮编 100009
电　　话　(010)64027926　电子信箱　postmaster@cnmip.com.cn
责任编辑　程志宏　美术编辑　李　心　版式设计　张　青
责任校对　王贺兰　李文彦　责任印制　丁小晶
ISBN 978-7-5024-4281-1
北京兴华印刷厂印刷；冶金工业出版社发行；各地新华书店经销
2007 年 9 月第 1 版，2007 年 9 月第 1 次印刷
787mm×1092mm　1/16；59 印张；1430 千字；927 页；1-3000 册
160.00 元

冶金工业出版社发行部　电话：(010)64044283　传真：(010)64027893
冶金书店　地址：北京东四西大街 46 号(100711)　电话：(010)65289081
（本书如有印装质量问题，本社发行部负责退换）

前　言

随着资源贫化、环保及一些高新技术对冶金新材料的需求，促使湿法冶金得到快速发展和广泛应用。目前，湿法冶金无论在学科上或工程技术中均占据较重要地位。国内外不但有关湿法冶金的论文增多，也出版了一些有关湿法冶金的专著，但在这些文献中尚未见到有关专门阐述湿法冶金基础理论的著作，本书正是为了弥补这一不足，根据湿法冶金发展的需要，对湿法冶金的理论进行了全面、系统地归纳与总结，其目的是为了深化理论，促进学科发展及指导生产实践，提供一些参考资料。

本书共分15章，包括了全部湿法冶金过程的基础理论，从化学角度分章介绍了热力学基础、热力学平衡图、化学平衡、基础动力学、溶解度等。重点阐述了预处理、浸出过程、液固分离、脱除杂质、溶剂萃取、离子交换、膜分离、制取粉体材料、微生物冶金及电化学沉积过程的原理。后记中对湿法冶金的应用及其基础理论的研究发展做了概况性的评述。

在这里需要说明：

(1) 本书内容是以化学基础理论为主，很少涉及生产工艺及设备，对生产工艺及设备，请参见后记中所引用的文献，这些文献中有关理论的内容可与本书的内容互相参考。

(2) 本书内容除了主要包含作者多年从事湿法冶金的研究成果及心得、讲座的讲稿外，也从文献上直接引入和借鉴了符合本书要求的部分内容，对于这些文献作者们的贡献，作为引用者，本书作者在此向他们致以谢意。

本书在编写中，力求以科学发展观和可持续发展为指导，全面系统地阐述了有关湿法冶金的理论问题，作者希望，本书的出版能达到促进学科发展及指导生产的目的。由于作者水平所限，可能还有很多不足及不妥之处，作者在此向同行们表示歉意，并希望得到指正。

在本书编写中，长沙矿冶研究院杨应亮副院长、黄晓燕教授级高级工程师、许晓曙教授级高级工程师、刁小明教授级高级工程师、李斯加教授级高级工程师、肖松文教授级高级工程师、李先柏教授级高级工程师、宁顺明教授级高级工程师、肖骁博士、何静硕士、廖舟硕士、胡敏艺博士、曹志群高级工程师、邱电云高级工程师及韩彦利工程师给予了很多支持与帮助，特别是中国科学院俞汝勤院士、姚守拙院士、金展鹏院士、中国工程院何继善院士及全国人大常委、湖南省人大副主任谢佑卿教授写出了热情、中肯的推荐意见，本书责任编辑在本书编辑出版中花费了大量的心血和劳动。作者在此一并对他们致以深深的感谢。同时作者也衷心感谢国家科学技术著作出版基金委员会、湖南省自然科技出版专著出版经费及长沙矿冶研究院对本书出版给予的资助。

马荣骏

2006年5月于长沙矿冶研究院

目　录

1　湿法冶金热力学基础

2　热力学平衡图

3 化 学 平 衡

4 基 础 动 力 学

5　溶　解　度

6　预处理的理论

7 浸出过程的原理

8 液固分离的原理

11 离 子 交 换

12　膜分离的理论

13　净化除杂和制取金属、金属粉体材料的原理

14 微生物湿法冶金原理

15　湿法冶金电化学及电积过程的理论

后　记

1 湿法冶金热力学基础

主要符号表

U——内能
H——焓
C——热容
S——熵
$S^{\ominus}$——标准熵
G 或 F——吉布斯自由能或亥姆霍兹自由能
$G^{\ominus}$ 或 $F^{\ominus}$——标准自由能
K——平衡常数
$K^{\ominus}$——标准平衡常数(或写成 K_a 或 $K_P^{\ominus}$)
a——活度
r——组元的偏摩尔量
μ_i——化学势（或称偏摩尔吉布斯自由能）
$\mu^{\ominus}$——标准化学势
R——气体常数
T——温度
γ——活度系数
$\gamma_{\pm}$——平均活度系数
p——蒸气压
γ_{+} 和 γ_{-}——电离时产生的阳离子数和阴离子数
m——电解质的摩尔量
H_a——反应的生成热
ε——电极电位（有时写成 E 或 Φ）
A、B——特定温度与压力下的溶剂特征常数
I——离子强度
ϕ——渗透系数
Γ^0——对比活度系数
M——质量摩尔浓度

1.1 热力学的基础知识

1.1.1 内能

体系的总能量称为内能，符号用 U 表示，单位是 J 或 kJ。按热力学第一定律，内能的变化为：

$$\Delta U = Q - W \tag{1-1}$$

或

$$dU = \delta Q - \delta W \tag{1-2}$$

式中 Q——体系吸收的热，J 或 kJ；
W——体系对外所作的功，J 或 kJ。

热力学通常遇到的是膨胀功（或称体积功）

$$\delta W = p dV$$

其中，dV 为体系体积 V 的微分；p 为压力。

当 $\Delta V=0$，即在恒容的条件下，如没有膨胀功以外的功，则 $W=0$，那么

$$\Delta U = Q_V \tag{1-3}$$

式中　Q_V——没有膨胀功以外的功时，恒容下体系所吸的热，亦即化学反应所称的恒容热效应或恒容反应热，所以反应恒容热效应可由内能变化来计算。

1.1.2　焓

焓 H 的定义是

$$H = U + pV \tag{1-4}$$

当 $\Delta p=0$，即在恒压的条件下，如没有膨胀功以外的功，则因 $W=p\Delta V$，按式（1-1）可知：

$$\Delta H = Q_p \tag{1-5}$$

式中　Q_p——没有膨胀功以外的功时，恒压下体系所吸的热，亦即化学反应所称的恒压热效应或（恒压）反应热。通常所指出的反应热都是这一种，可由 ΔH 计算出来。式（1-5）是计算反应热的基础。

1.1.3　热容

热容 C 是在没有化学反应和相变的条件下，物质温度升高1K所吸收的热量。物质的量为1mol时称为摩尔热容。热容与升温时的条件有关。升温时保持体积不变称为恒容摩尔热容 C_V(J/(K·mol))；保持压力不变，称为恒压摩尔热容 C_p(J/(K·mol))，一般简单称为恒压热容或恒容热容。由于吸收的热量分别等于内能或焓的变化［见式（1-3）、式(1-5)］，所以：

$$C_V = \left(\frac{\partial U}{\partial T}\right)_V \tag{1-6}$$

$$C_p = \left(\frac{\partial H}{\partial T}\right)_p \tag{1-7}$$

对凝聚相（固、液相），C_V 和 C_p 基本相等；对气相则不相同，热化学计算常用 C_p。C_p 是温度的函数，通常由实验数据拟合成下列形式：

$$C_p = a + b \times 10^{-3}T + c \times 10^{-5}T^{-2} + d \times 10^{-6}T^{-3} \tag{1-8}$$

式中，a、b、c、d 为物质的特性常数，称为物质的热容温度系数，a、b、c、d 的单位分别为J/(K·mol)、J/(K^2·mol)、J·K/mol和J/(K^3·mol)。不同的相，C_p 不同，故热容温度系数也不同。另外，由于热容温度系数为实验数据的拟合值，有一定的适用温度范围，所以有时虽未达到相变温度，热容温度系数也会改变。例如Co在700～1000K与1000～1394K的热容温度系数不同。以200K的温度间隔按式（1-8）算出了相应温度的 C_p 值。

1.1.4　物质的摩尔焓和反应热

对某一纯物质 B_i，在标准状态下，如298.15K至 T 的范围内没有相变和化学变化，则

$$H_i^{\ominus}(T) = \Delta_f H_i^{\ominus} + \int_{298}^{T} C_{p,i}\,dT \tag{1-9}$$

式中，$\Delta_f H_i^\ominus$ 为纯物质 B_i 在 298K 时的标准生成热，即由稳定单质生成 1mol 纯物质 B_i 的热效应；$H_i^\ominus(T)$ 也不是 B_i 的焓的绝对值，而是规定稳定单质在 298K 时焓为零所算得的相对值。

$C_{p,i}$ 以式（1-8）代入，积分可得：

$$H_i^\ominus(T) = \Delta_f H_i^\ominus + a_i(T-298) + \frac{1}{2}b_i \times 10^{-3}(T^2-298^2) - c_i \times 10^5\left(\frac{1}{T}-\frac{1}{298}\right) + \frac{1}{3}d_i \times 10^{-6}(T^3-298^3) \tag{1-10}$$

如果 298K 至 T 之间有相变，就应加上相变热，并且分段积分。所以一般公式为

$$H_i^\ominus(T) = \Delta_f H_i^\ominus + \int_{298}^{T} C_{p,i}\mathrm{d}T + \Sigma\Delta H_i^t \tag{1-11}$$

式中，ΔH_i^t 为 B_i 的摩尔相变热，对 298K 至 T 范围内的所有相变求和。在一些无机物热力学手册中按上式计算出各种物质的摩尔焓，以 H 表示，单位为 kJ/mol，每隔 200K 列出一个数值，在相变点还列出相应的相变热。应当注意，除 298K 外，其他温度的 $H_i^\ominus(T)$ 与 $\Delta_f H_i^\ominus(T)$ 是不相等的。

应用热力学手册上的数据可求化学反应在不同温度下的焓变（即反应热）$\Delta H^\ominus$。设反应为

$$v_1 B_1 + v_2 B_2 + \cdots \rightarrow v_j B_j + \cdots \tag{1-12}$$

式中，v_j 为单质或化合物 B_j 的计量系数。如参加反应各物质反应前后都在同一温度 T，就是说在恒温条件下进行，则

$$\Delta H_T^\ominus = \Sigma v_i H_i^\ominus(T) \tag{1-13}$$

式中，$H_i^\ominus(T)$ 可由无机物热力学手册中物质 B_i 相应温度 T 中的 H 查得，如表中没有所要求温度的 H，也可用内插法求得，如要求准确，也可将数据代入式（1-11）求得。

在实际的反应中，往往参加反应的物质温度各异，此时运用计算过程的 $\Delta H^\ominus$ 也很方便。设反应为

$$v_1 B_1(T_1) + v_2 B_2(T_2) + \cdots \rightarrow v_i B_i(T_i) + \cdots \tag{1-14}$$

则过程的焓变，即所吸之热为

$$\Delta H^\ominus = \Sigma v_i H_i^\ominus(T_i) \tag{1-15}$$

查 H_i 的数据时，分别按该物质 B_i 温度 T_i 查找，然后求和即可。由此可见，利用无机物热力学手册数据和计算方法，对非恒温过程的反应热计算十分简捷。

1.1.5 熵和自由能

热力学利用熵（S）和自由能（G 或 F）状态函数来判断过程自发进行的方向和平衡状态。过程熵变的基本公式是

$$\mathrm{d}S = \frac{\delta Q_R}{T} \tag{1-16}$$

式中，下标 R 表示可逆过程，由热力学第二定律的原理可以推出，对孤立体系

$$dS \geqslant 0 \tag{1-17}$$

其中的“>”适用于自发过程；“=”适用于可逆过程，在这里也就是平衡状态。

由于用熵变来判断过程的自发性要在孤立系的条件下进行，这对化学反应和相变来说不太方便，所以热力学又引入了吉布斯自由能 G 和亥姆霍茨自由能 F 两个状态函数。它们的定义是：

$$G = H - TS \tag{1-18}$$

$$F = U - TS \tag{1-19}$$

判断自发和平衡的公式为：

恒温恒压下

$$dG \leqslant 0 \tag{1-20}$$

恒温恒容下

$$dF \leqslant 0 \tag{1-21}$$

其中的“<”为自发；“=”为平衡条件。

对化学反应来说，这两个函数中以 G 的应用较广。G 也称为吉布斯函数或自由焓，单位为 J 或 kJ。

1.1.6　偏摩尔量

溶液中组元 B_i 的热力学性质与纯组元有所不同。因此引入偏摩尔量

$$Y_i = \left(\frac{\partial Y}{\partial n_i}\right)_{T,p,n_j} \tag{1-22}$$

式中　Y_i——组元 B_i 的偏摩尔量，它是温度、压力和浓度的函度；

T——温度；

p——压力；

n_i——组元 B_i 的物质的量；

n_j——除 B_i 外其他组元的物质的量。

实际 Y 表征体系的容量性质。Y 可以是体积、内能、焓、熵、亥姆霍兹自由能和吉布斯自由能。例如，偏摩尔焓为

$$H_i = \left(\frac{\partial Y}{\partial n_i}\right)_{T,p,n_i} \tag{1-23}$$

偏摩尔熵为

$$S_i = \left(\frac{\partial Y}{\partial n_i}\right)_{T,p,n_i} \tag{1-24}$$

体系的容量性质 Y 等于其中各组元的偏摩尔量与物质的量 n_i 的乘积之和：

$$Y = \sum n_i Y_i \tag{1-25}$$

对 1mol 溶液，上式可写为

$$Y_m = \Sigma x_i Y_i \tag{1-26}$$

式中 Y_m——溶液的摩尔热力学性质；

x_i——组元 B_i 的摩尔分数。

式（1-25）和式（1-26）都称为偏摩尔量的集合公式。

1.1.7 相对摩尔量

对于 H_i，G_i 等，由于不知道其绝对值，通常采用相对偏摩尔量。在温度、压力和溶液浓度一定时，组元 B_i 的摩尔量之差，称为相对偏摩尔量，以 ΔY_i 表示。例如：

相对偏摩尔焓 $$\Delta H_i = H_i - H_i^{\ominus} \tag{1-27}$$

相对偏摩尔熵 $$\Delta S_i = S_i - S_i^{\ominus} \tag{1-28}$$

式中，$H_i^{\ominus}$，$S_i^{\ominus}$ 分别是纯 B_i 的摩尔焓和摩尔熵。

ΔH_i 相当下列溶解过程的焓变

$$B_i = [B_i]$$

式中，方括号内的 B_i 表示溶于溶液中的 B_i。ΔH_i 又称为偏摩尔溶解焓（热），单位为 J/mol。类似地，ΔS_i 又称为偏摩尔溶解熵；ΔG_i 又称为偏摩尔溶解自由能。

1.1.8 混合热力学性质

溶液中各组元 ΔH_i 与 x_i 的乘积之总和称为该溶液的混合焓（热），用 ΔH_m 表示，即

$$\Delta H_m = \Sigma x_i \Delta H_i \tag{1-29}$$

有的文献称 ΔH_i 为微分混合热，把 ΔH_m 称为混合热。

类似地亦有混合熵和混合自由能：

$$\Delta S_m = \Sigma x_i \Delta S_i \tag{1-30}$$

$$\Delta G_m = \Sigma x_i \Delta G_i \tag{1-31}$$

式（1-29）~式（1-31）均为集合公式。某些二元合金的 ΔH_m 可在无机物热力学手册中查到。

1.1.9 化学势

偏摩尔吉布斯自由能又称化学势，符号为 μ_i

$$\mu_i = G_i = \left(\frac{\partial G}{\partial n_i}\right)_{T,p,n_j} \tag{1-32}$$

纯物质的化学势就等于该物质的摩尔吉布斯自由能。μ_i 是温度、压力和浓度的函数（压力对凝聚相中 μ_i 的影响甚小）。

（1）理想气体中组元 B_i 的化学势用下式表示：

$$\mu_i = \mu_i^{\ominus}(g) = RT\ln\left(\frac{p_i}{p^{\ominus}}\right) \tag{1-33}$$

式中 p_i——组元 B_i 的分压，Pa；

$p^{\ominus}$——标准态的压力，$p^{\ominus}=101.325\text{kPa}$；

R——摩尔气体常数；

$\mu_i^{\ominus}(g)$——标准化学势，即当 $p_i=p^{\ominus}$ 时的化学势，它是温度的函数。

对实际气体（尤其是在高压低温下），用逸度 f 代替压力，组元 B_i 的化学势为

$$\mu_i=\mu_i^{\ominus}(g)+RT\ln\left(\frac{f_i}{p^{\ominus}}\right) \tag{1-34}$$

$$f_i=\gamma_i p_i \tag{1-35}$$

式中　f_i——组元 B_i 的逸度，Pa；

γ_i——逸度系数，其值是反映实际气体对理想气体的偏差程度。

当温度较高，压力较低时，实际气体的行为接近理想气体。这时 $\gamma_i\to1$，$f_i\to p_i$。

（2）理想溶液中组元 B_i 的化学势。理想溶液中溶质、溶剂在全部浓度范围内都遵守拉乌尔定律：

$$p_i=p_i^{\ominus}x_i \tag{1-36}$$

式中　p_i——组元 B_i 的蒸气压；

$p_i^{\ominus}$——纯 B_i 的蒸气压；

x_i——B_i 的摩尔分数。

溶液中组元 B_i 的化学势 μ_i 等于与之平衡的气相（设为理想气体）中 B_i 的化学势，故将式（1-36）代入式（1-34）中，得

$$\mu_i=\mu_i^{\ominus}(g)+RT\ln\left(\frac{p_i^{\ominus}}{p^{\ominus}}\right)+RT\ln x_i \tag{1-37}$$

式（1-37）等号右边前两项与浓度无关，合并为 $\mu_i^{\ominus}$，得

$$\mu_i=\mu_i^{\ominus}+RT\ln x_i \tag{1-38}$$

式中，$\mu_i^{\ominus}$ 是 B_i 的标准化学势，即纯 B_i（$x_i=1$ 时）的化学势。它是温度和压力的函数，但实际上压力的影响很小，主要受温度影响。式（1-38）还可写为

$$\Delta G_i=\mu_i-\mu_i^{\ominus}=RT\ln x_i \tag{1-39}$$

（3）实际溶液中组元 B_i 的化学势，实际溶液不服从拉乌尔定律。为使式（1-38）和式（1-39）保持其形式不变而又能适用于实际溶液，须将其中的浓度 x_i 加以校正，即乘上一个系数 γ_i，得

$$\mu_i=\mu_i^{\ominus}+RT\ln_{\gamma_i x_i}=\mu_i^{\ominus}+RT\ln a_i \tag{1-40}$$

$$a_i=\gamma_i x_i \tag{1-41}$$

式中，a_i 称为组元 B_i 的活度；γ_i 称为活度系数，$\gamma_i>1$ 表示 B_i 对拉乌尔定律（即对理想溶液）呈正偏差；$\gamma_i<1$ 为负偏差；$\gamma_i=1$ 则为理想溶液。式（1-40）中的标准化学势 $\mu_i^{\ominus}$ 也就是纯 B_i 的化学势；a_i 是以纯物质 B_i 为标准态的活度。

1.1.10　过剩函数

实际溶液中 B_i 的相对偏摩尔吉布斯自由能为

$$\Delta G_i = \mu_i - \mu_i^{\ominus} = RT\ln a_i \tag{1-42}$$

或

$$\Delta G_i = RT\ln\gamma_i + RT\ln x_i \tag{1-43}$$

式（1-43）右边第二项是理想溶液的相对偏摩尔吉布斯自由能，以 ΔG_i^{id} 表示；第一项 $RT\ln\gamma_i$ 乃是实际溶液的 ΔG_i 与理想溶液的 ΔG_i^{id} 之差，称为 B_i 的偏摩尔过剩吉布斯自由能，以 G_i^R 表示（有的文献用 $\overline{G}_i^R$ 表示）：

$$G_i^R = RT\ln\gamma_i \tag{1-44}$$

或

$$G_i^R = \Delta G_i - \Delta G_i^{id} \tag{1-45}$$

式中，G_i^R 的绝对值体现了实际溶液对理想溶液的偏差程度；$G_i^R > 0$ 为正偏差；$G_i^R < 0$ 为负偏差。

1mol 溶液的过剩吉布斯自由能 G_m^R 是各组元的 G_i^R 与其摩尔分数乘积之总和：

$$G_m^R = \Sigma x_i G_i^R \tag{1-46}$$

根据热力学关系式 $\left(\frac{\partial G}{\partial T}\right)_p = -S$，将式（1-39）对 T 求偏导，可得理想溶液中 B_i 的相对偏摩尔熵为

$$\Delta S_i^{id} = -R\ln x_i \tag{1-47}$$

实际溶液中 B_i 的相对偏摩尔熵 ΔS_i 与同浓度的理想溶液中的相对偏摩尔熵 ΔS_i^{id} 之差，称为 B_i 的过剩熵，以 S_i^R 表示：

$$S_i^R = \Delta S_i - \Delta S_i^{id} \tag{1-48}$$

或

$$\Delta S_i = -R\ln x_i + S_i^R \tag{1-49}$$

形成 1mol 溶液的混合熵为

$$\begin{aligned}\Delta S_m &= \Sigma x_i \Delta S_i \\ &= -R\Sigma x_i \ln x_i + \Sigma x_i S_i^R\end{aligned} \tag{1-50}$$

因为由纯组元混合成理想溶液的过程没有热效应，即 $\Delta H_i^{id} = 0$，$\Delta H_m^{id} = 0$，所以，实际溶液的 ΔH_i 和 ΔH_m 分别等于 H_i^R 和 H_m^R，即

$$\Delta H_i = H_i^R \tag{1-51}$$

$$\Delta H_m = H_m^R \tag{1-52}$$

在有关手册中只要查出其中一组数据，即可算出另一组数据。

1.1.11 标准溶解自由能及相互作用系数

A 标准溶解自由能

恒温下，组元 B_i 溶解过程的标准吉布斯自由能，称为 B_i 的标准溶解自由能，以 $\Delta G_i^{\ominus}$ 表示，即

$$B_i = [B_i]_x, \quad \Delta G_i^{\ominus}$$

式中，$\Delta G_i^{\ominus}$ 是 $[B_i]$ 的标准化学势与纯 B_i 的化学势之差，其值与 $[B_i]$ 的标准态有关：

(1) 当 $[B_i]$ 的标准态是纯 B_i 时，$\Delta G_i^{\ominus} = 0$，$[B_i]$ 的活度用 $a_i = \gamma_i x_i$ 计算，即式(1-41)；

(2) 当 $[B_i]$ 的标准态是将亨利定律直线延长到 $x_i = 1$ 的假想状态时，

$$B_i = [B_i]_x, \quad \Delta G_i^{\ominus} = RT\ln\gamma_i^{\ominus} \tag{1-53}$$

$[B_i]$ 的活度用 $a_i = f_i x_i$ 计算；

(3) 当 $[B_i]$ 的标准态是亨利定律直线上浓度为 1mol%（即 $x_i = 0.01$）的溶液时，

$$B_i = [B_i]_{mol\%}, \quad \Delta G_i^{\ominus} = RT\ln\frac{\gamma_i^{\ominus}}{100} \tag{1-54}$$

$[B_i]$ 的活度用 $a_i = f_i\,[\mathrm{mol\%}]_i$ 计算；

(4) 当 $[B_i]$ 的标准态是亨利定律直线上浓度为 1% 的溶液时，

$$B_i = [B_i]_{\%}, \quad \Delta G_i^{\ominus} = RT\ln\frac{\gamma_i^{\ominus} M_1}{100 M_i} \tag{1-55}$$

式中，M_i 和 M_1 分别代表溶质 B_i 和溶剂 B_1 的摩尔质量。这时活度 $a_i = f_i[\%i]$，不必将 $[\%i]$ 换算为 x_i。所以，这种标准态在实际工作中得到广泛应用，但在计算 $\Delta G^{\ominus}$ 和 $K^{\ominus}$ 时，要计入标准溶解自由能。

B 相互作用系数

设 B_1 代表溶剂，B_2，B_3，…，B_m 代表各溶质，则当溶液较稀（$x_1 \to 1$）时，溶质 B_i 的活度系数 γ_i 与浓度的关系是

$$\begin{aligned}\ln\gamma_i &= \ln\gamma_i^{\ominus} + \varepsilon_i^{(2)} x_2 + \varepsilon_i^{(3)} x_3 + \cdots + \varepsilon_i^{(m)} x_m \\ &= \ln\gamma_i^{\ominus} + \sum_{j=2}^{m} \varepsilon_i^j x_j\end{aligned} \tag{1-56}$$

$$\varepsilon_i^j = \left(\frac{\partial \ln\gamma_i}{\partial x_j}\right)_{x_1 \to 1}$$

式中，ε_i^j 称为溶质 B_j 对 B_i 的一阶相互作用系数；ε_i^i 称为 B_i 自身的一阶相互作用系数。

当 B_i 的浓度用质量百分数表示时，对 f_i 亦有类似的关系：

$$\begin{aligned}\ln f_i &= e_i^{(2)}[\%2] + e_i^{(3)}[\%3] + \cdots + e_i^{(m)}[\%m] \\ &= \sum_{j=2}^{m} e_i^j[\%j]\end{aligned} \tag{1-57}$$

$$e_i^j = \left(\frac{\partial \lg f_i}{\partial[\%j]}\right)_{x_1 \to 1}$$

式中，e_i^j 亦称为溶质 B_j 对 B_i 的一阶相互作用系数；e_i^i 称为 B_i 自身的一阶作用系数。

1.2 水溶液热力学

1.2.1 电解质的离解

在湿法冶金中，许多过程是在酸、碱、盐的水溶液中完成的。要了解这些电解质无机

化合物在湿法冶金溶液的行为和作用，首先要了解和求取离子活度和电解质活度的问题。

假设电解质的化学式是 Mv_+Av_-。此电解质在水中按下式电离：

$$Mv_+ + Av_- = v_+ M^{z+} + v_- A^{z-} \quad (A)$$

式中 v_+，v_-——一个母电解质分子电离时产生的阳离子数和阴离子数；

z_+，z_-——以质子电荷单位衡量的阳离子电荷和阴离子电荷。

例如，对电离反应 $H_2SO_4 = 2H^+ + SO_4^{2-}$ 来说，$v_+=2$、$z_+=1$ 以及 $v_-=1$、$z_-=-2$。在这个例子中，母电解质是电中性的，并成立以下的关系：

$$v_+ z_+ + v_- z_- = 0 \quad (1\text{-}58)$$

在另一方面，方程（1-58）不适用于本身是离子的电离子反应。例如，不适用于反应 $HSO_4^- = H^+ + SO_4^{2-}$，其中 $v_+=1$、$z_+=1$ 和 $v_-=1$、$z_-=-2$。

在电解质溶液的理论讨论中，浓度通常是用质量摩尔浓度 m 表示。在一般的情况下，所讨论的溶液是指在 n_i 摩尔水中溶解 m 摩尔电解质这样配制的溶液。在取 n_i 等于 $1000/M_{H_2O}$（M_{H_2O} 为水的摩尔质量）的特殊情况下，那么 m 就和电解质的计量质量摩尔浓度是相同的，亦即 m 是电解质在 1000g 水中的摩尔量，从而 n_i 是个定值。

从反应（A）所示的电离反应的化学计量关系可得到：

$$m_+ = v_+(m - m_u) \quad 和 \quad m_- = v_-(m - m_u) \quad (1\text{-}59)$$

式中 m——电解质 Mv_+Av_- 的摩尔量；

m_u——未电离部分的摩尔量；

m_+——阳离子 M^{z+} 的摩尔量；

m_-——阴离子 A^{z-} 的摩尔量。

在溶液只含一种电解质 Mv_+Av_- 的情况下，将方程（1-59）中各式的微分代入按平常方式描述溶液自由焓微量变化的方程 $dG = -SdT + VdP + \mu_u dm_u + \mu_+ dm_+ + \mu_- dm_- + \mu_1 dn_1$ 中，于是在恒温恒压下便得到：

$$\begin{aligned} dG &= \mu_u dm_u + v_+\mu_+(dm - dm_u) + v_-\mu_-(dm - dm_u) + \mu_1 dn_1 \\ &= (\mu_u - v_+\mu_+ - v_-\mu_-)dm_u + (v_+\mu_+ + v_-\mu_-)dm + \mu_1 dn_1 \end{aligned} \quad (1\text{-}60)$$

在此式中，n_i 和 m 是可以独立改变的数量。在溶液趋向电离平衡的过程中，m_u 也会改变，因此，n_i、m、m_u 都是独立变量。由此可以得出两个结论：

第一，如果考虑一个封闭体系，这样 n_i 和 m 实际上都是常数。于是，电离平衡到达的条件可令 $\left(\frac{\partial G}{\partial m_u}\right)_{T,p,m,n_i} = 0$ 而加以确定。从方程（1-60）可以看出这个条件就是：

$$\mu_u = v_+\mu_+ + v_-\mu_- \quad (1\text{-}61)$$

第二，如果使 n_i 和 m 足够缓慢地改变以维持式（1-61）所示电离平衡关系的需要，也就是说式（1-61）仍然成立，那么式（1-60）所示的通式可简写为

$$dG = (v_+\mu_+ + v_-\mu_-)dm + \mu_1 dn_i \quad (1\text{-}62)$$

把 μ_2 定义为电解质当作一个整体的化学位，则根据方程（1-62）得到：

$$\mu_2 \equiv \left(\frac{\partial G}{\partial m}\right)_{T,p,n_1} = v_+\mu_+ + v_-\mu_- \quad (1\text{-}63)$$

这个结果表示：虽然μ_+和μ_-分开来说都没有什么实际意义，但式（1-63）所示它们这个特定的线型组合却是有意义的数量，因为$\left(\frac{\partial G}{\partial m}\right)_{T,p,m,n_1}$是可用实验测定的。

比较一下方程式（1-61）和式（1-63），也可以看出在平衡时有以下关系：

$$\mu_2 = \mu_u \tag{1-64}$$

式中　μ_u——电解质未电离部分的化学位。

下面讨论有关活度系数的问题。

阳离子和阴离子的化学位与活度系数的关系可按常规表示如下：

$$\mu_+ = \mu_+^{\ominus} + RT\ln\gamma_+ m_+ \qquad \mu_- = \mu_-^{\ominus} + RT\ln\gamma_- m_-$$

将这些关系式代入式（1-63），便得到：

$$\mu_2 = \mu_2^{\ominus} + RT\ln\gamma_+^{v_+} m_+^{v_+} m_-^{v_-} \tag{1-65}$$

式中，$\mu_2^{\ominus} = v_+\mu_+^{\ominus} + v_-\mu_-^{\ominus}$。虽然$\mu_+^{\ominus}$和$\mu_-^{\ominus}$分开来说也都没有什么实际意义，但是$v_+\mu_+^{\ominus} + v_-\mu_-^{\ominus}$却是有意义的数量，它表示整个电解质在标准状态的化学位。从而，乘积$\gamma_+^{v_+}\gamma_-^{v_-}$也是有物理意义的。

如果令离子的总数为v，则$v \equiv v_+ + v_-$，这样可由式（1-65）引出一些概念：

$$\gamma_+^{v_+}\gamma_-^{v_-} \equiv \gamma_\pm^{v}, \quad m_+^{v_+} m_-^{v_-} \equiv m_\pm^{v}, \quad a_+^{v_+} a_-^{v_-} \equiv a_\pm^{v}$$

或

$$\gamma_\pm = (\gamma_+^{v_+}\gamma_-^{v_-})^{1/v}, \quad m_\pm = (m_+^{v_+} m_-^{v_-})^{1/v}, \quad a_\pm = (a_+^{v_+} a_-^{v_-})^{1/v} \tag{1-66}$$

式中，$\gamma_\pm$、$m_\pm$和$a_\pm$分别叫做平均活度系数、平均质量摩尔浓度和平均活度。这三者之间的关系和普通的活度一样，也是

$$a_\pm = \gamma_\pm m_\pm, \quad m \to 0 \text{时}, \quad \gamma_\pm \to 1 \tag{1-67}$$

这样一来，可将式（1-65）写成以下的形式：

$$\mu_2 = \mu_2^{\ominus} + vRT\ln\gamma_\pm m_\pm = \mu_2^{\ominus} + vRT\ln a_\pm \tag{1-68}$$

若以a_2为整个电解质的活度，而且$\mu_2 = \mu_2^{\ominus} + RT\ln a_2$，则与方程（1-68）进行比较并考虑到式（1-66）的关系以后可得出：

$$a_2 = a_\pm^{v} = a_+^{v_+} a_-^{v_-} \tag{1-69}$$

许多电解质基本上是完全电离的。在此情况下，$m_+ = v_+ m$和$m_- = v_- m$。对于这类强电解质，只需知道m即可得$m_\pm$，这就使得有可能计算方程（1-68）中的$\gamma_\pm$。甚至在电解质的电离不很完全的情况下，习惯上也采用同样的方法，亦即令$m_+ = v_+ m$和$m_- = v_- m$。如此求得的$\gamma_\pm$叫做计量活度系数，因为它们是根据电解质的总质量摩尔浓度得来的。从热力学的观点来看，这样做并无不严格之处，但$\gamma_\pm$所表示的就不仅是不理想程度，还包括电离不完全的影响。

应该指出：上面只讨论了一种单独的电解质$M_{v_+}A_{v_-}$在水中的溶液。如果除了这种电解质，譬如具体说除了HCl，还有诸如NaCl或HNO_3的其他电解质存在，那么Cl^-或H^+的总浓度就要用各种电解质中相应离子的浓度之和来表示。在此情况下，H^+和Cl^-的浓度不再相等，但是关系式$a_{HCl} = a_H + a_{Cl^-}$仍然适用。由此可以看出：向给定的HCl溶液中加入NaCl或HNO_3，HCl的活度将会增大。反过来说，如果向NaCl的水溶液中加入HCl或诸如

$NaNO_3$的钠盐，则 NaCl 的活度会增大。在某些条件下，这个增大可能如此之大，以致溶液变得相对于 NaCl 而饱和。

上面已提到，对所有的强电解质来说，未电离化合物的浓度实际上为零。但是，对诸如碳酸等所谓的弱电解质来说，情况就不是如此。令人最感兴趣的弱电解质就是水本身，水按反应 $H_2O = H^+ + OH^-$ 进行电离（H^+ 与水结合成 H_3O^+ 离子的事实对我们的热力学讨论来说无关紧要）。

水的电离常数很小，在 25℃下约为 10^{-14}。这意味着，对纯水来说，H^+ 和 OH^- 离子的浓度或活度各为 10^{-7}。如果把 HCl 或某些其他的酸加入到水中，则 H^+ 的活度将增大而 OH^- 的活度则降低；若向水中加入某些如 NaOH 的碱，那就会得到相反的结果。因为水的活度在所有情况下基本上为 1，所以 H^+ 和 OH^- 的活度之间的关系为 $a_H + a_{OH^-} = 10^{-14}$。因此，$H^+$ 的活度在对活度为 1 的酸而言的 1 与对活度为 1 的碱而言的 10^{-14}之间变动，而对更强酸性的或更强碱性的溶液来说可以超出这些范围。

氢离子活度按常规是用其负的对数表示，这个负的对数叫做溶液的 pH 值。因此，$pH = -\lg a_{H^+}$。水溶液的 pH 值是其最重要的性质之一，而且在表述湿法冶金反应的行为中起着非常重要的作用。

1.2.2 金属盐溶液

当诸如 NaCl 或 $FeSO_4$的金属盐溶解在水中的时候，便有阳离子 Na^+ 或 Fe^{2+} 和阴离子 Cl^- 或 SO_4^{2-} 形成。在这些情况下，中性盐的活度等于各自的阳离子活度与阴离子活度的乘积。

特别令人感兴趣的是某些金属既可以呈阳离子也可以呈阴离子存在。典型的例子是铝，它既可以呈 Al^{3+} 也可以呈诸如 AlO_2^- 的阴离子出现。在这些离子与水之间有如下的平衡：

$$Al^{3+} + 2H_2O \longrightarrow AlO_2^- + 4H^+$$

从反应式可以看出，阴离子的活度将随着 pH 值的增大（H^+ 离子活度降低）而增大。从原则上讲，可以设想所有的金属阳离子都有可能随着 pH 值的增大而形成不同形式的阴离子。但是，因为在饱和着的苛性碱溶液中可能达到的最大 pH 值约为 15，所以对许多金属来说不可能有显著量的阴离子形成。

同样地，某些阴离子也可以在 pH 值降低时发生以下的变化：

$$SO_4^{2-} + H^+ \longrightarrow HSO_4^-$$

式中，HSO_4^- 离子是在 $pH < 2$ 时优先存在的离子。

另一种类型的离子变化是由于不同离子之间或离子与中性分子之间有生成配合离子的反应而引起的，例如：

$$Ag^+ + 2CN^- \longrightarrow Ag(CN)_2^-$$

$$UO_2^{2+} + 3SO_4^{2-} \longrightarrow UO_2(SO_4)_3^{4-}$$

$$Cu^{2+} + 4NH_3 \longrightarrow Cu(NH_3)_4^{2+}$$

在前两种情况下，金属离子由正电荷变到负电荷。因此，虽然银在硝酸银溶液中呈阳离子存在，但若加入 NaCN 或 KCN，便可使银变为阴离子。

某些配合离子可以是很稳定的，与此相应的配合离子生成反应的平衡常数是一个很大的值。因此，虽然硝酸银容易与 HCl 起反应而生成 AgCl 沉淀，但氯化银却不能从银在其中呈 $Ag(CN)_2^-$ 阴离子存在的溶液中沉淀出来。相反，AgCl 将与 NaCN 溶液起反应，生成水溶性的银氰配合离子。金属配合离子的形成，是使不溶性金属化合物转入溶液采用的一种方法，并在湿法冶金中有重要的用途。

1.2.3　溶解热和冲淡热

在讨论溶液时，溶解是一项重要数据。所谓溶解热，就是将一定量的溶质溶于一定量的溶剂时产生的热效应。影响溶解热的因素，除了溶质和溶剂的量以外，还有温度和压力。例如，在 25℃ 及 1atm（101325Pa）下，1mol HCl(g) 在 10mol H_2O 中的溶解热是 −16.61kcal，以公式表示就是：

$$HCl(g) + 10aq = HCl \cdot 10aq; \quad \Delta H_{298} = -16.61kcal$$

在这里，用 aq 代表水而不用 H_2O，并将其生成热规定为零（因为这样做可以避免繁琐的大数目计算）。以后，在有关的讨论中，只要溶剂是 H_2O，就可采用符号 aq 和相应的零生成热规定。此外，如果不加注明，温度和压力就分别是指 25℃ 和 1atm（101325Pa）。

如果向一定量溶液中再加入一定量的溶剂，则此过程的热效应叫做冲淡热。若是溶液稀到再加入溶剂时没有热效应，这种溶液就叫做无限稀的溶液（这只是对热效应而言，对于其他效应，它可能不是无限稀的）。例如，

$$HCl(g) + \infty aq = HCl \cdot \infty aq; \quad \Delta H = -17.96kcal$$

由此例可见，将 aq 的生成热指定为零是完全有道理的。

1.2.4　水溶液中的反应热

在此先讨论无限稀溶液中的反应。设在 25℃ 下将 1HCl · ∞aq 与 1NaOH · ∞aq 相混合，则得到：

$$HCl \cdot \infty aq + NaOH \cdot \infty aq + H_2O(l) \tag{1}$$

$$\Delta H_1 = -13.36kcal$$

在这里，必须将生成的 $H_2O(l)$ 写在方程式中，因为虽然它作为冲淡剂不产生热效应（因为溶液已经是无限稀的），但它对整个过程的 ΔH 的贡献却是不可忽略的。

倘若溶液不是无限稀的，则情况就比较复杂。设将 HCl · $x$aq 与 NaOH · $y$aq 相混合，则此过程不能用

$$HCl \cdot xaq + NaOH \cdot yaq = NaCl \cdot (x+y)aq + H_2O(l) \tag{2}$$

$$\Delta H_2 = \text{某值}$$

来表示，因为这样做就意味着最后结果仍是 1 摩尔 NaCl 溶于 $x+y$ 摩尔水中，而生出的 1 摩尔水却无溶剂作用。这显然与事实不符。既然此 H_2O 能起冲淡作用，故还需有下面的情况。

$$NaCl \cdot (x+y)aq + aq = NaCl \cdot (x+y+1)aq \tag{3}$$

$$\Delta H_3 = \text{某值}$$

整个过程自然是二者之和。

$$HCl \cdot x aq + NaOH \cdot y aq + aq = NaCl \cdot (x+y+1) aq + H_2O(l) \quad (4)$$

$$\Delta H_4 = \Delta H_2 + \Delta H_3$$

倘若溶液是无限稀的，则 $\Delta H_3 = 0$，故 $\Delta H_4 = \Delta H_2 + \Delta H_1$。

根据实验，知道在无限稀的溶液中，有以下一些现象：

(1) $NaCl \cdot \infty aq + KNO_3 \cdot \infty aq, KCl \cdot \infty aq + NaNO_3 \cdot \infty aq$ 等过程的热效应皆等于零；

(2) $NaOH \cdot \infty aq + HCl \cdot \infty aq, KOH \cdot \infty aq + HNO_3 \cdot \infty aq, NaOH \cdot \infty aq + 1/2H_2SO_4 \cdot \infty aq$ 等过程的 ΔH 皆是 -13.36kcal；

(3) $AgNO_3 \cdot \infty aq + HCl \cdot \infty aq, 1/2Ag_2SO_4 \cdot \infty aq + NaCl \cdot \infty aq$ 等过程的 ΔH 都为 -15.65kcal。

这些现象的最合理的解释是假设：

(1) 中根本没有化学反应，也就是说 $Na^+ \cdot \infty aq + Cl^- \cdot \infty aq + K^+ \cdot \infty aq + NO_3^- \cdot \infty aq = K^+ \cdot \infty aq + Cl \cdot \infty aq + Na^+ \cdot \infty aq + NO_3^- \cdot \infty aq$；

(2) 中的反应皆是 $H^+ \cdot \infty aq + OH^- \cdot \infty aq = H_2O(l) + \infty aq$；

(3) 中的反应皆是 $Ag^+ \cdot \infty aq + Cl^- \cdot \infty aq = AgCl(s) + \infty aq$。许多其他事实皆表明此种解释是正确的。

1.2.5 水溶液中离子的生成热

从上节所述，知道 $NaCl \cdot \infty aq$ 实际上是 $Na^+ \cdot \infty aq + Cl^- \cdot \infty aq$。溶液是电中性的，即正电荷和负电荷永远是一样多，从而不能仅靠热力学的方法求得单独离子的生成热。但是，如果选定一种离子并指定其生成热，那么便可由此得到各种离子在无限稀溶液中的生成热比较值。这些数值虽非绝对的，但仍可用它们来解决溶液中反应的热效应问题，就像利用化合物的生成热解决问题那样。因为所需要的皆是比较值，在同一基础上的比较值不受绝对值的影响。

对化合物的生成热来说，现时通用的规定是将原始物质在标准状态的生成热 $\Delta H_f^\ominus$ 指定为零。例如，反应 $H_2(g) + \frac{1}{2}O_2(g) = H_2O(l)$ 在标准状态（101325Pa，亦即 1atm，25℃）下的反应热为 -68.32kcal。因为已指定 H_2 和 O_2 的 $\Delta H_f^\ominus$ 皆等于零，所以 -68.32kcal/mol也是 H_2O 在25℃下的生成热。

对离子的生成热另有规定。现时公认的规定是以 $H^+ \cdot \infty aq$ 为基础而指定其生成热为零。由此，即可利用热化学的结果以求得其他离子的生成热。现举例说明如下：

(1) 自 $H^+ \cdot \infty aq + OH^- \cdot \infty aq = H_2O(l) + \infty aq$ 的 $\Delta H = -13.36$kcal/mol 以及 $H_2O(l)$ 的 $\Delta H_f^\ominus = -68.32$kcal/mol 即可得到 $OH^- \cdot \infty aq$ 的 $\Delta H_f^\ominus = -54.96$kcal/mol；

(2) 自 $HCl(g) + \infty aq = H^+ \cdot \infty aq + Cl^- \cdot \infty aq$ 的 $\Delta H = -17.96$kcal/mol，以及 $HCl(g)$ 的 $\Delta H_f^\ominus = -22.06$kcal/mol，即可得到 $Cl^- \cdot \infty aq$ 的 $\Delta H_f^\ominus = -40.02$kcal/mol。

以此推广下去，就可得到各种离子在无限稀溶液中的生成热。

另一个求水溶液中离子生成热的办法是选择一个合适的电池，测定它的标准电动势 $E^\ominus$ 及其温度系数 $\frac{\partial E^\ominus}{\partial T}$。对电池反应来说，可以得到以下诸关系：

$$\Delta G^{\ominus} = -zE^{\ominus}F \tag{1-70}$$

$$\Delta S^{\ominus} = -\frac{\partial \Delta G^{\ominus}}{\partial T} = zF\frac{\partial E^{\ominus}}{\partial T} \tag{1-71}$$

$$\Delta H^{\ominus} = \Delta G^{\ominus} + T\Delta S^{\ominus} = zF\left(T\frac{\partial E^{\ominus}}{\partial E} - E^{\ominus}\right) \tag{1-72}$$

这样，就可以根据方程（1-72）求电池的反应热，而后求离子的生成热。例如，为了求 HCl 在水中的生成热，可装置下面的电池：

$$H_2(101325\text{Pa},亦即\ 1\text{atm})\,|\,HCl(aq)\,|\,AgCl,Ag$$

在这里，aq 表示溶液是 $m=1$ 的理想溶液。在 25℃下，已测得此电池的 $E^{\ominus}=0.2224$V 和 $\frac{\partial E^{\ominus}}{\partial T}=6.593\times10^{-4}$V/℃。电池的化学反应是：

$$\frac{1}{2}H_2(g) + AgCl(s) = HCl(g) + Ag(s)$$

$$\Delta H^{\ominus} = \Delta H^{\ominus}_{fHCl}(g) + \Delta H^{\ominus}_{fAg} - \frac{1}{2}\Delta H^{\ominus}_{fH_2} - \Delta H^{\ominus}_{fAgCl}$$

在上式右边最后三项之中，根据原始物质在标准状态的生成热为零的规定即知 $\Delta H^{\ominus}_{fAg}=0$ 和 $\Delta H^{\ominus}_{fH_2}=0$，而 $\Delta H^{\ominus}_{fAgCl}$ 则可从数据表中查出为 -30.36kcal/mol。左边的 $\Delta H^{\ominus}$ 可在将已测出的 $E^{\ominus}$ 和 $\frac{\partial E^{\ominus}}{\partial T}$ 以及 $z=1$、$F=23.06$kcal/V、$T=298$K 等数据代入方程（1-72）后求得为 -9.66kcal。由此，便可求出 $\Delta H^{\ominus}_{fHCl}(aq)=-30.02$kcal/mol。这个数值表示 HCl 在 1$m$ 理想溶液中的生成热。在这样的溶液中，$\Delta H^{\ominus}_{fHCl}(aq)$ 是 H^+ 离子和 Cl^- 离子的生成热 $\Delta H^{\ominus}_{fH^+}$ 和 $\Delta H^{\ominus}_{fCl^-}$ 的总和。从而，根据 H^+ 离子的生成热等于零的规定，便可求得 $\Delta H^{\ominus}_{fHCl^-}=-40.02$kcal/mol。这个结果与上述用热化学方法求得的结果完全相符。表明离子在无限稀溶液中的生成热也是它在假想的 1m 理想溶液中的生成热。这是因为在各种理想溶液中焓是与浓度无关的。

1.2.6　离子的标准生成自由焓

求离子生成自由焓的方法很多，其中一个比较好的方法就是上面已讨论过的电动势法。上述电池装置可用来先求得 HCl(aq)的标准生成自由焓 $\Delta H^{\ominus}_{fHCl^-}$，然后求离子的标准生成自由焓。

根据方程（1-70），可以很容易地求出电池的 $\Delta H^{\ominus}=-5.13$kcal。这样，根据

$$\Delta G^{\ominus} = \Delta G^{\ominus}_{fHCl}(aq) + \Delta G^{\ominus}_{fAg} - \frac{1}{2}\Delta G^{\ominus}_{fH_2} - \Delta G^{\ominus}_{fAgCl}$$

的关系，按照原始物质在标准状态的生成自由焓等于零的规定以及从数据表中查出 $\Delta G^{\ominus}_{fAgCl}=-26.22$kcal/mol，便可算出 $\Delta G^{\ominus}_{fCl}(aq)=-31.35$kcal/mol。这个数值也是[$H^+(aq)+Cl^-(aq)$]这个离子组在 25℃下的总标准生成自由焓，它代表标准状态的氢和氯组成 1mol 的 H^+ 和 1mol 的 Cl^- 时的总 $\Delta G^{\ominus}_f$，两种离子皆在 1m 的理想溶液的标准状态。

为了求得单独离子的标准生成自由焓，像在处理生成热时的一样，现在都普遍承认的规定是以 H^+ 为参考。并指定 $\Delta G^{\ominus}_{fH^+}=0$。根据此规定，便可求得 $\Delta G^{\ominus}_{fCl^-}=-31.35$kcal/mol。

下面以两个实例说明离子组的总标准生成自由焓的求法，并从而根据上述规定求得单独离子的 $\Delta G_f^{\ominus}$：

(1) [$H^+(aq) + OH^-(aq)$]离子组 利用电动势法或其他方法可测得 H_2O 在25℃下的电离常数是：

$$K_W = \frac{a_{H^+} a_{OH^-}}{a_{H_2O}} = 10^{-14}$$

根据 $\Delta G^{\ominus} = -RT\ln K$ 的关系，自上给数据即得：

$$\mu_{H^+}^{\ominus} + \mu_{OH^-}^{\ominus} - \mu_{H_2O}^{\ominus} = 19095\text{cal}$$

因为标准化学位之差就是标准生成自由焓之差以及已知在25℃下 H_2O 的 $\Delta G_f^{\ominus} = -56690\text{cal/mol}$，从而 [$H^+$ (aq) + OH^- (aq)] 离子组在25℃下的总 $\Delta G_f^{\ominus} = +19095 - 56690 = -37595\text{cal/mol}$。这个数值代表标准状态的氢和氧组成1mol 的 H^+ 和1mol 的 OH^- 时的总 $\Delta G_f^{\ominus}$，两种离子皆在 $1m$ 的理想溶液的标准状态。这样，根据 $\Delta G_{fH^+}^{\ominus} = 0$ 的规定，即可得 $\Delta G_{fOH^-}^{\ominus} = -37595\text{cal/mol}$。

(2) [$NH_4^+ + OH^-$ (aq)] 离子组 在这里，应首先讨论一个测定水溶液中物质生成自由焓的重要方法，即化学平衡法是有用处的。

考虑一气态物质 A 与其水溶液之间的平衡：

$$A(g) \rightleftharpoons A(\text{溶液})$$

对于溶解在水中的 A，用 m_A 来表示其浓度。自基本公式知：

$$\mu_A^{\ominus} + RT\ln f_A = \mu_A^* + RT\ln a_A = \mu_A^* + RT\ln\gamma_A m_A$$

由此即得：

$$\mu_A^* - \mu_A^{\ominus} = RT\ln\frac{f_A}{\gamma_A m_A}$$

因为 μ_A^* 和 $\mu_A^{\ominus}$ 两者都与给定溶液的浓度无关，所以 $f_A/\gamma_A m_A$ 也是如此。因此，这个比例的值借助于以 p_A/m_A 对 m_A 作图并外推到无限稀状态的方法加以测定。在此情况下，$m_A \to 0, \gamma_A \to 1$ 和 $f_A \to p_A$，故 $\frac{f_A}{\gamma_A m_A} = \left(\frac{p_A}{m_A}\right)_{m_A \to 0} \equiv \frac{p_A}{m_A}$，上式即成：

$$\mu_A^* - \mu_A^{\ominus} = RT\ln\left(\frac{p_A}{m_A}\right)^{\ominus} \tag{1-73}$$

式中 $\mu_A^* - \mu_A^{\ominus}$——物质 A 在理想的 $1m$ 溶液中的标准生成自由焓与其在逸度为101325Pa，亦即1atm 的气体中的标准生成自由焓之差。

由此可见，在测定了 $\left(\frac{p_A}{m_A}\right)^{\ominus}$ 之后，若再知道气体 A 的 $\Delta G_f^{\ominus}$，便可算出 A 在溶液中的标准生成自由焓 $\Delta G_f^{\ominus}$。

对某些物质例如 NH_3 来说，因为它会与水生成水合物，故体系的成分问题常引起困难，就反应 NH_3(溶液) + H_2O ═ NH_4OH(溶液)来说，困难是因为不知道有多少 NH_3 与水化合。对于此种体系，现时规定以总质量摩尔浓度（在本例中即 $m_{NH_3(\text{溶液})} + m_{NH_4OH}$）为

1 的理想溶液作为标准状态，即在热力学稀溶液中 NH_3(溶液) 和 NH_4OH(溶液) 的活度系数皆等于 1，而它们的活度皆等于总浓度。

这样一来，气态氨与其溶液之间存在两个平衡：

$$NH_3(g) = NH_3(\text{溶液}) \tag{a}$$

$$NH_3(\text{溶液}) + H_2O = NH_4OH(\text{溶液}) \tag{b}$$

现在，先来讨论反应式（b）。设水合物与溶解 NH_3 的浓度各为 m_{NH_4OH} 和 $m_{NH_3(\text{溶液})}$。在任何相对于水的摩尔分数来说在足够稀的溶液中，由于 $x_{H_2O} \approx 1$，故 γ_{NH_4OH} 和 γ_{NH_3} 皆可认为等于 1。由此，得到反应（b）平衡常数：

$$K_b = \frac{m_{NH_4OH}}{m_{NH_3}}$$

若以 m 代表总浓度，则得到：

$$m = m_{NH_4OH} + m_{NH_3} = (K_b + 1) m_{NH_3}$$

此式表示在稀溶液中 m 与 m_{NH_3} 成正比。这意味着，如果 p_{NH_3}/m_{NH_3} 接近于常数，那么 p_{NH_3}/m 也将接近于常数。

设 μ_{NH_3} 为溶解 NH_3 的化学位，则

$$\mu_{NH_3} = \mu^*_{NH_3} + RT\ln\gamma m$$

注意这里的 $\mu^*_{NH_3}$ 是 NH_3 在总浓度为 $1m$ 的理想溶液中的化学位。$\mu^*_{NH_4OH}$ 的意义也是如此。这种规定的优点在于反应（b）的 $\Delta G^{\ominus}$ 在此规定下等于零，因而使问题简单化。

现在再来考虑反应（a）的平衡。根据方程（1-73）得到：

$$\mu^*_{NH_3} - \mu^{\ominus}_{NH_3} = RT\ln\frac{f_{NH_3}}{\gamma m} = RT\ln\left(\frac{p_{NH_3}}{m}\right)^{\ominus}$$

根据实验测定在 25℃下 $(p_{NH_3}/m)^{\ominus} = 1/56.3$，故对此温度自上式得到：

$$\mu^*_{NH_3} - \mu^{\ominus}_{NH_3} = -2384\text{cal}$$

前面已提过，标准化学位之差就是在两种标准状态的生成自由焓之差。已知 $NH_3(g)$ 的 $\Delta G^{\ominus}_f$ 等于 -3976cal/mol，故在 101325Pa，亦即 1atm 下有：

$$\frac{1}{2}N_2(g) + \frac{3}{2}H_2(g) = NH_3(aq)$$

$$\Delta G^{\ominus}_{fNH_3}(aq) = -6360\text{cal/mol}$$

在这里，aq 表示溶液是总 $m = 1$ 的理想溶液。

这样，对反应（b）来说，因为已规定它的 $\Delta G^{\ominus}$ 等于零，故 $\Delta G^{\ominus}_{fNH_4OH} = \Delta G^{\ominus}_{fNH_3} + \Delta G^{\ominus}_{fH_2O} = -6360 - 56690 = -63050$cal/mol。

现在，再来计算 $[NH_4^+(aq) + OH^-(aq)]$ 离子组的标准生成自由焓。根据测定平衡常数的方法，求得过程 $NH_3(aq) + H_2O = NH_4^+ + OH^-$ 在 25℃下的 $\Delta G^{\ominus}$ 如下：

$$\mu^{*}_{NH_4^+}+\mu^{*}_{OH^-}-\mu^{*}_{NH_3}-\mu^{\ominus}_{H_2O}=+6465\text{cal}$$

自上面已知 NH_3(aq) 的 $\Delta G_f^{\ominus}=-6360$cal/mol，故可求得 [$NH_4^+$(aq) + OH^- (aq)] 的$\Delta G_f^{\ominus}=6465-6360-56690=-56585$cal/mol。因为已知 OH^- (aq) 的 $\Delta G_f^{\ominus}=+37595$cal/mol，故可求出 NH_4^+(aq) 的 $\Delta G_f^{\ominus}=-56585+37595=-18990$cal/mol。此种数据累积多了，不必通过平衡的测定即能计算许多离子反应的 $\Delta G_f^{\ominus}$。

1.2.7 离子的标准熵及离子熵的对应原理

离子的标准熵是离子的标准偏摩尔熵的简称，它的实验值也是通过测定电解质的标准偏摩尔熵$\overline{S}_2^{\ominus}$之后求得的。实验测定的方法有好几种，包括热容法、溶解度法、平衡法、电动势法等等，其中以电动势法用途较广。

例如，用 H_2|HCl|AgCl,Ag 电池，就可用来测定 HCl(aq)的标准偏摩尔熵。在此情况之下，根据电池的化学反应得到：

$$\Delta S^{\ominus}=\overline{S}^{\ominus}_{HCl}+S^{\ominus}_{Ag}-\frac{1}{2}S^{\ominus}_{H_2}-S^{\ominus}_{AgCl}$$

上式右边最后三项都可以从热力学第三定律求出，可从数据表中查到在25℃它们分别是 $S^{\ominus}_{Ag}=10.206$、$S^{\ominus}_{H_2}=31.211$ 和 $S^{\ominus}_{AgCl}=22.97$cal/(℃ · mol)。左边的 $\Delta S^{\ominus}$ 则可根据方程(1-71)求得，并可算出在25℃下 $\Delta S^{\ominus}=-15.20$cal/(℃ · mol)。这样，就可以很容易地求得HCl(aq)在25℃的 $\Delta\overline{S}^{\ominus}=13.20$cal/(℃ · mol)。

显然，用电动势法或其他方法可以测定电解质在任何温度下的标准偏摩尔熵。这里所指的标准状态也是一个 1m 的理想溶液，在这样的溶液里，$\overline{S}_2^{\ominus}$ 是阳离子和阴离子的标准熵之和。

下一步是如何把 $\overline{S}_2^{\ominus}$ 分为 $\overline{S}_+^{\ominus}$ 和 $\overline{S}_-^{\ominus}$。现时一个通用的办法是规定在任何温度下氢离子的标准熵 $\overline{S}^{\ominus}_{H^+}$ 等于零。从而,对上例来说,$\overline{S}^{\ominus}_{HCl}=\overline{S}^{\ominus}_{Cl^-}$,并在25℃下,$\overline{S}^{\ominus}_{Cl^-}=13.20$cal/(℃ · mol)。从此出发，任何离子 i 在任何温度下的标准熵 $\overline{S}_i^{\ominus}$ 都可求得。这样求得的熵都是相对熵，可用 $\overline{S}^{\ominus}_{i(相对)}$ 来表示。

相对值不是真值，因此有许多人曾设法求氢离子或氯离子的绝对熵值。例如，伊斯特曼把两个相同的电极浸入在含有 Cl^- 离子的 1∶1 价电解质溶液中，然后在一个电极上加热，成为一个热电池。他在不同温度下测出热电池的电动势。计算$\frac{\partial E^{\ominus}}{\partial T}$，并根据式 (1-71) 求出在25℃下 $\overline{S}^{\ominus}_{Cl(绝对)}=18.2$cal/(℃ · mol)。由于 $\overline{S}^{\ominus}_{Cl^-(绝对)}=\overline{S}^{\ominus}_{H^+(绝对)}+\overline{S}^{\ominus}_{Cl^-(绝对)}=13.2$，从而得到 $\overline{S}^{\ominus}_{H^+(绝对)}=-5.0$cal/(℃ · mol)。用类似的方法，可测得在100℃和150℃下氢离子熵的绝对值分别为2和6.5cal/(℃ · mol)。

对任何离子 i 来说，任何温度下的绝对熵值按下列公式计算

$$\overline{S}^{\ominus}_{i(绝对)}=\overline{S}^{\ominus}_{i(相对)}+\overline{S}^{\ominus}_{H^+(绝对)}\cdot(z_+\text{ 或 }z_-) \tag{1-74}$$

式中 z_+，z_-——阳离子或阴离子的电荷数；若是阴离子，则 z_- 为负值。

某些离子在不同温度下的相对熵值及其按方程 (1-74) 求得的绝对熵值列在表 1-1 中。

表 1-1　某些离子在不同温度下的相对熵和绝对熵

离　子	离子的相对熵/cal·(℃·mol)$^{-1}$			离子的绝对熵/cal·(℃·mol)$^{-1}$		
	25℃（298K）	100℃（373K）	150℃（423K）	25℃（298K）	100℃（373K）	150℃（423K）
H^+	0	0	0	−5.0	2.0	6.5
Li^+	2.7	6.3	7.7	−2.3	8.3	14.2
Na^+	14.72	16.8	17.1	9.72	18.8	23.6
K^+	24.13	25.1	25.5	19.18	27.1	32.0
Cs^+	31.71	37.1	—	26.71	39.1	—
Ag^+	16.76	18.6	23.8	11.76	20.9	30.3
Mg^{2+}	−28.47	−27.4	−27.1	−38.47	−23.4	−14.1
Ca^{2+}	−13.16	−13.9	−14.9	−23.16	−9.9	−1.9
Sr^{2+}	−9.63	−10.9	−12.9	−19.63	−6.9	0.5
Ba^{2+}	3.31	0.4	−2.1	−6.69	4.4	10.9
Mn^{2+}	−21.73	−21.5	—	−31.73	−17.5	—
Gd^{3+}	−44.94	−48.2	—	−59.94	−42.2	—
F^-	−2.4	−7.4	−12.1	2.6	−9.4	−18.6
Cl^-	13.2	7.2	3.3	18.2	5.2	−3.2
Br^-	20.2	13.2	9.2	25.2	11.2	2.7
I^-	29.3	20.3	—	31.3	18.3	—
OH^-	−3.2	−9.2	−13.2	1.8	−11.2	−19.7
ClO_4^-	47.1	47.9	—	52.1	45.9	—
NO_3^-	35.57	30.9	—	40.57	28.9	—
SO_4^{2-}	3.42	−7.2	−12.3	13.42	−11.2	−25.3
CO_3^{2-}	−11.02	−28.5	−36.6	−1.02	−32.5	−49.6
HSO_4^-	29.15	33.5	38.2	34.15	31.5	31.7
HCO_3^-	20.79	20.5	21.7	25.76	18.5	15.2
$H_2PO_4^-$	22.14	23.1	—	27.14	21.1	—
HPO_4^{2-}	−8.57	−23.6	—	1.43	−27.6	—

下面来讨论离子熵的对应原理及其应用问题。

在湿法冶金中，时常遇到的离子大致分为四个类型：

（1）简单的阳离子；

（2）简单的阴离子及 OH^- 离子；

（3）含氧的配合阴离子；

（4）含氢氧的配合阴离子。

表 1-1 所列这四个类型中各个离子的绝对熵数据，如上所述，是在每个温度下固定氢离子的绝对熵作为一个标准状态并以此为基准按方程（1-74）计算出来的。这样，如果利用这些数据把同类型中各个离子在某一温度下的绝对熵分别对应于各该离子在一个作为参考温度的25℃（298K）下的绝对熵作图，那么就会发现各对应图点之间存在直线关系。

图 1-1 的对应图，说明简单阳离子在 25℃和 100℃下的绝对熵值之间存在直线关系，同时说明简单阴离子的情况也是如此。图 1-2 的对应图，则表明配合阴离子在 25℃和 100℃下的绝对熵值也存在着直线关系。

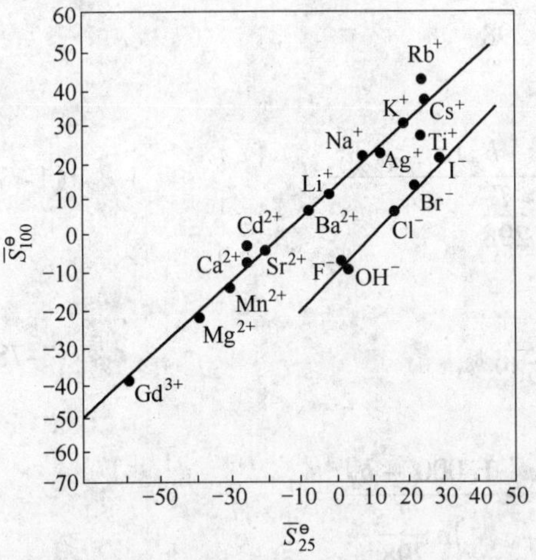

图 1-1　说明简单阳离子和简单阴离子在 25℃和 100℃下存在直线关系的对应图

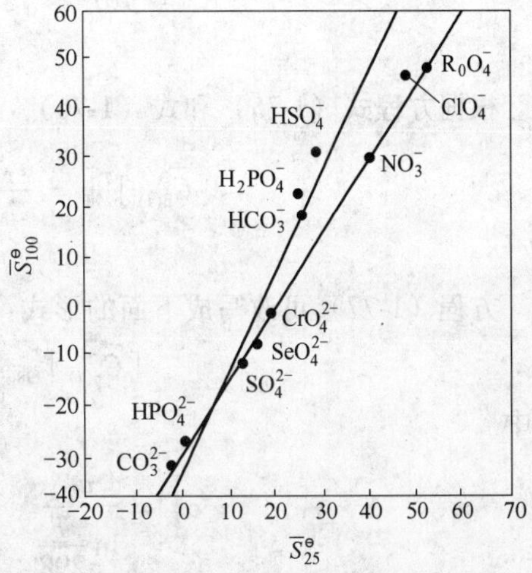

图 1-2　说明含氧和含氢氧的配合阴离子在 25℃和 100℃下存在直线关系的对应图

在 25℃、100℃或其他温度下，各类离子的绝对熵值之间也有这种直线关系存在。这种对应直线关系，可用下列方程表示：

$$\overline{S}^{\ominus}_{(i)T(\text{绝对})} = a_T + b_T\overline{S}^{\ominus}_{(i)298(\text{绝对})} \tag{1-75}$$

方程（1-75）所示的直线规律性，就叫做离子熵的对应原理。根据表 1-1、图 1-1 和图 1-2 的数据，可以确定每个温度下各类离子的熵对应方程（1-75）中的常数 a_T和 b_T，如表 1-2 所示。

表 1-2　在不同温度下各离子的熵对应方程中的常数 a_T和 b_T的值

温度		简单阳离子		简单阴离子及 OH^-		含氧的配合阳离子		含氧的配合阴离子		标准状态
℃	K	a_T	b_T	a_T	b_T	a_T	b_T	a_T	b_T	[H^+(aq)离子的绝对熵值]
25	298	0	1.000	0	1.000	0	1.000	0	1.000	−5.0
100	373	10.3	0.897	−12.0	1.000	−31.0	1.476	−30.3	1.894	2.0
150	423	16.2	0.792	−21.3	0.989	−46.4	1.687	(−50.0①)	(2.381①)	6.5

①这些常数是从较低温度下外推相应的 a_T和 b_T值而加以估算的，误差可能比较大。

方程（1-75）对高温下的湿法冶金反应来说，具有重要的意义，其具体应用有两个方面：

（1）如果已经知道任何类型中的某个离子在 25℃（298K）常温下的标准熵绝对值，便可根据表 1-2 中的有关常数值按照方程（1-75）算出同一离子在更高温度下的标准熵绝对值；

（2）更为重要的是通过它可以求得离子在 298K 与更高温度 T 之间的偏摩尔热容的平均值 $[\overline{C}^{\ominus}_{p(i)}]^{T}_{298}$，这是一个在进行高温湿法冶金有关离子反应热力学的计算中不可缺少的数量。

从热力学第三定律知道，离子热容在 298K 与 T 之间的平均值按下列方程计算：

$$[\overline{C}_{p(i)}^{\ominus}]_{298}^{T} = \frac{\overline{S}_{(i)T(\text{绝对})}^{\ominus} - \overline{S}_{(i)298(\text{绝对})}^{\ominus}}{\ln \dfrac{T}{298}} \tag{1-76}$$

根据方程式（1-75）和式（1-76），可以得到：

$$[\overline{C}_{p(i)}^{\ominus}]_{298}^{T} = \frac{a_T - (1.000 - b_T)\overline{S}_{(i)T(\text{绝对})}^{\ominus}}{\ln \dfrac{T}{298}} \tag{1-77}$$

方程（1-77）可改写成下面的形式：

$$[\overline{C}_{p(i)}^{\ominus}]_{298}^{T} = \alpha_T + \beta_T \overline{S}_{(i)298(\text{绝对})}^{\ominus} \tag{1-78}$$

式中

$$\alpha_T = \frac{a_T}{\ln \dfrac{T}{298}} \quad \text{和} \quad \beta_T = -\frac{1.000 - b_T}{\ln \dfrac{T}{298}}$$

根据方程式（1-77）和式（1-78）计算出来的对应热容常数 α_T 和 β_T 列举在表 1-3 中。

表 1-3　在不同温度下各类离子的对应热容常数 α_T 和 β_T

温　度		简单阳离子		简单阴离子及 OH^-		含氧的配合阴离子		含氢氧的配合阴离子		$[C_{p(H^+)}^{\ominus}]_{298}^{T}$
℃	K	α_T	β_T	α_T	β_T	α_T	β_T	α_T	β_T	
100	373	46	−0.55	−58	−0.000	−138	2.24	−135	3.97	31
150	423	49	−0.59	−61	−0.03	133	2.27	−143	3.95	33

应该指出：表 1-3 中的最后一行所列，是 H^+（aq）离子的偏摩尔热容的平均值。这些数值是通过固定每个温度下 H^+（aq）的绝对标准熵按照方程（1-76）推算出来的。

1.2.8　半电池反应及电子的热力学性质

在处理湿法冶金反应时，例如在绘制电位-pH 时，往往遇到半电池还原-氧化反应

$$a\text{A} + b\text{B} + ze = c\text{C} + d\text{D}$$

进行热力学计算的问题。在此情况下，如果能把电子作为一个反应组分来考虑的话，那么在知道了电子的热力学性质以后，就可以像处理一般化学反应那样来处理半电池反应。这样，就必须考虑和确定电子的热力学性质。

电子在任何温度下的热力学性质，可以根据公认的规定，在对参考的氢半电池反应（SHE）

$$H^+ + e = \frac{1}{2}H_2$$

进行考虑以后就可以很容易地确定下来。

由于 SHE 的 $E^{\ominus}$（电位）随温度变化的关系不知道，所以对标准氢电极做以下一些规定：

(1) $\Delta G^{\ominus}_{T(\mathrm{SHE})}=0$，$E^{\ominus}_{(\mathrm{SHE})}=0$，$a_{\mathrm{H^+}}=1$，$p_{\mathrm{H_2}}=101325\mathrm{Pa}$，亦即1atm，根据吉布斯-亥姆霍兹方程

$$\Delta H^{\ominus}_{T}=zF\left(T\frac{\partial E^{\ominus}}{\partial T}-E^{\ominus}\right)$$

和

$$\Delta S^{\ominus}_{T}=zF\frac{\partial E^{\ominus}}{\partial T}$$

以及

$$\Delta C^{\ominus}_{pT}=\left(\frac{\partial \Delta H^{\ominus}_{T}}{\partial T}\right)_{p}$$

则得到在任何温度下

(2) $\Delta H^{\ominus}_{T(\mathrm{SHE})}=0$；

(3) $\Delta S^{\ominus}_{T(\mathrm{SHE})}=0$；

(4) $\Delta C^{\ominus}_{pT(\mathrm{SHE})}=0$。

根据（1）、（2）、（3）和（4）的式子，便可求得电子在所有温度下的各种热力学数值如下：

$$\Delta G^{\ominus}_{(e)T}=0;\quad \Delta H^{\ominus}_{(e)T}=0$$

$$\Delta G^{\ominus}_{(e)T}=\frac{1}{2}S^{\ominus}_{(\mathrm{H_2})_T}-\overline{S}^{\ominus}_{(\mathrm{H^+})}T$$

$$C^{\ominus}_{p(e)T}=\frac{1}{2}C^{\ominus}_{p(\mathrm{H_2})_T}-\overline{C}^{\ominus}_{p(\mathrm{H^+})}T \tag{1-79}$$

由此可见，当对半电池还原-氧化反应进行热力学计算时，考虑或不考虑电子的 $S^{\ominus}$ 和 $C^{\ominus}_p$ 必将导致反应的 $\Delta S^{\ominus}_{298}$ 和 $\Delta S^{\ominus}_{p298}$ 值（或在任何其他温度下的值）得到很不相同的结果。但是，只要对半电池还原-氧化反应进行计算就必须考虑电子的热力学性质。即使是不用相对熵而用绝对熵，也仍然有必要考虑电子的熵。

前面已经提到过，在现时公认的规定是 $\mathrm{H^+}$ (aq) 在所有温度下的 $\overline{S}^{\ominus}_{(\mathrm{H^+})T}$ 都等于零。在298K下，取气态氢的 $S^{\ominus}_{(\mathrm{H_2})298}=31.211\mathrm{cal/(℃\cdot mol)}$。这样，便可求得 $S^{\ominus}_{(e)298}=15.606\mathrm{cal/(℃\cdot mol)}$。

在绝对标尺中，$\mathrm{H^+}$ (aq) 的 $\overline{S}^{\ominus}$ 随温度而变化；取 $\overline{S}^{\ominus}_{(\mathrm{H^+})298(\text{绝对})}=-5.0\mathrm{cal/(℃\cdot mol)}$，则得到一个数值不同的电子熵：

$$S^{\ominus}_{(e)298(\text{绝对})}=15.606-(-5.0)=20.606\mathrm{cal/(℃\cdot mol)}$$

1.2.9 在有离子参与时反应 $\Delta G^{\ominus}_{T}$ 的求法

一般说来，在高于298K的任何温度下，任何反应的 $\Delta G^{\ominus}_{T}$ 计算式可推导如下：

自 $\Delta G^{\ominus}_{298}=298\Delta S^{\ominus}_{298}$ 以及 $\Delta G^{\ominus}_{T}=\Delta H^{\ominus}_{T}-T\Delta S^{\ominus}_{T}$ 可得到：

$$\Delta G^{\ominus}_{T}-\Delta G^{\ominus}_{298}=(\Delta H^{\ominus}_{T}-\Delta H^{\ominus}_{298})-(T\Delta S^{\ominus}_{T}-298\Delta S^{\ominus}_{298}) \tag{1-80}$$

以 $\Delta H^{\ominus}_{T}=\Delta H^{\ominus}_{298}+\int_{298}^{T}\Delta C^{\ominus}_{p}\mathrm{d}T$ 和 $\Delta S^{\ominus}_{T}=\Delta S^{\ominus}_{298}+\int_{298}^{T}\frac{\Delta C^{\ominus}_{p}}{T}\mathrm{d}T$ 的关系代入式（1-80），并经

过整理后得到：

$$\Delta G_T^\ominus = \Delta G_{298}^\ominus - (T-298)\Delta S_{298}^\ominus + \int_{298}^{T}\Delta C_p^\ominus \mathrm{d}T - T\int_{298}^{T}\frac{\Delta C_p^\ominus}{T}\mathrm{d}T \tag{1-81}$$

如果反应组分 $C_p^\ominus = \varphi(T)$ 已知，则问题容易处理。但是，离子形态的反应组分的 $\overline{C}_p^\ominus = \varphi(T)$，目前还很缺乏。在此情况下，要确定有离子参与的反应的 $\Delta G_T^\ominus$ 计算式，就不得不以 $\Delta C_p^\ominus$ 在 298K 与 T 两个温度之间的平均值 $[\Delta\overline{C}_p^\ominus]_{298}^T$ 代入方程（1-81）而后进行积分。这样，便可得到 $\Delta G_T^\ominus$ 的计算式如下：

$$\Delta G_T^\ominus = \Delta G_{298}^\ominus - (T-298)\Delta S_{298}^\ominus + (T-298)[\Delta C_p^\ominus]_{298}^T - \left(T\ln\frac{T}{298}\right)[\Delta\overline{C}_p^\ominus]_{298}^T$$

1.3　水溶液中溶解物质的活度系数[16]

1.3.1　单一电解质溶液的渗透系数及活度系数[15~26]

1.3.1.1　德拜-休克方程[15,16,26]

早在 1923 年 P. 德拜（Debye）和 E. 休克（Hückel）就提出了强电解质溶液理论，并推出了计算活度系数的德拜-休克方程：

$$\lg\gamma_{\pm} = -\frac{A|z_+ z_-|\sqrt{I}}{1+\alpha_i^\ominus B\sqrt{I}} \tag{1-82}$$

式中　$\gamma_{\pm}$——水溶液中电解质的平均活度系数；

I——水溶液的离子强度，$I = \frac{1}{2}\sum m_i Z_i^2$；

z_+——正离子的电荷数；

z_-——负离子的电荷数；

m_i——i 离子的质量摩尔浓度；

A、B——特定温度与压力下表示溶剂特征的常数。对于 298K 时的水溶液，$A = 0.5085$，$B = 0.3281\times10^{-8}$；

$\alpha_i^\ominus$——与离子有效直径有关的常数。

德拜-休克方程是以下列一些假定为前提的：

（1）溶质完全离解成离子；

（2）离子是带电的硬球，电荷不会被极化，离子电场球形对称；

（3）离子间的相互作用只有库仑力，而其他作用力都忽略不计；

（4）溶剂水被认为是只提供介电常数（D）的连续介质，完全忽略加入电解质后溶液介电常数的变化以及水分子与离子间的水化作用。

上述假定只符合极稀溶液的情况，故而德拜-休克方程只适用于 $I<0.01$mol/L 的稀溶液。

1.3.1.2　皮泽方程[15,16,26]

德拜-休克方程问世后的半个多世纪，许多学者先后提出过各种电解质溶液理论，但真能用于计算高浓度特别是多组分混合电解质水溶液中的溶解物种的活度系数者不多。近

30年来，由于统计力学的发展和应用，使电解质溶液理论的研究进入了一个新阶段。例如，蒙特卡罗（Monte Carlo）法的理论计算公式能较准确地求解出强电解质中物质的活度系数。然而这种方法必须借助大型电子计算机作大量次数的反复计算，因而需要花费很多时间和费用。因而这一方法只用作检验其他电解质溶液理论是否正确的手段。

1973年以来K. S. 皮泽（Pitzer）提出了半经验式的统计热力学理论。这种理论既考虑了两粒子间的长程静电作用，也考虑了两粒子间的短程“硬心效应”位能（主要是排斥能），还考虑了三个离子之间的相互作用能。到目前为止，他的理论计算公式已可用于计算280多种电解质的高浓度（1~6mol/kg），包括混合电解质溶液以及高温水溶液的渗透系数与活度系数，计算结果和实验值能很好地符合。

（1）单一电解质（MeX）溶液渗透系数计算公式为

$$\phi - 1 = -|z_{Me}z_X|\frac{AI^{1/2}}{1+bI^{1/2}} + m\frac{2v_{Me}v_X}{v}\times[\beta^{(0)} + \beta^{(1)}e^{-\alpha I^{1/2}}] + m^2\frac{2(v_{Me}v_X)^{3/2}}{v}c^{\phi} \tag{1-83}$$

式中 A——渗透函数中的德拜-休克系数，对于298K的水溶液，$A=0.391$，$b=1.2$，$\alpha=2.0$；

I——离子强度；

m——溶液质量摩尔浓度；

v_{Me}——MeX分子式中Me的计量系数；

v_X——MeX分子式中X的计算系数，例如$ZnCl_2$的$v_{Me}=1$，$v_X=2$，$v=v_{Me}+v_X=3$；

$\beta^{(0)}$，$\beta^{(1)}$，c^{ϕ}——用实测数据回归出的系数，可在表1-4~表1-10中查找。

（2）2∶2价电解质溶液渗透系数计算公式为

$$\phi - 1 = -\frac{4AI^{1/2}}{1+bI^{1/2}} + m[\beta^{(0)} + \beta^{(1)}\exp(-\alpha_1 I^{1/2}) + \beta^{(2)}\exp(-\alpha_2 I^{1/2})] + m^2c^{\phi} \tag{1-84}$$

式中，$\alpha_1=1.4$，$\alpha_2=12$，$\beta^{(2)}$可在表1-8中查找。有了渗透系数，便可求溶液的水活度：

$$\ln a_{H_2O} = -\frac{vmM_{H_2O}}{1000}\phi \tag{1-85}$$

电解质平均活度系数计算公式为

$$\ln\gamma_{\pm} = |z_{Me}z_X|f + m\frac{2v_{Me}v_X}{v}B + \frac{3}{2}m^2\left[\frac{2(v_{Me}v_X)}{v}\right]c^{\phi} \tag{1-86}$$

$$f = -A\left[\frac{I^{1/2}}{1+bI^{1/2}} + \frac{2}{b}\ln(1+bI^{1/2})\right] \tag{1-87}$$

$$B = 2\beta^{(0)} + \frac{2\beta^{(1)}}{\alpha^2 I}\left[1-\left(1+\alpha I^{1/2} - \frac{1}{2}\alpha^2 I\right)\exp(-\alpha I^{1/2})\right] \tag{1-88}$$

对于2∶2价电解质 $\ln\gamma_{\pm} = mB + \frac{3}{2}m^2c^{\phi}$

$$B = 2\beta^{(0)} + \frac{2\beta^{(1)}}{\alpha_1^2 I}\left[1 - \left(1 + \alpha_1 I^{1/2} - \frac{1}{2}\alpha_1^2 I\right) \times \exp(-\alpha_1 I^{1/2})\right] + \frac{2\beta^{(2)}}{\alpha_2^2 I}\left[1 - \left(1 + \alpha_2 I^{1/2} - \frac{1}{2}\alpha_2^2 I\right)\exp(-\alpha_1 I^{1/2})\right] \tag{1-89}$$

式中，$\beta^{(0)}$，$\beta^{(1)}$，$\beta^{(2)}$ 与 c^{ϕ} 在表 1-4 ~ 表 1-10 中查找。表 1-4 ~ 表 1-10 中“最大浓度”表示这些参数适用的最大浓度。“适用”是指渗透性系数的计算值与实测值的误差≤0.01（3∶1 价与 4∶1 价电解质≤0.02，5∶1 价电解质≤0.03）。表 1-4 中，σ 表示渗透性系数计算值与实测值（大都由等压法测得）的标准误差；a 表示高精确度；b 表示中等精确度；c 表示低精确度。

表 1-4　1∶1 价无机酸、碱和盐的皮泽参数（298K）

溶　质	$\beta^{(0)}$	$\beta^{(1)}$	c^{ϕ}	最大浓度 $m/(\mathrm{mol \cdot kg^{-1}})$	σ
HCl	0.1775	0.2945	0.00080	6	a
HBr	0.1960	0.3564	0.00827	3	a
HI	0.2362	0.392	0.0011	3	b
$HClO_4$	0.1747	0.2931	0.00819	5.5	0.002
HNO_3	0.1119	0.3206	0.0010	3	0.001
LiCl	0.1494	0.3074	0.00359	6	0.001
LiBr	0.1748	0.2547	0.0053	2.5	0.002
LiI	0.2104	0.373		1.4	0.006
LiOH	0.015	0.14		4	c
$LiClO_4$	0.1973	0.3996	0.0008	3.5	0.002
$LiNO_2$	0.1336	0.325	-0.0053	6	0.003
$LiNO_3$	0.1420	0.2780	-0.00551	6	0.001
NaF	0.0215	0.2107		1	0.001
NaCl	0.0765	0.2664	0.00127	6	0.001
NaBr	0.0973	0.2791	0.00116	4	0.001
NaI	0.1195	0.3439	0.0018	3.5	0.001
NaOH	0.0864	0.253	0.0044	6	b
$NaClO_3$	0.0249	0.2455	0.0004	3.5	0.001
$NaClO_4$	0.0554	0.2755	-0.00118	6	0.001
$NaBrO_3$	-0.0205	0.1910	0.0059	2.5	0.001
NaCNS	0.1005	0.3582	-0.00303	4	0.001
$NaNO_2$	0.0641	0.1015	-0.0049	5	0.005
$NaNO_3$	0.0068	0.1783	-0.00072	6	0.001
NaH_2PO_4	-0.0533	0.0396	0.00795	6	0.003
NaH_2AsO_4	-0.0442	0.2895		1.5	0.001
$NaBO_2$	-0.526	0.1104	0.0154	4.5	0.004
$NaBF_4$	-0.0252	0.1824	0.0021	6	0.006
KF	0.08089	0.2021	0.00093	2	0.001
KCl	0.04835	0.2122	-0.00084	4.8	0.0005
HBr	0.0569	0.2212	-0.00180	5.5	0.001
KI	0.0746	0.2517	-0.00414	4.5	0.001

续表 1-4

溶 质	$\beta^{(0)}$	$\beta^{(1)}$	c^{ϕ}	最大浓度 $m/(\mathrm{mol\cdot kg^{-1}})$	σ
KOH	0.1298	0.320	0.0041	5.5	b
$KClO_3$	−0.0960	0.2481		0.7	0.001
$KBrO_3$	−0.1290	0.2565		0.5	0.001
KCNS	0.0416	0.2302	−0.00252	5	0.001
KNO_2	0.0151	0.015	0.0007	5	0.003
KNO_3	−0.0816	0.0494	0.00660	3.8	0.001
KH_2PO_4	−0.0678	−0.1042		1.8	0.003
KH_2AsO_4	−0.0584	0.0626		1.2	0.003
KPF_6	−0.163	−0.282		0.5	0.001
RbF	0.1141	0.2842	−0.0105	3.5	0.002
RbCl	0.0441	0.1483	−0.00101	5	0.001
RbBr	0.0396	0.1530	−0.00144	5	−0.001
RbI	0.0397	0.1330	−0.00108	5	0.001
$RbNO_2$	0.0269	−0.1553	−0.00366	5	0.002
$RbNO_3$	−0.0789	−0.0172	0.00529	4.5	0.001
CsF	0.1306	0.2570	−0.043	3.2	0.002
CsCl	0.0300	0.0558	0.00038	5	0.002
CsBr	0.0279	0.0139	0.0004	5	0.002
CsI	0.0244	0.0262	−0.00365	3	0.001
CsOH	0.150	0.30		—	
$CsNO_2$	0.0427	0.060	−0.0051	6	0.004
$CsNO_3$	−0.0758	−0.0669		1.4	0.002
$AgNO_3$	−0.0856	0.0025	0.00591	6	0.001
$TlClO_4$	−0.087	−0.02		0.5	0.001
$TlNO_2$	−0.105	−0.378		0.4	0.001
NH_4Cl	0.0522	0.1918	−0.00301	6	0.001
NH_4Br	0.0624	0.1947	−0.00436	2.5	0.001
NH_4ClO_4	−0.0103	−0.0194		2	0.004
NH_4NO_3	−0.0154	0.1120	−0.00003	6	0.001

表 1-5 1∶1 价羧酸盐的皮泽参数（298K）

溶 质	$\beta^{(0)}$	$\beta^{(1)}$	c^{ϕ}	最大浓度 $m/(\mathrm{mol\cdot kg^{-1}})$	σ
CH_3COOLi	0.1124	0.2483	−0.00525	4	0.001
HCOONa	0.0820	0.2872	−0.00523	3.5	0.001
CH_3COONa	0.1426	0.3237	−0.00629	3.5	0.001
C_2H_5COONa	0.1875	0.2789	−0.01277	3	0.001
$(CH_2)(COOH)(COONa)$	0.0229	0.1600	−0.00106	5	0.002
$(CH_2)_2(COOH)(COONa)$	0.0354	0.1606	0.00040	5	0.001
$(CH_2)_4(COOH)$	0.0472	0.3168		0.7	0.001

续表 1-5

溶　质	$\beta^{(0)}$	$\beta^{(1)}$	c^{ϕ}	最大浓度 $m/(mol \cdot kg^{-1})$	σ
(COONa)					
CH_3COOK	0.1587	0.3251	-0.00660	3.5	0.001
$(CH_2)(COOH)$	-0.0095	0.1423	0.00167	5	0.004
(COOK)					
$(CH_2)_2(COOH)$	0.0111	0.1564	0.00274	4.5	0.002
(COOK)					
$(CH_2)_4(COOH)$	0.0419	0.2523		1	0.001
(COOK)					
CH_3COORb	0.1622	0.3353	-0.00551	3.5	0.001
CH_3COOCs	0.1628	0.3605	-0.00555	3.5	0.001
CH_3OHOTl	0.0082	0.0131	-0.00127	6	0.001

表 1-6　卤化季铵盐的皮泽参数（298K）

溶　质	$\beta^{(0)}$	$\beta^{(1)}$	c^{ϕ}	最大浓度 $m/(mol \cdot kg^{-1})$	σ
Me_4NF	0.2677	0.2265	0.0013	3	0.002
Et_4NF	0.3113	0.6155	0.0349	2	0.002
Pr_4NF	0.4463	0.4090	0.0537	2	0.002
Bu_4NF	0.6092	0.402	-0.0281	1.7	0.005
Me_4NCl	0.0430	-0.029	0.0078	3.4	0.005
Et_4NCl	0.0617	-0.099	0.0105	3	0.002
Pr_4NCl	0.1346	-0.300	0.0119	2.5	0.002
Bu_4NCl	0.2339	-0.410	-0.0567	2.5	0.001
Me_4NBr	-0.0082	-0.147	0.0105	3.5	0.004
Et_4NBr	-0.0176	-0.394	0.0156	4	0.001
Pr_4NBr	0.0390	-0.772	0.0099	3.5	0.003
Bu_4NBr	-0.0277	-0.525	0.0011	4.5	0.007
Me_4NI	0.0345	-0.585		0.3	0.003
Et_4NI	-0.179	-0.571	0.0412	2	0.007
Pr_4NI	-0.2839	-0.863		0.5	0.005

表 1-7　2∶1 价无机化合物的皮泽参数（298K）

溶　质	$(4/3)\ \beta^{(0)}$	$(4/3)\ \beta^{(1)}$	$(2^{5/2})\ c^{\phi}$	最大浓度 $m/(mol \cdot kg^{-1})$	σ
$MgCl_2$	0.4698	2.242	0.00979	4.5	0.003
$MgBr_2$	0.5769	2.337	0.00589	5	0.004
MgI_2	0.6536	2.4055	0.01496	5	0.003
$Mg(ClO_4)_2$	0.6615	2.678	0.01806	2	0.002
$Mg(NO_3)_2$	0.4895	2.113	-0.03889	2	0.003
$CaCl_2$	0.4212	2.152	-0.00064	2.5	0.003
$CaBr_2$	0.5088	2.151	-0.00485	2	0.002
CaI_2	0.5839	2.409	-0.00158	2	0.001
$Ca(ClO_4)_2$	0.6015	2.342	-0.00943	2	0.005
$Ca(NO_3)_2$	0.2811	1.879	-0.03798	2	0.002

续表 1-7

溶　质	(4/3) $\beta^{(0)}$	(4/3) $\beta^{(1)}$	$(2^{5/2})\ c^{\phi}$	最大浓度 m/(mol·kg^{-1})	σ
$SrCl_2$	0.3810	2.223	−0.00246	4	0.003
$SrBr_2$	0.4415	2.282	0.00231	2	0.001
SrI_2	0.5350	2.480	0.00501	2	0.001
$Sr(ClO_4)_2$	0.5692	2.089	−0.02472	2.5	0.003
$Sr(NO_3)_2$	0.1795	1.840	−0.03757	2	0.002
$BaCl_2$	0.3504	1.995	−0.03654	1.8	0.001
$BaBr_2$	0.4194	2.0953	−0.03009	2	0.001
BaI_2	0.5625	2.249	−0.03286	1.8	0.003
$Ba(OH)_2$	0.229	1.60		0.1	
$Ba(ClO_4)_2$	0.4819	2.101	−0.05894	2	0.003
$Ba(NO_3)_2$	−0.043	1.07		0.4	0.001
$MnCl_2$	0.4363	2.067	−0.03865	2.5	0.003
$FeCl_2$	0.4479	2.043	−0.01623	2	0.002
$CoCl_2$	0.4857	1.967	−0.02869	3	0.004
$CoBr_2$	0.5693	2.213	−0.00127	2	0.002
CoI_2	0.695	2.23	−0.0088	2	0.01
$Co(NO_3)_2$	0.4159	2.254	−0.01436	5.5	0.003
$NiCl_2$	0.4639	2.108	−0.00702	2.5	0.002
$CuCl_2$	0.3955	1.855	−0.06792	2	0.002
$Cu(NO_3)_2$	0.4224	1.907	−0.04136	2	0.002
$ZnCl_2$	0.3469	2.190	−0.1659	1.2	0.006
$ZnBr_2$	0.6213	2.179	−0.2035	1.6	0.007
ZnI_2	0.6428	2.594	−0.0269	0.8	0.002
$Zn(ClO_4)_2$	0.6747	2.396	0.02131	2	0.003
$Zn(NO_3)_2$	0.4641	2.255	−0.02955	2	0.001
$Cd(NO_3)_2$	0.3820	2.224	−0.04836	2.5	0.002
$Pb(ClO_4)_2$	0.4443	2.296	−0.01667	6	0.004
$Pb(NO_3)_2$	−0.0482	0.380	0.01005	2	0.002
UO_2Cl_2	0.5698	2.192	−0.06951	2	0.001
$UO_2(ClO_4)_2$	0.8151	2.859	0.04089	2.5	0.003
$UO_2(NO_3)_2$	0.6143	2.151	−0.05948	2	0.002
Li_2SO_4	0.1817	1.694	−0.00753	3	0.002
Na_2SO_4	0.0261	1.484	0.01075	4	0.003
$Na_2S_2O_3$	0.0882	1.701	0.00705	3.5	0.002
Na_2CrO_4	0.1250	1.826	−0.00407	2	0.002
Na_2CO_3	0.2530	1.128	−0.09057	1.5	0.001
Na_2HPO_4	−0.0777	1.954	0.0554	1	0.00
Na_2HAsO_4	0.407	2.173	0.034	1	0.001
K_2SO_4	0.0666	1.039		0.7	0.002
K_2CrO_4	0.1011	1.652	−0.00147	3.5	0.003
$K_2Pt(CN)_4$	0.0881	3.164	0.0247	1	0.005
K_2HPO_4	0.0330	1.699	0.0309	1	0.002
K_2HAsO_4	0.1728	2.198	−0.0336	1	0.001
Rb_2SO_4	0.0772	1.481	−0.00019	1.8	0.001
Cs_2SO_4	0.1184	1.481	−0.01131	1.8	0.001
$(NH_4)_2SO_4$	0.0545	0.878	−0.00219	5.5	0.004

表 1-8　3∶1 价电解质的皮泽参数（298K）

溶　质	(3/2) $\beta^{(0)}$	(3/2) $\beta^{(1)}$	($3^{3/2}$) c^{ϕ}	最大浓度 m/(mol · kg^{-1})	σ
$AlCl_3$	1.0490	8.767	0.0071	1.6	0.005
$SrCl_3$	1.0500	7.978	−0.0840	1.8	0.005
YCl_3	0.9367	8.40	−0.0407	3.5	0.007
$LaCl_3$	0.8834	8.40	−0.0619	3.9	0.006
$CeCl_3$	0.9072	8.40	−0.0746	1.8	0.007
$PrCl_3$	0.8838	8.40	−0.0549	3.9	0.006
$NdCl_3$	0.8784	8.40	−0.0493	3.9	0.006
$SmCl_3$	0.9000	8.40	−0.0535	3.6	0.007
$EuCl_3$	0.9115	8.40	−0.0547	3.6	0.006
$GdCl_3$	0.9139	8.40	−0.0494	3.6	0.006
$TbCl_3$	0.9229	8.40	−0.0468	3.6	0.004
$DyCl_3$	0.9290	8.40	−0.0456	3.6	0.005
$HoCl_3$	0.9376	8.40	−0.0450	3.7	0.006
$ErCl_3$	0.9285	8.40	−0.0389	3.7	0.006
$TmCl_3$	0.9262	8.40	−0.0362	3.7	0.005
$YbCl_3$	0.9235	8.40	−0.0335	3.4	0.005
$LuCl_3$	0.9228	8.40	−0.0332	4.1	0.005
$CrCl_3$	1.1046	7.883	−0.1172	1.2	0.005
$Cr(NO_3)_3$	1.0560	7.777	−0.1533	1.4	0.004
$Ga(ClO_4)_3$	1.2381	9.794	0.0904	2	0.008
$InCl_3$	−1.68	−3.85		0.01	
$La(NO_3)_3$	0.740	7.70	−0.199	1.3	0.009
$Pr(NO_3)_3$	0.737	7.70	−0.188	1.1	0.006
$Sm(NO_3)_3$	0.701	7.70	−0.131	1.5	0.007
$Gd(NO_3)_3$	0.776	7.70	−0.170	1.4	0.005
$Tb(NO_3)_3$	0.838	7.70	−0.202	1.4	0.005
$Er(NO_3)_3$	0.938	7.70	−0.226	1.5	0.006
$Tm(NO_3)_3$	0.952	7.70	−0.222	1.5	0.006
$Yb(NO_3)_3$	0.948	7.70	−0.208	1.5	0.006
$La(ClO_4)_3$	1.158	9.80	0.0016	2.0	0.009
$Pr(ClO_4)_3$	1.132	9.80	0.0163	2.0	0.006
$Nd(ClO_4)_3$	1.131	9.80	0.0194	2.0	0.007
$Sm(ClO_4)_3$	1.146	9.80	0.0140	2.0	0.005
$Gd(ClO_4)_3$	1.173	9.80	0.0140	2.0	0.007
$Tb(ClO_4)_3$	1.193	9.80	0.0123	2.0	0.006
$Dy(ClO_4)_3$	1.201	9.80	0.0142	2.0	0.006
$Ho(ClO_4)_3$	1.198	9.80	0.0132	2.0	0.004
$Er(ClO_4)_3$	1.202	9.80	0.0144	1.8	0.004
$Tm(ClO_4)_3$	1.193	9.80	0.0245	2.0	0.005
$Yb(ClO_4)_3$	1.206	9.80	0.0137	1.8	0.004
$Lu(ClO_4)_3$	1.186	9.80	0.0290	2.0	0.006

续表 1-8

溶质	(3/2) $\beta^{(0)}$	(3/2) $\beta^{(1)}$	$(3^{3/2})\ c^{\phi}$	最大浓度 $m/(\mathrm{mol \cdot kg^{-1}})$	σ
Na_3PO_4	0.2672	5.777	−0.1339	0.7	0.003
Na_3AsO_4	0.3582	5.895	−0.1240	0.7	0.001
K_3PO_4	0.5594	5.958	−0.2255	0.7	0.001
$K_3P_3O_9$	0.4867	8.349	−0.0886	0.8	0.004
K_3AsO_4	0.7491	6.511	−0.3376	0.7	0.001
$K_3Fe(CN)_6$	0.5035	7.121	−0.1176	1.4	0.003
$K_3Co(CN)_6$	0.5603	5.815	−0.1603	1.4	0.008

表 1-9 4∶1 价和 5∶1 价电解质的皮泽参数（298K）

溶质		(8/5) $\beta^{(0)}$	(8/5) $\beta^{(1)}$	(16/5) c^{ϕ}	最大浓度 $m/(\mathrm{mol \cdot kg^{-1}})$	σ
4∶1 价电解质	$ThCl_4$	1.622	21.33	−0.3309	1	0.006
	$Th(NO_3)_4$	1.546	18.22	−0.5906	1	0.01
	$Na_4P_2O_7$	0.699	17.16		0.2	0.01
	$K_4P_2O_7$	0.977	17.88	−0.2418	0.5	0.01
	$K_4Fe(CN)_6$	1.021	16.23	−0.5579	0.9	0.008
	$K_4Mo(CN)_8$	0.854	18.53	−0.3499	0.8	0.01
	$K_4W(CN)_8$	1.032	18.49	−0.4937	1	0.005
	$Me_4NMo(CN)_8$	0.938	15.91	−0.3330	1.4	0.01
溶质		(5/3) $\beta^{(0)}$	(5/3) $\beta^{(1)}$	$(5^{3/2}/3)\ c^{\phi}$	最大浓度 $m/(\mathrm{mol \cdot kg^{-1}})$	σ
5∶1 价电解质	$Na_5P_3O_{10}$	1.869	36.10	−1.630	0.4	0.01
	$K_5P_3O_{10}$	1.939	39.64	−1.055	0.5	0.015

表 1-10 2∶2 价电解质的皮泽参数（298K）

溶质	$\beta^{(0)}$	$\beta^{(1)}$	$\beta^{(2)}$	c^{ϕ}	浓度范围 $m/(\mathrm{mol \cdot kg^{-1}})$	σ
$MgSO_4$	0.2210	3.343	−37.23	0.0250	0.006~3.0	0.004
$NiSO_4$	0.1702	2.907	−40.06	0.0366	0.005~2.5	0.005
$CuSO_4$	0.2340	2.527	−48.33	0.0044	0.005~1.4	0.003
$ZnSO_4$	0.1949	2.883	−32.81	0.0290	0.005~3.5	0.004
$CdSO_4$	0.2053	2.617	−48.07	0.0114	0.005~3.5	0.002
$CoSO_4$	0.20	2.70	−30.07		0.006~0.10	0.003
$CaSO_4$	0.20	2.65	−55.7		0.004~0.011	0.003
$BeSO_4$	0.317	2.914	?	0.0062	0.1~4.0	0.004
$MnSO_4$	0.201	2.980	?	0.0182	0.1~4.0	0.003
UO_2SO_4	0.322	1.827	?	−0.0176	0.1~5.0	0.003

1.3.1.3 布罗姆莱单参数方程[15,16,26]

除皮泽公式外还有一个比较简易的计算活度系数的公式，即布罗姆莱（Bromley）的“单参数”方程式：

$$\lg\gamma_{\pm} = \frac{-A|z_+ z_-|I^{1/2}}{1 + I^{1/2}} + \frac{(0.06 + 0.6B)|z_+ z_-|I}{\left(1 + \frac{1.5I}{|z_+ z_-|}\right)^2} + BI \tag{1-90}$$

$T=298K$ 时，式中的 $A=0.511$；B 可由实验数据求出，见表 1-11；也可用下列公式计算

$$B = B_+ + B_- + \delta_+\delta_-$$

式中，B_+、B_-、δ_+、δ_- 的值列入表 1-12。

表 1-11　布罗姆莱参数（298K）

电解质		$B/(\mathrm{kg\cdot mol^{-1}})$	σ
1∶2 价电解质	K_2HAsO_4	0.0296	0.015
	K_2HPO_4	−0.0096	0.006
	K_2SO_4	−0.0320	0.005
	Li_2SO_4	0.0207	0.003
	Na_2CO_3	0.0089	0.006
	Na_2CrO_4	0.0096	0.006
	Na_2HAsO_4	0.0022	0.016
	Na_2HPO_4	−0.0265	0.011
	顺丁烯二酸钠 (Na_2 Maleate)	−0.0029	0.033
	Na_2SO_4	−0.0204	0.008
	$Na_2S_2O_3$	−0.0005	0.005
	$(NH_4)_2SO_4$	−0.0287	0.024
	Rb_2SO_4	−0.0091	0.005
1∶3 价电解质 $I=6m$	K_3AsO_4	0.0551	0.033
	$K_3Fe(CN)_6$	0.0195	0.003
	K_3PO_4	0.0344	0.031
	Na_3AsO_4	0.0159	0.033
	Na_3PO_4	0.0043	0.037
1∶4 价电解质 $I=10m$	$K_4Fe(CN)_6$	0.0085	0.009
	$K_4Mo(CN)_6$	0.0110	0.018
2∶1 价电解质 $I=3m$	$BaAc_2$	0.0357	0.015
	$BaBr_2$	0.0852	0.004
	$BaCl_2$	0.0638	0.007
	$Ba(ClO_4)_2$	0.0936	0.012
	BaI_2	0.0125	0.003
	$Ba(NO_3)_2$	−0.0545	0.001
	$Ba(OH)_2$	−0.0240	0.003
	$CaBr_2$	0.1179	0.009
	$CaCl_2$	0.0948	0.005
	$Ca(ClO_4)_2$	0.1457	0.003
	CaI_2	0.1440	0.007
	$Ca(NO_3)_2$	0.0410	0.007
	$CdBr_2$	−0.1701	0.237
	$CdCl_2$	−0.1448	0.180
	CdI_2	−0.2497	0.383
	$Cd(NO_3)_2$	0.0719	0.017
	$CoBr_2$	0.1361	0.012
	$CoCl_2$	0.1016	0.004
2∶1 价电解质 $I=3m$	CoI_2	0.1683	0.013
	$Co(NO_3)_2$	0.0912	0.002
	$CuCl_2$	0.0654	0.017
	$Cu(NO_3)_2$	0.0797	0.005
	$FeCl_2$	0.0961	0.004
	$MgAc_2$	0.039	0.015
	$MgBr_2$	0.1419	0.012
	$MgCl_2$	0.1129	0.010
	$Mg(ClO_4)_2$	0.1760	0.009
	MgI_2	0.1695	0.014
	$Mg(NO_3)_2$	0.1014	0.004
	$MnCl_2$	0.0869	0.005
	$NiCl_2$	0.1039	0.007
	$Pb(ClO_4)_2$	0.0987	0.003
	$Pb(NO_3)_2$	−0.0606	0.034
	$SrBr_2$	0.1038	0.005
	$SrCl_2$	0.0847	0.002
	$Sr(ClO_4)_2$	0.1254	0.008
	SrI_2	0.1339	0.005
	$Sr(NO_3)_2$	0.0138	0.012
	UO_2Cl_2	0.1157	0.015
	$UO_2(ClO_4)_2$	0.2267	0.022
	$UO_2(NO_3)_2$	0.1296	0.010
	$ZnBr_2$	0.0911	0.057
	$ZnCl_2$	0.0364	0.043
	$Zn(ClO_4)_2$	0.1755	0.0190
	ZnI_2	0.1341	0.060
	$Zn(NO_3)_2$	0.1002	0.006
2∶2 价电解质 $I=4m$	$BrSO_4$	−0.0301	0.110
	$CdSO_4$	−0.0371	0.064
	$CuSO_4$	−0.0364	0.066
	$MgSO_4$	−0.0153	0.051
	$NiSO_4$	−0.0296	0.052
	$ZnSO_4$	−0.0240	0.046
3∶1 价电解质 $I=6m$	$AlCl_3$	0.1089	0.018
	$CeCl_3$	0.0815	0.010
	$Co(EN)_3Cl_3$	−0.0251	0.016

续表 1-11

电解质		$B/(\mathrm{kg\cdot mol^{-1}})$	σ
3：1 价电解质 $I=6m$	$CrCl_3$	0.1026	0.015
	$Cr(NO_3)_3$	0.0919	0.010
	$EuCl_3$	0.0867	0.009
	$Ga(ClO_4)_3$	0.1607	0.019
	$LaCl_3$	0.0818	0.011
	$La(NO_3)_3$	0.0868	0.034
	$NdCl_3$	0.0815	0.011
	$PrCl_3$	0.0805	0.009
	$ScCl_3$	0.0969	0.016
	$SmCl_3$	0.0848	0.010
	YCl_3	0.0882	0.014
3：2 价电解质 $I=15m$	$Al_2(SO_4)_3$	-0.0044	0.041
	$Cr_2(SO_4)_3$	0.0122	0.014
4：1 价电解质 $I=10m$	$ThCl_4$	0.1132	0.056
	$Th(NO_3)_4$	0.0894	0.079
1：1 价电解质	$AgNO_3$	-0.0828	0.027
	CsAc	0.1272	0.010
	CsBr	-0.0039	0.015
	CsCl	0.0025	0.017
	CsF	0.0906	0.004
	CsI	-0.0188	0.007
	$CsNO_3$	-0.1173	0.004
	CsOH	0.1299	0.003
	HBr	0.1734	0.004
	HCl	0.1433	0.003
	$HClO_4$	0.1639	0.019
	HI	0.2054	0.004
	HNO_3	0.0776	0.019
	KAc	0.1188	0.009
	KBr	0.0296	0.003
	$KBrO_3$	-0.0884	0.003
	KCl	0.0240	0.0005
	$KClO_3$	-0.0739	0.003
	$KClO_4$	-0.1637	0.000
	KCNS	0.0137	0.007
	KF	0.0565	0.006
	KH_2AsO_4	-0.0798	0.003
	$K_2H_2PO_4$	-0.1124	0.008
	丙二酸氢钾 (KH Malonate)	-0.0227	0.006
	KI	0.0428	0.008
1：1 价电解质	KNO_3	-0.0862	0.013
	KOH	0.1131	0.011
	LiAc	0.0722	0.005
	LiBr	0.1527	0.017
	LiCl	0.1283	0.009
	$LiClO_3$	0.1442	0.004
	$LiClO_4$	0.1702	0.006
	LiI	0.1815	0.007
	$LiNO_3$	0.0938	0.014
	LiOH	-0.0097	0.022
	NaAc	0.1048	0.009
	NaBr	0.0749	0.0009
	$NaBrO_3$	-0.0278	0.002
	羊脂酸钠 (Na Caprylate)	-0.1419	0.060
	NaCl	0.0574	0.002
	$NaClO_3$	0.0127	0.005
	$NaClO_4$	0.0330	0.007
	NaCNS	0.0758	0.011
	NaF	0.0041	0.0006
	NaH_2AsO_4	-0.0291	0.006
	NaH_2PO_4	-0.0460	0.033
	丙二酸氢钠 (NaH Malonate)	-0.0011	0.002
	NaI	0.0994	0.002
	$NaNO_3$	-0.0128	0.002
	NaOH	0.0747	0.010
	壬酸钠 (Na Pelargonate)	-0.3040	0.080
	丙酸钠 (Na Propionate)	0.1325	0.008
	NH_4Br	-0.0066	0.013
	NH_4Cl	0.0200	0.005
	NH_4ClO_4	-0.0640	0.011
	NH_4I	0.0210	0.004
	NH_4NO_3	-0.0358	0.011
	RbAc	0.1239	0.008
	RbBr	0.0111	0.004
	RbCl	0.0157	0.005
	RbF	0.0650	0.006
	RbI	0.0108	0.005

续表 1-11

电解质		$B/(kg \cdot mol^{-1})$	σ	电解质		$B/(kg \cdot mol^{-1})$	σ
1:1 价电解质	$RbNO_3$	−0.0869	0.023	1:2 价电解质 $I=3m$	$CsSO_4$	−0.0012	0.004
	TlAc	−0.0224	0.014		H_2SO_4	0.0606	0.175
	TlCl	0.0372	0.002		K_2CO_3	0.0372	0.015
	$TlClO_4$	−0.1288	0.0005		K_2CrO_4	−0.0003	0.003
	$TiNO_3$	−0.2340	0.003				

注：1. σ 表示用 B 值按 Bromley 方程计算的活度系数的对数 $\lg\gamma_\pm$ 的误差；

2. 表中所给出的 I 值为适用的离子强度的上限。

表 1-12 布罗姆莱参数值（298K）

阳离子	B_+	δ_+	阴离子	B_-	δ_-
H^+	0.0875	0.103	F^-	0.0295	−0.93
Li^+	0.0691	0.138	Cl^-	0.0643	−0.067
Na^+	0.0000	0.028	Br^-	0.0741	0.064
K^+	−0.0452	−0.079	I^-	0.0890	0.196
Rb^+	−0.0537	−0.100	ClO_3^-	0.005	0.45
Cs^+	−0.0710	−0.138	ClO_4^-	0.002	0.79
NH_4^+	−0.042	−0.02	BrO_3^-	−0.032	0.14
Tl^+	−0.135	−0.02	IO_3^-	(−0.04)	(0)
Ag^+	−0.058	(0)	NO_3^-	−0.025	0.027
Be^{2+}	(0.1)	(0.2)	$H_2PO_4^-$	−0.052	0.20
Mg^{2+}	0.0570	0.157	$H_2AsO_4^-$	−0.030	0.05
Ca^{2+}	0.0374	0.119	CNS^-	0.071	0.16
Sr^{2+}	0.0245	0.110	OH^-	0.076	−1.00
Ba^{2+}	0.0022	0.098	Formate (c_1)	0.072	(−0.7)
Mn^{2+}	0.037	(0.21)	Acetate (c_2)	0.104	−0.73
Fe^{2+}	0.046	(0.21)	Propionate (c_3)	0.152	(−0.7)
Co^{2+}	0.0490	0.210	Butyrate (c_4)	0.167	(−0.7)
Ni^{2+}	0.054	(0.21)	Valerate (c_5)	0.142	(−0.7)
Cu^{2+}	0.022	0.30	Caproate (c_6)	0.068	(−0.7)
Zn^{2+}	0.101	0.09	Heptylate (c_7)	−0.027	(−0.7)
Cd^{2+}	0.072	(0.09)	Caprylate (c_8)	−0.122	(−0.7)
Pb^{2+}	−0.104	0.25	Pelargonate (c_9)	−0.284	(−0.7)
UO_2^{2+}	0.079	0.19	Caprate (c_{10})	−0.459	(−0.7)
Cr^{3+}	0.066	0.15	H Malonate (c_3)	+0.005	−0.22
Al^{3+}	0.052	0.12	H Succinate (c_4)	+0.021	−0.27
Sc^{3+}	0.046	(0.2)	H Adipate (c_5)	+0.053	−0.26
Y^{3+}	0.037	(0.2)	Toluate	−0.022	−0.16
La^{3+}	0.036	0.27	CrO_4^{2-}	0.019	−0.33
Ce^{3+}	0.035	(0.27)	SO_4^{2-}	0.000	−0.40
Pr^{3+}	0.034	(0.27)	$S_2O_3^{2-}$	0.019	(−0.7)
Nd^{3+}	0.035	(0.27)	HPO_4^{2-}	−0.010	−0.57

续表 1-12

阳离子	B_+	δ_+	阴离子	B_-	δ_-
Sm^{3+}	0.039	(0.27)	$HAsO_4^{2-}$	0.021	-0.67
Eu^{3+}	0.041	(0.27)	CO_3^{2-}	0.028	-0.67
Ga^{3+}	0.000	(0.2)	Fumarate (trans c_4)	0.056	(-0.7)
$Co(en)_3^{3+}$	-0.089	(0)	Maleat (Cis c_4)	0.017	(-0.7)
Th^{3+}	0.062	0.19	PO_4^{3-}	0.024	-0.70
			AsO_4^{3-}	0.038	-0.78
			$Fe(CN)O_6^{3-}$	0.065	(0)
			$Fe(CN)O_6^{3-}$	0.054	(0)
			$Mo(CN)O_6^{3-}$	0.056	(0)

用实验数据求出的 B 计算的 $\gamma_\pm$，一直到 $I=6$，其误差≤5%。

1.3.1.4 梅斯纳（Meissner）法[16]

梅斯纳并未提出过任何有关电解质溶液理论的模型，他与泰斯特（Tester）于 1972 年提出了对比活度系数“$\Gamma°$”的概念。

$$\Gamma° = (\gamma_\pm)^1/|z_+ z_-| \tag{1-91}$$

梅斯纳等用 $\Gamma°$与 I 作图，发现不同电解质在恒温下可得到不同的曲线。1978 年邱西克（Kusik）- 梅斯纳又将这些曲线用经验函数关联：

$$\Gamma°_{(I,Q°)} = [1 + B(1 + 0.1I)^{Q°} - B]\Gamma^* \tag{1-92}$$

式中

$$B = 0.75 - 0.06Q°$$

$$\lg\Gamma^* = -0.5107\frac{I^{1/2}}{1 + CI^{1/2}}$$

$$C = 1 + 0.055Q°e^{-0.023I^3}$$

式中的上标符号“°”表示单一电解质溶液的值。不同的电解质具有不同的 $Q°$值，它由实验数据回归得出。一些电解质在 298K 下的 $Q°$值可在文献［26］的表 4-15 中找到，其他温度下的 $Q°$值可由下式估算：

$$Q°_t = Q°_{298}\left[1 - \frac{0.0027(T - 298)}{z_+ z_-}\right]$$

梅斯纳法计算比较简单，但仅适用于强电解质溶液，且计算误差较大。

1.3.2 混合电解质溶液活度系数的计算[15~26]

现有的计算混合电解质溶液中的平均活度系数的公式有皮泽精确式、皮泽简化式、弗兰克-汤普桑（Frank-Thompson）弥散晶格理论、斯托凯斯-罗宾桑（Stokes-Robinson）的水化理论、格柳考夫（Glueckauf）的改进的离子水化理论以及梅斯纳的半经验公式[26,27]。李以圭、陆久芳等曾用上述几种方法计算过电解质溶液中离子的活度系数并对其准确性进行了比较[28]。结果表明，改进了的弗兰克-汤普桑方程、梅斯纳的半经验计算方法以及简化了的皮泽方程均可用于低离子强度的($I<(0.5\sim1)$ mol/kg)混合电解质溶液。而在高的离子强度下只有带 θ 与 ψ 的皮泽方程能适用。在上述方法中，皮泽方程虽然精度最高，但

计算方法复杂，而且其两个必不可少的参数 θ 与 ψ 必须由实测数据回归得出，对于多数体系尚无数值。梅斯纳法虽然精度差一些，但因计算简便故而易于推广，得到了广泛的应用。

1.3.2.1　MK（Meissner-Kusik）法[15,16,26]

设溶液中有几种阳离子，以 1、3、5、7、…代表，有几种阴离子，以 2、4、6、8、…代表。溶液中阳离子强度

$$I_c = \frac{1}{2}(m_1 z_1^2 + m_3 z_3^2 + m_5 z_5^2 + \cdots) \tag{1-93}$$

阴离子的离子强度

$$I_a = \frac{1}{2}(m_2 z_2^2 + m_4 z_4^2 + m_6 z_6^2 + \cdots) \tag{1-94}$$

溶液的总离子强度

$$I_T = \frac{1}{2}\sum m_i z_i^2 = I_c + I_a \tag{1-95}$$

溶液中某阳离子的离子强度分数（例如阳离子 1）为

$$x_1 = \frac{1}{2}(m_1 z_1^2 / I_c)$$

阴离子（例如阴离子 2）的离子强度分数为

$$y_2 = \frac{1}{2}(m_2 z_2^2 / I_a)$$

令 $\Gamma^\circ = \gamma_\pm^{1/|z_1 z_2|}$ 为对比活度系数。

Γ_{12}° 为阳离子 1，阴离子 2 组成的电解质在纯溶液中的对比活度系数。Γ_{12} 则为同一电解质在混合电解质溶液中的对比活度系数。

令

$$F_1 = \frac{1}{2}(y_2 \lg\Gamma_{12}^\circ + y_4 \lg\Gamma_{14}^\circ + y_6 \lg\Gamma_{16}^\circ + \cdots)$$

$$F_2 = \frac{1}{2}(x_1 \lg\Gamma_{12}^\circ + x_3 \lg\Gamma_{32}^\circ + x_5 \lg\Gamma_{52}^\circ + \cdots)$$

$$F_3 = \frac{1}{2}(y_2 \lg\Gamma_{32}^\circ + y_4 \lg\Gamma_{34}^\circ + y_6 \lg\Gamma_{36}^\circ + \cdots)$$

$$F_4 = \frac{1}{2}(x_1 \lg\Gamma_{14}^\circ + x_3 \lg\Gamma_{34}^\circ + x_5 \lg\Gamma_{54}^\circ + \cdots)$$

$$F_5 = \frac{1}{2}(y_2 \lg\Gamma_{52}^\circ + y_4 \lg\Gamma_{54}^\circ + y_6 \lg\Gamma_{56}^\circ + \cdots)$$

$$F_6 = \frac{1}{2}(x_1 \lg\Gamma_{16}^\circ + x_3 \lg\Gamma_{36}^\circ + x_5 \lg\Gamma_{56}^\circ + \cdots)$$

$$\vdots$$

此时则有

$$\lg\Gamma_{12} = F_1 + F_2$$

$$\lg\Gamma_{32} = F_3 + F_2$$
$$\lg\Gamma_{34} = F_3 + F_4$$
$$\lg\Gamma_{14} = F_1 + F_4$$
$$\lg\Gamma_{52} = F_5 + F_2$$

当溶液中只有两种阳离子，编号为1、3与一种阴离子，编号为2时，

$$F_2 = \frac{1}{2}y_2\lg\Gamma^{\circ}_{12}$$

$$F_2 = \frac{1}{2}(x_1\lg\Gamma^{\circ}_{12} + x_3\lg\Gamma^{\circ}_{32})$$

$$\lg\Gamma_{12} = F_1 + F_2$$
$$= \frac{1}{2}y_2\lg\Gamma^{\circ}_{12} + \frac{1}{2}x_1\lg\Gamma^{\circ}_{12} + \frac{1}{2}x_3\lg\Gamma^{\circ}_{32}$$

因为只有一种阴离子，故 $y_2 = 1$，$x_1 = 1 - x_3$，此时则有

$$\lg\Gamma_{12} = \lg\Gamma^{\circ}_{12} + 0.5x_3\lg(\Gamma^{\circ}_{32}/\Gamma^{\circ}_{12})$$
$$\lg\Gamma_{32} = \lg\Gamma^{\circ}_{32} + 0.5x_1\lg(\Gamma^{\circ}_{32}/\Gamma^{\circ}_{12})$$

这样一来，要用MK法求混合电解质溶液中某一电解质的平均活度系数，可按下列步骤进行。

(1) 按给定的各电解质的浓度（质量摩尔浓度）求出 I_a、I_c、I_T与 x_1、x_3、x_5、…与 y_2、y_4、y_6、…。

(2) 欲求某电解质在给定的 I_T时之平均活度系数，例如求1、2电解质时，则必须知道溶液中各电解质在各自的纯溶液中离子强度等于 I_T时之平均活度系数 $\gamma^{\circ}_{\pm}$或 Γ°值。

(3) 把 x_1、x_3、x_5、…，y_2、y_4、y_6、…及 Γ°_{12}、Γ°_{32}、…代入上面的公式即可求出 Γ_{12}等。

(4) 再从 Γ_{12}求 $\gamma^{\circ}_{12\pm}$。

例如：一溶液 $Ca(NO_3)_2$的质量摩尔浓度5.27mol/kg，$NaNO_3$的质量摩尔浓度5.3mol/kg，求其中 $NaNO_3$的 $\gamma^{\circ}_{\pm}$。

解：令 Na^+为1，Ca^{2+}为3，NO_3^-为2

$$I_c = \frac{1}{2}(5.27 \times 2^2 + 5.3 \times 1^2) = 13.2$$

$$I_a = \frac{1}{2}(5.3 \times 1^2 + 2 \times 5.27 \times 1^2) = 7.9$$

$$I_T = I_c + I_a = 13.2 + 7.9 = 21.1$$

已知在纯溶液中 $I = 18$mol/kg时，$\Gamma^{\circ}_{32} = 0.77$；

$I = 6$mol/kg时，$\Gamma^{\circ}_{12} = 0.37$；

用外插法求得 $I = 21.1$mol/kg时，$\Gamma^{\circ}_{32} = 0.85$；$\Gamma^{\circ}_{12} = 0.25$。

$$x_3 = \frac{1}{2}(m_3z_3^2/I_c) = \frac{1}{2}(5.2 \times 2^2/13.2) = 0.79$$

则

$$\lg\Gamma_{12} = \lg\Gamma^{\circ}_{12} + 0.5x_3\lg(\Gamma^{\circ}_{32}/\Gamma^{\circ}_{12})$$
$$= \lg 0.25 + 0.5 \times 0.79\lg(0.85/0.25)$$

$$= -0.39$$

$$\Gamma_{12} = \gamma_{\pm 12} = 0.41$$

MK 法计算值与实测值的比较列于表 1-13。

表 1-13　MK 法计算值与实测值的比较

电解质			$\gamma_{\pm 12}$		
12	32	I_T	实测值	计算值	误差/%
HCl	LiCl	2	0.986	0.96	+2.6
HCl	NaCl	2	0.878	0.82	+6.6
HCl	KCl	2	0.784	0.76	+2.69
HCl	CsCl	2	0.641	0.71	-10.76
HCl	$CaCl_2$	0.3	0.578	0.58	-0.35
NaCl	$MgCl_2$	3	0.77	0.73	+5.19
NaCl	$CaCl_2$	6	0.935	0.93	+0.53
NaCl	$SrCl_2$	3	0.705	0.70	+0.71
HCl	$AlCl_3$	3	0.85	0.95	-11.76
HCl	AlCl	12	3.96	3.30	+16.67
HCl	$LaCl_3$	1	0.655	0.73	-11.45
HCl	$ThCl_4$	3	0.895	0.90	-0.56
NaCl	Na_2SO_4	6	0.62	0.62	0
NaCl	Na_2SO_4	1	0.60	0.60	0
NaCl	Na Acetate	3	0.833	0.84	-0.84
NaCl	$NaNO_3$	6	0.61	0.60	+1.64
NaCl	$NaClO_3$	6	0.815	0.82	-0.61

栗仓安博（Yasuhiro Awakura）等用梅斯纳法计算 H_2SO_4-$CdSO_4$ 混合电解质溶液中 H_2SO_4的平均活度系数的结果，如图 1-3 所示。结果表明，当 $CdSO_4$浓度大于 0.3mol/kg 时，计算值与实测值之间的误差竟达 20% ~40%。可见，梅斯纳法用于计算 H_2SO_4-$Me_x(SO_4)_y$ 混合电解质溶液的活度系数误差较大（达 40%）。

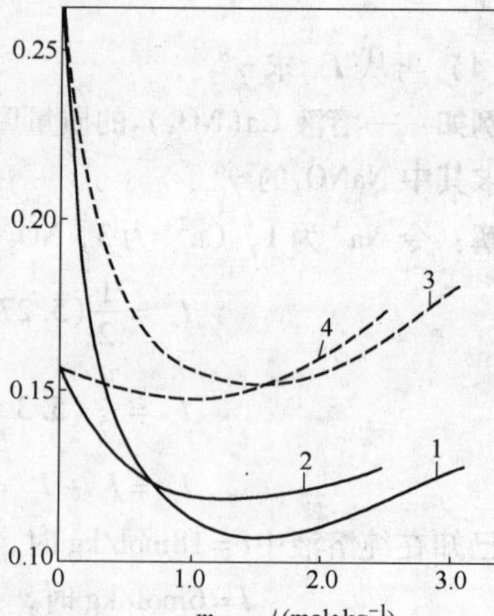

图 1-3　梅斯纳法计算结果与实测（emf）法数据的比较（H_2SO_4-$CdSO_4$-H_2O 系，298K）

1—emf 实测值，H_2SO_4的质量摩尔浓度为 0.1mol/kg；
2—emf 实测值，H_2SO_4的质量摩尔浓度为 0.5mol/kg；
3，4—梅斯纳法计算值

1.3.2.2　MP（Mckay－Perring）法[15,16,26]

对于含两种具有相同阴离子的混合电解质溶液（HCl(1)-$MeCl_n$(2)型与 H_2SO_4(1)-$Me_x(SO_4)_y$ 型），其水的活度可用罗宾桑（Robinson）与博沃（Bower）法计算。

$$1 - a_{H_2O} = [1 - a_{H_2O,1}]m_1/m_{1,I} + [1 - a_{H_2O,2}]m_2/m_{2,I} \qquad (1\text{-}96)$$

式中　a_{H_2O}——混合电解质溶液离子强度为 I 时的水活度；

$a_{H_2O,1}$——含 1 的单一电解质溶液离子强度为 I 时的水活度；

$a_{H_2O,2}$——含 2 的单一电解质溶液离子强度为 I 时的水活度；

m_1——在混合电解质溶液中电解质 1 的质量摩尔浓度；

m_2——在混合电解质溶液中电解质 2 的质量摩尔浓度；

$m_{1,I}$——离子强度为 I 时的单一电解质 1 的溶液中 1 的质量摩尔浓度；

$m_{2,I}$——离子强度为 I 时的单一电解质 2 的溶液中 2 的质量摩尔浓度。

用式（1-96）计算 $HCl\text{-}MeCl_n$ 型和 $H_2SO_4\text{-}Me_x(SO_4)_y$ 型混合电解质溶液中的水活度 a_{H_2O} 与实测结果吻合较好。

在计算 $H_2SO_4\text{-}Me_x(SO_4)_y$ 型混合电解质溶液时，假定 H_2SO_4 与 $Me_x(SO_4)_y$ 均完全离解，而当 $HCl\text{-}MeCl_n$ 型溶液有配合现象时，则需考虑配合情况。

在 m_1-m_2 坐标系中，把水的活度相等的成分点相联结的线叫等水活度线。根据兹丹诺夫斯基（Zdanovskii）法则，等水活度线可用下面方程求取：

$$\frac{m_1}{M_1} + \frac{m_2}{M_2} = 1 \tag{1-97}$$

式中　m_1，m_2——电解质 1 与 2 在混合电解质溶液中的质量摩尔浓度；

M_1——电解质 1 在纯电解质溶液中水活度与混合电解质相等时的质量摩尔浓度；

M_2——电解质 2 在纯电解质溶液中水活度与混合电解质相等时的质量摩尔浓度。

图 1-4 所示为按兹丹诺夫斯基法则算出的 $HCl\text{-}CuCl_2\text{-}H_2O$ 系的等水活度线。从图可以看出，兹丹诺夫斯基法在某些情况下是正确的，而在另一些情况下（特别是水活度较大时）则有明显的偏差，此时宜用修正了的兹丹诺夫斯基法则

$$\frac{m_1}{M_1} + \frac{m_2}{M_2} + b\,\frac{m_1, m_2}{m} = 1 \tag{1-98}$$

式中，$m = m_1 + m_2$；b 可用最小二乘法由实验数据回归出。

图 1-5 和图 1-6 是用实测的数据回归得到的 b 值与 a_{H_2O} 的关系。b 与 a_{H_2O} 可以用一个一

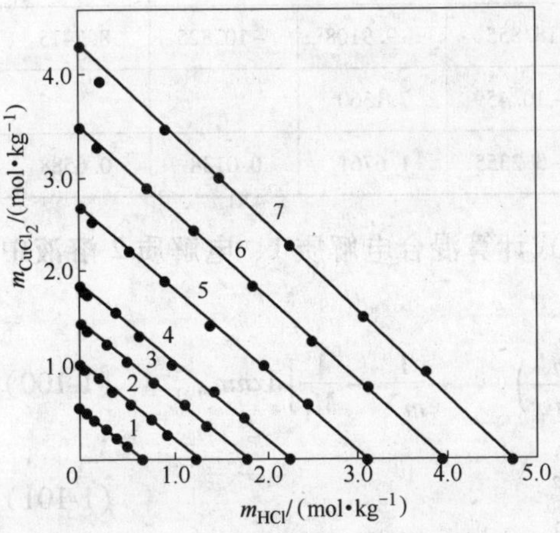

图 1-4　$HCl\text{-}CuCl_2\text{-}H_2O$ 系等水活度线

（T = 298K）

1—a_{H_2O} = 0.975；2—a_{H_2O} = 0.950；3—a_{H_2O} = 0.925；4—a_{H_2O} = 0.900；5—a_{H_2O} = 0.850；6—a_{H_2O} = 0.800；7—a_{H_2O} = 0.750

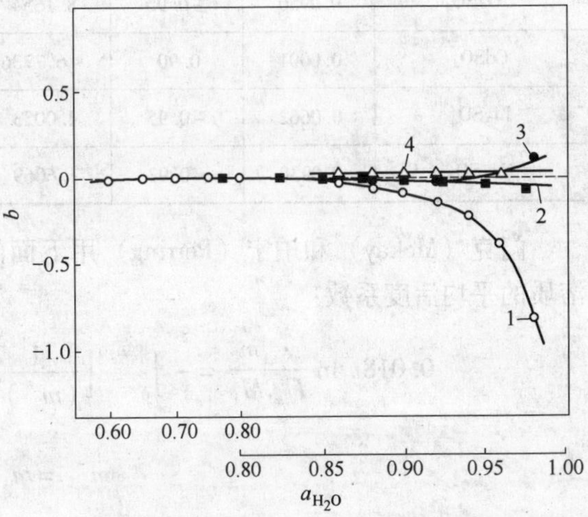

图 1-5　$HCl\text{-}MeCl_x\text{-}H_2O$ 系 b 值与 a_{H_2O} 的关系

（T = 298K）

1—Na_2SO_4；2—Li_2SO_4；3—UO_2SO_4；4—$Fe_2(SO_4)_3$

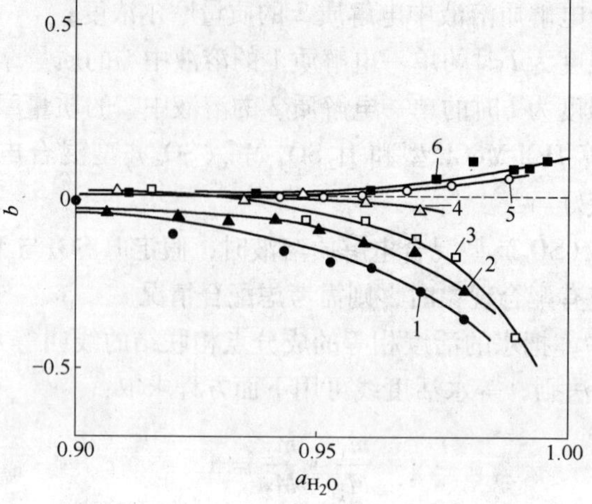

图 1-6　H_2SO_4-$Me_x(SO_4)_y$-H_2O 系 b 值与 a_{H_2O} 的关系（$T=298K$）

1—Na_2SO_4；2—Li_2SO_4；3—UO_2SO_4；4—$Fe_2(SO_4)_3$；5—$CoSO_4$；6—$CdSO_4$

元高次方程来关联

$$b = \frac{B_0 a_{H_2O}}{1 + B_1 a_{H_2O}} + A_0 + A_1 a_{H_2O} + A_2 a_{H_2O}^2 + A_3 a_{H_2O}^3 + A_4 a_{(H_2O)}^4 \tag{1-99}$$

式中的系数值如表 1-14 所示。

表 1-14　b-a_{H_2O}方程的系数值（$T=298K$）

$Me_x(SO_4)_y$	B_0	B_1	A_0	A_1	A_2	A_3	A_4
UO_2SO_4	0.0950	−0.95	8.1654	−6.9147	−9.1436	0.7852	8.4265
$CdSO_4$	0.0001	0.90	−6.7736	18.855	−9.9108	−10.825	8.7475
Li_2SO_4	0.0662	−0.95	4.0053	−10.459	7.1360		
Na_2SO_4	0.0930	−0.93	1.6069	−3.2355	1.6761	0.0138	0.6588

门克（Mckay）和珀宁（Perring）用下面的公式计算混合电解质 1、电解质 2 溶液中溶质的平均活度系数：

$$0.018 v_1 \ln \frac{\gamma_{\pm 1} m}{\Gamma_{\pm 1} M_1} = -\int_0^{\ln a_{H_2O}} \left[\frac{1}{(m^*)^2} \left(\frac{\partial m^*}{\partial \ln x} \right)_{a_{H_2O}} + \frac{1}{m^*} - \frac{1}{M_1} \right] d x n m_{H_2O} \tag{1-100}$$

$$m^* = m_1 + \frac{\frac{v_2}{v_1}}{m_2} \tag{1-101}$$

$$x_2 = \frac{v_2}{v_1} \times \frac{m_2}{m^*} \tag{1-102}$$

式中　$\gamma_{\pm 1}$——在混合电解质溶液（$m_1 + m_2$）中溶质 1 的平均活度系数；

m_1——在混合电解质溶液（m_1+m_2）中溶质 1 的质量摩尔浓度；

m_2——在混合电解质溶液（m_1+m_2）中溶质 2 的质量摩尔浓度；

M_1——在 a_{H_2O} 与混合电解质溶液相等的单一电解质 1 溶液中 1 的质量摩尔浓度；

$\Gamma_{\pm1}$——在 a_{H_2O} 与混合电解质溶液相等的单一电解质 1 溶液中 1 的平均对比活度系数；

$\Gamma_{\pm2}$——在 a_{H_2O} 与混合电解质溶液相等的单一电解质 2 溶液中 2 的平均对比活度系数；

v_1——一个电解质分子离解产生的离子数；

v_2——另一个电解质分子离解产生的离子数。

若混合电解质溶液的等水活度线遵守兹丹诺夫斯基法则，则由方程（1-100）可得：

$$\gamma_{\pm1} = \Gamma_{\pm1}\frac{v_1M_1}{m[v_1y_1 + v_2y_2]} \tag{1-103}$$

$$y_i = \frac{m_i}{m_1 + m_2}$$

若混合电解质溶液的等水活度线与兹丹诺夫斯基法则存有偏差，但可用修正式(1-98)表示，此时则有

$$\gamma_{\pm1} = \Gamma_{\pm1}\frac{v_1M_1}{m[v_1y_1 + v_2y_2]}e^{\Delta} \tag{1-104}$$

图 1-7 HCl-NaCl 溶液中 HCl 活度的计算值与实测值的对比（T=298K）

○—emf 法实测值；----—用 Zdanovskii 法则的计算值；——用修正的 Zdanovskii 法则计算值

若 b 与 a_{H_2O} 之间呈线性关系

$$b = A + Ba_{H_2O}$$

则有
$$\Delta = \frac{y_2^2}{0.18v_1}\{A\ln a_{H_2O} + B[a_{H_2O} - 1]\} \tag{1-105}$$

如若不然，则

$$\Delta = \frac{y_2^2}{0.18v_1}\int_{\ln a_{H_2O}}^{0} b\,\mathrm{d}\ln a_{H_2O}$$

栗仓安博等用上述方法计算了 HCl-NaCl 混合电解质溶液中 HCl 的平均活度并与实测结果比较吻合甚好，见图 1-7。计算出的 H_2SO_4-$Fe_2(SO_4)_3$-H_2O 系的结果如图 1-8、图 1-9 所示。

用 MP 法计算的 $MeCl_n$-HCl-H_2O 系 HCl 与 $MeCl_n$ 的活度与活度系数如图 1-10 ~ 图1-13 所示。

表 1-15 ~ 表 1-30 为 MP 法的部分计算结果。

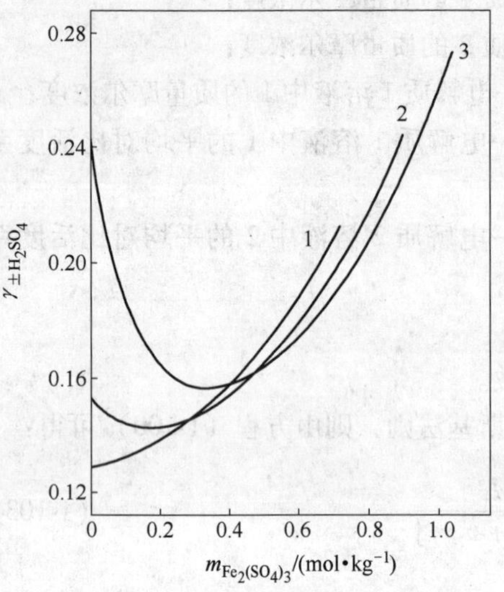

图 1-8　H_2SO_4-$Fe_2(SO_4)_3$-H_2O 系溶液的 $\gamma_{\pm H_2SO_4}$ 值[12]（$T=298K$）

1—H_2SO_4浓度 0.1mol/kg；2—H_2SO_4浓度 0.5mol/kg；3—H_2SO_4浓度 1.0mol/kg

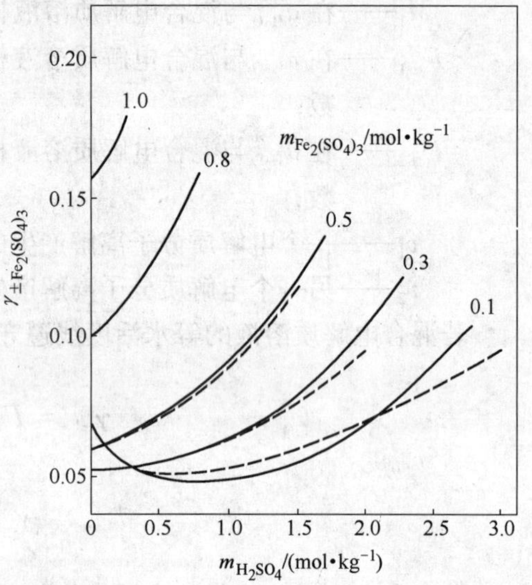

图 1-9　H_2SO_4-$Fe_2(SO_4)_3$-H_2O 系溶液的 $\gamma_{\pm Fe_2(SO_4)_3}$ 值（$T=298K$）

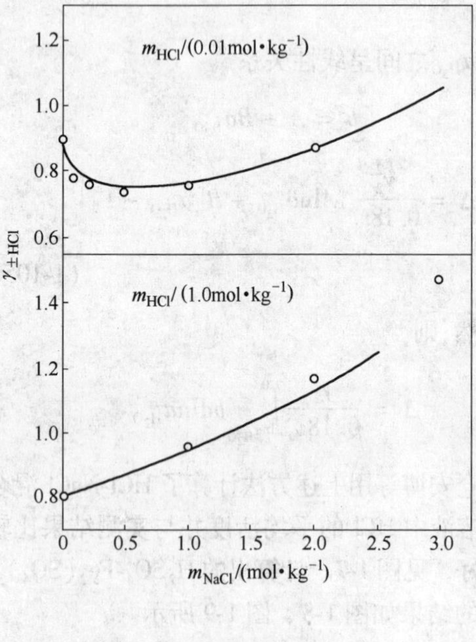

图 1-10　NaCl-HCl-H_2O 系（$T=298K$）

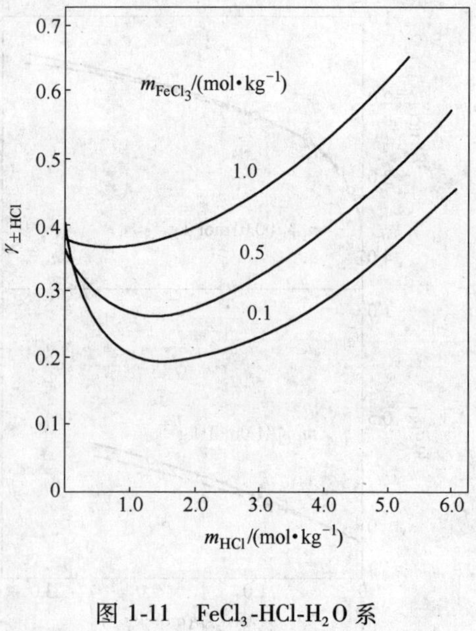

图 1-11　$FeCl_3$-HCl-H_2O 系（$T=298K$）

MP 法准确性较高，但只适用于含两种阴离子相同的混合电解质溶液，因而限制了它的应用。

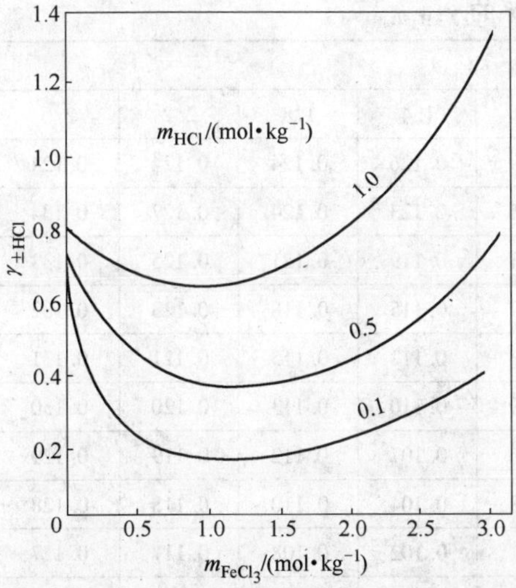

图 1-12　$FeCl_3$-HCl-H_2O 系（$T=298K$）

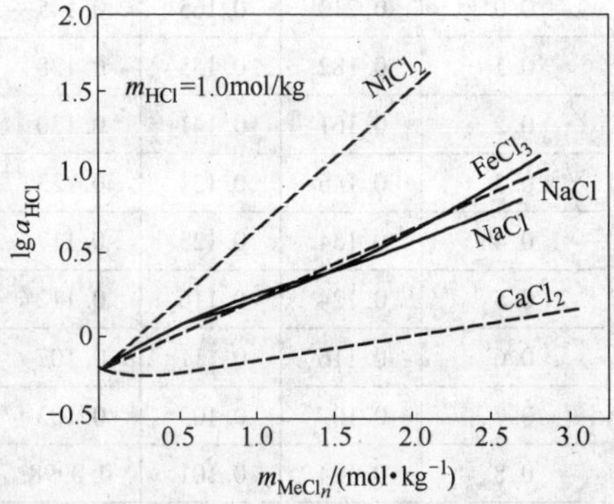

图 1-13　$MeCl_n$-HCl-H_2O 系（$T=298K$）

表 1-15　H_2SO_4-Li_2SO_4-H_2O 系的 $\gamma_{\pm H_2SO_4}$ [29]

$m_{Li_2SO_4}$ /(mol·kg^{-1})	$m_{H_2SO_4}$/(mol·kg^{-1})								
	0.2	0.4	0.6	0.8	1.0	1.4	1.8	2.2	2.6
0.0	0.210	0.166	0.148	0.138	0.132	0.128	0.127	0.126	0.126
0.1	0.186	0.156	0.142	0.133	0.129	0.126	0.126	0.130	0.136
0.2	0.168	0.147	0.136	0.130	0.126	0.125	0.126	0.131	0.138
0.3	0.156	0.140	0.132	0.127	0.124	0.123	0.126	0.132	0.139
0.4	0.146	0.137	0.128	0.124	0.123	0.123	0.126	0.133	0.140
0.5	0.138	0.129	0.125	0.122	0.122	0.122	0.127	0.134	0.141
0.6	0.132	0.125	0.122	0.120	0.121	0.122	0.127	0.135	0.143
0.7	0.126	0.122	0.120	0.119	0.120	0.122	0.128	0.136	0.14
0.8	0.122	0.119	0.118	0.118	0.120	0.122	0.129	0.137	0.147
0.9	0.118	0.117	0.116	0.118	0.118	0.123	0.130	0.138	0.148
1.0	0.115	0.115	0.115	0.118	0.117	0.123	0.131	0.139	0.150
1.2	0.111	0.112	0.115	0.115	0.117	0.124	0.133	0.142	0.152
1.4	0.108	0.111	0.112	0.115	0.117	0.125	0.135	0.144	0.153
1.6	0.107	0.109	0.112	0.115	0.118	0.125	0.137	0.146	0.154
1.8	0.105	0.108	0.112	0.115	0.119	0.128	0.138	0.147	0.155
2.0	0.105	0.108	0.112	0.116	0.120	0.130	0.140	0.148	0.155
2.5	0.104	0.109	0.114	0.119	0.123	0.134	0.142	0.149	

表 1-16　H_2SO_4-Na_2SO_4-H_2O 系的 $\gamma_{\pm H_2SO_4}$[29]

$m_{Na_2SO_4}$ /(mol·kg^{-1})	$m_{H_2SO_4}$/(mol·kg^{-1}) 0.2	0.4	0.6	0.8	1.0	1.4	1.8	2.2	2.6
0.0	0.210	0.165	0.145	0.135	0.129	0.126	0.124	0.124	0.124
0.1	0.182	0.153	0.138	0.131	0.126	0.123	0.124	0.127	0.134
0.2	0.161	0.141	0.130	0.124	0.121	0.119	0.121	0.125	0.133
0.3	0.146	0.131	0.123	0.119	0.117	0.115	0.118	0.123	0.132
0.4	0.134	0.123	0.117	0.114	0.113	0.112	0.115	0.121	0.131
0.5	0.124	0.116	0.112	0.110	0.109	0.110	0.113	0.120	0.130
0.6	0.116	0.111	0.107	0.106	0.106	0.107	0.112	0.119	0.129
0.7	0.109	0.105	0.103	0.103	0.103	0.104	0.110	0.118	0.128
0.8	0.104	0.101	0.0998	0.100	0.101	0.102	0.108	0.117	0.127
0.9	0.0990	0.0972	0.0967	0.0978	0.0981	0.0999	0.107	0.116	0.127
1.0	0.0947	0.0939	0.0942	0.0948	0.0954	0.0978	0.106	0.115	
1.2	0.0881	0.0885	0.0890	0.0895	0.0900	0.0945	0.104	0.114	
1.4	0.0830	0.0844	0.0849	0.0860	0.0871	0.0916	0.101	0.112	
1.6	0.0791	0.0793	0.0803	0.0803	0.0815	0.0856	0.0996	0.111	
1.8	0.0735	0.0741	0.0756	0.0774	0.0795	0.0873	0.0980	0.109	
2.0	0.0692	0.0698	0.0726	0.0746	0.0769	0.0852	0.0964		

表 1-17　H_2SO_4-UO_2SO_4-H_2O 系的 $\gamma_{\pm H_2SO_4}$[29]

$m_{UO_2SO_4}$ /(mol·kg^{-1})	$m_{H_2SO_4}$/(mol·kg^{-1}) 0.2	0.4	0.6	0.8	1.0	1.2	1.4	1.6	1.8
0.0	0.210	0.166	0.147	0.137	0.131	0.127	0.126	0.125	0.125
0.1	0.180	0.152	0.137	0.130	0.126	0.123	0.123	0.123	0.124
0.2	0.153	0.141	0.130	0.125	0.123	0.122	0.122	0.123	0.125
0.3	0.141	0.130	0.125	0.121	0.120	0.120	0.121	0.123	0.139
0.4	0.129	0.123	0.119	0.118	0.118	0.118	0.120	0.123	
0.5	0.119	0.117	0.116	0.115	0.116	0.117	0.120	0.123	
0.6	0.114	0.112	0.112	0.113	0.114	0.117	0.120		
0.7	0.108	0.109	0.109	0.111	0.113	0.116	0.120		
0.8	0.104	0.105	0.107	0.109	0.112	0.116	0.121		
0.9	0.101	0.103	0.105	0.108	0.112	0.116			
1.0	0.0983	0.103	0.104	0.107	0.111	0.117			
1.2	0.0946	0.0982	0.102	0.107	0.112				
1.4	0.0925	0.0962	0.101	0.107	0.113				
1.6	0.0913	0.0961	0.102	0.108					
1.8	0.0910	0.0963	0.103						
2.0	0.0913	0.0973	0.105						
2.5	0.0946								

表 1-18 H_2SO_4-Cd_2SO_4-H_2O 系的 $\gamma_{\pm H_2SO_4}$[29]

$m_{Cd_2SO_4}$	$m_{H_2SO_4}$/(mol·kg^{-1})								
/(mol·kg^{-1})	0.2	0.4	0.6	0.8	1.0	1.2	1.4	1.6	1.8
0.0	0.210	0.166	0.148	0.138	0.132	0.128	0.127	0.126	0.126
0.1	0.185	0.156	0.141	0.134	0.129	0.127	0.126	0.126	0.126
0.2	0.164	0.147	0.136	0.131	0.128	0.126	0.125	0.126	0.126
0.3	0.153	0.138	0.132	0.128	0.126	0.125	0.125	0.125	0.127
0.4	0.142	0.133	0.128	0.126	0.125	0.124	0.125	0.126	0.127
0.5	0.133	0.129	0.126	0.124	0.124	0.124	0.125	0.126	
0.6	0.128	0.125	0.123	0.123	0.123	0.124	0.125	0.126	
0.7	0.123	0.122	0.122	0.122	0.123	0.124	0.125	0.126	
0.8	0.119	0.119	0.120	0.121	0.122	0.124	0.125		
0.9	0.116	0.118	0.120	0.121	0.122	0.124	0.125		
1.0	0.114	0.117	0.119	0.121	0.123	0.124	0.126		
1.2	0.111	0.115	0.118	0.121	0.123	0.125			
1.4	0.110	0.115	0.119	0.122	0.124				
1.6	0.110	0.115	0.120	0.123	0.126				
1.8	0.111	0.117	0.121	0.125					
2.0	0.113	0.119	0.123	0.126					
2.5	0.120								

表 1-19 H_2SO_4-UO_2SO_4-H_2O 系的 $\gamma_{\pm UO_2SO_4}$[29]

$m_{UO_2SO_4}$	$m_{UO_2SO_4}$/(mol·kg^{-1})								
/(mol·kg^{-1})	0.2	0.4	0.6	0.8	1.0	1.4	1.8	2.2	2.6
0.0	0.102	0.0683	0.0546	0.0470	0.0420	0.0357	0.0319	0.0291	0.0268
0.1	0.0792	0.0590	0.0498	0.0439	0.0397	0.0343	0.0308	0.0282	0.0261
0.2	0.0631	0.0525	0.0456	0.0410	0.0376	0.0329	0.0298	0.0274	0.0254
0.3	0.0542	0.0471	0.0421	0.0384	0.0356	0.0316	0.0288	0.0266	
0.4	0.0474	0.0426	0.0389	0.0361	0.0337	0.0303	0.0278	0.0258	
0.5	0.0422	0.0390	0.0362	0.0340	0.0320	0.0291	0.0269	0.0250	
0.6	0.0381	0.0359	0.0339	0.0321	0.0305	0.0280	0.0260		
0.7	0.0348	0.0334	0.0318	0.0303	0.0291	0.0269	0.0252		
0.8	0.0321	0.0311	0.0299	0.0288	0.0278	0.0260			
0.9	0.0299	0.0292	0.0283	0.0274	0.0266	0.0250			
1.0	0.0279	0.0275	0.0269	0.0262	0.0255	0.0242			
1.2	0.0248	0.0247	0.0244	0.0240	0.0236				
1.4	0.0225	0.0226	0.0225	0.0223					
1.6	0.0206	0.0609							
1.8	0.0192								

表 1-20 H_2SO_4-Cd_2SO_4-H_2O 系的 $\gamma_{\pm Cd_2SO_4}$[29]

$m_{H_2SO_4}$	$m_{Cd_2SO_4}/(mol \cdot kg^{-1})$								
$/(mol \cdot kg^{-1})$	0.2	0.4	0.6	0.8	1.0	1.2	1.6	2.0	2.4
0.0	0.103	0.0700	0.0552	0.0468	0.0415	0.0379	0.0338	0.0320	0.0316
0.1	0.0834	0.0614	0.0610	0.0445	0.0402	0.0373	0.0339	0.0324	0.0323
0.2	0.0691	0.0557	0.0477	0.0426	0.0391	0.0368	0.0340	0.0328	0.0329
0.3	0.0612	0.0514	0.0453	0.0412	0.0384	0.0364	0.0341	0.0332	0.0335
0.4	0.0558	0.0483	0.0434	0.0401	0.0378	0.0361	0.0342	0.0336	
0.5	0.0519	0.0460	0.0420	0.0393	0.0373	0.0359	0.0344	0.0341	
0.6	0.0490	0.0442	0.0409	0.0386	0.0370	0.0358	0.0346	0.0345	
0.7	0.0467	0.0428	0.0401	0.0381	0.0367	0.0358	0.0349	0.0349	
0.8	0.0450	0.0417	0.0394	0.0377	0.0366	0.0358	0.0351	0.0354	
0.9	0.0437	0.0409	0.0389	0.0375	0.0365	0.0359	0.0355		
1.0	0.0426	0.0402	0.0385	0.0373	0.0365	0.0365	0.0358		
1.2	0.0412	0.0394	0.0381	0.0373	0.0368	0.0365			
1.4	0.0403	0.0390	0.0381	0.0375	0.0372				
1.6	0.0400	0.0390	0.0383						
1.8	0.0400	0.0393							

表 1-21 H_2SO_4-Li_2SO_4-H_2O 系的 $\gamma_{\pm Li_2SO_4}$[29]

$m_{H_2SO_4}$	$m_{Li_2SO_4}/(mol \cdot kg^{-1})$								
$/(mol \cdot kg^{-1})$	0.2	0.4	0.6	0.8	1.0	1.2	1.4	1.6	2.0
0.0	0.407	0.344	0.313	0.295	0.284	0.277	0.272	0.270	0.271
0.1	0.355	0.315	0.296	0.283	0.275	0.271	0.268	0.268	0.271
0.2	0.316	0.296	0.281	0.273	0.268	0.266	0.265	0.267	0.270
0.3	0.294	0.279	0.270	0.265	0.262	0.262	0.263	0.265	0.270
0.4	0.277	0.267	0.261	0.258	0.258	0.259	0.263	0.264	0.270
0.5	0.263	0.257	0.251	0.253	0.254	0.257	0.260	0.262	0.270
0.6	0.252	0.249	0.248	0.249	0.252	0.256	0.260	0.262	0.270
0.7	0.244	0.243	0.243	0.246	0.250	0.255	0.257	0.261	0.271
0.8	0.238	0.238	0.240	0.244	0.248	0.254	0.257	0.261	0.282
0.9	0.232	0.234	0.237	0.242	0.245	0.254	0.251	0.261	0.273
1.0	0.227	0.230	0.235	0.242	0.244	0.253	0.258	0.262	0.274
1.2	0.221	0.226	0.233	0.240	0.244	0.253	0.261	0.264	0.278
1.4	0.217	0.225	0.230	0.240	0.247	0.255	0.262	0.266	0.281
1.6	0.216	0.225	0.230	0.240	0.249	0.258	0.266	0.269	0.284
1.8	0.215	0.224	0.232	0.242	0.251	0.260	0.269	0.272	0.287
2.0	0.216	0.227	0.235	0.245	0.256	0.265	0.274	0.278	0.290
2.5	0.223	0.234	0.248	0.259	0.267	0.276			
3.0	0.239	0.248	0.262	0.269	0.277				
3.5	0.254	0.261	0.273						
4.0	0.269								

表 1-22　H_2SO_4-Na_2SO_4-H_2O 系的 $\gamma_{\pm Na_2SO_4}$ [29]

$m_{H_2SO_4}$	$m_{Na_2SO_4}/(mol \cdot kg^{-1})$								
$/(mol \cdot kg^{-1})$	0.2	0.4	0.6	0.8	1.0	1.2	1.4	1.6	2.0
0.0	0.371	0.293	0.252	0.224	0.205	0.190	0.178	0.168	0.155
0.1	0.316	0.266	0.233	0.212	0.196	0.183	0.172	0.164	0.148
0.2	0.278	0.246	0.219	0.201	0.187	0.176	0.167	0.160	0.140
0.3	0.252	0.225	0.206	0.192	0.180	0.171	0.163	0.155	0.136
0.4	0.231	0.211	0.196	0.183	0.174	0.166	0.159	0.150	0.133
0.5	0.215	0.200	0.187	0.177	0.168	0.161	0.153	0.145	0.131
0.6	0.203	0.190	0.179	0.170	0.163	0.155	0.148	0.142	0.128
0.7	0.192	0.181	0.172	0.165	0.159	0.152	0.145	0.139	0.126
0.8	0.183	0.174	0.167	0.160	0.155	0.149	0.142	0.136	0.124
0.9	0.174	0.167	0.161	0.157	0.149	0.143	0.137	0.132	0.122
1.0	0.167	0.162	0.157	0.149	0.144	0.137	0.132	0.128	0.119
1.2	0.156	0.152	0.148	0.142	0.135	0.131	0.127	0.123	0.117
1.4	0.143	0.141	0.138	0.134	0.130	0.127	0.124	0.121	0.115
1.6	0.136	0.134	0.131	0.129	0.126	0.123	0.121	0.119	0.114
1.8	0.129	0.128	0.126	0.125	0.123	0.121	0.119	0.117	0.113
2.0	0.122	0.121	0.121	0.120	0.120	0.119	0.118	0.116	0.112
2.5	0.116	0.116	0.116	0.116	0.116	0.116			
3.0	0.113	0.113	0.113	0.113					

表 1-23　H_2SO_4-Cu_2SO_4-H_2O 系的 $\gamma_{\pm H_2SO_4}$ [30]

m_{CuSO_4}	$m_{H_2SO_4}/(mol \cdot kg^{-1})$								
$/(mol \cdot kg^{-1})$	0.2	0.4	0.6	0.8	1.0	1.2	1.4	1.6	2.0
0.0	0.209	0.166	0.148	0.138	0.130	0.128	0.127	0.126	0.126
0.1	0.186	0.157	0.141	0.134	0.129	0.127	0.126	0.126	0.127
0.2	0.168	0.148	0.137	0.131	0.128	0.126	0.126	0.126	0.128
0.3	0.157	0.139	0.133	0.129	0.126	0.125	0.126	0.127	0.128
0.4	0.146	0.135	0.129	0.127	0.125	0.125	0.126	0.127	
0.5	0.137	0.131	0.127	0.125	0.125	0.125	0.126	0.128	
0.6	0.132	0.127	0.125	0.124	0.124	0.125	0.127	0.129	
0.7	0.127	0.125	0.124	0.123	0.124	0.126	0.128		
0.8	0.123	0.123	0.122	0.123	0.124	0.127	0.129		
0.9	0.121	0.121	0.122	0.123	0.125	0.127			
1.0	0.119	0.120	0.121	0.123	0.126	0.129			
1.2	0.117	0.119							

表 1-24　H_2SO_4-Cu_2SO_4-H_2O 系的 $\gamma_{\pm Cu_2SO_4}$ [30]

$m_{H_2SO_4}$ /(mol · kg^{-1})	$m_{Cu_2SO_4}$/(mol · kg^{-1})						
	0.1	0.2	0.4	0.5	0.6	0.8	1.0
0.0		0.104	0.0704		0.0559	0.0475	0.0423
0.1	0.0942	0.0820	0.0609	0.0606	0.0513	0.0450	0.0410
0.2	0.0820	0.0733	0.0557	0.0581	0.0482	0.0434	0.0400
0.3		0.0669	0.0522		0.0460	0.0420	0.0392
0.4	0.0609	0.0620	0.0497	0.0480	0.0443	0.0410	0.0388
0.5		0.0581	0.0480		0.0431	0.0403	0.0385
0.6	0.0513	0.0552	0.0467	0.0431	0.0423	0.0398	0.0384
0.7		0.0532	0.0454		0.0417	0.0394	0.0384
0.8	0.0450	0.0516	0.0443	0.0403	0.0412	0.0391	0.0384
0.9		0.0506	0.0433		0.0408	0.0392	0.0386
1.0	0.0409	0.0496	0.0425	0.0385	0.0407	0.0393	0.0389
1.2		0.0480	0.0413		0.0408	0.0400	0.0404
1.4		0.0468	0.0409		0.0412	0.0413	
1.6		0.0466	0.0418		0.0419		
1.8		0.0474					

表 1-25　HCl-$CuCl_2$-H_2O 系的 $\gamma_{\pm HCl}$ [31]

m_{CuCl_2} /(mol · kg^{-1})	m_{HCl}/(mol · kg^{-1})											
	0.2	0.4	0.6	0.8	1.0	1.4	2.0	2.4	3.0	3.4	4.0	4.4
0.0	0.768	0.755	0.761	0.782	0.808	0.876	1.010	1.119	1.316	1.173	1.761	2.009
0.1	0.732	0.741	0.758	0.783	0.813	0.887	1.027	1.140	1.342	1.505	1.808	2.066
0.2	0.716	0.735	0.758	0.787	0.820	0.899	1.044	1.161	1.370	1.538	1.854	2.127
0.3	0.71	0.734	0.762	0.794	0.830	0.912	1.063	1.183	1.399	1.573	1.904	2.192
0.4	0.71	0.737	0.768	0.802	0.840	0.927	1.083	1.206	1.429	1.610	1.956	
0.5	0.712	0.743	0.776	0.813	0.853	0.942	1.103	1.230	1.460	1.649	2.013	
0.6	0.718	0.750	0.786	0.824	0.866	0.959	1.124	1.255	1.493	1.690	2.073	
0.7	0.725	0.759	0.797	0.837	0.880	0.976	1.146	1.282	1.528	1.733		
0.8	0.733	0.770	0.809	0.851	0.895	0.994	1.169	1.309	1.564	1.778		
0.9	0.734	0.781	0.822	0.865	0.911	1.013	1.193	1.337	1.602	1.826		
1.0	0.754	0.793	0.835	0.880	0.927	1.032	1.218	1.366	1.642	1.878		
1.2	0.777	0.820	0.865	0.912	0.962	1.073	1.269	1.428	1.728	1.990		
1.4	0.804	0.849	0.896	0.946	0.999	1.116	1.325	1.496	1.825			
1.6	0.833	0.880	0.930	0.982	1.038	1.161	1.385	1.570	1.934			
1.8	0.864	0.913	0.965	1.021	1.080	1.210	1.450	1.652				
2.0	0.896	0.948	1.003	1.061	1.124	1.263	1.522	1.744				
2.5	0.985	1.1044	1.107	1.174	1.247	1.414	1.738					
3.0	1.087	1.156	1.229	1.310	1.398	1.605						
3.5	1.209	1.290	1.379	1.379								
4.0	1.358	1.459										

表 1-26 $HCl-CuCl_2-H_2O$ 系的 $\gamma_{\pm CuCl_2}$ [31]

m_{HCl} /(mol·kg⁻¹)	m_{CuCl_2}/(mol·kg⁻¹)										
	0.2	0.4	0.6	0.8	1.0	1.4	2.0	2.4	3.0	3.4	4.0
0.0	0.456	0.421	0.412	0.412	0.418	0.435	0.468	0.491	0.524	0.544	0.573
0.1	0.4465	0.421	0.415	0.417	0.423	0.442	0.476	0.498	0.531	0.551	0.581
0.2	0.439	0.421	0.418	0.422	0.429	0.448	0.483	0.506	0.538	0.559	0.590
0.3	0.435	0.423	0.422	0.427	0.435	0.455	0.490	0.513	0.546	0.566	0.599
0.4	0.434	0.426	0.427	0.433	0.441	0.462	0.497	0.520	0.553	0.574	0.608
0.5	0.434	0.429	0.432	0.439	0.448	0.469	0.505	0.528	0.561	0.582	
0.6	0.436	0.433	0.437	0.445	0.454	0.476	0.512	0.536	0.569	0.591	
0.7	0.438	0.438	0.443	0.451	0.461	0.484	0.520	0.530	0.577	0.599	
0.8	0.441	0.443	0.449	0.458	0.468	0.491	0.527	0.551	0.585	0.608	
0.9	0.445	0.448	0.455	0.464	0.475	0.499	0.535	0.559	0.593	0.617	
1.0	0.450	0.454	0.462	0.471	0.482	0.506	0.543	0.567	0.602	0.627	
1.2	0.461	0.467	0.475	0.486	0.497	0.522	0.559	0.583	0.620		
1.4	0.473	0.480	0.490	0.501	0.513	0.538	0.575	0.600	0.639		
1.6	0.860	0.495	0.505	0.517	0.529	0.554	0.592	0.618			
1.8	0.500	0.510	0.521	0.533	0.546	0.571	0.610	0.637			
2.0	0.515	0.526	0.537	0.550	0.562	0.588	0.628	0.657			
2.5	0.556	0.567	0.580	0.593	0.606	0.634	0.680				
3.0	0.599	0.612	0.626	0.640	0.654	0.686					
3.5	0.646	0.660	0.675	0.691	0.709						
4.0	0.697	0.714	0.733								
4.5	0.757										

表 1-27 $H_2SO_4-(NH_4)_2SO_4-H_2O$ 系的 $\gamma_{\pm(NH_4)_2SO_4}$ [32]

$m_{(NH_4)_2SO_4}$/(mol·kg⁻¹)	$m_{H_2SO_4}$/(mol·kg⁻¹)	$\gamma_{\pm(NH_4)_2SO_4}$	$m_{(NH_4)_2SO_4}$/(mol·kg⁻¹)	$m_{H_2SO_4}$/(mol·kg⁻¹)	$\gamma_{\pm(NH_4)_2SO_4}$
0.1	0	0.4209	1.0	2.076	0.0994
	0.335	0.2502		2.363	0.0945
	0.737	0.1766		2.620	0.0914
	1.096	0.1435		2.851	0.0900
	0.424	0.1238	2.0	0	0.1436
	1.731	0.1100		0.326	0.1325
	2.007	0.1003		0.787	0.1199
	2.272	0.0926		1.191	0.1114
	2.525	0.0865		1.552	0.1054
	2.768	0.0820		1.880	0.1013
	3.070	0.0780		2.175	0.0989
0.5	0	0.2484		2.441	0.0982
	0.427	0.1834		2.68	0.0990
	0.833	0.1499	3.0	0	0.1245
	1.197	0.1300		0.205	0.1205
	1.534	0.1159		0.695	0.1126
	1.838	0.1061		1.112	0.1077
	2.124	0.0984		1.473	0.1051
	2.394	0.0925		1.790	0.1044
	2.650	0.0880		1.981	0.1049
	2.889	0.0850	4.0	0	0.1160
1.0	0	0.1886		0.231	0.1136
	0.252	0.1677		0.553	0.1112
	0.697	0.1419		0.834	0.1100
	1.089	0.1258		1.090	0.1097
	1.445	0.1144			
	1.776	0.1057			

表 1-28　H_2SO_4-$(NH_4)_2SO_4$-H_2O 系的 $\gamma_{\pm H_2SO_4}$[32]

$m_{H_2SO_4}$/(mol · kg^{-1})	$m_{(NH_4)_2SO_4}$/(mol · kg^{-1})	$\gamma_{\pm H_2SO_4}$
0.1		0.2679
	0.208	0.1620
	0.676	0.1034
	1.138	0.0829
	1.593	0.0711
	2.044	0.0632
	2.492	0.0575
	2.937	0.0534
	3.378	0.0500
	3.815	0.0475
	4.428	0.0454
0.5	0	0.1533
	0.240	0.1248
	0.744	0.0959
	1.217	0.0814
	1.681	0.0719
	2.140	0.0651
	2.594	0.0602
	3.040	0.0562
	3.479	0.0534
	3.908	0.0510
	4.188	0.0495
1.0	0	0.1290
	0.259	0.1137
	0.784	0.0941
	1.282	0.0825
	1.760	0.0742
	2.226	0.0683
	2.680	0.0640
	3.124	0.0606
	3.551	0.0580
	3.824	0.0565
	4.099	0.0554
2.0	0	0.125
	0.576	0.1068
	1.141	0.0945
	1.662	0.0868
	2.128	0.0815
	2.557	0.0775
	2.973	0.749
	3.358	0.0732
	3.723	0.0722
3.0	0	0.1412
	0.373	0.1300
	1.022	0.1158
	1.528	0.1084
	1.957	0.1046
	2.332	0.1023
	2.561	0.1015
3.5	0	0.1540
	0.378	0.1438
	0.988	0.1320
	1.294	0.1279
	1.567	0.1253

表 1-29　HCl-$NiCl_2$-H_2O 溶液中 HCl 的平均活度系数 $\gamma_{\pm HCl}$[31]

m_{NiCl_2}	m_{HCl}/(mol · kg^{-1})							
/(mol · kg^{-1})	0.1	0.2	0.3	0.4	0.5	0.6	0.7	0.8
0.1	0.7327	0.7314	0.7397	0.7493	0.7604	0.7727	0.7863	0.8010
0.2	0.7109	0.7262	0.7409	0.7557	0.7710	0.7870	0.8038	0.8215
0.3	0.7150	0.7337	0.7517	0.7697	0.7880	0.8068	0.8262	0.8463
0.4	0.7278	0.7487	0.7691	0.7895	0.8102	0.8313	0.8529	0.8751
0.5	0.7466	0.7692	0.7916	0.8140	0.867	0.8598	0.8835	0.9078
0.6	0.7701	0.7943	0.8184	0.8426	0.8672	0.8922	0.9178	0.9441
0.7	0.7977	0.8234	0.8491	0.8751	0.9015	0.9284	0.9559	0.9841
0.8	0.8291	0.8563	0.8836	0.9113	0.9394	0.9682	0.9976	1.0278
0.9	0.8641	0.8927	0.9217	0.9511	0.9811	1.0117	1.0430	1.0752
1.0	0.9027	0.9328	0.9634	0.9946	1.0264	1.0589	1.0922	1.1264
1.5	1.1498	1.1889	1.2289	1.2700	1.3121	1.3553	1.3997	1.4453
2.0	1.5008	1.5517	1.6040	1.6577	1.7129	1.7697	1.8281	1.8883
2.5	1.9858	2.0522	2.1204	2.1907	2.2630	2.3374	2.4140	2.4929
3.0	2.6488	2.7356	2.8248	2.9167	3.0112	3.1086	3.2087	3.3119
3.5	3.5510	3.6644	3.7811	3.9012	4.0247	4.1517	4.2825	4.4170
4.0	4.7755	4.9238	5.0762	2.2329	5.3940	5.5597	5.7300	5.9051

续表 1-29

m_{NiCl_2} /(mol·kg⁻¹)	m_{HCl}/(mol·kg^{-1})							
	0.9	1	1.5	2	2.5	3	3.5	4
0.1	0.8168	0.8337	0.9326	1.0562	1.2065	1.3872	1.6031	1.8604
0.2	0.8399	0.8593	0.9694	1.1038	1.2655	1.4588	1.6892	1.9633
0.3	0.8671	0.8887	1.0096	1.1548	1.3283	1.5349	1.7805	2.0721
0.4	0.8981	0.9218	1.0533	1.2095	1.3952	1.6156	1.8771	2.1872
0.5	0.9328	0.9585	1.1005	1.2680	1.4664	1.7012	1.9794	2.3087
0.6	0.9711	0.9989	1.1514	1.3306	1.5421	1.7921	2.0876	2.4371
0.7	1.0131	1.0429	1.2062	1.3974	1.6227	1.8884	2.2021	2.5727
0.8	1.0588	1.0906	1.2649	1.4687	1.7082	1.9904	2.3232	2.7159
0.9	1.1082	1.1422	1.3279	1.5447	1.7991	2.0986	2.4513	2.8671
1.0	1.1616	1.1977	1.3952	1.6255	1.8956	2.2131	2.5867	3.0267
1.5	1.4923	1.5407	1.8051	2.1130	2.4728	2.8940	3.3875	3.9659
2.0	1.9503	2.0141	2.3632	2.7692	3.2424	3.7942	4.4377	5.1880
2.5	2.5742	2.6578	3.1154	3.6465	4.2631	4.9790	5.8098	
3.0	3.4180	3.5273	4.1242	4.8146	5.6128			
3.5	4.5554	4.6978	5.4736					
4.0	6.0851	6.2702						

表 1-30 HCl-$NiCl_2$-H_2O 溶液中 $NiCl_2$ 的平均活度系数 $\gamma_{\pm HCl}$[31]

m_{NiCl_2} /(mol·kg⁻¹)	m_{HCl}/(mol·kg^{-1})							
	0.1	0.2	0.3	0.4	0.5	0.6	0.7	0.8
0.1	0.5075	0.4976	0.4924	0.4906	0.4913	0.4940	0.4983	0.5040
0.2	0.4794	0.4801	0.4824	0.4860	0.4909	0.4971	0.5043	0.5126
0.3	0.4698	0.4753	0.4814	0.4884	0.4962	0.5049	0.5145	0.5248
0.4	0.4693	0.4776	0.4864	0.4958	0.5058	0.5166	0.5281	0.5403
0.5	0.4746	0.4850	0.4958	0.5071	0.5191	0.5316	0.5448	0.5587
0.6	0.4842	0.4964	0.5089	0.5219	0.5355	0.5497	0.5645	0.5801
0.7	0.4975	0.5111	0.5252	0.5397	0.5549	0.5707	0.5871	0.6042
0.8	0.5138	0.5289	0.5445	0.5605	0.5772	0.5945	0.6125	0.6313
0.9	0.5332	0.5496	0.5666	0.5842	0.6024	0.6212	0.6408	0.6612
1.0	0.5553	0.5732	0.5916	0.6107	0.6304	0.6509	0.6721	0.6941
1.5	0.7092	0.7348	0.7613	0.7887	0.8171	0.8465	0.8770	0.9086
2.0	0.9463	0.9820	1.0191	1.0574	1.0972	1.1384	1.1812	1.2255
2.5	1.2952	1.3449	1.3963	1.4496	1.5049	1.5621	1.6215	1.6831
3.0	1.8007	1.8694	1.9407	2.0145	2.0910	2.1702	2.2523	2.3374
3.5	2.5279	2.6230	2.7215	2.8235	2.9291	3.0384	3.1516	3.2687
4.0	3.5702	3.7016	3.8376	3.9782	4.1236	4.2739	4.4294	4.5902

续表 1-30

m_{NiCl_2} /(mol · kg⁻¹)	m_{HCl}/(mol · kg⁻¹)							
	0.9	1	1.5	2	2.5	3	3.5	4
0.1	0.5109	0.5189	0.5733	0.6494	0.7479	0.8717	1.0252	1.2144
0.2	0.5218	0.5819	0.5953	0.6799	0.7875	0.9216	1.0873	1.2910
0.3	0.5360	0.5480	0.6200	0.7131	0.8302	0.9752	1.1538	1.3728
0.4	0.5532	0.5669	0.6473	0.7493	0.8762	1.0328	1.2250	1.4603
0.5	0.5733	0.5887	0.6775	0.7886	0.9258	1.0945	1.3011	1.5537
0.6	0.5963	0.6133	0.7106	0.8311	0.9792	1.1607	1.3826	1.6535
0.7	0.6221	0.6407	0.7467	0.8770	1.0366	1.2317	1.4698	1.7600
0.8	0.6508	0.6711	0.7860	0.9266	1.0983	1.3077	1.5629	1.8736
0.9	0.6824	0.7044	0.8286	0.9800	1.1645	1.3891	1.6624	1.9948
1.0	0.7170	0.7408	0.8748	1.0376	1.2356	1.4763	1.7687	2.1240
1.5	0.9415	0.9755	1.1664	1.3967	1.6751	2.0115	2.4181	2.9092
2.0	1.2715	1.3192	1.5859	1.9065	2.2923	2.7562	3.3137	3.9832
2.5	1.7469	1.8130	2.1822	2.6244	3.1537	3.7868	4.5430	
3.0	2.4255	2.5168	3.0248	3.6304	4.3513			
3.5	3.3899	3.5153	4.2113					
4.0	4.7564	4.9282						

1.3.2.3 *皮泽法*[15,16,26]

皮泽方程计算混合电解质溶液的活度系数精度高，而且适用于高离子强度的场合。但方程中有两个重要的参数 θ 与 ψ 要由实测数据回归，对于多数体系尚无这些数值可供利用，此时可用皮泽简化式。一个含若干种阳离子 c_i 与若干种阴离子 a_i 的溶液中电解质 MeX 的平均活度系数的皮泽简化式为：

$$\ln v_{\pm MeX} = \frac{1}{2}|z_{Me}z_X|f'(I) + \left(\frac{2v_{Me}}{v}\right)\sum_a m_a[B_{Mea} + (\Sigma mz)C_{Mea}] + \left(\frac{2v_X}{v}\right)\sum_c m_c[B_{cX} + (\Sigma mz)C_{cX}] + \sum_c\sum_a m_c m_a\left[|z_{Me}z_X|B'_{ca} + \frac{2v_{Me}z_{Me}}{v}C_{ca}\right] \quad (1\text{-}106)$$

式中 v_{Me}——MeX 分子式中 Me 离子的个数；

v_X——MeX 分子式中 X 离子的个数；

$v = v_{Me} + v_X$。

代表阳离子的 c 包括 Me；代表阴离子的 a 包括 X。

$$B_{ca} = \beta_{ca}^{(0)} + \frac{2\beta_{ca}^{(1)}}{\alpha_1^2 I}[1 - (1 + \alpha I^{1/2})\exp(-\alpha I^{1/2})] \quad (1\text{-}107)$$

对于 2∶2 型电解质

$$B_{ca} = \beta_{ca}^{(0)} + \frac{2\beta_{ca}^{(1)}}{\alpha_1^2 I}[1 - (1 + \alpha_1 I^{1/2})\exp(-\alpha_1 I^{1/2})] + \frac{2\beta_{ca}^{(2)}}{\alpha_2^2 I}[1 - (1 + \alpha_2 I^{1/2})\exp(-\alpha_2 I^{1/2})] \quad (1\text{-}108)$$

$$C_{ca} = \frac{C_{ca}^{\phi}}{2|z_c z_a|^{1/2}}; \quad B' = \frac{\partial B}{\partial I}$$

对于1∶1型电解质

$$B' = \frac{2\beta_{ca}^{(1)}}{\alpha^2 I^2}\left[-1 + \left(1 + \alpha I^{1/2} + \frac{1}{2}\alpha^2 I\right)\exp(-\alpha I^{1/2})\right] \tag{1-109}$$

$\Sigma mz = \Sigma m_a z_a = \Sigma m_c z_c$ 为溶液中同号离子的摩尔离子总浓度；

$$f'(I) = -2A\left[\frac{I^{1/2}}{1 + bI^{1/2}} + \frac{2}{b}\ln(1 + bI^{1/2})\right] \tag{1-110}$$

若MX-NX为二元混合的对称性电解质溶液具有共同阴离子X，则皮泽公式为：

$$\ln\gamma_{\pm MX} = z^2 f^r(I) + m\left\{(2-y)B_{MX} + (1-y)IB'_{MX} + y(B_{NX} + IB'_{NX}) + m\left[\left(\frac{3}{2} - y\right)C_{MX}^{\phi} + yC_{NX}^{\phi}\right] + y\left(\theta_{MN} + \frac{m}{2}\psi_{MNX}\right) + y(1-y)\left(\frac{m}{2}\psi_{MNX} - I\theta'_{MN}\right)\right\} \tag{1-111}$$

式中 $f^r(I) = -A\left[\frac{I^{1/2}}{1 + bI^{1/2}} + \frac{2}{b}\ln(1 + bI^{1/2})\right]$；

$m = m_{MX} + m_{NX}$；

$y = \frac{m_{NX}}{m}$；

$1 - y = \frac{m_{MX}}{m}$。

若求 $\ln\gamma_{\pm NX}$，只需把式（1-111）中的M改为N，N改为M，y 改为 $1-y$，$1-y$ 改为 y 即可。

θ 与 ψ 系数可在文献［26］的表3-8中查找，也可令其为0，此时则为皮泽简化式。

1.3.3 单个离子的活度系数[15~26]

尽管人们对“离子活度系数”一直存在不同的看法，但在多数情况下电解质在水溶液中以离子形态存在是一个确切的事实，热力学计算也常常用到它，不少学者不仅赞成用“离子活度系数”这一概念，而且提出了计算方法。

由原始的皮泽普遍方程出发，可以推导出单个离子活度系数方程，其简化式方程为：

$$\ln\gamma_{Me} = \frac{1}{2}z_{Me}^2 f(I) + 2\sum_a m_a(B_{Mea} + (\Sigma mz)C_{Mea}) + \sum_c\sum_a m_c m_a(z_{Me}^2 B'_{ca} + z_{Me}C_{ca}) \tag{1-112}$$

$$\ln\gamma_X = \frac{1}{2}z_x^2 f'(I) + 2\sum_c m_c(B_{cX} + (\Sigma mz)C_{cX}) + \sum_a\sum_c m_a m_c(z_X^2 B'_{ca} + z_X C_{ca})$$

式中 Me——待计算的阳离子；

X——待计算的阴离子；

c——阳离子；

a——阴离子；

$C_{ca} = \dfrac{C_{ca}^{\phi}}{2|z_c z_a|^{1/2}}$；

$B' = \dfrac{\partial B}{\partial I}$；

$\Sigma mz = \sum_{a} m_a |z_a| = \Sigma m_c z_c$，为溶液中的同号离子的摩尔离子总浓度。

$$f'(I) = -2A\left[\frac{I^{1/2}}{1+bI^{1/2}} + \frac{2}{b}\ln(1+bI^{1/2})\right] \tag{1-113}$$

$$B_{ca} = \beta_{ca}^{(0)} + \frac{2\beta_{ca}^{(1)}}{\alpha^2 I}[1-(1+\alpha I^{1/2})\exp(-\alpha I^{1/2})] \tag{1-114}$$

式中，α 表示活度。

对于 2∶2 电解质

$$B_{ca} = \beta_{ca}^{(0)} + \frac{2\beta_{ca}^{(1)}}{\alpha_1^2 I}[1-(1+\alpha_1 I^{1/2})\exp(-\alpha_1 I^{1/2})] + \frac{2\beta_{ca}^{(2)}}{\alpha_2^2 I}[1-(1+\alpha_2 I^{1/2})\exp(-\alpha_2 I^{1/2})] \tag{1-115}$$

对于 1∶1 和 2∶1 电解质

$$B' = \frac{\beta^{(1)}}{2I^2}[-1+(1+2I^{1/2}+2I)\exp(-2I^{1/2})] \tag{1-116}$$

对于 2∶1 电解质

$$B' = \frac{\beta^{(1)}}{0.98I^2}[-1+(1+1.4I^{1/2}+0.98I)\exp(-1.4I^{1/2})] + \frac{\beta^{(2)}}{72I^2}[-1+(1+12I^{1/2}+72I)\exp(-12I^{1/2})]$$

为了把弗兰克-汤普逊（Frank-Thompson）弥散晶格理论推广应用于混合电解质溶液，赵慕愚提出了 1∶1 电解质单个离子的活度系数计算公式[33]：

$$\ln\gamma_+ = a - bc^{1/3} + sc^{4/3} \tag{1-117}$$

$$\ln\gamma_- = a - bc^{1/3} + sc^{4/3} \tag{1-118}$$

$$\ln\gamma_\pm = \frac{\ln\gamma_+ + \ln\gamma_-}{2} = a - bc^{1/3} + sc^{4/3} \tag{1-119}$$

滕藤和李以圭参考前述皮泽单个离子活度计算公式提出对任何态的单个离子活度系数的公式如下[33]：

$$\ln\gamma_+ = a - z_+^2\,(bI^{1/3} + sI^{4/3}) \tag{1-120}$$

$$\ln\gamma_- = a - z_-^2\,(bI^{1/3} + sI^{4/3}) \quad (1\text{-}121)$$

$$\ln\gamma_\pm = \frac{\gamma + \ln\gamma_+ - \gamma_-\ \ln\gamma_-}{v} = a - |z_+ z_-|\,(bI^{1/3} - sI^{4/3}) \quad (1\text{-}122)$$

上面公式中所需系数 a，b，s 可用三个已知的 $\ln\gamma_\pm$ 值按式 1-122 回归求出。

有人提出了单一混合溶剂电解质溶液的热力学模型。

$$\ln\gamma_s = \ln\gamma_s^{LR} + \ln\gamma_s^{MR} + \ln\gamma_s^{SR} \quad (1\text{-}123)$$

$$\ln\gamma_j = (\ln\gamma_j^{LR} + \ln\gamma_j^{MR} + \ln\gamma_j^{SR}) - \ln\left(\frac{\mathrm{Me_s}}{\mathrm{Me_m}} + \mathrm{Me_s}\sum_{\mathrm{ion}}\mathrm{Me_{ion}}\right) \quad (1\text{-}124)$$

$$\ln\gamma_\pm = (1/v)(v_{\mathrm{Me}}\ln\gamma_{\mathrm{Me}} + v_{\mathrm{X}}\ln\gamma_{\mathrm{X}}) \quad (1\text{-}125)$$

式中 γ_s——溶剂的活度系数；

$\gamma_\pm$——电解质 MeX 的平均活度系数；

γ_{Me}——阳离子的活度系数；

γ_{X}——阴离子的活度系数。

其余各种符号的含义与表达式见文献［34］。李继定等用上述公式计算了 15 种水溶液体系中电解质的平均活度系数，最高浓度范围为 8～25.95mol/L，计算与实测值的相对误差为 0.23%～4.85%，平均为 1.83%。用皮泽公式计算的相应误差为 0.53%～84.21%；用布罗姆莱公式计算相应误差为 0.23%～84.69%，平均误差为 11.33%。

参 考 文 献

1 I. Barin，O. Knacke，O. Kubashewski，Thermochemical Properties of Inorganic Substances Supplement，Berlin，Springer-Verlag，1997

2 O. Kubashewski，C. B. Alcock，Metallurgical Thermochemisty，5th ed，Oxford，Pergamon，pr.，1979

3 O. Knacke at al.，Thermochemical Properties of Inorganic Substances，2nd ed.，Berilin，Springer-Verlag，1991

4 梁英教，车荫昌．无机物热力学数据手册．沈阳：东北大学出版社，1993

5 叶大伦．实用无机物热力学手册．北京：冶金工业出版社，1983

6 D. R. Gaskell，Indroduction to Metallurgical Thermodynamics 2nd ed，New York，MeGraw-Hill，1981

7 朱吉庆．冶金热力学．长沙：中南工业大学出版社，1995

8 D. F. Devereux，Topics in Metallurgical Thermodynamics，New York，Wiley-Interscience.［1983］

9 傅崇说．有色冶金原理．北京：冶金工业出版社，1984

10 陈新民．物理化学．北京：冶金工业出版社，1987

11 蒋汉瀛．冶金溶液热力学原理与计算（第 2 版）．北京：冶金工业出版社，1989

12 Y. K. Rao，Stoichiometry and Thermodynamics of Metallurgical Processes，New York，Combridge University Press，1985

13 傅崇说．冶金热力学原理与计算（第 2 版）．北京：冶金工业出版社，1989

14 杨显万等．高温水溶液热力学计算数据手册．北京：冶金工业出版社，1983

15 马荣骏．电解质溶液的活度系数及渗透系数以及它们的计算方法．矿冶工程，1985（5）：45～50

16 杨显万，邱定蕃著．湿法冶金．北京：冶金工业出版社，2001

17 赵中伟．钨冶炼理论工艺研究．中南大学博士后出站报告，1997

18 K. S. Pitzer，Thermodynamics of Electrolytes（Ⅰ），Theoretical Basic and General Equations，J. Phys. Chem.，77

(2):268 ~ 277

19　K. S. Pitzer, Thermodynamics of Electrolytes (Ⅱ), Activity and Osmotic Coefficient for Strong Electrolytes with Bothions Univalent, J. Phys. Chem., 1973, 77 (19): 2300 ~ 2308

20　K. S. Pitzer, R. W. Roy, et al. Thermodynamics of Electrolytes (Ⅶ) Sulfuric Acid, J. Amer. Soc., 1977 (99): 4930 ~ 4934

21　K. S. Pitzer, L. F. Silvester, Thermodynamics of Electrolytes (Ⅵ) Weak Electrolytes Including H_3PO_4, J. Solu. Chem., 1976 (5): 269 ~ 279

22　K. S. Pitzer, L. F. Silvester, Thermodynamics of Electrolytes (Ⅺ), Properties of 3 : 2; 4 : 2 and other High Valence Types, J. Phys. Chem., 1978 (11): 1239 ~ 1242

23　D. J. Bradley, K. S. Pitzer, Thermodynamics of Electrolytes (Ⅻ), Dielectric Properties of Water and Debye, J. Phys. Chem., 1979 (83): 1599 ~ 1604

24　L. F. Silvester, K. S. Pitzer, Thermodynamics of Electrolytes (Ⅷ), High Temperature Properties Including Enthalpy and Heat Capacity, with Applications to Sodium Chloride, J. Phys. Chem., 1977, 81 (19): 1822 ~ 1828

25　傅崇说．有色冶金应用基础研究．北京：科学出版社，1993

26　李以圭．金属溶剂萃取热力学．北京：清华大学出版社，1988

27　H. P. Meissner, C. L. Kusik, AICHEJ, 1972, 18: 294

28　陆久芳，李以圭等．A Study on Ionic Activity Coefficient of Electrolyte Solution in Hychrometallurgy. Proc of The ICHM'1988: 64 ~ 68

29　Yasuhiro. Awakura, et al. Met. of MMIJ, 1989 (2): 77

30　Yasuhiro. Awakura, et al. Met. Trans., 1988, 19B: 5

31　杨显万等．昆明工学院学报，1994，18 (5)：24

32　Sung-kook, Yasuhiro Hiroshi, et al. Met. Trans., 1989, 20B: 18

33　滕藤，李以圭．Hydrometallurgy，1983 (10)：69

34　Li. Jiding, et al. Fluid Phase Eguilibria, 1994, 94: 89

2　热力学平衡图

主要符号表

p——压强	S——熵
T——温度	C——热容
K——平衡常数	a_T，b_T——系数，温度或性质函数
H——热焓，（反应热）	μ——化学势
a——活度	R——气体常数
G——自由能	σ——张力
$G^{\ominus}$——标准自由能	U——内能
E——电位	ϕ_i——任一强度性质
J——离子强度	Q——相应的容量性质
K_w——水的离解常数	

湿法冶金中常常涉及到伴有化学反应的多相平衡体系，当外界条件连续改变时，体系中平衡各相的热力学性质随之连续变化，这种变化描绘在一定的坐标系中所得的图形，称为热力学平衡图。这种图可说是一种广义相图，它既包括各种相图，又包括诸如多相反应体系的 $\Delta G^{\ominus}\text{-}T$，$\lg K\text{-}1/T$，$\lg p_{SO_3}-\lg p_{O_2}$，$\lg p_{O_2}$-pH 等函数图。在一定温度、压强和组成下，热力学平衡图可以说明体系中物质的行为和状态，指明反应（或相变）可能进行的方向和限度，因此在冶金热力学研究中得到了广泛的应用。

在绘制一张热力学平衡图之前，需搜集与所绘图相关物质的热力学数据，遇到不能直接从手册查到的数据要进行实验测定。测定物质标准热力学数据（包括溶液中组元的活度）的几种常见的方法包括多相平衡法、电化学法和量热法等。对所搜集和测定的数据需要进行处理，同时进行必要的热力学计算，然后再按一定的格式要求选择坐标、绘制成图。本章将对几种常见的热力学平衡图进行讨论，说明它们的构图原理、特点及应用。

2.1　二元系的 *p-T*（压强-温度）图[1]

以 $MCl\text{-}M_2ZrCl_6$ 系（M 为 Na 或 K）为例，说明二元系压强-温度图的特征。这两个二元系的相图均属简单共晶型相图，其示意图如图 2-1（a）所示。下面依次考察图中 4 个相区与 *p-T* 图的对应关系。

第一个相区是在温度低于共晶温度时，MCl 和 M_2ZrCl_6 两纯固相与 $ZrCl_4$ 气相的平衡区，在三相平衡时，

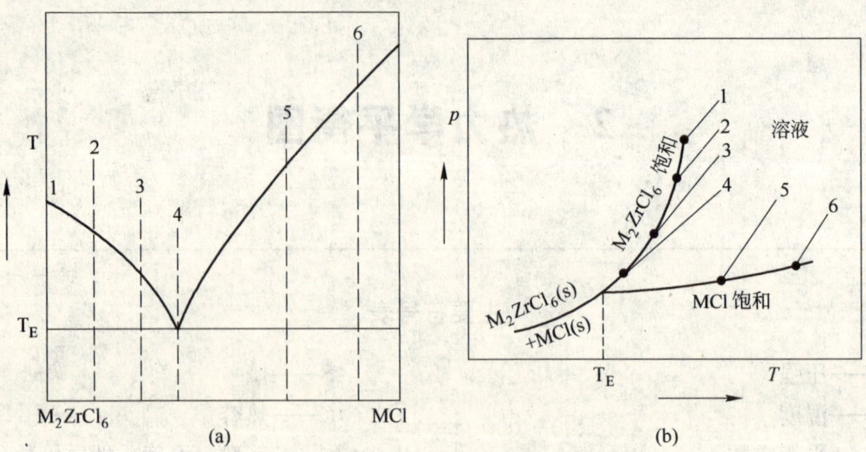

图 2-1　简单共晶二元系相图及其 p-T 关系示意图

（注：（b）中的1、2、3、4、5、6是（a）中1、2、3、4、5、6各点的对应点）

$$M_2ZrCl_6(s) =\!=\!= 2MCl(s) + ZrCl_4(g)$$

$$K = \frac{a_{MCl}^2 \cdot p_{ZrCl_4}}{a_{M_2ZrCl_6} \cdot p^{\ominus}} \tag{2-1}$$

这里把 $ZrCl_4$气体作理想气体处理，纯固相的活度为1，因此

$$K = p_{ZrCl_4}^{\ominus}/p^{\ominus} \tag{2-2}$$

式中，$p_{ZrCl_4}^{\ominus} = K \cdot p^{\ominus}$ 是 M_2ZrCl_6的分解压，即固体纯 M_2ZrCl_6与固体纯 MCl 平衡时气体 $ZrCl_4$的压强。分解压与温度的关系为

$$\frac{\mathrm{d}\ln p_{ZrCl_4}^{\ominus}}{\mathrm{d}(1/T)} = -\frac{\Delta_r H_m^{\ominus}}{R} \tag{2-3}$$

式中，$\Delta_r H_m^{\ominus}$ 是 M_2ZrCl_6分解反应的标准反应热。在一定的温度范围内 $\Delta_r H_m^{\ominus}$ 为定值，$\ln p_{ZrCl_4}^{\ominus}$ 对 $1/T$ 作图是一条直线。在该范围内压强与体系的组成无关，因此在低于共晶温度时，固相纯 M_2ZrCl_6与固相纯 MCl 的混合物不论组成如何，在与气相 $ZrCl_4$平衡时，皆反映在 p-T 图的同一条曲线上。当然，如果固相是两组元的固溶体，则式（2-3）中的 $p_{ZrCl_4}^{\ominus}$ 应以式（2-1）表示的平衡常数代替。

第二个相区为 M_2ZrCl_6的液相线与共晶线所包围的区域，在该相区内溶液相和固相纯 M_2ZrCl_6与气相 $ZrCl_4$三相平衡：

$$M_2ZrCl_6(s) =\!=\!= 2MCl(s) + ZrCl_4(g)$$

这里 $a_{M_2ZrCl_6} = 1$，故

$$K = p_{ZrCl_4}^{\ominus} a_{MCl}^2 / p^{\ominus}$$

则式（2-3）中的 $p_{ZrCl_4}^{\ominus}$ 应以式（2-1）表示的平衡常数代替。

$$p_{ZrCl_4} = kp^{\ominus}/a_{MCl}^2 \tag{2-4}$$

式中平衡常数 K 可将低于共晶温度下测定的 K 值与温度的函数关系式外推至所研究温

度下获得。根据范特荷夫(Van't Hoff)方程：

$$\frac{\partial \ln K}{\partial T}=\frac{\Delta_1 H_m^{\ominus}}{RT^2} \tag{2-5}$$

由式（2-4）可知，由于溶液相中活度 $a_{MCl}<1$，p-T 曲线的斜率在共晶温度时发生骤变，如图 2-1（b）所示。

温度在共晶温度以上时，与纯固相平衡的溶液相将随着温度的变化其组成沿着液相线变化，其 MCl 的活度 a_{MCl} 也因此而连续变化。a_{MCl} 值与体系的组成无关，但与饱和溶液的组成有关，因而是温度的函数。在一定温度下该相区内任何组成不等的两个体系应具有相同的平衡 p_{ZrCl_4} 值，即平衡压强相同。因此，在 p-T 图中从 T_E 开始有一条与体系组成无关的曲线。按照相律：$f=2-3+2=1$，p 与 T 应当是一一对应的关系。

上述讨论可得出：纯化合物生成反应的自由能在温度低于共晶温度时，才能通过分解压的测定获得。因为只有这时纯化合物分解反应的经验平衡常数才等于气体产物的压强。在温度高于 MCl-M_2ZrCl_6 二元系共晶温度时，实验测定纯 M_2ZrCl_6 的分解压总会有 MCl 与 M_2ZrCl_6 形成组成在液相线上的饱和溶液，因此得不到纯化合物的热力学函数。但可以由实验数据计算溶液的偏摩尔热力学性质。

式（2-4）取对数，再对 $1/T$ 微分

$$\frac{d\ln p_{ZrCl_4}}{d(1/T)}=\frac{d\ln k}{d(1/T)}+\frac{2d\ln a_{MCl}}{d(1/T)}$$

其中

$$\frac{d\ln a_{MCl}}{d(1/T)}=\frac{\Delta_{mix}\overline{H}_{MCl}}{R}$$

式中，$\Delta_{mix}\overline{H}_{MCl}$ 为组成在液相线上的溶液中 MCl 的偏摩尔混合焓。因此，

$$\frac{d\ln p_{ZrCl_4}}{d(1/T)}=-\frac{\Delta_r H_m^{\ominus}+2\Delta_{mix}\overline{H}_{MCl}}{R}=-\frac{\Delta_r H}{R} \tag{2-6}$$

式中，$\Delta_r H=\Delta_r H_m^{\ominus}+2\Delta_{mix}\overline{H}_{MCl}$，$M_2ZrCl_6$ 分解反应的标准反应热 $\Delta_r H_m^{\ominus}$ 是温度的函数，$\Delta_{mix}\overline{H}_{MCl}$ 通常是温度和组成的函数，在较小的温度范围内假若可以忽略温度的影响，则 $\ln p_{ZrCl_4}$ 对 $1/T$ 曲线斜率的变化仅与溶液组成的变化有关。

如果溶液是理想溶液，则以纯固相为参考状态时 $\Delta_{mix}\overline{H}_i=\overline{H}_i^{id}-H_i^{*,1}-H_i^{*,*}=\Delta_{fus}H_{m\cdot i}^{*}$，因此，即使液相混合物是理想溶液，在共晶温度时 $\ln p_{ZrCl_4}$ 对 $1/T$ 的曲线斜率也会改变。

第三个相区是 MCl 的液相线与共晶线所包围的区域，在该相区内饱和溶液与纯固相 MCl 和 $ZrCl_4$，气相三相平衡，分解反应为

$$M_2ZrCl_6\ (l) = MCl(s)+ZrCl_4(g)$$

$$K=p_{ZrCl_4}/p^{\ominus}\cdot a_{M_2ZrCl_6}$$

$$\frac{d\ln p_{ZrCl_4}}{d(1/T)}=-\frac{\Delta_r H_m^{\ominus}-\Delta_{mix}\overline{H}_{M_2ZrCl_6}}{R}=-\frac{\Delta_r H'}{R} \tag{2-7}$$

式中，$\Delta_r H'=\Delta_r H_m^{\ominus}-\Delta_{mix}\overline{H}_{M_2ZrCl_6}$，这与第二个相区的情形相类似，当温度增加到共晶温度以上时，由于平衡常数中包含了饱和溶液中 M_2ZrCl_6 的活度，导致 $\ln p_{ZrCl_4}$ 对 $1/T$ 曲线的斜率

发生变化。并且，组成在第三相区内的所有体系在 p-T 图上具有同一条曲线，曲线的斜率取决于溶液对理想溶液的偏差程度。

第四个相区是液相线以上由溶液相和 $ZrCl_4$ 气相构成的两相平衡区。分解反应为

$$M_2ZrCl_6\,(l) \xlongequal{\quad} 2MCl\,(l) + ZrCl_4\,(g)$$

$$K = \frac{p_{ZrCl_4} \cdot a_{MCl}^2}{p^{\ominus} \cdot a_{M_2ZrCl_6}}$$

$$\frac{d\ln p_{ZrCl_4}}{d(1/T)} = \frac{\Delta_r H_m^{\ominus} - \Delta_{mix}\overline{H}_{M_2ZrCl_6} + 2\Delta_{mix}\overline{H}_{MCl}}{R} = -\frac{\Delta_r H''}{R} \tag{2-8}$$

式中，$\Delta_r H'' = \Delta_r H_m^{\ominus} + 2\Delta_{mix}\overline{H}_{MCl} - \Delta_{mix}\overline{H}_{M_2ZrCl_6}$，对于组成一定的溶液，各组元的偏摩尔混合焓与温度的关系取决于各组元溶解前后热容的变化，这个变化或者很小，或者在一定温度范围内可以忽略。因此，$\ln p_{ZrCl_4}$ 对 $1/T$ 作图将是一条直线，直线的斜率可用以计算求 $\Delta_r H''$。由于平衡常数表示式包含有两组元的活度，在温度上升至液相一时，对应的 p-T 图曲线的斜率再次发生改变。

综上所述，二元系 p-T 图曲线的斜率在共晶温度和液相线温度两度出现明显变化。基于上述原理，里斯特（Lister）和弗兰伽斯（Flengas）实验测定了 MCl-M_2ZrCl_6 系平衡时的 p_{ZrCl_4}，并用以绘制相图，结果与热分析法相图一致。图 2-2 是实验研究 Na_2ZrCl_6-$NaCl$ 系所得 $\ln p_{ZrCl_4}$ 对 $1/T$ 图。因低压下的不可逆性使实验测不出低于共晶温度时的压强，故图中没有表示两固相纯组元与 $ZrCl_4$ 气相平衡的曲线。

上述原理同样适用于金属与其硫化物、氮化物、卤化物或氧化物等二元系的研究。布罗克和波尔顿（Block-Bolten）研究了 Cr-Cr_2O_3 系的 p-T 图。图 2-3 为该二元系相图示意图，与简单共晶二元系相比较有显著差别的是 α 固溶体相区和液相分层区，以下着重分析

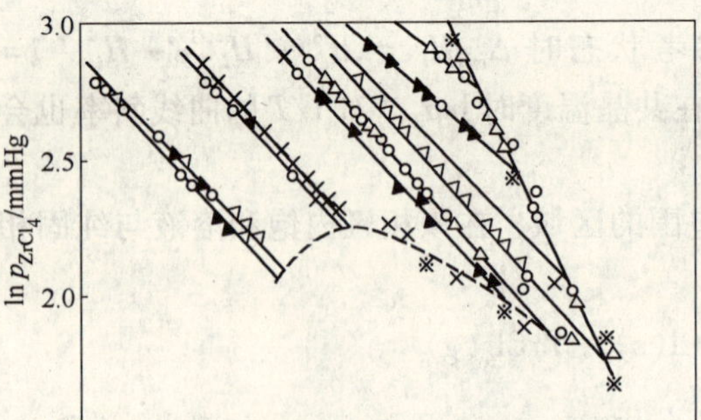

图 2-2　Na_2ZrCl_6-$NaCl$ 系的 $\ln p_{ZrCl_4}$ 与温度、组成的关系

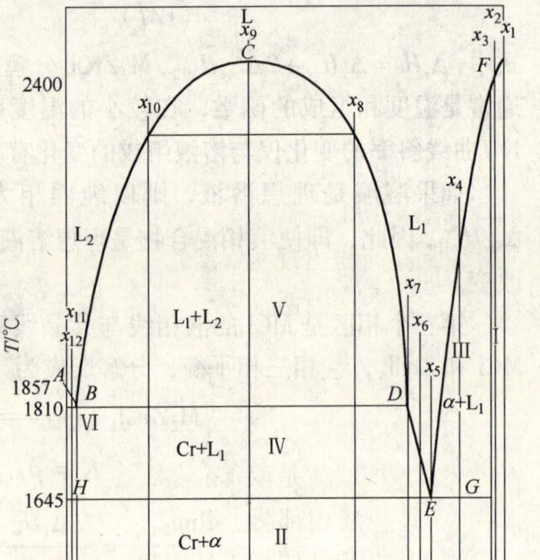

图 2-3　Cr-Cr_2O_3 系相图示意图

这两相区的 p-T 关系。

α 固溶体区实际是 Cr 溶解于 Cr_2O_3 的 α 固溶体与氧气两相平衡区，分解反应为

$$\frac{2}{3}Cr_2O_3(\alpha) = \frac{4}{3}Cr(\alpha) + O_2(g)$$

$$K = \frac{p_{O_2} \cdot a_{Cr}^{3/3}}{p^{\ominus} \cdot a_{Cr_2O_3}^{3/3}}$$

$$\frac{d\ln p_{O_2}}{d(1/T)} = -\frac{\Delta_r H_m^{\ominus} + \frac{4}{3}\Delta_{mix}\overline{H}_{Cr} - \frac{2}{3}\Delta_{mix}\overline{H}_{Cr_2O_3}}{R} = -\Delta_r H/R \qquad (2\text{-}9)$$

式中，$\Delta_r H = \Delta_r H_m^{\ominus} + \frac{4}{3}\Delta_{mix}\overline{H}_{Cr} - \frac{2}{3}\Delta_{mix}\overline{H}_{Cr_2O_3}$。如果忽略温度对 $\Delta_r H$ 的影响，则任何浓度的 α 固溶体 $\ln p_{O_2}$ 对 $1/T$ 图应是一条直线，直线的斜率为 $-\Delta_r H/2.303R$。如果温度对 $\Delta_r H$ 的影响不可忽略，则 $\ln p_{O_2}$ 对 $1/T$ 图应为一条直线，不过曲线的曲率大。按照相律，该相区 $f=2-2+2=2$，在一定温度下，组成不同的 α 固溶体上平衡气相的 p_{O_2} 也不同。固溶体中氧含量（即 $x_{Cr_2O_3}$）愈高，平衡氧压 p_{O_2} 愈大。假若 $\Delta_r H_m^{\ominus}$ 远大于 $\Delta_{mix}\overline{H}_{Cr}$ 和 $\Delta_{mix}\overline{H}_{Cr_2O_3}$，则在 α 相区内组成不同的 α 固溶体与 O_2 平衡的 $\ln p_{O_2}$ 对 $1/T$ 图是一系列相互平行的直线（见图 2-4）。

通常在 T-x 图中形成非计量化合物的固溶体区只是一个狭小的相区，但在对应的 p-T 图中却变成一个清晰较大的区域，利用这一点可以鉴别用热分析或差热分析绘制的具有狭小单相区的相图可能存在的错误。

在 Cr-Cr_2O_3 系的液相分层区，包括气相是三相平衡，自由度 $f=1$，因而在同一温度下，不论体系组成为何值其平衡氧压为定值。共轭的两液相（例如 x_8 和 x_{10}）在温度上升到溶解度线以上变成一个液相之前，具有同一 p_{O_2}。在溶解度线以上组成分别为 x_8 和 x_{10} 的氧压。在 p-T 图上这两条氧压线在两相出现平衡析温度相交。两条氧压线的斜率因两液相的偏摩尔混合热不同而不同。因此，在偏晶转变温度以上任何溶液相的氧压线都会与其轭的另一溶液相的氧压线相交，这些交点均处在同一曲线上，该曲线就是两液相与气相平衡的 p-T 线。这是液相部分互溶二元系的 p-T 图的特征，此特征同样表现在图 2-4 所示的 $\ln p_{O_2}$-$1/T$ 图中。

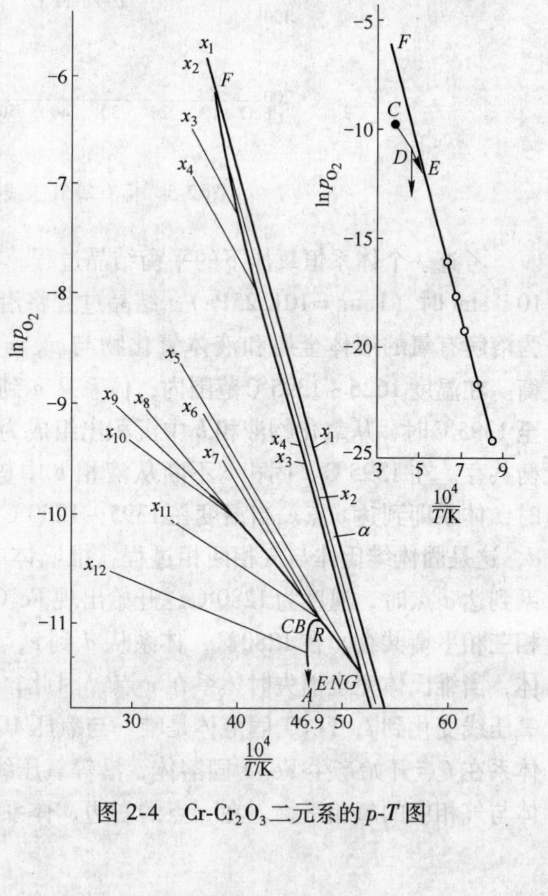

图 2-4 Cr-Cr_2O_3 二元系的 p-T 图

$\ln p_{O_2}$ 对 $1/T$ 图的缺点是不能直接读出

各凝聚相的平衡组成。*T-x* 相图虽便于读出平衡相的组成，却不能直接读出相平衡的氧压 p_{O_2}。一个两全其美的办法是把一系列等氧压线标在 *T-x* 相图上。图 2-5 为标有等氧压线的 $FeO-Fe_2O_3$ 系相图，图中每条等氧压线均标明了与凝聚相平衡的气相中氧的分压。温度愈高，平衡氧压线的位置也愈高。在各相区分界线处，等氧压线均改变方向。

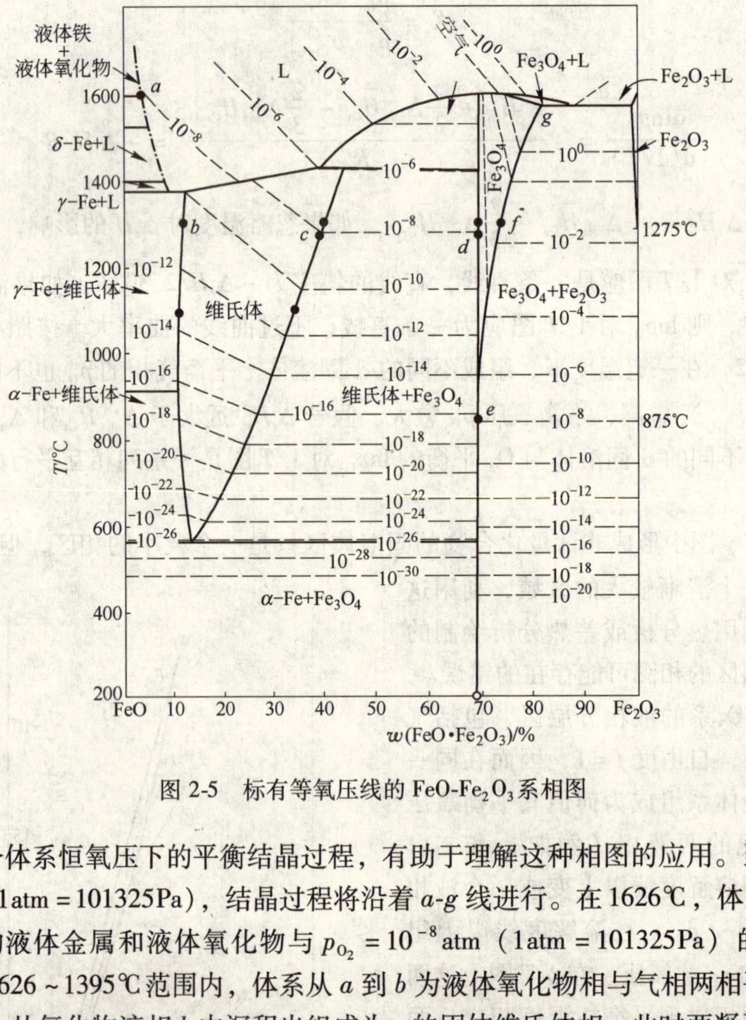

图 2-5　标有等氧压线的 $FeO-Fe_2O_3$ 系相图

考查一个体系恒氧压下的平衡结晶过程，有助于理解这种相图的应用。当氧压恒定在 10^{-8}atm 时（1atm = 101325Pa），结晶过程将沿着 *a-g* 线进行。在 1626℃，体系在 *a* 点以左为溶解有氧的液体金属和液体氧化物与 $p_{O_2} = 10^{-8}$atm（1atm = 101325Pa）的气相三相平衡。在温度 1626 ~ 1395℃ 范围内，体系从 *a* 到 *b* 为液体氧化物相与气相两相平衡。温度降至 1395℃时，从氧化物液相 *b* 中沉积出组成为 *c* 的固体维氏体相，此时两凝聚相与气相平衡共存。在 1395℃，固相 *c* 不断从液相 *b* 中析出，当液体氧化物全部转变成固体维氏体时，体系即到达 *c* 点。当温度在 1395 ~ 1280℃ 范围内下降时，体系沿等氧压线从 *c* 变化到 *d*，这是固体维氏体与气相两相过程，维氏体中的含氧量随着过程的进行逐渐增多。当体系到达 *d* 点时，温度为 1280℃，开始出现 Fe_3O_4 固溶体，这时为维氏体、Fe_3O_4 固溶体与气相三相平衡共存。在 1280℃，体系从 *d* 到 *e*，维氏体逐渐消耗并转变成更多的 Fe_3O_4 固溶体，当维氏体完全消失时体系在 *e* 点，因此，在温度 1280 ~ 840℃ 范围内，体系从 *e* 沿等氧压线变化到 *f*，Fe_3O_4 固溶体是唯一与氧压 10^{-8}atm 的气体平衡共存的凝聚相。在 804℃，体系在 *f* 点开始产生 Fe_3O_4 固溶体，沿等氧压线从 *f* 到 *g*，体系为 Fe_3O_4 固溶体、Fe_2O_3 固溶体与气相中的氧相平衡。在 *g* 点的右边，体系为 Fe_2O_3 固溶体与气相平衡共存。

图 2-6 表示的是 $p_{O_2}=10^{-8}$atm（1atm = 101325Pa）时恒氧压平衡结晶过程在图中是一条垂直线，线上各点均与图 2-5 相对应。图中各三相平衡线的斜率为：

$$\frac{\mathrm{d}\ln p_{O_2}}{\mathrm{d}(1/T)}=\frac{\Delta H}{2.303R}$$

式中，ΔH 为由一种凝聚相氧化为另一种凝聚相的反应消耗 1mol O_2的焓变。

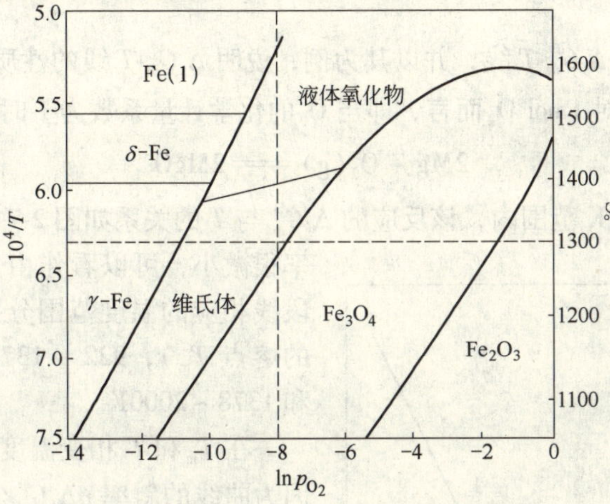

图 2-6 Fe-Fe_2O_3系的 $\ln p_{O_2}$对 $1/T$ 图

如果以 $2.303RT$ 乘以 $\ln p_{O_2}$，再对 T 作图，即得埃林亥姆（Ellingham）图，下一节将阐述这种热力学平衡图。

2.2 金属化合物的标准生成自由能与温度的关系图[1]

金属氧化物、硫化物、卤化物、氮化物等的标准生成自由能与温度的关系图，也称埃林亥姆图，它能够说明各类化合物的相对稳定性，在冶金热力学研究中得到广泛的应用。这种图的标准生成自由能线都是关于金属 M 与 1mol 气体 X_2反应生成金属化合物的 $\Delta_f G_m^{\ominus}$，即反应

$$\left(\frac{2}{n}\right)m\mathrm{M}+\mathrm{X}_2(\mathrm{g})=\!=\!=\left(\frac{2}{n}\right)\mathrm{M}_m\mathrm{X}_n$$

式中，m 和 n 均为正整数；X 代表元素氧、硫、卤素或氮。各物质均处于标准状态进行单位反应的吉布斯自由能变化。

通常从标准热力学函数数据表查得的化合物标准生成自由能，是指各物质均处于标准状态时生成 1mol 该化合物（M_mX_n）的吉布斯自由能变化，用 $\Delta_f G^{\ominus}_{m,M_mX_n}$ 表示，反应式为

$$m\mathrm{M}+\frac{1}{2}n\cdot\mathrm{X}_2(\mathrm{g})=\!=\!=\mathrm{M}_m\mathrm{X}_n$$

不难看出，两种标准生成自由能的关系为

$$\Delta_f G_m^{\ominus}=\left(\frac{2}{n}\right)\Delta_f G^{\ominus}_{m,M_mX_n}$$

例如对于 $Al_2O_3(s)$ 从热力学数据表可查其标准生成自由能为 $\Delta_f G^{\ominus}_{m,Al_2O_3} = -1675100 + 313.195T$，温度范围为 298 ~ 933K。这里 $n = 3$，因此在埃林亥姆图中的 $\Delta_f G^{\ominus}_m = \frac{2}{3}(-1675100 + 313.195T) = -1116733 + 208.797T$。这就是在 Al 的熔点 933K 以下，$Al_2O_3$ 在 $\Delta_f G^{\ominus}_m$-T 图中的直线方程。

2.2.1　MgO 的 $\Delta_f G^{\ominus}_m$-T 线[1]

本节讨论 MgO 的 $\Delta_f G^{\ominus}_m$-T 线，并以其为例，说明 $\Delta_f G^{\ominus}_m$-T 线的性质。

MgO 的生成反应对 1mol O_2 而言，即当 O_2 的化学计量系数为 1 时，

$$2Mg + O_2(g) = 2MgO$$

温度在 298 ~ 2000K 范围内，该反应的 $\Delta_f G^{\ominus}_m$ 与 T 的关系如图 2-7 所示。图中的曲线曲率很微小，可以看作由三段直线组成，这三段线相应的温度范围分别为 298 ~ 922K（Mg 的熔点 T_m），922 ~ 1378K（Mg 的沸点 T_b）和 1378 ~ 2000K。

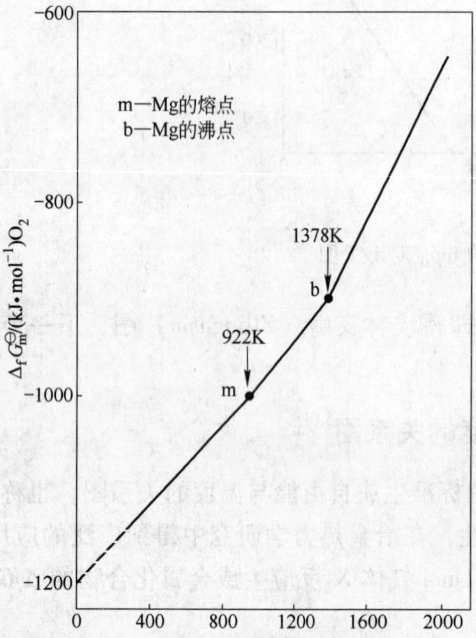

图 2-7　MgO 的 $\Delta_f G^{\ominus}_m$-T 线

在 T_m 和 T_b 相变温度，线发生转折。这是因为曲线的斜率 $\partial\Delta_f G^{\ominus}_m/\partial T = -\Delta_f S^{\ominus}_m$，相变熵的存在使曲线出现转折。又根据 $\Delta_f G^{\ominus}_m = \Delta_f H^{\ominus}_m - T\Delta_f S^{\ominus}_m$，可知 $\Delta_f H^{\ominus}_m$-T 曲线在温度 T 的切线延长至温度 0K 与纵坐标相交，交点处即截距为该温度 T 的反应热 $\Delta_f H^{\ominus}_{m,T}$。在图 2-7 中，700K 时，斜率 = 214J/K = $-\Delta_f S^{\ominus}_{m,700}$，截距 = -1201kJ/mol = $\Delta_f H^{\ominus}_{m,700}$。900K 时，斜率 = 212J/K = $-\Delta_f S^{\ominus}_{m,900}$，截距 = -1200 kJ/mol = $\Delta_f H^{\ominus}_{m,900}$。上列数据说明自由能-温度曲线的曲率很微小。这也可以通过二阶导数的计算证明，因为曲率的大小取决于二阶导数的大小，而 $\partial^2\Delta_f G^{\ominus}_m/\partial T^2 = -\Delta C_p/T$。对 MgO 生成反应，当温度为 700K、1200K、1700K 时，ΔC_p 分别为 6.3J/K、-1.2J/K、29.3J/K，相应的二阶导数分别为 -0.009J/K^2、$+0.001$J/K^2、-0.017J/K^2，所以说，$\Delta_f G^{\ominus}_m$-T 曲线曲率很小，几乎是一条直线。冶金上有重要意义的气-固，气-液反应，ΔC_p 值一般小于 40J/K，因此，$\Delta_f G^{\ominus}_m$-T 线的曲率小到可以忽略之，在无相变发生的温度区间几乎是一条直线。

相变熵对 $\Delta_f G^{\ominus}_m$-T 线斜率有影响，同素异形体的相变熵较小，影响不明显，例如 α-Fe → γ-Fe 的 $\Delta S^{\ominus}_m$ 仅为 4 ~ 5J/(mol·K)，而熔化熵大一点，其值为 10 ~ 40J/(mol·K)，所以曲线的斜率在熔点温度有较大的变化，蒸发和升华过程的熵变更大，数值达 80 ~ 120J/(mol·K)，因此在沸点和升华点温度曲线的斜率有很陡的变化。

相变对曲线斜率的影响，对反应物和产物是不相同的。若反应物发生相变，生成反应

的标准熵变在温度高于相变温度时将变得更负，因此，$\Delta_f G_m^{\ominus}$-T 曲线将变得更陡；相反，若产物发生相变，标准熵变在温度高于相变点时将变得更正，因此 $\Delta_f G_m^{\ominus}$-T 曲线的斜率在相变点温度以上将变小。

根据 MgO 的标准热力学数据计算出 $\Delta_f G_m^{\ominus}$ 与 T 的关系，包括下列三个线性方程（图 2-7）。

反应 1：$$2Mg(s) + O_2(g) \xlongequal{} 2MgO(s)$$

$$\Delta_f G_{m,1}^{\ominus} = -1202460 + 215.172T \text{ J/mol} \quad (298 \sim 922\text{K})$$

$$\Delta_f S_{m,1}^{\ominus} = -215.172\text{J/(mol} \cdot \text{K)}$$

$$\Delta_f H_{m,1}^{\ominus} = -1202460\text{J/mol}$$

反应 2：$$2Mg(l) + O_2(g) \xlongequal{} 2MgO(s)$$

$$\Delta_f G_{m,2}^{\ominus} = -1219142 + 233.044T \text{ J/mol} \quad (922 \sim 1378\text{K})$$

$$\Delta_f S_{m,2}^{\ominus} = -233.044\text{J/(mol} \cdot \text{K)}$$

$$\Delta_f H_{m,2}^{\ominus} = -1219142\text{J/mol}$$

反应 3：$$2Mg(g) + O_2 \xlongequal{} 2MgO(s)$$

$$\Delta_f G_{m,3}^{\ominus} = -1465404 + 411.976T \text{ J/mol} \quad (1378 \sim 2000\text{K})$$

$$\Delta_f S_{m,3}^{\ominus} = -411.976\text{J/(mol} \cdot \text{K)}$$

$$\Delta_f H_{m,3}^{\ominus} = -1465404\text{J/mol}$$

在 Mg 的熔点 922K，斜率的突变可用以计算 Mg 的标准熔化熵

$$\Delta_{fus} S_m^{\ominus} = \frac{1}{2}(\Delta_f S_{m,2}^{\ominus} - \Delta_f S_{m,2}^{\ominus}) = 8.936\text{J/(mol} \cdot \text{K)}$$

在 Mg 的沸点 1378K，斜率的突变可用以计算 Mg 的蒸发熵

$$\Delta_{vap} S_m^{\ominus} = \frac{1}{2}(\Delta_f S_{m,2}^{\ominus} - \Delta_f S_{m,3}^{\ominus}) = 89466\text{J/(mol} \cdot \text{K)}$$

上列计算的结果与热力学数据表的 $\Delta_{fus} S_m^{\ominus}$ 和 $\Delta_{vap} S_m^{\ominus}$ 进行比较，分别相差大约 8% 和 3%，这是使用自由能线性方程带来的偏差。

2.2.2 氧化物的 $\Delta_f G_m^{\ominus}$-T 图[1]

图 2-8 为冶金行业有关的若干重要氧化物的 $\Delta_f G_m^{\ominus}$-T 图。为了便于比较不同金属的氧化还原能力，也就是比较不同氧化物的稳定性，所有氧化物的生成反应都是对 1mol O_2 而言的。如同 MgO 的 $\Delta_f G_m^{\ominus}$-T 曲线那样，各氧化物的 $\Delta_f G_m^{\ominus}$-T 曲线均因有物质相变而出现转折，同时各线的斜率一般均为正值，即氧化物的生成熵为负值，这就意味着随着温度的升高，氧化物愈来愈不稳定。

在氧化物的 $\Delta_f G_m^{\ominus}$-T 图中，曲线所处位置愈高的氧化物稳定性愈小，曲线位置愈低的氧化物稳定性愈大。Mg-MgO 线位于 Mn-MnO 线之下，说明前者的 $\Delta_f G_m^{\ominus}$ 有更负的值，因而 MgO 比 MnO 稳定。例如在 1743K 时，

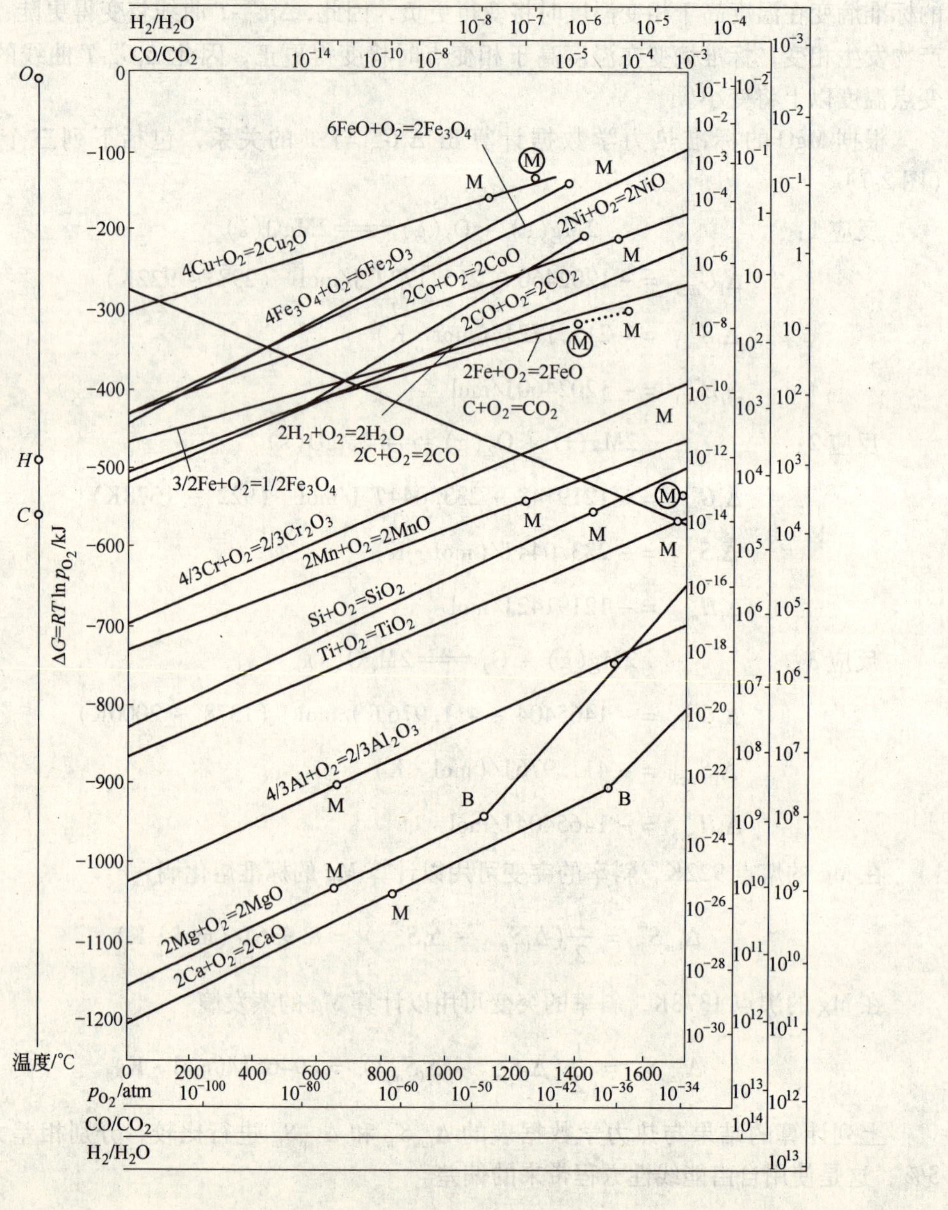

图 2-8　重要氧化物的 $\Delta_f G_m^{\ominus}$-T 曲线

M—金属的熔点温度；B—金属的沸点温度；Ⓜ—氧化物的熔点温度

反应 a　　$2Mg(g) + O_2(g) = 2MgO(s)$

$$\Delta_f G_{m,a}^{\ominus} = -859\text{kJ/mol}$$

反应 b　　$2Mn(s) + O_2(g) = 2MnO(s)$

$$\Delta_f G_{m,b}^{\ominus} = -553\text{kJ/mol}$$

两式相减得 c　　$2Mg(g) + 2MnO(s) = 2Mn(s) + 2MgO(s)$

$$\Delta_f G_{m,c}^{\ominus} = -306\text{kJ/mol}$$

因此在 1473K，MnO(s)在有 Mg 蒸气存在时不稳定，用 Mn(s)还原 MgO(s)是绝对办不到的。

然而，上述结论只有当还原反应的所有反应物和产物均处于标准状态时才是正确的。当参加反应的某些物质处于非标准状态时，有可能使在标准状态下不能发生的还原反应成为现实。对于反应

$$2Mn(s) + 2MgO(s) = 2Mg(g, p_{Mg}) + 2MnO(s)$$

在 1473K 时

$$\Delta_r G_m = \Delta_r G_m^{\ominus} + 2RT\ln\left(\frac{p_{Mg} \cdot a_{MnO}}{p^{\ominus} \cdot a_{Mn} a_{MgO}}\right)$$

式中，$\Delta_r G_m^{\ominus} = 206$kJ/mol，若 Mn(s)，MnO(s)和 MgO(s)都是纯固相，各活度均等于 1，则

$$\Delta_r G_m = 306000 + 2494\ln(p_{Mg}/p^{\ominus})$$

显然，当 p_{Mg} 小于平衡值 0.38Pa（3.75×10^{-6}atm）时，$\Delta_r G_m$ 将为负值，热力学上用 Mn(s)还原 MgO(s)就能实现。保持如此小的 p_{Mg} 值，可以用惰性气体流过体系的办法确保 p_{Mg} 小于平衡值。

在图 2-8 中，CO 的 $\Delta_f G_m^{\ominus}$-T 曲线与众不同，其斜率为负，说明 CO 的稳定性随着温度的升高而增大。因此任何金属氧化物在足够高的温度下都被 C(s)还原。例如 C-CO 线与 Cr-Cr_2O_3 线交点温度为 1522K，在此温度下列反应开始发生

$$\frac{2}{3}Cr_2O_3(s) + 2C(s) = \frac{4}{3}Cr(s) + 2CO(g)$$

$$\Delta_r G_m^{\ominus} = \Delta_f G_{m,CO}^{\ominus} - \Delta_f G_{m,Cr_2O_3}^{\ominus} = 514340 - 337.905T\ \text{J/mol}$$

当 $T = 1522$K 时，$\Delta_r G_m^{\ominus} = 0$，$\Delta_f G_{m,CO}^{\ominus} = \Delta_f G_{m,Cr_2O_3}^{\ominus} = -489$kJ/mol。当温度高于交点温度时，例如 1773K，则 $\Delta_f G_{m,CO}^{\ominus} = -537.5$kJ/mol，$\Delta_f G_{m,Cr_2O_3}^{\ominus} = -447.8$kJ/mol，$\Delta_r G_{m,1773}^{\ominus} = -84.7$kJ/mol。因此在 1773K 和 $p_{CO} = p^{\ominus}$ 时，用 C(s)还原 Cr_2O_3(s)的反应将能强烈地进行。

2.2.3 专用标尺的作用[1]

在氧化物的 $\Delta_f G_m^{\ominus}$-T 图上附有 p_{O_2}（atm，1atm = 101325Pa）、CO/CO_2 比和 H_2/H_2O 比三个专用标尺。氧标尺用以确定任一金属-氧化物体系在给定温度下的平衡氧压。方法是通过 O 点及在所研究的金属-氧化物体系自由能曲线上指定温度的那一点作一条直线，延长该直线至 p_{O_2} 标尺相交，交点所示的氧压即为指定温度下，金属-氧化物体系的平衡氧压。不难看出，Si-SiO_2 系在 500℃的平衡氧压 $p_{O_2} = 10^{-50}$atm，在 1100℃，平衡氧压 $p_{O_2} = 10^{-24}$atm。

假设图 2-8 开始没有氧标尺，现在看氧标尺是如何建立的。对于金属氧化物生成反应

$$\frac{2m}{n}M + O_2(g) = \frac{2}{n}M_mO_n$$

$$\Delta_r G_m^{\ominus} = RT\ln(p_{O_2}/p^{\ominus})$$

此标准生成自由能在数值上也等于下列过程的自由能变化，即

$$O_2(g, p^{\ominus}) = O_2(g, p_{O_2})$$

$$\Delta G = RT\ln(p_{O_2}/p^{\ominus}) = \Delta_f G_m^{\ominus} \tag{2-10}$$

根据这个方程不论 p_{O_2} 取何值，在温度为绝对零度时，$T=0K$，总有 $\Delta G=0$ 的结论。因此在绝对零度所对应的纵坐标 $\Delta_f G_m^{\ominus}=0$ 处标记“O”点，它是 p_{O_2} 标尺的基点。另一方面，不论 T 为何温度值，在 $p_{O_2}=p^{\ominus}=101325Pa=1atm$ 时，ΔG 始终等于零。因此过 O 点作一条水平线，使之与图2-8右侧的 p_{O_2} 标尺相交，然后在交点处标记“1”，表示 $p_{O_2}=1atm$。

任意给定一个 p_{O_2} 值，ΔG 均与 T 成线性关系，得到一条从 O 点出发的直线。当 $p_{O_2}>1atm$ 时，直线的斜率为正；当 $p_{O_2}<1atm$ 时，直线的斜率为负。假设 $p_{O_2}=10^{-10}atm$，则 $\Delta G=-191.44T$ J/mol，于是过基点 O 作一条斜率等于 -191.44J/K 的直线，该直线与 p_{O_2} 标尺的交点处标记 10^{-10}，表示 $p_{O_2}=10^{-10}atm$。依此类推，对一系列的 p_{O_2} 值在 p_{O_2} 标尺上进行标记就得一个完整的 p_{O_2} 标尺。若按 p_{O_2} 标尺上的 p_{O_2} 值作出所有的 $RT\ln(p_{O_2}/p^{\ominus})$ 线，它们是一组从 O 出发的“射线”。这组线中任何一条与某氧化物的 $\Delta_f G_m^{\ominus}$-T 曲线相交时，即可在 p_{O_2} 标尺上直接读出交点温度下该氧化物生成反应的平衡氧压。

图2-8中 CO/CO_2 专用标尺用以确定用CO还原金属氧化物时，反应温度与 CO/CO_2 平衡值之间的关系。对于反应

$$2CO(g) + O_2(g) = 2CO_2(g)$$

$$\Delta_f G_{m,CO_2}^{\ominus} = -RT\ln\frac{p_{CO_2}^2 p^{\ominus}}{p_{CO}^2 p_{O_2}}$$

$$RT\ln\frac{p_{O_2}}{p^{\ominus}} = \Delta_f G_{m,CO_2}^{\ominus} - 2RT\ln\frac{p_{CO}}{p_{CO_2}} \tag{2-11}$$

因此，当 $CO/CO_2=1$，即 $p_{CO}/p_{CO_2}=1$ 时，

$$RT\ln\frac{p_{O_2}}{p^{\ominus}} = \Delta_f G_{m,CO_2}^{\ominus} = -563770 + 171.356T \tag{2-12}$$

这就是图2-8中反应 $2CO+O_2=2CO_2$ 的 $\Delta_f G_m^{\ominus}$-T 关系式，是个直线方程，将该直线向左延伸至与绝对零度标线相交，交点“C”的 $RT\ln(p_{O_2}/p^{\ominus})=-563770$J/mol，直线向右延伸至与 CO/CO_2 标尺相交，交点处标记1。

不论 CO/CO_2 为何值，式（2-11）表示的直线都在绝对零度时交汇于 C 点。$CO/CO_2=1$ 的直线称为 CO/CO_2 标尺的基线。标尺上其他比值均可由基线固定 C 点端转动而得。例如当 $CO/CO_2=102$ 时，$-2RT\ln(p_{O_2}/p^{\ominus})=-76.575T$ J/mol，因此，把基线向下移动 $76.575T$，就是式（2-11）表示的直线。该直线一端在 C 点，另一端在 CO/CO_2 标尺上标记为 10^2 处，标尺上的其他比值，都可用上述方法一一标出。

当式（2-11）直线与任一 M-M_mO_n 系的 $\Delta_f G_m^{\ominus}$-T 直线相交时，直线指示的 CO/CO_2 值就是在两线交点温度下，用CO还原 M_mO_n 的反应平衡时的 CO/CO_2 的值。例如反应

$$TiO_2(s) + 2CO(g) = Ti(s) + 2CO_2(g)$$

可从 C 点作一条直线经过 Ti/TiO_2 的 $\Delta_f G_m^{\ominus}$-T 线上的1017℃处，延至 CO/CO_2 标尺上，求得 CO/CO_2 的平衡值大约为 10^7。

图2-8中的 H_2/H_2O 专用标尺是反应

$$H_2(g) + \frac{1}{2}O_2(g) \xlongequal{\quad} H_2O(g)$$

$$\Delta_f G_m^{\ominus} = -494784 + 111.698T \text{ J/mol}$$

平衡时 $$RT\ln\frac{p_{O_2}}{p^{\ominus}} = -494784 + 111.698T - 2RT\ln\frac{p_{H_2}}{p_{H_2O}} \quad (2\text{-}13)$$

由式（2-13）可知，当 p_{H_2}/p_{H_2O} 值一定时，$RT\ln(p_{O_2}/p^{\ominus})$ 与 T 呈线性关系。仿照 CO/CO_2 标尺建立的方法，可得图 2-8 右侧的 H_2/H_2O 标尺。标尺的原点在绝对零度纵轴上"H"点，H 点的坐标为 -494784J/mol。

H_2/H_2O 标尺的用法与 CO/CO_2 标尺相同。例如可以找出反应

$$TiO_2(s) + 2H_2(g) \xlongequal{\quad} Ti(s) + 2H_2O(g)$$

在 1017℃，H_2/H_2O 的平衡值大约是 8×10^6。

2.3 优势图[1,2]

优势图也称凯洛格（Kellogg）图，多用以表示由一种金属与两种非金属构成的三元系的热力学平衡关系，在湿法冶金、矿物学、地质学的热力学研究中得到广泛的应用。这种图的构图原理及应用，可以 Cu-S-O 系为例予以说明。

Cu-S-O 系可能存在的固相有 Cu，Cu_2O，CuO，Cu_2S，CuS，$CuSO_4$ 和 $CuO\cdot CuSO_4$ 等，气相为 O_2，S_2，SO_2 和 SO_3 的混合物。按照相律，体系的自由度 $f=3-p+2=5-p$，因体系至少存在气相与一种固相平衡，$p=2$，故最大自由度 $f=3$，要完全描述该体系的相平衡需用三维坐标。恒温下 $f=2$，可用二维坐标表述该体系的热力学平衡。

在 Cu-S-O 系的气相中四种物质之间存在下列化学平衡，

$$S_2(g) + 2O_2(g) \xlongequal{\quad} 2SO_2(g);\quad K_1 = p_{SO_2}^2 p^{\ominus}/p_{O_2}^2 p_{S_2}$$

$$2SO_2(g) + O_2(g) \xlongequal{\quad} 2SO_3(g);\quad K_2 = p_{SO_3}^2 p^{\ominus}/p_{SO_2}^2 p_{O_2}$$

在一定温度下，给定两种气体的分压即可确定气相混合物组成，从而也确定了与气相平衡的是哪几种固相。

绘制 Cu-S-O 系的优势图通常取 p_{SO_2} 和 p_{O_2} 作为独立变量。若温度在 973K 时，所需化合物的标准生成自由能如下：

生成反应	$\Delta_f G_{m[973]}^{\ominus}$/kJ·mol^{-1}
$2Cu(s) + \frac{1}{2}O_2(g) \xlongequal{\quad} Cu_2O(s)$	-94.0
$Cu(s) + \frac{1}{2}O_2(g) \xlongequal{\quad} CuO(s)$	-69.0
$2Cu(s) + \frac{1}{2}S_2(g) \xlongequal{\quad} Cu_2S(s)$	-101.0
$Cu(s) + \frac{1}{2}S_2(g) \xlongequal{\quad} CuS(s)$	-37.0
$2Cu(s) + \frac{1}{2}S_2(g) + \frac{5}{2}O_2(g) \xlongequal{\quad} CuO\cdot CuSO_4(s)$	-483.0

$$Cu(s) + \frac{1}{2}S_2(g) + 2O_2(g) = CuSO_4(s) \qquad -407.5$$

$$\frac{1}{2}S_2(g) + O_2(g) = SO_2(g) \qquad -293.0$$

优势图以 $\lg p_{SO_2}$ 和 $\lg p_{O_2}$ 为坐标，因此，作图之前应建立各气—固反应平衡 $\lg p_{SO_2}$ 对 $\lg p_{O_2}$ 的函数关系式。

反应 1　　$2Cu(s) + \frac{1}{2}O_2(g) = Cu_2O(s)$

$$\Delta_r G^{\ominus}_{m,1} = -94000 = 8.314 \times 973 \times 2.303\lg(p_{O_2}/p^{\ominus})^{1/2}$$

压强以 atm 为单位，$p^{\ominus} = 1\text{atm}$（$= 101325\text{Pa}$），则 $\lg p_{O_2} = -10.1$，与 p_{SO_2} 无关，在图 2-9 中用一条垂直线 1 表示。在直线 1 的右侧 $\lg p_{O_2} > -10.1$，$Cu_2O(s)$ 稳定，左侧是 Cu(s)稳定。

反应 2　　$2Cu(s) + SO_2(g) = Cu_2S(s) + O_2(g)$

$$\Delta_r G^{\ominus}_{m,2} = \Delta_f G^{\ominus}_{m,Cu_2S} - \Delta_f G^{\ominus}_{m,SO_2} = 192000$$

$$= -8.314 \times 973 \times 2.303\lg(p_{O_2}/p_{SO_2})$$

$$\lg p_{SO_2} = \lg p_{O_2} + 10.31$$

在图 2-9 中用直线 2 表示，在直线上 $f = 3 - 3 + 1 = 1$，直线 2 以上的区域 $Cu_2S(s)$ 稳定，直线 2 以下的区域 Cu(s)稳定。

反应 3　　$Cu_2S(s) + \frac{3}{2}O_2(g) = Cu_2O(s) + SO_2(g)$

$$\Delta_r G^{\ominus}_{m,3} = \Delta_r G^{\ominus}_{m,1} - \Delta_r G^{\ominus}_{m,2} = -286000$$

$$= -8.314 \times 973 \times 2.303\lg(p_{SO_2} \cdot p^{\ominus 1/2}/p_{O_2}^{3/2})$$

本节压强以 atm 为单位，故

$$\lg p_{SO_2} = 1.5\lg p_{O_2} + 15.35$$

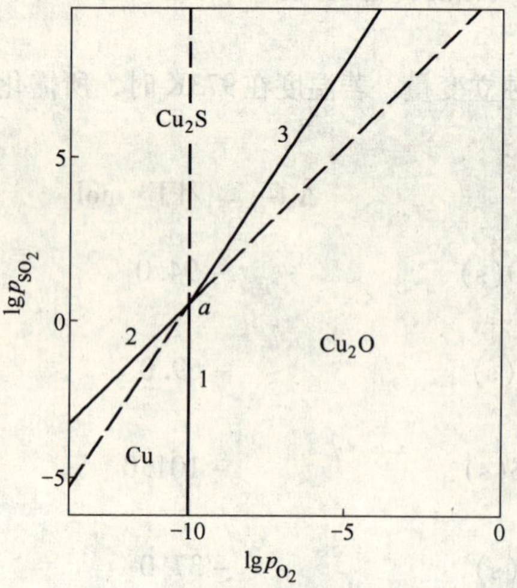

图 2-9　反应 1 ~ 反应 3 的 $\lg p_{SO_2}$ 与 $\lg p_{O_2}$ 图

该方程在图 2-9 中为直线 3。直线 3 以上为 $Cu_2S(s)$ 稳定区，以下为 $Cu_2O(s)$ 稳定区。

反应 3 是反应 1 和反应 2 的代数和，因而直线 3 一定是一条过直线 1 和直线 2 的交点 a、斜率为 1.5 的直线。交点坐标给出 Cu，Cu_2S，Cu_2O 三固相与气相平衡的条件，$f = 0$。直线 2 和直线 3 的上方区域 Cu(s)相不能稳定存在，直线 1 因此终止在 a 点，应当去掉直线 1 的虚线部分。同理，可推断直线 2 和直线 3 的虚线部分也应当去掉。

依照处理反应 1 ~ 反应 3 的方法，应用各相关物质 973K 的标准生成自由能数据可导出下列平衡反应的 $\lg p_{SO_2}$ 与 $\lg p_{O_2}$ 关系式。

反应 4 $$2CuSO_4(s) \xlongequal{} Cu_2O(s) + 2SO_2(g) + \frac{3}{2}O_2(g)$$

$$\lg p_{SO_2} = -0.75\lg p_{O_2} - 3.62$$

反应 5 $$Cu_2S(s) + 3O_2(g) + SO_2(g) \xlongequal{} 2CuSO_4(s)$$

$$\lg p_{SO_2} = -3\lg p_{O_2} - 22.60$$

反应 6 $$2CuSO_4(s) \xlongequal{} CuO \cdot CuSO_4(s) + \frac{1}{2}O_2(g) + SO_2(g)$$

$$\lg p_{SO_2} = -\frac{1}{2}\lg p_{O_2} - 2.09$$

反应 7 $$CuO \cdot CuSO_4(s) \xlongequal{} Cu_2O(s) + O_2(g) + SO_2(g)$$

$$\lg p_{SO_2} = -\lg p_{O_2} - 5.15$$

反应 8 $$2CuO(s) \xlongequal{} Cu_2O(s) + \frac{1}{2}O_2(g)$$

$$\lg p_{SO_2} = -4.72$$

反应 9 $$2CuO(s) + \frac{1}{2}O_2(g) + SO_2(g) \xlongequal{} CuO \cdot CuSO_4(s)$$

$$\lg p_{SO_2} = -\frac{1}{2}\lg p_{O_2} - 2.79$$

反应 10 $$2CuS(s) + O_2(g) \xlongequal{} Cu_2S(s) + SO_2(g)$$

$$\lg p_{SO_2} = \lg p_{O_2} + 17.18$$

反应 11 $$2CuS(s) + 4O_2(g) \xlongequal{} 2CuSO_4(s)$$

$$\lg p_{SO_2} = -9.95$$

将上列反应平衡符合的直线方程 4 ~11 也绘在图 2-9 上，去掉那些不能稳定存在的平衡关系，最终得到图2-10 所示的 Cu-S-O 系在 973K 的优势图。

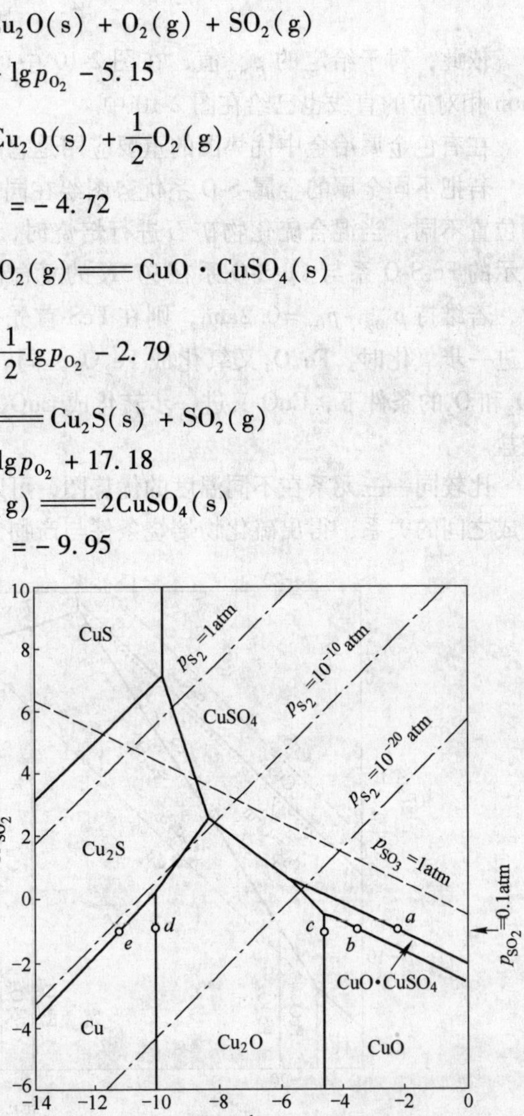

图 2-10 973K 下 Cu-S-O 系的优势图

（注：1atm = 101325Pa）

原理上讲不难把图 2-10 的坐标变换为 $\lg p_{SO_2}$-$\lg p_{O_2}$的优势图，因为：

反应 12

$$\frac{1}{2}S_2(g) + O_2(g) \xlongequal{} SO_2(g)$$

$$\Delta_f G^{\ominus}_{m[973]} = -293000 J/mol$$

$$\lg p_{SO_2} = \lg p_{O_2} + 15.73 + \frac{1}{2}\lg p_{S_2}$$

应用这个直线方程可以把反应 1 ~ 反应 11 各 $\lg p_{SO_2}$-$\lg p_{O_2}$ 直线方程变成 $\lg p_{S_2}$对 $\lg p_{O_2}$的直线方程，从而作出变

换坐标后 973K 的 Cu-S-O 系优势图。

也可以把按反应 12 计算的平衡分压 p_{S_2} 直接标明在图 2-10 中。对给定的 p_{S_2} 值，$\lg p_{SO_2}$ 对 $\lg p_{O_2}$ 是一条斜率为 1 的直线，在图 2-10 中绘有 p_{S_2} 分别为 1atm、10^{-10}atm 和 10^{-20}atm 时的三条直线。

反应 13
$$SO_2(g) + \frac{1}{2}O_2(g) = SO_3(g)$$

$$\Delta_f G^{\ominus}_{m[973]} = -7610\text{J/mol}$$

$$\lg p_{SO_2} = -\frac{1}{2}\lg p_{O_2} - 0.41 + \lg p_{SO_3}$$

依此，对于给定的 p_{SO_2} 值，在图 2-10 中可绘出一条斜率为 $-1/2$ 的直线。与 p_{SO_2} = 1atm 相对应的直线也已绘在图 2-10 中。

在有色金属冶金中优势图的重要应用是它能说明硫化物焙烧产物形成的条件。

若把不同金属的金属-S-O 系优势图绘在同一坐标系中，则由于各种三相平衡线在图中的位置不同，当混合硫化物矿石进行焙烧时，将有不同的焙烧反应发生。例如从图 2-11 所示的 Fe-S-O 系与 Cu-S-O 系在 973K 的复合优势图可以看出：混合硫化矿在 973K 焙烧时，若维持 $p_{SO_2} + p_{O_2} = 0.2$atm，则在 FeS 首先被氧化成 Fe_3O_4 的同时，Cu_2S 不能被氧化。在进一步氧化时，Fe_3O_4 又氧化成 Fe_2O_3，同时 Cu_2S 并进一步可氧化成 CuO。在等量的 SO_2 和 O_2 的条件下，CuO 又进一步转化成 CuO · $CuSO_4$ 和 $CuSO_4$，而 Fe_2O_3 则不会转化成硫酸盐。

比较同一三元系在不同温度的优势图，可以看出各种固相物质的稳定性与温度、气相组成之间的关系，得出硫化物焙烧条件与产物性状的关系。

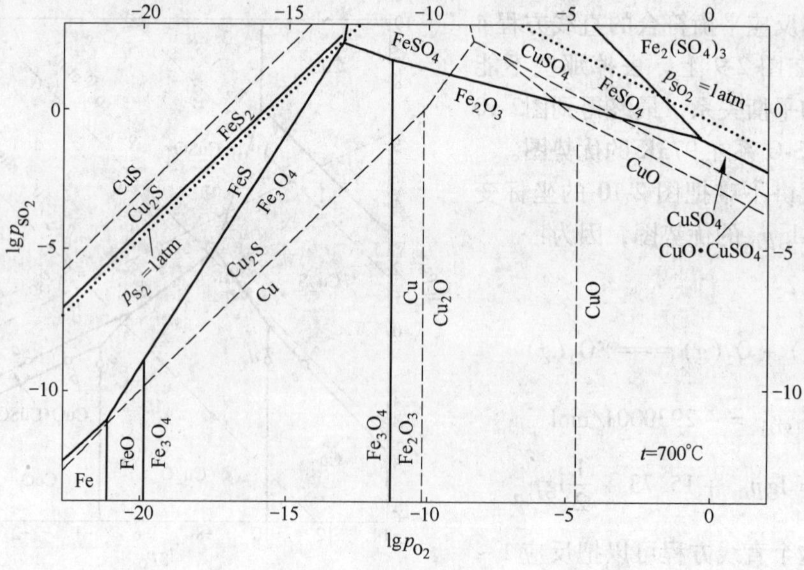

图 2-11　973K，Fe-S-O 系和 Cu-S-O 系优势图

（注：1atm = 101325Pa）

上述关系也可以用 $\lg p_{O_2}$-$1/T$ 热力学平衡图表示。当然与二元系不同，这里是三元系，必须恒定 p_{SO_2} 值才能作出 $\lg p_{SO_2}$-$1/T$ 图。例如 Cu-S-O 系，反应 2

$$2Cu(s) + SO_2(g) = O_2(g) + Cu_2S(s)$$

$$\Delta_r G^{\ominus}_{m,2} = 230670 - 40.6T\ \text{J/mol}$$

因此 $$\lg \frac{p_{O_2}}{p_{SO_2}} = -\frac{12047}{T} + 2.12$$

当 $p_{SO_2} = 0.1$atm 时，

$$\lg p_{O_2} = -\frac{12047}{T} + 1.12$$

依照同样的方法，根据各反应的 $\Delta_f G^{\ominus}_m$-T 关系式可导出反应 1、反应 3 ~ 反应 11 在 p_{SO_2} = 0.1atm 时的各 $\lg p_{SO_2}$-$1/T$ 直线方程。用这些方程作图，结果如图 2-12 所示。

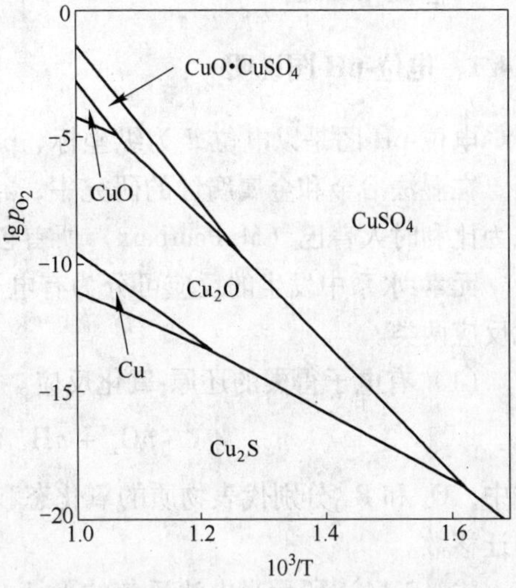

图 2-12 p_{SO_2} = 1atm(101325Pa)时 Cu-S-O 系的 $\lg p_{SO_2}$-$(1/T)$关系图

上述优势图的热力学方法也可以推广到其他三元系。纳伽摩尼（Nagamori）等在关于碳化硅和硅的制取进行热力学分析时，绘制了 Si-C-O 系从 1350 ~ 2200℃ 的若干优势图。发现在 1600℃ 时 $\lg p_{CO}$-$\lg p_{O_2}$ 图中有碳的活度 $a_C > 1$ 的无变点出现，热力学上这是不可能的，因此改用 a_C 代替 p_{O_2}，绘制了 $\lg a_C$-$\lg p_{CO}$ 优势图（图2-13），用以说明各相稳定存在的条件。

图 2-14 为 $MgCl_2$-H_2O-HCl 系在温度 350K 的 $\lg p_{H_2O}$-$\lg p_{HCl}$ 优势图，配合 450K，500K，600K 的优势图以及 p_{HCl} 分别为 0.001、0.01、1atm 下的 $\lg p_{H_2O}$-$1/T$ 图，得出了氯化镁水合物脱水制备无水氯化镁的最佳热力学条件。

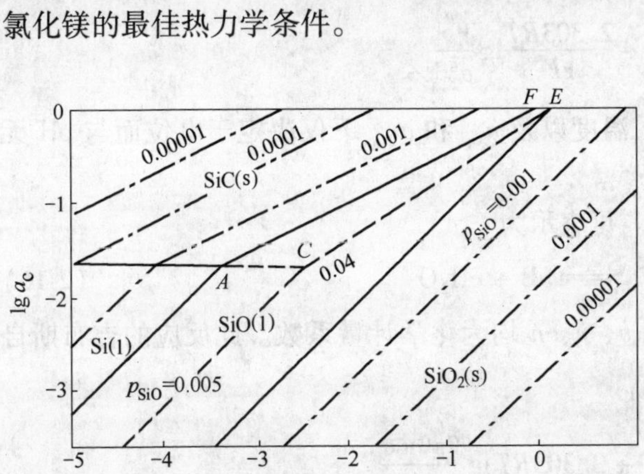

图 2-13 1506℃，Si-C-O 系优势图

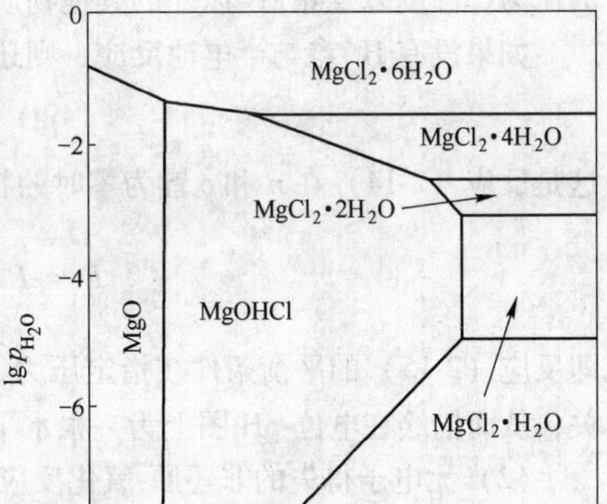

图 2-14 350K，$MgCl_2$-H_2O-HCl 系优势图

2.4 电位-pH 图[3~7]

2.4.1 电位-pH 图说明

电位-pH 图是以电位 E 为纵坐标、pH 为横坐标描绘元素-水系中各种反应的平衡条件图。在湿法冶金和金属腐蚀的研究中，经常应用这种图。电位-pH 图是在 20 世纪 40 年代末为比利时人普巴（M. Pourbaix）所首创，有关文献常称为普巴图[7]。

元素-水系中发生的反应可分为有电子得失的还原-氧化反应和无电子得失的非还原-氧化反应两类。

（1）有电子得失的还原-氧化反应。可表示为：

$$pO_x + nH^+ + ze \xlongequal{\quad} qR_{ed} + cH_2O \qquad (2\text{-}14)$$

式中，O_x 和 R_{ed} 分别代表物质的氧化态和还原态；p、q、n、c 为化学计量系数；z 为电子 e 的迁移数。

式（2-14）所示半电池反应的平衡电极电位 E，可按能斯特（Nernst）公式计算，即

$$E = E^{\ominus} - \frac{2.303nRT}{zF}\text{pH} + \frac{2.303RT}{zF}\lg\frac{a_{O_x}^p}{a_{R_{ed}}^g}$$

式中，$E^{\ominus}$ 称为标准电极电位，可由参与反应的各物质的标准化学势计算，其值与温度及压力有关；a_{O_x} 和 $a_{R_{ed}}$ 分别为物质氧化态和还原态的活度，a_{H_2O} 照例取为1；R 为气体常数，其值是 8.314J/(mol · K)；F 为法拉第常数，其值为 96490C/mol。反应（2-14）平衡条件描绘在电位-pH 图上时，可得到斜率为 $2.303nRT/(zF)$ 的一条直线。此直线的位置只有在已知压力、温度以及 a_{O_x} 和 $a_{R_{ed}}$ 的条件下才能够确定。所以，任何电位-pH 图的绘制都以指定的压力、温度以及除 H^+ 以外的其他物质的活度为前提。

如果没有 H^+ 参与半电池反应，则还原-氧化反应可写成

$$pO_x + ze \xlongequal{\quad} qR_{ed} \qquad (2\text{-}15)$$

这是反应（2-14）在 n 和 c 皆为零时的特例。此半电池反应的平衡电极电位为

$$E = E^{\ominus} + \frac{2.303RT}{zF}\lg\frac{a_{O_x}^p}{a_{R_{ed}}^g}$$

即反应（2-15）的平衡条件在指定压力、温度以及 a_{O_x} 和 $a_{R_{ed}}$ 下仅决定于电位而与 pH 无关，从而描绘在电位-pH 图上为一根水平线。

（2）无电子得失的非还原-氧化反应。可表示为

$$aA + nH^+ \xlongequal{\quad} bB + cH_2O \qquad (2\text{-}16)$$

式中，A、B 分别为反应物与生成物；a、b、c、n 均为化学计量系数。此反应的吉布斯自由能变化 ΔG_T 可按下式计算：

$$\Delta G_T = \Delta G_T^{\ominus} + 2.303RT\lg\frac{a_B^b a_{H_2O}^c}{a_A^a a_{H+}^n}$$

反应平衡时 $\Delta G_T = 0$，又 $a_{H_2O} = 1$，于是

$$pH = \frac{\Delta G_T^\ominus}{2.303nRT} - \frac{1}{n}\lg\frac{a_B^b}{a_A^a}$$

因为 $\Delta G_T^\ominus$ 是化学反应的标准吉布斯自由能变化，在压力和温度恒定下为常数。所以在指定压力、温度以及 a_A 和 a_B 的情况下，反应（2-16）的平衡条件决定于 pH 值，描绘在电位-pH 图上是一条垂直线。

将上述两类共三种反应的平衡条件（直线）绘于一个图上，便构成电位-pH 图。对反应（2-14）和（2-15）而言，若电位高于其平衡电极电位，则反应平衡被破坏，反应向生成物质氧化态的方向移动，有利于物质氧化态的稳定存在。相反，若电位低于反应平衡电极电位，则有利于物质还原态的稳定存在，也就是说，电位-pH 图中斜线与水平线的上方为物质氧化态的稳定区（或优势区），而下方为物质还原态的稳定区。同理，对反应(2-16)而言，若溶液的 pH 值低于反应平衡 pH 值，将有利于 B 的稳定存在；相反，若溶液的 pH 值高于反应平衡 pH 值，则有利于 A 的稳定存在。因而，电位-pH 图中垂直线以左的区域为 B 的稳定区，而以右的区域则为 A 的稳定区。可见，电位-pH 图不仅以三种不同的线段反映了三种反应的平衡条件，而且由这些线段围成的区域也反映了物质各种形态稳定存在或相对优势的条件范围。从这个意义上，有些文献又称这种图为物质优势范围图或优势区图。

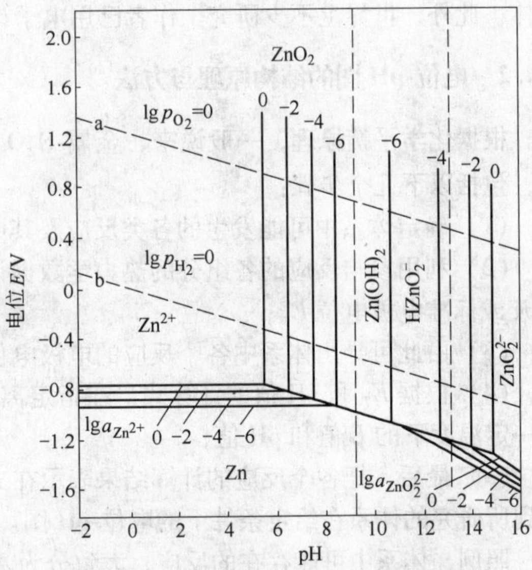

图 2-15　Zn-H_2O 系在 298K 下的电位-pH 图

作为水溶液反应热力学分析的一种图解法，电位-pH 图已广泛应用于金属腐蚀与防腐、分析化学、地球化学以及湿法冶金等领域。下面以 298K 下 Zn-H_2O 系电位-pH 图为例，说明它在湿法冶金中的应用。

图 2-15 中标示了离子 Zn^{2+} 和 ZnO_2^{2-} 的活度变化时，与这些离子有关的反应平衡条件的变动情况。图 2-15 中 a、b 两条虚线表示了下列两种反应的平衡条件。

反应 a　　$O_2 + 4H^+ + 4e = 2H_2O$

反应 b　　$2H^+ + 2e = H_2$

或　　$2H_2O + 2e = H_2 + 2OH^-$

$$E = 0 - 0.0591pH - 0.0295\lg p_{H_2}$$

图 2-15 中以 a 和 b 两条虚线为界的区域是水的热力学稳定区，因为若反应电位与 pH 高于 a 线时水分解析出氧气，而若电位与 pH 低于 b 线时则水分解析出氢气。此图说明，锌既可在酸性溶液中以 Zn^{2+} 形态存在，也可在碱性溶液中以 ZnO_2^{2-} 形态存在。从湿法冶金的角度来

看，这一点说明既可用酸也可用碱从含锌物料中浸出锌。图中 Zn^{2+} 的稳定区相当大，Zn^{2+} 可以在接近中性的含酸溶液中稳定存在。这对锌的湿法冶金也很有意义，说明锌的浸出可在接近中性的溶液介质中进行，从而可使某些易发生水解沉淀的杂质（例如 Fe^{3+}）在锌浸出过程中不随锌一起进入溶液而留在浸出渣中。从图还可以看到，若用电解法从含 Zn^{2+} 溶液中提取金属锌，阴极电极电位必须低于 Zn^{2+} 稳定区与 Zn 稳定区的分界线，而在这样低的电极电位下，H_2 析出在热力学上是完全可能的，为了避免析出 H_2。以使锌电解有效而经济地进行，必须从动力学方面设法提高 H_2 析出的超电位。由于 b 线远高于 Zn^{2+} 与 Zn 的分界线，因而可以肯定，不可能用 H_2 从硫酸锌溶液中将 Zn^{2+} 还原成金属锌。

基于有关领域的实际需要，研究工作者在 20 世纪 70 年代运用了高温水溶液化学中有关离子热力学性质测定与计算的研究成果，绘制了各种金属-水系的高温电位-pH 图，用来分析高温条件下的反应规律性。由于配位反应在湿法冶金中的普遍存在，一些研究工作者还发展了 Me-L-H_2O 系电位-pH 图，其中 Me 表示金属，L 表示诸如 NH_3、Cl^- 或 CN^- 等配位体，此外，世界上不少研究工作者已用电子计算机计算和绘制各种电位-pH 图。

2.4.2 电位-pH 图的结构原理与方法[10]

根据化学平衡原理，一般说来，金属-H_2O 系和金属化合物-H_2O 系的电位-pH 图的绘制，包括以下几个步骤：

（1）确定体系中可能发生的各类反应及其中每个反应的平衡方程式；

（2）利用参与反应的各组分的热力学数据计算反应的 $\Delta G_T^\ominus$，从而可求得反应的平衡常数 K 或标准电极电位 $E_T^\ominus$；

（3）由此可导出体系中各个反应的电极电位 E_T 以及 pH 的计算式；

（4）根据 E_T 和 pH 值的计算式，在指定离子活度或气相分压的条件下算出各个反应在一定温度下的 E 值和 pH 值；

（5）最后，把各个反应的计算结果表示在 E/V 为纵坐标和以 pH 为横坐标的图上，便得到所研究的体系在给定条件下的电位-pH 图。

照例，体系中可能存在的反应，大致分为两个类型：

（1）有电子得失的还原-氧化反应；

（2）水解-中和反应。

第一类反应，就是半电池还原-氧化反应 $aA + bB + ze = cC + dD$。现将这类反应在所考虑的每个温度下的有关计算公式归结如下，其中 $E^\ominus$ 和 E 的单位均为 V 而 $\Delta G_T^\ominus$ 的单位皆为 cal：

1）$t = 25$℃；$T = 298$K：

$$E_{298}^\ominus = \frac{-\Delta G_{298}^\ominus}{z \times 23.06 \times 10^3}$$

$$E_{298} = E_{298}^\ominus - \frac{0.0591}{z} \lg \frac{a_C^c a_D^d}{a_A^a a_B^b} \tag{2-17}$$

2）$t = 100$℃；$T = 373$K：

$$\Delta G_{373}^\ominus = \Delta G_{298}^\ominus - 75\Delta S_{298}^\ominus - 8.75\Delta \tilde{C}_p^\ominus \Big|_{298}^{373}$$

$$E_{373}^\ominus = \frac{-\Delta G_{373}^\ominus}{z \times 23.06 \times 10^3}$$

$$E_{373} = E_{373}^{\ominus} - \frac{0.0740}{z}\lg\frac{a_C^c a_D^d}{a_A^a a_B^b} \quad (2\text{-}18)$$

3）$t=150℃$；$T=423\text{K}$：

$$\Delta G_{423}^{\ominus} = \Delta G_{298}^{\ominus} - 125\Delta S_{298}^{\ominus} - 23.16\Delta\tilde{C}_p^{\ominus}\Big|_{298}^{423}$$

$$E_{423}^{\ominus} = \frac{-\Delta G_{423}^{\ominus}}{z\times 23.06\times 10^3}$$

$$E_{423} = E_{423}^{\ominus} - \frac{0.0839}{z}\lg\frac{a_C^c a_D^d}{a_A^a a_B^b} \quad (2\text{-}19)$$

在第二类反应中，可以举出 $Cu^{2+} + H_2O = CuO + 2H^+$ 作为例子。这类反应的 pH 与其他离子活度之间的关系，是通过平衡常数 K 求得的。现将有关 K 在所考虑的每个温度下的计算公式归结如下：

1）$t=25℃$；$T=298\text{K}$：

$$\lg K_{298} = \frac{-\Delta G_{298}^{\ominus}}{1.364\times 10^3} \quad (2\text{-}20)$$

2）$t=100℃$；$T=373\text{K}$：

$$\lg K_{373} = \frac{-\Delta G_{373}^{\ominus}}{1.707\times 10^3} \quad (2\text{-}21)$$

3）$t=150℃$；$T=423\text{K}$：

$$\lg K_{423} = \frac{-\Delta G_{423}^{\ominus}}{1.936\times 10^3} \quad (2\text{-}22)$$

基于上述原理和方法，下面以 $Cu\text{-}H_2O$ 系和 $Cu\text{-}NH_3\text{-}H_2O$ 系为例对电位-pH 图进行具体的绘制，并从湿法冶金的观点指出其中某些用途。

2.4.3 $Cu\text{-}H_2O$ 系电位-pH 图

对 $Cu\text{-}H_2O$ 系来说，体系中可能发生的反应以及根据反应组分的热力学数据（见表 2-1）按上列各温度下的有关公式导出的 E_T 和 pH 值的计算式，列举在表 2-2 中。

表 2-1　$Cu\text{-}H_2O$ 系中各反应组分在不同温度下的热力学数据

反应组分的表示式	$\Delta G_{f298}^{\ominus}$ /(cal · mol^{-1})	$S_{298}^{\ominus}$ /[cal · (℃ · mol)$^{-1}$]	$\tilde{C}_p^{\ominus}\Big\|_{298}^{373}$ /[cal · (℃ · mol)$^{-1}$]	$\tilde{C}_p^{\ominus}\Big\|_{298}^{423}$ /[cal · (℃ · mol)$^{-1}$]
H^+(aq)	0	0	+31	+33
H_2O(l)	−56,690	+16.716	+18.03	+18.14
H_2(g)	0	+31.211	+6.9	+6.9
O_2(g)	0	+49.003	+8.3	+8.3
Cu(s)	0	+7.96	+5.91	+5.94
Cu^{2+}(aq)	+15,530	−23.6	+64	+66
CuO(s)	−30,400	+10.4	+10.87	+11
Cu_2O(s)	−34,980	+24.1	+16.81	+16.95
CuO_2^{2-}(aq)	−43,500	−23.0	−167.12	−162.51
e（电子）	0	+15.606	−27.55	−29.55

表 2-2 $Cu\text{-}H_2O$ 系中的反应以及各个反应在不同温度下的 E_T 和 pH 值的计算式

反应式	在不同温度下的计算式		
	$t=25℃;T=298K$	$t=100℃;T=373K$	$t=150℃;T=423K$
①$Cu^{2+}+2e=Cu$	$E=0.337+0.0295\lg a_{Cu^{2+}}$	$E=0.337+0.0370\lg a_{Cu^{2+}}$	$E=0.336+0.0420\lg a_{Cu^{2+}}$
②$Cu_2O+2H^++2e=2Cu+H_2O$	$E=0.471-0.0591pH$	$E=0.435-0.0740pH$	$E=0.411-0.0839pH$
③$2Cu^{2+}+H_2O+2e=Cu_2O+2H^+$	$E=0.203+0.0591pH+0.0591\lg a_{Cu^{2+}}$	$E=0.241+0.0740pH+0.0740\lg a_{Cu^{2+}}$	$E=0.266+0.0839pH+0.0839\lg a_{Cu^{2+}}$
④$Cu^{2+}+H_2O=CuO+2H^+$	$pH=3.95-0.5\lg a_{Cu^{2+}}$	$pH=2.795-0.5\lg a_{Cu^{2+}}$	$pH=2.265-0.5\lg a_{Cu^{2+}}$
⑤$2CuO+2H^++2e=Cu_2O+H_2O$	$E=0.670-0.0591pH$	$E=0.654-0.0740pH$	$E=0.644-0.0839pH$
⑥$2CuO_2^{2-}+6H^++2e=Cu_2O+3H_2O$	$E=2.56+0.0591\lg a_{CuO_2^{2-}}-0.1773pH$	$E=2.756+0.0740\lg a_{CuO_2^{2-}}-0.2220pH$	$E=2.930+0.0839\lg a_{CuO_2^{2-}}-0.2517pH$
⑦$CuO_2^{2-}+4H^++2e=Cu+2H_2O$	$E=1.515+0.0295\lg a_{CuO_2^{2-}}-0.1182pH$	$E=1.596+0.0370\lg a_{CuO_2^{2-}}-0.1480pH$	$E=1.671+0.0420\lg a_{CuO_2^{2-}}-0.1676pH$
⑧$CuO+H_2O=CuO_2^{2-}+2H^+$	$pH=15.97+0.5\lg a_{CuO_2^{2-}}$	$pH=14.41+0.5\lg a_{CuO_2^{2-}}$	$pH=13.63+0.5\lg a_{CuO_2^{2-}}$
⑨$O_2+4H^++4e=2H_2O$	$E=1.229-0.0591pH+0.0148\lg p_{O_2}$	$E=1.178-0.0740pH+0.0185\lg p_{O_2}$	$E=1.136-0.0839pH+0.0210\lg p_{O_2}$
⑩$2H^++2e=H_2$	$E=-0.0591pH-0.0295\lg p_{H_2}$	$E=-0.0740pH-0.0370\lg p_{H_2}$	$E=-0.0839pH-0.0420\lg p_{H_2}$

根据表 2-2 所列的反应式及其在不同温度下的 E_T 和 pH 计算式，便可作出 Cu-H_2O 系在 25℃、100℃和 150℃下的电位-pH 图，如图 2-16 所示。现来对此图作以下一些说明。

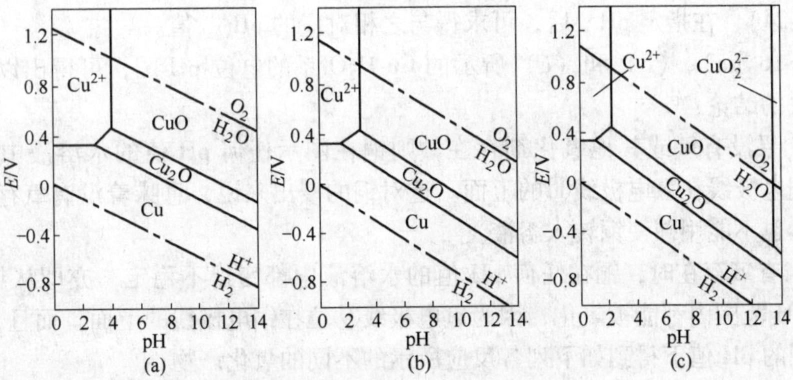

图 2-16 Cu-H_2O 系在不同温度下的电位-pH 图

（a）在 25℃下；（b）在 100℃下；（c）在 150℃下

（1）在作图 2-16 时，已指定所有含铜离子的活度皆等于 1；p_{O_2} 和 p_{H_2} 则各等于 1atm（101325Pa）。

（2）第一类有电子得失的还原-氧化反应又可分为两个分类。第一个类是有电子迁移但 E_T 与 pH 无关的半电池还原-氧化反应；第二个类则是有电子迁移而且 E_T 与 pH 有关的半电池还原-氧化反应。这两个分类的反应在 E-pH 图中分别以水平线和倾斜直线表示其平衡位置。第二类水解-中和反应则在图中以垂直线表示其平衡位置。各线围成的区域即为该区域内注明的物质在热力上稳定存在的区域。

（3）线⑨与⑩之间的面积相当于前面已经讨论过的水的热力学稳定区。

（4）在研究高温下的电位-pH 图时，应该考虑到离子活度系数和 pH 随温度变化的情况。对湿法冶金反应来说，在比 25℃更高的温度 t 下的平均活度系数可按下式计算：

$$\lg\gamma_{\pm m(t)} = \lg\gamma_{\pm m(25)} - |z_+ z_-| \frac{\sqrt{J}}{1+\sqrt{J}}[A_{\gamma(t)} - A_{\gamma(25)}] \tag{2-23}$$

式中 J——离子强度，$J = \frac{1}{2}\sum m_i z_i^2$；

A_γ——与温度有关的系数。不同温度的 A_γ 值列在下面：

t/℃	25	60	100	150	200	300
A_γ	0.511	0.545	0.595	0.689	0.809	0.983

这样一来，在绘制图 2-16 时，虽然对含铜离子的活度在不同温度下指定了同一个数值，但应注意到离子的活度实际上在各个温度下是各不相同的。

至于在 t 下的 pH 值则可用下式计算：

$$pH_{(t)} = \frac{pK_{w(t)}}{pK_{w(25)}} \times pH_{(25)} \tag{2-24}$$

式中 K_w——水的电离常数，$pK_w = -\lg K_w$。不同温度下的 pK_w 值列在下面：

t/℃	25	60	100	150	200	300
pK_w	13.997	13.05	12.21	11.65	11.30	11.19

根据式（2-24），在指定 $pH_{(t)}$ 后，可求得与之相对应的 $pH_{(25)}$ 值。

从图 2-16（a）、（b）和（c）所示的 Cu-H_2O 系的电位-pH 图，可得出以下几点与湿法冶金有关的结论：

（1）如果没有氧或其他氧化剂存在，则铜在图示任何 pH 值的水溶液中都是稳定的相，因为铜电极线在氢电极线⑩的上面。这对铜的浸出来说，意味着没有氧存在的情况下既不能用酸也不能用碱使铜转入溶液。

（2）当有氧存在时，铜在任何 pH 值的水溶液中都变得不稳定，亦即从热力学来说，铜在整个 pH 范围内都能被氧化，因为氧电极线⑨位在铜电极线的上面。而且，在氧化时，分别在不同的 pH 值下得到如下列各反应所示的不同的氧化产物：

$$Cu + \frac{1}{2}O_2 + H_2O \longrightarrow \begin{cases} (1)\,Cu^{2+} + 2OH^- \\ (2)\,CuO + HOH \\ (3)\,CuO_2^{2-} + 2H^+ \end{cases}$$

从电位-pH 图可以看出：当含铜离子活度为 1 时，在 pH 为 3 ~ 14 的范围内，从热力学看来有利于铜氧化生成不溶性的 Cu_2O 和 CuO；而在低于或高于此范围的 pH 值下，则可分别生成可溶性的 Cu^{2+} 及 CuO_2^{2-} 离子。

如果要使铜呈稳定的 Cu^{2+} 离子形态进入溶液，显然要在有氧存在的条件下尽可能地使浸出溶剂保持较小的 pH 值。

（3）从图 2-16 可以清楚地看出，如果是浸出赤铜矿 Cu_2O，也必须要有氧或其他氧化剂存在和使溶剂保持较小的 pH 值。对黑铜矿 CuO 的浸出来说，则只要使溶剂的 pH 值维持在图 2-16 所示线④左边更小的数值范围，就可以使铜呈 Cu^{2+} 形态进入溶液。应该指出：当溶液中 Cu^{2+} 离子的活度发生变化时，线④以及与此有关的线①和线③在图中的位置都会发生变动：Cu^{2+} 离子活度增大时，线④和线③将分别向右和右上角而线①将向上平移；离子活度减小时，则这些线分别向相反的方向移动。这说明：为了使浸出的最后溶液中产出符合要求的离子浓度，必须事先选定适当的 pH 值。

（4）在有氢存在的情况下，所有呈氧化态的铜都能被氢还原为金属铜，因为氢电极线 0′位在铜所有的氧化态的电极电位线的下面。

（5）氧或氢的压力的增大，分别对铜的氧化或还原在热力学上都能产生影响，因为随着 p_{O_2} 或 p_{H_2} 的升高，线⑨或⑩就分别向上或向下平移，这将分别导致氧电极与铜电极之间或氢电极与铜电极之间的电位差增大，从而分别使得氧化趋势或还原趋势增大。

2.4.4　Cu-NH_3-H_2O 系电位-pH 图

在湿法冶金中，经常遇到在 Me-H_2O 系中外加配位体 L 有多种配合物形成的 Me-L-H_2O 体系。常见的配位体有中性的 NH_3 和阴离子 Cl^-、CN^- 和 S^{2-} 等等。应该指出：Me-L-H_2O 系的电位-pH 图，无论在结构原理或绘制方法上，都比 Me-H_2O 系更为复杂。

下面以 Cu-NH_3-H_2O 系为例，对这类复杂体系的热力学原理进行全面的分析，并在此基础上讨论其电位-pH 图的绘制和应用，加以说明。

在 $Cu\text{-}NH_3\text{-}H_2O$ 系的电位-pH 图中，涉及的液-固多相平衡有三个，即溶液-固态铜、溶液-固态氧化铜和溶液-固态氧化亚铜之间的平衡。现分别讨论如下：

2.4.4.1 $Cu\text{-}NH_3\text{-}H_2O$ 系中溶液与固态铜的平衡

在 $Cu\text{-}H_2O$ 系中，如果没有氨存在，那么溶液在一定的 pH 值范围内便只含有简单的铜离子，而且除了二价铜离子以外还必然有一价铜离子存在。例如，将一铜电极置于 $CuSO_4$ 的酸性溶液中，则在 25℃下有下列平衡存在：

$$Cu^{2+} + Cu \longrightarrow 2Cu^{+}; \quad K_0 = 10^{-6.210} \tag{2-25}$$

如果在上述体系中加入 NH_3，则由于氨是一种配位体，致使问题复杂化。在此情况下，溶液中的二价铜离子和一价铜离子将分别与氨作用，生成一系列的配合物，其反应及各自在 25℃、离子强度在 0.5 ~ 5.0 范围内的平衡常数分别表示如下：

$$Cu^{2+} + NH_3 \longrightarrow Cu(NH_3)^{2+}; \quad K_1 = 10^{4.15} \tag{2-26}$$

$$Cu^{2+} + 2NH_3 \longrightarrow Cu(NH_3)_2^{2+}; \quad K_2 = 10^{7.65} \tag{2-27}$$

$$Cu^{2+} + 3NH_3 \longrightarrow Cu(NH_3)_3^{2+}; \quad K_3 = 10^{10.54} \tag{2-28}$$

$$Cu^{2+} + 4NH_3 \longrightarrow Cu(NH_3)_4^{2+}; \quad K_4 = 10^{12.67} \tag{2-29}$$

$$Cu^{+} + NH_3 \longrightarrow Cu(NH_3)^{+}; \quad K_1' = 10^{6.07} \tag{2-30}$$

$$Cu^{+} + 2NH_3 \longrightarrow Cu(NH_3)_2^{+}; \quad K_2' = 10^{10.87} \tag{2-31}$$

设 $[Cu]_T$ 为铜离子的总浓度，则根据同时平衡原理，可得到：

$$\begin{aligned}[Cu]_T &= [Cu^{2+}]\{1 + K_1[NH_3] + K_2[NH_3]^2 + K_3[NH_3]^3 + \\ &\quad K_4[NH_3]^4\} + [Cu^{+}]\{1 + K_1'[NH_3] + K_2'[NH_3]^2\} \\ &= \varphi_1[Cu^{2+}] + \varphi_2[Cu^{+}]\end{aligned} \tag{2-32}$$

式中 $[Cu^{2+}]$——二价铜离子的平衡浓度；

$[Cu^{+}]$——一价铜离子的平衡浓度；

$[NH_3]$——溶液中氨的平衡浓度；

$\varphi_1 = 1 + \sum_{n=1}^{m} K_n[NH_3]^n$；

$\varphi_2 = 1 + \sum_{n=1}^{m} K_n'[NH_3]^n$。

函数 φ_1 和 φ_2 在没有配位体氨存在的情况下其值均等于 1。这些函数，在有多种配合物形成的复杂体系的热力学研究中，起着重要的作用。

其次，应该指出：溶液中作为配位体的 NH_3 可与水作用形成水合物 NH_4OH，或者说可与 H^+ 发生加质子作用。这个反应及其在 25℃下的平衡常数可表示如下：

$$NH_3 + H^{+} \longrightarrow NH_4^{+}; \quad K'' = 10^{9.27} \tag{2-33}$$

这样一来，对 $Cu\text{-}NH_3\text{-}H_2O$ 系来说，氨的平衡浓度与其总浓度 $[NH_3]_T$ 之间的关系，同样可根据同时平衡原理按式（2-26）~式（2-31）及式（2-33）七个式子求得如下：

$$[NH_3]_T = [NH_3] + [Cu^{2+}]\{K_1[NH_3] + 2K_2[NH_3]^2 + 3K_3[NH_3]^3 + 4K_4[NH_3]^4\} + [Cu^+]\{K_1'[NH_3] + 2K_2'[NH_3]^2\} + [NH_4^+]$$
$$= [NH_3] + \psi_1[Cu^{2+}] + \psi_2[Cu^+] + K''[H^+][NH_3] \quad (2\text{-}34)$$

式中　$\psi_1 = \sum_{n=1}^{m} nK_n[NH_3]^n$；

$\psi_2 = \sum_{n=1}^{m} nK_n'[NH_3]^n$；

$[NH_4^+] = K''[H^+][NH_3]$。

函数 ψ_1 和 ψ_2 在没有氨存在的情况下，其值均等于零。这些函数，对有多种配合物形成的复杂体系的热力学研究，同样起着重要的作用。

在本例中，有关各种离子的浓度均采用质量摩尔浓度 m 表示。

以 V 表示的铜的平衡电极电位 E，在25℃下可通过下列任何一个方程确定：

$$Cu^{2+} + 2e \rightleftharpoons Cu;\quad E_{Cu^{2+}/Cu} = 0.337 + 0.0295\lg a_{Cu^{2+}} \quad (2\text{-}35)$$

$$Cu^{+} + e \rightleftharpoons Cu;\quad E_{Cu^{+}/Cu} = 0.520 + 0.0591\lg a_{Cu^{+}} \quad (2\text{-}36)$$

$$Cu(NH_3)_n^{2+} + 2e \rightleftharpoons Cu + nNH_3;$$
$$E_{Cu(NH_3)_n^{2+}/Cu} = E^{\ominus}_{Cu(NH_3)_n^{2+}/Cu} + 0.0295\lg a_{Cu(NH_3)_n^{2+}}/a^n_{NH_3} \quad (2\text{-}37)$$

$$Cu(NH_3)_n^{+} + e \rightleftharpoons Cu + nNH_3;$$
$$E_{Cu(NH_3)_n^{+}/Cu} = E^{\ominus}_{Cu(NH_3)_n^{+}/Cu} + 0.0591\lg a_{Cu(NH_3)_n^{+}}/a^n_{NH_3} \quad (2\text{-}38)$$

式中　$Cu(NH_3)_n^{2+}$——各种二价铜氨配合离子的表示式；

$Cu(NH_3)_n^{+}$——各种一价铜氨配合离子的表示式；

$E^{\ominus}_{Cu(NH_3)_n^{2+}/Cu}$——各种二价铜氨配合离子对铜的标准电极电位，V；

$E^{\ominus}_{Cu(NH_3)_n^{+}/Cu}$——各种一价铜氨配合离子对铜的标准电极电位，V。

这是因为当一个既含有简单离子又含有配合离子的复杂水溶液与固态铜平衡时，任何铜离子相对于铜的电极电位都是相等的；换句话说，在这个溶液与固态铜的两相体系中，还原电位只有一个。

通常，为了计算溶液与固态铜之间的电极电位，采用式（2-35），并以浓度代活度。从而，根据 $0.337 + 0.0295\lg[Cu^{2+}] = 0.520 + 0.0591\lg[Cu^+]$ 或 $[Cu^+] = \sqrt{10^{-6.210}[Cu^{2+}]}$（见式(2-25)）以及 $[Cu]_T = \varphi_1[Cu^{2+}] + \varphi_2[Cu^+]$（见式(2-32)）的关系，可导出下式：

$$\varphi_1^2[Cu^{2+}]^2 - \{2\varphi_1[Cu]_T + 10^{-6.210}\varphi_2^2\}[Cu^{2+}] + [Cu]_T^2 = 0 \quad (2\text{-}39)$$

综合上述，可以看出：对含有混合铜离子的水溶液与固态铜这个两相平衡的体系来说，在温度和压力恒定的情况下，影响平衡的变数总共有 13 个，即 $[Cu^{2+}]$、$[Cu^+]$、6 种配合离子的浓度、$[Cu]_T$、$[NH_3]$、$[NH_3]_T$、$[H^+]$ 和 E。但这 13 个变数之间只有如方程（2-26）~式（2-31）以及式（2-32）、式（2-34）、式（2-35）和式（2-39）所示的 10 个关系式。因此，独立变数为：

$$\begin{aligned}独立变数 &= 总变数 - 关系式数\\ &= 13 - 10\\ &= 3\end{aligned}$$

这样一来，使得我们有可能在固定 $[Cu]_T$ 和 $[NH_3]_T$ 的情况下通过上述方程式 (2-26) ~ 式 (2-31) 以及式 (2-32)、式 (2-34)、式 (2-35) 和式 (2-39) 所示的 10 个关系式求得与 pH 改变时相对应的各个 $E_{Cu^{2+}/Cu}$ 值。但是，因为所涉及的关系极为复杂，要得到这些结果并不那么直截了当。本例采取以下计算步骤：

(1) 将式 (2-26) ~ 式 (2-31) 所示各个配合离子生成反应已知的平衡常数值代入方程 (2-32) 中的 φ_1 和 φ_2 的表示式中，并在指定的 $[NH_3]$ 值下求得 φ_1 和 φ_2 的数值。

(2) 在同一指定的 $[NH_3]$ 值下，根据方程(2-34)中的 ψ_1 和 ψ_2 的表示式算出 ψ_1 和 ψ_2。

(3) 将从步骤 (1) 求得的 φ_1 和 φ_2 值代入方程 (2-39)，在指定 $[Cu]_T$ 值下（本例固定 $[Cu]_T = 0.1m$），可算出 $[Cu^{2+}]$。

(4) 这样，在 $[Cu]_T = 0.1m$ 的情况下根据方程 (2-32) 可算出 $[Cu^+]$。

(5) 在同一的指定 $[NH_3]$ 值下，将由步骤 (2) 求得的 ψ_1 和 ψ_2 以及步骤 (3) 和 (4) 求得的 $[Cu^{2+}]$ 和 $[Cu^+]$，在分别固定 $[NH_3]_T = 1m$ 和 $5m$ 下根据方程 (2-34) 求出各个 pH 值。

(6) 根据反应 (2-35) 所示的平衡电极电位式，计算与不同 pH 值相对应的各个 $E_{Cu^{2+}/Cu}$ 值。根据各个 pH 值，按反应 $Cu_2O + 2H^+ + 2e = 2Cu + H_2O$ 的 $E_{Cu_2O/Cu} = 0.471 - 0.0591pH$ 关系式计算 $E_{Cu_2O/Cu}$。

2.4.4.2 $Cu\text{-}NH_3\text{-}H_2O$ 系中溶液与固态氧化亚铜的平衡

为了确定氧化亚铜在 $Cu\text{-}NH_3\text{-}H_2O$ 系电位-pH 图中的稳定区，必须考虑溶液与 Cu_2O 的平衡。在此情况下，25℃时的基本计算式如下：

$$[Cu^{2+}]_T = \varphi_1[Cu^{2+}] + \varphi_2[Cu^+] \tag{2-40}$$

$$[NH_3]_T = [NH_3] + \psi_1[Cu^{2+}] + \psi_2[Cu^+] + K''[H^+][NH_3] \tag{2-41}$$

$$[Cu^+] = \frac{10^{-14.83}}{[OH^-]} \tag{2-42}$$

$$[H^+][OH^-] = 10^{-14} \tag{2-43}$$

$$E_{Cu^{2+}/Cu_2O} = 0.203 + 0.0591pH + 0.0591\lg[Cu^{2+}] \tag{2-44}$$

$$E_{CuO/Cu_2O} = 0.670 - 0.0591pH \tag{2-45}$$

方程式 (2-40) 和式 (2-41) 的意义和来源已在前面讨论过。第三个方程 (2-42) 是 Cu_2O 的溶度积方程，由反应 $\frac{1}{2}Cu_2O + \frac{1}{2}H_2O = Cu^+ + OH^-$ 知道在 25℃下，$K_{SP(Cu_2O)} = 10^{-14.83}$。因此，与 Cu_2O 平衡的饱和溶液中的 $[Cu^+] = 10^{-14.83}/[OH^-]$。方程 (2-43) 显然是水的离子积方程。方程 (2-44) 和方程 (2-45) 则分别是反应 $2Cu^{2+} + H_2O + 2e = Cu_2O + 2H^+$ 和 $2CuO + 2H^+ + 2e = Cu_2O + H_2O$ 的电极电位计算式。

像前面已指出的那样，在温度和压力恒定的情况下，对溶液与固态氧化亚铜这个两相体系来说，影响平衡的变数有 14 个，即 $[Cu^+]$、$[Cu^{2+}]$、6 种配合物的浓度、$[Cu]_T$、$[NH_3]$、$[NH_3]_T$、$[H^+]$、$[OH^-]$ 和 E_{Cu^{2+}/Cu_2O}。但在这 14 个变数之间，只有如方程式 (2-26) ~ 式 (2-31) 以式 (2-40) ~ 式 (2-43) 和式 (2-45) 所示的 11 个关系式，故独立变数有3个。这样，便有可能在固定 $[Cu]_T$ 和 $[NH_3]_T$ 的情况下求出与体系pH相对应的各个 E_{Cu^{2+}/Cu_2O} 值。计算步骤是：

（1）首先，和前面步骤一样，在指定 $[NH_3]$ 值的条件下求出 φ_1 和 φ_2 以及 ψ_1 和 ψ_2。

（2）根据溶度积原理知道，当溶液中的 $[Cu^+]$ 和 $[OH^-]$ 的乘积大于 Cu_2O 的溶度积时，便有 Cu_2O 沉淀发生，直至 $[Cu^+][OH^-]=10^{-14.83}$ 建立平衡时为止。这样，在固定 $[Cu]_T$ 和 $[NH]_T$ 的情况下，可通过指定的 $[NH_3]$ 值联立解方程式（2-40）~式（2-43），从而求出与 Cu_2O 平衡的饱和溶液中的 $[Cu^+]$ 和pH值。

（3）将由步骤（2）求出的 $[Cu^+]$ 代入方程（2-40），并在 $[Cu]_T=0.1m$ 下计算与 Cu_2O 平衡共存的饱和溶液中的 $[Cu^{2+}]$。

（4）将以上有关pH值和 $[Cu^{2+}]$ 值代入方程（2-44），便可得到 E_{Cu^{2+}/Cu_2O} 的各种结果。

（5）按方程（2-45）算出反应 $2CuO+2H^++2e = Cu_2O+H_2O$ 的 E_{CuO/Cu_2O}。

2.4.4.3 Cu-NH$_3$-H$_2$O 系中溶液与固态氧化铜的平衡

在Cu-NH$_3$-H$_2$O系中，溶液与CuO的平衡可以下列反应表示：

$$Cu^{2+}+H_2O = CuO+2H^+$$

$$pH = 3.95 - 0.5\lg[Cu^{2+}]$$

由于此反应是由反应（2-44）与反应（2-45）相减而得来，故在给定条件下的pH值和 $[Cu^{2+}]$ 值就是 E_{Cu^{2+}/Cu_2O} 与 E_{CuO/Cu_2O} 相等从而溶液-Cu$_2$O-CuO三相平衡时饱和溶液中的pH值和 $[Cu^{2+}]$ 值。

应该指出：根据本例包含的原理，利用电子计算机按电算程序可以准确而迅速地解决金属-配位体-水系中遇到的各种复杂计算问题。

2.4.4.4 Cu-NH$_3$-H$_2$O 系在25℃下的电位-pH图

根据以上理论分析和计算方法，可分别作出Cu-H$_2$O系及Cu-NH$_3$-H$_2$O系在25℃下的各种电位-pH图，如图2-17中（a）、（b）和（c）所示。

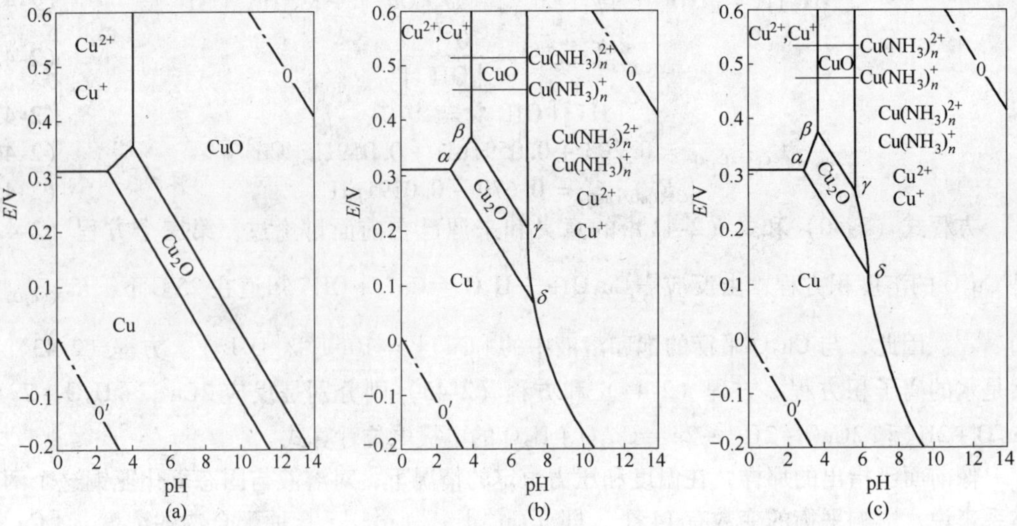

图2-17 Cu-NH$_3$-H$_2$O系电位-pH图（$[Cu]_T=0.1m$，25℃）

（a）$[NH_3]_T=0m$；（b）$[NH_3]_T=1m$；（c）$[NH_3]_T=5m$

图中各有关平衡线的反应式及计算式再由表 2-2 综合列举在表 2-3 中，以便查用。

表 2-3 电位-pH 图中各平衡线的反应式和计算式

编 号	反 应 式	E 和 pH 的计算式
0	$O_2 + 4H^+ + 4e = 2H_2O$	$E = 1.229 - 0.0591pH + 0.0148lgp_{O_2}$
0′	$2H^+ + 2e = H_2$	$E = 0 - 0.0591pH - 0.0295lgp_{H_2}$
1	$Cu^{2+} + 2e = Cu$	$E = 0.337 + 0.0295lg[Cu^{2+}]$
2	$Cu_2O + 2H^+ + 2e = 2Cu + H_2O$	$E = 0.471 - 0.0591pH$
3	$2Cu^{2+} + H_2O + 2e = Cu_2O + 2H^+$	$E = 0.203 + 0.0591pH + 0.0591lg[Cu^{2+}]$
4	$Cu^2 + H_2O = CuO + 2H^+$	$pH = 3.95 - 0.5lg[Cu^{2+}]$
5	$2CuO + 2H^+ + 2e = Cu_2O + H_2O$	$E = 0.670 - 0.0591pH$

在表 2-3 中，未将铜氨配合离子的生成反应列入，但列入了氧电极线 0 和氢电极线 0′。线 0 与 0′以内的区域为水的热力学稳定区。作图时，已设 p_{O_2} 和 p_{H_2} 各等于 1atm（101325Pa）。

从这些图及表 2-3 可以看出：2 和 5 两条平衡线在各个图中的位置都是固定的。但在图 2-17（b）和（c）中，交点 α 和 δ 表明体系中的溶液、Cu 和 Cu_2O 三个相的平衡共存，而交点 β 和 γ 则表明体系中的溶液、Cu_2O 和 CuO 三个相的平衡共存。

这样一来，图 2-17 中被 $\alpha\beta\gamma\delta\alpha$ 线围住的区域便是 $Cu-NH_3-H_2O$ 系在给定条件下的 Cu_2O 稳定区。在确定了 Cu_2O 稳定区后，CuO 和 Cu 的稳定区也就随之而确定，如图 2-17（b）和（c）所示。

此外，还应该指出：在本例由左向右计算的过程中，由于 $[HCuO_2^-]$ 和 $[CuO_2^{2-}]$ 始终是极为微小的数值，故在计算及作图时均未考虑这两个离子的平衡浓度值，这对结果的精确度实际上不产生任何影响。

将图 2-17（a）、（b）和（c）相互比较一下，便可清楚地看出：在温度、压力和 $[Cu]_T$ 固定的条件下，随着 $[NH_3]_T$ 的增大，$Cu-NH_3-H_2O$ 系中由于有各种配合物形成，溶液的稳定区必将愈益扩大，而氧化物的稳定区则相应地愈益缩小。可以预见，如果将 $[NH_3]_T/[Cu]_T$ 的比值继续提高（在本例中这个比值分别取为 10∶1 和 50∶1），则氧化物的稳定区必将继续有规律地缩小。

所有这些，对铜的氧化浸出来说显然是有利的，但对其还原过程则造成一些困难。可以按照已讨论的方法，根据实际需要选择最佳的 $[NH_3]_T$ 用量及 pH 值，预示过程可能发生的各种结果。

总的说来，本例根据同时平衡原理提出了一个通过 φ 函数和 ψ 函数进行分析以绘制 $Cu-NH_3-H_2O$ 系电位-pH 图的方法。这个方法所包括的基本观点和计算步骤原则上适用于一切有多种配合物形成的复杂体系。

在给定 $[Cu]_T$ 和 $[NH_3]_T$ 这两个可加控制的参数下作出的 $Cu-NH_3-H_2O$ 系电位-pH 图，能切合实际地用于分析各种有关的湿法冶金过程的热力学变化规律和确定各种必要的条件。

2.4.5 绘制同时平衡电位-pH 图的新方法[5,6,11,12]

传统 Pourbaix 图由于以下原因存在很大的局限性：（1）均是预先假定各种离子的活

度，认为溶液稳定区只有一种离子物种存在；（2）没有考虑各个离子之间的同时平衡。事实上，溶液相是一个均匀的相，按照吉布斯能最小原理，所有的溶液物种平衡共存，只有金属的总浓度是确定的。这样传统 Pourbaix 图中溶液稳定区与实际溶液稳定区产生差异，特别是对于配合物体系，配合能力越强，这种误差越明显。

20 世纪 80 年代初，傅崇说[2,10]将同时平衡原理引入到绘制 $Cu\text{-}NH_3\text{-}H_2O$ 和 $Cu\text{-}Cl^-\text{-}H_2O$ 系 E-pH 图的绘制中，提出用 ϕ 函数和 ψ 函数来求解，同时考虑了所有的平衡。新绘制的图形的稳定区表示了固相与溶液相同的平衡而不是与某一单个离子的平衡。许多研究者沿用这一思路拓展到其他金属配合物体系的热力学计算中。骆如铁[8]提出了一种描述化学平衡的数学模型，直接采用线性规划中求可行性空间的方法进行稳定区图的计算和复杂体系的热力学分析，并在此基础上基于傅崇说提出的同时平衡原理，采用计算机绘制了综合平衡电位-pH 图。王乐珊[4]也运用这一方法编制了一个通用的程序来绘制这类图形。唐谟堂[9]提出的电算指数法研究溶液的热力学问题，本质上也是基于同时平衡原理。所有这些工作对于配合物体系的热力学研究具有重要的意义。

然而，对于这类体系的研究，在实现计算机的自动绘制方面，还存在许多问题，主要表现在：

（1）大多数工作都是针对某一具体体系的具体反应采用手工计算完成；

（2）求解化学平衡问题需要求解非线性方程组，对于这一求解过程，一般都是从化学的角度，很少有人从数学的角度来分析关于解的情况（如求解非线性方程组实数解的个数问题等），因而绘制的图形不完整；

（3）固液间的平衡得到了一定程度的解决，但溶液内部的平衡求解仍不清楚，也没有提出过任何的解决方案；

（4）大多数研究没有很好地解决固相物种本身含有配合体的问题，如固相物种 CuCl(s)，$Ni(CN_2)$(s)与溶液的平衡，事实上这类平衡是相当复杂而又非常重要的；

（5）整个绘制过程依然模拟人工思路和经验，通用程序也有相当的人工干预，而且加入了许多限制条件，比如金属离子仅限于两种，不能解决固相物种本身含有配合体的情况，因而没有实现真正的通用。

鉴于以上局限性，因而这类图形在计算机绘制中将不可避免会存在很多问题，也很难实现完全通用的软件系统。科研工作者绘制这类图形时，大多仍采用手工完成，这是极损时耗力的。

针对以上问题，在借鉴 Pourbaix 图算法的基础，并参考文献 5，对绘制同时平衡 E-pH 图提出了一种新的解决思路[6]。严格分析了同时平衡 E-pH 图中点线面的构成与特点，并且对于采用同时平衡原理来绘制 E-pH 图提出了新的解决方案，引入了一种求解非线性方程组新算法，从化学和数学的角度充分考虑了求解非线性方程组解的问题，通过巧妙设定迭代求解过程中的初始值，解决了如何求得非线性方程组的多解情况，能够安全求出所有可能解。并进一步编制了通用的程序，用户无需了解具体的计算过程，仅需要输入绘制的体系名，即可得到完整的同时平衡 E-pH 图。解决了传统 Pourbaix 图存在的问题，使这类图形的绘制有了坚定的理论基础。而且更加符合实际溶液体系。

2.4.5.1　同时平衡 E-pH 图的相律

同时平衡 E-pH 图遵循的相律原理与 Pourbaix 图略有不同。

对于 M-H_2O 系，共 M、H、O 和电子四个独立组元。如果固定温度、压力，相律可以简化为：

$$f = 4 - \phi \tag{2-46}$$

为了在二维图上绘制这类图，通常预设含 M 的溶液物种的总浓度为 $[M]_T$，这样相当于增加了一个约束条件。

在溶液稳定区，$\phi=1$，自由度 f 为 2，这意味在某一（E，pH）范围内，溶液金属物种总浓度维持某一预定 $[M]_T$ 而没有固相沉积物产生。同理，在固相稳定区，$\phi=2$，固相稳定存在，而溶液中金属物种总浓度小于预定值，故自由度 f 仍为 2。

在平衡线上，存在两种情况。固-液平衡线，一个固相与液相平衡共存，溶液中金属溶液物种的总浓度等于预定值，自由度为 1；固-固平衡线，两个固相平衡共存，金属溶液物种的总浓度小于预定值，自由度为 1。

在三相点，自由度为 0，也有两种情况，两个固相与溶液平衡共存，溶液金属物种等于预定值；三个固相稳定存在，而此时溶液金属物种的总浓度小于预定值。

对于多元配合物体系，组元数增加 1，同时也相应地增加了另一个约束条件，即固定配合体总浓度 $[L]_T$。因此相律关系仍然符合式（2-46）。相点及平衡线的相律关系仍保持不变。

如果还有其他的约束条件，则独立组元数需减去相应的约束条件个数。总之，对于图中的不变点满足 $f=0$，不变线满足 $f=1$，稳定区内 $f=2$。

2.4.5.2 M-H_2O 系同时平衡计算的数学模型

对于 M-H_2O 系，主元素为 M，假定在固-液平衡线上，最稳定的固相为 M_s，则其基本反应可写为：

$$M + w_s H_2O + m_s H^+ + n_s e = r_s M_s$$

其组元活度项为：

$$\lg(a_{M_s})^{r_s} = A_s pH + B_s E + C_s \tag{2-47}$$

同理，对于任意可能的溶液物种 M_{ai}，

$$\lg(a_{M_{ai}})^{r_{ai}} = A_{ai} pH + B_{ai} E + C_{ai} \tag{2-48}$$

所有的溶液物种均与固相 M_s 相平衡，减去 M_s 的基本反应，反应可写为：

$$\sum_i m_i [M_{ai}] = [M]_T \tag{2-49}$$

根据式（2-47）~式（2-49）可以推导出与 M_s 平衡的 M_{ai}浓度的关系式：

$$[M_{ai}] = \exp\left\{\frac{[A_{ai} - A_s]pH + (B_{ai} - B_s)E + (C_{ai} - C_s)}{r_{ai} \times \ln 10}\right\} \tag{2-50}$$

固定金属溶液物种总浓度

$$\sum_i m_i [M_{ai}] = [M]_T \tag{2-51}$$

式中，m_i 为溶液物种 M_{ai}的原子数。

对于 E-pH 图固-液平衡线上任意一点，只要预设一个 E 或 pH 值，根据式（2-51）就

可以求得相应的 pH 或 E 值。

2.4.5.3　M-H_2O 系同时平衡 E-pH 图的计算

A　三相点的计算

（1）两个固相 M_{sp}、M_{sq} 与溶液三相平衡。根据式（2-47）和式（2-48）可以得到一个新的方程如下：

$$(A_{sp}-A_{sq})\mathrm{pH}+(B_{sp}-B_{sq})E+(C_{sp}-C_{sq})=0 \tag{2-52}$$

通过求解方程式（2-51）和式（2-52）可求得三相点。在该点必须判断是否为稳定的三相点。可以通过方程（2-48）来判断是否固相的活度项最大，如果是则是稳定的三相点，否则不是。

（2）存在三个固相 M_{sp}、M_{sq} 和 M_{sr} 间的三相点，可以得到两个方程：

$$(A_{sp}-A_{sq})\mathrm{pH}+(B_{sp}-B_{sq})E+(C_{sp}-C_{sq})=0 \tag{2-53}$$

$$(A_{sr}-A_{sq})\mathrm{pH}+(B_{sr}-B_{sq})E+(C_{sr}-C_{sq})=0 \tag{2-54}$$

通过求解式（2-53）和式（2-54）即可很容易地求得 E、pH 值。判断该点是否稳定的条件是，首先必须判断三个固相物种的活度项是否最大，而且计算所有溶液物种的总浓度是否满足下面不等式：

$$\Sigma m_i[\mathrm{M_{ai}}]\leqslant[\mathrm{M}]_T$$

如果同时满足这两个条件则是稳定的三相点，否则不是。

B　不变点的计算

（1）一个固相与液相平衡，其中液相中两个溶液物种的浓度相等。假设两溶液物种 M_{ap}、M_{aq}，根据式（2-50）可以计算其浓度：

$$m_{ap}[\mathrm{M_{ap}}]=m_{ap}\exp\left[\frac{A_{ap}\mathrm{pH}+B_{ap}E+C_{ap}}{r_{ap}\times\ln 10}\right] \tag{2-55}$$

$$m_{aq}[\mathrm{M_{aq}}]=m_{aq}\exp\left[\frac{A_{aq}\mathrm{pH}+B_{aq}E+C_{aq}}{r_{aq}\times\ln 10}\right] \tag{2-56}$$

$$m_{ap}[\mathrm{M_{ap}}]=m_{aq}[\mathrm{M_{aq}}] \tag{2-57}$$

根据式（2-55）~式（2-57）可以得到下式：

$$\left(\frac{A_{ap}}{r_{ap}}-\frac{A_{aq}}{r_{aq}}\right)\mathrm{pH}+\left(\frac{B_{ap}}{r_{ap}}-\frac{B_{aq}}{r_{aq}}\right)E+\left(\frac{C_{ap}}{r_{ap}}-\frac{C_{aq}}{r_{aq}}\right)+\lg\left(\frac{m_{ap}}{m_{aq}}\right)=0 \tag{2-58}$$

联立式（2-51）和式（2-58）即可求出不变点。

（2）三个金属溶液物种浓度相等最大且无固相生成。同理对于三个溶液物种 M_{ap}，M_{aq}，M_{ar} 可以得到两个新方程：

$$\left(\frac{A_{ap}}{r_{ap}}-\frac{A_{aq}}{r_{aq}}\right)\mathrm{pH}+\left(\frac{B_{ap}}{r_{ap}}-\frac{B_{aq}}{r_{aq}}\right)E+\left(\frac{C_{ap}}{r_{ap}}-\frac{C_{aq}}{r_{aq}}\right)+\left(\frac{1}{r_{ap}}-\frac{1}{r_{aq}}\right)+\lg([\mathrm{M_a}]^{r_a})+\lg\left(\frac{m_{ap}}{m_{aq}}\right)=0 \tag{2-59}$$

$$\left(\frac{A_{ar}}{r_{ar}}-\frac{A_{aq}}{r_{aq}}\right)\mathrm{pH}+\left(\frac{B_{ar}}{r_{ar}}-\frac{B_{aq}}{r_{aq}}\right)E+\left(\frac{C_{ar}}{r_{ar}}-\frac{C_{aq}}{r_{aq}}\right)+\left(\frac{1}{r_{ar}}-\frac{1}{r_{aq}}\right)+\lg([m_a]^{r_a})+\lg\left(\frac{m_{ar}}{m_{aq}}\right)=0 \tag{2-60}$$

联立上面两方程和式（2-51）可以求解这个三变量(E、pH、$\lg([\mathrm{M_a}])^{r_a}$)方程。

C 平衡线与不变线的获得

得到所有的三相点和不变点后，可以确定这些点之间可能产生的固-液平衡线和不变线。判断的原则是只要两点间有两个物种名称相同，则可判断这两点之间存在平衡线或不变线，可能的组合分为以下三种：(1) 如果这两个物种中有一个固相与一个溶液物种，则该线为固-液平衡线，在该线上，实际是已知固-液平衡线的两个端点，两点间的平衡需要逐点计算；(2) 如果由两个固相组成，则为固-固平衡线，只需将两点直接连线即可；(3) 如果为两个溶液物种，则为液-液平衡线，在该线上，两个溶液物种的浓度相等且最大，此类线亦可直接连线。

综上所述，求得所有可能的三相点和不变点，即可确定所有的平衡线和不变线。这里求解的关键即是解不同条件的非线性方程组。如何有效地求解非线性方程组且不参入人工干预，是实现计算机自动绘制的重要影响因素，采用一种新的求解方法，该方法具有求解速度快，求解不易受初值影响的优点，下面详细介绍该算法的原理。

2.4.5.4 求解化学平衡的一种新的计算方法

求解三相点或不变点的过程即是一个解非线性方程组的过程。从数的角度讲，线性方程较非线性方程易于求解。Ben Q. Li[5] 提出了 Arithmetic-Geometric 算法来求解化学平衡。这一算法的重要思路是，将非线性方程线性化。这一方法的优点是解不易受初值的影响，只要存在总可以收敛到真解，同时该方法收敛速度很快。这里将该方法略作修改即可应用到求解同时平衡图的非线性方程。

假定变量 U_1，U_2，$\cdots U_N$，将其线性表达式转化为指数表达式：

$$U_1 + U_2 + \cdots + U_N = \left(\frac{U_1}{d_1}\right)^{d_1}\left(\frac{U_2}{d_2}\right)^{d_2}\cdots\left(\frac{U_N}{d_N}\right)^{d_N} = \prod_{j=1}^{N}\left(\frac{U_j}{d_j}\right)^{d_j}$$

其中
$$d_i = \frac{U_i}{\sum\limits_{j=1}^{N} U_j}$$

应用到上面的求解问题，假定溶液中任意物种 $\mathrm{M_{ai}}$ 的浓度为 $[\mathrm{M_{ai}}]$，其金属的原子数为 m_i，方程（2-51）可改写为：

$$[\mathrm{M}]_T = \sum m_i[\mathrm{M_{ai}}] = \prod\left(\frac{m_i[\mathrm{M_{ai}}]}{d_i}\right)^{d_i} \tag{2-61}$$

其中
$$d_i = \frac{m_i[\mathrm{M_{ai}}]}{\sum m_i[\mathrm{M_{ai}}]}$$

对式（2-61）两边取对数，如果是溶液与固相间的平衡，则联立方程（2-50）可以得到：

$$\left(\sum\frac{d_{\mathrm{ai}}}{r_{\mathrm{ai}}}A_{\mathrm{ai}}\right)\mathrm{pH} + \left(\sum\frac{d_{\mathrm{ai}}}{r_{\mathrm{ai}}}B_{\mathrm{ai}}\right)E + \left(\sum\frac{d_{\mathrm{ai}}}{r_{\mathrm{ai}}}C_{\mathrm{ai}}\right) - \sum d_{\mathrm{ai}}\lg\left(\frac{d_{\mathrm{ai}}}{r_{\mathrm{ai}}}\right) = \lg[\mathrm{M}]_T \tag{2-62}$$

这样，方程（2-51）代表的一个非线性方程就转化成为了一个线性方程。该方法同样需要迭代，计算表明，这是一个收敛性很好的求解非线性方程组的方法，一般迭代几次即可达到很高的精度。

2.4.5.5　M-H_2O 系同时平衡 E-pH 图计算流程

综上分析，可以拟出同时平衡 E-pH 图计算与绘制的总原则流程图如图 2-18 所示。

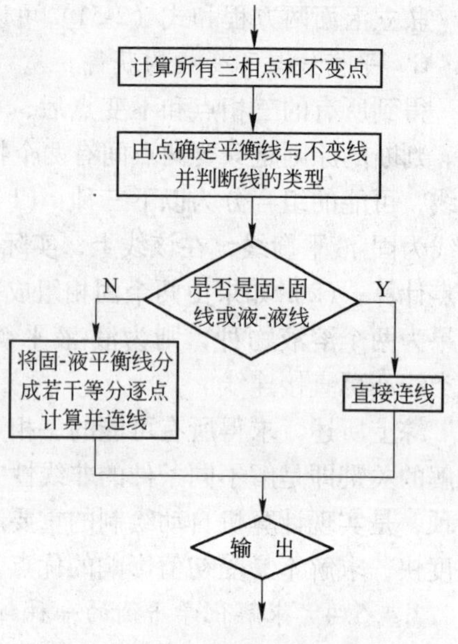

图 2-18　绘制 M-H_2O 系同时平衡 E-pH 总原则流程图

2.4.6　相律对电位-pH 图的应用[1~3,6]

应用相律分析电位-pH 图与分析 T-x 相图和优势图有一点需特别注意，这就是由于电位-pH 图描述的平衡体系涉及有电子参与的电化学平衡，因此在计算体系的独立组元数时，应当把电子作为一个组元计算在内。也就是说，研究电位-pH 图时，体系的独立组元数等于构成体系的化学元素数加 1，这个“1”是指电子。例如研究 Cu-H_2O 系的电位-pH 图时，不能说这是 Cu 和 H_2O 二元系，也不能说是 Cu-H-O 三元系，而应当说是 Cu-H-O-e 四元系。独立组元 $C=4$，按照相律 $f=4-p+2=6-p$，恒温恒压下 $f=4-p$，这是任何金属-H_2O 系电位-pH 图遵从的相律形式。

依上述结论分析 Cu-H_2O 系的电位-pH 图，直线表示 CuO(s)与溶液相平衡，$p=2$，因此 $f=2$。这自由度为 2 的含义是该反应没有电子参加反应，电位可取任意值，也就是此时组元数本不该考虑电子，实际 $f=1$，在指定了 Cu^{2+} 离子浓度之后，pH 为定值。固体 Cu 与溶液两相平衡，也有两个自由度，但因无 H^+ 参与该反应平衡，pH 可取任意值，因此在指定了 Cu^{2+} 离子浓度之后，有确定的电位值。当两相平衡时，既有电子又有 H^+ 参加反应平衡，在 φ、pH 和 [Cu^{2+}] 三个变量中有两个可独立改变（$f=2$），在指定其中两个变量后，余下的变量必为定值。在两固相与溶液三相平衡，$f=4-p=1$，φ 与 pH 两变量指定其一，另一个也就一定。溶液中 Cu^{2+}，$HCuO_2^-$ 等离子浓度也因此具有相应的定值。

对于无固相存在的溶液内离子间的反应平衡，如 Cu-H_2O 系，此时 $p=1$，恒温恒压下的相律为 $f=4-p=3$。在 φ、pH 和两种离子浓度中有三个是独立变量。依此可对图 2-16 中的三种平衡线作出合理的解释。

2.5　高温下的电位-pH 图

一般的电位-pH 图是根据 298K 标准热力学数据绘制的，只适用于 298K 的水溶液体系热力学平衡的研究。但许多迅速发展的重要湿法冶金过程、金属腐蚀与防护、矿物地质等热力学研究需要温度高于 298K 的水溶液体系的电位-pH 图，例如原子能发电技术就离不开 623K 金属-H_2O 系电位-pH 图的研究。

有两种办法获取绘制高温下电位-pH 图所必需的热力学数据。一是在高温下对水溶液体系直接进行实验测定；二是利用 298K 的热力学数据通过理论计算求出高温下的热力学数据。由于高温下进行水溶液体系实验客观存在的困难和复杂性，迄今为止只有少量零星的关于高温下水溶体中若干离子热力学数据的实测值。实际上普遍采用的都是靠理论计算，是一种基于克雷斯-柯伯尔（Criss-cobble）“离子熵对应原理”（1964）发展起来的计算法。下面介绍这种方法。

2.5.1 高温下水溶液体系热力学性质的计算

2.5.1.1 纯化合物热力学性质的计算

高温下纯化合物热力学性质的计算应用下列热力学基本公式：

$$H_T^{\ominus} = \Delta_f H_{298}^{\ominus} + \Sigma\int_{298}^{T} C_{p(T)}\,\mathrm{d}T + \Sigma\Delta H_T^{l} \tag{2-63}$$

$$S_T^{\ominus} = S_{298}^{\ominus} + \Sigma\int_{298}^{T} \frac{C_{p(T)}}{T}\mathrm{d}T + \Sigma\Delta S_T^{l} \tag{2-64}$$

式中 $H_T^{\ominus}$——温度 T 时化合物的标准焓；

$\Delta_f H_{298}^{\ominus}$——298K 时化合物的标准生成焓；

$C_{p(T)}$——化合物的恒压热容与温度的关系式；

$\Delta H_T^{l},\Delta S_T^{l}$——在相变温度 T，化合物的相变热和相变熵；

Σ——对 298K 至 T 范围内相变点求和；

$S_T^{\ominus},S_{298}^{\ominus}$——温度 T 和 298K 时化合物的标准熵。

所有 298K 的标准热力学数据及 $C_{p(T)}$ 皆可从热力学数据手册中查到。

式（2-63）和式（2-64）也适用于单质标准焓和标准熵的计算，因此，化合物的标准生成焓和标准生成熵分别为

$$\Delta_f H_T^{\ominus} = H_{T(化合物)}^{\ominus} - \Sigma_{v_i} H_{T,i(单质)}^{\ominus} \tag{2-65}$$

$$\Delta_f S_T^{\ominus} = S_{T(化合物)}^{\ominus} - \Sigma_{v_i} S_{T,i(单质)}^{\ominus} \tag{2-66}$$

式中，v_i 为生成 1mol 化合物时各单质反应物的化学计量系数。化合物的标准生成自由能

$$\Delta_f G_T^{\ominus} = \Delta_f H_T^{\ominus} - T\Delta_f S_T^{\ominus} \tag{2-67}$$

2.5.1.2 水溶液中离子热力学性质的计算

A 生成自由能与温度的关系

根据热力学基本公式

$$\Delta_f G_T^{\ominus} = \Delta_f G_{T_r}^{\ominus} - \Delta T\cdot\Delta_f S_{T_r}^{\ominus} + \int_{T_r}^{T}\Delta C_p\,\mathrm{d}T - T\int_{T_r}^{T}\Delta C_p\,\mathrm{d}\ln T \tag{2-68}$$

式中，T_r为所选参考温度，$\Delta T = T - T_r$。ΔC_p为离子生成反应恒压热容增量。若以 ΔC_p 在温度 T_r至 T 范围内的平均值 $\Delta\overline{C}|_{T_r}^{T}$代替 ΔC_p与温度的关系式，则

$$\Delta_f G_T^{\ominus} = \Delta_f G_{T_r}^{\ominus} - \Delta T\cdot\Delta_f S_{T_r}^{\ominus} + \Delta\overline{C}_p|_{T_r}^{T}\left(\Delta T - T\ln\frac{T}{T_r}\right) \tag{2-69}$$

在 298K 时离子的 $\Delta_f G_{298}^{\ominus}$ 与 $\Delta_f S_{298}^{\ominus}$ 可从手册查到，因此参考态温度 T_r，常取 298K。$\Delta\overline{C}_p|_{T_r}^{T}$ 值可用离子的平均热容 $\Delta\overline{C}_p|_{T_r}^{T}$ 计算，下面讨论离子的平均热容。

B 离子的熵和热容

离子的偏摩尔熵与偏摩尔恒压热容关系为

$$\overline{S}_T^{\ominus} - \overline{S}_{T_r}^{\ominus} = \int_{T_r}^{T}\overline{C}_p\,\mathrm{d}\ln T \tag{2-70}$$

则在 $T_r \sim T$ 温度范围内的离子平均恒压热容

$$\overline{C}_p \big|_{T_r}^{T} = (\overline{S}_T^{\ominus} - \overline{S}_{T_r}^{\ominus}) \Big/ \ln\left(\frac{T}{T_r}\right) \tag{2-71}$$

此平均热容可用以计算平均热容增量 $\Delta\overline{C}\big|_{T_r}^{T}$，代入式（2-69）可计算任一温度时的离子标准生成自由能。

为应用式（2-71）计算平均热容需已知 $\overline{S}_T^{\ominus}$ 和 $\overline{S}_{T_r}^{\ominus}$ 值。设 $T_r = 298\text{K}$，则 $\overline{S}_{298}^{\ominus}$ 为标准态的离子熵，可从手册查知。$\overline{S}_T^{\ominus}$ 按克雷斯-柯伯尔离子熵对应原理：

$$\overline{S}_{T(\text{绝对})}^{\ominus} = a_T + b_T \overline{S}_{298(\text{绝对})}^{\ominus} \tag{2-72}$$

即 $\overline{S}_T^{\ominus}$ 与 $\overline{S}_{298}^{\ominus}$ 呈线性关系。系数 a_T和 b_T随温度和离子类型的不同而不同。式中的熵称离子的标准绝对熵，并不是基于 H^+ 离子的 $\overline{S}_{298}^{\ominus} = 0$ 的相对熵。

克雷斯-柯伯尔 1964 年分析当时文献中已有的 298K 离子熵值，归纳结果：

$$\overline{S}_{298(\text{绝对})}^{\ominus} = \overline{S}_{298,i(\text{绝对})}^{\ominus} - 20.92z \tag{2-73}$$

式中，$\Delta\overline{S}_{298,i(\text{绝对})}^{\ominus}$ 为 i 离子在 298K 的绝对熵；z 为 i 离子的电荷数，需带相应的正负号；$\overline{S}_{(H^+)}^{\ominus} = 0$ 为基准所得的相对值。式（2-73）意味着 H^+ 离子在 298K 的熵等于 −20.92 J/(mol · K)。

克雷斯-柯伯尔还证明，在任一温度 T 时，

$$\overline{S}_{T,i(\text{绝对})}^{\ominus} = \overline{S}_{T,i(\text{相对})}^{\ominus} + \overline{S}_{T,H^+(\text{绝对})}^{\ominus} z \tag{2-74}$$

他们还发现，对每一温度 T，只有一个定值的 $\overline{S}_{T,H^+(\text{绝对})}^{\ominus}$，使每一类型的离子的 $\overline{S}_{T,i(\text{绝对})}^{\ominus}$ 与 $\overline{S}_{298,i(\text{绝对})}^{\ominus}$ 之间满足线关系式（2-72）。不同温度下 H^+ 的绝对熵及各类离子的 a_T和 b_T值如表 2-4 所示。

表 2-4　离子熵的系数 a_T和 b_T值

温度/K	简单阳离子		简单阴离子和 OH^-		XO_n^{m-} 型阴离子		$XO_n(OH)^{m-}$ 型阴离子		H^+(aq)
	a_T	b_T	a_T	b_T	a_T	b_T	a_T	b_T	绝对熵
298	0	1.000	0	1.000	0	1.000	0	1.000	−20.92
333	16.3	0.955	−21.3	0.969	−58.6	1.217	−56.5	1.380	−10.46
373	43.1	0.876	−54.4	1.000	−129.7	1.476	−126.8	1.894	8.37
423	67.8	0.792	−89.1	0.989	−194.1	1.687	−209.2	2.381	27.19
473	97.5	0.711	−126.4	0.981	−280.3	2.020	−292.9	2.960	46.44
523	125.1	0.630	−161.9	0.978	−361.9	2.320	−376.6	2.530	67.36
573	153.1	0.548	−205.9	0.972	−443.5	2.618	−460.3①	4.1①	86.61

注：a_T和 $\overline{S}_{T,H^+(\text{绝对})}$ 的单位为 J/(mol · K)。

①外推值。

利用式（2-73）和表 2-4 代入式（2-72），然后再按式（2-71）可计算离子平均热容，但比较麻烦。因此，泰勒（Taylor）提出一种计算法，此法依据离子熵对应原理式（2-72）的 a_T和 b_T均为温度的线性函数（60℃附近的除外）的事实，

$$a_T = a_1 + a_2 T$$

$$b_T = b_2 + b_2 T$$

代入式(2-72)

$$\overline{S}^{\ominus}_{T,(绝对)} = a_1 + a_2 T + (b_1 + b_2 T)\overline{S}^{\ominus}_{298(绝对)}$$

由于

$$(\partial S/\partial T)_p = C_p/T$$

所以

$$\overline{C}^{\ominus}_{p,i} = (a_2 + b_2\overline{S}^{\ominus}_{298})T$$

这是 C_p-T 多项式的一种特殊形式。式中 $\Delta\overline{C}^{\ominus}_{p,i}$ 的单位是 J/(mol·K)，因此 a_2 的单位是 J/(mol·K^2)。各类离子的 a_2、b_2 如表 2-5 所示。

表 2-5 系数 a_2 和 b_2

系 数	简单阳离子	简单阴离子及 OH^-	XO_n^{m-} 型阴离子	$XO_n(OH)^{m-}$ 型阴离子
a_2	5.56×10^{-1}	-7.197×10^{-1}	-1.60	-1.67
b_2	-1.65×10^{-3}	-1.12×10^{-4}	5.83×10^{-3}	1.12×10^{-2}

C 离子的生成自由能

现以 Al^{3+}(aq)的生成反应为例说明离子生成自由能的计算方法。

$$Al(s) \longrightarrow Al^{3+}(aq) + 3e$$

H_2 的电极反应为

$$H_2(aq) + e \longrightarrow \frac{1}{2}H_2(g)$$

以上两反应构成原电池反应为

$$Al(s) + 3H^+(aq) \longrightarrow Al^{3+}(aq) + \frac{3}{2}H_2(g) \tag{2-75}$$

计算任一温度 T 时 Al^{3+}(aq)的标准生成自由能的步骤如下：

(1) 取 25℃ (298.15K) 为参考温度；

(2) 利用式 (2-73) 将 298K 下 Al^{3+} 的相对熵（从热力学数据手册查得）转换成绝对熵；

(3) 根据 298K 时 Al(s)，H^+(aq)，Al^{3+}(aq)和 H_2(g)的热力学数据计算原电池反应的 $\Delta_f S^{\ominus}_{298}$ 和 $\Delta_f G^{\ominus}_{298}$，标准生成自由能的定义本身意味着 Al(s)、$H^+$(aq)和 H_2(g)的标准生成自由能均为 0，因此原电池反应 (2-75) 的 $\Delta_f G^{\ominus}_{298}$ 正是 Al^{3+}(aq)在 298K 的标准生成自由能；

(4) 在温度 T 时 Al^{3+}(aq)的绝对熵由表 2-4 中的 a_T 和 b_T 值代入式 (2-72) 计算，接着按式 (2-71) 计算离子的平均热容；

(5) 在 T 至 298K 温度区间 Al(s)和 H_2(g)的平均恒压热容均由现存的 C_p 数据确定，而 H^+(aq)的平均恒压热容则由表 2-4 中 H^+(aq)的绝对熵值代入式 (2-71) 确定；

(6) 反应式 (2-75) 的平均热容增量 $\Delta\overline{C}_p|^{T}_{298}$ 为产物的平均热容总和减去反应物平均热容总和；

(7) 在任何温度下 Al(s)、H^+(aq)和 H_2(g)的标准生成自由能均定为 0，因此 Al^{3+}(aq)在温度 T 的标准生成自由能

$$\Delta_f G_T^{\ominus} = \Delta_f G_{298}^{\ominus} - \Delta_f S_{298}^{\ominus}(T-298) + \Delta\overline{C}_p\Big|_{298}^{T}\left(T - 298 - T\ln\frac{T}{298}\right)$$

实际上式（2-68）改写成式（2-69）的前提是假定在 ΔT 和 $\Delta \ln T$ 之范围内 $\overline{C}_p$ 的平均值不变，这只有在温度区间较小时才是正确的。因此，为了尽可能减小误差，克雷斯和柯伯尔建议在温度高于200℃时，以50℃为计算区间。也就是说，200～250℃取200℃为参考温度，250～300℃取250℃为参考温度。但不论何时，当温度超过相变点温度时，均取相变温度为参考温度。计算步骤仍包括上述7个，唯一不同之处是需用新的参考温度代替25℃。

D　离子的生成热及焓

温度 T 时的离子生成热由下式计算

$$\Delta_f H_T^{\ominus} = \Delta_f G_T^{\ominus} + T\Delta_f S_T^{\ominus}$$

按此式计算 Al^{3+}(aq)的标准生成热，$\Delta_f G_T^{\ominus}$ 和 $\Delta_f S_T^{\ominus}$ 即是原电池反应（2-75）的标准自由能增量和熵增量。离子的焓由下式计算

$$H_T^{\ominus} = \Delta_f G_{298}^{\ominus} + \overline{C}_{p(\text{离子})}\Big|_{298}^{T}(T-298) \tag{2-76}$$

式中，$\Delta_f H_{298}^{\ominus}$ 是离子在298K的标准生成焓；$\overline{C}_{p(\text{离子})}\Big|_{298}^{T}$ 是离子在298至 T 温度区间的平均恒压热容。当温度高于200℃或相变点时，焓的计算需按下式进行，

$$H_T^{\ominus} = H_{T_r}^{\ominus} + \overline{C}_{p(\text{离子})}\Big|_{T_r}^{T}(T-T_r) \tag{2-77}$$

式中，T_r 为参考温度；$\overline{C}_{p(\text{离子})}\Big|_{T_r}^{T}$ 为温度 T 至 T_r 间的平均恒压热容。

2.5.1.3　水溶液中未离解中性分子热力学性质的计算

以 AgCl(aq)离解反应平衡为例：

$$AgCl(aq) \Longrightarrow Ag^{+}(aq) + Cl^{-}(aq)$$

假设已知参加反应各物质在298K的 $\Delta G_{298}^{\ominus}$ 和 $\Delta S_{298}^{\ominus}$，则离解反应的 $\Delta G_T^{\ominus}$，$\Delta S_T^{\ominus}$ 及 $\Delta H_T^{\ominus}$ 作为温度 T 的函数都是确定的。而离解产物离子（这里是 Ag^{+}(aq)和 C^{-}(aq)）在高温下的热力学性质可由克雷斯-柯伯尔方法计算。于是未离解的中性物质 AgCl(aq)的热力学性质就能够求出。

一般而论，溶液中化合物的离解反应

$$Mv_{+}Av_{-} \Longrightarrow v_{+}M^{x+} + v_{-}A^{x-}$$

郝根省（Helgenson）曾给出离解反应的 $\Delta G_T^{\ominus}$ 及 $\Delta S_T^{\ominus}$ 与 T 的关系如下：

$$\Delta G_{T(\text{离解})}^{\ominus} = -\Delta S_{T(\text{离解})}^{\ominus}\left\{T_r - \frac{\theta}{\omega}\{\exp[\exp(b-aT) - c + (T-T_r)/\theta]\}\right\} + \Delta H_{T_r(\text{离解})}^{\ominus} \tag{2-78}$$

式中　$a = 0.01875$；

$b = -12.741$；

$c = \exp(b + aT_r)$；

$\theta = 21.90$；

$\omega = 1 + ac\theta$。

$$\Delta S^{\ominus}_{T(离解)} = \Delta S^{\ominus}_{T_r(离解)}\{\exp[\exp(b+at)-c+(T-T_r)/\theta]\}\cdot\frac{1+\varphi\exp(b+aT)}{\omega} \tag{2-79}$$

式中 $\varphi=4.106$，参考温度 $T_r=298K$。

中性化合物的生成自由能

$$\Delta G^{\ominus}_T(Mv_+ Av_-) = \Sigma\Delta_f G^{\ominus}_{T,i(离子)} - \Delta G^{\ominus}_{T(离解)} \tag{2-80}$$

式中各离子的生成自由能 $\Delta_f G^{\ominus}_{T,i(离子)}$ 按克雷斯-柯伯尔法计算。中性化合物的平均恒压热容

$$\overline{C}_p|^T_{T_r} = (S^{\ominus}_T - S^{\ominus}_{298})\ln\frac{T}{298} \tag{2-81}$$

离解反应的焓增量

$$\Delta H^{\ominus}_{T(离解)} = \Delta G^{\ominus}_{T(离解)} + T\Delta T^{\ominus}_{T(离解)}$$

因此化合物的生成焓

$$\Delta_f H^{\ominus}_{T(Mv_+Av_-)} = \Sigma\Delta_f H^{\ominus}_{T_\phi i(离子)} - \Delta H^{\ominus}_{T(离解)}$$

而化合物的焓按下式计算

$$H^{\ominus}_T = \Delta_f H^{\ominus}_{T298(Mv_+Av_-)} + \overline{C}_{p(Mv_+A)} - \Delta H^{\ominus}_{T(离解)}$$

若干物质在高温水溶液中的热力学性质，基于上述原理用计算机计算的结果已汇编成册。

2.5.2 高温下 Ni-H$_2$O 系的电位-pH 图

高温下金属-H_2O 系的电位-pH 图的绘制，原理上与绘制 298K 的电位-pH 图是一样的。设水溶液中电化学反应为

$$aA + xH^+ + ze \xlongequal{} bB + cH_2O \tag{2-82}$$

则由能斯特方程

$$E_r = E^{\ominus}_T + \frac{RT}{zF}\ln\frac{a^a_A\cdot a^x_{H^+}}{a^b_B\cdot a^c_{H_2O}} \tag{2-83}$$

设水的活度 $a_{H_2O}=1$，又 $\Delta G^{\ominus}_T = -zFE^{\ominus}_T$，代入上式得

$$\frac{zFE_r}{2.303RT} = -\frac{\Delta G^{\ominus}_T}{2.303RT} + \lg\frac{a^a_A}{a^b_B} - x\cdot pH \tag{2-84}$$

反应（2-82）的标准自由能 $\Delta G^{\ominus}_T$，应用克雷斯-柯伯尔对应原理最后按式（2-69）计算。代入式（2-84）即导出反应（2-82）的 E_r-pH 关系式。

柯万和史泰易尔（Cowan & Staehle）在研究温度范围 25～300℃内，镍在酸性水溶液中的热力学行为时，曾应用上述方法进行了计算，给出了 Ni-H_2O 系在 25℃、100℃、200℃和 300℃的电位-pH 图。

Ni-H_2O 系有关的平衡反应及其 E-pH 关系式如下：

(1)
$$2H^+ + 2e \xlongequal{} H_2$$

$$E_r = 0 - \frac{2.303RT}{F}pH - \frac{2.303RT}{zf}\lg(p_{H_2}/p^{\ominus})$$

(2)　$4H^+ + O_2 + 4e \rightleftharpoons 2H_2O$

$$E_r = E_T^{\ominus} - \frac{2.303RT}{F}pH - \frac{2.303RT}{4F}\lg(p_{O_2}/p^{\ominus})$$

(3)　$Ni^{2+} + 2e \rightleftharpoons Ni(s)$

$$E_T = E_T^{\ominus} + \frac{2.303RT}{2F}\lg(Ni^{2+})$$

(4)　$NiO(s) + 2H^+ + 2e \rightleftharpoons Ni(s) + H_2O$

$$E_T = E_T^{\ominus} - \frac{2.303RT}{F}pH$$

(5)　$Ni^{2+} + H_2O \rightleftharpoons NiO(s) + 2H^+$

$$\lg(Ni^{2+}) = \frac{\Delta G_T^{\ominus}}{2.303RT} - 2pH$$

(6)　$HNiO_2^- + 3H^+ + 2e \rightleftharpoons Ni(s) + 2H_2O$

$$E_T = E_T^{\ominus} - \frac{3 \times 2.303RT}{2F}pH + \frac{2.303RT}{2F}\lg(HNiO_2^-)$$

(7)　$NiO(s) + H_2O \rightleftharpoons HNiO_2^- + H^+$

$$\lg(HNiO_2^-) = -\frac{\Delta G_T^{\ominus}}{2.303RT} + pH$$

(8)　$Ni_3O_4(s) + 2H^+ + 2e \rightleftharpoons 3NiO(s) + H_2O$

$$E_T = E_T^{\ominus} - \frac{2.303RT}{F}pH$$

(9)　$3Ni_2O_3(s) + 2H^+ + 2e \rightleftharpoons 2Ni_3O_4 + H_2O$

$$E_T = E_T^{\ominus} - \frac{2.303RT}{F}pH$$

(10)　$2NiO_2(s) + 2H^+ + 2e \rightleftharpoons Ni_2O_3(s) + H_2O$

$$E_T = E_T^{\ominus} - \frac{2.303RT}{F}pH$$

(11)　$Ni_3O_4(s) + 8H^+ + 2e \rightleftharpoons 3Ni^{2+} + 4H_2O$

$$E_T = E_T^{\ominus} - \frac{4 \times 2.303RT}{F}pH - \frac{3 \times 2.303RT}{2F}\lg(Ni^{2+})$$

(12)　$Ni_2O_3(s) + 6H^+ + 2e \rightleftharpoons 2Ni^{2+} + 3H_2O$

$$E_T = E_T^{\ominus} - \frac{3 \times 2.303RT}{F}pH - \frac{2.303RT}{F}\lg(Ni^{2+})$$

(13)　$NiO_2(s) + 4H^+ + 2e \rightleftharpoons Ni^{2+} + 2H_2O$

$$E_T = E_T^{\ominus} - \frac{2 \times 2.303RT}{F}pH - \frac{2.303RT}{F}\lg(Ni^{2+})$$

(14)　$Ni_3O_4(s) + 2H_2O + 2e \rightleftharpoons 3HNiO_2^- + H^+$

$$E_T = E_T^{\ominus} + \frac{2.303RT}{2F}\text{pH} - \frac{3 \times 2.303RT}{2F}\lg(\text{HNiO}_2^-)$$

应用表 2-6 的热力学数据，按克雷斯-柯伯尔法计算各反应在温度分别为 298、333、373、423、473、523 和 573K 的 $\Delta G_T^{\ominus}$,代入 $E_T^{\ominus} = -\Delta G_T^{\ominus}/zF$ 求出各反应在不同温度下的标准电位如表 2-7 所示。将 $E_T^{\ominus}$ 代入各反应的平衡关系式即可得到各反应的 E-pH 关系式。用这些结果绘制的 Ni-H_2O 系在温度分别为 298、373、473 和 573K 的电位-pH 图如图 2-19 ~ 图2-22所示。各图同时绘出了与固相平衡的溶液中离子浓度分别为 1 和 10^{-6} mol/dm^3 时的两组 E-pH 线。

表 2-6 计算 Ni-H_2O 系电位-pH 图的热力学数据

物质	$\Delta_f G_{298}^{\ominus}$/(J·mol^{-1})	C_p/(J·mol^{-1}·K^{-1})	$S_{298(相对)}^{\ominus}$	$S_{298(绝对)}^{\ominus}$
H_2	0	$27.28 + 3.26 \times 10^{-3}T + 0.50 \times 10^5 T^{-2}$	130.63	130.63
O_2	0	$29.96 + 4.18 \times 10^{-3}T - 1.67 \times 10^5 T^{-2}$	205.06	205.06
H_2O	−237202	75.48	70.08	70.08
OH^-	0	—	−10.54	10.38
H^+	0	—	0	−20.92
Ni	0	$16.98 + 29.45 \times 10^{-3}T$	29.79	29.79
Ni^{2+}	−48244	—	159.41	−201.26
NiO	−214649	$-20.88 + 157.24 \times 10^{-3}T + 16.27 \times 10^5 T^{-2}$ (298 ~525K) 13.88 (298 ~525K) $-52.84 + 127.2 \times 10^{-3}T + 17.11 \times 10^5 T^{-2}$ (298 ~525K)	37.99	37.99
$HNiO_2^-$	−34923	—	41.84	62.76
Ni_2O_4	−711941	$129.04 + 71.46 \times 10^{-3}T - 23.93 \times 10^5 T^{-2}$	149.20	149.20
Ni_2O_3	−469760	$98.28 + 77.82 \times 10^{-3}T - 14.85 \times 10^5 T^{-2}$	89.96	89.96
NiO_2	−215151	$69.45 + 10.21 \times 10^{-3}T - 16.23 \times 10^5 T^{-2}$	53.05	53.05

注：熵单位：J/(mol·K)。

表 2-7 Ni-H_2O 系各反应的 $E_T^{\ominus}$ (V)

反 应	$E_{298}^{\ominus}$	$E_{333}^{\ominus}$	$E_{373}^{\ominus}$	$E_{423}^{\ominus}$	$E_{473}^{\ominus}$	$E_{523}^{\ominus}$	$E_{573}^{\ominus}$
(1)	0	0	0	0	0	0	0
(2)	1.228	1.200	1.167	1.127	1.092	1.056	1.0175
(3)	−0.250	−0.239	−0.229	−0.216	−0.212	−0.202	−0.189
(4)	0.116	0.104	0.091	0.075	0.062	0.048	0.034
(5)	pH = 9.20	pH = 8.21	pH = 7.33	pH = 6.47	pH = 5.93	pH = 5.42	pH = 4.97
(6)	0.648	0.6517	0.633	0.690	0.779	0.828	0.889
(7)	pH = 11.98	pH = 10.55	pH = 9.43	pH = 8.65	pH = 9.25	pH = 8.94	pH = 8.95
(8)	0.876	0.860	0.842	0.822	0.811	0.794	0.779
(9)	1.305	1.298	1.291	1.280	1.266	1.254	1.241
(10)	1.434	1.420	1.405	1.388	1.378	1.363	1.350
(11)	1.977	1.893	1.804	1.697	1.637	1.548	1.465
(12)	1.753	1.695	1.633	1.558	1.513	1.450	1.391
(13)	1.593	1.557	1.519	1.474	1.446	1.407	1.370
(14)	−0.718	−0.781	−0.872	−1.023	−1.329	−1.539	−1.778

注：与固相平衡的溶液中的离子浓度 = 10^{-6} mol/L 时的 pH 值。

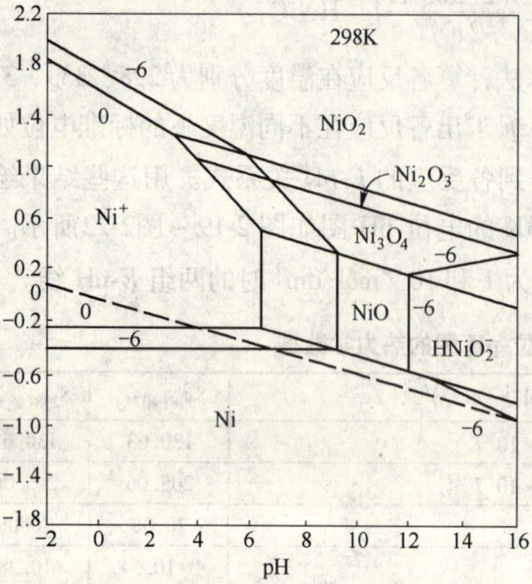

图 2-19 298K Ni-H_2O 系 E-pH 图

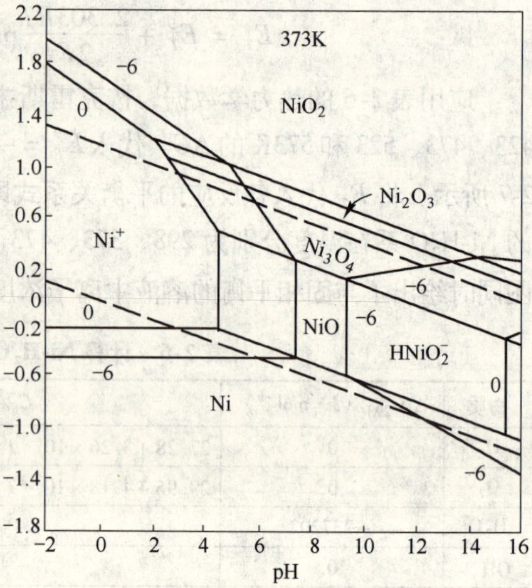

图 2-20 373K Ni-H_2O 系 E-pH 图

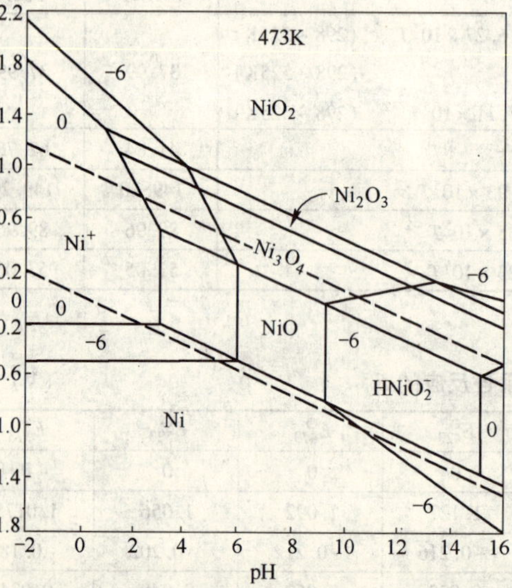

图 2-21 473K Ni-H_2O 系 E-pH 图

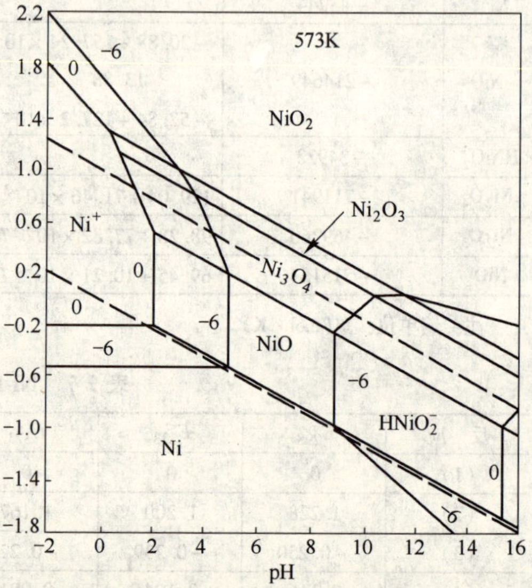

图 2-22 573K Ni-H_2O 系 E-pH 图

根据高温下 Ni-H_2O 系的电位-pH 图可得如下结论：随着温度的升高，在酸性范围内镍氧化物的稳定性增大。氧化物稳定的 pH 值范围在 373K 最小，随后又随着温度的升高而增大。在 pH 值较大时，$HNiO_2^-$ 的稳定范围随着温度的升高而扩大。所有 E-pH 直线的斜率 $\partial E/\partial(\mathrm{pH})$ 绝对值，按能斯特方程均随着温度的升高按 $2.303RT/zF$ 值增大。

从腐蚀的观点看，能作为抗腐保护膜的氧化物 NiO 稳定范围，随着温度的升高，pH 值的范围从 9～10 移向 5～9，因此，碱性 pH 值在低温下具有一定的保护作用，在高温下能增大腐蚀速度。特别是有过量 O_2 存在时，使电位大致处于氢平衡电位之上。从 Ni-H_2O 系电位-pH 图还可以看出，若占优势的还原反应是 H^+ 离子放电，则在温度 673K 及 pH 值

5～10 范围内的腐蚀电位下 Ni 不可能遭腐蚀。可以预料在 673K 即使 pH 值在 2～5 和 10～13 范围内，腐蚀电位也很小，腐蚀速度也较小。这可以粗略地解释在有高压氢和 pH 值为 7～10 的加压水核反应器中，为什么 Ni 基合金（Inconel 600）具有非常好的抗蚀行为。在 673K、pH >10 的溶液中 HNO_2^- 离子是唯一处于水稳定区内的稳定离子，这部分地解释了碱性溶液中高 Ni 合金易于发生应力腐蚀破裂的原因，因为低温下形成的保护膜，由于应力破裂而提供了迅速溶解的区域。

2.6 热力学平衡图拓扑学[1,2]

拓扑学一词在这里是说热力学平衡图的形状和大小会因表示平衡图的参变数选择的不同而不同，但热力学平衡图所反映的一定体系内各相平衡的关系却保持不变。为说明这一点，可将温度、压强、化学势等热力学量分别定义为：

$$T = (\partial U/\partial S)_{V,m_A,n_B,m_C\cdots} \tag{2-85}$$

$$-p = (\partial U/\partial V)_{S,n_S n_B,m_V} \tag{2-86}$$

$$\mu_A = (\partial U/\partial n_A)_{V,S,n_B,n_C\cdots} \tag{2-87}$$

式中，U 为体系的内能，与体系强度性质 T、$-p$、μ_A 共轭的容量性质是 S，V，n_A。在式（2-86）中不取 p 与 $-V$ 的形式是为了使容量性质保持正值。以上三式若用一般化的形式表示，则

$$\Phi_i = (\partial U/\partial Q_i)_{Q_j(j\neq i)} \tag{2-88}$$

式中，Φ_i 表示任一强度性质；Q_i 为相应的容量性质。有了这种一般化的热力学关系式，像表面张力 σ 与表面积 A 的关系式

$$\sigma = (\partial U/\partial A)_{S,V,N_i} \tag{2-89}$$

也包括在其中。而且吉布斯-杜亥姆方程

$$SdT - Vdp + n_A d\mu_A + n_B d\mu_B + \cdots = 0 \tag{2-90}$$

也可用一般化的形式表示为

$$Q_1 d\Phi_1 + Q_2 d\Phi_2 + Q_3 d\Phi_3 + Q_4 d\Phi_4 + \cdots = 0 \tag{2-91}$$

然而只在个别情况下需考虑表面张力、电势、磁场等因素对相平衡的影响。一般情况下，例如对于单元系，式（2-91）实际上只有三项，这三项的强度因素是 T、$-p$ 和 μ。对于二元系则有四项，相应的强度因素是 T、$-p$、μ_A 和 μ_B。

多相平衡体系中的每一相均可通过指定容量性质 Q_i 说明其状态，共轭的热力学函数 Φ_i 皆由式（2-88）表示。每一相的所有 Φ_i 通过式（2-91）联系在一起，因此其中任一热力学函数 Φ_i 皆可写成其余热力学函数：Φ_i（Φ_1，Φ_2，…，Φ_{i-1}，Φ_{i+1}，…），这可以看成是任一相的状态方程式。例如，单原子理想气体的 T、$-p$ 和 μ 由下列方程相联系

$$\mu = RT\ln p - \frac{5}{2}RT\ln T + k_1 T + k_2$$

式中，k_1 和 k_2 均为常数。

2.6.1　热力学平衡图的分类

同一体系可以选用不同的容量性质和强度性质作为坐标绘制热力学平衡图，由于式(2-91）的关系存在，可以在恒定若干变量的条件下，绘出各种热力学平衡图，这些平衡图可分为三种基本类型。

2.6.1.1　类型Ⅰ

任意指定两个强度性质 Φ_1 和 Φ_2 作为变量，除了 Φ_3 之外所有其他强度性质皆为给定值，Φ_3 值由式（2-91）给出这相以 Φ_1 和 Φ_2 为坐标的平衡图称为类型Ⅰ热力学平衡图。

式（2-91）用于 Cu-S-O 三元系为

$$n_S d\mu_S + n_O d\mu_O + n_{Cu} d\mu_{Cu} + S dT - V dp = 0$$

这时 Φ_1、Φ_2、Φ_3、Φ_4 和 Φ_5 分别为 μ_S、μ_O、μ_{Cu}、T 和 $-p$，设含 Cu 化合物均为纯固相，则 μ_S 对 μ_O 作图为类型Ⅰ平衡图。实际上是作 $\lg p_{S_2}$-$\lg p_{O_2}$ 图，因恒 T 下 μ_S 与 $\lg p_{S_2}$ 成比例，μ_O 与 $\lg p_{O_2}$ 成比例。也可以用 $\mu_{SO_2} = \mu_S + \mu_O$ 代替 μ_S，即作 $\lg p_{S_2}$-$\lg p_{O_2}$ 图，仍为类型Ⅰ平衡图。这就是说优势图属于类型Ⅰ热力学平衡图。

Fe-O 二元系的强度性质 Φ_1、Φ_2、Φ_3 和 Φ_4 分别为 μ_O、μ_{Fe}、T 和 $-p$，在恒压下无需指明 μ_{Fe}（含 Fe 氧化物均形成固溶体），作 T 对 μ_O 图也属于类型Ⅰ平衡图，如图 2-23（b）所示。

任何单元系其强度性质 Φ_1、Φ_2、Φ_3 分别为 $-p$、T、μ_i，不必明确 μ_i^*，可作 p-T 图，因此单元系相图即单元系 p-T 图属类型Ⅰ平衡图。

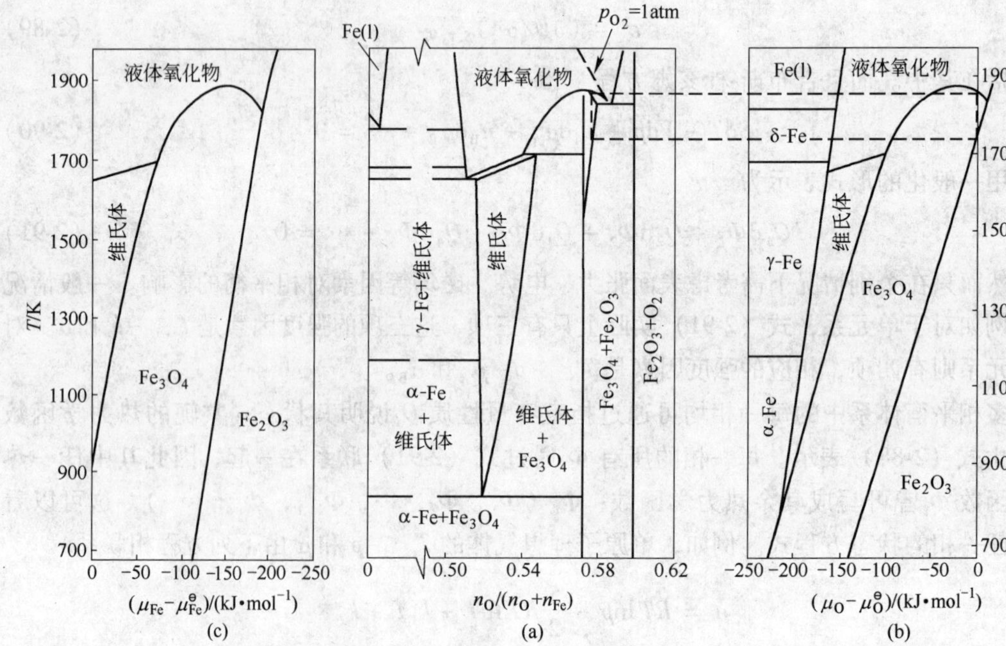

图 2-23　Fe-O 系类型Ⅰ和类型Ⅱ平衡图

图2-24为一般化的三种类型平衡图的对应关系，设 Φ_4，Φ_5…均恒定，Φ_3 未予指明。其中图2-24（a）为类型Ⅰ平衡图，当α与β两相平衡时：

$$\Phi_1^\alpha = \Phi_1^\beta \tag{2-92}$$

$$\Phi_2^\alpha = \Phi_2^\beta \tag{2-93}$$

$$\Phi_3^\alpha(\Phi_1^\alpha,\Phi_2^\alpha) = \Phi_3^\beta(\Phi_1^\beta,\Phi_2^\beta)$$

这里 $\Phi_1^\alpha,\Phi_1^\beta,\Phi_2^\alpha,\Phi_2^\beta$ 四个变量通过上列三个方程相联系，因此自由度为1，α与β两相平衡在图中用一曲线表示。依此可类推，在α-β-γ三相平衡时，应当用一个三相点表示。图2-24（a）表明两相平衡线的终点为临界点。有时两相平衡线出现极大值或极小值，$d\Phi_1/d\Phi_2=0$，在图2-23（b）中曲线出现极大值处的温度为 Fe_3O_4 的熔点。

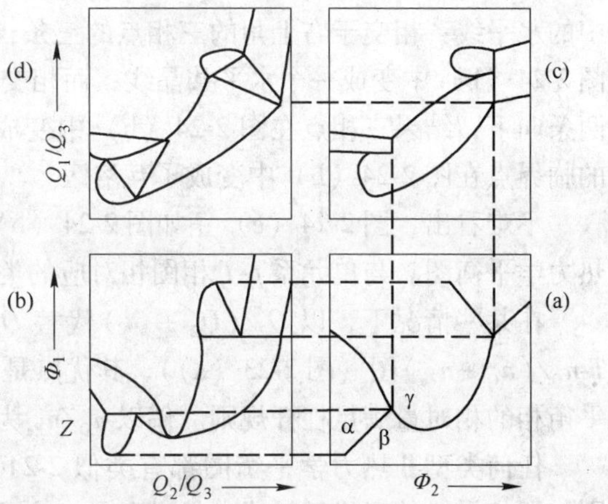

图2-24 三种热力学平衡图的相互关系

根据式（2-91），在图2-24（a）中α与β两相平衡的边界线上，有：

$$Q_1^\alpha d\Phi_1 + Q_2^\alpha d\Phi_2 = -Q_3^\alpha d\Phi_3$$

$$Q_1^\beta d\Phi_1 + Q_2^\beta d\Phi_2 = -Q_3^\beta d\Phi_3$$

将两式中的 $d\Phi_3$ 消去，得：

$$\frac{d\Phi_1}{d\Phi_2} = -\frac{(Q_2/Q_3)^\beta - (Q_2/Q_3)^\alpha}{(Q_1/Q_3)^\beta - (Q_1/Q_3)^\alpha} = -\frac{\Delta(Q_2/Q_3)^{\alpha\to\beta}}{\Delta(Q_1/Q_3)^{\alpha\to\beta}} \tag{2-94}$$

对于单元系 $Q_2/Q_3 = S/n = S_m$，$Q_1/Q_3 = V/n = V_m$，而 $\Phi_1 = -p$，$\Phi_2 = T$，代入式(2-94)得：

$$\frac{dp}{dT} = \frac{\Delta S_m}{\Delta V_m}$$

这就是纯物质两相平衡的克拉佩龙（Clapeyron）方程，因此，式（2-94）也称为一般化的克拉佩龙方程。该方程用于优势图可以计算两固相边界线的斜率，这对于存在非量化合物的情形，有重要的价值。还可以用式（2-94）证明延伸规则，该规则规定在类型Ⅰ热力学平衡图中，任何穿过三相点的两相平衡线的延长线，必定进第三相的稳定区。

2.6.1.2 类型Ⅱ

仍然保持 Φ_4，Φ_5…恒定，纵坐标仍用 Φ_1，横坐标改取容量之比 Q_2/Q_3，代替类型Ⅰ平衡图的 Φ_2，依此作出的图称为类型Ⅱ热力学平衡图。

取 Q_2/Q_3 作横坐标是基于多相平衡图，应与体系的总物质的量无关。可以证明 Q_i 一定随 Φ_i 增加单调地增大。因此，在 Φ_1、Φ_4、Φ_5…恒定时，若 Φ_2 增大（见图2-24（a）），根据方程（2-91）则 Φ_3 必然减小，随之 Q_3 亦减小，Q_2/Q_3 则相应地增大。这说明类型Ⅰ与类型Ⅱ热力学平衡图存在一定的内在关系。Q_2/Q_3 值在图2-24（b）中相界线上的不连续，导致图2-24（a）中的两相平衡线变成了图2-24（b）中的两相平衡区，在两相区内平衡的两相点可用一根水平的结线相连结。在图2-24（a）中的三相点变成了图2-24（b）中的水平线：相交于右上角的三相点的三条，两条线向上、一条线向下，结果该三相点在图2-24（b）中变成一个水平共晶线；而相交于左下角的三相点的三条曲线中，一条向上、两条向下，结果三相点在图2-24（b）中变成一条类包晶线。在图2-24（a）中两相平衡的临界点在图2-24（b）中变成了互溶区。

不难看出，图2-24（c）正如图2-24（b）一样，也是与图2-24（a）相对应的类型Ⅱ热力学平衡图。与单元系 p-T 相图相对应的类型Ⅱ平衡图就是 p-S_m图和 T-V_m图。

在某些情况下，以 $Q_2/(Q_2+Q_3)$ 代替 Q_2/Q_3 作为横坐标更为方便。例如 Fe-O 系的 T-$n_O/(n_O+n_{Fe})$图（图2-23（a）），其优点是横坐标表示的组成仅限于0～1之间变化，两平衡相的相对量满足杠杆规则。倘以 n_O/n_{Fe}为横坐标，杠杆规则就不能适用。

任何类型Ⅱ热力学平衡图都有类似2-24（b）中 Z 点那种点存在，该点符合延伸规则，即相界线的亚稳延长线必然进入另一个两相区。

2.6.1.3　类型Ⅲ

以 Q_1/Q_3对 Q_2/Q_3作图，即两个坐标都是容量性质之比的平衡图，称为类型Ⅲ热力学平衡图。例如图2-24（d）即属此类平衡图。显然，在 $\Phi_1\sim\Phi_2$图中的两个三相点此时已变成两个三角形：位于右边的一个三角形，两边的垂线向上进入两相区，另一边的垂线向下进入两相区，这与图2-24（b）和（c）中的类共晶线相对应；位于左边的三角形则对应于类包晶线，有两相边的垂线向下，第三边的垂线向上进入两相区。单元系的 V_m-S_m图即属类型Ⅲ热力学平衡图。

2.6.2　含有假二元相的三元系

以 A 和 B 代表金属、X 代表非金属，三元系 A-B-X 的相平衡与组成、气体压强 p_{X_2}之间的关系在冶金热力学研究中有重要意义。金属氧化物和硫化物的提取冶金、氧化物陶瓷材料、合金的腐蚀与氧化等都离不开 A-B-X 三元系的研究。这类三元系的特点是其溶液相只能用物质的量分数 $n_B/(n_A+n_B)$表示，称为假二元相（Quasi-binary phase）。例如1600K时的 Co-Ni-O 系能观察到（Co，Ni）合金相及（Co，Ni）O 氧化物相。如果忽略氧在固相合金中的微小溶解度及氧化物相对化学组成的微小偏差，则每一相都是一个假二元相。如图2-25（d）所示，假二元相在吉布斯组成三角形上可用一条直线上的点表示。

对于 A-B-X 三元系，Φ_1、Φ_2、Φ_3、Φ_4、Φ_5依次为 μ_X、μ_A、μ_B、T、$-p$，欲建立该体系三种类型的热力学平衡图，必须保持这五个强度性质中的两个恒定，现以 Co-Ni-O 系为例予以说明。

图2-25是1600K 时 Co-Ni-O 系相图，这时 $\Phi_1=\mu_O$，$\Phi_2=\mu_{Ni}$，$\Phi_3=\mu_{Co}$，$\Phi_4=T$，$\Phi_5=-p$，其中图2-25（b）为 Φ_4、Φ_5恒定下的 $\Phi_1\sim\Phi_2$图，实际作图时取恒温下与 μ_O成比例的 $\lg p_{O_2}=(\mu_O-\mu_O^{\ominus})/2.303RT$ 作纵坐标，横坐标取活度 α_{Ni}代替μ_{Ni}。图2-25（b）是类型I平衡图，图2-25（a）是与图2-25（b）对应的类型Ⅱ平衡图，其横坐标为 $Q_2/(Q_2+Q_3)=n_{Ni}/(n_{Ni}+n_{Co})=\zeta$，此物质的量分数的分母不包括非金属氧的物质的量。图中有三个相区，即氧化物固溶体区、金属固溶体区和两固溶体共存区。图2-25（c）是类型Ⅲ平衡图，即图2-25（b）的 Φ_1 被 $Q_1/(Q_2+Q_3)=n_O/(n_{Ni}+n_{Co})=\eta$ 取代后的情形，图中同

时画出了与图 2-25（a）中结线相应的结线。把图 2-25（c）的上部“折”起来就是常见的三元系相图等温截面图，如图 2-25（d）所示。

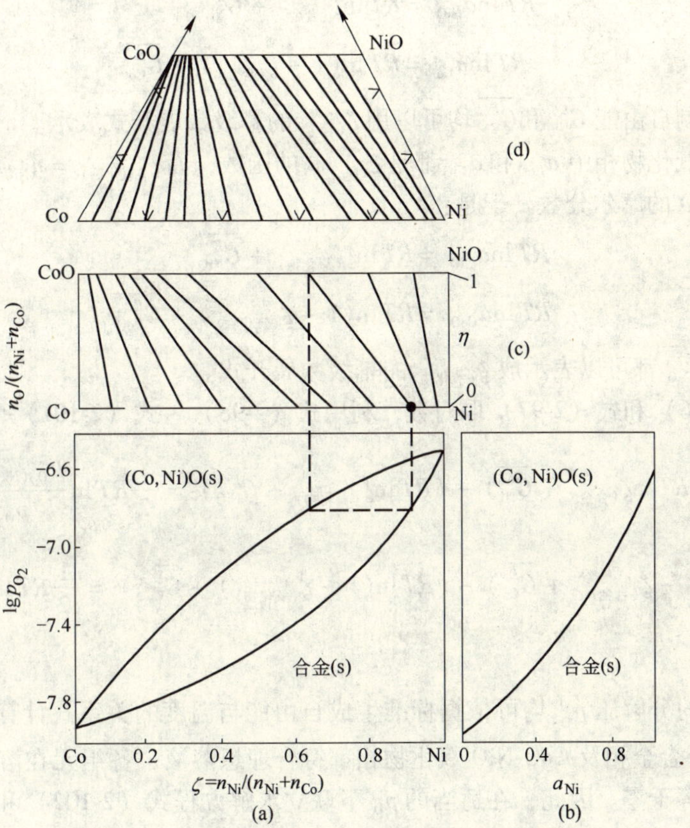

图 2-25 1600K，Co-Ni-O 系各种类型的平衡图

当氧化物与合金两相平衡时，

$$\mu_{i(\text{氧化物})} = \mu_{i(\text{合金})} \tag{2-95}$$

式中，i 为组元 Co，Ni，O。在三元溶液中各组元的化学势是两个浓度变量的函数，因此要确定平衡的两三元固溶体相的组成（如图 2-25（c）中结线的端点），就必须联立解出方程组（2-95）中的四个浓度变量。不过此处平衡的两相都是假二元相，所以只要两个浓度变量就足以确定结线端点的位置了。

在 Co-Ni-O 系恒温恒压下平衡时，有：

$$\text{Ni} + \frac{1}{2}\text{O}_2 = \text{NiO} \quad K_1 = \frac{a_{\text{NiO}}}{a_{\text{Ni}}}\left(\frac{p^{\ominus}}{p_{\text{O}_2}}\right)^{\frac{1}{2}} = \left\{\frac{p^{\ominus}}{p^*_{\text{O}_2(\text{Ni/NiO})}}\right\}^{\frac{1}{2}} \tag{2-96}$$

$$\text{Co} + \frac{1}{2}\text{O}_2 = \text{CoO} \quad K_2 = \frac{a_{\text{CoO}}}{a_{\text{Co}}}\left(\frac{p^{\ominus}}{p_{\text{O}_2}}\right)^{\frac{1}{2}} = \left\{\frac{p^{\ominus}}{p^*_{\text{O}_2(\text{Co/CoO})}}\right\}^{\frac{1}{2}} \tag{2-97}$$

式中，$p^*_{\text{O}_2(\text{Ni/NiO})}$ 和 $p^*_{\text{O}_2(\text{Co/CoO})}$ 分别为纯金属氧化物的分解压，即金属及其氧化物的活度均为 1 时，氧化物分解反应的平衡氧压。

合金中的 a_{Ni} 和 a_{Co} 都是 $\zeta_{(合金)}$ 的函数，由于是假二元相，$\zeta_{(合金)}$ 在数值上等于合金中 Ni 的摩尔分数，因此

$$RT\ln a_{NiO} = RT\ln\zeta_{(合金)} + \overline{G^E_{Ni}} \tag{2-98}$$

$$RT\ln a_{Co} = RT\ln(1 - \zeta_{(合金)}) + \overline{G^E_{Co}} \tag{2-99}$$

偏摩尔过剩自由能 $\overline{G^E_{Ni}}$ 和 $\overline{G^E_{Co}}$ 均可以用 $\zeta_{(合金)}$ 的幂级数展开式表示。

同理，在氧化物相中 a_{CoO} 和 a_{NiO} 都是 $\zeta_{(氧化物)}$ 的函数，而 $\zeta_{(氧化钙)} = n_{NiO}/(n_{NiO} + n_{CoO})$，为假二元相中 NiO 的摩尔分数。于是：

$$RT\ln a_{NiO} = RT\ln\zeta_{(氧化物)} + \overline{G^E_{NiO}} \tag{2-100}$$

$$RT\ln a_{CoO} = RT\ln(1 - \zeta_{(氧化物)}) + \overline{G^E_{CoO}} \tag{2-101}$$

式中，$\overline{G^E_{NiO}}$ 和 $\overline{G^E_{CoO}}$ 都可以表示成 $\zeta_{(氧化物)}$ 的幂级数展开式。

把式（2-96）和式（2-97）取对数，利用式（2-98）~式（2-101）可得：

$$(RT\ln\zeta_{(合金)} + \overline{G^E_{Ni}}) - (RT\ln\zeta_{(氧化物)} + \overline{G^E_{NiO}}) = \frac{1}{2}RT\ln\frac{p^*_{O_2(Ni/NiO)}}{p_{O_2}} \tag{2-102}$$

$$(RT\ln(1 - \zeta_{(合金)}) + \overline{G^E_{Co}}) - (RT\ln(1 - \zeta_{(氧化物)}) + \overline{G^E_{CoO}}) = \frac{1}{2}RT\ln\frac{p^*_{O_2(Co/CoO)}}{p_{O_2}} \tag{2-103}$$

各氧化物的分解压 $p^*_{O_2}$ 均可依据标准生成自由能与温度的关系式计算。有理由假定在 1600K 时 Co-Ni 合金相及 CoO-NiO 氧化物相都符合理想溶液，各组元在溶液中的偏摩尔过剩自由能 $\overline{G^E_i}$ 都等于零。因此，在适当的 p_{O_2} 下联立求解方程式（2-102）和式（2-103），即可求出两个假二元相平衡共存时的 $\zeta_{(合金)}$ 和 $\zeta_{(氧化物)}$。根据上述计算结果画出 1600K 的 Co-Ni-O 系的三类热力学平衡图，如图 2-25 所示。

图 2-26 为 1000K 时 Ag-Cu-Cl 系平衡图，其中图（a）属类型Ⅱ平衡图。由图可见，在 ζ 等于 0.105 ~ 0.965 的范围内，即在 A 和 B 两点之间的范围内，合金相呈部分互溶，而氯化物溶液相在整个浓度范围内均可完全互溶。

对于富 Ag 合金 α 相与氯化物熔体相之间的平衡，像式（2-102）、式（2-103）那样可以写成：

$$(RT\ln\zeta^{\alpha} + \overline{G^E_{Cu}}) - (RT\ln\zeta_{(氯化物)} + \overline{G^E_{CuCl}}) = \frac{1}{2}RT\ln\frac{p^*_{Cl_2(Cu/CuCl)}}{p_{Cl_2}} \tag{2-104}$$

$$(RT\ln(1 - \zeta) + \overline{G^E_{Ag}}) - (RT\ln(1 - \zeta_{(氯化物)}) + \overline{G^E_{AgCl}}) = \frac{1}{2}RT\ln\frac{p^*_{Cl_2(Ag/AgCl)}}{p_{Cl_2}} \tag{2-105}$$

式中，纯氯化物的分解压 $p^*_{Cl_2}$ 可借助于标准热力学数据计算。实验表明氯化物熔体为正规溶液，并且，

$$\overline{G^E_{CuCl}} = -840(1 - \zeta_{(氯化物)})^2 \text{J/mol} \tag{2-106}$$

$$\overline{G^E_{AgCl}} = -840(\zeta_{(氯化物)})^2 \text{J/mol} \tag{2-107}$$

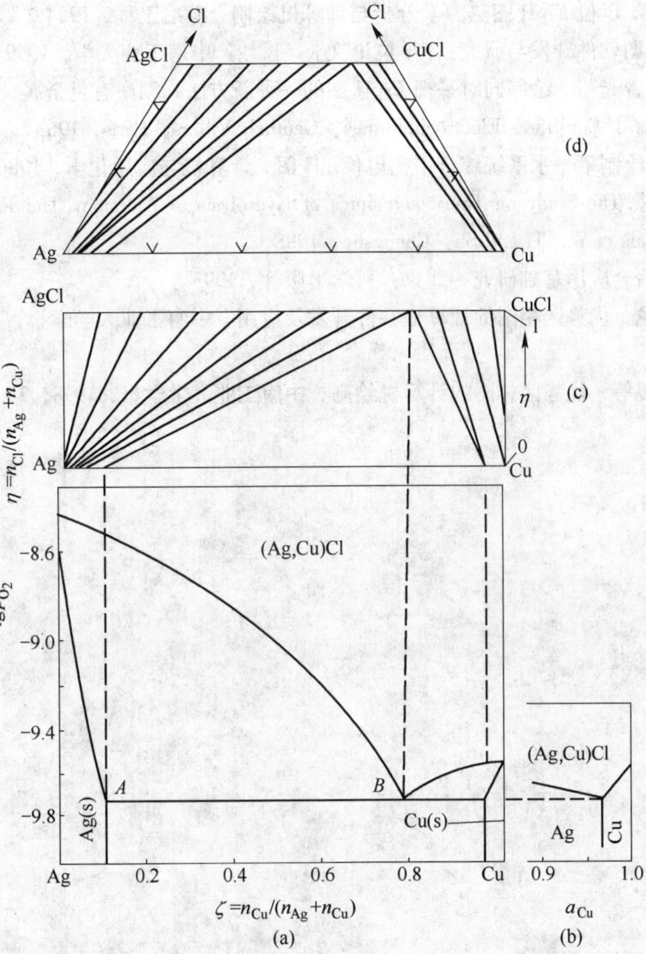

图 2-26　1000K，Ag-Cu-Cl 系的各种类型平衡图

假设 α 相符合亨利定律，则 $\overline{G_{Ag}^{E}} = 0$，$\overline{G_{Cu}^{E}}$ = 常数。为了求出 $\overline{G_{Cu}^{E}}$ 可进一步假设富 Cu 合金 β 相也符合亨利定律，则 β 相中的 Cu 的活度等于 ζ^{β}，对于点 A 的 α 相与点 B 的 β 相来说 Cu 的化学势相等，因此，

$$\overline{G_{Cu}^{E\alpha}} = RT\ln\frac{a_{Cu}^{\beta}}{\zeta^{\alpha}} = RT\ln\frac{0.965}{0.105} = 18.4\text{kJ/mol} \tag{2-108}$$

于是将各偏摩尔过剩自由能代入式（2-104）和式（2-105）即可解出 α 相与氯化物熔体相平衡的相界线。β 相与氯化物熔体相平衡的相界线可用同样的方法计算，结果如图 2-26（a）所示。依据几何关系可推断出图 2-26（c）和（d）所示的类型Ⅲ平衡图。图 2-26（b）为相应的类型Ⅰ平衡图，其 a_{Cu} 按 $RT\ln a_{Cu} = RT\ln\zeta_{(合金)} + \overline{G_{Cu}^{E}}$ 计算。

参 考 文 献

1　朱吉庆．冶金热力学．长沙：中南工业大学出版社，1995
2　傅崇说．有色冶金原理．北京：冶金工业出版社，1984
3　中国冶金百科全书（有色金属冶金）．北京：冶金工业出版社，1984：129～130

4　王乐珊，许志宏．电位 *E*-pH 图热力学分析与计算机绘制．矿冶工程，1984（4）：52～58
5　刘海霞．化学位图软件开发与研究：［学位论文］．长沙：中南工业大学，1999
6　何静，马荣骏，曾光明．绘制同时平衡 *E*-pH 图的一种新方法．湖南有色金属，2003（6）：31～34
7　M. Pourbax，Atlas d'Equilibres Electrochimiques，Gautheir Villars，Paris，1963
8　骆如铁．计算机绘制硒—水系统综合平衡电位-pH 图．计算机与应用化学，1986（1）：40～42
9　唐谟堂，赵天丛．The Study on Thermodynamics of Hydrolysis of Antimony. The First Inter. Conference on Metallurgy Materials of W，Ti and Sb，Changsha，1988
10　傅崇说．有色冶金应用基础研究．北京：科学出版社，1993
11　张传福，钟大龙．优势区相图的计算机软件开发及应用．中南工业大学学报，1996，27（3）：287～290
12　张传福，刘海霞等．优势区相图的计算机绘制．中南工业大学学报，1998，29（3）：241～244

3 化学平衡[1~9]

主要符号表

K_C——化学平衡常数

K_a——以活度表示的平衡常数

K_x——以摩尔分数表示的平衡常数

K_p——以压强表示的平衡常数

μ——化学位

a——活度

G——自由能

$G^\ominus$——标准自由能

U_i——i 物质在反应式中的系数

Q——熵

Q_a——活度熵

Q_C——浓度熵

ξ——物质量的进行度

U_B——物质 B 的化学计量系数

α_A——A 物质的转化率

α_i^e——i 物质和平衡转化率

p——平衡时体系总压

n^e——平衡时混合总物质的量

n——反应物及生成物的摩尔数

N——物种数

r——独立反应平衡数

S——化学计量限制条件数

P——相数

C——独立组元数

f——自由度数

M——原子种数

$\overline{C}$——原子矩阵的秩

R——化学反应数

r'——化学计量系数矩阵秩

在湿法冶金中，很多化学反应可以同时向两个相反的方向进行，在一定的温度、压强下，由于两方向反应进行的速度不等，因而在表观上反应将表现为向某一方向进行，因而组成将发生变化。反应至某一特定状态时，体系达到了平衡状态，也就是两个方向的反应速度相等，在条件不再变化时就表现为稳定不变的状态。当反应

$$aA + bB + \cdots \rightleftharpoons yY + zZ + \cdots$$

在一定温度下达到平衡时，各参加反应的物质的浓度或分压的对比关系将符合下列质量作用定律

$$K_C = \frac{C_Y^y C_Z^z \cdots}{C_A^a C_B^b \cdots} \tag{3-1}$$

式中，K_C称为化学平衡常数，对一定的化学反应式在一定温度下 K_C为常数。可利用两个方向反应速度相等的概念推导出式（3-1），但这样推导只适用于简单反应。当反应系由几个步骤所构成时，上列质量作用定律还是适用的，但上述推导显然就不再合适了。为了得到更一般的规律，将根据热力学第二定律提出的自动过程的判断标准，应用于具

体的化学反应，以判断反应自动进行的方向。在一定条件下，进行微小的化学变化时，体系的温度、压强及各组分的浓度变化都很微小，因而都可以视为不变，故可以使用自由焓作为自动过程的判断标准，从而得出化学反应的等温方程，并推导出质量作用定律。利用吉布斯-亥姆霍兹方程，也就是温度改变对反应的自由焓变化影响的规律，便可以求出温度改变对平衡常数的影响。为了能根据热化学数据对各种化学反应的自由焓变化做出合理的估计，还需讨论热力学第三定律和标准熵的概念，以及反应的自由焓变化的测定和计算方法。

3.1 化学反应的等温方程式[1,2,4~7]

设一任意的恒量体系，体系内可以只有一个相，也可以不止一个相。体系内有 n_A 摩尔的 A 物质，n_B 摩尔的 B 物质，…，n_Y 摩尔的 Y 物质，n_Z 摩尔的 Z 物质，…。

各物质在给定的温度、压强和浓度下的化学位分别为 μ_A，μ_B，…，μ_Y，μ_Z，…，活度分别为 a_A，a_B，…，a_Y，a_Z，…。设体系内按照反应式

$$aA + bB + \cdots \longrightarrow \gamma Y + zZ + \cdots \tag{3-2}$$

由左向右进行了微小化学变化。显然体系内各物质的量将发生如下的变化：

$$n_A, n_B, \cdots, n_Y, n_Z, \cdots \longrightarrow \begin{cases} n_A - dn_A, n_B - dn_B, \cdots \\ n_Y - dn_Y, n_Z - dn_Z, \cdots \end{cases}$$

同时 dn_A，dn_B，…，dn_Y，dn_Z，…之间具有一定的比例关系，即

$$\frac{dn_A}{a} = \frac{dn_B}{b} = \cdots = \frac{dn_Y}{\gamma} = \frac{dn_Z}{z} = \cdots = d\lambda$$

或

$$dn_A = a d\lambda; \quad dn_B = b d\lambda \cdots$$

$$dn_Y = \gamma d\lambda; \quad dn_Z = z d\lambda \cdots$$

由于体系的变化极为微小，故反应进行前后的温度、压强、各物质的化学位和活度等均可视为不变。故体系在发生了上述的变化时，其自由焓变化可以计算如下：

$$dG_{T,p} = \Sigma \mu_i dn_i$$

$$dG_{T,p} = [(\gamma\mu_Y + z\mu_Z + \cdots) - (a\mu_A + b\mu_B + \cdots)]d\lambda$$

由此可以得出：

$$\Delta G_{T,p} = (dG/d\lambda)_{T,p} = [(\gamma\mu_Y + z\mu_Z + \cdots) - (a\mu_A + b\mu_B + \cdots)]$$

亦即按照反应式 (3-2)，使 a 摩尔的 A，b 摩尔的 B，…，在一定温度和压强及各物质的化学位一定的条件下进行反应，生成 γ 摩尔的 Y，z 摩尔的 Z，…时的自由焓变化 $(\Delta G)_{T,p}$。此式可简写为

$$\Delta G_{T,p} = \Sigma v_i \mu_i \tag{3-3}$$

式中，v_i 是 i 物质在反应式中的系数，对反应物而言 v_i 为负值，对生成物而言则取正值。

任一物质在一定温度时的化学位与活度的关系式为

$$\mu_i = \mu_i^{\ominus} + RT\ln a_A$$

故在一定温度下，上式可改写为

$$\Delta G_{T,p} = \Sigma v_i \mu_i = \Sigma v_i \mu_i^{\ominus} + RT\, \Sigma v_i \ln a_{\mathrm{A}} \tag{3-4}$$

式中，$\mu_i^{\ominus}$为当 $a_{\mathrm{A}}=1$ 时，即 i 物质处于标准状态时该物质的化学位。对理想气体而言，$\mu_i^{\ominus}$只是温度的函数；对其他物质而言，则 $\mu_i^{\ominus}$是温度和压强的函数，但一般情况下，压强的影响很小，故亦可视为温度的函数。令 $\Delta G^{\ominus}$ 为当各物质均处于标准状态时，按反应式进行由左向右反应时的自由焓变化，故

$\Delta G^{\ominus}$ =（生成物的标准生成自由焓的总和）-（反应物的标准生成自由焓的总和）

$$\Delta G^{\ominus} = \sum_i v_i \mu_i^{\ominus} \tag{3-5}$$

该式称为该反应的标准自由焓变化，其值仅决定于作用物质的性质和温度，而与浓度无关。$\Delta G^{\ominus}$为负值时表示当各物质处于标准状态时，由左向右的反应将能自动进行，且数值愈负、反应进行的趋势愈大；反之，若 $\Delta G^{\ominus}$为正值，则在同样的情况下，由左向右的反应将不能自动进行，而由右向左的逆反应则将自动进行。以 $\Delta G^{\ominus}$代入式（3-4）可得

$$\Delta G_{T,p} = \Delta G^{\ominus} + RT \sum_i v_i \ln a_i = \Delta G^{\ominus} + RT\ln[(a_{\mathrm{Y}}^{y} a_{\mathrm{Z}}^{z}\cdots)/(a_{\mathrm{A}}^{a} a_{\mathrm{B}}^{b}\cdots)]$$

$$\Delta G_{T,p} = \Delta G^{\ominus} + RT\ln Q_a \tag{3-6}$$

式中，Q_a为实际存在状态的活度熵。

式（3-6）为化学反应的等温方程式，表示当各物质的活度为 a_{A}，a_{B}，…，a_{Y}，a_{Z}…时，在温度、压强及各物质的浓度均不变的条件下，按化学反应式进行反应时所发生的自由焓变化。式中 $\Delta G^{\ominus}$为各作用物质本性及温度的函数，故反应能否自动进行，即 $\Delta G_{T,p}$小于或大于零，取决于：（1）各作用物质的本性；（2）温度及各物质存在的实际状态，即各作用物质的活度的对比关系。

在应用于实际反应时，由于活度的直接测定较困难，故在不同条件下，常近似地应用浓度或分压代替活度。如以稀溶液的溶剂以纯物质为标准状态，其活度近似地等于其摩尔分数，稀溶液的溶质的活度系数约等于1，故其活度近似地等于其浓度（可用不同单位）。理想气体混合物的活度则常可以用其分压（单位用 Pa）近似地代替。对于浓溶液、压强较高的气体混合物，或要求做精确的计算时，则必须使用实验测定的活度值。

可用反应等温式判断在等温等压下反应进行的方向。

当 $RT\ln Q_a > (-\Delta G^{\ominus})$ 时，$\Delta G>0$ 反应将由右向左进行；

当 $RT\ln Q_a = (-\Delta G^{\ominus})$ 时，$\Delta G=0$ 反应处于平衡；

当 $RT\ln Q_a < (-\Delta G^{\ominus})$ 时，$\Delta G<0$ 反应将由左向右进行。

3.2 质量作用定律及平衡常数[1,2]

如上节所述，在等温等压情况下，某一化学反应按照实际各物质活度的对比关系不同，而可能由左向右或由右向左进行反应。显然在特定的活度对比关系下，体系将处于平衡状态。此时若体系在等温等压下进行微小的化学变化时，其自由焓将不发生变化，即

$$(Q_a)_{平衡} = (a_{\mathrm{Y}}^{y} a_{\mathrm{Z}}^{z}\cdots/a_{\mathrm{A}}^{a} a_{\mathrm{B}}^{b}\cdots)_{平衡}$$

上式可改写为

$$\ln(Q_a)_{平衡} = -\Delta G^{\ominus}/RT$$

在一定温度下，如上节所述，各物质的标准化学位不变，故 $\Delta G^{\ominus}$ 为常数，从而

$(Q_a)_{平衡}$ 在一定温度下，对一定化学反应亦为常数，称为以活度表示的平衡常数，并改用 K_a 表示其数值，即

$$K_a = (a_Y^y a_Z^z \cdots / a_A^a a_B^b \cdots)_{平衡} \tag{3-7}$$

此式称为质量作用定律。

同时

$$\Delta G^{\ominus} = -RT\ln K_a \tag{3-8}$$

或

$$K_a = \exp(-\Delta G^{\ominus}/RT) \tag{3-9}$$

故等温方程式亦可写为

$$\Delta G = -RT\ln K_a + RT\ln Q_a \tag{3-10}$$

在上述反应等温方程和质量作用定律的推导过程中，对体系中的相数和相态没有加以限制，体系内物质的性质也没有任何规定，所以反应等温方程式（3-6）和质量作用定律式（3-7）将适用于任意反应，即适用于单相或多相反应，适用于气相、液相或固相反应，适用于理想状态或真空状态。但应指出两点：

（1）反应等温方程式和质量作用定律中的 ΔG 和 K_a 的计算与反应式的写法有关，若反应式的写法改变，则 ΔG 及 K_a 的数值亦相应改变；

（2）用实际测定的活度（或浓度、分压等）代入式（3-7）进行计算时，所用数值必须是达到平衡的数值。

在理想溶液内，若以纯物质为标准状态，则活度等于摩尔分数 X_i，故理想溶液内化学平衡常数可用以摩尔分数表示的平衡常数 K_x，而

$$K_x = (X_Y^y X_Z^z \cdots / X_A^a X_B^b \cdots)_{平衡} \tag{3-11}$$

式中，X_i 表示 i 物质的摩尔分数。

在稀溶液内，若采用溶质的标准状态，则活度等于浓度 C，故稀溶液内化学平衡常数可用以浓度表示的平衡常数 K_C，而

$$K_C = (C_Y^y C_Z^z \cdots / C_A^a C_B^b \cdots)_{平衡} \tag{3-12}$$

式中，C_i 表示 i 物质的浓度，其单位可按照具体情况加以选择，可用质量摩尔浓度、容积摩尔浓度以及其他浓度。在湿法冶金中，习惯上采用质量百分数浓度。按照上式不难看出，在一般情况下 K_C 是有单位的，其单位随浓度所用的单位不同而异。平衡常数的数值亦随单位不同而改变，只有在生成物与反应物的摩尔数相等，即 $y+z+\cdots=a+b+\cdots$，且各物质均使用同一单位时，分子与分母的单位恰好相消，此时的平衡常数无单位，且其数值不因浓度的单位不同而改变。

以浓度表示平衡常数，反应等温式可写为

$$\Delta G = -RT\ln K_C + RT\ln Q_C \tag{3-13}$$

式中，$Q_C = (C_Y^y C_Z^z \cdots / C_A^a C_B^b \cdots)$ 表示实际情况下各作用物质的对比关系，称为浓度熵。须注意的是在 K_C 和 Q_C 中不同物质的 C，可以使用不同单位，但每一作用物质的浓度必须使用同一单位。这是因为同一物质在用浓度代替活度时必须使用同一标准状态，而不同物质则可以使用不同的标准状态。对于真实溶液，浓度不等于活度时，则必须使用以活度表示的平衡常数 K_a 和质量作用定律。

气体在平常压强下，一般可视为理想气体，习惯上取分压为 1 个大气压（约 10kPa）的 i 气体为标准状态，在理想气体混合物中，i 物质的活度将等于以大气压为单位的分压，故而可得以分压表示的化学平衡常数：

$$K_p = (p_{\mathrm{Y}}^{y} p_{\mathrm{Z}}^{z} \cdots / p_{\mathrm{A}}^{a} p_{\mathrm{B}}^{b} \cdots)_{平衡}$$

式中，K_p是以分压表示的平衡常数，它是温度的函数。

上述以各种方式表示的平衡常数公式（3-7）、式（3-11）、式（3-12）及分压表示的平衡常数都是质量作用定律的数学形式，它表示在一定温度下，一定的化学反应式，对应一定的平衡常数。换言之，对一定温度下的某一反应来说，只要处于平衡状态，体系内各物质存在的量可以不同，压强可以不同，浓度可以不同，但平衡常数，也就是各作用物质的活度（或浓度、分压）的对比关系是相同的。若实际体系中的 Q(活度熵、浓度熵或压强熵）小于相应的 K(以活度、浓度或压强表示的平衡常数）值，则在等温过程中必将发生 Q 值逐渐增大以接近 K 值的化学变化。由 Q 的定义式可知，反应必自动向提高生成物的活度（浓度或分压）降低反应物的活度（浓度或分压）的方向进行，亦即按反应式由左向右的方向进行。反之，若 Q 大于 K，则由右向左的反应将自动进行。若 Q 等于 K，则反应体系处于平衡状态，不发生变化。

若在平衡体系内增减某一作用物质的浓度或分压，则反应将向某一方向进行，以改变所有各作用物质的浓度或分压，直至它们的对比关系与平衡常数相等时，才又达到新的平衡。增加反应物 A，B，…的浓度或分压，破坏了平衡，反应将自动由左向右进行，以增加生成物 Y，Z，…的浓度或分压，同时减小反应物 A，B，…的浓度或分压，直到它们的对比关系等于平衡常数时，反应在表观上将停止进行；反之，若增加生成物 Y，Z，…的浓度或分压，则反应将自动由右向左进行，直到平衡为止。故增加反应物或减小生成物的分压或浓度，都将有利于反应由左向右进行。应指明的是影响反应进行的是各作用物质的活度、浓度或分压，而不是物质的绝对数量。例如，纯碳酸钙在一定温度分解时与一定的 CO_2分压达到平衡，由于它的浓度不变，在体系内增加更多的纯碳酸钙并不能破坏平衡状态，也就不能促使更多的碳酸钙分解。

由平衡常数的大小，可知反应物彼此间在该温度下按反应式发生化学变化趋势的大小。某反应的平衡常数较大，表示反应达到平衡时，生成物的浓度或分压较大，而反应物的浓度或分压较小，亦即反应由左向右进行的趋势较大。

3.3 单相化学反应平衡计算[1,3,6~8]

平衡状态是一个体系在一定条件下进行化学反应所可能达到的稳定状态，因此，对一定的体系计算其平衡状态，就可以计算出反应进行的最大限度，生成物的最大可能产量，也可以计算出获得一定产量时所需要的条件。

为了进行平衡计算，必须先测知在一定条件下反应平衡常数的数值。最直接的是通过实验测定，即在反应确已达到平衡的体系中测定各作用物质的浓度。若反应物在反应前的浓度为已知，则可由平衡时生成物的浓度计算平衡时反应物的浓度。浓度的测定可以用化学分析方法或物理性质测定方法，如折光率、偏光率、电导、压强等性质的变化等。测定时必须注意，测定浓度时反应确保在所指定重要条件下处于平衡状态，以及测定时不使体系的状态改变。为了准确地测定平衡常数，常须克服大量实验困难，特别是对高温下平衡常数的测定。

当反应时摩尔数发生变化时，$K_p = K_x P^{\Delta v}$，故 K_x 在一定温度下不是常数，换言之，当压强改变时，体系的摩尔组成将发生变化，即生成物的产量将发生变化。

溶液内化学平衡常数，常用浓度表示平衡常数式（3-12）；若溶液与稀溶液有较大的偏差时，则应使用活度表示的平衡常数式（3-7）。在很多情况下，溶剂也参加反应，溶剂的浓度或活度本应列入平衡常数关系式，但由于在稀溶液内，溶剂的浓度接近于纯溶剂，更由于习惯上常以纯溶剂为溶剂活度的标准状态，故其活度接近 1，因而在平衡常数式内可以略去。

自由焓为状态函数，其应变量取决于始末状态，而与途径无关，故若某一反应为其他两个或几个反应的总和时，则此反应的自由焓变化可由其他各反应之和求得，因而此反应的平衡常数亦可由其他各反应的平衡常数之乘积求出。

3.4 复杂体系的化学平衡[3~5,9]

实际上许多湿法冶金过程是在一个复杂多相体系中通过化学变化而实现的。例如锌精矿的高压氧浸过程，体系内有锌精矿、渣和气体三相，参加化学反应的化合物和单质多达几十种，这些物质由 Zn、Fe、Cu、S、Pb、Si、O、H、C、N 等上十种元素组成。若对这类体系中每一个可能发生的化学反应逐个进行平衡计算，从而获得体系中所有物质的平衡组成，其困难程度是不言而喻的。事实上这也是不科学、不现实的计算方法。因此本节针对如何计算复杂体系的化学平衡这一问题，讨论它的基本原理和一些计算方法。

3.4.1 反应进度及转化率

反应进度和转化率是研究化学反应过程的两个基本概念。假设有下列物种的化学反应发生：

$$aA(g) + dD(g) = xX(g) + yY(g) \tag{3-14}$$

在体系内 A、D、X、Y 各物质的量，在某时刻（如反应开始时）分别为 n_A^0、n_D^0、n_X^0，n_Y^0摩尔，经若干时间以后，假定反应进展到一个新的热力学状态，各物质的量分别变成 n_A、n_D、n_X、n_Y摩尔，这个新的状态可能是非平衡态，也可能是平衡态。这时反应进行的程度不能简单地用各物质量的变化描述，因为参加反应的各物质化学计量系数并不一定相等。不过任何一个化学反应方程式所表示的反应在进行时，各物质的量的变化与其在反应式中的化学计量系数存在一定的关系。当反应（3-14）进行中始终存在着下列关系：

$$\frac{n_A^0 - n_A}{a} = \frac{n_D^0 - n_D}{d} = \frac{n_X - n_X^0}{x} = \frac{n_Y - n_Y^0}{y}$$

因此，参加反应的任一物质量的变化与另一物质量的变化彼此相关联，可用一共同变量去说明各物质量的变化，此变量称反应进行度 ξ，用以描述反应进行的程度。

$$\xi = \frac{n_B - n_B^0}{v_B} \tag{3-15}$$

式中，v_B为物质 B 的化学计量系数，产物 X 和 Y 的 v_B取正值，反应物 A 和 D 的 v_B取负值。

显然，对于参加同一反应的各物质反应进度都相同，但反应式写法不同其化学计量系数也不同。因而即使同一体系，反应式写法不同，其相应的反应进度值也不同。由定义式可见 ξ 与 n_B具有相同的量纲，其单位为 mol。

有时用转化率表示反应进度的程度，所谓转化率是指某一反应物已反应的物质的量与反应前该物质的量之比。依此定义，A 物质的转化率 α_A 为

$$\alpha_A = (n_A^0 - n_A)/n_A^0 = \alpha\xi/n_A^0 \tag{3-16}$$

因此反应（3-14）中各物质的量可用转化率 α_A 表示为

$$\left.\begin{aligned} n_A &= n_A^0(1-\alpha_A) = n_A^0 - \alpha\xi \\ n_D &= n_D^0 - (d/a)n_A^0\alpha_A = n_D^0 - d\xi \\ n_X &= n_X^0 + (x/a)n_A^0\alpha_A = n_X^0 + x\xi \\ n_Y &= n_Y^0 + (y/a)n_A^0\alpha_A = n_Y^0 + y\xi \end{aligned}\right\} \tag{3-17}$$

反应体系的总摩尔数 $n = n_A + n_D + n_X + n_Y$，设反应开始时物质的总摩尔数为 n^0，则

$$\begin{aligned} n &= n^0 + n_A^0\alpha_A(x/a + y/a - d/a - 1) \\ &= n^0 + \xi(x + y - d - a) \end{aligned} \tag{3-18}$$

可注意到转化率 α_i是对特定的物质 i 而言，而反应进度 ξ 对参加同一反应的各物质都一样，因此在进行热力学研究时，转化率的应用受到一定程度的限制。

化学反应达到平衡时的转化率称平衡转化率 α_i^e，也叫理论转化率或最大转化率，它是反应平衡时反应物 i 转化为产物的百分数。由于实际上反应常常不能达到平衡，所以实际的转化率常常低于平衡转化率，而实际转化率的极限等于平衡转化率。若化学反应平衡的反应进度用 ξ^e表示，则气相反应（3-14）达到平衡时各物质的分压应为：

$$\left.\begin{aligned} p_A &= pn_A^e/n^e = p(n_A^0 - a\xi^e)/n^e \\ p_D &= pn_D^e/n^e = p(n_D^0 - d\xi^e)/n^e \\ p_X &= pn_X^e/n^e = p(n_X^0 - x\xi^e)/n^e \\ p_Y &= pn_Y^e/n^e = p(n_Y^0 - y\xi^e)/n^e \end{aligned}\right\} \tag{3-19}$$

式中，p 为平衡时体系总压；n^e为平衡时混合气体总物质的量（总摩尔数）。该反应的标准平衡常数

$$K_p^\ominus = (p_X^x p_Y^y / p_A^a p_D^d) P^\ominus - \Sigma v_B \tag{3-20}$$

式中，$\Sigma v_B = x + y - a - d$。在一定温度下，$K_p^\ominus$值应用反应的标准自由能变化 $\Delta_r G_m^\ominus$与温度的关系式，代入 $\Delta_r G_m^\ominus = -RT\ln K_p^\ominus$求出。然后利用式(3-19)和式(3-20)解出 ξ^e（或 α_i^e）值。

上述计算方法称为平衡常数法。另一种计算方法是最小自由能法。用最小自由能法计算化学平衡，需先建立体系自由能 G 与反应进度 ξ 的函数关系。以 $SO_2(g) + \frac{1}{2}O_2 = SO_3(g)$反应为例，气体组成为：12% SO_2、6% O_2 和 82% N_2，故有：

$$G = n_{SO_2}\mu_{SO_2} + n_{O_2}\mu_{O_2} + n_{N_2}\mu_{N_2}$$

$$= n_{SO_2}\mu_{SO_2}^{\ominus} + n_{O_2}\mu_{O_2}^{\ominus} + n_{SO_3}\mu_{SO_3}^{\ominus} + n_{N_2}\mu_{N_2}^{\ominus} + RT(n_{SO_2}\ln y_{SO_2} + n_{O_2}\ln y_{O_2} + n_{SO_3}\ln y_{SO_3} + n_{N_2}\ln y_{N_2})$$

式中，$\mu_i^{\ominus} = G_{m,i} = \Delta_T G_{m,i}^{\ominus}$，用各物质标准生成自由能数据代入上式，并用图解方程，得到的结果如图 3-1 所示。自由能曲线，极小值处的 $G = -40726$，对应的横坐标为 $\xi = 0.064$。

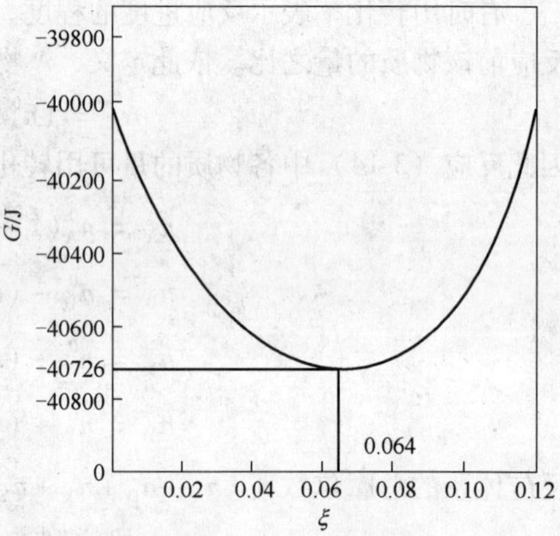

图 3-1　图解法求化学反应平衡的反应进度

3.4.2　反应条件对反应进度的影响

一般地说，温度 T、压强 p、平衡常数 K 和初始混合反应物中的各物质的量 n_i^0 （$i = 1, 2, \cdots r$）都对反应进度 ξ 有影响，温度的影响可以隐含在平衡常数之中，用函数形式表示，即 $\xi = f(K^{\ominus}, pn_i^0)$。

为简单起见，假定在一个封闭的均相体系中只发生一个化学反应，体系的吉布斯自由能是 T、p 和 n_i^0 的函数。

$$dG = -SdT + Vdp + \Sigma\mu_i dn_i \tag{3-21}$$

式（3-15）的微分式为　　$dn_i = d\xi$

代入式（3-21）　　$dG = -SdT + Vdp + \Sigma v_i\mu_i d\xi$

恒温恒压下体系平衡时，$dG \geqslant 0$，因而

$$(\Sigma v_i\mu_i)d\xi \geqslant 0$$

但　　$\Sigma v_i\mu_i = \Delta_r G$

所以

$$(\partial G/\partial\xi)_{T,p} = \Delta_r G \tag{3-22}$$

$$\Delta_r G d\xi \geqslant 0$$

$d\xi$ 是平衡状态时 ξ 可能的任何变化，可正可负，但 $\Delta_r G$ 对一定的反应有确定值，因此满足上式的唯一条件是

$$\Delta_r G = \Sigma v_i\mu_i = 0$$

或

$$(\partial G/\partial\xi)_{T,p} = 0$$

若将 $\Delta_r G$ 写成全微分形式

$$d(\Delta_r G) = d\left(\frac{\partial G}{\partial\xi}\right)_{T,p} = \frac{\partial}{\partial T}\left(\frac{\partial G}{\partial\xi}\right)_{T,p} dT + \frac{\partial}{\partial p}\left(\frac{\partial G}{\partial\xi}\right)_{T,p} dp + \left(\frac{\partial^2 G}{\partial\xi^2}\right)_{T,p} d\xi$$

$$= \frac{\partial}{\partial\xi}\left(\frac{\partial G}{\partial T}\right)_p dT + \frac{\partial}{\partial\xi}\left(\frac{\partial G}{\partial p}\right)_T dp + \left(\frac{\partial^2 G}{\partial\xi^2}\right)_{T,p} d\xi$$

$$= -\left(\frac{\partial S}{\partial\xi}\right)_{T,p} dT + \left(\frac{\partial V}{\partial\xi}\right)_{T,p} dp + \left(\frac{\partial^2 G}{\partial\xi^2}\right)_{T,p} d\xi$$

平衡状态的 $\Delta_r G=0$，$d(\Delta_r G)=0$，因此根据上式，在恒温下

$$\left(\frac{\partial \xi}{\partial p}\right)_T = -\left(\frac{\partial V}{\partial \xi}\right)_{T,p} \Big/ \left(\frac{\partial^2 G}{\partial \xi^2}\right)_{T,p} \tag{3-23}$$

在恒压下

$$\left(\frac{\partial \xi}{\partial T}\right)_p = \left(\frac{\partial S}{\partial \xi}\right)_{T,p} \Big/ \left(\frac{\partial^2 G}{\partial \xi^2}\right)_{T,p} = \left(\frac{\partial H}{\partial \xi}\right)_{T,p} \Big/ T\left(\frac{\partial^2 G}{\partial \xi^2}\right)_{T,p} \tag{3-24}$$

体系的容量性质 Y 均满足恒温恒压下

$$(dY)_{T,p} = \Sigma \overline{Y}_i dn_i = \Sigma v_i \overline{Y}_i d\xi = \Delta Y d\xi$$

所以对于 V、S 和 H 均有式（3-22）那样的关系式，代入式（3-23）和式（3-24）得：

$$\left(\frac{\partial \xi}{\partial p}\right)_T = -\Delta_r V \Big/ \left(\frac{\partial^2 G}{\partial \xi^2}\right)_{T,p} \tag{3-25}$$

$$\left(\frac{\partial \xi}{\partial T}\right)_p = \Delta_r H \Big/ T\left(\frac{\partial^2 G}{\partial \xi^2}\right)_{T,p} \tag{3-26}$$

根据平衡的自由能最小值原理，$\partial^2 G/\partial \xi^2>0$，因此式（3-25）说明增大压强，反应向着体积减小的方向移动。式（3-26）则说明，升高温度反应向着 $\Delta_r H>0$，即吸热方向移动。若反应的 $\Delta_r H<0$，则升温时反应将逆向进行。

A 温度对反应进度的影响

气相化学反应式（3-14）的平衡常数

$$K_p^{\ominus} = \left(\frac{p}{np^{\ominus}}\right)^{\Sigma v} \cdot \frac{n_X^x \cdot n_Y^y}{n_A^a \cdot n_D^d} \tag{3-27}$$

式中，$\Sigma v=x+y-a-d$ 为化学计量系数增值。一般而论，当一个有 N 种物质参加的化学反应达到平衡时：

$$n_i = n_i^{\ominus} + v_i\xi \quad (i=1,2,\cdots,N)$$

$$n = \Sigma n_i = n^{\ominus} + \Sigma v\xi$$

$$\ln K_p^{\ominus} = \Sigma v \ln p - \Sigma v \ln n - \Sigma v \ln p^{\ominus} + \Sigma v_i \ln n_i \tag{3-28}$$

式（3-28）恒压下对温度进行微分

$$\frac{\Delta_r H_m^{\ominus}}{RT} = -\frac{(\Sigma v)^2}{n}\left(\frac{\partial \xi}{\partial T}\right)_p + \Sigma \frac{v_i^2}{n_i}\left(\frac{\partial \xi}{\partial T}\right)_p$$

因此

$$\left[\frac{\partial \xi}{\partial T}\right]_p = \frac{\Delta_r H_m^{\ominus}}{RT^2[\Sigma(v_i^2/n_i)-(\Sigma v)^2/n]} \tag{3-29}$$

即使在最简单的情形下，化学反应必须至少有一种反应物和一种产物，从而只有两个化学计量系数，一个是反应物的为负值，另一个是产物的为正值，显然 $\Sigma(v_i^2/n_i)>(\Sigma v)^2/n$，式（3-29）右边的分母为正值。式（3-29）表明：若 $\Delta_r H_m^{\ominus}<0$，则 ξ 随 T 升高而减小，若 $\Delta_r H_m^{\ominus}>0$，则 ξ 随 T 升高而增大。例如

$$SO_2(g) + \frac{1}{2}O_2(g) \xlongequal{\quad} SO_3(g)$$

$$\Delta_r G_m^{\ominus} = -94600 + 89.37T \text{ J/mol}$$

此二项式适用温度范围 318～1800K，在上述温度范围内 $\Delta_r H_m^{\ominus}$ 与温度无关，并且 $\Delta_r H_m^{\ominus} = -94600\text{J/mol} < 0$，因此反应进度 ξ 将随着温度的升高而减小。

假设反应温度为 900K，总压 $p = p^{\ominus}$，开始由 1mol SO_2 和 0.5mol O_2 相互作用，则反应平衡时各物质的量

$$n_{SO_2} = 1 - \xi$$

$$n_{O_2} = 0.5 - 0.5\xi$$

$$n_{SO_3} = \xi$$

$$n = n_{SO_2} + n_{O_2} + n_{SO_3} = 0.5(3 - \xi)$$

代入式(3-27)

$$(K_p^{\ominus})^2 = \frac{\xi^2(3-\xi)_p^{\ominus}}{(1-\xi)^3 p}$$

令 $F = (K_p^{\ominus})^2 p/p^{\ominus}$，则

$$(1-F)\xi^3 - 3(1-F)\xi^3 - 3F\xi + F = 0 \tag{3-30}$$

900K 时 $K_p^{\ominus} = 6.640$，$p = p^{\ominus}$，故 $F = 44.0896$。用作图法求解方程（3-30）得 $\xi = 0.7$，平衡组成为 26.1% SO_2，15.0% O_2 和 60.9% SO_3。

当温度为 1000K，$p = p^{\ominus}$ 时，开始时仍有 1mol SO_2 和 0.5mol O_2，则式（3-30）仍然适用。在此情况下，$K_p^{\ominus} = 1.876$，$F = 3.519$。代入式（3-30）解得 $\xi = 0.463$，平衡组成为 42.3% SO_2，21.2% O_2 和 36.5% SO_3，平衡反应进度明显减小。

B 压强对反应进度的影响

将式（3-28）恒温下对压强微分，微分时注意到理想气体化学平衡的 $K_p^{\ominus}$ 与 p 无关。

$$0 = \frac{\Sigma v}{p} - \frac{(\Sigma v)^2}{n}\left(\frac{\partial \xi}{\partial p}\right)_T + \Sigma \frac{v_i^2}{n_i}\left(\frac{\partial \xi}{\partial p}\right)_T$$

因此

$$\left(\frac{\partial \xi}{\partial T}\right)_T = \frac{-\Sigma v}{p[\Sigma(n_i^2/n_i) - (\Sigma v)^2/n]} \tag{3-31}$$

显而易见压强对反应进度的影响决定于 Σv 的正负。当 $\Sigma v < 0$ 时，增大压强将增大 ξ；当 $\Sigma v = 0$ 时，ξ 与压强变化无关；当 $\Sigma v > 0$ 时，增大压强导致 ξ 减小。

假设 1mol SO_2 和 0.5mol O_2 在 1000K，$p = 10p^{\ominus}$ 下相互作用，则平衡时仍遵守式（3-30）。这时 $K_p^{\ominus} = 1.876$，$F = 1.876^2 \times 10 = 35.194$，代入式（3-30）求得 $\xi = 0.686$，平衡组成为 27.14% SO_2，13.57% O_2，59.29% SO_3。该反应的 $\Sigma v = -0.5 < 0$，压强增大导致 ξ 增大。

C 惰性气体和初始混合物组成的影响

这里所谓惰性气体是指气体混合物中不参加化学反应的气体。惰性气体的存在起着稀释反应气体混合物的作用，从而影响平衡反应进度。在总压一定时，惰性气体的存在使总的物质的量 n 增加。这时由式（3-27）可以看出：若 $\Sigma v > 0$，则反应进度 ξ 由于惰性气体的存在而增加；若 $\Sigma v < 0$，则 ξ 因惰性气体的存在而减小；$\Sigma v = 0$，则惰性气体的存在不影响反应进度。因此，惰性气体的存在对 ξ 的影响与总压降低的影响是一致的。

反应物的初始浓度不同，平衡后各物质的组成也不同，这是显而易见的。当反应物按

照反应式的化学计量系数配比时，产物的浓度最大。这里不打算讨论它的数学证明，但需强调一点，如果反应物之一比较贵重或难以获得，特别是当原料不能循环使用时，则可多使用另一种与之作用的反应物，其价格便宜又易获得，以尽量使昂贵物质多转化一些成产物，减小浪费。

3.4.3 同时平衡

对于某些化学反应体系，其中一种或几种物质同时参加几个化学反应，这种在一定条件下，体系中有一种或几种物质同时参加两个以上的化学反应所达到的平衡称为同时平衡。

A 气相反应同时平衡

设恒温下同时发生下列两个反应

① $CH_4(g) + H_2O(g) \rightleftharpoons CO(g) + 3H_2(g)$

② $CO_2(g) + H_2(g) \rightleftharpoons CO(g) + H_2O(g)$

反应开始时 i 物质的量为 n_i^0（mol），当反应①的反应进度为 ξ_1 时，反应②的反应进度为 ξ_2，依照质量守恒定律，这时 i 物质的量为

$$n_i = n_i^0 + v_{i,1}\xi_1 + v_{i,2}\xi_2 \qquad (i = 1,2,\cdots,5) \tag{3-32}$$

式中，$v_{i,1}$ 和 $v_{i,2}$ 分别为 i 物质在反应①和②中的化学计量系数。

式（3-32）推广到 N 种物质参加 R 个反应时

$$n_i = n_i^{\ominus} + \sum_{j=1}^{R} v_{i,j}\xi_j \qquad (i = 1,2,\cdots,N) \tag{3-33}$$

式中，$v_{i,j}$ 为物质 i 在第 j 个反应中的化学计量系数；ξ_j 为第 j 个反应的反应进度。应当注意，任何 ξ_j 值都不允许使 n_i 出现负值。

当反应①和②同时平衡时，式（3-32）仍然成立，因此参加反应的五种物质在平衡时的物质的量（及摩尔分数）与平衡反应进度的关系式即可依次列出。平衡常数 $K_1^{\ominus}$ 和 $K_2^{\ominus}$ 皆由物质的标准生成自由能计算。平衡组成则通过联立求解一定压强下用 ξ_1 和 ξ_2 表示的两个平衡常数方程式获得。

B 多相反应同时平衡

以固体盐 $MnSO_4$ 分解为例，开始只有该固体盐，当加热到一定温度，分解反应平衡时，有：

① $3MnSO_4(s) \rightleftharpoons Mn_3O_4(s) + 3SO_2(g) + O_2(g)$

② $SO_2(g) + \frac{1}{2}O_2(g) \rightleftharpoons SO_3(g)$

由于反应之初没有 $Mn_3O_4(s)$ 和气体 SO_2、O_2、SO_3，因此分解反应平衡时各气体的物质的量与两反应进度 ξ_1 和 ξ_2 的关系为

$$n_{SO_2} = 3\xi_1 - \xi_2 \qquad n_{O_2} = \xi_1 - 0.5\xi_2 \qquad n_{SO_3} = \xi_2$$

各平衡气体物质的量除有平衡常数使它们相互关联之外，可能还存在某种特殊联系，这种联系与反应的化学计量系数有关，故称其为化学计量限制条件。以下分析固体 $MnSO_2$ 热分

解是否有化学计量限制条件存在。

该体系各物质由 Mn、S、O 三种元素组成，但只有 S 和 O 元素存在于气相物质中，气相中 S 和 O 原子数分别为

$$S = 3\xi_1 - \xi_2 + \xi_2 = 3\xi_1$$

$$O = 6\xi_1 - 2\xi_2 + 2\xi_1 - \xi_2 + 3\xi_2 = 8\xi_1$$

因此 $$\frac{S}{O} = \frac{3\xi_1}{8\xi_1} = \frac{3}{8}$$

换个角度考察，$MnSO_2(s)$热分解后所有的 S 皆进入气相，O 也成比例地伴随着 S 一同进入气相。反应①表明，每 3 个 S 原子进入气相的同时有 8 个 O 原子相伴随变成气体物质，因而

$$\frac{S}{O} = \frac{3}{8} = \frac{n_{SO_2} + n_{SO_3}}{2(n_{SO_2} + n_{O_2}) + 3n_{SO_3}}$$

亦即 $$n_{SO_3} = 2n_{SO_2} - 6n_{O_2}$$

封闭体系在一定温度下 $p_i = n_iRT/V$，可用各气体分压代替上式中各物质的量：

③ $$p_{SO_3} = 2p_{SO_2} - 6p_{O_2}$$

这就是该体系的化学计量限制条件。

用相律分析这个体系，该体系含有物种数 $N=5$，独立反应平衡数 $r=2$，其他浓度条件数在此即化学计量限制条件数 $S=1$，相数 $P=3$，故独立组元数 $C=N-r-S=2$，体系的自由度数 $f=C-P+2=1$。因此在明确了体系的温度之后，压强必须有相应的定值，不能任意指定。

在温度 1200K，利用各物质 $\Delta_f G_m^{\ominus}$ 算出反应①和②的平衡常数，$K_1^{\ominus} = 4.157\times10^{-2}$，$K_2^{\ominus} = 0.2585$，即

④ $$K_1^{\ominus} = p_{SO_3}^3 p_{O_2}(p^{\ominus})^{-4} = 4.157\times10^{-2}$$

⑤ $$K_2^{\ominus} = \frac{p_{SO_3}(p^{\ominus})^{1/2}}{p_{SO_2}p_{O_2}^{1/2}} = \frac{(2p_{SO_2} - 6p_{O_2})(p^{\ominus})^{1/2}}{p_{SO_2}p_{O_2}^{1/2}} = 0.2585$$

试算法联立求解方程④和⑤得

$$p_{SO_2} = 61069\text{Pa} \qquad p_{O_2} = 19211\text{Pa}$$

代入式 ③ 得 $$p_{SO_3} = 6870\text{Pa}$$

因此这个单变量在 1200K 时，气体混合物总压 $p = 87150$Pa。同时可计算其他温度下 $MnSO_2(s)$分解平衡的总压，结果表明，在温度 298 ~ 1200K 范围内，SO_2始终是气相混合物的主要成分。

3.4.4 原子矩阵

A　原子矩阵与独立组元数

多于两个反应的同时平衡，在研究时需要应用线性代数的方法，因而引进了原子矩阵的概念。

众所周知，有限的几种元素可以形成大量的物质（化合物等）。若某封闭体系由 N 种物质构成，则原则上它可由 M 种元素形成。令 B_i代表物质 i，A_j代表元素（原子）j，则

$$B_i = \sum_{j=1}^{M} a_{ij}A_j \quad (i = 1,2,\cdots,N) \tag{3-34}$$

式中，a_{ij}为原子（元素）系数，是指第 i 种物质中第 j 种原子的数目。若 B_i代表化合物 $CuFeS_2$，则可用原子系数线性向量（1，1，2）表示。对于一个由 N 种物质构成的体系，每一种物质均用一个原子系数线性向量表示，总共有 N 个向量。而式（3-34）则是原子 A_1，A_2，…，A_M组成物质 B_1，B_2，…，B_N的总和。

以列向量 $\boldsymbol{A}$ 的形式代表原子 A_j的总和，以列向量 $\boldsymbol{B}$ 的形式代表物质 B_i的总和，即

$$\boldsymbol{B} = \begin{pmatrix} B_1 \\ B_2 \\ \vdots \\ B_N \end{pmatrix};\quad \boldsymbol{A} = \begin{pmatrix} A_1 \\ A_2 \\ \vdots \\ A_M \end{pmatrix}$$

式（3-34）写成矩阵形式为：

$$\begin{pmatrix} B_1 \\ B_2 \\ \vdots \\ B_N \end{pmatrix} = \begin{pmatrix} a_{11} & a_{12} & \cdots & a_{1M} \\ a_{21} & a_{22} & \cdots & a_{2M} \\ & & \vdots & \\ a_{N1} & a_{N2} & \cdots & a_{NM} \end{pmatrix} \begin{pmatrix} A_1 \\ A_2 \\ \vdots \\ A_M \end{pmatrix} \tag{3-35}$$

或写成

$$\boldsymbol{B} = \boldsymbol{aA}$$

这里 $\boldsymbol{a}$ 代表由原子系数 a_{ij}组成的 $N \times M$ 矩阵，称为原子矩阵。实际上，原子矩阵代表了以各种原子的不同组合所表示的分子混合物的组成，因此它有两个特点：一是 a_{ij}必须是正整数，只有 $a_{ij} \geqslant 0$ 的那些向量的子集合才相应于实际的物质（分子）；二是原子矩阵不得有任何一行或列全部由 0 组成，因为这种全由 0 的行或列没有任何物理意义。

若原子矩阵的秩为$\overline{C}$，则表示矩阵 $\boldsymbol{a}$ 有$\overline{C}$个线性无关的行或列，即线性代数方程组式（3-35）有$\overline{C}$个方程是线性独立的，这意味着在 N 种物质中有$\overline{C}$种物质是独立组元。因此，原子矩阵的秩决定了反应体系的独立组元数。独立组元数通常简称组元数，是构成平衡分配体系各相所需的可以任意选择的最小物种数。

根据线性代数定理，矩阵 $\boldsymbol{a}$ 的列秩等于其行秩。对于一个 $N \times M$ 矩阵，当 $N \geqslant M$ 时，$\overline{C} \leqslant M$；当 $N \leqslant M$ 时，$\overline{C} \leqslant N$。

B　吉布斯化学计量规则

假设某反应体系参加反应的物质数为 N，组成这 N 种物质的原子（元素）种数为 M，体系中可能发生的化学反应数为 R，其中独立化学反应数为 r，则

$$0 < r \leqslant N - \overline{C} \tag{3-36}$$

式（3-36）称为吉布斯化学计量规则。若 $R = r$，独立反应数取最大值 r_{max}，因此化学计量规则也可写成下列形式：

$$0 < r \leqslant r_{max} = N - \overline{C} \tag{3-37}$$

吉布斯化学计量规则不能断言体系中所有可能发生的独立反应是否发生，也不能预言独立反应发生的条件，但它深刻揭示了反应体系的特性。例如，若体系由 SO_2，H_2S，H_2O，SO_3，H_2，S_2组成，则$\overline{C}=3$，独立反应数 $r \leqslant 6-3=3$。

需要说明的是一个热力学体系的独立组元数 C，等于体系中物质数减去这些物质间发生的独立反应数，$C=N-r$，这只是在没有其他限制条件下的结果。只有这时由式（3-37）可见，独立组元数等于原子矩阵的秩。如果体系存在有化学计量限制条件 S，则 $C=\overline{C}-S=N-r-S$，由此可见 C 与$\overline{C}$的区别。

C　原子矩阵与独立化学反应

通过原子矩阵的初等变换可以确定复杂体系的独立化学反应。设体系有 N 种物质参加反应，这些物质由 M 种原子组成。在写原子矩阵时，把 N 种物质的化学式 B_i写在矩阵的最左边一列，把 M 种元素符号写在矩阵的最上面一行。

$$
\boldsymbol{a} = \begin{array}{c|cccc}
 & A_1 & A_2 & \cdots & A_M \\
\hline
B_1 & a_{11} & a_{12} & \cdots & a_{1M} \\
B_2 & a_{21} & a_{22} & \cdots & a_{2M} \\
\vdots & \vdots & \vdots & \vdots & \vdots \\
B_N & a_{N1} & a_{N2} & \cdots & a_{NM}
\end{array}
$$

用行消去法对矩阵作初等变换求秩$\overline{C}$，把求秩的每一步运算过程都记录在最左边的一列，如果原子矩阵的秩$\overline{C}=r$，则经过 r 次消去后，$\boldsymbol{a}$ 变成新的矩阵 $\boldsymbol{a}'$。

$$
\boldsymbol{a}' = \begin{array}{c|cccccc}
 & A_1 & A_2 & \cdots & A_r & \cdots & A_M \\
\hline
\sum_{j=1}^{r} v_{1j}B_j & a'_{11} & a'_{12} & \cdots & a'_{1r} & & a'_{1M} \\
\sum_{j=1}^{r} v_{2j}B_j & 0 & a'_{22} & \cdots & a'_{2r} & \cdots & a'_{2M} \\
\cdots & \cdots & \cdots & \cdots & \cdots & \cdots & \cdots \\
\sum_{j=1}^{r} v_{rj}B_j & 0 & 0 & \cdots & a'_{rr} & \cdots & a'_{rM} \\
\vdots & \cdots & \cdots & \cdots & \cdots & \cdots & \cdots \\
\sum_{j=1}^{r} v_{(r+1)j}B_j + v_{(r+1)(j+1)}B_{j+1} & 0 & 0 & \cdots & 0 & \cdots & 0 \\
\vdots & \vdots & \vdots & \vdots & \vdots & \vdots & \vdots \\
\sum_{j=1}^{r} v_{Mj}B_j + v_{M(r+1)}B_M & 0 & 0 & \cdots & 0 & \cdots & 0
\end{array}
$$

式中，v_{ij}是在行消去时相应物质 B_j得到的系数。新矩阵 $\boldsymbol{a}'$包括四个子块，其右下角是一个（$N-r$）$\times M$ 维的零矩阵，相应的左下角是（$N-r$）行已经配平了的独立化学反应方程式。

以 H-S-O 系为例，体系 6 种物质由 3 种元素构成，其原子矩阵经行消去法求秩过程如下：

$a'=$

	S	O	H
H_2	0	0	2
S_2	2	0	0
H_2S	1	0	2
H_2O	0	1	2
SO_2	1	2	0
SO_3	1	3	0

$=$

H_2	0	0	2
S_2	2	0	0
$H_2S\text{-}H_2$	1	0	0
$H_2O\text{-}H_2$	0	1	0
SO_2	1	2	0
SO_3	1	3	0

$=$

S_2	2	0	0
$H_2S-H_2-1/2S_2$	0	0	0
H_2O-H_2	0	1	0
$SO_2-1/2S_2$	0	2	0
$SO_3-1/2S_2$	0	3	0

$=$

$H_2O\text{-}H_2$	0	1	0
$H_2S-H_2-1/2S_2$	0	0	0
$SO_2-1/2S_2-2H_2O+2H_2$	0	0	0
$SO_3-1/2S_2-3H_2O+3H_2$	0	0	0

结果右下角为零矩阵，左下角为 H-S-O 系的三个独立化学反应，

$$H_2+\frac{1}{2}S_2 = H_2S \qquad 2H_2O+\frac{1}{2}S_2 = SO_2+2H_2 \qquad 3H_2O+\frac{1}{2}S_2 = SO_3+3H_2$$

在 6 种物质中，每一种至少在上列 3 个反应中出现一次，因而这 3 个反应是一组独立反应。

下面再举一例，说明电解水溶液体系的独立化学反应也可以用原子矩阵行消去法确定。

以 NaH_2PO_4 溶解于水为例，因 NaH_2PO_4 可有三级电离，水也能电离，故体系有 8 种物质：$Na_2H_2PO_4$、$H_2PO_4^-$、HPO_4^{2-}、PO_4^{3-}、Na^+、H^+、OH^- 和 H_2O，凡有离子参与反应的体系，其原子矩阵必须把单位正电荷作为一个元素包括在矩阵中。

$a=$

	H	O	Na	P	⊕
H^+	1	0	0	0	1
OH^-	1	1	0	0	−1
H_2O	2	1	0	0	0
Na^+	0	0	1	0	1
PO_4^{3-}	0	4	0	1	−3
HPO_4^{2-}	1	4	0	1	−2
$H_2PO_4^-$	2	4	0	1	−1
NaH_2PO_4	2	4	1	1	0

$=$

H^+	1	0	0	0	1
$OH^- - H^+$	0	1	0	0	−2
H_2O-2H^+	0	1	0	0	−2
Na^+	0	0	1	0	1
PO_4^{3-}	0	4	0	1	−3
$HPO_4^{2-}-H^+$	0	4	0	1	−3
$H_2PO_4^- - 2H^+$	0	4	0	1	−3
$NaH_2PO_4-2H^+$	0	4	1	1	−2

$=$

PO_4^{3-}	0	4	0	1	−3
$OH^- - H^+$	0	1	0	0	−2
H_2O-H^+	0	1	0	0	−2
Na^+	0	0	1	0	1
$PO_4^{3-}-HPO_4^{2-}-H^+$	0	0	0	0	0
$PO_4^{3-}-H_2PO_4^-+2H^+$	0	0	0	0	0
$PO_4^{3-}-NaH_2PO_4+2H^+$	0	0	−1	0	−1

$=$

OH^-	0	1	0	0	−2
Na^+	0	0	1	0	1
$-H_2O+H^++OH^-$	0	0	0	0	0
$PO_4^{3-}-HPO_4^{2-}+H^+$	0	0	0	0	0
$PO_4^{3-}-H_2PO_4^-+2H^+$	0	0	0	0	0
$PO_4^{3-}-NaH_2PO_4+2H^++Na^+$	0	0	0	0	0

因此 NaH_2PO_4 溶解于水形成的水溶液体系有 4 个独立反应：

（1） $H_2O \rightleftharpoons H^+ + OH^-$

（2） $HPO_4^{2-} \rightleftharpoons PO_4^{3-} + H^+$

（3） $H_2PO_4^- \rightleftharpoons PO_4^{3-} + 2H^+$

（4） $NaH_2PO_4 \rightleftharpoons PO_4^{3-} + 2H^+ + Na^+$

通过反应式（1）、（3）、（4）的线性组合，把反应（3）和（4）改变成：

$$H_2PO_4^- \rightleftharpoons HPO_4^{2-} + H^+$$
$$NaH_2PO_4 \rightleftharpoons H_2PO_4^- + Na^+$$

3.4.5 化学计量系数矩阵

若一体系有下列气相反应发生：

$CO + H_2O \rightleftharpoons CO_2 + H_2$　　$CH_4 + CO_2 \rightleftharpoons 2CO + 2H_2$　　$CO_2 + 4H_2 \rightleftharpoons CH_4 + 2H_2O$

对每个反应用各反应参加物的化学计量系数组成一个线性向量，则上列三个反应线性向量构成一个矩阵如下：

$$\begin{pmatrix} CO & H_2O & CH_4 & CO_2 & H_2 \\ -1 & -1 & 0 & 1 & 1 \\ 2 & 0 & -1 & -1 & 2 \\ 0 & 2 & 1 & -1 & -4 \end{pmatrix}$$

矩阵的元素是 5 种物质在 3 个反应中的化学计量系数，因而称这种矩阵为化学计量系数矩阵。

A　化学计量系数矩阵的计算

一个由 N 种物质构成的体系，同时发生若干化学反应，其中某些甚至全部物质参加这些反应中的一个或几个反应。设有可能发生的反应数为 R，这些反应可表示为

$$0 = \sum_{i=1}^{N} v_{ki} B_i \quad (K = 1, 2, \cdots, R) \tag{3-38}$$

式中，v_{ki} 为 i 物质在第 K 个反应中的化学计量系数，产物取正值，反应物取负值。这 R 个反应式并非都一定是独立化学反应。

式（3-38）虽然表示特定的反应体系，却未能显示化学计量系数的绝对数值。因为同一化学反应可以有不同的写法，例如 SO_2 的氧化可写成

$$SO_2 + \frac{1}{2}O_2 \rightleftharpoons SO_3 \qquad 2SO_2 + O_2 \rightleftharpoons 2SO_3$$

等反应式，甚至还可写成其他形式。究竟取哪一组化学计量系数表示一个化学反应有任意性，但一般认为写成互不可约的一组整数型化学计量系数较为适宜。

若把每一个化学反应的化学计量系数写成向量形式：

$$\boldsymbol{v}_K = (v_{K1}, v_{K2}, \cdots, v_{KN})$$

则式（3-38）表示的体系其所有反应的化学计量系数构成的矩阵为

$$\boldsymbol{v} = \begin{pmatrix} v_1 \\ v_2 \\ \vdots \\ v_K \end{pmatrix} = \begin{pmatrix} v_{11} & v_{12} & \cdots & v_{1N} \\ v_{21} & v_{22} & \cdots & v_{2N} \\ \vdots & \vdots & \vdots & \vdots \\ v_{K1} & v_{K2} & \cdots & v_{KN} \end{pmatrix} \tag{3-39}$$

把参加反应的各物质写成列向量，方程式（3-38）的矩阵形式为

$$\begin{pmatrix} v_{11} & v_{12} & \cdots & v_{1N} \\ v_{21} & v_{22} & \cdots & v_{2N} \\ \vdots & \vdots & \vdots & \vdots \\ v_{K1} & v_{K2} & \cdots & v_{KN} \end{pmatrix} \begin{pmatrix} B_1 \\ B_2 \\ \vdots \\ B_N \end{pmatrix} = 0 \tag{3-40}$$

假设体系中至少有一个反应发生

$$\sum_{i=1}^{N} v_i B_i = 0 \tag{3-41}$$

将式（3-34）代入式（3-41）得

$$\sum_{i=1}^{N} v_i \left(\sum_{j=1}^{M} a_{ij} A_j \right) = 0$$

改变相加的顺序，上式变成

$$\sum_{j=1}^{M} \left(\sum_{i=1}^{N} v_i a_{ij} \right) A_j = 0$$

要满足这个方程式，只有假定下式成立：

$$\sum_{i=1}^{N} v_i a_{ij} = 0 \quad (j = 1, 2, \cdots, M) \tag{3-42}$$

方程式（3-42）完全符合体系中各类原子数守恒定律和电荷数守恒定律。该线性方程组代表一组有 N 个未知量（v_1，v_2，…，v_N）的 M 个方程。若原子矩阵的秩为$\overline{C}$，由线性代数得知，方程式（3-42）的线性独立解最大数目为 $N-\overline{C}$，此即吉布斯化学计量系数规则。因此求解方程式（3-42）可以求出一组最大反应独立数的化学计量系数。

例如，由 CH_4、CH_2O、O_2和 H_2O 四种物质组成的反应体系，其原子矩阵

$$\boldsymbol{a} = \begin{pmatrix} 4 & 1 & 0 \\ 2 & 1 & 1 \\ 0 & 0 & 2 \\ 2 & 0 & 1 \end{pmatrix}$$

经初等变换求得该矩阵的秩 $\overline{C}=3$，则 $r_{\max}=N-\overline{C}=1$，存在一个独立反应。按式（3-42）

$$(v_1,v_2,v_3,v_4)\begin{pmatrix}4 & 1 & 0\\ 2 & 1 & 1\\ 0 & 0 & 2\\ 2 & 0 & 1\end{pmatrix}=0$$

或改写成下列方程组

$$4v_1+2v_2+2v_4=0$$

$$v_1+v_2=0$$

$$v_2+2v_3+v_4=0$$

解此方程组得

$$v_2=v_4=v_1$$

$$v_3=v_1$$

因此得一组化学计量系数（v_1，$-v_1$，v_1，$-v_1$），独立化学反应为

$$v_1CH_4-v_1CH_2O+v_1O_2-v_1H_2O=0$$

也就是

$$CH_4+O_2 = CH_2O+H_2O$$

B　由化学计量系数矩阵确定独立化学反应

假设一复杂反应体系由 N 种物质组成，可能有 R 个化学反应发生。这些反应可用式（3-38）表示，其化学计量系数矩阵用式（3-39）表示，是一个 $R\times N$ 矩阵，矩阵的每个行向量都代表一个可能的化学反应，矩阵的秩等于线性独立的向量数。因此欲求体系的独立反应数，就需求化学计量系数矩阵的秩 r'。该 r' 说明在 R 个反应中有 r' 个是独立反应，其余 $(R-r')$ 个是非独立反应。非独立反应的反应式可由 r' 个独立反应式的线性组合求出。

有多种方法可以求矩阵的秩，经初等变换把矩阵化为梯阵，梯阵的秩等于原矩阵的秩，用于化学计量系数矩阵求秩确定复杂体系的独立化学反应比较方便。

以 H-S-O 系为例，共有 SO_2，H_2O，SO_3，H_2S，H_2 和 S_2 6 种气体物质参加化学反应，可发生下列反应：

① $SO_2+H_2O = SO_3+H_2$　　② $SO_2+2H_2S = 2H_2O+\frac{3}{2}S_2$

③ $3SO_3+H_2S = 4SO_2+H_2O$　　④ $H_2+\frac{1}{2}S_2 = H_2S$

⑤ $2H_2O+H_2S = SO_2+3H_2$　　⑥ $3H_2O+H_2S = SO_3+4H_2$

其化学计量系数矩阵为 6×6 矩阵

$$\begin{pmatrix}SO_2 & H_2S & H_2O & SO_3 & H_2 & S_2\\ -1 & 0 & -1 & 1 & 1 & 0\\ -1 & -2 & 2 & 0 & 0 & 1.5\\ 4 & -1 & 1 & -3 & 0 & 0\\ 0 & 1 & 0 & 0 & -1 & -0.5\\ 1 & -1 & -2 & 0 & 3 & 0\\ 0 & -1 & -3 & 1 & 4 & 0\end{pmatrix}\tag{3-43}$$

为了在矩阵化为梯阵之后，便于直接按行向量写出相应的独立化学反应，在作矩阵变换时，最好使所得梯阵的每个行向量的第一个非零元素等于1。具体步骤如下：

（1）通过变换使矩阵第1行的第一个元素成为非零元素。矩阵（3-43）已符合这一点；

（2）若第1行的第一个非零元素为 a，则用 a 除第1行使第1行的第1个元素变成1。本例的矩阵需用 −1 去除第1行，变成（1 0 1 −1 −1 0）；

（3）将第1行中已变成1的第1个元素所在列（第1列）中所有其他非零元素变成0。矩阵（3-43）的第3行减去步骤（2）所得新的第1行乘4结果得（0 −1 −3 1 4 0）。同样的方法变换第2行和第5行，矩阵变成

$$\begin{pmatrix} 1 & 0 & 1 & -1 & -1 & 0 \\ 0 & -2 & 3 & -1 & -1 & 1.5 \\ 0 & -1 & -3 & 1 & 4 & 0 \\ 0 & 1 & 0 & 0 & -1 & -0.5 \\ 0 & -1 & -3 & 1 & 4 & 0 \\ 0 & -1 & -3 & 1 & 4 & 0 \end{pmatrix} \tag{3-44}$$

（4）重复前面三步骤使第2行第2列的元素变成1。本例以 −2 除第2行得新的第2行为（0 1 −1.5 0.5 0.5 −0.75）；

（5）重复步骤（3）使第2列中除第1行第2行外的所有元素都变成0，矩阵变成

$$\begin{pmatrix} 1 & 0 & 1 & -1 & -1 & 0 \\ 0 & 1 & -1.5 & 0.5 & 0.5 & -0.75 \\ 0 & 0 & -4.5 & 1.5 & 4.5 & -0.75 \\ 0 & 0 & 1.5 & -0.5 & -1.5 & 0.25 \\ 0 & 0 & -4.5 & 1.5 & 4.5 & -0.75 \\ 0 & 0 & -4.5 & 1.5 & 4.5 & -0.75 \end{pmatrix} \tag{3-45}$$

（6）重复前述各步骤使第3行第3列元素变成1。将矩阵（3-45）第4行除以1.5再与第3行对调得

$$\begin{pmatrix} 1 & 0 & 1 & -1 & -1 & 0 \\ 0 & 1 & -1.5 & 0.5 & 0.5 & -0.75 \\ 0 & 0 & 1 & -\frac{1}{3} & -1 & \frac{1}{6} \\ 0 & 0 & -4.5 & 1.5 & 4.5 & -0.75 \\ 0 & 0 & -4.5 & 1.5 & 4.5 & -0.75 \\ 0 & 0 & -4.5 & 1.5 & 4.5 & -0.75 \end{pmatrix} \tag{3-46}$$

（7）将第4、5、6行第3列的元素变成0得

$$
\begin{pmatrix}
SO_2 & H_2S & H_2O & SO_3 & H_2 & S_2 \\
1 & 0 & 1 & -1 & -1 & 0 \\
0 & 1 & -1.5 & 0.5 & 0.5 & -0.75 \\
0 & 0 & 1 & -\frac{1}{3} & -1 & \frac{1}{6} \\
0 & 0 & 0 & 0 & 0 & 0 \\
0 & 0 & 0 & 0 & 0 & 0 \\
0 & 0 & 0 & 0 & 0 & 0
\end{pmatrix}
\tag{3-47}
$$

假若第4、5、6行仍有非零元素，则应继续重复上列步骤，直至原矩阵变换成梯阵为止。现在矩阵（3-47）是个梯阵，其秩等于3，因此原矩阵（3-43）的秩也等于3，说明在6个可能的反应中只有3个是独立反应，根据梯阵（3-47）的3个线性独立的行向量可直接写出三个独立反应：

⑦ $$SO_3 + H_2 = SO_2 + H_2O$$

⑧ $$1.5H_2O + 0.75S_2 = H_2S + 0.5SO_3 + 0.5H_2$$

⑨ $$H_2 + \frac{1}{3}SO_3 = H_2O + \frac{1}{6}S_2$$

在反应⑦、⑧、⑨中所有6种物质至少出现了一次，由这三个反应线性组合可导出体系中所有可能发生的反应，因此求得的三个反应是H-S-O系独立化学反应。

对化学计量系数矩阵（3-43）作初等变换时，可有各种不同的方式，例如第一步可将其他的列（或行）移至第1列（或行），只要符合步骤（1）的要求即可。初等变换的最终结果将得到另外一个梯阵，从而得到另外三个独立反应，所以反应⑦、⑧、⑨作为独立反应并不是唯一的选择。

3.4.6 迭代法计算化学平衡

如果反应体系仅涉及为数不多的物质，平衡组成的计算并不复杂。可是湿法冶金中许多有重要实际意义的反应体系同时有5~6个化学反应发生，参加反应的物质可达数十种之多。这类反应体系的化学平衡计算比较复杂，通常需要联立求解一组方程式，它包括化学平衡条件方程式，物质平衡方程式以及体系总压强与气体分压关系式等。这种非线性方程组的解法很多，在复杂化学平衡计量中，原理上讲多属于迭代法和最小自由能法，计量时均借助计算机完成。此处讨论迭代法，其计算原理说明如下：

以C-H-O-N系的平衡计算为例，该体系平衡时涉及下列一些方程式。

（1）各气体分压、物质的量及摩尔分数的加和式，即：

$$\Sigma p_i = p, \quad \Sigma n_i = n, \quad \Sigma y_i = 1$$

（2）各原子守恒方程式，这种方程可用原子比表示，即：

$$(O/N)_{开始} = (O/N)_{平衡}$$

$$(\mathrm{C/O})_{开始} = (\mathrm{C/O})_{平衡}$$

$$(\mathrm{H/O})_{开始} = (\mathrm{H/O})_{平衡}$$

以上各原子比可由相关物质的分压、物质的量或摩尔分数计算。例如，若开始由 H_2 0.5mol、CO_2 0.5mol 和 N_2 4mol 组成混合物，则

$$(\mathrm{O/N})_{开始} = 2n^0_{\mathrm{CO_2}}/2n^0_{\mathrm{N_2}} = 0.125$$

设混合气体的总压为 p，则起始分压

$$p^0_{\mathrm{H_2}} = p^0_{\mathrm{CO_2}} = 0.1p;\quad p^0_{\mathrm{N_2}} = 0.8p$$

因此
$$(\mathrm{O/N})_{开始} = 2p^0_{\mathrm{CO_2}}/2p^0_{\mathrm{N_2}} = 0.125$$

若用摩尔分数计算

$$(\mathrm{O/N})_{开始} = 2y^0_{\mathrm{CO_2}}/2y^0_{\mathrm{N_2}} = 0.125$$

三种算法的结果相同。

对于只有气相存在的反应体系，气相中每一种原子的物质的量在反应开始时与反应平衡时相同。对于有凝聚相存在的反应体系，气相中各原子比不守恒，例如在一个开始全为气体混合物的体系中，若发生 $2CO \rightarrow C(s) + CO_2$ 反应，则固体碳的生成使气相中 C/O、C/H和 C/N 各原子比不守恒。

（3）体系中各化学反应的平衡常数表达式。甲烷在空气中燃烧 C-H-O-N 系，若令甲烷与 20% 过量空气相互作用，所用空气在 298.15K 时相对湿度为 60%，干燥空气组成为 20.94% O_2 和 79.06% N_2。在温度 2000K，总压 1atm（101325Pa）下，反应体系的平衡组成计算如下：

甲烷燃烧反应为

$$CH_4 + 2O_2 = CO_2 + 2H_2O$$

取 1mol CH_4 作为计算基准，O_2 的理论需要量为 2mol。实际提供的 O_2 是 2.4mol，同时有 N_2 9.0613mol 相伴进入体系。查知在 298.15K 时，H_2O 饱和蒸气压为 23.756mmHg，因此，湿空气中 H_2O 的分压 $p_{\mathrm{H_2O}} = 23.756 \times 0.6 = 14.25$mmHg，其摩尔分数 $y_{\mathrm{H_2O}} = 14.25 \div 760 = 0.01875$，从而进入体系的空气总物质的量为

$$n = (2.4 + 9.0613)/(1 - 0.01875) = 11.6803\mathrm{mol}$$

其中含水量
$$n_{\mathrm{H_2O}} = 0.01875 \times 11.6803 = 0.2190\mathrm{mol}$$

反应开始时在甲烷与空气的混合气体中各原子比分别为

$$\mathrm{O/N} = (2 \times 2.4 + 0.219)/(2 \times 9.0613) = 0.27695 = RN$$

$$\mathrm{C/O} = 1/(2 \times 2.4 + 0.219) = 0.19924 = RC$$

$$\mathrm{H/O} = (4 + 2 \times 0.219)/(2 \times 2.4 + 0.219) = 0.88424 = RH$$

计算平衡组成时应考虑所有可能存在的气体物质，在温度高达 2000K 下，O_2、CO_2、H_2、N_2、CO、H_2O、OH 和 NO 均以有意义的浓度存在，而 H、N 和 O 原子对总压的贡献可以

忽略，前列 8 种物质构成的原子矩阵的秩为 4，因此，独立化学反应数为 $8-4=4$，整个体系可用下列一组反应式描述：

① $CO+\frac{1}{2}O_2 = CO_2$ $K_1=766.9$

② $H_2+\frac{1}{2}O_2 = H_2O$ $K_2=3472.2$

③ $H_2+O_2 = 2OH$ $K_3=0.3122$

④ $N_2+O_2 = 2NO$ $K_4=3.9994\times10^{-4}$

各平衡常数均根据 2000K 时各物质的标准生成自由能计算而得。

这个体系的自由度数，依照相律 $f=(8-4)-1+2=5$，因此明确了温度、总压和三个原子比，即足以说明体系的平衡状态。该体系反应前后皆是气体混合物，不存在任何凝聚相物质，所以在所有原子比中选择任何三个线性无关的原子比即可，例如可以选择 O/N、C/O 和 H/O 三个原子比作为条件，它们的初始值前面已经给出。现在的目的是要找到一个答案，能够同时满足三个原子比、一个总压关系式和 4 个平衡常数表达式。这 8 个关系式把 8 种物质未知的分压联系在一起，因此联立求解答案是唯一的，若用迭代法求解，计算分三步进行。

（1）第一步进行初步猜测。猜测是迭代法的一个主要步骤，要尽可能猜测所谓“主要物质”的分压接近其平衡分压。主要物质也就是在平衡气相混合物中浓度较大的物质。选择主要物质时需考虑两点：一是选择的物质数要比体系的自由度数少 1，在此处的例中就应当选择 4 种物质；二是所选物质必须包含构成体系的所有元素，此处选择 O_2、CO_2、H_2和 N_2作为主要物质即包含了元素 C、H、O、N。

（2）第二步利用所选主要物质的平衡分压猜测值，计算其余物质的平衡分压，计算公式为

$$p_{CO} = p_{CO_2}(p^{\ominus}/p_{O_2})^{1/2}K_1^{-1} \tag{3-48}$$

$$p_{H_2O} = K_2 p_{H_2}(p_{O_2}/p^{\ominus})^{1/2} \tag{3-49}$$

$$p_{OH} = (K_3 p_{H_2} p_{O_2})^{1/2} \tag{3-50}$$

$$p_{NO} = (K_4 p_{N_2} p_{O_2})^{1/2} \tag{3-51}$$

（3）第三步用上面 4 个分压计算值和 p_{O_2}、p_{H_2}、p_{CO_2}、p_{N_2} 4 个分压的猜测值相加计算新的总压 p_E，并用上述 8 个分压值计算新的原子比 $RNE=$ O/N、$RCE=$ C/O、$RHE=$ H/O，然后把所得的新值与原先给定的总压 $p=p^{\ominus}$及各原子比 RN、RC、RH 相比较。若结果相差较大不能满足所要求的精度，就需把原给定的和新计算的各主要物质的分压及总压代入适当的收敛公式，计算出 4 个主要物质的新的分压值，用这 4 个新值重复上述计算，直至收敛范围准确到 1/1000 或更高的精确度为止。

现在对上述计算过程做进一步的说明，若初步猜测各主要物质的分压分别为

$p_{O_2}=0.2p^{\ominus}$； $p_{CO_2}=0.2p^{\ominus}$； $p_{H_2}=0.2p^{\ominus}$； $p_{N_2}=0.4p^{\ominus}$

将这几个分压值代入式（3-48）~式（3-51）得

$p_{CO}=59\text{Pa}$； $p_{H_2O}=3.147\times10^7\text{Pa}$； $p_{OH}=11318\text{Pa}$； $p_{NO}=573\text{Pa}$

结果表明 p_{H_2O} 反常地大，因而原设定主要物质的分压不合理，或许是 p_{H_2} 设定值太大的缘故。通过迭代法计算看能否使 p_{H_2O} 值减小到合理的数值，为此需计算 p_E，RNE，RCE，RHE 的数值。

$$p_E = p_{O_2}+p_{CO_2}+p_{H_2}+p_{N_2}+p_{CO}+p_{H_2O}+p_{NO} = 3.158\times10^7\text{Pa}$$

$$RNE=\frac{\text{O}}{\text{N}}=\frac{p_{CO}+p_{H_2O}+p_{OH}+p_{NO}+2(p_{O_2}+p_{CO_2})}{p_{NO}+2p_{N_2}}=386.6$$

$$RCE=\frac{\text{C}}{\text{O}}=\frac{p_{CO}+p_{CO_2}}{p_{CO}+p_{H_2O}+p_{OH}+p_{NO}+2(p_{O_2}+p_{CO_2})}=6.44\times10^{-4}$$

$$RHE=\frac{\text{H}}{\text{O}}=\frac{p_{OH}+2(p_{H_2}+p_{H_2O})}{p_{CO}+p_{H_2O}+p_{OH}+p_{NO}+2(p_{O_2}+p_{CO_2})}=1.996$$

这些数值分别与给定值 $p=p^\ominus$，$RN=0.27695$，$RC=0.19924$ 和 $RH=0.88424$ 有很大的差别，说明各主要物质的分压猜测值的确不恰当，需要重新设定。在上列计算的基础上新设定的各分压按下列收敛公式计算：

$$(p_{O_2})_{新}=(p_{O_2})_{原}(RN/RNE)^{1/2}(p/p_E) \tag{3-52a}$$

$$(p_{CO_2})_{新}=(p_{CO_2})_{原}(RC/RCE)^{1/2}(p/p_E) \tag{3-52b}$$

$$(p_{H_2})_{新}=(p_{H_2})_{原}(RH/RHE)^{1/2}(p/p_E) \tag{3-52c}$$

$$(p_{N_2})_{新}=(p_{N_2})_{原}(p/p_E) \tag{3-52d}$$

选择式（3-52）作为收敛公式是根据对多种形式公式进行试算的结果，它表明式（3-52）具有较快的收敛速度。式中同时包括总压和原子比值，目的在于保证总压和各原子比的收敛结果能同时达到要求。

第二次迭代所用各主要物质分压的设定值分别按式（3-52）计算，其结果：

$p_{O_2}=1.740\text{Pa}$； $p_{CO_2}=1140\text{Pa}$； $p_{H_2}=43.28\text{Pa}$； $p_{N_2}=130\text{Pa}$

将这 4 个分压值代入式（3-48）~式（3-51）得

$p_{CO}=359.8\text{Pa}$； $p_{H_2O}=622.7\text{Pa}$； $p_{OH}=4.849\text{Pa}$； $p_{NO}=3.008\times10^{-1}\text{Pa}$

于是第二次迭代后新的总压及原子比为

$p_E=2360\text{Pa}$； $RNE=12.59$； $RCE=0.4586$； $RHE=0.4078$

将以上结果有关数据再代入收敛公式（3-52）求出供第三次迭代所给定的各主要物质的分压为

$p_{O_2}=11.338\text{Pa}$； $p_{CO_2}=33113\text{Pa}$； $p_{H_2}=2799.6\text{Pa}$； $p_{N_2}=5712.7\text{Pa}$

再代入式（3-48）~式（3-51）求得

$p_{CO}=4082.4\text{Pa}$； $p_{H_2O}=102845\text{Pa}$； $p_{OH}=99.55\text{Pa}$； $p_{NO}=5.0896\text{Pa}$

经第三次迭代后，一组新的总压和原子比为

$p_E = 148644Pa$； $RNE = 15.16$； $RCE = 0.2147$； $RHE = 1.220$

重复上述计算反复进行迭代，所得结果的 p_E，RNE，RCE，RHE 值，随着迭代次数的增加会逐渐接近原给定的总压 $p^\ominus$ 和原子比 RN，RC，RH。

图 3-2 给出了 p_{N_2} 和 p 随迭代次数增加而收敛的情况，开始曲线出现几次急剧变动，而后缓慢地达到一个定值。图 3-3 所示的 p_{H_2O} 与迭代次数的关系也有类似的情形。

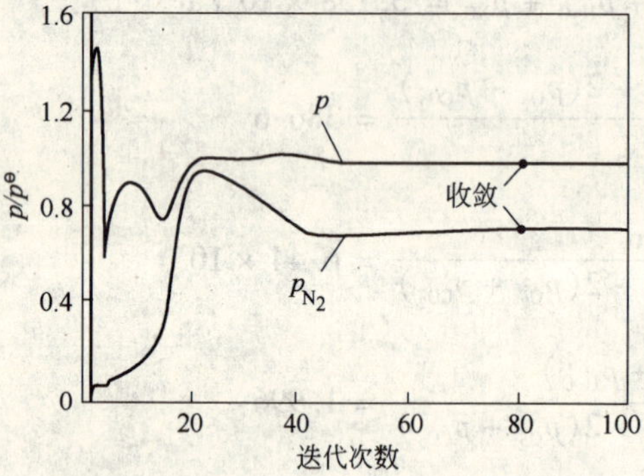

图 3-2 2000K，C-H-O-N 系用式（3-52）计算，使 p_{N_2} 和 p 达到收敛需迭代 77 次

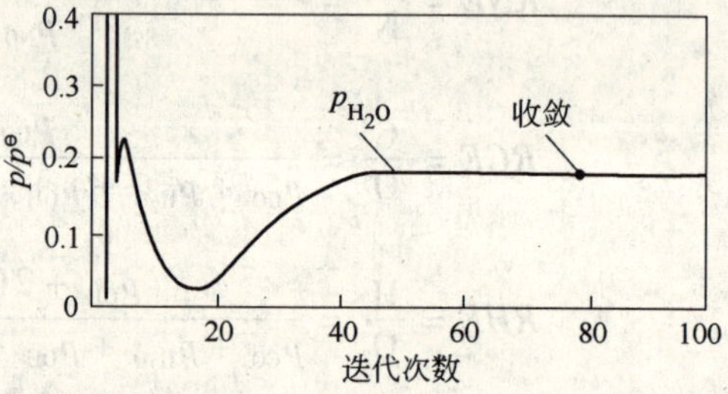

图 3-3 2000K，C-H-O-N 系用式（3-52）计算，使 p_{H_2O} 达到收敛需迭代 77 次

计算结果表明，对于初始设定的主要物质分压 $p_{O_2} = p_{CO_2} = p_{H_2} = 0.2p^\ominus$，$p_{N_2} = 0.4p^\ominus$，迭代至完全收敛，精确度要求 1/1000 时需迭代 77 次，精确度要求 1/10000 时需迭代 96 次。表 3-1 列出了达到上述两种精确度时，C-H-O-N 系的平衡数据。由表可见，两种精确度的压强数据只有微小的差别，其中差别最大的是氧的平衡分压，但相差也不到 0.5%。

表 3-1 C-H-O-N 系在 2000K 的平衡数据

项 目	精确度	
	1/1000	1/10000
$p_E/p^\ominus$	1.0000	1.0000
RNE	0.2770	0.2770
RCE	0.1990	0.1993
RHE	0.8836	0.8843
$p_{O_2}/p^\ominus$	3.022×10^{-2}	3.007×10^{-2}
$p_{CO_2}/p^\ominus$	7.815×10^{-2}	7.821×10^{-2}
$p_{H_2}/p^\ominus$	2.877×10^{-4}	2.886×10^{-4}
$p_{N_2}/p^\ominus$	0.7126	0.7125
$p_{CO}/p^\ominus$	5.862×10^{-4}	5.881×10^{-4}
$p_{H_2O}/p^\ominus$	0.1737	0.1737
$p_{OH}/p^\ominus$	1.648×10^{-3}	1.646×10^{-3}
$p_{NO}/p^\ominus$	2.935×10^{-3}	2.927×10^{-3}

需要迭代的次数取决于三个因素：各分压的设定初值；使用的收敛公式；要求的精确度。在其他所有条件相同的情况下，精确度要求愈高，得到平衡组成所要进行的计算迭代次数愈多。

表3-1列出了计算平衡组成采用不同设定初值和收敛公式对迭代次数及收敛精度的关系。其中对4组不同的设定初值使用两个不同的收敛公式进行了计算，一个是式（3-52），另一个是式（3-53），由表3-2可见，只需较少的迭代次数即可达到式（3-52）的收敛精度。而设定初值的影响不大，但设定初值愈接近于平衡组成，所需迭代次数愈少。各因素对迭代次数的影响说明了设定初值、收敛公式和要求精度这三个因素的相互关系。迭代法计算化学平衡的计算机程序可参阅 Y. K. Rao 的著作[9]。

$$(p_{O_2})_{新} = (p_{O_2})_{原}(RN/RNE)(p/p_E) \quad (3\text{-}53a)$$

$$(p_{CO_2})_{新} = (p_{CO_2})_{原}(RC/RCE)(p/p_E) \quad (3\text{-}53b)$$

$$(p_{H_2})_{新} = (p_{H_2})_{原}(RH/RHE)(p/p_E) \quad (3\text{-}53c)$$

$$(p_{N_2})_{新} = (p_{N_2})_{原}(p/p_E) \quad (3\text{-}53d)$$

表3-2 各种因素对计算平衡所需迭代次数的影响

项　目	收敛公式				
	式（3-52）		式（3-53）		
	1^0	2^0	2^0	3^0	4^0
$p_{O_2}/p^\ominus$	0.2	0.05	0.05	0.03	0.03
$p_{CO_2}/p^\ominus$	0.2	0.10	0.10	0.08	0.08
$p_{H_2}/p^\ominus$	0.2	0.01	0.01	0.01	3×10^{-4}
$p_{N_2}/p^\ominus$	0.4	0.7	0.7	0.71	0.71
迭代次数（1/1000）	77	—	47	46	17
迭代次数（1/10000）	96	97	56	—	—

3.4.7 最小自由能法计算化学平衡

平衡的热力学体系在恒温恒压下其吉布斯自由能具有最小值。依此热力学原理可以对复杂反应体系的化学平衡进行计算，在此先从简单反应体系入手，说明应用最小自由能原理计算化学平衡的方法。

设某反应体系由 CO 1mol 和 H_2O 2mol 混合而成，在温度 1000K、大气压 $p^\ominus$ 下发生反应

$$CO + H_2O = CO_2 + H_2$$

当反应进行至反应进度 ξ 时，各气体物质的量分别为

$$n_{CO_2} = n_{H_2} = \xi; \quad n_{CO} = 1-\xi; \quad n_{H_2O} = 2-\xi$$

若体系为理想气体混合物，则体系的总自由能为

$$G = \Sigma n_i \overline{G}_i = \Sigma n_i G_i^\ominus + \Sigma RT n_i \ln p_i/p^\ominus \quad (3\text{-}54)$$

式中，p_i 为混合物中气体 i 的分压，由于总压为 $p^{\ominus}$，总物质的量 $n=3\text{mol}$，所以可将式(3-54)改写成

$$\frac{G}{RT}=\frac{\xi}{RT}(G_{CO_2}^{\ominus}+G_{H_2}^{\ominus})+\left(\frac{1-\xi}{RT}\right)G_{CO}^{\ominus}+\left(\frac{2-\xi}{RT}\right)G_{H_2O}^{\ominus}+$$
$$2\xi\ln\xi+(1-\xi)\ln(1-\xi)+(2-\xi)\ln(2-\xi)-3\ln3 \tag{3-55}$$

式中，各物质的 $G_i^{\ominus}$ 均可用物质的标准生成自由能 $\Delta_f G_{m,i}^{\ominus}$ 代替，从热力学数据表查知，在1000K时，$\Delta_f G_{m,[CO]}^{\ominus}=-200242\text{J/mol}$，$\Delta_f G_{m,[H_2O]}^{\ominus}=-192631\text{J/mol}$，$\Delta_f G_{m,[CO_2]}^{\ominus}=-395924\text{J/mol}$，$\Delta_f G_{m,[H_2]}^{\ominus}=0$。因此，令 $\xi=0.2$，则 $G/RT=-73.5547$。取一系列不同的 ξ 值代入式（3-54）进行计算，然后以 G/RT 对 ξ 作图，根据曲线的最低点可求出自由能 G 的最小值及对应的反应进度 ξ，从而计算出体系的平衡组成。

现在讨论解析计算法，把式（3-55）对 ξ 微分，令其等于0，从中解出 ξ 就是 G 为最小值时的平衡反应进度 ξ^e。即

$$0=(G_{CO_2}^{\ominus}+G_{H_2}^{\ominus}-G_{CO}^{\ominus}-G_{H_2O}^{\ominus})/RT+2\ln\xi-\ln[(1-\xi)(2-\xi)] \tag{3-56}$$

因此

$$\ln\left[\frac{(1-\xi^e)(2-\xi^e)}{(\xi^e)^2}\right]=\frac{\Delta_r G_m^{\ominus}}{RT} \tag{3-57}$$

式中，$\Delta_f G_m^{\ominus}=G_{CO_2}^{\ominus}+G_{H_2}^{\ominus}-G_{CO}^{\ominus}-G_{H_2O}^{\ominus}$ 为反应的标准自由能变化，将各物质标准生成自由能代入后，得

$$\ln\left[\frac{(1-\xi^e)(2-\xi^e)}{(\xi^e)^2}\right]=-0.367 \tag{3-58}$$

用试算法求得 $\xi^e=0.72$。因而体系的平衡组成为

$$y_{CO_2}=y_{H_2}=0.24$$
$$y_{CO}=0.0933$$
$$y_{H_2O}=0.4267$$

上述例子是个均相反应体系，如果是多相反应体系，例如除气相物质之外，还有溶液相或固相物质参与的多相反应，则体系的总自由能 G 应写作

$$\frac{G}{RT}=\frac{1}{RT}\sum n_i^g G_i^{\ominus g}+\sum n_i^g\ln\gamma_i^g+\frac{1}{RT}\sum n_i^l G_i^{\ominus l}+\sum n_i^l\ln a_i^l+\frac{1}{RT}\sum n_i^g G_i^{\ominus g}+\sum n_i^g\ln a_i^g+\sum n_i^g\ln(p/p^{\ominus}) \tag{3-59}$$

依据最小自由能原理计算化学平衡的方法主要可分为两类，一类是把式（3-59）表示的函数 G/RT 对反应进度 ξ_k（$k=1, 2, \cdots, r$）求导，得出 r 个非线性方程，这些方程构成方程组

$$F_k(\xi_1,\xi_2,\cdots,\xi_r)=0 \tag{3-60}$$

直接求解此方程组，即可算出由 N 种物质 M 种元素组成的复杂体系的平衡组成。求解式（3-60）通常需已知体系的化学计量系数矩阵，最简单的情形是 $k=1$ 的体系。这时常用上述方法计算化学平衡。

另一类计算方法不需要对体系作化学计量分析，即不必知道体系的化学计量系数矩

阵，但需要列出体系的质量衡算方程式

$$\sum_{i=1}^{N} a_{ji} n_i = b_j \qquad (j = 1, 2, \cdots, M) \tag{3-61}$$

式中，b_j 是体系中 j 元素的总物质的量；n_i 是参加反应的物质 i 的物质的量；a_{ji} 是 1mol 物质 i 中元素 j 的物质的量。式（3-61）的矩阵形式为

$$\begin{pmatrix} a_{11} & a_{12} & \cdots & a_{1N} \\ a_{21} & a_{22} & \cdots & a_{2N} \\ \vdots & \vdots & \vdots & \vdots \\ a_{M1} & a_{M2} & \cdots & a_{MN} \end{pmatrix} \begin{pmatrix} n_1 \\ n_2 \\ \vdots \\ n_N \end{pmatrix} = \begin{pmatrix} b_1 \\ b_2 \\ \vdots \\ b_M \end{pmatrix} \tag{3-62}$$

当函数 G/R 在一组点 n_i（$i=1$，2，…，N）取最小值时，这一组点应满足条件式（3-61），而且平衡时为正值。为此令 $G/RT=F$，则

$$F = F(n_1, n_2, \cdots, n_N) \tag{3-63}$$

按平衡的自由能最小原理，

$$\partial F / \partial n_i = 0 \qquad (i = 1, 2, \cdots, N) \tag{3-64}$$

求解方程组（3-64）可获得平衡组成。下面用 Rao 关于 Ga-In-As-H-Cl 系的平衡计算为例，说明上述方程的具体计算过程。

假设在 950K，101325Pa 下，反应开始时气相混合物中 Ga、In、Cl、As 和 H 各原子的物质的量分别为 0.002、0.004、0.00643、0.02 和 1.97757mol。反应平衡时 H_2、As_4、HCl、InCl、GaCl、Ga(l)、In(l)、GaAs(s) 和 InAs(s)（在固、液体中）的物质的量分别以 n_1，n_2，n_3，n_4，n_5，n_6，n_7，n_8 和 n_9 表示，则式（3-62）的具体形式为

$$\begin{pmatrix} 0 & 0 & 0 & 0 & 1 & 1 & 0 & 1 & 0 \\ 0 & 0 & 0 & 1 & 0 & 0 & 1 & 0 & 1 \\ 0 & 0 & 1 & 1 & 1 & 0 & 0 & 0 & 0 \\ 0 & 4 & 0 & 0 & 0 & 0 & 0 & 1 & 1 \\ 2 & 0 & 1 & 0 & 0 & 0 & 0 & 0 & 0 \end{pmatrix} \begin{pmatrix} n_1 \\ n_2 \\ n_3 \\ n_4 \\ n_5 \\ n_6 \\ n_7 \\ n_8 \\ n_9 \end{pmatrix} = \begin{pmatrix} 0.002 \\ 0.004 \\ 0.00643 \\ 0.02 \\ 1.97757 \end{pmatrix}$$

此矩阵可简化为

$$\begin{pmatrix} 1 & 0 & 0 & 0 & 0 & 0.5 & 0.5 & 0.5 & 0.5 \\ 0 & 1 & 0 & 0 & 0 & 0 & 0 & 0.25 & 0.25 \\ 0 & 0 & 1 & 0 & 0 & -1 & -1 & -1 & -1 \\ 0 & 0 & 0 & 1 & 0 & 0 & 1 & 0 & 1 \\ 0 & 0 & 0 & 0 & 1 & 1 & 0 & 1 & 0 \end{pmatrix} \begin{pmatrix} n_1 \\ n_2 \\ n_3 \\ n_4 \\ n_5 \\ n_6 \\ n_7 \\ n_8 \\ n_9 \end{pmatrix} = \begin{pmatrix} 0.98857 \\ 0.005 \\ 0.00043 \\ 0.004 \\ 0.002 \end{pmatrix}$$

将该矩阵改写为下列一组方程：

$$n_1 + 0.5n_6 + 0.5n_7 + 0.5n_8 + 0.5n_9 = 0.98857 \tag{3-65a}$$

$$n_2 + 0.25n_8 + 0.25n_9 = 0.005 \tag{3-65b}$$

$$n_3 - n_6 - n_7 - n_8 - n_9 = 0.00043 \tag{3-65c}$$

$$n_4 + n_7 + n_9 = 0.004 \tag{3-65d}$$

$$n_5 + n_6 + n_8 = 0.002 \tag{3-65e}$$

这5个方程把9个变量 n_i（$i=1, 2, \cdots, 9$）联系在一起，因此有4个物质的量是独立的，究竟选择哪4个作为独立变量纯属任意性。假若以 n_6，n_7，n_8和 n_9作为独立变量，则

$$n_1 = 0.98857 - 0.5n_6 - 0.5n_7 - 0.5n_8 - 0.5n_9 \tag{3-66a}$$

$$n_2 = 0.005 - 0.25n_8 - 0.25n_9 \tag{3-66b}$$

$$n_3 = 0.00043 + n_6 + n_7 + n_8 + n_9 \tag{3-66c}$$

$$n_4 = 0.004 - n_7 - n_9 \tag{3-66d}$$

$$n_5 = 0.002 - n_6 - n_8 \tag{3-66e}$$

考虑到附加限制条件

$$n_1, n_2, n_3, n_4, n_5 \geqslant 0$$

式（3-66）改写成：

$$0.98857 - 0.5n_6 - 0.5n_7 - 0.5n_8 - 0.5n_9 \geqslant 0 \tag{3-67a}$$

$$0.005 - 0.25n_8 - 0.25n_9 \geqslant 0 \tag{3-67b}$$

$$0.00043 + n_6 + n_7 + n_8 + n_9 \geqslant 0 \tag{3-67c}$$

$$0.004 - n_7 - n_9 \geqslant 0 \tag{3-67d}$$

$$0.002 - n_6 - n_8 \geqslant 0 \tag{3-67e}$$

从式（3-67）解出，得：

$$n_6 \leqslant 1.97714 - n_7 - n_8 - n_9 \tag{3-68a}$$

$$n_6 \geqslant -0.00043 - n_7 - n_8 - n_9 \tag{3-68b}$$

$$n_6 \leqslant 0.002 - n_8 \tag{3-68c}$$

任意选取 n_7、n_8和 n_9值代入式（3-68），即可解得一组 n_6值，从而给出 n_6的上限和下限。在这个限定范围内，不论 n_6取何数值均能使非独立变量 n_1、n_2、n_3、n_4和 n_5只取正值。假设选定 $n_7 = n_8 = n_9 = 10^{-4}$，代入式（3-68）计算，结果：

$$n_6 \leqslant 1.9768$$

$$n_6 \geqslant -0.0007$$

$$n_6 \leqslant 0.0019$$

因此只有 n_6在 0 至 0.0019 范围内取值，才能使 n_1、n_2、n_3、n_4和 n_5皆为正值，并同时满足式（3-68）。一般而论：

$$L_{下限} \leqslant n_{m+1} \leqslant L_{上限} \tag{3-69}$$

式中，m 为非独立变量数；$m+1$、$m+2$、$m+3$ 等为独立变量数。

下一步的任务是求出 n_{m+1}能满足式（3-69）的最佳值，同时使函数 $F = G/RT$ 取最小值。对于 Ga-In-As-H-Cl 系，式（3-59）为：

$$F = \frac{G}{RT} = \frac{1}{RT}\sum_{i=1}^{5} n_i G_i^{\ominus} + \sum_{i=1}^{5}\left(n_i / \sum_{i=1}^{5} n_i\right) + \sum_{i=1}^{5} n_i \ln(p/p^{\ominus}) + \frac{1}{RT}(n_6 G_6^0 + n_7 G_7^0) +$$

$$n_6 \ln a_6 + n_7 \ln a_7 + \frac{1}{RT}(n_8 G_8^0 + n_9 G_9^0) + n_8 \ln a_8 + n_9 \ln a_9 \tag{3-70}$$

该体系液相可视为理想溶液，$a_6 = x_6 = n_6/(n_6 + n_7)$，$a_7 = x_7 = 1 - x_6$；实验证实固溶体 $Ga_xIn_{1-x}As$ 符合正规溶液，相互作用能 $\Omega = 12552$J/mol，因此：

$$a_8 = x_8 \exp(x_9^2 \Omega / RT)$$

$$a_9 = x_9 \exp(x_8^2 \Omega / RT)$$

式中，$x_9 = 1 - x_8 = n_8/(n_8 + n_9)$，各物质的 $G_i^{\ominus}$（G_i^0）在 $T = 950$K 的数值均用标准生成自由能数据从热力学数据表获得。代入式（3-70）即得 F 与各物质的量 n_i的函数关系式，按自由能最小原理，F 取最小值时：

$$\partial F / \partial n_{m+1} = 0 \tag{3-71}$$

为便于理解，可用示意图 3-4 说明确定 F 最小值的步骤。该图表明对于函数 F 的两个变量，先给定 n_β一个任意初值 n_β^0后，用改进的线性内插法，求出满足 $\partial F/\partial n_\alpha = 0$ 时相应的 $n_\alpha^{(1)}$值，所得 $n_\alpha^{(1)}$必须在允许的限制范围 $L_{下限}$和 $L_{上限}$之内。再用 $n_\alpha^{(1)}$值求出与之相应的满足 $\partial F/\partial n_\beta = 0$ 的 $n_\beta^{(1)}$值，同样地 $n_\beta^{(1)}$必须落在 n_β允许的上限与下限之内。上述计算重复若干次可使 n_β从任意猜测的初值 n_β^0逐渐接近一个使 F 取最小值的最佳值。

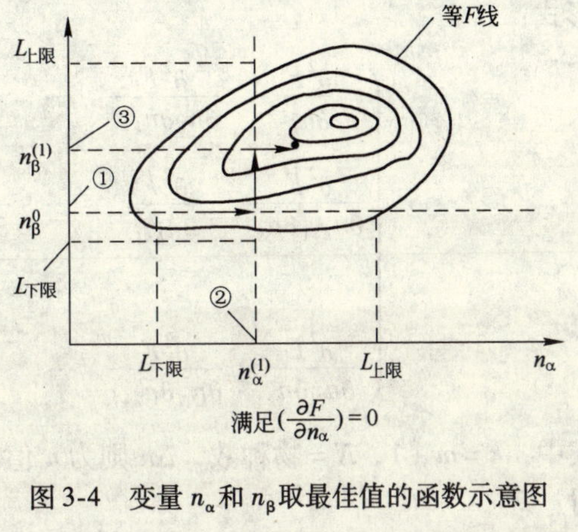

图 3-4 变量 n_α和 n_β取最佳值的函数示意图

上述方法应用于 Ga-In-As-H-Cl 系，在

$0 \leqslant n_6 \leqslant 0.0019$ 范围内求得：

$$\partial F/\partial n_6 = 0 \text{ 时}, n_6 = 1.19 \times 10^{-6}$$

对其他三个独立变量也作同样的处理，在 $n_8 = n_9 = 10^{-4}$ 的假定下，从式（3-67d）得 $0 \leqslant n_7 \leqslant 0.0039$，同时考虑 $n_6 = 1.19 \times 10^{-6}$，求得：

$$\partial F/\partial n_7 = 0 \text{ 时}, n_7 = 6.52 \times 10^{-8}$$

同理，由式（3-67e）得 $0 \leqslant n_8 \leqslant 0.002$，已知 $n_6 = 1.19 \times 10^{-6}$，$n_7 = 6.52 \times 10^{-8}$，故：

$$\partial F/\partial n_8 = 0 \text{ 时}, n_8 = 1.27 \times 10^{-3}$$

又由式（3-67d）知，$0 \leqslant n_9 \leqslant 0.004$，用已知的 n_6、n_7 和 n_8 值，可得：

$$\partial F/\partial n_9 = 0 \text{ 时}, n_9 = 1.5 \times 10^{-4}$$

至此可以说已完成求平衡组成的第一次迭代。但只能说求得了接近平衡组成的各独立变量的物质的量，并不一定等于平衡组成。各非独立变量可将上列结果代入式（3-66）计算，求得：

$n_1 = 0.988$；$n_2 = 4.64 \times 10^{-6}$；$n_3 = 1.85 \times 10^{-3}$；$n_4 = 3.85 \times 10^{-3}$；$n_5 = 7.25 \times 10^{-4}$。

函数 F 取最小值时必须 $\partial F/\partial n_i = 0$，这一点实际上很难做到，因此，计算上为了方便常选择一个适宜的精确度。例如当精确选为 10^{-3} 时，上面计算所得 n_6、n_7、n_8 和 n_9 经过验算均符合所选的精度要求。

用第一次迭代所得的 n_7、n_8 和 n_9 值进行第二次迭代求得新的 $n_6 = 0.634 \times 10^{-9}$，这个结果符合精度 $\partial F/\partial n_6 \leqslant 10^{-3}$ 的要求。用这个新的 n_6 重复前面的计算过程可以求得：$n_7 = 0.778 \times 10^{-11}$、$n_8 = 0.128 \times 10^{-2}$、$n_9 = 0.150 \times 10^{-3}$。相应的各非独立变量 n_1、n_2、n_3、n_4 和 n_5 由式（3-66）计算，从表 3-3 所列的结果可以看出，除 n_5 以外其余 4 个物质的量均保持不变，还是第一次迭代的结果。

重复上述步骤进行迭代计算，经 5 次迭代之后，由表 3-3 可见 n_6 和 n_7 的数值均小于 10^{-20}，因此可以忽略，即实际上液相 Ga(Ⅰ)和 In(Ⅰ)构成的溶液不存在。在略去 n_6 和 n_7 后，进行第六次迭代的结果表明符合 $\partial F/\partial n_i \leqslant 10^{-3}$ 的条件。

以下用牛顿-莱夫松法进一步计算 n_8 和 n_9 的精确值。一般而论，这意味着将一组非线性方程 $\partial F/\partial n_i = 0$ 展开成泰勒级数并略去高次项，由此所得一组新的线性方程组写成矩阵形式：

$$\begin{pmatrix} \dfrac{\partial^2 F}{\partial n_k^2} & \dfrac{\partial^2 F}{\partial n_k \partial n_{k+1}} & \cdots & \dfrac{\partial^2 F}{\partial n_k \partial n_N} \\ \dfrac{\partial^2 F}{\partial n_{k+1} \partial n_k} & \dfrac{\partial^2 F}{\partial n_{k+1}^2} & \cdots & \dfrac{\partial^2 F}{\partial n_{k+1} \partial n_N} \\ \vdots & \vdots & \vdots & \vdots \\ \dfrac{\partial^2 F}{\partial n_N \partial n_k} & \dfrac{\partial^2 F}{\partial n_N \partial n_{k+1}} & \cdots & \dfrac{\partial^2 F}{\partial n_N^2} \end{pmatrix} \begin{pmatrix} \Delta n_k \\ \Delta n_{k+1} \\ \vdots \\ \Delta n_N \end{pmatrix} = \begin{pmatrix} -\dfrac{\partial F}{\partial n_k} \\ -\dfrac{\partial F}{\partial n_{k+1}} \\ \vdots \\ -\dfrac{\partial F}{\partial n_N} \end{pmatrix}$$

式中，$k = m + 1$，$N =$ 物种数，Δn_i 则为 n_i 值的增量，对于前面讨论的 Ga-In-As-H-Cl 系，此时：

表 3-3　Ga-In-As-H-Cl 系平衡计算的结果

```
INPUT DATA
        5            5        2         2        950.00     1.00
    0         0         0         0      1.00000   1.00000        0   1.00000        0      .00200
    0         0         0   1.00000         0   1.00000        0   1.00000    .00400         0
    0         0   1.00000   1.00000   1.00000         0        0        0         0      .00643
    0   4.00000         0         0         0         0        0   1.00000   1.00000     .02000
2.00000       0   1.00000         0         0         0        0        0         0     1.97757
    0         0  -100278.0 -140869.0 -129526.0        0        0  -46612.0  -37720.0
1.00000       0         0         0         0     .50000   .50000   .50000    .50000     .98857
    0   1.00000         0         0         0         0        0   .25000    .25000     .00500
    0         0   1.00000         0         0  -1.00000 -1.00000 -1.00000  -1.00000     .00043
    0         0         0   1.00000         0         0  1.00000        0   1.00000     .00400
    0         0         0         0   1.00000   1.00000        0   1.00000        0      .00200
SURECON-X(1)1  ITERATIONS  .988E+00  .454E-020  185E-02  .385E-02  .725E-03  .119E-05  .662E-07  .127E-02  .150E-03
SURECON-X(1)2  ITERATIONS  .988E+00  .454E-020  185E-02  .385E-02  .725E-03  .634E-09  .778E-11  .128E-02  .150E-03
SURECON-X(1)3  ITERATIONS  .988E+00  .454E-020  185E-02  .385E-02  .725E-03  .750E-13  .920E-15  .128E-02  .150E-03
SURECON-X(1)4  ITERATIONS  .988E+00  .454E-020  185E-02  .385E-02  .725E-03  .886E-17  .109E-18  .128E-02  .150E-03
SURECON-X(1)5  ITERATIONS  .988E+00  .454E-020  185E-02  .385E-02  .725E-03  .105E-20  .100E-21  .128E-02  .150E-03
SURECON-X(1)6  ITERATIONS  .988E+00  .454E-020  185E-02  .385E-02  .725E-03  .128E-02  .150E-03
        NEWRAP  MATRIX
          .19948E+04          .60793E+02          -.50796E-04
          .60793E+02          .50099E+04           .62873E-03
        REDUCED  NEWRAP  MATRIK
          .10000E+01                   0          -.34315E-07
                   0          1.0000E+01           .12592E-06
        (XI)=.9879E+00  .4643E-02  .1853E-02  .3850E-02  .7221E-03  .1278E-02  .1498E-03
        NEWRAP  MATRIX
          .19947E+04          .80792E+02          -.10417E-07
          .60842E+02          .50047E+04           .32700E-06
        REDUCED  NEWRAP  MATRIK
          .100E+01                     0          -.72212E-11
                   0          1.0000E+01           .65426E-10
        (XI)=.9879E+00  .4643E-02  .1853E-02  .3850E-02  .7221E-03  .1278E-02  .1498E-03
```

$$\begin{pmatrix} \dfrac{\partial^2 F}{\partial n_8^2} & \dfrac{\partial^2 F}{\partial n_8 \partial n_9} \\ \dfrac{\partial^2 F}{\partial n_9 \partial n_8} & \dfrac{\partial^2 F}{\partial n_9^2} \end{pmatrix} \begin{pmatrix} \Delta n_8 \\ \Delta n_9 \end{pmatrix} = \begin{pmatrix} -\dfrac{\partial F}{\partial n_8} \\ -\dfrac{\partial F}{\partial n_9} \end{pmatrix}$$

将已经得到的数据代入后得：

$$\begin{pmatrix} 0.19948 \times 10^4 & 0.60793 \times 10^2 \\ 0.60793 \times 10^2 & 0.50099 \times 10^4 \end{pmatrix} \begin{pmatrix} \Delta n_8 \\ \Delta n_9 \end{pmatrix} = \begin{pmatrix} -0.60796 \times 10^{-4} \\ 0.62873 \times 10^{-3} \end{pmatrix}$$

化简得：

$$\begin{pmatrix} 1 & 0 \\ 0 & 1 \end{pmatrix} \begin{pmatrix} \Delta n_8 \\ \Delta n_9 \end{pmatrix} = \begin{pmatrix} -0.34315 \times 10^{-7} \\ 0.12592 \times 10^{-6} \end{pmatrix}$$

因此

$$\Delta n_8 = -0.34315 \times 10^{-7}$$

$$\Delta n_9 = 0.12592 \times 10^{-6}$$

$$(n_8)_{新} = (n_8)_{原} + \Delta n_8 = 0.127796 \times 10^{-2}$$

$$(n_9)_{新} = (n_9)_{原} + \Delta n_9 = 0.14980 \times 10^{-3}$$

代入式（3-66）得：

$$n_1 = 0.98786; n_2 = 0.46481 \times 10^{-2}; n_3 = 0.18547 \times 10^{-2};$$

$$n_4 = 0.38502 \times 10^{-2}; n_5 = 0.72212 \times 10^{-3}$$

再进行第二次迭代，其结果即达到满足额定的精确度 $\partial F/\partial n_i \leqslant 10^{-7}$。最后所得结果是：

$$n_1 = 0.98786;\quad n_2 = 0.46431 \times 10^{-2};\quad n_3 = 0.18546 \times 10^{-2};\quad n_4 = 0.38502 \times 10^{-2};$$

$$n_5 = 0.72215 \times 10^{-3};\quad n_6 = n_7 = 0;\quad n_8 = 0.12779 \times 10^{-2};\quad n_9 = 0.14977 \times 10^{-3}。$$

因此，Ga-In-As-H-Cl 系在 950K、101325Pa 的平衡组成为：

气相物质	分压 $p_i/p^\ominus$	物质的量 n_i
H_2	0.98786	0.98786
As_4	0.46481×10^{-2}	0.46431×10^{-2}
HCl	0.18566×10^{-2}	0.18546×10^{-2}
InCl	0.38544×10^{-2}	0.38502×10^{-2}
GaCl	0.72292×10^{-3}	0.72215×10^{-3}
液相物质	物质的量/mol	溶液中摩尔分数 x_i
Ga	0.0	0.0
In	0.0	0.0
固相物质	物质的量/mol	固溶体中摩尔分数 x_i
GaAs	0.12779×10^{-2}	0.8950
InAs	0.14977×10^{-3}	0.041

以上关于 Ga-In-As-H-Cl 系的平衡计算是 Rao 的结果，它指出该结果与用迭代法计算结果相一致，所用计算机程序 EQUIL 可参阅其原著[9]。该程序也适用于其他多元系化学平衡的计算，需注意在使用时将式（3-66）表示的自由能函数改写成与研究体系相应的数

学形式。

表 3-3 是计算机打出的结果，表中的 x_i 即上文中的 n_i，是物质的量而不是摩尔分数，程序中的这个改变是为了适应计算机语言规则之故。同一原因，第六次迭代结果的最后两项是 x_8 和 x_9，但打印在 x_6 和 x_7 的位置，这是在略去 x_6 和 x_7 之后，暂时将 x_8 和 x_9 分别以 x_6 和 x_7 代表而已。

参 考 文 献

1 陈新民 . 物理化学 . 北京：冶金工业出版社，1987
2 张祥麟，王曾隽主编 . 应用无机化学 . 北京：高等教育出版社，1992
3 朱吉庆 . 冶金热力学 . 长沙：中南工业大学出版社，1995
4 S. M. Walas, Phase Equilibria in Chemical Engineering, Butterworth Publishers, Boston, 1985
5 W. R. Smith, R. W. Missen, Chemical Rection Equilibrium Analysis, John Wiley & Sons, New York, 1982
6 杜逸虹 . 物理化学 . 台北：三民书局，1983
7 杨子超 . 基础无机化学理论 . 西安：陕西人民出版社，1982
8 沈斐凤，陈慧兰，余宝源编 . 现代无机化学 . 上海：上海科技出版社，1985
9 Y. K. Rao, G. R. Belton. In Chemical Metallurgy (N. A. Gokcen), Warrendale Pr., 1981: 75 ~ 96

4 基础动力学

主要符号表

a，b，c，d——反应式（A）的计量系数
A，B——反应物
A'，B'——经验常数
A——表面积
c^*——气态反应物平衡浓度
C_A, C_B, C_Z, C_Y——反应物及生成物的浓度
c_b——气态反应物在气相本体中的浓度
c_i——反应区域与产物层交界处气态反应物浓度
c_s——固态反应物浓度
C——气态反应物的浓度
c——气态反应物在孔隙中的浓度；气体浓度
D，D_e——气体分子扩散系数和有效扩散系数
E——活化能
F，F_p——形状系数
G——积分常数
k，k_s，k_c——表观界面反应速度常数
k_f——传质系数
K——化学反应平衡常数；速度常数
L_0——单位体积试样中初始孔隙长度
l——孔隙单元有效长度
m——气-固反应对固态反应物级数
n——气-固反应对气态反应物的表观反应级数；摩尔数；物质的量
p——压强（力）
R_0——固态试样初始半径
R_c，R_d，R_t——化学反应，扩散和外传质各步骤的阻力分数
r_i——微粒内部反应界面位置
r_0——孔隙的初始半径；球团初始半径；固态反应物初始半径
R——固态试样的初始半径；固态试样内部位置
S_0——单位体积试样孔隙表面积
Sh——舍伍德数
S_i，S_0——反应界面积；固态试样初始表面积
S——频率因子（或为熵）
t——反应时间；时间
u——反应速度
v——表观反应级数；气流速度
V——容积；体积
x_s——固态反应物质量分数
x——固态反应物的转化率；转化率
X——沿孔隙轴向位置坐标
Z，Y——反应生成物
ε'，ε_0——无因次位置
ε——固态试样的孔隙率
θ——无因次反应参数
τ——迷宫度
υ——振动频率
ψ——无因次参数
φ——蒂勒模数
A_{F_p}——固态反应物外表面积
ρ_a——固态试样的表观密度
ρ_s——固态试样真密度
V_{F_p}——固态试样体积
$\Delta H^{\neq}$——活化焓
$\Delta S^{\neq}$——活化熵
ν_v——气体运动黏度
λ_g，Λ——阻力

化学动力学是研究反应进行的速度及其影响因素的科学，在湿法冶金研究中占有非常重要的地位。它可使我们了解反应本身的机理，并控制反应进行的条件，使反应按照我们所希望的速度进行，这对科学研究及生产实践都有重大意义。对反应速度的研究要随时观察体系经历的情况，要识别反应过程的机理，这与化学力学不同（在化学力学中不考虑时间因素，只注重体系的始终状态而不注重过程机理）；影响反应速度的因素复杂，其中反应的物质、浓度及温度固不待言，就是杂质和容器也常显著地改变速度；加之同一体系常有几种反应同时伴生，因而在化学动力学的研究中存在不少的困难。随着科学的发展、测试手段的进步及物质结构研究的深入使化学动力学的研究有了长足的进展。

下面将阐述一些化学动力学的主要问题，这些问题是研究湿法冶金动力学的基础。

4.1 反应速度及其测定[1~8]

A 反应速度的表示法

反应速度为单位时间内作用物质量的变化，即 $u = \pm(dn/dt)$，其中的 dn 如表示生成物的变化，取"+"；如表示反应物的变化，则取"－"号，以保持 u 为正值。在均相反应过程，为了避免总量对反应速度的影响，通常用单位时间、单位体积内作用物质摩尔数的变化量，即浓度的变化率来表示。设有简单反应：

$$aA + bB \longrightarrow zZ + yY$$

其反应速度可用下列任何一式表示：

$$-\frac{dC_A}{dt}, -\frac{dC_B}{dt}, -\frac{dC_Z}{dt}, -\frac{dC_Y}{dt}$$

式中，C_A、C_B、C_Z及 C_Y分别为反应物 A 与 B 生成物 Z 与 Y 经历时间 t 的瞬间浓度。但要注意各个速度式所表示的速度数值是不同的，而有如下的关系：

$$-\frac{1}{a}\frac{dC_A}{dt} = -\frac{1}{b}\frac{dC_B}{dt} = -\frac{1}{z}\frac{dC_Z}{dt} = -\frac{1}{y}\frac{dC_Y}{dt} \tag{4-1}$$

B 反应速度的测定

反应速度的测定有化学分析及物理测量两种方法。化学方法须在反应进行中的不同时间取出若干样品，使之骤然冷却（或用其他方法，如加阻化剂、取去催化剂或消除反应物之一），来停止或冻结反应以待分析处理（作容量分析或重量分析求某反应物或生成物的浓度）；也可将作用物质分别置于若干玻璃球内，而在同一条件（温度等）下，同时开始进行反应，然后在不同时间分别分析各球物质的浓度。物理方法虽不能直接测定作用物的浓度，但可测量电导、电位、旋光度、折光率、吸收光、颜色、黏度、热导率、容积或气体压强等物理量的变化来推算浓度的变化，此法比较简便，不用取出样品，故无须设法冻结反应的进行，即可以连续进行测定。

上述方法适用于静止体系，统称为静止法。此外还有流动法，即将反应气体以一定的流速通过一个恒温已知容积的反应管。这样由气体的流速 u（单位时间流过的容积）及反应管的容积 V，算出气体在反应管中的平均停留时间 $t = V/u$，再从流入和流出反应管的气体组成变化，就可知道在此时间内的反应量，从而算出反应浓度。

近些年出现了不少先进的分析测试仪器，可以在原位、在线地测出反应物与生成物随时间变化的浓度，这就给化学动力学的研究提供了方便条件，有了反应物及生成物随时间变化的浓度，就可很快地计算出化学反应速度。

反应速度受很多因素影响，如反应物的本质、浓度、介质、温度及光电等外来能量都影响反应速度；共存的杂物，包括容器壁，也可改变反应速度；反应物的相态及分散度，也与反应速度有关。

4.2　浓度及温度对反应速度的影响[1~8]

4.2.1　浓度对反应速度的影响

A　质量作用定律

1867 年古德堡和万格由实验确定，在一定温度下，反应速度与各个反应物浓度的若干次方成正比，称为质量作用定律。因为反应分子相碰才能引起反应，当其他条件相同时，反应速度应随单位时间内分子间碰撞次数的增多而增大，而分子间碰撞次数又随反应物的浓度增大而增多，故反应速度常随各个反应物的浓度增大而增大。就最简单的反应而言，在一定温度下，指定体系的反应速度与此瞬间各反应物浓度的乘积成正比，并且每种反应物的浓度指数等于反应式（能代表反应过程的反应方程式）中各反应物前的系数。例如反应：

$$aA + bB \longrightarrow zZ + yY$$

的反应速度可用下式表示：

$$-\frac{dC_A}{dt} = kC_A^a C_B^b \quad 或 \quad \frac{dC_Z}{dt} = kC_A^a C_B^b \tag{4-2}$$

此式为质量作用定律的数学表达式。不管用 $-\frac{dC_A}{dt}$、$-\frac{dC_B}{dt}$、$\frac{dC_Z}{dt}$或$\frac{dC_Y}{dt}$之中的哪一个符号代表，等式右边的浓度都是 C_A 及 C_B（不是 C_Z 及 C_Y）。比例常数 k 称为速度常数或比速度，其意义为反应物 A 及 B 的浓度为 1 单位时的反应速度。单位因次是［浓度］$^{1-a-b}$/［时间］。在本章中除非特别声明，浓度的单位用 mol/L，时间的单位用 s。

应该知道用不同物质的浓度表示反应速度时，其速度常数值未必相同。例如反应 $2NO + O_2 \rightarrow 2NO_2$，下列三个速度公式中的 $k = 2k' = k''$。

$$-\frac{dC_{NO}}{dt} = kC_{NO}^2 C_{O_2}；\quad -\frac{dC_{O_2}}{dt} = k'C_{NO}^2 C_{O_2}；\quad -\frac{dC_{NO_2}}{dt} = k''C_{NO}^2 C_{O_2}$$

在化学动力学中，可根据质量作用定律将化学反应分类。从实际上测定的反应速率与各反应物浓度的指数和关系，可分成不同的反应级数；从理论上推知的反应速度与各反应物浓度的指数和关系，可分成不同的反应分子数。

B　反应的级数

反应的级数不能从反应方程式看出而只能由实验测定。即在一定温度下，实测的反应速度与反应浓度的几次方（即质量作用定律中各反应物浓度的指数和）成比例，该反应便是几级反应。换言之，反应的级数等于质量作用定律中各反应物浓度的指数和，这样可将反应分为一级反应、二级反应、三级反应及零级反应等 4 个整数级反应，此外还有分数级反应。高过三级的反应在气相反应中还没有发现。一级反应的速度与反应物浓度的一次方成正比，其速度公式是式（4-2）当 $a=1$ 及 $b=0$ 时的形式：

$$-\frac{\mathrm{d}C_A}{\mathrm{d}t}=k_1C_A \tag{4-3}$$

二级反应的速度与反应物浓度的二次方成正比，其速度公式为式（4-2）的 $a=1$ 及 $b=1$，或 $a=2$ 及 $b=0$ 时的形式：

$$-\frac{\mathrm{d}C_A}{\mathrm{d}t}=k_2C_AC_B \quad 或 \quad -\frac{\mathrm{d}C_A}{\mathrm{d}t}=k_2C_A^2 \tag{4-4}$$

三级反应的速度与反应物浓度的三次方成正比，其速度公式为式（4-2）的 $a=2$ 及 $b=1$，或 $a=3$ 及 $b=0$ 时的形式：

$$-\frac{\mathrm{d}C_A}{\mathrm{d}t}=k_3C_A^2C_B \quad 或 \quad -\frac{\mathrm{d}C_A}{\mathrm{d}t}=k_3C_A^3 \tag{4-5}$$

一级和二级反应是常见的反应，三级反应很少见，这 3 种反应将在下面三节中分别讨论。它们都随反应时间的延长，因反应物浓度的逐渐减小而使其反应速度也逐渐减慢，可以统称为变速反应。零级反应则不然，它的反应速度与浓度无关，也不随时间改变，而为等速反应。其速度公式为：

$$-\frac{\mathrm{d}C_A}{\mathrm{d}t}=k_0C^0=k_0 \tag{4-6}$$

零级反应只在特殊情况下存在。例如饱和溶液中的反应，由于有未溶物存在，能随时补充溶液中反应物的消耗，而使溶液中的反应物的浓度维持不变，故反应速度为常数。又如某些表面催化反应（如 NH_3 在钨上的分解）速度不随气体压强改变（在一定范围内）。光化学反应的速度决定于光量子数而与反应的浓度无关。

反应的级数完全由实验决定，而不能由反应方程式看出。并且同一反应因温度及压强等条件不同而有不同的反应级数。

C　反应的分子数

反应的分子数按照所推知同时参与反应的分子数决定，即同时有几个反应分子相碰发生的反应，称为几分子反应。这样可将反应分为单分子反应、双分子反应、三分子反应三种简单反应，更多的分子数反应可能性极少，至今没有发现，但还有复杂反应是由这三种简单反应合成的。

单分子反应为单个分子自己进行的反应。许多分解、蜕变或分子内部的重新排列多为单分子反应。例如下列反应都属单分子反应。

$$I_2 \rightarrow 2I;\ Ra \rightarrow Rn + He;\ CH_3\text{—}\underset{\underset{O}{\|}}{C}\text{—}CH_3 \rightarrow CH_3\text{—}\overset{\overset{CH_2}{/\!/}}{C}\underset{\setminus OH}{} \tag{4-7}$$

单分子反应的反应速度与反应物浓度的 1 次方成正比，其速度公式与一级反应式(4-3)相同。

双分子反应为两个分子相碰而引起的反应。许多化合、取代或双分解反应是双分子反应。例如下列反应即是双分子反应：

$$CH_3COOC_2H_5 + NaOH \longrightarrow CH_3COONa + C_2H_5OH$$

双分子反应的反应速度与反应物浓度的 2 次方成正比，其速度公式与二级反应式（4-4）相同。

三分子反应为三分子同时相碰而起的反应。因为三分子同时相碰的机会很少，故此三分子反应很少见。目前在气体反应中只知道 2NO 与 H_2、Cl_2、Br_2及 O_2的化合（如 $2NO + H_2 \rightarrow 2NO_2$）可能是三分子反应，另外有些游离原子的化合（$X + X' + M \rightarrow X_2 + M'$）除了反应的原子 X 外，还需有别的分子 M 参与带走部分能量，也就形成了三分子反应。溶液的三分子反应稍多一些。三分子反应的反应速度与反应物浓度的 3 次方成正比，其速度公式与三级反应式（4-5）相同。

反应的分子数只由其实际进行的反应方程式决定，而不能由通常所列的总反应方程式看出。有些复杂反应，例如 $3H_2 + N_2 \rightarrow 2NH_3$，从总反应式看好像是四分子反应，而实际不然，它是一系列的一、二或三分子反应连续组成的。因此不能从复杂反应的总反应式来确定反应的分子数，而只能从实际发生的简单反应的反应式来确定反应的分子数。并且复杂反应的总反应无所谓几分子反应，而只有其中的各个单元反应才有分子数可言。

D　反应级数与分子数的关系

在简单的情况下，实验的反应级数与推得的反应分子数相同，即单分子反应为一级反应，双分子反应为二级反应，三分子反应为三级反应。上述单、双及三分子反应的实例都分别是一、二及三级反应。但有下列情况之一时，反应的级数就与其分子数不相同。

（1）有一种反应物的量过剩很多，它在反应中的消耗不多，实际的浓度变化很小而可视为不变，则其反应级数比其分子数小 1。例如在稀水溶液中糖（或酯）的水解，水的浓度可视为不变，故它们虽为双分子反应，但实验测定却是一级反应，即：

$$\frac{dC}{dt} = k_2 C_{水} C_{糖} = k_1 C_{糖} \tag{4-8}$$

（2）有物质循环作用，即某物质参加反应，经过几步又恢复原状，形成催化剂的作用时，其浓度不变，其反应级数比分子数小。例如过氧化氢在有 I^-离子存在时的分解，其 I^-为催化剂，浓度不变，故其反应速度仅与过氧化氢的浓度成正比，而为一级反应。

（3）反应经过连续的几步完成，若其中的一步反应特别慢，其速度可代表整个反应速度，则此整个反应的级数就等于此步特慢反应的分子数；若各步反应的快慢相差不很大时，则整个反应的级数可为整数也可为分数。例如 N_2O_5的分解为一级反应，H_2在钨丝上的分解为半级反应，而 N_2O 的分解为 1.5 级反应。故反应的分子数虽必为整数，而反应的级数则可为整数也可为分数，并且整数级的反应可为简单反应也可为复杂反应，而分数级的反应必为复杂反应。通常复杂反应的级数比其反应式的分子数少。

4.2.2　温度对反应速度的影响

温度升高时，一般反应速度急剧地增加，这是早就知道的现象。反应速度与温度的定量关系，可表达如下。

（1）范特荷夫规则。1884 年范特荷夫提出反应速度与温度的经验规则：温度每升高 10℃时，反应速度大约增大 2 ~4 倍。比较两个温度时的反应速度，可用速度常数 k 来作比较。

（2）阿累尼乌斯公式。1889 年阿累尼乌斯提出反应速度常数 k 与绝对温度 T 相关的半径经验公式：

$$k = Se^{-E/RT} \tag{4-9}$$

或

$$\ln k = \ln S - \frac{E}{RT} = B' + \frac{A'}{T} \tag{4-10}$$

或

$$\frac{d\ln k}{dT} = \frac{E}{RT^2} \tag{4-11}$$

阿累尼乌斯公式适用于各级单相反应，也能用于多相反应，但要求在讨论温度范围内的反应级数相同。其 S、E、A'及 B'为经验常数，而 $B' = \ln S$，$A' = -E/R$。S 称为频率因子，E 称为活化能，其单位为 J/mol。式（4-10）换成常用对数则：

$$\lg k = \lg S - \frac{E}{2.303RT} = B + \frac{A}{T} \tag{4-12}$$

或

$$\lg\frac{k_2}{k_1} = A\left(\frac{1}{T_2} - \frac{1}{T_1}\right) = -\frac{E}{2.303R}\left(\frac{1}{T_2} - \frac{1}{T_1}\right) \tag{4-13}$$

从而可由常数 A 及 B 来估计任何 T 时的 k 值；已知 A 或 E 时，可由 T_1时的 k_1推知 T_2时的 k_2；也可由 T_1、T_2、k_1 及 k_2 求 A 或 E（$E = -2.303RA$）；更可由多个 T 时的 k 来求 A 与 B 或 E 与 S，即以 $\lg k$ 对 $1/T$ 作图线，应为直线，其斜率即为 A 或 $-E/(2.303R)$，纵截距为 $\lg S$。

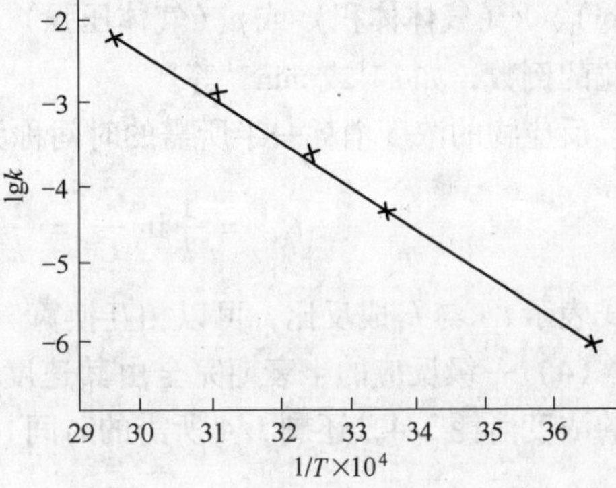

图 4-1 k 与 T 的关系

例如，N_2O_5 在各温度 T 时的 k 值（s^{-1}）列于表 4-1，试求其阿累尼乌斯公式的常数 A、B 及 E，并推算 45℃的 k。

将 $\lg k$ 对 T 作图，直线斜率 $A = -5397.7$，从而得 $E = -2.303RA = 10335$J/mol，求得 $B = 13.633$，即得：

$$\lg k = 13.633 - 5397.7/T$$

$$k_{318} = \lg(13.633 - 5397.7/318) = 45.7 \times 10^{-5}/\text{s}$$

表 4-1 N_2O_5在各温度时的速度常数 （s^{-1}）

T/K	338	328	308	298	273
$1/T \times 10^3$	2.959	3.148	3.247	3.357	3.663
$k \times 10^5$	487	150	13.5	3.46	0.0787
$\lg k$	-2.313	-2.284	-3.871	-4.471	-6.104

4.3 反应级数及其测定[1~8]

4.3.1 一级反应

一级反应是常见的反应，它有下列几个特征。

（1）一级反应的速度与反应物浓度的一次方成正比：

$$-\frac{\mathrm{d}C}{\mathrm{d}t}=k_1C \tag{4-14}$$

将此式改成$\frac{\mathrm{d}C}{\mathrm{d}t}=-k_1\mathrm{d}t$，积分得：

$$\ln C=-k_1t+G \tag{4-15}$$

式中，G为积分常数。

（2）一级反应中反应物浓度的对数与反应经历时间成直线关系。设反应开始时反应物的浓度为C_0，则由上式知$G=\ln C_0$，从而$\ln C=-k_1t+\ln C_0$，$k_1t=\ln(C_0/C)$，或

$$k_1=\frac{1}{t}\ln\frac{C_0}{C}=\frac{2.303}{t}\lg\frac{C_0}{C} \tag{4-16}$$

故由C_0及各t时的C可知其速度常数k_1，其k_1的大小代表反应速度的快慢。若已知k_1，则可作t与C的换算。

（3）一级反应的速度常数k_1与浓度的单位无关。即不管浓度用M（mol/L）、n（mol）、V（气体体积）或p（气体压强）表示，都得到相同的k_1值。k_1的单位因子是时间单位的倒数，如s^{-1}或min^{-1}等。

反应物的浓度消耗一半所需的时间称为半衰期，记作$t_{1/2}$。由上式得：

$$t_{1/2}=\frac{1}{k}\ln\frac{C_0}{C}=\frac{1}{k}\lg\frac{C_0}{C_0/2}=\frac{1}{k_1}\ln 2=\frac{0.693}{k_1} \tag{4-17}$$

此式表示$t_{1/2}$与k_1成反比，可以相互换算。从$t_{1/2}$的大小也可看出反应速度的大小。

（4）一级反应的半衰期完全由其速度常数k_1决定而与反应开始浓度C_0无关。设反应物的浓度消耗3/4，还剩1/4所需的时间$t_{3/4}$，即C为$C_0/4$时的t，由上式可得：

$$t_{3/4}=\frac{1}{k}\ln\frac{C_0}{C_0/4}=\frac{1}{k_1}\ln 4=2t_{1/2} \tag{4-18}$$

（5）一级反应的$t_{3/4}$为$t_{1/2}$的2倍。反应速度公式中的浓度，除了采用经历t时的剩下浓度C表示外，也常用经历t时消耗的反应物浓度x表示。显然，$x=C_0-C$，或$C=C_0-x$，这样一来式（4-3）及式（4-16）分别为：

$$-\frac{\mathrm{d}(C_0-x)}{\mathrm{d}t}=\frac{\mathrm{d}x}{\mathrm{d}t}=k_1(C_0-x)$$

及

$$k_1=\frac{1}{t}\ln\frac{C_0}{C_0-x} \tag{4-19}$$

一级反应的速度公式也常用指数式表示，即将式（4-16）改成$\ln(C/C_0)=-k_1t$，从而可得：

$$C = C_0 e^{-k_1 t} \tag{4-20}$$

一级反应的实例很多，如元素的蜕变，I_2及 N_2O_5的热分解，Ge（C_2H_5）$_4$等许多有机物的热分解，一般有机分子的重新排列，某些分子间代替反应及双分解（如酯或糖在稀水溶液中的水解，H_2O 因 I^- 的分解）都是一级反应。

例如，30℃时，在 CCl_4溶剂中，N_2O_5分解生成的 N_2O_4及 NO_2都留在溶液中，放出 O_2气，其实验数据列于表 4-2 的前两行，试按反应求其速度常数 k_1。

表 4-2 30℃时在 CCl_4中 N_2O_5分解数据（V 为放出 O_2气的升数）

时间/s	$C_{N_2O_5}$（即 $V_\infty - V_t$）	$\lg C_{N_2O_5}$	$k \times 10^5$/s
0	84.85	1.9287	—
2400	69.20	1.8401	8.50
4800	57.20	1.7574	8.22
7200	47.15	1.6735	8.16
9600	39.00	1.5911	8.10
12000	32.18	1.5075	8.08
14400	26.55	1.4241	8.07
16800	21.85	1.3395	8.08
19200	18.00	1.2553	8.08
∞	0.00	—	—

表中的 V_t为反应经历时间 t 所放出 O_2气的容积；V_∞ 为反应完全所放出 O_2气的容积，它代表原始 N_2O_5的总量；$V_\infty - V_t$ 代表经历时间 t 尚未分解的 N_2O_5量，相当于 $C_{N_2O_5}$。

取 $\lg C$ 对 t 作图得直线如图 4-2 所示。按照式（4-15）知此直线的斜率 $= -k_1/2.303$，从而求得 $k_1 = 8.1 \times 10^{-5}$/s。若按式（4-16）计算，所得 k_1 值列于表上，可视为常数。

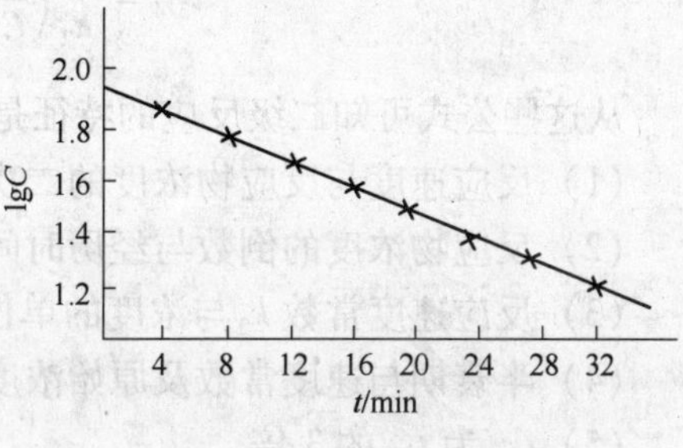

图 4-2 N_2O_5的分解

又如，^{210}Po 蜕变（放出 β）时，经 14 日后其活性降低 6.85%；求其蜕变常数及半衰期，并计算蜕变 3/4 所需的时间及经 100 天活性分数（C/C_0）。

设蜕变开始时的^{210}Po 为 1，经 14 日剩下的^{210}Po 量为 1 − 0.0685（即 0.9315），从而按式（4-16）及式（4-17）得：

$$k_1 = \frac{2.303}{t}\lg\frac{C_0}{C} = \frac{2.303}{14}\lg\frac{1}{0.9315} = 0.0051/\text{d}$$

$$t_{1/2} = \frac{0.693}{k_1} = \frac{0.693}{0.0051} = 137\text{d}$$

$$t_{1/2} = 2t_{1/2} = 2 \times 137 = 274\text{d}$$

$$\frac{C}{C_0} = \lg^{-1} \frac{-k_1 t}{2.303} = \lg^{-1}(-0.217) = 0.607$$

4.3.2　二级反应

二级反应也是常见的反应，它适用式（4-4）：

$$-\frac{dC_A}{dt} = k_2 C_A C_B$$

若反应物的原始浓度相同而为 C_0，经历时间 t 的浓度为 C 时：

$$-\frac{dC}{dt} = k_2 C^2 \tag{4-21}$$

将此式改写成 $-dC/C^2 = k_2 dt$，积分得：

$$1/C = k_2 t + G = k_2 t + 1/C_0 \tag{4-22}$$

$$k_2 = \frac{1}{t}\left(\frac{1}{C} - \frac{1}{C_0}\right) = \frac{C_0 - C}{tC_0 C} = \frac{x}{t(C_0 - x)C_0} \tag{4-23}$$

式中，x 为反应经历 t 时反应物消耗的浓度（$x = C_0 - C$），其半衰期 $t_{1/2}$ 及 $t_{3/4}$ 分别为

$$t_{1/2} = \frac{1}{k_2}\left(\frac{1}{C_0/2} - \frac{1}{C_0}\right) = \frac{1}{k_2 C_0} \tag{4-24}$$

$$t_{3/4} = \frac{1}{k_2}\left(\frac{1}{C_0/4} - \frac{1}{C_0}\right) = \frac{3}{k_2 C_0} = 3t_{1/2} \tag{4-25}$$

从这些公式可知二级反应的特征是：

（1）反应速度与反应物浓度的二次方成正比；

（2）反应物浓度的倒数与经历时间成直线关系；

（3）反应速度常数 k_2 与浓度的单位有关，其单位为浓度的倒数；

（4）半衰期与速度常数及原始浓度成反比；

（5）$t_{3/4}$ 为 $t_{1/2}$ 的 3 倍。

若二级反应的 A 与 B 两种反应物的原始浓度不同，而分别为 a 与 b 时，并设 A 与 B 各 1 分子生成物时，其反应物的消耗浓度 x 也代表生成物的增加浓度，其速度公式可由式（4-4）推得：

$$-\frac{d(a-x)}{dt} = \frac{dx}{dt} = k_2 C_A C_B = k_2(a-x)(b-x) \tag{4-26}$$

或

$$k_2 dt = \frac{dx}{(a-x)(b-x)} = \frac{dx}{a-b}\left(\frac{1}{b-x} - \frac{1}{a-x}\right)$$

积分得：

$$k_2 = \frac{1}{t(a-b)}\ln\frac{b(a-x)}{a(b-x)} = \frac{2.303}{t(a-b)}\lg\frac{b(a-x)}{a(b-x)} \tag{4-27}$$

表示 $\lg\frac{b(a-x)}{a(b-x)}$ 对 t 成直线关系，其斜率为（$a-b$）$k_2/2.303$。

二级反应的实例很多，如 H_2 与 I_2 化合，Fe_2N、$NaClO_3$、HI 及 NOCl 的分解，许多有机物的缩聚、加成、取代或双分解反应等。

如乙酸乙酯的皂化反应 $CH_3COOC_2H_5 + NaOH \rightarrow CH_3COONa + C_2H_5OH$，在 25℃时，原始反应物 $CH_3COOC_2H_5$ 及 NaOH 的浓度分别为 4.86mmol/L 及 9.8mmol/L。反应时间 t 时反应物浓度列于表 4-3 的前三行，可按二级反应求其速度常数 k_2。

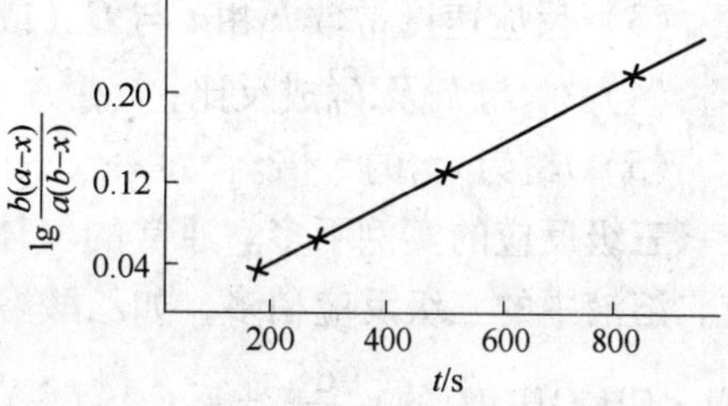

图 4-3 酯的皂化速度

表 4-3 甲酸甲酯的皂化速度

t/s	0	178	273	531	866	1918	2401
$a-x$/mM	9.80	8.92	8.64	7.92	7.24	6.03	5.74
$b-x$/mM	4.86	3.98	3.70	2.97	2.30	1.09	0.80
$\lg\frac{b(a-x)}{a(b-x)}$	—	0.041	0.064	0.121	0.194	0.439	0.552
$k_2/(\mathrm{s\cdot mol})^{-1}$	—	0.108	0.109	0.106	0.104	0.106	0.107

按式（4-27）算得的 k_2 值列入表4-3 中。也可取 $\lg\frac{b(a-x)}{a(b-x)}$ 对 t 作图得直线，如图4-3所示。按式（4-27），此直线斜率为

$$0.229 = \frac{(a-b)k_2}{2.303}$$

从而求得 $k_2 = 0.107\ (\mathrm{mol\cdot s})^{-1}$。

4.3.3 三级反应

三级反应是一种少见的反应，它适合式（4-28）。仅就原始反应的浓度都为 C_0 的情况而言：

$$-\frac{\mathrm{d}C}{\mathrm{d}t} = k_3C^3 \tag{4-28}$$

积分得：

$$\frac{1}{2C^2} = k_3t + \frac{1}{2C_0^2} \tag{4-29}$$

或

$$k_3 = \frac{1}{2t}\left(\frac{1}{C^2} - \frac{1}{C_0^2}\right) \tag{4-30}$$

$$t_{1/2} = \frac{1}{2k_3}\left(\frac{1}{(C_0/2)^2} - \frac{1}{C_0^2}\right) = \frac{3}{2k_3C_0^2} \tag{4-31}$$

$$t_{3/4} = \frac{1}{2k_3}\left(\frac{1}{(C_0/4)^2} - \frac{1}{C_0^2}\right)\frac{15}{2k_3C_0^2} = 5t_{1/2} \tag{4-32}$$

从而可知三级反应的特征是：

（1）反应速度与反应物浓度的三次方成正比；

（2）反应物浓度平方的倒数与经历时间成直线关系；

（3）反应速度常数 k_3 由 t 与 C（或 x）及 C_0 共同决定；

（4）$t_{1/2}$ 与 k_3 及 C_0^2 成反比；

（5）$t_{3/4}$ 为 $t_{1/2}$ 的 5 倍。

三级反应的实例不多。通常的气体反应仅知 2NO 与 H_2、Cl_2、Br_2 及 O_2 化合为三级反应。溶液中的三级反应稍多，如乙酸溶媒中含不饱和键 C ═C 的有机物卤化反应（CH_2═$CH \cdot CH_2OH + I_2$ 的 $-\dfrac{dC}{dt} = k_3 C_{C=C} C_{12}^2$）。

4.3.4　反应级数的测定

反应的级数完全由实验判定。即测出反应经历不同时间 t 的浓度 C，按下列方法之一来决定其为一、二或三级反应。至于零级反应是等速反应，显然较容易判定。

（1）试算 k 值法（尝试法或积分法）。将反应过程中不同时间 t 的浓度 C 分别代入一、二及三级反应速度公式（4-16）、式（4-23）或式（4-27）及式（4-30）来试算，看用哪个公式求得的 k 是常数，则该公式所属的级数就是此反应的级数，若不得常数，则一定为复杂反应。

例如，有下一反应在苯中进行，并用氯化杂苯除去 HCl 以免逆反应发生，其速度列于表 4-4 前的两栏，可推算其反应的级数如下：

$$(C_6H_5)_3CCl + CH_3OH \longrightarrow (C_6H_5)_3COCH_3 + HCl$$

表 4-4　原始反应物 $(C_6H_5)_3CCl$ 的浓度 $b = 0.106$mol/L，CH_3OH 的浓度 $a = 0.054$mol/L

t/min	17.4	444	1150	1510	1660	2900	3120
x/(mol · L^{-1})	0.0110	0.0207	0.0318	0.0345	0.0354	0.0414	0.0416
“k_2”	0.0127	0.0115	0.0089	0.0080	0.0077	0.0064	0.0060
k_3	0.278	0.278	0.272	0.264	0.263	0.281	0.269

先按二级反应的式（4-28）计算的“k_2”不是常数，再按三级反应的式（4-30）算得的 k_3 为常数，故知此为三级反应。

（2）作图法。当各反应物的原始浓度都相同时，按公式（4-15）、式（4-22）及式（4-29）可知对不同的反应级数的浓度 C 与时间 t 有不同的直线关系，从而分别以 $-\lg C$、$1/C$ 或 $1/C^2$ 对 t 作图，看哪个图线近似直线，而知其反应为一、二或三级反应。若二级反应物原始浓度不同而为 a 及 b 时，则由式（4-28）可知 $\lg \dfrac{b(a-x)}{a(b-x)}$ 对 t 成直线关系。

（3）半衰期法。各级反应的半衰期 $t_{1/2}$ 与反应物的原始浓度 C_0 的关系，分别如式（4-17）、式（4-24）、式（4-31）所示；或者总的说来：n 级反应的 $t_{1/2}$ 与 $C_0^{-(n-1)}$ 成比例。从而测出不同的 C_0 的 $t_{1/2}$ 及 C_0' 的 $t_{1/2}$，则 $(C_0'/C_0)^{n-1} = t_{1/2}/t'_{1/2}$ 或 $(n-1)\ \lg C_0'/C_0 = \lg t_{1/2}/t'_{1/2}$，求得的 n 就是反应级数。计算式如下：

$$n = 1 + \lg t_{1/2}/t'_{1/2}/\lg C_0'/C_0$$

（4）微分法。设反应的级数为 n，各原始反应物的浓度相同时，反应速度为

$$-\frac{dC}{dt} = kC^n$$

取对数得

$$\lg\left(-\frac{dC}{dt}\right) = \lg k + n\lg C$$

绘出 $\lg\left(-\frac{dC}{dt}\right)$ 对 $\lg C$ 的图线，若为直线，则此直线的斜率就是反应的级数；或就两点的 $\lg\left(-\frac{dC}{dt}\right)$ 及 $\lg C$ 值，也可算出反应的级数

$$n = \frac{\lg\left(-\frac{dC}{dt}\right)_1 - \lg\left(-\frac{dC}{dt}\right)_2}{\lg C_1 - \lg C_2}$$

4.3.5 复杂反应

上面所说的一、二、三及零级反应，并不包括所有的反应；实际的反应有很多不适合任何整数级反应的速度公式；或在某一条件适合，而在另一条件下又不适合。这些反应常为几个单元反应复合而成，称为复杂反应。有些整数级反应也为复杂反应，复杂反应的基本类型大致如下。

A 对峙反应

有正逆两个方向对峙进行的反应，称为对峙反应或可逆反应。它在进行过程中，反应物逐渐减小，生成物逐渐增多。因而正反应的速度逐渐减小，逆反应的速度逐渐增大，直至正反应的速度等于逆反应的速度时，形成平衡状态。此时生成物的浓度与反应物的浓度有一定的对比关系，即为平衡常数。按照质量作用定律，此平衡常数等于正反应的速度常数与逆反应的速度常数之比；而表观反应速度则为正反应速度与逆反应速度之差；从这两个关系即可由测得的浓度随时间变量，求出正反应速度常数与逆反应速度常数。可以正逆反应都是一级的对峙反应为例来说明如下。

正逆反应都是一级的对峙反应（如一般分子内部重新排列）的通式为：

$$A \underset{k_{-1}}{\overset{k_1}{\rightleftharpoons}} Z$$

式中，k_1 及 k_{-1} 分别为正反应速度及逆反应速度常数。设反应物 A 的原始浓度为 a，生成物 Z 的原始浓度为 0，经历时间 t 的浓度变化为 x，则其反应速度式为

$$\frac{-d(a-x)}{dt} = \frac{dx}{dt} = k_1(a-x) - k_{-1}x = k_1a - (k_1 + k_{-1})x \tag{4-33}$$

此表观反应仍为一级反应。将此式积分得：

$$\ln\frac{k_1a}{k_1a - (k_1 + k_{-1})x} = (k_1 + k_{-1})t$$

此反应达到平衡时的浓度变量为 x_e，因此时 $dx/dt = 0$，故此式（4-33）可写为

$$k_1(a - x_e) = k_{-1}x_e \quad 或 \quad \frac{x_e}{a - x_e} = \frac{k_1}{k_{-1}} = K \tag{4-34}$$

故 $K = k_1/k_{-1}$ 为平衡常数，代入上式得：

$$\ln\frac{k_1 a}{k_1 a-(k_1+k_1/K)x}=(k_1+k_1/K)t \quad 或 \quad \ln\frac{x_e}{x_e-x}=k_1\frac{a}{x_e}t$$

即
$$k_1=\frac{x_e}{at}\ln\frac{x_e}{x_e-x} \tag{4-35}$$

从而可知，此正逆反应是一级的对峙反应速度公式它与简单一级反应的速度式（4-20）相似，其 k_1 及 k_{-1}（即 k_1/K）可由 t、a、x 及 x_e 或 K 求得。

B　平行反应

反应物能同时进行几个不同方向的反应，称为平行反应。其速度较快，或生成物较多的反应通常称为主反应，其他反应为副反应。当条件改变时（如改变温度、溶媒或催化剂）往往可使主副反应发生变更。平行反应的反应物浓度始终都随时间的延长而减小，其总反应速度常数等于各方向反应速度常数之和。若各方向反应的级数相同时，各方向的浓度变量比等于其速度常数比，不随时间改变。现以两方都为一级反应为例来说明。

两平行反应都为一级反应时，其反应通式为

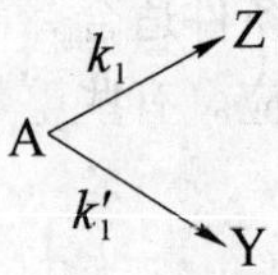

设原始反应物 A 的浓度为 a，经 t 时后 A、Z 及 Y 的浓度为 C_A、C_Z 及 C_Y。其两方向反应的速度常数为 k_1 及 k_1'，则此平行反应速度为

$$-dC_A/dt=(k_1+k_1')C_A=kC_A \tag{4-36}$$

此总反应仍为一级反应，其总反应的速度常数 k 等于各个分反应速度常数 k_1 与 k_1' 之和。积分得：

$$k=k_1+k_1'=\frac{1}{t}\ln\frac{a}{C_A} \tag{4-37}$$

或作指数式
$$C_A=ae^{-kt}$$

从而
$$dC_Z/dt=k_1C_A=k_1ae^{-kt}$$
$$dC_Y/dt=k_1'C_A=k_1'ae^{-kt}$$

积分得：
$$C_Z=\frac{k_1a}{k}(1-e^{-kt}) \qquad C_Y=\frac{k_1'a}{k}(1-e^{-kt})$$

两式相比得：
$$C_Z/C_Y=k_1/k_1' \tag{4-38}$$

将式（4-37）与式（4-38）联立解之可得 k_1 及 k_1'。

C　连续反应

整个反应分为连续几步进行的反应称为连续反应。其特点是有中间物生成，它的浓度初时随反应时间共增，达到最大值后，就随时间延长而减小。最简单的连续反应为两步都是一级反应，如放射性元素的连续蜕变，其反应通式为

$$A\xrightarrow{k_1}D\xrightarrow{k_1'}Z$$

设原始仅有反应物 A，其浓度为 a，经时间 t 后，反应物 A、中间物 D 及生成物 Z 的浓度分别为 C_A、C_D及 C_Z。如图 4-4 所示，C_A不断减小，C_Z不断增大，C_D则随 t 的增加先增后减而有一最大值，对其可分析如下。

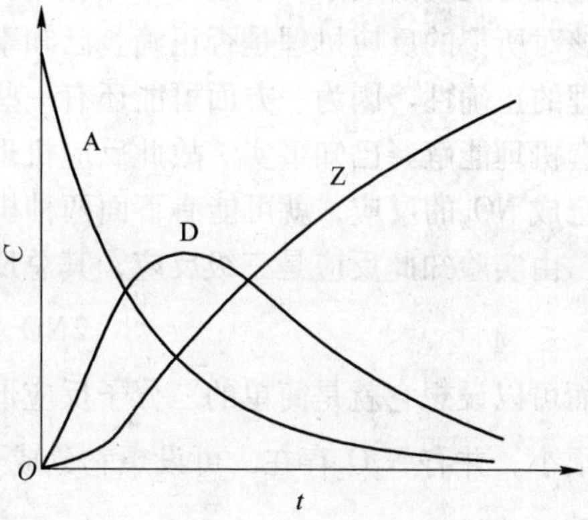

图 4-4 连续反应

因 $-\mathrm{d}C_A/\mathrm{d}t = k_1 C_A$ 或 $C_A = a\mathrm{e}^{-kt}$ (4-39)

而 $\mathrm{d}C_Z/\mathrm{d}t = k_1' C_D$

则 $\mathrm{d}C_D/\mathrm{d}t = k_1 C_A - k_1' C_D$

$$= k_1 a\mathrm{e}^{-k_1 t} - k_1' C_D$$

积分得中间物的浓度

$$C_D = \frac{k_1' a}{k_1' - k_1}(\mathrm{e}^{-k_1 t} - \mathrm{e}^{-k_1' t}) \quad (4\text{-}40)$$

代入上式得生成物的浓度

$$C_Z = a - C_A - C_D = a\left[1 - \mathrm{e}^{-k_1' t} - \frac{k_1}{k_1' - k_1}(\mathrm{e}^{-k_1' t} - \mathrm{e}^{-k_1' t})\right] \quad (4\text{-}41)$$

从式（4-39）可以求得 k_1，代入此式更可求得 k_1'。若要求 C_D最大值 $C_{D大}$及其时间 $t_大$，可将式（4-40）对 t 微分并使之等于 0，即得：

$$t_{大} = \frac{\ln(k_1/k_1')}{k_1 - k_1'} \quad (4\text{-}42)$$

$$C_{D大} = a\left(\frac{k_1'}{k_1}\right)^{\frac{k_1'}{k_1 - k_1'}} \quad (4\text{-}43)$$

连续反应的各步反应中若仅有一步特别慢，且此特别慢的为第一步反应时，其特慢反应的速度及其级数就代表整个反应的速度及级数；此特别慢反应前面还有快速反应时，也可设想中间物的浓度稳定不变，或根据平衡时各物的浓度关系，计算整个反应的级数。例如次氯酸盐在溶液中变为氯酸盐的反应，可设想分作下列两步进行：

$$ClO^- + ClO^- \xrightarrow{(慢)} ClO_2^- + Cl^-$$

$$ClO_2^- + ClO^- \xrightarrow{(快)} ClO_3^- + Cl^-$$

其前一步为二级反应且较后一步慢得多，故整个反应速度由前一步决定为二级反应。

D 反应机理的推测

反应往往是复杂的，故不能由总的反应方程式来推知反应级数。总的反应级数虽然可以测定，而其反应机理如何，即由哪些基元反应组成，有待于多方面的分析研究。此处仅讨论由反应级数推测反应机理的概要。首先根据反应总方程式及测定的反应级数，拟出一套可以解释它的各个基元反应方程式，按复杂反应分析法来处理反应速度公式；再参考反应速度与温度的关系，某些可以检验中间产物的物理数量及示踪原子对各反应的探索等，来核对所拟的反应机理是否正确。已知事实能解释所拟的反应机理，还不能肯定所拟反应机理的正确性。因为一方面可能还有一些不能解释的事实尚未发现，另一方面可能还有另一套机理能解释已知事实。故此反应机理的确定相当繁难，必须慎重处理。例如 NO 与 O_2 化合成 NO_2 的反应，就可能有下面两种机理来解释。

由实验知此反应是三级反应，其总反应式为：

$$2NO + O_2 \longrightarrow 2NO_2$$

因而可以设想它就是简单的三分子反应形成的三级反应。但考虑到三分子反应的实现可能性很小，并有 N_2O_2 存在，可设想它分成下列两步反应进行，也能说明它是三级反应。

即
$$2NO \underset{k_1'}{\overset{k_1}{\rightleftharpoons}} N_2O_2（快）$$

$$N_2O_2 + O_2 \xrightarrow{k_1} 2NO_2（慢）$$

若第一步对峙反应能达成平衡，其 $C_{N_2O_2}$ 与 C_{NO} 有一定对比关系，即：

$$C_{N_2O_2}/C_{NO} = K \quad 或 \quad C_{N_2O_2} = \frac{k_1}{k_1'}C_{NO}^2$$

设第二步反应比第一步反应慢得多，能决定整个反应。故反应速度为：

$$dx/dt = k_2 C_{N_2O_2} C_{O_2}$$

将上式代入此式，得到三级反应公式：

$$dx/dt = k_2 \frac{k_1}{k_1'} C_{NO}^2 C_{O_2} = k_3 C_{NO}^2 C_{O_2}$$

4.4　绝对反应速度及催化作用[1~3,5~8]

4.4.1　绝对反应速度

碰撞理论说明只有活化分子参与有效碰撞才能发生反应，从而这个理论能估计一些简单气体反应的速度常数，但它有一个未能计算而且物理概念未明确的校正因子 P，这就存在一定的缺点。下面讨论的绝对反应速度理论，更深入地考虑到有效碰撞后的效果，将反应速度与物质结构联系起来，从而可用反应物分子的某些基本物性数据，如大小、质量、振动频率及热力学函数等，即可估计其反应速度常数。

绝对反应速度理论又称过渡状态理论，它在 1932 年由贝尔赛和维格勒提出，后经爱林（1935）等补充发展起来的。它假定反应物中的活化分子互相作用，形成过渡状态，即成活化配合物，经过一定时间，活化配合物再分解为生成物，如下式所示：

$$A + B \rightleftharpoons AB \longrightarrow X + Y$$

活化配合物的浓度 C_{AB*} 经常与反应物的浓度 C_A 及 C_B 处于平衡状态，即有活化平衡常数 $K^{\neq} = C_{AB*}/(C_A C_B)$，因为活化配合物的能位较高，故此 $K^{\neq}$ 值最小。其活化配合物分解为生成物的反应速度，等于活化配合物的浓度 C_{AB*} 与其反应轴向振动频率 ν 的乘积。再按量子理论和统计规律，推知 $\nu = RT/h\tilde{N}$（h 为普朗克常数），从而：

$$\frac{\mathrm{d}C_{\mathrm{A}}}{\mathrm{d}t}=-\frac{\mathrm{d}C_{\mathrm{AB}*}}{\mathrm{d}t}=\nu C_{\mathrm{AB}*}=\frac{RT}{h\tilde{N}}C_{\mathrm{AB}*}=\frac{RT}{h\tilde{N}}K^{\neq}C_{\mathrm{A}}C_{\mathrm{B}}$$

由于前段成平衡状态，故此活化配合物的分解速度即为整个反应速度。将此与速度公式 $-\mathrm{d}C_{\mathrm{A}}/\mathrm{d}t=k_2C_{\mathrm{A}}C_{\mathrm{B}}$ 相比，可见：

$$k_2=\frac{RT}{h\tilde{N}}K^{\neq} \tag{4-44}$$

这是绝对反应速度理论的基本公式，它表示反应速度常数决定于温度及反应物与活化配合物间的活化平衡常数 $K^{\neq}$。

设以 $\Delta G^{\neq}$ 、$\Delta H^{\neq}$ 及 $\Delta S^{\neq}$ 分别代表反应物变为活化配合物过程的标准自由焓变量、标准焓变量及标准熵变量，则由热力学的关系式：

$$RT\ln K^{\neq}=-\Delta G^{\neq}=-\Delta H^{\neq}+T\Delta S^{\neq}$$

$$K^{\neq}=\mathrm{e}^{-\Delta G^{\neq}/RT}=\mathrm{e}^{\Delta S^{\neq}/R}\cdot\mathrm{e}^{-\Delta H^{\neq}/RT}$$

代入式(4-44) 得

$$k_2=\frac{RT}{h\tilde{N}}K^{\neq}=\frac{RT}{h\tilde{N}}\mathrm{e}^{\Delta S^{\neq}/R}\cdot\mathrm{e}^{-\Delta H^{\neq}/RT} \tag{4-45}$$

通常的活化能较大，活化能 E 与活化焓 $\Delta H^{\neq}$ 的差别可以忽略，而以 E 代替 $\Delta H^{\neq}$，则：

$$k_2=\frac{RT}{h\tilde{N}}\mathrm{e}^{\Delta S^{\neq}/R}\cdot\mathrm{e}^{-E^{\neq}/RT} \tag{4-46}$$

将此式与阿累尼乌斯公式（$k_2=S\mathrm{e}^{-E/RT}$）相比，得：

$$S=\frac{RT}{h\tilde{N}}\mathrm{e}^{\Delta S^{\neq}/R} \tag{4-47}$$

通常反应 $K^{\neq}$ 很小，$\Delta H^{\neq}$ 为颇大的正数，$\Delta S^{\neq}$ 常为负数，简单气体反应的 $\Delta S^{\neq}$ 近于零，其 $S=RT/h\tilde{N}=10^{13}$。反应愈复杂，其 $\Delta S^{\neq}$ 的负数愈大，而使 S 大为减小，这就说明碰撞理论的校正因子 P 可以很小的原因。若 $\Delta S^{\neq}$ 为正数时，则为连锁反应。

绝对反应速度理论既能说明许多气体反应，又能用于溶液反应，从理论上来估计速度常数获得了成功。它的数据按式（4-45）计算，全是反应物与活化配合物结构的基本数量，即其活化熵 $\Delta S^{\neq}$ 可由光谱数据及统计力学求得，活化焓 $\Delta H^{\neq}$ 也可由统计热力学方法求得，从而指出反应速度与物质结构的关系具有重要意义。但由于它忽略了分子内部的变化，还未能很好地符合实际，有待进一步的发展。

4.4.2 催化作用

4.4.2.1 催化概述

A 催化概念

化学反应常因某种物种的加入而改变速度。其所加入的物种，虽然参加反应，它的结构状态及物理性质也可能改变，但其数量、组成及化学性质在反应前后相同。这种能使其他物质反应速度改变，而自身在反应前后的数量、组成及化学性质不改变的物种，称为催化剂或接触剂。加快反应速度的催化剂为正催化剂，其作用叫正催化作用。减慢反应速度的催化剂为负催化剂，其作用为负催化作用。有些反应的产物具有催化作用，称为自动催化反应。有时反应物的容器壁、溶剂介质及微量杂物也有显著的催化作用。故此催化作用相当普遍，对于湿法冶金工艺具有重要意义，利用催化剂不仅可以加速或抑制单一反应的进行，并可选用不同的催化剂来加速或抑制平行反应中的某一反应的进行，并可选用不同的催化剂来加速或抑制平行反应中的某一反应，以促进生产。

B　催化剂的选择性

反应物对催化剂有相应选择性，即指定的催化剂对相应的反应物才有催化作用；不同的反应适用不同的催化剂，并且平行反应的各反应的催化剂也不同。例如乙醇脱水作用因催化剂的不同而表现的主反应不同，即得不同的产物：

$$C_2H_5OH \xrightarrow[350℃]{Al_2O_3} C_2H_4 + H_2O$$

$$C_2H_5OH \xrightarrow[250℃]{Cu} CH_3CHO + H_2$$

$$C_2H_5OH \xrightarrow[140℃]{H_3PO_4} (C_2H_5)_2O + H_2O$$

一种催化剂对同一可逆反应的正反应及逆反应的效应相同，即正反应的催化剂也是逆反应催化剂。一般说来，变价元素及其氧化物大致对氧化还原反应有不同程度的催化作用，铂、钯及镍可以作诸多有机物的加氢或脱氢反应的催化剂，铁及钴能催化某些分解或合成反应。

C　单相催化反应

所谓单相催化反应是催化剂与反应物及生成物共同处于气相或液相的反应称为单相催化反应。它的中间产物确实存在，但不稳定；否则，不能降低反应的活化能而加速反应，或不能变成原来的催化剂及生成物，许多气相催化反应都以连锁反应的方式形成。铅室法制硫酸时催化剂 NO_2 与反应物 SO_2 等作用生成中间产物，反应生成的 NO 可被空气氧化重新变成 NO_2，同时使 H_2SO_4 的生成反应加速进行。水溶液中的质子 H^+ 形成酸碱催化作用。例如 H^+ 离子及 HAC 分子等酸性物可催化酯及糖等物的水解，OH^- 离子及 AC^- 等碱性物可催化醇醛的缩合及硝基胺的分解等反应，这些催化剂反应的速度大致与 H^+ 及 OH^- 离子的浓度成正比；反应物的酯水解生成的酸能电离出 H^+ 离子来催化反应本身，故又为自动催化反应，溶液中的氧化催化过程往往生成过氧化物为其中间产物，例如 $Cr_2O_7^{2-}$ 等可催化过氧化氢的分解；溶液中的离子和分子在极短时间内的结合或形成不稳的中间配合物，也起着催化作用。

D　多相催化反应

多相催化反应是在多相催化反应过程中，催化剂与反应物及生成物不在同一相中，其反应在催化剂的表面进行，而与表面吸附密切相关，故此多相催化反应就是表面催化作用，可参照固体表面的气体反应来处理。可以认为反应气体先碰到催化剂的表面，并被催化剂表面的活性中心所吸附，从而减弱或破坏了分子中的某些化学键形成活化状态，或者说形成活化配合物（仅存在于催化剂表面的表面化合物）式的中间产物，降低了反应的活化能，而使反应加速进行。至于其活性中心的结构及活化配合物的本性等问题，还没有一致的公认，巴兰金的多位理论认为，活性中心在催化剂表面上的分布具有一定的几何形状，只有当活性中心的几何形状与反应分子的结构相适应及键能相适应时，才有催化性能。还有柯巴捷夫的活性集团理论认为，催化剂的活性中心由原子集团组成，并且活性中心处在非晶相地方，其外的结晶相只呈载体作用。此外有伏肯斯坦的电子理论及谢苗诺夫的自由基链销理论等各种说法。在此不作详述了。

多相催化反应与催化剂的化学组成及表面结构都有关系，即催化剂的表面组成、结构状态及大小都影响催化剂的活性。良好的催化剂应有较大的比表面（细散或多孔物体的比表面较大）、较高的表面能（与形成时距离平衡态的远近有关）及较多的活性中心（由表面结构状态决定），故应从它的化学组成及制造方法两方面来研究。一般说来，在离平衡状态较远的情况下制备催化剂，并使之形成细粉或疏松多孔体态，往往有较好的催化性能。

E 助催化剂

在催化剂中加入少量本身没有催化作用的某些物质而能增大催化剂的催化性能时，则所加的物质称为助催化剂。其原理可能是由于助催化剂的存在使催化剂的表面结构状态变好，即增加活性中心。助催化剂的实例很多，如微量的钒能增加铁对氢与氮合成氨的催化作用，有时被催化剂吸附的气体也有助催化剂的作用。有些催化剂混合使用时，其催化性能可以互相促进，其情形与助催化剂不同，称为混合催化剂。例如 Fe_2O_3 及 Bi_2O_3 各自单独对 NH_3 的氧化催化作用都小，而两者混合使用时，催化作用有显著的提高。

F 催化剂的中毒及衰化

催化剂有时因少量杂物的存在而中毒，能严重的破坏催化活性。这样的杂物称为催化毒素，其原因可能是由于杂物被牢固的吸附在催化剂表面的活性中心，形成稳定化合物或成一层薄膜，使吸附受阻因而失去催化活性。例如合成氨的铁催化剂牢固的吸附氧气时，就暂时中毒；接触法制硫酸的铂催化剂受砷的毒化则是永久性的，可能是因为形成稳定的表面化合物或者有砷化物薄膜遮住活性中心的缘故。

催化剂经过长时间的使用，而使其催化作用衰减的现象称为催化剂衰化，这是因为催化剂层的再结晶，使其结构破坏，或有反应物及杂物沉积在表面上，也可能在反应过程中发生了其他的变化而使其催化能力减弱，已经衰化了的催化剂有的能复活，有的不能复活。

G 催化的基本原理

催化剂只能改变反应进行的速度，即能改变体系达成平衡的时间；而不能改变体系的平衡状态，即不能改变反应进行的趋势。在一定温度下，指定的反应体系有一定的平衡常数，而不管有无催化剂都是一样；这是因为催化剂使正反应与逆反应都同样的加快，并不改变正反应速度常数与逆反应速度常数的比值，也不改变反应的自由焓变化，或者说催化剂不改变平衡常数，但反应的途径因催化剂的有无而不同。就正催化剂作用而言，有催化剂的反应途径具有较低的活化能，即催化剂能降低反应的活化能，因而使反应速度加快，其作用在于催化剂 C 先与其一反应物 A 化合成中间产物 AC，此 AC 再与另一反应物 B 作用生成 AB，并使 C 复原。生成的中间产物 AC 使反应的活化能 E_1 比 A 与 B 直接化合成 AB 反应的活化能 E 小些，反应就快些。即：

$$A + C \xrightarrow{E_1} AC; \quad AC + B \xrightarrow{E_2} AB + C(\text{快})$$

$$A + B \xrightarrow{E} AB; \quad (E > E_1)(\text{慢})$$

催化剂在反应过程中循环变化，其量不变，通常只须少量催化剂就能使大量反应物进行反应，但也有些反应的速度与所用催化剂的多少有关；介质或溶媒兼具催化作用时，其用量更大，这时由于溶媒化等作用，其溶媒影响反应平衡，与通常催化剂不影响反应平衡的情况不同。

4.4.2.2　单相催化机理

单相催化机理主要是中间产物理论。该理论认为：催化剂首先与反应物（或反应物之一）作用，生成不稳定的中间产物，它再分解或与另一反应物作用，得到最终产物，同时析出催化剂。假设某化学反应为

$$A + B \longrightarrow AB$$

在没有催化剂时，按途径Ⅰ进行（见图4-5），它的活化能为 E。如果有催化剂 K 存在，反应按途径Ⅱ分两步进行：

① $A + K \longrightarrow AK$，活化能为 E_1；

② $AK + B \longrightarrow AB + K$，活化能为 E_3。

第①步反应放出的 E_2，可作为第②步反应活化之用，因此，总的活化能为：

$$E_k = E_1 + E_3 - E_2$$

因为 E_1、E_2 和 E_k 均小于 E，所以催化剂降低了活化能，从而增大了反应速度。

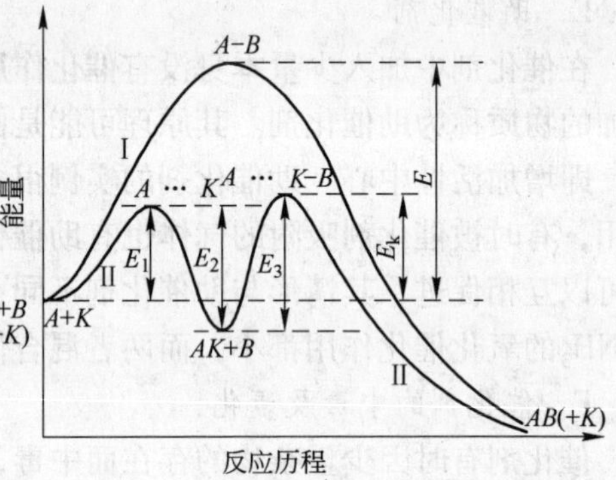

图 4-5　催化剂改变活化能示意图

在单相催化作用中，由于催化剂本身参与反应，按质量作用定律，反应速度应与催化剂浓度成正比。许多研究结果证明，当催化剂用量不大时，符合上述原则。例如，蔗糖水解作用的速度与催化剂（H^+）浓度成正比。

4.4.2.3　多相催化机理

在多相催化中，催化剂往往是固体，反应物则是气体或液体。因此，多相催化作用均在催化剂表面上进行。基于这种事实，提出以下三种理论。

A　吸附活性中心理论

从微观上看，一切固体表面都是粗糙不平的，有些部分凸出，有些部分凹入。其中凸出部分的原子化合价尚未饱和，具有较大的吸附能力。像这种能够发挥吸附活性作用的部位叫做催化剂表面活性中心。由于活性中心与反应物分子相互作用，减弱了反应物分子内部原子间的结合力，使其中的某些化学键变得松弛，增大了被吸附分子的化学活性，降低了反应的活化能，因而加快了反应速度。

例如，一氧化二氮的分解反应：

$$2N_2O(g) \longrightarrow 2N_2(g) + O_2(g)$$

在无催化剂时，活化能为250kJ/mol，当以金作催化剂时，活化能降至120kJ/mol。活化能降低的原因可用图4-6所示的反应机理来说明。N_2O 分子被吸附在催化剂（Au）的表面上，由于 N_2O 分子中的氧原子与活性中心金原子的相互作用，削弱了氧与氮的化学键，使 N_2O 分子的活性增大，降低了活化能，从而加快了 N_2O 的分解速度。

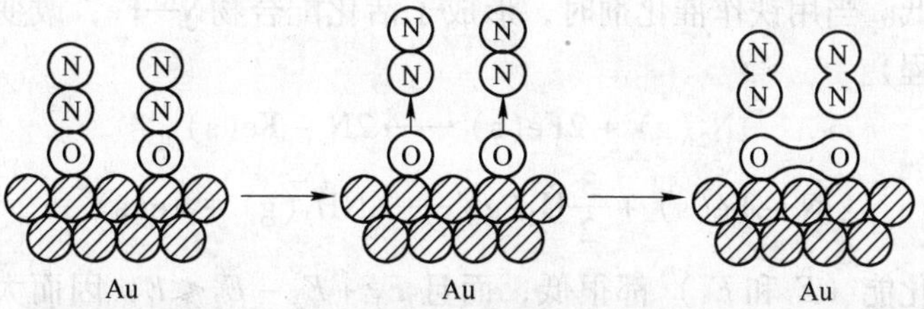

图 4-6　N_2O 在金表面上的催化分解

$$N{\equiv}N{-}O + Au \rightarrow N{\equiv}N \cdots O \cdots Au \rightarrow N{\equiv}N + O \cdots Au$$

$$2O \cdots Au \rightarrow O_2 + 2Au$$

吸附活性中心理论不仅能说明催化剂降低活化能的原因，而且能解释催化的选择性及催化剂中毒等问题

（1）催化剂的选择性。由于活性吸附的本质是催化剂活性中心原子与反应物分子间的化学作用,化学作用是有选择性的,而且不同原子间的结合力不同,因此,催化剂对各种物质的化学吸附具有选择性。例如,铜等金属善于吸附氢气,能降低脱氢反应的活化能,常为脱氢反应的有效催化剂;而氧化铝等金属氧化物善于吸附水分子,常为脱水反应的有效催化剂:

$$HCOOH \xrightarrow{Cu} H_2 + CO_2$$

$$HCOOH \xrightarrow{Al_2O_3} H_2O + CO$$

又如，碘化氢分解反应，在无催化剂时，反应的活化能为 184kJ/mol，在用不同金属作催化剂时，活化能降低的程度不同：

$$2HI \xrightarrow{Au} H_2 + I_2 \qquad E_a = 105kJ/mol$$

$$(快)2HI \xrightarrow{Pt} H_2 + I_2 \qquad E_a = 59kJ/mol$$

因而反应速度加快的程度也不同。

（2）催化剂的中毒。少量催化毒物能使催化活性急剧降低的原因在于催化毒物分子与活性中心原子的结合力很强。当催化毒物分子的体积较大时，它不仅占据了与之结合的活性中心，而且还掩盖了相邻的活性中心，使它们丧失催化活性。由于催化剂表面上的活性中心很少（只占催化剂总表面积的 0.1% 左右），因而少量催化毒物就能使催化剂的催化活性急剧降低。

B　活化配合物理论

该理论认为反应物分子先与催化剂表面的活性中心形成活化配合物，然后再与另一未被吸附的反应物分子作用，生成产物。由于活化配合物的形成，改变了反应历程，降低了活化能，从而加快了反应速度。

例如，合成氨反应

$$N_2(g) + 3H_2(g) \xlongequal{\quad} 2NH_3(g)$$

在无催化剂时，活化能 E 较高，如图 4-7 所

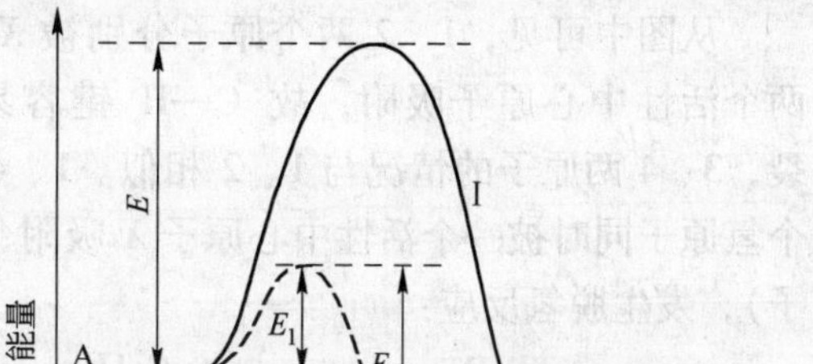

图 4-7　合成氨反应中铁的催化历程

示，反应速度很低。当用铁作催化剂时，形成了活化配合物N—Fe，改变了反应历程（由Ⅰ历程改成Ⅱ历程）。

$$N_2(g) + 2Fe(s) \longrightarrow 2N - Fe(s) \qquad (\text{Ⅰ})$$

$$N - Fe(s) + \frac{3}{2}H_2(g) \longrightarrow NH_3(g) + Fe(s) \qquad (\text{Ⅱ})$$

由于这两步的活化能（E_1和E_3）都很低，而且$E_1 + E_3 - E_2 \ll E$，因而大大加快了反应速度。

C　活性吸附的多位学说

该学说认为催化剂的活性中心就是晶体表面上的原子（或离子），而且起催化作用的不是催化剂的一个活性中心，而是由几个活性中心组成的区域。多位学说有以下两点基本假定：

(1) 只有当催化剂表面活性中心原子的排列与反应物分子中原子的排列成几何对应时，才能发生催化作用；

(2) 活性中心原子与反应物分子间的相互作用，不仅会引起反应物分子内某些化学键的削弱，而且也会促使某些新化学键的形成。

一般说来，当反应物分子中二个原子被催化剂二个活性中心原子同时吸附时，其间的化学键容易破裂；若反应物分子中二个原子被同一个活性中心原子吸附时，则它们之间容易形成新的化学键。

例如，环己烷（C_6H_{12}）脱氢反应的催化剂都是具有六方晶格或面心立方晶格的金属，这种事实怎样用多位学说解释呢？

这是由于环己烷分子具有六碳环结构，因此只有具备六方晶格或面心立方晶格的金属才能作为环己烷脱氢反应的有效催化剂。实验证明 Fe、Co、Ni、Cu 等金属晶格中的原子排列与环己烷分子中的原子排列成几何对应，使环己烷分子能够在金属表面上发生六位吸附，如图 4-8 所示。

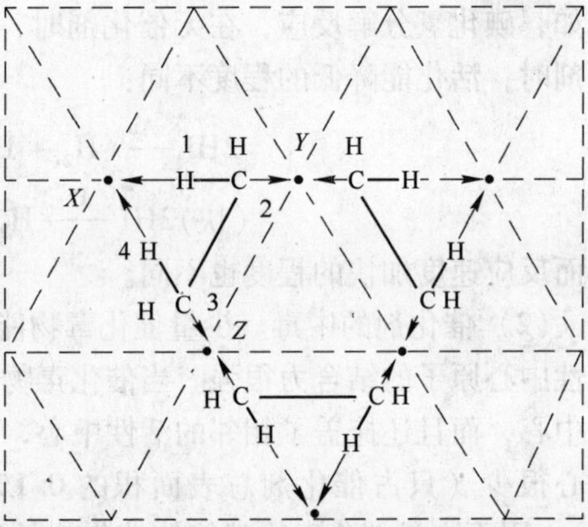

图 4-8　环己烷的催化脱氢示意图

从图中可见，1、2 两个原子分别被 X、Y 两个活性中心原子吸附，故 C—H 键容易断裂，3、4 两原子的情况与 1、2 相似。1、4 两个氢原子同时被一个活性中心原子 X 吸附，因此两个氢原子容易形成化学键（形成 H_2分子），发生脱氢反应：

$$C_6H_{12} \longrightarrow C_6H_6 + 3H_2$$

显然这些金属不能作为四碳环或五碳环烃类的脱氢催化剂，因为双方不具备几何对应结构。

又如，酒精蒸气用矾土（Al_2O_3）作催化剂时分解为乙烯和水；用铜粉作催化剂时则分解为乙醛和氢。这也可用多位学说解释如下：

由于 Al_2O_3和 Cu 的晶格结构不同，表面活性中心的排布不同，因而对 C_2H_5OH 分子内原子的吸附情况也不同。

当用矾土作催化剂时，乙醇分子被两个活性中心 a、b 按以下方式吸附：

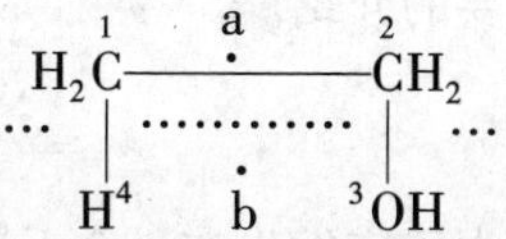

式中，1、4 两原子分别被 a、b 两个活性中心吸附，故它们之间的键容易断裂，2、3 两原子的情况与 1、4 相同，两者之间的键也容易断裂。1、2 两原子同时被 1 个活性中心 a 吸附，两者之间容易形成新键（由单键变成双键），同样地，3、4 两原子同时被 1 个活性中心 b 吸附，两者之间也容易形成新键（结合成 H_2O 分子）。因此发生脱水反应：

$$CH_3CH_2—OH \xrightarrow{Al_2O_3} CH_2 = CH_2 + H_2O$$

当用铜粉作催化剂时，乙醇分子被两个活性中心按另一种方式吸附：

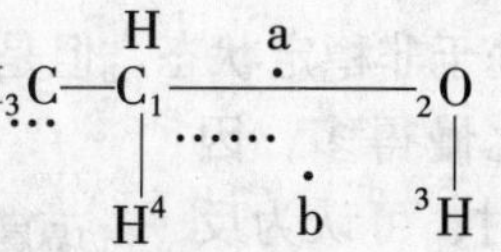

1、4（或 2、3）两原子分别被 a、b 两个活性中心吸附，故化学键容易在 1、4 和 2、3 之间断裂。1、2（或 3、4）两原子同时被 1 个活性中心 a（或 b）吸附，因此在 1、2 两原子间容易形成新键（由单键变成双键），在 3、4 两原子间也容易形成新键（结合成 H_2 分子）。因此发生脱氢反应：

$$CH_3—CH_2—OH \xrightarrow{Cu} CH_3—CHO + H_2$$

综上所述，多相催化的实质也在于降低反应的活化能，增大活化分子百分数，从而加快反应速度。另外，由于吸附作用，在催化剂表面上反应物浓度增大，也有利于加快反应速度，但这并不是主要原因。

温度、浓度和催化剂对反应速度的影响，可简要总结如表 4-5 所示。

表 4-5 各种因素对反应速度的影响

因素	单位体积内反应物分子数 n/V	活化能 E_a	活化分子百分数 $n_a\%$	活化分子总数 n_a	反应速度 v	速度常数 k
增大浓度	增多	不变	不变	增多	加快	不变
升高温度	不变	降低	增大	增多	加快	变大
加催化剂	不变	降低	增大	增多	加快	变大

4.5 宏观反应动力学模型

在湿法冶金中广泛涉及到液体与固体之间的多相反应，宏观反应动力学对揭示这类反应的动力学规律、加快反应进程、提高生产率具有重要的作用。

宏观动力学包括了很多内容，如传质、浸取、扩散、吸附、催化等。近代发展的特征是运用宏观动力学的解析方法，建立各种动力学模型，并从建立的模型中掌握反应动力学的基本规律。

下面对宏观动力学模型进行扼要的介绍。

4.5.1 界面反应模型[4]

界面反应模型的基本观点是认为反应发生在一个无厚度的几何界面上，随着反应的进行，该界面逐渐向固体试样内部推进。因此，称为界面反应模型（shap interface reaction model）。这种模型仅适用于固体反应物致密的流体-固体反应体系。

4.5.1.1 无固态产物层的界面反应模型

从宏观反应动力学角度看，无固态产物层时的多相反应是最简单的反应体系。在讨论这一问题之前，要首先介绍一下准稳态假设（pseudosteady state assumption）。

A 准稳态假设

如图 4-9 和图 4-10 所示，在反应过程中，固态反应物不断消耗，反应界面不断收缩，因此，严格说来，这一反应体系处于非稳定状态。但是，由于反应界面收缩速率与气态反应物（或产物）的传质速率相比慢得多，因此，在确定气态物质的传质速率时，可认为反应界面处气体浓度为一确定的边界条件。换言之，当有固态产物层生成时，可认为固态产物层中气体浓度不随时间变化，$\partial c/\partial t = 0$。

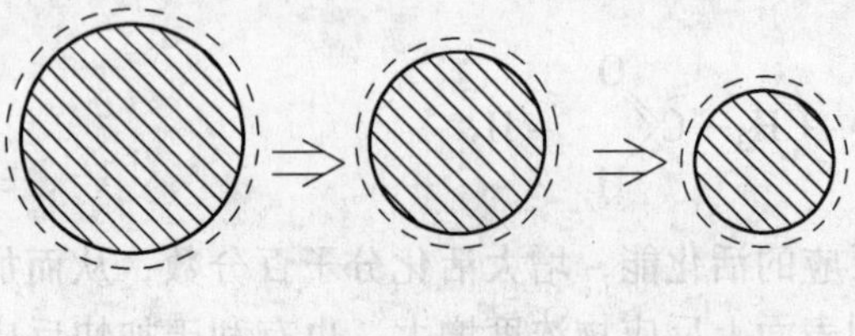

图 4-9 无固态产物层生成时，反应过程中反应界面不断收缩

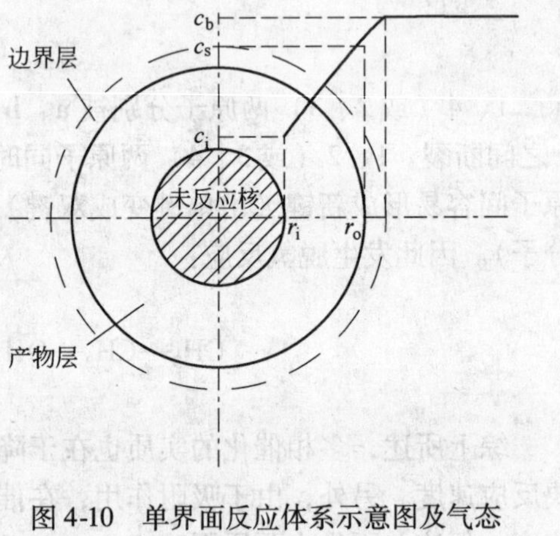

图 4-10 单界面反应体系示意图及气态反应物浓度分布情况

B 动力学方程的一般形式

$$aA(g) + bB(s) = cC(g) \tag{4-48}$$

如式（4-48）所示，气态反应物 A 与固态反应物 B 相互反应，生成气态产物 C。

首先，要假设反应式（4-48）为等温体系，即忽略反应的热效应；另外，假设界面化学反应对气态物质而言为一级可逆反应。

下面以球形固态试样为例建立动力学方程，并讨论不同条件下的动力学规律，以及判断速率限制环节的方法。至于其他形状（如平板状和圆柱等）固态试样参与的反应体系，其动力学行为的分析方法与此类似。

设气相本体中气态反应物 A 的浓度为 $c_{b,A}$，反应界面处 A 的浓度为 $c_{i,A}$，若在 t 时反应界面位置为 r_i，那么，气-固反应每一步的速率可分别表示如下。

a 气态反应物消耗速率

（1）气态反应物的外传质速率

$$r_t = k_f S_i (c_{b,A} - c_{i,A})$$

式中 k_f——传质系数；

S_i——反应界面面积。

或将其改写为：

$$S_i (c_{b,A} - c_{i,A}) = \lambda_t r_t \tag{4-49}$$

式中，气体的外传质阻力 $\lambda_t = 1/k_f$。

（2）界面化学反应速率

$$r_c = k S_i (c_{b,A} - c_{i,C}/K) \tag{4-50}$$

式中，K 为反应式（4-48）的平衡常数。如果令 $c_{i,A}^*$ 和 $c_{i,C}^*$ 分别代表应处于平衡状态时，气态反应物 A 和产物 C 在反应界面处的浓度，并且，根据准稳定假设，$c_{i,A}^*$和 $c_{i,C}^*$之和等于任意时刻 $c_{i,A}$和 $c_{i,C}$之和。于是，

$$c_{i,A}^* + c_{i,C}^* = c_{i,A} + c_{i,C}$$

$$c_{i,C} = c_{i,A}^* + c_{i,C}^* - c_{i,A} = (1+K) c_{i,A}^* - c_{i,A} \tag{4-51}$$

将式（4-51）代入式（4-50）中：

$$r_c = k S_i \left\{ c_{i,A} - \frac{1}{k} [(1+k) c_{i,A}^* - c_{i,A}] \right\} = k S_i \frac{1+K}{K} (c_{i,A} - c_{i,A}^*)$$

如果令 $\lambda_c = [k(1+1/k)]^{-1}$，则上式可改写成：

$$S_i (c_{i,A} - c_{i,A}^*) = \lambda_c r_c \tag{4-52}$$

将式（4-49）与式（4-52）相加，并且注意到稳态时，$r_t = r_c = r_g$，r_g为以气态反应物 A 的消耗速率表示的总气-固反应速率。

$$r_g = \frac{c_{b,A} - c_{i,A}^*}{\lambda_t - \lambda_c} S_i \tag{4-53}$$

式中，$c_{b,A}$和 $c_{i,A}^*$ 均为可确定值。

b 固态反应物消耗速率

固态反应物的消耗速率可表示为：

$$r_s = -\mathrm{d}n_B/\mathrm{d}t = -4\pi r_i^2 \rho_s x_s \mathrm{d}r_i/\mathrm{d}t = S_i \rho_s x_s \mathrm{d}r_i/\mathrm{d}t \tag{4-54}$$

c 动力学方程

按照反应式（4-48）的化学计量关系，应满足：

$$r_g/a = r_s/b \tag{4-55}$$

所以，将式（4-53）和式（4-54）代入式（4-55）中，可得以下微分方程。

$$-\frac{\mathrm{d}r_i}{\mathrm{d}t} = \frac{b}{a\rho_s x_s} \frac{c_{b,A} - c_{i,A}^*}{\lambda_t + \lambda_c} \tag{4-56}$$

初始条件为：当 $t=0$，$r_i = r_o$。 (4-57)

至此，无固态产物层时的动力学方程的微分形式已完全建立起来。微分方程式(4-56)

及初始条件式（4-57）完全描述了该反应体系的动力学行为。值得强调的是，微分方程式（4-56）还不能直接求解。因为 λ_t 也是固态试样粒径的函数，对于变粒径反应体系，必须将 λ_t 与粒径的函数关系代入方程式（4-56）方可求解。

按照栾兹-马赛尔关系式有：

$$k_f = \frac{2.0 + 0.6\left(\frac{2vr_i}{\nu}\right)^{1/2}\left(\frac{v}{D}\right)^{1/2}}{\frac{2r_i}{D}} = \frac{\alpha}{r_i} + \frac{\beta}{r_i^{1/2}}$$

$$\lambda_t = \frac{1}{k_f} = \left(\frac{\alpha}{r_i} + \frac{\beta}{r_i^{1/2}}\right)^{-1} \tag{4-58}$$

式中，$\alpha = D$，$\beta = 0.42v^{1/2}D^{2/3}\nu^{-1/6}$。将式（4-58）代入式（4-56）中，积分后得：

$$\frac{1}{3}\left((r_0^{3/2} - r_i^{3/2}) + \frac{1}{2}\right)\left(\beta\lambda_c - \frac{\alpha}{\beta}\right)(r_0 - r_i) + \left[\alpha\lambda_c - \frac{\alpha}{\beta}\left(\beta\lambda_c - \frac{\alpha}{\beta}\right)\right](r_0^{1/2} - r_i^{1/2}) -$$

$$\frac{\alpha}{\beta}\left[\alpha\lambda_c - \frac{\alpha}{\beta}\left(\beta\lambda_c - \frac{\alpha}{\beta}\right)\right]\ln\frac{\beta r_0^{1/2} + \alpha}{\beta r_i^{1/2} + \alpha} = \frac{b\beta}{2a\rho_s x_s}(c_{b,A} - c_{i,A}^*)t \tag{4-59}$$

如果将 $r_i = r_0\ (1-x)^{1/3}$ 代入上式，最后可得到转化率与反应时间关系的最终结果。式（4-59）虽然是描述无固态产物层时的气-固反应动力学方程的一般形式，但此式太复杂，很难用于确定动力学参数。下面从另一角度分析这一问题。

首先，分析一下式（4-53）。如果定义式（4-53）右侧分子为气-固反应式（4-48）的总驱动力，分母为两步阻力之和，那么，式（4-53）的物理意义是气-固反应速率为总驱动力与总阻力之比。

C　外传质步骤控制时的动力学方程

当 λ_t 远大于 λ_c 时，总的气-固反应受外传质步骤控制。这时式（4-56）可以简化为：

$$-\frac{dr_i}{dt} = \frac{b}{a\rho_s x_s}\frac{c_{b,A} - c_{i,A}^*}{\lambda_t} \tag{4-60}$$

下面再研究式（4-58）。

（1）当气流速度很低时，栾兹-马赛尔式右端第二项与第一项相比很小，可以忽略。这时有：

$$\lambda_t \approx r_i/D \tag{4-61}$$

将式（4-61）代入式（4-60）并按照初始条件式（4-57）积分，最后得：

$$1 - (1-x)^{2/3} = \frac{2bD}{a\rho_s x_s}\frac{(c_{b,A} - c_{i,A}^*)}{r_0^2}t \tag{4-62}$$

因此，将 $1-(1-x)^{2/3}$ 对时间 t 作图，得一过原点的直线。由直线的斜率可确定气体扩散系数 D，而且，利用不同初始粒径的固态试样，在其他条件相同的条件下，由各实验结果所得直线斜率应与固态试样初始半径平方成反比。

（2）当气流速度很大以至于栾兹-马赛尔式右端第一项相对很小，可以忽略时，则：

$$\lambda_t \approx \frac{r_i^{1/2}}{0.42D^{2/3}v^{1/2}\nu^{-1/6}} \tag{4-63}$$

将式（4-63）代入式（4-60），并积分之，最后可得：

$$1-(1-x)^{1/2} = \frac{0.63D^{2/3}v^{1/2}\nu^{-1/6}b(c_{b,A}-c_{i,A}^{*})}{ar_0^{3/2}\rho_s x_s}t \tag{4-64}$$

由式（4-64）可见，当气-固反应受外传质步骤控制而且气流速度很大时，$1-(1-x)^{1/2}$ 与反应时间 t 成线性关系，并且，该直线应过原点。当改变固态试样初始粒径时，各直线的斜率应与 $r_0^{-3/2}$ 成正比。改变气流速度时，各直线的斜率应与 $v^{1/2}$ 成正比。由直线的斜率还可以确定动力学参数 D。

D 界面化学反应控制时的动力学方程

下面讨论另一种极端情况。当 λ_c 远大于 λ_t 时，总的气-固反应受界面化学反应控制。相应地，式（4-56）可简化为：

$$-\frac{\mathrm{d}r_i}{\mathrm{d}t} = \frac{b}{a\rho_s x_s}\frac{c_{b,A}-c_{i,A}^{*}}{\lambda_c} \tag{4-65}$$

将 $\lambda_c = K/[k(1+K)]$ 代入上式，并按照初始条件式（4-57）求解微分方程式（4-65），最后可得：

$$1-(1-x)^{1/3} = \frac{bk}{a\rho_s x_s}\frac{1+K}{K}(c_{b,A}-c_{i,A}^{*})t \tag{4-66}$$

式（4-66）是无固态产物层生成情况下，气-固反应受界面化学反应控制时的动力学方程。这时 $1-(1-x)^{1/3}$ 与时间 t 的关系图线应为一条过原点的直线，由直线的斜率可确定界面化学反应的表观反应速率常数 k。根据用不同初始粒径的固态试样所得的实验结果所得直线的斜率应与初始半径成反比。

动力学研究的主要目的之一就是要确定表观反应速率常数 k。在设计动力学实验时，应尽可能创造条件使气-固反应处于界面化学反应控制状态。例如，只要条件允许，应尽量增大气流速度，削弱外传质的影响，或降低实验温度，使之处于化学反应控制状态。当然，这应以反应机理不随温度变化以及实验精度允许为前提。

在推导动力学方程时，常常将其表示为无因次形式。因为无因次表达式与实验规模无关，便于因次分析和数值计算。如果将上面所得动力学方程表示为无因次形式的话，可以写成：

$$f(x) = \tau \tag{4-67}$$

式中，$f(x)$ 为转化率函数，代表式（4-62）、式（4-64）、式（4-66）左端；τ 为无因次时间，代表以上各式右端。另外，上述各式右端 t 前面的系数的倒数即为完全反应时间 $t_x=1$。

4.5.1.2 有固态产物层生成时的界面反应模型

如果固态产物层很致密，那么，当固态产物层生成后就会妨碍气-固反应的进一步进行，如金属铝、钛等氧化后生成的氧化膜阻止金属的进一步氧化，起到保护作用。但在湿法冶金生产实践中，大多数情况下，气-固反应的固态产物为疏松多孔物质。这时为了维持气-固反应，气态反应物和产物必须扩散通过固态产物层。因为在多数情况下，与气体在多孔固态介质中的扩散速率相比，离子在固体中的扩散要慢得多。与以前所述类似，首先还是以球形固态试样参与的气-固反应为例，从一般情况入手，建立动力学方程，然后，再就各种极端情况分别讨论。把反应物以 A、B 表示，生成物以 C、D 表示，其系数各为 a、b、c、d，则可写出下式：

$$aA(l) + bB(s) \xlongequal{\quad} cC(l) + dD(s) \tag{A}$$

上式代表气-固反应的一般形式，如果进一步假定气体在固态产物层中的扩散为等摩尔对向扩散或气态反应物的浓度很低，界面化学反应对气体而言为一级可逆反应，而且，在反应过程中，固态产物层结构不发生变化。关于反应体系涉及更多种气态组分的情况请参考文献 9。

A 动力学方程的一般形式

如气-固反应体系示意如图 4-10 所示，当有固态产物层生成时，为了实现气-固反应，必须经过以下步骤：气态反应物（或产物）传质通过边界层，扩散通过固态产物层到达（或离开）反应界面，并在反应界面处发生化学反应。

a 气态反应物消耗速率

(1) 气态反应物通过边界层的外传质速率

$$r_t = \frac{S_0(c_b - c_s)}{\lambda_t} \tag{4-68}$$

$$\lambda_t = \frac{1}{k_f} \tag{4-69}$$

(2) 气态反应物通过固态产物层扩散速率

$$r_t = \frac{S_0(c_s - c_i)}{\lambda_d} \tag{4-70}$$

$$\lambda_d = \frac{r_0(r_0 - r_i)}{D_e r_i} \tag{4-71}$$

(3) 界面化学反应速率

$$r_c = S_0(c_i - c_i^*)/\lambda_c \tag{4-72}$$

$$\lambda_c = \frac{1}{k}\left(\frac{r_c}{r_i}\right)^2 \frac{K}{1+K} \tag{4-73}$$

将式（4-68）、式（4-70）和式（4-72）相加，消去中间界面处气体浓度项，并注意到在稳态时，$r_t = r_d = r_c = r_g$，那么：

$$r_g = \frac{S_0(c_b - c_i^*)}{\lambda_t + \lambda_d + \lambda_c} \tag{4-74}$$

可见与无固态产物层时的情况类似。

b 固态反应物的消耗速率

固态反应物的消耗速率如下：

$$r_s = -\frac{dn_B}{dt} = -\frac{d[(4/3)\pi r_i^3 \rho_s x_s]}{dt} = -S_0\left(\frac{r_i}{r_0}\right)^2 \rho_s x_s \frac{dr_i}{dt} \tag{4-75}$$

c 动力学方程

由反应式（A）的化学计量关系可知：

$$r_g/a = r_s/b \tag{4-76}$$

将式（4-74）和式（4-75）代入式（4-76）中，可得微分方程：

$$-\frac{dr_i}{dt} = \frac{b}{a\rho_s x_s}\left(\frac{r_0}{r_i}\right)^2 \frac{c_b - c_i^*}{\lambda_t + \lambda_d + \lambda_c} \tag{4-77}$$

初始条件为：$t=0$，$r_i = r_0$。 (4-78)

将 λ_t，λ_d 和 λ_c 的表达式（4-69），式（4-71）和式（4-73）代入式（4-77）中，并按初始条件式（4-78）求解微分方程式（4-77），最后可得生成固态产物层时的动力学方程积分形式。

$$\frac{1}{k_f}x + \frac{r_0}{D_e}[1 + 2(1-x) - 3(1-x)^{2/3}] + \frac{6}{k}\frac{K}{1+K}[1-(1-x)^{1/3}] = \frac{6b}{ar_0\rho_s x_s}(c_b - c_i^*)t \tag{4-79}$$

式中，x 为固态反应物的转化率，$x = 1 - (r_i/r_0)^3$。

B 几种极端情况下的简化动力学方程

a 气体通过边界层传质控制动力学方程

当气体通过边界层的传质步骤成为总的气-固反应的速率限制性环节时，应满足 λ_t 远大于 λ_d 和 λ_c，于是，式（4-77）简化为：

$$-\frac{dr_i}{dt} = \frac{b}{a\rho_s x_s}\left(\frac{r_c}{r_i}\right)^2 \frac{c_b - c_i^*}{\lambda_t} \tag{4-80}$$

求解这一微分方程后，可得：

$$x = \frac{6bk_f}{ar_0\rho_s x_s}(c_b - c_i^*)t \tag{4-81}$$

由式（4-81）可见，当气体通过边界层传质步骤控制总的气-固反应时，转化率 x 与反应时间成正比，而且，由比例系数可确定传质系数 k_f。另外，当用不同粒径的固态试样做实验时，按式（4-81）处理实验结果所得比例系数与固态试样初始半径 r_0 成反比。

b 气体通过固态产物层扩散控制时动力学方程

当气体在固态产物层中的扩散速率很慢，以至于这一步骤成为总的气-固反应的速率限制性环节时，λ_d 远大于 λ_t 和 λ_c，式（4-77）可简化为：

$$-\frac{dr_i}{dt} = \frac{b}{a\rho_s x_s}\left(\frac{r_c}{r_i}\right)^2 \frac{c_b - c_i^*}{\lambda_d} \tag{4-82}$$

积分上式后可得气体通过固态产物层扩散控制时的动力学方程式：

$$1 + 2(1-x) - 3(1-x)^{2/3} = \frac{6bD_e}{ar_0\rho_s x_s}(c_b - c_i^*)t \tag{4-83}$$

式（4-83）表明，当气-固反应受气态反应物（或产物）通过固态产物层的扩散控制时，$1 + 2(1-x) - 3(1-x)^{2/3}$ 应与反应时间 t 成正比。类似地，由比例系数可确定气体的有效扩散系数 D_e，此外，比例系数应与固态试样的初始半径的平方成反比。

c 界面化学反应控制时动力学方程

当气-固反应式（A）受界面化学反应控制时 λ_c 远大于 λ_t 和 λ_d，式（4-77）可简化为：

$$-\frac{dr_i}{dt}=\frac{b}{a\rho_s x_s}\left(\frac{r_c}{r_i}\right)^2\frac{c_b-c_i^*}{\lambda_c} \tag{4-84}$$

求解后，可得出界面化学反应控制的动力学方程式：

$$1-(1-x)^{1/3}=\frac{bk}{ar_0\rho_s x_s}\frac{K}{1+K}(c_b-c_i^*)t \tag{4-85}$$

因此，如果以 $1-(1-x)^{1/3}$ 对反应时间 t 作图，应得一过原点的直线。由直线的斜率可确定界面化学反应的表观反应速率常数 k，同时，由具有不同初始粒径的固态试样所得实验结果，求出的直线的斜率与固态试样初始半径成反比。

C 反应时间加合定律与缩核反应模数

a 反应时间加合定律

经代数运算，可将式（4-79）改写为无因次形式：

$$t^*=g(x)+\sigma_s^2[p(x)+2x/Sh^*] \tag{4-86}$$

式中，t^*，σ_s^2 和 Sh^* 分别为无因次反应时间、缩核反应模数和修正的舍伍德准数。

$$t^*=\frac{bk}{ar_0\rho_s x_s}\frac{K}{1+K}(c_b-c_i^*)t \tag{4-87}$$

$$\sigma_s^2=\frac{r_0 k}{6D_e}\left(1+\frac{1}{K}\right) \tag{4-88}$$

$$Sh^*=\frac{k_f r_0}{D_e} \tag{4-89}$$

式中，$g(x)$ 和 $p(x)$ 分别为界面化学反应控制时和球形固态试样条件下，气体通过固态产物层扩散控制时的转化率函数。

$$g(x)=1-(1-x)^{1/3} \tag{4-90}$$

$$p(x)=1+2(1-x)-3(1-x)^{2/3} \tag{4-91}$$

将式（4-86）与式（4-81）、式（4-83）、式（4-85）进行比较可以发现，当气-固反应受气体通过边界层的外传质步骤，通过固态产物层的扩散步骤和界面化学反应步骤混合控制时，达到某一转化率 x 时，所需时间等于该气-固反应分别在只受上述各步骤单独控制时，达到相同转化率所需反应时间之和。索恩称之为反应时间加合定律（law of additive reaction times）[10]。这一结果是线性反应的共同规律，与固态反应物的形状无关。后面将会看到，对于疏松多孔的固态反应物参与的气-固反应体系，时间加合定律也近似适用。

索恩等人又进一步将固态试样按其形状分为 3 类：（1）无限大平板状，在反应过程中试样的长和宽保持不变，反应界面仅沿厚度方向一维收缩；（2）无限长圆柱体，在反应过程中长度保持不变，反应界面沿径向二维收缩；（3）球体，在反应过程中反应界面沿径向三维收缩。这 3 种不同形状的固态试样具有不同的形状系数 F_p 和不同形式的转化率函数，见表 4-6。当然，实际颗粒的形状比这里介绍的 3 种要复杂得多，因此，实际颗粒的形状系数也可能会偏离表 4-6 中所列数值。对不同形状的固态试样，可进一步导出更一般的结果。

$$t^* = g_{F_p}(x) + \sigma_s^2 [p_{F_p}(x) + 2x/Sh^*] \tag{4-92}$$

相应地，各参数表达式的一般形式为：

$$t^* = \frac{bk}{ar_0\rho_s x_s}\left(\frac{F_p V_{F_p}}{A_{F_p}}\right)\frac{1+K}{K}(c_b - c_i^*)t \tag{4-93}$$

$$\sigma_s^2 = \frac{k}{2D_e}\left(\frac{F_p V_{F_p}}{A_{F_p}}\right)\left(1+\frac{1}{K}\right) \tag{4-94}$$

$$Sh^* = \frac{k_f}{D_e}\left(\frac{A_{F_p}}{F_p V_{F_p}}\right) \tag{4-95}$$

$$g_{F_p}(x) = 1 - (1-x)^{1/F_p} \tag{4-96}$$

$p_{F_p}(x)$ 的表达式见表 4-6。

表 4-6 不同形状固态试样及相关转化率函数

形 状	形状系数 F_p	$\left(\frac{F_p V_{F_p}}{A_{F_p}}\right)$	转化率函数 $p_{F_p}(x)$
无限大平板状	1	初始半厚度	x^2
无限长圆柱体	2	初始半径	$x + (1-x)\ln(1-x)$
球 体	3	初始半径	$1 + 2(1-x) - 3(1-x)^{2/3}$

b 缩核反应模数

缩核反应模数 σ_s^2 是一个很重要的参数。从其定义式（4-94）直观地看，它基本上反映了气体通过固态产物层的扩散阻力与界面化学反应阻力之比。根据其数值大小可判断气体扩散等物理步骤和界面化学反应对总的气-固反应影响的相对大小。索恩等指出，当 $\sigma_s^2 < 0.1$ 时，气-固反应主要受界面化学反应控制；相反，当 $\sigma_s^2 > 10$ 时，气体通过固态产物层的扩散步骤基本上控制了总的气-固反应。介于两者之间气-固反应处于受上述两步骤的混合控制状态。

D 动力学参数的确定方法

一般情况下，无法完全消除其他步骤的影响而使气-固反应仅受某一步骤控制。因此，严格说来，大多数情况下气-固反应均受几个步骤的混合控制。

在实验过程中，可以通过提高气流速度的方法，尽可能削弱气体通过边界层外传质步骤的影响，使气-固反应处于受气体通过固态产物层扩散步骤的界面化学反应步骤共同控制。对式（4-79）作些变换，并令 $F = 1-(1-x)^{1/3}$，$t_f = \{(ar_0\rho_s x_s)/[6bk_f(c_b - c_i^*)]\}x$，最后可得式。

$$(t - t_f)/F = I + S(3F - 2F^2) \tag{4-97}$$

式中

$$I = \frac{ar_0\rho_s x_s K}{bk(1+K)(c_b - c_i^*)} \tag{4-98}$$

$$S = \frac{ar_0^2\rho_s x_s}{6bD_e(c_b - c_i^*)} \tag{4-99}$$

由于在实验过程中，已经尽可能消除气体通过边界层传质步骤的影响，因此，一般情况下，t_f很小可将其忽略。如图 4-11 所示，将 t/F 对（$3F-2F^2$）作图，应得一直线。由直线的截距 I 可得界面化学反应的表观反应速率常数 k，由直线的斜率 S 可得气体通过固态产物层的有效扩散系数 D_e。值得指出的是，在反应初期，由于固态产物层很薄，扩散阻力很小，气体通过边界层的传质阻力不可忽略，因此，实验点可能会偏离直线。另外，当转化率大于 0.8750 时，由于几何不稳定性，界面反应模型不再适用。尤其当转化率大于 0.9844 时，t/F 与（$3F-2F^2$）不再是线性关系，因此，这一动力学模型不再适用。

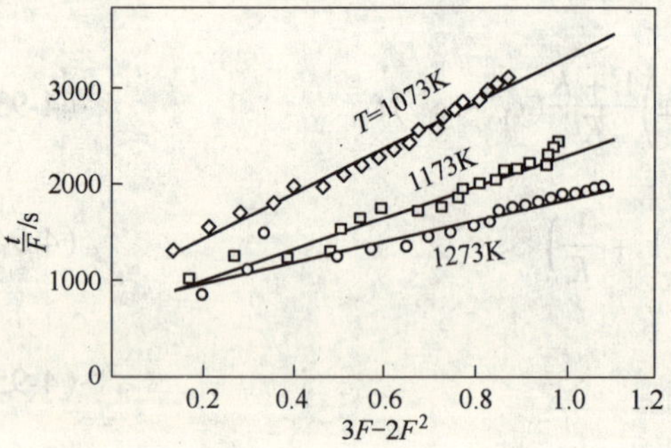

图 4-11 按界面反应模型分析实验结果，t/F 与 $3F-2F^2$ 呈线性关系

在宏观反应动力学研究过程中，最好用实验中期所得结果代入式（4-97）～式（4-99）确定动力学参数。至于气体通过边界层的传质系数一般用栾兹-马赛尔公式估算。

当然，如果实验条件允许，也可以使气-固反应仅受某一步骤控制，再分别应用式（4-81）、式（4-83）或式（4-85）确定相应的动力学参数。

E　速率限制性环节与阻力分数

关于速率限制性环节是指在一系列串联进行的步骤中，当某一步骤的速率明显偏低，以至于总的气-固反应速率完全受控于这一步骤时，该步骤便称为气-固反应在这种条件下的速率限制性环节（rate-limiting step）。应当强调指出，在气-固反应过程中，由于各步骤阻力的相对大小随反应时间变化，因此，速率限制性环节也将发生相应的转变。

森山（Moriyama）等曾提出用阻力因数（resistance fraction）的概念定量地描述在反应过程中每一步骤对总气-固反应的影响及随反应时间的变化情况[11]。再看一下式(4-74)，反应的总阻力及各步骤的阻力因数分别定义如下：

$$\Lambda = \lambda_t + \lambda_d + \lambda_c \tag{4-100}$$

$$R_t = \lambda_t/\Lambda;\quad R_d = \lambda_d/\Lambda;\quad R_c = \lambda_c/\Lambda \tag{4-101}$$

图 4-12 为用 O_2摩尔分数为 9.8% 的 O_2-N_2混合气体氧化钛铁矿过程中，各步骤阻力因数随反应时间的变化情况。在初期，反应主要受氧化通过边界层的传质步骤和界面反应步骤共同控制，但很快便转变为受气体通过固态产物层扩散控制。

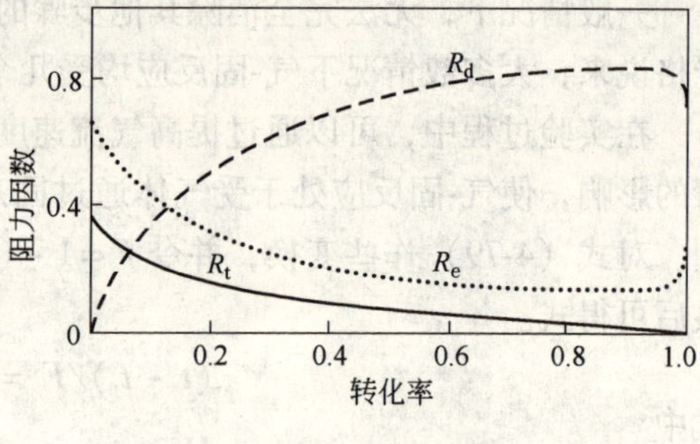

图 4-12 钛铁矿球团在氧化反应过程中各阻力分数的变化情况

4.5.1.3　多界面反应模型

A　二界面反应模型

如前所述，当反应分步进行时，对应于

各步反应，在固态试样中将存在几个反应界面，在这种情况下应该用多界面反应动力学模型（multi-interface kinetic model）处理实验结果。

首先以二界面反应模型为例讨论这一问题。设两分步反应分别为：

$$a_1A_1(g) + b_1B_1(s) = c_1C_1(g) + d_1D_1(s) \quad (\text{I})$$

$$a_2A_2(g) + b_2B_2(s) = c_2C_2(g) + d_2D_2(s) \quad (\text{II})$$

通常 $A_1(g)$ + 与 $A_2(g)$、$C_1(g)$ + 与 $C_2(g)$，以及 $B_2(s)$ 与 $D_2(s)$ 为相同物质。对于三界面反应体系也存在类似关系。两反应的速率分别记为 r_{g1} 和 r_{g2}，总反应速率为 r_g。二界面反应体系及气态反应物浓度分布示意图见图 4-13。依次建立各步骤速率表达式如下。

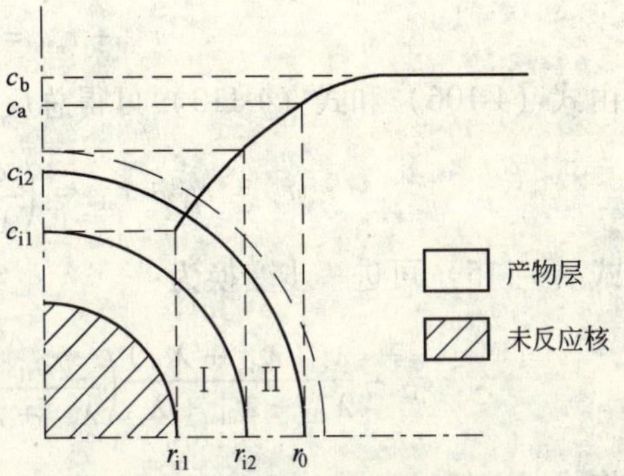

图 4-13 二界面反应体系示意图

a 各步骤速率表达式

（1）气态反应物通过边界层的外传质速率：

$$r_t = \frac{c_b - c_s}{\lambda_t}S_0 \quad (4\text{-}102)$$

$$\lambda_t = 1/k_f \quad (4\text{-}103)$$

（2）气态反应物通过第二固态产物层的扩散速率：

$$r_{d2} = \frac{c_s - c_{i2}}{\lambda_{d2}}S_0 \quad (4\text{-}104)$$

$$\lambda_{d2} = \frac{r_0}{D_{e2}}\frac{1 - \varepsilon_0}{\varepsilon_0} \quad (4\text{-}105)$$

（3）在第二界面 r_{i2} 处反应式（II）的速率：

$$r_{c2} = \frac{c_{i2} - c_{i2}^*}{\lambda_{c2}}S_0 \quad (4\text{-}106)$$

$$\lambda_{c2} = \frac{1}{k_2\varepsilon_0^2}\frac{K_2}{1 + K_2} \quad (4\text{-}107)$$

（4）气态反应物通过第一产物层的扩散速率：

$$r_{d1} = \frac{c_{i2} - c_{i1}}{\lambda_1}S_0 \quad (4\text{-}108)$$

$$\lambda_{d1} = \frac{r_0}{D_{e2}}\frac{\varepsilon_0 - \varepsilon'}{\varepsilon_0\varepsilon} \quad (4\text{-}109)$$

（5）发生在第一界面 r_{i1} 处反应式（I）的速率：

$$r_{c1} = \frac{c_{i1} - c_{i1}^*}{\lambda_{c1}}S_0 \quad (4\text{-}110)$$

$$\lambda_{c1} = \frac{1}{k_1\varepsilon_0^2}\frac{K_1}{1 + K_1} \quad (4\text{-}111)$$

在稳态条件下，按照质量守恒关系，则：

$$r_{c1} = r_{d1} = r_{g1} \tag{4-112}$$

由式（4-108）和式（4-110）可得：

$$r_{g1} = \frac{c_{i2} - c_{i1}^*}{\lambda_{d1} + \lambda_{c1}} S_0 \tag{4-113}$$

在界面 2 处，按照质量守恒关系：

$$r_{g1} + r_{c2} = r_{d2} = r_t = r_g \tag{4-114}$$

由式（4-106）和式（4-113）可得总反应速率为：

$$r_g = r_{g1} + r_{c1} = \left(\frac{c_{i2} - c_{i1}^*}{\lambda_{d1} + \lambda_{c1}} + \frac{c_{i2} - c_{i2}^*}{\lambda_{c2}}\right) S_0 \tag{4-115}$$

式（4-115）可进一步变换为：

$$c_{i2} - \frac{\lambda_{c2}(\lambda_{d1} + \lambda_{c1})}{\lambda_{d1} + \lambda_{c1} + \lambda_{c2}}\left(\frac{c_{i1}^*}{\lambda_{d1} + \lambda_{c1}} + \frac{c_{i2}^*}{\lambda_{c2}}\right) = \frac{r_g}{S_0} \frac{\lambda_{c2}(\lambda_{d1} + \lambda_{c1})}{\lambda_{d1} + \lambda_{c1} + \lambda_{c2}} \tag{4-116}$$

将式（4-102）、式（4-104）和式（4-116）相加，消去中间界面处气体浓度项 c_s、c_{i2}，并注意到 $r_t = r_{d2} = r_g$，于是，最后可得总反应速率为：

$$r_g = \frac{(\lambda_{d1} + \lambda_{c1} + \lambda_{c2})c_b - \lambda_{c2}c_{i1}^* - (\lambda_{d1} + \lambda_{c1})c_{i2}^*}{(\lambda_t + \lambda_{d2})(\lambda_{d1} + \lambda_{c1} + \lambda_{c2}) + \lambda_{c2}(\lambda_{d1} + \lambda_{c1})} S_0 \tag{4-117}$$

由式（4-116）可导出 c_{i2} 的表达式，再将其代入式（4-113）中可得出反应式（Ⅰ）的速率表达式：

$$r_{g1} = \frac{\lambda_{c1}c_b + (\lambda_t + \lambda_{d2})c_{i2}^* - (\lambda_t + \lambda_{d2} + \lambda_{c2})c_{i1}^*}{(\lambda_t + \lambda_{d2})(\lambda_{d1} + \lambda_{c1} + \lambda_{c2}) + \lambda_{c2}(\lambda_{d1} + \lambda_{c1})} S_0 \tag{4-118}$$

因为 $r_{g2} = r_g - r_{g1}$，所以，由式（4-117）和式（4-118）可得：

$$r_{g2} = \frac{(\lambda_{d1} + \lambda_{c1})c_b + (\lambda_t + \lambda_{d2})c_{i1}^* - (\lambda_t + \lambda_{d1} + \lambda_{d2} + \lambda_{c1})c_{i2}^*}{(\lambda_t + \lambda_{d2})(\lambda_{d1} + \lambda_{c1} + \lambda_{c2}) + \lambda_{c2}(\lambda_{d1} + \lambda_{c1})} S_0 \tag{4-119}$$

至此，反应式（Ⅰ）、反应式（Ⅱ）和总反应的速率以单位时间内气态反应物消耗量的形式均已导出。下面，再从单位时间内固态反应物的消耗量的角度推导气-固反应速率的表达式。

b 固态反应物消耗速率

（1）对于反应（Ⅰ），有：

$$r_{s1} = -4\pi r_{s1}^2 \rho_{s1} x_{s1} \frac{dr_{i1}}{dt} = -S_0 \frac{(c_b - c_{i1}^*)}{\lambda_{c1}} \frac{d\varepsilon_0}{d\theta'_1} \tag{4-120}$$

（2）对于反应（Ⅱ），有：

$$r_{s2} = -4\pi r_{s2}^2 \rho_{s2} x_{s2} \frac{dr_{i2}}{dt} = -S_0 \frac{(c_b - c_{i2}^*)}{\lambda_{c2}} \frac{d\zeta}{d\theta'_2} \tag{4-121}$$

在式（4-105）~式（4-121）中，ε' 和 ε_0 分别为界面 1 和界面 2 的无因次位置。

$$\varepsilon_0 = r_{i1}/r_0,\quad \zeta = r_{i2}/r_0 \tag{4-122}$$

θ_1' 和 θ_2' 分别为反应式（Ⅰ）和反应式（Ⅱ）的无因次反应时间。

$$\theta_1' = \frac{k_j(c_b - c_{ij}^*)(1 + K_t)}{\rho_{sj}x_{sj}r_0K_j}t,\quad (j = 1,2) \tag{4-123}$$

c　动力学方程式的微分形式

按照反应式（Ⅰ）和反应式（Ⅱ）的化学计量关系，应满足：

$$\frac{r_{s1}}{b_1} = \frac{r_{g1}}{a_1},\quad \frac{r_{s2}}{b_2} = \frac{r_{g2}}{a_2} \tag{4-124}$$

将式（4-118）～式（4-121）代入式（4-124）中，最后可得反应式（Ⅰ）和反应式（Ⅱ）的动力学方程式的无因次微分形式[12]。

$$-\frac{d\varepsilon}{d\theta_1} = \frac{\lambda_{c1}[\lambda_{c2}(1-\varphi_2^*) + (\lambda_t + \lambda_{d2} + \lambda_{c2})(\varphi_2^* - \varphi_1^*)]}{[(\lambda_t + \lambda_{d2})(\lambda_{d1} + \lambda_{c1} + \lambda_{c2}) + \lambda_{c2}(\lambda_{c1} + \lambda_{c1})](1-\varphi_1^*)} \tag{4-125}$$

$$-\frac{d\zeta}{d\theta_2} = \frac{\lambda_{c2}[(\lambda_{d1} + \lambda_{c1})(1-\varphi_1^*) + (\lambda_t + \lambda_{d1} + \lambda_{d2} + \lambda_{c1})(\varphi_1^* - \varphi_2^*)]}{[(\lambda_t + \lambda_{d2})(\lambda_{d1} + \lambda_{c1} + \lambda_{c2}) + \lambda_{c2}(\lambda_{d1} + \lambda_{c1})](1-\varphi_2^*)} \tag{4-126}$$

初始条件为：当 $\theta_1 = \theta_2 = 0$ 时：

$$\varepsilon_0 = \zeta = 1 \tag{4-127}$$

在式（4-125）与式（4-126）中，φ_1^* 和 φ_2^* 分别为反应式（Ⅰ）和反应式（Ⅱ）中气态反应物的无因次平衡浓度；θ_1 和 θ_2 为修正的无因次反应时间。

$$\varphi_j^* = c_{ij}^*/c_b,\quad \theta_j = \theta_j'(b_j/a_j),\quad (j = 1,2) \tag{4-128}$$

d　分析讨论

（1）微分方程求解方法。在一般情况下，由微分方程式（4-125）和式（4-126）很难得到解析解，因为除 λ_t 外，其他各步阻力表达式中均无包含无因次界面位置 ε_0 或 ζ。只要已知动力学参数 k_f，D_{e1}，D_{e2} 和 k_1，k_2 等数值，可以采用数值计算法按照初始条件式（4-127）联立求解微分方程式（4-125）和式（4-126）。

孙康等人曾提出运用数理统计法确定动力学参数的方法并采用龙格-库塔（Runge-Kutta）法求解了二界面动力学方程[12]。只要求出界面位置随反应时间的变化规律，就可以进一步确定每一步骤的阻力分数并推断反应的速率限制性环节。

（2）转化率与反应时间的关系。通常由实验直接测得的结果为气-固反应的转化率。因此，为了便于比较，还应将反应界面位置转换为气-固反应的转化率。转化方法可根据反应式（Ⅰ）和反应式（Ⅱ）的化学计量关系确定。例如，对于预氧化钛铁矿的氢还原过程，对应于 $Fe^{3+} \to Fe^{2+} \to Fe^0$ 的总转化率与两界面位置间的关系为：

$$x = 1 - \frac{1}{3}\varepsilon_0^3 - \frac{2}{3}\zeta^3$$

B　三界面反应模型

三界面反应模型的建立方法与二界面反应模型的情况类似，斯皮泽（Spitzer）等人[13]及原行明等人[14]曾系统地讨论过这一问题。三界面反应体系示意图见图 4-14。为简化叙

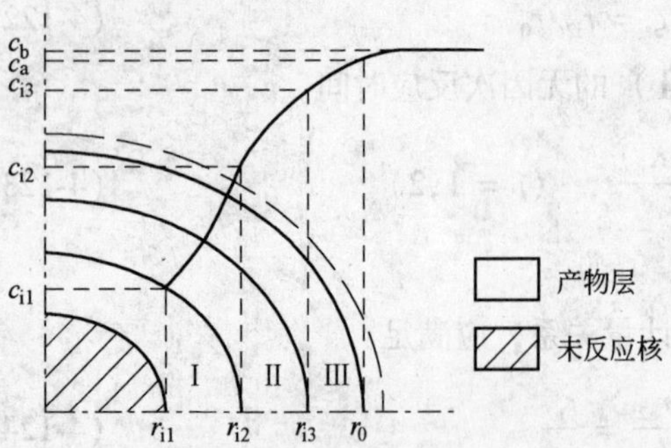

图 4-14　三界面反应体系示意图

述，下文中省略反应界面处浓度变量的下标“i”。假定各界面上发生的化学反应分别为：

$$a_1A_1(g) + b_1B_1(s) \longrightarrow c_1C_1(g) + d_1D_1(s) \quad (Ⅰ)$$

$$a_2A_2(g) + b_2B_2(s) \longrightarrow c_2C_2(g) + d_2D_2(s) \quad (Ⅱ)$$

$$a_3A_3(g) + b_3B_3(s) \longrightarrow c_3C_3(g) + d_3D_3(s) \quad (Ⅲ)$$

a　各步骤速率表达式

（1）气态反应物通过边界层传质速率：

$$r_t = \frac{c_b - c_s}{\lambda_t} S_0 \tag{4-129}$$

$$\lambda_t = \frac{1}{k_f} \tag{4-130}$$

（2）气态通过第三产物层的扩散速率：

$$r_{d3} = \frac{c_s - c_3}{\lambda_{d3}} S_0 \tag{4-131}$$

$$r_{d3} = \frac{r_0}{D_e} \frac{1 - \eta}{\eta} \tag{4-132}$$

（3）在界面 3 处反应式（Ⅲ）的化学反应速率：

$$r_{c3} = \frac{c_3 - c_3^*}{\lambda_{c3}} S_0 \tag{4-133}$$

$$\lambda_{c3} = \frac{1}{k_3 \eta^2} \frac{K_3}{1 + K_3} \tag{4-134}$$

（4）气体通过第二产物层的扩散速率：

$$r_{d2} = \frac{c_3 - c_2}{\lambda_{d2}} S_0 \tag{4-135}$$

$$\lambda_{d2} = \frac{r_0}{D_{e2}} \frac{\eta - \zeta}{\eta \zeta} \tag{4-136}$$

（5）在第 2 界面上反应式（Ⅱ）的化学反应速率：

$$r_{c2} = \frac{c_2 - c_2^*}{\lambda_{d2}} S_0 \tag{4-137}$$

$$\lambda_{c2} = \frac{1}{k_2 \zeta^2} \frac{K_2}{1 + K_2} \tag{4-138}$$

(6) 气体通过第一固态产物层的扩散速率：

$$r_{d1} = \frac{c_2 - c_1}{\lambda_{d1}} S_0 \tag{4-139}$$

$$\lambda_{d1} = \frac{r_0}{D_{e1}} \frac{\zeta - \xi}{\varepsilon_0 \zeta} \tag{4-140}$$

(7) 在第1界面上发生的化学反应式（Ⅰ）的速率：

$$r_{c1} = \frac{c_1 - c_2^*}{\lambda_{c1}} S_0 \tag{4-141}$$

$$\lambda_{c1} = \frac{1}{k_1 \varepsilon_0^2} \frac{K_1}{1 + K_1} \tag{4-142}$$

b 确定中间界面处气体浓度

(1) 因为 $r_{c1} = r_{d1}$，由式（4-139）和式（4-141）可得出：

$$r_{c1} = \frac{c_2 - c_1^*}{\lambda_{d1} + \lambda_{c1}} S_0 \tag{4-143}$$

(2) $r_{c1} + r_{c2} = r_{d2}$，并令其等于 r_{1+2}，于是可进一步导出：

$$c_2 = \frac{1}{S_0} \frac{\lambda_{c2}(\lambda_{d1} + \lambda_{c1})}{\lambda_{d1} + \lambda_{c1} + \lambda_{c2}} r_{1+2} + \frac{\lambda_{c2} c_1^* + (\lambda_{d1} + \lambda_{c1}) c_2^*}{\lambda_{d1} + \lambda_{c1} + \lambda_{c2}} \tag{4-144}$$

其中

$$r_{1+2} = \frac{(\lambda_{d1} + \lambda_{c1} + \lambda_{c2}) c_3 - [\lambda_{c2} c_1^* + (\lambda_{d1} + \lambda_{c1}) c_2^*]}{\lambda_{d2}(\lambda_{d1} + \lambda_{c1} + \lambda_{c2}) + \lambda_{c2}(\lambda_{d1} + \lambda_{c1})} S_0 \tag{4-145}$$

(3) 因为 $r_{1+2} + r_{c3} = r_{d3}$，并令其等于 r_{1+2+3}，将相应表达式代入后，可得到：

$$c_3 = \frac{1}{S_0} \frac{(\lambda_{d1} + \lambda_{c1})(\lambda_{d2} + \lambda_{c2})\lambda_{c3} - \lambda_{d2}\lambda_{c2}\lambda_{c3}}{\lambda_{d2}(\lambda_{d1} + \lambda_{c1} + \lambda_{c2}) + \lambda_{c2}(\lambda_{d1} + \lambda_{c1})} + \frac{\lambda_{c2}\lambda_{c3} c_1^* + (\lambda_{d1} + \lambda_{c1})\lambda_{c3} c_2^* + [\lambda_{d2}(\lambda_{d1} + \lambda_{c1} + \lambda_{c2}) + \lambda_{c2}(\lambda_{d1} + \lambda_{c1})] c_3^*}{(\lambda_{d1} + \lambda_{c1} + \lambda_{c2})(\lambda_{d1} + \lambda_{c3}) + \lambda_{c2}(\lambda_{d1} + \lambda_{c1})} \tag{4-146}$$

其中

$$r_{1+2+3} = \frac{\psi_0 c_b - \psi_1 c_1^* - \psi_2 c_2^* - \psi_3 c_3^*}{\overline{\omega}_1 + \overline{\omega}_2 + \overline{\omega}_3} S_0 \tag{4-147}$$

式中

$$\psi_0 = (\lambda_{d1} + \lambda_{c1} + \lambda_{c2})(\lambda_{d2} + \lambda_{c3}) + \lambda_{c2}(\lambda_{d1} + \lambda_{c1}) \tag{4-148}$$

$$\psi_1 = \lambda_{c2}\lambda_{c3} \tag{4-149}$$

$$\psi_2 = (\lambda_{d1} + \lambda_{c1})\lambda_{c3} \tag{4-150}$$

$$\psi_3 = \lambda_{d2}(\lambda_{d1} + \lambda_{c1} + \lambda_{c2}) + \lambda_{c2}(\lambda_{d1} + \lambda_{c1}) \tag{4-151}$$

$$\overline{\omega}_1 = (\lambda_t + \lambda_{d3})[(\lambda_{d1} + \lambda_{c1} + \lambda_{c2})(\lambda_{d2} + \lambda_{c3}) + \lambda_{c2}(\lambda_{d1} + \lambda_{c1})] \tag{4-152}$$

$$\overline{\omega}_2 = (\lambda_{d1} + \lambda_{c1})(\lambda_{d2} + \lambda_{c2})\lambda_{c3} \tag{4-153}$$

$$\overline{\omega}_3 = \lambda_{d2}\lambda_{c2}\lambda_{c3} \tag{4-154}$$

在式（4-147）中不包含任何中间界面处气体浓度值。只要已知所有的动力学参数值，就可以确定每步阻力，再由式（4-147）可进一步算出气-固反应总速率。将式（4-147）代入式（4-146）中，可确定 c_3。再将 c_3 代入式（4-145）中，并将式（4-145）代入式（4-144）中，可确定界面 2 处气态反应物浓度 c_2。

c　界面反应速率

由式（4-143）、式（4-137）和式（4-133），以及相应的固态反应物的消耗速率表达式，可以得到以下各界面反应速率方程式的微分形式。

（1）反应式（Ⅰ）的反应速率：

$$-\frac{d\varepsilon_0}{d\theta_1} = \frac{\varphi_2 - \varphi_1^*}{[1 + \sigma_{s1}^2\varepsilon_0(\zeta - \varepsilon_0)/\zeta](1 - \varphi_1^*)} \tag{4-155}$$

初始条件：　$\theta_1 = 0, \quad \varepsilon_0 = 1$　(4-156)

（2）反应（Ⅱ）的反应速率：

$$-\frac{d\zeta}{d\theta_2} = \frac{\varphi_2 - \varphi_2^*}{1 - \varphi_2^*} \tag{4-157}$$

初始条件：　$\theta_2 = 0, \quad \varepsilon_0 = 1$　(4-158)

（3）反应（Ⅲ）的反应速率：

$$-\frac{d\eta}{d\theta_3} = \frac{\varphi_3 - \varphi_3^*}{1 - \varphi_3^*} \tag{4-159}$$

初始条件：　$\theta_3 = 0$ 时，$\eta = 1$　(4-160)

式中，ε_0，ζ 和 η 分别为反应界面 1，2，3 的无因次位置；$\theta_1, \theta_2, \theta_3$ 为反应（Ⅰ），（Ⅱ）和（Ⅲ）的无因次反应时间；φ_2, φ_3 分别为气态反应物在反应界面 1，2，3 处的无因次浓度；φ_1^*, φ_2^*，和 φ_3^* 分别为反应（Ⅰ），（Ⅱ）和（Ⅲ）的气态反应物无因次平衡浓度。

$$\varepsilon_0 = r_{i1}/r_0, \quad \zeta = r_{i2}/r_0, \quad \eta = r_{i3}/r_0 \tag{4-161}$$

$$\theta_j = \frac{b_j k_j (c_b - c_j^*)}{a_j \rho_{sj} x_{sj} r_0} \frac{K_j}{1 + k_j} t \qquad (j = 1,2,3) \tag{4-162}$$

$$\sigma_{s1}^* = \frac{k_1 r_0}{D_{e1}} \frac{\varepsilon_0(\zeta - \varepsilon_0)}{\zeta} \frac{K_1}{1 + K_1} \tag{4-163}$$

$$\varphi_j = \frac{c_j}{c_b} \quad (j = 2,3) \tag{4-164}$$

$$\varphi_j^* = \frac{c_j^*}{c_b} \quad (j = 1,2,3) \tag{4-165}$$

d　速率方程式的求解方法

通常我们不可能得到微分方程式（4-155）、式（4-157）和式（4-159）的解析解，只能在已知各动力学参数值后，借助于计算机通过数值计算获得数值解。按照各自的初始条件，将动力学参数值代入各阻力表达式中，再按照前述方法分别确定中间界面气态反应物浓度 c_2 和 c_3，然后，联立求解微分方程式（4-155）、式（4-157）和式（4-159），算出无因次反应界面位置与反应时间的关系后，再由反应（Ⅰ），（Ⅱ）和（Ⅲ）的化学计量关系，确定固态反应物的转化率与反应时间的关系。

4.5.1.4 基本动力学模型的扩充

A 非线性反应动力学

在上述几节中，一直假定界面化学反应对气态物质而言为一级反应，但实际上界面化学反应也可能表现出非线性，这时前面导出的动力学方程不再适用。

处理非线性化学反应动力学问题的方法与前面介绍过的情况类似。首先建立每一步骤的速率表达式，然后，根据准稳态假定确定气态反应物消耗速率，最后，根据化学计量关系将气态反应物消耗速率与反应界面位置相联系，就可以得出反应转化率随时间的变化规律。不过在非线性化学反应条件下，很难得到解析解，一般只能应用数值计算方法求出数值解。因此，从理论上说，只要掌握了动力学方程的建立方法和数值计算方法，非线性动力学问题便可迎刃而解。

关于非线性动力学问题，有人已就几种特殊情况（反应级数 $\nu=0$，0.5，1，2 等）作过详细讨论。这里只给出主要结论。反应级数对气-固反应动力学的影响较大，尤其当气-固反应受界面化学反应和气体通过固态产物层扩散共同控制时，反应级数的影响更大。因此，在建立动力学方程时，应慎重运用“气-固反应对气态物质而言为一级反应”这一假定。否则，可能会造成很大的偏差。

B 固态试样体积变化时的动力学方程

当固态反应物和产物的密度不同时，在反应过程中，固态试样的体积将发生变化。于是，气体通过边界层的传质系数、气体通过产物层的扩散路程均随反应进程发生变化。

以下以球形固态试样及反应式(A)为例，讨论这一问题。其他形状的情况推导过程与之类似。如果固态试样的体积发生变化，在反应过程中任意时刻，固态试样的实际半径 r_{ex} 与初始半径 r_0 及未反应核半径 r_i 间应满足以下关系。

$$r_{ex}=\left[(1-Z)r_i^3+Zr_0^3\right]^{1/3} \tag{4-166}$$

其中：

$$Z=\frac{d\rho_{sB}}{b\rho_{sD}} \tag{4-167}$$

将 r_{ex} 代替在固态试样体积不变时导出的动力学方程中的 r_0，即可得到固态试样变化时的动力学方程。如果忽略因固态试样体积变化对气体通过边界层的传质系数的影响，式（4-92）中其他项不变，仅 $p_{F_p}(x)$ 需作相应调整，结果见表 4-7。

表 4-7 固态试样体积变化时气体通过固态产物层扩散控制的转化率函数

C 形状系数 F_p	转化率函数 $p_{F_p}(x)$
1	Zx^2
2	$\dfrac{[Z+(1-Z)(1-x)]\ln[Z+(1-Z)(1-x)]}{Z-1}+(1-x)\ln(1-x)$
3	$3\left\{\dfrac{Z-[Z+(1-Z)(1-x)]^{2/3}}{Z-1}-(1-x)^{2/3}\right\}$

对不同 Z 值计算结果表明，固态物质体积变化对气-固反应动力学规律影响不大，除非 $Z>2$ 或 $Z<0.5$。

4.5.2 区域反应模型[4]

在湿法冶金生产实践中，原料矿石往往首先经粉碎、选矿富集，再将精矿焙烧或造球，一般说来是粉料或是球团块料。这些物料均有相当的孔隙率。从宏观反应动力学角度看，疏松多孔固态反应物参与的气-固反应体系的动力学规律比致密固体的情况要复杂得多。这是因为，在反应过程中，气态反应物在向固态试样内部扩散的同时，也与固态反应物发生反应，于是，沿球团径向存在着气态和固态反应物浓度梯度。如果化学反应速率与气体扩散速率相比很慢，球团内部各处气体浓度比较均匀，相当于球团被“淹没”在各处浓度均匀的气相介质中发生反应，那么，球团各处的固态反应物均以大致相同的速率与气态反应物作用，直至固态反应完全转化为产物。在这种观点基础上建立起来的动力学模型称为体积反应模型（volumetric reaction model）。相反，如果化学反应速率与气体扩散速率相比很快，气态反应物在向球团内部扩散过程中，还没等深入球团内部就已经明显地与固态反应物作用，这样，在球团中将形成一界面。该界面内部是完全没有反应的固态反应物，而界面外侧则是固态反应产物。反应仅发生在这一界面上或很窄的范围内。伴随气-固反应的进行，反应界面逐渐向球团中心收缩，直至固态反应物完全转化为产物。大多数多孔固态试样参与的气-固反应都介于上述两种极端情况之间，反应发生在具有一定厚度的区域中。因此，要讨论区域反应模型。

区域反应模型（reaction zone model）正是基于对气-固态反应的这种认识提出的。它认为反应发生在固态试样内部具有一定厚度的区域中，但忽略区域中固态反应物的结构对气-固反应的影响。石田（Ishida）和温（Wen）首先建立了二区域反应模型[15,16]，他们认为，多孔固态试样参与的气-固反应过程可分为两个阶段。在反应初期，气态反应物一边向球团内部扩散，一边与固态反应物作用。由于靠近球团外表面处气态反应物浓度较高，反应速率较快。因此，反应一定时间后，在靠近球团表面处将出现固态产物层。从这时起，气-固反应进入第二阶段。气态反应物首先必须扩散通过固态产物层才能进入反应区。随着反应的进行，固态产物层逐渐增厚，直至固态产物层厚度等于球团半径，气-固反应结束。后来，户根（Tone）和温将二区域反应模型应用于复杂反应体系[17]。曼特利（Mantri）等人又将二区域反应模型进一步发展为三区域反应模型[18]。他们注意到，多孔固态试样参与的气-固反应过程的更一般情况应该包括三个阶段。第一阶段，在球团内部可分为两个区域，即靠近外表面的反应区域和中心处的未反应核。在第二阶段中，球团由外向内依次由固态反应产物层、反应区域和未反应核构成。第三阶段，未反应核消失，球团由产物层和反应区域构成。普拉萨南（Prasannan）和道莱斯瓦米（Doraiswamy）在研究 ZnS 氧化反应时发现，在氧化反应过程中，在圆柱状固态试样内部确实存在三个不同的区域[19]。

4.5.2.1 二区域反应模型

假定反应式（A）对气态反应物的产物均为一级反应。反应速率不随固态反应物和产物的浓度而变化。准稳态假定适用于气态物质的传质过程。以下各参数的下标“1”代表反应区域，“2”代表产物层内。上标“s”代表球团外表面。

A 第一阶段动力学方程

如果定义固态物质的浓度为球团单位体积内所含固态物质的质量，那么，在第一阶段，在球团内部气态反应物 A 和固态反应物 B 的浓度分布示意图见图 4-15。现定量讨论如下。

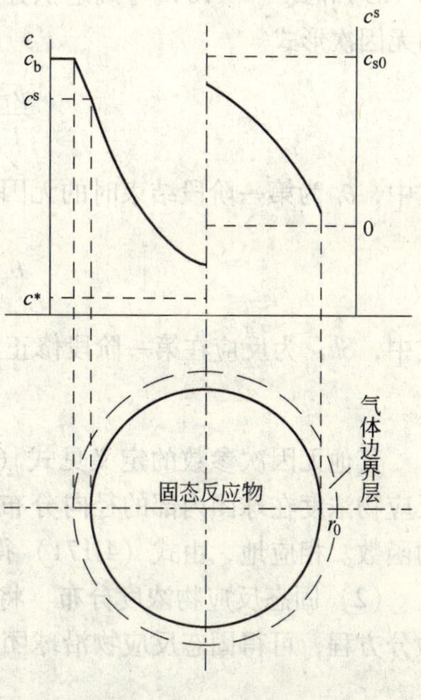

图 4-15 反应第一阶段中反应物浓度分布示意图

a 动力学方程

根据准稳态假定，气态反应物 A 在反应区域内应满足如下质量守恒关系：

$$D_{el}\left(\frac{d^2c_1}{dr^2}+\frac{2}{r}\frac{dc_1}{dr}\right)-\frac{ar_s}{b}=0 \qquad (4\text{-}168)$$

边界条件为式（4-169）和式（4-170）。在球团外表面处，气态反应物通过边界层的传质通量应等于在球团外表面处气体扩散进入球团内部的扩散通量。

$$D_{el}\left.\frac{dc_1}{dr}\right|_{r=r_0}=k_f(c_b-c_1^s) \qquad (4\text{-}169)$$

在球团中心，由于气体浓度在球团中心处分布的对称性，式（4-170）成立。

$$\left.\frac{dc_1}{dr}\right|_{r=0}=0 \qquad (4\text{-}170)$$

式（4-168）中 r_s 为反应物区域内局部化学反应速率。局部化学反应速率的定义为单位时间、单位固态试样体积内固态反应物的消耗量。

$$r_s=-\frac{\partial c_{s1}}{\partial t}=k_v c_{s0}(c_1-c^*) \qquad (4\text{-}171)$$

式中，c^* 为反应式（A）气态反应物的平衡浓度。微分方程式（4-171）的初始条件为：
当 $t=0$ 时，在 $0\leqslant r\leqslant r_0$， $c_{s1}=c_{s0}$ (4-172)

b 浓度分布

（1）气态反应物浓度分布 将式(4-171)代入式（4-168）中，并按照边界条件式（4-169）和式（4-170）求解微分方程式（4-168），可得气态反应物 A 在球团内部沿径向的浓度分布为式（4-175）。为了求解微分方程（4-168），可作变量代换。令 $z=(c_1-c^*)r$，并将其代入式(4-168)，这样就将微分方程式（4-168）转变为常系数线性微分方程式：

$$\frac{d^2z}{dr^2}=\varphi_1^2 z \qquad (4\text{-}173)$$

式中，φ_1 为第一阶段反应式(A)的蒂勒（Thiele）模数。

$$\varphi_1=r_0\left(\frac{ak_v c_{s0}}{bD_{el}}\right)^{1/2} \qquad (4\text{-}174)$$

微分方程式（4-173）的通解为 $z=A_1\exp(\varphi_1 r)+A_2\exp(-\varphi_1 r)$。由边界条件式

(4-169)和式（4-170）可确定积分常数A_1和A_2。式（4-175）为微分方程式（4-168）的解的无因次形式。

$$\frac{\psi_1 - \psi^*}{1 - \psi^*} = \frac{1}{\theta_c}\frac{\sinh(\varphi_1 \varepsilon_0)}{\varepsilon_0 \sinh(\varphi_1)} \tag{4-175}$$

式中，θ_c为第一阶段结束时的无因次反应时间，理由见下面。

$$\theta_c = 1 + \frac{\varphi_1 \coth(\varphi_1) - 1}{Sh_1^*} \tag{4-176}$$

式中，Sh_1^*为反应在第一阶段修正的舍伍德准数。

$$Sh_1^* = k_f r_0 / D_{e1} \tag{4-177}$$

其他无因次参数的定义见式（4-179）。式（4-175）表明，在反应的第一阶段，气态反应物浓度在球团内部的径向分布状况不随时间变化，各点处浓度值ψ_1仅是空间坐标ε的函数。相应地，由式（4-171）得知，在第一阶段反应速率也恒定不变。

（2）固态反应物浓度分布　将式（4-175）代入式（4-171）中，并按初始条件求解该微分方程，可得固态反应物沿球团径向的浓度分布及其随反应时间的变化规律。

$$X_{s1} = \frac{c_{s1}}{c_{s0}} = 1 - \frac{\sinh(\varphi_1 \varepsilon_0)}{\varepsilon_0 \sinh(\varphi_1)} \times \frac{\theta}{\theta_c} \tag{4-178}$$

在$\varepsilon_0 = 1$处，当$X_s = 0$时，表明开始有固态物层生成，即反应第一阶段结束。这时由式（4-178）得$\theta = \theta_c$。所以，θ_c为第一阶段反应持续的时间。由式（4-176）可知，它只取决于反应的蒂勒模数和修正的舍伍德准数。

以上诸式中，ε_0和θ分别为无因次位置和无因次反应时间，ψ_1和ψ^*分别为气态反应物的无因次浓度和无因次平衡浓度。它们的定义见式（4-176）。

$$\varepsilon_0 = r/r_0, \quad \theta = k_v(c_b - c^*)t, \quad \psi_1 = c_1/c_b, \quad \psi^* = c^*/c_b \tag{4-179}$$

c　固态反应物的转化率

根据定义，固态反应物的转化率为

$$x = 1 - \frac{\int_0^{r_0} 4\pi r^2 c_{s1} \mathrm{d}r}{\int_0^{r_0} 4\pi r^2 c_{s0} \mathrm{d}r} = \int_0^1 \varepsilon_0^2 X_{s1} \mathrm{d}\varepsilon_0 \tag{4-180}$$

将式（4-178）代入式（4-180）中，积分得到在第一阶段中固态反应物的转化率随反应时间的变化规律为

$$x = \frac{3}{\varphi_1^2}[\varphi_1 \coth(\varphi_1) - 1]\frac{\theta}{\theta_c} \tag{4-181}$$

d　第一阶段结束时反应体系特性

在第一阶段，气体浓度在固态试样内的分布规律和反应速率均不随时间变化，但进入第二阶段后，它们都是时间的函数。为了求解相应的微分方程，必须确定第一阶段结束时某些变量的数值以作为第二阶段相关微分方程的初始条件。

由式（4-178）和式（4-181），令$\theta = \theta_c$，可分别得出在第一阶段结束时固态反应物

的浓度分布和转化率为

$$X_{sc} = 1 - \frac{\sinh(\varphi_1 \varepsilon_0)}{\varepsilon_0 \sinh(\varphi_1)} \tag{4-182}$$

$$x_c = \frac{3}{\varphi_1^2}[\varphi_1 \coth(\varphi_1) - 1] \tag{4-183}$$

B 第二阶段动力学方程

a 动力学方程的建立

进入第二阶段后，固态试样内气态反应物和固态反应物的浓度分布状况如图4-16所示。在反应区域内（$0 \leqslant r \leqslant r_i$），与第一阶段情况类似，可建立以下微分方程。

$$D_{e1}\left(\frac{\partial^2 c_1}{\partial r^2} + \frac{2}{r}\frac{\partial c_1}{\partial r}\right) - \frac{a}{b} r_s = 0 \tag{4-184}$$

$$r_s = -\frac{\partial c_{s1}}{\partial t} = k_v c_{s0}(c_1 - c^*) \tag{4-185}$$

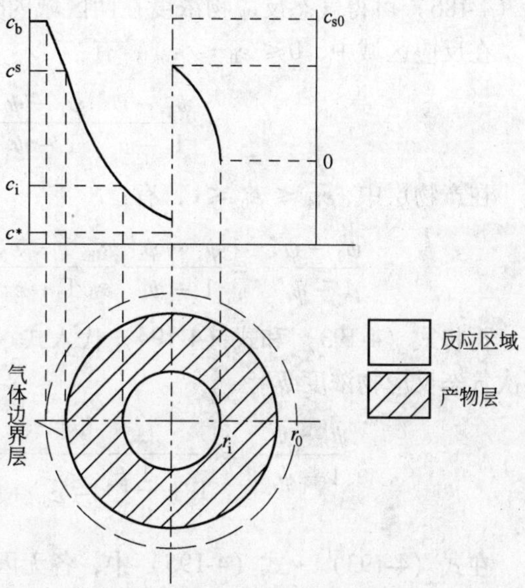

图4-16 反应第二阶段中反应物浓度分布示意图

在产物层内（$r_i \leqslant r \leqslant r_0$），气态反应物浓度分布由准稳态假定得出：

$$\left(\frac{\partial^2 c_2}{\partial r^2} + \frac{2}{r}\frac{\partial c_2}{\partial r}\right) = 0 \tag{4-186}$$

在固态产物层内，由于固态反应物已完全转化为产物，因此：

$$c_{s2} = 0 \tag{4-187}$$

求解微分方程式（4-183）、式（4-185）、式（4-186）共需4个边界条件和1个初始条件。边界条件为：在球团外表面处，与式（4-169）类似，需满足式（4-188）：

$$D_{e2}\left.\frac{\partial c_2}{\partial r}\right|_{r=r_0} = k_f(c_b - c_2^s) \tag{4-188}$$

在球团中心处，与式（4-170）相似，仍需满足：

$$\left.\frac{\partial c_1}{\partial r}\right|_{r=0} = 0 \tag{4-189}$$

此外，在两区域接界 r_i 处，由于气体浓度分布的连续性，式（4-190）和式（4-191）成立：

$$c_1 = c_2 \tag{4-190}$$

$$D_{e1}\left.\frac{\partial c_1}{\partial r}\right|_{r=r_{i-}} \quad D_{e2}\left.\frac{\partial c_2}{\partial r}\right|_{r=r_{i+}} \tag{4-191}$$

微分方程式（4-185）的初始条件为：当时 $\theta = \theta_c$ 时，有：

$$X_s = X_{sc} = 1 - \frac{\sinh(\varphi_1 \varepsilon_0)}{\varepsilon_0 \sinh(\varphi_1)} \tag{4-192}$$

b　动力学方程求解

按照边界条件式（4-180）、式（4-189）、式（4-190）、求解微分方程式（4-184）和式（4-186）可得气态反应物浓度在两区域内分布情况。

在反应区域中，$0 \leqslant \varepsilon_0 \leqslant \varepsilon_{0i}$，有：

$$\frac{\psi_1 - \psi^*}{1 - \psi^*} \frac{\psi_i - \psi^*}{1 - \psi^*} \frac{\varepsilon_0 \sinh(\varphi_1 \varepsilon_0)}{\varepsilon_0 \sinh(\varphi_1 \varepsilon_{0i})} \tag{4-193}$$

在产物层中，$\varepsilon_{0i} \leqslant \varepsilon_0 \leqslant 1$，有：

$$\frac{\psi_2 - \psi^*}{1 - \psi^*} = \frac{\psi_i - \psi^*}{1 - \psi^*} \frac{\varepsilon_{0i}}{\varepsilon_0} \frac{1 - \varepsilon_0 + \varepsilon_0 / Sh_2^*}{1 + \varepsilon_{0i} + \varepsilon_{0i} / Sh_2^*} + \frac{1 - \varepsilon_i / \varepsilon}{1 - \varepsilon_i + \varepsilon_i / Sh_2^*} \tag{4-194}$$

再将式（4-193）和式（4-194）代入式（4-191）中，可确定两区域中间界面 ε_i 处无因次气态反应物浓度 ψ_i。

$$\frac{\psi_i - \psi^*}{1 - \psi^*} = \frac{1}{1 + \frac{1}{\alpha}\left(1 - \varepsilon_{0i} + \frac{\varepsilon_{0i}}{Sh_2^*}\right)[\varphi_1 \varepsilon_{0i} \coth(\varphi_1 \varepsilon_{0i}) - 1]} \tag{4-195}$$

在式（4-193）~式（4-195）中，各无因次参数定义如下：

$$\psi_j = c_j / c_b, \quad (j = 1,2) \tag{4-196}$$

$$\psi_i = c_i / c_b, \quad \varepsilon_{0i} = r_i / r_0 \tag{4-197}$$

$$Sh_2^* = (k_f r_0 / D_{e2}) \tag{4-198}$$

$$\alpha = D_{e2} / D_{e1} \tag{4-199}$$

c　固态反应物浓度分布与转化率

在反应时刻 t 时，固态反应物在反应区域中的浓度分布可按下式确定：

$$c_{s1} = c_{sc} - \int_{t_c}^{t} r_s \mathrm{d}t \tag{4-200}$$

将式（4-195）代入式（4-194）确定气态反应物在反应区域中的浓度分布规律 ψ_i。然后，将气态反应物的浓度分布 $c_1 = \psi_i c_b$ 代入式（4-185）中。最后，再将式（4-185）代入式（4-200）中，经一系列数学推导后可得固态反应物在反应区域中的浓度分布为：

$$X_{s1} = 1 - \frac{\varepsilon_{0i} \sinh(\varphi_1 \varepsilon_0)}{\varepsilon_0 \sinh(\varphi_1 \varepsilon_{0i})} \quad (0 \leqslant \varepsilon_0 \leqslant \varepsilon_{0i}) \tag{4-201}$$

固态反应物的转化率随反应时间的变化关系是通过参数 ε_{0i} 表示的，因为 ε_{0i} 本身是反应时间的函数。

$$x = 1 - \varepsilon_{0i}^3 + \frac{3\varepsilon_{0i}}{\varphi_1^2}[\varphi_1 \varepsilon_{0i} \coth(\varphi_1 \varepsilon_{0i}) - 1] \tag{4-202}$$

由于 ε_{0i} 随反应时间变化，所以，反应进入第二阶段后，气态反应物浓度和固态反应

物浓度 ψ_1、ψ_2、X_{s1} 不仅随空间坐标变化也是反应时间的函数。另外，ψ_1 和 x 也随反应时间而变化。

C 分析讨论

a 气体扩散为速率限制性环节时，区域反应模型转化为界面反应模型

如果气体通过球团外表面边界层的传质阻力，在化学反应速率远大于气体在多孔固态试样中的扩散速率时，可以得到：

$$1 + 2(1 - x) - 3(1 - x)^{2/3} = \theta/\theta^* \tag{4-203}$$

式中，θ^* 为无因次完全反应时间，其定义为：

$$\theta^* = 1 + \frac{\varphi_1^2}{6}\left(1 + \frac{2}{Sh^*}\right) + \left(1 - \frac{1}{\alpha}\right)\ln\frac{\sinh(\varphi_1)}{\varphi_1} \tag{4-204}$$

式（4-203）的等号左边与式（4-83）的等号左边完全一致，因此，在气-固反应受气体扩散步骤控制时，即多孔固态反应物参与的反应体系，界面反应模型仍然适用。

b 用界面反应模型分析多孔固态反应物参与的多相反应体系的动力学规律时所造成的误差

当气-固反应不受气体扩散控制时，在 D_{e1} 远小于 D_{e2} 的条件下，由区域反应模型所得动力学方程同样也可以导出与式（4-79）在形式上完全一致的关系式，但前者反应速率定义为体积反应速率，即单位时间内、单位体积球团中固态反应物消耗量；而后者则定义为界面反应速率，即单位时间内、单位反应界面面积上固态反应消耗量。虽然多孔固态试样参与的气-固反应的实验结果满足界面反应模型，但按式（4-97）确定的动力学参数并不代表该反应在实验条件下的真实值。尽管由两种不同模型出发导出的转化率与时间的关系在形式上相同，但动力学参数不相等。石畸和温指出两者的关系为[15]：

$$k_s = \left(\frac{bD_{e1}k_v}{ac_{s0}}\right)^{1/2} \tag{4-205}$$

式中，k_s为表观界面反应速率常数。由式（4-205）可见，如果气体有效扩散系数对湿度有依赖关系，那么，当用界面反应模型处理多孔固态试样参与的气-固反应实验结果时，所得表观活化能仅为实际值的一半。这也说明了当不同研究人员采用不同形态的固态试样实验时，所得表观活化能数值偏差较大的原因。

4.5.2.2 三区域反应模型

当球团比较大，化学反应速率比较快时，在接近球团中心处可能会存在未反应核。于是，气-固反应将分为三个阶段进行。在第二个阶段中，在球团内部将存在三个区域，由外向内依次为产物层、反应区域和未反应核。在以下讨论中，各参数的下标“1”、“2”、“3”分别指反应区域、产物层和未反应核。上标“s”代表球团外表面。此处将就更一般的形式讨论区域反应模型，以下假定局部化学反应速率 $r_s = k_v c_{s1}^m c_1^n$。

很明显，当 $r_1 = 0$ 时，三区域反应模型即蜕化为二区域反应模型。从这一意义上说，也可以将后者看作是前者的一个特例。因此，要重点介绍气态反应物浓度分布的确定方法。

A 基本动力学方程

a 第一阶段

在第一阶段，球团内部有两个区域，即反应区域和未反应核，如图 4-17（a）所示。

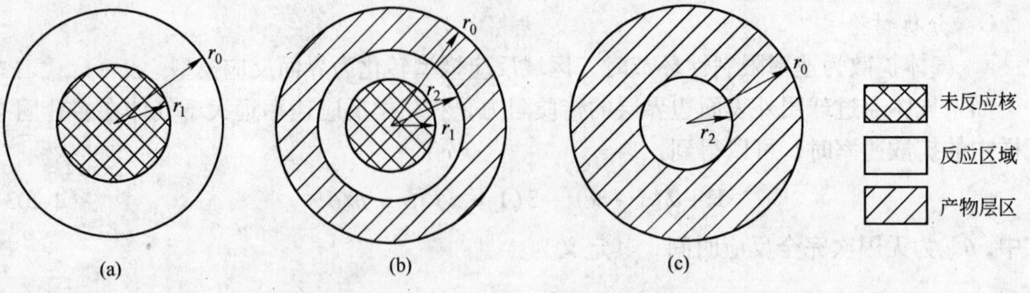

图 4-17　三区域反应模型示意图

（a）反应第一阶段；（b）反应第二阶段；（c）反应第三阶段

（1）在反应区域内，气态反应物在反应区域内的浓度分布可表示为

$$\frac{D_{\mathrm{e1}}}{r^2}\frac{\mathrm{d}}{\mathrm{d}r}\left(r^2\frac{\mathrm{d}c_1}{\mathrm{d}r}\right)-\frac{b}{a}r_{\mathrm{s}}=0 \tag{4-206}$$

上式中局部化学反应速率 r_{s} 是固态反应物浓度和气态反应物浓度的函数。

$$r_{\mathrm{s}}=-\frac{\partial c_{\mathrm{s1}}}{\partial t}=k_v c_{\mathrm{s1}}^m c_1^n \tag{4-207}$$

式中，m 和 n 分别为气-固态反应物和气态反应物而言的表观反应级数。反应区域内固态反应物浓度随时间的变化规律可按下式确定：

$$c_{\mathrm{s1}}=c_{\mathrm{s0}}-\int_0^1 r_{\mathrm{s}}\mathrm{d}t \tag{4-208}$$

微分方程式（4-206）的边界如下：

在 $r=r_1$ 处，　　　$c_1=0$ 　　（4-209）

在球团外表面 r_0 处，按照质量守恒定律，气体的传质通量应等于气体向球团内部的扩散通量：

$$D_{\mathrm{e1}}\left.\frac{\mathrm{d}c_1}{\mathrm{d}r}\right|_{r=r_0}=k_{\mathrm{f}}(c_{\mathrm{b}}-c_1^{\mathrm{s}}) \tag{4-210}$$

（2）在未反应核内 $0\leqslant r\leqslant r_1$

$$c_3=0,\quad c_{\mathrm{s3}}=c_{\mathrm{s0}} \tag{4-211}$$

b　第二阶段

当靠近球团外表面处有固态产物层生成时，气-固态反应进入第二阶段。在第二阶段中，固态试样内部存在三个区域，见图 4-17（b）。这时，气态反应物首先必须扩散通过固态产物层才能达到反应区域，并参加气-固反应。

（1）在产物层中，$r_2\leqslant r\leqslant r_0$

同样，按照准稳态假定，由于在产物层中无化学反应，所以，气态反应物浓度分布可用下式描述：

$$\frac{\partial}{\partial r}\left(r^2\frac{\partial c_2}{\partial r}\right)=0 \tag{4-212}$$

在产物层内，由于固态反应物已完全转化为固态产物，所以

$$c_{s2}=0 \tag{4-213}$$

(2) 在反应区域中，$r_1 \leqslant r \leqslant r_2$

与第一阶段在反应区域中的情况类似，可建立以下微分方程。

$$\frac{D_{e1}}{r_t^2}\times\frac{\partial}{\partial r}\left(r^2\frac{\partial c_1}{\partial r}\right)-\frac{b}{a}r_s=0 \tag{4-214}$$

局部化学反应速率为：

$$r_s=-\frac{\partial c_{s1}}{\partial t}=k_v c_{s1}^m c_1^n \tag{4-215}$$

在反应区域内，固态反应物浓度分布及其随时间变化可表示为：

$$c_{s1}=c_{sc1}-\int_{te_1}^{t} r_s\mathrm{d}t \tag{4-216}$$

式中，t_{e1}为第一阶段持续的反应时间；c_{sc1}为第一阶段结束时固态反应反应物在反应区域中的浓度分布。

(3) 在未反应核内，$0 \leqslant r \leqslant r_1$

$$c_3=0,\quad c_{s3}=c_{s0} \tag{4-217}$$

微分方程式（4-212）和式（4-214）的边界条件示于式（4-218）~式（4-221）。在球团外表面：

$$D_{e2}\frac{\mathrm{d}c_2}{\mathrm{d}r}=k_f(c_b-c_2^s) \tag{4-218}$$

在固态产物层和反应区域交界处r_2，由于气态反应物浓度分布的连续性，可写出以下边界条件：

$$c_1=c_2 \tag{4-219}$$

$$D_{e1}\left.\frac{\partial c_1}{\partial r}\right|_{r=r_{1-}}=D_{e2}\left.\frac{\partial c_2}{\partial r}\right|_{r=r_{2+}} \tag{4-220}$$

在r_1处，$c_1=0$ (4-221)

c 第三阶段

当未反应核消失时（$r_1=0$），反应过程进入第三阶段。在第三阶段中，固态试样内部有两个区域——产物层和反应区域，如图4-17（c）所示。

(1) 在产物层内，$r_2 \leqslant r \leqslant r_0$

与第二阶段的情况相同，在产物层内气态反应物和固态反应物的浓度分布分别可表示为

$$\frac{\partial}{\partial r}\left(r^2\frac{\partial c_2}{\partial r}\right)=0 \tag{4-222}$$

$$c_{s2}=0 \tag{4-223}$$

（2）反应区域内，$0 \leqslant r \leqslant r_2$

$$\frac{D_{e1}}{r^2} \times \frac{\partial}{\partial r}\left(r^2 \frac{\partial c_1}{\partial r}\right) - \frac{b}{a} r_s = 0 \tag{4-224}$$

$$r_s = -\frac{\partial c_{s1}}{\partial t} = k_v c_{s1}^m c_1^n \tag{4-225}$$

$$c_{s1} = c_{sc2} - \int_{tc_2}^{t} r_s \mathrm{d}t \tag{4-226}$$

式中，t_{c2}为第二阶段结束时的反应时间；c_{sc2}为第二阶段结束时固态反应物在反应区域中的浓度分布。

微分方程式（4-222）和式（4-223）的边界条件：

球团外表面处，$r = r_0$

$$D_{e2} \left.\frac{\partial c_2}{\partial r}\right|_{r=r_0} = k_f(c_b - c_2^s) \tag{4-227}$$

在球团中心 $r = 0$ 处，由于气态反应物浓度分布的对称性，有

$$\left.\frac{\partial c_1}{\partial r}\right|_{r=0} = 0 \tag{4-228}$$

在 r_2处，关系式（4-219）和式（4-220）仍然适用。

B　气态反应物浓度分布

只要求出气态反应物浓度的分布规律，就可以确定局部化学反应速率，进一步得到固态反应物的浓度分布及其随反应时间的变化关系。在此基础上，最终能够得出固态反应物的转化率随时间的变化规律。由此可见，确定气态反应物浓度分布是必需而重要的一步。

在一般情况下，上述动力学方程很难求出解析解。曼特利等人曾就 $m = 0$，$n = 1$ 求解了以上微分方程，确定了气态反应物在固态试样内部的浓度分布[18]。现将结果列于表 4-8 中。当 m、n 为其他值时，一般来说无法得到解析解，这时为了求解微分方程，只能通过数值计算。可以预料，圆柱状固态试样的情况应介于平板状固态试样和球形固态试样的情况之间。

表 4-8　气态反应物在固态试样中的浓度分布

（1）平板状固态试样	
第一阶段	
反应区域内：	$\psi = \dfrac{Sh_1^*(\varphi_1 + Sh_2^*)}{Sh_1^* + \varphi_1 \coth(\varphi_1 \Delta\varepsilon_0)} \dfrac{\sinh[\varphi_1(\varepsilon_0 - \varepsilon_{01})]}{\sinh[\varphi_1(1 - \varepsilon_{01})]}$
第二阶段	
反应区域内：	$\psi = \dfrac{Sh_2^*(1-\psi_i)\varepsilon_0 + (1 + Sh_2^*)\psi_i - Sh_2^* \varepsilon_{02}}{1 + Sh_2^* - Sh_2^* \varepsilon_{02}}$
产物层内	$\psi = \psi_i \dfrac{\sinh[\varphi_1(\varepsilon_0 - \varepsilon_{01})]}{\sinh[\varphi_1(\varepsilon_{02} - \varepsilon_{01})]}$
第三阶段	
反应区域内：	$\psi = \dfrac{Sh_2^*(1-\psi_i)\varepsilon_0 + (1 + Sh_2^*)\psi_i - Sh_2^* \varepsilon_2}{1 + Sh_2^* - Sh_2^* \varepsilon_{02}}$
产物层内：	$\psi = \psi_i \dfrac{\sinh(\varphi_1 \varepsilon_0)}{\sinh(\varphi_1 \varepsilon_{02})}$

续表 4-8

(2) 球形固态试样

第一阶段

反应区域内：
$$\psi = \frac{Sh_1^*}{Sh_1^* + \varphi_1 \coth(\varphi_1 \Delta\varepsilon_0) - 1} \frac{\sinh[\varphi_1(\varepsilon_0 - \varepsilon_{01})]}{\sinh[\varphi_1(1 - \varepsilon_{01})]}$$

第二阶段

反应区域内：
$$\psi = \frac{1 - \psi_i \varepsilon_{02} + \psi_i \varepsilon_{02}/Sh_2^*}{1 - \varepsilon_{02} + \varepsilon_{02}/Sh_2^*} + \frac{\varepsilon_{02}}{\varepsilon_0} \frac{\psi_i - 1}{1 - \varepsilon_{02} + \varepsilon_{02}/Sh_2^*}$$

产物层内：
$$\psi = \frac{\psi_i \varepsilon_{01} \sinh[\varphi_1(\varepsilon_0 - \varepsilon_{01})]}{\varepsilon_0 \sinh[\varphi_1(\varepsilon_{02} - \varepsilon_{01})]}$$

第三阶段

反应区域内：
$$\psi = \frac{1 - \psi_i \varepsilon_{02} + \psi_i \varepsilon_{02}/Sh_2^*}{1 - \varepsilon_{02} + \varepsilon_{02}/Sh_2^*} + \frac{\varepsilon_{02}}{\varepsilon_0} \frac{\psi_i - 1}{1 - \varepsilon_{02} + \varepsilon_{02}/Sh_2^*}$$

产物层内：
$$\psi = \frac{\psi_i \varepsilon_{02} \sinh(\varphi_1 \varepsilon_0)}{\varepsilon_0 \sinh(\varphi_1 \varepsilon_{02})}$$

C 动力学模型适用条件及其判断依据

如前所述，当反应区域的厚度大到和球团初始半径相当时，区域反应模型转变为体积反应模型；相反，当反应区域厚度接近于0时，区域反应模型将变为界面反应模型。因此，反应区域相对厚度 $(r_2 - r_1)/r_0$ 在反应的第一阶段为 $(r_0 - r_1)/r_0$，就成为判断究竟哪种动力学模型适用的判断依据。曼特利等指出，如果反应区域厚度小于球团初始半径的5%时即认为界面反应模型适用，或者如果反应区域厚度大于球团初始半径的95%时即认为体积反应模型适用的话，那么，可得出如表4-9所示的判断依据。从微观模型出发，针对由球形微粒组成的平板状固态试样参与的气-固反应体系也给出了类似的结果。

表 4-9 动力学模型适用条件

动力学模型	蒂勒模数	缩核反应模数
体积反应模型	$\varphi < 0.5$	$\sigma < 4.5$
界面反应模型	$\varphi > 100$	$\sigma > 85$
区域反应模型	$0.5 < \varphi < 100$	$4.5 < \sigma < 85$

D 动力学参数的确定方法

建立动力学方程的目的不外乎有两条：第一，按照动力学方程的适用条件合理设计实验，并按动力学方程确定动力学参数；第二，借助动力学方程，揭示气-固反应的动力学规律以及定量描述反应过程。

按照区域反应模型确定动力学参数的资料报道不多，但决不能用根据界面反应模型确定动力学参数直接代入区域反应模型中（气-固反应受气体扩散控制时除外），因为在这两种模型中，表观反应速率常数定义的数值不同。

为了求出表观反应速率常数 k_v，应使气-固反应尽可能符合体积反应模型的基本假定。因为这时在球团内部各处气态反应物浓度与气相本体浓度相同，所以，可以通过求解式得出动力学方程，再根据动力学方程确定表观反应速率常数；或者，在已知气体有效扩散系数的情况下，按界面反应模型处理实验结果，求出“界面反应速率常数” k_s 后，再按式

(4-205）将 k_s换算为体积反应速率常数 k_v。

4.5.3 微粒模型[4]

流体与固体之间发生多相反应的先决条件是这两种反应物相互接触。对于固态反应物而言，笼统地定义反应物“浓度”，并评价固态反应物浓度对多相反应速率的影响是没有意义的，因为在多相反应过程中，被包裹着的、处于核心部分的固态反应物并不直接参与多相反应。然而，按照定义，在计算固态反应物浓度时却将这一部分考虑在内。要想真正描述气-固反应的动力学行为还必须注意固态试样的结构因素，或者更具体地说是气态反应物与固态反应物相互接触的相界面[20]。从这一意义上说，区域反应模型还不能真正揭示气-固反应宏观动力学的本质规律。

塞克利和埃文斯（Evans）正是认识到了固态反应物的结构对宏观反应动力学的影响，提出了微粒模型（grain model）[20,21]。他们认为，固态试样是由具有一定粒度的微粒组成。在反应过程中，气态反应物在通过微粒间的孔隙向固态试样内部扩散的同时，也与其周围的微粒发生反应。由于沿球形固态试样的径向气态反应物存在浓度梯度，在靠近固态试样外表面处，气态反应物浓度较高，气-固反应速率较快；相反，处于固态试样内部的微粒反应速率较慢。经过一定时间后，在固态试样表面出现固态产物层，这时气态反应首先必须扩散通过这一产物层，然后，再参与气-固反应。随着反应的进行，产物层逐渐增厚，直至反应结束。与固态试样相比，构成固态试样的微粒本身比较致密。因此，可以将在第4.5.1.1中A、B小节中所得结果直接用来描述每一微粒的动力学行为。

综上所述，微粒模型将固态试样与气态反应物之间的气-固反应，看作是构成固态试样的许多微粒分别位于具有一定浓度分布的气态反应物浓度场中的多微粒体系。当气体扩散成为气-固反应的速率限制性环节时，反应体系将呈现界面反应特征；相反，如果每个微粒的界面反应速率明显偏慢，那么，每个微粒周围的气态反应物浓度几乎相等，反应体系将具有拟均相反应规律。

塞克利和埃文斯首先针对半无限大平板状固态试样参与的气-固反应体系建立了微粒模型[20,21]。然后，又将这一观点应用于固态试样为球形的气-固反应体系。在此基础上，索恩和塞克利又提出了更一般的微粒模型[22]。后来，塞克利和普劳普斯特（Propster）又用这一模型研究了由具有一定粒度分布的微粒组成的固态试样参与的气-固反应动力学规律[23]。马泽特（Mazet）和斯品尼尔（Spinner）也提出了类似的动力学模型[3]。

4.5.3.1 基本动力学方程

A 由球形微粒组成的球团参与的多相反应体系

为了一般性，以球形微粒构成的球团参与的气-固反应体系为例，按照微粒模型讨论反应（A）的动力学行为，以下讨论均以准稳态假定适用于气态反应物的传质过程为前提。图4-18为按微粒模型描述反应体系的示意图。

如果半径为 R_0的球团是由粒度分布均匀、半径为 r_0的微粒组成，r_0远小于 R_0。而且，在反应过程中球团和微粒的形状和大小均保持不变，与区域反应模型的情况类似，在固态试样内部（$0 < R < R_0$）厚度为 $R + dR$ 的微体积元内，对气态反应物可建立如下质量守恒关系：

单位时间内净进入微体积元量 - 化学反应消耗速率 = 在微体积元中的积累速率

由准稳态假定，上式右端应为零。写成数学表达式，上述质量守恒关系变为

$$\frac{D_e}{R^2}\frac{d}{dR}\left(R^2\frac{dc}{dR}\right)-r_A=0 \quad (4\text{-}229)$$

式中，D_e为气态反应物的有效扩散系数，并且假定D_e不随R变化；c为气态反应物浓度；r_A为局部化学反应速率。

微体积元内的局部化学反应速率r_A（以气态反应物消耗速率表示）可按以下关系确定。

微体积元局部化学反应速率＝微体积元内微粒数目×每一微粒的界面反应速率

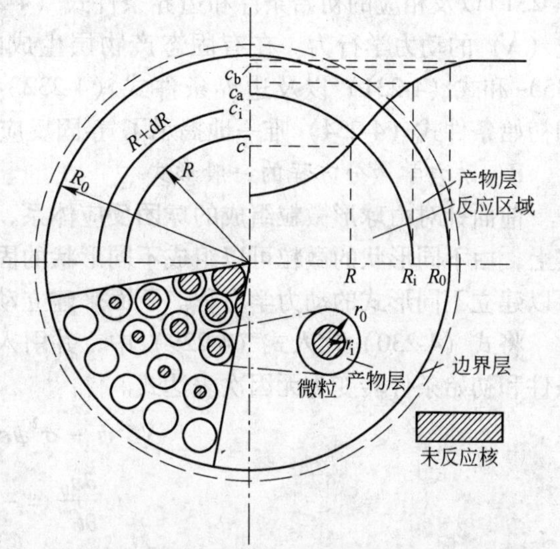

图 4-18 按照微粒模型，气-固反应体系示意图

对于不可逆反应，以上关系式可写成数学表达式

$$r_A=(1-\varepsilon_0)kc^n\left(\frac{A_g}{V_g}\right)\left(\frac{A_g r_i}{F_g V_g}\right)^{F_g-1} \quad (4\text{-}230)$$

式中，k和n为表观反应速率常数和表观反应级数；ε_0为球团的孔隙率；A_g和V_g分别为微粒的表面积和体积；r_i为微粒内的反应界面位置。

微粒内固态反应物的消耗速率与反应界面上气态反应物消耗速率间的关系如下：

$$r_s=-\rho_s\frac{dr_i}{dt}=\frac{b}{a}kc^n \quad (4\text{-}231)$$

以上微分方程的边界条件和初始条件列于式（4-232）～式（4-234）。

当忽略外传质阻力时，在$R=R_0$处

$$c=c_b \quad (4\text{-}232)$$

由球团中心处，因气态反应物浓度分布的对称性

$$\left.\frac{dc}{dR}\right|_{R=0}=0 \quad (4\text{-}233)$$

当$t=0$时

$$r_i=r_0 \quad (4\text{-}234)$$

当有固态产物层生成时，气态反应物浓度在产物层内的公布状况为：

$$\frac{d^2c}{dR^2}+\frac{2}{R}\frac{dc}{dR}=0 \quad (4\text{-}235)$$

在产物层与反应区域的交界R_i处，由气体浓度分布的连续性，有

$$c^p=c^r \quad (4\text{-}236)$$

$$\left.\frac{dc^p}{dR}\right|_{R_{I+}}=\left.\frac{dc^r}{dR}\right|_{R_{I-}} \quad (4\text{-}237)$$

式中，上标 p 和 r 分别代表产物层的反应区域，以下讨论中，在不致引起混淆的情况下将上标忽略。

按照微粒模型的基本观点，当没有固态产物生成时，微分方程式（4-229）～式

(4-231)以及相应的初始条件和边界条件式（4-232）~式（4-234）完全描述了气-固反应式（A）的动力学行为。在有固态产物层生成的情况下，微分方程式（4-229）、式（4-235）和式（4-231）以及边界条件式（4-232）、式（4-233）、式（4-235）、式（4-236）和初始条件式（4-234）唯一地揭示了气-固反应式（A）的动力学规律。

B　动力学微分方程的一般形式

前面针对由球形微粒组成的球团反应体系，按照微粒模型建立了动力学微分方程。事实上，由不同形状的微粒可以组成不同形状的固态试样，相应地，按照前面的分析方法还可以建立不同形式的动力学方程。下面来建立动力学方程的一般形式。

将式（4-230）代入式（4-229）中，并引入无因次变量，可将上述微分方程及其边界条件和初始条件转变为无因次表达式。

$$\nabla^{*2}\psi - \sigma^2\psi\varepsilon_{0_g}^{F-1} = 0 \tag{4-238}$$

$$\frac{\partial\varepsilon_0}{\partial t^*} = -\psi^n \tag{4-239}$$

相应的无因次边界条件和初始条件为：

$$\eta = 1,\quad \psi = 1 \tag{4-240}$$

$$\eta = 0,\quad \mathrm{d}\psi/\mathrm{d}\eta = 0 \tag{4-241}$$

$$t^* = 0,\quad \varepsilon_0 = 1 \tag{4-242}$$

在式（4-238）~式（4-242）中，∇^{*2} 为对无因次量 η 的拉普拉斯算符；η 为固态试样内部无因次位置；ε_0 为微粒内部反应界面的无因次位置；t^* 为无因次反应时间；ψ 为气态反应物的无因次浓度。这些无因次量的定义式见式（4-243）~式（4-245）。

$$\eta = R/R_0,\quad \varepsilon_0 = r_i/r_0,\psi = c/c_b \tag{4-243}$$

$$t^* = \left(\frac{bkc_b^n}{a\rho_s}\frac{A_g}{V_gF_g}\right)t \tag{4-244}$$

$$\sigma = \frac{F_pV_p}{A_p}\left[\frac{(1-\varepsilon)kc_b^{n-1}}{D_e}\frac{A_g}{V_g}\right]^{1/2} \tag{4-245}$$

当有固态产物层生成后，在产物层内气态反应物的浓度分布可由式（4-246）确定。

$$\nabla^{*2}\psi = 0 \tag{4-246}$$

在产物层和反应区域交界处的边界条件无因次形式为

$$\psi^p = \psi^r \tag{4-247}$$

$$\left.\frac{\mathrm{d}\psi^p}{\mathrm{d}\eta}\right|_{\eta_{i+}} = \left.\frac{\mathrm{d}\psi^r}{\mathrm{d}\eta}\right|_{\eta_{i-}} \tag{4-248}$$

式中，$\eta_i = R/R_0$。

在实际应用中，往往需要确定固态反应物的转化率与反应时间的关系，而不是每个微粒的反应界面位置随反应时间的变化规律。固态反应物的转化率的固态试样内空间坐标及相应位置处微粒内反应界面位置的关系为

$$x = \frac{\int_0^1 \eta^{F_p-1}(1-\varepsilon_{0_g}^F)\mathrm{d}\eta}{\int_0^1 \eta^{F_p-1}\mathrm{d}\eta} \tag{4-249}$$

4.5.3.2 动力学微分方程的求解

A 极端情况

微粒模型与区域反应模型相比，两者之间的本质差别在于前者考虑到固态试样的显微结构对气-固反应的影响，即局部反应速率表达式（4-231）或式（4-239）与式（4-171）或式（4-207）不同。正如4.5.1.2中C中所述，当缩核反应模数 $\sigma \to 0$ 时，多相反应受化学反应步骤控制。这时在球团内部，气态反应物浓度分布均匀。这种情况相当于构成固态试样的每个微粒均处于相同浓度的气态反应物介质中同时与气态反应物作用。因此，总气-固反应速率与固态试样结构无关，并可表示为

$$g_{F_g}(x) = 1 - (1 - x)^{1/F_g} = t^* \tag{4-250}$$

式中，下标 F_g 表示微粒的形状系数。

相反，当缩核反应模数 $\sigma \to \infty$ 时，总气-固反应速率完全受气态反应物向固态试样内部扩散步骤控制。这时，微粒模型也将转化为界面反应模型。反应（A）的动力学行为可用下式描述。

$$p_{F_p}(x) = t^* / \hat{\sigma}^2 \tag{4-251}$$

其中

$$\hat{\sigma} = \frac{\sigma}{\sqrt{2F_g F_p}} \tag{4-252}$$

$p_{F_p}(x)$ 的表达式见表4-6。

B $F_g = 1$ 时动力学方程解析表达式

为了确定转化率与反应时间的关系，必须确定反应过程中微粒的反应界面位置 ε_0 与微粒在固态试样内部所处位置 η 的关系，然后，代入式（4-249）中。由微分方程式(4-238)和式（4-239）可见，为了确定 ε_0 与 t^* 之间的关系，首先必须求解式（4-238）确定 ψ。然而，在式（4-238）中，除变量 ψ 外还含有变量 ε_0。因此，在一般条件下，必须联立求解微分方程式（4-238）和式（4-239）。不过，通常由这些联立微分方程无法得出解析解。

再考察微分方程式（4-238）。如果固态试样是由平板状微粒（$F_g = 1$）组成的话，那么，微分方程式（4-238）变为仅含有一个变量 ψ，于是，就可以求出 ψ 与 η 间的解析表达式。再将其代入微分方程式（4-239）中，进一步求得 ε_0 与 t^* 之间的关系。因此，可望最终确定转化率与反应时间的关系式。

当 $F_g = 1$，而且，气-固反应式（A）对气态反应物A为一级反应时，微分方程式(4-238)和式（4-239）相应地变为

$$\nabla^{*2}\psi - \sigma^2\psi = 0 \tag{4-253}$$

$$\frac{\partial \varepsilon_0}{\partial t^*} = -\psi \tag{4-254}$$

a 固态试样为无限大平板状时

对于由平板状微粒构成的平板状固态试样（$F_g = 1$，$F_p = 1$）参与的气-固反应体系，微分方程式（4-238）变为

$$\frac{\partial^2 \psi}{\partial \eta^2} - 2\sigma^2\psi = 0 \tag{4-255}$$

(如第4.5.2节所述，在固态产物层生成之前，气态反应物浓度分布不随时间变化，因此，式（4-255）应写为 $d^2\psi/d\eta^2 - \sigma^2\psi = 0$）。按照边界条件和初始条件式（4-240）~式(4-241)，求解微分方程式(4-241)~式(4-255)，求解微分方程式（4-255）和式（4-254）可得以下结果。气态反应物浓度在试样内部的分布状况见表4-8。

（1）在无固态产物层生成时，即 $0 \leqslant t^* \leqslant 1$ 时：

$$\varepsilon_0 = 1 - \frac{\cosh(\sqrt{2}\hat{\sigma}\eta)}{\cosh(\sqrt{2}\hat{\sigma})} t^* \tag{4-256}$$

$$x = \frac{\tanh(\sqrt{2}\hat{\sigma})}{\sqrt{2}\hat{\sigma}} t^* \tag{4-257}$$

（2）有固态产物层生成时，即 $t^* \geqslant 1$ 时：

$$t^* = 1 + \hat{\sigma}^2(1 - \eta_i)^2 + \sqrt{2}\hat{\sigma}(1 - \eta_i)\tanh(\sqrt{2}\hat{\sigma}\eta_i) \tag{4-258}$$

$$\varepsilon_0 = 1 - \frac{\cosh(\sqrt{2}\hat{\sigma}\eta)}{\cosh(\sqrt{2}\hat{\sigma}\eta_i)}, \quad (\eta \geqslant \eta_i) \tag{4-259}$$

$$x = 1 - \eta_i + \frac{\tanh(\sqrt{2}\hat{\sigma}\eta_i)}{\sqrt{2}\hat{\sigma}} \tag{4-260}$$

式中，η_i 为固态产物层与反应区域交界处的无因次位置。显然，ε_0 不可能取负值，在固态产物层内（$\eta \geqslant \eta_i$），$\varepsilon_0 = 0$。

b 固态试样呈球形时

当球形固态试样由平板状微粒组成时（$F_g = 1$，$F_p = 3$），微分方程式（4-255）相应地变为

$$\frac{\partial^2\psi}{\partial\eta^2} + \frac{2}{\eta}\frac{\partial\psi}{\partial\eta} - \hat{\sigma}_2\psi = 0 \tag{4-261}$$

如上所述，在固态产物层生成之前，气态反应物浓度分布不随时间变化，因此，式(4-261)应写为常微分方程的形式。式（4-261）在形式上与微分方程式（4-168）完全相同。后者在4.5.2.1节中已经求解。为便于讨论，现将主要结果引述如下，并对相应参数及其表达式作适当调整，以便与本节内容相一致。

（1）当无固态产物层生成时，即当 $0 \leqslant t^* \leqslant 1$ 时，固态反应物的转化率与反应时间的关系为

$$x = 1/(2\hat{\sigma}^2)[\sqrt{6}\coth(\sqrt{6}\hat{\sigma}) - 1]t^* \tag{4-262}$$

（2）有固态产物层生成时，即当 $t^* \geqslant 1$ 时：

$$x = 1 - \eta_i^3 + \eta_i/(2\hat{\sigma}^2)[\sqrt{6}\hat{\sigma}\eta_i\coth(\sqrt{6}\hat{\sigma}\eta_i) - 1] \tag{4-263}$$

式中，η_i 与反应时间的关系为：

$$t^* = 1 + \hat{\sigma}^2(1 - \eta_i)^2(1 + 2\eta_i) + (1 - \eta_i)[\sqrt{6}\hat{\sigma}\eta_i\coth(\sqrt{6}\hat{\sigma}\eta_i) - 1] \tag{4-264}$$

c 完全反应时间

将固态反应物完全转化为产物时（$x = 1$），η_i 应为0。由式（4-259）和式（4-264）

可得完全反应时间为：

$$t^*_{x=1} = 1 + \hat{\sigma}^2 \tag{4-265}$$

式（4-265）表明，无论固态试样形状如何，固态反应物完全转化时间的表达式均相同。而且，完全反应时间唯一地取决于参数 $\hat{\sigma}$ 。

值得指出的是，微粒模型引用了界面反应模型的主要结果。正如 4.5.1.2 中 D 节中指出的那样，在反应快要结束时，界面反应模型不再适用，所以，这里的完全转化时间也是近似结果。

可以预料，当固态试样的形状为无限长圆柱时（$F_p=2$），其动力学行为应介于上述两种情况——无限大平板状（$F_p=1$）和球形（$F_p=3$）之间。

C　一般情况下微分方程的数值解

如上所述，对于 $F_g \neq 1$ 的一般情况，微分方程式（4-238）和式（4-239）没有解析解，只能借助于计算机确定其数值解。塞克利和埃文斯曾介绍过数值计算方法[21]。针对图 4-19 中球形微粒组成的球团反应体系在不同 $\hat{\sigma}$ 值情况下，转化率和转化率函数随反应时间的变化情况。索恩和塞克利得出如下结论。

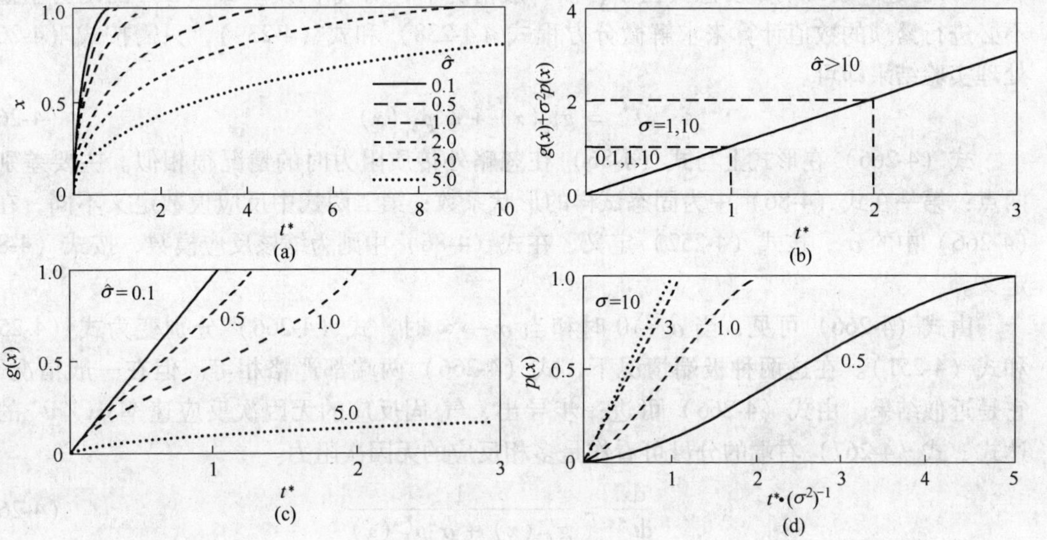

图 4-19　$F_p = F_g = 3$ 时，不同 σ 值时，转化率函数与无因次时间的关系

(a) $x - t^*$；(b) $g(x) + \hat{\sigma}^2 p(x) - t^*$；(c) $g(x) - t^*$；(d) $p(x) - t^*(\hat{\sigma}^2)^{-1} - p(x)$

（1）当微粒反应模数 $\hat{\sigma} < 0.3$ 时，可以忽略气体在固态试样内部的扩散阻力，而将气-固反应看作是微粒仅受界面化学反应控制。这时气、固反应式（A）的动力学行为可按式（4-250）分析和描述。如图 4-19（c）所示，当 $\hat{\sigma}=0.1$ 时，$g(x)$ 与 t^* 之间确实存在着较好的线性关系。

（2）当 $\hat{\sigma} > 3$ 时，气-固反应主要受气体向多孔固态试样内部扩散步骤控制，这时动力学方程式（4-251）适用。图 4-19（d）表明，当 $\hat{\sigma}$ 较大时，$p(x)$ 几乎与 $t^*/\hat{\sigma}^2$ 成正比。

(3) 在一般情况下，$0.3 < \sigma < 3$ 时，转化率函数 $g_{F_g}(x)$ 或 $p_{F_g}(x)$ 与反应时间也部分地呈线性关系，详见图4-19 (c) 和图4-19 (d)。即使在 $\sigma = 1$ 的情况下，$g(x)$ 和 $p(x)$ 与反应时间也存在近似线性关系，但这决不意味着气-固反应仅受微粒的界面反应控制或受气体在固态试样内部的扩散步骤控制。要注意，在用疏松多孔的固态试样从事宏观反应动力学研究过程中，由于实验误差造成结果具有一定的分散性。一般情况下，实验结果基本上都能满足动力学方程式 (4-250) 和式 (4-251)。这时决不能仅根据 $g_{F_g}(x)$ 或 $P_{F_p}(x)$ 与反应时间之间具有一定的线性关系而得出结论是多相反应受化学反应控制或气态扩散控制，并按相应的动力学方程计算动力学参数。尤其当所得直线不过原点时更应慎重，否则可能会得出错误的结果。在这种情况下，应首先确定动力学参数，然后采用数值计算法，按照相应的边界条件和初始条件求解动力学微分方程式 (4-238)、式 (4-239) 和式 (4-243)，或者应用于下面将要介绍的动力学方程近似表达式。

4.5.3.3 动力学方程近似表达式

A 忽略外传质阻力时的动力学方程近似表达式

索恩和塞克利通过数值计算发现，对于由 3 种形状的微粒（平板状、圆柱状和球形）分别组成不同形状的固态试样，固态反应物的转化率与反应时间之间都存在着近似关系式 (4-266)。这一发现的重要意义在于，在一般情况下，对气-固反应式 (A) 的动力学研究不必进行繁琐的数值计算来求解微分方程式 (4-238) 和式 (4-239)，只需按式 (4-266) 处理实验结果即可。

$$t^* = g_{F_g}(x) + \hat{\sigma}^2 p_{F_p}(x) \tag{4-266}$$

式 (4-266) 在形式上与式 (4-86) 在忽略外传质阻力时的情况很相似。主要差别有两点：第一在式 (4-86) 中为固态试样的形状系数；第二两式中反应模数定义不同，在式 (4-266) 中的 $\hat{\sigma}$，按式 (4-252) 定义，在式 (4-86) 中则为缩核反应模数，按式 (4-89) 定义。

由式 (4-266) 可见，当 $\hat{\sigma} \to 0$ 时和当 $\hat{\sigma} \to \infty$ 时，式 (4-266) 分别变为式 (4-250) 和式 (4-251)。在这两种极端情况下，式 (4-266) 两端都严格相等。但在一般情况下，它是近似结果。由式 (4-266) 可进一步导出，气-固反应的无因次反应速率 dx/dt^* 的表达式、式 (4-267) 右端的分母可看作是多相反应的无因次阻力。

$$\frac{dx}{dt^*} = \frac{1}{g'_{F_g}(x) + \hat{\sigma}^2 p'_{F_p}(x)} \tag{4-267}$$

式 (4-267) 表明，在忽略气体通过固态试样表面边界层的外传质阻力和气体通过微粒固态产物层的扩散阻力的情况下，气-固反应的总阻力主要由气体通过多孔固态试样（包括反应区域和产物层）的扩散阻力与反应区域内微粒的界面化学反应阻力构成。因此，可以想象气体通过产物层的扩散阻力越大，式 (4-267) 应越准确。这已被索恩和塞克利的数值计算结果所证实。他们指出，当转化率大于 0.5 时，微分方程式 (4-238) 和式 (4-239) 的数值计算结果与按式 (4-266) 近似计算结果吻合得较好。从物理分析可知，造成近似表达式与实际情况偏差的原因在于：在反应区域内，气体的扩散过程与微粒的界面反应过程并非简单的串联关系。因此，这部分扩散阻力与界面化学反应阻力之间并不具有简单的加合性，而是随着转化率增大，产物层增厚，气体通过产物层的扩散阻力增大，这时气体在反应区域内的扩散阻力占总阻力的比率相应减小，所以，式 (4-266) 的近似程度相应提高。

B 气体通过边界层的传质阻力的影响

在气态反应物通过固态试样表面边界层的传质阻力为可忽略的情况下，在建立动力学方程时，必须考虑外传质步骤对总气-固反应的影响。外传质阻力的影响可确定如下。

在稳态时，有：

$$\frac{\text{固态反应物消耗速率}}{\text{b}} = \frac{\text{气态反应物外传质速率}}{\text{a}}$$

或写成数学表达式：

$$-\frac{(1-\varepsilon)\rho_s V_p}{b}\frac{dx}{dt} = \frac{A_p k_f (c_b - c_s)}{a} \tag{4-268}$$

将式（4-266）中 t^* 的定义式中的 c_b 换为 c_s 后代入式（4-267）中，可确定固态试样表面处气态反应物浓度 c_s。再将 c_s 的表达式代入式（4-268）中并积分，最后可得动力学方程式的一般形式。

$$t^* = g_{F_g}(x) + \hat{\sigma}^2 \left[p_{F_p}(x) + \frac{2x}{Sh^*} \right] \tag{4-269}$$

式中，Sh^* 为修正的舍伍德数，其定义见式（4-89）。

这里再次看到，即使对疏松多孔固态试样参与的气-固反应体系，时间加合定律仍然成立。这是线性反应遵循的一般规律[22]。

C 微粒的固态产物层对气-固反应动力学的影响

在前面的讨论中，均忽略了气体通过每个微粒的固态反应物层的扩散阻力，由于与固态试样相比微粒比较小，因此，这一假定是合理的。

索恩和塞克利后来又专门讨论这一问题。他们通过与数值计算结果相比较，认为在考虑气体通过微粒的固态产物层扩散阻力时，动力学方程的近似表达式可写为：

$$t^* = g_{F_g}(x) + \hat{\sigma}^2 p_{F_g}(x) + \hat{\sigma}^2 p_{F_p}(x) \tag{4-270}$$

式中，σ_g 为微粒的缩核反应模数，定义见式（4-271）、$p_{F_g}(x)$ 为在多相反应受气体通过微粒的固态产物层扩散控制时的转化率函数，定义与表 4-6 中所列诸式类似。这时应将表 4-6中的参数均改为与微粒相关的数值。

$$\sigma_g^2 = \frac{k}{2D_g}\frac{V_g}{A_g} \tag{4-271}$$

式中，D_g为气体通过微粒的固态产物层的有效扩散系数；A_g和 V_g分别为微粒的表面积和体积。

4.5.4 孔隙模型[4]

微粒反应模型着眼于构成固态试样的每个微粒，借助于气态反应物扩散进入固态试样内部的通量与在反应区域内各个微粒的反应界面上化学反应速率之间的等量关系建立动力学方程。在固态试样由粉料经造球等工艺制得的情况下，微粒模型的观点是合情合理的。但当固态试样经烧结等预处理后，显微结构发生变化，很难区分各个微粒。至于具有其他结构特征的固态试样，用微粒模型就更难以揭示其动力学规律。孔隙模型则注意到多孔固态试样的孔隙结构，从另一个角度阐述了气-固反应的动力学规律。它是描述多孔固态试样参与的气-固反应体系的动力学行为的另一有力工具。

用孔隙模型观点来看，在气-固反应过程中，气态反应物通过孔隙扩散进入固态试样内部，在扩散过程中，与孔隙的固态反应物相互作用，生成固态产物。由于固态产物可能与固态反应物具有不同的密度（或比容），因此，在反应过程中，孔隙结构也将发生变化。如果固态产物比固态反应物致密，伴随气-固反应的进行，孔隙将逐渐扩大；反之，孔隙将收缩甚至被堵塞，阻止气-固反应的进一步进行。从而用孔隙模型可成功地解释某些气-固反应，在固态反应物的转化率远未达到100%之前便趋于终止的原因。

在建立动力学方程时，最早注意到固态反应物孔隙结构的可能要数皮特森（Petersen），塞克利等人曾在他们的专著中总结、评价了皮特森的工作[24]。塞克利和埃文斯曾提出过孔隙模型[25]，拉曼乾德兰和史密斯（Smith）又在此基础上提出单孔模型（single pore model）[26]。桑卡（Shankar）和姚特索斯（Yortsos）也提出了类似的观点[27]。巴提亚（Bhatia）和普尔马特（Perlmutter）注意到固态试样中孔隙具有一定分布规律，并考虑到反应过程中各孔隙会相互重叠，他们提出了更为复杂同时也更为完善的随机孔隙模型（random pore model）[20,28]。在此处要首先分别介绍单孔模型和随机孔隙模型，然后介绍孔穴阻塞模型（pore blocking model）[3]和裂孔模型（crackling pore model）[29]。虽然这两个模型的分析方法与前述各模型不同，但它们也都注意到了反应过程中固态试样的“孔隙”结构特征，所以，将这两个动力学模型也都归入此处讨论。

在这里若无特殊说明，假定固态试样结构宏观均匀，孔隙呈圆柱状；气态反应物浓度在孔隙内部沿径向分布均匀，沿轴向存在浓度梯度；在孔隙壁的固态产物层中，气态反应物仅沿孔隙的径向有扩散作用，忽略气态在孔隙壁固态产物层中沿孔隙轴向的扩散作用。

4.5.4.1 单孔模型

A 动力学方程的建立

a 单孔模型概况

由于假定固态试样结构宏观均匀，而且，孔径与固态试样尺寸相比很小，因此，有理由将整个固态试样看作是由许多相互平行、一端敞开、而且孔径相等的孔隙单元组成。又由于这些孔隙单元在反应过程中的行为相同，所以，整个固态试样的反应状况可以通过研究一个孔隙单元的动力学规律来揭示。

图4-20为孔隙单元反应示意图。如图4-20（a）所示，每一孔隙单元均由半径为r_0的孔隙和壁厚为（$\lambda - r_0$）的固态反应物组成。在反应过程中，某一时刻孔隙结构变化及某些参数的定义见图4-20（b）。

b 动力学方程（因次形式）

现在讨论气-固反应式（A）的动力学行为。假定该反应对气态物质而言为一级不可逆反应，而且，对气态物质的传质过程准稳态假定成立，并进一步假定孔隙壁的固态反应物结构致密。

（1）气态反应物A沿孔隙轴向扩散速率　由于假定孔隙仅一端敞开，所以气态反应物A只能从一端向孔隙内部扩散。在沿轴向扩散过程中，一部分气态反应物A沿孔隙的径向扩散通过孔壁的固态产物层并参与界面反应，其余部分继续向孔隙内部扩散。如果在距孔口X处建立微分方程，可得

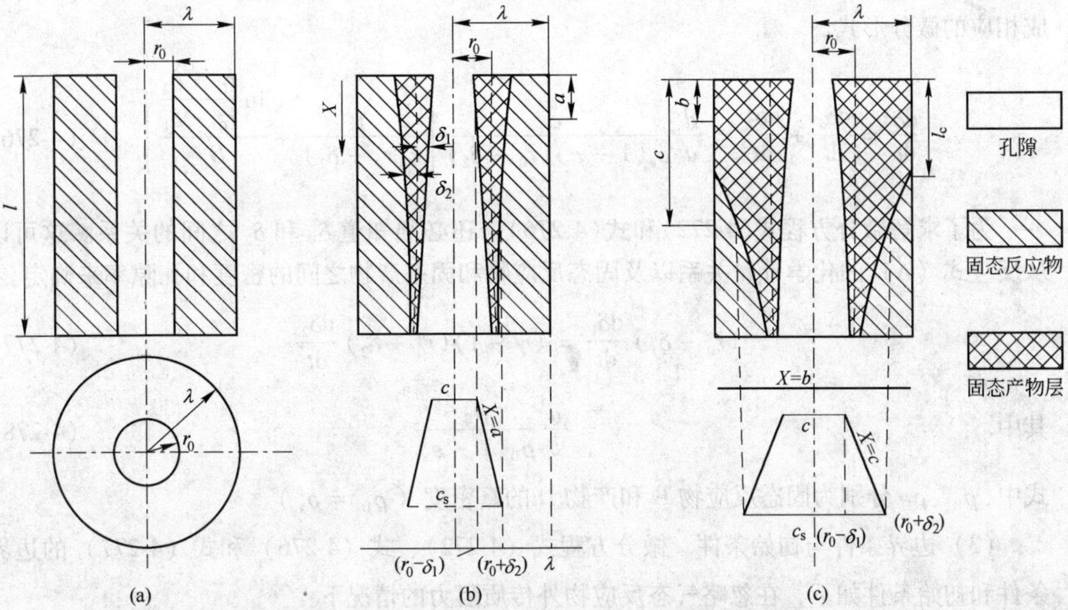

图 4-20　孔隙单元结构及气态反应物浓度分布示意图

（a）孔隙单元示意图；（b）反应初期孔隙单元结构及气态反应物浓度分布示意图；

（c）有固态产物层时，孔隙单元结构及气态反应物在两区域中的浓度分布情况

$$D\frac{\mathrm{d}}{\mathrm{d}X}\left[(r_0-\delta_1)^2\frac{\mathrm{d}c}{\mathrm{d}X}\right]=2c\left[\frac{1}{k(r_0+\delta_2)}+\frac{\ln\dfrac{r_0+\delta_2}{r_0-\delta_1}}{D_e}\right]^{-1}\tag{4-272}$$

式中，D 和 D_e 分别为气体在孔隙中沿轴向扩散和孔隙中气态反应物通过孔壁固态产物层沿孔隙径向向反应界面扩散的有效扩散系数；k 为界面反应表观速率常数；c 为孔隙中距孔口 X 处气态反应物 A 的浓度。

（2）界面反应速率　在距孔口 X 处，孔隙中气体 A 首先必须扩散通过固态产物层，然后，再在反应界面上发生化学反应。在沿孔隙轴向长度为 ΔX 的微体积元内，气-固反应速率（以单位时间内气态反应物消耗量表示）为

$$r_g=2\pi(\Delta X)c\left[\frac{1}{k(r_0+\delta_2)}+\frac{\ln\dfrac{r_0+\delta_2}{r_0-\delta_1}}{D_e}\right]^{-1}\tag{4-273}$$

相应地，固态产物的生成速率为：

$$r_0=2\pi\rho_s(1-\varepsilon)(r_0-\delta_1)^2(\Delta X)\frac{\Delta(\delta_1+\delta_2)}{\Delta t}\tag{4-274}$$

式中，ρ_s 和 ε 分别为固态产物的密度和孔隙率。

再根据反应式（A）的化学计量关系，有

$$\frac{r_g}{a}=\frac{r_s}{d}\tag{4-275}$$

将差分方程式（4-273）和式（4-274）代入关系式（4-275）中，当 $\Delta t \to 0$ 时，可写成相应的微分形式。

$$\frac{d\delta}{dt} = \frac{d\delta_1}{dt} + \frac{d\delta_2}{dt} = \frac{d}{a}\frac{c}{\rho_s(1-\varepsilon)(r_0+\delta_2)}\left[\frac{1}{k(r_0+\delta_2)} + \frac{\ln\frac{r_0+\delta_2}{r_0-\delta_1}}{D_e}\right]^{-1} \tag{4-276}$$

为了求解微分方程式(4-272)和式(4-276)，还必须知道 δ_1 和 δ_2 之间的关系。这可以从反应式（A）的化学计量关系以及固态反应物和固态产物之间的密度和孔隙率来确定。

$$(r_0-\delta_1)\frac{d\delta_1}{dt} = (\gamma-1)(r_0+\delta_2)\frac{d\delta_2}{dt} \tag{4-277}$$

其中

$$\gamma = \frac{d}{b}\frac{\rho_B}{\rho_D(1-\varepsilon)} \tag{4-278}$$

式中，ρ_B、ρ_D 分别为固态反应物 B 和产物 D 的真密度（$\rho_D = \rho_s$）。

（3）边界条件与初始条件　微分方程式（4-272）、式（4-276）和式（4-277）的边界条件和初始条件如下，在忽略气态反应物外传质阻力的情况下：

在 $X=0$ 处　$$c = c_b \tag{4-279}$$

在 $X=1$ 处　$$dc/dX = 0 \tag{4-280}$$

当 $t=0$ 时　$$\delta_1 = \delta_2 = 0 \tag{4-281}$$

（4）固态反应物转化率　固态反应物的转化程度取决于位置坐标 δ_2 和距孔口的距离 X，又因为 δ_2 是时间的函数，所以，总孔隙单元中固态反应物的转化率随反应时间变化。

$$x = \frac{1}{l}\int_0^1\left[1 - \frac{\lambda^2-(r_0+\delta_2)^2}{\lambda^2-r_0^2}\right]dX \tag{4-282}$$

c　动力学方程的无因次形式

将微分方程式（4-272）、式（4-276）和式（4-277）以及相应的边界条件和初始条件化为无因次形式，最终可得动力学方程的一般形式。

$$\frac{d^2\psi}{d\eta^2} - \frac{2}{1-\varepsilon_{01}}\left(\frac{d\varepsilon_{01}}{d\eta}\right)\left(\frac{d\psi}{d\eta}\right) = 2k^2\frac{\psi}{(1-\varepsilon_{01})^2}\left[\frac{1}{Bi(1+\varepsilon_{02})} + \alpha\ln\frac{1+\varepsilon_{02}}{1-\varepsilon_{01}}\right]^{-1} \tag{4-283}$$

$$\frac{d\varepsilon_{01}}{d\theta} + \frac{d\varepsilon_{02}}{d\theta} = \frac{\psi}{1+\varepsilon_{02}}\left[\frac{1}{Bi(1+\varepsilon_{02})} + \alpha\ln\frac{1+\varepsilon_{02}}{1-\varepsilon_{01}}\right]^{-1} \tag{4-284}$$

$$(1-\varepsilon_{01})\frac{d\varepsilon_{01}}{d\theta} = (\gamma-1)(1+\varepsilon_{02})\frac{d\varepsilon_{02}}{d\theta} \tag{4-285}$$

$$x = \int_0^1\left[1 - \frac{1-\beta^2(1+\varepsilon_{02})^2}{1-\beta^2}\right]d\eta \tag{4-286}$$

在以上无因次方程式中，ψ 为气态反应物无因次浓度；η、ε_{01}、ε_{02} 为无因次位置变量；θ 为无因次反应时间；Bi 为界面反应的毕渥数，即

$$\psi = c/c_b,\ \eta = X/l,\ k = l/r_0,\ \beta = r_0/\lambda,\ \varepsilon_{0j} = \delta_j/r_0,\ (\text{下标 } j = 1,2) \tag{4-287}$$

$$\theta = \frac{d}{a}\frac{D}{r_0^2}\frac{c_b}{\rho_s(1-\varepsilon)}t \tag{4-288}$$

$$Bi = \frac{kr_0}{D} \tag{4-289}$$

$$\alpha = \frac{D}{D_e} \tag{4-290}$$

相应的无因次边界条件和初始条件为

$$\eta = 0,\ \psi = 1 \tag{4-291}$$

$$\eta = 1,\ \mathrm{d}\psi/\mathrm{d}\eta = 0 \tag{4-292}$$

$$\theta = 0,\ \varepsilon_{01} = \varepsilon_{02} = 0 \tag{4-293}$$

在一般情况下，以上微分方程很难得到解析解，需要借助计算机数值求解。

如图4-20（c）所示，当反应进行一段时间后，在靠近孔口端的孔壁处将出现完全反应的固态反应层。这时，沿孔隙轴向可将孔隙单元分为两个区域，即反应区和产物层区。于是，微分方程式（4-272）和式（4-283）必须分区域求解。在反应区域，$l_c < X < l$，求解方法与前述情况类似；但在产物层内，$0 < X < l_c$，因为这时固态反应物已不存在，所以，界面化学反应速率为0。换言之，在产物层区域，微分方程式（4-272）和式（4-283）等号右端变为0。由于已经假定忽略在固态产物层内气体沿孔隙轴向的扩散，因此，在 $X = l_c$ 处不需其他边界条件。

B 主要参数确定方法

a 平均孔径

如果单位质量的固态试样中孔隙的体积和表面积分别为 V_g 和 A_g，那么，圆柱状孔隙的平均半径

$$r_0 = 2\frac{V_g}{A_g} \tag{4-294}$$

V_g 又可写为固态试样的孔隙率与表观密度之比，所以，式（4-294）又可写为：

$$r_0 = \frac{2\varepsilon}{\rho_a A_g} \tag{4-295}$$

式（4-295）右端各参数均可实际测定。

b 孔隙单元半径

假定在反应开始之前，固态试样的孔隙率为 ε，代表固态试样的孔隙单元，有

$$\varepsilon_0 = \frac{r_0^2}{\lambda^2} \tag{4-296}$$

由此可得，孔隙单元的半径

$$\lambda = \frac{r_0}{\varepsilon_0^{1/2}} \tag{4-297}$$

c 孔隙单元有效长度

孔隙单元有效长度 l 是单孔模型中最主要的参数。正是通过这一参数，才使我们有可

能将多孔固态试样与气态反应物构成的气-固反应体系等效为孔隙单元与气态反应物构成的气-固反应体系。

当两体系中界面表观化学反应速率常数、边界条件均相同时，决定两体系中气态反应物浓度分布的唯一因素就是两反应体系的蒂勒模数。只要两体系的蒂勒模数相等，而且反应界面相同，就可以保证两体系中气态反应物浓度分布相同，从而保证两体系的动力学行为一致。

球形多孔固态试样反应体系的蒂勒模数为

$$\varphi_{\text{pellet}} = \frac{R}{3}\left(\frac{k\rho_{\text{a}}A_{\text{g}}\,\tau}{D\varepsilon}\right)^{1/2} \tag{4-298}$$

式中，R 为固态试样半径；τ 为多孔固态试样的迷宫度。

当 $\theta=0$ 时并忽略含 $\mathrm{d}\varepsilon/\mathrm{d}\eta$ 一项，式（4-283）变为

$$\frac{\mathrm{d}^2\psi}{\mathrm{d}\eta^2} = \frac{l^2 k\rho_{\text{a}}A_{\text{g}}}{D\varepsilon}\psi$$

上式等号右端 ψ 前面的系数为孔隙单元的蒂勒模数的平方。

$$\varphi_{\text{pore}} = l\left(\frac{k\rho_{\text{a}}A_{\text{g}}}{D\varepsilon}\right)^{1/2} \tag{4-299}$$

令 φ_{pellet} 和 φ_{pore} 相等，可导出孔隙单元有效长度

$$l = \frac{R}{3}\tau^{1/2} \tag{4-300}$$

如果已知固态试样迷宫度 τ，即可按式（4-300）确定孔隙单元有效长度 l。一般来讲，固态试样的迷宫度需实验测定。不过当缺少已知数据时，也可以通过孔隙率 ε 估算迷宫度 τ。

C　最大转化率

前已述及，单孔模型的成功处之一在于它可以揭示固态反应物的最大转化率。当出现最大转化率时，孔隙闭塞，即 $\varepsilon_{01}=1$。当忽略气体在孔隙中的扩散阻力时，我们可以导出以下关系式[26]

$$(1+\varepsilon_{02,\max})^2 = \frac{\gamma}{\gamma-1} \tag{4-301}$$

将由式（4-301）算出的最大 ε_{02} 代入式（4-286）中，就可以确定固态反应物的最大转化率。

$$x_{\max} = 1 - \frac{1-\beta^2\dfrac{\gamma}{\gamma-1}}{1-\beta^2} = \frac{\beta^2}{(1-\beta^2)(\gamma-1)} = \frac{\varepsilon_0}{(1-\varepsilon_0)(\gamma-1)} \tag{4-302}$$

式（4-302）和式（4-278）表明，最大转化率取决于固态反应物和产物的密度和固态反应物的孔隙率。

4.5.4.2　随机孔隙模型

A　随机孔隙模型的建立

上节所述单孔模型是在假定固态试样中的孔隙相互平行、孔径一致的前提下导出的。

实际上，固态试样的孔隙结构比上述情况要复杂得多。孔隙的孔径并非均匀一致，而且具有一定的分布规律，此外，在反应过程中，反应界面还会相互交叉重叠，孔隙结构也随气-固反应的进行而发生变化。巴提亚和普尔马特注意到这一问题并提出随机孔隙模型，较好地揭示了气-固反应的动力学规律[20,28]。

a 气-固反应受化学反应控制的情况

巴提亚和普尔马特假定，固态试样中的孔隙呈圆柱状，并具有一定的分布规律 $f(r)$。在假定固态试样中孔隙既不会因化学反应而消失，也不会因化学反应而产生的条件下，可得出以下关系式：

$$\frac{\partial f}{\partial t}+\frac{\partial}{\partial r}\left(f\frac{\mathrm{d}r}{\mathrm{d}t}\right)=0 \tag{4-303}$$

经过一系列推导后得出式（4-304），它反映了在反应过程中，固态试样中反应界面积与固态试样的结构参数和转化率之间的关系。

$$\frac{S}{S_0}=\frac{1-x}{(1-\theta/\sigma)^3}\left\{1-\varpi\ln\left[\frac{1-x}{(1-\theta/\sigma)^3}\right]\right\}^{1/2} \tag{4-304}$$

如果假定气-固反应（A）为不可逆反应，在受化学反应控制的条件下，固态反应物的转化率和反应时间的关系为

$$x=1-(1-\theta/\sigma)^3\exp\left[-\theta\left(1+\frac{\varpi\theta}{4}\right)\right] \tag{4-305}$$

在式（4-304）和式（4-305）中，θ 为无因次反应时间；σ 和 ϖ 分别为固态试样和孔隙的结构参数；均为无因次量。

$$\theta=\frac{kc^nS_0}{1-\varepsilon_0}t \tag{4-306}$$

$$\sigma=\frac{R_0S_0}{1-\varepsilon_0} \tag{4-307}$$

$$\varpi=\frac{4\pi L_0(1-\varepsilon_0')}{S_0^2} \tag{4-308}$$

b 一般条件下的随机孔隙模型

按照随机孔隙模型，在一般条件下，气-固反应所涉及到的阻力可概括为以下 4 个方面：(1) 气态物质通过固态试样表面的边界层的外传质；(2) 气态物质在孔隙中的扩散；(3) 气态物质在固态产物层中的扩散；(4) 界面化学反应。以下讨论仍假定气态物质的传质为稳态过程。在考虑上述各步骤的情况下，可导出动力学方程的一般形式为

$$\frac{1}{\eta^2}\frac{\partial}{\partial\eta}\left(D_e^*\eta^2\frac{\partial\psi}{\partial\eta}\right)=\varphi^2\frac{\mathrm{d}x}{\mathrm{d}\theta} \tag{4-309}$$

$$\frac{\mathrm{d}x}{\mathrm{d}\theta}=\frac{\psi(1-x)[1-\varpi\ln(1-x)]^{1/2}}{1+(Bi^*\gamma/\varpi)\{[1-\varpi\ln(1-x)]^{1/2}-1\}} \tag{4-310}$$

边界条件和初始条件分别为

$$\eta=0,\quad \frac{\partial\psi}{\partial\mu}=0 \tag{4-311}$$

$$\eta = 1, \quad \frac{\partial \psi}{\partial \mu} = \frac{Sh^*}{D_e^*}(1 - \psi) \tag{4-312}$$

$$\theta = 0, \quad x = 0 \tag{4-313}$$

微分方程式（4-309）和式（4-310）在一般情况下均需数值求解。为了求解这些微分方程，除需要已知动力学参数外，还需要固态试样的结构参数。结构参数的测定方法可参阅文献 30。

在式（4-309）~式（4-313）中，η 和 θ 分别为固态试样的无因次径向位置和无因次反应时间；D_e 为气体有效扩散系数，其数值随反应进程而变化。

$$\eta = R/R_0 \tag{4-314}$$

$$D_e^* = \frac{\varepsilon^* \tau(\varepsilon_0')}{\tau(\varepsilon)} D \tag{4-315}$$

式中，$\tau(\varepsilon_0')$ 和 $\tau(\varepsilon')$ 分别为孔隙率为 ε_0 和 ε 时固态试样的迷宫度；ε^* 随转化率的变化关系如下：

$$\varepsilon^* = 1 - \frac{(\gamma - 1)(1 - \varepsilon_0')x}{\varepsilon_0'} \tag{4-316}$$

φ, Bi^* 和 Sh^* 分别为蒂勒模数、修正的毕渥数和修正的舍伍德数。

$$\varphi = R_0\left(\frac{akS_0\rho_a}{bD_{e0}}\right) \tag{4-317}$$

$$Bi^* = \frac{2ak\rho_a(1 - \varepsilon_0)}{bD_p S_0} \tag{4-318}$$

式中，D_p 为气体通过固态产物层的有效扩散系数。

$$Sh^* = \frac{k_f R_0}{D_{e0}} \tag{4-319}$$

B　分析讨论

a　最大反应速率

许多实验结果均表明，在气-固反应过程中，反应速率存在极大值。这是上述所介绍的任何一种动力学模型都无法解释的现象。因为对界面反应模型和微粒模型而言，随着反应的进行，（固态试样或微粒的）反应界面收缩，反应界面积逐渐减小，因此，反应速率 $r_s = kSic^n$ 也将相应减小。至于区域反应模型，随着反应的进行，固态反应物逐渐消耗，浓度逐渐减小，只要反应级数 $m > 0$，反应速率 $r_s = k_v c_s^m c^n$ 也将单调减小。

然而，随机孔隙模型却可以成功地解释这一现象。因为随着反应的进行，反应界面积逐渐增大，从而反应速率加快，但是，伴随反应的进行还存在另一相反的因素，这就是由于不同孔隙反应界面的相互交叉重叠，导致反应界面积减小。所以，在某些特定的条件下，气-固反应过程中存在最大反应速率。由式（4-304）可得，在 $\sigma \to \infty$ 的条件下，当反应界面积达到最大值时固态反应物的转化率为：

$$x_{max} = 1 - \exp\left(\frac{2 - \overline{\omega}}{2\,\overline{\omega}}\right) \tag{4-320}$$

由式（4-320）可见，在 $2 < \varpi < \infty$ 时，存在最大反应速率，而且，与最大反应速率相对应的转化率 x_{max} 介于 0 ~ 0.3935 之间。某些实验结果也确实证明最大反应速率出现在转化率约为 35% 前后[20]。

从最大反应速率的角度看，固态试样存在最佳结构。这一问题可从式（4-304）自行分析。

b　气-固反应对固态反应物的反应级数

气-固反应对固态反应物的反应级数，不同动力学模型具有不同的表述形式和数值。现在按照随机孔隙模型揭示其物理意义[20]。

不论界面反应模型、区域反应模型还是微粒模型，当气-固反应受化学反应步骤控制时，反应速率与固态反应物浓度的关系均可表示为

$$\frac{dx}{d\theta} \propto (1 - x)^m \tag{4-321}$$

在式（4-321）中，左端为气-固反应的无因次反应速率，右端的（1 - x）为与固态反应物的无因次浓度相关的物理量。尽管不同动力学模型对无因次反应时间有不同定义，但反应速率均可表达为式（4-321）的形式。m 即为气-固反应对固态反应物的表观反应级数。

对于界面反应模型（包括微粒模型），$m = 1 - 1/F_p$ 或 $m = 1 - 1/F_g$。也就是说，气-固反应对固态反应物的表观反应级数与固态试样（或构成固态试样的微粒）的形状系数有关。至于区域反应模型，m 已定义为级数。按照随机孔隙模型，当 $\sigma \to \infty$ 时，由式(4-305)可得：

$$\frac{dx}{d\theta} = (1 - x)[1 - \varpi \ln(1 - x)]^{1/2} \tag{4-322}$$

如果我们仍将式（4-322）等号右端部分写成 $(1 - x)^m$ 的形式，那么，表观反应级数 m 将与固态试样的孔隙结构有关。m 和 ϖ 的关系示于图 4-21。由图 4-21 可见，多相反应对固态反应物的表观反应级数随结构参数和转化率变化而变化。当 $x = 0.5$ 时，在 $0 < \varpi < 2$ 的范围内，$0.38 < m < 1$。这就从理论上说明了气-固反应物的表观反应级数的物理意义，并回答了为什么尽管固态反应物浓度相同，但由用不同方法制备的固态试样所得实验结果求出的表观反应级数 m 不相等的原因。

4.5.4.3　孔穴阻塞模型及裂化模型

A　孔穴阻塞模型

前面讨论的孔隙模型是着眼于气体在固态试样的显微孔隙中扩散并与固态试样反应的动力学模型。这里讨论的孔穴阻塞模型则研究固态试样更小的“孔穴”在多相反应中的作用及其结构变化对宏观反应动力学的影响。

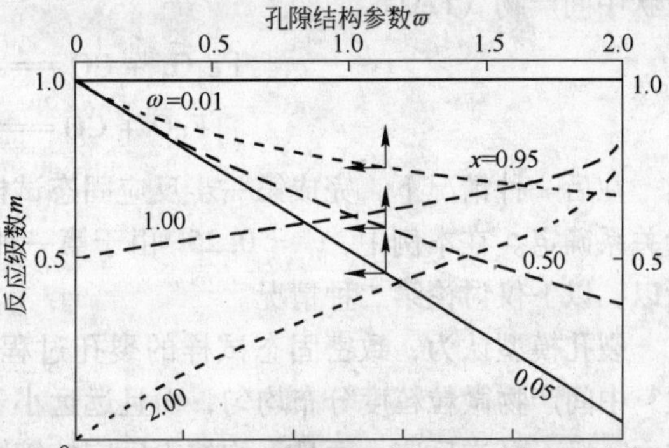

图 4-21　多相反应对固态反应物的表观反应级数与转化率、孔隙结构参数间的关系

在金属氧化物与流体反应物作用时，可能伴随金属离子在晶格内部的扩散，为了保持电中性，有时氧离子也要迁移，由

于氧离子体积庞大，它的迁移要通过所谓的“孔穴”可能被阻塞。多相反应速率直接与“孔穴”被阻塞的程度有关。经推导可得出孔穴阻塞模型的积分表达为

$$x = k_{\mathrm{b}} \ln(k'_{\mathrm{b}} t + 1) \tag{4-323}$$

式中，k_{b} 和 k'_{b}为不随反应时间变化的常数。

拉奥和李高德曾用这一动力学模型研究过钛铁矿的氧化反应规律[31]。旺（Won）和索恩则曾利用孔穴阻塞模型研究过 H_2S 与石灰石反应的动力学规律[32]。

B　裂孔模型

裂孔模型最初是由帕克（Park）和莱文斯迫尔（Levenspiel）提出的[29]。他们认为，在与气态反应物作用过程中，致密固态试样首先转变为疏松的微粒中间产物，然后，这些中间产物微粒再与气态反应物反应。因此，按照这一模型气-固反应应包括两大步骤（如图 4-22 所示），其一（以下简称裂孔反应）改变了固态试样的结构；其二进一步作用实现总的气-固反应。下面仍以反应式（A）为例，并在假定固态试样和中间产物微粒均为球形的前提下讨论这一动力学模型。

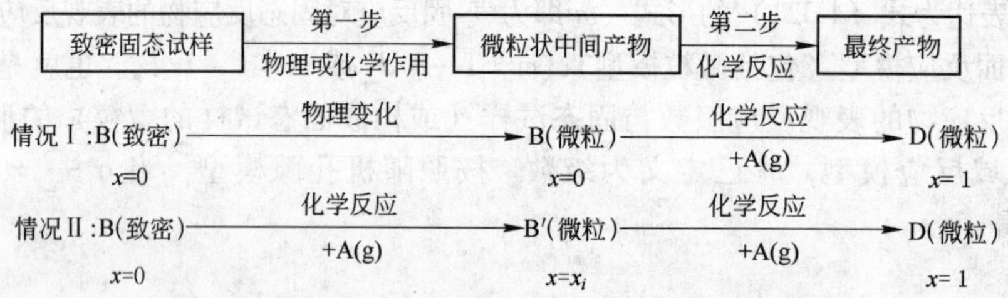

图 4-22　按照裂孔模型，固态反应物转变过程示意图

致密固态试样的裂孔过程按其诱因可分为两种情况。在第一种情况下，裂孔过程由于物理原因引起。比如在加热过程中由于热应力导致固态试样碎裂，也可能由于固态试样的（成分或结构）不均匀性造成固态试样碎裂。此外，这一变化也可能系化学反应所致。例如，在诸如磁铁矿（Fe_3O_4）的 CO 还原焙烧等多步反应过程中，首先将固态试样转变为粒状中间产物（FeO）。

$$Fe_3O_4 + CO = 3FeO + CO_2$$

$$FeO + CO = Fe + CO_2$$

在后一种情况下，完成第一步反应固态试样的转化率 x_i 可按照相应化学反应的化学计量关系确定。在本例中，$x_i = 0.25$。由于第一种情况可看作第二种情况的特例（$x_i = 0$），所以，以下仅讨论第二种情况。

裂孔模型认为，致密固态试样的裂孔过程和粒状中间产物的进一步反应过程相互独立，中间产物微粒粒度分布均匀，而且远远小于固态试样。假定对气态反应物而言这两步均为一级不可逆反应，而且，均按未反应核缩减模型进行。忽略气体通过固态试样周围边界层的外传质阻力和通过多孔中间产物层的扩散阻力。如果假定裂孔反应界面收缩至球形固态试样中心所需时间为 τ_{c}，每个微粒完全反应所需时间为 τ_{g}，那么，按照裂孔模型，气-固反应进行完全所需时间应为：

$$\tau_f = \tau_c + \tau_g \tag{4-324}$$

首先，讨论裂孔反应界面位置与反应时间的关系。如果裂孔反应界面位置为 r_c，裂孔反应的表观反应速率常数为 k_c，那么，按照反应（A）的化学计量关系，下式成立。

$$-\frac{d}{dt}\left(\frac{4}{3}\pi r_c^3 \rho_s\right) = \frac{b}{a} 4\pi r_c^2 k_c C$$

式中，ρ_s 和 C 分别为固态反应物的密度和气态反应物的浓度。或者将上式写为

$$\frac{dr_c}{dt} = -\frac{bk_c C}{a\rho_s} \tag{4-325}$$

式中，初始条件为，当 $t = 0$ 时，$r_c = R$ (4-326)

R 为固态试样的初始半径。按照初始条件式（4-326）求解微分方程式（4-325），可得裂孔反应界面位置随反应时间的变化关系。

$$\frac{r_c}{R} = 1 - \frac{t}{\tau_c} \tag{4-327}$$

其中 $\tau_c = \frac{a\rho_s R}{bk_c C}$ (4-328)

下面是确定各微粒的反应状况。由于处于固态试样不同径向位置的微粒的生成时刻各不相同，它们的反应程度也不一致，为了运用未反应核缩减模型定量地描述微粒的转化率随时间的变化规律，首先必须确定各微粒的局部转化率。假定固态试样已经反应的时间为 t，对于介于 r_c和 R 之间的任意位置 r 处的微粒，自生成时刻起计算，参加第二步反应的时间应为：

$$t_g(r) = t - t_c(r) \quad (r_c \leqslant r \leqslant R) \tag{4-329}$$

式中，$t_c(r)$为裂孔反应界面达到 r 处时所需时间。将式（4-327）代入上式，并将式（4-329）两端同除以 τ_g，可得在任意反应时刻 t，位于 r 处的微粒的反应程度（已参加第二步反应时间与完全反应时间之比）。

$$\frac{t_g(r)}{\tau_g(r)} = \frac{t - \tau_c(1 - r/R)}{\tau_g} \quad (r_c \leqslant r \leqslant R) \tag{4-330}$$

位于固态试样不同径向位置处微粒的转化率可确定如下：如果 r 处的微粒在反应时刻 t 时的转化率为 $x_g(r)$（以初始固态反应物成分为计算基准），那么，每个微粒自生成时刻起进一步反应 $t_g(r)$后的转化率 y_g 以粒状中间产物成分为计算基准可表示为

$$y_g(r) = 1 - \frac{1 - x_g(r)}{1 - x_i} \quad (r_c \leqslant r \leqslant R) \tag{4-331}$$

当微粒反应受界面化学反应步骤控制时，可将式（4-319）代入式（4-330）中，并注意到关系式（4-331），可得固态试样内部不同径向位置处微粒转化率随反应时间的变化情况。

$$\frac{t_g(r)}{\tau_g} = 1 - \left[\frac{1 - x_g(r)}{1 - x_i}\right]^{1/3} \quad (r_c \leqslant r \leqslant R) \tag{4-332}$$

类似地，当微粒的反应过程受气体通过每个微粒的固态产物层扩散控制时，将式

(4-83)代入式（4-330）中，可得

$$\frac{t_g(r)}{\tau_g} = 1 + 2\left[\frac{1 - x_g(r)}{1 - x_i}\right] - 3\left[\frac{1 - x_g(r)}{1 - x_i}\right]^{2/3} \quad (r_c \leqslant r \leqslant R) \tag{4-333}$$

至此，固态试样内部介于 r_c和 R 之间不同位置的微粒各自的转化率随时间的变化关系均已导出。下面是确定固态试样的总转化率 x。

$$x = 1 - \frac{\int_0^R [1 - x_g(r)] r^2 \mathrm{d}r}{\int_0^R r^2 \mathrm{d}r} = 1 - \frac{3}{R^3}\int_0^R [1 - x_g(r)] r^2 \mathrm{d}r \quad (r_c \leqslant r \leqslant R) \tag{4-334}$$

只要我们将 $x_g(r)$ 与 r 的关系式（4-332）或式（4-333）代入式（4-334），即可求出在不同速率限制环节条件下，不同时刻固态试样的转化率，最终得到转化率与反应时间之间的关系。不过，值得注意的是，在积分过程中，应考虑固态试样内部沿径向微粒反应程度的分布状况，有时应分段进行。另外，由前面的推导可见，τ_g 是一重要参数。事实上，由式（4-83）和式（4-85）可知，其中隐含着动力学参数——气体通过微粒固态产物层的有效扩散系数和微粒界面反应的表观反应速率常数。其数值可根据实验数据 x 与 t 的关系试算。帕克和莱文斯迫尔给出了一些计算技巧[29]。尽管由式（4-334）可以得到转化率与时间的解析表达式，但这些关系式比较冗长，甚至有时还需以参数方程的形式表示，这里不再介绍。在已确定相关参数值的情况下，式（4-334）也可用数值计算法求解。

最后要说明，本节主要讨论的是气-固反应，关于液-固反应动力学请见第 7 章中 7.2～7.4节内容。

参 考 文 献

1 陈新民．物理化学．北京：冶金工业出版社，1987

2 杜逸虹．物理化学．台北：三民书局，1983

3 H. Y. Shon，M. E. Vadsworth 等著．提取冶金速度速率过程．郑蒂基译，傅崇说校．北京：冶金工业出版社，1984

4 孙康．宏观反应动力学及其解析方法．北京：冶金工业出版社，1998

5 赵学庆．化学反应动力学原理．北京：高等教育出版社，1984

6 宋世谟，香雅正．化学反应速度理论．北京：高等教育出版社，1990

7 韩德刚，高盘良．化学动力学基础．北京：北京大学出版社，1987

8 王军民，薛芳渝，刘芸．物理化学．北京：清华大学出版社，1993

9 M. D. Pritzer, Trans. Instn. Min. Metall.，1991，100：115～120

10 H. Y. Sohn，J. Szekely，Chem. Eng. Sci.，1972，27：763～768

11 A. Moriyama，J. Yagi，I. Muchi，Trans. ISIJ，1967，7：271～276

12 K. Sun，R. Takahashi，J. Yogi，ISIJ Int.，1992，32（4）：496～500

13 R. H. Spitzer，F. S. Manning，W. O. Philbrook，Trans. Metall. Soc. AIME，1966，236：1715～1719

14 原行明，坂输光弘，近藤真一，鉄と鋼，1976，（3）：315～319

15 M. Ishida，C. Y. Wen，AIChE J. 1968，（2）：311

16 C. Y. Wen，Ind. Eng. Chem.，1968，（9）：34

17 S. Tone, C. Y. Wen, Chem. Eng. Sci., 1981, 36: 293
18 V. B. Mantri, A. N. Gorkarn, L. K. Doraiswamy, Chem. Eng. Sci., 1976, 31: 779
19 P. C. Prasannan, L. K. Doraiswamy, Chem. Eng. Sci., 1982, (6): 925
20 S. K. Bhatia, D. D. Perlmutter, AIChE J., 1980, (3): 379
21 J. Szekely, J. W. Evans, Met Trans., 1971, (2): 1691
22 H. Y. Sohn, Met Trans., 1991, 22B: 737
23 H. Y. Sohn, J. Szekely, J. Chem. Eng. Sci., 1974, 29: 630
24 J. 塞克利等著. 气-固反应. 胡道和译. 北京：中国建筑工业出版社，1986
25 J. Szekely, J. W. Evans, Chem. Eng. Sci., 1970, 25: 1091
26 P. A. Ranachandran, J. M. Smith, AIChE J., 1977, (3): 353
27 K. Shankar, Y. C. Yortsos, Chem. Eng. Sci., 1983, (8): 1159
28 S. K. Bhatia, J. W. Evans, Met. Trans., 1981, (2): 249
29 J. Y. Pank, O. Levenspiel, Chem. Eng. Sci., 1975, 30: 1207
30 S. Lowell, J. E. Shields, Powder Surface Area and Porosity, Chapman and Hall, London, 1984
31 D. B. Rao, M. Rigand, Oxidation Met., 1975, (2): 99
32 S. Won, H. Y. Sohn, Met. Trans., 1985, 16B: 163

5 溶 解 度

主要符号表

K_{sp}——溶度积（或称浓度积常数）

K_c——平衡常数

Q_i——离子积

β——配合物累计生成常数

S——溶解度

f——逸度系数

r——活度系数

a——活度

p——压力

在湿法冶金中，金属化合物在水、酸、碱中的溶解度具有非常重要的意义。此章将对与溶解度有关的溶解积、金属化合物在水中的溶解度及难溶电解质的溶解度，分别进行阐述[1~3]。

5.1 溶度积

溶度积也可称为溶度积常数，其定义为电解质解离后，溶液中电离物质的乘积。它只适用于难溶电解质（指每100g水中小于0.01g的溶解度）。溶度积可反映出难溶电解质的溶解能力（参见13.1.1小节）。

5.1.1 溶度积常数

任何难溶电解质在水中总是或多或少地溶解，绝对不溶的物质是不存在的。例如，把适量的难溶电解质 $BaSO_4$ 固体放在纯水中，已溶的 $BaSO_4$ 以 Ba^{2+} 和 SO_4^{2-} 形式存在于溶液中，同时，这些离子也会结合成 $BaSO_4$，重新沉淀。在一定条件下，当溶解和沉淀的速度相等时，便建立了未溶固体与溶液中离子之间的多相平衡：

$$\underset{\text{未溶解固体}}{BaSO_4} \underset{\text{沉淀}}{\overset{\text{溶解}}{\rightleftharpoons}} \underset{\text{溶液中的离子}}{Ba^{2+} + SO_4^{2-}}$$

这是一个动态平衡，平衡时的溶液叫做饱和溶液。根据化学平衡定律，其平衡常数表达式为

$$\frac{[Ba^{2+}][SO_4^{2-}]}{[BaSO_4]} = K_c$$

因为固体物质的浓度（即［$BaSO_4$］）是一个常数，把它与 K_c 合并，则得另一常数，叫做溶度常数（简称溶度积），以 K_{sp}表示。所以，

$$[Ba^{2+}][SO_4^{2-}] = K_{sp} \tag{5-1}$$

K_{sp}表示在一定温度下，难溶电解质饱和溶液中有关离子浓度的乘积是个常数。严格地讲，K_{sp}应该是饱和溶液中各离子活度的乘积：

$$K_{sp} = a_{Ba^{2+}} \times a_{SO_4^{2-}} \tag{5-2}$$

但由于 $BaSO_4$ 溶解度很小，离子浓度近似地等于离子活度，因此，可用离子浓度代替活度来进行有关溶度积的计算。

对于能电离出两个或多个相同离子的难溶电解质来说，其 K_{sp}关系式中各离子的浓度应取电离方程式中该离子的系数为指数。例如：

$$Ag_2CrO_4(s) \rightleftharpoons 2Ag^+ + CrO_4^{2-}$$

$$[Ag^+]^2[CrO_4^{2-}] = K_{sp} \tag{5-3}$$

$$Fe(OH)_2(s) \rightleftharpoons Fe^{3+} + 3OH^-$$

$$[Fe^{3+}][OH^-]^3 = K_{sp} \tag{5-4}$$

溶度积常数是化学平衡常数的一种，其数值不仅决定于难溶电解质的本性，而且也受温度的影响。因此，在取用 K_{sp}值时要注明温度（参见表 5-1）。

表 5-1 难溶电解质的溶度积常数

化学式	溶度积	温度/℃	化学式	溶度积	温度/℃
AgCl	1.56×10^{-10}	25	$Fe(OH)_3$	1.1×10^{-36}	18
AgBr	7.7×10^{-13}	25	Hg_2Cl_2	2×10^{-18}	25
AgI	1.5×10^{-16}	25	$HgBr_2$	1.3×10^{-21}	25
Ag_2CrO_4	9.0×10^{-12}	25	Hg_2I_2	1.2×10^{-28}	25
Ag_2S	1.6×10^{-49}	18	HgS	4.0×10^{-53}	25
$BaCO_3$	8.1×10^{-9}	25	$Mg(OH)_2$	1.2×10^{-11}	18
$BaSO_4$	1.03×10^{-10}	25	$MgCO_3$	1.5×10^{-15}	25
$BaCrO_4$	1.6×10^{-10}	18	$PbCl_2$	1.9×10^{-4}	25
$CaSO_4$	6.1×10^{-5}	25	$PbCO_3$	3.3×10^{-14}	18
$CaCO_3$	8.7×10^{-9}	25	$PbCrO_4$	1.77×10^{-14}	18
CaC_2O_4	2.57×10^{-9}	25	$PbSO_4$	1.06×10^{-8}	18
CaF_2	3.95×10^{-11}	26	PbS	3.4×10^{-28}	18
CuS	8.5×10^{-45}	18	NiS	3.2×10^{-19}	25
CuBr	4.15×10^{-8}	18 ~ 20	MnS	2.5×10^{-10}	25
$Cu(OH)_2$	2.2×10^{-22}	25	ZnS	1.2×10^{-23}	18
$Fe(OH)_2$	1.64×10^{-14}	18	$Zn(OH)_2$	1.8×10^{-14}	18 ~ 20

5.1.2 溶度积和溶解度的换算

溶度积和溶解度的数值都能表示难溶电解质的溶解能力。根据溶度积公式和溶解度定义，两者之间可以互相换算，可以用溶解度求溶度积，也可以用溶度积求溶解度。但必须注意浓度单位的换算。

例如：已知25℃时 $BaSO_4$ 的溶解度为每100g 水0.000242g，试求该温度下 $BaSO_4$ 的溶度积常数。

（1）把百分比浓度换算成摩尔浓度：

由于 $BaSO_4$ 的饱和溶液很稀，其密度可认为是 1g/mL，$M_{BaSO_4}=233.4$，故：

$$0.000242 \times \frac{1000}{100} \times \frac{1}{233.4} = 1.04 \times 10^{-5}M$$

（2）求 K_{sp}：因为溶解的 $BaSO_4$ 完全电离，所以，饱和溶液中 $[Ba^{2+}] = [SO_4^{2-}] = 1.04 \times 10^{-5}M$

$$K_{sp} = [Ba^{2+}] = [SO_4^{2-}] = (1.04 \times 10^{-5})^2 = 1.08 \times 10^{-10}(25℃)$$

又如，已知25℃时 Ag_2CrO_4 的溶解度为 1.34×10^{-4}mol/L，试计算它的 K_{sp}。

$$Ag_2CrO_4 \rightleftharpoons 2Ag^+ + CrO_4^{2-}$$

溶解的 Ag_2CrO_4 完全电离，但1mol 的 Ag_2CrO_4 能电离出2mol 的 Ag^+ 和1mol 的 CrO_4^{2-}，因此，在 Ag_2CrO_4 饱和溶液中，有

$$[Ag^+] = 2 \times 1.34 \times 10^{-4} = 2.68 \times 10^{-4}M$$

$$K_{sp}(Ag_2CrO_4) = [Ag^+]^2[CrO_4^{2-}]$$

$$= (2.68 \times 10^{-4})^2(1.34 \times 10^{-4})$$

$$= 9.0 \times 10^{-12}$$

这里应当注意，难溶电解质的 K_{sp} 虽然反映了溶解度的大小，但必须考虑到电解质的类型。从表5-2 可见，同类型的难溶电解质，其溶度积和溶解度的大小是一致的，因此，可以根据它们溶度积的大小来判断和比较它们溶解度的大小；但对不同类型的难溶电解质则不能这样比较，例如 Ag_2CrO_4 的溶解度较 $BaSO_4$ 大，而其溶度积却较 $BaSO_4$ 小，两者的大小不一致，因此，不同类型的难溶电解质不能根据它们溶度积的大小来比较它们的溶解度。

表5-2　同类型物质溶度积和溶解度的对比

类　型	难溶电解质	溶 度 积	溶解度/($mol \cdot L^{-1}$)
AB 型	$BaSO_4$	1.08×10^{-10}	1.04×10^{-5}
	$CaSO_4$	6.1×10^{-5}	7.8×10^{-3}
AB_2 型	$PbCl_2$	1.9×10^{-4}	3.6×10^{-2}
	$Mg(OH)_2$	1.2×10^{-11}	1.1×10^{-4}
A_2B 型	Ag_2SO_4	7.7×10^{-5}	2.6×10^{-2}
	Ag_2CrO_4	9.0×10^{-12}	1.3×10^{-4}
AB_3 型	$Fe(OH)_3$	1.1×10^{-36}	4.5×10^{-10}

5.1.3　溶度积规则

某一难溶电解质，在一定条件下沉淀能否生成或溶解，可从溶度积的概念来判断。

在某难溶电解质溶液中，其离子浓度的乘积叫做离子积，用 Q_i 表示。例如，Ag_2CrO_4

溶液的离子积为：

$$Q_i = [Ag^+]^2[CrO_4^{2-}]$$

Q_i 和 K_{sp} 的表达式虽然相似，但两者的概念却完全不同。溶度积 K_{sp} 表示在一定温度下，难溶电解质饱和溶液中有关离子浓度的乘积为一常数；而离子积 Q_i 则表示难溶电解质溶液在任意情况下离子浓度的乘积，其数值不定。K_{sp} 仅是 Q_i 的一个特例。

在任何给定的溶液中，若

（1）$Q_i < K_{sp}$ 溶液未饱和，无沉淀析出。如果溶液中有足量的固体存在，沉淀将溶解，直到饱和（$Q_i = K_{sp}$）为止；

（2）$Q_i = K_{sp}$ 饱和溶液，达到动态平衡；

（3）$Q_i > K_{sp}$ 过饱和溶液，有沉淀析出，直到饱和为止。

这就是溶度积规则，据此可以控制溶液的离子浓度，使沉淀生成或溶解。

5.2 金属化合物在水中的溶解度[3~6]

物质溶解度的定义是在一定温度和压力下，物质在一定量的溶剂中溶解的最高量。金属化合物在水中的溶解度是在指定温度和压力下，1L 水中，溶解多少金属化合物。我们收集到一些重要金属化合物在 1L 或 100g 水中的溶解度，即以 g/L 或质量分数 w 表示，列入表 5-3 中。从表 5-3 可见到：金属硫酸盐、硝酸盐、氯盐、高氯酸盐及碳酸盐在水中溶解度较大，而金属氧化物及金属硫化物在水中的溶解度较小，溶解度的大小，决定于价键结构，服从结合能越大则溶解度越小的规律。

表 5-3 金属化合物在水中的溶解度

物　质	t/℃	溶解度	单　位
氧化银 Ag_2O	20	0.000035	g/L
	10	0.0070	
	20	0.0174	
	30	0.027	
	40	0.035	
	50	0.042	
	60	0.049	
	70	0.052	
	80	0.055	
溴化银 AgBr	18	0.000131	g/L
	25	0.000137	
	100	0.0037	
氯化银 AgCl	5	0.00085	g/L
	15	0.00125	
	25	0.000195	
	35	0.0029	
	45	0.0043	
	100	0.0210	
氟化银 AgF	−14.2	37.5	%（质量分数）
	18.5	62.3	
	20	63.2	
	25	64.2	

续表 5-3

物　质	t/℃	溶解度	单　位
硫氰酸银 AgCNS	18	0.00017	g/L
	25	0.0002	
	100	0.0064	
亚硝酸银 $AgNO_2$	0	1.55	g/L
	10	2.20	
	15	2.75	
	20	3.40	
	25	4.14	
	30	5.00	
	40	7.15	
	50	9.95	
	60	13.63	
硝酸银 $AgNO_3$	0	54.0	%（质量分数）
	10	61.8	
	15	65.5	
	20	68.6	
	25	71.0	
	30	73.2	
	35	75.4	
氢氧化铝 $Al(OH)_2$	18	0.00104	g/L
氟化铝 AlF_3	25	5.59	g/L
硫酸铝 $Al_2(SO_4)_3$	−1.02	8.09	%（质量分数）
	−2.65	17.5	
	−4	23.1	
	0	23.8	
	10	25.1	
	20	26.7	
	40	31.4	
	60	37.2	
	80	42.2	
	100	47.1	
硝酸铝 $Al(NO_3)_3$	−20	27.0	%（质量分数）
	−10	35.0	
	0	37.5	
	20	42.5	
	40	47.0	
	60	51.5	
	80	57.0	
	100	61.5	
	120	62.5	
	129	63.8	
氯化铝 $AlCl_2$	−20	29.1	%（质量分数）
	0	30.5	
	20	31.4	
	40	32.1	
	60	32.5	
	80	32.7	

续表 5-3

物质	t/℃	溶解度	单位
氯化铝 $AlCl_2$	100	32.9	%（质量分数）
高氯酸铝 $Al(ClO_4)_3$	0	54.87	%（质量分数）
	14.3	56.68	
	91.5	64.62	
三氧化二砷 As_2O_3	0	1.19	%（质量分数）
	15	1.63	
	25	2.01	
	39.8	2.85	
	48.2	3.32	
	62	4.26	
	75	5.32	
	98.5	7.56	
五氧化二砷 As_2O_5	−10	15.6	%（质量分数）
	−30	25.1	
	−50	29.9	
	−50	31.7	
	−50	32.6	
	−30	34.4	
	−10	36.2	
	10	38.3	
	29.5	41.4	
	60	42.2	
	100	43.4	
三碘化砷 AsI_3	25	5.6	%（质量分数）
三硫化二砷 As_2S_3	0	8×10^{-4}	%（质量分数）
	18	5.2×10^{-4}	
五硫化二砷 As_2S_5	0	0.00136	%（质量分数）
氢氧化金 $Au(OH)_3$	20	5.96×10^{-10}	g/L
氯化金 $AuCl_3$	20	40.5	%（质量分数）
硝酸铍 $Be(NO_2)_2$	−6.3	13.0	%（质量分数）
	−29.7	28.3	
	−46.0	34.0	
	−59.0	37.7	
	−40.0	46.2	
	15.0	51.2	
	30.0	52.3	
	61.0	64.8	
硫酸铍 $BeSO_4$	−2	10.0	%（质量分数）
	−10	21.5	
	−18	27.0	
	0	27.0	
	25	28.7	
	60	34.7	
	100	45.3	
氧化铍 BeO	20	2×10^{-4}	g/L
氟化钡 BaF_2	10	1.586	g/L

续表 5-3

物　质	t/℃	溶解度	单　位
氟化钡 BaF_2	15	1.597	g/L
	20	1.607	
	25	1.614	
	30	1.620	
氯化钡 $BaCl_2$	0	24.0	%（质量分数）
	20	26.3	
	40	28.9	
	60	31.3	
	80	34.4	
	100	37.0	
	160	38.9	
	215	43.1	
溴化钡 $BaBr_2$	0	49.5	%（质量分数）
	20	51.0	
	25	51.4	
	40	53.2	
	60	55.1	
	80	57.4	
	100	60.0	
碘化钡 BaI_2	-1.0	7.0	%（质量分数）
	-5.35	26.05	
	-14.95	42.95	
	-24.6	51.50	
	-33.5	56.00	
	-20.0	58.60	
	-5.8	61.45	
	0.0	62.50	
	10.0	64.80	
	25.0	68.80	
	40.0	69.60	
	60.0	70.70	
	98.9	73.35	
	120.0	74.30	
亚氯酸钡 $Ba(ClO_2)_2$	0	30.5	%（质量分数）
	15	31.0	
	35	31.6	
	50	33.4	
	75	38.6	
	100	44.7	
氯酸钡 $Ba(ClO_3)_2$	0	16.90	%（质量分数）
	10	21.23	
	25	27.53	
	30	29.43	
	40	33.16	
	60	40.05	
	80	45.90	
	100	51.20	

续表 5-3

物　质	t/℃	溶解度	单　位
碘酸钡 $Ba(IO_3)_2$	80	0.115	%（质量分数）
	100	0.197	
氰化钡 $Ba(CN)_2$	14	44.4	%（质量分数）
硫氰酸钡 $Ba(CNS)_2$	25	62.87	%（质量分数）
亚硫酸钡 $BaSO_3$	20	0.197	g/L
	80	0.0177	
硫酸钡 $BaSO_4$	25	0.00223	g/L
	50	0.00336	
	100	0.0039	
高氯酸钡 $Ba(ClO_4)_2$	0	67.3	%（质量分数）
	20	74.3	
	40	78.2	
	60	81.0	
	80	83.2	
	100	84.9	
	120	86.6	
	140	88.3	
碳酸钡 $BaCO_3$	8.8	0.016	g/L
	18.0	0.022	
	24.2	0.024	
叠氮化钡 BaN_5	0	11.1	%（质量分数）
	10.5	13.9	
	15	14.3	
	17	14.8	
氰化钡 $Ba(CN)_2$	14	44.4	%（质量分数）
硫氰酸钡 $Ba(CNS)_2$	25	62.87	%（质量分数）
亚硝酸钡 $Ba(NO_2)_2$	−1.7	9.2	%（质量分数）
	−5.8	33.1	
	−4.3	34.9	
	17	40.0	
	20	40.3	
	43	50.3	
	61	58.6	
	80	67.3	
	92	71.7	
	110	82.0	
硝酸钡 $Ba(NO_3)_2$	−0.55	4.56	%（质量分数）
	0	4.72	
	10	6.25	
	20	8.27	
	25	9.27	
	40	12.35	
	60	16.9	
	80	21.4	
	100	25.6	
硫化钡 BaS	0	4.03	%（质量分数）
	20	6.48	
	40	10.5	

续表 5-3

物质	t/℃	溶解度	单位
硫化钡 BaS	60	16.5	%（质量分数）
	80	21.0	
	100	25.25	
氢氧化钡 $Ba(OH)_2$	0	1.65	%（质量分数）
	10	2.42	
	20	3.74	
	25	4.47	
	30	5.29	
	40	7.60	
	50	11.61	
	60	17.32	
	80	50.35	
二氢二硫化钡 $Ba(SH)_2$	−15	32.0	%（质量分数）
	0	32.6	
	20	32.8	
	40	34.5	
	60	36.2	
	80	39.0	
	100	43.7	
硫代硫酸钡 BaS_2O_3	18.5	0.210	%（质量分数）
过二硫酸钡 BaS_2O_8	0	28.1	%（质量分数）
连二硫酸钡 $BaS_2O_8 \cdot 4H_2O$	−0.46	6.00	%（质量分数）
	0	6.08	
	5	8.40	
	12	12.22	
	15	13.92	
连二硫酸钡 $BaS_2O_8 \cdot 2H_2O$	12	12.40	%（质量分数）
	15	13.60	
	20	15.70	
	30	19.86	
铬酸钡 $BaCrO_4$	0	0.002	g/L
	10	0.0028	
	20	0.0037	
	30	0.0046	
草酸钡 $BaC_2O_4 \cdot 3.5H_2O$	0	0.0058	%（质量分数）
	9.5	0.0085	
	18	0.0112	
	30	0.0170	
草酸钡 $BaC_2O_4 \cdot 2H_2O$	0	0.0053	%（质量分数）
	18	0.0089	
	40	0.0152	
	55	0.0212	
三氟化硼 BF_3	0	1.057	$cm^3/cm^3(H_2O)$
氧化硼 B_2O_3	103.2	17.5	%（质量分数）
	170	56.0	

续表 5-3

物 质	t/℃	溶解度	单 位
氧化硼 B_2O_3	203	80.0	%（质量分数）
	215	80.1	
	245	82.8	
	310	85.0	
	460	96.6	
氢氧化铋 BiOOH	20	0.00144	g/L
硫化铋 Bi_2S_3	18	1.8×10^{-4}	g/L
氧化钙 CaO	120	0.305	%（质量分数）
	150	0.169	
	190	0.084	
氢氧化钙 $Ca(OH)_2$	10	0.173	%（质量分数）
	42	0.134	
	48	0.126	
	56	0.117	
	60	0.113	
	66	0.106	
	70	0.101	
	80	0.076	
氟化钙 CaF_2	0	0.013	g/L
	15	0.015	
	18	0.016	
	25	0.016	
	40	0.017	
氯化钙 $CaCl_2\cdot6H_2O$	−55	29.8	%（质量分数）
	−25	33.3	
	0	37.3	
	10	39.4	
	20	42.7	
	30.2	50.7	
氯化钙 $CaCl_2\cdot4H_2O(\alpha)$	20	47.6	%（质量分数）
	29.8	50.1	
	40	53.4	
氯化钙 $CaCl_2\cdot4H_2O(\beta)$	20	51.1	%（质量分数）
	29.2	53.0	
	35	55.0	
	38.4	56.0	
氯化钙 $CaCl_2\cdot2H_2O$	45.3	56.6	%（质量分数）
	60	57.8	
	80	59.5	
	100	61.4	
	120	63.4	
	140	65.6	
	160	69.0	
	175.5	74.8	
氯化钙 $CaCl_2\cdot H_2O$	180	75.0	%（质量分数）
	200	75.7	
	235	76.8	
	260	77.6	

续表 5-3

物质	t/℃	溶解度	单位
氯化钙 $CaCl_2$	56	56.96	%（摩尔分数）
	134.5	64.35	
	173	71.75	
	186	74.69	
	213	75.94	
	226	76.59	
	252	77.10	
	285	77.88	
溴化钙 $CaBr_2$	−22	50.5	%（质量分数）
	0	55.5	
	10	57.0	
	25	60.5	
	40	68.1	
	80	74.7	
	105	75.7	
碘化钙 CaI_2	0	64.6	%（质量分数）
	10	66.0	
	20	67.6	
	30	69.0	
	40	70.8	
	60	74.0	
	80	78.0	
	100	81.0	
氯酸钙 $Ca(ClO_3)_2$	−1.0	4.67	%（质量分数）
	−17.1	32.5	
	−32.9	42.0	
	−41.0	45.5	
	−37.5	46.0	
	−16.2	58.0	
	−5.0	63.0	
	19.5	66.2	
	25.0	66.05	
	93.0	78.0	
	127.0	80.1	
	203.0	85.0	
碳酸钙 $CaCO_3$	0	0.081	%（质量分数）
	10	0.070	g/L
	20	0.066	
	25	0.056	
	30	0.052	
	40	0.044	
	50	0.038	
亚硝酸钙 $Ca(NO_2)_2$	−4	16.7	%（质量分数）
	−12.5	29.5	
	−17.5	35.0	
	−9.5	36.2	
	0	38.3	
	18.5	43.0	

续表 5-3

物质	t/℃	溶解度	单位
亚硝酸钙 $Ca(NO_2)_2$	42	51.8	%（质量分数）
	64	58.4	
	70	60.3	
	91	71.2	
硝酸钙 $Ca(NO_3)_2\cdot 4H_2O$	-0.4	1.4	%（质量分数）
	-3.05	10.00	
	-15.7	33.13	
	-26.7	43.37	
	-10	47.31	
	0	50.50	
	15	54.94	
	25	57.98	
	40	66.21	
	42.45	71.70	
硝酸钙 $Ca(NO_3)_2\cdot 3H_2O$	40	70.37	%（质量分数）
	45	71.45	
	51	74.73	
硝酸钙 $Ca(NO_2)_2\cdot 2H_2O$	49	77.49	%（质量分数）
	51	78.05	
硝酸钙 $Ca(NO_3)_2$	55	78.16	%（质量分数）
	100	78.43	
	125	78.57	
	151	79.0	
亚硫酸钙 $CaSO_2\cdot 2H_2O$	30	0.0064	%（质量分数）
	40	0.0063	
	50	0.0057	
	60	0.0061	
	70	0.0045	
	80	0.0031	
	90	0.0027	
	沸 点	0.0011	
硫酸钙 $CaSO_4$	0	1.759	g/L
	18	2.016	
	25	2.080	
	40	2.097	
	75	1.847	
	100	1.619	
	107	1.550	
草酸钙 CaC_2SO_4	18	0.0060	g/L
	25	0.0082	
	37	0.0071	
	45	0.0090	
	65	0.0120	
氧化镉 CdO	18	0.0048	g/L
氢氧化镉 $Cd(OH)_2$	25	0.00157	g/L
氟化镉 CdF_2	20	40.0	g/L
	25	43.5	
	100	18.0	

续表 5-3

物 质	t/℃	溶解度	单 位
溴化镉 $CdBr_2$	-4.4	32.9	%（质量分数）
	0	36.0	
	10	43.0	
	18	48.9	
	25	52.9	
	36	60.3	
	45	60.35	
	75	60.8	
	100	61.65	
	153	64.6	
	237	71.8	
	312	79.2	
	419	89.2	
氯化镉 $CdCl_2 \cdot 4H_2O$	-10.2	43.0	%（质量分数）
	-5.6	45.75	
	0	49.39	
	10	55.12	
	15	59.12	
氯化镉 $CdCl_2 \cdot 2.5H_2O$	-10	44.35	%（质量分数）
	-33	46.30	
	0	47.3	
	18.0	52.53	
	25.0	54.65	
	33.8	57.4	
氯化镉 $CdCl_2 \cdot H_2O$	10	57.47	%（质量分数）
	20	57.35	
	45	57.5	
	60	57.7	
	100	59.55	
	196	70.5	
	227	76.6	
氯化镉 $CdCl_2$	261	80.0	%（质量分数）
	383	87.5	
	481	94.6	
	564	100.0	
碘化镉 CdI_2	-0.2	5.37	%（质量分数）
	-2.0	25.50	
	-4.7	39.66	
	-6.4	45.60	
	-3.5	43.35	
	-1.8	43.85	
	0	44.05	
	15	45.36	
	20	45.85	
	25	46.29	
	40	47.95	
	80	52.6	
	128	59.1	

续表 5-3

物　质	t/℃	溶解度	单　位
碘化镉 CdI_2	243	79.5	%（质量分数）
	318	94.8	
	385	100.0	
氯酸镉 $Cd(ClO_3)_2$	−6.5	26.18	%（质量分数）
	−13.0	52.36	
	−20.0	72.10	
	−15.0	72.53	
	0	74.95	
	18	76.30	
	65	82.95	
硝酸镉 $Cd(NO_3)_2$	−7.2	24.2	%（质量分数）
	−20.0	41.4	
	−14.0	38.2	
	−5.2	45.9	
	3.5	56.1	
	25	61.3	
	50	70.0	
	61	86.1	
	100	87.2	
	130	88.2	
硫酸镉 $CdSO_4$	−17	44.5	%（质量分数）
	−10	46.1	
	−5	48.5	
	0	43.01	
	20	43.37	
	40	43.39	
	60	44.99	
	74.5	46.7	
	85	39.6	
	100	37.8	
氰化镉 $Cd(CN)_2$	18	0.00247	g/L
硫氰酸镉 $Cd(CNS)_2$	18	0.0057	g/L
高氯酸镉 $Cd(ClO_4)_2$	20	4780	g/L
硫化镉 CdS	25	2.1×10^{-8}	g/L
草酸镉 CdC_2O_4	18	0.033	g/L
硫酸铈 $Ce_2(SO_4)_3\cdot12H_2O$	0	14.20	%（质量分数）
	18.8	14.91	
	19.2	15.04	
硫酸铈 $Ce_2(SO_4)_3\cdot9H_2O$	0	17.35	%（质量分数）
	15	10.61	
	21	8.863	
	45.6	4.910	
	65	3.47	
硫酸铈 $Ce_2(SO_4)_3\cdot8H_2O$	0	15.95	%（质量分数）
	15	9.95	
	20.5	8.60	
	40	5.613	
	60	3.88	

续表 5-3

物　质	t/℃	溶解度	单　位
硫酸铈 $Ce_2(SO_4)_3 \cdot 5H_2O$	45	8.116	%（质量分数）
	60	3.145	
	80	1.19	
	100.5	0.46	
硫酸铈 $Ce_2(SO_4)_3 \cdot 4H_2O$	35	7.80	%（质量分数）
	50	3.31	
	82	0.98	
	100.5	0.42	
硒酸铈 $Ce_2(SeO_4)_3$	0	28.34	%（质量分数）
	26.0	25.28	
	45.0	24.34	
	60.0	12.03	
	80.5	4.36	
	100.0	2.451	
碘酸铈 $Ce(IO_3)_2$	20	1.456	g/L
草酸铈 $Ce_2(C_2O_4)_3$	25	1.09×10^{-4}	%（质量分数）
醋酸铈 $Ce(C_2H_3O_2)_3$	15	19.61	%（质量分数）
	76	12.97	
氢氧化钴（Ⅲ）$Co(OH)_3$	20	0.00318	g/L
氟化钴（Ⅱ）CoF_2	20	13.6	g/L
	25	14.1	
硫氰酸钴（Ⅱ）$Co(ONS)_2$	18	59.71	g/L
高氯酸钴（Ⅱ）$Co(ClO_4)_2$	−10.9	24.6	%（质量分数）
	−21.3	47.5	
	0	50.0	
	18	50.9	
	45	53.5	
氯酸钴（Ⅱ）$Co(ClO_3)_2$	−12	29.97	%（质量分数）
	−21	53.30	
	0	57.45	
	10.5	61.83	
	21	64.39	
	35	67.09	
	47	69.66	
	61	76.12	
碘酸钴（Ⅱ）$Co(IO_3)_2 \cdot 4H_2O$	0	0.54	%（质量分数）
	18	0.83	
	30	1.03	
	50	1.46	
	65	2.17	
碘酸钴（Ⅱ）$Co(IO_3)_2 \cdot 2H_2O$	0	0.32	%（质量分数）
	18	0.45	
	30	0.52	
	50	0.67	
	75	0.84	
	100	1.02	
碘酸钴（Ⅱ）$Co(IO_3)_2$	18	1.03	%（质量分数）
	30	0.89	

续表 5-3

物质	t/℃	溶解度	单位
碘酸钴（Ⅱ）$Co(IO_3)_2$	50	0.85	%（质量分数）
	75	0.75	
	100	0.69	
氯化钴 $CoCl_2$	0	30.3	%（质量分数）
	20	34.6	
	40	41.0	
	60	48.4	
	80	49.4	
	100	51.5	
溴化钴 $CoBr_2$	0	47.9	%（质量分数）
	25	54.4	
	40	60.9	
	50	66.8	
	60	69.4	
	75	70.3	
	100	72.0	
碘化钴 CoI_2	−10	55.5	%（质量分数）
	0	58.0	
	20	65.2	
	40	75.0	
	80	80.0	
	110	81.0	
硝酸钴 $Co(NO_3)_2$	−26	39.45	%（质量分数）
	−10	43.69	
	−4	44.85	
	0	45.66	
	18	49.73	
	41	55.96	
	62	62.88	
	84	68.84	
	91	77.21	
亚硝酸钴 $Co(NO_2)_2$	0	0.076	%（质量分数）
	10	0.24	
	20	0.40	
	30	0.60	
	40	0.84	
硫酸钴 $CoSO_4$	−2.7	19.03	%（质量分数）
	0	20.3	
	10	23.4	
	20	26.5	
	40	32.8	
	60	35.5	
	80	35.0	
	100	28.0	
五氰亚硝基铁酸钴（Ⅱ）$CoFe(CN)_5NO$	20	0.055	g/L
二氢二硫化钴 $Co(SH)_2$	20	2.1×10^{-4}	g/L
二氢氧硫化钴 CoH_2SO	20	5×10^{-5}	g/L
氯化五氨合钴（Ⅲ）$Co(NH_3)_6Cl_3$	0	0.231	%（质量分数）

续表 5-3

物　质	t/℃	溶解度	单　位
氯化五氨合钴(Ⅲ)$Co(NH_3)_5Cl_3$	46.6	1.020	%（质量分数）
氯化六氨合钴(Ⅲ)$Co(NH_3)_6Cl_3$	0	4.09	%（质量分数）
	46.6	11.30	
碘化硫氰五氨合钴（Ⅲ）$[Co(NH_3)_5CNS](NO_3)_2$	25	0.40	g/L
硝酸硫氰五氨合钴（Ⅲ）$[Co(NH_3)_5CNS](NO_3)_2$	25	1.123	g/L
六氰铁（Ⅰ）酸六氨合钴（Ⅲ）$[Co(NH_3)_6]Fe(CN)_6$	25	0.011	g/L
六氰钴（Ⅰ）酸六氨合钴（Ⅲ）$[Co(NH_3)_6]Co(CN)_6$	25	0.008	g/L
高铼酸六氨合钴（Ⅲ）$[Co(NH_3)_6](ReO_4)_3$	20	0.469	g/L
二硝基草酸二氨合钴（Ⅲ）酸六氨合钴（Ⅲ）$[Co(NH_3)_2(NO_2)_2C_2O_4]_3[Co(NH_3)_6]$	15	0.048	g/L
	20	0.063	
	25	0.081	
四硝基二氨合钴（Ⅲ）酸六氨合钴（Ⅲ）$[Co(NH_3)_2(NO_2)_4]_3[Co(NH_3)_6]$	25	0.163	g/L
草酸钴 CoC_2O_4	18	0.0211	g/L
	25	0.0346	
硫酸铬(Ⅱ)$CrSO_4$	0	11.0	%（质量分数）
硫酸铬(Ⅲ)$Cr_2(SO_4)_3$	20	54.5	%（质量分数）
三氧化铬 CrO_3	-0.9	3.6	%（质量分数）
	-10.95	24.9	
	-25.25	39.2	
	-60	53.3	
	-155	60.5	
	-20	61.7	
	0	62.24	
	18	62.45	
	24.8	62.88	
	40	63.50	
	82	66.0	
	100	67.4	
	122	70.7	
高氯酸铬 $Cr(ClO_4)_3$	0	50.99	%（质量分数）
	5	52.88	
	10	55.10	
	15	55.31	
	25	57.73	
氯化六氨合铬(Ⅲ)$[Cr(NH_3)_6]Cl_3$	17.5	109.2	g/L
溴化六氨合铬(Ⅲ)$[Cr(NH_3)_6]Br_3$	17.5	46.5	g/L
碘化六氨合铬(Ⅲ)$[Cr(NH_3)_6]I_3$	17.5	23.0	g/L
硝酸六氨合铬(Ⅲ)$[Cr(NH_3)_6](NO_3)_3$	17.5	24.5	g/L
重铬酸六氨合铬(Ⅱ)$[Cr(NH_3)_6](Cr_2O_7)_3$	17.5	4.2	g/L
硫酸六氨合铬(Ⅱ)$[Cr(NH_3)_6](SO_4)_3$	17.5	26.0	g/L
磷酸六氨合铬(Ⅱ)$[Cr(NH_3)_6]PO_4$	17.5	1.8	g/L

续表 5-3

物 质	t/℃	溶解度	单 位
草酸六氨合铬（Ⅱ）$[Cr(NH_3)_6](C_2O_4)_3$	17.5	0.48	g/L
氯酸六氨合铬（Ⅱ）$[Cr(NH_3)_6](ClO_3)_3$	17.5	25.0	g/L
高氯酸六氨合铬（Ⅱ）$[Cr(NH_3)_6](ClO_4)_3$	17.5	9.0	g/L
硫酸碲铬 $CrTe(SO_4)_2$	25	104	g/L
氯化四氨一水合铬（Ⅱ）$[Cr(NH_3)_4H_2O]Cl_3$	15	5.93	%（质量分数）
硝酸氯五氨合铬（Ⅱ）$[Cr(NH_3)_5]Cl(NO_3)_2$	17.5	1.38	%（质量分数）
氯化五氨合铬（Ⅱ）$[Cr(NH_3)_5]Cl_3$	16	0.65	%（质量分数）
硝酸六氨合铬（Ⅱ）$[Cr(NH_3)_6](NO_3)_3$	20	2.53	%（质量分数）
四氟硼酸六氨合铬（Ⅱ）$[Cr(NH_3)_6](BF_4)_3$	17.5	17.1	g/L
高锰酸六氨合铬（Ⅱ）$[Cr(NH_3)_6](MnO_4)_3$	17.5	1.8	g/L
高铼酸六氨合铬（Ⅱ）$[Cr(NH_3)_6](ReO_4)_3$	20	0.66	g/L
氢氧化铯 CsOH	15	75.18	%（质量分数）
	30	79.41	
氟化铯 CsF	18	76.3	%（质量分数）
氯化铯 CsCl	0	61.7	%（质量分数）
	20	65.1	
	40	67.5	
	60	69.7	
	80	71.4	
	100	73.0	
	119.4	74.4	
溴化铯 CsBr	18	51.84	%（质量分数）
	25	55.23	
氯酸铯 $CsClO_3$	0	2.4	%（质量分数）
	25	7.06	
	40	12.13	
	60	20.76	
	80	31.03	
	100	44.13	
溴化铯 $CsBrO_3$	25	3.53	%（质量分数）
	30	4.33	
	35	5.05	
碘酸铯 $CsIO_3$	24	2.53	%（质量分数）
	25	2.61	
高氯酸铯 $CsClO_4$	0	0.8	%（质量分数）
	25	2.0	
	40	3.8	
	60	6.8	
	80	12.6	
	100	23.1	
高碘酸铯 $CsIO_4$	15	2.1	%（质量分数）
碳酸氢铯 $CsHCO_3$	20	67.8	%（质量分数）
叠氮化铯 CsN_3	0	69.16	%（质量分数）
	16	75.45	
五硼酸铯 CsB_5O_8	-0.36	1.59	%（质量分数）
	18	2.33	
	30	3.52	
	60	8.31	

续表 5-3

物质	t/℃	溶解度	单位
五硼酸铯 CsB_5O_8	80	13.8	%（质量分数）
	101.65	23.45	
硝酸铯 $CsNO_3$	0	8.54	%（质量分数）
	20	18.7	
	40	32.1	
	60	45.6	
	80	57.3	
	100	66.3	
硫酸铯 Cs_2SO_4	0	62.6	%（质量分数）
	20	64.1	
	40	65.5	
	60	66.7	
	80	67.8	
	100	68.8	
	108.6	69.2	
氢氧化铜 $Cu(OH)_2$	20	0.0059	g/L
	25	0.0029	
氟化铜 $CuF_2 \cdot 2H_2O$	25	1.9	%（质量分数）
氯化亚铜 CuCl	25	1.5	%（质量分数）
氯化铜 $CuCl_2$	25	43.6	%（质量分数）
	54	47.24	
	75	50.40	
	100	54.6	
	112	56.66	
碘化铜 CuI_2	20	11.07	%（质量分数）
氯酸铜 $Cu(ClO_3)_2$	−12	30.53	%（质量分数）
	−31	54.59	
	−21	57.12	
	18	62.17	
	45	66.17	
	71	76.9	
碘酸铜 $Cu(IO_3)_2$	25	1.36	g/L
高氯酸铜 $Cu(ClO_4)_2$	0	54.3	%（质量分数）
硝酸铜 $Cu(NO_3)_2$	0	45.5	%（质量分数）
	20	55.5	
	25	60.1	
	40	62.0	
	60	64.5	
	80	67.5	
	100	71.2	
硫酸铜 $CuSO_4$	0	12.5	%（质量分数）
	20	17.2	
	25	18.5	
	40	22.5	
	60	28.5	
	80	35.5	
	100	43.0	
	120	44.0	

续表 5-3

物 质	t/℃	溶解度	单 位
硫酸铜 $CuSO_4$	160	44.0	%（质量分数）
	180	43.0	
连二硫酸铜 CuS_2O_6	0	43.82	%（质量分数）
	20	44.91	
	30	45.51	
碳酸铜 $CuCO_3$	18	0.030	%（质量分数）
硫化铜 CuS	25	2.18×10^{-13}	g/L
六氟硅酸铜 $CuSiF_6$	25	59.08	%（质量分数）
氟磺酸四氨合铜（Ⅱ）$Cu(NH_3)_4(SO_3F)_2$	12	529	g/L
五氰亚硝基铁酸铜 $CuFe(CN)_5NO$	20	0.0167	g/L
硫酸镝 $Dy_2(SO_4)_3\cdot8H_2O$	20	4.83	%（质量分数）
	40	3.23	
碘酸镝 $Dy_2(IO_3)_3\cdot4H_2O$	25	0.069	%（质量分数）
氧化铒 Er_2O_3	29	0.0049	g/L
硫酸铒 $Er_2(SO_4)_3$	20	13.79	%（质量分数）
	25	11.94	
	40	6.13	
溴酸铒 $Er(BrO_3)_3\cdot9H_2O$	25	47.5	%（质量分数）
硫酸铕 $Eu_2(SO_4)_3\cdot8H_2O$	20	2.50	%（质量分数）
	40	2.14	
	25	0.0328	mol/kg
硝酸铕 $Eu_2(NO_3)_3\cdot6H_2O$	25	4.273	mol/kg
氢氧化亚铁 $Fe(OH)_2$	25	7.33×10^{-5}	g/L
氟化铁（Ⅲ）FeF_3	25	0.91	g/L
氯化铁（Ⅲ）$FeCl_3$	−9.0	14.5	%（质量分数）
	−29.0	26.6	
	−36.5	30.4	
	−20	31.0	
	−3.0	32.6	
	5.0	34.65	
	25.0	39.2	
	52.0	42.6	
	70.5	45.8	
	86.0	47.7	
	117.5	50.4	
氯化铁（Ⅲ）$FeCl_3\cdot6H_2O$	−55	33.12	%（质量分数）
	−27	34.93	
	0	42.66	
	20	47.88	
	30	51.64	
	37	60.01	
氯化铁（Ⅲ）$FeCl_3\cdot3.5H_2O$	20	67.14	%（质量分数）
	32	70.92	
	30	73.13	
	25	73.69	

续表 5-3

物质	t/℃	溶解度	单位
氯化铁（Ⅲ）$FeCl_3 \cdot 2.5H_2O$	12	69.87	%（质量分数）
	35	73.79	
	50	75.91	
	55	78.54	
氯化铁（Ⅲ）$FeCl_3 \cdot 2H_2O$	50	78.23	%（质量分数）
	55	78.54	
	69	79.50	
	70	83.41	
氯化铁（Ⅲ）$FeCl_3$	75	83.66	%（质量分数）
	80	84.03	
	100	84.26	
高氯酸铁（Ⅱ）$Fe(ClO_4)_2$	0	74.32	%（质量分数）
	25	79.86	
	40	82.70	
	50	85.50	
	60	88.53	
硝酸铁（Ⅱ）$Fe(NO_3)_2$	0	40.15	%（质量分数）
	25	46.57	
	40	51.18	
硫酸铁（Ⅱ）$FeSO_4$	0	13.53	%（质量分数）
	10.00	17.02	
	25.02	22.84	
	40.05	28.67	
	60.01	35.46	
	80.41	30.35	
	90.13	27.15	
碳酸铁（Ⅱ）$FeCO_3$	18	0.072	%（质量分数）
硫化铁（Ⅱ）FeS	18	0.00616	g/L
硫化铁（Ⅲ）Fe_2S_3	20	6.2×10^{-16}	g/L
草酸铁（Ⅱ）FeC_2O_4	18	5.09	g/L
	25	11.15	
硫酸镓 $Ga_2(SO_4)_3 \cdot 18H_2O$	25	36.80	%（质量分数）
碘酸镓 $Ga(IO_3)_3 \cdot 2H_2O$	25	0.85	%（质量分数）
硝酸镓 $Ga_2(NO_3)_3 \cdot 8H_2O$	25	45.84	%（质量分数）
硫酸钆 $Gd_2(SO_4)_3$	20	2.805	%（质量分数）
	40	2.143	
醋酸钆 $Gd(C_2H_2O_2)_3$	25	10.37	%（质量分数）
二氧化锗 GeO_2	11	3.96	g/L
	26	4.70	
	35	5.51	
	41	6.17	
二氧化锗 GeO_2'（六方形）	0	2.3×10^{-3}	mol/L
	25	4.3×10^{-2}	
	50	6.8×10^{-2}	
	75	1.0×10^{-1}	

续表 5-3

物质	t/℃	溶解度	单位
二氧化锗 GeO_2（六方形）	100	1.4×10^{-1}	mol/L
二氧化锗 GeO_2（四方晶）	25	4.5×10^{-5}	mol/L
	50	2.8×10^{-5}	
	100	3.8×10^{-4}	
	160	2.6×10^{-2}	
	190	4.4×10^{-3}	
	250	1.1×10^{-2}	
	300	1.7×10^{-2}	
硫化锗 GeS	20	0.24	%（质量分数）
二硫化锗 GeS_2	20	0.45	%（质量分数）
碘酸铪 $Hf(IO_3)_4$	25	0.00037	%（质量分数）
汞 Hg	30	0.00002	g/L
氧化汞（Ⅱ）HgO	25	0.0158	g/L
	100	0.410	
氢氧化汞（Ⅱ）$Hg(OH)_2$	25	0.059	g/L
氯化汞（Ⅰ）HgCl	20	3.8×10^{-5}	%（质量分数）
	25	4.7×10^{-5}	
氯化汞（Ⅱ）$HgCl_2$	0	3.5	%（质量分数）
	10	4.6	
	15.5	5.3	
	25	6.9	
	40	9.3	
	60	14.0	
	80	23.1	
	100	38.0	
	120	59.0	
	150	78.5	
溴化汞（Ⅱ）$HgBr_2$	0	0.3	%（质量分数）
	25	0.6	
	40	0.9	
	60	1.65	
	80	2.7	
	100	4.7	
	164	22.4	
	185	59.1	
	201	96.2	
碘化汞（Ⅱ）HgI_2	17.5	0.040	g/L
	25	0.059	
碘化汞（Ⅰ）HgI	25	2×10^{-7}	g/L
溴化汞（Ⅰ）HgBr	25	3.9×10^{-5}	g/L
氰化汞（Ⅱ）$Hg(CN)_2$	15	11.11	%（质量分数）
	25	10.12	
	101.1	35.0	
高氯酸汞（Ⅰ）$Hg_2(ClO_4)_2$	−20	68.2	%（质量分数）
	0	73.8	
	8	75.9	
	17	78.0	
	20	78.0	

续表 5-3

物　质	t/℃	溶解度	单　位
高氯酸汞（Ⅰ）$Hg_2(ClO_4)_2$	30	80.3	%（质量分数）
	40	82.0	
	50	82.8	
	60	83.3	
	70	83.8	
	78	84.3	
	99	85.3	
氰酸汞（Ⅱ）$Hg(CNO)_2$	12	0.70	g/L
	49	1.76	
硫化汞（Ⅱ）HgS	18	1.25×10^{-5}	g/L
硫酸汞（Ⅰ）Hg_2SO_4	25	0.39	g/L
氰偏磷酸汞（Ⅰ）Hg_2PO_3F	20	0.025	g/L
四氰铊酸汞（Ⅱ）$HgTl_2(CN)_4$	1	11.2	%（质量分数）
	10	8.8	
草酸汞（Ⅱ）$Hg_2C_2O_4$	20	0.0107	%（质量分数）
醋酸汞（Ⅰ）$HgC_2H_3O_2$	10	0.75	g/L
	21	1.024	
硫酸钬 $Ho_2(SO_4)_3\cdot8H_2O$	20	7.56	%（质量分数）
	40	4.32	
硒化氢 H_2Se	4	3.77	cm^3/cm^3（0℃，101325Pa）
	9.65	3.45	
	13.2	3.31	
	22.5	2.70	
亚硒酸 H_2SeO_3	−10	42.2	%（质量分数）
	0	47.4	
	10	55.0	
	25	67.0	
	40	77.5	
	60	79.3	
	80	79.3	
	90	79.4	
硒酸 H_2SeO_4	0	0	%（质量分数）
	−20	30	
	−40	40	
	−60	45	
	−80	48	
	−95	50	
	−70	54	
	−51	67	
	−65	74	
	−50	75.5	
	−20	79	
	0	81	
	20	85	
	26	88	
	20	91	
	16	91.5	
	30	93	

续表 5-3

物 质	t/℃	溶解度	单 位
硒酸 H_2SeO_4	40	94.5	%（质量分数）
	60	100	
碲酸 H_2TeO_4	0	13.92	%（质量分数）
	10	26.21	
	18	28.90	
	30	33.36	
	40	36.38	
	60	43.67	
	80	51.55	
	110	67.00	
八氢十二钨硅酸 $H_8SiW_{12}O_{42}$	18	95.6	%（质量分数）
溴酸钬 $Ho(BrO_3)_3 \cdot 9H_2O$	25	46.2	%（质量分数）
碘化氰 ICN	20	38.6	g/L
氧化铱 IrO_2	20	0.002	g/L
碘 I_2	0	0.14	g/L
	10	0.20	
	25	0.335	
	40	0.52	
	60	1.00	
	80	2.25	
	100	4.45	
	112.3	7.29	
	143.2	1.422	%（质量分数）
	175.9	3.082	
	206.7	6.587	
	>225	99.083	
	186	99.530	
	155	99.712	
	112.3	99.907	
碘酸铟 $In(IO_3)_3$	20	0.067	%（质量分数）
铬酸钾 K_2CrO_4	0	37.6	%（质量分数）
	10	38.4	
	25	39.5	
	40	40.7	
	60	42.1	
	80	43.5	
	100	45.1	
重铬酸钾 $K_2Cr_2O_7$	0	4.8	%（质量分数）
	10	6.5	
	25	13.8	
	40	21.2	
	60	31.9	
	80	41.2	
	100	49.2	
	125	59.2	
	150	67.2	
二亚硒氢钾 $KH_3(SeO_3)_2$	-0.178	0.59	%（质量分数）
	-1.027	5.69	

续表 5-3

物　质	t/℃	溶解度	单　位
二亚硒氢钾 $KH_3(SeO_3)_2$	-4.10	24.62	%（质量分数）
	-8.0	46.0	
	0.0	53.57	
	11.9	63.2	
	31.0	75.71	
	40.2	80.30	
	59.4	89.65	
亚硒酸钾 K_2SeO_3	-0.262	1.02	%（质量分数）
	-0.97	3.99	
	-5.03	17.87	
	-23.6	45.13	
	-43.5	58.00	
	-20.5	59.98	
	-9.7	61.14	
	-0.2	62.76	
	10.5	65.11	
	24.3	68.50	
	60.1	68.70	
	100.6	68.53	
硒酸钾 K_2SeO_4	-20	51.5	%（质量分数）
	0	51.8	
	10	52.2	
	25	52.85	
	40	53.55	
	60	54.3	
	85	54.85	
	100	55.0	
焦亚硒酸钾 $K_2Se_2O_4$	-0.166	0.63	%（质量分数）
	-1.342	6.04	
	-6.285	25.55	
	-14.3	43.13	
	-22.7	52.55	
	-20.6	73.52	
	-10.5	74.29	
	12.8	77.21	
	23.0	78.70	
	31.7	79.41	
	50.4	80.39	
	69.6	82.45	
	102.8	84.47	
碲酸钾 K_2TeO_4	0	8.10	%（质量分数）
	20	21.58	
	30	33.52	
高锰酸钾 $KMnO_4$	0	2.75	%（质量分数）
	9.8	4.13	
	19.8	5.96	
	24.8	7.06	
	29.8	8.28	

续表 5-3

物 质	t/℃	溶解度	单 位
高锰酸钾 $KMnO_4$	34.8	9.64	%（质量分数）
	40	11.16	
	45	12.73	
	50	14.45	
	65	20.02	
钼酸钾 K_2MoO_4	25	72.54	%（质量分数）
高铼酸钾 $KReO_4$	-0.06	0.34	%（质量分数）
	10.5	0.62	
	25	1.19	
	50	3.19	
	85	8.98	
	109	12.6	
	154	26.3	
	220	50.7	
	335	80.1	
	445	94.4	
	518	100.0	
三氯锡（Ⅱ）酸钾 $KSnCl_3$	3.2	26.1	%（质量分数）
	14.2	34.9	
	37.5	54.0	
	59.4	72.8	
	71.0	82.1	
四氯锡（Ⅱ）酸钾 K_2SnCl_4	35.6	43.5	%（质量分数）
	57.4	55.4	
	77.3	63.5	
六氯锡（Ⅱ）酸钾 K_4SnCl_6	70.0	52.20	%（质量分数）
	81.2	61.02	
三溴锡（Ⅱ）酸钾 $KSnBr_3$	46.3	51.14	%（质量分数）
	74.6	67.82	
四硫代锑酸钾 K_3SbS_4	-1.3	9.5	%（质量分数）
	10.6	42.9	
	-34	62.0	
	-10	65.5	
	0	75.4	
	10	76.2	
	30	75.1	
	50	77.7	
	80	79.2	
六氰铁（Ⅱ）酸钾 $K_3Fe(CN)_6$	0.1	30.24	%（质量分数）
	7.8	36.95	
	15.7	43.58	
	25.0	48.80	
	39.9	59.27	
	56.25	67.80	
	81.0	80.82	
	99.0	90.83	
六氯铂（Ⅱ）酸钾 K_4PtCl_6	0	0.73	%（质量分数）
	10	0.89	

续表 5-3

物质	t/℃	溶解度	单位
六氯铂(Ⅱ)酸钾 K_4PtCl_6	25	1.24	%(质量分数)
	40	1.73	
	60	0.57	
	80	3.65	
	100	4.92	
六氯铂(Ⅳ)酸钾 K_2PtCl_6	0	0.4761	%(质量分数)
	20	0.7682	
	40	1.336	
	80	3.578	
	100	4.789	
四氰铂(Ⅱ)酸钾 $K_2Pt(CN)_4$	0.1	10.39	%(质量分数)
	14.4	20.96	
	25.0	29.54	
	45.0	48.83	
	67.5	61.07	
	78.2	63.9	
	87.2	64.79	
	95.0	67.74	
硫酸铜(Ⅱ)钾 $K_2Cu(SO_4)_2$	0	4.84	%(质量分数)
	15	7.84	
	25	10.47	
	40	15.37	
四氯金(Ⅱ)酸钾 $KAuCl_4$	10	27.7	%(质量分数)
	20	38.2	
	30	48.7	
	40	59.2	
	50	70.0	
	60	80.2	
硫酸镁钾 $K_2Mg(SO_4)_2$	0	12.35	%(质量分数)
	20	20.00	
	30	23.31	
	45	28.83	
	60	33.42	
	75	37.42	
硫酸锌钾 $K_2Zn(SO_4)_2 \cdot 6H_2O$	0	11.5	%(质量分数)
	20	20.6	
	25	23.1	
	40	31.0	
	60	41.9	
	70	46.8	
六氯化钾·氯化镉 K_4CdCl_6	4.0	21.79	%(质量分数)
	23.6	31.20	
	50.2	40.79	
	108.9	52.21	
氯化钾·氯化镉 $KCdCl_3$	-4.1	19.6	%(质量分数)
	0	21.0	
	25	29.7	
	37.5	34.05	

续表 5-3

物 质	t/℃	溶解度	单 位
氯化钾 · 氯化镉 $KCdCl_3$	60	40.3	%（质量分数）
	80	45.45	
	100	50.3	
溴化钾 · 溴化镉 $KCdBr_3$	-9.3	50.2	%（质量分数）
	0	53.8	
	25	61.5	
	45	66.75	
	65	71.0	
	80	73.14	
	100	76.45	
硫酸镉钾 $K_2Cd(SO_4)_2 \cdot 2H_2O$	16	30.02	%（质量分数）
	31	31.89	
	40	32.16	
硫酸镉钾 $K_2Cd(SO_4)_2 \cdot 1.5H_2O$	26	29.83	%（质量分数）
	31	29.97	
	40	30.29	
	64	30.98	
硫酸铝钾 $K_2Al_2(SO_4)_4$	0	2.91	%（质量分数）
	10	3.84	
	25	6.74	
	40	10.47	
	60	19.84	
	80	41.52	
	92.5	54.3	
六氟钛（Ⅳ）酸钾 K_2TiF_6	0	0.55	%（质量分数）
	6	0.76	
	10	0.90	
	14	1.03	
	20	1.26	
六氟锗（Ⅳ）酸钾 K_2GeF_6	0	2.5	g/L
	10	3.63	
	25	5.9	
	30	6.5	
	40	9.5	
硫酸铁（Ⅱ）钾 $K_2Fe(SO_4)_2$	0	16.4	%（质量分数）
	10	19.7	
	16	23.6	
	25	26.7	
	40	31.0	
	55	35.9	
	70	39.1	
硫酸钴（Ⅱ）钾 $K_2Co(SO_4)_2$	0	7.8	%（质量分数）
	20	13.4	
	40	18.9	
	60	24.5	
	80	32.3	
硫酸镍（Ⅱ）钾 $K_2Ni(SO_4)_2$	0	3.26	%（质量分数）
	10	4.31	

续表 5-3

物 质	t/℃	溶解度	单 位
硫酸镍（Ⅱ）钾 $K_2Ni(SO_4)_2$	25	6.36	%（质量分数）
	40	8.97	
	60	13.33	
	80	18.68	
	100	25.04	
硫酸镍（Ⅱ）钾 $K_2Ni(SO_4)_2\cdot 6H_2O$	0	5.7	%（质量分数）
	10	8.2	
	25	13.8	
	40	18.7	
	60	25.9	
	70	30.1	
三草酸合钴（Ⅲ）酸钾 $K_3[Co(C_2O_4)_3]$	0	25.6	%（质量分数）
	14	26.7	
	20	27.2	
	22	27.4	
六羟锡（Ⅳ）酸钾 $K_2Sn(OH)_6$	10	51.60	%（质量分数）
	20	52.49	
	28	50.7	
正砷酸二氢钾 KH_2AsO_4	6	15.9	%（质量分数）
钒酸钾 $K_3V_5O_{14}$	17.5	16.10	%（质量分数）
十二钨磷酸钾 $K_3PO_4(WO_3)_{12}$	20	0.135	g/L
六硫氰铬酸 $K_3Cr(CNS)_6$	20	58.1	%（质量分数）
六氰铬酸钾 $K_3Cr(CN)_6$	20	24.43	%（质量分数）
六溴铂酸钾 K_2PtBr_6	20	2.02	%（质量分数）
硫酸铜（Ⅱ）钾 $K_2Cu(SO_4)_2$	25	10.46	%（质量分数）
高氯酸铷钾 $KRb_2(ClO_4)_3$	20	1.55	%（质量分数）
三氟铍钾 $KBeF_3$	20	1.96	%（质量分数）
	100	4.95	
铬酸镁钾 $K_2Mg(CrO_4)_2$	20	22.0	%（质量分数）
	60	25.5	
六氰铁（Ⅱ）酸镁钾 $K_2MgFe(CN)_6$	17	1.95	g/L
六氰铁（Ⅱ）酸钙钾 $K_2CaFe(CN)_6$	15	0.125	%（质量分数）
	100	0.685	
四氰锌酸钾 $K_2Zn(CN)_4$	20	110	g/L
钒酸锌钾 $KZnV_6O_{14}$	17.5	0.41	%（质量分数）
六氰铁（Ⅱ）酸钡钾 $K_2BaFe(CN)_6$	15	0.33	%（质量分数）
硫酸钕钾 $KNd(SO_4)_2$	0	1.67	%（质量分数）
	20	1.28	
硒酸钕钾 $KNd(SeO_4)_2$	0	15.0	%（质量分数）
	20	25.0	
硫酸钕镨钾 $KNdPr(SO_4)_2$	18	1.57	%（质量分数）
四氰汞酸钾 $K_2Hg(CN)_4$	20	18.5	%（质量分数）
六氟锆酸钾 K_2ZrF_6	20	2.6	%（质量分数）
六氟铪酸钾 K_2HfF_6	20	3.0	%（质量分数）
六氰铁酸铅钾 $KPbFe(CN)_6$	16	17.4	%（质量分数）
六氰钴酸铅钾 $KPbCo(CN)_6$	18	12.9	%（质量分数）
硫酸铬钾 $KCr(SO_4)_2$	25	125.1	g/L
十二钼铬酸钾 $K_2Cr_2Mo_{12}O_{42}$	17	2.44	%（质量分数）

续表 5-3

物质	t/℃	溶解度	单位
钒酸锰钾 $KMnV_5O_{14}\cdot 8H_2O$	18	1.67	%（质量分数）
六氯铱酸钾 K_2IrCl_6	18	1.24	%（质量分数）
六氟钍酸钾 K_2ThF_6	25	0.000064	%（质量分数）
六氟钍酸钾 $K_2ThF_6\cdot H_2O$	25	7.51	g/L
碳酸双氧铀钾 $K_4UO_2(CO_3)_3$	15	6.89	%（质量分数）
硫酸双氧铀钾 $K_4UO_2(SO_4)_2$	25	10.41	%（质量分数）
氯化钾·氰化汞（Ⅱ）$KCl\cdot Hg(CN)_2$	18	12.9	%（质量分数）
溴化钾·氰化汞（Ⅱ）$KBr\cdot Hg(CN)_2$	18	6.95	%（质量分数）
	沸 点	50.0	
碘化钾·氰化汞（Ⅱ）$KI\cdot Hg(CN)_2$	20	5.8	%（质量分数）
氯化镧 $LaCl_3\cdot 7H_2O$	50	51.62	%（质量分数）
氧化镧 La_2O_3	18	4×10^{-4}	g/L
	25	4×10^{-4}	
碘酸镧 $La(IO_3)_3$	25	0.62	%（质量分数）
溴酸镧 $La(BrO_3)_3\cdot 9H_2O$	25	59.50	%（质量分数）
铬酸镧 $La_2(CrO_4)_3$	25	0.020	%（质量分数）
钼酸镧 $La_2(MoO_4)_3$	25	0.0179	g/L
	85	0.0332	
钨酸镧 $La_2(WO_4)_3$	27	0.0117	g/L
	65	0.0236	
硫酸镧 $La_2(SO_4)_3$	25	2.097	%（质量分数）
硝酸锰镧 $La_2Mn_3(NO_3)_{12}$	16	193.1	g/L
草酸镧 $La_2(C_2O_4)_3$	25	0.0013	g/L
醋酸镧 $La(C_2H_3O_2)_3$	18	16.96	%（质量分数）
硝酸镁镧 $La_2Mg_3(NO_3)_{12}$	18.6	62.19	%（质量分数）
	46.8	68.57	
	74.8	77.53	
氢氧化锂 LiOH	−10.5	7.23	%（质量分数）
	−18	11.20	
	0	10.64	
	10	10.80	
	25	11.14	
	40	11.68	
	60	12.76	
	80	14.21	
	100	16.05	
氯化锂 LiCl	0	40.9	%（质量分数）
	10	42.7	
	25	45.85	
	40	47.3	
	60	49.6	
	80	52.8	
	100	56.2	
	120	57.2	
	140	58.0	
	160	59.2	
溴化锂 LiBr	−0.46	1.05	%（质量分数）
	−4.27	7.98	
	−10.3	15.1	

续表 5-3

物质	t/℃	溶解度	单位
溴化锂 LiBr	-30.5	27.3	%（质量分数）
	-45	33.3	
	-10	54.9	
	0	58.8	
	10	62.4	
	20	63.9	
	40	67.2	
	60	69.1	
	80	71.0	
	100	72.8	
氟化锂 LiF	0	0.120	%（质量分数）
	35	0.135	
碘化锂 LiI	0	60.2	%（质量分数）
	19	62.1	
	40	64.2	
	59	66.7	
	80	81.2	
	99	82.7	
	120	85.5	
	130	88.1~89.3	
硫氰酸锂 LiCNS	20	53.2	%（质量分数）
	25	54.5	
	30	56.7	
	35	58.8	
	40	60.4	
溴酸锂 $LiBrO_3$	5	61.6	%（质量分数）
	15	63.3	
	25	65.4	
	35	67.5	
	50	71.5	
	70.5	74.3	
	85	76.2	
	100	78.0	
氯酸锂 $LiClO_3$	-8.7	15.76	%（质量分数）
	-23.3	28.68	
	-30.5	32.71	
	-40.0	37.00	
	-33.9	39.05	
	-15.7	45.35	
	-1.8	51.95	
	4.8	56.66	
	8.0	62.6	
	18.9	78.54	
	27.4	82.17	
	41.5	86.60	
	64.4	88.81	
	99.0	94.9	
	115.2	97.43	
	127.3	100.00	

续表 5-3

物 质	t/℃	溶解度	单 位
高氯酸锂 $LiClO_4$	0	29.90	%（质量分数）
	25	37.48	
	40	41.97	
	64.4	50.0	
	89.2	60.0	
	108.9	72.8	
	136.9	80.0	
	154.2	90.0	
	172.0	91.11	
	236.0	100.00	
碘酸锂 $LiIO_3$	25	43.82	%（质量分数）
偏硼酸锂 $LiBO_2$	-0.515	0.78	%（质量分数）
	0.0	0.89	
	18.0	2.20	
	25.0	3.34	
	25.6	3.42	
	38.8	9.42	
	44.8	14.7	
碳酸锂 $LiCO_3$	0	1.52	%（质量分数）
	25	1.28	
	30	1.24	
	40	1.16	
	60	1.00	
	80	0.84	
	100	0.71	
六羟基锡酸锂 $LiSn(OH)_6$	28	3.14	$w(Li_2SnO_3)$/%
	40	3.25	
	61	3.66	
	80	4.36	%（质量分数）
叠氮化锂 LiN_3	0	10.0	%（质量分数）
	-30	20.0	
	-47.5	26.0	
	-31	33.5	
	0	38.0	
	18	40.0	
	40	43.0	
	68.2	48.0	
	100	50.0	
过硼酸锂 $Li_2B_2O_5$	20	101.3	g/L
锗酸锂 Li_2GeO_3	25	0.84	%（质量分数）
亚硝酸锂 $LiNO_2$	-7.5	11.1	%（质量分数）
	-21.0	21.2	
	-31.3	29.4	
	-19.3	33.9	
	0	41.5	
	25	50.9	
	42	56.9	

续表 5-3

物质	t/℃	溶解度	单位
亚硝酸锂 $LiNO_2$	65	63.8	%（质量分数）
	81.5	68.7	
	96	91.8	
硝酸锂 $LiNO_3$	0.1	34.8	%（质量分数）
	10.5	37.9	
	22.1	42.9	
	29.87	56.42	
	43.4	60.8	
	60.0	63.6	
	70.9	66.1	
偏磷酸锂 $LiPO_3$	0	0.101	%（质量分数）
	25	0.0575	
	40	0.0480	
磷酸锂 Li_3PO_3	25	0.297	g/L
	0	0.022	%（质量分数）
	20	0.030	
磷酸二氢锂 LiH_2PO_4	0	55.8	%（质量分数）
亚磷酸氢锂 Li_2HPO_3	0	9.07	%（质量分数）
	25	7.47	
	40	6.64	
	51	6.09	
	61	5.75	
	98	4.24	
连二磷酸锂 $Li_4P_2O_6$	20	0.82	%（质量分数）
铬酸锂 Li_2CrO_4	18	52.6	%（质量分数）
	30	49.98	
重铬酸锂 $Li_2Cr_2O_7$	30	56.6	%（质量分数）
高锰酸锂 $LiMn_2O_4$	16	41.65	%（质量分数）
碘汞（Ⅱ）酸锂 Li_2HgI_4	24.7	86.7	%（质量分数）
钒酸锂 Li_3VO_4	0.0	2.40	%（质量分数）
	20.8	4.60	
	30.2	5.91	
	40.0	4.20	
	50.0	2.80	
	60.0	2.60	
硫酸锂 Li_2SO_4	−16.0	27.32	%（质量分数）
	−11.5	27.18	
	−6.5	26.73	
	0.6	26.51	
	16.7	25.96	
	19.6	25.85	
	38.0	25.28	
	51.6	24.82	
	65.7	24.34	
	77.0	24.05	
	94.8	23.76	
	103.0	23.72	
硒酸锂 $Li_2SeO_4 \cdot H_2O$	25	40.1	%（质量分数）

续表 5-3

物　质	t/℃	溶解度	单　位
亚硒酸锂 Li_2SeO_3	0	19.99	%（质量分数）
	25	16.76	
	47.5	14.53	
	60	12.75	
	100	9.05	
钨酸锂 Li_2WO_4	25	41.44	%（质量分数）
钼酸锂 Li_2MoO_4	0	45.24	%（质量分数）
	20	44.30	
	25	44.81	
	30	44.26	
	40	43.83	
	98	42.50	
四氯金酸锂 $LiAuCl_4$	10	53.1	%（质量分数）
	20	57.7	
	30	62.5	
	40	67.3	
	50	72.0	
	60	76.4	
	70	81.0	
	80	85.7	
四氰铂酸锂 $Li_2Pt(CN)_4$	0.0	51.21	%（质量分数）
	16.3	58.25	
	25.0	59.13	
	30.1	60.36	
	35.0	60.72	
	40.0	61.58	
	50.1	63.63	
	60.7	64.03	
	71.0	67.10	
	89.8	70.47	
铝酸氢锂 $LiH(AlO_2)_2 \cdot 5H_2O$	25	0.026	g/L
	50	0.028	
	80	0.071	
六氟锗酸锂 Li_2GeF_6	25	539.2	g/L
四硫代锑酸锂 Li_3SbS_4	−1.7	7.1	%（质量分数）
	−10.8	23.2	
	−26.2	35.3	
	−42.0	40.4	
	0	45.5	
	10	46.9	
	30	50.1	
	50	51.3	
四硼酸锂 $Li_2B_4O_7$	0	2.20	%（质量分数）
	10	2.55	
	20	2.81	
	30	3.01	
	40	3.26	
	60	3.76	

续表 5-3

物　质	t/℃	溶解度	单　位
四硼酸锂 $Li_2B_4O_7$	80	4.35	%（质量分数）
	100	5.17	
氧化钽锂 $LiTaO_3$	0	0.0121	g/L
	25	0.0247	
	50	0.0540	
	75	0.0897	
	100	0.1200	
氧化铌锂 $LiNbO_3$	0	0.034	g/L
	25	0.042	
	50	0.064	
	75	0.089	
	100	0.109	
醋酸锂 $LiC_2H_3O_2$	−1.54	2.63	%（质量分数）
	−6.62	9.35	
	−16.12	18.33	
	0	23.76	
	25.8	31.28	
	50.5	49.55	
	57.0	64.88	
	102.8	66.73	
	157.5	71.33	
四氟硼酸锂 $LiBF_4 \cdot 3H_2O$	25	53.01	%（质量分数）
四氟硼酸锂 $LiBF_4 \cdot H_2O$	45	59.92	%（质量分数）
五硼酸锂 $LiB_5O_8 \cdot 5H_2O$	25	11.98	%（质量分数）
硫酸镥 $Lu_2(SO_4)_3 \cdot 8H_2O$	25	0.6326	mol/kg
硫酸镥 $Lu_2(SO_4)_3$	20	32.1	%（质量分数）
	40	14.48	
碘酸镥 $Lu_2(IO_3)_3 \cdot 4H_2O$	25	0.14	%（质量分数）
氢氧化镁 $Mg(OH)_2$	18	0.0098	g/L
	35	0.0099	
	45	0.0087	
	75	0.0069	
	100	0.0042	
	142	0.0024	
	158	0.0018	
	178	0.0000	
氟化镁 MgF_2	18	0.076	g/L
	27	0.084	g/L
氯化镁 $MgCl_2$	−10	11.1	%（质量分数）
	−20	16.0	
	−33.6	20.6	
	−20	26.7	
	−17.4	32.3	
	−19.4	33.3	
	−3.4	34.4	
	0	34.5	
	10	34.9	
	25	36.2	

续表 5-3

物质	t/℃	溶解度	单位
氯化镁 $MgCl_2$	40	36.5	%（质量分数）
	60	37.9	
	80	39.8	
	100	42.2	
	152.6	49.1	
	186	56.1	
溴化镁 $MgBr_2$	-3.92	10.78	%（质量分数）
	-15.2	24.73	
	-42.7	36.79	
	-15.0	42.40	
	-9.0	44.04	
	-0.8	49.42	
	10.4	49.82	
	24.8	50.81	
	39.8	51.57	
	60.1	52.83	
	100.0	55.63	
	172.4	63.02	
碘化镁 MgI_2	0	54.7	%（质量分数）
	20	58.3	
	40	63.4	
	80	65.0	
	120	65.4	
	160	66.0	
	200	67.2	
	215	67.9	
氯酸镁 $Mg(ClO_3)_2$	-18	51.64	%（质量分数）
	0	53.27	
	18	56.50	
	29	60.23	
	35	63.65	
	42	63.82	
	68	70.69	
	93	73.71	
碘酸镁 $Mg(IO_3)_2$	-0.36	3.18	%（质量分数）
	-5.0	4.39	
	10	5.87	
	25	8.55	
	40	10.51	
	60	13.2	
	80	13.4	
	90	13.5	
亚硝酸镁 $Mg(NO_2)_2$	-3.25	7.04	%（质量分数）
	-14.03	17.25	
	-21.15	23.2	
	-12.15	26.6	
	-1.65	31.75	
	10.5	38.6	

续表 5-3

物质	t/℃	溶解度	单位
亚硝酸镁 $Mg(NO_2)_2$	25.65	47.0	%（质量分数）
	29.5	52.0	
硝酸镁 $Mg(NO_3)_2$	−5	12.0	%（质量分数）
	−15	22.7	
	−25	29.5	
	−31.6	32.3	
	−25	33.7	
	−15	37.0	
	−8	37.5	
	15	40.4	
	25	42.1	
	40	44.1	
	60	47.7	
	80	51.5	
	100	71.5	
	140	82.4	
	186	84.6	
亚硫酸镁 $MgSO_3$	0	0.388	%（质量分数）
	15	0.497	
	25	0.648	
	42	0.937	
	50	0.844	
	65	0.720	
	85	0.623	
	98	0.615	
硫酸镁 $MgSO_4$	−2.5	12.0	%（质量分数）
	−3.5	17.0	
	0	18.0	
	10	22.0	
	25	26.7	
	40	30.8	
	60	35.3	
	80	35.8	
	100	33.5	
	140	24.0	
	180	5.0	
	220	0.8	
	240	0.5	
亚硒酸镁 $MgSeO_3 \cdot 6H_2O$	25	0.06	%（质量分数）
	75	0.065	
连二硫酸镁 MgS_2O_5	0	31.94	%（质量分数）
	12	33.30	
	20	33.91	
	30	35.24	
硒酸镁 $MgSeO_4$	−75	9.2	%（质量分数）
	0	16.7	
	20	27.2	
	25	27.5	

续表 5-3

物质	t/℃	溶解度	单位
硒酸镁 $MgSeO_4$	40	32.3	%（质量分数）
	50	34.9	
	60	35.8	
硒酸镁 $MgSeO_4\cdot 6H_2O$	25	35.6	%（质量分数）
六氟硅镁 $MgSiF_6$	-0.9	5.0	%（质量分数）
	-3.8	15.0	
	-6.0	19.5	
	0	20.85	
	20	23.53	
	40	25.86	
	50	28.54	
	60	30.74	
溴酸镁 $Mg(BrO_3)_2$	18	420	g/L
锗酸镁 $MgGeO_4$	26	0.016	g/L
连二磷酸镁 $Mg_2P_2O_6$	20	0.066	g/L
连二磷酸二氢镁 $MgH_2P_2O_6$	20	5	g/L
铬酸镁 $MgCrO_4$	18	42.0	%（质量分数）
草酸镁 MgC_2O_4	36	0.32	g/L
	92	0.40	
四氰铂酸镁 $MgPt(CN)_4$	-4.1	24.90	%（质量分数）
	0.5	26.90	
	18	32.46	
	36.6	39.53	
	46.3	39.85	
	58.1	42.15	
	77.8	44.90	
	90.0	45.65	
	100.0	44.00	
氯化镁·二氯化镉 $MgCd_2Cl_6$	2.4	45.61	%（质量分数）
	20.8	49.69	
	45.5	53.51	
	67.2	58.14	
	121.8	65.48	
氢氧化锰 $Mn(OH)_2$	18	0.0019	g/L
氟化锰 MnF_2	20	1.05	%（质量分数）
	40	0.65	
	60	0.44	
	100	0.48	
氯化锰 $MnCl_2$	-20	35.0	%（质量分数）
	-10	37.0	
	0	38.8	
	25	43.55	
	40	46.96	
	60	52.06	
	80	52.98	
	100	53.5	
	140	55.0	
溴化锰 $MnBr_2$	-20	52.3	%（质量分数）

续表 5-3

物质	t/℃	溶解度	单位
溴化锰 $MnBr_2$	-10	54.2	%（质量分数）
	0	56.0	
	25	60.2	
	40	62.8	
	60	66.3	
	80	69.2	
	100	69.5	
碳酸锰 $MnCO_3$	25	0.065	%（质量分数）
硝酸锰 $Mn(NO_3)_2$	-29	42.29	%（质量分数）
	-21	44.30	
	-5	48.88	
	0	50.49	
	18	57.33	
	25	62.37	
	30	67.38	
	35.5	76.82	
硫酸锰 $MnSO_4$	-5	23.3	%（质量分数）
	-10	31.3	
	-11.14	32.2	
	-5	33.4	
	0	34.6	
	15	38.0	
	25	39.2	
	40	37.5	
	60	34.9	
	80	31.3	
	100.7	26.1	
草酸锰 $MnC_2O_4 \cdot 2H_2O$	0.0	0.0198	%（质量分数）
	6.3	0.0225	
	12.8	0.0256	
	25.0	0.0308	
	36.0	0.0369	
草酸锰 $MnC_2O_4 \cdot 3H_2O$	0.0	0.0326	%（质量分数）
	6.3	0.0388	
	12.8	0.0476	
	25	0.0669	
	30.0	0.0769	
	93.0	0.0780	
六氟硅酸锰 $MnSiF_6 \cdot 6H_2O$	17.5	58.3	%（质量分数）
次磷酸二氢锰 $Mn(H_2PO_2)_2 \cdot H_2O$	25	13.16	%（质量分数）
	沸 点	14.24	
硫化锰 MnS	18	0.00623	g/L
醋酸锰 $Mn(C_2H_3O_2)_2$	50	27.6	%（质量分数）
三氧化钼 MoO_3	18	0.1065	%（质量分数）
	23	0.1822	
	40	0.4541	
	60	1.0760	
	70	1.7048	

续表 5-3

物　质	t/℃	溶解度	单　位
三氧化钼 MoO_3	79	1.7400	%（质量分数）
偏钒酸钠 $NaVO_3$	25	17.42	%（质量分数）
	40	20.78	
	60	24.79	
	75	27.98	
正砷酸氢钠 Na_2HAsO_4	-0.210	0.94	%（质量分数）
	-0.968	4.32	
	-1.138	5.12	
	0.1	5.59	
	5	7.93	
	15	16.92	
	25	29.33	
	45.1	45.31	
	60.3	59.0	
	80	65.1	
	99.5	66.5	
	115.9	66.9	
四硫代锑酸钠 Na_3SbS_4	-0.10	0.5	%（质量分数）
	-0.90	5.7	
	-1.45	9.2	
	-1.75	11.2	
	0	11.8	
	15	19.3	
	30	27.1	
	49.6	38.9	
	69.6	50.07	
	79.5	57.1	
焦锑酸二氢钠 $Na_2H_2Sb_2O_7$	18	0.0564	%（质量分数）
	25	0.0738	
	33.5	0.1018	
铬酸钠 Na_2CrO_4	0	24.07	%（质量分数）
	18	40.10	
	25.6	46.08	
	40	48.97	
	49.5	50.93	
	70	55.15	
	100	55.74	
铬酸钠·氧化钠 $Na_2CrO_4 \cdot Na_2O$	0	33.87	%（质量分数）
	10	35.58	
	18	37.50	
	27.7	40.09	
	37	45.13	
重铬酸钠 $Na_2Cr_2O_7$	0	61.98	%（质量分数）
	18	63.92	
	34.5	67.36	
	52	71.76	
	72	76.90	
	81	79.80	

续表 5-3

物　质	t/℃	溶解度	单　位
重铬酸钠 $Na_2Cr_2O_7$	98	81.25	%（质量分数）
三铬酸钠 $Na_2Cr_3O_{10}$	0	80.03	%（质量分数）
	18	80.60	
	55	82.68	
	99	85.78	
四铬酸钠 $Na_2Cr_4O_{18}$	0	72.96	%（质量分数）
	16	74.19	
	18	74.60	
	22	76.01	
亚硒酸氢钠·亚硒酸 $NaH_3(SeO_3)_2$	-7.5	36.50	%（质量分数）
	-0.7	41.50	
	13.5	48.83	
	22.8	53.42	
	51.3	67.42	
	69.6	75.88	
	83.0	83.95	
亚硒酸钠 Na_2SeO_3	-20.5	38.8	%（质量分数）
	-15	40.0	
	-6.8	42.4	
	-0.5	43.9	
	16.3	45.48	
	24.4	47.28	
	46.8	48.76	
	67.6	47.15	
	89.1	45.93	
	103.3	45.30	
硒酸钠 Na_2SeO_4	0	11.74	%（质量分数）
	18	29.00	
	25.2	36.91	
	30	44.05	
	50	44.49	
	100	42.14	
焦亚硒酸钠 $Na_2Se_2O_5$	-9.3	31.66	%（质量分数）
	0	38.45	
	8.1	43.97	
	25.4	60.32	
	40.1	64.27	
	59.9	67.40	
	89.0	74.76	
	109.5	77.57	
钼酸钠 Na_2MoO_4	0	30.63	%（质量分数）
	4	33.83	
	6	35.58	
	9	38.16	
	10	39.28	
	18	39.40	
	51.5	41.27	
	100	45.57	

续表 5-3

物质	t/℃	溶解度	单位
三钼酸钠 $Na_2Mo_3O_{10}$	30	13.68	%（质量分数）
四钼酸钠 $Na_2Mo_4O_{13}$	212	283.9	g/L
十二钼酸钠 $Na_{10}Mo_{12}O_{41}$	30	13.68	%（质量分数）
钨酸钠 Na_2WO_4	-3.5	41.67	%（质量分数）
	0.5	41.73	
	18	42.00	
	21	42.27	
	43.5	43.98	
	80.5	47.65	
	100	49.31	
十二钨酸钠 $Na_{10}W_{12}O_{41}$	0	2.1	%（质量分数）
	10	4.2	
	25	9.0	
	40	15.0	
	60	28.0	
	70	35.0	
六氟硅酸钠 Na_2SiF_6	0	4.35	g/L
	16	6.37	
	25	7.62	
	45	11.20	
	78	18.22	
	100	24.50	
六氟钛酸钠 Na_2TiF_6	20	65.0	g/L
三氟铍酸钠 $NaBeF_3$	20	1.38	%（质量分数）
	100	2.72	
六氟铝酸钠 Na_2AlF_6	25	0.61	g/L
九氟锆酸钠 Na_5ZrF_9	18	0.385	%（质量分数）
六氰铁（Ⅱ）酸钠 $Na_4Fe(CN)_6$	0.65	10.23	%（质量分数）
	16.7	14.69	
	25.35	17.63	
	35.75	21.54	
	59.75	30.35	
	75.25	35.82	
	79.5	38.26	
	104.0	38.5~39.5	
四氯金酸钠 $NaAuCl_4$	10	58.2	%（质量分数）
	20	60.2	
	30	64.0	
	40	69.4	
	50	77.5	
	60	90.0	
六氟锗酸钠 Na_2GeF_6	0	15.2	g/L
	10	16.8	
	30	22.5	
	40	28.3	
	80	33.6	

续表 5-3

物 质	t/℃	溶解度	单 位
六氯铱酸钠 Na_2IrCl_6	15	25.63	%（质量分数）
	25	31.65	
	40	48.95	
	60	65.65	
	75	71.68	
	85	75.44	
四氟铍酸钠 Na_2BeF_4	0	1.31	%（质量分数）
	20	1.41	
	40	1.88	
	60	2.19	
	80	2.55	
	94	2.70	
硫酸镉钠 $Na_2Cd(SO_4)_2$	24	37.32	%（质量分数）
	30	37.84	
	40	38.54	
碲酸钠 Na_2TeO_4	18	1.41	%（质量分数）
	50	2.44	
磷酸钠·氟化钠 $Na_2PO_4 \cdot NaF$	25	10.7	%（质量分数）
二氰银酸钠 $NaAg(CN)_2$	20	16.7	%（质量分数）
硫酸铯钠 Na_2CsSO_4	25	66.12	%（质量分数）
亚硫酸氢铵钠 $Na_2NH_4H(SO_3)_2$	12.4	29.7	%（质量分数）
	15	32.7	
溴化镉钠 $NaCdBr_3$	15	49.0	%（质量分数）
碘化镉钠 $NaCdI_3$	15	61.4	%（质量分数）
十二硝基铑酸钠 $Na_8Rh_2(NO_2)_{12}$	17	28.6	%（质量分数）
	100	50.0	
铬酸铀酰钠 $Na_2UO_2(CrO_4)_2$	20	52.52	%（质量分数）
硒酸钕钠 $NaNd(SeO_4)_2$	0	6.5	%（质量分数）
	20	6.5	
碘化钠·氰化汞（Ⅰ）$NaI \cdot Hg(CN)_2$	18	18.2	%（质量分数）
	10	26.9	
硫酸铝钠 $Na_2Al_2(SO_4)_4$	15	27.9	%（质量分数）
	20	29.0	
	25	30.1	
	30	31.4	
氧化钕 Nd_2O_3	29	0.0019	g/L
硝酸钕 $Nd(NO_3)_3$	20	3.9	g/L
铬酸钕 $Nd_2(CrO_4)_3$	25	0.027	%（质量分数）
钼酸钕 $Nd_2(MoO_4)_3$	28	0.0186	g/L
	75	0.0308	
草酸钕 $Nd_2(C_2O_4)_3$	20	4.9×10^{-4}	g/L
	25	1.48×10^{-3}	
醋酸钕 $Nd_2(C_2H_3O_2)_3$	25	20.76	%（质量分数）
硝酸镁钕 $Nd_2Mg_3(NO_3)_{12} \cdot 24H_2O$	0.4	60.42	%（质量分数）
	4.4	61.92	
	14.2	64.0	
	27.2	67.28	
	40.6	70.72	
	65.4	77.64	
	87.0	84.35	

续表 5-3

物质	t/℃	溶解度	单位
硝酸镁钕 $Nd_2Mg_3(NO_3)_{12}\cdot 24H_2O$	109.0	100.00	%（质量分数）
氯化钕 $NdCl_3$	10	49.16	%（质量分数）
	20	49.49	
	30	49.91	
	40	50.41	
	55	51.11	
氯化钕 $NdCl_3\cdot 6H_2O$	50	49.33	%（质量分数）
	75	53.32	
	100	57.58	
硝酸锰钕 $2Nd(NO_3)_3\cdot 3Mn(NO_3)_2\cdot 24H_2O$	15	73.8	%（质量分数）
	30	77.4	
	45	82.6	
	60	89.0	
硝酸镍钕 $2Nd(NO_3)_3\cdot 3Ni(NO_3)_2\cdot 24H_2O$	15	68.4	%（质量分数）
	30	71.5	
	45	75.1	
	60	79.8	
硝酸锌钕 $2Nd(NO_3)_3\cdot 3Zn(NO_3)_2\cdot 24H_2O$	15	69.1	%（质量分数）
	30	73.5	
	50	78.3	
	70	84.6	
硝酸钴钕 $2Nd(NO_3)_3\cdot 3Co(NO_3)_2\cdot 24H_2O$	15	68.3	%（质量分数）
	30	72.4	
	45	76.6	
	60	81.1	
溴酸钕 $Nd(BrO_3)_3$	0	30.52	%（质量分数）
	10	37.19	
	25	46.06	
	35	51.48	
	45	56.90	
硝酸钕 $Nd(NO_3)_3$	0	55.97	%（质量分数）
	18.2	58.03	
	25.0	60.46	
	42.4	61.91	
	57.2	67.00	
	67.5	75.34	
硫酸钕 $Nd_2(SO_4)_3\cdot 8H_2O$	50	3.03	%（质量分数）
	75	1.06	
	100	0.70	
硫酸钕 $Nd_2(SO_4)_3$	0	11.5	%（质量分数）
	10	8.8	
	25	5.8	
	40	3.9	
	60	2.7	
	85	2.0	
	100	1.2	
硒酸钕 $Nd_2(SeO_4)_3$	0	31.0	%（质量分数）
	10.6	30.9	
	25	29.0	
	40	28.5	
	60	30.5	
	70	12.0	

续表 5-3

物质	t/℃	溶解度	单位
硒酸钕 $Nd_2(SeO_4)_3$	90	3.2	%（质量分数）
钨酸钕 $Nd_2(WO_4)_3$	22	0.0190	g/L
	65	0.0168	
	98	0.0152	
氢氧化镍 $Ni(OH)_2$	20	0.0127	g/L
氰化镍 $Ni(CN)_2$	18	0.0592	g/L
硫氰酸镍 $Ni(CNS)_2$	25	34.48	%（质量分数）
溴酸镍 $Ni(BrO_3)_2$	20	21.6	%（质量分数）
亚硝基五氰铁酸镍 $NiFe(CN)_5NO$	20	0.016	g/L
碳酸镍 $NiCO_3$	25	0.0925	g/L
草酸镍 NiC_2O_3	18	0.003	g/L
氟化镍 NiF_2	10	2.49	%（质量分数）
	20	2.50	
	50	2.50	
	90	2.52	
氟化镍 $NiF_2 \cdot 4H_2O$	25	1.95	%（质量分数）
氯化镍 $NiCl_2$	-0.5	2.17	%（质量分数）
	-11.3	15.6	
	-26.7	24.2	
	-45.3	29.9	
	-36.1	30.3	
	-20.2	33.9	
	-9.8	34.1	
	0	34.8	
	17.5	37.1	
	25.0	39.6	
	35.0	42.0	
	60.0	44.8	
	75.0	46.3	
	100.2	46.7	
	117.9	46.9	
溴化镍 $NiBr_2$	-20	47.7	%（质量分数）
	-10	50.5	
	0	53.0	
	10	55.0	
	25	57.3	
	40	59.1	
	60	60.4	
	80	60.6	
	100	60.8	
	140	61.0	
碘化镍 NiI_2	-20	52.0	%（质量分数）
	0	55.4	
	25	60.7	
	40	63.5	
	60	64.8	
	80	65.2	
	90	65.3	

续表 5-3

物 质	t/℃	溶解度	单 位
氯酸镍 $Ni(ClO_3)_3$	-18	49.55	%（质量分数）
	-8	51.52	
	0	52.66	
	18	56.74	
	40	64.47	
	55	68.78	
	79.5	75.50	
碘酸镍 $Ni(IO_3)_2 \cdot 4H_2O$	0	0.73	%（质量分数）
	18	1.01	
	30	1.41	
碘酸镍 $Ni(IO_3)_2 \cdot 2H_2O(\alpha)$	0	0.53	%（质量分数）
	18	0.68	
	30	0.86	
	50	1.78	
碘酸镍 $Ni(IO_3)_2 \cdot 2H_2O(\beta)$	8	0.52	%（质量分数）
	18	0.55	
	50	0.81	
	80	1.12	
碘酸镍 $Ni(IO_3)_2$	30	1.135	%（质量分数）
	50	1.07	
	75	1.02	
	90	0.988	
高氯酸镍 $Ni(ClO_4)_2$	-30.7	47.37	%（质量分数）
	-21.3	46.05	
	0	51.12	
	7.5	51.64	
	18	52.4	
	26	52.87	
	45	54.21	
硝酸镍 $Ni(NO_3)_2$	-1.6	8.7	%（质量分数）
	-10.3	22.3	
	-22.1	33.4	
	-27.8	36.0	
	-25.4	36.7	
	-20.0	38.3	
	-11.1	41.2	
	-34.1	38.7	
	-20.6	40.5	
	-2.9	43.6	
	0	44.2	
	25	50.0	
	30	51.3	
	40	54.3	
	60	61.2	
	80.6	65.6	
	95	68.2	
	110.5	69.7	
	119.8	70.8	

续表 5-3

物质	t/℃	溶解度	单位
硫酸镍 $NiSO_4$	−0.9	9.1	%（质量分数）
	−1.6	12.7	
	−3.4	21.0	
	0	21.9	
	25	29.2	
	40	32.5	
	60	36.3	
	80.5	40.1	
	106	43.5	
亚硒酸氢铵·亚硒酸 $NH_4HSeO_3 \cdot H_2SeO_3$	−0.147	0.549	%（质量分数）
	−1.055	5.32	
	−12.85	54.60	
	−14.8	60.08	
	−10.3	64.58	
	−5.8	68.70	
	0.1	73.61	
	8.8	79.30	
	18.0	85.11	
	30.0	91.62	
亚硒酸铵 $(NH_4)_2SeO_3$	−0.105	0.326	%（质量分数）
	−2.06	7.75	
	−8.81	27.24	
	−21.9	44.80	
	−20.0	45.12	
	−8.5	47.18	
	1.0	49.21	
	14.0	51.99	
	25.0	54.70	
	43.0	59.90	
	50	62.31	
	70	69.08	
焦亚硒酸铵 $(NH_4)_2Se_2O_5$	−0.148	0.547	%（质量分数）
	−1.365	5.29	
	−6.23	23.35	
	−16.9	49.00	
	−10.0	52.86	
	0.0	56.84	
	15.0	66.65	
	25.0	73.24	
	30.0	79.74	
	45.1	87.23	
	70.1	90.50	
四钼酸铵 $(NH_4)_2Mo_4O_{13} \cdot 2H_2O$	15	3.40	%（质量分数）
	18	3.54	
	32	4.40	
仲钨酸铵 $5(NH_4)_2O \cdot 12WO_3$	17	1.064	%（质量分数）
	25	1.586	
	35	2.424	

续表 5-3

物　质	t/℃	溶解度	单　位
仲钨酸铵 $5(NH_4)_2O \cdot 12WO_3$	45	3.467	%（质量分数）
	62	6.145	
	70	7.971	
三氯锡（Ⅱ）酸铵 NH_4SnCl_3	1.2	57.0	%（质量分数）
	15.9	63.1	
	36.9	71.8	
	61.7	80.0	
	81.2	85.8	
四氯锡（Ⅱ）酸铵$(NH_4)SnCl_4$	1.6	28.7	%（质量分数）
	14.5	35.4	
	36.6	48.5	
	57.0	61.8	
	79.0	73.0	
六氯锡（Ⅱ）酸铵$(NH_4)_4SnCl_6$	0.8	25.42	%（质量分数）
	19.1	30.45	
	41.7	37.73	
	58.1	48.23	
	70.1	55.90	
	81.3	61.88	
三溴锡（Ⅱ）酸铵 NH_4SnBr_3	0.1	22.02	%（质量分数）
	17.7	28.59	
	36.8	40.78	
	56.7	64.20	
	74.6	78.70	
四溴锡（Ⅱ）酸铵$(NH_4)_2SnBr_4$	0.2	27.82	%（质量分数）
	14.4	35.79	
	36.6	54.75	
	60.6	70.93	
	80.5	77.48	
六溴锡（Ⅱ）酸铵$(NH_4)_4SnBr_6$	1.8	37.63	%（质量分数）
	16.0	43.83	
	73.3	71.60	
	91.6	78.87	
六氯铂（Ⅳ）酸铵$(NH_4)_2PtCl_6$	15	0.661	%（质量分数）
	100	1.23	
六溴铂（Ⅳ）酸铵$(NH_4)_2PtBr_6$	0.2	0.4148	%（质量分数）
	19.0	0.6397	
	25.0	0.7330	
	40	1.0248	
	60	1.5534	
	80	2.2485	
	99	3.4624	
四硫代锑酸铵$(NH_4)_3SbS_4$	−1.9	9.9	%（质量分数）
	−5	20.0	
	−13.5	41.6	
	0	41.6	
	20	47.7	

续表 5-3

物质	t/℃	溶解度	单位
四硫代锑酸铵 $(NH_4)_3SbS_4$	30	54.5	%（质量分数）
正磷酸镁铵 NH_4MgPO_4	0	0.023	%（质量分数）
	20	0.052	
	40	0.036	
	60	0.040	
	80	0.019	
正砷酸镁铵 NH_4MgAsO_4	0	0.0339	%（质量分数）
	20	0.0207	
	40	0.0275	
	60	0.0210	
	80	0.0236	
硫酸镁铵 $(NH_4)_2Mg(SO_4)_2$	−0.34	1.01	%（质量分数）
	−1.23	4.92	
	−2.02	8.34	
	0	10.58	
	25	16.45	
	40	20.51	
	60	26.02	
	80	32.58	
	100	39.66	
硫酸锌铵 $(NH_4)Zn(SO_4)_2$	0	6.54	%（质量分数）
	25	12.36	
	40	16.66	
	60	23.1	
	80	29.6	
硫酸锶铵 $(NH_4)_2Sr(SO_4)_2$	50	43.99	%（质量分数）
	75	45.40	
	100	46.27	
氯化镉·氯化铵 NH_4CdCl_3	2.4	29.94	%（质量分数）
	16.0	33.45	
	41.2	38.96	
	63.8	43.99	
	105.9	52.23	
氯化镉·四氯化铵 $(NH_4)_4CdCl_6$	3.9	31.29	%（质量分数）
	16.1	35.19	
	40.2	42.67	
	58.5	48.83	
	113.9	60.52	
溴化镉·溴化铵 NH_4CdBr_3	1.0	53.82	%（质量分数）
	14.8	58.01	
	52.2	65.31	
	110.1	75.98	
溴化镉·四溴化铵 $(NH_4)_4CdBr_6$	0.8	71.85	%（质量分数）
	13.0	73.28	
	44.0	76.21	
	76.4	77.68	
	123.5	83.45	
	160.0	86.80	

续表 5-3

物质	t/℃	溶解度	单位
硫酸铝铵 $(NH_4)_2Al_2(SO_4)_4$	0	2.05	%（质量分数）
	10	4.75	
	25	8.41	
	40	12.95	
	60	21.07	
	95	52.3	
硝酸铈（Ⅲ）铵 $(NH_4)_2Ce(NO_3)_5$	8.75	70.2	%（质量分数）
	25.0	74.8	
	45.0	80.4	
	60.0	87.2	
	65.06	89.1	
硝酸铈（Ⅳ）铵 $(NH_4)_2Ce(NO_3)_5$	25.0	58.49	%（质量分数）
	35.2	61.75	
	45.3	64.51	
	64.5	66.84	
	85.6	69.4	
	112.0	88.03	
硫酸铈（Ⅲ）铵 $(NH_4)_2Ce_2(SO_4)_4$	22.3	5.06	%（质量分数）
	35.1	4.93	
	45.0	2.91	
	55.2	2.16	
	75.4	1.46	
	85.2	1.17	
硫酸铅铵 $(NH_4)_2Pb(SO_4)_2$	20	12.17	%（质量分数）
	50	16.15	
	75	19.52	
	100	22.74	
硫酸铬（Ⅲ）铵 $NH_4Cr(SO_4)_2$	0	3.8	%（质量分数）
	30	15.8	
	40	24.6	
硫酸锰（Ⅱ）铵 $(NH_4)_2Mn(SO_4)_2\cdot 6H_2O$	7	382.8	g/L
硫酸铁（Ⅱ）铵 $(NH_4)_2Fe(SO_4)_2$	0	11.1	%（质量分数）
	15	16.7	
	25	20.0	
	40	24.8	
	50	28.5	
	70	34.2	
硫酸钴（Ⅱ）铵 $(NH_4)_2Co(SO_4)_2$	0	5.7	%（质量分数）
	10	8.7	
	25	12.8	
	40	18.0	
	60	25.1	
	80	32.9	
硫酸镍（Ⅱ）铵 $(NH_4)_2Ni(SO_4)_2$	0	0.99	%（质量分数）
	10	3.85	
	25	7.04	
	40	10.72	
	60	14.53	

续表 5-3

物 质	t/℃	溶解度	单 位
硫酸镍（Ⅱ）铵 $(NH_4)_2Ni(SO_4)_2$	70	16.66	%（质量分数）
六氯铱酸铵 $(NH_4)_2IrCl_6$	14.4	0.694	%（质量分数）
	26.8	0.899	
	39.4	1.124	
	52.2	1.583	
	61.2	2.068	
	69.3	2.746	
氯化铜（Ⅱ）铵 $(NH_4)_2CuCl_4$	−10.5	3.87	%（质量分数）
	−11	20.30	
	−10	20.46	
	0	22.02	
	20	25.95	
	40	30.47	
	60	36.13	
	80	43.36	
硫酸铜（Ⅱ）铵 $(NH_4)_2Cu(SO_4)_2$	0	10.27	%（质量分数）
	10	13.10	
	25	17.89	
	40	23.34	
	60	31.63	
	80	41.08	
	100	51.71	
三钼酸铵 $(NH_4)_2Mo_3O_{10}$	15	14.0	g/L
四钼酸铵 $(NH_4)_2Mo_4O_{13}$	15	9.5	g/L
高锰酸铵 NH_4MnO_4	15	7.4	g/L
高铼酸铵 NH_4ReO_4	0	2.76	%（质量分数）
	5	3.42	
	10	3.94	
	20	5.85	
	25	6.92	
六氟铪酸铵 $(NH_4)_2HfF_6$	20	26.0	%（质量分数）
六氟硅酸铵 $(NH_4)_2SiF_6$	20	15.6	%（质量分数）
六氟钛酸铵 $(NH_4)_2TiF_6$	20	250	g/L
六溴铂酸铵 $(NH_4)_2PtBr_6$	20	0.59	%（质量分数）
十四钼磷酸铵 $(NH_4)_3PO_4(MoO_3)_{14}$	15	0.0238	%（质量分数）
硫代高铼酸铵 NH_4ReO_3S	20	58.5	%（质量分数）
磷酸铍铵 NH_4BePO_4	20	0.012	%（质量分数）
硝酸镁铵 $(NH_4)_2Mg(NO_3)_4$	12.5	9.1	%（质量分数）
六氰络铁（Ⅱ）酸镁铵 $(NH_4)_2MgFe(CN)_6$	17	2.48	%（质量分数）
砷酸钙铵 NH_4CaAsO_4	20	0.02	%（质量分数）
六氰络铁（Ⅱ）酸钙铵 $(NH_4)_2CaFe(CN)_6$	15	0.258	%（质量分数）
磷酸锌铵 NH_4ZnPO_4	10.5	0.136	g/L
	17.5	0.145	
碘汞酸铵 $(NH_4)_2HgI_3$	26	89.4	%（质量分数）
六氟铝酸铵 $(NH_4)_3AlF_6$	20	1.03	%（质量分数）
硫酸镓铵 $NH_4Ga(SO_4)_2$	25	308.4	g/L
硝酸镧铵 $(NH_4)_2La(NO_3)_5$	15	64.46	%（质量分数）
硫酸铟铵 $(NH_4)_2In_2(SO_4)_4$	16	66.7	%（质量分数）

续表 5-3

物质	t/℃	溶解度	单位
硫酸铟铵 $(NH_4)_2In_2(SO_4)_4$	30	80.0	%（质量分数）
硝酸铵镨铵 $(NH_4)_2PrNd(NO_3)_5$	15	74.5	%（质量分数）
六氟铪酸铵 $(NH_4)_2HfF_6$	0	294.5	g/L
	20	466.4	
六氰钴酸铅铵 $NH_4PbCo(CN)_6\cdot 3H_2O$	18	10.7	%（质量分数）
硫酸钒铵 $(NH_4)_2V_2(SO_4)_4$	25	316.9	g/L
七氟铪酸铵 $(NH_4)_3HfF_7$	0	152.6	g/L
	20	218.1	
三氟锰酸铵 NH_4MnF_3	20	1.2	%（质量分数）
磷酸锰铵 NH_4MnPO_4	20	0.00042	g/L
	70	0.005	%（质量分数）
	80	0.007	
钼锰酸铵 $(NH_4)_2Mn_2(Mo_2O_7)_3\cdot MoO_4\cdot 12H_2O$	17	0.97	%（质量分数）
硫酸铁（Ⅰ）铵 $(NH_4)_2Fe(SO_4)_2$	25	441.5	g/L
六氯铱（Ⅳ）酸铵 $(NH_4)_2IrCl_6$	19	0.76	%（质量分数）
五氯铱（Ⅰ）酸铵 $(NH_4)_2IrCl_5\cdot H_2O$	19	13.3	%（质量分数）
六氯铱（Ⅰ）酸铵 $(NH_4)_3IrCl_6$	19	9.5	%（质量分数）
氯化铀酰铵 $(NH_4)_2UO_2Cl_4$	15	63.33	%（质量分数）
碳酸铀酰铵 $(NH_4)_2UO_2(CO_3)_2$	15	4.7	%（质量分数）
硫酸锂铵 NH_4LiSO_4	0	0	%（质量分数）
	−5	14	
	−10	23.5	
	−20.6	35.15	
	−10	35.25	
	10	35.58	
	30	35.87	
	50	36.00	
	70	36.18	
	−20	63.87	
	0	46.66	
	5	43.66	
	15	37.50	
	25	31.51	
	35	26.20	
	45	21.26	
	56	15.61	
四氧化锇 OsO_4	0	5.00	%（质量分数）
	5	5.20	
	10	5.44	
	15	5.70	
	20	6.04	
	25	6.56	
氧化铅 PbO	18	0.012	g/L
	20	2.756	
氟化铅 PbF_2	9	0.60	g/L
	18	0.64	
	26.6	0.68	
氯化铅 $PbCl_2$	0	6.728	g/L

续表5-3

物　质	t/℃	溶解度	单　位
氯化铅 $PbCl_2$	15	9.070	g/L
	25	10.786	
	35	13.150	
	45	15.498	
	55	18.019	
	65	20.810	
	80	25.420	
	100	32.080	
溴化铅 $PbBr_2$	0	4.554	g/L
	15	7.285	
	25	9.701	
	45	17.259	
	65	25.160	
	80	32.350	
	100	45.500	
碘化铅 PbI_2	0	0.442	g/L
	15	0.613	
	25	0.762	
	35	1.035	
	45	1.440	
	55	1.726	
	65	2.140	
	80	2.937	
	100	4.200	
氯氟化铅 PbFCl	0	0.0211	%（质量分数）
	18	0.0325	
	25	0.0370	
	100	0.1081	
氯化亚铅 PbCl	25	0.53	g/L
溴化亚铅 PbBr	25	0.115	g/L
氯化铅·氧化铅 $PbCl_2 \cdot PbO$	18	0.099	g/L
氯化铅·三氧化铅 $PbCl_2 \cdot 3PbO$	18	0.025	g/L
硫氰酸铅 $Pb(CNS)_2$	18	4.42	$g/L(H_2O)$
氯酸铅 $Pb(ClO_3)_2$	18	81.5	%（质量分数）
碘酸铅 $Pb(IO_3)_2$	25	0.0307	g/L
高氯酸铅 $Pb(ClO_4)_2$	25	81.47	%（质量分数）
亚氯酸铅 $Pb(ClO_2)_2$	0	0.035	%（质量分数）
	25	0.12	
	50	0.19	
	75	0.32	
	100	0.41	
硝酸铅 $Pb(NO_3)_2$	0	27.3	%（质量分数）
	10	31.6	
	20	35.2	
	25	36.9	
	40	41.9	
	60	47.8	
	100	57.1	

续表 5-3

物质	t/℃	溶解度	单位
硫酸铅 $PbSO_4$	0	0.0330	g/L
	5	0.0354	
	15	0.0403	
	25	0.0452	
	35	0.0500	
	40	0.0526	
	50	0.0574	
硫化铅 PbS	18	8.6×10^{-4}	g/L
	25	6.8×10^{-4}	
硫酸铅·氧化铅 $PbSO_4\cdot PbO$	18	0.0134	g/L
硫酸铅·三氧化铅 $PbSO_4\cdot 3PbO$	18	0.0262	g/L
铬酸铅 $PbCrO_4$	18	1×10^{-4}	g/L
碳酸铅 $PbCO_3$	20	0.0017	g/L
氟偏磷酸铅 $PbPO_3F$	20	0.0099	g/L
六氟硅酸铅 $PbSiF_6$	0	65.48	%（质量分数）
	20	68.97	
	50	74.16	
	60	80.11	
	80	81.06	
	100	82.25	
六氰钴（Ⅲ）酸铅 $Pb_3[Co(CN)_6]_2\cdot 7H_2O$	18	36.1	%（质量分数）
	19	38.0	
六氰铁（Ⅲ）酸铅·硝酸铅 $Pb_3[Fe(CN)_6]_2\cdot Pb(NO_3)_2\cdot 7H_2O$	16	7.0	%（质量分数）
六氰钴（Ⅲ）酸铅·硝酸铅 $Pb_3[Co(CN)_6]_2\cdot Pb(NO_3)_2\cdot 12H_2O$	18	5.6	%（质量分数）
草酸铅 PbC_2O_4	18	0.0015	g/L
氧化铅 Pb_2O_3	29	0.0002	g/L
氯化镨 $PrCl_3$	13	50.96	%（质量分数）
高氯酸镨 $Pr(ClO_4)_3$	25	0.021	%（质量分数）
钼酸镨 $Pr_2(MoO_4)_3$	23	0.0152	g/L
	75	0.0143	
钨酸镨 $Pr_2(WO_4)_3$	75	0.0438	g/L
溴酸镨 $Pr(BrO_3)_3$	0	35.87	%（质量分数）
	10	42.20	
	25	50.59	
	35	56.21	
	45	62.10	
硝酸镨 $Pr(NO_3)_3$	15.8	59.32	%（质量分数）
	22.0	60.18	
	30.4	61.94	
	43.0	65.00	

续表 5-3

物质	t/℃	溶解度	单位
硝酸镨 $Pr(NO_3)_3$	56.0	75.15	%（质量分数）
硝酸钴镨 $ZPr(NO_3)_3 \cdot 3Co(NO_3)_2 \cdot 24H_2O$	15	67.6	%（质量分数）
	30	70.8	
	45	74.3	
	60	78.8	
硝酸镁镨 $ZPr(NO_3)_3 \cdot 3Mg(NO_3)_2 \cdot 24H_2O$	15	63.0	%（质量分数）
	30	66.4	
	50	71.4	
	70	77.5	
硝酸锰镨 $ZPr(NO_3)_3 \cdot 3Mn(NO_3)_2 \cdot 24H_2O$	15	71.8	%（质量分数）
	30	75.9	
	45	79.9	
	60	85.8	
硝酸镍镨 $ZPr(NO_3)_3 \cdot 3Ni(NO_3)_2 \cdot 24H_2O$	15	64.4	%（质量分数）
	30	68.5	
	45	71.8	
	60	75.7	
硝酸锌镨 $ZPr(NO_3)_3 \cdot 3Zn(NO_3)_2 \cdot 24H_2O$	15	66.3	%（质量分数）
	30	70.6	
	45	75.4	
	60	80.1	
硫酸镨 $Pr_2(SO_4)_3$	0	16.5	%（质量分数）
	10	13.5	
	25	10.0	
	40	7.2	
	60	4.8	
	80	3.4	
	100	0.9	
硫酸镨 $Pr_2(SO_4)_2 \cdot 8H_2O$	25	0.1552	mol/kg
硒酸镨 $Pr_2(SeO_4)_3$	0.5	26.59	%（质量分数）
	24.0	24.29	
	40.2	23.67	
	59.5	23.33	
	75.0	6.89	
	92.0	2.99	
醋酸镨 $Pr(C_2H_3O_2)_3$	25	21.48	%（质量分数）
草酸镨 $Pr_2(C_2O_4)_3$	25	0.00149	%（质量分数）
四氯化铂 $PtCl_4$	25	58.7	%（质量分数）
四溴化铂 $PtBr_4$	20	0.41	%（质量分数）
氟化铷 RbF	30	63.39	%（质量分数）
	18	75.06	
氯化铷 RbCl	0	43.5	%（质量分数）
	20	47.7	
	40	50.9	
	60	53.6	
	80	56.0	
	100	58.9	
	112.9	59.5	

续表 5-3

物 质	t/℃	溶解度	单 位
溴化铷 RbBr	0.5	47.26	%（质量分数）
	5.0	49.50	
	16.0	51.15	
	39.7	56.87	
	57.5	60.39	
	113.5	67.24	
碘化铷 RbI	6.9	57.9	%（质量分数）
	17.4	60.3	
	25	62.05	
氯酸铷 $RbClO_3$	0	2.09	%（质量分数）
	8	2.98	
	19.8	5.09	
	30	7.41	
	50	13.78	
	99	38.58	
溴酸铷 $RbBrO_3$	25	2.85	%（质量分数）
	30	3.43	
	35	4.10	
	40	4.83	
高氯酸铷 $RbClO_4$	0	1.08	%（质量分数）
	10	1.18	
	25	1.77	
	40	3.16	
	60	5.90	
	80	9.94	
	100	18.03	
碘酸铷 $RbIO_3$	23	2.05	%（质量分数）
	25	2.36	
高碘酸铷 $RbIO_4$	13	0.65	%（质量分数）
硝酸铷 $RbNO_3$	0	16.3	%（质量分数）
	10	24.8	
	20	34.6	
	40	53.9	
	60	66.7	
	80	75.6	
	100	81.9	
	118.3	86.1	
硫酸铷 Rb_2SO_4	0	27.3	%（质量分数）
	10	29.9	
	20	32.5	
	40	36.9	
	60	40.3	
	80	42.9	
	100	45.0	
五硼酸铷 $Rb_2O \cdot 5B_2O_3$	−0.43	1.57	%（质量分数）
	5	1.72	
	13.4	2.21	
	18	2.57	

续表 5-3

物　质	t/℃	溶解度		单　位
五硼酸铷 $Rb_2O \cdot 5B_2O_3$	30	3.58		%（质量分数）
	45	5.75		
	60	8.69		
	82.4	15.2		
	102	23.75		
铬酸铷 Rb_2CrO_4	−0.6	0.95		%（质量分数）
	−1.1	7.22		
	−2.40	15.58		
	−5.55	30.15		
	−7	36.65		
	0	38.27		
	10	40.23		
	20	42.42		
	40	46.13		
	60.4	48.9		
重铬酸铷 $Rb_2Cr_2O_7$		单斜晶	三斜晶	%（质量分数）
	18	5.42	4.96	
	24	6.94	6.55	
	30	9.08	8.70	
	40	13.22	12.90	
	50	18.94	18.77	
	65	28.10	27.30	
硒酸铷 Rb_2SeO_4	12	61.37		%（质量分数）
	25	65.1		
五氧化铷·十二氧化钼 $(Rb_2O)_5(MoO_3)_{12}$	24	19.41		g/L
高锰酸铷 $RbMnO_4$	2	4.6		g/L
	19	10.6		
	60	46.8		
高铼酸铷 $RbReO_4$	19.2	10.5		g/L
	24.6	14.6		
四氟硼酸铷 $RbBF_4$	20	6.03		g/L
六氟硅酸铷 Rb_2SiF_6	20	0.16		%（质量分数）
	100	1.34		
六氟钛酸铷 Rb_2TiF_6	20	8.0		g/L
六氟磷酸铷 $RbPF_6$	25	13.15		g/L
二溴碘化铷 $RbIBr_2$	20	44		%（质量分数）
六氯铂（Ⅳ）酸铷 Rb_2PtCl_6	0	0.184		%（质量分数）
	10	0.154		
	25	0.143		
	40	0.166		
	60	0.252		
	80	0.415		
	100	0.630		
四氯金（Ⅲ）酸铷 $RbAuCl_4$	10	4.6		%（质量分数）
	20	9.0		
	40	17.7		
	60	26.6		
	80	35.3		

续表 5-3

物质	t/℃	溶解度	单位
四氯金（Ⅲ）酸铷 $RbAuCl_4$	100	44.2	%（质量分数）
氯化铷·氯化镉 $RbCdCl_3$	1.2	12.97	%（质量分数）
	14.5	16.80	
	41.4	25.31	
	57.0	30.83	
	103.9	46.62	
四氯化铷·氯化镉 Rb_4CdCl_6	0.7	21.90	%（质量分数）
	8.8	24.57	
	13.8	26.11	
	42.4	37.01	
	59.0	43.33	
	108.4	58.66	
溴化铷·溴化镉 $RbCdBr_3$	0.4	32.65	%（质量分数）
	14.5	41.87	
	49.2	58.54	
	107.5	75.77	
四溴化铷·溴化镉 Rb_4CdBr_6	0.5	47.95	%（质量分数）
	13.5	55.17	
	51.5	68.82	
	114.5	79.04	
硫酸铝铷 $Rb_2Al_2(SO_4)_4$	0	0.71	%（质量分数）
	10	1.04	
	25	1.77	
	40	3.15	
	60	6.89	
	80	17.76	
六氟锗（Ⅳ）酸铷 Rb_2GeF_6	0	2.3	g/L
	10	3.02	
	30	7.4	
硫酸铁（Ⅲ）铷 $RbFe(SO_4)_2 \cdot 12H_2O$	6.6	45.5	g/L
	25	290.0	
	40	526.0	
碳酸氢铷 $RbHCO_3$	20	53.73	%（质量分数）
叠氮化铷 RbN_3	16	51.7	%（质量分数）
	17	53.3	
硫酸镉铷 $Rb_2Cd(SO_4)_2$	25	76.70	g/L
硫酸钴铷 $Rb_2Co(SO_4)_2$	25	92.8	g/L
硫酸铜铷 $Rb_2Cu(SO_4)_2$	25	102.8	g/L
硫酸铁铷 $Rb_2Fe(SO_4)_2$	25	242.8	g/L
硫酸锰铷 $Rb_2Mn(SO_4)_2$	25	357.0	g/L
硫酸镁铷 $Rb_2Mg(SO_4)_2$	25	202.0	g/L
硫酸镍铷 $Rb_2Ni(SO_4)_2$	25	59.8	g/L
硫酸锌铷 $Rb_2Zn(SO_4)_2$	25	101.0	g/L
硫酸铝铷 $RbAl(SO_4)_2$	25	1.78	%（质量分数）
	30	2.14	
	35	2.59	
	40	3.12	
硫酸铬铷 $RbCr(SO_4)_2$	25	2.50	%（质量分数）

续表 5-3

物质	t/℃	溶解度	单位
硫酸铬铷 $RbCr(SO_4)_2$	30	3.07	%（质量分数）
	35	3.94	
	40	5.63	
硫酸钒铷 $RbV(SO_4)_2$	25	5.47	%（质量分数）
硫酸钕铷 $RbNd(SO_4)_2$	12.5	12.5	%（质量分数）
	20	13.6	
	25	8.87	
	30	16.83	
十二钨硅酸铷 $Rb_8SiW_{12}O_{42}$	20	0.65	%（质量分数）
	100	4.85	
六氯铊酸铷 Rb_3TlCl_6	18	11.74	%（质量分数）
	100	38.46	
六氯铱酸铷 Rb_2IrCl_6	19	0.0555	%（质量分数）
六氯铱酸铷 $Rb_2IrCl_6 \cdot H_2O$	19	0.90	%（质量分数）
五氯铱酸铷 $Rb_2IrCl_5 \cdot H_2O$	19	1.04	%（质量分数）
六硝基钴（Ⅰ）酸铷 $Rb_3Co(NO_2)_6$	20	0.005	%（质量分数）
氯化双氧铀铷 $RbUO_2Cl_3$	24.8	57.9	%（质量分数）
	80.3	65.8	
硝酸六氨铑 $Rh(NH_3)_6(NO_3)_3$	20	2.05	%（质量分数）
氯化氯五氨铑 $[Rh(NH_3)_5Cl]Cl_2$	17	0.56	%（质量分数）
	25	0.828	
氯化六氨铑 $Rh(NH_3)_6Cl_3$	8	1.74	%（质量分数）
硫酸六氨铑 $[Rh(NH_3)_6]_2(SO_4)_3 \cdot 5H_2O$	20	2.25	%（质量分数）
亚硝基氯化钾钌 RuK_2Cl_6NO	25	10.7	%（质量分数）
	60	44.4	
亚硝基氯化铵钌 $Ru(NH_4)_2Cl_6NO$	25	4.7	%（质量分数）
	60	18.0	
亚硝基氯化铷钌 $RuRb_2Cl_6NO$	25	0.57	%（质量分数）
	60	2.08	
亚硝基氯化铷钌(2-结晶水) $RuRb_2Cl_5NO \cdot 2H_2O$	25	53.3	%（质量分数）
亚硝基氯化铯钌 $RuCs_2Cl_5NO$	25	0.20	%（质量分数）
	60	0.56	
亚硝基氯化铯钌(2-结晶水) $RuCs_2Cl_5 \cdot 2H_2O$	25	51.4	%（质量分数）
二氧化硫 SO_2	10	13.34	%（质量分数）
	15	11.29	
	20	9.61	
	29.9	7.04	
	40	5.25	
	60	3.15	
	70	2.54	
	80	2.8	
	90	1.77	
二氧化硒 SeO_2	-0.2	0.99	%（质量分数）
	-1.1	4.88	
	-8.2	33.00	
	-14.9	47.03	
	-20.0	53.60	
	-23.0	57.00	

续表 5-3

物 质	t/℃	溶解度	单 位
	−21.0	58.00	
	−7.0	63.40	
二氧化硒 SeO_2	7.0	68.32	%（质量分数）
	22.0	72.52	
	42.0	77.50	
	65.0	82.50	
氢氧化锡 $Sn(OH)_2$	25	0.00206	g/L
二氯化锡 $SnCl_2$	0	45.6	%（质量分数）
硫酸锡 $SnSO_4$	15	72.9	%（质量分数）
	19	15.9	
	100	15.3	
	20	0.98	
二碘化锡 SnI_2	40	1.40	%（质量分数）
	60	2.07	
	80	2.95	
	100	4.03	
三氯化锑 $SbCl_3$	25	90.30	%（质量分数）
三硫化二锑 Sb_2S_3	60	97.84	%（质量分数）
	18	0.00175	g/L
三氟化锑 SbF_3	0	79.4	
	20	81.6	%（质量分数）
	25	83.1	
	30	84.9	
	10	48.02	
氯化钐 $SmCl_3$	20	48.29	%（质量分数）
	30	48.60	
	40	49.20	
	50	49.98	
	0	25.50	
	10	32.23	
溴酸钐 $Sm(BrO_3)_3$	25	41.40	%（质量分数）
	30	44.14	
	40	49.61	
	45	52.28	
	20	2.60	
硫酸钐 $Sm_2(SO_4)_3\cdot 8H_2O$	40	1.95	%（质量分数）
铬酸钐 $Sm_2(CrO_4)_3$	25	0.043	%（质量分数）
草酸钐 $Sm_2(C_2O_4)_3$	25	5.4×10^{-4}	g/L
醋酸钐 $Sm_2(C_2H_3O_2)_3$	25	13.05	%（质量分数）
	0.26	0.1135	
氟化锶 SrF_2	17.4	0.1173	g/L
	27.4	0.1193	
	−20	26.0	
	0	30.3	
	10	32.3	
	25	35.8	
	40	39.5	
	60	45.0	
氯化锶 $SrCl_2$	80	47.5	%（质量分数）
	100	50.2	
	120	53.0	
	140	55.6	
	160	58.5	
	180	62.0	

续表 5-3

物 质	t/℃	溶解度	单 位
溴化锶 $SrBr_2$	0	46.0	%（质量分数）
	10	48.3	
	25	51.7	
	40	55.2	
	60	60.0	
	80	64.5	
	100	69.0	
碘化锶 SrI_2	0	62.3	%（质量分数）
	20	64.0	
	40	65.7	
	60	68.5	
	80	73.0	
	100	79.3	
	120	80.7	
	140	82.5	
	175	85.6	
亚硝酸锶 $Sr(NO_2)_2$	−1.3	11.3	%（质量分数）
	−3.1	19.6	
	−7.7	35.5	
	−2.3	33.4	
	−0.3	34.5	
	19	39.3	
	35	43.1	
	60.5	49.3	
	82.5	54.0	
	98	58.1	
硝酸锶 $Sr(NO_3)_2$	0.58	28.64	%（质量分数）
	14.71	37.84	
	26.40	45.07	
	30.28	46.97	
	39.74	47.49	
	61.34	48.42	
	78.98	49.46	
	88.94	50.03	
硫酸锶 $SrSO_4$	5	0.0121	%（质量分数）
	20	0.0132	
	40	0.0141	
	60	0.0131	
	80	0.0116	
	95	0.0113	
氧化锶 SrO	25	0.85	%（质量分数）
	40	1.48	
	60	3.29	
	80	8.38	
	100	10.83	

续表 5-3

物　质	t/℃	溶解度	单　位
氢氧化锶 $Sr(OH)_2 \cdot 8H_2O$	0	0.90	%（质量分数）
	20	1.74	
	40	3.80	
	60	7.77	
	80	16.83	
	100	47.71	
氯酸锶 $Sr(ClO_3)_2$	18	63.6	%（质量分数）
溴酸锶 $Sr(BrO_3)_2$	18	309	g/L
碘酸锶 $Sr(IO_3)_2$	15	0.026	%（质量分数）
	100	0.90	
碳酸锶 $SrCO_3$	8.8	0.00082	g/L
	24	0.0109	
叠氮化锶 SrN_6	16	31.43	%（质量分数）
钼酸锶 $SrMoO_4$	17	0.0104	%（质量分数）
钨酸锶 SrW_2O_7	15	3.5	g/L
高锰酸锶 $Sr(MnO_4)_2$	0	2.5	%（质量分数）
氟偏磷酸锶 $SrPO_3F$	20	0.055	g/L
碘化锶·氰化汞（Ⅱ）$SrI_2 \cdot Hg(CN)_2$	18	12.5	%（质量分数）
草酸锶 SrC_2O_4	0	0.057	g/L
	20	0.077	
	40	0.093	
硫代硫酸锶 SrS_2O_3	0	8.75	%（质量分数）
	12.8	13.82	
	27.5	21.10	
	40.0	26.80	
连二硫酸锶 SrS_2O_6	0	4.51	%（质量分数）
	10	7.37	
	20	10.8	
	30	14.9	
连四硫酸锶 SrS_4O_6	0	19.91	%（质量分数）
	12.9	26.33	
	30.0	38.98	g/L
铬酸锶 $SrCrO_4$	15	0.88	g/L
	25	0.91	
	75	0.62	
	100	0.43	
溴酸铽 $Tb(BrO_3)_3 \cdot 9H_2O$	0	39.91	%（质量分数）
	10	47.28	
	25	57.11	
	35	63.35	
	45	69.44	
六氟锗酸碲 $TeGeF_6$	0	141.3	g/L
	30	345.8	
硝酸钍 $Th(NO_3)_4$	−0.2	1.0	%（质量分数）
	−1.5	9.0	

续表 5-3

物质	t/℃	溶解度	单位
硝酸钍 $Th(NO_3)_4$	-4.0	20.0	%（质量分数）
	-6.0	33.0	
	-15.0	47.7	
	-35.0	60.6	
	-43.5	64.0	
	-22	64.2	
	0	65.0	
	10	65.2	
	20	65.6	
硫酸钍 $Th(SO_4)_2$(9-结晶水)	0	0.87	%（质量分数）
	20	1.24	
	40	2.75	
	55	6.10	
硫酸钍 $Th(SO_4)_2$(4-结晶水)	35	4.30	%（质量分数）
	55	1.90	
	75	1.30	
	95	0.70	
二硫酸钍·七硫酸铊 $2Th(SO_4)_2·7Tl_2SO_4·3H_2O$	0	2.80	g/L
	20	4.15	
	40	5.84	
	60	6.96	
	80	7.12	
	100	6.30	
硒酸钍 $Th(SeO_4)_2$	0	0.495	%（质量分数）
	100	1.934	
氟化钍 $ThF_4·4H_2O$	25	2.45	g/L
氢氧化铊 TlOH	0	254.4	g/L
	18.5	343.4	
氢氧化铊 TlOH	29.0	398.5	g/L
	36.0	458.6	
	44.5	539.8	
	54.1	649.7	
	78.5	1033	
	99.2	1483	
氟化铊 TlF	15	44.4	%（质量分数）
氯化铊 TlCl	0	1.7	g/L
	10	2.4	
	25	4.0	
	40	6.0	
	60	10.2	
	80	16.0	
	99.3	23.6	
溴化铊 TlBr	0	0.022	%（质量分数）
	10	0.032	
	25	0.057	
	40	0.097	
	70	0.250	
	162	1.73	
	215	3.09	
	258	4.45	
	294	7.27	
	414	85.5	

续表 5-3

物　质	t/℃	溶解度	单　位
溴化铊 TlBr	457	100.0	%（质量分数）
碘化铊 TlI	0	0.02	g/L
	20	0.06	
	40	0.15	
	60	0.35	
	80	0.70	
	100	1.20	
硫氰酸铊 TlCNS	20	3.154	g/L
	25	3.905	
	39.75	7.296	
氯酸铊 $TlClO_3$	0	1.96	%（质量分数）
	20	3.77	
	50	11.24	
	80	26.82	
	100	36.43	
溴酸铊 $TlBrO_3$	19.9	3.463	g/L
	39.75	7.355	
碘酸铊 $TlIO_3$	20	0.578	g/L
	25	0.667	
高氯酸铊 $TlClO_4$	0	5.66	%（质量分数）
	10	7.44	
	30	16.47	
	50	28.37	
	70	39.51	
	80	44.90	
氰化铊 TlCN	28.5	14.38	%（质量分数）
硫酸铊 Tl_2SO_4	0	2.63	%（质量分数）
	10	3.57	
	20	4.64	
	30	5.80	
	50	8.44	
	70	11.31	
	80	12.77	
	99.7	15.57	
碳酸铊 Tl_2CO_3	15.5	4.03	%（质量分数）
	18	4.97	
	62	11.38	
	100	21.38	
叠氮化铊 TlN_3	0	0.171	%（质量分数）
	5	0.196	
	16	0.300	
硝酸铊 $TlNO_3$	0	3.76	%（质量分数）
	20	8.72	
	40	17.33	
	60	31.55	
	80	52.60	
	100	80.54	
	105	85.59	

续表 5-3

物质	t/℃	溶解度	单位
亚硝酸铊 $TlNO_2$	0	15.15	%（质量分数）
	10	55.44	
	25	32.10	
	40	45.53	
	60	68.40	
	78	91.49	
	98	95.78	
	110	97.42	
	182	100.00	
次磷酸二氢铊 TlH_2PO_2	−17	72.37	%（质量分数）
	−6	75.51	
	0	77.69	
	25	83.80	
	35	86.32	
	50	90.64	
	65	93.28	
	77	95.74	
	100	98.62	
	110	100.00	
硒酸铊 Tl_2SeO_4	9.3	2.08	%（质量分数）
	12	2.34	
	20	2.72	
	80	7.83	
	100	9.79	
高铼酸铊 $TlReO_4$	20.3	1.6	%（质量分数）
	21.5	1.7	
	24.8	2.1	
	42.0	5.8	
	93.0	15.4	
六氰钴酸铊 $Tl_3Co(CN)_6$	0	3.47	%（质量分数）
	9.5	5.54	
	19.5	9.12	
六氯铂（Ⅳ）酸铊 Tl_2PtCl_6	15	0.0064	%（质量分数）
	100	0.050	
磷酸铊 Tl_3PO_4	15	4.97	g/L
	100	6.71	
硫化铊 Tl_2S	20	0.215	g/L
亚硫酸铊 Tl_2SO_3	15.5	3.24	%（质量分数）
铬酸铊 Tl_2CrO_3	60	0.03	%（质量分数）
	100	0.20	
六氰铁（Ⅰ）酸铊 $Tl_4Fe(CN)_6 \cdot 2H_2O$	18	0.37	%（质量分数）
	101	3.78	
硫酸钒铊 $TlV(SO_4)_2 \cdot 12H_2O$	25	30.22	%（质量分数）
三铬酸铊 $Tl_2Cr_3O_{10}$	15	3.5	g/L
	100	22.7	

续表 5-3

物质	t/℃	溶解度	单位
硫酸铬铊 $TlCr(SO_4)_2 \cdot 12H_2O$	25	14.07	%（质量分数）
硫酸铁铊 $TlFe(SO_4)_2 \cdot 12H_2O$	25	39.25	%（质量分数）
硫酸镍铊 $Tl_2Ni(SO_4)_2$	25	46.1	g/L
草酸铊 $Tl_2C_2O_4$	20	15.77	g/L
	25	18.69	
偏钒酸铊 $TlVO_3$	11	0.087	%（质量分数）
	100	0.21	
正钒酸铊 Tl_3VO_3	15	0.99	%（质量分数）
	100	1.71	
焦钒酸铊 $Tl_4V_2O_7$	14	0.20	%（质量分数）
	100	0.26	
钒酸铊 $Tl_{12}V_3O_{26}$	15	0.11	%（质量分数）
	100	0.29	
碘酸铥 $Tm(IO_3)_3 \cdot 4H_2O$	25	0.10	%（质量分数）
硫酸铀 $U(SO_4)_2$（8-结晶水）	18	10.17	%（质量分数）
	25.6	13.32	
	37	19.98	
	48.2	28.72	
	62	36.8	
硫酸铀 $U(SO_4)_2$（4-结晶水）	24	9.8	%（质量分数）
	37	8.3	
	48.2	8.1	
	63	7.3	
碘酸双氧铀 $UO_2(IO_3)_2$ 针状（1-结晶水）	18	0.1048	%（质量分数）
碘酸双氧铀 $UO_2(IO_3)_2$ 棱锥形（1-结晶水）	18	0.1212	%（质量分数）
碘酸双氧铀 $UO_2(IO_3)_2$（2-结晶水）	18	0.2040	%（质量分数）
硝酸双氧铀 $UO_2(NO_3)_2$	-0.3	7.87	%（质量分数）
	-5.4	24.85	
	-18.1	43.10	
	-11.5	46.25	
	-5.5	48.47	
	7.6	51.57	
	15.0	52.80	
	25.0	55.90	
	43.6	64.20	
	62.0	76.83	
	80.6	80.20	
	88.5	81.13	
草酸双氧铀 $UO_2C_2O_4$	11	0.45	%（质量分数）
	15	0.47	
	20	0.50	
	50	1.00	
	75	1.65	
	100	3.06	
硒酸双氧铀 $UO_2SeO_4 \cdot 4H_2O$	25	68.7	%（质量分数）
硝酸双氧铀钾 $UO_2K(NO_3)_3$	25	64.82	%（质量分数）
	80.6	80.10	

续表 5-3

物　质	t/℃	溶解度	单　位
硝酸双氧铀铷 $UO_2Rb(NO_3)_3$	25	59.60	%（质量分数）
	80	69.49	
硝酸双氧铀铯 $UO_2Cs(NO_3)_3$	16	55.4	%（质量分数）
硝酸双氧铀铵 $UO_2NH_4(NO_3)_3$	24.9	68.95	%（质量分数）
	80.7	78.95	
氯化双氧铀 UO_2Cl_2	18	76.2	%（质量分数）
草酸双氧铀 $UO_2C_2O_4 \cdot 3H_2O$	25	0.73	%（质量分数）
醋酸双氧铀 $UO_2(C_2H_3O_2)_2$	17	77.3	%（质量分数）
五氧化二钒 V_2O_5	25	0.07	%（质量分数）
	100	0.07	
氯化钇 YCl_3	0	42.36	%（质量分数）
	10	42.65	
	25	42.95	
	30	43.07	
	40	43.30	
	50	43.45	
	60	43.60	
	80	43.86	
溴化钇 YBr_3	0	39.0	%（质量分数）
	30	45.4	
	50	47.4	
	75	53.1	
	95	56.5	
硝酸钇 $Y(NO_3)_3$	0	48.2	%（质量分数）
	22.5	57.3	
	35.0	60.8	
	60.2	66.7	
	66.5	67.8	
硫酸钇 $Y_2(SO_4)_3$	3.6	7.35	%（质量分数）
	15.8	6.96	
	25.0	6.71	
	50.0	5.09	
	75.0	3.12	
	95.0	1.99	
醋酸钇 $Y(C_2H_3O_2)_3$	25	8.28	%（质量分数）
草酸钇 $Y(C_2O_4)_3$	25	0.001	g/L
氧化钇 Y_2O_3	29	0.018	g/L
碘酸钇 $Y(IO_3)_3$	20	0.53	%（质量分数）
硫酸镱 $Yb_2(SO_4)_2$	0	30.65	%（质量分数）
	15.5	25.75	
	35	16.03	
	60	9.42	
	80	6.47	

续表 5-3

物　质	t/℃	溶解度	单　位
硫酸镱 $Yb_2(SO_4)_2$	100	4.46	%（质量分数）
碘酸镱 $Yb(IO_3)_3 \cdot 4H_2O$	25	0.120	%（质量分数）
硝酸镱 $Yb(NO_3)_3 \cdot 5H_2O$	25	69.38	%（质量分数）
硝酸镱 $Yb(NO_3)_3 \cdot 4H_2O$	25	73.98	%（质量分数）
	100	76.06	
氧化锌 ZnO	18	0.0030	g/L
	25	0.01	
氟化锌 ZnF_2	18	16.0	g/L
	25	15.16	
氯化锌 $ZnCl_2$	0	77.4	%（质量分数）
	10	78.4	
	20	79.8	
	25	81.2	
	40	81.9	
	60	83.0	
	80	84.4	
	100	86.0	
溴化锌 $ZnBr_2$	−15	77.13	%（质量分数）
	−10	78.45	
	−5	80.64	
	0	79.55	
	18	81.46	
	25	82.46	
	35	85.45	
	40	85.53	
	60	86.08	
	80	86.57	
	100	87.05	
碘化锌 ZnI_2	−10	80.05	%（质量分数）
	−5	80.77	
	0	81.11	
	18	81.20	
	40	81.66	
	60	82.37	
	80	83.05	
	100	83.62	
氯酸锌 $Zn(ClO_3)_2$	−18	55.62	%（质量分数）
	0	59.19	
	8	60.20	
	15	67.32	
	18	66.52	
	30	67.66	
	40	69.06	
	55	75.44	
硝酸锌 $Zn(NO_3)_2$	25.1	561	%（质量分数）
	35.4	65.2	
	44.7	72.5	
	55.4	84.0	

续表 5-3

物 质	t/℃	溶解度		单 位
硝酸锌 $Zn(NO_3)_2$	65.2	88.6		%（质量分数）
	70.7	90.0		
硫酸 $ZnSO_4$	0	29.58		%（质量分数）
	25	36.67		
	37	40.50		
	50	43.20		
	60	42.98		
	75	40.93		
	99	37.70		
氰化锌 $Zn(CN)_2$	18	0.575		g/L
硫氰酸锌 $Zn(CNS)_2$	18	0.144		g/L
碘酸锌 $Zn(IO_3)_2$	20	0.86		%（质量分数）
碳酸锌 $ZnCO_3$	18	0.07		%（质量分数）
	25	0.206		
亚硫酸锌 $ZnSO_3 \cdot 2H_2O$	20	0.16		%（质量分数）
四硫氰汞（Ⅰ）酸锌 $ZnHg(CNS)_4$	15	0.24		%（质量分数）
硝酸镧锌 $Zn_3La_2(NO_3)_{12}$	16	124.1		g/L
硫酸铊锌 $ZnTl_2(SO_4)_2$	25	86.0		g/L
草酸锌 ZnC_2O_4	18	0.0209		g/L
醋酸锌 $Zn(C_2H_3O_2)_2 \cdot H_2O$	15	29.38		%（质量分数）
硝酸锆 $Zr(NO_3)_4$	20	0.003		g/L
六氟化铵锆 $Zr(NH_4)_2F_6$		锆	氨	g/L
	0	55.72	20.84	
	20	95.76	35.95	
	45	168.0	62.56	
	90	270.0	100.8	
七氟化铵锆 $Zr(NH_4)_3F_7$		锆	氨	g/L
	0	38.76	20.91	
	20	53.62	29.85	
	45	71.85	40.07	

5.3 难溶电解质的溶解度[7]

湿法冶金的很多工艺涉及到难溶物质。难溶物质的溶解度以及各种因素对溶解度的影响是研究这些过程的理论基础。

5.3.1 难溶物质在复杂溶液中溶解度的计算方法

应用类似于求解溶液热力学平衡的方法，可以用电子计算机计算出一些难溶物质在任何有限组分的溶液中的溶解度。一难溶电解质 Me_xA_y，其溶解平衡为：

$$Me_xA_y(s) \rightleftharpoons xMe(aq) + yA(aq) \tag{5-5}$$

其活度积为

$$K_{sp} = [Me]^x[A]^y \tag{5-6}$$

式中，[ ] 为活度，为简化起见，以下均视为浓度。若水溶液中含另外 m 种金属 Me_p，$p = 1, 2, 3, \cdots, m$；n 种配位体 L_i，$i = 1, 2, 3, \cdots, n$ 每种配位体均有加质子反应

$$L_i + H^+ \rightleftharpoons HL_i$$

其平衡常数为
$$K_{L_i} = \frac{[HL_i]}{[L_i][H^+]} \tag{5-7}$$

每种金属与每种配位体均能生成配合物 $Me_pL_{i,j}$，$j=1$，2，3，4，5，6（配位数大于6者甚少）。其累计生成常数：

$$\beta_{p,i,j} = \frac{[Me_pL_{i,j}]}{[Me_p][L_i]^j} \tag{5-8}$$

难溶物 Me_xA_y 中的金属阳离子也与 L_i 生成配合物 $MeL_{i,j}$，其累计生成常数

$$\beta_{i,j} = \frac{[MeL_{i,j}]}{[Me][L_i]^j} \tag{5-9}$$

水溶液中溶解物种的个数为：	$m+1$
简单金属阳离子	$6n$
配合物 $Me_pL_{i,j}$	$6mn$
配位体游离 L_i	n
HL_i	n
总　计	$6mn+m+8n+1$

上述各物种的平衡浓度均为未知数，此外，Me_xA_y 溶解于此溶液中的平衡总浓度 $[Me]_T$ 也为未知数，共有未知数 $6mn+m+8n+2$ 个，可写出同样数目的方程式。

溶解物阳离子部分的物质平衡方程1个

$$[Me]_T = [Me] + \sum_i \sum_j [MeL_{i,j}] \tag{5-10}$$

其余各金属的物质平衡方程 m 个

$$[Me_p]_T = [Me_p] + \sum_i \sum_j [MeL_{i,j}] \tag{5-11}$$

各配位体的物质平衡方程 n 个

$$[L_i]_T = [L_i] + \sum_i j[MeL_{i,j}] + \sum_p \sum_j j[Me_pL_{i,j}] \tag{5-12}$$

各配位体的加质子反应平衡方程 n 个

$$L_i + H^+ \rightleftharpoons HL_i$$

$$KL_i = \frac{[HL_i]}{[H^+][L_i]} \tag{5-13}$$

各配合物的累计生成常数方程 $6(m+1)n$ 个

$$\beta_{p,i,j} = \frac{[Me_pL_{i,j}]}{[Me_p][L_i]^j} \tag{5-14}$$

溶解物的活度积方程1个

$$K_{sp} = [Me]^x[A]^y \tag{5-15a}$$

共计有方程 $6mn+m+8n+2$，给定 $[Me_p]_T$，$[L_i]_T$ 与溶液H浓度（10^{-pH}），用牛顿-拉弗逊（Newton-Raphson）法求解上述联立方程组，不仅可以求出难溶电解质 Me_xA_y 在复杂溶

液中的溶解度，还可以同时得出与 Me_xA_y 处于平衡状态的水溶液的模型。若难溶电解质的阴离子本身是一种配位体，例如 AgCl，$PbCl_2$ 中的 Cl，则在写出此种配位体的物质平衡时要把由于溶解带入溶液中的这种配位体的浓度考虑进去，在式（5-12）的左端应加上一项 $[Ag]_T$ 或 2 $[Pb]_T$。若溶液 H^+ 浓度给定的不是溶解达到饱和后的平衡值，而是溶解前的初始值，则 H^+ 的平衡浓度也是一个未知数，再增加一个电荷平衡方程即可。

OH^- 作为一个配位体在低 pH 值范围内可不必考虑，在高 pH 值范围内则必须考虑。金属与 OH^- 配合物的累计生成常数有两种表达方式，一种表达方式为

$$Me + jOH \longrightarrow Me(OH)_j$$

$$\beta_j = \frac{[Me(OH)_j]}{[Me][OH^-]^j} \tag{5-15b}$$

水常数

$$[H^+][OH^-] = K_w$$

$$[OH^-] = K_w[H^+]^{-1} \tag{5-16}$$

将式(5-16) 代入式(5-15b) 得

$$\beta_i = \frac{[Me(OH)_j]}{[Me]K_w^j} = \frac{[Me](OH)_j 10^{-jpH}}{[Me]K_w^j} \tag{5-17}$$

另一种表达方式为

$$Me + jH_2O \longrightarrow Me(OH)_j + j\,H^+ \tag{5-18}$$

$$\beta^* = \frac{[Me(OH)_j]10^{-jpH}}{[Me]} \tag{5-19}$$

用任何一种表达方式均可，但必须前后一致，不可混用。只有用活度来进行计算时，计算结果才与实测吻合。若以浓度代替活度，只有所用的溶度积与累计生成常数是在相似条件下测得的值，计算结果才能与实测吻合。

5.3.2 氧化物及氢氧化物的溶解度

A 在水中的溶解度

此种情况下唯一需要考虑的配位体是 OH^-，为了便于计算，把各氢氧化物的溶度积值和某些氧化物溶解的平衡常数值列入表 5-4。

表 5-4 氢氧化物和氧化物的溶度积 $\lg K_{sp}$

溶解反应	T/K				
	298	323	373	423	473
$1/2Ag_2O + 1/2H_2O = OH^- + Ag^+$	-7.7	-7.26	-6.65	-6.21	-6.09
$\gamma-Al(OH)_3 = Al^{3+} + 3OH^-$	-33.80	-32.85	-31.68	-31.23	-31.24
$\gamma-AlO(OH) + H_2O = Al^{3+} + 3OH^-$	-32.67	-32.00	-31.33	-31.3	-31.6
$1/2Al_2O_3 + 3/2H_2O = Al^{3+} + 3OH^-$	-32.06	-31.48	-30.98	-31.08	-31.56
$Ca(OH)_2 = Ca^{2+} + 2OH^-$	-5.20	-5.52	-6.30	-7.32	-8.47

续表 5-4

溶解反应	T/K				
	298	323	373	423	473
$CdO + H_2O = Cd^{2+} + 2OH^-$	-12.80	-12.73	-12.90	-13.38	-14.04
$1/2Cu_2O + 1/2H_2O = Cu^+ + OH^-$	-14.94	-13.99	-12.59	-11.64	-11.00
$CuO + H_2O = Cu^{2+} + 2OH^-$	-20.30	-19.68	-19.0	-18.8	-18.9
$\alpha - FeO(OH) + H_2O = Fe^{3+} + 3OH^-$	-41.65	-40.27	-38.5	-37.6	
$1/2Fe_2O_3 + 3/2H_2O = Fe^{3+} + 3OH^-$	-41.55	-40.25	-38.6	-37.8	-37.6
$Li(OH) = Li + OH^-$	1.92	1.60	0.98	0.39	-0.16
$Mg(OH)_2 = Mg^{2+} + 2OH^-$	-11.17	-11.14	-11.39	-11.88	-12.49
SiO_2(石英)$ + 2H_2O = H_4SiO_4$	-3.68	-3.40	-2.96	-2.62	-2.36
$UO_2(OH)_2 = UO_2^{2+} + 2OH^-$	-21.86	-21.21	-20.50	-20.31	-20.48
$ZnO + H_2O = Zn^{2+} + 2OH^-$	-16.84	-11.56	-16.88	-16.56	-17.00
$Fe(OH)_3 = Fe^{3+} + 3OH^-$	-38.528	-37.450	-36.077	-35.423	-35.258
$Tl(OH)_3 = Tl^{3+} + 3OH^-$	-43.83				
$Co(OH)_3 = Co^{3+} + 3OH^-$	-43.04				
$Sb(OH)_3 = Sb^{3+} + 3OH^-$	-38.48				
$Al(OH)_3 = Al^{3+} + 3OH^-$	-32.75				
$Bi(OH)_3 = Bi^{3+} + 3OH^-$	-30.39				
$Lu(OH)_3 = Lu^{3+} + 3OH^-$	-23.72				
$Rb(OH)_3 = Rb^{3+} + 3OH^-$	-23.60				
$Er(OH)_3 = Er^{3+} + 3OH^-$	-23.39				
$Eu(OH)_3 = Eu^{3+} + 3OH^-$	-23.05				
$Gd(OH)_3 = Gd^{3+} + 3OH^-$	-22.85				
$Sm(OH)_3 = Sm^{3+} + 3OH^-$	-22.08				
$Ce(OH)_3 = Ce^{3+} + 3OH^-$	-22.00				
$Nd(OH)_3 = Nd^{3+} + 3OH^-$	-21.49				
$Pr(OH)_3 = Pr^{3+} + 3OH^-$	-21.17				
$La(OH)_3 = La^{3+} + 3OH^-$	-18.77				
$Sn(OH)_2 = Sn^{2+} + 2OH^-$	-25.31				
$Cu(OH)_2 = Cu^{2+} + 2OH^-$	-18.97				
$Ni(OH)_2 = Ni^{2+} + 2OH^-$	-15.82				
$Zn(OH)_2 = Zn^{2+} + 2OH^-$	-15.78				
$Co(OH)_2 = Co^{2+} + 2OH^-$	-15.40				
$Fe(OH)_2 = Fe^{2+} + 2OH^-$	-14.72				
$Cd(OH)_2 = Cd^{2+} + 2OH^-$	-13.62				
$Mn(OH)_2 = Mn^{2+} + 2OH^-$	-13.40				
(黑铜矿)$CuO + 2H^+ = Cu^{2+} + H_2O$	7.65				
(孔雀石)$Cu_2(OH)_2CO_3 + 4H^+ = 2Cu^{2+} + 3H_2O + CO_2(g)$	14.16				
(蓝铜矿)$Cu_3(OH)_2(CO_3)_2 + 6H^+ = 3Cu^{2+} + 4H_2O + 2CO_2(g)$	21.24				

J. 克拉格滕（Kragten）计算并绘制了各种金属氢氧化物（氧化物）的 lg[Me]$_T$-pH 图。把他得出的各种金属氢氧化物 lg[Me]$_T$-pH 图叠加示于图 5-1[8]。

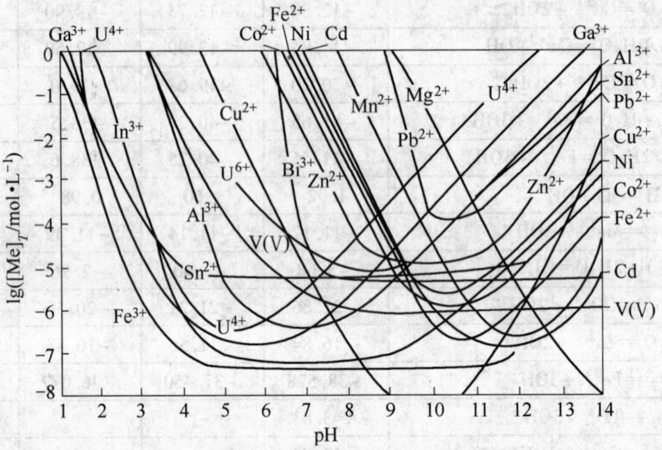

图 5-1　Me-H_2O 系 lg[Me]$_T$-pH 图（T=298K）

从图中可以看出这些曲线按其位置可分为 3 组，各自在不同的 pH 值段发生溶解或沉淀，控制溶液的 pH 值便可以实现它们的分离。U(Ⅳ)、Ga、Al、Sn、Zn 既可以溶解于酸，也可溶解于碱性溶液。

B　在氨水中的溶解度

金属的氢氧化物与氧化物在氨水中的溶解度对研究氨浸过程有一定的指导意义。J. 克拉格滕计算并绘制了各种金属-NH_3-水系的 lg[Me]$_T$-pH图，但他所给定的是游离 NH_3 的浓度。因而不便使用。杨显万等计算并绘制了 $Cu(OH)_2$、$Ni(OH)_2$、$Co(OH)_2$、ZnO、Ag_2O 在一定总氨浓度$[NH_3]_T$ 的氨水中的溶解度，分别表示于图 5-2 ~ 图 5-6[9]。

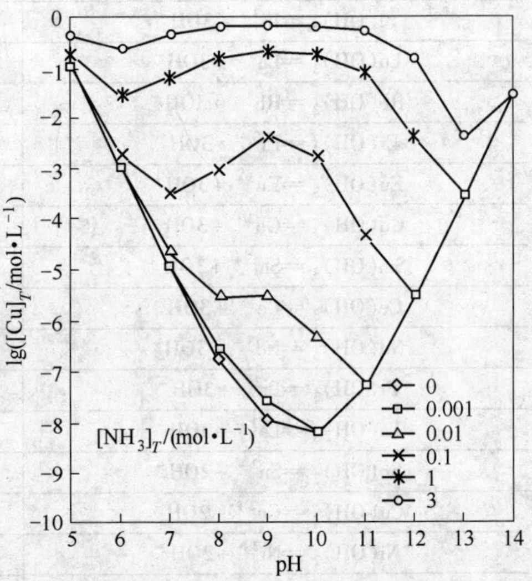

图 5-2　$Cu(OH)_2$ 在氨水中的溶解度（T=298K）

5.3.3　氯化物的溶解度

湿法冶金中遇到的难溶氯化物有 AgCl、$PbCl_2$、TlCl、SbOCl 与 BiOCl 等。

AgCl 在水中的溶解度与溶度积的一些关系数据如下：

T/K		298	323	348	373
$\lg K_{sp}$		−9.75	−8.93	−8.23	−7.60
银溶解度 /mg · L^{-1}	计算值	1.90	4.90		22.6
银溶解度 /mg · L^{-1}	实测值	1.95	5.40		21.00

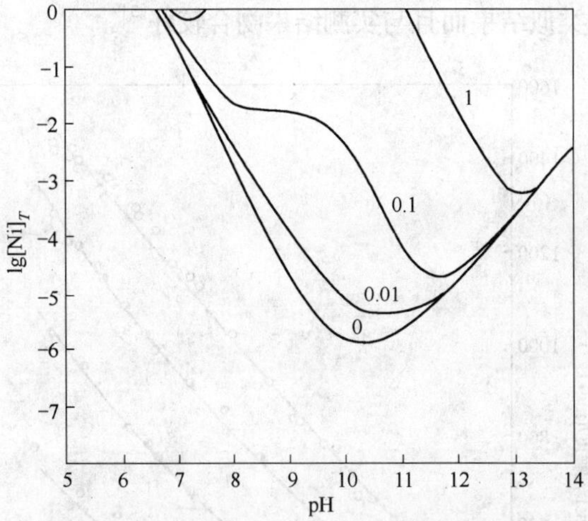

图 5-3 $Ni(OH)_2$ 在氨水中的溶解度

（$T=298K$；线上数字为溶液中 NH_3 总浓度 $[NH_3]_T$，单位为 mol/L）

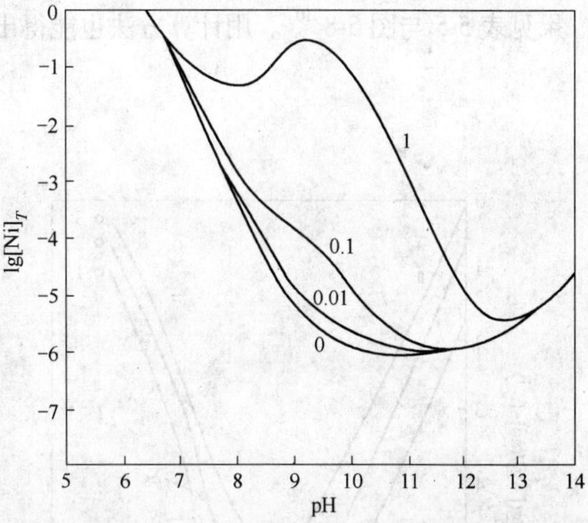

图 5-4 $Co(OH)_2$ 在氨水中的溶解度

（$T=298K$；线上数字为溶液中 NH_3 总浓度 $[NH_3]_T$，单位为 mol/L）

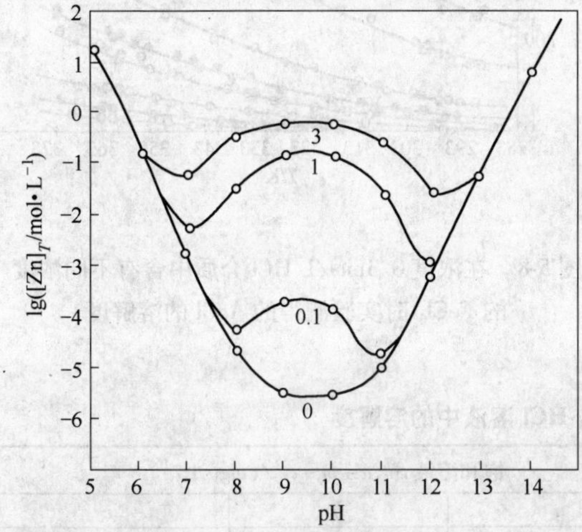

图 5-5 ZnO 在氨水中的溶解度

（$T=298K$；线上数字为溶液中 NH_3 总浓度 $[NH_3]_T$，单位为 mol/L）

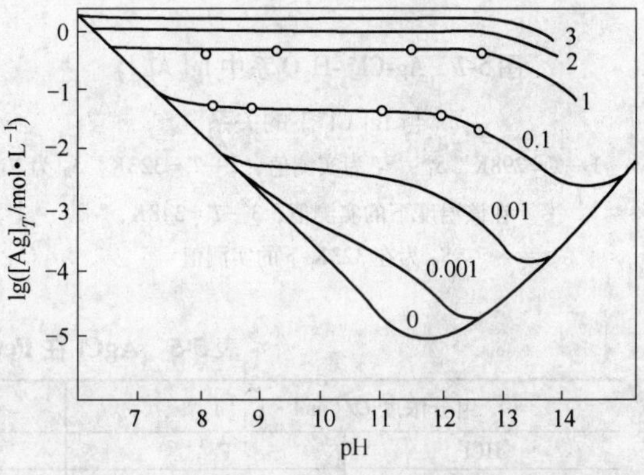

图 5-6 Ag_2O 在氨（铵）溶液中的溶解度

（$T=298K$；线上数字为溶液中氨的总浓度，mol/L；○为实测值）

由于 Ag^+ 与 Cl^- 的配合，AgCl 在含 Cl^- 的水溶液中的溶解度明显增加，在 Ag^+Cl^--H_2O 系的水溶液中银的总浓度 $[Ag]_T$ 与游离 Cl^- 浓度 $[Cl^-]$ 之关系见图 5-7[9]。

由图 5-7 可以看出，欲以 AgCl 形式从溶液中沉淀银，当水溶液中 $[Cl^-]$ 在 10^{-2}mol/L 左右时，沉淀最完全。钟竹前等计算出 $[Cl]_T$ 值为 $10^{-2.625}$ 时溶液中残留的银浓度达到最低点，在 298K 时仅为 $10^{-6.09}$mol/L（0.088mg/L）[23]。反之，欲使 AgCl 溶解，则其溶解度随溶液中 $[Cl^-]$ 或 $[Cl]_T$ 之增加而增大。在实践中常用氯盐（$FeCl_3 \cdot FeCl_2$，NaCl，$CaCl_2$），HCl 的水溶液来浸出 AgCl，但由于氯盐的阳离子与 Cl^- 的配合能力不同以及与 H_2O 水合的能力也不同，因而，即使在同一 $[Cl]_T$ 下，不同氯盐的水溶液溶解 AgCl 的能力也是不同的。

O. 代纳多（Dinardo）测定了 AgCl 在各种不同的氯盐水溶液中，在各种温度下的溶解度，结果见表 5-5 与图 5-8[10]。用计算方法也能得出类似结果而且与实测结果吻合较好[3]。

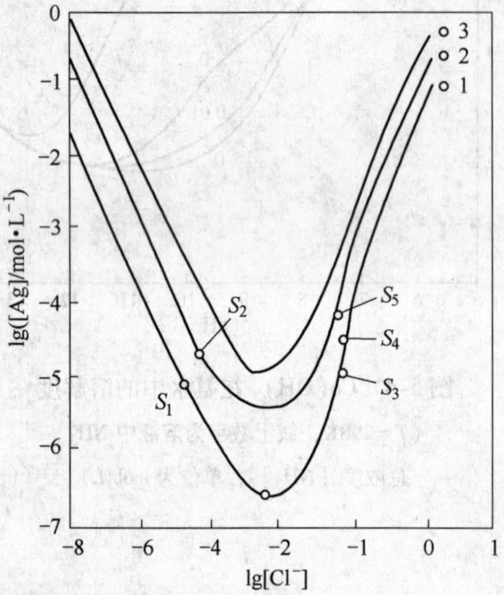

图 5-7　Ag-Cl^--H_2O 系中 $lg[Ag]_T$ 与 $lg[Cl^-]$ 的关系

1—T=298K，S_1、S_3 为实测值；2—T=323K，S_4 为在该温度下的实测值；3—T=348K，S_5 为在 323K 下的实测值

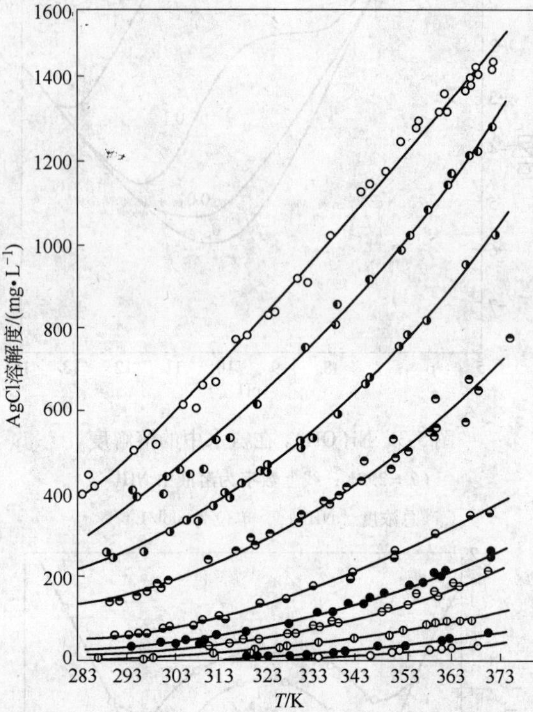

图 5-8　在浓度 0.3mol/L HCl 介质中含有不同浓度的 $FeCl_3$ 时实验测得的 AgCl 的溶解度

表 5-5　AgCl 在 $FeCl_3$-HCl 溶液中的溶解度

组分浓度 $C/(mol \cdot L^{-1})$		饱和溶液 $S = a + bt + ct^2/(mg \cdot L^{-1})$		
HCl	Fe^{3+}	a	b	c
0.3	0.0	4.502	−0.265	0.573×10^{-2}
0.3	0.1	13.506	−0.586	1.049×10^{-2}
0.3	0.3	7.765	−0.240	1.313×10^{-2}
0.3	0.5	21.650	−0.539	2.411×10^{-2}
0.3	0.6	23.701	−0.118	2.459×10^{-2}
0.3	1.0	23.048	0.939	2.407×10^{-2}
0.3	1.5	105.89	1.527	4.310×10^{-2}
0.3	2.0	193.10	1.960	6.363×10^{-2}
0.3	2.7	230.77	5.361	5.268×10^{-2}
0.3	3.2	364.30	10.591	1.350×10^{-2}
0.0	0.0	2.784	−0.008	0.264×10^{-2}
1.0	0.1	35.004	−1.111	2.750×10^{-2}
0.6	0.1	13.314	−0.567	1.510×10^{-2}
0.3	0.1	13.506	−0.586	1.409×10^{-2}
0.1	0.1	6.294	0.296	0.616×10^{-2}

注：S 为溶解度（饱和浓度），mg/L；t 为温度，℃。

O. 代纳多等测定了 AgCl 在硫酸介质中的溶解度[11]，以实测结果回归出计算 AgCl 溶解度的经验公式为：

$$S = Ate^{Bt} + C \tag{5-20}$$

式中，A、B、C 值列入表 5-6。

图 5-8 中各曲线表示不同浓度（$FeCl_3$）下 AgCl 的溶解度，其 $FeCl_3$ 浓度（mol/L）值自上而下依次为 3.2、2.7、2.0、1.5、1.0、0.6、0.5、0.3、0.1、0。

表 5-6 AgCl 的溶解度 $S = Ate^{Bt} + C$①

溶液成分					方程参数值		
H_2SO_4 浓度 $C/(mol \cdot L^{-1})$	$ZnSO_4$	Cu^{2+}	$Fe_2(SO_4)_3$ 浓度 $C/(mol \cdot L^{-1})$	HCl 浓度 $P/(mol \cdot L^{-1})$	A	B	C
0	0	0	0	0	2.291×10^{-2}	2.172×10^{-2}	−0.573
0.3	0	0	0.3	0	6.358×10^{-2}	1.621×10^{-2}	−1.413
0.3	0	0	0.5	0	6.215×10^{-2}	2.058×10^{-2}	−1.434
0.3	0	0	0.7	0	6.283×10^{-2}	1.868×10^{-2}	−1.236
0.3	0	0	1.0	0	3.572×10^{-2}	2.461×10^{-2}	−0.410
0.3	0	0	0.3	0	61.973×10^{-3}	2.061×10^{-2}	11.232×10^{-1}
				5	27.338×10^{-3}	2.592×10^{-2}	-14.808×10^{-1}
0.3	0	0	0.3	10	8.021×10^{-3}	3.611×10^{-2}	-5.745×10^{-1}
				25	2.367×10^{-3}	4.327×10^{-2}	-1.170×10^{-1}
				100	1.219×10^{-3}	3.960×10^{-2}	-1.111×10^{-1}
				200	0.872×10^{-3}	3.877×10^{-2}	-0.497×10^{-1}
	含 Zn 125g/L			0	71.893×10^{-3}	2.517×10^{-2}	−1.46533
				5	22.710×10^{-3}	3.328×10^{-2}	−1.27674
	Zn 以 $ZnSO_4$ 形式存在			25	6.595×10^{-3}	4.220×10^{-2}	−6.91581
				50	1.833×10^{-3}	5.007×10^{-2}	-3.291×10^{-2}
				200	0.447×10^{-3}	5.450×10^{-2}	3.860×10^{-2}
150g/L	0	含 Cu^{2+} 45g/L	0	0	5.063×10^{-3}	2.236×10^{-2}	3.967×10^{-1}
				5	4.696×10^{-3}	4.800×10^{-2}	-1.421×10^{-1}
				10	7.593×10^{-3}	3.735×10^{-2}	-6.653×10^{-1}
				25	1.043×10^{-3}	5.274×10^{-2}	-1.025×10^{-1}
				50	1.596×10^{-3}	4.216×10^{-2}	-2.437×10^{-1}
				200	7.391×10^{-4}	4.021×10^{-2}	-1.126×10^{-1}

①浓度 S 单位为 mg/L，t 的单位为温度，℃。

图 5-9 和图 5-10 是 AgCl 在 $ZnSO_4$-H_2SO_4-HCl-H_2O 与 $CuSO_4$-H_2SO_4-HCl-H_2O 系溶液中的溶解度，这些溶解度规律对阐明锌焙砂浸出与铜电解精炼时银的行为是很有用的。图 5-9的溶液含 Zn125g/L，以 $ZnSO_4$ 形式存在。图 5-10 的溶液含 Cu 45g/L、H_2SO_4 150g/L。

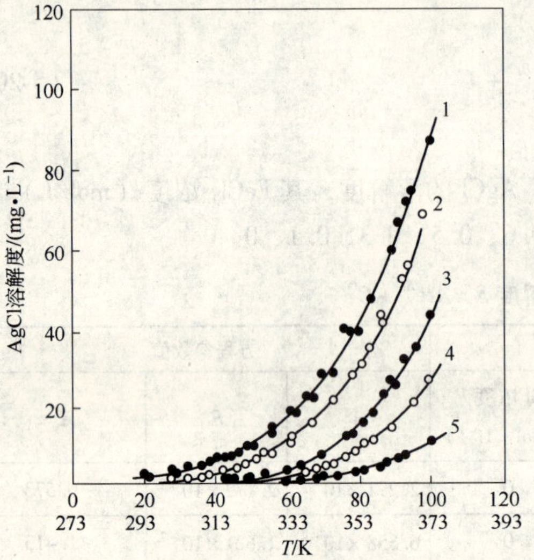

图 5-9　AgCl 在 $ZnSO_4 + H_2SO_4 + HCl + H_2O$ 系水溶液中的溶解度

1—0mg/L HCl；2—5mg/L HCl；3—25mg/L HCl；4—50mg/L HCl；5—20mg/L HCl

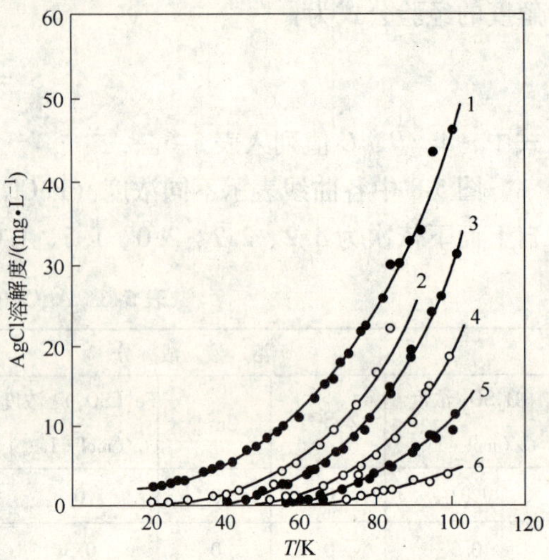

图 5-10　AgCl 在 $CuSO_4 + H_2SO_4 + HCl + H_2O$ 系中的溶解度

1—0mg/L HCl；2—5mg/L HCl；3—10mg/L HCl；4—25mg/L HCl；5—50mg/L HCl；6—200mg/L HCl

杨显万等计算了 AgCl 在氨水中的溶解度（$T = 298$K），其结果如图 5-11 所示[9]。

Pb^{2+} 与 Cl^- 生成一系列配合物，不同的研究者测定并计算出的铅氯配合物的累计生成常数值列入表 5-9，先后有不少人测定 $PbCl_2$ 的溶解度。J. O. 恩瑞古（Nriagu）与 G. M. 安德森（Anderson）测定了在 3mol/L（$NaCl + NaClO_4$）溶液中不同温度下 $PbCl_2$ 的溶解度，并回归出计算 $PbCl_2$ 溶解度的公式[11,12]：

$$S = \frac{A}{[Cl^-]} + \frac{B}{[Cl^-]} + C + D[Cl^-] + E[Cl^-]^2 \tag{5-21a}$$

式中　S——$PbCl_2$ 溶解度，mol/L；

$[Cl^-]$——溶液中游离 Cl^- 浓度，mol/L；

A，B，C，D，E——参数，其值列入表 5-7。

K. G. 坦等测量了 $PbCl_2$ 在不同浓度 HCl 与 NaCl 溶液中的溶解度[13]，并回归出计算 $PbCl_2$ 溶解度的经验公式

$$\lg S = A(1000/T) + B \tag{5-21b}$$

式中　S——$PbCl_2$ 溶解度，mmol/L；

t——20 ~ 100℃；

T——热力学温度。

公式（5-21b）的参数值列入表 5-8。

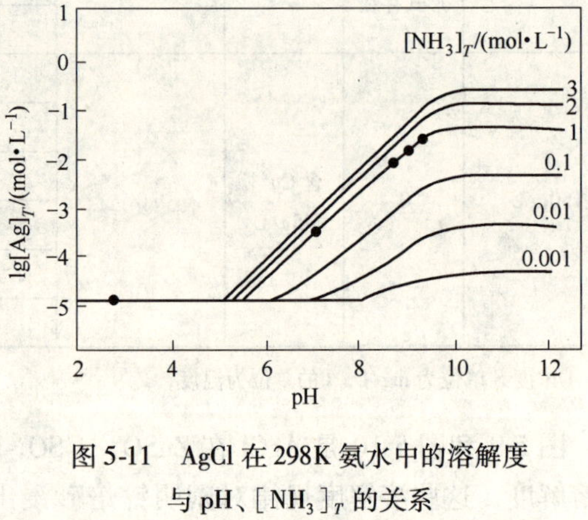

图 5-11　AgCl 在 298K 氨水中的溶解度与 pH、$[NH_3]_T$ 的关系

•—实测值

表 5-7 公式（5-21a）各参数值

参 数	T/K			
	301	313	333	363
A	7.0×10^{-4}	7.6×10^{-6}	9.0×10^{-6}	11.0×10^{-6}
B	1.1×10^{-4}	1.5×10^{-4}	2.3×10^{-4}	4.4×10^{-4}
C	0.91×10^{-3}	1.6×10^{-3}	3.2×10^{-3}	7.8×10^{-3}
D	2.1×10^{-3}	2.6×10^{-3}	3.8×10^{-3}	4.9×10^{-3}
E	1.3×10^{-3}	2.5×10^{-3}	5.6×10^{-3}	15.6×10^{-3}

表 5-8 公式（5-21b）的参数值

HCl 浓度 $C/(\text{mol}\cdot\text{L}^{-1})$	NaCl 浓度 $C/(\text{mol}\cdot\text{L}^{-1})$	A	B	相关系数
0.0	0	−0.712	3.9790	0.99998
0.1	0	−1.1510	4.0533	0.99592
0.2	0	−1.2634	4.2542	0.99761
0.3	0	−1.4589	4.7321	0.99823
0.7	0	−1.5357	4.8312	0.99677
1.0	0	−1.5948	4.9780	0.99833
1.5	0	−1.5564	4.8888	0.99001
3.0	0	−1.3764	4.4825	0.99698
0	1.0	−1.4392	4.6170	0.99447
0	2.0	−1.3487	4.4841	0.99179
0	3.0	−1.2808	4.4635	0.99540

J. O. 恩瑞古测定了不同温度下 $PbCl_2$ 的活度积（$I=3\text{mol/kg}$ 时）值如下：

T/K	301	313
K_{sp}	$(7.0\pm1.0)\times10^{-6}$	$(7.0\pm1.0)\times10^{-6}$
T/K	333	363
K_{sp}	$(9.0\pm1.5)\times10^{-6}$	$(11.0\pm2.0)\times10^{-6}$

在用公式（5-21a）进行计算时需要有溶液中游离氯根的浓度值［Cl^-］。在不同条件下实测得的［Cl^-］值列入表 5-9，由表 5-9 看出，当氯化物起始浓度≥1mol/L 时，饱和 $PbCl_2$ 后溶液中的［Cl^-］近似等于溶液中氯化物的起始浓度，误差不大。还可看出，$PbCl_2$ 溶解度不仅与溶液中 Cl^-浓度有关，而且还与氯盐的种类有关。

表 5-9 游离氯根［Cl^-］浓度 mol/L 值

介 质	T/K	起始氯化物浓度 $C/(\text{mol}\cdot\text{L}^{-1})$							
		0.1	0.2	0.3	0.7	1.0	1.5	2.0	3.0
NaCl	298	0.115	0.206	0.303	0.701	1.000	1.496	1.991	2.973
HCl	298	0.115	0.207	0.304	0.701	1.001	1.496	1.997	2.988

续表 5-9

介　质	T/K	起始氯化物浓度 $C/(\mathrm{mol \cdot L^{-1}})$							
		0.1	0.2	0.3	0.7	1.0	1.5	2.0	3.0
NaCl	301								
NaCl	313								
HCl	323	0.125	0.213	0.307	0.703	1.004	1.502	1.995	2.969
NaCl	333								
HCl	348	0.130	0.225	0.315	0.703	1.003	1.500	1.992	2.956
NaCl	363								
HCl	373	0.129	0.236	0.326	0.703	0.998	1.492	1.984	2.960

用 5.2.1 节所述的通用计算法可以求出 $PbCl_2$ 在不同成分溶液中的溶解度，但只有选用与所计算的溶液离子强度与温度相当时的溶度积与累计生成常数值，计算结果才与实测结果相吻合。用 J. O. 恩瑞古测定的在 $I=3\mathrm{mol/kg}$ 条件下 $PbCl_2$ 在不同温度下的溶度积计算 $PbCl_2$ 的溶解度，计算结果与实测值的对比示于图 5-12。

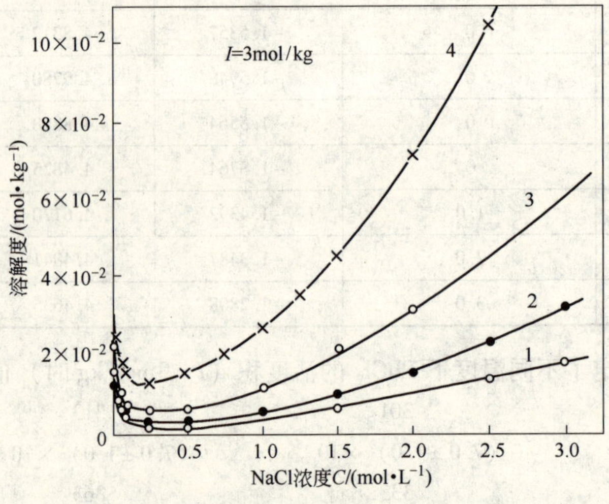

图 5-12　$PbCl_2$ 溶解度

1—301K；2—313K；3—333K；4—363K

5.3.4　硫化物的溶解度

在湿法冶金中常常通过难溶硫化物沉淀作为溶液净化或提取金属的手段。硫化物的溶解度与硫化物的性质、温度与溶液成分有关，各种硫化物在不同温度下的溶度积列入表 5-10。

表 5-10　各种硫化物在不同温度下的溶度积（$pK=-\lg K_{sp}$）

反　应	T/K				
	298	323	373	423	473
$Ag_2S = 2Ag^+ + S^{2-}$	49.14	45.37	39.70	35.57	32.9
$Bi_2S_3 = 2Bi^{3+} + 3S^{2-}$	104.05	98.37	90.58	86.2	84.0

续表 5-10

反 应	T/K				
	298	323	373	423	473
$CdS = Cd^{2+} + S^{2-}$	27.19	25.70	23.73	22.74	22.4
β-$CoS = Co^{2+} + S^{2-}$	19.74	18.94	18.1	17.9	18.1
$CuS = Cu^{2+} + S^{2-}$	35.85	33.76	30.85	29.11	28.16
$Cu_2S = 2Cu^{2+} + S^{2-}$	47.64	44.13	38.89	35.35	32.9
$FeS = Fe^{2+} + S^{2-}$	16.47	15.75	15.17	15.3	15.9
$FeS_2 = Fe^{2+} + S^{2-}$	26.27	24.86	22.95	22.0	21.6
$HgS = Hg^{2+} + S^{2-}$	52.7	49.1	43.9	40.4	38.1
$NiS = Ni^{2+} + S^{2-}$	21.03	20.19	19.26	19.05	19.33
$MnS = Mn^{2+} + S^{2-}$	12.95	12.59	12.4	12.8	13.5
$PbS = Pb^{2+} + S^{2-}$	28.06	26.28	23.89	22.63	22.13
$SnS = Sn^{2+} + S^{2-}$	27.53	26.04	24.08	23.08	22.73
ZnS（闪锌矿）$= Zn^{2+} + S^{2-}$	24.92	23.71	22.18	21.48	21.34
$ZnS = Zn^{2+} + S^{2-}$	23.10	22.07	20.83	20.35	20.38
$Cu_5FeS_4 = 4Cu^{+} + Cu^{2+} + Fe^{2+} + 4S^{2-}$	160.5	150.0	133.4	120.8	119.6
$CuFeS_2 = Cu^{2+} + Fe^{2+} + 2S^{2-}$	61.5	58.4	53.1	49.2	46.2

在含 S^{2-} 的水溶液有 S^{2-}、HS^- 和 H_2S 同时存在并有下列平衡：

$$H_2S \rightleftharpoons H^+ + HS^- \qquad K_1 = \frac{[H^+][HS^-]}{[H_2S]} \tag{5-22}$$

$$HS^- \rightleftharpoons H^+ + S^{2-} \qquad K_2 = \frac{[H^+][S^{2-}]}{[HS^-]} \tag{5-23}$$

不同温度下的 K_1 与 K_2 值列入表 5-11。

表 5-11 H_2S 离解反应的 $\lg K_1$ 与 $\lg K_2$ 值

T/K	$\lg K_1$	$\lg K_2$	T/K	$\lg K_1$	$\lg K_2$
298	-6.99	-13.90	423	-6.72	-10.62
323	-6.77	-13.13	473	-6.96	-9.57
333	-6.72	-12.84	523	-7.35	-8.61
373	-6.63	-11.78	573	-8.06	-7.72

在计算各种硫化物于不同条件下的溶解度时，也可以用 5.3.1 节所介绍的通用计算法，只是增加了 4 个未知数，即 $[S]_T$（溶液中负二价 S 的总浓度）、$[H_2S]$、$[HS^-]$ 与 $[S^{2-}]$，但可写出方程式（5-22）、式（5-23）与负二价硫的物质平衡方程

$$[S]_T = [H_2S] + [HS^-] + [S^{2-}]$$

由于方程式还少一个，故而上述 4 个数值中应有一个为已知。假定溶液中在溶解硫化物之前没有任何负二价硫的物种，则溶液中负二价硫是随着硫化物的溶解而进入溶液的。

如果硫化物的溶解度很小，溶液尚不能被 H_2S 饱和，则 $[S]_T$ 与硫化物的溶解度可以用简单的数学式关联。在另一种情况下，例如硫化物的溶解度足够大或者向水溶液中加入 H_2S 或 Na_2S 使溶液中的金属离子以硫化物的形式沉淀出来，则可认为溶液为 H_2S 所饱和。H_2S 在水溶液中的溶解度受多种因素影响。

H_2S 的溶解可用下式表达

$$H_2S(g) \Longrightarrow H_2S(aq)$$

H_2S 溶解这一过程的标准自由能变化为：

温度 T/K	298	323	348	373	423	473
$\Delta G^\ominus/(\mathrm{kJ \cdot mol^{-1}})$	5.86	7.95	10.05	12.56	19.26	21.77
AgK_T	−1.027	−1.285	−1.507	−1.758	−2.376	−2.402

平衡常数
$$K_T = \frac{a_{H_2S}}{f_{H_2S}p_{H_2S}} = \frac{[H_2S]\gamma_{H_2S}}{f_{H_2S}p_{总}x} \tag{5-24}$$

式中 a_{H_2S}——溶液中 H_2S 的活度；

f_{H_2S}——与溶液处于平衡状态的气相中 H_2S 的逸度系数；

p_{H_2S}——溶液上 H_2S 的平衡分压；

$p_{总}$——溶液上气体的总压力；

x——溶液上气相中 H_2S 所占的分数。

由式（5-24）可得：

$$[H_2S] = K_T\frac{f_{H_2S}p_{总}x}{\gamma_{H_2S}} \tag{5-25}$$

从式（5-24）看出，H_2S 在溶液中的饱和浓度（溶解度）受温度、压力和溶液成分几个因素的影响。

温度：温度的影响主要反映在 K_T 上，随温度升高，K_T 减小，$[H_2S]$ 也下降；

压力：$p_{总}$ 增大，$[H_2S]$ 也增大；

溶液成分：溶液中其他溶质的种类与浓度的变化必然引起 γ_{H_2S} 与溶液水活度，a_{H_2O} 的改变。

式（5-24）中各参数，f_{H_2S} 可在牛顿图中查找；$p_{总}x$ 可用下面的方式求得。假定溶液上的气相仅由水蒸气和 H_2S 组成，则可认为

$$p_{总} = p_{H_2O} + p_{H_2S}$$

$$p_{H_2S} = xp_{总} = p_{总} - p_{H_2O}$$

式中，p_{H_2O} 为溶液上水蒸气的平衡分压。根据拉乌尔定律

$$p_{H_2S} = p_{总} - p_{H_2O} \times a_{H_2O}$$

式中 p_{H_2O}——纯水的蒸气压；

a_{H_2O}——溶液的水活度。

a_{H_2O} 可在某些文献中查找，或由溶液的渗透系数计算：

$$\lg a_{H_2O} = -\frac{\nu m M_{H_2O}}{100}\phi$$

式中　ϕ——溶液的渗透系数；

m——溶液的质量摩尔浓度，mol/kg；

M_{H_2O}——水的分子量；

ν——水溶液中电解质正负离子计算系数之和。

溶液的渗透系数可用皮泽尔（Pitzer）法求得。在各种盐的水溶液中，中性分子 H_2S 的活度系数可用谢琴诺夫（Setchenov）公式计算[14]。

$$\lg\gamma_{H_2S} = k_s m_s$$

式中　k_s——盐系数；

m_s——盐的质量摩尔浓度，mol/kg。

恩瑞古给出了计算 H_2S 在 NaCl 溶液中在 363K 时的溶解度的公式

$$S_{H_2S} = 55.5KA - 2.25KAm_{NaCl}$$

$$A = 1 - p^*_{H_2O}\exp(-2\theta m_{NaCl}/55.5)$$

式中　K——亨利（Henry）定律常数；

θ——溶液的渗透系数；

m_{NaCl}——溶液中 NaCl 的质量摩尔浓度，mol/kg；

$p^*_{H_2O}$——纯水的蒸汽压（0.1MPa）。

计算用的参数与计算结果列入表 5-12。

表 5-12　H_2S 在 NaCl 溶液中的溶解度（T=363K）

参　数	NaCl 浓度 $m/(mol \cdot kg^{-1})$			
	0	1.0	2.0	3.0
渗透系数		0.941	0.994	1.05
亨利定律常数	1426	1725	2068	2496
H_2S 溶解度/$(mol \cdot kg^{-1})$	0.0120	0.0105	0.0089	0.0076
γ	1.0	1.17	1.36	1.59

从表 5-12 中的数据可以得出

$$\lg\gamma_{H_2S} = 0.0666 m_{NaCl}$$

在计算硫化物溶解度时除了要考虑溶液中各种配位体的配合作用外，还必须注意到某些硫化物能与 H_2S 和 HS^- 生成配合物，例如 PbS 有

$$PbS(s) + H_2S(aq) + HS^-(aq) \rightleftharpoons Pb(HS)_3(aq)$$

配合反应的平衡常数值在 363K 时为 $10^{-2.1}$。

$$PbS(s) + H_2S(aq) + HS^-(aq) \rightleftharpoons Pb(HS)_3^-$$

其平衡常数在 363K 时为 $\lg K = -2.54$

$$Ag^+(aq) + HS^-(aq) \rightleftharpoons AgSH^0(aq),\quad \lg\beta_1 = 13.3$$

$$Ag^+(aq) + 2HS^-(aq) \rightleftharpoons Ag(SH)_2^-,\quad \lg\beta_2 = 17$$

$$2Ag(HS)_2^- \rightleftharpoons Ag_2S_3H_2^{2-} + H_2S(aq), \quad \lg\beta_3 = 3.2$$

Hg^{2+} 也会与硫根配合

$$Hg^{2+} + 2S_2^{2-} \rightleftharpoons HgS_2^{2-}, \quad \lg\beta_2 = 51.5$$

$$Hg^{2+} + 2HS^- \rightleftharpoons Hg(HS)_2^0, \quad \lg\beta_2 = 37.7$$

$$Hg(SH)_2 \rightleftharpoons HgS_2H^- + H^+, \quad \lg K = 6.2$$

上述各常数值是在293K、0.1MPa 和 0.1mol/L NaCl 介质中测定的。

若不考虑配合作用，可计算得出 pH = 13 时 Ag_2S 的溶解度仅为 $10^{-23.05}$mol/L。G. 施奇曾巴奇（Schwarzenbach）[25]以放射性化学法实测得 Ag_2S 的溶解度在 pH = 13 时约为 10^{-8} mol/L，比计算值大出 14 个数量级。由此可以看出，配合作用对溶解度影响之巨大，实测结果示于图 5-13a。图 5-13 溶液所含 S 总浓度为 $S_T = [H_2S] + [HS^-] + [S^-] = 0.02$mol/L、离子强度为 $I = 0.1$mol/kg($NaClO_4$)、293K。

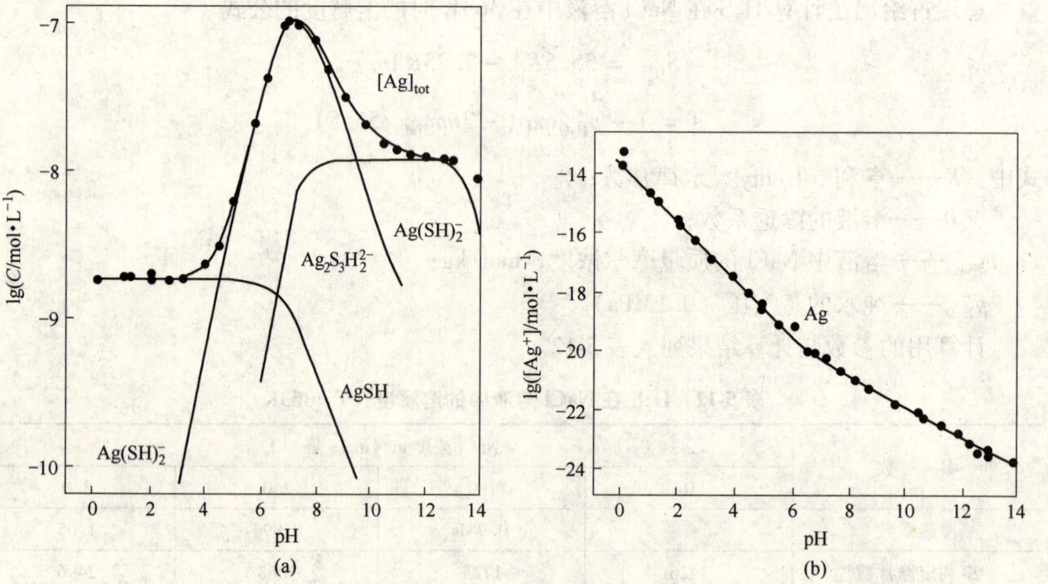

图 5-13 Ag_2S 的溶解度

（a）可溶的银配合物和总的 Ag(Ⅰ) 随 pH 值的变化曲线；

（b）游离［Ag^+］随 pH 的变化曲线

国内外很多研究者都实测和计算了金属硫化物在被 H_2S 饱和的含 Cl^- 的水溶液中的溶解度。N. W. 希勒尔斯（Hinners）[16] H. D. 荷良德（Holland）[17]实测了 ZnS 于 353K 下在为 H_2S 饱和了的 1mol/L 和 3mol/L NaCl 水溶液中的溶解度。B. N. 梅伦特耶夫（Melentyev）等人[18]于 1969 年研究了 ZnS、Ag_2S 和 Cu_2S 在 373 ~453K、稀的盐酸溶液中的溶解度。

G. M. 安德森（Anderson）（1962）研究并实测了 PbS 在 H_2S 水溶液中的溶解度[12]，恩瑞古研究并实测了 PbS 在 363K、饱和了 H_2S 的 NaCl 水溶液中的溶解度，以及 PbS 在 3mol/L NaCl-HCl-H_2O 溶液中于 301K、333K、363K、393K、473K 下的溶解度，其测定结果示于图 5-14。

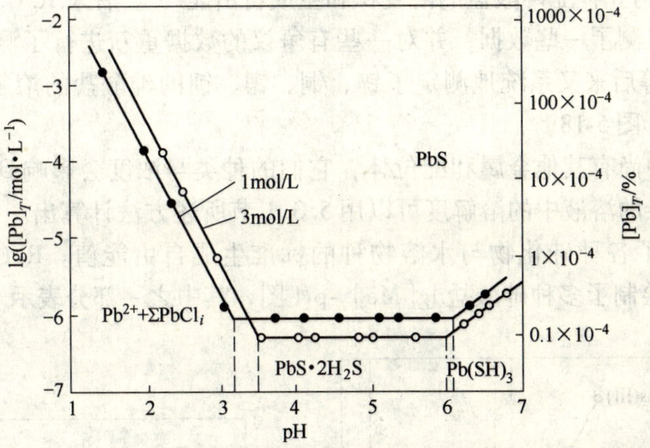

图 5-14　PbS 在饱和 H_2S 的 NaCl 溶液中的溶解度（363K、0.1MPa）

Sb_2S_3 能显著地溶解于盐酸溶液。谢祥林、杨天足计算了 Sb_2S_3 在盐酸中的溶解度，其计算结果示于图 5-15、图 5-16[24]。

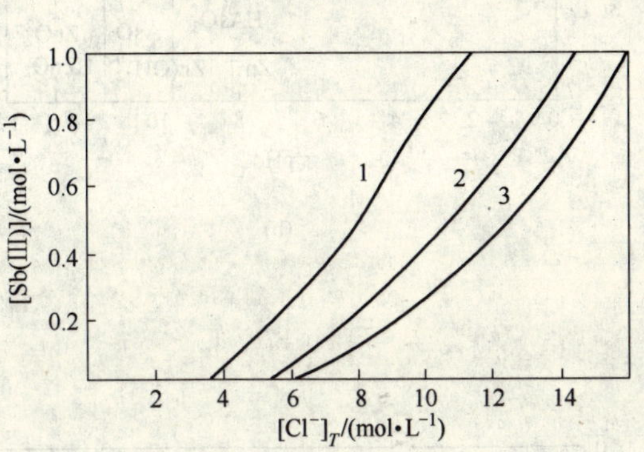

图 5-15　$[Sb^{3+}]_T$ 与 $[Cl^-]_T$ 的关系 $[H^+]=10$

1—$[H_2S]=0.1$mol/L；2—$[H_2S]=0.05$mol/L；

3—$[H_2S]=0.01$mol/L

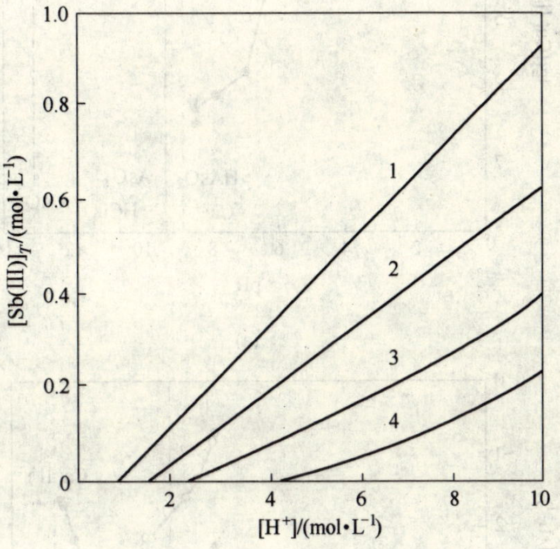

图 5-16　$[Sb^{3+}]_T$ 与 $[H^+]$ 的关系

（$[H_2S]=0.05$）

1—$[Cl^-]_T=14$mol/L；2—$[Cl^-]_T=12$mol/L

3—$[Cl^-]_T=10$mol/L；4—$[Cl^-]_T=8$mol/L

5.3.5 砷酸盐的溶解度

许多有色金属矿含砷，因此，湿法冶金过程常常遇到砷的问题，砷酸盐的溶解度以及各种因素的影响有助于说明在湿法冶金过程中砷的行为。

5.3.5.1 砷酸盐在水中的溶解度

不少研究者测定过砷酸盐在水中的溶解度。B. T. 楚克兰采夫于 1956 年和 1957 年测定了 17 种砷酸盐与 6 种亚砷酸盐的溶度积和生成自由能[19]。后来 R. G. 罗宾斯（Robins）在他们的基础上又测了一些数据，并对一些有争议的数据重新进行了测定[20]。T. 西村尼欣（Nishimura）等后来又系统地测定了锌、铜、锶、钡的砷酸盐的溶解度[21]，其部分结果表示于图 5-17、图 5-18。

如果水溶液中尚有其他金属和配位体，它们的种类与浓度会影响到砷酸盐的溶解度。砷酸盐在成分复杂的溶液中的溶解度可以用 5. 3. 1 节所述方法计算出。为便于读者自行计算，表 5-13 给出了各种砷化物与水溶物种的标准生成自由能值。R. G. 罗宾斯与 T. 西村[21,22]等计算并绘制了多种砷酸盐 lg[Me]$_T$-pH 图，其中之一部分表示于图 5-18。

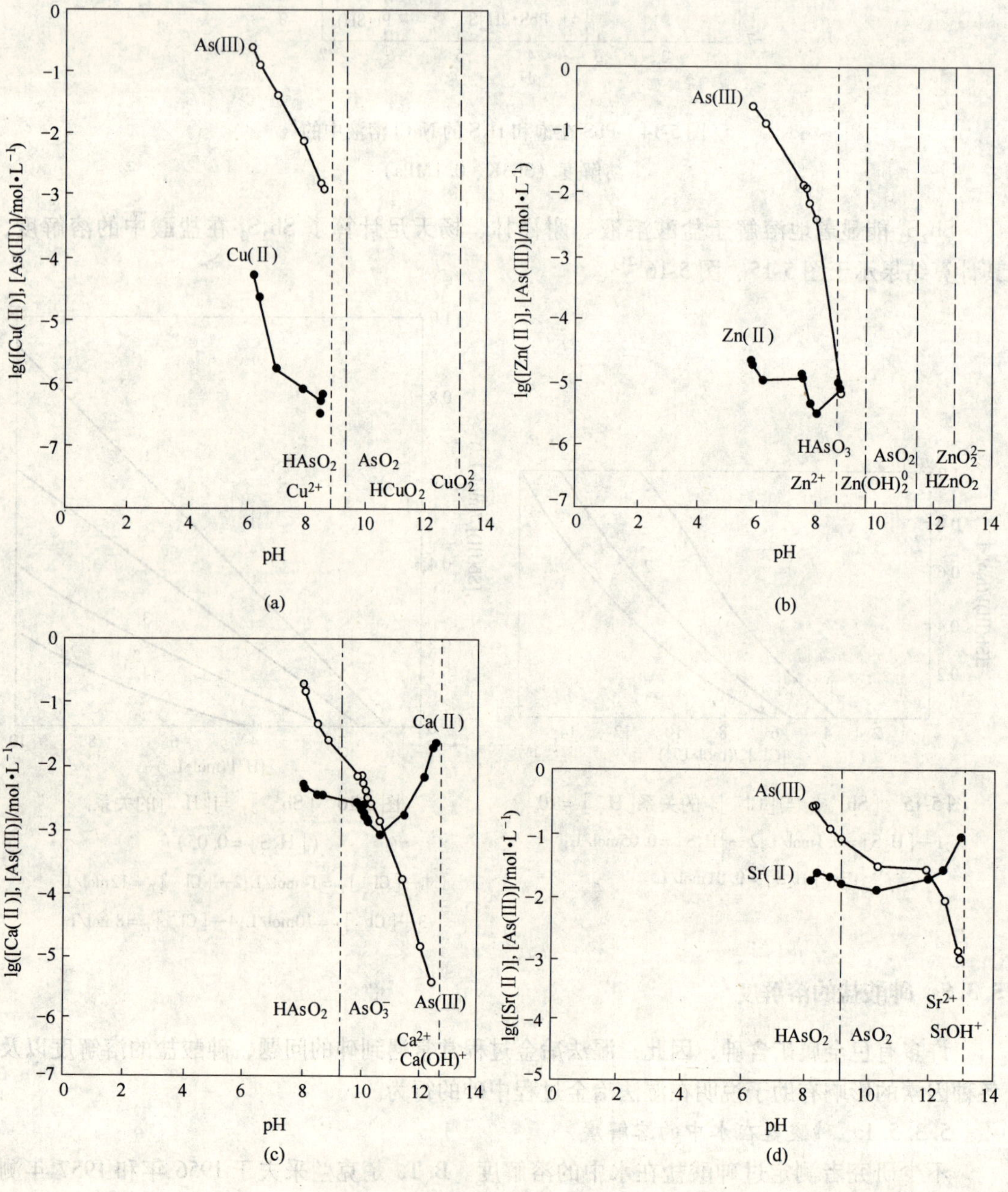

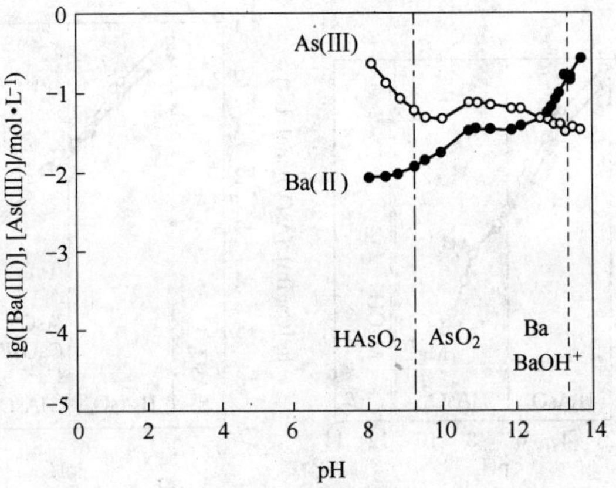

(e)

图 5-17 As(Ⅲ)酸盐溶解度的实测值

(a)Cu-As(Ⅲ)-H_2O 系;(b)Zn-As(Ⅲ)-H_2O 系;(c)Ca-As(Ⅲ)-H_2O 系;

(d)Sr-As(Ⅲ)-H_2O 系;(e)Ba-As(Ⅲ)-H_2O 系

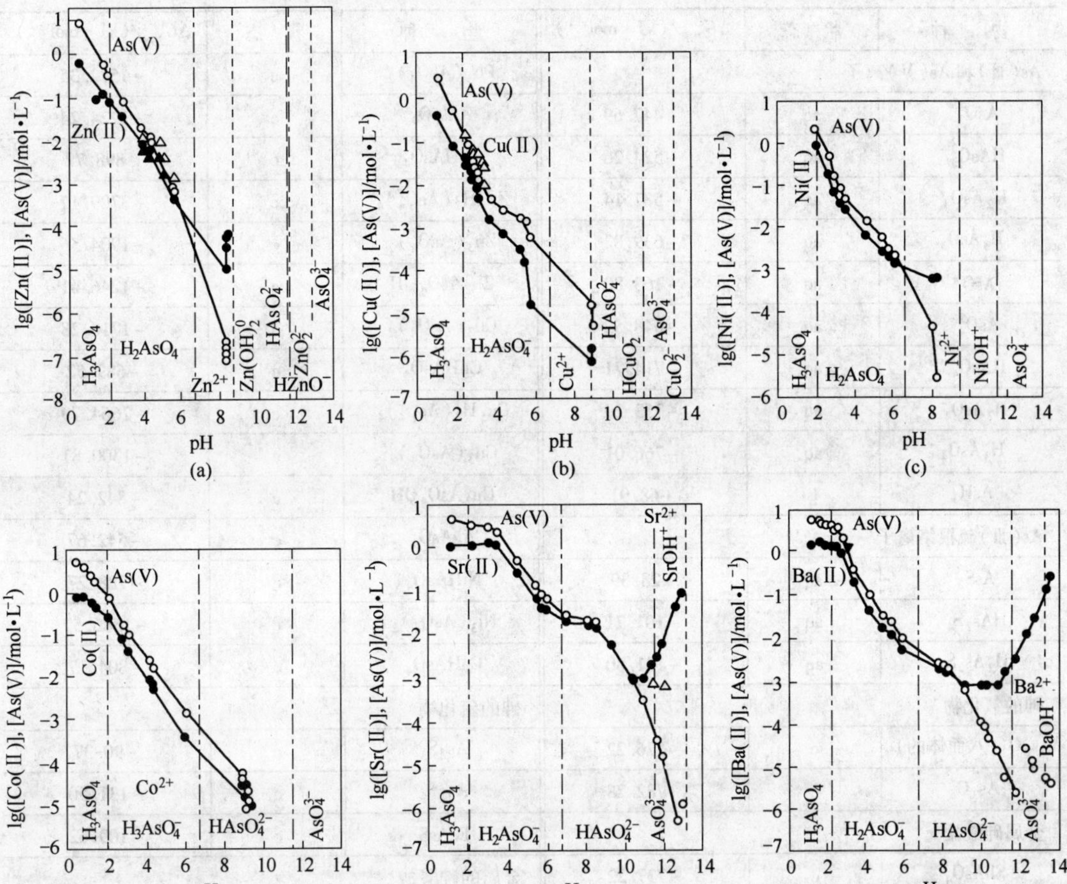

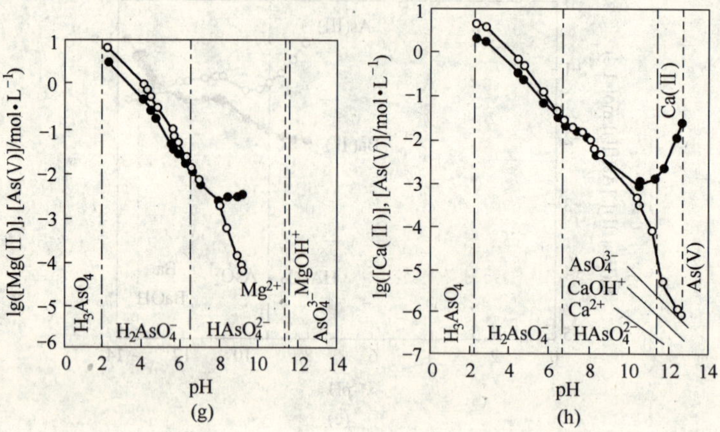

图 5-18　As(Ⅴ)酸盐溶解度实测值

(a)Zn-As(Ⅴ)-H_2O 系；(b)Cu-As(Ⅴ)-H_2O 系；(c)Ni-As(Ⅴ)-H_2O 系；(d)Co-As(Ⅴ)-H_2O 系；(e)Sr-As(Ⅴ)-H_2O 系；(f)Ba-As(Ⅴ)-H_2O 系；(g)Mg-As(Ⅴ)-H_2O 系；(h)Ca-As(Ⅴ)-H_2O 系

表 5-13　砷化合物与水溶物种标准生成自由能值

物　种	状　态	$\Delta G^{\ominus}_{298}$/(kJ·mol^{-1})	物　种	状　态	$\Delta G^{\ominus}_{298}$/(kJ·mol^{-1})
As(Ⅲ)和 As(Ⅴ)离子			$Pb_3(AsO_4)_2$	c	−1572.35
AsO_3^{3-}	aq	−447.69	$AlAsO_4$	c	−1224.24
$HAsO_3^{2-}$	aq	−524.26	$ZnHAsO_4$	c	−898.72
$H_2AsO_3^-$	aq	−587.14	$Zn_5H_2(AsO_4)_4$	c	−3709.12
H_3AsO_3	aq	−639.82	$Zn_3(AsO_4)_2$	c	−1904.56
AsO^+	aq	−163.80	Zn_2AsO_4OH	c	−1246.41
AsO_4^{3-}	aq	−648.52	$Cd_3(AsO_4)_2$	c	−1716.28
$HAsO_4^{2-}$	aq	−714.71	$CuHAsO_4$	c	−689.52
$H_2AsO_4^-$	aq	−753.29	$Cu_5H_2(AsO_4)_4$	c	−2664.79
H_3AsO_4	aq	−766.01	$Cu_3(AsO_4)_2$	c	−1300.81
AsH_3	g	+68.91	Cu_2AsO_4OH	c	−842.24
As(Ⅲ)硫根络离子			$AgAsO_4$	c	−542.67
AsS_2^-	aq	−23.39	$NiHAsO_4$	c	−788.27
$HAs_2S_4^-$	aq	−101.71	$Ni_3(AsO_4)_2$	c	−1586.57
$H_2As_2S_4$	aq	−131.80	$CoHAsO_4$	c	−804.17
砷的氧化物			砷的硫化物		
As_2O_3(八面体的)	c	−576.22	As_2S_3	c	−90.37
As_2O_5	c	−782.28	As_4S_4	c	−131.50
金属砷酸盐			FeAsS	c	−109.62
$SbAsO_4$	c	−737.22	金属的砷酸盐		
$BiAsO_4$	c	−619.23	$Zn(AsO_2)_2$	c	−918.81

续表 5-13

物 种	状 态	$\Delta G_{298}^{\ominus}/(kJ\cdot mol^{-1})$	物 种	状 态	$\Delta G_{298}^{\ominus}/(kJ\cdot mol^{-1})$
$3ZnO\cdot As_2O_3$	c	-1572.35	$MgHAsO_4$	c	-1187.42
$Cu(AsO_2)_2$	c	-701.66	$Mg_3(AsO_4)_2$	c	-2775.25
$Ca(AsO_2)_2$	c	-1292.02	$Ca(H_2AsO_4)_2$	c	-2053.93
$CaAsO_2OH$	c	-1112.94	$CaHAsO_4$	c	-1287.42
$Sr(AsO_2)_2$	c	-1286.58	$Ca_5H_2(AsO_4)_4$	c	-5636.69
$Sr(AsO_2)OH$	c	-1097.88	$Ca_3(AsO_4)_2$	c	-3060.60
$BaH(AsO_2)_3$	c	-1701.21	Ca_2AsO_4OH	c	-1987.82
$Ba(AsO_2)_2$	c	-1285.32	$SrHAsO_4$	c	-1292.02
$Ba_2(AsO_2)_3OH$	c	-2385.72	$Sr_3(AsO_4)_2$	c	-3063.94
$Ba_5(AsO_2)_6(OH)_4$	c	-5668.07	$Sr_7(AsO_4)_4(OH)_2$	c	-7062.17
$Co_3(AsO_4)_2$	c	-1624.65	$Ba(H_2AsO_4)_2$	c	-2069.83
$FeAsO_4$	c	-768.60	$BaHAsO_4$	c	-1304.57
$Mn_3(AsO_4)_2$	c	-2145.14	$Ba_3(AsO_4)_2$	c	-3076.91
$CrAsO_4$	c	-978.64			

需要指出的是，尽管热力学计算的结果在一定范围内能与实测结果吻合，但实际情况要复杂得多。以 $FeAsO_4$ 为例，图 5-19（c）是罗宾斯[22]所绘制的 Fe-As(Ⅴ)-H_2O 系溶解度图，图上标出了一些实测数据，从图上可以看出在 $FeAsO_4$ 转化为 $Fe(OH)_3$ 的 pH 范围内，实测 $[As]_T$ 大大低于Ⅱ线所表示的计算值。这是因为在热力学计算过程中并未能把诸如吸附与共沉淀等作用对 As(Ⅴ) 浓度的影响考虑进去。

5.3.5.2 *硫酸根对砷酸盐溶解度的影响*

钙、锶和钡能与硫酸根生成难溶物，其砷酸盐在有硫酸根存在的溶液中的溶解度同时受硫酸盐溶解度的制约。例如在 As(Ⅴ)-Ca-SO_4^{2-}-H_2O 系溶液中，其 Ca^{2+} 的平衡浓度受硫酸钙溶解平衡的制约：

$$CaSO_4\cdot 2H_2O(s) = Ca^{2+} + SO_4^{2-} + 2H_2O$$

$$K_1 = [CA^{2+}][SO_4^{2-}] \qquad K_1 = 10^{-4.37}$$

$$[Ca^{2+}] = K_1[SO_4^{2-}]^{-1}$$

$$Ca(AsO_2)_2(s) = Ca^{2+} + 2AsO_2^-$$

$$K_2 = [Ca^{2+}][AsO_2^-]^2 \qquad K_2 = 10^{-6.76}$$

$$[AsO_2^-] = K_2^{1/2}[Ca^{2+}]^{-1/2} = K_1^{-1/2}K_2^{1/2}[SO_4^{2-}]^{1/2} \tag{5-26}$$

由式（5-26）可见，水溶液中砷浓度受 SO_4^{2-} 浓度的影响，用 5.2.1 节所述的方法可以计算出在 SO_4^{2-} 介质中砷酸钙等的溶解度。T. 西村等[21]计算并测定了这些溶解值，结果

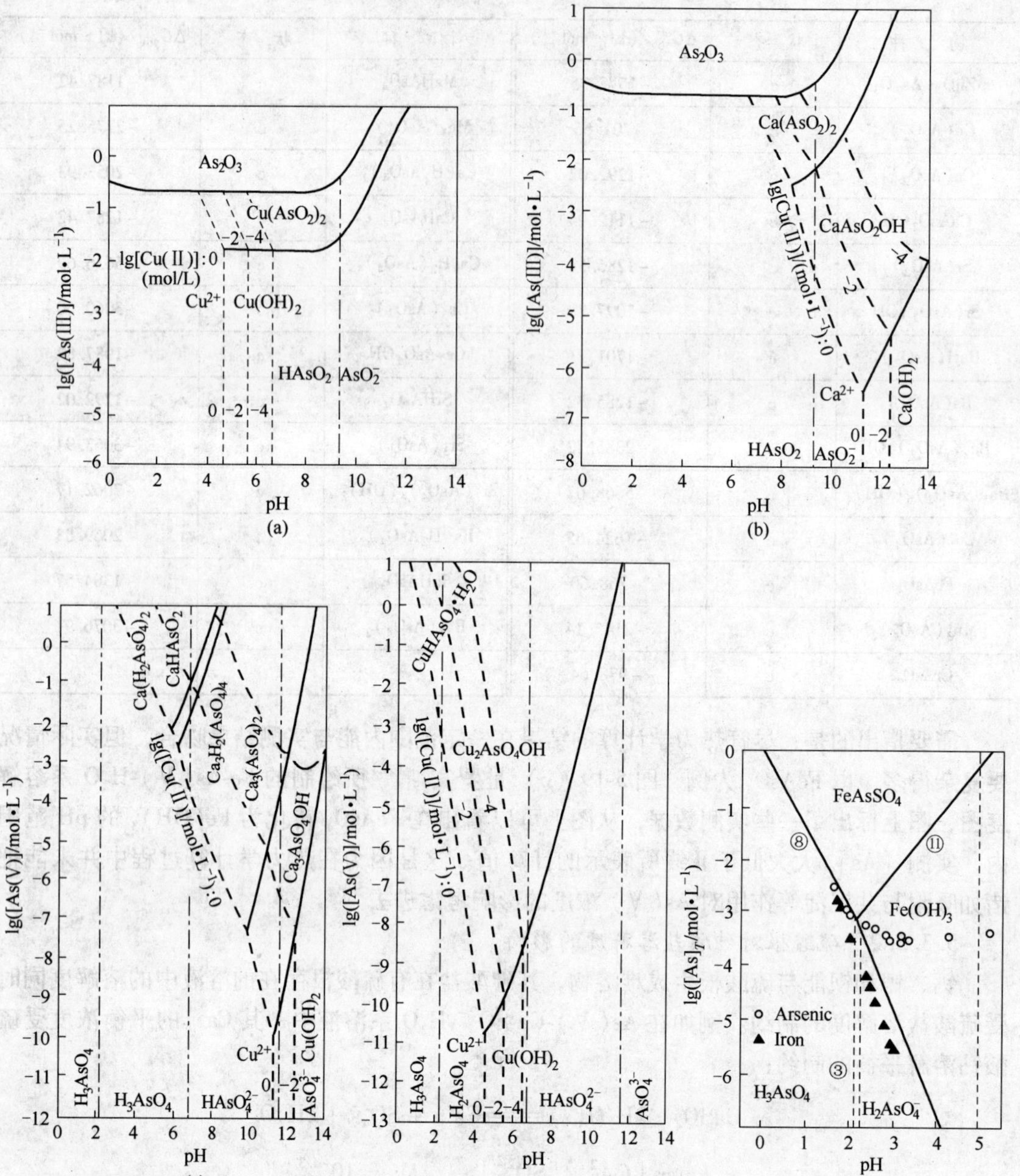

图 5-19　砷酸盐 lg[Me]$_T$-pH 图

(a) Cu-As(Ⅲ)-H_2O 系；(b) Ca-As(Ⅲ)-H_2O 系；(c) Ca-As(Ⅴ)-H_2O 系；
(d) Cu-As(Ⅴ)-H_2O 系；(e) As(Ⅴ)-Fe-H_2O 系（○和▲为实测值）

如图 5-20 所示，计算结果以线表示，测定结果以点表示，二者吻合较好。

5.3.5.3　碳酸根对砷酸盐溶解度的影响

空气中的 CO_2 不可避免地溶解于水溶液中，CO_2 的溶解能明显地改变砷酸盐的溶解度。在高 pH 范围内有的金属的砷酸盐会转化为碳酸盐，例如 $Co_3(AsO_4)_2$、$Pb_3(AsO_4)_2$、

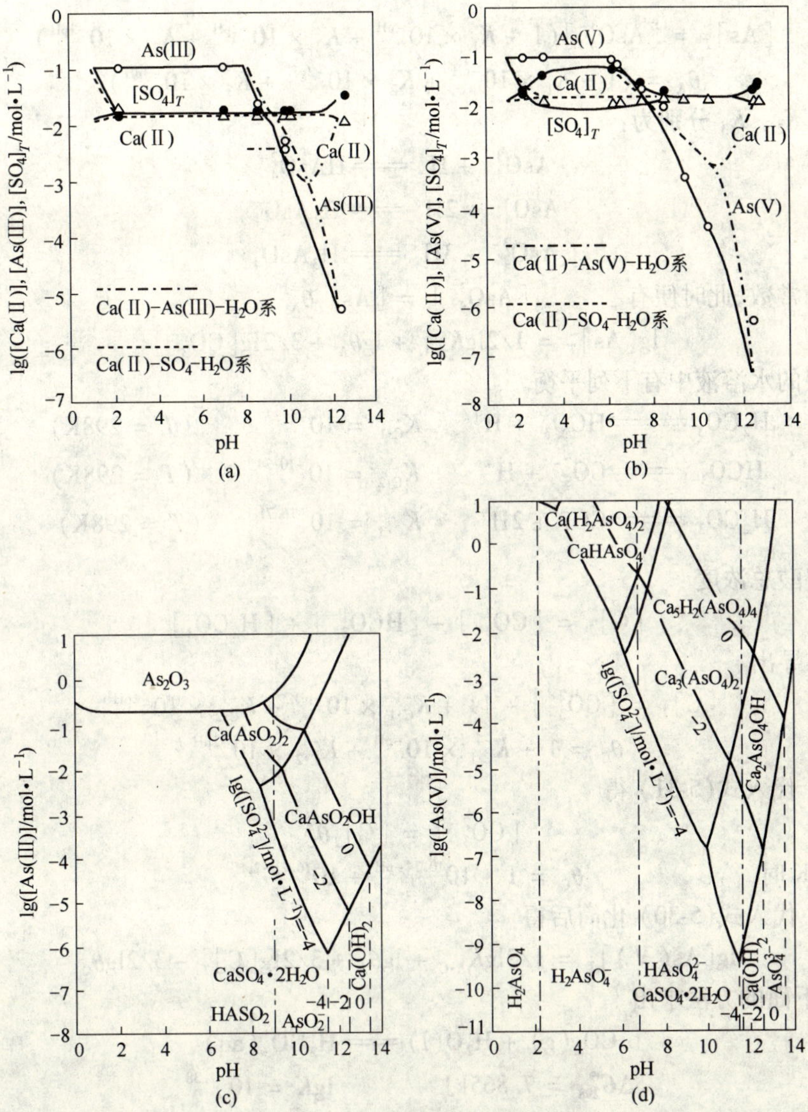

图 5-20 Ca-As-SO_4-H_2O 系溶解度

(a) Ca-As(Ⅲ)SO_4^{2-}-H_2O 系(实测);(b) Ca-As(Ⅴ)-SO_4^{2-}-H_2O 系(实测);

(c) Ca-As(Ⅲ)-SO_4^{2-}-H_2O 系;(d) Ca-As(Ⅴ)-SO_4^{2-}-H_2O 系

$Mn_3(AsO_4)_2$、$Sr(AsO_4)_2$、$Ba_3(AsO_4)_2$、$Cd_3(AsO_4)_2$、$Ca_3(AsO_4)_2$ 转化为 $MeCO_3$ 与 AsO_4^{3-};Ag_3AsO_4、Hg_3AsO_4 等转化为 Me_2CO_3 与 AsO_4^{3-};$Mg(AsO_4)_2$ 转化为 $4MgCO_3 \cdot Mg(OH)_2 \cdot 4H_2O$;$Zn_3(AsO_4)_2$ 转化为 $2ZnCO_3 \cdot 3Zn(OH)_2$ 等。

以二价金属的砷酸盐为例,讨论 CO_2 对其溶解度的影响:

$$Me_3(AsO_4)_2(s) + 3CO_3^{2-}(aq) = 3MeCO_3(s) + 2AsO_4^{3-}(aq) \quad (5\text{-}27)$$

例如:

$$Ca_3(AsO_4)_2(s) + 3CO_3^{2-}(aq) = 3CaCO_3(s) + 2AsO_4^{3-}(aq)$$

$$\lg K_{A \cdot C} = 2\lg[AsO_4^{3-}] - 3\lg[CO_3^{2-}] \quad (5\text{-}28)$$

可以推导出

$$[As]_T = [AsO_4^{3-}](1 + K_1 \times 10^{-pH} + K_2 \times 10^{-2pH} + K_3 \times 10^{-3pH})$$

令　$$\theta_A = (1 + K_1 \times 10^{-pH} + K_2 \times 10^{-2pH} + K_3 \times 10^{-3pH})$$

式中，K_1、K_2、K_3 分别为：

$$AsO_4^{3-} + H^+ \longrightarrow HAsO_4^{2-}$$

$$AsO_4^{3-} + 2H^+ \longrightarrow H_2AsO_4^-$$

$$AsO_4^{3-} + 3H^+ \longrightarrow H_3AsO_4$$

三式的平衡常数,此时便有　$$[AsO_4^{3-}] = [As]_T\theta_A^{-1} \quad (5\text{-}29)$$

则有　$$\lg[As]_T = 1/2\lg K_{A.C} + \lg\theta_A + 3/2\lg[CO_3^{2-}] \quad (5\text{-}30)$$

在含碳酸根的水溶液中有下列平衡

$$H_2CO_3 \rightleftharpoons HCO_3^- + H^+ \qquad K_{C\cdot1} = 10^{-6.37} \qquad (T = 298K)$$

$$HCO_3^- \rightleftharpoons CO_3^{2-} + H^+ \qquad K_{C\cdot2} = 10^{-10.34} \qquad (T = 298K)$$

$$H_2CO_3 \rightleftharpoons CO_3^- + 2H^+ \qquad K_{C\cdot3} = 10^{-16.71} \qquad (T = 298K)$$

水溶液中碳酸总浓度

$$[C]_T = [CO_3^{2-}] + [HCO_3^{1-}] + [H_2CO_3]$$

由此可以推导出

$$[C]_T = [CO_3^{2-}] + \{1 + K_{C\cdot1}^{-1} \times 10^{-pH} + K_{C\cdot2}^{-1} \times 10^{-2pH}\} \quad (5\text{-}31)$$

令　$$\theta_C = 1 + K_{C\cdot1}^{-1} \times 10^{-pH} + K_{C\cdot2}^{-1} \times 10^{-2pH} \quad (5\text{-}32)$$

将式(5-32) 代入式(5-31) 得

$$[CO_3^{2-}] = [C]_T\theta_C^{-1} \quad (5\text{-}33)$$

当 $T = 298K$ 时　$$\theta_C = 1 + 10^{10.34-pH} + 10^{16.71-2pH} \quad (5\text{-}34)$$

将式(5-33) 代入式(5-30) 化简后得

$$\lg[As(V)]_T = 1/2\lg K_{A\cdot C} + \lg\theta_A + 3/2\lg[C]_T - 3/2\lg\theta_C \quad (5\text{-}35)$$

$[C]_T$ 可按下面的方法求出

$$CO_2(g) + H_2O(l) \longrightarrow H_2CO_3(aq)$$

$$\Delta G_{298}^{\ominus} = 7.865kJ \qquad \lg K = 10^{-1.38}$$

$$\lg K = \lg[H_2CO_3] - \lg p_{CO_2} \quad (5\text{-}36)$$

在与大气接触时 $p_{CO_2} = 10^{-3.52}$

由式(5-36) 得　$$\lg K = 3.52 + \lg[H_2CO_3] = -1.38 \quad (5\text{-}37)$$

$$[C]_T = [H_2CO_3] + [HCO_3^{1-}] + [CO_3^{2-}]$$

$$= [H_2CO_3]\{1 + K_{C\cdot1}[H^+]^{-1} + K_{C\cdot2}[H^+]^{-2}\}$$

当 $T = 298K$ 时　$$[C]_T = [H_2CO_3]\{1 + 10^{pH-6.37} + 10^{2pH1-6.71}\}$$

$$[H_2CO_3] = [C]_T(1 + 10^{pH-6.37} + 10^{2pH1-6.71})^{-1} \quad (5\text{-}38)$$

代入式(5-37) 化简后得

$$\lg[C]_T = 1.38 - 3.52 + \lg(1 + 10^{pH-6.37} + 10^{2pH1-6.71})$$

$$9 + 1G(1 + 10^{pH-6.37} + 10^{2pH1-6.71}) \quad (5\text{-}39)$$

由式（5-39）可以看出，pH 对 CO_2 溶解度有影响，当 pH > 7 时，这种影响是不能忽略的。把式（5-39）代入式（5-35），得二价金属砷酸盐转化成碳酸盐时 As(Ⅴ)的平衡浓度。

$$\lg[\mathrm{As(V)}] = \frac{1}{2}\lg K_{\mathrm{A\cdot C}} - 7.35 + \lg\theta_{\mathrm{A}} + \frac{3}{2}\lg(1 + 10^{\mathrm{pH}-6.37} + 10^{2\mathrm{pH}-6.71}) - \frac{3}{2}\lg\theta_{\mathrm{C}} \tag{5-40}$$

图 5-21 所示为 Ca-As-CO_2-H_2O 的平衡图。

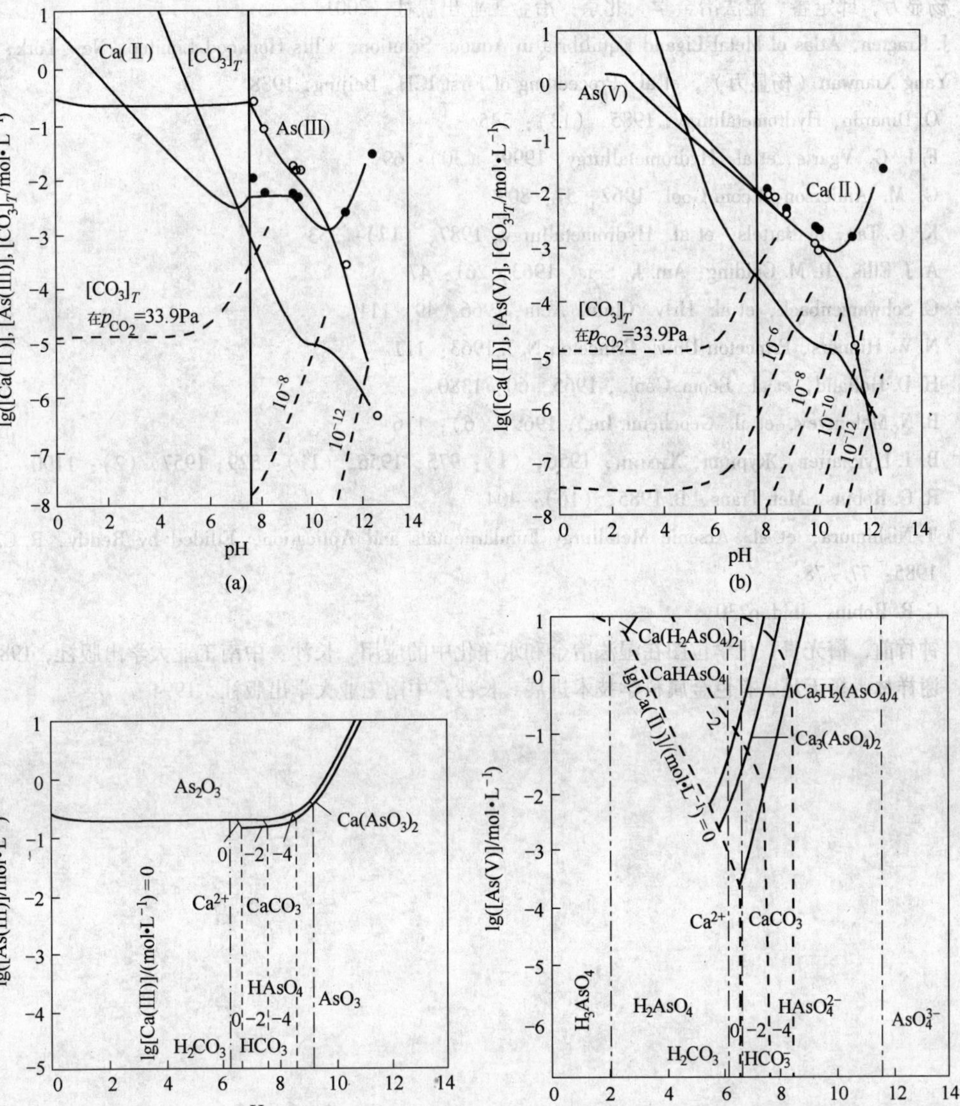

图 5-21 Ca-As-CO_2-H_2O 系平衡

(a) Ca-As(Ⅲ)-CO_3-H_2O 系；(b) Ca-As(Ⅴ)-CO_3-H_2O 系；(c) Ca-As(Ⅲ)-H_2O-CO_2（在空气中）系；(d) Ca-As(Ⅴ)-H_2O-CO_2（在空气中）系

参考文献

1 张祥麟，王曾隽．应用无机化学．北京：高等教育出版社，1992

2 杨子超．基础无机化学理论．西安：陕西人民出版社，1985

3 B. B. Коган，B. M. Фридман и др.，Сира вочиник расворимости，Москва，AH，CCCP，1961

4 叶大伦．实用无机物热力学数据手册．北京：冶金工业出版社，1983

5 梁英教，车荫昌．无机物热力学数据手册．沈阳：东北大学出版社，1993

6 I. Barin，O. Kubachewski，Thermochemical Properties of Inorganic Substans，Berlin，Springer-Verlag，1977

7 杨显万，邱定蕃．湿法冶金学．北京：冶金工业出版社，2001

8 J. Kragten，Atlas of Metal-Ligand Equilibria in Aquous Solution，Ellis Horwood Limited，New York，1978

9 Yang Xianwan（杨显万），et al. Proceeding of First ICH，Beijing，1988

10 O. Dinardo，Hydrometallurgy，1985，（13）：345

11 F. I. G. Vgarte，et al. Hydrometallurgy，1999，（30）：69

12 G. M. Anderson，Ecom Gool，1962，57：809

13 K. G. Tan，K. Bartels，et al. Hydrometallurgy，1987，（17）：353

14 A. J. Ellis，R. M. Golding，Am. J. Sci.，1963，261：47

15 G. Schwarzenback，et al. Hrlv. Chim. Acta，1966，49：111

16 N. W. Hinners，Princeton Univ. Princeton N. J. 1963：111

17 H. D. Holland，et al. Ecom. Gool.，1965，60：1380

18 B. N. Melentyev，et al. Geochemi. Int.，1969，（6）：116

19 B. T. Цуклацев，Журнал，Химии，1956，（1）：975；1956，（11）：529；1957，（2）：1190

20 R. G. Robins，Met. Trans，B. 1985，（16）：404

21 T. Nishimura，et al. Arsenic Metallurgy Fundarnentals and Aplication，Edided by Reddy，R. G. et al.，1985：77 ~ 78

22 G. R. Robius，ibid. p230

23 钟竹前，梅光贵．化学位图在湿法冶金和水净化中的应用．长沙：中南工业大学出版社，1986

24 谢祥林，杨天足．有色金属科学技术进展．长沙：中南工业大学出版社，1994

6 预处理的理论

主要符号表

$G^{\ominus}$——标准自由能	v——速度
G——自由能	J——装球系数
$S^{\ominus}$——标准熵	τ——活化时间（或剪切力）
S——熵	τ_y——屈服压力
T——温度	r——剪切速度
p——压力	μ——表观黏度

在湿法冶金中，由于冶炼原料的问题，不能直接用湿法冶炼处理，而必须将原料进行预处理。预处理包括选矿及焙烧等作业。

预处理的目的是使原料中待提取金属的状态，由难浸出的化合物转变成易浸出的化合物。例如本节纳入的焙烧工艺，在锌的冶炼中，使硫化锌转变成氧化锌或硫酸盐。另外在本节中，把强化浸出的几种方法，也纳入到预处理的范畴诸如一些活化方法，也在本节中加以阐述。关于选矿的专著较多，在本章不予介绍，请参考文献8～10。

6.1 焙烧[1～3]

在焙烧预处理中，有氧化焙烧、硫酸化焙烧和氯化焙烧。在此仅以硫化物为例，对其进行氧化焙烧（含硫酸盐焙烧）的理论加以讨论与阐述。

一些重金属硫化物，因直接酸浸有困难，故要经过焙烧处理，使欲提取的金属由硫化物状态转变成氧化物或易溶的硫酸盐等状态。

硫化物的焙烧主要反应有如下四种。

（1）硫化物氧化生成硫酸盐：

$$MeS + 2O_2 \rightleftharpoons MeSO_4$$

（2）焙烧生成氧化物：

$$MeS + \frac{3}{2}O_2 \rightleftharpoons MeO + SO_2$$

（3）焙烧产生金属：

$$MeS + O_2 \rightleftharpoons Me + SO_2$$

（4）硫酸盐的离解：

$$MeSO_4 \rightleftharpoons MeO + SO_3$$

$$SO_3 \rightleftharpoons SO_2 + \frac{1}{2}O_2$$

焙烧过程在实际上究竟按照哪一种方式进行，取决于金属元素的性质和焙烧过程的具体条件。根据大量事实分析，对几点带有共同性的问题分析讨论如下。

6.1.1　焙烧产物与温度的关系

对所有硫化物来说，焙烧产物都不是固定的，它们随着温度的变化而改变。一般的规律是：在低温下，先生成硫酸盐；随着温度的升高，逐步转变为氧化物和硫酸盐的混合物；继而全部转变为氧化物；最后，当温度进一步升高时，就会得到金属。这种变化可以概括为

$$硫化物 \rightarrow 硫酸盐 \rightarrow 硫酸盐 + 氧化物 \rightarrow 氧化物 \rightarrow 金属$$

在实验室和工业生产中，如果把焙烧温度控制在较低范围，通常就只会得到硫酸盐。例如，从硫化物直接制取各种“矾”类时，就是在这样的温度下进行的。

在高温下焙烧将得到氧化物，这样的例子也不少。例如，大规模的炼锌工业生产，如果硫化物的焙烧过程温度控制在 900 ~ 1000℃范围内进行，焙烧的最后产物将是它的氧化物。

硫化物通过焙烧可以直接得到金属，火法炼汞的工业生产是一个最好的范例。在500℃的条件下，HgS 与空气中的氧发生反应，即能生成金属汞蒸气和二氧化硫。在高温下通过简单的氧化过程直接从硫化物得到金属的例子还有不少。工业上冰铜的吹炼以及铅的反应熔炼都是这类反应的具体例子。一般说来，对氧和硫的亲和力都较低的金属，其硫化物就可在较低温度下直接产生金属，而对于那些与氧和硫的亲和力都比较高的金属来说，则只有在较高、甚至很高的温度下，才能发生类似反应。

以上是从实践中得出的结论。现在要从理论上加以分析，为什么硫化物焙烧只能得到硫酸盐，而到了较高温度就会得到氧化物？又为什么金属的生成反应只有在更高的温度下才能进行？我们知道，根据最小自由能原理，对任意一个反应来说，只有当自由能减小，过程才能进行；如果存在几个反应，自由能减少最多的那一个反应将具有优先进行的趋势。现在我们就来估算一下上述生成硫酸盐、氧化物及生成金属的三个反应在常温下的自由能变化。

对于第一个反应即生成硫酸盐的反应，标准自由能变化为

$$\Delta G^{\ominus}_{(1)} = \Delta G^{\ominus}_{MeSO_4} - (\Delta G^{\ominus}_{MeS} + 2\Delta G^{\ominus}_{O_2}) = \Delta G^{\ominus}_{MeSO_4} - \Delta G^{\ominus}_{MeS} \quad (298K) \qquad (6\text{-}1)$$

由于单质的标准自由能等于零，因此这一反应的自由能变化等于相应硫酸盐和硫化物自由能的差值。

对于第二个生成氧化物的反应，标准自由能变化为

$$\begin{aligned}\Delta G^{\ominus}_{(2)} &= \Delta G^{\ominus}_{MeO} + \Delta G^{\ominus}_{SO_2} - \Delta G^{\ominus}_{MeS} - 1.5\Delta G^{\ominus}_{O_2} \\ &= \Delta G^{\ominus}_{MeO} + \Delta G^{\ominus}_{SO_2} - \Delta G^{\ominus}_{MeS} \\ &= (\Delta G^{\ominus}_{MeO} + \Delta G^{\ominus}_{SO_2}) - \Delta G^{\ominus}_{MeS} \quad (298K) \qquad (6\text{-}2)\end{aligned}$$

对于第三个生成金属的反应，自由能的变化为

$$\Delta G^{\ominus}_{(3)} = \Delta G^{\ominus}_{Me} + \Delta G^{\ominus}_{SO_2} - \Delta G^{\ominus}_{MeS} - \Delta G^{\ominus}_{O_2}$$

$$= \Delta G^{\ominus}_{SO_2} - \Delta G^{\ominus}_{MeS} \quad (298K) \qquad (6\text{-}3)$$

将上述三个反应的自由能变化加以排列比较：

$$\Delta G^{\ominus}_{(1)} = \Delta G^{\ominus}_{MeSO_4} - \Delta G^{\ominus}_{MeS}$$

$$\Delta G^{\ominus}_{(2)} = (\Delta G^{\ominus}_{MeO} + \Delta G^{\ominus}_{SO_2}) - \Delta G^{\ominus}_{MeS}$$

$$\Delta G^{\ominus}_{(3)} = \Delta G^{\ominus}_{SO_2} - \Delta G^{\ominus}_{MeS}$$

即为 $\Delta G^{\ominus}_{n} = \Delta G^{\ominus}_{X} - \Delta G^{\ominus}_{MeS}$的形式

对以上三式分析如下。

可以看出，在上述三个反应中，如对同一金属而言，方程右端的第二项是相同的，都等于 $\Delta G^{\ominus}_{MeS}$（硫化物的标准自由能，一般都是负值），而第一项则不相同。因此，这一项（$\Delta G^{\ominus}_{X}$）的数值越小（负数的绝对值越大），相应的自由能变化也就越大，即自由能减少得越多。

对任何硫化物的焙烧来说，反应（6-2）的自由能变化 $\Delta G^{\ominus}_{(2)}$ 永远大于反应（6-3）（指绝对值）。这是由于常温下 $\Delta G^{\ominus}_{MeS}$与 $\Delta G^{\ominus}_{SO_2}$，都是负值，因此，

$$|\Delta G^{\ominus}_{MeO} + \Delta G^{\ominus}_{SO_2}| > \Delta G^{\ominus}_{SO_2}$$

即反应（6-2）总是较反应（6-3）优先进行。至于式（6-1）、式（6-2）两个反应哪个优先进行就要取决于 $\Delta G^{\ominus}_{MeSO_4}$ 和（$\Delta G^{\ominus}_{MeO} + \Delta G^{\ominus}_{SO_2}$）两个负数值的相对大小。已经知道，很多有色重金属硫酸盐的标准自由能数值（绝对值）都相当大，一般都在 －200kcal/mol 左右，负数绝对值较小的硫酸铜和硫酸汞也都达到 －150kcal/mol 左右。然而相应金属氧化物的自由能都大于 －80kcal/mol（负数绝对值小于该值，下同），它们与二氧化硫自由能（－71.75kcal/mol）之和一般都大于 －150kcal/mol，对铜和汞来说，为 －100kcal/mol 左右。因此，在绝大多数情况下，反应（6-1）较反应（6-2）优先进行。

所以，在常温下，这三个反应自由能变化大小的排列顺序为：

$$|\Delta G^{\ominus}_{(1)}| > |\Delta G^{\ominus}_{(2)}| > |\Delta G^{\ominus}_{(3)}|$$

$$\Delta G^{\ominus}_{(1)} < \Delta G^{\ominus}_{(2)} < \Delta G^{\ominus}_{(3)}$$

这就是在低温下硫化物焙烧只生成硫酸盐而不会形成氧化物或金属的热力学解释。但是，为什么到了高温又会生成氧化物或金属呢？这点也可以通过热力学来加以解释。不论对单质、化合物还是任何化学反应来说，自由能都不是固定不变的，而是温度的函数。自由能和温度的关系服从吉布斯-亥姆霍兹方程的规定，即：

$$\left(\frac{\partial G}{\partial T}\right)_p = -S$$

或

$$\left(\frac{\partial \Delta G}{\Delta T}\right)_p = -\Delta S$$

对任意一个化学反应而言，它在室温下的自由能变化具有某一数值，温度改变，这个数值就会改变，至于数值是变大还是变小以及变化的速率如何，这就要由系统熵变的符号和数值的大小来决定。所以，可以根据系统熵变的符号和数值的大小来推断高温下的自由

能变化。当然，各种物质的熵值本身也是温度的函数，但是它们随温度变化的幅度不很大，因此在不发生状态变化的情况下，作为一种估计，可以近似地把反应的熵变 ΔS_T 看成恒定，即假定

$$\Delta S_{298}^{\ominus} \approx \Delta S_T^{\ominus} = 常数$$

现在就可来比较一下上述三个反应的熵变化。对于第一个反应，熵变为

$$\Delta S_{(1)} = S_{MeSO_4}^{\ominus} - (S_{MeS}^{\ominus} + 2S_{O_2}^{\ominus})$$

$$= S_{MeSO_4}^{\ominus} - S_{MeS}^{\ominus} - 2S_{O_2}^{\ominus}$$

$2S_{O_2}^{\ominus}$的数值很大，接近 100cal/(℃ · mol)。$S_{MeSO_4}^{\ominus}$ 和 $S_{MeS}^{\ominus}$ 的差值一般介于 10 ~ 20cal/(℃ · mol) 之间。所以，

$$\Delta S_{(1)} \approx -80 \sim -90\text{cal/℃}$$

根据吉布斯-亥姆霍兹方程

$$\frac{\partial \Delta G}{\partial T} = -\Delta S$$

$$\frac{\partial \Delta G_{(1)}}{\partial T} = -\Delta S_{(1)}$$

$$\approx -(-80 \sim -90)$$

$$\approx 80 \sim 90$$

这样，在以 ΔG 为纵坐标、绝对温度 T 为横坐标的图上将得到一根斜率非常大的（很陡的）直线（图 6-1）。随着温度的上升，这根直线很快地向上延伸并和横坐标相交。这时，$\Delta G_r = 0$，相应的温度就是硫化物转变为硫酸盐的极限温度。在这个温度（与横坐标的交点）以上，从热力学的观点来看，硫酸是不可能生成的，因为自由能变化为正值的反应是不会自发地进行的。

对于第二个反应，相应的熵变为

$$\Delta S_{(2)} = (S_{MeO}^{\ominus} + S_{SO_2}^{\ominus}) + (S_{MeS}^{\ominus} + 1.5S_{O_2}^{\ominus})$$

$$= (S_{MeO}^{\ominus} - S_{MeS}^{\ominus}) + (S_{SO_2}^{\ominus} - 1.5S_{O_2}^{\ominus})$$

对于同一种金属来说，硫化物的熵略大于氧化物，二者的差值可以近似地按 5cal/(℃ · mol) 来估计。这就是上述方程右端的第一项。至于第二项，不论对哪种金属，它的数值都是恒定的，并为

$$59.5 - 1.5 \times 49 = -14\text{cal/℃}$$

所以

$$\Delta S_{(2)}^{\ominus} \approx -20\text{cal/℃}$$

因而

$$\frac{\partial \Delta G_{(2)}}{\partial T} = -\Delta S_{(2)} \approx 20$$

这表示，相应的斜率比反应式（6-1）小得多，直线要在很高的温度下才会和横坐标相交，只要不超过交点温度，反应总是可以自发地进行的。

对于最后一个生成金属的反应，相应的熵变为

$$\Delta S_{(3)} = (S_{Me}^{\ominus} + S_{SO_2}^{\ominus}) - (S_{MeS}^{\ominus} + S_{O_2}^{\ominus})$$

$$= (S^{\ominus}_{Me} - S^{\ominus}_{MeS}) + (S^{\ominus}_{SO_2} - S^{\ominus}_{O_2})$$

显然，$\Delta S_{(3)}$ 的数值与金属的形态有关，如果金属呈固相状态存在，则

$$\Delta S_{(3)} \approx 5\text{cal/℃}$$

如果是液态金属，则

$$\Delta S_{(3)} \approx 15\text{cal/℃}$$

如果金属是气相，则相应的熵变就更大，

$$\Delta S_{(3)} \approx 35\text{cal/℃}$$

$$\frac{\partial \Delta G_{(3)}}{\partial T} = -\Delta S_{(3)}$$

$$\approx -5、-15 \text{ 或 } -35$$

由于斜率是负值，因而在 $\Delta G/T$ 坐标图上，直线将向下方延伸，即随着温度的升高，反应的自由能变化值将变得越来越负（绝对值越来越大），也就是反应自发进行的趋势将变得越来越大。

以上三个反应自由能变化和温度的关系如图6-1所示。

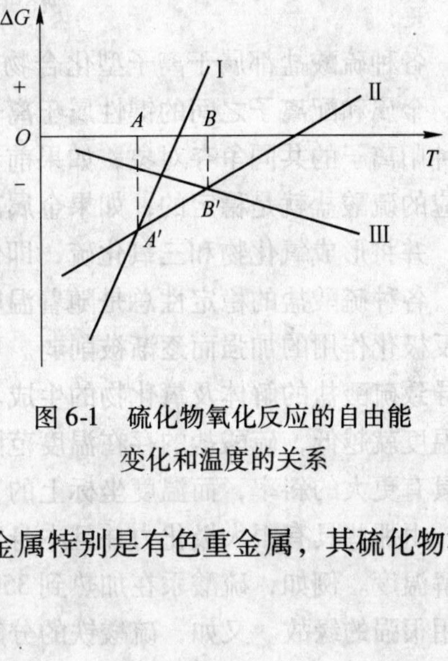

图 6-1 硫化物氧化反应的自由能变化和温度的关系

在图 6-1 中，直线Ⅰ和Ⅱ的斜率是正值，直线Ⅲ是负值。Ⅰ和Ⅱ相交于 A' 点，Ⅱ和Ⅲ相交于 B' 点，A 和 B 是这两个交点的相应温度。从图 6-1 可以看出，OA 是硫酸盐稳定的温度区间，因为在这些温度范围，反应式（6-1）的自由能变化最大（绝对值）；同理，AB 温度范围则是氧化物的生成区间；而从 B 点开始向右延伸将是金属生成区。

以上分析仅是一种大致的估算。对不同的金属来说，相应的三条直线的斜率及 A、B 点的位置显然是有差异的。但是，通过估算，可以看出一些常见金属特别是有色重金属，其硫化物在氧化过程中的生成物随温度而变化的一般规律。

6.1.2 焙烧产物与金属原子结构的关系

在所有硫化物中，硫原子是相同的，而金属原子则不相同，因而相互之间的结合力也不相同。正是由于这种不相同，使得相应硫酸盐和氧化物的稳定温度范围也有差异。

显然，金属与硫原子之间的结合力越强，硫原子就越不易被氧化，因而生成硫酸盐、氧化物或金属也就越困难，即使生成了硫酸盐，相应的稳定性也越差。

金属与硫的化合能力与它们的电荷大小、离子半径及外电子层结构有关，即和它们的电负性大小有关。碱金属硫化物的稳定性最差，它们甚至在水中也能溶解和解离；碱土金属硫化物不溶于水，但能为水所分解；铜副族和锌副族的硫化物具有较好的稳定性，有的仅溶解于酸中，有的连强酸也难以使它们溶解（如硫化汞）。这些事实从分析化学中已经知道得很清楚。各种不同硫化物就是根据这个特点来加以分类的。

根据分析化学还可以知道，硫化锌可溶于稀盐酸中，而铅、镉、铜和汞的硫化物则不

溶。这说明后者比前者稳定，同时可以推断，在常温下，对于硫化物氧化成硫酸的过程而言，后者也比前者困难，即在各种金属共生的硫化床中，闪锌矿将优先转化为硫酸盐。这点已为地质工作者所证实。

各种硫化物在水和酸性溶液里的可溶性，以及它们被氧化成硫酸盐的难易，在很大程度上取决于相应金属离子的极化能力和被极化能力的大小。金属离子的极化力和被极化力越大，则存在于硫化物中的共价键成分就越多，相应的硫化物就越不易溶解，同时也越不易转化为硫酸盐。

前面已经指出，锌离子的极化能力很强，因而 ZnS 的稳定性比所有碱金属和碱土金属的相应硫化物的稳定性都高。但是由于它的被极化能力不及 Pb^{2+}、Cd^{2+}、Cu^{2+}、Hg^{2+} 等金属离子，因而其硫化物的稳定性又不及后者。

尽管生成硫酸盐的难易程度有所不同，但在室温附近，不论对哪种硫化物来说，氧化的最终产物基本上都是硫酸盐而不会是氧化物或金属。

硫酸盐的焙烧在较高温度下可以得到氧化物，这是由于硫酸盐会按照下式分解：

$$MeSO_4 \rightleftharpoons MeO + SO_3$$

各种硫酸盐都属于离子型化合物，其中金属离子和 SO_4^{2-} 配离子分别处于晶格的结点上。金属和配离子之间的键性属于离子键，而存在于配离子内部的则是共价键。氧离子是两种阳离子的共同争夺对象，如果前者（硫离子）的争夺能力大于后者（金属离子），则相应的硫酸盐就是稳定的；如果金属离子的争夺能力较大，则硫酸盐的稳定性就会受到破坏，并将形成氧化物和三氧化硫，即促进上述反应向右进行。

各种硫酸盐的稳定性总是随着温度的升高而下降的。同样，这种稳定性也随着金属离子反极化作用的加强而逐渐被削弱。可以看出，金属离子的反极化作用的增强和升温，都能导致硫酸盐的解体及氧化物的生成。所以，金属离子的极化能力越强，相应硫酸盐的分解温度就越低，硫酸盐的存在温度范围当然也就越窄。在这种情况下，图 6-1 中的直线 I 将具有更大的斜率，而温度坐标上的 A 点也将向左移动。

由那些具有很大极化力并且本身容易变形的离子所组成的硫酸盐，通常都具有较低的分解温度。例如，硫酸汞在加热到 350～400℃时就会完全分解，这是由于汞离子的被极化作用很强的缘故。又如，硫酸铁的分解温度是 500℃左右，硫酸铜和硫酸铅的分解温度为 600～700℃，硫酸锌的分解温度为 800℃以上等。这类金属的硫酸盐，其分解温度一般不会超出 1000℃，并且绝大多数都在 800℃以下。

对于极化力很弱的、外电子层为 8 的阳离子，相应硫酸盐的分解温度都很高，一般都在 1000℃以上，有许多甚至超过熔点，即在分解开始以前就已熔化成液态。例如，硫酸镁的分解温度为 1000～1100℃，非常接近它的熔点（1124℃）；硫酸锶在加热到 1225℃时就已熔化，而分解温度则达到 1580℃；硫酸钡的熔点为 1350℃，要其分解则应加热到 1580℃以上；硫酸钙的熔点为 1450℃，熔化后要继续升温才能使它分解。碱金属硫酸盐的熔点更低，它们的分解温度都远远超过了熔点。

对于氧化物来说，情况也是相似的，极化力和被极化力越强的金属，相应的氧化物就越易于分解，即金属越易还原。这一类金属的硫化物在氧化时较易得到金属，因为极化和被极化会导致离子的变形和壳层电子云的相互重叠，这种变化显然是有利于金属离子获得电子并还原成金属。从图 6-2 中可以清楚地看出这点。火法炼汞主要是通过氧化焙烧硫化物而直接得到金属汞；反应熔炼也是用氧化的方法使铅的硫化物直接转变成金属。这两种金属离子极化能力虽不如锌，但是它们的半径却比锌大得多，变形能力比锌强，因而在总的极化效果上还是超过了锌。

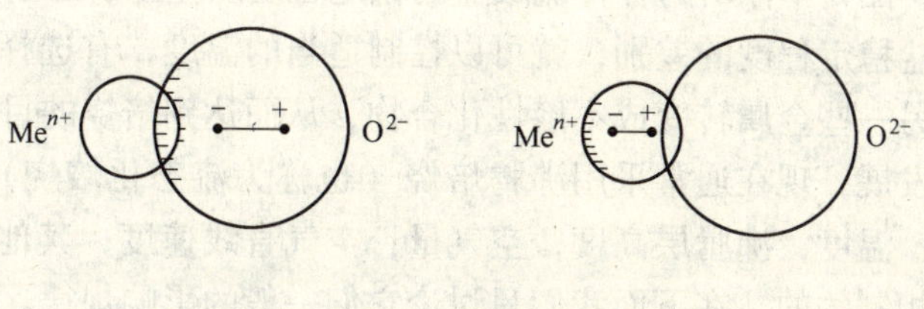

图 6-2 离子极化和被极化示意图

综上所述，焙烧产物不仅取决于温度，同时也因金属原子结构的不同而异。当焙烧在550℃附近进行时，对硫化汞来说可以得到金属；对硫化铁来说只能得到氧化物；而对于硫化铅和硫化锌来说却只能得到硫酸盐。如把焙烧温度提高到 800 ~900℃，则对大多数有色金属硫化物来说，都可以得到氧化物；但对碱金属和碱土金属来说却仍然只能得到硫酸盐。当焙烧温度进一步上升到 1600℃时，将出现一些金属相（例如金属铅、铜和镍），但绝大多数金属仍以氧化物的形态存在，只是硫酸盐基本上不复留存于焙烧产物中间。从理论上讲，只要加热到足够高的温度，所有的金属硫化物都可以直接氧化而得到金属。

6.1.3 焙烧产物与炉气成分及压力的关系

焙烧产物的组成主要取决于温度，其次是硫化物的种类，另外也和炉气的成分及分压有关。

硫酸盐的稳定程度习惯上用它的分解压表示。硫化物的分解压与炉气中 SO_3 的浓度及温度有关，这种关系可用图 6-3 表示出来。

在图 6-3 上，当 $T<T_0$ 时，$p_{SO_3}<p'_{SO_3}$，则生成硫酸盐。当 $T>T_0$ 时，$p_{SO_3}>p'_{SO_3}$，硫酸盐分解。

某些金属硫酸盐的分解压与温度的关系如图 6-4 所示。

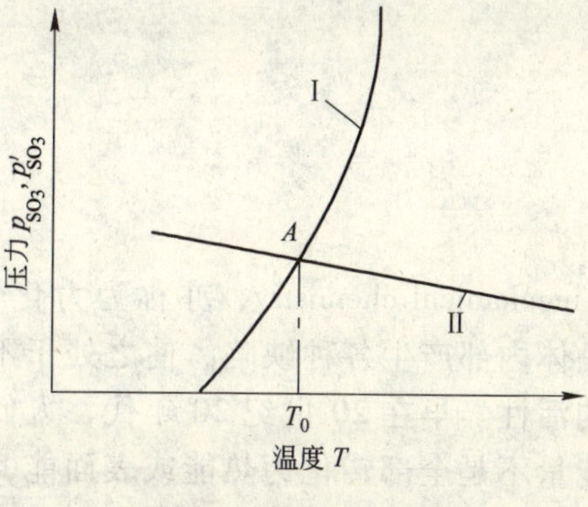

图 6-3 硫酸盐的分解压力与温度的关系

Ⅰ— $MeSO_4$ ═ $MeO+SO_3$

Ⅱ—$SO_2+1/2O_2$ ═ SO_3

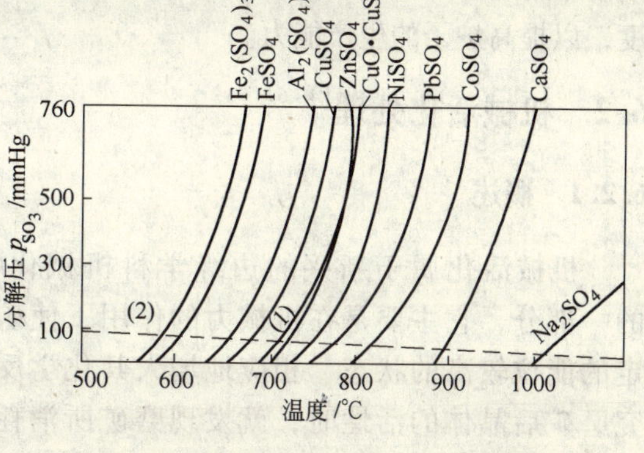

图 6-4 某些硫酸盐的分解压力与温度的关系

（1）—Cu_2O、$CuSO_4$；（2）—气相中SO_3的平衡压力 p_{SO_3}，$SO_2+1/2O_2$ ═ SO_3

由图6-4可知硫酸盐有如下一些特性：

（1）随着温度升高，所有硫酸盐的分解压增大，而且在达到它们各自的开始分解温度后，分解压随温度升高而增大的情况更为显著；

（2）在同一温度条件下，各种硫酸盐的分解压不同，即它们的稳定程度存在差别。按分解压大小的顺序，图6-4标明的各种硫酸盐的稳定程度从左至右逐渐加强。

利用各种硫酸盐稳定程度的差别，就可以控制适当的温度，有选择地使一些金属生成可溶性硫酸盐，而另一些金属转变成不溶性化合物，从而达到焙烧的目的。

焙烧工艺经过发展，现在通常采用沸腾焙烧（也称为流态化焙烧）。影响硫酸化沸腾焙烧的主要因素为：温度；沸腾层高度；空气量；空气直线速度；其他因素。这些影响因素是互相联系和互相制约的，在下面我们只讨论它们一般的影响规律。

研究结果和生产实践表明，对同一种精矿而言，在其他技术条件相同时，随着焙烧温度升高，炉床单位面积的生产率有所提高，而焙烧矿中ZnS变成ZnO、酸溶性增高，铜和铁的水溶率均会下降。上述提高和下降的程度，主要取决于精矿的性质。在通常情况下，对铜精矿认为750℃左右为最佳焙烧温度，对锌精矿认为900℃左右为宜。

提高沸腾层的高度会增加焙烧矿中铜和锌的水溶率和酸溶率，而铁的酸溶率下降。如降低沸腾层高度，则铜和铁的溶出率则皆下降。目前国内外一些工厂采用的沸腾层高度为1.5～1.8m。

生成硫酸盐必须有足够量的氧气。在一定条件下，增大空气量（以空气过剩系数α表示），可提高焙烧炉中铜和锌的酸溶率，降低铜的水溶率和铁的酸溶率，对采用电积的流程来说是有利的。此外，增大空气量，可以提高炉子的生产率，并使炉料不易黏结，但却会引起焙烧炉气含SO_2的浓度降低，不利于制酸，而且铁的酸溶率随空气量增大变化的幅度不大，因此采用过高的α值是不适宜的，现在大多数厂家将α值控制在1.2～1.3的范围。

空气直线速度是空气通过沸腾断面的速度。在其他条件相同时，提高空气直线速度，焙烧矿在炉内的停留时间相应减少，使焙烧矿中铜和锌的水溶率和酸溶率都下降，而铁的酸溶率增加。当今的一些工厂趋向于在增加沸腾层高度的同时，采用较高的空气直线速度，以提高炉子的生产能力。

6.2　机械活化处理[4~6]

6.2.1　概述

机械活化属于新兴的边缘学科机械化学（mechanical chemistry，亦称为力化学）的一部分，它主要是在机械力的作用下使矿物晶体内部产生各种缺陷，使之处于不稳定的能位较高的状态，相应地增大其化学反应的活性。早在20世纪20年代，人们研究磨矿后晶体的活性时，就发现磨矿所消耗的能量不是全部转化为热能或表面能，有5%～10%储存在晶格内，使之化学活性增加。这种活化方法迅速扩展到钨、铝、钼矿物的浸出过程强化研究。国内外学者在这方面取得明显的效果，举例如表6-1所示。

表 6-1 某些精矿机械活化的研究结果[4,5]

作者及发表年代	研究对象及活化条件	浸出条件	活化效果		
			浸出率/%		其 他
			未活化	经活化	
A. H. 节里克曼(1987)	白钨精矿，行星式离心机磨机活化 15min，固体与液体的质量比为 1∶1	$NaCO_3$ 为理论量两倍，固体与液体的质量比为 1∶4	84.9	96.9	表观活化能由 52.7kJ/mol 降为 16.7kJ/mol
A. H. 节里克曼(1980)	白钨精矿	$NH_4F + NH_4OH$ 0.5h，150℃	22.38	83.78	表观活化能由 60kJ/mol 降为 34kJ/mol
A. H. 节里克曼(1982)	白钨精矿	$w(NaOH) = 10\%$ 溶液浸出 20min，90℃	53	~100	表观活化能由 53.5kJ/mol 降低为 25.5kJ/mol
A. H. 节里克曼等(1985)	黑钨精矿干活化	质量浓度为 200 ~ 400g/L 的 NaOH 溶液，75 ~105℃	12	99	
李军等(1985)	黑钨精矿干活化	60℃，60min 浸出剂成分对未活化矿为 HNO_3 浓度 1.5mol/L；H_2SO_4 浓度 1.5mol/L；活化矿 HNO_3 浓度 1.5mol/L；H_2SO_4 浓度 1.5mol/L			球磨活化后表观活化能由 77.37kJ/mol 退火后表观活化能降为 95.77kJ/mol
赵中伟等(1996)	黄铁矿振动磨干活化 20min	60℃，60min 浸出剂成分对未活化矿为 HNO_3 浓度 1.5mol/L；H_2SO_4 浓度 1.5mol/L；H_2SO_4 浓度 1.5 mol/L	33	92	表观活化能由 73.9kJ/mol 降为 53.9kJ/mol
赵中伟等(1996)	砷黄铁矿，行星式离心磨，10g/10min	60℃，30min，浸出剂同上	<5	88	表观活化能由 54.5kJ/mol 降为 39kJ/mol
A. H. 节里克曼等(1979)		活化料经与 $CaCO_3$ 高温烧结后浸出			为达到同样效果，活化可使焙烧温度由 1400 ~ 1500℃ 降至 1100℃

续表 6-1

作者及发表年代	研究对象及活化条件	浸出条件	活化效果		
			浸出率/%		其 他
			未活化	经活化	
T. A. 普利亚辛娜（1985）	钛铁矿，行星式离心磨机活化 10 ~ 12kg/h，1200r/min	$w(H_2SO_4)$ = 89%，140℃，10min	7.5	79.1	TiO_2 经 10min、30min、40min、60min 活化后，氧指数分别降为 1.99、1.98、1.97、1.95
		160℃	12.5	90.9	
		200℃	33.2	98.5	
A. M. 波戈莫罗夫	~	$w(HN_3)$ = 30%，87 ~92℃，10min	60	95	原矿比表面积 16.5 ~ 20m^2/g，磨后 19 ~ 20m^2/g
P. 巴拉兹（P. Balaz）(1991)	闪锌矿，振动磨机，振幅 6.6mm，活化 7.5 ~ 240min	稀 H_2O_2 溶液浸 60min	~10	~75（活化 150min）	
B. T. 库里巴金（1988）	镍硫化矿，电磁磨机活化	高压氧浸，氧分压为 0.2MPa，108℃，2h	11.4	68.7	

从表 6-1 可知，通过机械活化，矿物的浸出速度和浸出率都有大幅度的提高，反应的表观活化能明显降低。这种效果已引起冶金工作者的极大兴趣，用来活化所有固相参与的反应过程，如浸出过程、合金化过程、工程材料的合成过程和非晶态材料制备过程。

6.2.2 基本原理

机械活化过程使矿物的浸出速度明显提高的原因不能单纯归之于磨矿过程使矿物的粒度变细，比表面积增加。A. H. 节里克曼等对黑钨分别在空气中（干式）和水中（湿式）进行活化，其比表面积与时间 τ 的关系曲线以及采用质量分数 $w(NaOH)$ = 10% 的溶液在 90℃浸出的起始速度与活化时间 τ 的关系曲线如图 6-5 所示。

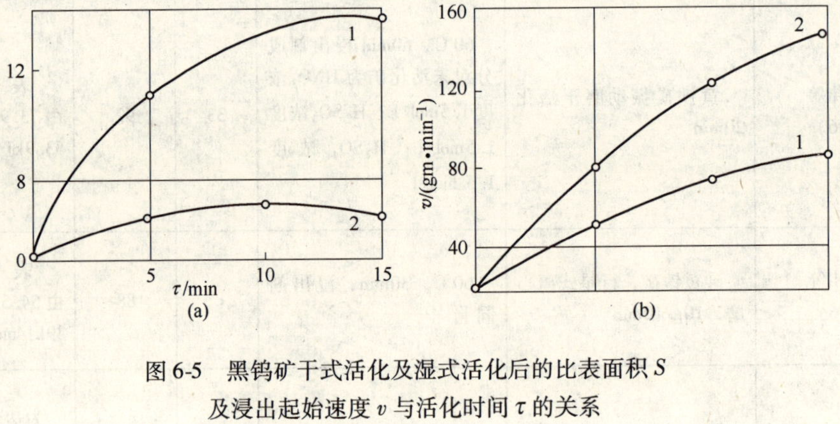

图 6-5 黑钨矿干式活化及湿式活化后的比表面积 S 及浸出起始速度 v 与活化时间 τ 的关系

溶液：$w(NaOH)$ = 10%；温度：90℃

1—湿式；2—干式

从图中明显看出，虽然干式活化后比表面积远小于湿式活化，但其反应速度却远比湿式活化大。

在研究 SnO_2 的机械活化时，也发现活化时间为 10min 以内时，比表面积随时间的增加而急剧增加，进一步延长时间则增加不明显，但 SnO_2 的溶解性能则随活化时间的进一步延长而不断增加，其增加的趋势与样品的核磁共振谱的变化趋势一致，如图 6-6 所示。在研究机械活化对金红石在 H_2SO_4 中溶解性能的影响时，也发现溶解性能随活化时间的改变趋势与晶格的显微畸变的改变趋势相一致。所有这些都表明浸出速度增加的原因主要不是粒度的变细，而是与晶体内部结构有关。

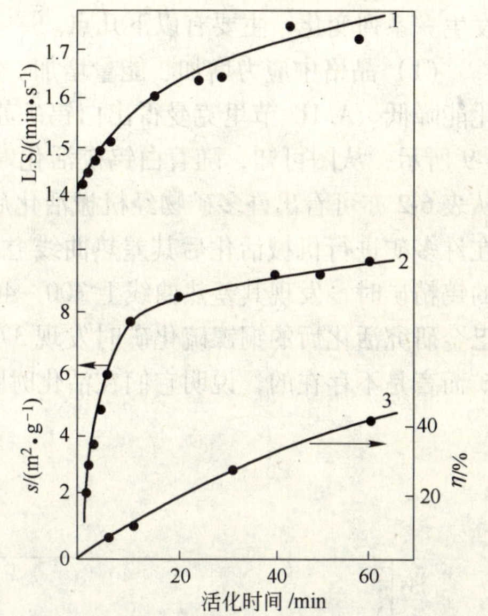

图 6-6 SnO_2 的性质与机械活化时间的关系
1—穆斯堡尔谱的同质异能移 I. S；
2—比表面积 S；3—浸出率 η

在机械活化过程中机械力将对物质产生一系列作用，首先在物质表面研磨介质将对物料产生强烈的摩擦和冲击作用，同时在物质内部可能产生塑性变形或断裂，这些都将对其结构带来明显的影响。关于表面冲击和摩擦，其作用可用“摩擦等离子模型”概括，如图 6-7 所示。在研磨介质对物料发生高速冲击时，在极短的时间和极小的空间范围内，使固体结构破坏，同时局部产生高温，形成等离子区，这种状态维持仅 $10^{-8} \sim 10^{-7}$s。然后体系的能量迅速降低，大部分以热能形式散出，少部分则储蓄在固体晶格内，使之发生塑性变形或其他形式缺陷。

至于内部产生裂纹的断裂过程，许多学者的测定表明，在裂纹延伸的过程中，能量主要集中在裂纹尖端。尖端温度急剧升高，升高程度与材料的硬度及裂纹扩展速度有关，魏赫特（Weichert）绘制了玻璃体内当裂纹扩展速度为 1000m/s 时裂纹尖端附近的温度分布，如图 6-8 所示。从图可知最高温度可达 1570K，但这种温度产生的时间极短暂，升温时间约 10ps，在 100ps 时间内即降低，其影响的范围仅 10nm 左右。

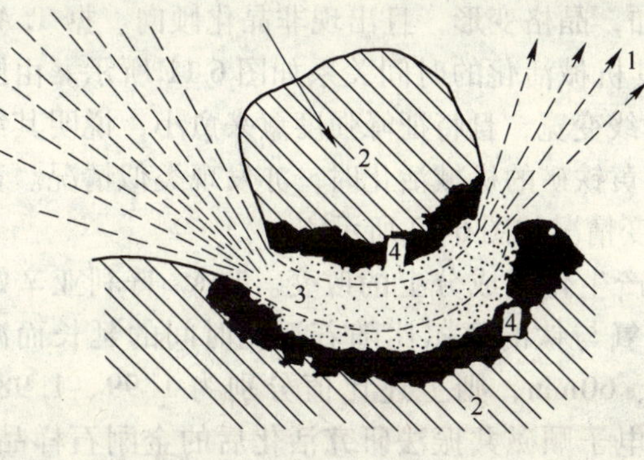

图 6-7 摩擦等离子区模型
1—外激电子放出；2—正常结构；
3—等离子区；4—结构不完全区

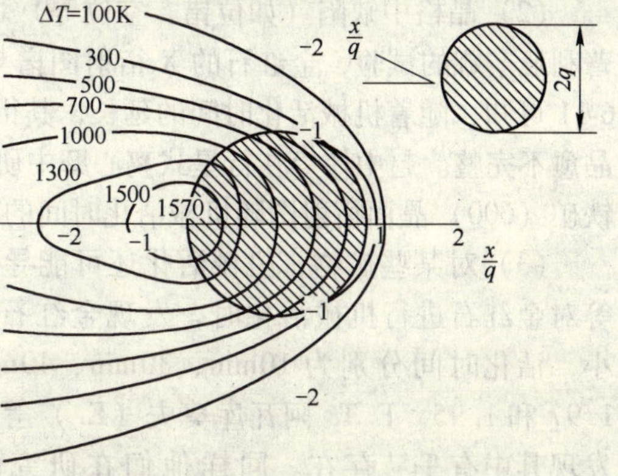

图 6-8 玻璃在断裂速度为 1000m/s 时，
裂纹尖端的温度场分布（$q = 3$nm）

由于上述冲击摩擦作用、局部高温等离子区的产生以及断裂时的热冲击，使晶体内部发生一系列变化，主要有以下几点。

（1）晶格中应力增加、能量增加。它一方面表现在矿物活化后，其浸出反应的表观活化能降低。A. H. 节里克曼得出白钨矿苏打高压浸出的表观活化能与活化时间的关系如图6-9所示，从图可知，随着白钨矿活化时间的增加，其浸出反应的表观活化能降低。同样从表6-2亦可看出许多矿物经机械活化后其浸出反应的表观活化能降低；另一方面它表现在许多矿进行机械活化后其差热曲线上出现新的放热峰，如A. H. 节里克曼等研究活化后的钨精矿时，发现其差热曲线上300~400℃出现放热峰，如图6-10所示；同样B. T. 库里巴金研究活化后的铜镍硫化矿时发现370℃和465℃出现放热峰。这些峰对于未活化的原矿而言是不存在的，说明它们在活化时吸收了能量，而升到一定温度时又释放出来。

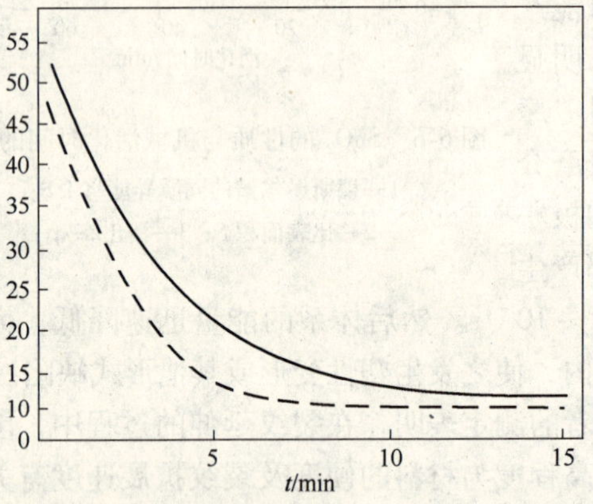

图6-9　白钨矿苏打高压浸出的表观活化能与其机械活化时间的关系

实线—弱搅拌；虚线—强搅拌

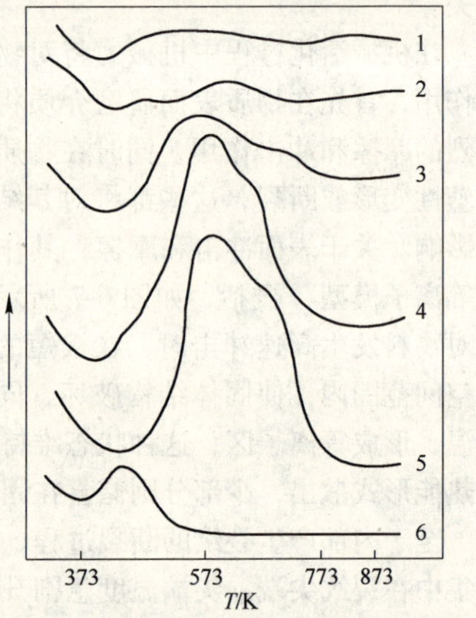

图6-10　机械活化后金红石的差热曲线

1—未活化；2，3，4，5—活化时间分别为10min、20min、30min、60min；6—在氩气气氛中的曲线

（2）晶格中缺陷（如位错、空位等）增加，晶格变形，且出现非晶化倾向。据T. A. 普利亚辛娜的试验，金红石的X衍射图谱与其机械活化的时间关系如图6-11所示。由图6-11可知，随着机械活化时间的延长，其衍射线变宽，且特征峰强度愈来愈小，说明其结晶愈不完整。赵中伟等在行星式离心磨中研究黄铁矿的机械活化时，亦发现类似情况。黄铁矿（600）晶面衍射图随机械活化时间的改变情况如图6-12所示[5]。

（3）对某些矿物，机械活化还可能导致产生化学成分上的改变。T. A. 普利亚辛娜等对金红石进行机械活化时，发现金红石中氧与钛的摩尔比随着活化时间的延长而减小，活化时间分别为10min、30min、40min、60min，则上述比值分别为1.99、1.98、1.97和1.95。E. T. 阿瓦库莫夫（E.）等用电子顺磁共振法研究活化后的金刚石样品，发现其中有Ti^{3+}存在。同样他们在研究锡石的机械活化时，发现活化时间分别为20min、40min、60min时，样品中氧与锡的摩尔比分别为1.986、1.976、1.963。他们在用行星式离心磨机研究β-PbO_2的机械活化时，发现常温下β-PbO_2依次发生晶形

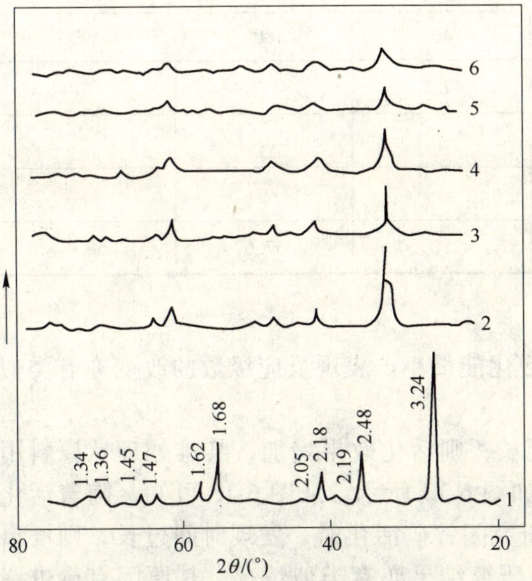

图 6-11 不同机械活化时间下金红石的 X 衍射谱线

1～6—活化时间分别为 4min、6min、8min、15min、30min、60min，比值分别降为 1.99、1.98、1.97 和 1.95

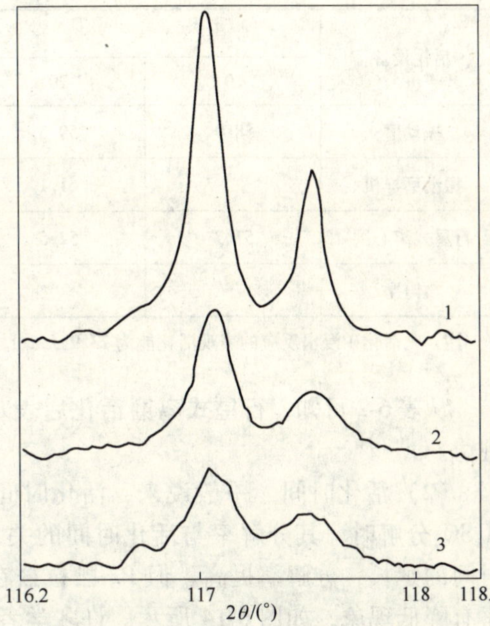

图 6-12 黄铁矿（600）晶面衍射随活化时间的变化

1—未活化；2—活化时间 10min；3—活化时间 40min

变化和离解。

$$\beta\text{-}PbO_2 \rightarrow \alpha\text{-}PbO_2 \rightarrow PbO_{1.57} \rightarrow PbO_{1.44} \rightarrow PbO$$

面对未活化的 β-PbO_2 而言，其离解过程应在 653K 以上才能进行，这些都说明机械活化过程导致了晶格中产生化学缺陷，甚至产生化学反应。

以上各种变化使物料的化学活性增加，在动力学方面使其反应速度加快，赵中伟等在用 DTA 法研究黄铁矿的机械活化时，发现活化 40min 后，表征其迅速氧化的放热峰由未活化的 546.7℃降为 410.6℃，说明黄铁矿活化后氧化速度加快。

机械活化也给反应的热力学条件带来有利影响，由于活化后物料处于自由能比标准状态更高的非标准状态，因此反应的吉布斯自由能变化值将更负，有利于反应的进行。

机械活化的效果受着一系列因素的影响，主要有以下几点。

(1) 磨机类型　各种磨机（如行星式离心磨机、振动磨机等）在磨矿过程中对物料都有一定活化作用，但效果各不相同，一般认为行星式离心磨机效果较好，因其工作靠离心力作用，加速度可达重力加速度的 10 倍以上；而普通滚筒式球磨机效果最差，它完全靠重力做功。李洪桂等曾系统地对比振动磨（重力加速度的 9.7 倍）、行星式离心磨、振动磨样机、滚筒对黄铁矿的活化效果，系统测定上述设备将黄铁矿活化后，黄铁矿与 HNO_3-H_2SO_4溶液反应的表观活化能和表观反应级数，其中表观活化能如表 6-2 所示。

表 6-2　不同设备活化后黄铁矿与 HNO_3-H_2SO_4 溶液反应的表观活化能

活化设备	活化时间/min				
	10	20	40	60	120
振动磨	58.9	59.3	47.5		
振动磨样机		61.1			
行星式离心磨	57.7	52.5			
滚筒磨				57.6	56.4

注：未活化矿浸出反应的表观活化能为 73.9kJ/mol。

从表 6-2 可知，行星式离磨活化后表观活化能最小。表观反应级数的改变亦有类似规律。

（2）活化时间　一般说来，活化时间延长，则活化效果增加，某难处理钛原料用 H_2SO_4 分解时，其分解率与活化时间的关系如图 6-13 所示。从图 6-13 可知，随着活化时间的延长，分解率提高。但 P. 巴拉兹在研究闪锌矿活化时，发现时间过长，则浸出率有降低现象，如图 6-14 所示。许多学者原研究结果亦有类似情况，其原因有待进一步研究。

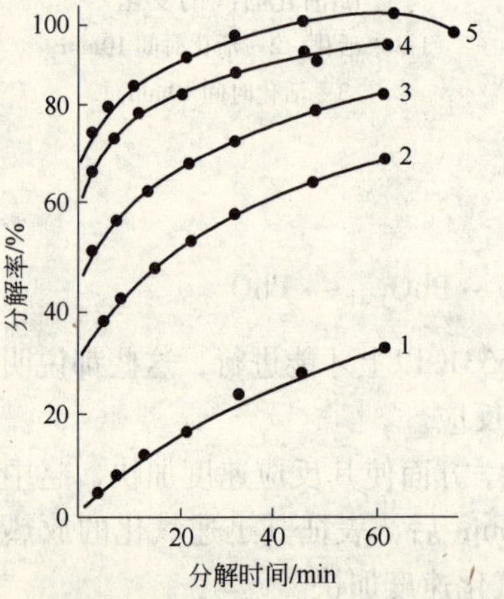

图 6-13　钛原料的活化时间与分解率的关系
1—未活化；2，3，4，5—活化时间分别为 10min、30min、60min、90min。分解条件：H_2SO_4 的质量分数为 89%，温度 200℃（据 T. A. 普利亚辛娜）

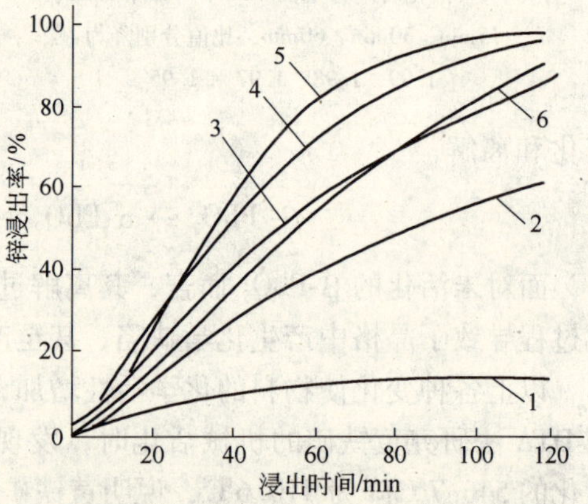

图 6-14　闪锌矿活化时间对浸出率的影响
活化时间：1—0min；2—7.5min；3—15min；4—60min；5—150min；6—240min

（3）活化介质　一般说来在水中进行湿式活化（湿磨）与在空气中进行干式活化（干磨）效果不同，湿式活化时，矿浆对球的缓冲作用，使矿粒的活化效果变差。A. H. 节里克曼在不同介质中将黑钨矿进行活化后，其 X 衍射线对比，如图 6-15 所示。从图可知，干式活化后，其谱线的改变较湿式大，所以湿式的效果不及干式，许多学者的研究结果亦反映出类似规律。但湿式磨矿的细磨效果一般比干式磨矿为好，所以，最终体现在浸出效果上，则往往是上述两因素的综合结果。在许多场合下，干式活化后，浸出率比湿式活化为高。A. H. 节里克曼将黑钨分别用于干式或湿式机械活化后，用 $w(H_2SO_4)$ = 20% 的溶液浸出，其结果如图 6-16 所示。但是在某些场合下的情况下相反。A. H. 节里克曼在 225℃下用 $NaCO_3$浸出钨锰矿的效果，如图 6-17 所示。从图可看出，湿式活化的效果超过干式活化。节里克曼认为是由于浸出温度高，在高温下存在退火（去活化）过程，因此使原料活化的效果相对降低，而使颗粒变细的效果相对增加所致。

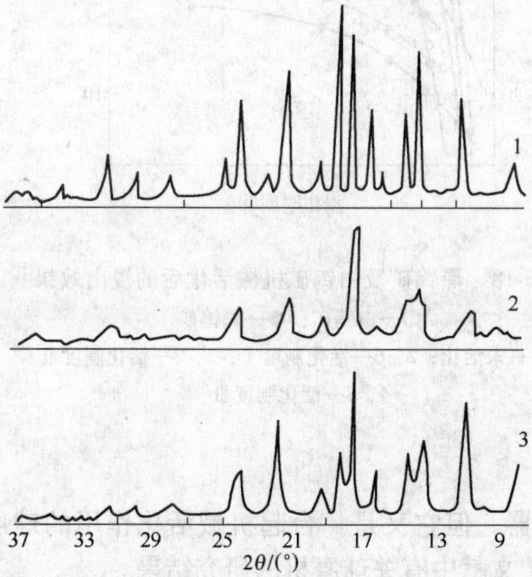

图 6-15 黑钨矿的 X 衍射线

1—未活化；2—干式活化；3—湿式活化

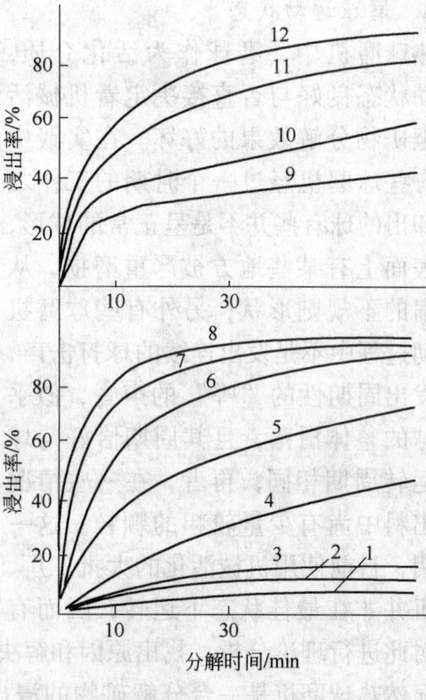

图 6-16 黑钨精矿用 $w(H_2SO_4)$ = 20% 的溶液浸出效果

1，2，3，4—未活化；5，6，7，8—在行星式离心球磨机中干式活化 15min；9，10，11，12—湿式活化

（4）活化温度 一般说来，在高温时同时存在去活化过程，故高温活化效果较低温为差。同理机械活化后的物料，若长期存放将发生去活化过程。

（5）矿石的类型 不同类型的矿在活化过程中的行为不尽相同。对于性脆的白钨矿，活化时能量主要消耗在矿粒的细化、表面能的增加，同时嵌镶块尺寸的减小。而对于难磨的黑钨矿，其能量主要消耗于晶格的变形及产生各种缺陷，因此两者的活化效果不尽相同。A. H. 节里克曼分别将黑钨矿及白钨矿活化 2min 后，用苏打浸出（用量为理论量的 2 倍）。其效果如图 6-18 所示。

总之，机械活化过程复杂，其影响因素尚

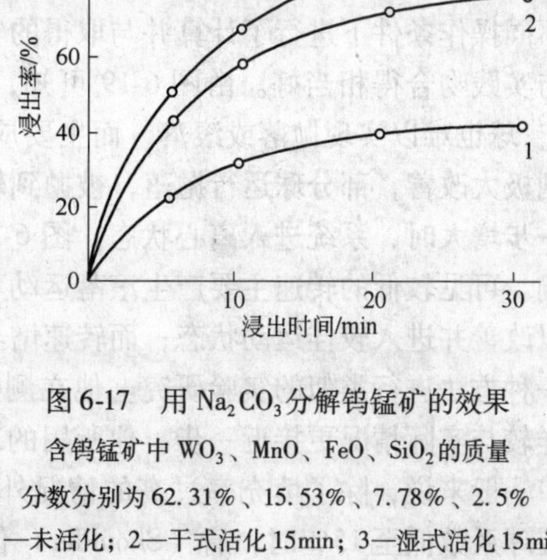

图 6-17 用 Na_2CO_3分解钨锰矿的效果

含钨锰矿中 WO_3、MnO、FeO、SiO_2的质量分数分别为 62.31%、15.53%、7.78%、2.5%

1—未活化；2—干式活化 15min；3—湿式活化 15min

在进一步深入研究中。

6.2.3 碱法热球磨工业实践中几个问题的理论分析[5]

A 磨球运动状态

热球磨机中，磨球作为活化介质，其运动状态良好与否直接决定着机械活化乃至矿物分解效果的好坏。在实践中发现有些球磨机经过一个时期的工作之后，卸出的球有些并不是呈正常的球形，而是表面上有某些地方被严重磨损，从而呈扁的不规则形状；另外有些球磨机在运动过程中不是发出连续的球打击声，而是发出周期性的“哗”的声音，似乎发生球的整体滑落，且其周期恰好与球磨机运转周期相同；再者，在一些情况下，出料中尚有少量较粗的颗粒。这一切说明，目前使用机械活化的大批工厂，球磨机并非在最佳状态下运转，因而有必要对此进行理论分析，找出原因和解决办法。

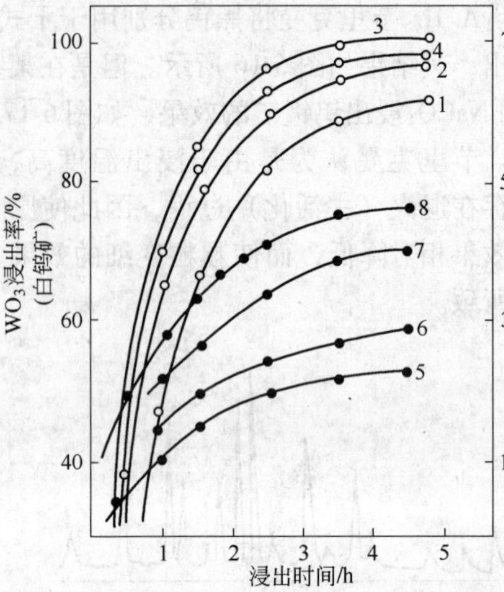

图 6-18 黑钨矿及白钨矿机械活化后的浸出效果
○—白钨矿；●—黑钨矿
1，5—未活化；2，6—活化制度Ⅰ；3，7—活化制度Ⅱ；4，8—活化制度Ⅲ

显然热球磨机是一台分解矿物的浸出反应器，但它又是一台起机械活化作用的球磨机，因而分析其中球的运动状态可直接借鉴选矿文献中有关球磨机的研究结果。

B 填充系数与转速

一般资料中讨论球磨机转速时均以磨筒由最外层磨球运动时不脱离筒体的转速为临界转速 $n_1 = \frac{42.3}{\sqrt{\varphi}}$r/min，而实际操作中一般取临界转速的80%左右。这一分析方法过于简单，不足以解释问题。因而需要借鉴最新研究成果。

有人最近发表了他们的研究结果，他们建立了一个模拟球磨机中球运动状态的模型，在不同操作条件下进行了计算并与取得的实验照片相比较（如图 6-19、图 6-20 所示），理论与实践吻合得相当好。由图 6-19 可知，即使转速增至临界转速时，若填充率较低，如 0.2，球也难以实现抛落或滚落，而主要应是沿筒壁滑动。当装球系数增至 0.4 时，系统得到极大改善，部分球运行抛落，被抛到较远的距离，部分球进行滚落运动；但装球系数进一步增大时，系统进入离心状态。图 6-20 显示了装球系数一定时，转速对运动状态的影响。可见较低的转速主要产生滚落运动和滑落运动，当转速提至 0.9 倍临界值时，情况得以改善并进入较佳运动状态；而转速增至 1.2 时，基本以抛落运动为主。S. Morrell 使用另一种方法进行类似的实验研究。他在测试时在球磨机中加入了刚好填充球间空隙的水，这样较与实际情况更接近一步。他所用的球磨机见图 6-21，所得结果如图6-22、图 6-23 所示，一般来说，除了填充率过高的情况外，转速的变化对趾（Toe）的位置无太大影响。当装球系数低至 15% 时，肩（Shoulder）位置为约 0°左右，显然此时难以出现球的抛落运

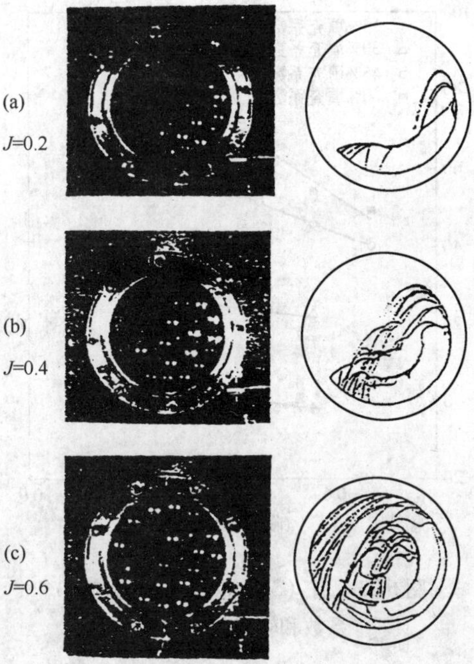

图 6-19 $N/N_c=1.0$ 时磨球运动的实验照片和模拟结果

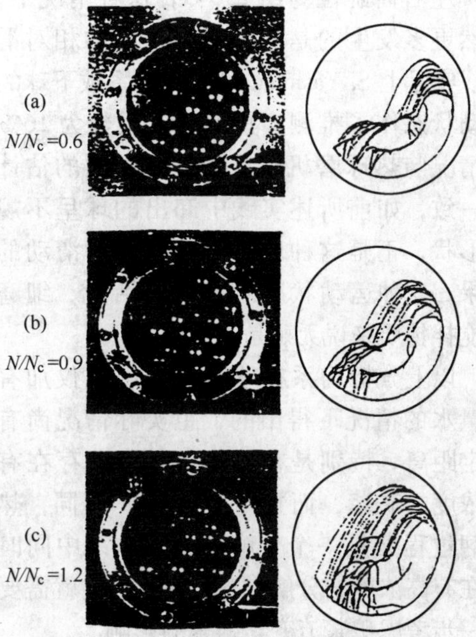

图 6-20 装球系数 $J=0.4$ 时磨球运动的实验照片和模拟结果

动。装球系数增加，肩位逐渐升高，同时越是在高的装球系数下增大转速，越易使肩位升高，综合图 6-19、图 6-20 可推知当装球系数约为 35% ~45% 时，趾位为 225°左右，肩位在 45° ~50°之间。

反观热球磨机，其容积为 $0.945m^3$，装球 1300kg，球占 $0.168m^3$，装球系数为 17%，而球磨机转速设定为 0.9 倍临界转速，则球的运动状态比图 6-22 的对应的条件还要弱一

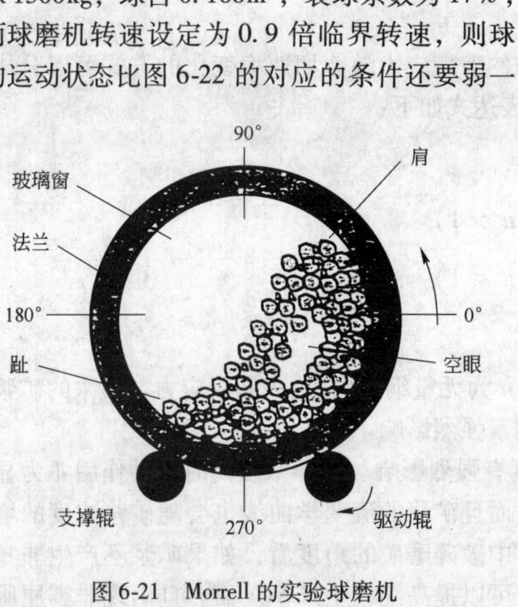

图 6-21 Morrell 的实验球磨机

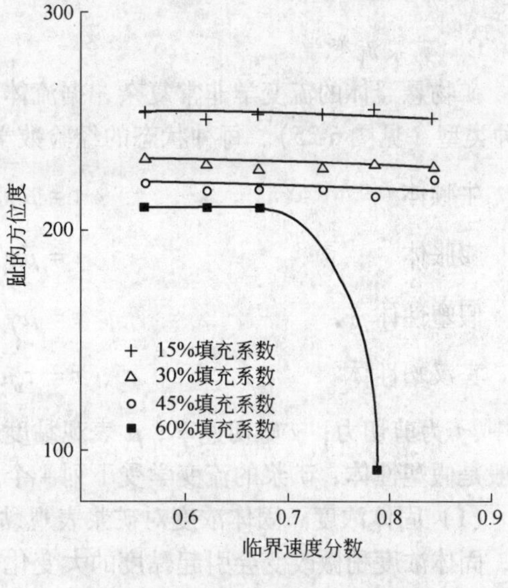

图 6-22 趾（toe）位与填充系数和转速的关系

些，由图 6-23、图 6-24 可估计肩位当为 10% 左右而趾位为约 250℃，这种情况下，显然更多发生的是球与筒壁之间的相对滑动。实际上 S. Yashima 对低装球系数下球的运动状态作了推测。其中装球系数为 16% 的情况与热球磨机较接近，与上面的估计也一致，如前所述实践中卸出的球呈不规则形状，正是这种球与筒壁间相对滑动的结果，这种运动状况对于机械活化、细磨和搅拌传质来说无疑是不利的。

以上分析均系在球磨机空载或仅加有少量水的情况下得出的，距实际情况尚有一定距离。特别是在工作条件下，存在有高浓度的矿浆，而且与一般磨矿不同，热球磨过程又是一个分解过程，体系中同时存在有高浓度的分解试剂 NaOH。这就需要进一步考虑矿浆流变学因素的影响。

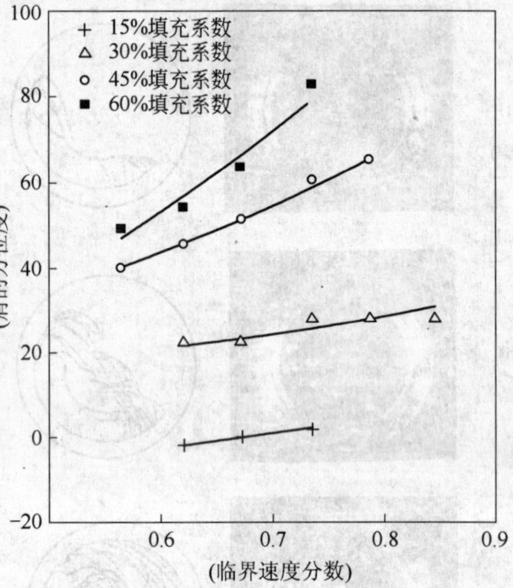

图 6-23　肩（Shoulder）位与填充系数和转速的关系

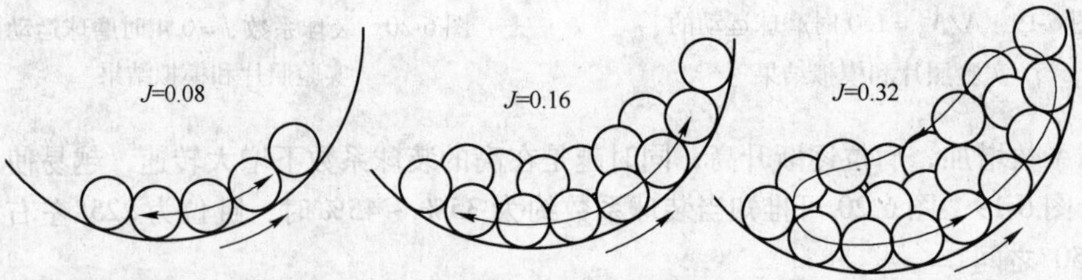

图 6-24　推测的钢球运动情况

C　矿浆流变学

矿物悬浮体的流变学非常复杂，据流体中的剪切应力随剪切速率变化的方式可以分成 4 种类型（见图 6-25）。每种状态的经验数学表达式如下：

牛顿体	$\tau = \mu\gamma$
膨胀体	$\tau = \mu\gamma^n (n > 1)$
假塑性体	$\tau = \mu\gamma^n (n < 1)$
宾汉塑性体	$\tau = \tau_y\mu\gamma$

式中，τ 为剪切力；γ 剪切速率；μ 表观黏度；n 为无量纲系数，τ_y 为屈服应力。极浓的矿浆一般是假塑性体，矿浆的流变学受下列 4 个因素强烈影响。

（1）固体浓度　固体浓度对矿浆表观黏度有强烈影响。固体浓度高时这种作用尤为显著，固体浓度稍微改变会引起黏度的大变化，而且矿浆的流变学曲线也会随矿浆浓度的增加而从膨胀体变为假塑性体到宾汉体。从选矿中破碎磨矿的角度看，如果矿浆不产生非零屈服应力，矿浆浓度的增高对磨矿是有益的，可以提高细粒生产率。而一旦出现非零屈服应力就将导致效率下降，对于热球磨机来说，则意味着非零屈服应力会使活化效果变差。

（2）颗粒粒度和形状 不管矿浆浓度如何，由于颗粒粒度变细意味着比表面积增大，从而需要更多的流体相在颗粒边界层中结合。自由流动的流体量降低，有效固体浓度变大，从而使矿浆黏度增高；另外颗粒与流体作用也与粒度有关，颗粒的细率增大也使黏度增大。

（3）化学环境 化学环境的影响很复杂，迄今了解较少。仅就磨原矿过程中添加助磨剂降低黏度进行了研究，但对热球磨机仍可进行分析，热球磨机中的流体为高浓度的 NaOH 溶液（其浓度为1kg 水可高达 20 ~ 30mol），这种黏度很大，当反应进行到一定程度之后，溶液中又产生了 Na_2WO_4，固相中又含产生 $Fe_2O_4 \cdot Mn(OH)_2$ 或 $Ca(OH)_2$ 以及 Na_2WO_4 晶体等化学物质，使情况更加复杂。但不管怎样，仍可知较之磨矿过程，基本以水作为流体的热球磨矿浆在相同条件下黏度要大得多。

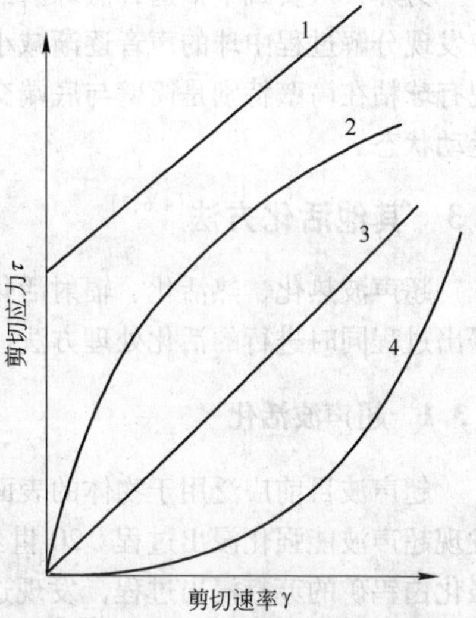

图 6-25 与时间无关的流变学曲线

1—$\tau = \tau_y \cdot \mu\gamma$（宾汉塑性体）；2—$\tau = \mu\gamma^n$（$n<1$，假塑性体）；3—$\tau = \mu\gamma$（牛顿体）；4—$\tau = \mu\gamma^n$（$n>1$，膨胀体）

（4）温度 温度增加，意味着质点热运动加剧，照例黏度会有所下降。

以上几个因素都会影响到矿浆黏度，目前已有选矿工作者注意到流变学的影响。

曾发现添加剂能使磨机平均扭矩和细粒产量增加，而且添加剂仅在高浓度时才起作用。为了弄清这一现象的原因，以浓度 60% ~78% 的白云石为给料，分别在有无添加剂的条件下进行了球磨试验（图 6-26）。可以看出，有添加剂时，扭矩在 30 ~50min 的时间内，由 1.3 增至 1.5kg · m。在清洗球磨机时，发现若没有添加剂，矿浆像糨糊一样粘在筒壁上难以清洗，而有添加剂时则相反。据此，可以认为在高矿浆浓度下，由于矿浆黏度大，难以流动，把球粘在筒壁上。若黏结力足够大，球与筒难以分离而作离心运动，从而使扭矩减小。有助磨剂存在时，矿浆黏度变小，可作抛落或泻落运动，自然扭矩较大。

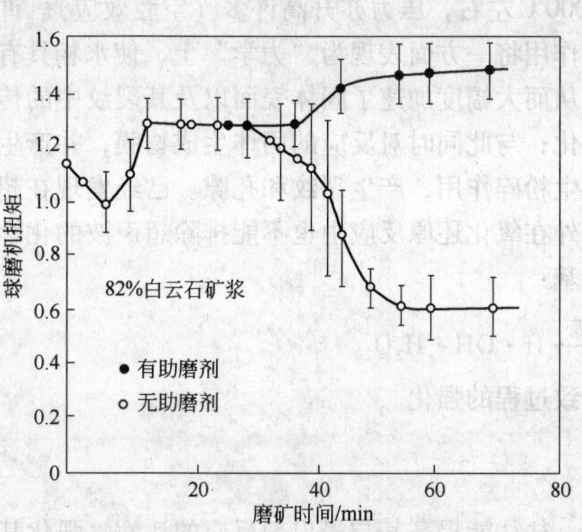

图 6-26 白云石湿磨中扭矩与时间关系

简单计算可知，热球磨工作状态下，其容积的 80% 左右被磨球、矿浆占据，而磨球占据容积的 17%。这样实际上磨球是在矿浆中运动，由于矿浆黏度远较空气、水为大，从而使磨球在运动时受到更大的阻力。这样球的运动状态较前面分析的结果要差一些。

另外，从实践中知道，热球磨的矿浆黏度较大。特别是分解白钨矿时，实验室小实验曾发现分解过程中球的声音逐渐减小，甚至听起来似乎只有几个球在滚动，出料时也曾发现有球粘在筒壁特别是筒壁与底端交接处，这一切都说明，很高的矿浆黏度已影响到球的运动状态。

6.3　其他活化方法[4,6,7]

超声波热化、热活化、辐射活化、催化活化等方法与机械活化一样，均是活化过程与浸出过程同时进行的活化处理方法（也可称为强化浸出的方法）。

6.3.1　超声波活化

超声波目前广泛用于物体的表面清洗及某些破碎过程。早在20世纪50年代，人们就发现超声波能强化浸出过程。20世纪60年代中期，H. H. 哈夫斯基等开始研究用超声波强化白钨矿的苏打浸出过程，发现这能使浸出率成倍提高。A. A. 别尔希茨基等在研究白钨矿的硝酸分解过程时，证明由于超声波破坏了矿粒表面的 H_2WO_4 膜，从而使过程由固膜扩散控制过渡到化学反应控制。在90～95℃时，HNO_3 过量50%，硝酸的质量分数为30%的条件下，经过1h，分解率达99%。B. H. 什马列依等在工业条件下研究表明，在 HNO_3 分解白钨精矿时，当不用超声波活化，在90℃，HNO_3 用量为理论量的360%的条件下分解4h，分解率仅93%；而用超声波活化时，在80℃，HNO_3 用量为理论量的150%的条件下，分解1.5h，分解率达99.4%。我国彭少方等在研究白钨精矿盐酸分解时，发现当温度为40℃，初始盐酸浓度为2mol/L，分解时间为2h，则无超声波作用时的分解率为32.7%；有超声波作用时的分解率达98.8%，并且使白钨矿与盐酸反应的表观活化能由83.5kJ/mol降为13.72kJ/mol。与此同时，前苏联学者在用超声波强化白钨矿苏打分解速度的工业设计与制造有关工业设备方面取得了一定进展。

超声波活化的机理尚在研究中，当超声波在水中传播时，水相每一个质点都发生强烈的振荡，每个微区都反复经受着压缩与拉伸作用，导致空腔的反复形成与破裂，在其破裂的瞬间，从微观看来，局部温度升高达1000℃左右，压力亦升高许多（空腔效应）。许多学者认为在这种情况下，它对浸出过程的作用将一方面表现为“力学”上，使水相具有湍流的水力特征，外扩散阻力大幅度降低，从而大幅度加速了固体表面以及其裂纹中的传质过程；另一方面使气体反应剂分散同时乳化；与此同时对反应的固体生成物膜，并产生剥离作用，清洗了反应表面；对固体颗粒产生粉碎作用，产生裂纹和孔隙。已经发现在超声波作用下，被浸出矿粒表面凹凸不平；另外在氧化还原反应中也不能排除超声波的化学作用，在空腔效应中，亦可能使水解为活性基：

$$H_2O \xrightarrow{\text{超声波}} H \cdot OH \cdot H_2O_2$$

这些活性基将直接参与氧化还原过程，导致过程的强化。

6.3.2　热活化

将矿物原料预加热到高温，然后急冷，往往能提高其与浸出剂反应的活性，强化其反应速度。造成热活化的原因主要是由于相变及物料本身的急冷急热而在晶格中产生热应力和缺陷，同时在颗粒中产生裂纹。例如锂辉石（$Li_2O \cdot Al_2O_3 \cdot 4SiO_2$）的低温相α-锂辉石基本上不与酸作用，但升温至1100℃时由α型转为β型，体积膨胀约24%，冷却后β-锂辉石成为细粉末，易与硫酸反应。

同样前苏联学者发现将白钨精矿加热到600～700℃，迅速冷却后再用Na_2CO_3高压浸出，其浸出率可提高2%～3%。

将物料高温煅烧不仅有活化作用，同时能除掉一些挥发性杂质以及精矿中残留的浮选剂。

6.3.3　辐射线活化

在一定的辐射线照射下，使矿物料在晶格体中产生各种缺陷，同时也可能使水溶液中某些分子离解为活性较强的原子团或离子团，从而加速化学反应。

在辐射线中最强的为γ射线。γ射线通过物质时，其一部分能量被吸收，所吸收的能量中约50%消耗于使原子离子化。这些使物质的化学反应活性增加，往往能使浸出过程加速。

以U_3O_8的H_2SO_4浸出为例，一般情况是在浸出时加入氧化剂如Fe^+、HNO_3等，使铀氧化为6价才能有足够的浸出速度。但在γ射线的作用下，水中产生HO_2、OH、H_2O_2等原子团，对铀起氧化作用：

$$U(IV) + HO_2 + H^+ \longrightarrow U(VI) + OH + OH^-$$

$$U(IV) + OH \longrightarrow U(V) + OH$$

因而保证足够的浸出速度。根据前苏联学者的试验，有γ射线照射与无γ射线照射时，U_3O_8在浓度为1～2mol/L，H_2SO_4溶液中浸出速度对比，如图6-27所示。

与γ射线一样，用微波照射往往能使物质活化并加速传质过程，加快浸出速度。彭金辉等研究$FeCl_3$浸出闪锌矿时，用微波辐射加热与用传统方式加热时，其锌的浸出率与时间的关系对比，如图6-28所

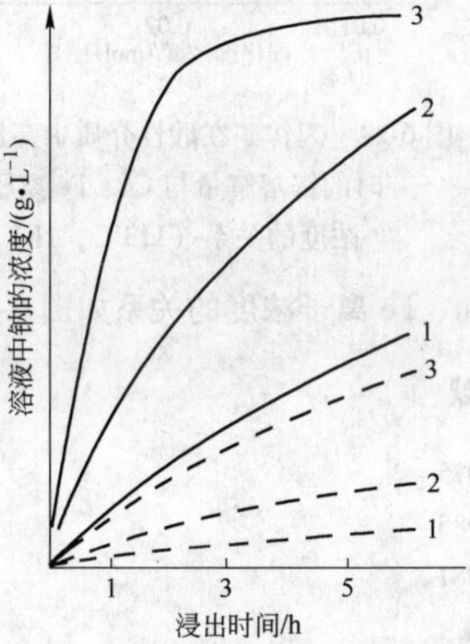

图6-27　U_3O_8在H_2SO_4浓度为2mol/L的溶液中的浸出速度

实线：有γ射线（15.48×10^{-2}c/kg·s）照射；虚线：无γ射线照射

1—重铀酸铵在900℃下煅烧3h，慢冷却；2—$UO_2(NO_3)_2$在800℃煅烧3h迅速冷却；3—$UO_2(NO_3)_2$在700℃煅烧1h，慢冷却

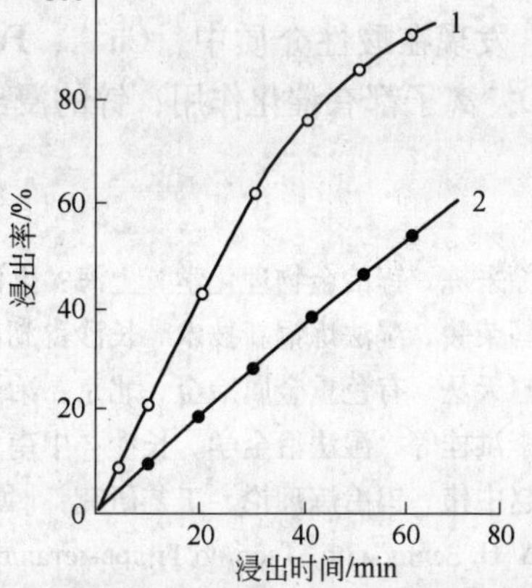

图6-28　微波辐射与传统加热方式下的Zn浸出率与加热时间τ的关系

实验条件：温度为368K，$FeCl_3$浓度为1.0mol/L

1—微波辐射；2—传统方式加热

示，该图表明有微波辐射时，锌的浸出率有明显提高。

6.3.4　催化活化

当浸出过程受化学反应控制时，在某些情况下加入某些催化剂能活化加强浸出过程。

目前，催化剂主要用于强化那些有氧化还原反应的浸出过程。发现在许多硫化矿的氧化浸出过程中，HNO_3有良好的催化作用。例如辉钼矿的高压氧浸时，如果加入10% ~ 20%的理论量的HNO_3时，浸出率将大幅度提高，其催化作用可用下列反应式解释：

$$MoS_2 + 6HNO_3 = H_2MoO_4 + 2H_2SO_4 + 6NO$$

$$6NO + 3O_2 = 6NO_2$$

$$6NO_2 + 3H_2O = 3HNO_2 + 3HNO_3$$

$$3HNO_2 = HNO_3 + 2NO + H_2O$$

因此，HNO_3实际上起着中间反应的作用。

在闪锌矿高压氧浸、含金黄铁矿氧化预处理时，加入HNO_3也都能大幅度提高其反应速度。这种催化作用已广泛用于硫化矿的氧浸过程。

在硫化矿的氧浸和酸浸过程加入Cu^{2+}、Fe^{3+}，UO_2矿碱性氧化浸出时加入Fe^{3+}，T. R. 斯科特（T. R. Scott）等按下列两种方案进行闪锌矿的高压氧浸：

（1）在酸性介质中：

$$ZnS + \frac{1}{2}O_2 + H_2SO_4 = ZnSO_4 + S^0 + H_2O$$

（2）在水中：$ZnS + 2O_2 = ZnSO_4$

发现在酸性介质中，Cu^{2+}、Fe^{3+}、Bi^{3+}、MoO_4^{2-}离子都有催化作用，锌的浸出量与溶液中Cu、Fe离子浓度的关系如图6-29所示。

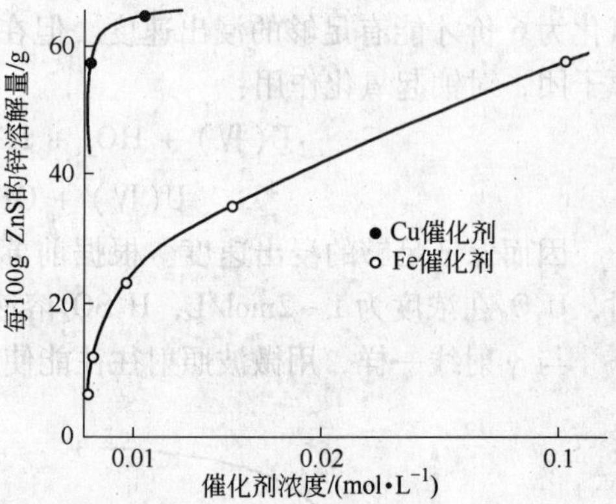

图6-29　闪锌矿在酸性介质中高压氧浸时的锌溶解量与Cu、Fe离子浓度的关系（113℃，1h）

参 考 文 献

1　徐采栋．锌冶金物理化学．上海：上海科技出版社，1975
2　马荣骏．湿法炼铜新技术．长沙：湖南科技出版社，1985
3　赵天丛．有色重金属冶金．北京：冶金工业出版社，1981
4　李洪桂等．湿法冶金学．长沙：中南大学出版社，2002
5　赵中伟．钨冶炼理论、工艺研究：［博士后出站研究报告］长沙：中南工业大学，1997
6　А. Н. Зеликман，Теорию Гидрометаллургицеских процессов，Металлургии，1983
7　А. Н. Зеликман，из ВСО АНСССР，Сер. Хим，1985，（4）：9
8　胡熙庚．有色金属硫化矿选矿．北京：冶金工业出版社，1987
9　王淀佐．浮选理论的新进展．北京：科学出版社，1992
10　见百熙．浮选药剂．北京：冶金工业出版社，1981

7 浸出过程的原理

主要符号表

K——反应的平衡常数	σ——计量系数
K_c——表观平衡常数	r——活度系数
D——扩散系数	r_p——当量半径
v——扩散速度	V——体积
δ——厚度	C——物质浓度
ρ——密度	a——活度
R_r——分解分数（或浸出率）	E——电势（或电位）
τ——时间	$E^{\ominus}$——标准电势
N——物质的摩尔数	θ——无因次时间
G——活化能	X_B——转化率
R——气体常数	τ_1——完全转化时间
T——温度	τ_R——化学控制下的完全转化时间
F_P——形状系数	ϕ——蒂勒系数
J——单位时间通过扩散层的浸出剂摩尔数	ψ——反应物浓度分布
S——表面积	ξ——无因次位置

7.1 浸出的分类及作用

7.1.1 浸出的分类[1,3~5]

浸出又称为浸取、溶出和湿法分解。它是使用适当的浸出溶液，有选择性地与矿石、精矿、焙烧料等固体物料中一些组分发生化学作用并使其进入浸出溶液，而其他不溶组分留在浸出渣中的湿法冶金单元过程。

目前浸出过程分类的方案较多，在工业应用上常按压力分类，有常压浸出和加压浸出之分。此外，按使用的设备分类，有槽（池）浸出、管道浸出、热球磨浸出之分。按作业方式分类，有间歇浸出、连续浸出、流态化浸出、渗滤浸出、堆浸及原地浸出之分。本章主要讨论浸出的理论问题，故按浸出剂的类型对浸出过程进行分类如下。

A　酸浸

酸浸主要是用盐酸、硫酸或硝酸将物料中的碱性化合物溶入溶液，如锌焙砂的硫酸浸出，使锌进入浸出液。

B　碱浸

碱浸主要是用 NaOH 将物料中的酸性化合物浸入溶液，如铝土矿或黑钨矿的 NaOH 浸出等，此外人们往往将 Na_2CO_3浸出亦归入碱浸之列。至于 NH_4OH 浸出，在某些场合下属于碱浸范畴，如用 NH_4OH 浸出钨酸或钼焙砂（MoO_3），主要利用了 NH_4OH 的碱性；但在某些场合下却主要是利用其配合性质，如镍、钴、铜硫化矿的氨浸等，则不应归入碱浸之列。

C　氧浸

氧浸主要用于金属硫化矿的湿法氧化，同时配合其他浸出剂，亦用于单质金属低价化合物浸出，例如预还原后红土矿的浸出、预还原铁矿的酸浸等。

D　氯化浸出（或氯盐浸出）

氯化浸出主要利用氯作为氧化剂进行重金属硫化矿的浸出，氯化物作为氧化剂时，一般是通过变价金属的氯化物进行，如辉锑矿的湿法氯化。

E　氰化物浸出及硫脲浸出

氰化物浸出就是以碱金属氰化物（KCN、NaCN）水溶液作为浸出剂的浸出方法。氰化物的浸出作用在于氰酸根（CN^-）能够与金属离子形成稳定的配位离子，从而增大金属离子在水溶液中的溶解度，更主要的是降低了金属与金属离子之间的氧化-还原电位，使被浸出的金属易被氧化进入溶液。氰化物浸出只应用于金和银的提取。

硫脲浸出是用硫脲水溶液作为浸出剂的浸出方法，主要用于浸出含金银的物料。在硫脲水溶液中，当氧化剂（如氧、Fe^{3+}）存在时，金溶解的反应如下：

$$Au + 2SC(NH_2)_2 + \frac{1}{4}O_2 + H^+ = Au[SC(NH_2)_2]_2^+ + \frac{1}{2}H_2O$$

$$Au + 2SC(NH_2)_2 + Fe^{3+} = Au[SC(NH_2)_2]_2^+ + Fe^{2+}$$

硫脲浸出法具有试剂毒性低，脱金后溶液易处理，浸出剂可再生等特点，但硫脲价格高，消耗量较大，成本高，又不宜于处理含碱性脉石，故在金银提取中，还不能取代氰化法。

F　细菌浸出

细菌浸出是利用细菌的作用从矿石中浸出有价金属，例如氧化铁硫杆菌能破坏硫化矿中的铁和硫，强化其氧化反应，使难溶的硫化矿变成可溶性的硫酸盐，在黄铜矿湿法氧化时，由于氧化铁硫杆菌的作用，将使下列反应的速度提高 10 倍以上，甚至达到 1000 倍。

$$CuFeS_2 + 4O_2 \xlongequal{细菌} CuSO_4 + FeSO_4$$

$$2FeS_2 + 7O_2 + 2H_2O \xlongequal{细菌} 2FeSO_4 + 2H_2SO_4$$

$$Fe_2(SO_4)_3 + Cu_2S + 2O_2 \xlongequal{细菌} 2FeSO_4 + 2CuSO_4$$

从上述反应可以看出，细菌的作用强化了浸出速度，而细菌则利用上述反应释放的能量得到成活、生长和繁殖。

细菌浸出通常采用地下浸出法或堆浸法，在 25 ~ 40℃的温度下进行。目前主要用于从低品位难选铜矿及含铜废石中回收铜或从铀矿回收铀。

G 电化浸出

即在电场作用下利用阳极氧化作用将硫化矿氧化，它用于辉钼矿及某些重金属硫化矿如辉锑矿的氧化，但未见工业生产的报道。

应当指出，现实的浸出过程有时不能按上述方法严格区分，例如某些浸出过程既有酸（或碱）参加，同时亦有氧参加，从不同角度考虑可分别属酸浸（或碱浸）或氧浸。

7.1.2 浸出的作用[1,9~16]

浸出过程就是在水溶液中利用浸出剂与固体原料（如矿物原料、冶金过程的固态中间产品、废旧物料等）作用，使有价元素变为可溶性化合物进入水溶液，而主要伴生元素进入浸出渣。在湿法炼锌中，锌焙砂的中性浸出和酸性浸出主要是使焙砂中的 ZnO 与浸出剂 H_2SO_4作用变成 $ZnSO_4$进入水溶液；黑钨精矿的 NaOH 浸出是通过下列反应：

$$(Fe_x,Mn_{(1-x)})WO_4(s) + 2NaOH(aq) = Na_2WO_4(aq) + xFe(OH)_2(s) + (1-x)Mn(OH)_2(s) \tag{7-1}$$

反应破坏黑钨矿的稳定结构，使钨成为可溶性的 Na_2WO_4进入溶液，铁、锰成氧化物进入渣中，实现两者的分离。

浸出过程亦用以从固体物料中除去某些杂质或将固体混合物分离，例如锆英石（$ZrO_2 \cdot SiO_2$）精矿经等离子分解后得 ZrO_2与 SiO_2的混合物，为使两者分离，常用 NaOH 浸出，使 SiO_2以 Na_2SiO_3形态进入溶液，而 ZrO_2则保留在固相中。在材料工业中浸出过程亦用以除去在加工过程中带入的某些夹杂物。

浸出过程为湿法冶金中应用最多的过程。目前生产的全部 Al_2O_3、占总产量 80% 以上的锌、15% 以上的铜都首先要通过浸出过程使有价金属进入溶液。几乎所有稀有金属的生产流程中都包括有一个或多个浸出工序，浸出过程的指标在很大程度上决定了整个金属冶炼的效益。同样在材料工业中它也日益显示出其重要地位，许多学者研究直接用浸出的方法制取材料工业的原料，显示了较好的前景，例如可直接用 HCl 浸出和 H_2F_2浸出处理纯度（质量分数）为 98% 的粗硅，得纯度（质量分数）为 99.9% 的纯硅，用于制造日光电池；用 H_2F_2在 50℃下浸出粗硅，得产品纯度（质量分数）达 99.95% 的纯硅，其成本仅为硅烷法的几分之一；还有用 HNO_3-H_2O_2高压浸出法从稻壳中制取高纯超细 SiO_2。因此研究浸出过程的理论和工艺对改善和发展提取冶金过程和材料工业都具有重大的意义。

浸出过程是通过一系列化学反应实现的，可归纳为以下几类。

A 简单溶解

原料中某些本来就易溶于水的化合物，在浸出时简单溶入水中（当然也伴随着水合反应），如烧结法生产 Al_2O_3时，烧结块中 $NaAlO_2$的溶出和锌焙砂中的 $ZnSO_4$的溶出。

B 无价态变化的化学溶解

无价态变化的化学溶解主要包括：

（1）化合物（主要是氧化物）直接溶于酸或碱，例如锌焙砂浸出时，其中的 ZnO、$ZnO \cdot Fe_2O_3$ 等直接与 H_2SO_4 作用，生成相应的硫酸盐进入溶液，钛铁矿（$FeO \cdot TiO_2$）用盐酸或稀硫酸选择性浸出 FeO 等；

（2）复分解反应，主要是原料中的难溶化合物与浸出剂之间的复分解反应，又分为两种情况：

1）将组成该难溶化合物的一种元素或离子团浸入溶液而其他元素或离子团转化进入另一难溶化合物，如黑钨矿的 NaOH 浸出反应，见式（7-1）；

2）将组成该难溶化合物的一种元素或离子团浸入溶液而其他的成为气体进入气相，或变成难电离物进入溶液，例如有的精矿酸浸时，其伴生矿物方解石的反应：

$$CaCO_3 + 2HCl = CaCl_2(aq) + H_2O + CO_2\uparrow$$

C　有氧化还原反应的化学溶解

即浸出反应中有价态变化，如闪锌矿等有色金属硫化矿的高压氧浸：

$$ZnS_2 + H_2SO_4(aq) + \frac{1}{2}O_2 = ZnSO_4(aq) + S(s) + H_2O$$

辉锑矿等有色金属硫化物的氯盐浸出（或氯化浸出）：

$$Sb_2S_3(s) + 6FeCl_3(aq) = 2SbCl_3(aq) + 6FeCl_2(aq) + 3S(s)$$

$$FeCl_2(aq) + \frac{1}{2}Cl_2 = FeCl_3(aq)$$

原生铀矿的碳酸盐浸出：

$$UO_2(s) + Na_2CO_3(aq) + 2NaHCO_3(aq) + \frac{1}{2}O_2 = Na_4UO_2(CO_3)_3(aq) + H_2O$$

D　有配合物生成的化学溶解

即有价金属不仅发生上述浸出反应，同时生成配合物进入溶液，如红土矿经还原焙烧后的氨浸出：

$$Ni(s) + nNH_3 + CO_2 + \frac{1}{2}O_2 = Ni(NH_3)_n^{2+} + CO_3^{2-}$$

$$Co(s) + nNH_3 + CO_2 + \frac{1}{2}O_2 = Co(NH_3)_n^{2+} + CO_3^{2-}$$

自然金的氰化物浸出：

$$4Au(s) + 8NaCN(aq) + O_2 + 2H_2O = 4NaAu(CN)_2(aq) + 4NaOH(aq)$$

在某种意义上说，钽铌铁矿的氢氟酸分解也属于此类：

$$(Fe_xMn_{(1-x)})[Ta_y \cdot Nb_{(1-y)}O_3]_2(s) + 12HF(aq) =$$
$$xFeF_2(s) + (1-x)MnF_2(s) + H_yTaF_5 + H_{(1-y)}NbF_5 + 5H_2O$$

$$TaF_5 + 2HF(aq) = H_2TaF_7(aq)$$

强化浸出过程的反应是湿法冶金中的重要问题。在第 6 章中所介绍的机械活化、超声波活化、热活化、辐射活化等都是属于强化浸出过程的方法，在此不再叙述。

目前强化浸出反应的方法主要为在密闭容器中的升温、加压，这种方法称为加压浸出。由于需要加压，故在密闭容器中，必须升高浸出温度，从而加快了浸出反应速度和反应进行完全的程度，实际上这一过程是活化了反应动力学速度。

在碱浸和酸浸中都可用加压浸出的方法加强浸出反应。这种强化方法已在硫化镍钴矿、硫化锌精矿、白钨矿、黑钨矿、辉钼矿的浸出中得到了应用。

7.2 浸出过程的动力学分析[1~5]

与火法冶金过程比较，湿法冶金过程中的温度较低，化学反应速度及扩散速度都较慢，因此，较难达到平衡状态。实际生产过程的最终结果往往不是决定于热力学条件，而是决定于反应的速度，即决定于动力学条件。如白钨精矿苏打浸出，在225℃时的“表观平衡常数”$K_c=1.56$，按热力学计算，为保证$CaWO_4$完全被分解所需的Na_2CO_3仅为理论量的1.64倍，但实际上由于动力学上的原因，为保证足够的浸出率应为理论量的2.5~3倍，因此，研究浸出过程动力学，对于强化浸出过程的速度，具有很大的实际意义。

7.2.1 浸出过程的历程及其速度的一般方程[1]

浸出过程属多相反应过程，例如白钨矿的盐酸分解：

$$CaWO_4(s) + 2HCl(aq) \xlongequal{} H_2WO_4(s) + CaCl_2(aq)$$

它为液固相之间的反应。某些有气态组分参加的反应，例如闪锌矿的高压氧浸则为气-液-固相之间的反应。为了简单起见，先讨论液-固反应的动力学规律。

按照核收缩模型，液-固反应过程如图7-1所示。其中a为未反应的矿粒核；b为反应生成的固体膜或浸出的固体残留物；c为浸出剂的扩散层；在扩散层的外缘浸出剂浓度为C_0，而在固相表面降为C_s。扩散层的厚度随温度、溶液的黏度、搅拌速度等因素而异，同时不同溶质的扩散层厚度不同。从图7-1可知，整个浸出过程经历下列步骤：

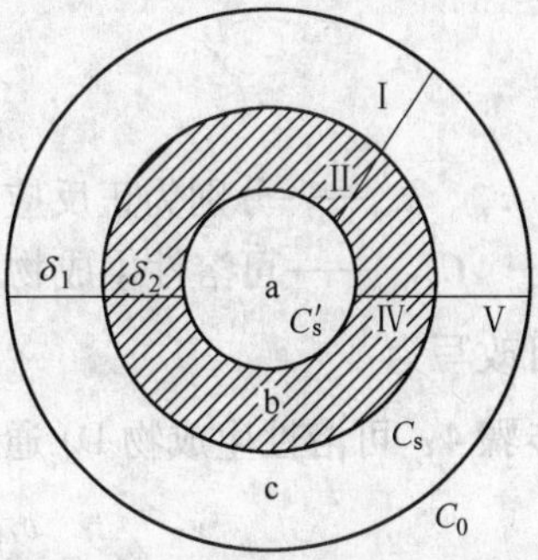

图7-1 湿法分解精矿过程示意图

a—未反应的矿粒核；b—反应生成的固体膜或浸出的固体残留物；c—浸出剂的矿扩散层；C_0—浸出剂在水中的浓度；C_s—浸出剂在固体表面处的浓度；C_s'—浸出剂在反应区的浓度；δ_1—浸出剂扩散层的有效厚度；δ_2—固膜厚度

(1) 浸出剂通过扩散层向矿粒表面扩散（外扩散）；

(2) 浸出剂进一步扩散通过固体膜（内扩散）；

(3) 浸出剂与矿粒发生化学反应，与此同时亦伴随有吸附或解吸过程；

(4) 生成的不溶产物层使固体膜增厚，而生成的可溶性产物扩散通过固体膜（内扩散）；

(5) 生成的可溶性产物扩散到溶液中（外扩散）。

设浸出过程的浸出反应为

$$aA(s) + bB(aq) \xlongequal{} cC(s) + dD(aq)$$

式中，A为被浸出的矿；B为浸出剂；C为生成的固体产物；D为生成的易溶产物。

根据此式可研究各步骤的速度及其与总浸出速度的关系。由于浸出过程中各物质均按上式所示的摩尔比例进行，它们间的量可互相换算，为统一起见，速度单位统一换算成单位时间单位面积上消耗浸出剂B的摩尔数。

步骤1：为简单起见，设扩散层内浸出剂的浓度梯度近似为常数，根据菲克第一定律可得浸出剂通过扩散层的速度为

$$v_1 = D_1(C_0 - C_s)/\delta_1$$

式中　D_1——浸出剂在水中的扩散系数（25℃左右时，许多电解质在水中的 D_1 值约 10^{-5} ~ $10^{-6}cm^2/s$）；

δ_1——浸出剂扩散层的有效厚度（δ_1 随搅拌速度的增加而减小）。

上式可改写为

$$C_0 - C_s = v_1\delta_1/D_1 \tag{7-2}$$

步骤 2：根据菲克第一定律，浸出剂通过固膜扩散的速度为

$$v_2 = D_2(dC/dr)$$

式中　D_2——浸出剂在固膜中的扩散系数；

dC/dr——浸出剂在固膜中的浓度梯度（dC/dr 为正值）。

为简单起见，设浸出剂在固膜中的浓度梯度为常数，则：

$$v_2 = D_2(C_s - C'_s)/\delta_2$$

式中　C'_s——浸出剂在反应区的浓度。

上式可改写为

$$C_s - C'_s = v_2\delta_2/D_2 \tag{7-3}$$

步骤 3：化学反应速度为正反应速度与逆反应速度之差，设正、逆反应均为一级反应，则：

$$v_3 = k_+ C'_s - k_- C'_{(D)s}$$

式中　k_+、k_-——分别为正反应和逆反应的速度常数；

$C'_{(D)s}$——可溶性生成物 D 在反应区的浓度。

上式可改写为

$$C'_s - C'_{(D)s}k_-/k_+ = v_3/k_+ \tag{7-4}$$

步骤 4：可溶性生成物 D_{aq} 通过固膜的扩散速度可近似用下式表示：

$$v_{(D)4} = D'_2(C'_{(D)s} - C_{(D)s})/\delta_2$$

式中　$C_{(D)s}$——可溶性生成物（D_{aq}）在矿物粒表面的浓度；

D'_2——可溶性生成物（D_{aq}）在固膜内扩散系数。

从反应式可知，生成 1mol D_{aq} 物质应消耗 b/dmol 的 B 浸出剂，若令 $b/d = \beta$，则按浸出剂摩尔数计算的速度为：

$$v_4 = \beta D'_2(C'_{(D)s} - C_{(D)s})/\delta_2$$

上式可写为

$$(C'_{(D)s} - C_{(D)s})k_-/k_+ = \frac{v_4\delta_2}{\beta D'_2} \times \frac{k_-}{k_+} \tag{7-5}$$

步骤 5：按照步骤 4 的类似分析知：

$$v_5 = \beta D'_1(C_{(D)s} - C_{(D)0})/\delta'_1$$

式中　$C_{(D)0}$——生成物（D_{aq}）在水中的浓度；

D'_1——生成物（D_{aq}）在水中的扩散系数；

δ'_1——生成物（D_{aq}）的扩散层厚度。

上式可改写成

$$(C_{(D)s} - C_{(D)0})k_-/k_+ = \frac{v_5\delta'_1}{\beta D'_1} \times \frac{k_-}{k_+} \tag{7-6}$$

将式(7-2)~式(7-6)相加并考虑到在稳定的条件下各步骤的速度相等，且等于浸出过程的总速度 v_0，整理后得：

$$v_0\left[\frac{\delta_1}{D_1}+\frac{\delta_2}{D_2}+\frac{1}{k_+}+\frac{k_-}{\beta k_+}\left(\frac{\delta_2}{D_2'}+\frac{\delta_1}{D_1'}\right)\right]=C_0-C_{(\mathrm{D})0}k_-/k_+$$

或

$$v_0=[C_0-C_{(\mathrm{D})0}(k_-/k_+)]/\left[\frac{\delta_1}{D_1}+\frac{\delta_2}{D_2}+\frac{1}{k_+}+\frac{k_-}{\beta k_+}\left(\frac{\delta_2}{D_2'}+\frac{\delta_2'}{D_1'}\right)\right] \tag{7-7}$$

分析式（7-7）可得如下几个结论。

（1）浸出速度随式中分母项的增大而减小，整个分母项可视为反应的总阻力，总阻力为浸出剂外扩散阻力（δ_1/D_1）、浸出剂内扩散阻力（δ_2/D_2）、化学反应阻力（$1/k_+$）以及生成物向外扩散阻力之和。

（2）当反应平衡常数很大，即基本上不可逆，则 $k_+\gg k_-$，上式可简化为：

$$v_0=C_0/\left(\frac{\delta_1}{D_1}+\frac{\delta_2}{D_2}+\frac{1}{k_+}\right)$$

即反应速度决定于浸出剂的内扩散和外扩散阻力，以及化学反应的阻力，而生成物的向外扩散对浸出过程的速度影响可忽略不计。

（3）浸出速度决定于上述最慢的步骤，例如当外扩散步骤最慢，以至外扩散的阻力：

$$\frac{\delta_1}{D_1}\gg\frac{\delta_2}{D_2}\qquad\qquad \frac{\delta_1}{D_1}\gg\frac{1}{k_+}$$

此时

$$v_0=C_0/\left(\frac{\delta_1}{D_1}\right)=C_0D_1/\delta_1$$

即浸出过程总速度决定于外扩散步骤，外扩散成为控制性步骤，或者说浸出过程为外扩散控制。同理若化学反应步骤最慢，反应步骤阻力 $1/k_+$ 远大于 δ_1/D_1、δ_2/D_2，则：

$$v_0=C_0/\left(\frac{1}{k_+}\right)=C_0k_+$$

浸出过程总速度决定于化学反应速度，化学反应步骤成为其控制性步骤，或者说浸出过程为化学反应控制。对内扩散步骤亦可类推。

若其中两个步骤的速度大体相等，且远小于第三步骤，则过程为两者混合控制，或称浸出过程在过渡区进行。

（4）从上可知，不论哪一个步骤成为控制性步骤，浸出过程的速度总是近似等于溶液中浸出剂的浓度 C_0 除以该控制步骤的阻力。

应当指出，对一个浸出过程而言，其控制步骤不是一成不变的，随着条件的改变它会发生转移。例如某过程在低温下处于反应控制，但如果温度升高，其化学反应速度将大幅度提高，以致超过扩散步骤，此时过程转为扩散控制。同样若在搅拌速度较慢时为外扩散控制，但当搅拌速度加快到一定程度后，控制步骤也可能由外扩散转为其他控制步骤。

7.2.2 浸出化学反应控制[1]

7.2.2.1 化学反应控制的动力学方程

这里主要研究浸出过程为化学反应控制的浸出分数与时间的关系。

设有一浸出过程，若通过扩散层及固膜的扩散阻力很小，以致反应速度受化学反应控制，则：

$$\frac{-\mathrm{d}N}{\mathrm{d}\tau} = kSC^n \tag{7-8}$$

式中　N——固体颗粒在时刻 τ 的摩尔数；

S——固体矿粒表面积；

C——浸出剂的浓度；

k——化学反应速度常数；

n——反应级数。

在反应的过程中，颗粒的表面积 S 发生改变。假定矿粒为球形，致密无孔隙，其半径为 r，密度为 ρ，M 为矿物的摩尔质量，则：

$$S = 4\pi r^2$$

$$N = \frac{4}{3}\pi r^3 \rho / M$$

$$\frac{-\mathrm{d}N}{\mathrm{d}\tau} = \frac{-4\pi r^2 \rho}{M} \times \frac{\mathrm{d}r}{\mathrm{d}\tau}$$

代入式(7-8) 可得：

$$\frac{-4\pi r^2 \rho}{M} \times \frac{\mathrm{d}r}{\mathrm{d}\tau} = 4\pi r^2 kC^n$$

即

$$\frac{\mathrm{d}r}{\mathrm{d}\tau} = \frac{kMC^n}{\rho} \tag{7-9}$$

设过程中浸出剂过量大，在浸出过程中其浓度 C 可视为不变，保持为 C_0，则：

$$-\int_{r_0}^{r} \mathrm{d}r = \frac{kC_0^n M}{\rho}\int_0^{r} \mathrm{d}\tau$$

积分得

$$r_0 - r = \frac{kC_0^n M}{\rho}\tau$$

式中　r_0——矿粒的原始半径；

r——矿粒在时刻 τ 的半径。

因为颗粒的半径不便于测定，通常用反应浸出分数 R_r 与τ 的关系表示动力学方程。假设 N_0为开始时矿粒的摩尔数，则：

$$R_r = \frac{N_0 - N}{N_0} = \frac{\frac{4}{3} \times \frac{\pi r_0^3 \rho}{M} - \frac{4}{3} \times \frac{\pi r^3 \rho}{M}}{\frac{4}{3} \times \frac{\pi r_0^3 \rho}{M}} = 1 - \frac{r^3}{r_0^3}$$

可得：

$$r = r_0(1 - R_r)^{1/3} \tag{7-10}$$

代入上式得：

$$r_0 - r_0(1 - R_r)^{1/3} = \frac{kC_0^n M}{\rho}\tau$$

即
$$1-(1-R_r)^{1/3}=\frac{kC_0^nM}{r_0\rho}\tau$$

当浓度 C_0 视为不变，则可改写成：

$$1-(1-R_r)^{1/3}=k'\tau \tag{7-11}$$

式中
$$k'=kC_0^nM/\rho r_0$$

式（7-11）适用于球形的均匀颗粒，由于颗粒形状直接影响到表面积的大小，因此对其他形状颗粒，应修正为如式（7-12）：

$$1-(1-R_r)^{1/F_P}=\frac{kC_0^nM}{r_p\rho}\tau=k'\tau \tag{7-12}$$

式中 F_P——形状系数，对球形及立方体及三个坐标方向尺寸大体相同的颗粒而言 $F_p=3$；对长的圆柱体而言，$F_P=2\sim3$；对平板状而言 $F_P=1$；

r_p——当量半径。可近似用下式计算：

$$r_p=F_PV_p/S_p$$

其中，V_p、S_p 分别为颗粒的体积和表面积。

因此，当过程属化学反应控制，同时颗粒均匀、致密，反应为不可逆反应，则其函数 $1-(1-R_r)^{1/F_P}$ 与时间成直线关系，且直线过原点，有人在研究 UO_2 粉末的 Na_2CO_3 浸出时，当 Na_2CO_3 大大过量，发现符合上述规律，如图 7-2 所示。

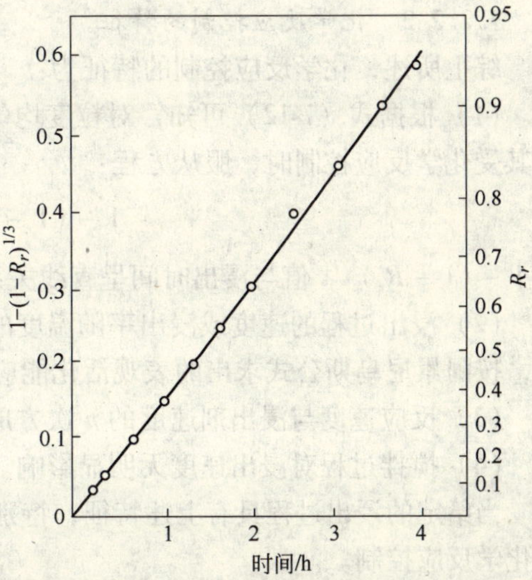

图 7-2 UO_2 粉末在碳酸钠中溶解的动力学曲线

式（7-12）仅适用于矿粒均匀、致密，同时浸出剂过量很大或连续补充，以致过程中浸出剂浓度可视为不变；反应的平衡常数很大，以致逆反应可忽略不计的情况，当浸出过程中其浓度的改变不可忽略时，则应作如下修正。

浸出过程中浸出剂的浓度 C 与浸出分数 R_r 的关系为：

$$C=C_0-N_0\alpha R_r/V_L=C_0(1-N_0R_r\alpha/V_LC_0)$$

式中 V_L——浸出液总体积；

α——1mol 矿浸出时消耗的浸出剂摩尔数。

根据式（7-9）和式（7-10）知：

$$-\frac{dr}{d\tau}=-\frac{r_0d(1-R_r)^{1/3}}{d\tau}=\frac{kMC^n}{\rho}$$

将 C 值代入，可得：

$$\frac{-(1-R_r)^{2/3}d(1-R_r)}{3d\tau}=\frac{kMC_0^n}{r_0\rho}(1-N_0R_r\alpha/V_LC_0)^n$$

当浸出剂的用量为按化学计量的理论量时，$C_0V_L=\alpha N_0$，则：

$$\frac{-(1-R_r)^{2/3}\mathrm{d}(1-R_r)}{3\mathrm{d}\tau}=\frac{kMC_0^n}{r_0\rho}(1-R_r)^n$$

即
$$\frac{-(1-R_r)^{-(n+2/3)}\mathrm{d}(1-R_r)}{3}=\frac{kMC_0^n}{r_0\rho}\mathrm{d}\tau$$

积分得
$$\frac{(1-R_r)^{-(n-1/3)}}{3n-1}=\frac{kMC_0^n}{r_0\rho}\tau+\mathrm{const}$$

当 $\tau=0$ 时，$R_r=0$，求出 $\mathrm{const}=1/(3n-1)$

代入上式，两边同乘 $3n-1$，并令 $K'=(3n-1)k$

整理得
$$(1-R_r)^{-(n-1/3)}=\frac{K'MC_0^n}{r_0\rho}\tau+1 \tag{7-13}$$

式（7-13）适用于矿粒为均匀致密的球形，同时浸出剂用量为理论量的情况。

7.2.2.2　化学反应控制的特征

综上所述，化学反应控制的特征为：

（1）根据式（7-12）可知，对粒度均匀致密，且浸出剂浓度可视为不变的过程而言，当其受化学反应控制时，服从方程：

$$1-(1-R_r)^{1/F_P}=k'\tau$$

即 $1-(1-R_r)^{1/F_P}$ 值与浸出时间呈直线关系且过原点；

（2）浸出过程的速度或浸出率随温度的升高而迅速增加，根据不同温度下的 k 值或 k' 值，按阿累尼乌斯公式求出的表观活化能应大于 41.8kJ/mol；

（3）反应速度与浸出剂速度的 n 次方成比例；

（4）搅拌过程对浸出速度无明显影响。

当给定的浸出过程具有上述特征，特别是具有（1）、（2）项特征时，可认为该过程为化学反应控制。

7.2.2.3　提高分解分数（浸出率）的途径

此节是讨论化学反应控制时提高分解分数（浸出率）的途径问题。

分析式（7-12）、式（7-13）知，对化学反应控制的浸出过程而言，提高其反应分数 R_r（或者说精矿分解过程的分解率）主要有如下途径。

（1）提高温度 T　因 R_r 随速度常数 k 的增加而提高，根据阿累尼乌斯公式：

$$\ln k=\frac{-G}{RT}+B$$

式中　G——活化能，J/mol；

　　B——常数；

　　R——气体常数，$R=8.31\mathrm{J/K\cdot mol}$。

对于化学反应过程而言，G 值达 41.8kJ/mol 以上；故温度升高，k 值大大增加，相应地 R_r 值大大增加；

（2）提高浸出剂浓度 C_0；

(3) 降低颗粒的原始半径。

7.2.2.4 浸出化学反应的机理

目前在这方面研究不够，根据已有资料，人们提出的理论主要有以下几种。

A 活化配合物机理

活化配合物机理亦称为过渡状态理论，它假定反应物中的活性分子首先作用形成活化配合物，后者再分解成反应的产物，过程可用下式表示：

$$\mathrm{A(s)} + \mathrm{B(aq)} \underset{}{\overset{\mathrm{I}}{\longleftrightarrow}} \mathrm{S.B} \xrightarrow{\mathrm{II}} \text{产物}$$

一般认为第Ⅰ步很快，迅速达到平衡，生成的活化配合物不稳定，可进行第Ⅰ步的逆反应而重新变成A或B，也可进行第Ⅱ步变成产物，第Ⅱ步的速度较慢，因此整个过程的速度决定于第Ⅱ步的速度。

若已知活化配合物的结构，根据量子理论和统计规律，从理论上可计算出第Ⅱ步的速度常数，进而估算整个过程中的速度，故活化配合物理论上又称为绝对速度理论。

有人根据结果，认为黄铜矿、方铅矿、辉钼矿等的氧浸过程属于活化配合物机理。

B 电化腐蚀机理

类似于金属的电化腐蚀，以ZnS在100~300℃下在酸性介质中氧浸出为例，其机理可能为：在矿粒表面形成阴极区和阳极区，在阴极区溶于水中的氧接受电子并与H^+形成H_2O，阳极区则因ZnS失电子成Zn^{2+}。其反应为：

阴极
$$O_2 + 2H^+ + 2e = H_2O_2$$
$$H_2O_2 + 2H^+ + 2e = 2H_2O$$

阳极
$$ZnS = Zn^{2+} + S + 2e$$
$$ZnS + 4H_2O = Zn^{2+} + SO_4^{2-} + 8H^+ + 8e$$

根据人们的研究，金、银的氰化浸出、铜的氨浸、NiS矿的氨浸均属于电化腐蚀机理。

7.2.3 外扩散控制[1]

7.2.3.1 外扩散控制的动力学方程

设单位时间内浸出的矿物量决定于浸出剂通过扩散层的扩散速度（当决定于生成物的向外扩散时，情况基本相同），并已知外扩散控制时$C_s \approx 0$，这时单位时间通过扩散层的浸出剂摩尔数为：

$$J = v_1 S = C_0 D_1 S / \delta_1$$

已知1mol矿物浸出时消耗αmol浸出剂，故单位时间内浸出的矿物摩尔数为

$$\frac{-\mathrm{d}N}{\mathrm{d}\tau} = C_0 D_1 S / (\alpha \delta_1)$$

式中 S——包括固膜在内的矿粒表面积。

S值随时间的改变而改变，其改变的规律随具体情况而异：

(1) 当浸出过程中生成固体膜，而且包括固体膜在内的矿粒总尺寸基本不变，则S值为常数，此时：

$$\frac{-\mathrm{d}N}{\mathrm{d}\tau} = 常数$$

即浸出速度与时间无关，浸出率与时间成正比；

（2）当浸出过程不生成任何固体膜，则 S 即为未反应核的表面积，它随着浸出的进行而不断缩小，此时：

$$\frac{-\mathrm{d}N}{\mathrm{d}\tau} = C_0 D_1 S/(\alpha\delta_1) = k_1 S C_0$$

式中　k_1——常数，$k_1 = D_1/(\alpha\delta_1)$。

参照从式（7-8）到式（7-12）推导过程可得出在上述条件下外扩散控制的动力学方程为

$$1-(1-R_r)^{1/F_P} = \frac{D_1 C_0 M}{\alpha\delta_1 r_p \rho}\tau = k''\tau \qquad (7\text{-}14)$$

7.2.3.2　外扩散控制的特征

根据上述分析得知外扩散控制的主要特征为：

（1）当不存在固体膜时，其浸出率与时间的关系服从式（7-14），应当指出，式(7-14)的形式与化学反应控制的动力学方程式（7-12）相似，因此仅根据动力学方程式不足以判断控制步骤为外扩散还是化学反应步骤；

（2）其表观活化能较小，约 4～12kJ/mol；

（3）加快搅拌速度和提高浸出剂浓度能迅速提高浸出速度。

当浸出过程具有上述特征时，则可认为该过程为外扩散控制。

7.2.3.3　外扩散控制时，提高浸出率的途径

分析式（7-14）可知，当为外扩散控制时，提高浸出率的途径主要有：

（1）加强搅拌、减小扩散层厚度 δ_1，加强搅拌可加快溶液与固体颗粒表面的相对速度，则能减小扩散层的厚度，加快溶液与固体颗粒间的传质速度，根据计算，强烈搅拌下 δ_1 可减小到静止时的 1/5～1/50；

（2）提高浸出剂浓度 C_0；

（3）提高温度，由于外扩散系数 D_1 随温度的升高而增大，所以，提高温度亦能加快外扩散的速度，提高浸出率，但其提高的幅度远比上述化学反应控制时小。

温度对过程速度影响的大小主要反映在表观活化能的大小上，对外扩散而言，其表观活化能约 4～12kJ/mol。

7.2.4　内扩散控制[1]

7.2.4.1　内扩散控制的动力学方程

若浸出过程中生成致密的固体产物膜，而且它对浸出剂或反应产物的扩散阻力远大于外扩散，与此同时若化学反应速度很快，则浸出过程受浸出剂或反应产物通过固膜扩散的控制。现以浸出剂的扩散为例研究这种情况下的动力学方程。

生成固体产物的球形矿粒浸出过程如图 7-3 所示，设在单位时间内扩散通过固体产物层的浸出剂摩尔数为 J，则：

$$J = v_2 S = SD_2 \frac{\mathrm{d}C}{\mathrm{d}r} \qquad (\mathrm{d}C/\mathrm{d}r\ 为正值)$$

式中，D_2为浸出剂在固体产物层中的扩散系数。

单位时间内反应的矿物的摩尔量：

$$\frac{-\mathrm{d}N}{\mathrm{d}\tau} = \frac{J}{\alpha} = SD_2 \frac{\mathrm{d}C}{\mathrm{d}r} \times \frac{1}{\alpha} \qquad (7\text{-}15)$$

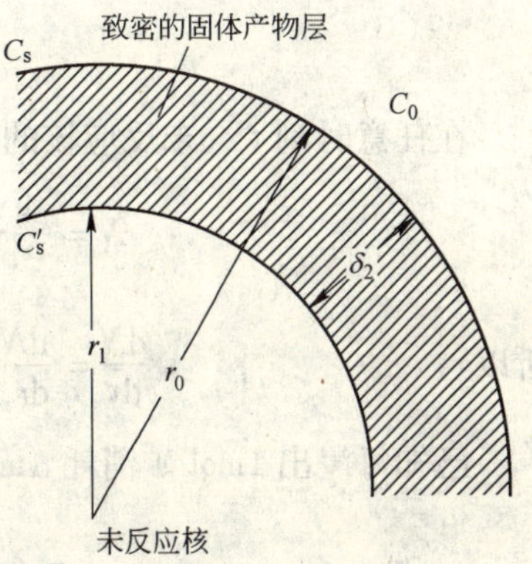

图 7-3　生成固体产物膜的球形矿粒浸出过程示意图

式（7-15）在不同的简化条件下有不同的解，下面分别加以说明。

A　抛物线方程

设固体产物层内浸出剂的浓度梯度 $\mathrm{d}C/\mathrm{d}r$ 为常数，在内扩散控制时 $C_s \approx C_0$，$C_s' \approx 0$，故式（7-15）可写成：

$$\frac{-\mathrm{d}N}{\mathrm{d}\tau} = SD_2 \frac{C_s - C_s'}{\alpha\delta_2} = SD_2 \times \frac{C_0}{\alpha\delta_2}$$

式中，δ_2为固体产物层厚度，若浸出分数 R_r 不太大，即 δ_2相对于颗粒半径甚小时，则图 7-3 中 $r_1 \approx r_0$，δ_2与已反应的量（$N_0 - N$）成正比，当浸出分数不大时可视 S 为不变。则上式可简化为：

$$\frac{-\mathrm{d}N}{\mathrm{d}\tau} = \frac{k''}{N_0 - N}$$

积分并考虑到 $\tau = 0$ 时，$N = N_0$，得

$$\frac{(N_0 - N)^2}{2} = k''\tau$$

两边同时除以 N_0^2，得：

$$\frac{R_r^2}{2} = k''\tau \qquad (7\text{-}16)$$

式中（7-16）表明浸出分数与时间成抛物线关系。它仅在下列条件下才是准确的，即反应分数 R_r 不大，反应产物层相对于矿粒半径而言很小，反应产物的体积与消耗的矿物体积相近，浸出剂过量很大，以至其浓度可视为不变。它一般适用于片状颗粒的反应初期。

B　克兰克-金斯特林-布劳希特因方程

克兰克-金斯特林-布劳希特因方程，简称为克-金-布方程。在推导该方程的过程中克服了上述抛物线方程将 r_0与 r_1视为相等的缺点，但仍设生成物的体积与反应的矿物的体积相等，即反应过程中颗粒的体积不变，保持为 r_0，则：

$$J = SD_2 \frac{\mathrm{d}C}{\mathrm{d}r} = 4\pi r^2 D_2 \frac{\mathrm{d}C}{\mathrm{d}r}$$

移项，积分

$$\int_{C_s'}^{C_s} \mathrm{d}c = \frac{J}{4\pi D_2} \int_{r_1}^{r_0} \frac{\mathrm{d}r}{r^2}$$

对于内扩散控制而言，$C_s \approx C_0$，$C_s' \approx 0$，故：

$$J = 4\pi D_2\left(\frac{r_0 r_1}{r_0 - r_1}\right)C_0$$

在任意时刻τ，未反应核的摩尔数为

$$N = \frac{4}{3}\pi r_1^3 \frac{\rho}{M}$$

所以
$$\frac{dN}{d\tau} = \frac{dN}{dr_1}\frac{dr_1}{d\tau} = \frac{4\pi\rho}{3M} \times 3r_1^2 \frac{dr_1}{d\tau} = \frac{4\pi\rho r_1^2}{M} \times \frac{dr_1}{d\tau}$$

已知每浸出 1mol 矿消耗αmol 浸出剂，故：

$$J = 4\pi D_2\left(\frac{r_0 r_1}{r_0 - r_1}\right)C_0 = -4\pi\alpha \frac{\rho}{M} r_1^2 \frac{dr_1}{d\tau}$$

整理上式：

$$-\frac{MD_2C_0}{\alpha\rho}d\tau = \frac{r_1(r_0 - r_1)dr_1}{r_0} = \left(r_1 - \frac{r_1^2}{r_0}\right)dr_1$$

$$-\frac{MD_2C_0}{\alpha\rho}\int_0^t d\tau = \int_{r_0}^{r_1}\left(r_1 - \frac{r_1^2}{r_0}\right)dr_1$$

$$-\frac{MD_2C_0}{\alpha\rho}\tau = \frac{r_1^2}{2} - \frac{r_0^2}{2} - \frac{r_1^3}{3r_0} + \frac{r_0^3}{3r_0} = \frac{1}{2}r_1^2 - \frac{1}{6}r_0^2 - \frac{1}{3}\frac{r_1^3}{r_0}$$

将r_1用反应分数R_r表示，则：

$$-\frac{MD_2C_0}{\alpha\rho}\tau = \frac{1}{2}r_0^2(1 - R_r)^{2/3} - \frac{1}{6}r_0^2 - \frac{1}{3}\frac{r_0^3}{r_0}(1 - R_r)$$

$$= \frac{1}{2}r_0^2(1 - R_r)^{2/3} - \frac{1}{6}r_0^2 - \frac{1}{3}r_0^2(1 - R_r)$$

$$-\frac{MD_2C_0}{\alpha\rho r_0^2}\tau = \frac{1}{2}(1 - R_r)^{2/3} - \frac{1}{6} - \frac{1}{3}(1 - R_r)$$

$$-\frac{2MD_2C_0}{\alpha\rho r_0^2}\tau = -(1 - R_r)^{2/3} + \frac{1}{3} + \frac{2}{3}(1 - R_r)$$

$$= 1 - \frac{2}{3}R_r - (1 - R_r)^{2/3} \tag{7-17}$$

式（7-17）即为内扩散控制时的克-金-布方程，它比抛物线方程准确。但是，由于在推导过程中假设颗粒为均匀球形且r_0不变，因此仍有一定限制，一般在$R_r \leqslant 0.90$以内才比较准确。

C　范伦希方程

考虑到固体产物的体积与反应消耗的矿粒的体积可能不同，范伦希引入系数Z：

$$Z = \frac{V_{mp}}{\sigma V_{mk}}$$

式中，V_{mp}、V_{mk}分别为固体生成物和矿粒的摩尔体积；σ 为计量系数，即 1mol 产物需消耗矿物的摩尔数。因此 Z 值实际上为固体生成物体积与消耗矿物的体积之比，若 $Z=1$，则说明反应过程中体积不变，半径维持为 r_0。

引入 Z 值后，可求出反应过程中颗粒（包括固体产物和未反应核）的半径 r_2 与未反应核半径 r_1 的关系为：

$$r_2 = \left[Zr_0^3 + r_1^3(1-Z) \right]^{1/3}$$

已知 r_2，再按式（7-17）推导的类似方法可求出动力学方程为：

$$Z + 2(1-Z)\frac{MD_2C_0}{\alpha\rho r_0^2}\tau = \left[1+(Z-1)R_r\right]^{2/3} + (Z-1)(1-R_r)^{2/3} \tag{7-18}$$

式（7-18）即范伦希方程，由于它考虑到了反应过程中颗粒体积的变化，因此比克-金-布方程更准确，但同样它只有在浸出剂浓度可视为不变，同时物料由均匀的球形颗粒组成的情况下才能适用。

7.2.4.2 内扩散控制的特征

根据上述分析，内扩散控制的主要特征为：

（1）其浸出分数与时间的关系服从式（7-17）或式（7-18），即函数 $1-(2/3)R_r-(1-R_r)^{2/3}$ 或函数 $\left[1+(Z-1)R_r\right]^{2/3}+(Z-1)(1-R_r)^{2/3}$ 与反应时间 τ 成直线关系；

（2）表观活化能小，一般仅 4 ~ 12kJ/mol；

（3）原矿粒度对浸出率有明显影响；

（4）搅拌强度对浸出率几乎没有影响。

当给定的浸出过程具有上述特征（特别是其中的（1）、（2）），则可认为过程属内扩散控制。

例如有人将 $CuFeS_2$ 矿粉用 $Fe_2(SO_4)_3$ 溶液浸出，发现基本上符合式（7-17），如图7-4所示。因此可认为上述浸出过程属固膜内扩散控制，这是因为以下反应：

$$CuFeS_2 + 4Fe^{3+} \xlongequal{} Cu^{2+} + 5Fe^{2+} + 2S$$

在矿粒表面形成致密的元素硫层的缘故。

7.2.4.3 影响浸出率的因素

在内扩散控制中，影响浸出率的因素主要有以下几种。

A 矿粒的粒度

在一定浸出分数时，所需的浸出时间 τ 与 r_0^2 成反比，故降低原料粒度有利于缩短时间或加快速度。这种情况是由两方面原因造成的，一方面 r_0 减小则总面积加大；另一方面 r_0 减小则在浸出率一定时，固膜厚度减小。

B 固膜厚度

对这类过程，若能采取适当措施使固膜减薄或使固膜消除，都能大幅度提高浸出率，例如采用热球磨浸出法，在进行浸出的同时，不断利用

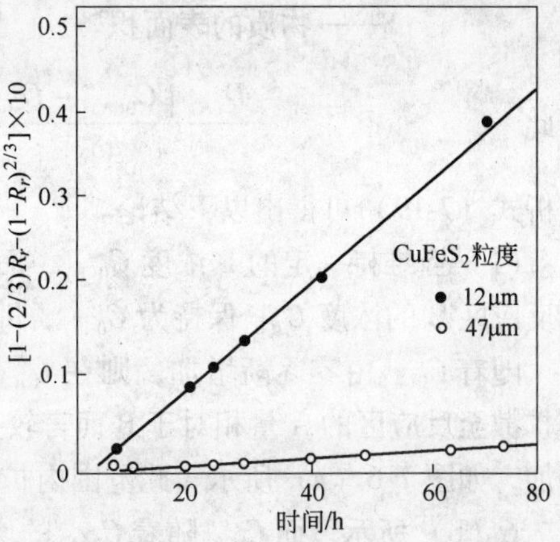

图 7-4 用 $Fe_2(SO_4)_3$ 浸出 $CuFeS_2$ 时函数 $1-(2/3)R_r-(1-R_r)^{2/3}$ 与时间的关系

磨矿作用消除生成的固膜，将使浸出率或分解率大幅度提高。白钨矿盐酸分解时采用热球磨设备的分解率大不一样，如图 7-5 所示。

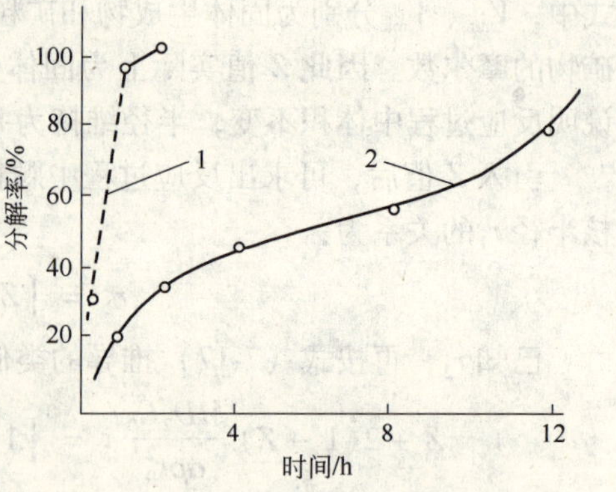

图 7-5　在热球磨机和机械搅拌槽中分解白钨精矿的比较

1—球磨浸出；2—搅拌浸出（根据彭少方实验）[1]

C　温度

随着温度的升高，扩散系数 D_2 增加，相应地使浸出过程速度增加，其影响程度与外扩散控制相类似。

7.2.5　两种浸出剂参加反应的扩散控制过程[1]

湿法冶金中有些浸出过程为两种或两种以上溶于水的浸出剂参与反应，例如在有氧参与下金、银的氰化过程和晶质铀矿（UO_2）的硫酸浸出，后者的反应为

$$UO_2 + O(aq) + H_2SO_4 = UO_2SO_4(aq) + H_2O$$

若这类浸出过程为扩散控制，则浸出剂的浓度对浸出速度的影响较复杂，设反应为

$$aA(aq) + bB(aq) + cC(s) = dD(aq)$$

扩散控制时，单位时间浸出 C 的摩尔数：

$$\frac{-dN}{d\tau} = \frac{c}{a} \times \frac{D_A}{\delta_A}\left[C_{0(A)} - C_{s(A)}\right] \times S$$

或

$$\frac{-dN}{d\tau} = \frac{c}{b} \times \frac{D_B}{\delta_B}\left[C_{0(B)} - C_{s(B)}\right] \times S$$

式中　D_A，D_B——分别为 A、B 的扩散系数；

δ_A，δ_B——分别为 A、B 的扩散层厚度；

$C_{s(A)}$，$C_{s(B)}$——分别为 A、B 在其扩散层外的浓度；

$C_{0(A)}$，$C_{0(B)}$——分别为 A、B 在反应区的浓度；

S——物质的表面积。

因此

$$\frac{D_{(A)}\left[C_{0(A)} - C_{s(A)}\right]}{a\delta_A} = \frac{D_{(B)}\left[C_{0(B)} - C_{s(B)}\right]}{b\delta_B} \tag{7-19}$$

分析式（7-19）可得出以下结论。

（1）当维持一定的 B 浓度 $C_{0(B)}$，而 $C_{0(A)}=0$，则 $dN/d\tau=0$，即反应速度为零，相应地反应区 B 的浓度 $C_{s(B)}$ 保持为 $C_{0(B)}$，即 $C_{0(B)}=C_{s(B)}$。如图 7-6 所示。

随着 $C_{0(A)}$ 由零逐渐增加，则在 $C_{0(A)}$ 较小的范围内（小于图中 e 点），由于 $C_{0(A)}$ 小，其扩散至反应区的 A 量相对于 B 而言较少，故 $dN/d\tau$ 决定于 A 的扩散，$C_{0(A)}$ 增加则 $dN/d\tau$ 增加，如图 7-6（a）所示。此范围内扩散至反应区的 A 立即被消耗，$C_{s(A)}$ 维持为零，如图 7-6（b）所示。而 $C_{s(B)}$ 随着 $C_{0(A)}$ 的增加（即 $dN/d\tau$ 的增加）而降低，如图 7-6（c）所示。在此区域内增加浸出剂 B 的浓度对反应速度影响不大。

（2）当 $C_{0(A)}$ 达到或超过 e 点，反应区 B 的浓度已降为零，若进一步增加 $C_{0(A)}$ 就只能

导致 A 在反应区的积累，对 $dN/d\tau$ 无明显影响，欲进一步提高浸出速度，应将 A、B 浓度成比例增加。此比例关系可从式（7-19）求出：令式（7-19）中 $C_{s(A)}=C_{s(B)}=0$

则
$$\frac{C_{0(A)}}{C_{0(B)}}=\frac{aD_B\delta_A}{bD_A\delta_B}$$

实际上许多有 O_2 参加的浸出过程，如金、银的氰化、铜的氨浸、硫化锌精矿的高压氧浸等均符合上述规律。晶质铀矿有 O_2 参加下的 H_2SO_4 浸出过程中浸出速度与 H_2SO_4 浓度及氧分压的关系如图 7-7 所示。

应当指出，上述分析主要针对外扩散控制，对内扩散控制而言，亦可求出类似的关系式。

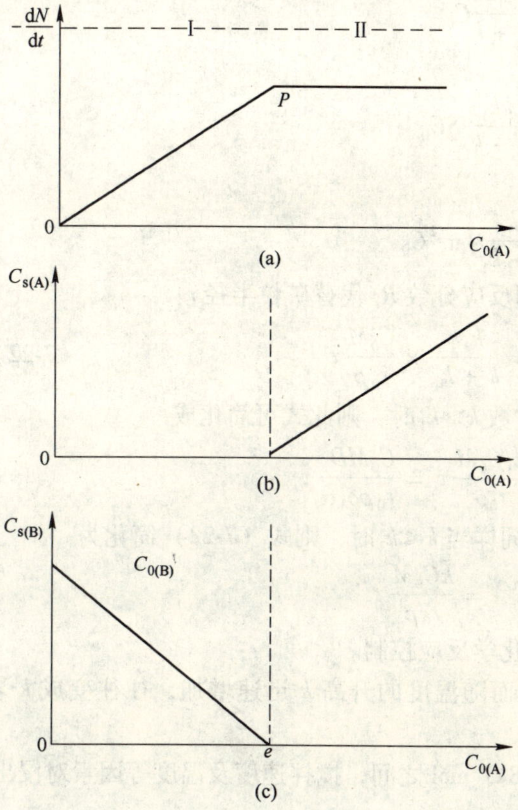

图 7-6 当 $C_{0(B)}$ 一定时，$dN/d\tau$、$C_{s(A)}$、$C_{s(B)}$ 与 $C_{0(A)}$ 的关系示意图

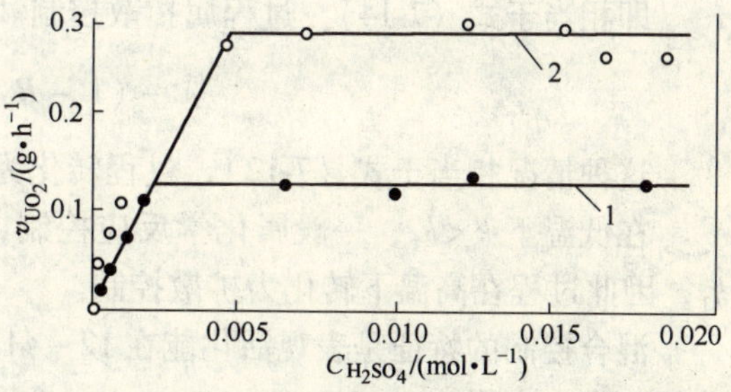

图 7-7 晶质铀矿的浸出速度与 H_2SO_4 浓度及氧分压的关系

1—$p_{O_2}=0.68$MPa；2—$p_{O_2}=1.36$MPa

7.2.6 混合控制[1]

当某两个步骤的阻力大体相同且远大于其他步骤时，则属两者混合控制或中间过渡控制。例如当化学反应速度与外扩散速度有相同数量级，同时不存在固膜层时，则浸出过程为化学反应与外扩散混合控制。

当浸出过程为化学反应与外扩散混合控制时，在扩散层形成浓度梯度 $(C_0-C_s)/\delta_1$，从外扩散的角度来看：

则
$$-\frac{dN}{d\tau}=\frac{(C_0-C_s)D_1S}{\delta_1\alpha}=k_1S(C_0-C_s) \tag{7-20}$$

从化学反应的角度来看，则：

$$-\frac{dN}{d\tau}=kSC_s^n$$

当 $n=1$ 时，则：

$$-\frac{dN}{d\tau}=kSC_s \tag{7-21}$$

式（7-20）和式（7-21）均有未知数 C_s。将两式联立解出得：

$$C_s = \frac{k_1}{k_1 + k} C_0$$

将 C_s 值代入得反应速度：

$$-\frac{dN}{d\tau} = \frac{kk_1}{k + k_1} SC_0$$

对于球形颗粒，$S = 4\pi r^2$，故反应速度为

$$-\frac{dN}{d\tau} = \frac{kk_1}{k + k_1} 4\pi r^2 C_0$$

与式（7-12）的推导一样进行积分，并用反应分数 R_r 代替矿粒半径 r：

则
$$1-(1-R_r)^{1/3} = \frac{k_1 k}{k + k_1} \times \frac{C_0 M}{r_0 \rho} \tau \tag{7-22}$$

分析式（7-22）可知，当化学反应速度常数 $k \gg k_1$ 时，则此式可简化成

$$1-(1-R_r)^{1/3} = \frac{k_1 C_0 M}{r_0 \rho} \tau = \frac{C_0 M D_1}{r_0 \rho \delta_1 \alpha} \tau$$

即相当于式（7-14），过程属扩散控制。同样当 $k \ll k_1$ 时，则式（7-22）简化为

$$1-(1-R_r)^{1/3} = \frac{k C_0 M}{r_0 \rho} \tau$$

这种情况相当于式（7-12），过程转化为化学反应控制。

在低温下 $k < k_1$，一般属化学反应控制，而随温度的升高 k 迅速增加，往往变成 $k > k_1$，因此过程在高温下转化为扩散控制。

混合控制的特征是表观活化能在 12 ~41.8kJ/mol 之间，搅拌速度及温度等因素对浸出速度都有一定影响。

7.2.7　浸出过程控制步骤的判别[1]

7.2.7.1　改变搅拌强度法

当总速度为外扩散所控制时，加强搅拌可以降低扩散层的厚度，从而加快反应速度。此时反应速度与搅拌强度的关系如下：当搅拌强度不大时，随着搅拌强度的增加，扩散层厚度降低，反应加快；当搅拌强度增大到一定程度后，外扩散速度已很快，它不再成为控制步骤，故进一步加强搅拌对反应速度影响不大。

当总速度受生成的致密固膜扩散即内扩散控制时，扩散层是固相产物而且致密，它的厚度 δ_2 用普通搅拌方法不能有效地降低，故提高搅拌强度对反应速度基本上没有影响。

可见，从改变搅拌强度对反应速度的影响可以大体判别其控制步骤。例如在不同搅拌速度下 Na_2CO_3 浸出白钨矿时浸出量与时间的关系，如图 7-8 所示。

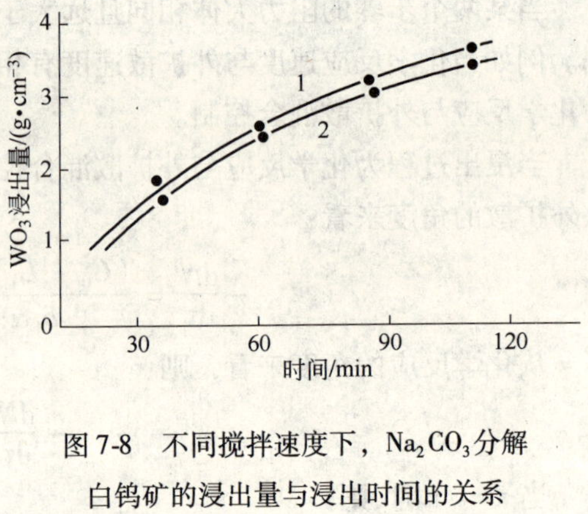

图 7-8　不同搅拌速度下，Na_2CO_3 分解白钨矿的浸出量与浸出时间的关系

1—搅拌转速 50r/min，浓度 0.94mol/L，温度 135℃；
2—搅拌转速 380r/min，其他条件同线 1 的条件

从图 7-8 可知浸出量与时间的关系是抛物线形，类似于式（7-16）。对照线 1 与线 2 可知，转速对浸出量影响不大，说明反应不是受外扩散控制，而是受固膜扩散控制。

若浸出反应改在热球磨反应器中进行，会显著提高反应速度，可以大体认为在搅拌槽中进行时属于固膜扩散所控制。

7.2.7.2 改变温度法

控制步骤不同的反应，温度的影响是不同的。当受化学反应步骤控制时，随着温度的升高，反应速度急剧增加，将在不同温度下测出的反应速度常数 k 代入阿累尼乌斯方程式，可求出表观活化能 G：

$$k = A\mathrm{e}^{-G/RT}$$

即

$$\ln k = -G/RT + B$$

式中 A——常数；

G——表观活化能。化学反应控制时 G 值约在 42～800kJ/mol 之间。

受扩散步骤控制时，反应正比于扩散系数 D，而温度对 D 的影响远不及对化学反应速度的影响大。扩散系数 D 与温度的关系一般可用类似于阿累尼乌斯方程的公式表示：

$$D = A'\mathrm{e}^{-G'/RT}$$

式中 A'——常数；

G'——扩散活化能。

G'值约 4～12kJ/mol，比化学反应的表观活化能小得多。可见，随着温度的升高，D 值的增加率较化学反应速度小。

因此，测定反应速度与温度的关系，计算其表观活化能，亦可判断控制步骤。若表观活化能值大，达 42kJ/mol 左右，则说明控制步骤为化学反应步骤；若反应速度随温度变化不大，表观活化能与扩散活化能相近，则控制步骤为扩散步骤。

同一反应在不同的温度范围内，控制步骤可以不同。一般在低温下化学反应速度往往比较小，故整个过程受化学反应步骤控制。随着温度的升高，化学反应速度迅速增加，以致超过扩散速度，因此转而受扩散步骤控制。若以 $\lg k$ 对 $1/T$ 作图，将出现如图 7-9 所示的转折。其中 AB 表示高温区受扩散控制，CD 表示低温区受化学反应控制，BC 表示过渡区。

7.2.7.3 尝试法

如前所述，不同的速度控制步骤有不同的动力学方程式。将实验所得的数据，分别代入各种动力学方程式中，找出相适应的方程式，即可确定属于哪一种控制步骤。例如根据式(7-17)可知，如果控制步骤为固膜扩散控制步骤，则函数 $1-(2/3)R_r-(1-R_r)^{2/3}$ 与时间 τ 成直线关系，且直线通过原点；相反，若控制步骤为化学反应步骤，则根据式（7-12）可知，应当是函数 $1-(1-R_r)^{1/3}$ 与时间 τ 成直线关系，且此直线通过原点。因而通过这种方法

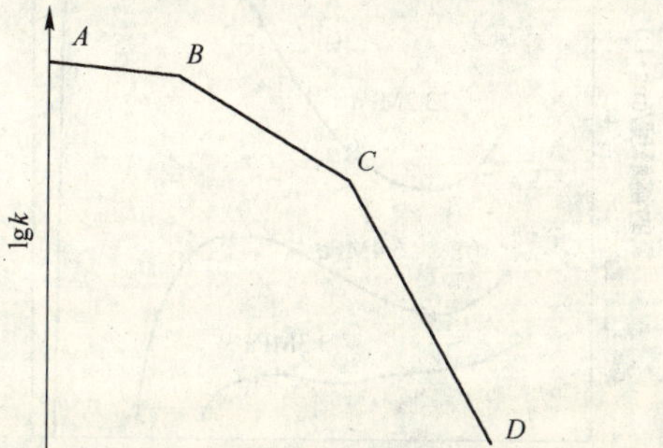

图 7-9 反应随温度上升由化学反应控制转到扩散控制示意图

可以判断其控制步骤。现根据在20℃下，于机械搅拌槽中用盐酸分解白钨精矿的实验数据分析如下。实验中所得分解分数及其与分解时间的关系如表7-1所示。

表7-1 盐酸分解白钨矿的实验结果（20℃）[1]

时间/h	2	4	8	12	16
分解分数 R_r	0.36	0.47	0.58	0.72	0.95

将表中的 R_r 值分别代入式（7-17）及式（7-12），算出函数 $1-(2/3)R_r-(1-R_r)^{2/3}$ 及 $1-(1-R_r)^{1/3}$ 值，并以它们为纵坐标，以时间为横坐标作图分别得图7-10中线2、1。从图可知，线1是曲线且不通过原点。而线2为直线且通过原点，表明其反应速度服从式（7-17）的规律。因此得出结论：20℃用盐酸分解白钨精矿属于固膜扩散步骤控制。

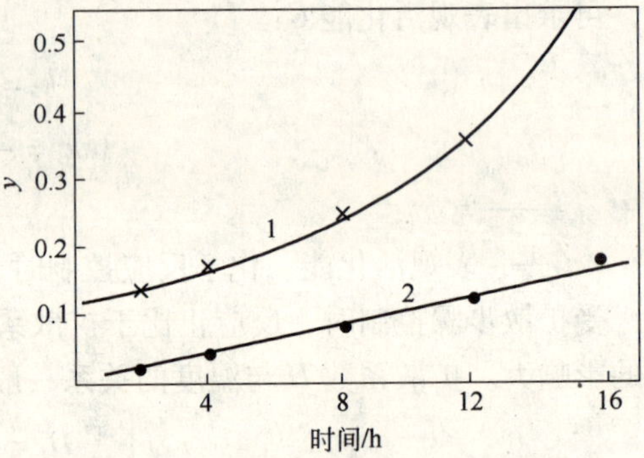

图7-10 白钨矿分解的动力学曲线

1—$y=1-(1-R_r)^{1/3}$；

2—$y=1-(2/3)R_r-(1-R_r)^{2/3}$

7.2.8 有气体参加的浸出过程[1]

有气体参加时，浸出过程的历程首先是气体在气-液界面上溶于水，然后由气-液界面向溶液中心扩散，接着是通过外扩散、内扩散到矿粒反应区进行反应，生成的可溶性化合物通过内扩散、外扩散进入溶液中，后几个步骤的规律性与前面所述大同小异。此处主要介绍气体的溶解和向溶液中的扩散。

7.2.8.1 气体的溶解

气体在水中的溶解度与其气相分压的关系服从于亨利定律，即：

$$C_b = p \times k_b$$

式中 C_b——气体在水中的溶解度；

p——气体的平衡分压；

k_b——亨利定律常数。

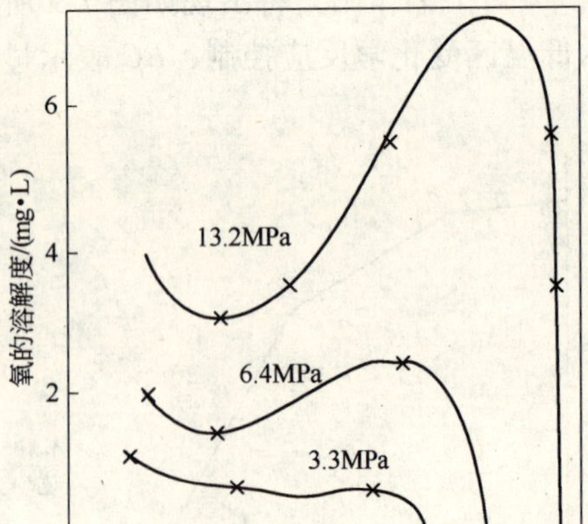

图7-11 氧在水中溶解度与氧的压力及温度的关系

氧在水中的溶解度与温度及氧分压关系如图7-11所示。从图可知，氧的溶解度随氧分压增加而增大。具体来说，当氧分压分别为0.021MPa和0.1MPa时，在温度25℃条件下的溶解度分别为8.26和40.3mg/L。水中溶有其他物质时，溶解度下降，例如氧分压为0.1MPa，温度为25℃时浓度 H_2SO_4 为1mol/L中氧的溶解度仅33mg/L。温度对氧在水中的溶解度影响情况较复杂，温度较低时随着温度的升高而降低，高温下则相反。应当指出浸出时非气体浸出剂（如 NaOH、H_2SO_4 等）的实际浓度可达0.5～

5mol/L，即比氧的饱和浓度大 2~3 个数量级。

7.2.8.2 由气-液界面向溶液中心的扩散

根据菲克第一定律，其扩散速度可近似用下式表示：

$$v_g = D_g(C_h - C_0)/\delta_g$$

式中 D_g——气体在水中的扩散系数；

C_0——气体在水相中心浓度；

δ_g——气-液界面液相中气体扩散层厚度；

C_h——气体在水中的溶解度。

由于 C_h 值很小，比其他非气体浸出剂小 2~3 个数量级，D_g 值与其他浸出剂的扩散系数大体上为同一数量级（常用浸出剂在水中的扩散系数列于表 7-2）。因此其他非气体浸出剂的扩散速度比气体在水中的扩散速度 v_g 大 2~3 个数量级。故提高气体的扩散速度有重要意义。

表 7-2 某些浸出剂及某些气体在水中的扩散系数

物 质	温度/℃	浓度/（mol · L^{-1}）	$D\times10^5$/（$cm^2 \cdot s^{-1}$）
NaOH	12	0.1	1.28
	12	0.9	1.21
	12	3.9	1.14
Na_2CO_3	10	2.4	0.45
HCl	25	0.1	3.05
		0.5	3.18
		1.0	3.4
		2.0	4.05
		4.0	5.17
HNO_3	5.5	0.84	1.74
	6	3.0	1.78
	9	2.0	2.24
H_2SO_4	18	0.85	1.55
		2.85	1.85
		4.85	2.20
		9.85	2.74
NH_3	5	3.5	1.24
O_2	20	—	2.08
Cl_2	30	0.083	1.62

由于单位时间内扩散的总量为 v_g 与气-液相界面面积 S_g 之积，为了加强传质过程，应增加 S_g，可将气体以鼓泡的形式通入。鼓泡对气-液界面大小的影响可用下式说明：

$$S_g = [Q/(4/3)\pi r^3]4\pi r^2 = 3Q/r$$

式中 r——气泡的半径；

Q——溶液中的气体总体积，$Q = q\tau = qH/u$；

q——通气速度；

τ——气泡在溶液中的停留时间；

H——反应器高度；

u——气泡上升速度，与气泡半径有关。当 $r<1$mm 时，则 u 与 r^2 成正比；当 $r>1$mm 时，则 u 基本为常数（空气在水中上升速度为30cm/s 左右）。

代入得：
$$S_g = 3qH/ur$$

当通气速度 q 及反应器高度 H 一定时，可得：
$$S_g \propto 1/r^{1\sim3}$$

从上式可知，S_g将与 r 的 1~3 次方成反比。

经研究表明，气-液相间的传质系数亦与 r 有关，当 r 很小（0.1~1mm）时，传质系数与 $r^{1/2}$ 成正比，当 r 较大时的传质系数与 r 基本无关。

根据上述两方面的影响，对小气泡而言，传质速度约反比于 $r^{2.5}$，对大气泡而言约反比于 r^1。

综上所述，对有气体反应剂参加的浸出过程，若控制步骤为气体的溶解或向溶液中心的扩散，则强化过程的措施主要为增加气体的分压、将气体以小气泡形式鼓入、增加反应器高度等。

为强化浸出过程，其主要途径之一是找出过程的控制步骤，针对其控制步骤，采取适当的措施。例如当过程属于化学反应控制时，就适当提高温度和浸出剂的浓度，减小矿粒的粒度；若属外扩散控制，则除减小粒度外，还应加强搅拌强度。

以上措施在一定条件下都可取得一定效果，但都有一定限度，且都可能带来一定的副作用。例如浸出温度超过溶液的沸点以后，则应在密闭设备内在高压下进行，而且温度越高则溶液的蒸气压越大。例如纯水的温度为220℃时，蒸气压达 2.29MPa，这给设备的设计加工以及安全操作带来困难；增加浸出剂的浓度往往带来浸出剂用量增加，而且过剩的浸出剂在排放前还要处理，如碱浸时其过剩碱在排放前还要用酸中和；增加搅拌速度不仅带来能耗的增加，而且搅拌速度大到一定程度之后，扩散层厚度不再随搅拌速度的进一步增加而减小，即不能取得进一步的效果；将原矿细磨以减小粒度，不仅增加能耗，而且还受现有磨矿设备和技术的限制，此外还可能给过滤过程带来困难。因此为了强化浸出过程除采取上述方法外，还可考虑采取其他有效措施。

7.3　浸出过程的热力学分析[1,2,6~16]

浸出过程的热力学主要是研究在一定条件下浸出反应进行的可能性、进行的限度及使之进行所需的热力学条件，并从热力学的角度探索新的可能的浸出方案。为解决这些问题，重要的方法是求出浸出反应的标准吉布斯自由能变化 $\Delta_r G_T^\ominus$、给定条件下反应的吉布斯自由能变化 $\Delta_r G_T$ 及反应的平衡常数 K，同时许多学者运用热力学原理及已有的热力学数据绘制了大量的电势-pH 图，这些图是直接研究浸出反应特别是有氧化还原的浸出反应的有效工具。下面分别进行介绍。

7.3.1　浸出反应的标准吉布斯自由能变化[1]

浸出反应的标准自由能变化 $\Delta_r G_T^\ominus$ 是判断在标准状态下反应能否自动进行的标志，同时也是计算给定条件下反应的吉布斯自由能变化（$\Delta_r G_T$）和浸出反应的平衡常数的重要数据。为求取任意温度下的 $\Delta_r G_T^{\ominus}$ 值，一般是根据反应物和生成物的热力学参数，运用热力学原理进行计算。设浸出时被浸物料中 A 物质与溶解在水相中的浸出剂 B 反应生成 C 和 D，即：

$$aA(s) + bB(aq) \xlongequal{} cC(s) + dD(aq)$$

式中，B、D 可为化合物或离子，此反应的 $\Delta_r G_T^{\ominus}$ 的计算方法有：

（1）当已知反应物及生成物的标准摩尔吉布斯自由能，或其标准摩尔生成吉布斯自由能，则：

$$\Delta_r G_T^{\ominus} = cG_{m(C)T}^{\ominus} + d\,\overline{G_{m(D)T}^{\ominus}} - aG_{m(A)T}^{\ominus} - b\,\overline{G_{m(B)T}^{\ominus}} \tag{7-23}$$

或

$$\Delta_r G_T^{\ominus} = c\Delta_f G_{m(C)T}^{\ominus} + d\Delta_f\,\overline{G_{m(D)T}^{\ominus}} - a\Delta_f G_{m(A)T}^{\ominus} - b\Delta_f\,\overline{G_{m(B)T}^{\ominus}} \tag{7-24}$$

式中 $G_{m(A)T}^{\ominus}$，$G_{m(C)T}^{\ominus}$——分别为 A、C 物质在 T（K）时的标准摩尔吉布斯自由能，kJ/mol；

$\Delta_f G_{m(A)T}^{\ominus}$，$\Delta_f G_{m(C)T}^{\ominus}$——分别为 A、C 物质在 T（K）时的标准摩尔吉布斯自由能，kJ/mol；

$\overline{G_{m(B)T}^{\ominus}}$，$\overline{G_{m(D)T}^{\ominus}}$——分别为处于水溶液状态的 B（aq）、D（aq）的标准摩尔吉布斯自由能，kJ/mol；

$\Delta_f\,\overline{G_{m(B)T}^{\ominus}}$，$\Delta_f\,\overline{G_{m(D)T}^{\ominus}}$——分别为处于水溶液状态的 B（aq）、D（aq）的标准摩尔吉布斯自由能，kJ/mol。

对处于水溶液状态的物质而言，一般以假想的 1mol/kg 理想溶液为其标准状态，其 $\overline{G_m^{\ominus}}$、$\Delta_f\,\overline{G_m^{\ominus}}$ 值均采用该标准状态下的数值。$\overline{G_m^{\ominus}}$ 实际上为该标准状态下该物质的偏摩尔吉布斯自由能值。

（2）当已知反应物及生成物在 298K 时的标准摩尔生成焓（$\Delta_f H_{m298}^{\ominus}$）或标准摩尔焓（$H_{m298}^{\ominus}$）、标准摩尔熵（$S_{m298}^{\ominus}$）以及其标准摩尔热容（$C_{pm}^{\ominus}$）与温度关系的热力学数据时，根据上述热力学数据，则可首先按照热力学的方法计算出 298K 时反应的标准焓变化 $\Delta_r H_{298}^{\ominus}$、标准熵变化 $\Delta_r S_{298}^{\ominus}$、标准吉布斯自由能变化 $\Delta_r G_{298}^{\ominus}$ 以及反应的标准摩尔热容变化 $\Delta_r C_p^{\ominus}$ 与温度的关系，进而按下式求 $\Delta_r G_T^{\ominus}$。

$$\Delta_r G_T^{\ominus} = \Delta_r H_{298}^{\ominus} + \int_{298}^{T} \Delta_r C_p^{\ominus} \mathrm{d}T - T\Delta_r S_{298}^{\ominus} - T\int_{298}^{T} (\Delta_r C_p^{\ominus}/T)\mathrm{d}T \tag{7-25}$$

$$\Delta_r G_T^{\ominus} = \Delta_r G_{298}^{\ominus} - (T - 298)\Delta_r S_{298}^{\ominus} + \int_{298}^{T} \Delta_r C_p^{\ominus} \mathrm{d}T - T\int_{298}^{T} (\Delta_r C_p^{\ominus}/T)\mathrm{d}T \tag{7-26}$$

应当指出，对处于溶液状态的反应物和生成物而言，其标准摩尔焓、标准摩尔熵和标准摩尔热容均应用其对应于水溶液标准状态下的值，或者说用其水溶液中的标准偏摩尔值。

同时应当指出，式（7-25）、式（7-26）仅适用于在 298 ~ T 的温度范围内反应物和生成物均无相变的情况下，否则应考虑相变的热效应及相变带来的 $\Delta_r G_p^{\ominus}$ 值的改变。

计算 $\Delta_r G_T^{\ominus}$ 所需的原始数据如物质的 $\Delta_f H_{m298}^{\ominus}$ 等可从有关手册中查得，遗憾的是许多离子的 $\overline{C_{pm}^{\ominus}}$ 值与温度的关系尚研究得不多，因此对某些有离子参与的浸出反应而言，按式

(7-25)、式（7-26）计算尚有困难。但是在温度范围不太大的情况下，物质的标准摩尔热容可近似地视为常数，且等于其 298K 至 T（K）之间标准摩尔热容的平均值 $C_{pm}^{\ominus}\Big|_{298}^{T}$，则式（7-26）可简化为：

$$\Delta_r G_T^{\ominus} = \Delta_r G_{298}^{\ominus} - (T-298)\Delta_r S_{298}^{\ominus} + (T-298)\Delta_r C_{pm}^{\ominus}\Big|_{298}^{T} - T\ln(T/298)\Delta_r C_{pm}^{\ominus}\Big|_{298}^{T} \tag{7-27}$$

式中，$C_{pm}^{\ominus}\Big|_{298}^{T}$ 为生成物在 298K 与 T（K）之间的平均摩尔热容与反应物在 298K 与 T（K）之间的平均摩尔热容之差（J/mol · K）。对许多元素和化合物而言，其 $C_{pm}^{\ominus}$ 与温度的关系为已知，故容易导出其 $C_{pm}^{\ominus}\Big|_{298}^{T}$ 值，对离子而言，根据离子熵对应原理，可按下式计算：

$$C_{pm(i)}^{\ominus}\Big|_{298}^{T} = \alpha_T + \beta_T \overline{S_{m(i)298(绝对)}^{\ominus}} \tag{7-28}$$

式中，$C_{pm(i)}^{\ominus}\Big|_{298}^{T}$ 为 i 离子在 298K 和 T（K）之间标准偏摩尔热容的平均值（J/mol · K）；$\overline{S_{m(i)298(绝对)}^{\ominus}}$ 为 i 离子在 298K 时的标准偏摩尔绝对熵，简称为 i 离子在 298K 的绝对熵（J/mol · K）。

其数值可按下式计算：

$$\overline{S_{m(i)298(绝对)}^{\ominus}} = \overline{S_{m(i)298(相对)}^{\ominus}} + \overline{S_{m(H^+)298(绝对)}^{\ominus}} \times (Z_+ \text{ 或 } Z_-)$$

式中，$\overline{S_{m(i)298(相对)}^{\ominus}}$ 为 i 离子在 298K 的相对熵，一般可在手册中查得；$\overline{S_{m(H^+)298(绝对)}^{\ominus}}$ 为 H^+ 在 298K 的绝对熵，为 -20.9J(mol · K)；Z_+、Z_- 为 i 离子的价数，阳离子取正号，阴离子则取负号；α_T，β_T 是根据离子熵对应原理求出的常数，它与温度 T 及离子种类有关，具体数值见表 7-3。

为简化离子标准偏摩尔热容值的计算，D. F. 泰勒将离子熵对应原理的原始数据进一步进行处理，得出近似公式：

$$\overline{C_{pm(i)T}^{\ominus}} = \left[a_2 + b_2 \overline{S_{m(i)298(绝对)}^{\ominus}}\right] T \tag{7-29}$$

式中　$\overline{C_{pm(i)T}^{\ominus}}$——i 离子在 T（K）时的标准摩尔热容，J/mol · K；

a_2，b_2——对应于不同离子的常数。

D. F. 泰勒推算了简单阴离子值的 a_2、b_2 值，杨显万推算了其他离子的 a_2、b_2 值，见表 7-3 及表 7-4 所示。式（7-29）可应用到 300℃。

表 7-3　不同离子的 α_T，β_T 值

温度/K	简单阳离子		简单阴离子及 OH^-		含氧阴离子 [AO_n^{m-}]		酸性含氢氧阴离子 [$AO_n(OH)^{m-}$ 型]②	
	α_T	β_T	α_T	β_T	α_T	β_T	α_T	β_T
333	146.37	-0.41	-192.37	-0.28	-531.1	1.96	-510.2	3.44
373	192.37	-0.55	-242.56	0.00	-577.1	2.24	-564.6	3.97
423	192.37	-0.59	255.10	-0.03	-556.2	2.27	(-598.0)	(3.95)
473	(209.1)①	(-0.63)	(-271.83)	(-0.04)	(-606.4)	(2.53)	(-635.7)	(4.24)

①括弧内数据为按外延法求出的，误差较大；

②根据文献，$AO_n(OH)^{m-}$ 型阴离子实际上是指 HPO_3^{2-}、$H_2PO_4^{2-}$、HPO_3^-、HSO_4^- 等酸式含氧阴离子。

表 7-4 不同类型离子的 a_2，b_2 值

系数	离子类型			
	简单阳离子	简单阴离子及 OH^-	含氧阴离子［AO_n^{m-} 型］	酸性含氢氧阴离子［$AO_n(OH)^{m-}$ 型］
a_2	5.56×10^{-1}	-7.19×10^{-1}	-1.601	-1.67
b_2	-1.65×10^{-3}	-1.12×10^{-4}	5.831×10^{-3}	-1.12×10^{-2}

7.3.2 浸出反应的平衡常数和表观平衡常数[1]

7.3.2.1 基本概念

浸出反应的平衡常数 K 是指浸出反应达到平衡后，生成物与反应物的活度熵，例如对反应：

$$aA(s) + bB(aq) = cC(s) + dD(aq) \qquad K = a_C^c a_D^d / a_B^b$$

式中 a_B，a_C，a_D——分别为反应平衡后 B、C、D 的活度；

K——平衡常数。

根据热力学原理可知 K 与温度有关，与系统中物质的浓度无关。K 值的大小反映着反应进行的可能性的大小及限度，K 值愈大则进行的可能性愈大，反应愈能进行彻底。

但在浸出实践中，由于体系的复杂性，难以求出有关组分的活度系数和活度，因此难以用平衡常数 K 直接、定量地分析系统的热力学问题，而实践中最容易获得、最有现实意义的是物质的浓度，因此许多学者近似地直接用浓度表示平衡状态，即测得在给定条件（温度、浓度）下，反应平衡后生成物和反应物的浓度熵 K_C，亦即表观平衡常数。用 K_C 判断给定条件下反应进行的可能性和限度，对上述反应而言：

$$K_C = [C]^c[D]^d \big/ [B]^b$$

式中，［C］、［B］ 和 ［D］ 分别为平衡后 C、B、D 的浓度。

对非电解质溶液而言，K 与 K_C 的关系为

$$K = a_C^c \cdot a_D^d \big/ a_B^b = r_C^c[C]^c \cdot r_D^d[D]^d \big/ r_B^b[B]^b = K_C \cdot r_C^c \times r_D^d \big/ r_B^b$$

式中，r_C、r_D、r_B 分别为系统中 C、D、B 的活度系数。对电解质溶液而言，亦可求出 K、$r_\pm$、K_C 之间的类似关系式。由于活度系数与溶液中所有组分的浓度有关。李洪桂等从正向和反向（逆反应）测定了 150℃时反应式（7-30）的 K_C 值与 NaOH 质量摩尔浓度的关系，如表 7-5 所示。

$$CaWO_4(s) + 2NaOH(aq) = Ca(OH)_2(s) + Na_2WO_4(aq) \qquad (7\text{-}30)$$

表 7-5 反应 7-30 的 K_C 与 NaOH 浓度的关系（150℃）

NaOH 浓度/（$mol \cdot kg^{-1}$）	2.0	2.56	3.19	4.06
$K_C\times10^3$/（$kg \cdot mol^{-1}$）	11.0	13.9	16.2	20.5

$$CaWO_4(s) + Na_2CO_3(aq) = CaCO_3(s) + Na_2WO_4(aq) \qquad (7\text{-}31)$$

前苏联学者从反应式（7-31）的正反应测定了其 K_C 与苏打用量（浓度）的关系，如

表 7-6 所示。

表 7-6　反应式（7-31）的 K_C 与苏打用量的关系

温度/℃	90	175	200				225				250		
苏打用量	1	1	1	1.5	2.0	2.5	0.75	1.0	1.5	2.0	1.0	1.5	2.0
K_C	0.46	1.21	1.45	1.19	0.96	0.67	1.56	1.52	1.49	0.99	1.85	1.61	0.97

注：苏打用量的单位为理论量的倍数。

K_C 值除可以用来判断反应进行的可能性和限度外，亦可用以计算将浸出反应进行到底所需浸出剂的最小过量系数，如对下反应而言：

$$aA(s) + bB(aq) \rightleftharpoons cC(s) + dD(aq)$$

浸出剂 B 的加入量至少为下列两者之和：

（1）反应消耗量：　$m_{B(耗)} = (b/a)\ m_A = (b/d)\ m_D$

式中　m_A，m_B——分别为待浸出料 A 和生成物 D 的摩尔数；

$m_{B(耗)}$——反应消耗的浸出剂摩尔数。

（2）与溶液中 D 保持平衡所需的量 $m_{B(耗)}$

最小过剩系数　$\beta = m_{B(剩)} / m_{B(耗)} = m_{B(剩)} / [(b/d)\ m_D]$

已知溶液中物质浓度之比等于其摩尔数之比，同时已知平衡时有：

$$[D]^d / [B]^b = K_C$$

$$[B] = ([D]^d / K_C)^{1/b}$$

故：

$$\beta = m_{B(剩)} \bigg/ \frac{b}{d} m_D = [B] \bigg/ \frac{b}{d}[D] = ([D]^d / K_C)^{\frac{1}{b}} \bigg/ \frac{b}{d}[D] \tag{7-32}$$

根据式（7-32）可知，对白钨矿苏打浸出反应式（7-31）而言，$a = b = c = d = 1$。故：

$$\beta = 1/K_{C(2\text{-}5)}$$

但是应当指出，若原料中除含白钨矿外还含黑钨，则将同时进行以下反应：

$$(Fe,Mn)WO_4(s) + Na_2CO_3(aq) \rightleftharpoons (Fe,Mn)CO_3(s) + Na_2WO_4(aq)$$

此时计算 β 值应取 $K_{C(2\text{-}5)}$ 和 $K_{C(2\text{-}6)}$ 中最小者，同时，计算 $m_{Na_2CO_3(耗)}$ 时应按原料中总 WO_3 计。

对独居石 NaOH 分解而言：

$$REPO_4(s) + 3NaOH(aq) \rightleftharpoons RE(OH)_3(s) + Na_3PO_4(aq) \tag{7-33}$$

由于 $a = c = d = 1$，且 $b = 3$

故

$$\beta = \frac{1}{3}[Na_3PO_4]^{-\frac{2}{3}} K_{C(2-7)}^{-\frac{1}{3}}$$

从上式可知，对该体系而言，β 不仅随 K_C 的增大而减小，同时随最终 Na_3PO_4 浓度的增大而减小，即适当减小浸出的液固比，相应地增大系统的浓度，有利于减少 NaOH 的用量。

7.3.2.2 表观平衡常数及平衡常数的测定

A 表观平衡常数 K_C 的测定

测定 K_C 值一般是将待浸出物料（A）与浸出剂（B）在给定条件下在反应器内进行反应：

$$aA(s) + bB(aq) \xlongequal{} cC(aq) + dD(aq)$$

达到平衡后，测定 B、C 和 D（设 C、D 均为溶液状态）的浓度，按下式计算，即可得给定条件下的 K_C 值：

$$K_C = [C]^c[D]^d/[B]^b$$

具体测定时不但要保证系统内确实达到平衡状态，而且还要保证在整个取样及试样处理过程中不因条件的改变（如温度改变等）而使平衡迁移，为此需采取下列措施。

（1）为证实反应是否已达到平衡状态，许多学者是将待浸出物料（A）与浸出剂（B）进行反应，每隔一定时间取样分析溶液成分，当溶液成分不再随时间的延长而改变时，则认为已达到平衡。这种方法是不够准确的，因反应进行一定程度后，有时因为动力学的原因（如固体生成物膜将 A 包裹、A 物质由于反应的消耗以致数量很小、反应面积变小、B 物质浓度变小等），此时虽未达到平衡，但速度已很慢，在取样间隔时间不太长的情况下，很难发现其成分的改变。准确的方法是一方面进行上述正反应，测定实际浓度熵随时间的改变；另一方面将 C 和 D 混合进行上述反应的逆反应，在同样条件下测定其实际浓度熵随时间的改变情况，当上述正反应与逆反应测定相近时，则可认为达到平衡，如图 7-12所示。

（2）在配料时，浸出剂 B 的用量应远小于按待浸物料 A 量计算的理论量，以保证浸出过程中始终有足够量的 A 与 B 作用，使 B 的浓度有可能降至平衡值，若 B 超过理论量，以致后期 A 消耗将尽，此时 B 浓度虽然不再随时间延长而降低，但是，这种情况不是由于达到平衡状态，而是由于 A 物质缺乏，显然所求的 K_C 值不准且偏低。

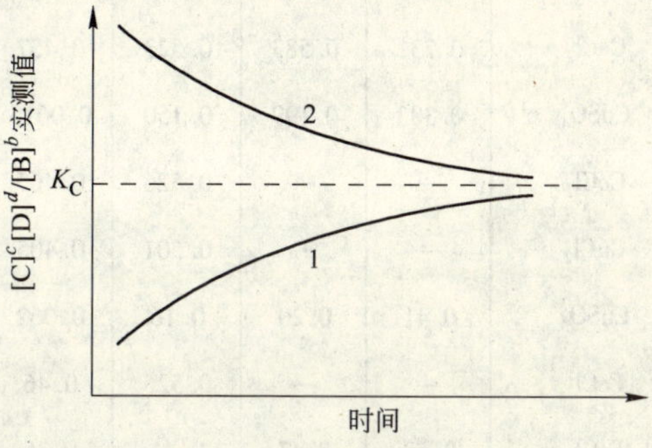

图 7-12 正、逆反应配合测定 K_C 值示意图

1—正反应；2—逆反应

（3）为保证在取样及过滤过程中不致因条件改变而发生平衡的迁移，有人采取急降温以降低逆反应速度的方法，这种方法的效果是有限的，特别是它有可能导致某些溶解物质的结晶析出。正确的方法应是在作业温度下，能在反应器内直接取样过滤，因而对试验设备的结构提出了严格的要求，特别是在工作温度超过 100℃、工作压力超过 101kPa 时，则难度更大。近年来李洪桂等设计并制造了带自动取样过滤器的反应器，其特点是在反应器内设有自动过滤装置，该装置由金属陶瓷过滤管、调压口、取样勺组成，正常反应时，取样装置悬在上部空间不与矿浆接触，反应达到预定时间后，将取样装置伸入矿浆，并通过调压口调节装置内的压力使之适当低于反应器内的压力，矿浆中的溶液在压力差的作用下通过过滤管进入取样室，实现了液固分离，再用一定体积的取样勺从中取样，取样后的剩余溶液还可通过

调节压力使之返回反应器继续反应，从而完全避免了取样过程的温度波动及逆反应和结晶过程带来的误差，用这种设备成功地在 150～200℃的温度下研究了钨矿物碱浸出中的一系列平衡问题。

B　平衡常数的测定

平衡常数测定的方法有：

(1) 在测定表观平衡常数的基础上外延，由于在溶液中离子强度 I 接近零时，各组分的活度系数均接近 1，即 $K_C \approx K$，因此为求 K 值，一般是测定不同 I 值下的 K_C 值，将 K_C 对 $\sqrt{I}$ 作图，再外延到 $I=0$，即得 K 值，如图 7-13 所示；

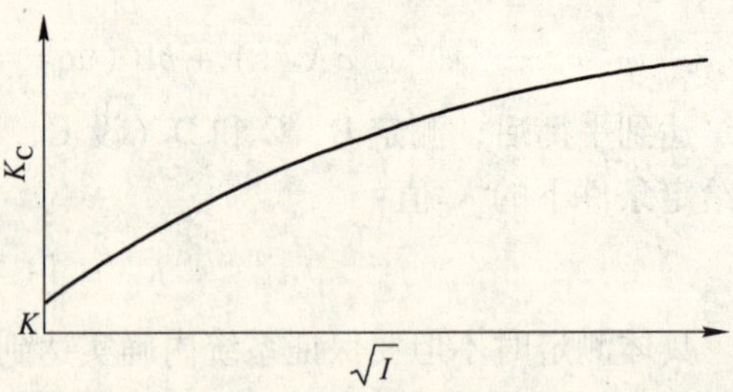

图 7-13　从 K_C 求 K 值的示意图

(2) 测定平衡后溶液的成分，再根据已知的活度系数，求出各组分的活度，进而求出平衡常数值。

25℃下某些与浸出过程有关的电解质溶液的平均活度系数及某些浸出剂的平均活度系数与温度的关系如表 7-7、表 7-8 所示。

表 7-7　某些电解质溶液的平均活度系数（25℃）

电解质	浓度/（$mol \cdot kg^{-1}$）								
	0.01	0.05	0.1	0.5	1.0	1.5	2.0	3.0	4.0
$AgNO_3$	—	—	0.731	0.534	0.428	0.352	0.315	0.252	0.210
$CaCl_2$	0.731	0.583	0.523	0.457	0.509	0.657	0.800	1.483	2.93
$CdSO_4$	0.383	0.199	0.150	0.0615	0.0415	0.034	0.0321	0.033	—
$CoCl_2$	—	—	0.526	0.465	0.538	0.706	0.884	1.46	2.2
$CuCl_2$	—	—	0.501	0.405	0.411	0.442	0.466	0.520	0.574
$CuSO_4$	0.41	0.20	0.16	0.062	0.0423	0.0365（1.4）	—	—	—
$FeCl_2$	—	—	0.525	0.46	0.519	0.668	0.817	—	—
$FeCl_3$	0.59	0.47	0.41	0.35	0.42	—	—	—	—
$MgCl_2$	—	—	0.565	0.514	0.613	0.867	1.143	—	—
$MnSO_4$	—	—	0.150	0.064	0.044	0.037	0.035	0.037	0.047
NaCl	0.902	0.819	0.778	0.682	0.658	0.659	0.671	0.720	0.792
Na_2CO_3	0.729	0.565	0.466	0.313	0.264	0.227	—	—	—
$(NH_4)_2SO_4$	—	—	0.423	0.248	0.189	0.156	0.144	0.125	0.116
$NiSO_4$	0.455	0.246	0.180	0.063	0.043	0.035	0.034	—	—
$UOSO_4$	—	—	0.150	0.061	0.044	0.038	0.037	0.038	0.043
$ZnSO_4$	0.387	0.202	0.150	0.063	0.044	0.036	0.036	0.041	—
$ZnCl_2$	0.731	0.587	0.515	0.429	0.337	0.300	0.282	0.287	0.301

表 7-8 某些常用浸出剂的平均活度系数（25℃）

浸出剂	浓度/(mol·kg⁻¹)	温度/℃					
		20	30	40	50	60	70
		$\gamma_{\pm}$					
氢氧化钠溶液	2.0	0.709	0.712	0.707	0.696	0.677	0.652
	4.0	0.916	0.911	0.895	0.872	0.839	0.800
	6.0	1.35	1.32	1.27	1.21	1.14	1.07
	8.0	2.17	2.06	1.93	1.78	1.63	1.48
	10.0	3.61	3.31	3.00	2.67	2.34	2.03
	12.0	5.80	5.11	4.43	3.79	3.19	2.65
硫酸溶液	3.0	0.151	0.132	0.117	0.104	0.093	
	6.0	0.289	0.242	0.205	0.174	0.150	
	9.0	0.527	0.425	0.346	0.285	0.237	
	12.0	0.840	0.656	0.521	0.418	0.339	
	15.0	1.254	0.957	0.741	0.583	0.462	
	17.5	1.703	1.275	0.972	0.752	0.589	
盐酸溶液	1.0	0.816	0.802	0.786	0.770	0.754	
	2.0	1.024	0.990	0.960	0.933	0.907	
	3.0	1.345	—	—	—	—	
	4.0	1.812	—	—	—	—	

根据溶液的平衡成分和活度系数求平衡常数的方法目前有不足之处，即一方面表 7-7、表 7-8 中的平均活度系数是指该电解质单独存在时的数值，未考虑到溶液中其他组分的影响，因此计算时往往有误差，另一方面目前已有的活度系数值许多都限于 25℃左右，其他温度下的数值缺乏，因而难以求取其他温度下的平衡常数。

7.3.2.3 平衡常数的计算

根据已有的热力学数据，可直接计算出浸出反应的平衡常数值，主要方法有以下几种。

（1）根据浸出反应的标准吉布斯自由能变化 $\Delta_r G_r^{\ominus}$ 来计算。等温方程 $\Delta_r G_r^{\ominus} = -RT\ln K$，因已知 $\Delta_r G_r^{\ominus}$ 即可求出 T(K) 时的平衡常数值。

（2）根据反应物及生成物的溶度积来计算。此方法主要适用于浸出反应为生产一种难溶化合物的复分解反应的情况，在湿法冶金中常见的是以 NaOH 或钠盐作浸出剂浸出含氧盐，现以此为代表进行介绍。

设待浸出物为 M^{n+} 与 A^{m-} 组成的盐 M_mA_n，浸出剂为 Na_kB（其中 B 为 $-k$ 价），反应生成可溶性钠盐 Na_mA 和难溶化合物 M_kB_n，故反应式为

$$kM_mA_n(s) + mnNa_kB\ (aq) \xlongequal{} m\ M_kB_n(s) + nkNa_mA\ (aq)$$

写成离子反应式，同为：

$$kM_mA_n + mnB^{k-} \xlongequal{} mM_kB_n + nkA^{m-}$$

平衡常数 $K = a_{A^{m-}}^{nk} / a_{B^{k-}}^{nm}$

式中，$a_{A^{m-}}$，$a_{B^{k-}}$ 分别为 A^{m-}、B^{k-} 的活度。

将分子分母同时乘以 M^{n+} 活度的 mk 次方，即乘以 $a_{M^{n+}}^{mk}$

则
$$K = a_{A^{m-}}^{nk} \cdot a_{M^{n+}}^{mk} / (a_{B^{k-}}^{nm} \cdot a_{M^{n+}}^{mk})$$
$$= (a_{A^{m-}}^{n} \cdot a_{M^{n+}}^{m})^{k} / (a_{B^{k-}}^{n} \cdot a_{M^{n+}}^{k})^{m} = K_{sp(M_mA_n)}^{k} / K_{sp(M_kB_n)}^{m} \tag{7-34}$$

式中，$K_{sp(M_mA_n)}$，$K_{sp(M_kB_n)}$ 分别为 M_mA_n，M_kB_n 的溶度积。因此已知两者的溶度积即可计算出平衡常数，例如对白钨矿的 NaOH 浸出（反应式（7-30））而言，$k = m = 1$

故
$$K = K_{sp(CaWO_4)} / K_{sp[Ca(OH)_2]}$$

对白钨矿的 Na_3PO_4 浸出反应：

$$3CaWO_4(s) + 2Na_3PO_4 = Ca_3(PO_4)_2(s) + 3Na_2WO_4(aq)$$

而言，$k = 3, m = 1$

故
$$K = K_{sp(CaWO_4)}^{3} / K_{sp[Ca_3(PO_4)_2]}$$

根据式（7-34）计算出某些浸出反应的 K 值如表 7-9 所示。

表 7-9 某些浸出反应的平衡常数

名　称	反 应 式	K	备　注
白钨矿苏打浸出	$CaWO_4(s) + Na_2CO_3(aq) = CaCO_3(s) + Na_2WO_4(aq)$	$K = \frac{K_{sp(CaWO_4)}}{K_{sp(CaCO_3)}} = \frac{2.13 \times 10^{-9}}{5 \times 10^{-9}} = 0.426$	20℃
白钨矿 NaOH 浸出	$CaWO_4(s) + 2NaOH(aq) = Ca(OH)_2(s) + Na_2WO_4(aq)$	$K = \frac{K_{sp(CaWO_4)}}{K_{sp[Ca(OH)_2]}} = \frac{2.13 \times 10^{-9}}{5.5 \times 10^{-6}} = 3.9 \times 10^{-4}$	20℃
白钨矿 NaF 浸出	$CaWO_4(s) + 2NaF(aq) = CaF_2(s) + Na_2WO_4(aq)$	$K = \frac{K_{sp(CaWO_4)}}{K_{sp(CaF_2)}} = \frac{2.13 \times 10^{-9}}{3.45 \times 10^{-11}} = 61.7$	20℃
钨铁矿 NaOH 浸出	$FeWO_4(s) + 2NaOH(aq) = Fe(OH)_2(s) + Na_2WO_4(aq)$	$K = \frac{K_{sp(FeWO_4)}}{K_{sp[Fe(OH)_2]}} = \frac{9.1 \times 10^{-12}}{4.8 \times 10^{-16}} = 1.9 \times 10^{4}$	20℃
白钨矿草酸钠浸出	$CaWO_4(s) + Na_2C_2O_4(aq) = CaC_2O_4(s) + Na_2WO_4(aq)$	$K = \frac{K_{sp(CaWO_4)}}{K_{sp(CaC_2O_4)}} = \frac{2.13 \times 10^{-9}}{3 \times 10^{-9}} = 0.71$	20℃
钨锰矿 NaOH 浸出	$MnWO_4(s) + 2NaOH(aq) = Mn(OH)_2(s) + Na_2WO_4(aq)$	$K = \frac{K_{sp(MnWO_4)}}{K_{sp[Mn(OH)_2]}} = \frac{3.8 \times 10^{-8}}{4 \times 10^{-14}} = 9.5 \times 10^{5}$	20℃
钨锰矿苏打浸出	$MnWO_4(s) + Na_2CO_3(aq) = MnCO_3(s) + Na_2WO_4(aq)$	$K = \frac{K_{sp(MnWO_4)}}{K_{sp(MnCO_3)}} = \frac{3.8 \times 10^{-8}}{5.05 \times 10^{-10}} = 75.2$	20℃
钼酸钙矿 NaOH 浸出	$CaMoO_4(s) + 2NaOH(aq) = Ca(OH)_2(s) + Na_2MoO_4(aq)$	$K = \frac{K_{sp(CaMoO_4)}}{K_{sp[Ca(OH)_2]}} = \frac{2.95 \times 10^{-9}}{5.5 \times 10^{-6}} = 5.36 \times 10^{-4}$	20℃
钼酸钙矿苏打浸出	$CaMoO_4(s) + Na_2CO_3(aq) = CaCO_3(s) + Na_2MoO_4(aq)$	$K = \frac{K_{sp(CaMoO_4)}}{K_{sp(CaCO_3)}} = \frac{2.95 \times 10^{-9}}{5 \times 10^{-9}} = 0.59$	20℃
稀土矿苏打浸出	$2REPO_4(s) + 3Na_2CO_3(aq) = RE_2(CO_3)_3(s) + 2Na_3PO_4(aq)$	$K = \frac{K_{sp(REPO_4)}^{2}}{K_{sp[(RE_2CO_3)_3]}} = \frac{(1.13 \times 10^{-24})^2}{10^{-30}} = 1.13 \times 10^{-18}$	①20℃；②近似用铈化合物数据
稀土矿 NaOH 浸出	$REPO_4(s) + 3NaOH(aq) = RE(OH)_3(s) + Na_3PO_4(aq)$	$K = \frac{K_{sp(REPO_4)}}{K_{sp[RE(OH)_3]}} = \frac{1.13 \times 10^{-24}}{5.3 \times 10^{-22}} = 2.1 \times 10^{-3}$	①20℃；②近似用铈化合物数据

通过溶度积计算平衡常数较简单，但是目前难以找到高温下的溶度积数据。因此，难以分析实际浸出过程（其温度一般均高于 80℃）。

（3）根据反应的标准电动势来计算。这种方法主要适用于氧化还原的浸出反应，设浸出反应为还原态 A 物质 $A_{(Re)}$ 被氧化态的 B 物质 $B_{(OX)}$ 氧化为氧化态的 $A_{(OX)}$，则反应为：

$$mA_{(Re)} + pB_{(OX)} = kA_{(OX)} + fB_{(Re)}$$

此浸出反应可分解为两个电极反应：

$$kA_{(OX)} + ze = mA_{(Re)} \qquad E_{(1)} = E^{\ominus}_{(1)} + \frac{RT}{zF}\ln\left(\frac{a^k_{A(OX)}}{a^m_{A(Re)}}\right)$$

$$pB_{(OX)} + ze = fB_{(Re)} \qquad E_{(2)} = E^{\ominus}_{(2)} + \frac{RT}{zF}\ln\left(\frac{a^p_{B(OX)}}{a^f_{B(Re)}}\right)$$

其反应的电动势

$$E = E_{(2)} - E_{(1)} = E^{\ominus}_{(2)} - E^{\ominus}_{(1)} + \frac{RT}{zF}\ln\left(\frac{a^p_{B(OX)}\,a^m_{A(Re)}}{a^f_{B(Re)}\,a^k_{A(OX)}}\right)$$

而 $E^{\ominus}_{(2)} - E^{\ominus}_{(1)}$ 为反应的标准电动势 $E^{\ominus}$，当反应平衡时 $E = 0$，可得：

$$E^{\ominus} = -\frac{RT}{zF}\ln\left(\frac{a^p_{B(OX)}\,a^m_{A(Re)}}{a^f_{B(Re)}\,a^k_{A(OX)}}\right) = \frac{RT}{zF}\ln K \tag{7-35}$$

例如蓝铜矿的 $FeCl_3$ 溶液浸出反应为：

$$CuS + 2Fe^{3+} = Cu^{2+} + S + 2Fe^{2+}$$

已知 25℃时电极反应：

$$CuS = Cu^{2+} + S + 2e \qquad E^{\ominus} = +0.59V$$

$$Fe^{3+} + e = Fe^{2+} \qquad E^{\ominus} = +0.77V$$

故 25℃ 时， $\ln K = (0.77 - 0.59)zF/RT = 0.18 \times 2F/RT$

$$\ln K = 0.18 \times 2 \times 96500/2.303 \times 8.134 \times 298 = 6.088$$

可得： $K = 1.22 \times 10^6$

湿法冶金浸出中常见的某些电极反应的标准电极电势如表 7-10 所示。

表 7-10 湿法冶金浸出中某些电极反应的标准电极电势 (V)

电极反应	$E^{\ominus}$	电极反应	$E^{\ominus}$
$MnO_4^- + 8H^+ + 5e = Mn^{2+} + 4H_2O$	1.51	$Cu^{2+} + S + 2e = CuS$	0.59
$Cl_2 + 2e = 2Cl^-$	1.36	$Fe^{2+} + 2S + 2e = FeS_2$	0.423
$MnO_2 + 4H^+ + 2e = Mn^{2+} + 2H_2O$	1.23	$Pb^{2+} + S + 2e = PbS$	0.354
$O_2 + 4H^+ + 4e = 2H_2O$	1.23	$Ni^{2+} + S + 2e = NiS$ (γ)	0.34
$Fe^{3+} + e = Fe^{2+}$	0.77	$Cd^{2+} + S + 2e = CdS$	0.326

续表 7-10

电 极 反 应	$E^{\ominus}$	电 极 反 应	$E^{\ominus}$
$Sn^{2+} + S + 2e = SnS$	0.29	$Ni^{2+} + S + 2e = NiS\ (\alpha)$	0.134
$2In^{3+} + 3S + 6e = In_2S_3$	0.275	$3Ni^{2+} + 2S + 6e = Ni_3S_2$	0.097
$Zn^{2+} + S + 2e = ZnS$	0.264	$Fe^{2+} + S + 2e = FeS$	0.065
$CuS + Fe^{2+} + S + 2e = CuFeS_2$	0.215	$Mn^{2+} + S + 2e = MnS$	0.023
$Co^{2+} + S + 2e = CoS$	0.152		

7.3.3　电势-pH 图在浸出过程热力学中的作用[1,6~8]（参见 2.4 节）

浸出反应的标准吉布斯自由能变化 $\Delta_r G^{\ominus}$ 及平衡常数 K 都是在已知浸出的具体反应的情况下，研究该反应的热力学条件。对于许多浸出体系，由于其复杂性，系统中金属的稳定形态可能因条件的不同而分别为金属阳离子、氧化物、含氧阴离子或其他配离子或氢氧化物，也可能发生氧化还原反应而成为高价或低价化合物。因此，研究浸出过程的热力学，首先是查明在一定条件下可能进行什么反应，进而才研究该反应进行的热力学条件。而根据已有热力学数据绘制的电势-pH 图（E-pH 图），它直观地表明了体系中各种形态化合物（或离子）相互平衡的情况及一定条件下其稳定存在的形态。因此 E-pH 图是解决上述问题的重要手段，以下着重用 E-pH 图分析金属、氧化物、含氧盐及硫化物浸出反应的热力学条件。

7.3.3.1　金属-水系的 E-pH 图（金属及其氧化物的浸出）

金属及其氧化物的浸出条件可用金属-水系的 E-pH 图进行分析。

A　25℃金属-水系的 E-pH 图，金属及其氧化物的浸出条件分析

a　E-pH 图的原理

典型的金属-水系的 E-pH 图，以 $Zn-H_2O$ 系、$Cu-H_2O$ 系、$Au-H_2O$ 系等为代表，如图 7-14 ~ 图 7-16 所示。现将图中各平衡线的意义简单介绍如下。

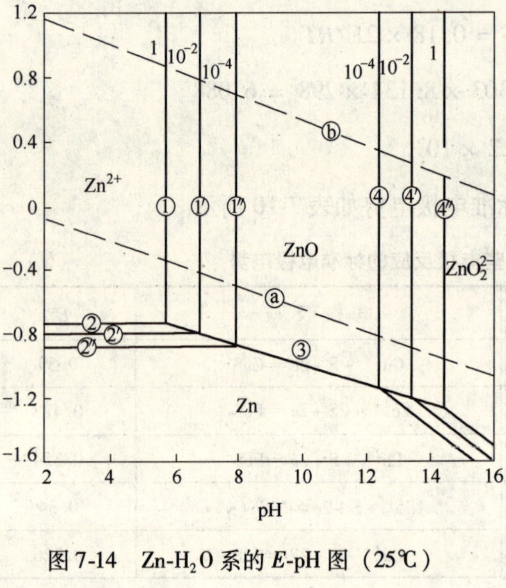

图 7-14　$Zn-H_2O$ 系的 E-pH 图（25℃）

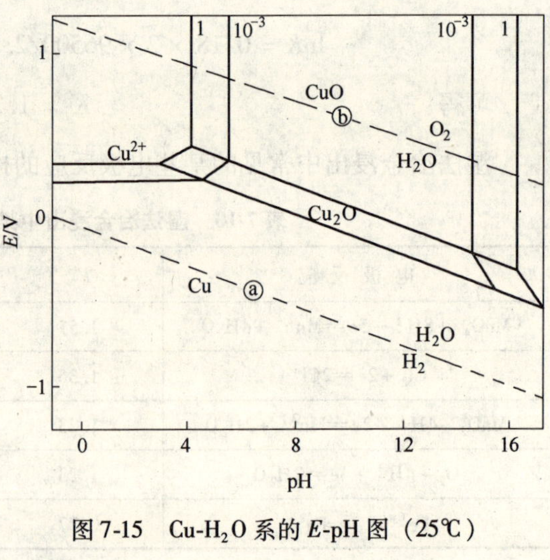

图 7-15　$Cu-H_2O$ 系的 E-pH 图（25℃）

在金属-水系中可能存在的反应可用下面总反应式概括：

$$aA + nH^+ + ze \Longrightarrow bB + cH_2O$$

它可分为三种情况：

（1）有 H^+ 参加但无氧化还原过程，即无电子转移

$$aA + nH^+ \Longrightarrow bB + cH_2O \quad (7\text{-}36)$$

上式的吉布斯自由能变化：

$$\Delta_r G_T = \Delta_r G_T^{\ominus} + RT\ln[a_B^b/(a_A^a \cdot a_{H^+}^n)]$$

$$= \Delta_r G_T^{\ominus} + RT\ln[a_B^b/a_A^a] + 2.303nRT\text{pH}_T$$

在平衡状态下 $\Delta_r G_T = 0$，相应地：

$$\text{pH}_T = \frac{-\Delta_r G_T^{\ominus}}{2.303nRT} - \frac{1}{n}\lg\frac{a_B^b}{a_A^a} \quad (7\text{-}37)$$

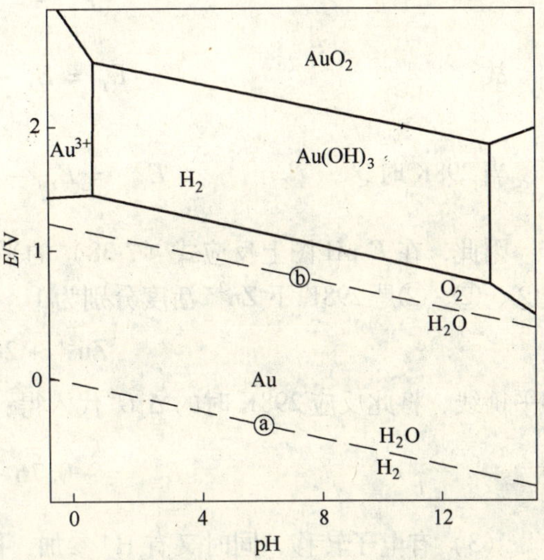

图 7-16 Au-H_2O 系的 E-pH 图

（25℃，Au 离子活度为 10^{-3}）

将 $a_A = a_B = 1$ 时的 pH_T 定义为 $\text{pH}_T^{\ominus}$

$$\text{pH}_T^{\ominus} = -\Delta_r G_T^{\ominus}/(2.303nRT)$$

故

$$\text{pH}_T = \text{pH}_T^{\ominus} - \frac{1}{n}\lg\frac{a_B^b}{a_A^a}$$

说明此类型反应式（7-36）在 E-pH 图上的平衡可用一条与电势无关的线表示。例如图 7-14 中的线①、①′、①″是 298K 下 Zn^{2+} 活度分别为 1、10^{-2}、10^{-4} 时反应：

$$ZnO + 2H^+ \Longrightarrow Zn^{2+} + H_2O$$

的平衡线。将此反应的 $\Delta_r G_{298}^{\ominus}$ 代入式（7-37）得 298K 时：

$$\text{pH} = 5.8 - 1/2\lg a_{Zn^{2+}}$$

同样图 7-14 中线 4、4′、4″是 298K 下 ZnO_2^{2-} 活度分别为 10^{-4}、10^{-2}、1 时的反应

$$ZnO_2^{2-} + 2H^+ \Longrightarrow ZnO + H_2O$$

的平衡线，其具体方程式为：

$$\text{pH} = 14.55 + 0.51/2\lg a_{ZnO_2^{2+}}$$

（2）有氧化还原过程（即有电子转移），但无 H^+ 参加，即：

$$aA + ze \Longrightarrow bB \quad (7\text{-}38)$$

$$\Delta_r G_T = \Delta_r G_T^{\ominus} + RT\ln[a_B^b/a_A^a]$$

其电势

$$E_T = -\Delta_r G_T/zF = \frac{-\Delta_r G_T^{\ominus}}{zF} - \frac{RT}{zF}\lg\left(\frac{a_B^b}{a_A^a}\right)$$

当 $a_A = a_B = 1$ 时，电势为标准电势 $E_T^{\ominus}$

$$E_T^{\ominus} = -\Delta_r G_T^{\ominus}/zF$$

故
$$E_T = E_T^{\ominus} - \frac{RT}{zF}\ln\left(\frac{a_B^b}{a_A^a}\right) \tag{7-39}$$

当 298K 时，
$$E_{298} = E_{298}^{\ominus} - \frac{0.0591}{z}\lg\left(\frac{a_B^b}{a_A^a}\right) \tag{7-40}$$

因此，在 E-pH 图上反应式（7-38）的平衡线为与 pH 无关的水平线，例如图 7-14 中线②、②、②是 298K 下 Zn^{2+} 活度分别为 1、10^{-2}、10^{-4}时的反应

$$Zn^{2+} + 2e \longequal Zn$$

的平衡线，将此反应 298K 时的 $\Delta_r G^{\ominus}$代入得：

$$E_{298} = -0.76 + \frac{0.0591}{2}\lg a_{Zn^{2+}}$$

（3）有电子转移，同时又有 H^+参加，即：

$$aA + nH^+ + ze \longequal bB + cH_2O \tag{7-41}$$

$$\Delta_r G_T = \Delta_r G_T^{\ominus} + RT\ln[a_B^b/(a_A^a \cdot a_{H^+}^n)]$$

$$= \Delta_r G_T^{\ominus} + RT\ln[a_B^b/a_A^a] + 2.303nRT\text{pH}_T$$

其电势
$$E_T = -\Delta_r G_T^{\ominus} - RT\ln[a_B^b/a_A^a] - (2.303nRT\text{pH}_T)/zF \tag{7-42}$$

其标准电势
$$E_T^{\ominus} = -\Delta_r G_T^{\ominus}/zF$$

当 298K 时，
$$E_{298} = E_{298}^{\ominus} - \frac{0.0591}{z}\lg\left(\frac{a_B^b}{a_A^a}\right) - \frac{0.0591n}{z}\text{pH}_T$$

故在 E-pH 图上平衡线为一条与电势及 pH 有关的直线，例如，图 7-14 中线③为反应：

$$ZnO + 2H^+ + 2e \longequal Zn + H_2O$$

的平衡线，将 298K 的有关数据代入，得其方程式为：

$$E_{298} = -0.42 - 0.0591\text{pH}$$

图中ⓐ、ⓑ线分别为以下反应的平衡线。

ⓐ 线：
$$2H^+ + 2e \longequal H_2$$

$$E_a = -0.0591\text{pH}(\text{氢分压为 101kPa})$$

ⓑ 线：
$$O_2 + 4H^+ + 4e \longequal 2H_2O$$

$$E_b = 1.23 - 0.591\text{pH}(\text{氧分压为 101kPa})$$

因此水溶液中当电势低于ⓐ线，水将分解析出 H_2，高于ⓑ线则析出 O_2，只有在ⓐ、ⓑ线之间 H_2O 才是稳定的。

图 7-15、图 7-16 中各平衡线的方程，亦可类推。

b　氧化物的浸出

分析图 7-14 ~ 图 7-16 可知，一般对金属氧化物而言，在 pH 很小或很大的条件下，可分别以阳离子或含氧阴离子形态溶入溶液，因此可用酸或碱浸出，但碱浸法除对某些两性

金属氧化物（如 Al_2O_3）以及酸性较强的氧化物（如 WO_3）外，对大多数金属氧化物而言，所需碱浓度过大（pH 达 15 以上），这是不现实的，所以这里主要讨论的是氧化物酸浸条件。

对于金属氧化物酸浸出的反应（以二价金属为例）：

$$MO + 2H^+ = M^{2+} + H_2O$$

从上述 E-pH 图分析可知，反应向右进行的条件为溶液中的电势和 pH 值处于 M^{2+} 的稳定区内，即溶液的 pH 值应小于平衡 pH 值。当 M^{2+} 的活度为 1 时，要求 $pH < pH^\ominus$，M-H_2O 体系内 $pH^\ominus$ 越大，则其氧化物越容易被浸出，某些金属氧化物的 $pH^\ominus$ 如表 7-11 所示。

表 7-11 某些金属氧化物的 $pH^\ominus$

氧化物	MnO	CdO	CoO	NiO	ZnO	CuO	In_2O_3	Fe_3O_4	Ca_2O_3	Fe_2O_3	SnO_2
$pH^\ominus_{298}$	8.98	8.69	7.51	6.06	5.80	3.95	2.52	0.89	0.74	−0.24	−2.10
$pH^\ominus_{373}$	6.79	6.78	5.58	3.16	4.35	3.55	0.97	0.04	−0.43	−0.99	−2.90
$pH^\ominus_{473}$	—	—	3.89	2.58	2.88	1.78	−0.45	—	−1.41	−1.58	−3.55

应当指出，以上仅是指无价态变化的溶解过程，对变价金属的某些氧化物而言，为使其浸出还要创造一定的氧化还原条件，如铀的氧化物的浸出，根据 U-H_2O 系如图 7-17 的电势-pH 图知，欲使 UO_2 浸出，可能有三种方案：

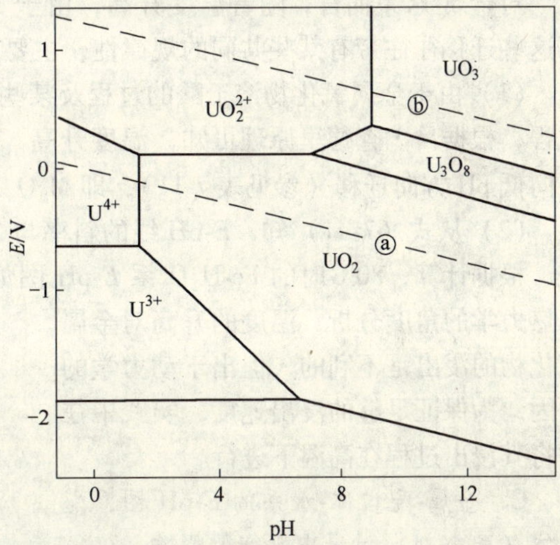

图 7-17 U-H_2O 系的 E-pH 图（25℃，铀活度为 10^{-3}）

（1）简单的化学溶解：

$$UO_2 + 4H^+ = U^{4+} + 2H_2O$$

显然当溶液中 U^{4+} 活度为 1 时，上述反应进行的条件是溶液 $pH < pH^\ominus$ (1.45)；

（2）氧化溶解：

$$UO_2 = UO_2^{2+} + 2e$$

其条件是应有氧化剂存在，氧化剂的氧化还原电势应高于 $E^\ominus$（UO_2^{2+}/UO_2）（即高于 0.22V），常用的氧化剂有 Fe^{3+}、O_2 等；

（3）还原溶解，即有还原剂存在下被还原成 U^{3+} 进入溶液：

$$UO_2 + e + 4H^+ = U^{3+} + 2H_2O$$

这种方案在实践中不用，因从图 7-17 可知，欲使 UO_2 还原成 U^{3+} 所需还原剂的还原电势应低于ⓐ线，此时它将同时分解水析出 H_2。

对于 U_3O_8 而言，从图可知只能在控制一定 pH 值的条件下进行氧化浸出，即：

$$U_3O_8 + 4H^+ = 3UO_2^{2+} + 2H_2O + 2e$$

c 金属的浸出

从图 7-14、图 7-15、图 7-16 可知，金属的浸出可分为三种情况：

（1）其 $E^{\ominus}_{(M^{n+}/M)}$ 线在ⓐ线以下（如锌），即它比氢更负电性，因此能直接置换水中氢，而本身被氧化进入溶液，例如：

$$Zn + 2H^{+} = Zn^{2+} + H_2$$

从热力学角度分析，凡符合上述条件的金属均可按此方式浸出，但有时由于动力学的原因（如氢的超电势），在酸度不够大的情况下，置换反应实际上不能进行；

（2）$E^{\ominus}_{(M^{n+}/M)}$ 线在ⓐ、ⓑ线之间（如铜），不能通过置换氢而溶解，但通过适当的氧化剂氧化而进入溶液，例如：

$$Cu + \frac{1}{2}O_2 + 2H^{+} = Cu^{2+} + H_2O$$

（3）$E^{\ominus}_{(M^{n+}/M)}$ 线在ⓑ线以上（如 Au），这种金属不能被氧化进入溶液，相反，当溶液中有其离子存在时，因其氧化性能极强，将使 H_2O 的氧气析出，而本身被还原为金属，故金属在水中是稳定的。

B　高温下金属-水系 *E*-pH 图，温度对浸出平衡的影响

高温下金属-水系 *E*-pH 图的绘制原理与 25℃的基本相同，所不同的是式（7-37）、式（7-39）、式（7-40）、式（7-42）中不用 298K 下的 $\Delta_r G^{\ominus}_{298}$ 值，而用给定温度下的 $\Delta_r G^{\ominus}_T$ 值。

对金属-水系而言，随着温度升高，由于 $\Delta_r G^{\ominus}$ 值的改变，其某些平衡线将发生迁移，而这些迁移往往带有某些共同的规律性，主要有：

（1）由于金属氧化物溶于酸的过程及某些两性金属氧化物溶于碱的过程，常常为放热过程，根据吕·查德里原理可知，温度升高，对溶解反应不利，即 M_2O_n 与 M^{n+} 的平衡线将向低 pH 方向迁移（参见表 7-11），即 M_2O_n 与 MO_N^{n+} 的平衡线将向高 pH 方向迁移；

（2）从式（7-41）知，*E*-pH 线的斜率与 *T* 成正比，因此，在高温下其斜率增大。

根据计算，80℃时的 $Fe-H_2O$ 系 *E*-pH 图如图 7-18 所示，且从图中可看出上述规律。从热力学的角度分析，温度的升高对金属氧化物的浸出是不利的，但出于动力学的原因，为保证足够的浸出速度，实践中往往将其浸出过程在高温下进行。

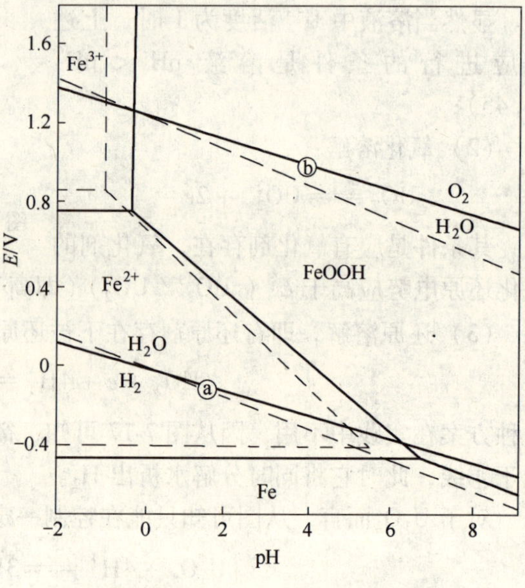

图 7-18　$Fe-H_2O$ 系的 *E*-pH 图（25℃）

实线—25℃；虚线—80℃，$a=1$

C　金属-配位体-水系的 *E*-pH 图，配位体（配合剂）对浸出平衡的影响

在金属-水系中若加入能与金属离子形成配合物的配位体，由于形成配合物，金属离子的活度大大降低。根据式(7-37)及式（7-39）可知，在金属-配位体-水系的 *E*-pH 图中，金属离子的稳定区将扩大，相应地有利于浸出过程。

金属-配位体-水系的 *E*-pH 图的绘制，远较金属-水复杂，主要是由于配位体的存在，溶液中离子组成变得复杂，离子活度的计算十分繁琐。以 $Au-CN^{-}-H_2O$ 系为例，溶液中将同时存在 Au^{+}、Au^{3+}、

$Au(CN)_2^-$、H^+、CN^-等离子，根据平衡原理，所有含金的离子均同时与金电极保持平衡，而且溶液中各组分亦相互处于平衡状态，即同时存在下列平衡反应：

$$H^+ + CN^- \rightleftharpoons HCN \qquad K = 10^{9.4}$$

$$Au^+ + 2CN^- \rightleftharpoons Au(CN)_2^- \qquad K = 10^{38.3}$$

因此，为了绘制 $Au\text{-}CN^-\text{-}H_2O$ 系的 E-pH 图，应先求出溶液中 Au^+ 或 Au^{3+} 的活度，再根据式（7-37）、式（7-39）求有关平衡线的方程式，现具体介绍如下（为简单起见下面的分析均用离子浓度代替其活度）。

（1）由于系统中 Au^+ 与 Au^{3+} 同时与金属金保持平衡，即两者电极电势相等，故 298K 时：

$$E^{\ominus}_{(Au^+/Au)} + 0.0591\lg[Au^+] = E^{\ominus}_{(Au^{3+}/Au)} + \frac{0.0591}{3}\lg[Au^{3+}]$$

$$1.73 + 0.0591\lg[Au^+] = 1.58 + \frac{0.0591}{3}\lg[Au^{3+}]$$

整理得

$$[Au^{3+}] = 10^{7.8}[Au^+]^3 \tag{7-43}$$

（2）由于溶液中 Au 的总浓度等于各种形态金属离子浓度之和，故：

$$[Au]_T = [Au^+] + [Au(CN)_2^-] + [Au^{3+}]$$

$$= [Au^+](1 + K_{配}[CN^-]^2) + [Au^{3+}] \tag{7-44}$$

（3）由于系统中 CN^- 的总浓度为游离 CN^-、$Au(CN)_2^-$ 以及 HCN 中 CN^- 总和，故：

$$[CN]_T = [CN^-] + 2K_{配}[CN^-]^2[Au^+] + K[H^+][CN^-] \tag{7-45}$$

将式(7-43)代入式(7-44)，可得：

$$[Au]_T = [Au^+](1 + K_{配}[CN^-]^2) + 10^{7.8}[Au^+]^3 \tag{7-46}$$

式（7-45）、式（7-46）中 $[CN]_T$、$[Au]_T$、K、$K_{配}$ 均为已知，$[H^+]$、$[CN^-]$、$[Au^+]$ 为未知数，联立式（7-45）、式（7-46），消去未知数 $[CN^-]$，可得 $[H^+]$ 与 $[Au^+]$ 的关系式，后者即可进一步转化得 pH 与电势的关系式，进而给出整个 E-pH 图。在 $[Au]_T$ 为 10^{-4}mol/L，$[CN]_T$ 为 10^{-2}mol/L 时，$Au\text{-}CN^-\text{-}H_2O$ 系的 E-pH 图，如图 7-19 所示。图中还用点虚线标出了在 $[Au]_T$ 为 10^{-4}mol/L 时 $Au\text{-}H_2O$ 的 E-pH 图。

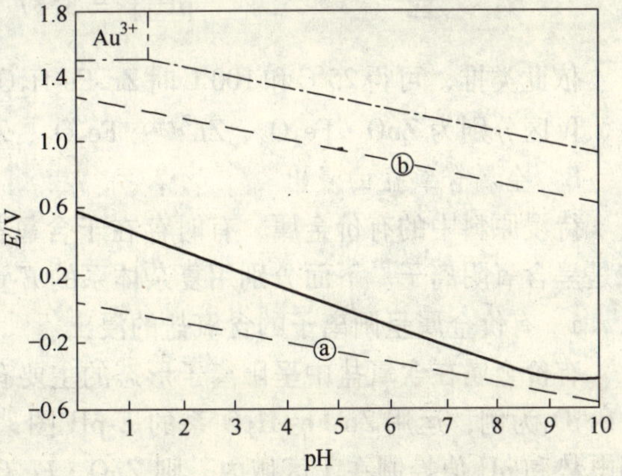

图 7-19 $Au\text{-}CN^-\text{-}H_2O$ 系的 E-pH 图

25℃：$[Au]_T = 10^{-4}$mol/L；$[CN]_T = 10^{-2}$mol/L

分析图 7-19 可知，当无 CN^- 存在时，金的氧化还原电势在水的稳定区以上，故在水溶液中不可能被氧化，但有 CN^- 时，氧化还原电势降至水的稳定区内，因此有可能被氧或其他氧化剂氧化，这就是氰化法提取金的热力学基础。

上述原理广泛用于湿法冶金中以改善浸出的热力学条件。由于 Cu^{2+}、Cu^{+}、Ni^{2+} 等能与 NH_3 形成稳定配合物（$Cu-NH_3-H_2O$ 系的 E-pH 图如图 7-20 所示），因而工业上常用氨配合浸出法从铜、镍、钴的硫化矿、氧化矿中提取铜、镍、钴。

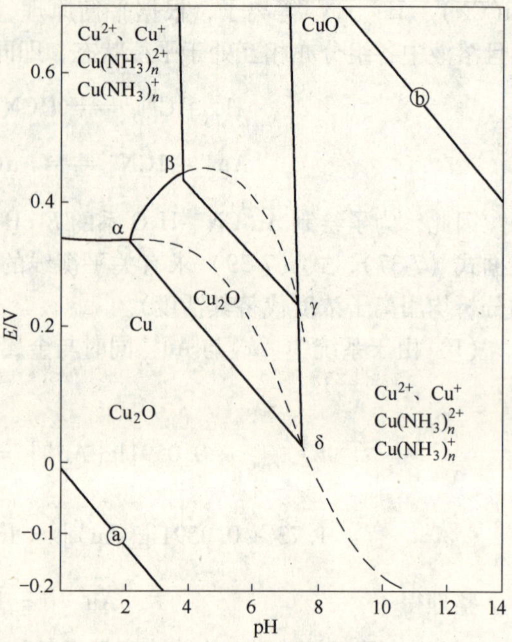

图 7-20　$Cu-NH_3-H_2O$ 系的 E-pH 图

25℃：$[NH_3]=5mol/L$；$[Cu]=1mol/L$

7.3.3.2　复杂体系的 E-pH 图

金属含氧盐的浸出属复杂体系，对这种复杂体系的 E-pH 图，讨论如下。

A　复杂体系的 E-pH 图

这里所说的复杂体系是指系统内除 H_2O 以外，还含两种或两种以上的金属元素或非金属元素，且这两种元素氧化物之间生成复杂化合物。例如，$Zn-Fe-H_2O$ 系中，存在化合物 $ZnO\cdot Fe_2O_3$，$Fe-As-H_2O$ 系中就存在化合物 $FeAsO_4$，所以，在此类体系内存在金属氧化物与 H^+、金属离子等之间的平衡。例如在 $Zn-Fe-H_2O$ 系中存在下列平衡：

$$ZnO\cdot Fe_2O_3+2H^+ \Longleftrightarrow Zn^{2+}+Fe_2O_3+H_2O \tag{7-47}$$

$$ZnO\cdot Fe_2O_3+8H^+ +2e \Longleftrightarrow Zn^{2+}+2Fe^{2+}+4H_2O \tag{7-48}$$

复杂体系的 E-pH 的计算和绘制，与 7.3.3.1 节中所述相似。例如反应式（7-47）的平衡线可参照式（7-37）得：

$$pH_T=-\Delta_r G_T^{\ominus}/(2.303\times 2\times RT)-\frac{1}{2}\lg a_{Zn^{2+}}$$

将 298K 时的 $\Delta_r G^{\ominus}$ 值代入，得：

$$pH_{298}=3.37-\frac{1}{2}\lg a_{Zn^{2+}}$$

依此类推，可得25℃和100℃时 $Zn-Fe-H_2O$ 系的 E-pH 图如图 7-21 所示，图中Ⅰ、Ⅱ、Ⅲ、Ⅳ区分别为 $ZnO\cdot Fe_2O_3$、$Zn^{2+}+Fe_2O_3$、$Zn^{2+}+Fe^{3+}$、$Zn^{2+}+Fe^{2+}$ 的稳定区。

B　金属含氧盐的浸出

待浸原料中的有价金属，有时存在于含氧盐中，其具体形态有两种，一是呈阳离子；二是呈含氧阴离子。下面分别用复杂体系的 E-pH 图分析其浸出过程。

a　有价金属呈阳离子的含氧盐的浸出

有价金属在含氧盐中呈阳离子形态的主要有铁酸盐、砷酸盐、硅酸盐等。现在以 $ZnO\cdot Fe_2O_3$ 为例，运用 $Zn-Fe-H_2O$ 系的 E-pH 图，分析其中锌的浸出过程。由图 7-21 可知：当电势和 pH 值控制在Ⅰ区域内，则 $ZnO\cdot Fe_2O_3$ 为稳定的，即其中的锌不能被浸出，但改变电势和 pH 值，在不同的条件下能发生不同的浸出反应。

（1）当控制电势、pH 在区域Ⅲ内，即在25℃时电势大于 0.77V，pH 小于 -0.24，或

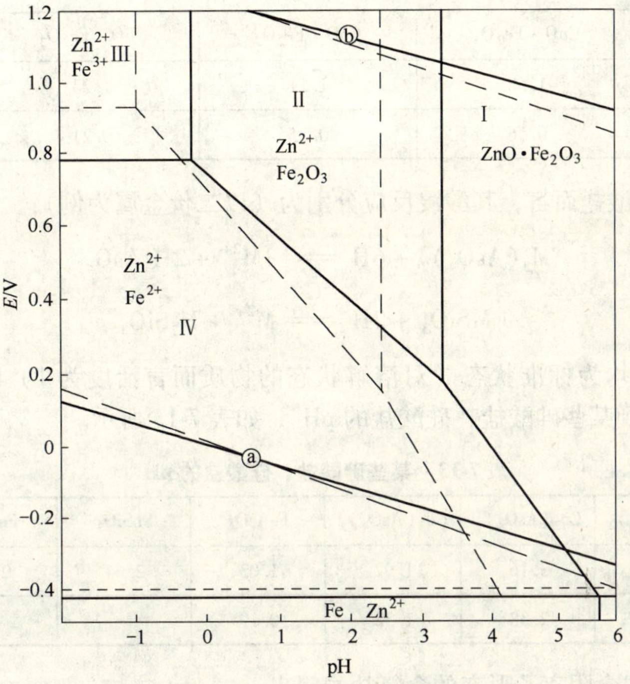

图 7-21 $ZnO \cdot Fe_2O_3$-H_2O 系的 E-pH 图

实线—25℃；虚线—100℃

100℃时电势大于 0.86V，pH 小于 -0.98，则锌、铁将分别以 Zn^{2+}、Fe^{3+}形态进入溶液直至 Zn^{2+}、Fe^{3+}的活度达 1 为止。目前锌湿法冶金工业上的高温高酸工艺实际上就是利用此原理。

(2) 当电势和 pH 值控制在区域Ⅱ内，即 25℃下 pH 为 -0.24 ~ 3.37，电势为 0.77 ~ 0.13V，或 100℃下 pH 为 -0.98 ~ 2.3，电势为 0.86 ~ 0.10V，则发生反应式(7-47)，即锌将选择性进入溶液，而铁以 Fe_2O_3形态保留在渣中，在浸出的同时实现了两者的分离。从理论上来说，这种方案是十分理想的，只要能创造足够的动力学条件是可能实现的。

(3) 当电势和 pH 值控制在Ⅳ区域内，则锌铁分别以 Zn^{2+} 和 Fe^{3+} 形态进入溶液（反应式（7-48)），直至两者活度达到 1 为止。从图可知，电势愈低则愈有利于反应的进行。

此外，比较 25℃和 100℃的平衡线可知，提高温度对浸出反应是不利的，这一点与以前所介绍的氧化物浸出是一致的。

许多铁酸盐的浸出都具有与 $ZnO \cdot Fe_2O_3$类似的规律性。

为了简单估计铁酸盐的浸出条件，有人将下面反应：

$$MO \cdot Fe_2O_3 + 8H^+ \Longrightarrow M^{2+} + 2Fe^{3+} + 4H_2O$$

在 M^{2+}、Fe^{3+}的活度均为 1 时的平衡 pH 值命名为其 $pH^{\ominus}$，显然 $pH^{\ominus}$愈大则意味着该铁酸盐愈易被浸出，某些铁酸盐的 $pH^{\ominus}$列于表 7-12。

表 7-12　某些铁酸盐的 $pH^{\ominus}$

$MO \cdot Fe_2O_3$	$CuO \cdot Fe_2O_3$	$CoO \cdot Fe_2O_3$	$NiO \cdot Fe_2O_3$	$ZnO \cdot Fe_2O_3$
pH_{298}	1.58	1.21	1.23	0.68
pH_{373}	0.56	0.35	0.21	−0.15

对砷酸盐、硅酸盐而言，其酸浸反应分别为（以二价金属为例）：

$$M_3(AsO_4)_2 + 6H^+ = 3M^{2+} + 2H_3AsO_4$$

$$MSiO_3 + 2H^+ = M^{2+} + H_2SiO_3$$

同样当生成物均为标准状态（对溶解状态的物质而言活度为 1）时，平衡 pH 值为 $pH^{\ominus}$。根据计算得到某些砷酸盐、硅酸盐的 $pH^{\ominus}$，如表 7-13 所示。

表 7-13　某些砷酸盐、硅酸盐的 $pH^{\ominus}$

化合物	$Zn_3(AsO_4)_2$	$Co_3(AsO_4)_2$	$Cu_3(AsO_4)_2$	$FeAsO_4$	$PbSiO_3$	$FeSiO_3$	$ZnSiO_3$
pH_{298}	3.29	3.16	1.92	1.03	2.64	2.86	1.79
pH_{373}	2.44	2.38	1.32	0.19	—	—	—

b　有价金属成含阴离子形态的含氧盐的浸出

这类盐的分子式可近似用 $MM'O_m$ 表示，其中 M′为有价金属，M 为伴生金属，属于这一类的主要有黑钨矿［$(Fe,Mn)WO_4$］、白钨矿［$CaWO_4$］、钛铁矿［$FeTiO_3$］等稀有高熔点金属矿物。

由于这类含氧阴离子在酸性条件下往往能聚合成各种不同的同多酸根离子，其存在形态复杂；这些金属均为变价元素，随着电势的不同，将出现不同价态的化合物；有关体系的热力学数据十分缺乏，使这类物料浸出的电势-pH 图比较复杂，而且研究的很不够，不过其电势-pH 图一般都有以下共同规律（参见图 7-22、图 7-23）。

（1）由于这些金属均为两性金属，因而在水中随着 pH 值的改变，将发生以下变化：

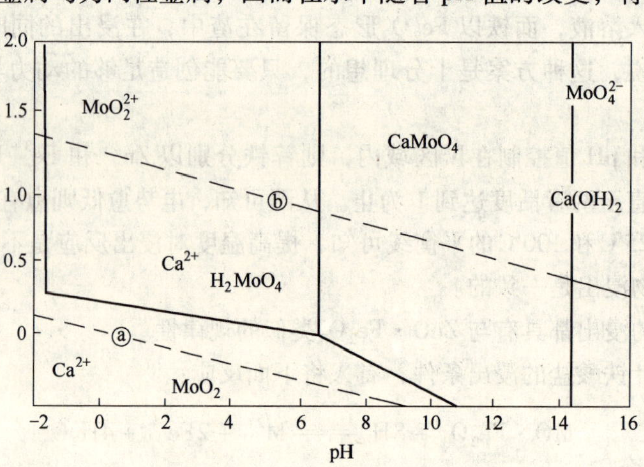

图 7-22　Ca-Mo-H_2O 系的 *E*-pH 图

25℃，Ca、Mo 活度为 10^{-3}

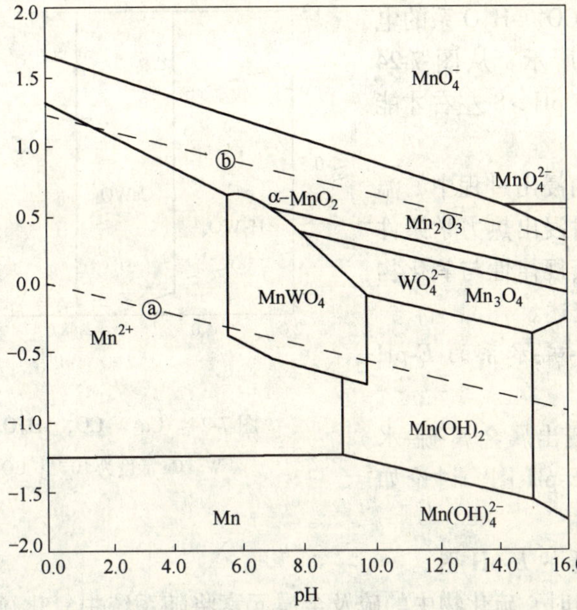

图 7-23 Mn-W-H_2O 系的 E-pH 图

25℃，Ca，W 活度为 10^{-3}

$$M'O_x^{Y+} \leftarrow M^{n+} + H_nM'O_m \leftarrow MM'O_m \rightarrow M(OH)_n + M'O_m^{n-}$$

pH 降低←——pH——→pH 增加

即在酸性范围内，随着 pH 的降低，它将变成难溶的含氧酸并进而变成 $M'O_x^{Y+}$ 型阳离子，在碱性范围内随着 pH 的升高它将变成含氧阴离子进入溶液。因此，可考虑的浸出方法有：

碱浸：使 M′变成 $M'O_m^{n-}$ 进入溶液与 $M(OH)_n$分离；

酸浸：M′变成 $H_nM'O_m^-$ 进入固相，伴生金属 M 变成 M^{n+} 进入溶液，实现两者分离。

（2）由于 M′为变价金属，其伴生金属有时亦为变价金属（如铁）。因此，浸出时加入适当的氧化剂或还原剂，改变其价态，有时对浸出是有利的。如图 7-23 所示，当有氧化剂存在时，Mn 将由二价氧化为 Mn_3O_4、Mn_2O_3，使 $MnWO_4$的稳定区缩小。

以上是一般规律，对具体化合物而言，其浸出所需的 pH 值及氧化还原电势往往差别很大，而且各金属化合物的水溶性质差别亦很大（如钽铌酸钠盐就难溶于水）。因此，是否采用湿法浸出工艺以及其浸出条件都应随实际情况而定。

应当指出 $MM'O_m$ 型矿物有时不是采用酸或碱浸出，而是加入其他阴离子如 CO_3^{2-}，PO_4^{3-}与 $MM'O_m$ 进行复分解反应，使 $M'O_m^{n-}$ 进入溶液（如白钨矿的 Na_2CO_3浸出）。但由于 CO_3^{2-}，PO_4^{3-}等阴离子在水中将与 H^+结合成酸式离子，如：

$$CO_3^{2-} + H^+ \Longrightarrow HCO_3^-$$

故溶液中 CO_3^{2-}，PO_4^{3-}等的实际浓度与溶液中 pH 值有关，因此，其浸出过程亦与 pH

值有关；同样也可用电势-pH 图研究其浸出过程。Ca-W-CO_3^{2-}-H_2O 系的电势-pH 图如图 7-24 所示。从图 7-24 可知，$CaWO_4$只有在 pH > 8 左右才能被 Na_2CO_3浸出。

在所有含氧盐的浸出过程中，温度及配位体的存在对浸出热力学条件都带来一定影响，其规律性与氧化物的浸出相同，不再赘述。

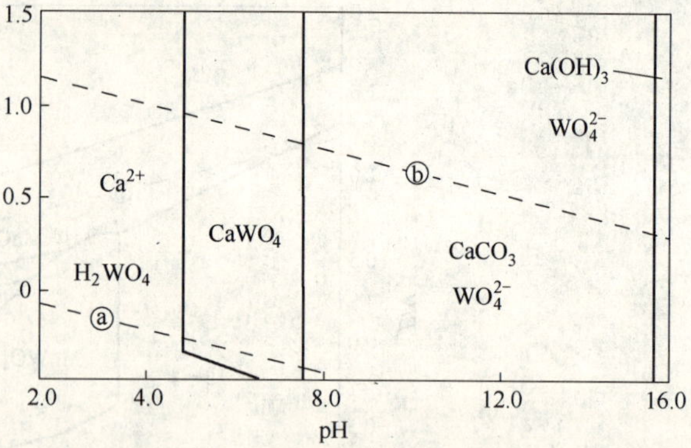

图 7-24　Ca-W-CO_3^{2-}-H_2O 系的 E-pH 图

W、Ca 活度为 10^{-3}；CO_3^{2-} 活度为 1

7.3.3.3　金属-硫-水系的 E-pH 图

金属硫化物的浸出属金属-硫-水系，对这种体系的 E-pH 图，讨论如下。

A　金属-硫-水系的 E-pH 图

金属硫化物浸出时，硫化物中的硫及金属元素将随系统中氧化还原电势及 pH 值不同而有不同形态。其中硫的可能形态有 S、H_2S、HSO_4^-、SO_4^{2-}、HS^-等，而金属元素可能形态有 M^{n+}、$M(OH)_n$等，变价金属则能被还原或氧化，某些酸性较强的金属硫化物（如 MoS_2），则可能成为含氧酸根。因此，欲了解硫化物浸出时的热力学规律性，首先应通过 S-H_2O 系的电势-pH 图了解其中硫的行为，进而结合硫化物的热力学性质了解整个硫化物的行为。

25℃时 S-H_2O 系的电势-pH 图如图 7-25 所示。其中Ⅰ区为元素硫的稳定区，随着氧化还原电势的提高，视 pH 值的不同，硫将氧化成 HSO_4^-（Ⅱ区）或 SO_4^{2-}（Ⅲ区）。随着氧化还原电势的降低，硫将还原成 H_2S 或 HS^-。在高 pH 范围内，HS^-直接氧化成 SO_4^{2-}。

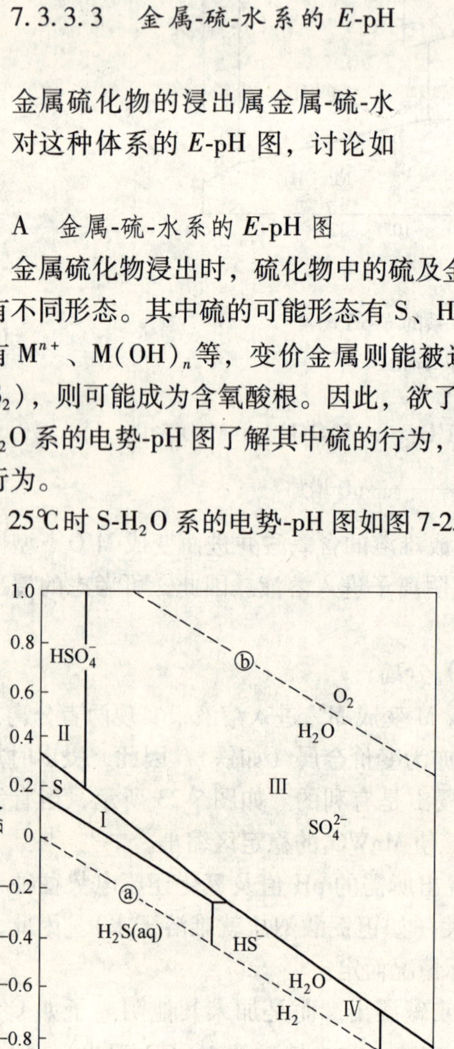

图 7-25　S-H_2O 系的 E-pH 图

25℃，硫化物离子的活度为 0.1

对金属-硫-水系的电势-pH 图，虽然各种金属的具体图形互不相同，但其主要反应及有关平衡线走向大体相似，结合上述 S-H_2O 系的电势-pH 图，可知 M-S-H_2O 系中将有下列类型反应（以二价金属 MS 为例）。

a　　$M^{2+} + S + 2e \rightleftharpoons MS$　　(7-49)

其平衡状态与 pH 无关，平衡线平行于横轴，且一定在图 7-25 所示的硫的稳定区内，参照式（7-39）可知其通式为

$$E_T = -(\Delta_r G_T^{\ominus} + 2.303RT\lg a_{M^{2+}})/2F$$

$$= E_T^{\ominus} + 2.303RT\lg a_{M^{2+}}/2F$$

当 298K 时　$E_{298} = E_{298}^{\ominus} + \dfrac{0.0591}{2}\lg a_{M^{2+}}$。

b　$$MS + 2H^+ \longrightarrow M^{2+} + H_2S \tag{7-50}$$

其平衡与电势无关，平衡线平行于纵轴，且一定在图所示的 H_2S 稳定区内，参照式（7-37）知其方程式为

$$pH_T = -\Delta_r G_T^{\ominus}/(2 \times 2.303RT) - \frac{1}{2}\lg a_{M^{2+}} - \frac{1}{2}\lg p_{H_2S}$$

应当指出，某些硫化物在进行析出 H_2S 的反应的同时，还发生氧化还原反应，例如：

$$FeS_2 + 4H^+ + 2e \longrightarrow Fe^{2+} + 2H_2S$$

$$Ni_3S_2 + 4H^+ - 2e \longrightarrow 3Ni^{2+} + 2H_2S$$

此时其平衡线为既与 pH 有关又与电势有关的斜线。

c　$$HSO_4^- + M^{2+} + 7H^+ + 8e \longrightarrow MS + 4H_2O \tag{7-51}$$

其平衡与 pH 值、电势有关，平衡线为斜线，且一定在图 7-25 所示的 HSO_4^- 稳定区内，参照式（7-50）知其方程式为：

$$E_T = -(\Delta_r G_T^{\ominus} - 2.303 \times 7RT pH_T + RT\ln a_{M^{2+}} + RT\ln a_{HSO_4^-})/(8F)$$

$$= E_T^{\ominus} - (2.303 \times 7RT pH_T - RT\ln a_{M^{2+}} - RT\ln a_{HSO_4^-})/(8F)$$

当 298K 时，$E_{298} = E_{298}^{\ominus} - 0.0517pH_{298} + 0.0074(\ln a_{M^{2+}} + \ln a_{HSO_4^-})$。

d　$$SO_4^{2-} + M^{2+} + 8H^+ + 8e \longrightarrow MS + 4H_2O \tag{7-52}$$

其平衡既与 pH 有关，又与电势有关，平衡线为一斜线，且一定在 SO_4^{2-} 稳定区内，其平衡线的方程式为：

$$E_T = (-\Delta_r G_T^{\ominus} - 2.303 \times 8RT pH_T + RT\ln a_{M^{2+}} + RT\ln a_{SO_4^{2-}})/(8F)$$

当 298K 时，$E_{298} = E_{298}^{\ominus} - 0.0591pH_{298} + 0.0074(\ln a_{M^{2+}} + \ln a_{SO_4^{2-}})$

e　$$SO_4^{2-} + M(OH)_2 + 10H^+ + 8e \longrightarrow MS + 6H_2O \tag{7-53}$$

与反应式（7-52）相似，其平衡线为一斜线，且一定在 SO_4^{2-} 稳定区内，其方程式为：

$$E_T = (-\Delta_r G_T^{\ominus} - 2.303 \times 10RT pH_T + RT\ln a_{SO_4^{2-}})/(8F)$$

$$= E_T^{\ominus} - (2.303 \times 10RT pH_T - RT\ln a_{SO_4^{2-}})/(8F)$$

当 298K 时，$E_{298} = E_{298}^{\ominus} - 0.074pH_{298} + 0.0074\ln a_{SO_4^{2-}}$

根据上述分析可知 M-S- H_2O 系的 E-pH 图的原则图形，如图 7-26 所示，图中两点划线之间的区域为元素硫的稳定区。线①②③④⑤包围的范围内为硫化物的稳定区。

B　硫化物的浸出

为了分析硫化物的浸出过程，将各种常见金属-硫-水系的 E-pH 图的反应式（7-49）、式（7-50）、式（7-51）的平衡线归纳于图 7-27，分析图 7-27 可得如下结论。

（1）对 MnS、FeS、NiS 等硫化物而言，其浸出可有以下方案：

①简单酸浸出。即在通常工业上易于达到的酸度条件下，按反应式（7-50）变成 M^{n+} 和 H_2S，例如在工业上直接用酸处理高镍锍，使其中镍的硫化物按反应式（7-50）分解，而铜的硫化物进入渣相；

②控制适当 pH 值进行氧化浸出，按反应式（7-52）生成 M^{n+} 和 SO_4^{2-} 或生成 $M(OH)_2$

和 SO_4^{2-}。

（2）对 ZnS、PbS、$CuFeS_2$ 等硫化物而言，其进行式（7-50）的反应所需的 pH 值很低（对 ZnS 而言为 -1.586），因此实际上是不可能进行简单酸浸的。但从图 7-27 可知，这些硫化物按反应式（7-49）氧化成 M^{2+} 和 S 所需的 pH 值，在现实中是可达到的，即在适当电势和 pH 值下可氧化成 M^{2+} 和 S，这一点已得到实践证实。有人在工业规模下，150℃进行闪锌矿的高压氧浸，结果锌浸出率达 97% 以上，硫总量的 88% 以上元素硫形态

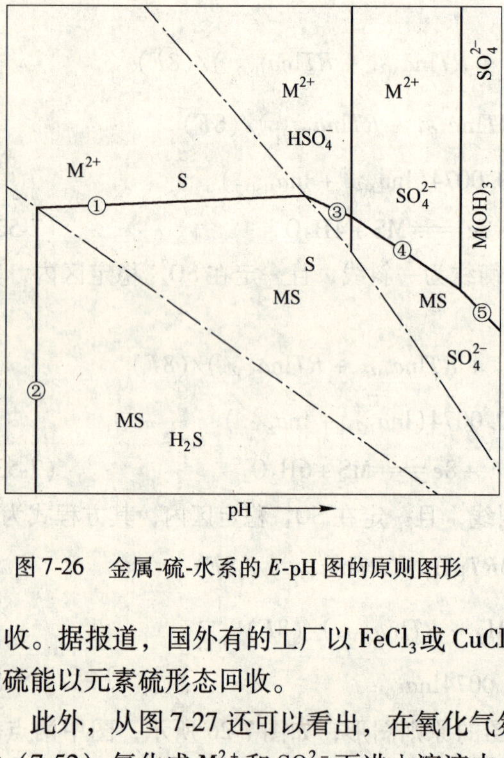

图 7-26　金属-硫-水系的 *E*-pH 图的原则图形

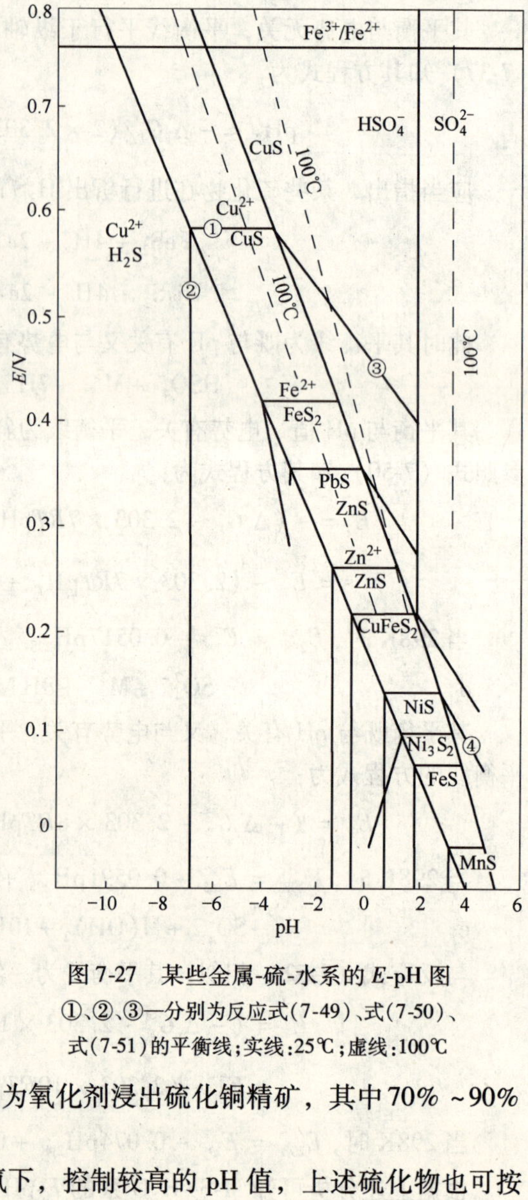

图 7-27　某些金属-硫-水系的 *E*-pH 图

①、②、③—分别为反应式（7-49）、式（7-50）、式（7-51）的平衡线；实线：25℃；虚线：100℃

回收。据报道，国外有的工厂以 $FeCl_3$ 或 $CuCl_2$ 为氧化剂浸出硫化铜精矿，其中 70% ~90% 的硫能以元素硫形态回收。

此外，从图 7-27 还可以看出，在氧化气氛下，控制较高的 pH 值，上述硫化物也可按式（7-52）氧化成 M^{2+} 和 SO_4^{2-} 而进入溶液中。

（3）对 FeS_2 或 CuS 等硫化物而言，其进行式（7-49）、式（7-50）的反应所需的 pH 值都很低，在通常工业条件下都难以达到，因此不可能按上述反应进行浸出，只能在氧化的条件下按式（7-52）进行浸出得 M^{n+} 和 HSO_4^- 或 SO_4^{2-}。

（4）根据图 7-27 并参照图 7-26 可知，作为有色金属硫化矿的氧化剂可以是 O_2、Fe^{3+} 等。此外已知在一定条件下 $CuCl_2$、$SbCl_5$ 等亦可作为相应硫化矿的氧化剂，25℃时 $E^{\ominus}_{Cl_2/Cl^-}$ 达 1.35V，是硫化矿的强氧化剂。

应当指出，以上仅是指 25℃及没有配合剂存在的情况。正如前面指出的，在高温下各平衡线的位置将发生迁移，有配位体存在的条件下，金属配离子的稳定区将比 M^{n+} 的稳定

区扩大许多。因此，某些按图 7-27 分析难以进行的反应将有可能进行。

此外还应指出，对某些酸性较强的金属硫化物而言（如 MoS_2），它在通常可达到的酸度范围内，不可能成金属阳离子形态存在，而是成含氧阴离子形态，因此其电势-pH 图与图 7-26、图 7-27 大不一样。根据现有热力学数据，李洪桂等绘制了 100℃和 200℃下 Mo-S-H_2O 系的电势-pH 图，如图 7-28、图 7-29 所示。从图中可知，在通常可达到的 pH 值范围内，MoS_2将随 pH 值的不同分别氧化成 H_2MoO_4 + HSO_4^-、H_2MoO_4 + SO_4^{2-}、MoO_4^{2-} 和 SO_4^{2-}。根据计算，即使用氧化性能较 O_2、Cl_2等差的 Fe^{3+} 作氧化剂，其氧化反应的平衡常数均为 10^{100}左右，因此从热力学的角度来说，反应能进行完全。

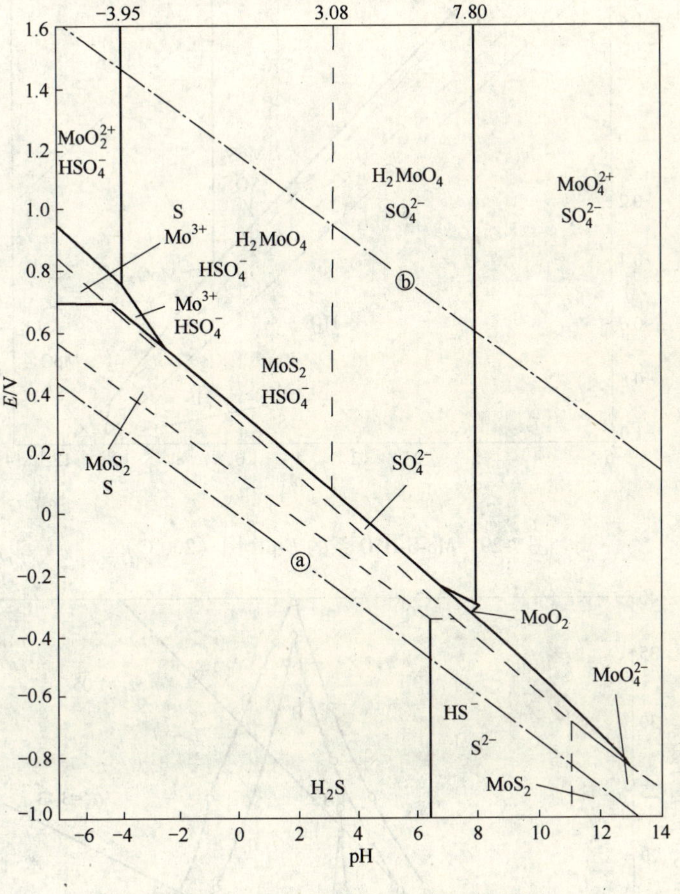

图 7-28 Mo-S-H_2O 系的 E-pH 图（100℃）

7.3.4 三元体系溶解度图在浸出过程热力学分析中的作用[1]

三元体系溶解度图属三元状态平衡图的一种，它直观地表明了水溶液及有关化合物的平衡状态与组成、温度的关系，因此是研究浸出过程（主要是无价态变化的浸出过程）的有效依据。

三元体系溶解度有两种表示方式，即直角坐标与等边三角形坐标。以 Al_2O_3-Na_2O-H_2O 系平衡图（图 7-30）为例，说明直角坐标表示法在分析 Al_2O_3浸出过程中的应用。图 7-30

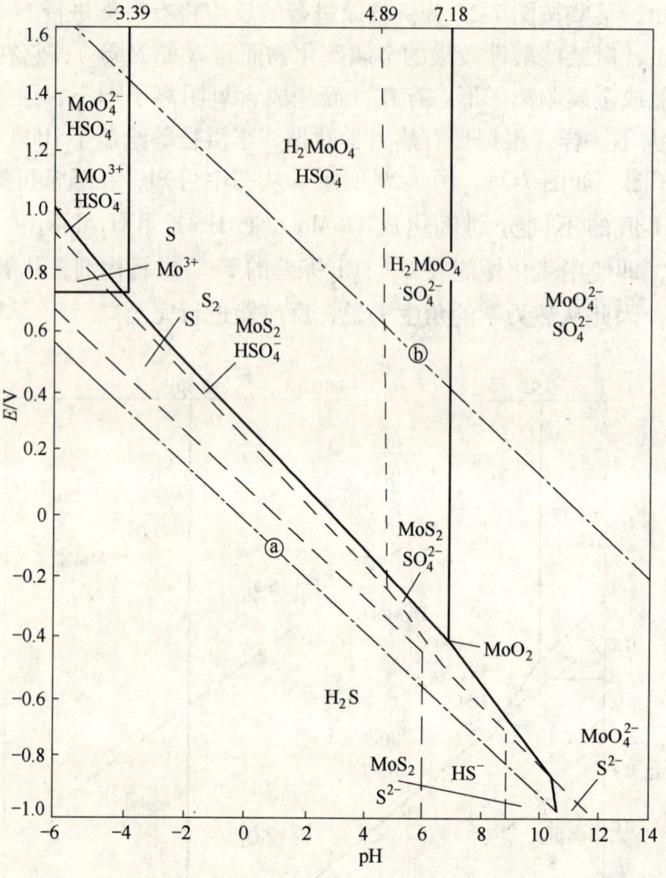

图 7-29 Mo-S-H_2O 系的 E-pH 图（200℃）

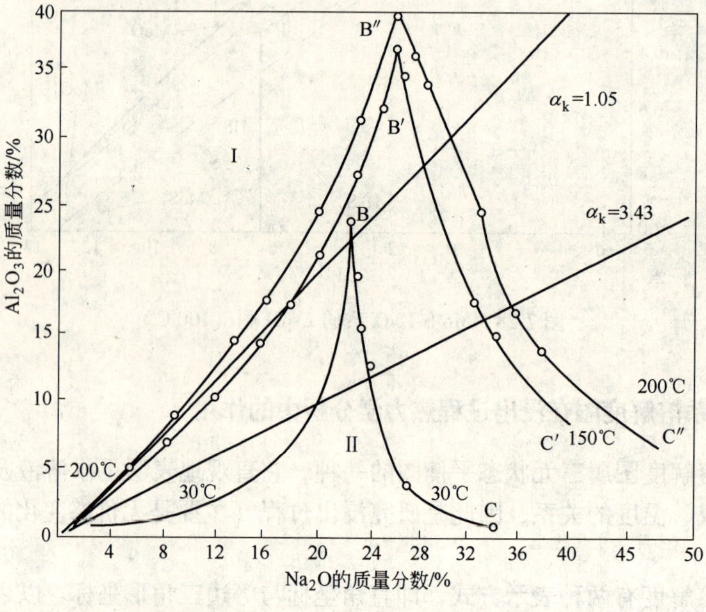

图 7-30 Al_2O_3-Na_2O-H_2O 系的平衡图

中纵坐标和横坐标分别表示 Al_2O_3 和 Na_2O 的质量分数，至于图中给定点的水质量分数则由100%与 Al_2O_3、Na_2O 质量分数的差值算出。0B、0B′、0B″分别为30℃、150℃、200℃下三水铝石［$Al(OH)_3$］在 NaOH 溶液中的溶解度曲线，BC、B′C′、B″C″分别为30℃、150℃、200℃下三水铝酸钠的溶解度曲线。因此，在这些曲线上分别为 $Al(OH)_3$ 或 $NaAlO_2$ 的饱和溶液，Ⅰ区为三水铝石与其饱和溶液共存，Ⅱ区为未饱和溶液。图中斜线是不同成分下系统的 α_k 值。

根据图7-30可得 Al_2O_3 在 NaOH 溶液中浸出的条件如下：

（1）系统的成分应维持在未饱和区即Ⅱ区内；

（2）温度升高，Ⅱ区扩大，故升高温度有利于浸出反应的进行；

（3）Na_2O 浓度增加，或在 Na_2O 浓度一定时增加 α_k 值，系统与平衡状态的距离（例如200℃下与0B″线的距离）增加，有利于浸出过程的进行。

图7-31为以等边三角形坐标表示的 V_2O_5-Na_2O-H_2O 系的平衡图，它表明在 Na_2O-H_2O 侧存在化合物 $Na_3VO_4\cdot6H_2O$，升高温度其水溶液稳定区扩大，有利于 V_2O_5 的浸出。

同样对氧化物的 H_2SO_4 浸出、HNO_3 浸出都可用相应的三元平衡图说明。

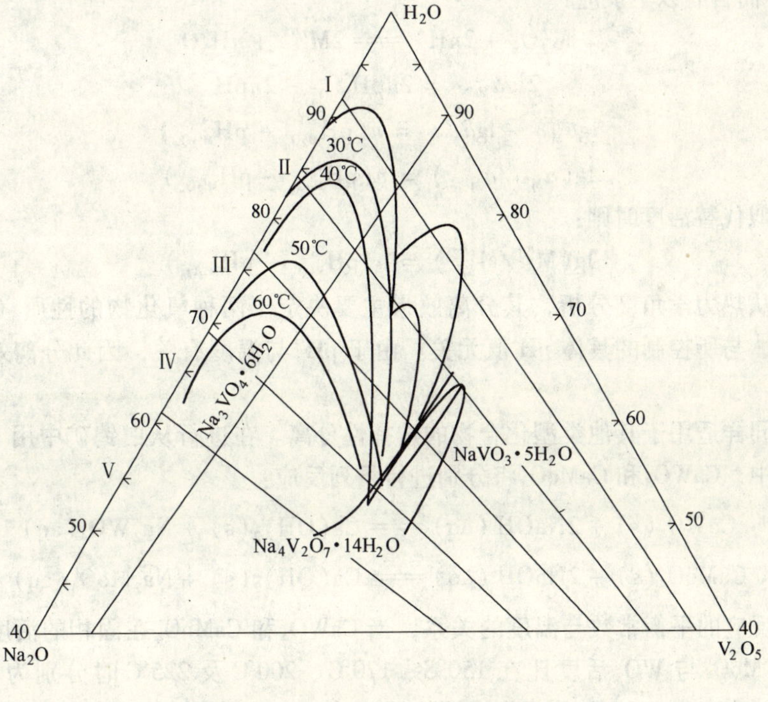

图7-31　V_2O_5-Na_2O-H_2O 系的平衡图

7.3.5　选择性浸出

浸出过程中往往控制适当条件使主金属与伴生元素分别进入溶液相或渣相，从而达到初步分离的目的，称之为选择性浸出。例如独居石碱分解所得的碱饼在进一步盐酸浸出时，控制pH值为4.0~4.5使稀土主要成氯化物进入溶液相，而钍、铀的氧化物保留在残渣中，从而在浸出的同时就达到初步分离的目的。选择性浸出还可使固体物料中某些相似元素选择性分离。

设以浸出平衡时的溶液中两元素浓度之比作为选择性浸出效果的标志，研究不同情况下影响选择性浸出效果的因素。

7.3.5.1　当原料中待分离的两元素均以同一形态（如氧化物或硫化物）独立存在的情况

以氧化物选择性浸出为例，当待分离的 M 与 M′都以氧化物形态独立存在时，即活度均为 1 时，则在一定 pH 值下将发生以下溶解反应（为简单起见，设 M 与 M′价数相等，均为 n 价）。

$$M_2O_n + 2nH^+ \rightleftharpoons 2M^{n+} + nH_2O$$

$$K_1 = a^2_{M^{n+}}/a^{2n}_{H^+}$$

$$2\lg a_{M^{n+}} = \lg K_1 - 2npH$$

按定义 $a_{M^{n+}}$ 为 1 时的平衡 pH 值为 $pH^{\ominus}_{M_2O_n}$，则：

$$2\lg a_{M^{n+}} = 2npH^{\ominus}_{M_2O_n} - 2npH$$

同理，对 M′而言有以下反应：

$$M'_2O_n + 2nH^+ \rightleftharpoons 2M'^{n+} + nH_2O$$

$$2\lg a_{M'^{n+}} = 2npH^{\ominus}_{M'_2O_n} - 2npH$$

所以平衡后：

$$\lg a_{M^{n+}} - \lg a_{M'^{n+}} = n(pH^{\ominus}_{M_2O_n} - pH^{\ominus}_{M'_2O_n})$$

即

$$\lg(a_{M^{n+}}/a_{M'^{n+}}) = n(pH^{\ominus}_{M_2O_n} - pH^{\ominus}_{M'_2O_n})$$

当以浓度近似代替活度时则：

$$\lg(M^{n+}/M'^{n+}) = n(pH^{\ominus}_{M_2O_n} - pH^{\ominus}_{M'_2O_n})$$

上式说明，从热力学角度分析，其分离效果主要决定于两种氧化物的性质（$pH^{\ominus}$）。当其价态相等时，与所控制的具体 pH 值无关。由于 $pH^{\ominus}$ 与温度有关，因此分离效果亦与温度有关。

此原理同样适用于其他类型化合物的选择性分离。在进行从白钨矿中用 NaOH 浸出法选择性除钼中，$CaWO_4$ 和 $CaMoO_4$ 将分别进行下列反应：

$$CaWO_4(s) + 2NaOH(aq) \rightleftharpoons Ca(OH)_2(s) + Na_2WO_4(aq)$$

$$CaMoO_4(s) + 2NaOH(aq) \rightleftharpoons Ca(OH)_2(s) + Na_2MoO_4(aq)$$

根据两反应的平衡常数与温度的关系，当 $CaWO_4$ 和 $CaMoO_4$ 在固相的活度相同时，可算出溶液中 MoO_3 与 WO_3 活度比在 150℃、170℃、200℃及 225℃时分别为 22.3、83.0、24.0 和 670。这表明 $CaMoO_4$ 将优先被浸出进入溶液，实验证明在处理某白钨精矿时，精矿中 MoO_3 与 WO_3 的摩尔比为 3.6/100（MoO_3 以类质同相形态存在于 $CaWO_4$ 晶格中），用浓度为 1.5mol/L 的 NaOH，在 200℃、液固比 =1∶1 的条件下浸出 2h，则浸出液中 MoO_3/WO_3 的摩尔比达 88/100。因此，控制适当条件，实现从白钨矿中除钼是有可能的。

7.3.5.2　当原料中 M 与 M′形成复杂化合物（例如铁酸盐、铝酸盐等）的情况

现以 $ZnO \cdot Fe_2O_3$ 的选择性浸出为例，研究其分离效果。

$ZnO \cdot Fe_2O_3$ 浸出时，若控制 pH 在图 7-21 的Ⅱ区内，则将发生下列反应：

$$ZnO \cdot Fe_2O_3 + 2H^+ \longrightarrow Zn^{2+} + Fe_2O_3 + H_2O$$

根据以前的分析，$a_{Zn^{2+}}$与溶液 pH 值的关系为：

$$\lg a_{Zn^{2+}} = 2(K_{ZnO \cdot Fe_2O_3} - pH)$$

式中，$K_{ZnO \cdot Fe_2O_3}$取决于 $ZnO \cdot Fe_2O_3$性质和温度的常数。

上述反应所产生的 Fe_2O_3亦可发生下列反应：

$$Fe_2O_3 + 6H^+ \longrightarrow 2Fe^{3+} + 3H_2O$$

$$\lg a_{Fe^{3+}} = 3(pH^{\ominus}_{Fe_2O_3} - pH)$$

所以

$$\lg(a_{Zn^{2+}}/a_{Fe^{3+}}) = 2K_{ZnO \cdot Fe_2O_3} - 3pH^{\ominus}_{Fe_2O_3} + pH$$

这里的分离效果既与两者的性质（$pH^{\ominus}_{Fe_2O_3}$及 $K_{ZnO \cdot Fe_2O_3}$）有关，亦与溶液的 pH 有关，因为两者价态不相等。

实践证明，采用这种原理进行复杂化合物中某些组分的选择性浸出是完全可能的。在处理锌焙砂酸性浸出残渣（主要成分为 $ZnO \cdot Fe_2O_3$）时，酸用量为 Fe、Zn 全部浸出的理论量的 60%，控制温度为 95℃，则 $ZnO \cdot Fe_2O_3$中锌的浸出率为 85% 左右，而铁的浸出率仅为 13%。

在具体实施选择性浸出时，应当注意的是：

（1）在进行选择性浸出分离不同元素时，易浸出的组分首先要通过固相扩散由矿粒内部扩散到矿粒表面，才能达到浸出的目的，而固相扩散的速度往往是很慢的，因此在实践中实现此过程，应有良好的内扩散条件，如较高的温度，很细的粒度等；

（2）以上选择性浸出的原理仅限于利用同系列诸化合物（如同氧化物），在同一种浸出剂中浸出性能的不同，但由于各种原因，一般其效果有限。

在实际生产中为了有效地进行选择性浸出，除利用上述原理外，更重要的是要灵活应用所处理的各化合物的性质的特点，运用物理化学方法，改变其形态，扩大它们在性质上的差异。例如在盐酸分解含钼的白钨矿时，钨变成 H_2WO_4进入固相，而其中的钼变成 H_2MoO_4，后者在盐酸中有一定溶解度，故可选择性浸出与钨分离，但这种分离的效果有限，为提高这种选择性浸出的效果，可利用在 HCl 溶液中钼的化合物比钨的化合物易还原成溶解度大的低价化合物，根据这一特点，在酸分解时加入硅铁作还原剂，使 H_2MoO_4还原成更易溶于 HCl 的 $MoOCl_3$溶解，而钨成 H_2WO_4仍保留在固相，从而提高了选择性浸出分离的效果。

7.4　浸出中液固反应过程的模型[17,18]（参见 4.5 节）

在宏观反应动力学中要描述每个步骤的速率，以及判断每个步骤在整个反应过程中是否起决定作用，即所谓速度控制步骤。根据液固浸取反应的特性，速率控制步骤可以是液体反应剂通过液膜时的扩散，也可以是液体反应剂在固体孔隙内的扩散，或液体反应剂与固体反应剂在固相表面的反应速度。通常，为加快反应剂在固体颗粒外表面穿过液膜的扩散速度均强化液固之间的混合、搅拌，以消除液膜传质的阻力，因此反应速度的控制步骤便集中在固相内的扩散及表面反应。为此提出了多种描述固相内的扩散及化学反应的模型。

7.4.1　收缩核心模型

收缩核心模型是目前使用比较广泛、概念比较简洁、清晰的模型，由矢木荣和国井大藏于1955年提出。它的概念是：固体颗粒在反应前是致密无孔的，当流体反应剂与固体反应组分反应后，除形成流体产物外，生成的固体产物或残留的惰性物质是疏松多孔的，称为“灰层”，其代表性的反应式如下：

$$a\mathrm{A(l)} + b\mathrm{B(s)} \Longrightarrow c\mathrm{C(l)} + d\mathrm{D(s)}$$

由于流体反应剂通过灰层的阻力较小，扩散速度较快，同时流体产物也能以同样快的速度向外扩散，而化学反应则相对较慢或接近反应剂在灰层内扩散速度；因此反应区便逐渐由颗粒外表面向内推移，且只在灰层与未反应固体的界面处发生，形成一个未反应的收缩核心界面，其物理图像如图7-32所示，图7-32（a）描述收缩核心模型在反应开始、中期及终点时的物理图像；图7-32（b）为流体反应剂A与固体反应组分B在反应中期在固体颗粒内外的浓度分布，如B组分能与A组分反应完全，则灰层内B的浓度为零。

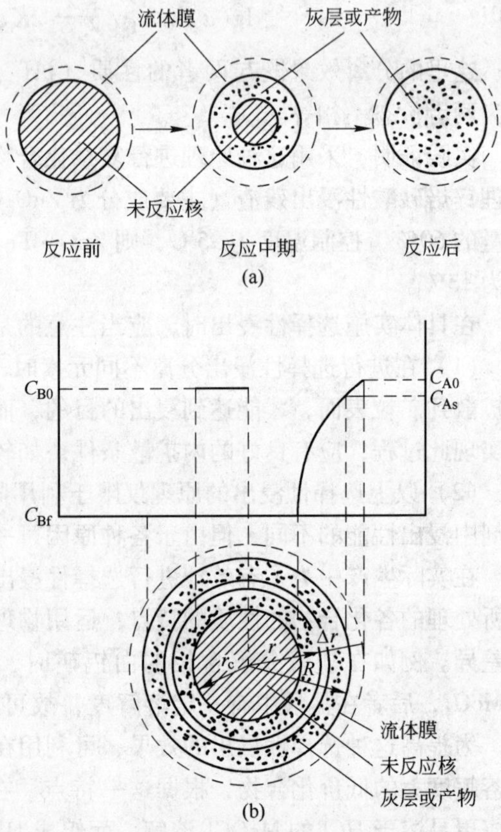

图7-32　收缩核心模型

（a）收缩核心模型历程图；（b）收缩核心模型中反应剂浓度分布

在建立收缩核心模型时，为使条件简化，便于求解，常作如下假设：

（1）颗粒为球形，浸取过程中颗粒大小不变，组分在颗粒内分布均匀；

（2）反应不可逆，对流体反应剂为一级，对固体反应组分为零级；

（3）反应产物向外扩散的速度大于或等于流体反应剂向内扩散的速度；

（4）原始固体颗粒致密，孔隙近于零，反应后形成的灰层疏松多孔，孔隙率及曲折因子不随时间而变；

（5）反应热效应可忽略不计，过程在等温下进行。

根据图7-32（b），在灰层内取一微元，其厚度为dr作流体反应剂A的物料平衡，则有：

$$D_e\left(\frac{\partial^2 C_A}{\partial r^2} + \frac{2}{r}\frac{\partial C_A}{\partial r}\right) = \varepsilon\frac{\partial C_A}{\partial t} \tag{7-54}$$

该式的初始条件及边界条件如下：

$$\left.\begin{aligned}&\text{当 } t = 0 \text{ 时} && C_A = 0\\ &\text{当 } r = R \text{ 处} && D_e \frac{\partial C_A}{\partial r} = k_f(C_{A0} - C_A)\\ &\text{当 } r = r_c \text{ 处} && D_e \frac{\partial C_A}{\partial r} = k_s C_A\end{aligned}\right\} \tag{7-55}$$

同时在未反应收缩核与灰层间的界面上存在如下关系：

$$-4\pi r_c^2 \frac{\partial r}{\partial t} \cdot \frac{C_{B0}}{b} = 4\pi r_c^2 k_s C_A = 4\pi r_c^2 k_s D_e \frac{\partial C_A}{\partial r} \tag{7-56}$$

或

$$-\frac{\partial r}{\partial t} = k_s \frac{bC_A}{C_{B0}} = \frac{bD_e}{C_{B0}} \cdot \frac{\partial C_A}{\partial r} \tag{7-57}$$

将式(7-54) ~ 式(7-57) 作无因次化得：

$$\frac{\partial^2 A}{\partial \xi^2} + \frac{2}{\xi} \cdot \frac{\partial A}{\partial \xi} = \frac{\partial A}{\partial \theta} \tag{7-58}$$

相应的初始条件及边界条件：

$$\left.\begin{aligned}&\text{当 } \theta = 0 \text{ 时} && A = 0\\ &\xi = 1 \text{ 处} && \frac{\partial A}{\partial \xi} = \psi(1 - A)\\ &\xi = \xi_c \text{ 处} && \frac{\partial A}{\partial \xi} = \varphi A\\ &\text{当 } \xi = \xi_c \text{ 处,同时} && \frac{\partial \xi}{\partial \theta} = -\lambda A\\ & && \frac{\partial A}{\partial \xi} = -\eta \frac{\partial \xi}{\partial \theta}\end{aligned}\right\} \tag{7-59}$$

待求解的偏微分方程系移动边界问题，求解比较困难，通常实用的处理方法是作假稳态近似，即认为流体反应剂在灰层内的扩散处于稳态，则可求得解析解如下：

$$\theta = \eta\left[\frac{1}{\varphi}(1 - \xi_c) + \frac{1}{2}(1 - \xi_c^2) + \frac{1}{3}\left(\frac{1}{\psi} - 1\right)(1 - \xi_c^3)\right] \tag{7-60}$$

或

$$t = \frac{R^2 C_{B0}}{bC_{A0}}\left[\frac{b}{k_s R}(1 - \xi_c) + \frac{1}{6D_e}(1 - \xi_c)(1 + \xi_c - 2\xi_c^2) + \frac{1}{3k_f R}(1 - \xi_c^3)\right] \tag{7-61}$$

按转化率 $X_B = 1 - \xi_c^3$，因此转化率与时间的关系可按上式求出。若浸取过程处于流体扩散控制，即 k_s，$D_e \geqslant k_1$，则上式可简化为：

$$t = \frac{R^2 C_{B0}}{3bk_1 C_{A0}}(1 - \xi_c^3) = \tau_1 X_B \tag{7-62}$$

式中，$\tau_1 = RC_{B0}/3bk_1 C_{A0}$称完全转化时间。

若过程为流体反应剂在灰层内的扩散控制，即 k_s，$k_1 \geqslant D_e$，则：

$$\begin{aligned}t &= \frac{R^2 C_{B0}}{6bD_e C_{A0}}[1 - 3\xi_c^2 + 2\xi_c^3]\\ &= \tau_{ash}[1 - 3\xi_c^2 + 2\xi_c^3]\end{aligned} \tag{7-63}$$

式中，$\tau_{ash}=R^2C_{B0}/6bD_eC_{A0}$为灰层扩散控制的完全转化时间。

若过程为收缩核上的表面反应控制，即，k_f，$D_e \geqslant k_s$，则：

$$t=\frac{RC_{B0}}{k_sC_{A0}}(1-\xi_c)=\tau_R(1-\xi_c) \tag{7-64}$$

式中，$\tau_R=RC_{B0}/k_sC_{A0}$为化学反应控制下的完全转化时间。

如果所处理的颗粒不是球形，而是片状或圆柱形，则上述方程式要进行修正。一般的颗粒可按球形、片状或圆柱形稍加修正即可。

关于假稳态近似，系指流体反应剂在灰层内的扩散与在未反应收缩核界面上的反应速度基本相等，因而在灰层内无流体反应剂的积累。这种处理使该模型便于求解及使用，但亦有其局限性。对气固反应，当单位体积内气体反应剂的浓度（mol/m^3）远低于固体反应组分的浓度（mol/m^3）时，若忽视流体反应剂的积累项则不会引起太大的误差。但对液体反应剂，情况就显著不同，当液体反应的浓度远高于固体反应组分的浓度时，假稳态近似会产生较大误差。

7.4.2　均匀模型

实际存在的固体颗粒多数是疏松多孔的。当流体反应剂在固体颗粒内的扩散速度与化学反应相比足够快时，则颗粒内可反应组分的浸取过程将是流体反应剂一面向颗粒内扩散，同时也与固体反应组分进行反应，即流体反应剂的扩散与反应在颗粒内部同时发生，其物理图像如图7-33所示。反应过程可分为两个阶段。在第一阶段，反应前为疏松颗粒，流体自颗粒表面向内扩散的同时与固体反应组分进行化学反应，随着反应的进行，固体反应组分的浓度自外向内逐渐降低，经过一定时间后，颗粒表面处的反应组分已完全耗尽，开始形成灰层，至此第一阶段结束，转入第二阶段。从这时起颗粒外层为灰层，反应区向内推进，形成只存在扩散的灰层及扩散与反应同时进行的反应区两个区域，至颗粒中心已完全反应时整个浸取过程结束。

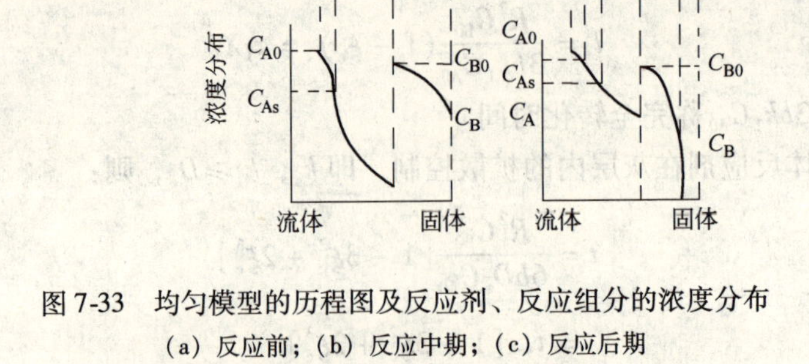

图7-33　均匀模型的历程图及反应剂、反应组分的浓度分布

（a）反应前；（b）反应中期；（c）反应后期

设反应仍如前式所述，在建立均匀模型时，为简化条件并易于求解，仍作如下假设：

(1) 反应为不可逆，对流体反应剂为1级，对固体反应组分为零级；

(2) 流体反应剂与流体产物呈等分子的逆向扩散，速度相等；

(3) 原始颗粒为球形，反应前后孔隙率不随时间而变，颗粒尺寸不变，固体反应剂在颗粒内分布均匀；

(4) 反应热效应可忽略不计，过程等温。

仿照收缩核心模型的处理方法，在颗粒内部取 dr 微元，作反应剂的物料平衡，分别就第一、第二两个阶段建立模型方程。对第一阶段即灰层未形成前，如图7-33中的（b），可建立反应剂A、B的物料平衡式如下：

$$\varepsilon\frac{\partial C'_A}{\partial t}=D'_e\left(\frac{\partial C'_A}{\partial r^2}+\frac{2}{r}\cdot\frac{\partial C'_A}{\partial r}\right)-k_vC'_A \tag{7-65}$$

$$\frac{1}{b}\cdot\frac{\partial C_B}{\partial t}=-k_vC'_A \tag{7-66}$$

初始条件及边界条件：

$$\left.\begin{aligned}&\text{当 } t=0\text{ 时} && C'_A=0,C_B=C_{B0}\\&r=R\text{ 处} && D'_e\frac{\partial C'_A}{\partial r}=k_1(C_{A0}-C'_A)\\&r=0\text{ 处} && \frac{\partial C'_A}{\partial r}=0\end{aligned}\right\} \tag{7-67}$$

式中，C'_A、D'_e专门用来表示在第一阶段内流体反应剂的浓度及其在颗粒内的有效扩散系数。式（7-65）~式（7-67）求解比较困难，必须用数值解法。如果作假稳态近似，即令式（7-65）中的左边项为零，即有：

$$D'_e\left(\frac{d^2C'_A}{dr^2}+\frac{2}{r}\cdot\frac{dC'_A}{dr}\right)=k_vC'_A \tag{7-68}$$

将其与式（7-66）、式（7-67）联立求解，先作无因次化，然后可得解析解如下：

$$\frac{C_A}{C_{A0}}=\frac{1}{\theta_c}\frac{\sinh(\phi'\xi)}{\xi\sinh(\phi')} \tag{7-69}$$

$$\frac{C_B}{C_{B0}}=1-\frac{\sinh(\phi'\xi)\theta'}{\xi\sinh(\phi')\theta_c} \tag{7-70}$$

式中，$\theta'=k_vbtC_{A0}/C_{B0}$，$\phi'=R\ (k_v/D'_e)^{1/2}$。

固体反应组分B的转化率X_B如下式：

$$X_B=1-\int_0^R 2\pi r^2C_B\mathrm{d}r/\frac{4}{3}\pi R^3C_{B0}$$

$$=\frac{3}{\phi'^2}[\phi'\coth(\phi')-1]\frac{\theta'}{\theta_c} \tag{7-71}$$

式中，$\theta_c=1+\frac{1}{sh'}\ [\phi'\coth\ (\phi')\ -1]$。

θ_c代表第一阶段反应完成的对比时间，可视为恒速反应持续的时间。如果颗粒外液膜阻力较小，即当 $sh' \to \infty$ 时，则 $\theta_c \to 1$。ϕ'表示化学反应速度常数与有效扩散系数之比。当 $\phi' > 50$ 时化学反应速度将比扩散速度大得多，即处于颗粒内部的扩散控制。流体反应剂在颗粒内的浓度分布如图 7-34 所示。由图可见，若 $sh' \to \infty$，当 $\phi' = 0.5$ 时，C_A/C_{A0}在颗粒内均近于1，而当 $\phi' = 50$ 时，C_A/C_{A0}在颗粒各处几乎近于零。

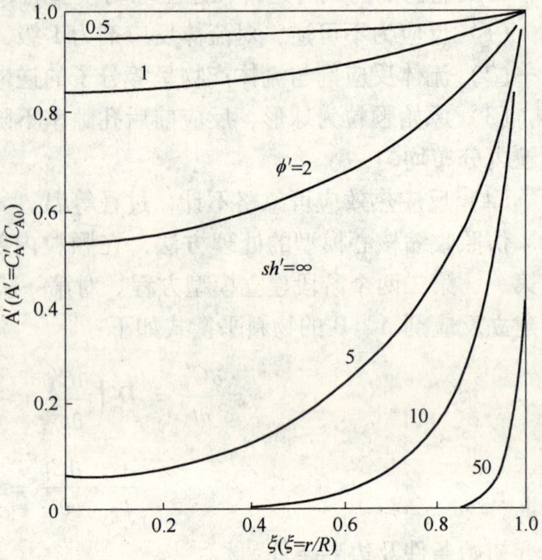

图 7-34　ϕ'对流体反应剂在颗粒内浓度分布的影响

$\phi' = R\ (k_v/D'_e)^{1/2}$；$sh' = k_1R/D'_e \to \infty$

当第一阶段结束时，由式（7-71）可知固体反应剂的转化率为

$$X_B = \frac{3}{\phi'^2}[\phi'\coth(\phi') - 1] \tag{7-72}$$

当第二阶段反应开始后，颗粒内呈现两个区域，即颗粒外层的扩散区与颗粒内层的扩散反应区，如图 7-33 中的 C_0对于扩散区，可建立物料平衡式如下，并作假稳态近似：

$$D_e\left(\frac{d^2C_A}{dr^2} + \frac{2}{r}\cdot\frac{dC_A}{dr}\right) = 0 \tag{7-73}$$

$$C_B = 0 \tag{7-74}$$

边界条件：

$r = R$ 处
$$D_e\frac{dC_A}{dr} = k_1(C_{A0} - C_A) \tag{7-75}$$

$r = r_m$ 处
$$C'_A = C_A \tag{7-76}$$

$$D'_e\frac{dC'_A}{dr} = D_e\frac{dC_A}{dr}$$

当 $t = t_c$（或 $\theta = \theta_c$），$r_m = R$ 时

$$C_B = C_{B0}\left[1 - \frac{\sinh(\phi'\xi)}{\xi\sinh(\phi')}\right] \tag{7-77}$$

式中　t_c——第一阶段完成的时间；

r_m——扩散区与反应扩散区交界处与颗粒中心的距离。

对内部反应扩散区可写出反应剂的物料平衡式如下，并作假稳态近似：

$$\left.\begin{aligned} &D_e\left(\frac{d^2C_A}{dr^2} + \frac{2}{r}\cdot\frac{dC_A}{dr}\right) - k_vC_A = 0 \\ &\frac{dC_B}{dt} = -bk_vC_A \end{aligned}\right\} \tag{7-78}$$

边界条件：

$$\left.\begin{array}{ll} r = r_m \text{处} & C_A = C'_A,\quad \dfrac{dC'_A}{dr} = D_e\dfrac{dC_A}{dr} \\ r = 0\text{处} & \dfrac{dC_A}{dr} = 0 \\ & t = t_c, r_m = R, C_B = C_{B0}\left[1 - \dfrac{\sinh(\phi'\xi)}{\xi\sinh(\phi')}\right] \end{array}\right\} \tag{7-79}$$

上列各式联立求解后，可得解析解如下：

$$\frac{C'_A}{C_{A0}} = \frac{C_{Am}}{C_{A0}}\frac{\xi_m}{\xi}\cdot\frac{\sinh(\phi'\xi)}{\sinh(\phi'\xi_m)},\quad 0 \leqslant r \leqslant r_m \tag{7-80}$$

$$\frac{C_A}{C_{A0}} = \frac{C_{Am}}{C_{A0}}\frac{\xi_m}{\xi}\cdot\frac{1 - \xi + \xi/Sh}{1 - \xi_m + \xi_m/Sh} + \frac{1 - \xi_m/\xi}{1 - \xi_m + \xi_m/Sh},\quad r_m \leqslant r \leqslant R \tag{7-81}$$

式中，$Sh = k_1R/D_e$，$\xi_m = r_m/R$。

在 $r = r_m$处

$$\frac{C_{Am}}{C_{A0}} = 1\bigg/\left\{1 + \frac{D'_e}{D_e}(1 - \xi_m + \xi_m/Sh)\left[\phi'\xi_m\coth(\phi'\xi) - 1\right]\right\} \tag{7-82}$$

若颗粒外液膜阻力可以忽略，即 $Sh\to\infty$时，同时若反应速度足够快，即 ϕ（$\phi=\phi'$）增大时，过程处于颗粒内部扩散控制，则 C_{Am}在整个颗粒内将趋于零，如图7-35所示，参见 $\phi=100$ 的曲线。

颗粒内固体反应组分的浓度分布如下式：

$$\frac{C_B}{C_{B0}} = 1 - \frac{\xi_m\sinh(\phi'\xi)}{\xi\sinh(\phi'\xi_m)} \tag{7-83}$$

固体反应组分的转化率 X_B 如下：

$$X_B = 1 - \xi_m^3 + \frac{3\xi_m}{\phi'^2}\left[\phi'\xi_m\coth(\phi'\xi_m) - 1\right] \tag{7-84}$$

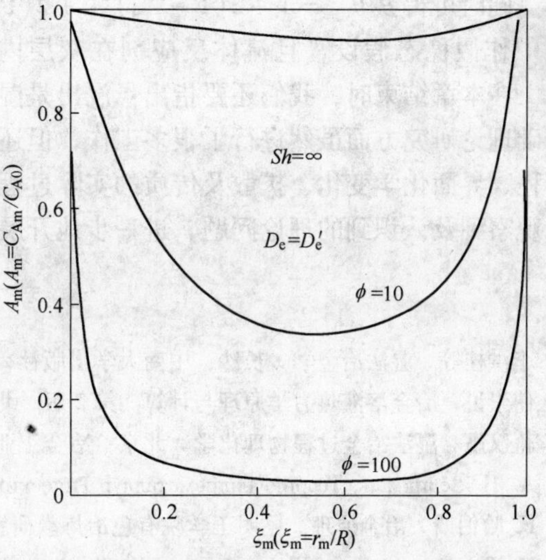

图 7-35　ϕ 值对反应剂 A 在交界面上浓度的影响

反应的边界 ξ_m 与反应时间 θ 的关系如下：

$$\theta = 1 + \left(1 - \frac{D'_e}{D_e}\right)\ln(F) + \frac{\phi^2}{6}(1 - \xi_m)^2(1 + 2\xi_m) + \frac{D'_e}{D_e}(1 - \xi_m)G + \frac{\phi^2}{3Sh}(1 - \xi_m^3) + \frac{\xi_m}{Sh}G \tag{7-85}$$

式中
$$F=\frac{\xi_m\sinh(\phi)}{\sinh(\phi'\xi_m)}$$
$$G=\phi'\xi_m\coth(\phi'\xi_m)-1$$

当第一阶段结束，第二阶段开始时 $\xi_m=1$，此时式（7-84）即还原为式（7-72）。当第一、二阶段的反应全部完成时 $\xi_m=0$，而最终所需时间 θ^* 如下：

$$\theta^*=1+\frac{\phi^2}{6}\left(1+\frac{2}{Sh}\right)+\left(1-\frac{D'_e}{D_e}\right)\ln\frac{\sin(\phi')}{\phi'} \tag{7-86}$$

纯均匀模型：如果第一、二两阶段内反应剂 A 在颗粒内的有效扩散系数相等，即 $D_e=D'_e$，则所讨论的模型可称为“纯均匀模型”。当液膜阻力可以忽略，即 $Sh\to\infty$，且 ϕ（$\phi=\phi'$）逐渐增大后，过程即转入扩散控制，此时式（7-80）、式（7-81）、式（7-84）即还原为：

$$C_A=0,\quad 0\leqslant r\leqslant r_m$$

$$\frac{C_A}{C_{A0}}=\frac{1-\xi_m/\xi}{1-\xi_m+\xi_m/Sh},\quad r_m\leqslant r\leqslant R$$

$$X_B=1-\xi_m^3$$

同时可得 $\theta/\theta^*=1-3(1-X_B)^{2/3}+2(1-X_B)$。以上结果与前述未反应收缩核心模型中作假稳态假设，且流体反应剂在灰层内的扩散为控制步骤时得到的解相同。

在本章结束时，我们还要指出：浸出是湿法冶金中极其重要的一个工序，其中在有关基础理论研究方面虽然进行了很多工作，但还未能从微观（分子、原子）上观察到反应的历程、界面化学变化、扩散及传质的实际过程。在测试手段有了很大进步的今天，应对还未观察到及认识到的理论问题，进一步地开展研究工作。

参考文献

1 李洪桂等．湿法冶金学．长沙：中南大学出版社，2002

2 傅崇说．冶金溶液热力学原理与计算．第2版．北京：冶金工业出版社，1989

3 蒋汉瀛．湿法冶金过程物理化学．北京：冶金工业出版社，1984

4 A. H. Зеликман, Теорию Гидрометаллур Гических Процессов, Москва, Металлургии, 1983

5 F. 哈伯斯．冶金原理．昆明工学院有色冶炼教研室组译．北京：冶金工业出版社，1978

6 M. Pourbaix, Atlas of Electrochemical Equilibria in Aqueous Solutions, Oxford, Pergamon, 1996

7 J. Kragten, Atlas of Metal-Liqound Equilibria Aqueous Solutions, New York, Ellis Horwood Limited, 1978

8 钟竹前，梅光贵著．化学位图在湿法冶金和废水净化中的应用．长沙：中南大学出版社，1986

9 赵天丛．有色重金属冶金学．北京：冶金工业出版社，1981

10 李洪桂．稀有金属冶金学．北京：冶金工业出版社，1990

11 朱屯．现代铜湿法．北京：冶金工业出版社，2002

12 马荣骏．湿法炼铜新技术．长沙：湖南科技出版社，1985

13 《稀土》编写组．稀土：上册．北京：冶金工业出版社，1978
14 彭容秋．铅锌冶金学．北京：科学出版社，2003
15 周令治．稀散金属冶金学．北京：冶金工业出版社，1986
16 黎鼎鑫，王永录．贵金属提取与精炼．长沙：中南工业大学出版社，1991
17 毛慧华．液体在多孔介质中有效扩散系数的研究：［学位论文］．北京：中科院化冶所，1988
18 杨守志．液体、固体非催化非均相反应数学模拟．化工冶金，1984（4）：1～11

8 液固分离的原理

主要符号表

m——颗粒的质量
g——重力加速度
ρ_l——流体的密度
ρ_s——固体的密度
d——颗粒直径
t——时间
F_D——阻力
v_g、v_w——在气体、水中的沉降速度
A——颗粒在动力方向上的投影面积
C_D——阻力系数
μ——流体的动力黏度
φ——固相的容积浓度
v_φ——干涉沉降速度
η_φ、η_w——修正系数
d_e——颗粒的当量粒径
Re——雷诺常数
ϖ——离心机转数回转角速度
Q_0——生产能力
θ——碟片半锥顶角
R——阻力
A——面积
p——压力
Q——过滤速率
N_{cap}——毛细管作用准数
$S_{(n)}$——滤饼中残留液量
F_1——离心分离因数
P_m——过滤介质表面的流体压力
α_0——单位过滤压力比阻
n——滤饼的压缩指数
β——实验常数
θ_a——脱水时间

8.1 综述[1~11]

液固分离又称固液分离，包括固相与液相分离的各项单元操作。

液固分离过程根据其原理，主要分为两大类：其一为液体的运动受限制，固体颗粒在外力作用下在液层中流动的过程，包括浮选、重力沉降和离心沉降等；其二为固体颗粒的运动受限制，液体在外力作用下可以流动的过程，包括滤饼过滤、深层过滤和筛滤等操作。显然第一类取决于固体颗粒和液体之间的密度差，而第二类则以具有限制固体颗粒运动的过滤介质为前提，兹将各种液-固分离形式简述如下。

（1）浮选　浮选是在悬浮液内充入足够的空气（或其他气体）形成气泡，悬浮液中疏水性的固体颗粒粘附在气泡上随之升到液面，从而将其撇出。产生气泡的方法有分散法、溶入析出法和电解法等，由此形成不同的浮选操作。浮选在矿砂分离方面早已得到工业应用，在造纸、炼油或污水处理等方面也成为一种有效的分离方法。

（2）重力沉降　重力沉降是借重力作用分离固液混合物的过程。分离后的底流中含有

高浓度的固体，而在溢流中则基本上是清液。几乎所有工业用装置都以较简便的沉降槽形式实现连续沉降操作。沉降槽按分离目的可区分为浓缩槽或澄清槽，前者主要目的在于获得浓稠的底流，其进料一般都较浓；后者主要目的在于获得澄清的溢流，其进料一般都较稀。为了增大沉降速率，在工艺条件允许时，可添加絮凝剂。

(3) 离心沉降　离心沉降是在离心力场下进行的沉降分离过程。在离心力场下，固体(或液体)颗粒质点在旋转时受到的作用力可以成百或者成万倍地大于重力，因此对那些在重力场中不能分离的微粒和乳浊液将特别有效。用于离心沉降的装置一般分为器身固定，悬浮液在器身内是旋转的，如旋流器以及机身旋转，由机身带动悬浮液在机内旋转的各种沉降离心机。

(4) 滤饼过滤　滤饼过滤有一个形成过程。过滤开始时，多半由于过滤介质的筛滤作用，即有固体颗粒沉积在这个比较薄的可渗透介质表面。当这层初始滤饼出现于介质上时，沉积过程和截留作用随即转移到初始滤饼本身进行，由于薄层不断加厚，此时过滤介质只起支撑作用。

在传统的滤饼过滤装置中，滤饼不受搅动，固体颗粒连同悬浮液都以过滤介质为其流动的终端，因此可称为终端过滤（dead end filtration）。为了保持初始阶段薄层滤饼的高过滤速率，现在提供了多种方法，以机械的、水力学的或电场的人为干扰限制滤饼增长。这种有别于传统滤饼过滤的新技术，在许多过滤领域得到不同应用而统称为动态过滤(dynamic filtration)或十字流过滤（cross flow filtration)，成为新型的过滤增浓操作。

对于可压缩滤饼的脱水操作，可用水力挤压或机械挤压的方法使脱水效果提高，这在带隔膜挤压的压滤机或带式压滤-压榨机中可以见到。压榨操作已日益受到重视。

用于滤饼过滤的装置，一般根据推动液体穿过多孔过滤介质所用的推动力分为重力、真空、加压和离心力 4 类过滤机。

(5) 深层过滤　当处理的液体中所含固体颗粒浓度相当低，约 $<0.1\%$（质量）时，可用深层过滤器完成澄清分离要求。在水处理用的深层过滤器中利用堆积的多层砂粒或焦炭粒中的大量孔隙来捕集固体微粒，所捕集的微粒粒度远远小于孔隙尺寸。深层过滤多数在开式容器中重力条件下以间歇方式操作，也可对床层以加压方式加料成为连续操作。

金属粉末、陶瓷、塑料等材质制成的多孔介质，滤毡和绕线滤芯等其他过滤介质的内部孔隙中存在着与砂层过滤器类似的作用，也可称作深层过滤。

深层过滤操作常用的滤芯式过滤器是由易于更换的滤芯组装而成。滤芯材质有用滤纸、滤布或孔径低达 $0.2\mu m$ 的各种材质的膜。悬浮液以简单的泵送方式通过这种过滤器，当过滤器中滤芯容渣孔隙的空间为颗粒杂质所充塞，压力降超过某一预定值时即需更换滤芯。为了保持滤芯的较低更换频率，滤芯式过滤通常总是限于用作液体的精滤，即液体中含固量须低于 0.01%（质量）。

(6) 筛滤　筛滤是借重力使液体通过筛网的过滤。各种滤筛常用于脱水，多层筛也用于分级。为使所有颗粒的或絮凝的悬浮液尽快通过筛网，并不致堵塞筛孔，常辅以振动或其他方式的运动。

8.2 重力沉降[1~4,8~11]

在重力场中进行的沉降分离操作简称重力沉降。根据分离要求的不同，沉降分离分为浓缩、澄清和分级3种。浓缩的主要目的是提高原料悬浮液中的固相浓度；澄清的主要目的是除去低浓度悬浮液中的固相颗粒以得到澄清的液体。在某些工业生产中，要求沉降分离操作同时进行浓缩和澄清。分级是将颗粒群按密度不同或尺寸不同而有不同的沉降速度从而分成若干组级的操作。

8.2.1　单个颗粒的重力沉降

在重力场中悬浮在液体中的颗粒受重力作用，其运动方向垂直向下指向地球中心。

8.2.1.1　单个球形颗粒在无限的静止液体中的沉降

在重力场中，单个颗粒要承受重力、浮力和与运动方向相反的阻力。运动方程为

$$m\frac{\mathrm{d}v}{\mathrm{d}t} = mg - mg\frac{\rho_1}{\rho_s} - F_D \tag{8-1}$$

式中　m——颗粒的质量（对于球形的颗粒，$m = \frac{\pi}{6}d^3\rho_s$），kg；

g——重力加速度，m/s^2；

ρ_1——液体的密度，kg/m^3；

ρ_s——固体的密度，kg/m^3；

d——颗粒直径，m；

v——沉降速度，m/s；

t——沉降时间，s。

上式右端第一项为重力，第二项为浮力，第三项为阻力。

阻力 F_D 按牛顿定律被表示为

$$F_D = C_D A\frac{\rho_1 v^2}{2} \tag{8-2}$$

式中　A——颗粒在运动方向上的投影面积（对球形颗粒，$A = \frac{\pi}{4}d^2$），m^2；

C_D——阻力系数，与颗粒运动的流型有关，是雷诺数 Re 的函数，$Re = vd\rho_1/\mu$；

μ——液体的动力黏度，Pa·s。

由于各种固相颗粒的密度、粒径和液相的密度、黏度各异，沉降速度也各不相同。引起颗粒周围液体扰动的流型也有所不同。一般将此流型分为3种：层流型、过渡型、涡流型。湿法冶金生产的固液分离中，固相颗粒均很细，d 和 v 值均小，绝大多数处于层流型，$Re \leqslant 0.2$。此时

$$C_D = \frac{24}{Re}(Re \leqslant 0.2) \tag{8-3}$$

代入式（8-2）可得阻力

$$F_D = 3\pi\mu vd \tag{8-4}$$

将式（8-4）代入式（8-1），分离变数，进行积分可得：

$$v(t) = \frac{gd^2(\rho_s - \rho_1)}{18\mu}\left[1 - \exp\left(-\frac{t18\mu}{d^2\rho_s}\right)\right] \tag{8-5}$$

式（8-5）是含时间 t 变数的指数函数的沉降速度公式。指数项是代表沉降开始瞬间的加速度阶段。当时间增加，速度增大，阻力也随之增大至与推动力相等时，沉降速度保持恒定，称为最终沉降速度，此时指数项趋于零。沉降速度公式成为

$$v_g = \frac{d^2 g(\rho_s - \rho_l)}{18\mu} \tag{8-6}$$

式（8-6）为斯托克斯（Stokes）公式。对于湿法冶金生产，固液分离所处理物料的密度及粒径，开始沉降的变速阶段的瞬时极短，均可忽略不计，例如固体密度为 3×10^{-3} kg/m^3、粒度为1000μm（1mm）的颗粒在水中的沉降，在0.004%秒内，式（8-5）中指数项即趋于零。

8.2.1.2 单个球形颗粒在有限的静止液体中的沉降

生产实际中分离过程是在容器中进行的，当颗粒粒径 d 与容器直径 D 的比值较显著时，应考虑容器壁对沉降速度的减缓影响，简称为“壁效应”。此时，斯托克斯沉降速度应加以修正。考虑壁效应的沉降速度，有

$$v_w = v_g \eta_w \tag{8-7}$$

修正系数 η_w 按下式计算

$$\eta_w = \left[\frac{1-(d/D)}{1+0.475(d/D)}\right]^4 \tag{8-8}$$

式中 d，D——分别为颗粒粒径和容器直径，m。

当 d/D 小于 1×10^{-3} 时，容器壁对沉降速度降低的影响只约0.1%，一般可忽略不计。

8.2.1.3 非球形颗粒的沉降速度

非球形颗粒的表面积较同体积的球形颗粒的表面积大，所受到的阻力也较大。湿法冶金生产中，非球形颗粒的沉降速度仍用上述公式计算，但公式中的颗粒粒径 d 须采用当量粒径 d_e，或实测值代替。

实测法所得颗粒粒径，由于测量方法不同，所得结果略有差异，用重力沉降法或离心沉降法所得粒径称为斯托克斯径 d_{St}，用作 d_e 代入式（8-6）计算沉降速度最为接近实际情况。

若非球形颗粒的几何形状比较规则，可按表8-1计算 d_e。

表8-1 几种典型形状颗粒的当量粒径 d_e

形 状	长方片状	正方片状	圆片状	圆 柱 状	针 状	多面体	立方体
几何形状	长×宽×厚 $a\times b\times s$	边长×厚度 $a\times s$	直径×厚度 $d\times s$	直径×长度 $d\times l$	直径×长度 $d\times l$	筛析尺寸 d	边长 a
d_e	$1.547\sqrt{s\sqrt{ab}}$	$1.547\sqrt{as}$	$1.456\sqrt{ds}$	$1.225\sqrt{dl\Big/\sqrt{\frac{1}{2}+\frac{l}{d}}}$	$1.225\sqrt{d\sqrt{dl}}$	$0.775d$	$1.182a$

以上所述是假定颗粒在静止液体中的沉降运动，而工业中常见的是液体也以一定速度运动，此时颗粒的绝对运动速度和方向将是二者的合成值。

8.2.2 流体中颗粒群的沉降运动

悬浮液中颗粒群的沉降运动与单个颗粒的沉降运动不同，它与固相的容积浓度 φ 有关。低浓度时，颗粒间的距离较大，颗粒间的相互作用不大，可视作单个颗粒的自由沉

降。由于颗粒群中粒径不一样，沉降速度各异，不会出现清楚的澄清液与沉降悬浮液之间的界面。固相浓度增大时，颗粒间的相互影响不能忽视，浓度增大沉降速度随之降低，出现干涉沉降现象。随着沉降过程的进行，将出现沉降层与上清液层明显界面，如果界面处沉降层中的颗粒粒径尺寸范围不超过6∶1，则颗粒群将似一整体，不管各自粒径大小，而以同样速度沉降。

干涉沉降速度v_φ仍可用自由沉降速度v_g的式（8-6）计算，但必须加以修正，如

$$v_\varphi = \eta_\varphi v_g \tag{8-9}$$

式中，修正系数η_φ是悬浮液容积浓度的函数，$\eta_\varphi = f(\varphi)$，对于牛顿流体有不同的函数形式，这取决于各研究者所采用的适合理论解法。重要的η_φ计算式列于表8-2中。

表8-2　干涉沉降速度修正系数η_φ

研究者	η_φ	适用范围	
		φ	Re
Steinour[12]	$(1-\varphi)^2 10^{-1.82\varphi}$ $0.123\ (1-\varphi)^3/\varphi$	$\varphi<0.5$ $0.3<\varphi<0.7$	$Re<0.2$
Coulson and Richardson[9]	$(1-\varphi)^n$ $n=4.65$ $n=4.4Re^{-0.03}$ $n=4.4Re^{-0.1}$ $n=2.4$		$Re<0.2$ $0.2<Re<1.0$ $1.0<Re<500$ $Re>500$
Zimmels[13]	$\dfrac{(1-\varphi)}{(1+\varphi^{1/3})\ \exp\left(\dfrac{5}{6}\times\dfrac{\varphi}{1-\varphi}\right)}$		$Re<1$
Brinkman[14]	$(1-\varphi)^{4.5}$		

以上式中φ为悬浮液中固相容积浓度，计算到小数点后一位。

以上所述干涉沉降现象，是达到一定浓度的颗粒群的粒子在运动过程中互相碰撞、吸附而聚集在一起，沉降速度降低，对微细和密度较轻的颗粒更容易出现这种现象。例如粒径小于1mm的研磨矿石粉容积浓度约25%时，会出现干涉沉降，低于10%（体积）时会出现自由沉降。除此之外，固相粒子的表面特性（如ξ电位、多孔性）、粒子间的相互作用（如相互排斥或相互吸引）以及液相的pH值等均有影响。其中特别是ξ电位和pH值的影响不能忽视。例如TiO_2粉的ξ电位，当pH值为4.4时电位值从负到正，ξ电位为零时TiO_2粉粒子聚积成团。

8.2.3　凝聚与絮凝[5,6]

对难于沉降的细微颗粒（以μm计的颗粒），通常采用加絮凝剂使细粒子聚凝成大颗粒达1mm以上增大沉降速度。现在采用大分子量的凝聚电解质长链型絮凝剂可使絮凝团尺寸大于1cm以上，沉降浓缩效果显著。亚微粒的悬浮体即溶胶有些是较稳定的，有些是不稳定的。在稳定的溶胶中，颗粒一直保持着分散状态，而不稳定溶胶体的颗粒要形成聚集物。溶胶颗粒在不停地作无规则的布朗运动，在稳定溶胶或悬浮体中，颗粒在碰撞中不会粘合成聚集物，而是互相排斥。在不稳定体系中，颗粒碰撞会粘合成凝聚物。有关凝聚

与絮凝的理论有双电层模型和架桥絮凝理论。

8.2.3.1 双电层模型

在固液界面处常存在电位差，如图 8-1 所示，带相反电荷的离子被吸向表面，使表面附近反离子浓度升高。这种反离子浓度随着距表面的距离的增加而降低，直到达到溶液的平衡浓度为止。表面附近的离子层组成双电层。若假设离子层随着颗粒移动，那么，当颗粒和流体之间呈相对运动时，剪切面上便存在电位，通称 ξ 电位，其大小取决于表面电位、反离子的浓度和所带电荷。一般来说，反离子的电荷及其浓度越高，ξ 电位就越低，如图 8-2 所示。降低 ξ 电位可导致颗粒凝聚，这可通过改变 pH 值或改变离子的种类和浓度来达到，更一般的做法是通过加进高电荷的反离子来降低 ξ 电位。因为水溶液体系中的反离子通常带正电荷，所以实际的做法是使用含 Al^{3+}、Fe^{3+}、Fe^{2+}、Ca^{2+} 的盐。反离子对 ξ 电位的影响见图 8-3。通过测量电泳淌度或流动电位这类动电学性质可测定 ξ 电位。这种测量有助于了解体系的行为和确定凝聚用盐的最佳剂量。

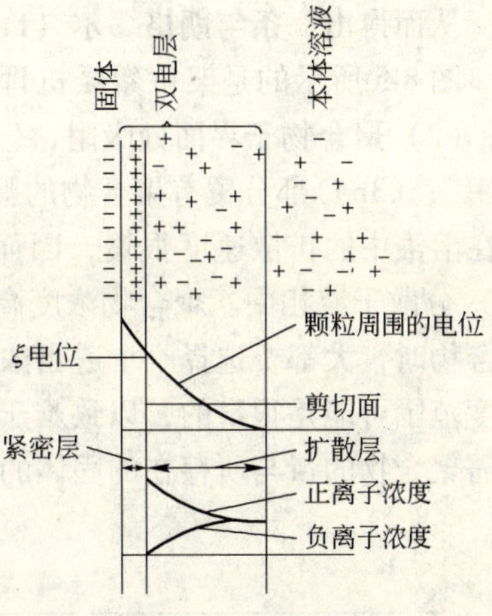

图 8-1 双电层

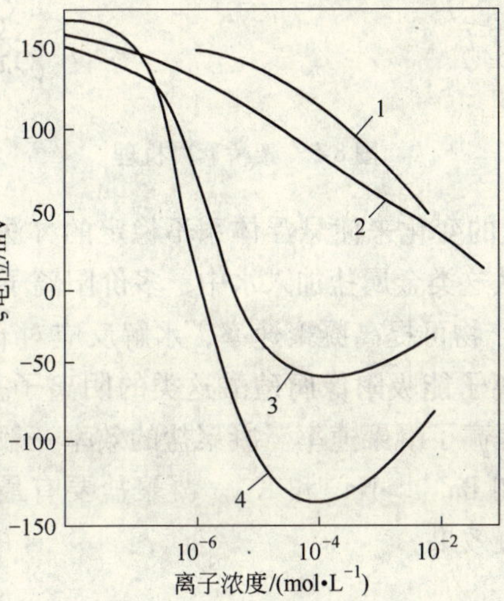

图 8-2 不同离子对 ξ 电位的影响

1—KCl_2；2—$Ca(NO_3)_2$；3—$Al(NO_3)_3$；4—$Th(NO_3)_4$

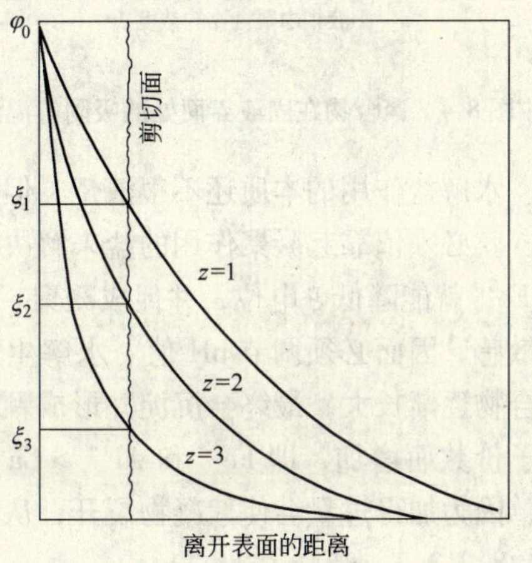

图 8-3 反离子对双电层的影响

8.2.3.2 架桥絮凝理论

用可溶性高分子物质使悬浮体不稳定是一种相当古老的方法。有时用电荷中和效应并不能解释观察到的破坏稳定现象。鲁尔温（Ruehrwein）及沃德（Ward）提出用架桥理论进行解释。这种理论认为：聚合物分子吸附在一个以上的颗粒上，从而使这些颗粒聚集在一起。聚合物在固液界面上的吸附是一种复杂现象，有的研究者认为，聚合物的最终构型是从表面延伸的线卷，线卷的大小取决于聚合物-固体-溶液体系的许多物理性质；线卷的相对大小随不同的理论而不同。由于聚合物表面吸附的许多附着点是不可逆的，且是单层的，从而得出一条与朗格缪尔（Langmuir）等温线相似的吸附等温线，如图 8-4 所示。

图 8-5 所示的是架桥絮凝机理，架桥絮凝反应过程的步骤：（1）聚合物在液相中分散；（2）聚合物于界面处吸附；（3a）界面处由吸附聚合物压缩而产生保护作用或“胶溶作用”；（3b）部分覆有聚合物的颗粒互相碰撞，形成架桥。由于絮凝聚合物的分子量大，它在溶液中的扩散速度很慢，因而在所有絮凝过程都需要进行搅拌，以使聚合物如步骤（1）分散于液相中。聚合物浓度高时会发生胶体作用，以致无法实现架桥。因此，在应用聚合物时，大都要选择一个适当浓度以使其有最大的絮凝作用。但产生有效絮凝的聚合物浓度范围可能是很窄的，以致难于控制絮凝过程，不过这种情况并不普遍。按一级近似，所需聚合物的量与所存在的固体的表面积成正比。

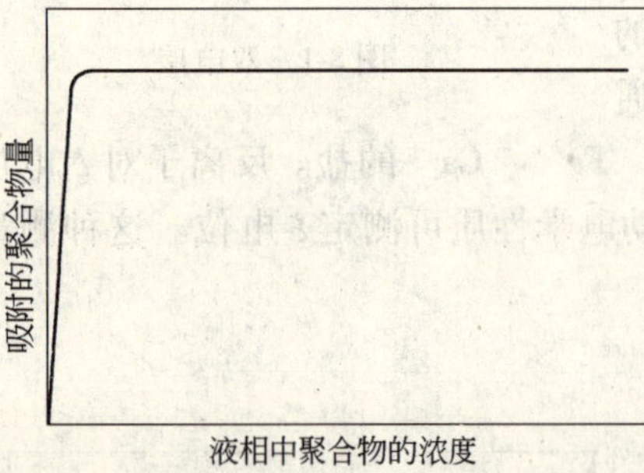

图 8-4　聚合物在固液界面处的吸附等温线

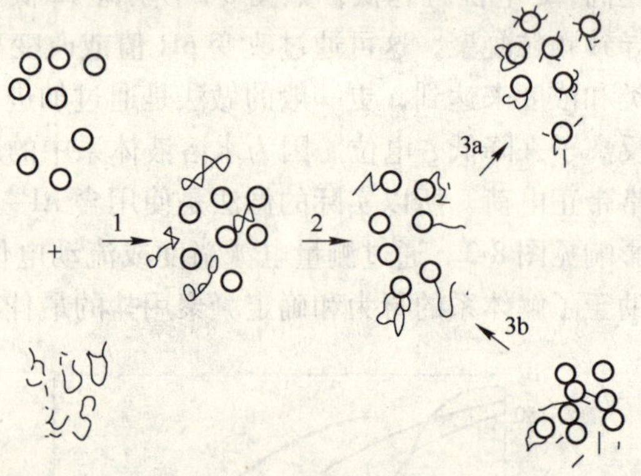

图 8-5　架桥絮凝机理

水解盐作用的本质还不很清楚，但若用 pH 值的变化来使悬浮体系不稳定的办法无效时，就必须依靠起凝聚作用的盐来解决。将铝或铁这类金属盐加入水中，多价阳离子 Al^{3+} 和 Fe^{3+} 就能降低 ξ 电位，并促成凝聚。盐的水解产物可提高凝聚速率，水解反应对 pH 值很敏感，因而必须调节 pH 值。水解生成的配合离子能吸附像腐殖酸这类的阴离子基团，配合物逐渐长大，最终会沉淀并形成颗粒，从而提高了凝聚速率。凝聚盐的效率一般随阳离子价数而增加，即 Fe^{3+} 和 $Al^{3+} > Ca^{2+}$，Mg^{2+} 和 $Ba^{2+} \gg Na^{+}$ 和 K^{+}。凝聚盐要有最佳剂量，因为加得过量会使絮凝物裂开，从而降低絮凝效果。

8.2.3.3　试验方法

絮凝作为一种单元操作的辅助部分，仍处于发展不充分的时期。设计浓密机时要依赖于大型中间工厂的实际经验，当不能利用中间工厂进行试验，或不能获得足够的泥浆时设计就得凭经验。也许可根据一些在大烧杯中进行试验的数据进行设计，然而这或多或少带有推测性。因为一些基本的液固分离的工艺过程放大问题仍处在研究阶段，还没有一种试验方法能满足不同的加工工艺的不同需要。

主要有沉降试验和过滤试验。选择试验方法之前，首先需测定可溶性和不溶性固体的组成、矿浆的 pH 值以及液体的黏度。

（1）沉降试验。是评价絮凝剂和凝聚剂性能的最普通方法，是将矿浆样品放进透明的圆筒形容器（通常是量筒），加进一定量的试剂溶液，再用倒置法或搅拌法予以混合，然后放置不动。通过静置，可以观察到容器中矿浆的界面沉降速率，絮凝物的大小与性质，以及上层清液的澄清度。用双对数坐标对界面高度和时间作图可得到清楚的沉降曲线。由于方法简单，常用来筛选絮凝剂、凝聚剂，以及估计最佳剂量。

(2) 过滤试验。若选用过滤作为分离手段，就必须试验要处理的矿浆是否易于过滤。经常用的方法是再过滤试验。在该试验中，利用第一级滤液作为试液以测定所生成的滤饼的渗透性。图 8-6 对评价絮凝的几种试验方法作了比较。聚合物剂量超过最佳值时，再过滤速率下降，其原因可能是由于原先加入过量絮凝剂而产生的悬浮微粒在再过滤过程中被滤饼所捕获，试验测到的是增大的滤饼渗透性的残余微粒两者的综合效应。

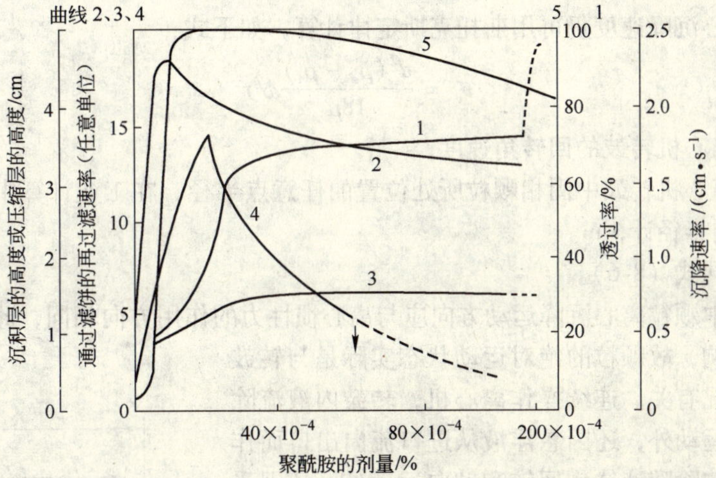

图 8-6 试验方法的比较

1—沉降速率；2—沉积层高度；3—凝结滤饼的厚度；4—再过滤速率；5—透过率

在小型试验基础上还应进行较大规模试验来核对试剂用量及浓度。例如利用直径 0.6m、高 3m 的圆筒试验。

8.2.3.4 *应用*

湿法冶金过程会产出大量的泥浆，或回收溶液废弃残渣，或制取清液分离沉渣。一般来说，目前使用的主要试剂为聚丙烯酰胺的衍生物，它代替了早期使用的淀粉、明胶、丹宁酸以及树胶。人工合成的高分子絮凝剂较天然絮凝剂用量少效果好。例如，氧化铝生产为使拜耳法赤泥具有好的沉降性能，添加聚丙烯酰胺量仅为赤泥量的万分之几甚至十万分之几。国际上有些工厂仍采用面粉（吨赤泥的添加量为 0.4～1.6kg），中国有的工厂采用麦麸（吨赤泥的添加量为 1.5kg）。

絮凝技术作为液固分离工艺的一部分，能有效地提高液固分离的质量，但由于对絮凝过程的复杂性认识不足，有些场合应用还不成功，需要从基础研究与工程方面在控制的停留时间、剪切速率和老化的条件，对确定的絮凝体系进行系统研究。

8.3 离心沉降

离心沉降泛指在离心惯性力作用下，利用两相密度差分离固液、液液、气固、气液等非均相混合物系的操作。与重力场相比较，离心力场的惯性力或离心加速度是可以通过变更回转角速度和回转半径，加以人工控制和变更。工业用离心机的离心加速度最大可达2万倍的重力。

8.3.1 厚液层沉降分离

固体颗粒或液滴在连续液相介质中的自由沉降，在重力场中的最终沉降速度按斯托克斯定律即式（8-6）计算。在离心力场中固体颗粒在液体中运动除受重力加速度的惯性力作用外，还主要受离心加速度（$\omega^2 r$）所产生的离心惯性力的作用，由于离心惯性力较重力大若干倍，后者可忽略不计。利用离心机建立的离心力场来分离的工业物料一般均属于细微粒子，离心沉降速度仍可用斯托克斯定律计算，如下式：

$$v_c = \frac{d^2(\rho_s - \rho_l)}{18\mu}\omega^2 r \tag{8-10}$$

式中 ω——离心机转鼓的回转角速度，s^{-1}；

r——离心机转鼓中固相颗粒所处位置的任意点半径，在工业计算中一般以转鼓的内半径计，m。

其余符号同式（8-6）。

离心力场中颗粒离心沉降运动方向应与离心惯性力的作用方向相同，此外还受转鼓内液体流动的影响，故颗粒的绝对运动状态实际是与转鼓结构和操作情况有关。连续操作离心机，转鼓内液流除随转鼓作回转运动外，还因悬浮液从进口流向出口而作轴向流动，颗粒除随液体作回转和轴向运动外，还因受离心惯性力作用而作径向的沉降运动，因而是三维运动状态。对于间歇操作离心机，液体无轴向流动，因而颗粒运动是两维状态。如果选用回转坐标系作参考系统，则连续操作转鼓内颗粒运动只有轴向和径向的两维运动，间歇操作转鼓则只有径向的一维运动。

8.3.1.1 瓶式与转鼓式

瓶式离心机属间歇操作式，原料悬浮液盛于如试管状的瓶内。瓶式离心机悬浮液中颗粒离心沉降过程如图8-7所示，假设任意颗粒的初始位置位于回转半径为 r 处，其径向沉降速度可用公式（8-10）计算。回转半径 r 是随沉降时间而改变的，设任意瞬间的沉降速度 $v_c = dr/dt$，则颗粒从悬浮液液面 r_1 处沉降到渣层表面 r_2 处所需的时间 t 为

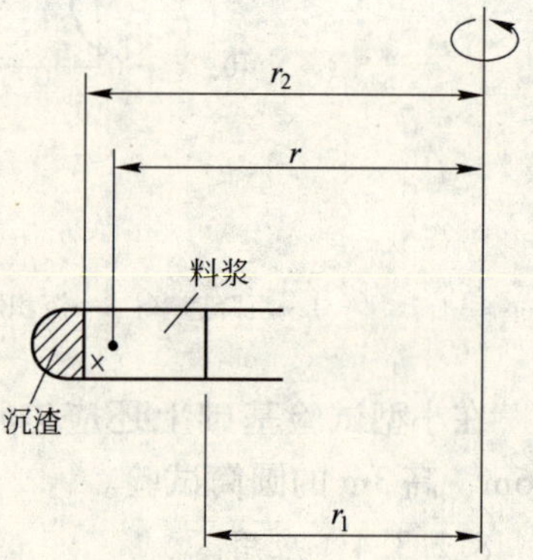

图 8-7 瓶式离心机的分离过程
×—任意粒子的初始位置

$$\int_0^t dt = \int_{r_1}^{r_2} \frac{dr}{v_c} = \int_{r_1}^{r_2} \frac{18\mu}{d^2\Delta\rho g}\frac{g}{\omega^2}\frac{dr}{r}$$

积分后代入重力沉降速度公式（8-6）得

$$t = \frac{1}{v_g}\frac{g}{\omega^2}\ln\frac{r_2}{r_1} \tag{8-11}$$

设瓶式离心机瓶中容积为 V（m^3），则其单位时间生产能力 Q_0（m^3/s）为

$$Q_0 = \frac{V}{t} = v_g\left[\frac{\omega^2}{g}\frac{V}{\ln\frac{r_2}{r_1}}\right] \tag{8-12}$$

三足式沉降离心机和卧式刮刀卸料沉降离心机均属于转鼓式结构离心机，在间歇操作状态下，其沉降过程和生产能力的计算与瓶式相同。对于连续操作的转鼓，其离心沉降分离过程原理和生产能力计算与下述管式结构相同。

8.3.1.2 管式

管式转鼓结构和进出料以及分离原理，如图8-8所示。悬浮液自下端入口加入转鼓一齐回转形成环状液层，在连续操作情况下，悬浮液沿转鼓轴向流动，颗粒作径向沉降运动外还随液相作轴向运动。设进料悬浮液浓度是均匀的，颗粒沉降过程处于层流状态，可用式(8-10)计算沉降速度。颗粒自环状液层自由表面沉降到鼓壁处所需的时间t_1应小于或等于液流从进口到出口所走轴向长度l所需时间t_2，即满足$t_1 \leqslant t_2$条件，颗粒才能沉降到鼓壁而自悬浮液中分离出来。颗粒从自由液面沉降到鼓壁所需时间t_1按式（8-11）计算：

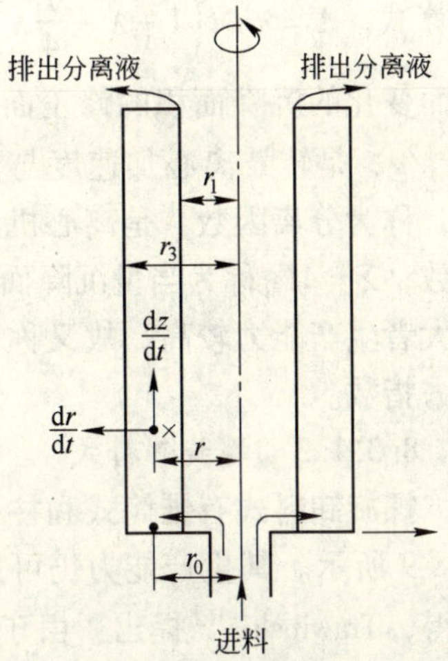

图8-8 管式或圆筒形转鼓中的分离过程，×一初始位置

$$t_1 = \frac{g}{v_g\omega^2}\ln\frac{r_3}{r_1} \tag{8-13}$$

式中，r_3为鼓壁内半径；其余符号意义同前。

设颗粒与液体之间在轴向运动中无相对滑移，则颗粒的轴向速度v_2等于液体的轴向速度$u_z = \mathrm{d}z/\mathrm{d}t$，设液体在转鼓内轴向流动沿横断面是匀速的，则$u_z = Q_0/\pi\ (r_3^2 - r_1^2)$，可得

$$t_2 = \int_0^{t_2}\mathrm{d}t = \int_0^{l}\frac{1}{u_z}\mathrm{d}z = \pi l(r_3^2 - r_1^2)/Q_0 \tag{8-14}$$

根据分离条件$t_1 \leqslant t_2$，可求得管式离心机转鼓的生产能力

$$Q_0 = v_g\frac{\pi L(r_3^2 - r_1^2)\omega^2}{g\ln\frac{r_3}{r_1}} \tag{8-15}$$

式中，L为转鼓长度；其余符号意义同前。将式中$\ln\frac{r_3}{r_1}$按级数展开，取其首项代入上式得：

$$Q_0 = v_g\frac{\omega^2\pi L(r_3^2 - r_1^2)}{g\frac{2(r_3 - r_1)}{r_3 - r_1}} \tag{8-16}$$

由于$r_3 - r_1 = h$是液层深度，并令$\lambda = h/r_3$，$D = 2r_3$，D为转鼓内直径，上式经变换后得

$$Q_0 = v_g \frac{\omega^2 r_3}{g} \pi DL\left(1 - \lambda + \frac{1}{4}\lambda^2\right) = v_g F_R A = v_g \Sigma \tag{8-17}$$

式（8-17）类似于连续重力沉降槽的生产能力计算式。$A = \pi Dl\left(1 - \lambda + \frac{1}{4}\lambda^2\right)$表示随半径变化而变化的沉降面积的修正面积（$m^2$）；$F_R = \omega^3 r_3/g$，是转鼓离心加速度与重力加速度的比值，称为分离因数，是离心机的一个重要特征参数；$\Sigma = AF_R$称为当量沉降面积，一般说来Σ值大者生产能力较高，故又称为离心机的生产能力指数。

8.3.1.3　螺旋卸料式

螺旋卸料式有锥筒式和柱锥筒式结构，如图 8-9 所示。其生产能力仍可用 $Q_0 = v_g\Sigma$ 公式求得，Trawinski[16] 提出：由于 A 和 F_R 均随半径 r 而变，因此 Σ 值取二者乘积的平均值计算。则对锥筒形转鼓的沉降面积不仅在径向上而且在轴向上均是变化的。从图 8-9 可以看出，液层中任意半径 r 处的沉降面积和分离因数分别为

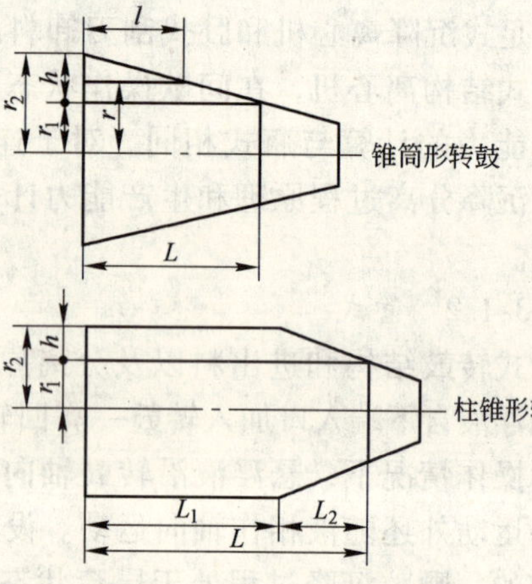

图 8-9　各种几何形状的转鼓

$$A(r) = 2\pi rl = 2\pi rL\frac{r_3 - r}{r_3 - r_1}$$

$$F_R(r) = \frac{\omega^2}{g} r$$

则

$$\Sigma = \frac{1}{r_3 - r_1}\int_{r_1}^{r_3} A(r) F_R(r)\, dr$$

$$= \frac{1}{h}\int_{r_3-h}^{r_3} \frac{2\pi\omega^2 L}{g} \times \frac{r_3 - r}{r_3 - r_1} r\, dr$$

由于 $r_3 - r_1 = h$，$D = 2r_3$，$\lambda = h/r_3$，则上式积分后整理得

$$\Sigma = F_R A = \frac{\omega^2 r_3}{g}\pi DL\left(\frac{1}{2} - \frac{2}{3}\lambda + \frac{1}{4}\lambda^2\right) \tag{8-18}$$

对于柱锥筒形转鼓的Σ值可将式（8-15）、式（8-16）、式（8-17）和式（8-18）相加而得。

8.3.2　薄液层离心沉降分离

薄液层离心沉降的原理是将转鼓内悬浮液的通道变窄，缩小固相颗粒的沉降距离，以提高对细微颗粒悬浮液的分离效果。其中的碟片式与多室式由于结构不同，流道形式各异，其分离过程和计算公式也有差异。

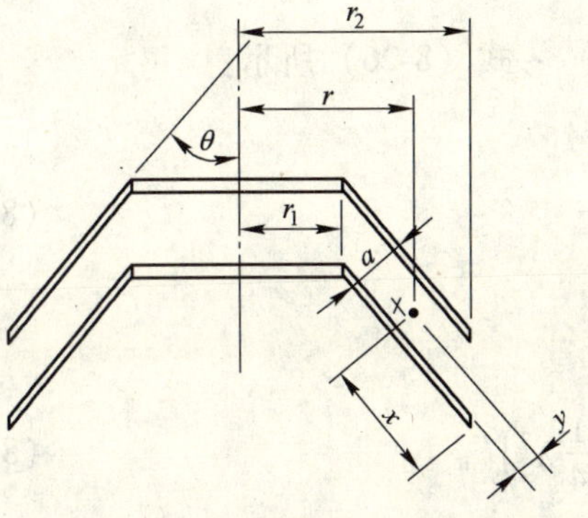

图 8-10 碟片式离心机中的分离过程
×—初始位置

8.3.2.1 碟片式

碟片间隙内悬浮液中颗粒的沉降分离见图 8-10。含有颗粒的连续液相介质由碟片外缘进入间隙通道，沿倾斜流道上升至碟片内缘处溢出。设颗粒处于任意半径 r 处，其径向离心沉降速度仍按式（8-10）计算，沉降距离为两碟片间间隙的垂直距离 a，设碟片的总片数为 n，则两碟片间流道中的通过量为 $q = Q_0/n$，沉降所需时间 t_1 最长的是进口处下碟片上表面处的颗粒，颗粒在流道中的停留时间仍按液体在流道中流速，从碟片外半径与到内半径 r_1 所需时间 t_2 而定，按 $t_1 \leqslant t_2$ 得：

$$Q_0 = v_g \left\{ \frac{2\pi n\omega^2}{3g} \cot\theta (r_2^3 - r_1^3) \right\} \tag{8-19}$$

式中，θ 为碟片半锥顶角。

8.3.2.2 多室式

多室式分离机的结构见图 8-11，转鼓内有 3～8 层同心圆筒，悬浮料浆由鼓中心进入，依次由内流向外层，流道很窄，形成薄层分离，沉降距离很小，由内向外半径逐渐加大，离心加速度也逐渐增大，有利于悬浮液中较粗颗粒在靠内几层沉降分离，较细颗粒在靠外几层流道中沉降分离。这种结构唯一缺点是运行一段时间后流道堵塞，澄清液含固量增加，必须停车清洗，耗劳力，费时，因此一般用于含固量低的料浆。其生产能力

$$Q_0 = v_g 2\pi L \frac{\omega^2}{g} \left[\frac{R_1^3 - R_0^3}{3(R_1 - R_0)} + R_2^2 + R_3^2 + \cdots + R_n^2 \right] \tag{8-20}$$

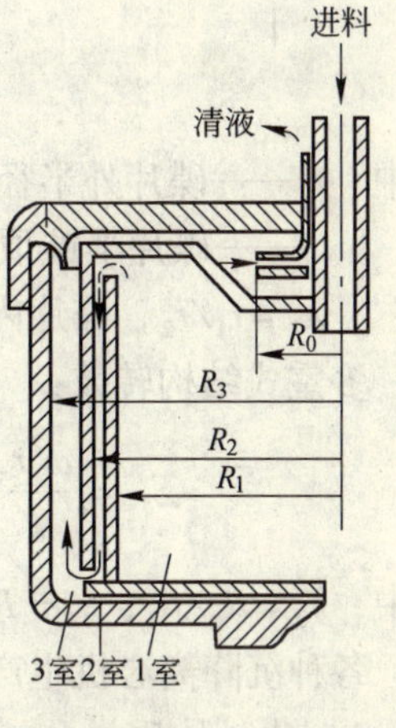

图 8-11 多室式分离机转鼓

式中 L——转鼓长度；
R_0——溢流口自由液面半径；
R_n——转鼓内壁半径；
$R_1, R_2, \cdots, R_n$——自由向外各室外壁的内半径。

8.3.3 Σ 概念及其应用

Σ 概念是 C. M. Ambler[15] 1952 年提出用以计算离心机生产能力的公式，由于表达式简单，概念明确，所以一直被沿用至今。

类似于重力沉降槽的生产能力计算式

$$Q_0 = v_g A$$

各种沉降离心机和分离机的生产能力计算式也可以用统一的公式

$$Q_0 = v_g \Sigma \tag{8-21}$$

表达各种离心机和分离机的 Σ 值表达式如式（8-21）~式（8-26）所示。

瓶式结构：

$$\Sigma_1 = \frac{\omega^2}{g} \frac{V}{\ln \frac{r_2}{r_1}} \tag{8-22}$$

管式与转鼓式结构：

$$\Sigma_2 = \pi DL\left(1 - \lambda + \frac{1}{4}\lambda^2\right)F_R \tag{8-23}$$

螺旋卸料的柱锥形转鼓：

$$\Sigma_3 = \left\{\pi DL_1\left(1 - \lambda + \frac{1}{4}\lambda^2\right) + \pi DL_2\left(\frac{1}{2} - \frac{2}{3}\lambda + \frac{1}{4}\lambda^2\right)\right\} \tag{8-24}$$

式中，L_1、L_2 分别为液层在柱筒和锥筒的淹没长度。

碟片式结构转鼓：

$$\Sigma_4 = \frac{\omega^2 r_2}{g} \times \frac{2\pi n r_2^2}{3}(1 - \lambda_1^3)\cot\theta \tag{8-25}$$

式中 r_2——碟片外半径，m；

θ——碟片半锥顶角；

$\lambda_1 = r_1/r_2$，碟片内、外半径比值。

多室式结构转鼓：

$$\Sigma_5 = \frac{\omega^2 r_n}{g} \times \pi DL\left\{\frac{k_1^2}{3}(1 + k_0 + k_0^2) + k_2^2 + k_3^2 + \cdots + k_{n-1}^2 + 1\right\} \tag{8-26}$$

式中，$k_0 = R_0/R_1$；$k_1 = R_1/R_2$；$k_2 = R_2/R_3$；$\cdots k_{n-1} = R_{n-1}/R_n$，其余符号意义见式(8-24)。

各种沉降离心机生产能力 Q_0 的计算公式的前提条件涉及两个方面。

A 物料性质

（1）颗粒（或液滴）是球形的且尺寸是一致的，分离过程中不碎裂、不凝聚。非球形颗粒要用当量直径 d_e 代替 d 计算 v_g。

（2）原料悬浮液的固相浓度是均匀的，颗粒在液相中分散是均布的，浓度范围使颗粒均处于自由沉降状态，如浓度达到干涉沉降范围，则 v_g 应进行修正。

（3）颗粒的沉降流态应处于层流区，即 $Re<1$，这可保证按斯托克斯公式计算的 v_g 值的误差不超过10%。套用重力沉降速度 v_g 的公式来计算离心沉降速度，理论上是可以的，实际上，随着沉降分离过程的进行，颗粒回转半径、离心沉降速度均是变化的。然而，1μm 直径的颗粒达到其90%终速度只需 1μs，甚至大到 100μm 直径颗粒在 0.001s 内即可达90%的终速度，而所有离心机的沉降分离过程悬浮液（亦即颗粒）在转鼓内的停留时间最少也大于0.1s，已足够颗粒沉降到鼓壁上。可以认为，离心力场中的离心沉降过程是处于变化的随遇平衡过程。

B 悬浮液流动状态

（1）属于层流状态。

(2) 离心机的加料结构必须保证进料悬浮液能够迅速地均匀地占据进口处液层空间，而碟片离心机还希望各层碟片间的进料液流是均匀分布的。

(3) 液相的周向流动与转鼓的回转角速度没有周向滞后现象，即液相的 ω 值与转鼓的 ω 值相同。采用回转坐标系来观察液相的流线，碟片离心机是沿碟片的母线，管式是沿转鼓的轴线。

(4) 沉渣层固相物料对连续液相的流态没有干扰。

(5) 已沉降的颗粒不会被液流再带走或再悬浮，即清液层与沉渣层界面之间不会出现再混合现象。

(6) 碟片分离机中固相颗粒离开碟片外径沉降到转鼓双锥壳交界处的沉渣区过程，对悬浮液均匀进入碟片间隙流道不会产生不利影响。

实际生产中很难满足上述假设条件，特别是上述最后 3 个条件涉及固液相分离界面互相干扰问题，实际上是存在的，因而一般说来，实际生产能力达不到理想计算公式的计算值，必须按下式加以修正：

$$Q_0 = \xi v_g \Sigma \tag{8-27}$$

式中 ξ——沉降离心机生产能力修正系数。

对于管式和转鼓式沉降离心机：

$$\xi = 12.54\left(\frac{\Delta\rho}{\rho_1}\right)^{2.3778}\left(\frac{d_e}{L}\right)^{0.2222} \tag{8-28}$$

对于螺旋卸料式转鼓结构：

$$\xi = 16.64\left(\frac{\Delta\rho}{\rho_1}\right)^{0.3359}\left(\frac{d_e}{L}\right)^{0.3674} \tag{8-29}$$

式中 $\Delta\rho$——固、液相密度差，kg/m^3；

ρ_1——液相密度，kg/m^3；

d_e——颗粒当量直径，m；

L——转鼓长度，m。

碟片式结构没有经验式可循，一般 ξ 值在 0.5 ~ 0.7 之间。或者用结构相同的小型实验机，用同样浓度的同种物料，取得实验数据后，再作放大设计。

尽管如此，Σ 概念仍是一种有用的手段，可用来比较几何相似和流体动力相似的两种离心机在处理同种物料时的操作性能。处理同样物料的任何两个相同结构离心机，如果 Q_0/Σ 值相同，则二者的沉降分离性能相同。如果引入效率修正系数 ξ，则可对处理同样物料的两种结构不同的离心机进行比较。利用公式 (8-29)，对处理同样物料的 1 号和 2 号两种不同的离心机，因 v_g 相等，即

$$v_g = \frac{Q_1}{\xi_1\Sigma_1} = \frac{Q_2}{\xi_2\Sigma_2} \tag{8-30}$$

式中，符号下脚标 1、2 分别表示 1 号和 2 号离心机。利用此式则可用实验离心机的实验数据作另一种与实验机型不同的沉降离心机的放大设计。如果作同种机型的放大，可认为 $\xi_1 = \xi_2$，则式 (8-30) 简化成

$$\frac{Q_1}{\Sigma_1} = \frac{Q_2}{\Sigma_2} \tag{8-31}$$

利用 Σ 概念作放大设计，主要依据的只是处理同样物料，因而沉降性能（v_g）相同。但在作工程实际放大设计时，尚必须考虑物料固相浓度不同所要求的转鼓容渣空间的不同、离心机的卸渣能力、输送固渣所需转矩及功率等。

8.3.4　离心沉降设备

对湿法冶金生产而言，沉降离心机进料处理量取决于离心机的液相处理量、分离能力，后者又取决于固相颗粒的物理特性。各种沉降离心机的性能及应用范围示于图 8-12 中。纵坐标是名义的澄清液流量（m^3/s），横坐标是以颗粒粒径（μm）、固液密度差 $\Delta\rho = 1.0g/cm^3$、液相黏度 $\mu = 1mPa \cdot s$、按斯托克斯公式（8-6）计算的重力沉降速度 v_g 的 2 倍为基础绘出的。图中澄清液流量指的是悬浮液中被分离出的液相量，不包括固相沉渣量及其中的含湿量。图中所限的各种沉降离心机的流量范围不是绝对的，但它是得到较好澄清液的标准应用范围。应用图 8-12 选择合适的离心沉降设备时，如果物料性质与图中所用标准物料性质（$\Delta\rho$ 和 μ）不相同时，则应该用斯托克斯公式（8-6）加以修正。除此之外，图 8-12 是根据理想分离效果为基础作出的，选定机型后，再根据生产量 Q_0 来计算所需的 Σ 值，还须作效率 ξ 值的修正。

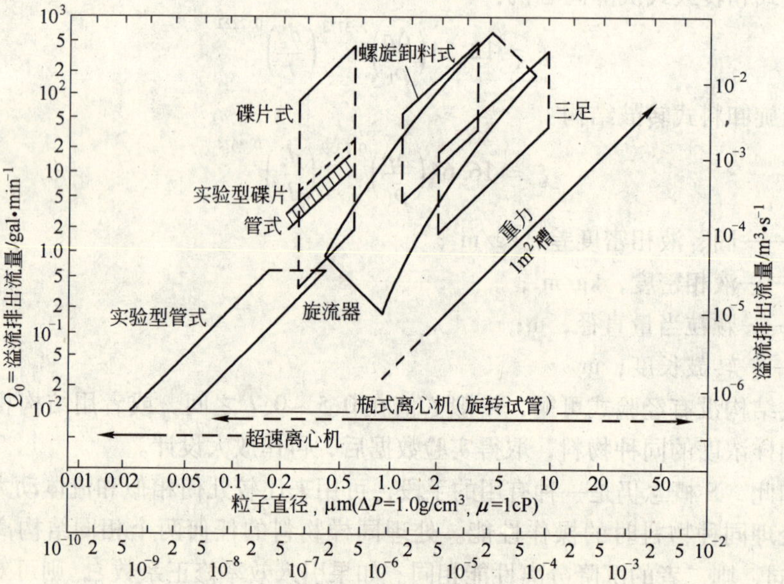

图 8-12　沉降设备性能

（1gal/min = 0.2728m³/h）

对于间歇式操作的离心机，如像瓶式离心机和超速离心机，它们的处理能力和分离能力很难确定。延长操作时间，处理量下降，但分离能力上升。如超速离心机（实验型）延长分离时间可能使约 0.005μm 的粒子沉降分离，这已达分子级水平，此时布朗运动已起控制作用。因此为便于比较分离性能，以确定能分离的最小粒径，瓶式离心机的操作的下限定为 1000r/min 和 10s，而超速离心机定为 5000r/min 和 1h。

8.3.4.1 制备型和分析型超速离心机

超速离心机是由实验室处理少量物料分离用的间歇操作瓶式（或称试管式）离心机发展而来。其基本结构是由电机驱动的立轴上部安装和支撑着盛物料的试管或转头，台式试管离心机可装有电位器调节转速，可从500r/min到5000r/min，分离因数（ $Fr=\frac{\omega^2 r}{g}$ ）可达3000*G*（*G*表示重力），高速时可达20000r/min和34000*G*。较大的型号机的操作速度可高达6000r/min和8000*G*。装有自动温度控制装置的机型，分离因数允许到40000*G*。旋转架上的试管旋转时受离心力而处于径向水平位置，沉降颗粒要穿过整个液层，需要较长时间，但有利于颗粒的分级分离。固定角度转头以30°~50°的角度安装试管，这样就减少了颗粒的沉降距离。转头可以携带2~16个金属管式或瓶式容器，容量范围从微量分析的毛细管到最大1L的范围。因此，每批最大处理量可达4L。对高速操作或分离有腐蚀性介质的物料，试管或试瓶也有用聚乙烯、聚碳酸酯、铝和不锈钢材料制造的。

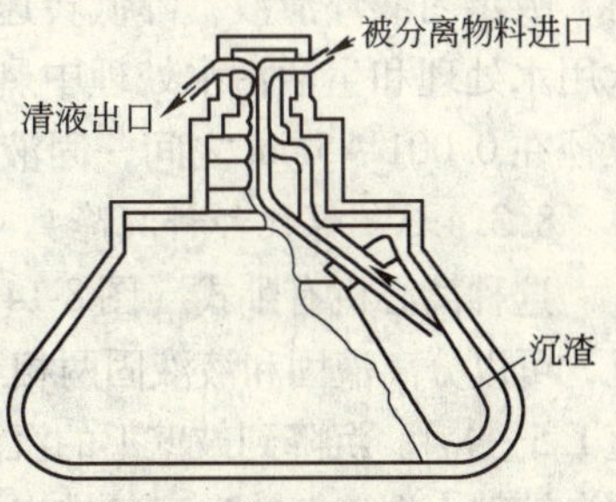

图8-13 瓶式离心机

瓶式离心机主要是作实验室分离少量物料用，也是标准分析用方法之一。所得实验数据也可供工业用机放大设计用，Σ值按式（8-21）计算。瓶式离心机也常用于污水处理中估计离心沉降后污泥浓度，用以判断是否可采用卧螺离心机的可能性。由于沉渣的紧密性取决于离心力大小和离心沉降时间，瓶式离心机的这两个参数均是可变的，适于作放大设计所需的实验数据。图8-13所示的瓶式离心机可以连续进料和连续排出澄清液，而沉渣聚集在试管管底。

（1）制备型超速离心机　这种离心机的适用范围是处理具有一定批量的亚细胞粒子、过滤性病毒细胞和蛋白质物质。制备型超速离心机的操作转速和分离因数从20000r/min和40000*G*至75000r/min和约500000*G*。为了避免过热和减少空气摩擦阻力，机内要抽真空，使压力下降到对于高转速时只有0.19Pa（1μmHg），对于较低转速时<130kPa（<1mmHg）。用温度传感器调节制冷机控制离心机内温度在-15~+30℃范围内，控制精度可达±1℃。电子控制器可使转头转速在所需要的极小范围内保持稳定，并且可以自动连续改变转速以控制机头的加速或减速。这种超速离心机的转头的安装形式绝大多数是固定倾斜角度或回转支撑架式的最新型的一种转头，试管是与回转轴线平行安装的，这就使沉降距离和时间均很短。回转支撑架式转头可用于作密度不同颗粒的分级分离或作为估算固体沉渣容积用。

颗粒粒径和密度不同的多分散系悬浮液可进行选择性分离，但由于颗粒在分离时所处的初始位置不同，使选择性沉降分离的纯度不好，改进的方法是在达到额定转速后，在试管液面再加入原料悬浮液。如果在轻重两种密度的多分散系中加入密度介于二者之间的介质，则可使重颗粒下沉，轻颗粒上浮，达到选择性分离的目的。

（2）分析型超速离心机　现代分析型超速离心机是一种高度精密的仪器，可以连续观察转头内的试管，可以认为是一种非常特殊型式的瓶式离心机。用光电系统控制操作转速，并由转动系统上的光脉冲测速盘所发出的频率讯号与转速选择器设定的操作转速进行比较而自动控制，允许在小于0.2%范围内波动。转速可高达70000r/min，产生370000*G*的离心力场。

为了保证高速下的温度控制，机内抽真空，压力保持在0.13Pa（1μmHg），温度传感器可保持温度变化在0.1℃以内。转头内试管位置的平均回转半径为65mm，试样的径向沉降距离14mm。在达操作全速后，可通过窥视窗口观察转头试管内试样的浓度梯度。

分析型超速离心机用于测量溶液中的细微分子级的沉降速度，或者测定当扩散效应与沉降效应达到平衡后的分子浓度梯度。

8.3.4.2　三足式沉降离心机

除转鼓壁无孔外，其结构、规格和转速等均与三足式过滤离心机相同，其Σ值计算见式（8-23），适于过滤离心机难于过滤的细、软固体颗粒的悬浮液。应用范围见图8-12。原料悬浮液一般均加入到鼓底，沿鼓壁流动，固体沉降到鼓壁，澄清液绕过拦液环板溢流或用吸液管排出。处理能力从$0.75\times10^{-3}m^3/s$到$3.8\times10^{-3}m^3/s$。沉渣聚集在鼓壁上，当沉渣厚度达到液层深度的60%～80%，轴向液流速度增大，分离液澄清度降低，便停止进料，吸出内液环清液，降低转速，用人工或自动刮刀卸出沉渣。三足式沉降离心机常用于饮用水处理和生活污水处理中剩余活性污泥的脱水，分离因数最高可达1800，可处理固相粒径在0.001～5mm之间，固液相密度差大于0.05kg/L，固相浓度低于10%的悬浮液。

8.3.4.3　螺旋卸料沉降离心机

这种离心机有卧式（图8-14）和立式（图8-15）两种结构，属于连续操作型沉降离心机，可以分离液固和液液固两相或三相混合物。转鼓直径范围150～1400mm，转鼓之长径比值1.5～4.4。沉降到鼓壁上的沉渣被鼓内的螺旋连续输送到锥鼓小端的出渣口排出，分离液则自转鼓大端盖上的溢流口排出。螺旋与转鼓间的转速差为5～100r/min，这种离心机的转速只有1600～8500r/min，也有少数低到500r/min的。图8-14的结构适于处理中等沉降速度（1.5～15）$\times10^{-4}$cm/s的固体颗粒，且具有中等和大流量的悬浮液，也可用于高或低浓度的粗、中颗粒悬浮液的澄清。除了加絮凝剂作预处理之外，这种离心机不能分离小于2μm的粒子。用于固体颗粒分级用时，液相流量可略大些，使分离液中的细微粒子量增多。进料流量范围为0.2×10^{-3}～$31.5\times10^{-3}m^3/s$。

沉渣含湿量较过滤离心机高，粗结晶固体的含湿量可低到2%～10%，磨碎石灰石可达15%～20%，1～10μm尺寸范围内作填充剂的高岭土的含湿量达30%～35%，而无定形物料和纤维物料的含湿量高达70%～85%。

这种离心机主要用于生活污水和工业废水处理中的污泥浓缩和脱水，生活污泥在消化、搬运或挤压过滤之前用螺旋沉降离心机可将污

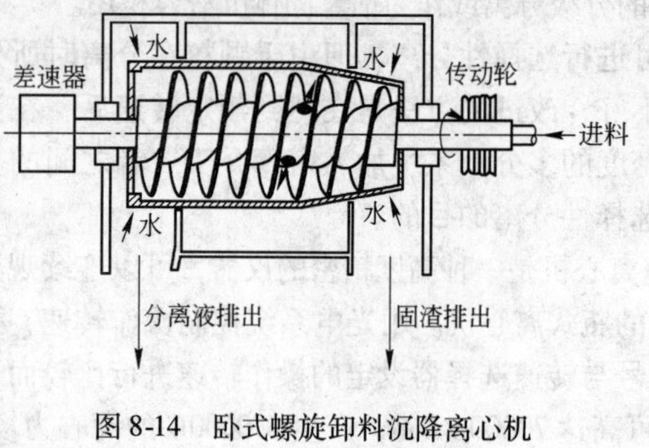

图8-14　卧式螺旋卸料沉降离心机

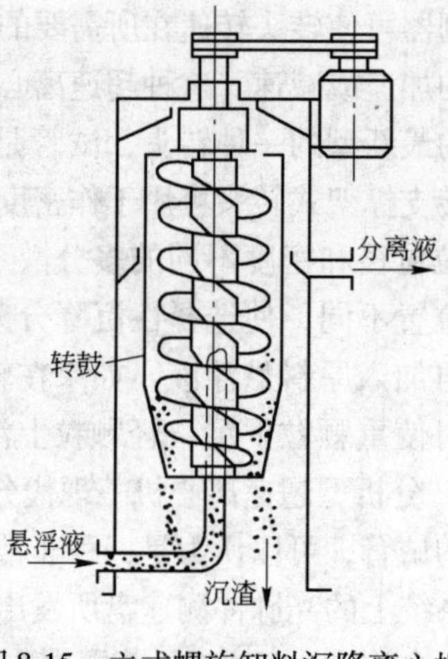

图8-15　立式螺旋卸料沉降离心机

泥浓度从1% ~5%提高到6% ~12%。作澄清用时可处理煤的脱水，烟道气脱硫废水的处理，许多种结晶物质的回收，鱼类挤压液中回收鱼肉粉等。

立式螺旋沉降离心机（图8-15）是垂直悬挂支撑的，较卧式的易于密封，适于加压操作，且转鼓支撑点在上、下端自由，不受高温下转鼓轴向膨胀的约束，由于密封性能好，常用于对苯二甲酸、聚丙烯和催化剂的回收。当作分级用时，可分离出大于2μm的高岭土、大于5μm的研磨TiO_2，可从石灰石粉碎处理的料浆中有选择性地分离出$CaCO_3$等。

8.3.4.4 管式分离机

如图8-16所示，管式分离机是转鼓呈管状的高速离心分离机。转鼓直径较小，长度较长，长度与直径之比为4 ~8。转鼓的直径为45 ~150mm。转鼓由细长轴上悬支撑，由上端传动，转鼓下端有减振装置，以减小启动和停车过程中的振动。转鼓达到工作转速后，由于转鼓重心远低于轴的支点，运转时能自动对中，工作平稳。

管式分离机常用于分离乳浊液或含固量少于1%的细微粒子（沉降速度在5×10^{-6} ~5×10^{-5}cm/s之间）的固液混合物。转鼓转速可达15000r/min，分离因数达13000。因转鼓直径小（100 ~130mm），Σ值较低，处理能力仅0.5 ~4m^3/h。

实验用管式分离机结构与工业机相同，但转鼓直径仅45 ~50mm，转鼓转速可从10000到50000r/min，分离因数可达65000。名义处理能力30 ~2400cm^3/min。除瓶式离心机外，管式分离机能分离的细颗粒粒径远较其他类型的离心机或分离机的要小得多。

管式分离机由于分离因数高、操作简单，常用于净化润滑油、变压器油、菜油及清漆、果汁等；还用于瓶式离心机因物料量大不能处理的细粒子回收；也可用于因沉降速度太低的重力沉降法不能分析颗粒粒径分布的场合来分析粒径分布。转鼓直径通常为10cm，温度范围65 ~100℃，进料速度范围在0.2×10^{-3} ~$1.0\times10^{-3}$$m^3$/s之间。

8.3.4.5 碟片式分离机

碟片式分离机是转鼓内装有一叠锥形碟片，用离心沉降法分离乳浊液和低浓度悬浮液的离心机。碟片式分离机可在密闭、高温、低温（-40 ~200℃）、加压和真空等条件下操作。工作原理图见图8-17。

分离悬浮液时，悬浮液由中心进料管进入转鼓，由碟片束外缘经碟片间歇向碟片内缘流动。固体颗粒随液体流动的同时，受离心力作用，径向沉降到各碟片的内表面，再向碟片外缘滑动，最后沉降在鼓壁上。已澄清的液体向转鼓

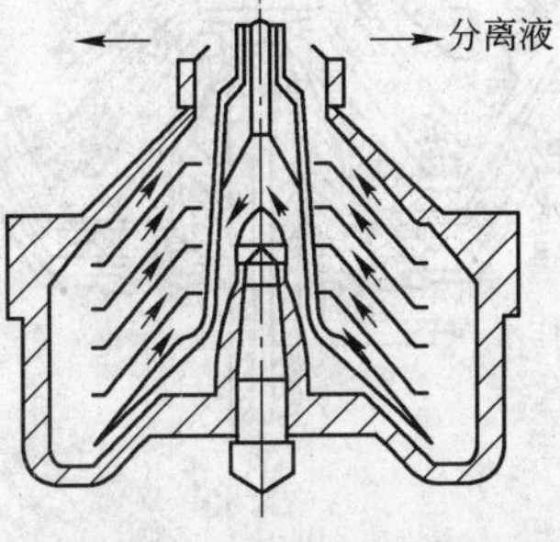

图8-16 管式分离机

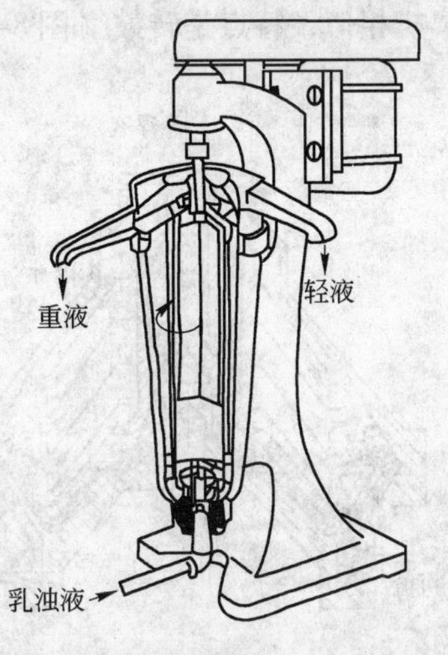

图8-17 碟片式分离机的工作原理图

中心聚集，经溢流口或向心泵排出。

碟片式分离机根据排渣方式分为 3 种类型。

（1）人工排渣碟片式分离机　系间歇操作分离机，由机座、传动装置、转鼓、机壳、进出料装置等构成（见图 8-18）。碟片为圆锥形，其半锥角大于固体颗粒与碟片表面的摩擦角一般为 35°～45°，碟片数为 30～130，碟片间歇为 0.4～1.3mm，转鼓直径 180～600mm，转速 8000～4500r/min。分离机工作一段时间后，转鼓壁上沉渣增多，分离液澄清度下降，当澄清度不符合要求时，停机拆开转鼓，人工清除鼓内沉渣。这种分离机用于含固量极少的悬浮液或乳浊液，例如从牛奶中提取奶油、燃料油和润滑油的净化、油脂废水处理喷射燃油的除湿、植物油精炼中的脱皂等。

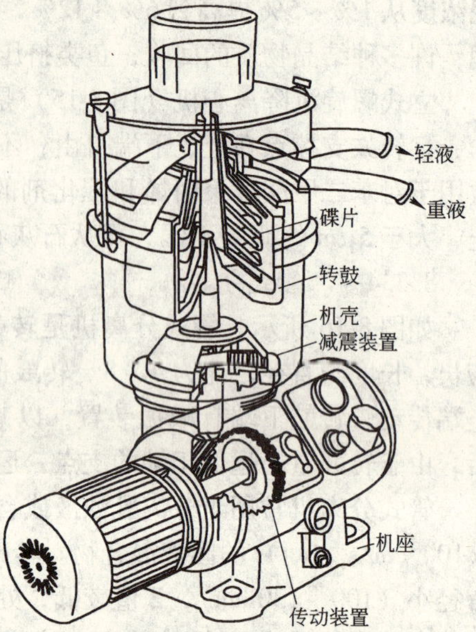

图 8-18　人工排渣碟片式分离机

（2）喷嘴排渣碟片式分离机　系连续操作分离机，整体结构与人工排渣碟片式分离机相同，但转鼓内腔呈双锥形，见图 8-19。可对沉渣起压缩作用（压力可高达 6.9～13.8MPa），以提高沉渣浓度。实验机型转鼓内径 100mm，工业机型最大达 900mm，转鼓周缘有喷出浆状沉渣的喷嘴 8～24 个，喷嘴孔径 0.8～2.5mm，喷出量一般为进料流量的 5%～50%。通过喷嘴含固渣的浓浆流速很快，磨蚀严重，一般用硬质合金、刚玉、碳化硼等耐磨材料制成。转鼓转速 12000（实验机）～3000（工业机）r/min。这种机型用于鱼类压榨液中分离鱼油、淀粉和谷朊的浓缩，湿法制磷酸液的澄清，从蛋白质合成的培养液中浓缩提取酵母、菌种、食用菌，生活和工业废水处理中二次剩余活性污泥的浓缩等。

（3）活门排渣碟片式分离机　利用环状活门启、闭排渣口进行断续式间歇排渣，又称自动排渣分离机。整体结构与人工排渣碟片分离机相似，特点是转鼓（图 8-20）内有

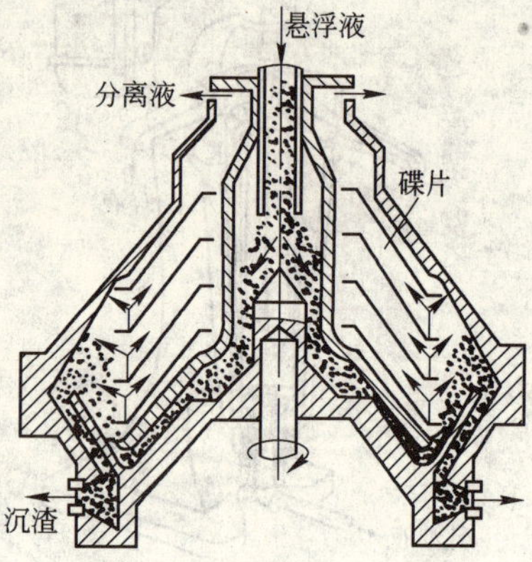

图 8-19　喷嘴排渣转鼓

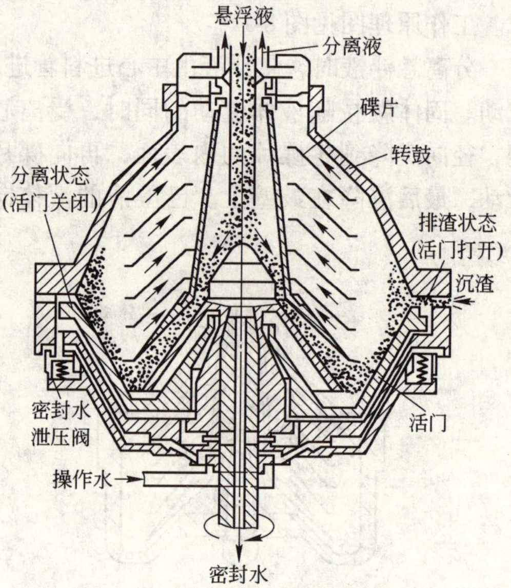

图 8-20　活门排渣转鼓

活门排渣装置，可不停机卸除转鼓内沉渣。操作时，由转鼓中心加料管加入悬浮液进行分离，当环状活门下面的密封水总压大于悬浮液作用在活门上面的总压力时，活门位置在上，关闭排渣口。排渣时，停止进料，并由转鼓底加入密封操作水，开启转鼓周边的密封水泄压阀，排出密封水，活门受转鼓内悬浮液压力的作用迅速下降，开启排渣口，排尽转鼓内沉渣和液体后，停止供给操作水，泄压阀受弹簧作用而关闭，密封水压升高，活门上升关闭排渣口，完成一次工作循环。这种分离机的转鼓直径从实验机型的180mm到工业机型的460～600mm，转速范围4400～6500r/min，分离因数较同尺寸的喷嘴排渣碟片式分离机低，转鼓内的容渣空间为8～20L。碟片半锥角40°～45°，工业机碟片数为60～150，碟片间隙0.6～1mm。处理能力0.6×10^{-3}～$13\times10^{-3}m^3/s$，允许操作温度30～90℃，功率消耗10～30kW。适用范围：进料浓度1%～4%，最大不超过10%。固体颗粒粒径为0.001～0.5mm，限于固形物能自由流出不堵塞排渣口为宜，如羊毛脱脂的酸洗液中回收羊毛脂、橙汁澄清、大豆蛋白的回收、动物脂肪和食品浸取汁的澄清、燃料油的净化等。

8.3.5 旋流器

用于固液分离的旋流器又称为旋液分离器，属于利用离心力场进行沉降分离的设备。结构形状一般由圆筒和圆锥两部分组成，特殊情况下亦有单锥筒或单圆筒形结构。圆筒直径在10～600mm范围内的旋流器的应用范围见图8-12。小直径（10mm）的旋流器可用于分离粒径小到0.5μm的细粒子。单个小旋流器处理量甚小，为满足生产量要求，常将小旋流器成组并联使用，最多时可将480个小旋流器组装成一体。旋流器的进料流量可从小型的$6.3\times10^{-5}m^3/s$到大型的$66\times10^{-3}m^3/s$。大型旋流器的处理能力与碟式分离机相当，但理论上沉降分离的颗粒径则较之大1倍。一般用旋流器分离大流量的原料悬浮液是较经济的。浓缩比可达10～20倍。上述流量范围是指在正常操作压力35～350kPa下的处理能力。作澄清用时底流流量通常为进料流量的5%～10%，但作分级用时操作良好，可能超过10%。底流不连续时，可设计一个底流的沉渣收集室来收集断续的底流。高效旋流器可较好地回收中、低浓度悬浮液中的细粒子。处理量大的旋流器常用于下一级分离（如碟式分离机）前的预浓缩。

旋流器的设计必须有较佳的相关尺寸的结构，方能有较优的分离性能[7]。理论上，整个旋流器均存在自由旋涡流，因此沉降区均有高速剪切流，所以旋流器不能实现完善的乳浊液分离，絮凝物的分离也不甚有效，甚至可使已聚凝的固体颗粒团分解。切向进料的流速在旋流器内使液体具有回转角速度。进料口和溢口间的压力降决定了进料流量，而分离能力的指数又取决于旋流器的进料流量和溢流与底流的比值，因而与离心机的分离能力指数不同，后者与此二因素无关。提高旋流器的底流浓度，会大大降低溢流液的澄清度，这种状况在离心机中很少见到。有橡胶或陶瓷衬里的旋流器适应性较广，且其易磨损件的更换方便和操作方便，因而用途广泛。

旋流器又可用于分级，例如高岭土在用螺旋沉降离心机作细粒子分级前先用旋流器除去悬浮液中的粗粒子，而螺旋离心机之后才用碟式分离机回收最终产品。这些分离设备常广泛用于选矿浓缩、精选尾矿的脱泥以及催化裂解蒸馏塔底部催化剂的回收等。

8.4 滤饼过滤

滤饼过滤操作是在过滤介质表面形成滤饼层，是工业中分离和回收大量固体颗粒的最常用操作。自20世纪50年代以来，滤饼过滤技术有了较大的发展，迄今仍发挥显著作用的大致有4个方面：（1）聚电介质类絮凝剂的使用，改善了料浆可滤性能，增加了扩大使用过滤设备的可能性；（2）合成纤维过滤材质与高分子膜的发展与工业应用，扩大了滤饼过滤的适用领域；（3）多种构型的无接缝带式过滤机，特别是连续洗涤滤带的出现，开拓了在压力或压榨条件下的连续过滤操作；（4）压滤机经过改进凹形滤板并与弹性压榨隔膜的联合使用，以及滤板启闭、滤饼卸除、滤布循环冲洗的全部自动化，使近于淘汰的间歇操作的板框压滤机完全改观，成为一种能生产更低含液（水）量的脱水滤饼的全自动化压滤或压榨机。这种更低含液量的滤饼可以满足填晒污泥之需求，更能节省滤饼干燥或煅烧需用的燃料。

随着液固分离技术的基础如胶体科学和纳米级颗粒技术的快速发展，必将促进滤饼过滤有相应进展，在工程规模上解决大小分子之间的分离和胶体颗粒的滤饼过滤问题。

8.4.1　过滤推动力与过滤操作历程

过滤操作属于流体通过多孔介质（包括过滤介质和滤饼）的渗透性流动。要使过滤过程顺利进行，作为操作的前提必须在过滤介质上下游保持一定的推动压差，以克服流动过程中各项阻力。为此，料浆可以在重力、加压、真空或离心力下进行过滤。重力过滤即料浆借助于本身的静液柱高度作为过程的推动力。这种由料浆液柱提供的压差并不大，一般约为0.05MPa，工程上较少采用。加压过滤的推动力一般由压缩机或泵提供，常用压力约为0.3～0.5MPa，特殊场合可以超过此值。真空过滤是以真空泵连接滤液贮罐一侧，与大气压下滤饼一侧形成抽吸压差。真空过滤机的常用真空度为53.3～80kPa（400～600mmHg），但也有超过93.3kPa（700mmHg）的。离心过滤则是由于转鼓旋转形成的离心力作为滤饼过滤的推动力。

其次，工业上一个完整的过滤操作必有一个历程，一般应该经过形成滤饼、洗涤滤饼、滤饼脱水和卸除滤饼4步，方能把作为产品的滤饼和滤液得到较完善的分离，即滤饼中的残余液量和滤液的澄清度都能符合分离要求。除卸除滤饼基本属于机械操作方法外，图8-21中表示了涉及液固分离过程3个步骤的示意。

滤饼形成是从悬浮液（料浆）中分出液体形成滤饼。在由一层过滤介质所分隔成的两个空室内，加压后的料浆提供到上室，在压差下，过滤介质截留固体颗粒形成不断增厚的滤饼，液体穿过滤饼层成为滤液经下室流出。

滤饼洗涤是将洗液在压差下均匀穿过滤饼，以置换及扩散方式除去滤饼孔隙中母液所含溶质。目的是提高固体产品的纯度，或者增加液体产品的回收率，也可以降低滤饼中液体黏度以便于随后脱水。脱水操作与洗涤有相互作用，在洗涤之前或以后均可。

气体置换脱水是将气体（一般为空气或蒸汽）压进滤饼，以置换方式替换出滤饼中液体。对于滤饼中较细的流动孔道，其毛细管作用力可以阻止气体有效地置换出液体。

以压榨方式脱水，是对滤饼施加机械力减少滤饼的孔隙容积以挤出其中的液体。在循环带式压榨机或装有弹性橡胶膜的压滤机中，其基本操作机理就属于这一类。当装置中原来固液混合物是料浆而不是滤饼时，压榨过程可以包括前段滤饼形成和随后的脱水两者。

8.4.2 滤饼形成、结构与阻力

滤饼过滤的形成过程如图8-21（a）所示。为便于过滤理论分析和建立滤饼过滤的物理模型，一般将过滤后形成的滤饼分成两种理想类型：一为不可压缩的滤饼；另一为可压缩滤饼。

在滤饼形成时，流体在颗粒周围流动过程中有一个曳力作用在颗粒群上，使它向过滤介质方向移动。设想颗粒之间具有较好的点接触，每个颗粒就能将此作用力层层叠加传给相邻的前方颗粒。颗粒之间的这种作用力称为固体压缩力，传至过滤介质处达到最大。所谓不可压缩滤饼，就是经过滤后形成的滤饼具有一个硬实的结构，它在整个滤饼层能承受程度不同的固体压缩力而不变形。在实际过滤场合，非絮凝性或非聚结性的散料，如砂粒、矿砂，盐类晶体，一般都形成不可压缩滤饼。而絮凝性固体，例如污泥、金属氢氧化合物、有机物、聚电介质絮凝体等所形成的滤饼，则随局部的、程度不同的固体压缩力显示出相应的变形，因而称为可压缩滤饼。

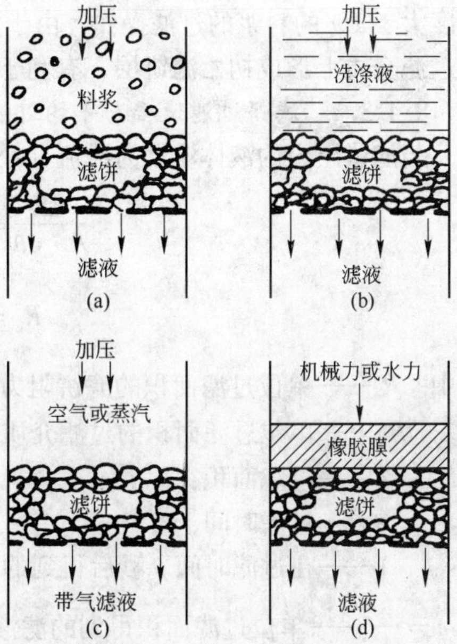

图8-21 过滤操作基本历程

（a）滤饼形成；（b）滤饼洗涤；（c）滤饼以气体置换脱水；（d）滤饼以压榨脱水

实际上滤饼形成的性质主要取决于料浆中固相颗粒本身性质，包括其材质、粒度及其分布、形状（球形度）、表面特性等。滤饼形成常随料浆颗粒群中粒度分布即细微颗粒含量多少而有强烈影响。细微颗粒很少能在滤饼表面存留，但经常为液体所夹带从而沉积在滤饼内层。这是细微颗粒在颗粒弹性空隙之间的迁移现象，属于滤饼结构的稳定性问题。颗粒迁移导致滤饼孔隙率降低，阻力增大，这在可压缩滤饼受压缩时特别显著。颗粒的表面结构也影响滤饼形成，对于给定的颗粒粒度分布，表面光滑的颗粒较表面粗糙或不平整的所形成滤饼更加密实。颗粒的形状影响即其球形度，例如棒形颗粒所形成的滤饼将是相对疏松具有高孔隙率的，而片状颗粒则相反，形成颗粒平叠、孔隙率极小的极难过滤滤饼。

滤饼形成性质不但与颗粒本身性质有关，还受料浆浓度、进料速率以及对滤饼表面的流动方向的影响。在这些综合因素制约下，物料经过滤操作后形成了一定性质的滤饼，与此同时也形成了相应的滤饼结构，结构与性质是相互依存的。

可压缩性的滤饼具有可压缩的结构，也即滤饼具有变形的构架。滤饼变形的构架正是过滤过程中逐层堆积的滤饼颗粒之间的孔隙结构，在受到程度不同的固体压缩力后逐层孔隙率发生变化的程度。孔隙率有平均孔隙率和局部孔隙率之分，前者指孔隙大小的平均变化，后者是指局部的孔隙分布变化，这正是可压缩性滤饼的结构特征。一般越靠近过滤介质处的滤饼，受到压缩力越大，孔隙率就越小，流动阻力则越大。因此滤饼孔隙率是滤饼结构的一个十分重要的特征参数，它不仅直接影响滤饼阻力，还决定了滤饼的最终含液

量。

8.4.3　滤饼过滤的理论计算

把原料悬浮液（料浆）用多孔物质（过滤介质）进行过滤，料浆中含有的固体颗粒浓度可以是若干 mg/kg 的稀料浆，也可能是体积浓度高达 20% 的浓料浆。对于固体颗粒浓度大于 1% 的料浆的过滤操作，由于紧靠过滤介质处颗粒间的架桥现象，过滤开始就能在过滤介质上形成初始滤饼层，有利于进行滤饼过滤操作。

8.4.3.1　滤饼过滤速率与平均过滤比阻

当滤饼层内的液体流动为滞流（小于 1mm/s）时，滤饼过滤的速率为：

$$\frac{\mathrm{d}V}{A\cdot \mathrm{d}\theta}=\frac{\mathrm{d}v}{\mathrm{d}\theta}=\frac{p}{\mu(R_c+R_m)} \tag{8-32}$$

$$R_c=\alpha_{av}\cdot\frac{W}{A}=\alpha_{av}\cdot w \tag{8-33}$$

式中　R_c——单位过滤面积的滤饼阻力，m^{-1}；

R_m——单位过滤面积的过滤介质的阻力，m^{-1}；

A——过滤面积，m^2；

θ——过滤时间，s；

V——在过滤时间 θ 秒后得到的全部滤液量，m^3；

$v=\frac{V}{A}$——单位过滤面积得到的滤液量，m^3/m^2；

p——过滤压力，Pa；

W——全部滤饼的质量，kg；

w——单位过滤面积滤饼的质量，kg/m^2；

μ——液体的黏度，Pa · s；

α_{av}——Ruth 平均过滤比阻，m/kg。

单位过滤面积上单位质量滤饼（干固体）产生的过滤阻力称为滤饼的平均过滤比阻。Ruth 用式（8-34）表示滤饼阻力 R_c 与单位过滤面积上堆积的滤饼质量 w 成比例，比例系数 α_{av} 称为 Ruth 平均过滤比阻。根据物料衡算：

$$w=\frac{v\rho s}{(1-ms)} \tag{8-34}$$

式中　ρ——滤液密度，kg/m^3；

s——以单位质量料浆中含有的固体质量表示的浓度；

m——滤饼的湿干质量比。

将式（8-33）及式（8-34）代入式（8-32）得 Ruth 过滤速率方程式：

$$\frac{\mathrm{d}V}{A\cdot \mathrm{d}\theta}=\frac{\mathrm{d}v}{\mathrm{d}\theta}=\frac{p}{\mu\left[\alpha_{av}\left(\frac{W}{A}\right)+R_m\right]}=\frac{p}{\mu\left[\alpha_{av}\cdot w+R_m\right]}$$

$$=\frac{(p-p_m)}{\mu\alpha_{av}w}=\frac{(p-p_m)(1-ms)}{\mu\alpha_{av}\rho a v} \tag{8-35}$$

式中，p_m表示作用在过滤介质表面的液体压力，$p_m = \mu R_m\left(\frac{dv}{d\theta}\right)$。

Ruth 平均过滤比阻随料浆的种类、浓度和过滤压力变化很大。由实验得到的平均过滤比阻和过滤压力有下列关系：

$$\alpha_{av} = \beta + \alpha_0(p - p_m)^n = \beta + \alpha_0 p^n \tag{8-36}$$

或

$$\alpha_{av} = \alpha_0(p - p_m)^n = \alpha_0 p^n \tag{8-37}$$

式（8-36）及式（8-37）分别为实验式。后者为常用形式，代入过滤方程式中运算方便，但与前者相比有一缺点。当$p=0$时，$\alpha_{av}=0$，事实上不可能有无阻力的滤饼，因此该式于压力很低时不可靠。至于两式的近似式显然只能在介质阻力p_m可忽略时，也即在过滤之后期更适用。

式中β、α_0、n为实验常数。α_0称为单位过滤压力比阻，由实验可知，固体颗粒的大小对α_0的影响较大；n为滤饼的压缩指数，$n>0.5$的物料称为高压缩性物料，$n=0.3\sim0.5$称为中等可压缩性物料，$n<0.3$称为低压缩性物料，$n=0$称为不可压缩性物料。固体颗粒尺寸大于100μm的无机物质，如砂、碳酸氢钠、碳酸钠等均可认为是不可压缩性物料。

根据滤饼的平均过滤比阻α_{av}的大小可将料浆分为3类：α_{av}的数量级为10^{11} m/kg时属于容易过滤的物料；α_{av}的数量级为$10^{12}\sim10^{13}$ m/kg时属于中等容易过滤的物料；α_{av}的数量级大于10^{13} m/kg时为难过滤的物料。

文献上也有以滤饼阻力与滤饼厚度成比例的表示方法，其比例系数称为Lewis平均过滤比阻，单位为/m^2。由于滤饼厚度随压力大小而有变动，对测试带来不便而少用。

8.4.3.2 恒压过滤

在过滤过程中，过滤压力保持恒定的操作称为恒压过滤。这种操作可以在滤浆贮缸中用压缩空气保持恒压；或用定量泵输送滤浆时，用减压阀实现恒压。连续真空转鼓过滤机的操作属于恒压过滤。

在Ruth过滤速率方程式（8-35）中，若过滤介质的阻力R_m用假想的具有固体质量为ω_m（kg/m^2）的滤饼层产生的相当的阻力代表，而且假设ω_m为由滤液量v_m（m^3/m^2）所产生的滤饼，则根据物料衡算：

$$\omega_m = v_m \rho s/(1 - ms) \tag{8-38}$$

由式(8-34)、式(8-35)、式(8-38)得

$$\frac{dv}{d\theta} = \frac{p(1 - ms)}{[\mu\rho s\alpha_{av}(v + v_m)]} \tag{8-39}$$

由于恒压过滤，过滤压力p不变，滤饼的平均过滤比阻α_{av}和湿干质量比m为常数，积分上式可得Ruth恒压过滤速率方程式：

$$(v + v_m)^2 = K(\theta + \theta_m) \tag{8-40}$$

$$K = \frac{2p(1 - ms)}{\mu\rho s\alpha_{av}} \tag{8-41}$$

式中 K——Ruth的恒压过滤系数，m^2/s；

θ_m——得到 ω_m 的假想过滤时间，s。

以式（8-39）的倒数积分可得：

$$\frac{\theta}{v} = \frac{\mu\rho s\alpha_{av}(v + 2v_m)}{[2p(1 - ms)]} = \frac{1}{K}(v + 2v_m) \tag{8-42}$$

因此把恒压过滤的实验数据以 $\left(\frac{\Delta\theta}{\Delta v}\right)$ 对 v，或 $\left(\frac{\theta}{v}\right)$ 对 v 画图，得到直线关系。由直线的斜率求出 K，由直线的截距求出 v_m。如果滤饼的湿干比 m 已知时，用式（8-41）代入过滤操作的条件，即可计算出过滤比阻 α_{av}。

8.4.3.3　恒速过滤

在过滤过程中，过滤速率保持恒定的操作称为恒速过滤。使用定容排出泵输送滤浆的场合，在过滤初期相当长的时间内，滤液量保持恒定；或者用控制过滤压力的方法保持恒速过滤。

在恒速过滤过程中，过滤压力随着过滤时间而升高，除了压力升高速度非常大的场合，恒速过滤滤饼的平均过滤比阻、湿干质量比可以认为和各压力对应的恒压过滤滤饼的 α_{av}、m 相同。

在过滤介质阻力 R_m 一定时，由于 $v = \left(\frac{dv}{d\theta}\right) \cdot \theta$，代入式（8-35）、式（8-37），得 Lewis 的恒速过滤方程式：

$$\frac{\alpha_0\mu\rho_s}{1 - ms}\left(\frac{dv}{d\theta}\right)^2\theta = (p - p_m)^{1-n} \tag{8-43}$$

因而，当滤浆浓度 s 小时，$(1 - ms)$ 对压力的变化可以忽略，$\lg(p - p_m)$ 和 $\lg\theta$ 可以用直线关系表示。

8.4.3.4　变压变速过滤

在过滤过程中，过滤压力和过滤速率都随时间而变化的操作称为变压变速过滤。使用离心泵输送滤浆的场合一般都是变压变速过滤。变压变速过滤可利用泵的性能进行计算。

8.4.3.5　离心过滤速率

离心过滤是以离心力为推动力，用过滤方式来分离固、液两相混合物的操作。悬浮液中的固相颗粒在离心力场中为过滤介质所截留，并不断堆积成滤饼层，液体借离心力通过所形成的多孔滤饼而分离。

离心过滤所形成的滤饼，有固定层状态（如三足式离心机、卧式刮刀卸料离心机、上悬式离心机的滤饼）和移动层状态（如活塞推料离心机、螺旋卸料离心机、离心力卸料离心机和各种振动卸料离心机中的滤饼层）两类，不论滤饼厚薄如何，其分离操作都是以滤饼过滤的方式进行的。

离心过滤操作较加压过滤操作更为复杂，由于过滤推动力是离心力，所以滤饼内的推动力和流道面积随着回转半径的增加而加大。离心力不仅在滤饼表面产生水压，而且在滤液流过滤饼时增大了水压的压头。在一般过滤式离心机中，滤饼在转鼓壁过滤介质处逐步形成。随着滤饼厚度的增加，过滤面积缩小，液体随转鼓旋转的圆周速度也因半径减少而下降，因而滤液流动的压力也在变化。所以离心过滤速率必然与滤饼特性、离心力场的作用和转鼓结构等因素有关。

目前计算离心过滤速率仍根据 Storrow 等人所建立的方程：

$$Q = \frac{4\pi^3 n^2 \rho h K(r_3^2 - r_1^2)}{\mu \ln(r_3/r_2)} \tag{8-44}$$

或

$$Q = \frac{\pi \rho \omega^2 k h(r_3^2 - r_1^2)}{\ln(r_3/r_2)} \tag{8-45}$$

式中 Q——过滤速率，m^3/s；

n——转鼓转速$\left(n = \frac{\omega}{2\pi}\right)$，$\omega$ 为转鼓角速度，s^{-1}；

h——转鼓高度，m；

K——滤饼渗透率，m^2；

k——滤饼固有渗透率（$k = K/\mu$），m^4/（N · s）；

r_1——液面内半径，m；

r_2——滤饼内半径，ms；

r_3——滤饼外半径，m。

式（8-44）和式（8-45）是在滤饼阻力比较高的情况下忽略介质阻力给出的。滤饼固有渗透率 k 需由专门装置测定。

8.4.4 滤饼洗涤

为了把残留在滤饼内的可溶性杂质除去以提高固体颗粒产品的纯度，或者为了回收滤饼中残留的母液，在除渣前需要对滤饼进行洗涤。滤饼洗涤是用不含杂质或接近于不含杂质的液体穿过滤饼层，使其将残留的滤液置换出来，有时为了洗涤完全，需要经过多次再化浆的过滤操作。这是两种不同的洗涤方式，必要时可将两者结合起来更为有利。

8.4.4.1 置换洗涤

置换洗涤包括洗涤液直接洗涤滤饼颗粒表面，以及随后渗入滤饼孔隙内进行置换与传质相结合的过程，而后将可溶性杂质随洗液排出。置换洗涤的典型洗涤曲线如图 8-22 所示。图中曲线代表了理想的置换洗涤。这种情况只有渗入的洗液能均匀且充分地进入滤饼的所有孔隙，同时不与孔隙中原有的液体相混，从而形成“活塞流”方式使洗液将孔隙中原有母液全部顶替出来。虚线框 A 说明，从滤饼中排除杂质所需洗涤液的体积等于滤饼的孔隙体积。实际置换洗涤的曲线则如图中 B 所示，由于滤饼孔隙大小不等，洗涤液会较快地穿过较大的孔隙，在相当于滤饼一个孔隙体积的洗涤液用完之前部分洗液便会穿透滤饼而出，降低了洗涤效果。实际洗涤曲线可分成流体置换、中间和传质 3 个阶段，初始阶段（1），大量残留母液由洗涤

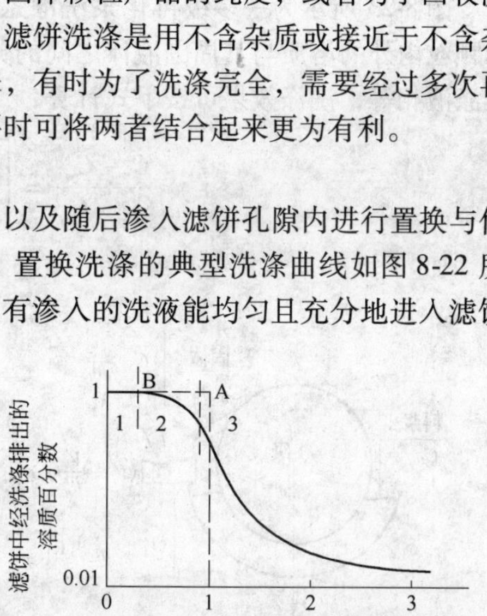

图 8-22 典型洗涤曲线

1—流体置换；2—中间阶段；3—传质阶段

液进行流体置换，最后一个阶段（3），可溶杂质通过混合与扩散的机理进入洗涤液。

滤饼洗涤过程中洗涤流出液的溶质浓度与洗液量、洗涤时间的关系有许多的研究，目前常采用 Rhodes 扩散洗涤式。

滤饼的洗涤过程由置换洗涤和扩散洗涤两个过程构成。在扩散洗涤期间，如果各瞬间洗涤流出液溶质浓度与相应滤饼内残留的溶质质量成比例时，有：

$$(C - C_w)/(C_0 - C_w) = \exp(-K'\theta_w) = \exp(-K''V_w/V_v) \tag{8-46}$$

式中　C——洗涤流出液溶质浓度，kg/m^3；

C_w——洗涤前洗液溶质浓度，kg/m^3；

C_0——洗涤前滤饼内残留母液的浓度，kg/m^3；

θ_w——恒压洗涤时间，s；

V_w——洗液量，m^3；

V_v——洗涤前滤饼内残留的母液体积（滤饼全部空隙体积），m^3；

V_w/V_v——洗涤液量比；

K'，K''——实验常数。

大多数情况下，当 $V_w/V_v = 0.5$ 时，由置换洗涤过渡到扩散洗涤，Rhodes 的扩散洗涤式适用于洗液和溶质完全混合的情况。

8.4.4.2　滤饼的再化浆洗涤

当过滤后形成的滤饼阻力太大，用置换洗涤滤饼的时间太长，甚至无法达到预期的洗涤要求，或由于脱水应力造成滤饼龟裂，置换洗涤归于失效。在这些情况下，用新鲜洗涤液对滤饼进行再化浆洗涤，以除去滤饼中残留母液等溶质，然后再进行过滤，较有利于提高滤饼的纯度或可更完全地回收溶质。

图 8-23 所示为一多级再化浆洗涤系统。如果允许有足够的洗涤时间，使再化浆中固体颗粒内外的溶质与其周围液体之间的分布达到平衡状态，当洗涤级数为 m，每级所加的洗涤液相等，洗涤效果可按下式计算：

$$\frac{C - C_w}{C_0 - C_w} = \left[1 + \frac{V_w}{mV_v\left(1 + \frac{K_f W}{\rho V_v}\right)}\right]^{-m} \tag{8-47}$$

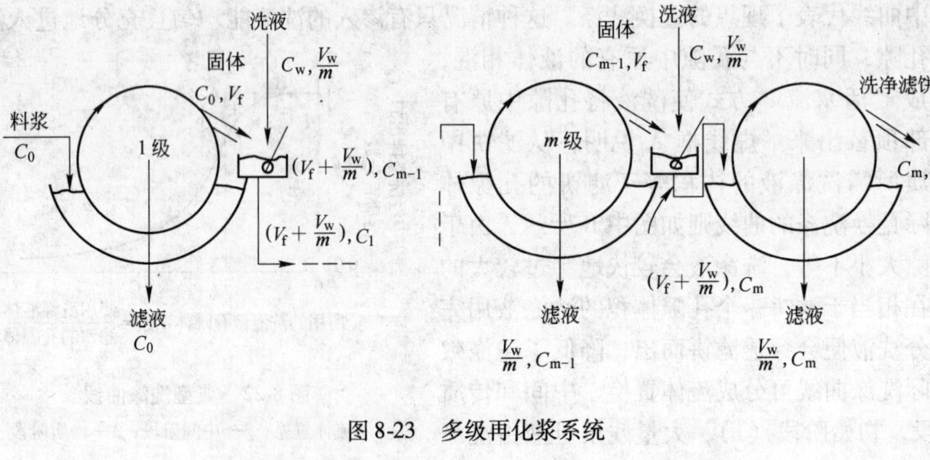

图 8-23　多级再化浆系统

式中，K_f为分布系数，需由实验测定，当颗粒在非多孔性和非聚集的情况下，$K_f=0$。W为滤饼内干固体颗粒的质量。其余符号同前。

8.4.5 滤饼的脱水

预测过滤机卸出滤饼的含液量，以及达到该含液量所需时间，是实际生产中要求。当滤饼作为干燥操作前的最终产品，为降低干燥费用，关键是尽量减少滤饼中的含液量，因此在过滤操作阶段就应考虑滤饼形成后进一步的脱水方法。

8.4.5.1 压榨脱水

目前行之有效的脱水方法之一是压榨脱水，例如在板框压滤机中在过滤阶段后期以更高压力挤进料浆带进更多的固体颗粒；或者采用橡胶膜挤压原有的滤饼以变容积方式挤出孔隙中水分；或者采用表面活性剂调节颗粒表面液体张力，使滤饼易于脱水。

8.4.5.2 滤饼的通气脱水

滤饼脱水方法之二是采用空气以置换滤饼层之液体，这在加压、真空或离心过滤机中经常使用。

用通气的方法回收滤饼内残留的母液并且使其脱水。Dahlstrom 等人用实验的方法得出通气脱水滤饼含水率与操作条件的关系如图 8-24 所示，并把这些操作条件归纳为一个相关系数：

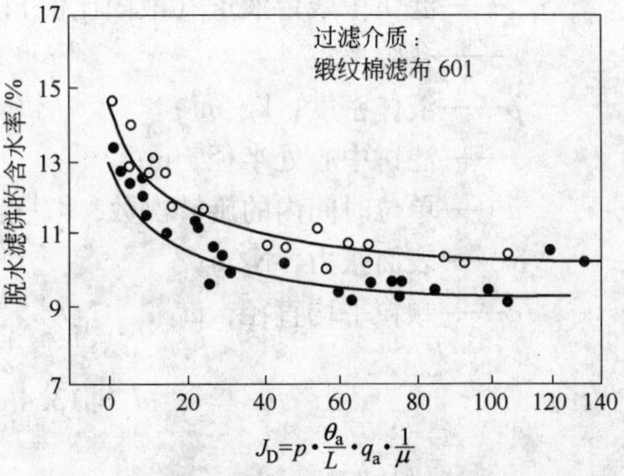

图 8-24 用叶滤机试验矿石滤饼的通气脱水结果

$$J_D = 0.102p\cdot(\theta_a/L)\cdot q_a\cdot 1/\mu \tag{8-48}$$

式中 p——通气脱水的压差，Pa；

θ_a——脱水时间，s；

q_a——通气脱水期间的空气平均流速（标准状态），$m^3/(m^2\cdot s)$；

L——滤饼厚度，m；

μ——母液的黏度，Pa·s。

因此，一方面可以由通气试验的结果决定最宜操作条件，另一方面，当过滤操作条件变化时，可以方便地计算出滤饼的含水率。

8.4.5.3 离心甩干

离心过滤或离心洗涤过程都是在一定的操作液面下进行的。不论是离心过滤还是离心洗涤，计算操作时的液面极限位置都以到滤饼层表面为止，此时滤饼层中所有孔道和孔隙充满液体。直到离心过滤或洗涤结束，离心甩干开始，这时滤饼层中的液面在离心力的作用下，有的是迅速地，有的则是缓慢地渗入滤饼层内，渗入速度的快慢视滤饼层的性质而定，与此同时空气随之渗入滤饼层。

离心甩干的实质是气相渗入滤饼层后的液相流动，或是气液两相在颗粒间的双相流动，它与离心过滤和离心洗涤不同。离心甩干的机理目前研究得还很不够。

离心甩干的目的是尽量降低离心过滤或洗涤后滤饼中最终含液量（或称残液量）。

Wakeman 公式[8]是用毛细作用准数计算滤饼中残留液量（达到平衡条件）的公式，式中考虑了气相渗入影响所及的孔隙结构和表面张力。毛细作用准数由量纲分析法求得，它代表甩干与阻碍甩干两种作用的比值，对于离心力场的滤饼：

$$N_{cap} = \frac{\varepsilon^2 d^2 \rho n^2 r}{(1-\varepsilon)^2 \sigma} \tag{8-49}$$

$$S_{(n)} = 0.0524 N_{cap}^{-0.19},\quad 10^{-5} \leqslant N_{cap} \leqslant 0.14$$

$$S_{(n)} = 0.0139 N_{cap}^{-0.86},\quad 0.14 \leqslant N_{cap} \leqslant 10$$

式中　N_{cap}——毛细作用准数；

$S_{(n)}$——滤饼中残留液量（液固比值）；

ε——孔隙率；

ρ——液体密度；kg/m³；

r——滤饼中心处半径，m；

n——单位时间内的旋转次数，s^{-1}；

σ——表面张力，N/m；

d——颗粒平均直径，m。

$$d = 13.4\sqrt{\frac{(1-\varepsilon)}{\alpha \rho_s \varepsilon^3}} \tag{8-50}$$

式中　α——滤饼比阻，m/kg；

ρ_s——颗粒密度，kg/m³。

毛细作用准数为无量纲准数，可用任何量纲一致的单位代入。

8.4.6　滤饼过滤性能的测试及改善

8.4.6.1　过滤性能的测试

直至目前，过滤操作还是一门主要建立在经验和试验基础上的实践技术。从理论分析导出的过滤方程式对过滤机的设计、选型和提出新型结构具有一定的指导意义，帮助实际工作者沿正确方向科学地解决存在问题。但是，方程式中仍然包含有滤饼性质的特征数值，如过滤系数（或过滤常数）、过滤比阻（或滤饼比阻）等，这些过滤性能的表征必须针对不同的料浆由实验求取。

最常用的小规模测试法有真空滤叶实验、平底漏斗试验、加压滤瓶试验和离心力场下滤饼性能试验等，兹分述如下。

（1）真空滤叶试验　滤叶试验所用装置如图 8-25 所示。过滤介质试样夹持在渗滤盘上，滤叶试验用于预测转鼓或转盘真空过滤机的操作性能，因此在做试验时必须考虑到这一类过滤机的实际操作过程。

试验在真空系统稳定后开始。用于实验的渗滤盘式滤叶移进待过滤的料浆中，料浆要不断搅动，并将滤叶整个浸没。成饼阶段有一预定时间，最长以不超过 4min 为限，最短时间以能足以形成 6mm 厚的滤饼为宜。而后将滤叶移出固定在支架上进行规定时间的干燥。在继续保持真空度的情况下，如果有拟定的置换洗涤，则将滤叶浸入水盆或其他洗涤

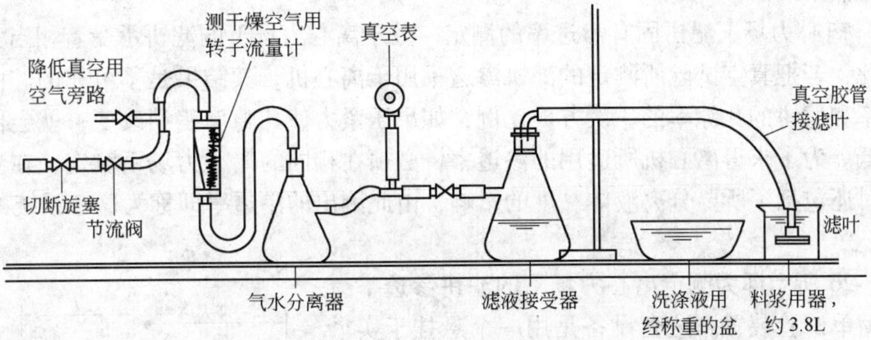

图 8-25 小规模真空滤叶过滤试验装置

液中，并再次将滤饼干燥。滤饼的卸除试验可在切断真空后进行，经排液管吹进空气，用刮刀刮出滤饼。

在这些试验的持续进程中，要测定的数据为全部过滤时间、滤液体积、滤饼厚度与其均一性。还要观察形成干滤饼和湿滤饼的质量、洗涤速率与效果、干燥行为、滤饼是否开裂和开裂的时间、滤饼卸除难易程度、pH 值以及滤液起泡倾向等。

滤叶表面向下或滤叶直立放置可分别模拟转鼓或转盘真空过滤器的实际操作。

（2）平底漏斗试验 此试验可以表征这种模拟过滤面水平放置的试验，如带式，转台式和翻斗式过滤机的操作性能。平底漏斗表面铺设经选择的过滤介质，注意其周边密封不能有泄漏。当真空度稳定后，将预先测定好的能生成需要的滤饼厚度所用滤浆量迅速倒进漏斗。滤浆的加进需有一定技巧，既不能加得过慢，这样在过滤进程中就成为干滤饼；又不能加得过快，形成液柱冲击已形成的滤饼，不能保证其表面平整。如同滤叶试验那样，对滤饼的洗涤、干燥和卸除都应观测。

小规模试验的结果是以每个循环每单位过滤面积获得的干固体滤饼量或滤液体积来确定的。这个数值乘以每天的循环次数就可用来计算在规定的日产量下需用过滤面积，或者用来计算既定过滤机的日产量。根据试验结果放大得出的过滤面积需再增加 25% 作为不易估计的影响因素而予以保障。关于循环时间，对于间歇式过滤机需对一个循环内为生产过程必需的非生产时间如拆装、清洗滤布等作出恰当的估计；对于连续操作过滤机也需考虑存在一个“无作用面积”（如介于滤饼卸除和新的滤饼开始沉积两个阶段之间的区域）。

对于过滤非常畅快的物料，例如大粒晶浆或具有类似特性者，用滤叶作生产能力试验所得结果规律性较差。建议用中试规模的装置进行试验。

（3）加压试验 用于模拟加压叶滤机（滤叶在机壳内）操作性能的加压滤叶试验是在耐压的钢制滤瓶中进行的。所用滤叶较小（50.8mm × 50.8mm），其上铺设合适的过滤介质后悬挂在钢瓶中，钢瓶容积需能容纳足够料浆以形成需要的滤饼厚。为使料浆浓度均一，一般可装空气节流管或空气分布器，缓缓地搅动料浆防止颗粒沉积。滤瓶中压力大小可以通过空气调节阀控制，可以在同一压力但用不同过滤时间顺序地做几个快速运转，记录的数据是各过滤时间的滤液量和滤饼质量。

假如工厂中预期使用的是板框压滤机，还须作出板框压滤试验。试验室规模的板框压滤机可以用两板一框，可以观测到全框内颗粒的沉积、滤饼的压实和洗涤等行为。与在滤叶内是迥然不同的。

（4）离心力场下滤饼固有渗透率的测定　处于离心力场下的滤饼承受着相当大的压紧力。因此，若把真空试验所测定的滤饼渗透率用于离心机，其结果是不可靠的。由于滤饼的渗透率和滤饼的孔隙率的3次方成比例，如果压紧力使孔隙率稍稍改变，就会使渗透率大大降低。为了求得离心机所适用的渗透率，必须在相同的离心力场下测定，在测定渗透率的同时还包括了所要分离液体黏度的影响，由此测出的渗透率即称为这一系统的“固有渗透率”。

图8-26所示即为测定离心力场下的滤饼渗透率所用的简单试验装置。这套设备是用一个悬挂于实验室用离心机中的“滤杯”所组成，并用闪频观测器观察。滤杯须用透明材料制成，上面刻有垂直于轴向的刻度，在其底部装有由多孔杯和金属网所支承的过滤介质。

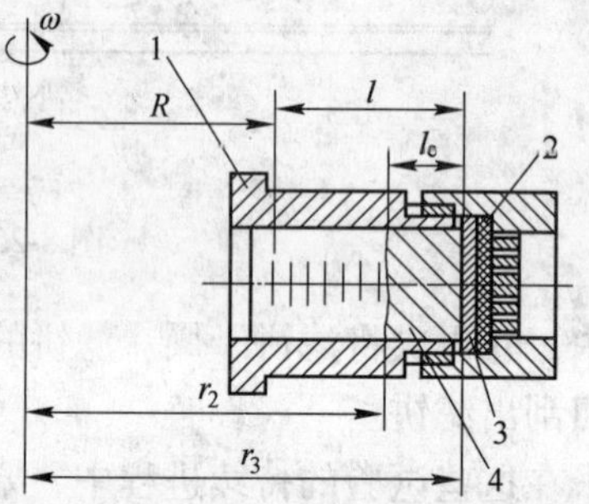

图8-26　测定固有渗透率用的滤杯装置
1—透明滤杯；2—金属网；3—滤布；4—滤饼

试验步骤分两步进行：

（1）滤杯中盛好需要过滤的悬浮液，以生产规模用的相同分离因数下的操作速度旋转，这就使形成的滤饼所承受的压紧作用和实际分离条件是相同的，悬浮液的用量必须这样选择，使形成的滤饼厚度能超过20mm；

（2）滤杯中重新盛放由真空过滤或其他过滤方法所得到的清滤液，以前一步骤所用的离心加速度旋转，与此同时利用闪频观测器观察此液相的料面，并测出这一料面通过靠近顶端的刻度起直到滤饼表面所需要的时间。

滤液面自坐标半径 R 流到滤饼表面的坐标半径 r_2 所需时间 θ 为：

$$\theta = \frac{r_3 - r_2}{kF_r \rho g}\ln\frac{r_3 - R}{r_3 - r_2} = \frac{l_c}{kF_r \rho g}\ln\frac{l}{l_c} \tag{8-51}$$

由此得出固有渗透率为：

$$k = \frac{l_c}{\theta F_r \rho g}\ln\frac{l}{l_c} \tag{8-52}$$

式中　F_r——离心分离因数（$r_3\omega^2/g$）；

R，r_3，r_2，l，l_c——滤杯各部分坐标，如图8-26所示，m；

ρ——滤液密度，kg/m^3；

g——重力加速度，m/s^2；

k——滤饼固有渗透率，$m^4/(N \cdot s)$；

θ——过滤时间，s。

8.4.6.2　过滤性能的改善

为了改善滤饼的过滤性能，有必要对形成滤饼的固液混合物进行预处理，改变其部分性质，以利于对固、液相间有效和经济的分离。以下的预处理方法既适用于作为固液混合物的代表性物料——悬浮液，对于其他常遇到的含溶质的溶液、含有用成分的废液、发酵液等等物料，在直接过滤遇到困难时或滤饼阻力太大时，都可以按类似原则和方法进行处理。

(1) 降低悬浮液中液相黏度，注意脱气 降低悬浮液中液体的黏度可增大过滤速率和固体颗粒的沉降终速度，也可降低渣中含液量，提高固液分离效率。只要液体的黏度是随温度升高而降低的，过滤时尽可能保持在原有较高或适当提高的温度下进行。这种方法简便有效，在工业生产中常用。溶解于混合液中气体在过滤过程中会形成气泡积聚于过滤介质和滤饼层中，妨碍液体的过滤，须加注意，情况严重时要采用加压（防止气体解吸）或于过滤前加热、抽真空使之脱气。

(2) 增大固相颗粒粒度 在悬浮液中加适量的凝聚剂或絮凝剂（前者如铝盐、铁盐、明胶等，后者如聚丙烯酰胺及其衍生物）使分散的细颗粒凝集成较大颗粒团，增大固相颗粒的沉降速度或滤饼层的渗透性，以提高沉降分离或过滤的速率。

对于结晶颗粒，则延长结晶时间或调节温度使晶粒长大而易于过滤。

超声波处理可以影响悬浮液中颗粒粒度，选择合适的超声波参数如声强、声频和处理时间可提高沉降速度 2 ~4 倍，否则会导致已凝聚颗粒的再分散或颗粒的粉碎。

(3) 提高固相浓度 对于微粒形成的固相悬浮液，低浓度料浆形成的滤饼通常比高浓度时形成的过滤阻力要大。因此，提高固相浓度可改善滤饼结构，从而提高单位过滤面上的滤液通量。提高悬浮液中固相浓度的方法：一是在不影响产品质量的前提下添加助滤剂；二是用沉降装置如重力沉降槽、旋流器等进行预增浓；三是用冷冻形成冰晶使未冷冻的液相中固相浓度增大，并对固体颗粒产生较强的挤压而使它凝聚，再经解冻后用重力沉降即可分离，从经济上考虑此法适用于少量难处理的废液，如放射性废料。

(4) 加润湿剂（表面活性剂） 在沉降分离和滤饼过滤中，液体和固体接触表面状态对固体渣中所含残余液量有重大影响，例如氧化锌在不同液体中的沉降体积分数列于表 8-3。

表 8-3 氧化锌在不同溶液中沉降体积分数

溶 液	水	乙 醇	四氯化碳	甲 苯	乙 醚	松节油	石蜡油
沉降体积分数/%	36.6	30.6	27.6	25.8	21.6	18.6	14.4

若在水中加入硫化木质素或吹入亚麻子油等表面活性剂可使氧化锌在水中沉降容积指数从 36.6% 降至 7.4%。显然，加表面活性剂后可降低渣中含液量。

8.4.7 过滤介质与助滤剂

8.4.7.1 过滤介质

凡能使悬浮液中的液体通过又将其中固体颗粒截留以达到固液分离目的的多孔物统称为过滤介质。它是各种过滤机的关键组成部分，过滤介质的选用直接影响过滤机的生产能力及过滤精度。如果选用不当，结构再先进的过滤机也不能发挥其作用。

A 对过滤介质的要求

过滤介质种类繁多，各有专业的制造厂商提供其规格和基本性能资料，如用水做试验的压力降、渗透率，也有用固体颗粒作出的截留率等数据。使用者在此基础上选用过滤介质时，还必须将手边处理物料对过滤介质进行综合要求的考查，一般应包括：(1) 过滤开始后不久，在过滤介质细孔上截留的颗粒之间能形成架桥现象，截留效果好，滤液达到希望的澄清度；(2) 过滤介质本身结构阻力小，使用过程中堵塞不明显，流动阻力不剧增；

(3) 具有耐磨损、抗断裂、尺寸稳定、可加工等良好机械强度性能，耐化学腐蚀、抗微生物滋长、热稳定性好、使用寿命长；(4) 本征的或经加工处理的表面性能好，易于卸渣、易润湿、易清洗、再生。

如果过滤介质选择适当，其阻力可相当于0.25～1.5mm厚的平均滤饼阻力。重复使用的过滤介质，由于滤孔的堵塞，其阻力可达6～12mm厚的平均滤饼的阻力。关于过滤介质阻力的实验测定及表示方法各国有具体规定。

过滤介质堵塞至一定程度致使过滤阻力过大，必须对过滤介质进行适当的洗涤，以尽可能恢复原来的性能。一般的洗涤液有水、热水、酸性溶液、碱性溶液以及针对堵塞物的洗液或溶剂。

B 常用过滤介质

(1) 滤布 以各种天然及合成纤维为原料织造的各种滤布在过滤操作中应用最为广泛。

天然及合成纤维滤布的织法基本有3种：平纹、斜纹和缎纹，其他的织法花纹和链纹则属于上述基本型式的变种。

平纹织法价格最低，孔隙率最小，颗粒的保持性最大，但滤孔易被固体颗粒堵塞；斜纹织法具有中等的颗粒保持性，能提供高的过滤速度并具有良好的耐磨性；缎纹织法颗粒保持性最差，但滤孔不易堵塞。

为了改善织造滤布的过滤性能，可以采取若干精整技术，应用最广的是研光、起绒和热处理等过程。研光是使滤布通过一对高压的热滚筒，把滤布压薄，同时使其表面变得光滑，从而改善了其卸渣能力，但孔隙率下降，并使强度降低。起绒是使滤布通过一个细的钢梳，使其表面形成软的绒毛（一面或两面），改进滤布对细颗粒的保持性。热处理有时用于合成纤维，同时能使其适用于较高的温度。

(2) 编织金属丝网 编织金属丝网是应用广泛、耐磨损的过滤介质。凡是可延性金属或合金都可以用来编织金属丝网，常用的有不锈钢、蒙乃尔合金、铝、铜及其合金等。可以用不同直径的金属丝织成不同筛号（目数），基本织法有平纹、斜纹、平藤纹、斜藤纹等，最小孔隙可至5μm。金属丝网对于温度和腐蚀性介质的抵抗能力取决于构成丝网的金属。

编织金属丝网在应用时不存在伸缩变形问题，使用寿命长，但价格昂贵。主要用于粗颗粒、纸浆、掺助滤剂的高黏性料浆以及润滑油、汽油等物料的过滤。可以加工成滤叶或滤框构件用于叶滤机、回转真空过滤机上，也常用于滤纸、滤布等过滤介质作为衬网。

(3) 毛毡及非织造布、滤纸（板） 羊毛、合成纤维、金属纤维、玻璃纤维均可制成毛毡形式作过滤介质，用于制药、涂料、精油、食品、饮料、染料、水泥等工业。借助树脂、溶剂、加热、粘结办法将各种纤维加工成网片的非织造布，常用于黏液、冷却油、植物油等方面的过滤。适用于重力加压及真空过滤器，但不适用于大型叶滤机及回转圆筒真空过滤机。

滤纸（板）属非织造过滤介质，结构较非织造布紧密，孔隙率低，主要用于具有非常细小的颗粒及稀滤浆的过滤。滤纸耐强酸、强碱，但湿强度低、易损坏。滤纸厚度可根据过滤压力和密封要求而定，也可制成为滤板。

(4) 多孔介质 这类过滤介质包括多孔陶瓷、多孔金属、多孔塑料，根据构成多孔体的材质是陶瓷粉末、金属粉末还是塑料而定。前两者均在高温下烧结而成。多孔塑料则有烧结法与发泡法，形成板材或管材构件供使用。多孔陶瓷的材质有硅酸铝、矾土、富铝红柱石并混以玻璃熔剂粘结，因此能应用于冷、热酸，但不耐氢氟酸及强碱（pH >9）。多孔金属的材质有不锈钢、青铜、镍、钛、蒙乃尔合金等，过滤时抵抗化学介质有聚氯乙烯、聚乙烯、聚四氟乙烯等，用于制药工业及润滑油的过滤。

作为新型过滤介质的聚合物膜和无机膜，请参阅第12章。

8.4.7.2 助滤剂

助滤剂是过滤介质的一种，大多是分散的颗粒状或纤维物质，必须具有颗粒细小且粒度分布范围较窄、坚硬、悬浮性好、化学稳定性好、价格便宜等特点。使用助滤剂后能有效地扩大滤饼过滤的操作领域并提高过滤精度。

助滤剂的使用方法有预敷层和掺浆加料两种。预敷层助滤，是过滤料浆前预先进行助滤剂的多次过滤，使其在过滤介质上形成一个助滤剂层。当滤浆中颗粒细且具有可压缩性时，将助滤剂按试验所得的比例加入到滤浆中进行过滤，这种操作称作掺浆加料助滤。根据需要，掺浆加料助滤可以单独使用，也可以和预敷层联合使用。

A 常用助滤剂

(1) 硅藻土 硅藻土助滤剂是世界上应用最多的一种，它是一种单细胞硅藻微生物残骸的沉积物。把天然硅藻土原料在800℃下进行干燥，再经粉碎、分级得烧成制品；在硅藻土原料中加入少量的碳酸钠或氯化钠，在1200℃下一同煅烧得融剂烧成制品。

纯硅藻土为白色，形状不规则，不溶于水，耐酸（但不耐氢氟酸），微溶于苛性碱溶液。

(2) 膨胀珍珠岩 膨胀珍珠岩助滤剂是把珍珠岩在800~1200℃下加热膨胀，再经磨细、分级而得。膨胀珍珠岩为白色，具有光滑的球状表面。其化学性质与硅藻土相似（pH应用范围4~9），但不耐碱。由于其结构与硅藻土不同，在相同过滤速率下所得滤液澄清度差。

(3) 纤维素 纤维素纤维是由木材纤维经特殊处理而得，直径为15~20μm、长50~100μm的短纤维柱。可作为纸浆过滤的过滤介质，也可作助滤剂。因其纤维强韧故形成的助滤剂层不易剥落和龟裂，干燥滤饼的表观密度为0.14~0.32g/cm^3，可耐高浓度的碱（80℃以下）、油（200℃以下）等介质的腐蚀，不含溶于水的矿物质，因此用于锅炉冷凝液的过滤时不会引起污染和结垢。能完全燃烧而无灰分，故可用燃烧法回收滤饼。此外，纤维素助滤剂有一定的静电吸附作用，故可提高过滤效率。但是它的滤饼有压缩性且价格较高，所以只能在特殊要求的过滤中使用。

(4) 炭质助滤剂 将含沥青质较多的煤与其他炭素原料混合，粉碎后骤然加热至600℃左右，燃烧除去其挥发组分，再磨碎分级制成。以体积密度为0.25~0.32g/cm^{3}的具有较高化学稳定性，可用在高温碱性和酸性溶液中，如从高浓度碱液中除汞，在此情况下形成滤饼可以煅烧后回收。

B 助滤剂的选择

(1) 种类和粒度 使用最多的助滤剂为硅藻土和珍珠岩，有特殊要求时才选用或辅助其他助滤剂。粒度的选择一般也是通过定性分析或试验的方法决定。

使用助滤剂过滤，通常过滤速度和滤液澄清度有相反的关系，即过滤速度愈大澄清度愈低。一般在满足澄清度的条件下，可选择粗的助滤剂；在含有微粒的滤浆中，选用微细颗粒并且容积密度小的助滤剂；而在含有凝聚粒子的滤浆中则选用较粗的助滤剂。硅藻土及珍珠岩助滤剂的粒度分布的主体范围为斯托克斯直径大约为2～40μm，因为在过滤系统内大于40μm的粒子沉降太快，而小于2μm的粒子则使过滤阻力太大，含有1%～5%大于过滤介质孔径的颗粒分布是必要的。

（2）用量　助滤剂用量的选择，一般由试验的方法确定。试验中要采用现场的过滤机，或采用同种型式的小型过滤机，操作条件也必须与生产实际的条件完全相同，下面给出一般经验参考用量。

对于间歇过滤的预敷层，所用助滤剂的量以在过滤介质上形成1～2mm厚度为常用标准，这是防止过滤介质堵塞的最小经验值。若助滤剂采用细颗粒的硅藻土或珍珠岩时，助滤剂的使用量可为500g/m^{2}过滤面积；若采用粗粒度时，助滤剂的使用量为700～1000g/m^{2}过滤面积。

对于连续的回转圆筒过滤机，预敷层一般取厚50～100mm，具体厚度应同时考虑助滤剂滤饼所能形成的极限厚度和所需过滤速度的厚度。

在进行掺浆加料助滤操作时，助滤剂的加入量与滤浆中固体的数量和性质有关。为了达到要求的滤液澄清度和适当的过滤速度，必须加入足够量的助滤剂。一般助滤剂的加入量为滤浆重量的0.1%～0.5%，在有大量不沉降悬浮固体存在时，所需加入的助滤剂量还要更大些。

滤饼过滤的装置在湿法冶金中是最常用的设备，其中有板框式压滤机、自动箱式压滤机、旋叶压滤机、立式离心卸料加压叶片机、连续式加压叶状过滤机、圆盘真空过滤机、翻斗真空过滤机、带式压滤机、真空增浓过滤机等，因不属本书范围，故不赘言介绍了。

8.5　深层过滤

深层过滤是由粒状床层（常为矿、焦炭等所组成）或多孔层（由陶瓷、塑料、金属等粉末或天然、人工纤维加工处理而形成）进行的澄清过滤（另见水处理、水处理剂）。处理自来水用的砂滤操作即为典型的深层过滤；陶瓷、塑料等过滤器广泛用于废水的处理。多孔层材质在深层过滤操作中愈加受到重视。

8.5.1　理论[16]

深层过滤的特点是固体颗粒的捕捉，是在床层内部形成的孔隙中进行，它可以阻挡比床层孔隙更小的颗粒。其过滤机理非常复杂，它是在重力沉降、扩散、水力效应等因素的联合作用下，将固体颗粒迁移至床层孔隙表面，在静电、分子吸引力等作用下被吸附，同时细菌等微生物也起作用。如果以恒速进行深层过滤操作，过滤压力（阻力）随时间不断升高，流出滤液的浓度也要增加，当达到设计值时，需停止操作，对床层进行洗涤。

关于深层过滤的理论，正在广泛地研究。但对装置的设计，还仅限于用实验的方法确定床层的粒度、厚度及其操作条件。

8.5.2　实际应用

8.5.2.1　*砂滤器*

砂滤器由圆筒或者箱体组成，在筒体里放有按大小粒级（0.3～5mm范围）分层的细砂、粗砂、煤粒。从底部至顶部颗粒尺寸逐级减小，颗粒床层就作为过滤介质。在顶部加入物料，随着过滤的进行，料液中固体颗粒被截留，床层阻力逐渐增加。当床层压力降增加到一个最大允许值时，即停止过滤，随后进行清洗。一般采用反向流动冲洗，有时采用空气吹洗或喷头清洗。砂滤器多数在开式容器中重力条件下以间歇方式操作，近年来又改用在压力下连续操作方式进行。这一过程如作为污水的第三级处理，通常可以得到含悬浮物不大于5mg/L的滤液。

8.5.2.2 袋滤器

重力袋式过滤器是将编织纤维、毛毡、鞣革做成袋子悬挂在支架上实现过滤的设备，如从油漆颜料中除去团块，从润滑油中除掉污垢。采用这种简单操作的袋滤器，其生产能力一般为0.03~1m^3/h，油的黏度约400mPa·s（cP）。如将数十个袋滤器并列使用，足以满足小规模生产需要。

8.5.2.3 滤芯式过滤器

滤芯式过滤器有侧缝式、表面式和深层式3类。深层过滤式滤芯与深层过滤的含义相吻合，颗粒主要被滤芯内部孔隙所捕获。粘接式和绕线式是深层过滤芯的两种主要结构型式。粘接式滤芯是由细微疏松的羊毛、棉、玻璃纤维或各种合成纤维构成的，用过滤成型技术将含水的纤维制成一个厚壁筒式结构。干燥之后，用树脂浸渍、固化，形成一个轻巧的、刚性的多孔结构。它是自支撑的，通常不需要中心支撑骨架。可通过改变介质的堆积密度来调节滤芯的容渣性能。

绕线式滤芯是由羊毛、棉、玻璃纤维和各种合纤产品的定长纤维制成的，把纺制的纤维纱绕在一个中空的多孔芯管上，每缠绕一层之后，用刷子梳起绒毛，而后缠绕到要求的厚度为止。为使绒毛形成过滤介质，需改变从中心到外层的缠绕紧密度。过滤介质的孔隙率取决于缠绕的间距、张力、纤维长度等参数的控制。缠绕式滤芯容渣能力大，造价低廉，不能清洗，这些与粘接式是一致的。

为了减少滤芯的更换次数，滤芯式过滤器通常仅限于用作液体的精滤，处理浓度低于0.01%（重量）的悬浮液。在果汁、药液、液压油生产中，滤芯的过滤可达到需要的透明度和除菌。

滤芯式过滤器的主要操作指标为透过滤芯的最大粒径、容渣能力和压强降之间关系。

其他过滤介质，如多孔陶瓷、多孔金属和多孔塑料等硬质多孔介质，如毛毡、非织造滤布，都有与滤芯式过滤器类似的深层过滤性能，均可利用。

8.6 增浓过滤

增浓过滤操作能提供一项更有效的、超过常规的脱水技术。例如代替那些适用重力沉降但无空间可提供的场合，料浆中颗粒与液体密度差不适合用沉降操作进行分离的场合，液固分离作业要求用密闭的或压力下操作的场合。增浓脱水后达到的固体浓度有时可超过滤饼过滤。如果过滤介质选用具有筛滤作用的高分子膜，在增浓同时还兼有粗分级（分离小分子）的作用。增浓过滤可以通过多种方式以工业规模进行。

8.6.1 增浓过滤方式

8.6.1.1 动态过滤

传统滤饼过滤过程中的颗粒是随料浆以过滤介质为其流动终端的垂直流向操作。这样，如果操作压力差保持不变，由于过滤滤饼不断增厚，使流动阻力加大，过滤速率就会随时间而减小。当过滤胶体或微米级颗粒时，由于起截留作用的过滤介质易于发生堵塞，这种速率降低现象更为明显。为了避免这个问题，细颗粒过滤前常常进行絮凝、凝聚等预处理，以便增大颗粒尺寸便于过滤，或加助滤剂以预敷层操作方式进行。

如果使料浆的流向平行而不是垂直于过滤介质表面，那么就可以起到限制滤饼层增长的作用，从而大大减少过滤速率随时间的下降。这种模式就称为动态过滤。动态过滤是借一个流速很高的主体流动平行流过过滤介质，减少颗粒在过滤介质表面的积聚从而保持一个稳定的薄层沉积（滤饼），因此可以将这种动态薄层过滤当作稳态操作过程来看待。

动态过滤实质上是一个连续的过滤增浓操作。对于不适合用固定层滤饼操作的难过滤物料，特别是某些具有流变性在转动条件下黏度变低的，采用动态薄层过滤操作则其增浓程度可以不亚于甚至超过一般固定层滤饼过滤达到的浓度，然而其过滤速率要大得多，可以数倍于甚至达到一个数量级，视不同物料的性质而定。这些优点的获得是以耗损能量为代价的。因为除了供给过滤推动力——压力差的能量外，为了使料浆平行流过过滤介质，还必须提高所用泵的能量，或在滤室中另加旋转件带动悬浮液所需的功耗。

8.6.1.2　膜过滤

膜过滤是以溶液为主要过滤对象，所用过滤介质是高分子聚合物或无机材质的多孔膜。通常使用超滤膜或微孔膜的膜滤装置，以离心泵、柱塞泵、螺杆泵或压缩空气提供过滤所需的动力。操作压力一般在0.1～1MPa的范围内选用。微孔膜的分离机理主要为筛分效应，其孔径范围为自0.02～10μm构成的系列。截留物为悬浮物、颗粒、纤维，透过物为水、溶剂、溶质（另见膜技术）。超滤膜兼有筛分与吸附的分离机理，主要用于溶液中大分子、胶体、蛋白质等的截留，将水、溶剂分离出去。其孔径以截留球形分子的系列分子量作标定，截留分子量（有时也称切割分子量）范围一般自1000～300000之间，相应的膜孔径范围约为0.001～0.02μm。膜过滤已广泛用于微生物分析，无菌水监测，药品、蛋白质和其他高分子物料的浓缩和分离，以及食品、饮料的加工。

8.6.1.3　电场动态过滤

电场动态过滤是在动态过滤过程中再外加一个适当极性的直流电场，使带净存电荷的颗粒向远离过滤介质方向作出迁移。这种电泳的迁移可以防止滤饼的成长，从而防止过滤性能的下降。

电场的引入还会带来电渗流（electrosmotic flow）附加效应。电渗流是在外加电场下固液界面带电以后出现的特殊性质，液相能相对于静止固体的带电表面作毛细渗透流动。在电场动态过滤条件下，由膜和膜过滤时产生的颗粒积聚层中即形成这种电渗流，这就进一步提高过滤速率。

把电场过滤中的电泳迁移与动态过滤中存在的颗粒扩散与径向迁移作用结合起来，可以更好地减少滤饼的成长，甚至能完全消除滤饼的形成。动态过滤中的颗粒扩散是由于膜过滤时存在浓差极化引起的，这是一种返回主体流的溶质颗粒的浓度扩散。而颗粒的径向迁移则由于流场中剪切应力不均匀，使得悬浮液中悬浮颗粒具有横穿流线的径向移动。因此颗粒扩散与径向迁移都有利于使颗粒离开过滤表面流向通道，随主体流带走。当所过滤的悬浮液中连续相的电导相当低且存在带电颗粒时，这种过程将发挥效用。从目前研究的悬浮液系统如5μm的高岭土对水、100μm以下的Cr_2O_3对水、6μm以下的Al_2O_3对甲醇和丁醇的报道，在工程上有进一步开发价值。

8.6.1.4　滤饼反冲洗式设计

这是一种通过间断的反冲洗过滤介质来限制滤饼层增厚成为增浓操作的一种方式，在一般的真空过滤机或压滤机中已成功进行薄层滤饼操作。

8.6.2　增浓过滤装置

增浓过滤机是用来除去部分液体以增加悬浮液固体浓度的机器。进行增浓的目的是作为过滤过程的预处理以提高经济性，并满足某些操作过程的需要用来提高悬浮液的含固量。

8.6.2.1　增浓过滤机

增浓过滤机是根据压力过滤机的基本结构改进而制成的，用专门设计的滤板来代替了压力过滤机的滤框，滤板带有螺旋或垂直的液道，如图8-27所示。需要增浓的料浆注入压力增浓器内，当它流经滤板的横断面时，滤液穿过滤布流到相邻的排液板，同时增浓的浆液从压力过滤机中连续排出。滤板可以并联，在压力降允许的极限内也可以串联或者串并联安装。

8.6.2.2　圆盘真空增浓过滤机

Peterson增浓过滤机是一个周期性的全部浸入液中的连续真空圆盘式过滤机，它由一个分割成扇形面的盘和真空分配阀组成。真空分配阀提供过滤所需的真空度，可在任一要求的部位进行空气、蒸汽或残液反吹，如图8-28所示。这种过滤机的过滤操作进行到在盘上积聚了相当厚度的滤饼时为止，于是卸除的滤饼落入槽内，并准备重新开始这一循环，滤饼迅速落在锥形底部，用隔膜泵连续地抽出。

图8-27　增浓过滤机

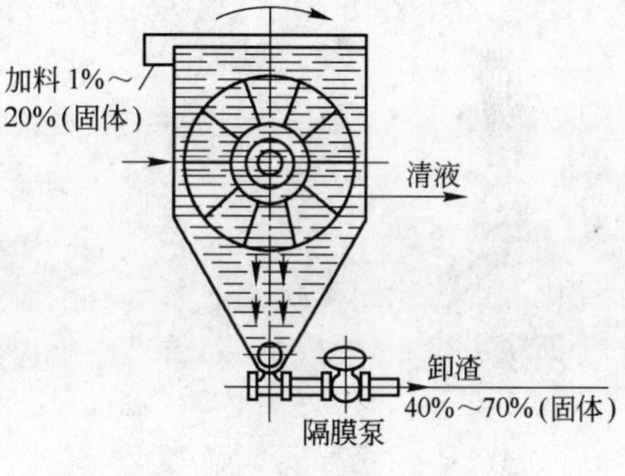

图8-28　圆盘真空增浓过滤机

参 考 文 献

1　金鼎五．液固分离．见：化学工程手册编委会．化学工程手册（5）．北京：化学工业出版社，1989

2　金鼎五．液固分离．见：时钧，汪家鼎等主编．化学工程手册：下．北京：化学工业出版社，1998

3　金鼎五．液固分离．见：化学百科全书编委会．化学百科全书：18卷．北京：化学工业出版社，1998

4　孙启才，金鼎五．离心机原理结构与设计计算．北京：机械工业出版社，1987

5　任鸿九．絮凝．见：中国冶金百科全书（有色冶金卷）．北京：冶金工业出版社，1999

6　马荣骏．絮凝的原理及应用．稀有金属与硬质合金，1998（5）：5～8

7 D. Bradley, The Hydrocyclone, Pergamon Press, London, 1965
8 L. 斯瓦罗夫斯基著. 固液分离. 第2版. 朱企新，金鼎五等译. 北京：化学工业出版社，1990
9 J. M. 柯尔森，J. F. 李加森著. 化学工程. 第3版. 丁绪淮等译. 北京：化学工业出版社，1987
10 化工学协会. 化学工学便览. 修订五版. 东京：丸善株式会社出版，1988
11 杨守志等. 固液分离. 北京：冶金工业出版社，2003
12 H. H. Steinour, Ind. Eng. Chem, 1944, 36 (618): 840
13 Y. Zimmels, Eneyclopedia Mechanics, Vol. 5., Chap. 3, pp93-153, Gulf Publisging Co., Huton, 1986
14 H. C. Brinkman, Appl. Sci. Res. 1947, A1: 27, 1948, A1: 82, 1949, A2: 190
15 C. M. Ambler, Chem. Eng, 1952, 48 (3): 84
16 H. Trawinski, Chemiker-Zeitung, Chem. Apparture, J82, H18, 1959: 606

9 浸出液脱铁、脱硅的原理

主要符号表

r——离子半径（或晶粒半径）	$1-Q_{A^+}$——草黄铁矾共沉淀的比例
R^+——中心配位离子	K——平衡常数
G——自由能	E——电位
V——结晶新相体积	$E^{\ominus}$——标准电位
Δf_V——单位体积中，新、旧相自由能之差	pK——解离常数的负对数
S——新相表面积	$\sigma_{晶—液}$——晶体溶液界面上的表面张力
σ——表面张力	C——浓度
n——新相颗粒数	R——气体常数
K——对杂质的捕获系数	T——温度

在湿法冶金中，铁和硅是最为主要也是最为有害的杂质，它们既影响浸出过程的正常进行，更会影响下一工序产品的质量，所以，必须把它们从浸出液中除去。

在碱性浸出液中不存在除铁的问题，铁仅存在于酸性浸出液中，而硅在酸、碱性浸出液中都会存在。在酸性浸出液中除铁有黄钾铁矾法、针铁矿法及赤铁矿法；在酸性浸出液中除硅主要是控制溶液的 pH 值，快速沉淀法；在碱性浸出液中除硅，主要是在生产氢氧化铝中加钙除硅的方法。本章要阐述的是上述除铁、硅方法的理论问题。

9.1 酸性浸出液中除铁

9.1.1 黄（钾）铁矾法除铁[1~7]

9.1.1.1 *黄铁矾沉淀结构及热力学稳定性*

黄铁矾类化合物在改进近代锌工业的浸出技术中起着重要作用。在 19 世纪的矿物学文献中已有黄铁矾的报道，20 世纪 50 年代，曾有一些关于黄铁矾化合物的化学组成和晶体结构的文章。黄铁矾是纯黄色或淡黄色晶体，六方晶系，明矾石型结构，$a=0.721$nm，$c=1.703$nm，$z=3$，常呈壳状、粒状、土状和致密块状集合体以及结核状。

黄铁矾常为金属硫化矿床氧化带的次生产物，在干燥地带黄铁矿床的氧化带最为常见，黄铁矾矿氧化后分解形成壳状和薄膜。我国甘肃某地的大型含铜黄铁矿型矿床的氧化带中就在“铁帽”中发现大量黄铁矾。

黄铁矾的分子式通常可以写成 $A_2O\cdot3Fe_2O_3\cdot4SO_3\cdot6H_2O$ 或 $AFe_3(SO_4)_2(OH)_6$，或

$A_2[Fe_6(SO_4)_4(OH)_{12}]$，式中 A 代表一价阳离子，既可以是 K^+、Na^+、NH_4^+，也可以是 Rb^+、Ag^+、$1/2Pb^{2+}$ 或 H_3^+O 等。

黄钾铁矾：$KFe_3(SO_4)_2(OH)_6$，化学组成：$w(K_2O) = 9.41\%$；$w(Fe_2O_3) = 47.83\%$；$w(SO_3) = 31.97\%$；$w(H_2O) = 10.79\%$。

黄钠铁矾：$NaFe_3(SO_4)_2(OH)_6$，化学组成：$w(Na_2O) = 6.4\%$；$w(Fe_2O_3) = 49.42\%$；$w(SO_3) = 33.04\%$；$w(H_2O) = 11.14\%$。

黄铵铁矾：$NH_4Fe_3(SO_4)_2(OH)_6$，化学组成：$w[(NH_4)_2O] = 5.43\%$；$w(Fe_2O_3) = 49.93\%$；$w(SO_3) = 33.37\%$；$w(H_2O) = 11.27\%$。

所有这些化合物可通称黄钾铁矾或黄铁矾。在自然界里，有些矿物具有类似的组成，相同的结构和结晶形态，即所谓类质同晶。所谓矾，是一系列类质同晶矿物的总称，而黄钾铁矾是矾中的一种。

矾形成的难易程度与一价和三价离子的相对半径大小有关。一价金属离子半径较大和三价金属离子半径较小时，比较容易形成矾的结晶。就三价离子来说，它的半径应介于 0.05～0.07nm 之间，例如 $r_{Al^{3+}} = 0.057nm$，$r_{Fe^{3+}} = 0.067nm$，$r_{Cr^{3+}} = 0.064nm$。对一价金属离子，半径应接近或大于 0.1nm，例如 $r_{K^+} = 0.133nm$，$r_{Na^+} = 0.098nm$，$r_{Rb^+} = 0.149nm$，$r_{NH_4^+} = 0.143nm$，$r_{Li^+} = 0.078nm$，$r_{Cs^+} = 0.165nm$。钾矾和铵矾容易形成，由于锂离子半径太小而不易形成锂矾。

各种配离子配位数的大小很大程度上是由中心离子 R^+ 和配位体 R^- 的相对半径比值决定的。如果 $R^+/R^- > 0.41$，则配合物配位数为 6 并形成正八面体；如果 $R^+/R^- < 0.41$，则配位数为 4 并形成四面体。就高价铁离子来说，$r_{Fe^{3+}} = 0.067nm$，$r_{H_2O} = 0.16nm$，故 $r_{Fe^{3+}}/r_{H_2O} \approx 0.42 > 0.41$，因此 Fe^{3+} 在水溶液中形成 $[Fe(H_2O)_6]^{3+}$ 八面体。从结构化学的观点看，用 $A_2[Fe_6(SO_4)_4(OH)_{12}]$ 表达比较恰当，因为它相应于黄钾铁矾晶体结构中每个斜方单位所包含的质点数，同时也反映了有关质点的具体组成。在这种结构中，高铁离子的配位数为 6，其中有四个配位体是 OH^- 离子，另外两个则为 SO_4^{2-} 离子中的 O^{2-} 离子。在黄钾铁矾的化学组成中，高铁离子与硫酸根的比值很大（$Fe^{3+}/SO_4^{2-} = 1.5$），因而它属于碱式盐而不是正盐，可在溶液酸度较低和 SO_3 含量较少的条件下形成，并可看成是氢氧化物向正盐过渡的中间产物。在正盐中，高铁离子键合物是 SO_4^{2-} 中的氧原子，在氢氧化物中则为 OH^-，而在碱式盐中则存在这两种键合物。矾的晶型通常都是八面体，黄铁矾也是八面体，这类化合物可在实验室合成。黄铁矾法除铁就是使溶液中的 Fe^{3+} 离子在较高温度、常压和有碱金属或铵离子存在的条件下，从弱酸性硫酸盐溶液中或有足够硫酸根存在下的氯化物溶液中缓慢形成的晶体沉淀。它易于沉降、过滤、洗涤，非常稳定，在水中溶解度很低，其中钾矾溶解度最低。

1861 年，A. 米彻尔利奇（Mitscherlich）在 230℃下首次合成了黄铁矾。如果在 140～240℃范围内将常压浸出铁酸锌得到的溶液调节酸度到足够低时，再进行高压处理，也可以制得黄钾铁矾。有人研究了 Fe_2O_3-SO_3-H_2O 三元系在某些温度下的平衡情况，如图 9-1 所示。图中“液”表示液相区，“固”表示固相区，其他则表示液、固相共存区。所有碱式盐、酸式盐及正盐都位于三元系相图内部，这是由于它们都含有结晶水的缘故。无水硫酸高铁位于 Fe_2O_3-SO_3 二元系线上，但它在 50℃和 75℃的条件下不是平衡相，即不会从溶液中以这种成分析出，因而没有在图上出现。按照平衡固相来分类，图 9-1 大致可以分成以下 3 类区域。

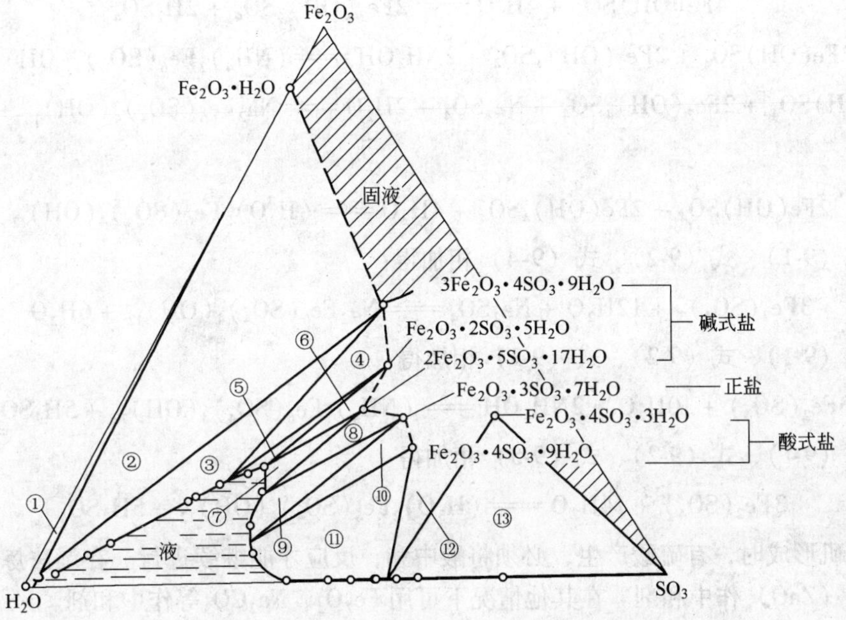

图 9-1　Fe_2O_3-SO_3-H_2O 三元系的 50℃ 等温线

(1) 平衡固相是氧化铁的水化物。这是一个非常狭小的区域，位于图中最左端的三角形①中。在这个区域内，从液相析出的固相是一水氧化铁或三水氧化铁。由于后者是介稳相而不是平衡相，因而未在图上标出。液相线基本上不和 Fe_2O_3-H_2O 二元系连线相交，因而氧化铁的水化物在水中的溶解度非常小。三角形①远离组分 SO_3，表示系统酸度非常低，高铁以氢氧化铁和针铁矿的形态从溶液中析出需要符合这种条件。黄铁矾除铁必须偏离这个区域，即必须使溶液保持一定酸度。

(2) 平衡固相是碱式盐或碱式盐和氧化铁水合物的混合物。三角形②～⑦都属于这样的区域，它们由液相和固相混合组成。液相是盐类的饱和溶液，其组成由液相线上的点来表示；固相的种类和组成则由固相线上的点来表示。可以看出，三角形②的平衡固相是氧化铁的水合物和含结晶水的硫酸高铁碱式盐（$3Fe_2O_3·4SO_3·9H_2O$），在③～⑦中，平衡固相则为一种或两种不同的碱式盐。

(3) 平衡固相是正盐、酸式盐或它们的混合物。三角区域⑨～⑬就属于这样的区域，体系中 $w(SO_3)$ 的增加将使平衡液相线即母液的含铁量急剧下降，这些区域的特点是平衡液相线含有很高的 $w(SO_3)$。与黄铁矾沉铁直接有关的是区域②和③，与它们相应的稳定平衡固相是碱式盐草黄铁矾 $3Fe_2O_3·4SO_3·9H_2O$，也可以写成 $[H(H_2O)]_2O·3Fe_2O_3·4SO_3·6H_2O$，不论在成分或物理化学性质方面都和黄钾铁矾非常相近。所以当溶液中存在 K^+、Na^+、NH_4^+ 时，平衡固相将由更为稳定的黄铁矾所代替。随溶液酸度减小，草黄铁矾趋于不稳定，并将转变为含水氧化铁。为使高铁以铁矾析出，必须使溶液保持一定酸度。

从硫酸铁溶液中沉淀铁矾的反应为

$$3Fe_2(SO_4)_3 + 6H_2O = 6Fe(OH)SO_4 + 3H_2SO_4 \quad (9\text{-}1)$$

$$4Fe(OH)SO_4 + 4H_2O = 2Fe_2(OH)_4SO_4 + 2H_2SO_4 \quad (9\text{-}2)$$

$$2Fe(OH)SO_4 + 2Fe_2(OH)_4SO_4 + 2NH_4OH = (NH_4)_2Fe_6(SO_4)_4(OH)_{12} \quad (9\text{-}3)$$

$$2Fe(OH)SO_4 + 2Fe_2(OH)_4SO_4 + Na_2SO_4 + 2H_2O = Na_2Fe_6(SO_4)_4(OH)_{12} + H_2SO_4 \quad (9\text{-}4)$$

$$2Fe(OH)SO_4 + 2Fe(OH)_4SO_4 + 4H_2O = (H_3O)_2Fe_6(SO_4)_4(OH)_{12} \quad (9\text{-}5)$$

将式（9-1）、式（9-2）、式（9-4）相加得：

$$3Fe_2(SO_4)_3 + 12H_2O + Na_2SO_4 = Na_2Fe_6(SO_4)_4(OH)_{12} + 6H_2O \quad (9\text{-}6)$$

将式（9-1）、式（9-2）、式（9-3）相加得：

$$3Fe_2(SO_4) + 10H_2O + 2NH_4OH = (NH_4)_2Fe_6(SO_4)_4(OH)_{12} + 5H_2SO_4 \quad (9\text{-}7)$$

将式（9-1）、式（9-2）、式（9-5）相加得：

$$3Fe_2(SO_4) + 14H_2O = (H_3O)_2Fe_6(SO_4)_4(OH)_{12} + 5H_2SO_4 \quad (9\text{-}8)$$

黄铁矾形成时，有硫酸产生，必须将酸中和，反应才能继续进行。在湿法炼锌中通常采用焙砂（ZnO）作中和剂。在其他情况下可用 Fe_2O_3、Na_2CO_3等作中和剂。

9.1.1.2 亚铁离子的氧化

黄铁矾结晶的形成需要的是 Fe^{3+}，在实际的工业滤液中均含有比例不等的 Fe^{2+}，因此氧化是结晶前的首要步骤。

Fe^{3+}/Fe^{2+}在25℃时的标准还原电位为+0.77V，相对于各种金属的电极电位正值很大，因此三价铁离子易于还原，二价铁离子较难氧化。理论上凡标准还原电位高于0.77V的物质都可作为二价铁离子的氧化剂。但从电位与浓度关系的公式可知，随着氧化过程的进行，溶液中三价铁离子逐渐增多，二价铁离子逐渐减少，相应的电位值也随之增高。因此选用的氧化剂标准电位应远高于0.77V。电位值高于1V且对锌电解无害的常用氧化剂有过硫酸盐（高于1.8V）、过氧化铅（1.685V）、过氧化氢（1.77V）及臭氧（2.07V）等。目前湿法炼锌中黄铁矾除铁过程使用的氧化剂主要有二氧化锰、高锰酸钾、过硫酸盐等；在其他有色金属冶炼中，如钴、镍、铜湿法冶金，也可使用氯气（1.36V）、氯酸钠（1.44V）等作氧化剂。

$KMnO_4$：可在酸性、中性及碱性介质中使用。

在酸性介质中：

$$MnO_4^- + 8H^+ + 5e = Mn^{2+} + 4H_2O \quad (9\text{-}9)$$

在中性和碱性介质中：

$$MnO_4^- + 2H_2O + 3e = MnO_2\downarrow + 4OH^- \quad (9\text{-}10)$$

在强碱性介质中：

$$MnO_4^- + e = MnO_4^{2-} \quad (9\text{-}11)$$

MnO_2：自然界软锰矿中含 MnO_2为80%～95%，价格便宜，来源充足。在酸性溶液中

(pH<2.4) 反应为：

$$MnO_2 + 4H^+ + 2e \Longrightarrow Mn^{2+} + 2H_2O \qquad (9\text{-}12)$$

氯气(Cl_2)：

$$Cl_2 + H_2O \Longrightarrow HCl + HClO \qquad (9\text{-}13)$$

$$2FeCl_2 + HClO + HCl \Longrightarrow 2FeCl_3 + H_2O \qquad (9\text{-}14)$$

氯酸钠($NaClO_3$)：

$$6FeCl_2 + NaClO_3 + 6HCl \Longrightarrow 6FeCl_3 + NaCl + 3H_2O \qquad (9\text{-}15)$$

在用硫酸浸出锌焙砂时，常用过氧硫化物代替锰氧化剂，该化合物不会将任何杂质离子带入溶液。与其他氧化剂相比，它具有很高的利用率，一般为100%。过一硫酸（简称过硫酸），是一种很强的氧化剂，在湿法冶金中使用它的主要优点是：当有金属离子存在，特别在温度升高时，比过氧化氢稳定。过硫酸在低温时稳定，其稀溶液可在高到90℃的反应中使用，但当pH升高到大约3.5以上时，过硫酸溶液就开始自然分解。因为HSO_5^-和溶液中其他离子间氧化还原反应速度很快，所以在pH值约低于5时均为有效。随着HSO_5^-被还原成SO_4^{2-}或HSO_4^-，过硫酸可能有两个标准电位值$E^\ominus$：

$$HSO_5^- + 2H^+ + 2e \Longrightarrow HSO_4^- + H_2O \quad (E^\ominus = 1.81V) \qquad (9\text{-}16)$$

$$HSO_5^- + H^+ + 2e \Longrightarrow SO_4^{2-} + H_2O \quad (E^\ominus = 1.75V) \qquad (9\text{-}17)$$

过二硫酸盐在适当条件下能以稳定的固体状态贮存，但价格较贵。过二硫酸比过一硫酸氧化作用稍强，它在酸性溶液中可水解成过一硫酸。在湿法冶金中使用，如果没有催化剂如铜、银离子存在时，低温下反应速度缓慢。

9.1.1.3 一价阳离子对结晶的影响

黄铁矾的生成条件是，溶液中必须有Na^+、K^+或NH_4^+等离子。通常使用的化合物有NH_4OH、$(NH_4)_2SO_4$、NH_4HCO_3、$NaOH$、Na_2SO_4及KCl等。一价离子加入量必须满足化学式$AFe_3(SO_4)_2(OH)_6$所规定的原子比，即Fe/A必须等于或大于3方能取得好的除铁效果。不同种类和数量的一价阳离子除铁效果如图9-2所示。由图9-2知，钾离子效果最好，钠和铵离子效果接近。Fe^{3+}浓度0.025~3.0mol/L是形成黄铁矾的良好浓度范围。铁浓度的下限是0.001mol/L，若存在必要量的碱，则黄铁矾的形成及组成与Fe^{3+}浓度基本无关。溶液中水合氢离子H_3O^+可部分地取代碱金属离子或铵离子，一般取代量约15%~25%，取代难易与黄铁矾稳定性次序相反。不同金属离子形成的黄铁矾稳定性次序为$K^+ > NH_4 > Na^+$，铵矾比钠矾稳定性略高。

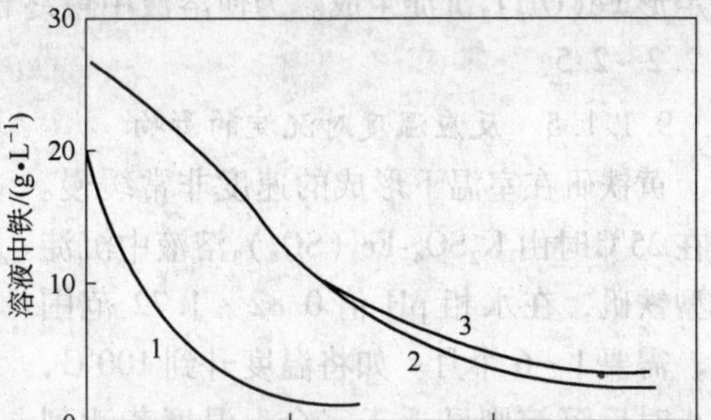

图9-2 时间及一价阳离子对不同黄铁矾沉淀的影响

1—K^+；2—Na^+；3—NH_4^+；$\frac{A}{Fe} = \frac{1}{3}$

实验条件：溶液中，Zn为150g/L，$Fe_2(SO_4)_3$为0.5mol/L；中和剂为ZnO粉；95℃；pH=1.5

9.1.1.4 溶液酸度对沉淀的影响

溶液pH值对黄铁矾的稳定性和沉淀率有重要影响。黄铁矾在形成过程中产生大量酸，酸度增高将降低铁的沉淀量和速率。沉淀母液中 Fe^{3+} 浓度与硫酸浓度的关系，理论上为 $C_{Fe^{3+}}/C_{H_2SO_4}=0.004$，但生产实际操作时上述比值常取 0.01。有人研究了温度-pH 值关系，如图 9-3 所示。图中阴影部分是黄铁矾稳定存在区域，表明在低 pH 值下，必须在较高温度下黄铁矾才能稳定存在。20℃，pH 值范围是 2～3；100℃，pH 值范围是 1～2.3；而在 200℃时 pH 值则为 0～1.2。实际上，pH<2.5，溶液电位大于 0.60V 和 Fe^{3+} 浓度大于 0.001mol/L，黄铁矾即可以稳定存在。图 9-4 表示出了电位与 pH 值的关系图。该图表明黄铁矾在很大的 pH 值范围内是稳定的。

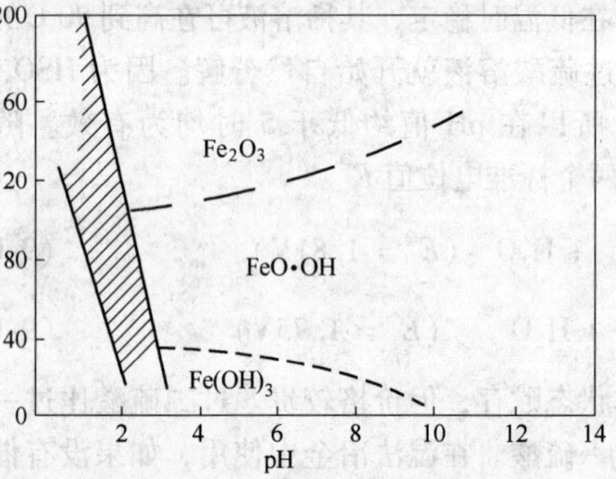

图 9-3 黄铁矾形成与温度的关系
（溶液中，$Fe_2(SO_4)_2$ 含量为 0.50mol/L）

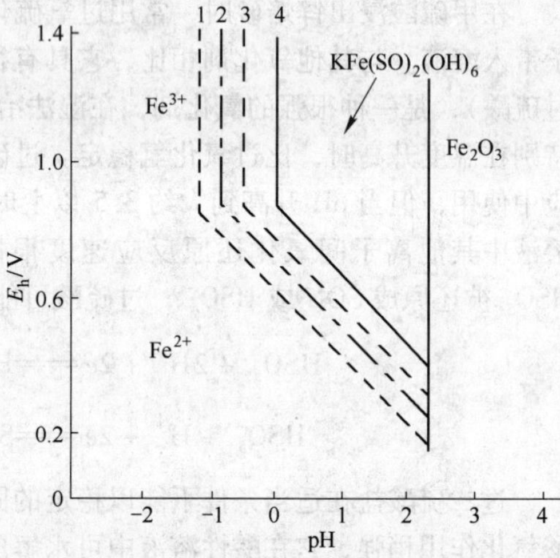

图 9-4 电位-pH 值图中黄铁矾的稳定范围
溶液中，Fe^{3+} 平衡浓度/$mol\cdot L^{-1}$：
1—0.10，2—0.01；3—10^{-3}；4—10^{-4}

在实践中，加入中和剂调节 pH 值时必须细心操作，特别是 pH 为 1.4～1.9 时，是成矾的主要阶段，中和剂应缓慢加入。若结晶过快，颗粒太细，或溶液局部酸度过低，导致无定形 $Fe(OH)_3$ 沉淀生成。为使溶液中最终含铁量低于 0.05g/L，终点 pH 值一般应控制在 2.2～2.5。

9.1.1.5 反应温度对沉淀的影响

黄铁矾在室温下形成的速度非常缓慢。如在 25℃时由 K_2SO_4-$Fe_2(SO_4)_3$ 溶液中沉淀钾型铁矾，在水相 pH 值 0.82～1.72 范围内，需要 1～6 个月。如将温度升到 100℃，数小时后沉淀则已近于完全；温度若达到 180～200℃，黄钾铁矾则开始破坏。

沉矾的操作温度要求高于 85℃，温度对沉淀结果的影响如图 9-5 所示。温度低不仅沉淀速度缓慢而且过滤困难。黄铁矾在酸性介质中的溶解度随温度升高而急剧下

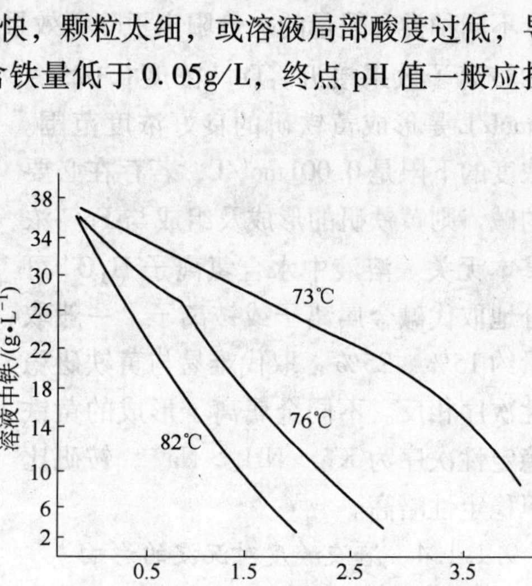

图 9-5 除铁温度与时间的关系

降。

9.1.1.6 晶体对沉淀的影响

黄铁矾晶核的生成比较缓慢。从含硫酸 10g/L，Fe^{3+} 10.98g/L 的热酸浸液中除铁，大约 1h 后溶液中才有结晶析出。加入晶种后，半小时便有晶体析出。在整个沉矾过程中搅拌也是必要的。

向热力学稳定相转移的相变都将降低整个体系自由能。新相的生成，使体系的相数由一相变为两相。一方面部分原子由高的自由能（旧相）向低的自由能（新相）转变，降低体系内部自由能；但另一方面，新相表面的形成，又需要能量，从而增加体系的自由能。因而新相（如黄铁矾结晶）形成时自由能的变化可用下式表示：

$$\Delta G = -V\Delta f_V + S\sigma \tag{9-18}$$

式中 V——结晶新相体积；

Δf_V——单位体积中旧相、新相间自由能之差，$\Delta f_V = G_{液} - G_{固}$；

S——新相的表面积；

σ——单位相界面上，新旧两相间的表面张力，即两相间比表面能。

假设新相为球形，上式可改写成：

$$\Delta G = -\frac{4}{3}\pi r^3 n\Delta f_V + 4\pi r^2 n\sigma \tag{9-19}$$

式中 r——球形晶粒的半径；

n——新相生成的颗粒数。

图 9-6 表示了体系内新相形成时，新相晶粒大小和体系内自由能变化的关系。从该图可以看出，ΔG 的变化取决于新相颗粒的大小。当晶粒的半径小于临界颗粒半径 r_K时，体系总自由能增高；当半径大于 r_K时，情况相反；半径等于 r_0时，ΔG 的增加等于零，表明由于新相的生成，形成的相界表面能抵消了部分原子由液相向自由能较低的固相转变带来的自由能降低；当半径大于 r_0时，自由能的增加为负值，表明整个体系内的自由能趋于降低。由此可知，在结晶开始后，可以有许多晶粒，但是受到一定限制，只有那些由于涨落现象等原因使粒径增大到引起体系自由能减小的晶粒得以成长，即半径大于 r_K 的晶粒，才可能成为晶核。图 9-7 表明外加晶种可以大大加快沉矾速度。

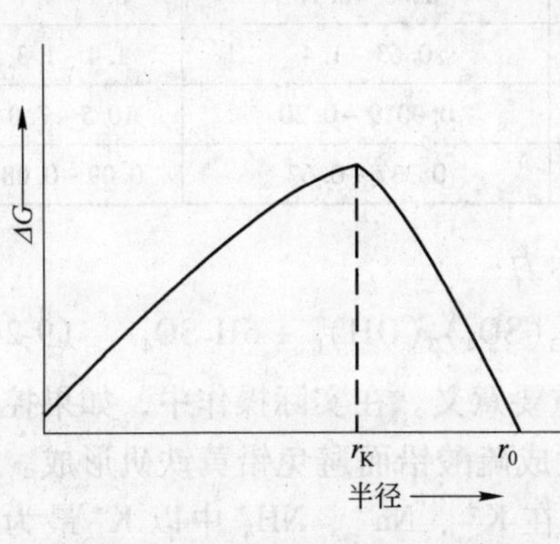

图 9-6 体系内新相形成时新相晶粒大小和体系内自由能变化的关系

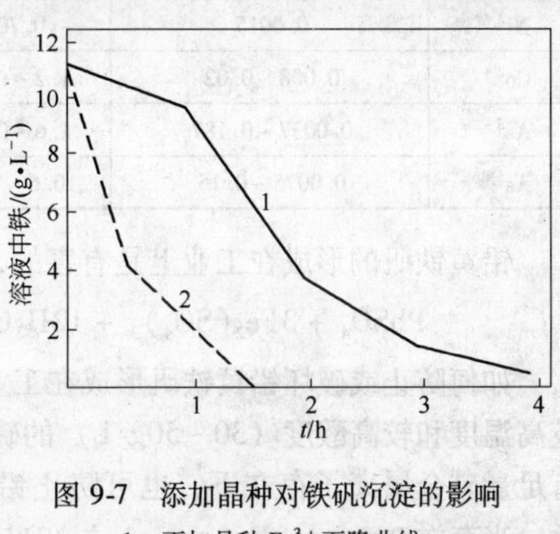

图 9-7 添加晶种对铁矾沉淀的影响

1—不加晶种 Fe^{3+} 下降曲线；

2—加晶种 Fe^{3+} 下降曲线

9.1.1.7　黄铁矾沉淀过程中其他离子的行为

黄铁矾法除铁主要用于湿法炼锌，因此锌对沉淀的影响是首先需要考虑的因素。考察锌的影响时发现，即使溶液中含有100g/L Zn^{2+}，沉淀由结晶向无定形转变的临界pH值也几乎不变。即不加Zn^{2+}，临界pH_{JA}为：

$$pH_{JA} = 0.21\lg[Fe^{3+}] + 1.84 \tag{9-20}$$

而加入100g/L Zn^{2+}，（以$ZnSO_4$加入）后：

$$pH_{JA} = 0.21\lg[Fe^{3+}] + 1.80 \tag{9-21}$$

表明在沉矾过程中，锌可以看作是一种惰性物质。但工业上，要考虑的是如果锌浓度过高，溶液黏度增高，对操作不利。

虽然二价金属在通常条件下并不随黄铁矾一起沉淀，但在某些情况下，有价金属随沉淀的损失量仍相当可观。用捕获系数K来衡量杂质离子的共沉淀情况：

$$K = \frac{\text{在黄铁矾中的杂质质量}/\%}{\text{在溶液中杂质浓度}/g\cdot(100mL)^{-1}} \tag{9-22}$$

在表9-1示出了K^+型铁矾中不同离子的影响。可看出二价阳离子Zn^{2+}、Cu^{2+}、Co^{2+}、Ni^{2+}、Mn^{2+}等的K值很小。有作者研究了Cu^{2+}浓度对Na^+矾沉淀的影响。随Cu^{2+}浓度提高，钠矾中铜含量由零增加到1.2%。但这部分铜用热水或冷酸浸泡易于除去。在无碱存在下，二价离子取代铁矾中Fe的反应为

$$xM^{2+} + NaFe_3(SO_4)_2(OH)_6 \longrightarrow Na(Fe_{3-x}M_x)(SO_4)_2(OH)_{6-x} + xFe + xOH^- \tag{9-23}$$

表9-1　杂质在钾型黄铁矾沉淀与液相的分配

杂质元素	初始浓度 $C\times100/(g\cdot mL^{-1})$	K	杂质元素	初始浓度 $C\times100/(g\cdot mL^{-1})$	K
Zn^{2+}	3.2 ~ 16.3	0.2 ~ 0.08	Sb^{3+}	0.0007 ~ 0.01	11.5 ~ 10.0
Cd^{2+}	0.05 ~ 1.2	0.02	In^{3+}	0.0011 ~ 0.125	12.7 ~ 10.5
Cu^{2+}	0.32 ~ 1.6	1.0 ~ 0.56	Ga^{3+}	0.003 ~ 0.007	6.0 ~ 4.3
Mg^{2+}	0.78 ~ 1.65	0.013 ~ 0.006	Ge^{4+}	0.0014 ~ 0.145	1.3 ~ 0.5
Mn^{2+}	0.275 ~ 1.10	0.08 ~ 0.07	Tl^+	0.03 ~ 0.072	6.7 ~ 5.0
Ni^{2+}	0.0015	0.70	Tl^{3+}	0.03 ~ 0.10	6.1 ~ 4.7
Co^{2+}	0.008 ~ 0.02	1.2 ~ 0.5	Al^{3+}	0.63 ~ 1.4	1.4 ~ 1.3
As^{3+}	0.0037 ~ 0.187	1.6 ~ 0.4	F^-	0.0019 ~ 0.20	10.5 ~ 7.0
As^{5+}	0.0075 ~ 0.15	10.6 ~ 7.0	Cl^-	0.337 ~ 0.67	0.09 ~ 0.08

铅黄铁矾的形成在工业上是有害的，其反应可表示为：

$$PbSO_4 + 3Fe_2(SO_4)_3 + 12H_2O \longrightarrow 2Pb_{0.5}Fe_3(SO_4)_2(OH)_6 + 6H_2SO_4 \tag{9-24}$$

如何防止或破坏铅黄铁矾形成在工业实践中有着重要意义。在实际操作中，如果控制较高温度和较高酸度（30 ~ 50g/L）的硫酸，可使铅生成硫酸铅而避免铅黄铁矾形成。当有足量碱金属离子存在下，也可防止铅黄铁矾生成。在K^+、Na^+、NH_4^+中以K^+最为有效。当存在0.3mol/L K^+、Na^+或NH_4^+的硫酸盐，在0.1mol/L Fe^{3+}、0.1mol/L H_2SO_4、4.5g/L PbS浆液中，在150℃下沉矾，可有效防止铅黄铁矾生成。如果碱金属离子浓度不

够高，有可能形成混合型黄铁矾。在钾和铵盐加入后，最终沉淀中只有2%的铅。铅黄铁矾的分解反应为：

$$Pb_{0.5}Fe_3(SO_4)_2(OH)_6 + M^+ + 0.5SO_4^{2-} \longrightarrow MFe_3(SO_4)_2(OH)_6 + 0.5PbSO_4 \quad (9\text{-}25)$$

由于铅黄铁矾的形成，将造成许多有价二价金属损失，图9-8示出了Zn^{2+}随铅矾的损失。据统计工业上所采用的浓溶液，随铅损失的锌（质量分数）达4%，Cu^{2+}也大量进入铅黄铁矾中，形成混合黄铁矾$PbCuFe_2(SO_4)_2(OH)_6$。铜的含量随溶液中$CuSO_4$浓度增高、Pb/Fe^{3+}比率增大或溶液总离子强度增大，都会使Zn的损失急剧增高。虽然形成铅矾的总量随酸度增加而降低，但酸度对铜、锌与铅矾共沉淀没有多大影响。在铜、锌共存体系中，铜比锌更易于与铅共沉淀。不同离子随铅矾共沉淀次序为：$Cu^{2+} > Zn^{2+} > Co^{2+} > Ni^{2+} \sim Mn^{2+}$，与这些离子的水解难易大体相同。

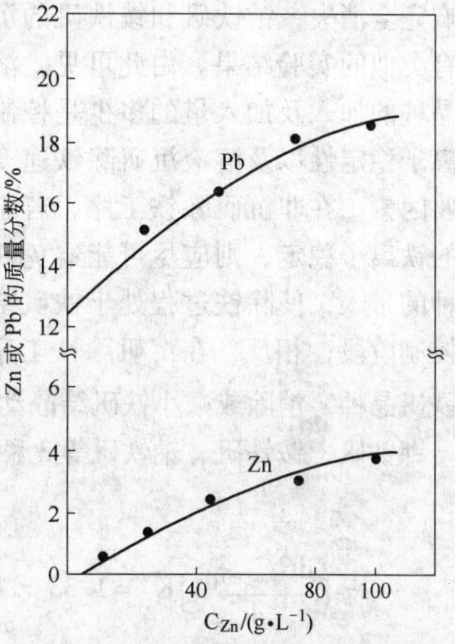

图9-8 不同浓度锌随铅黄铁矾的损失
（原液中Fe^{3+} 0.3mol/L；H_2SO_4 0.03mol/L；$PbSO_4$ 15.36g/L）

9.1.1.8 铁矾法除铁的动力学[5,14,15,21,22]

从动力学观点出发，在沉矾除铁时，应研究如下几个问题：

（1）铁矾沉淀除铁的动力学速度及其影响因素；

（2）现有铁矾法工业实践所能达到的最佳沉矾除铁条件以及在该条件下的铁矾沉淀除铁能力；

（3）铁矾沉淀除铁能力与实际除铁过程中的除铁要求的差异。

溶液中的铁矾沉淀过程是一个多相反应过程，它可分为两个步骤：铁矾的生成及铁矾的结晶沉淀，可用下式表示：

$$A_2SO_4 + 3Fe_2(SO_4)_3 + 12H_2O \rightleftharpoons 2AFe_3(SO_4)_2(OH)_6(l) + 6H_2SO_4$$

$$\Updownarrow$$

$$2AFe_3(SO_4)_2(OH)_6(s) \quad (a)$$

我们在实验室研究已合成了9种铁矾，但其中仅草黄铁矾、钾铁矾、铵铁矾、钠铁矾等4种铁矾的沉淀除铁动力学速度有工业应用价值。因此，锌湿法冶炼铁矾法除铁的研究主要集中于这4种铁矾。式（a）中的A表示H_3O^+、K^+、Na^+、NH_4^+等4种沉淀铁矾碱离子。由式（a）可以看到，溶液的铁矾沉淀除铁速度是由铁矾生成化学反应速度和铁矾结晶动力速度共同控制。下面，将分别对两个步骤的动力学因素进行讨论。

采用钾铁矾沉淀除铁，钾铁矾晶种的加入对溶液中钾铁矾沉淀除铁速度的影响如图9-9所示。图9-9中结果表明：钾铁矾晶种的加入量显著影响钾铁矾的沉淀除铁速度。没有铁矾晶种加入的溶液除铁曲线可分为三个阶段——完全由结晶动力学速度控制阶段*ab*；铁矾结晶动力学速度和铁矾生成化学反应共同控制阶段*bc*；铁矾生成化学反应控制阶段*cd*。

在铁矾结晶动力学速度控制阶段，因铁矾沉淀结晶动力学阻力大，在一定时间内，溶液中的铁离子稳定而不沉矾。铁矾晶种的加入可削弱铁矾结晶动力学速度控制因素的影响，并且随着铁矾晶种量的增加而最后可使影响完全消失，钠铁矾和铵铁矾的沉淀除铁也有类似的实验结果。由此可见，溶液中铁矾晶种的加入及加入量的多少是控制溶液内铁离子稳定性以及溶液沉矾除铁速度的一个重要因素。在非沉矾除铁工序，若希望溶液中的铁离子稳定，则应尽可能避免铁矾结晶晶种的带入，使除铁过程处于铁矾结晶动力学控制阶段；相反，在沉矾除铁工序，应加入铁矾晶种，消除或减小铁矾结晶动力学阻力，加快沉矾除铁速度、缩短沉矾除铁时间。

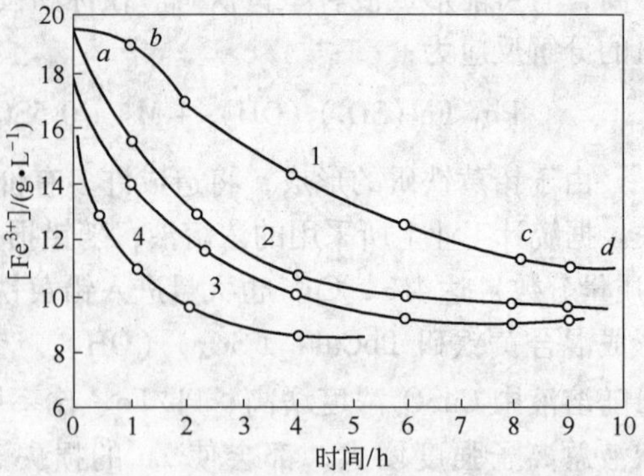

图 9-9　晶种对钾矾沉淀除铁速度的影响

$[H_2SO_4]_{始}=10g/L$，$[K_2SO_4]_{始}=5g/L$，98℃，晶种加入：

1—0g/L；2—25g/L；3—70g/L；4—190g/L

钾铁矾、铵铁矾、钠铁矾等 3 种铁矾的生成化学反应动力学速度遵循以下近似数学模型：

$$-\left(\frac{dC_{Fe_2(SO_4)_3}}{dt}\right)K^+ = 1.33\times10^{13}e^{-\frac{19468.6}{RT}}C^2_{Fe_2(SO_4)_3}C^{0.5}_{K_2SO_4} - 39.59e^{-\frac{5932.0}{RT}}C^{0.25}_{H_2SO_4} \quad (b)$$

$$-\left(\frac{dC_{Fe_2(SO_4)_3}}{dt}\right)NH_4^+ = 4.733\times10^{12}e^{-\frac{18762.5}{RT}}C^2_{Fe_2(SO_4)_3}C^{0.5}_{(NH_4)_2SO_4} - 14.39e^{-\frac{3974.8}{RT}}C^{0.25}_{H_2SO_4} \quad (c)$$

$$-\left(\frac{dC_{Fe_2(SO_4)_3}}{dt}\right)Na^+ = 7.657\times10^{11}e^{-\frac{17751}{RT}}C^2_{Fe_2(SO_4)_3}C^{0.5}_{Na_2SO_4} - 2.303e^{-\frac{2677.34}{RT}}C^{0.25}_{H_2SO_4} \quad (d)$$

3 种黄铁矾的反应动力学速度顺序为：$K^+ > NH_4^+ > Na^+$，钾铁矾、铵铁矾、钠铁矾等 3 种铁矾沉淀反应在 25℃ 的标准生成反应热分别为 −18.08kcal/mol、−14.18kcal/mol、−12.78kcal/mol。根据以上研究结果，可以得到如下几点结论。

（1）黄铁矾生成化学反应是一个可逆反应，反应体系中，硫酸铁、沉矾碱离子及游离酸呈现的宏观反应动力学级数分别为 2、1/2、1/4。

（2）溶液的温度、铁离子及沉矾碱离子浓度、酸度等因素显著地影响着黄铁矾生成的反应速度。控制溶液的温度、三价铁离子和沉矾碱离子浓度以及溶液酸度，能达到加速或抑制溶液中铁矾沉淀过程的目的。

（3）黄铁矾沉淀反应热力学趋势和黄铁矾生成反应动力学速度都比较大。黄铁矾沉淀除铁体系中，溶液中的三价铁离子的热力学稳定性差，且其动力学不稳定性大。因此，如果溶液中存在铁矾结晶晶种，消除铁矾结晶新相生成阻力，即使溶液温度低、酸度高，溶液中的三价铁离子仍然会沉矾。同时还可看到，若溶液的温度高，因其铁矾沉淀生成反应动力学速度比较大，在溶液中没有铁矾晶种存在的情况下，溶液中的三价铁离子也能在一定时间内突破其铁矾结晶动力学阻力而沉矾。

式（b）~式（d）所示的黄铁矾生成反应动力学速度模型，代表了黄铁矾沉淀过程完全由碱铁矾生成化学反应控制情况下的碱铁矾沉淀速度。它假定溶液中有足够的碱铁矾晶种，可完全消除钾矾结晶动力学阻力。因而，在溶液成分和温度一定的情况下，它表示实际除铁过程所能达到的碱铁矾沉淀最大速度。由于在碱铁矾沉淀体系中，除了碱铁矾的沉淀外，还有草黄铁矾（$H_3OFe_3(SO_4)_2(OH)_6$）的共沉淀，草黄铁矾共沉淀的比例可用（$1-Q_{A^+}$）表示，在溶液除铁过程中，它基本保持不变，但与沉淀铁矾种类、除铁溶液初始成分及沉矾温度有关。因此，在碱铁矾沉淀除铁体系中，溶液的总沉矾除铁速度可表示如下：

$$-\left(\frac{dC_{Fe_2(SO_4)_3}}{dt}\right)_{总}^{K^+} = (1.33\times10^{13}e^{-\frac{19468.2}{RT}}C^2_{Fe_2(SO_4)_3}C^{0.5}_{K_2SO_4} - 39.59e^{-\frac{5932.0}{RT}}C^{0.25}_{H_2SO_4})/Q_{K^+} \quad (e)$$

$$-\left(\frac{dC_{Fe_2(SO_4)_3}}{dt}\right)_{总}^{NH_4^+} = (4.733\times10^{12}e^{-\frac{18672.5}{RT}}C^2_{Fe_2(SO_4)_3}C^{0.5}_{(NH_4)_2SO_4} - 14.39e^{-\frac{3974.8}{RT}}C^{0.25}_{H_2SO_4})/Q_{NH_4^+} \quad (f)$$

$$-\left(\frac{dC_{Fe_2(SO_4)_3}}{dt}\right)_{总}^{Na^+} = (7.657\times10^{11}e^{-\frac{17751}{RT}}C^2_{Fe_2(SO_4)_3}C^{0.5}_{Na_2SO_4} - 2.303e^{-\frac{2677.34}{RT}}C^{0.25}_{H_2SO_4})/Q_{Na^+} \quad (g)$$

采用不同的碱铁矾沉淀除铁，对于不同初始成分的溶液，在不同温度下的沉淀除铁速度和除铁限度就可以根据以上的公式计算出来。以钾铁矾沉淀除铁为例，钾铁沉淀除铁时，某一时刻 t 溶液中的硫酸铁浓度 $C_{Fe_2(SO_4)_3}$ 是溶液初始硫酸铁浓度 $C^0_{Fe_2(SO_4)_3}$、沉矾钾试剂浓度 $C^0_{K_2SO_4}$、酸度 $C^0_{H_2SO_4}$ 及沉矾温度 T 的函数：

$$C_{Fe_2(SO_4)_3} = C^0_{Fe_2(SO_4)_3} - \int_0^t Q^1_{K^+}(1.33\times10^{13}e^{-\frac{19468.6}{RT}}C^2_{Fe_2(SO_4)_3}C^{0.5}_{K_2SO_4} - 39.59e^{-\frac{5934.3}{RT}}C^{0.25}_{H_2SO_4})dt \quad (h)$$

式中，$C_{K_2SO_4}$、$C_{H_2SO_4}$ 可通过钾铁矾沉淀反应计量式及 $C^0_{K_2SO_4}$、$C^0_{H_2SO_4}$ 确定。

图 9-10 为根据上式所作的初始三价铁离子浓度 25g/L、初始酸度 2.5g/L，[K^+]（实际浓度）=[K^+]（理论需要量）的溶液，在 70~100℃温度范围内的钾铁矾沉淀除铁曲面图。类似地还可作出各种黄铁矾在不同条件下的一系列沉矾除铁曲面图。在湿法炼锌铁矾法工业实践中，由于沉矾除铁在敞开的槽中进行，溶液除铁温度限制在溶液沸点以下，其次为避免溶液内的铁在沉矾前就水解以及操作上的困难，溶液的始酸度不能过低，以 pH =1~1.5 为宜，因此可以认为，湿法炼锌铁矾法工业实践所允许的较佳沉矾除铁条件为：沉矾温度接近于溶液沸点，溶液初始 pH 值为 1~1.5，溶液中沉矾碱离子浓度要过量，并有铁矾晶种加入。在以上条件下的黄铁矾沉淀除铁可达到最大除铁速度。

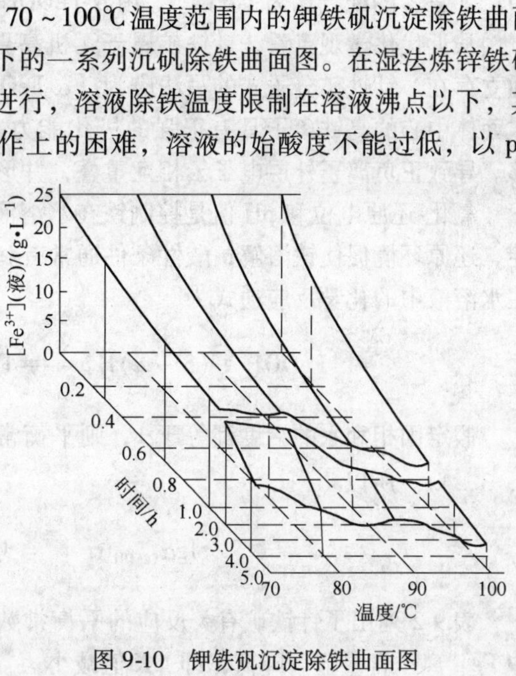

图 9-10 钾铁矾沉淀除铁曲面图

铁矾法除铁在湿法炼锌中得到了广泛的应用，在使用中又有了进一步的发展，转化法及低污染法[23,24]。目前，世界湿法炼锌厂中，大多数都使用了这种方法[26]，在其他有色金属的湿法冶金中，也使用了这种除铁法，公认它是应用最多的实用方法。但是铁矾渣的处理困难，是该法的固有缺点，需要不断努力研究克服这一点[8,27]。

9.1.2 针铁矿法沉淀除铁[1~4,7~12]

9.1.2.1 针铁矿的结构及热力学稳定性

针铁矿是含水氧化铁的主要矿物之一，常称为 α 型一水氧化铁，它的组成为 $\alpha\text{-}Fe_2O_3\cdot H_2O$ 或 α-FeOOH，与纤铁矿（γ-FeOOH）是同质多象变体。针铁矿在矿物学上属斜方晶系，晶格常数为：$a=0.464$nm，$b=0.998$nm，$c=0.303$nm。针铁矿的晶形结构如图9-11所示。其中八面体代表［FeO_6］，而双线代表 O—H—O 键。针铁矿和一水硬铝矿在结构上相同，其中 O^{2-} 位于八面体的顶点，而 Fe^{3+} 则处于八面体的中心，并为 O^{2-} 所包围。由双线所联结起来的每一对 O^{2-} 则以氢键相结合。从图 9-11 看出，在针铁矿的结构中只有 Fe^{3+}、O^{2-}、OH^- 三种离子，氧离子与四个高铁离子相结合，即共用于四个八面体之间，其中每一个价键可看为 1/2 价。氢氧离子则共用于两个八面体之间，每一个价键也可看为 1/2 价。所以对每个八面体来说，两种负离子总的静电价为：对于四个 O^{2-} 等于 2 价；对于两个 OH^- 等于 1 价。因而在整个八面体中，两种负离子电价之和恰恰与高铁离子的电价相平衡。在每个八面体中，相对于每个高铁离子，负离子的实际个数则为 1 个 O^{2-} 和 1 个 OH^-。三者的配合比为 1∶1∶1。用 α-FeOOH 代表针铁矿的分子式是十分合理的。

图 9-11 针铁矿的晶型结构示意

从近代化学观点看，针铁矿属于无机高聚物范畴。用分子式 FeOOH 表示的单位并不独立存在。针铁矿分子式的写法应为［α-FeOOH］$_n$，其中，n 是一个比较大的数字，位于八面体中心的高铁离子具有很强的极化能力，它能使周围配位离子的外层电子云产生偏移。导致正负离子外层电子云相互重叠，并形成共价键。

氧化-还原电位和 pH 值是控制铁在水溶液中行为的两个重要因素。氧化环境促使铁沉淀，还原环境促使铁溶解；酸性条件通常有利于铁溶解，碱性条件则促使铁沉淀。针铁矿在水溶液中的化学反应通式为

$$\mathrm{FeOOH} + (3-n)\mathrm{H}^+ \rightleftharpoons \mathrm{Fe(OH)}_n^{(3-n)+} + (2-n)\mathrm{H_2O} \tag{9-26}$$

假定固相和水的活度都等于1，则平衡常数 $K=\alpha_{\mathrm{Fe(OH)}_n^{(3-n)+}}/\alpha_{\mathrm{H^+}}^{3-n}$，（其中，$n=0$，1，2，3，4）。所以

$$\lg\alpha_{\mathrm{Fe(OH)}_n^{(3-n)+}} = \lg K - (3-n)\mathrm{pH} \tag{9-27}$$

表 9-2 列出了针铁矿有关反应的平衡常数值。由表 9-2 可见随水溶液酸度降低，溶液中 Fe^{3+} 离子含量显著降低，即 $\lg K$ 值减小。

表 9-2 针铁矿溶解反应的有关参数

反　应	$\lg\alpha_{Fe(II)}$	$\frac{\lg\alpha_{Fe(III)}}{pH}$	$\lg K_{298}$	$\lg K_{368}$	$\lg K_{413}$
$FeOOH + 3H^+ \rightleftharpoons Fe^{3+} + 2H_2O$	lgK-3pH	−3	3.96	1.16	−0.63
$FeOOH + 2H^+ \rightleftharpoons FeOH^{2+} + H_2O$	lgK-2pH	−2	0.94	−0.51	−1.44
$FeOOH + H^+ \rightleftharpoons Fe(OH)_2^+$	lgK-pH	−1	−2.38	−2.90	−3.24
$FeOOH + H_2O \rightleftharpoons Fe(OH)_3$	lgK	0	−6.53	−5.36	−4.61
$FeOOH + 2H_2O \rightleftharpoons Fe(OH)_4^- + H^+$	lgK + pH	1	−18.72	−18.556	−18.45
$2FeOOH + 4H^+ \rightleftharpoons Fe_2(OH)_2^{4+} + 2H_2O$	0.5lgK-2pH	−2	5.58	1.21	−1.60

根据表 9-2 所列平衡常数，计算值绘出的针铁矿溶解度曲线图如图 9-12所示，图中虚线表示有关配离子的主要存在区间，实线则表示固相线。在固相线以下，溶液是稳定的，不会有针铁矿沉淀，而在固相线以上，溶液是不稳定的，针铁矿将趋于析出。配离子的变化是渐变的。在虚线上相邻两种离子的浓度相等，并且当 pH < 3 时，Fe^{3+} 离子平衡浓度的变化非常迅速；当 pH > 3 之后，变化开始缓慢；pH = 3 左右，Fe^{3+} 离子浓度降到最低点，并一直延续到 pH 接近 12。图 9-13 示出了在 95℃下，pH 值对针铁矿溶解度的影响。表明当 pH > 3，$[SO_4^{2-}] < 0.1$mol/L 时，对针铁矿溶解度的影响不大。

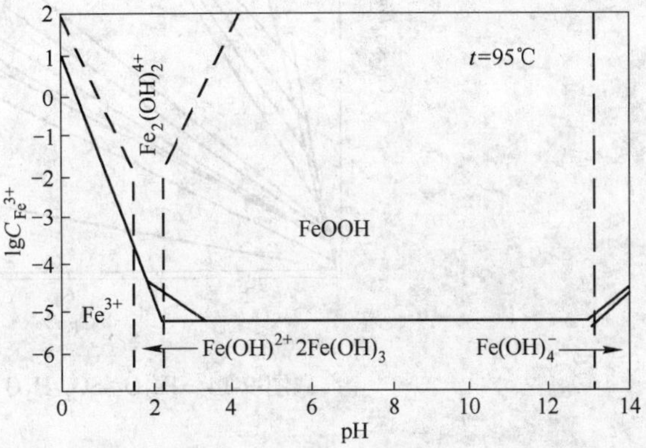

图 9-12 针铁矿溶解度曲线

9.1.2.2 高价铁离子还原

从含铁水溶液中除去 Fe^{3+} 的多少视沉淀物的溶解度而定。沉淀物存在形态及转化过程可以示意如下：

非晶形 $Fe(OH)_3$(活泼的) → FeOOH；→ 非晶形 $Fe(OH)_3$(不活泼的)；→ Fe_2O_3

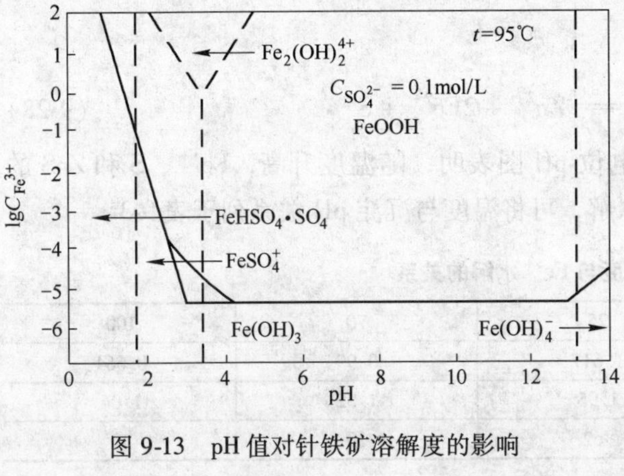

图 9-13 pH 值对针铁矿溶解度的影响

新沉淀物的氢氧化物由一些化合物的混合物组成，其溶解度受混合物中最易溶解的化合物支配。“活泼”表示固体发生转变，新沉淀的活泼非晶形 $Fe(OH)_3$ 慢慢地转化为针铁矿结晶和较稳定的非晶型氢氧化物，在 100℃下完全转化约需一天。这对一般工业操作是不易实现的，并且转化后的最终产物仍然是一种含大量 $Fe(OH)_3$ 的混合物。因此选择良好的针铁矿沉淀条件，获得纯净的易于过滤的沉淀物是十分重要的。从热力学角度对单一铁化合物的沉淀条件进行的深入研究用 Fe_2O_3-SO_3-H_2O 三元系图可表示，如图 9-14 所示。图 9-14 表明，只有当硫酸盐溶液中 Fe^{3+} 浓度很低时，才可能形成针铁矿沉淀。

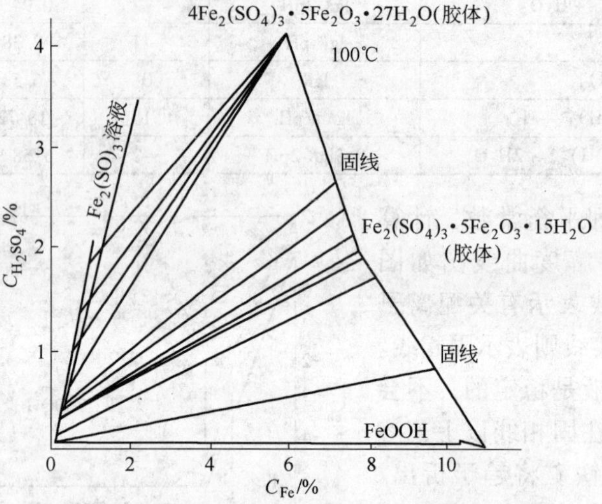

图 9-14　Fe_2O_3-SO_3-H_2O 系平衡状态图

湿法冶金过程中工业料液含铁为高价和低价铁的混合物，如湿法炼锌中性浸渣热酸浸出液中，含铁 20g/L 以上，大部分为 Fe^{3+}，尚含有少量 Fe^{2+}。为了使针铁矿沉淀过程顺利进行，必须预先降低 Fe^{3+}，使沉淀过程中 Fe^{3+} 量始终保持 1g/L 左右。实现这一目标有两条途径，即还原-氧化法（VM 法）和部分水解法（EZ 法）。电锌厂一般采用闪锌矿精矿作还原剂，我国用亚硫酸锌作为还原剂也获得了较好的还原效果。

将 Fe^{3+} 还原为 Fe^{2+}，除析出针铁矿沉淀外，还可以优先富集铟。对于处理含稀散金属的原料而言，优先富集铟尤为重要。因为溶液中 Fe^{3+} 的存在对水解沉铟或随后的提取铟都是很不利的。除锌精矿（ZnS）和亚硫酸锌外，可供选择的工业还原剂还有焙烧炉气（SO_2）以及金属锌。金属锌的还原势最高，但用锌还原不仅遇到供应困难，而且会析出极毒的砷化氢（AsH_3），出现严重的安全问题。特别是在 pH = 1 ~ 1.5 的酸性条件下，将强烈地析出砷化氢气体。

使用 ZnS 还原是基于下列反应：

$$ZnS + 2Fe^{3+} = Zn^{2+} + 2Fe^{2+} + S^0 \tag{9-28}$$

在 25℃和 100℃时 ZnS 还原 Fe^{3+} 的电位-pH 图表明，随温度升高，Fe^{3+}、S 和 ZnS 的稳定区缩小，Fe^{3+} 趋向于在酸性介质中水解，可将温度与沉淀 pH 关系列于表 9-3。

表 9-3　温度与 Fe^{3+} 水解的关系

t/℃	25	70	100
标准水解 pH 值	1.617	0.99	0.664
Fe^{3+} 浓度为 0.1mol/L 时的 pH 值	1.95	1.32	1.04
$C_{H_2SO_4}$/(g·L^{-1})	<2	10	30

反应式（9-28）的活化能 $E_a = 74.11\text{kJ/mol}$，由此推算 100℃与 90℃反应速度常数比值约为 1.93。ZnS 是一种惰性较大的还原剂。为加快反应速度，生产上采用近于沸腾的温度 95 ~ 100℃。硫酸含量保持高于 50g/L 浓度，以避免 Fe^{3+} 水解。工业上采用还原时间 3 ~ 6h。

ZnS 还原是一个高温高酸的缓慢过程。国外 ZnS 还原一般单独有一还原工序，存在有工艺流程长、蒸汽耗量大、硫渣需要返回焙烧再处理等缺点。

用二氧化硫（SO_2）还原 Fe^{3+} 应考虑 SO_2 在水溶液中的稳定性。因温度升高，平衡体系的二氧化硫分压增大，为将含 SO_2 仅约 0.4% 的工业尾气用作还原剂，采用锌焙砂浆液吸收后制备成固体亚硫酸锌（$ZnSO_3$），在低温（约 70℃）和低酸（10 ~ 15g/L）下还原 Fe^{3+} 其铁的还原率可达 97% ~ 98%，反应时间只需 10 ~ 20min。固体 $ZnSO_3$ 是稳定化合物，溶度积小（2.1×10^{-17}），可以在烈日下堆放。低温、低酸和均匀添加是获得良好还原效果的三个重要条件。基本反应为

$$2Fe^{3+} + ZnSO_3 + H_2O \longleftrightarrow 2Fe^{2+} + Zn^{2+} + SO_4^{2-} + 2H^+ \tag{9-29}$$

Fe^{3+}/Fe^{2+} 的还原电位很高（0.771V），表明 Fe^{3+} 比较容易还原。从理论上讲，几乎所有常见金属都可作为 Fe^{3+} 的还原剂。在镍、钴提炼厂中往往使用二氧化硫和亚硫酸钠作还原剂。最近有人研究水溶液中存在 Pd^{2+} 配离子时用一氧化碳还原 Fe^{3+} 的所谓催化还原法。在温度低于 25℃时反应为

$$2Fe^{3+} + CO(g) + H_2O \xrightarrow{Pd^{2+}} 2Fe^{2+} + CO_2(g) + 2H^+ \tag{9-30}$$

硫化氢（H_2S）也是有效的还原剂，反应为

$$Fe_2(SO_4)_3 + H_2S \longrightarrow 2FeSO_4 + H_2SO_4 + S^0 \tag{9-31}$$

表 9-4 示出使用 H_2S 作还原剂的有关数据。表明它是一种有效的还原剂，在低温和低酸下效果更好。

表 9-4　温度、酸度及 H_2S 加入量对 Fe^{3+} 还原的影响

t/℃	$C_{H_2SO_4}$ /(mol · L^{-1})	铁的还原率/%		t/℃	$C_{H_2SO_4}$ /(mol · L^{-1})	铁的还原率/%	
		H_2S 加入量为计量 250%	H_2S 加入量为计量 650%			H_2S 加入量为计量 250%	H_2S 加入量为计量 650%
25	0.05	100	100	50	0.5	90	100
25	0.25	100	100	50	2.0	43.05	100
25	0.5	98.28	100	90	0.05	100	100
25	2.0	62.65	98.5	90	0.25	80	100
50	0.05	100	100	90	0.5	59.53	98.8
50	0.25	100	100	90	2.0	51.52	98.9

注：水溶液含 Fe^{3+} 10g/L，Ni^{2+} 3g/L，Co^{2+} 0.17g/L。

9.1.2.3　二价铁离子氧化

针铁矿法普遍采用空气作氧化剂。氧是一种很好的氧化剂，其氧化反应可表示为

$$4H^{+} + 4Fe^{2+} + O_2 \longrightarrow 4Fe^{3+} + 2H_2O \tag{9-32}$$

在25℃下氧的电位、氧分压及溶液 pH 之间关系为

$$E = 1.229 + 0.0148\lg p_{O_2} - 0.059\text{pH} \tag{9-33}$$

当 p_{O_2} = 1atm（100kPa）时，E = 1.229 − 0.059pH；当 p_{O_2} = 21kPa（0.21atm）时，E = 1.22 − 0.059pH。随氧分压下降及溶液 pH 升高，氧电位会相应下降。例如，当 pH 由 0 升至 4，氧电位将由 1.229V 降到 0.993V。针铁矿的氧化过程是在氧分压为 21kPa 和溶液pH = 4 ~4.5 的条件下进行，这时的氧电位是 0.98V。这一数值与两种铁离子的标准氧化还原电位仅高出 0.213V。表面上看，过程的热力学推动力似乎不大，但因针铁矿除铁过程中始终保持低含量 Fe^{3+} 并很快水解沉淀，因此在沉淀过程中 Fe^{3+} 与 Fe^{2+} 浓度比值始终很低。如二者比值为 10^{-4} 时，相应的电位值为 0.534V，所以电位间的实际差值将是 0.45V。温度变化对电位有明显影响，如在 95℃时空气氧化 Fe^{2+} 的标准电位为 0.316V。

采用针铁矿法除铁，氧化除铁工序包括紧密相连的两个反应，即低铁的氧化和高铁的水解。高铁水合物析出反应没有电子转移，高铁析出实际是减少了溶液中的 OH^- 离子，因而增加了体系的酸度。氧化沉淀的总反应为

$$\frac{1}{2}O_2 + 2Fe^{2+} + 3H_2O \longrightarrow 2FeOOH\downarrow + 4H^{+} \tag{9-34}$$

空气氧化低铁是通过溶解在溶液中的氧来实现的。氧化过程包括氧气的溶解、氧分子由相界面向溶液内部的扩散、亚铁离子对氧分子的吸附（及氧分子分解为氧原子）、亚铁离子与氧分子（氧原子）之间的电子交换等许多步骤。氧在水中溶解度不大，在电解质溶液中就更小了，这是由于氧是非极性分子的缘故。氧的溶解度主要由温度、氧分压、溶液组成三个因素所决定。在一定温度和溶液组成的条件下，氧的溶解度与它的分压成正比，就是说，它服从亨利定律。

氧在水溶液中的溶解度随温度升高而降低，表 9-5 列出气相中氧的分压为 101kPa（1atm）时氧在水中的溶解度。

表 9-5　氧在水中的溶解度

t/℃	氧（O_2）在水（H_2O）中的溶解度		t/℃	氧（O_2）在水（H_2O）中的溶解度	
	mL/L	mg/L		mL/L	mg/L
0	48.89	69.88	30	25.24	36.09
10	37.77	54	60	19.46	27.24
20	31.03	43.6	100	17.2	24.08

氧气的溶解是一个气液多相过程，氧分子是通过气液相界面进入溶液，只有当进入溶液的氧分子迅速离开界面区，溶解过程才能继续进行。增大气液接触面积和改善扩散条件是非常重要的。

低价铁离子对氧分子的吸附，即

$$Fe^{2+} + O_2 \longleftrightarrow Fe^{2+}\cdot O_{2(\text{吸附})} \tag{9-35}$$

属物理吸附，是非极性氧分子被极化的结果。吸附后的氧分子将有可能分解为氧原子，即

$$Fe^{2+} \cdot O_{2(吸附)} \longleftrightarrow Fe^{2+} \cdot 2O_{(吸附)} \tag{9-36}$$

这是空气氧化低铁过程的关键，也是整个过程的控制环节，而这个分解反应却极难进行。从化学动力学的观点看，提高氧分子分解反应速度可从不同方面采用3种办法。

（1）提高氧分子的浓度或分压，例如，采用富氧鼓风或利用压缩空气。

（2）利用各种催化剂来降低氧气分解反应的活化能，关键是催化剂的选择和使用。目前在针铁矿法氧化除铁过程中使用的催化剂是二价铜离子。二价铜离子的催化属于均相催化反应，反应速度一般与催化剂浓度成正比。根据某些实验数据表明，用铜离子催化效果相当好。初步认为，Cu^{2+}的催化作用基于下列两个反应：

$$Cu^{2+} + Fe^{2+} \longrightarrow Cu^{+} + Fe^{3+}（缓慢） \tag{9-37}$$

$$2Cu^{+} + 1/2O_2 \xrightarrow{H_2O} 2Cu^{2+} + 2OH^{-}（较快） \tag{9-38}$$

反应式（9-37）是Fe^{2+}氧化过程的控制步骤。根据Cu^{+}的不稳定性（很容易水解析出Cu_2O），反应式（9-37）实际可能按下式进行：

$$2Cu^{2+} + 2Fe^{2+} + 5H_2O = Cu_2O + 2FeOOH\downarrow + 8H^{+} \tag{9-39}$$

反应式（9-39）在各温度下的平衡pH^0如表9-6所示。

表9-6 反应式（9-39）中温度与平衡pH^0关系

t/℃	25	80	100
pH^0	2.28	1.49	1.25

很明显，只有当溶液的$pH > pH^0$时，反应才会向右进行，而显示出催化作用。介质pH愈高，温度愈高，二价铜离子的催化作用愈强。然而，为保证Cu^{2+}的催化作用能持续进行，必须创造条件使下述反应能够进行，得到Cu^{2+}的再生：

$$Cu_2O + 1/2O_2 + 4H^{+} \longleftrightarrow 2Cu^{2+} + 2H_2O \tag{9-40}$$

反应式（9-40）需要一定的酸度条件，即需保持偏低的pH值。综合考虑，一般控制反应$pH > 2.5$。使用活性炭在酸度较大的溶液中亦可以获得较好的催化效果。

（3）提高温度。氧分子分解为氧原子是一个强烈的吸热反应，吸热量高达491kJ/mol，主要依靠低价铁氧化提供：

$$4Fe^{2+} + 2O + 4H^{+} \longleftrightarrow 4Fe^{3+} + 2H_2O \tag{9-41}$$

此反应的$\Delta H^{\ominus}_{298} = 901kJ/mol$。

从含镍、钴的硫酸盐介质中采用针铁矿法除铁，使用双氧水（H_2O_2）做氧化剂也进行了广泛研究。H_2O_2作为湿法冶金的一种氧化剂，其主要优点是不带入其他离子。在碱性溶液中，H_2O_2离解成O_2H^{-}，故有以下4个重要的半电池反应：

当pH < 10 ~ 11时的氧化作用：$H_2O_2 + 2H^{+} + 2e = 2H_2O$，$E^{\ominus} = 1.763V$；

当pH > 12时的氧化作用：$O_2H^{-} + 3H^{+} + 2e = 2H_2O$，$E^{\ominus} = 2.109V$；

当pH < 10 ~ 11时的还原作用：$O_2 + 2H^{+} + 2e = H_2O_2$，$E^{\ominus} = 0.695V$；

当pH > 12时的还原作用：$O_2 + H^{+} + 2e = O_2H^{-}$，$E^{\ominus} = 0.349V$。

过氧基 O—O 和氢之间的键比存在于氢氧基中的键强，并有下列平衡：

$$H_2O_2 \rightleftharpoons H^+ + O_2H^-,\quad pK(\text{解离常数的负对数}) = 11.69$$

在湿法冶金中采用过氧化氢的缺点是，当存在某些过渡金属离子时，它会分解放出氧，使氧化速度加快，其反应是：$2H_2O_2 = 2H_2O + O_2$。过氧化氢氧化 Fe^{2+} 的反应为

$$2Fe^{2+} + H_2O_2 \longleftrightarrow 2Fe^{3+} + 2OH^- \tag{9-42}$$

有过氧化氢参与的针铁矿的沉淀反应为

$$2Fe^{2+} + H_2O_2 + 2H_2O \longleftrightarrow 2FeOOH\downarrow + 4H^+$$

氧化速度对沉淀晶形结构及过滤性能有明显影响，如表 9-7 所示。不同氧化速度所得沉淀物的 X-射线及差热分析结果如图 9-15 和图 9-16 所示。由图表明低速度氧化可产生晶形很好的 α-FeOOH 以及少量 γ-FeOOH。随氧化速度加快，结晶状沉淀减少，大部分为无定形沉淀。差热分析结果亦表明，随氧化速度加快，沉淀由 α-FeOOH 向 γ-FeOOH 转变，并且晶体中硫酸根含量随之增加。

表 9-7　氧化时间对沉淀及过滤的影响

氧化时间/沉淀时间	H_2O_2 加入速度 v_{H_2O}/($cm^2 \cdot min^{-1}$)	铁沉淀率/%	过滤时间 t/min
1.7	12	99.0	29.5
2.5	8	98.5	20.5
5.0	4	99.0	8.0
20	1	99.8	4.7

注：pH = 3.0，t = 80℃，用 $w(H_2O_2)$ = 15% 溶液。

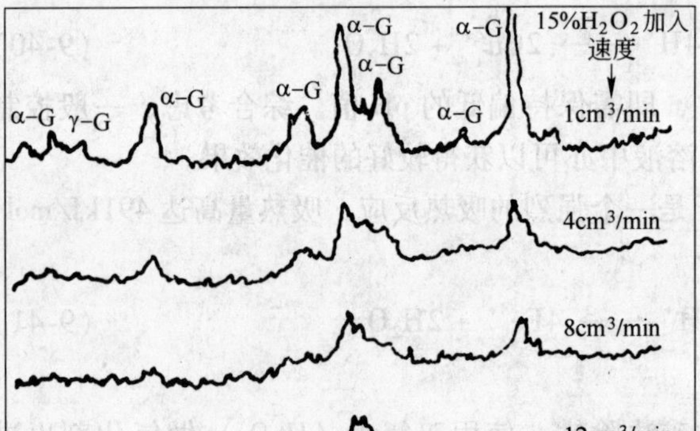

图 9-15　不同氧化速度下针铁矿沉淀的 X-射线

α—α-FeOOH；γ—γ-FeOOH

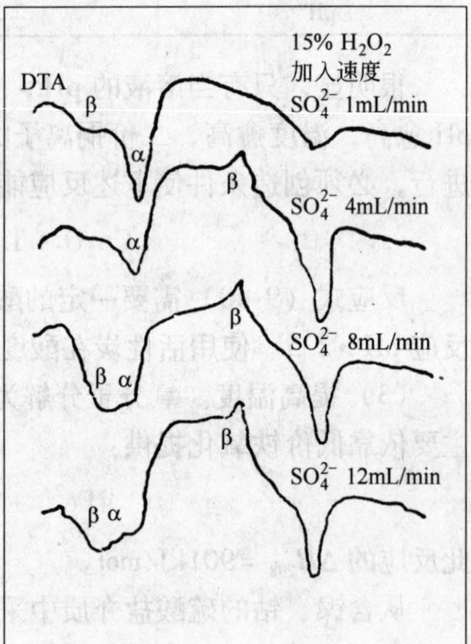

图 9-16　在不同氧化速度下针铁矿沉淀的差热分析结果

（加热速度 10℃/min，15% H_2O_2 溶液）

α—α-FeOOH；β—β-FeOOH

有人研究了影响硫酸盐溶液中针铁矿沉淀成核、生长和纯度的动力学因素。在含有硫酸锌和硫酸亚铁溶液的搅拌槽中，通过控制过氧化氢加入量，分批沉淀针铁矿，测定了沉降速度、粒度分布和纯度与各种实验参数的关系（假定针铁矿形成了层层包裹的似结核状的产物）。

针铁矿法除铁，具有它特有的优越性，在湿法炼锌中得到了较多的应用。另外，镍钴湿法提取及锰冶炼中，也使用了这种方法除铁。针铁矿法除铁在具体操作中，发展成为MV法及EZ法，在我国出现的喷淋法是属于EZ法。针铁矿法在回收铟上也有优点[28]。应该说它是一种很好的有效除铁法。在湿法冶金中会得到更多的应用[8,9]。

9.1.3 赤铁矿法除铁[1,2,4,10,16~19]

9.1.3.1 赤铁矿的结构及热力学稳定性

天然赤铁矿（Fe_2O_3）含铁70%，有时含钛和镁，呈类质同象，在隐晶质的成分中常存在SiO_2和Al_2O_3的机械混合物。赤铁矿是三方晶系，晶格常数为$a=0.504nm$，$c=1.377nm$；结构属刚玉型；赤铁矿晶体常呈菱面体和板状。由于依菱面体形成聚片双晶，在其底轴上见三角形条纹，集合体常见有鳞片状、鲕状、具有放射状构造的肾状块体、红色粉末状。结晶的赤铁矿呈铁黑至钢灰色、隐晶质或土状、红色粉末状。

赤铁矿的成因较复杂，可出现在不同类型的矿床中。主要的赤铁矿矿床为区域变质和接触变质，有时为热液成因。在外生条件下赤铁矿可由胶体溶液沉淀而成，具有鲕状、豆状、或肾状胶体形态特征。

赤铁矿有两种结晶形态，即γ-Fe_2O_3和α-Fe_2O_3。天然赤铁矿在结构上属于α-Fe_2O_3，它是顺磁性的；而γ-Fe_2O_3则具有很强的铁磁性，γ-型赤铁矿的转变温度大致为400℃，加热到400℃时，它就会向α-型转变，同时磁性消失。

加热从低温水溶液中析出氢氧化铁时，首先得到的是针铁矿（$Fe_2O_3 \cdot H_2O$），继而是水赤铁矿（$Fe_2O_3 \cdot 0.5H_2O$），而γ-型赤铁矿则是加热过程的第三级产物。针铁矿与γ-Fe_2O_3的转变温度是160℃。如果采用高温水解法，可以得到过滤性能良好的赤铁矿。Fe_2O_3-SO_3-H_2O系在200℃高温下的等温线如图9-17所示。在200℃时即使溶液酸度较高，

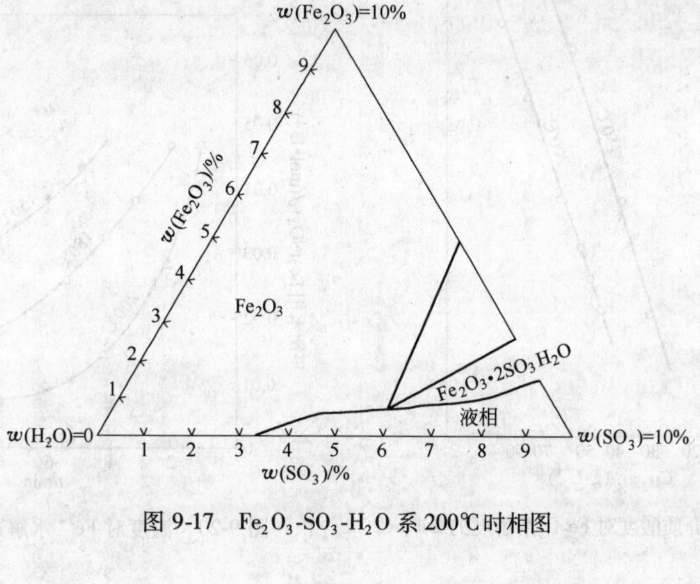

图9-17 Fe_2O_3-SO_3-H_2O系200℃时相图

Fe_2O_3也能大部分沉淀析出。

关于黄钾铁矾向赤铁矿转化的热力学和动力学有着广泛研究。通过热化学和水热化学手段，确定了转化条件。W · 康达（Kunda）和 H · 维尔特曼（Veltman）研究了碱金属黄钾铁矾向赤铁矿转化的历程，表明黄铵铁矾在400℃加热2h，将按下式分解：

$$2NH_4Fe_3(SO_4)_2(OH)_6 \xrightarrow{\triangle} 3Fe_2O_3 + (NH_4)_2SO_4 + 3H_2SO_4 + 3H_2O \quad (9\text{-}43)$$

如果有过量氨存在，在100℃下，反应1h有下列反应：

$$2NH_4Fe_3(SO_4)_2(OH)_6 + 6NH_4OH \xrightarrow[H_2O]{\triangle} 3Fe_2O_3 + 4(NH_4)_2SO_4 + 9H_2O \quad (9\text{-}44)$$

转化速率随温度和氨量增加而增高，这种转化是按经典的收缩核心机理进行的。在转化过程中，黄铁矾晶体形状和大小没有改变，只是由于硫酸和水的损失引起其密度降低，产生的赤铁矿以层状围绕着黄钾铁矾中心。黄钾铁矾向赤铁矿转化的速率决定于黄钾铁矾的表面积，开始受化学反应控制，一旦赤铁矿产出后，转化速率由硫酸穿过产品层的扩散所控制。

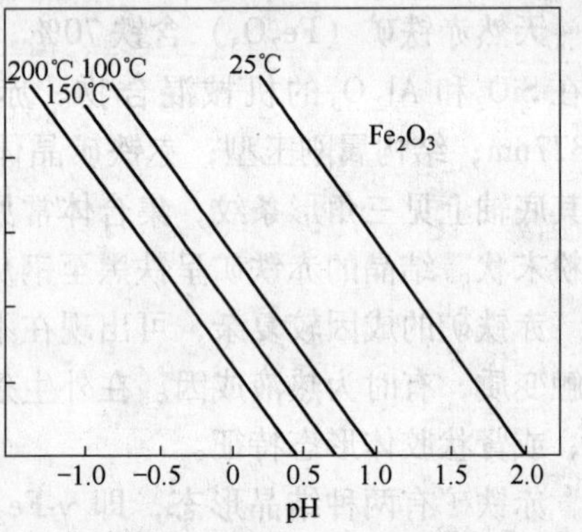

图 9-18　Fe^{3+}水解平衡时$\lg C_{Fe^{3+}}$-pH值关系图

9.1.3.2　三价铁的高温水解

赤铁矿是Fe^{3+}高温水解的产物。为弄清赤铁矿形成的条件，前人进行了广泛研究。图9-18示出了25～200℃时三价铁离子对数与pH值的关系。显然温度愈高，愈有利于在较高酸度条件下沉铁。图9-19表明，在200℃高温下，即使硫酸浓度高达100g/L，溶液中的残留铁仍可降到5～6g/L。图9-20示出了不同温度下Fe^{3+}水解的速度。

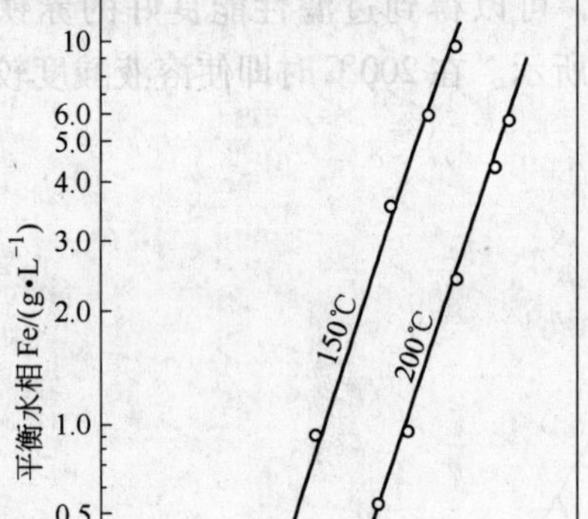

图 9-19　温度和介质酸度对Fe_2O_3溶解度的影响

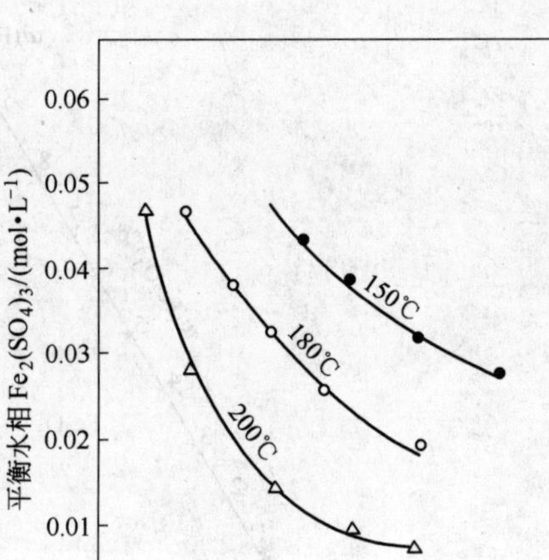

图 9-20　温度对Fe^{3+}水解速度的影响

湿法冶金处理的溶液常含有多种金属硫酸盐。为了从浸出液中用赤铁矿法除铁，应了解其他硫酸盐的影响。温度高于150℃，Fe^{3+}硫酸盐水解随酸度改变具有不同的反应历程：

低酸度时：

$$Fe_2(SO_4)_3 + 3H_2O = Fe_2O_3 + 3H_2SO_4 \tag{9-45}$$

高酸度时：

$$Fe_2(SO_4)_3 + 3H_2O = 2FeOHSO_4 + H_2SO_4 \tag{9-46}$$

三价铁氧化物沉淀所需的酸度随铜、锌、镁硫酸盐的加入而增高。这是由于硫酸根作为体系硫酸的缓冲剂，即SO_4^{2-}可与溶液中的H^+结合，从而降低了硫酸的活度。图9-21示出单纯硫酸铁水解时，硫酸浓度与温度关系。直线的拐点说明随硫酸浓度的增高，溶液中存在不同铁的化合物，在低酸度下是Fe_2O_3，在较高酸度下为$FeOHSO_4$。由图9-22沉淀溶液酸度与沉淀物中硫含量关系证明低酸度沉淀物中硫含量是很低的，因为赤铁矿分子中并不含硫。硫含量的上限是一条与横坐标平行的直线，两种沉淀物的酸度界限是明确的。

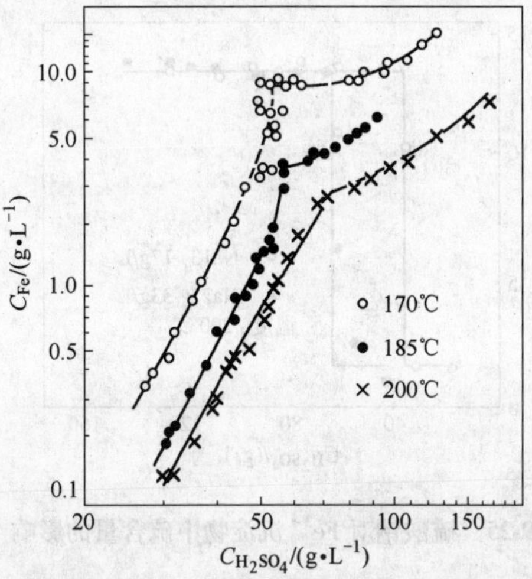

图9-21　温度及硫酸浓度对Fe^{3+}水解的影响

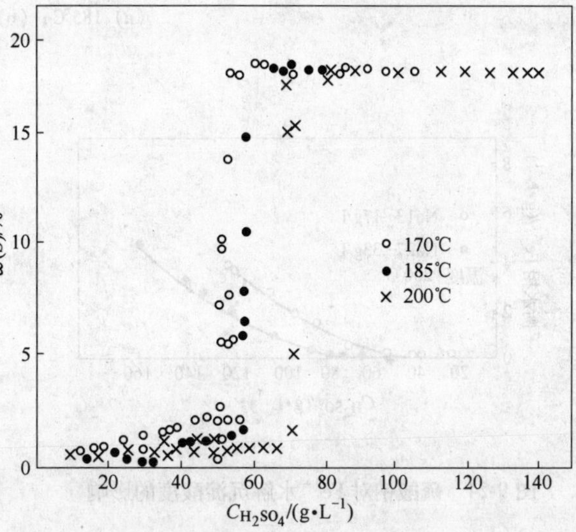

图9-22　硫酸浓度与沉淀物中硫含量的关系

硫酸锌是Fe^{3+}沉淀时最重要的共存硫酸盐。图9-23（a）、（b）分别示出了不同温度下的结果。硫酸锌的存在，使得沉淀酸度增高，如在200℃时当存在100g/L锌时，单纯硫酸铁的酸度由上限63.7g/L移向106g/L。镁盐和铜盐与锌盐的影响规律相同。

加入硫酸钠效果相反。图9-24、图9-25示出了200℃时不同量硫酸钠时的影响规律，表明硫酸钠的加入降低了赤铁矿存在的酸度范围。

这是由于钠离子存在可引起赤铁矿沉淀与黄钾铁矾沉淀相竞争的现象。

赤铁矿在高温下沉淀，在相当高的酸度下仍可发生水解。但酸度超过某一数值，三价铁的碱式硫酸盐将沉淀。赤铁矿稳定存在的酸度范围随金属硫酸盐浓度增大和温度升高而变大。

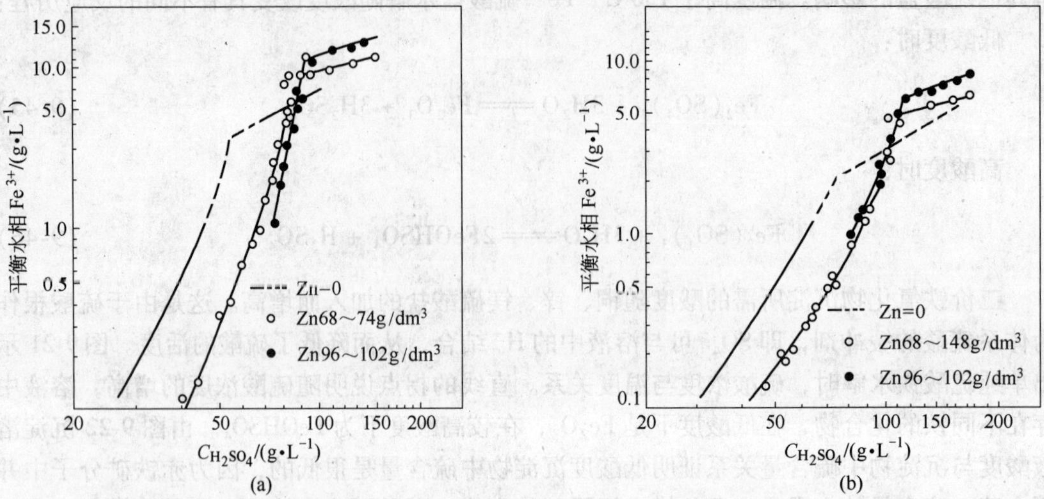

图 9-23　存在 $ZnSO_4$时 Fe^{3+} 和 H_2SO_4浓度的关系

（a）185℃；（b）200℃

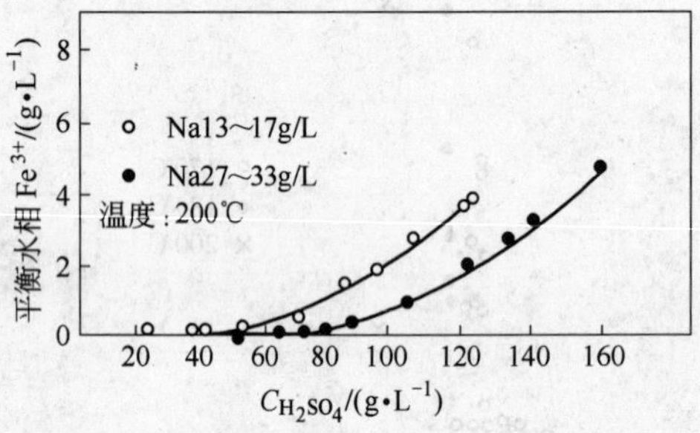

图 9-24　硫酸钠对 Fe^{3+} 水解沉淀酸度的影响

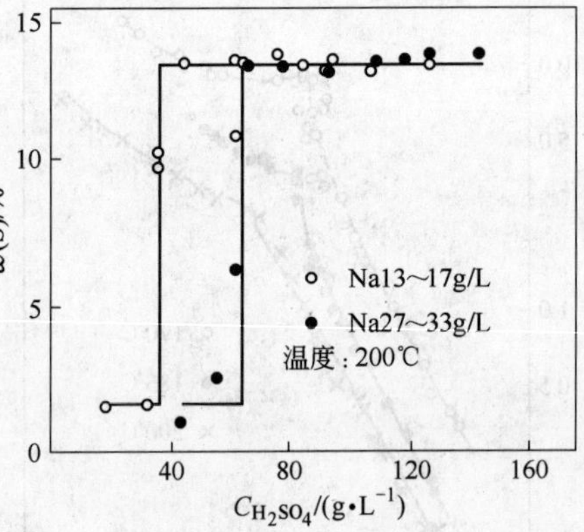

图 9-25　硫酸钠对 Fe^{3+} 沉淀物中硫含量的影响

9.1.3.3　高价铁的还原

在采用赤铁矿法处理锌渣工艺中，浸出与除铁工序存在着硫化沉铜和杂质以及中和除镓、锗、砷等步骤。为了避免在这些步骤中 Fe^{3+} 水解沉淀，沉铁前浸出液应基本是 Fe^{2+} 离子。因此研究铁酸锌的还原浸出及 Fe^{3+} 的还原规律，对研究赤铁矿法除铁工艺是十分重要的。

Fe_2O_3 容易溶解在还原性酸溶液中如盐酸，在 0.05mol/L 硫酸中也能溶解，当存在 H_2S、$(NH_2)_2H_2SO_4$、SO_2、铜粉时，Fe_3O_4 的溶解度显著提高（见图 9-26）。针铁矿在 0.5mol/L 高氯酸中溶解速率随 SO_2 分压增加而显著增大，如图 9-27 所示。可以预料，无论是铁酸锌或金属铁，在还原条件下溶解速率将加快。锌渣浸出的实践表明 4~5g/L 的硫酸联胺[$(NH_2)_2H_2SO_4$]在氮气氛下，控制温度 160℃，用电解废液浸出 1h，锌的浸出率可提高 25%。使用锌精矿作还原剂，锌渣的浸出结果如表 9-8 所示。

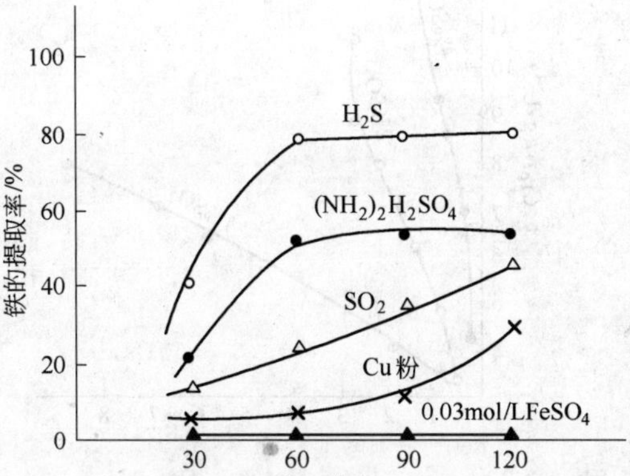

图 9-26　还原剂对 0.05mol/L H_2SO_4 中溶解 Fe_3O_4 的作用（70℃，N_2 气中）

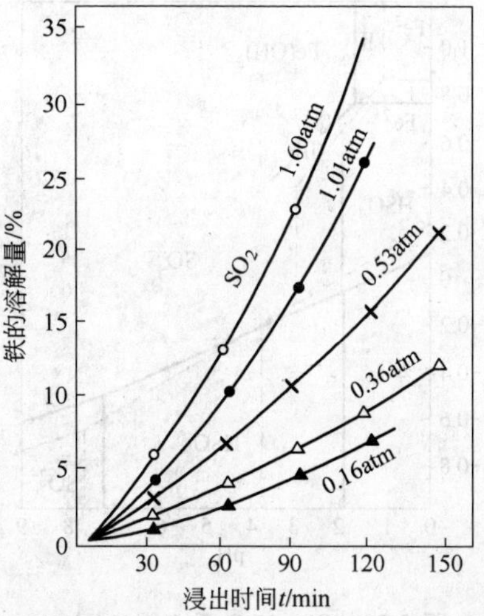

图 9-27　SO_2 分压对 Fe_2O_3、H_2O 在 0.05mol/L $HClO_4$ 中溶解速率的影响（1atm = 101325Pa）

表 9-8　ZnS 对锌渣浸出的影响

t/min	Zn 浸出率/%		t/min	Zn 浸出率/%	
	不加 ZnS	加入 2.75% 的 ZnS		不加 ZnS	加入 2.75% 的 ZnS
30	36	36	120	43.5	54
60	40	44	240	53.5	70

注：锌渣含锌 21.5%，含硫 0.04%，N_2 气氛，180℃，H_2SO_4 浓度为 105g/L。

将锌渣在含饱和 SO_2 的废电解液（Zn：57.8g/L，H_2SO_4：90g/L）中酸浸（100℃，60min），锌的总浸出率由原来的 82.5% 提高到 92%。在锌渣酸浸过程中，铁与锌的浸出率相同。使用 SO_2 作还原剂，铁酸锌还原浸出反应可表示为

$$ZnO \cdot Fe_2O_3 + 2H_2SO_4 + SO_2 = ZnSO_4 + 2FeSO_4 + 2H_2O \quad (9\text{-}47)$$

SO_2 是一种经济而有效的还原剂，在锌厂常能大量而廉价获得。图 9-28 示出了 SO_2 还原 Fe^{3+} 的电位-pH 图。随温度升高，图中Ⅱ线向左迁移，即 Fe^{3+} 稳定区减小，Ⅰ线向右迁移，即 SO_2 稳定区增加。在锌渣还原浸出中，虽然溶于水中的 SO_2 将发生一系列化学反应，但起还原作用的只有 SO_2 本身。因此 SO_2 稳定区增大对还原反应是有利的。实验中曾观察到，在 SO_2 分压一定的条件下，随还原介质酸度降低，溶液中 SO_2 总量显著增大。但酸度不能低于 Fe^{3+} 水解的 pH 值，否则 Fe^{3+} 将沉淀析出。图 9-29 示出 SO_2 浓度对还原 Fe^{3+} 速度的影响。Fe^{3+} 被 SO_2 还原的速率随 SO_2 浓度增大加快。

9.1.3.4　*赤铁矿沉淀的动力学*

赤铁矿法的主要缺点是其生产费用较高，因此研究沉淀动力学是探索节能途径的一个重要方面。

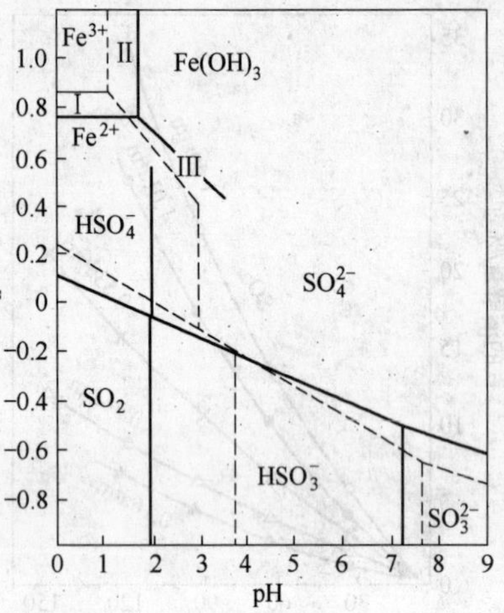

图 9-28　SO_2-H_2O 系 E_h-pH 图

（a=1，实线：25℃，虚线：100℃）

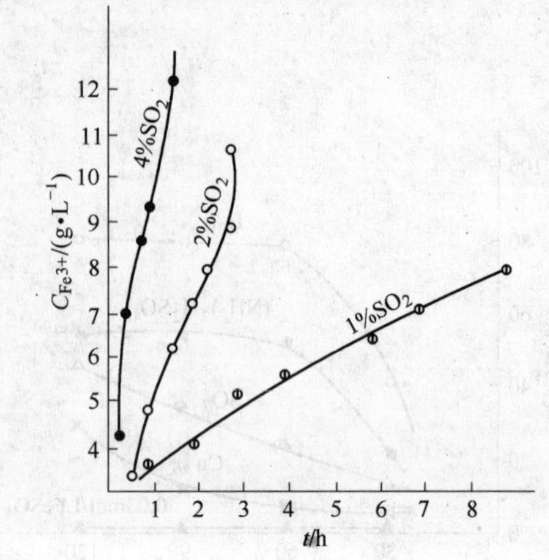

图 9-29　不同 SO_2 浓度下 Fe^{3+} 还原与时间关系

送往赤铁矿除铁的料液中铁主要是二价离子态。在沉淀过程中通常通入空气或氧气，氧化二价铁离子为三价态。溶液中除含有主体元素锌以外，尚存在不同量杂质元素，如锰、镁、铜等，这些离子的存在将影响沉淀动力学。文献中有大量关于赤铁矿沉淀动力学的研究，研究指出，铁的沉淀速率由亚铁离子的氧化速率控制，对氧浓度为一级反应（氧浓度正比于氧压并与搅拌速度有关），而对 Fe^{2+} 浓度是二级反应。Cu^{2+} 离子对 Fe^{2+} 氧化有促进作用，而其他离子如 Ni^{2+}、Zn^{2+}、Mn^{2+}、Co^{2+}、Hg^{2+}、Cl^-、NH_4^+、As^{3+}、Cr^{3+}、Na^+ 等在低浓度时（0.001mol/L）对 0.2mol/L Fe^{2+} 氧化速率影响很小。表 9-9 示出不同作者关于氧气氧化 Fe^{2+} 的动力学方程以及他们所测量的活化能。

表 9-9　O_2 氧化 Fe^{2+} 动力学方程及活化能[1]

动力学方程	活化能/(kJ · mol^{-1})	动力学方程	活化能/(kJ · mol^{-1})
$dC_{Fe^{3+}}/dt = KC_{Fe^{2+}}C_{O_2}C_{H^+}^{-0.25}$	73.7	$dC_{Fe^{3+}}/dt = KC_{Fe^{2+}}p_{O_2} + K_1C_{Fe^{2+}}p_{O_2}$	56.1 + 67.9
$dC_{Fe^{3+}}/dt = KC_{Fe^{2+}}^2p_{O_2}$		$dC_{Fe^{3+}}/dt = KC_{Cu^{2+}}^{0.5}C_{Fe^{2+}}^2p_{O_2}$	69.1
$dC_{Fe^{3+}}/dt = KC_{Fe^{2+}}^2p_{O_2}$		$dC_{Fe^{2+}}/dt = -KC_{Fe^{2+}}^2C_{O_2}^{1.04}C_{H^+}^{-0.35}$	94.1
$dC_{Fe^{3+}}/dt = KC_{Fe^{2+}}^2p_{O_2}$	72.9	$dC_{Fe^{2+}}/dt = -KC_{Fe^{2+}}^2p_{O_2}$	56.9

有人研究了在不同温度、压力和搅拌速度下三价铁的沉淀速度，得到的结果如表 9-10 ~表 9-14 所示，表 9-10 为用纯 $FeSO_4$ 溶液时，Fe^{2+} 浓度对氧化速率的影响；表 9-11 为温度、氧压和搅拌速率对 Fe^{2+} 氧化速率的影响；表 9-12，表 9-13 分别为真实料液的组成及使用该料液氧化 Fe^{2+} 速率的有关参数。对照表 9-11 和表 9-13 结果，表明工业溶液中 Fe^{2+} 的氧化速率比纯 Fe^{2+} 溶液要快很多。表 9-14 表明在赤铁矿沉淀温度下，实际溶液的氧化速度要快 10 ~ 15 倍。

表 9-10 纯 $FeSO_4$ 溶液中 Fe^{2+} 的氧化速率

t/s	$C_{Fe^{2+}}$/(mol·L^{-1})	t/s	$C_{Fe^{2+}}$/(mol·L^{-1})	t/s	$C_{Fe^{2+}}$/(mol·L^{-1})
0	0.663	300	0.048	1500	0.011
60	0.233	420	0.039	1800	0.009
120	0.106	600	0.029	2100	0.008
180	0.077	900	0.020	2400	0.007
240	0.057	1200	0.014		

注：168℃，蒸气压 0.79MPa，搅拌转速 600r/min。

表 9-11 温度、氧压和搅拌速率对 Fe^{2+} 氧化的影响

氧压 p/MPa	t/℃	搅拌转数 /(r·min^{-1})	速度常数 K /(L·s^{-1}·mol^{-1})	氧压 p /MPa	t/℃	搅拌转数 /(r·min^{-1})	速度常数 K /(L·s^{-1}·mol^{-1})
1.38	105	325	0.0089	0.50	151	500	0.0304
1.34	113	420	0.0223	1.50	149	500	0.0602
1.37	107	200	0.0054	0.70	168	400	0.0586
1.36	109	590	0.0178	0.71	169	500	0.0625
1.37	68	610	0.0019	0.70	169	600	0.0703
1.20	144	600	0.0392	1.18	167	600	0.0721
1.10	151	400	0.0335	0.71	168	600	0.0585
1.10	151	500	0.0489				

注：0.663mol/L 纯 $FeSO_4$ 溶液。

表 9-12 真实料液的化学组成

离 子	浓度 C/(g·L^{-1})	离 子	浓度 C/(g·L^{-1})
Zn^{2+}	96.5~108.5	SO_4^{2-}	257
Cu^{2+}	0.12	Fe^{2+}	37
Mn^{2+}	11.10	H_2SO_4	0.50
Mg^{2+}	20.9		

表 9-13 对表 9-12 真实料液中 Fe^{2+} 的氧化速率影响因素的研究结果

氧压 p/MPa	t/℃	转速/(r·min^{-1})	K/(L·s^{-1}·mol^{-1})	氧压 p/MPa	t/℃	转速/(r·min^{-1})	K/(L·s^{-1}·mol^{-1})
0.89	160	600	0.825	0.87	150	600	0.295
1.46	78	600	0.0043	0.80	165	600	0.317
1.35	112	600	0.056	1.32	163	300	0.362
1.15	140	600	0.195	0.85	161	800	0.921

表 9-14 不同组成料液对 Fe^{2+} 的氧化速率的影响

t/℃	纯 $FeSO_4$ 溶液所需时间 t/s	生产现场料液所需时间 t/s	t/℃	纯 $FeSO_4$ 溶液所需时间 t/s	生产现场料液所需时间 t/s
140	14280	2940	180	4080	390
150	10200	1740	190	3060	246
160	7380	1020	200	2340	162
170	5460	624			

注：表中的时间 t 是指料液中 Fe^{2+} 由 0.627mol/L 降到 0.004mol/L 所需时间。

由于高温高压下赤铁矿氧化沉淀速率很快，这对于工厂设计具有指导意义，或者可以认为实际使用的高压釜应该比目前使用的设备小很多。

有人在研究盐酸介质中氧气氧化 Fe^{2+} 离子动力学时，指出氧化速度正比于 Fe^{2+} 浓度、氧分压 p_{O_2} 和盐酸的活度 a_{HCl}，求得反应活化能为 78.2kJ/mol。当溶液中存在催化剂 $CuCl_2$ 时，氧化反应是由化学反应控制，反应速度方程表达式为

$$-dC_{Fe^{2+}}/dt = K_1\alpha_{HCl,t}C_{Fe^{2+}}p_{O_2}$$

图 9-30 示出 Cu^{2+} 及盐酸浓度对氧化速率的影响，它们的浓度关系如表 9-15 所示。

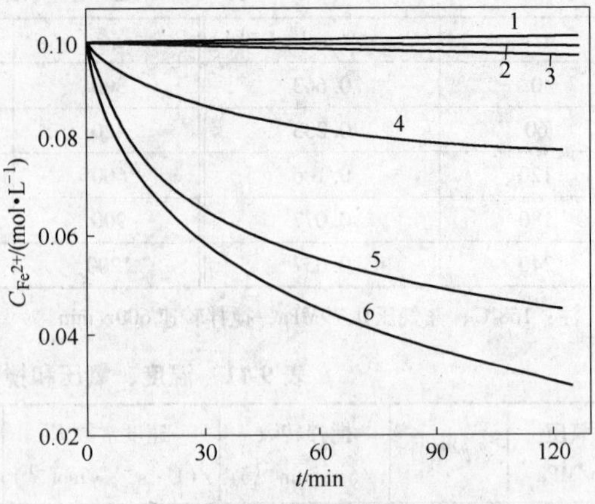

图 9-30 存在或不存在 $CuCl_2$ 时 Fe^{2+} 氧化时典型速率曲线

（温度 303K，$p_{O_2}=1.013\times10^5$Pa，$C_{FeCl_2}=0.1$mol/L）

表 9-15 HCl、$CuCl_2$、NaCl 浓度与曲线的关系

图 9-30 中曲线	1	2	3	4	5	6
C_{HCl}/(mol·L^{-1})	1	1	4	1	1	4
C_{CuCl_2}/(mol·L^{-1})	0	0	0.01	0.1	0.1	0.1
C_{NaCl}/(mol·L^{-1})	0	2	0	0	2	0

赤铁砂法因设备要求高，技术条件控制也比较严格，设备投资较高，仅在日本的饭岛冶炼厂和德国的鲁尔公司得到了使用[8,9]。

9.1.4 其他沉淀法

9.1.4.1 氢氧化铁沉淀法[1,4]

高价铁离子的电位很高，极化能力较强，能和溶液中的羟基结合，形成难溶的氢氧化铁 $Fe(OH)_3$（或写成 $Fe_2O_3\cdot3H_2O$）。三水氧化铁是湿法炼锌工业净化除铁所得到的主要水合物之一。高价铁水溶液与各种碱（KOH、NaOH、NH_4OH）作用所生成的沉淀也是这种水合物。三水氧化铁是氧化铁水合物中含水最多的一种，它和天然矿物黄赭石铁矿的成分相同，并属于褐铁矿类型。黄赭石铁矿就是通常所称的沼铁矿，它是一种沉积矿床，颜色亮黄或暗黄。

三水氧化铁从溶液中析出时多半呈胶体状态，很难结晶，因而工业上为了加速沉降需加入各种絮凝剂。氢氧化铁呈胶体析出是湿法炼锌工业最感头痛的问题之一，因为它使下一步固液分离作业困难。特别是当溶液含铁太高时，甚至可能导致生产过程无法进行。虽然如此，氢氧化铁沉淀法仍然是目前湿法冶金工艺中普遍采用的沉淀除铁方法之一，因为这种方法过程简单，只要小心控制操作条件，在经济上是非常合算的。

中和水解析出的 $Fe(OH)_3$ 呈胶体状，在 pH 较低的情况下，它将从溶液中吸附其他离子作为它的定（电）位离子，并因此而带正电。这种吸附很大程度上属于化学吸附范围，

伴随着使自由能有较大的降低。所有化学吸附都具有严格选择性，并遵守热力学所规定的最小自由能原则，因此胶体从溶液中吸附 Fe^{3+} 而不是别的离子作为它的定位离子，荷电胶体组成为 $x\text{Fe(OH)}_3 \cdot y\text{H}_2\text{O} \cdot z\text{Fe}^{3+}$。但反离子是没有选择性的，所以各种阴离子都可以成为反离子而为胶核所吸引，其中一部分可以进入到胶团的吸引圈内（固定层或吸附层）和胶团一起运动。各种阴离子进入吸附层的相对数量取决于它们的相对浓度和电荷多少。离子浓度愈高，电荷愈多，愈易被吸附，AsO_4^{3-}、SbO_4^{3-}、SO_4^{2-}、GeO_3^{2-} 等无疑将被优先吸附。

锌焙砂在中性浸出过程中，一般控制终点 pH = 5 ~ 5.5，由于 $Fe(OH)_3$ 的形成可有效地捕集砷、锑、锗，锌焙烧烟尘中含有镉、铅、锌等，因此浸液中除含锌、镉硫酸盐外，还会有一定数量的铁和砷。一般中性浸出液含铁 6 ~ 8g/L，砷 0.7 ~ 1.0g/L。砷对置换镉有严重影响，会使海绵镉发黑，置换液起黑泡，易发生砷化氢中毒。用水解法除铁砷的反应为：

$$4FeSO_4 + O_2 + 10H_2O \longrightarrow 4Fe(OH)_3\downarrow + 4H_2SO_4$$

$$As_2(SO_4)_3 + 3ZnO + 3H_2O \longrightarrow As_2O_3 \cdot 3H_2O\downarrow + 3ZnSO_4 \qquad (9\text{-}48)$$

铁的水解沉淀能促进砷的完全沉淀，此时二者成复盐：

$$4Fe(OH)_3 + H_3AsO_3 \xlongequal{\quad} Fe_4O_5(OH)_5As\downarrow + 5H_2O \qquad (9\text{-}49)$$

生产实践证明，为了有效除砷，溶液中必须含有 10 倍的铁。图 9-31 示出了 As^{3+} 0.01g/L，Fe^{3+} 0.1g/L 和 1g/L 时 pH 对除砷的影响。当 Fe^{3+} 为 1g/L 时，pH = 5 ~ 12，As^{3+} 浓度可低于排放标准数值 0.0005g/L。图 9-32 示出了 Fe^{3+} 对 As^{5+} 的净除效果，表明 As^{5+} 与 Fe^{3+} 共沉淀效果比 As^{3+} 好，所需 Fe^{3+} 量较少，pH 也可降低。As^{5+} 与 Fe^{3+} 化合物为 $FeAsO_4$，溶度积 $5.75 \times 10^{-22.6}$。由于 $Fe(OH)_3$ 的溶度积很小（6×10^{-38}），因此 $FeAsO_4$ 的生成只能局限在较低 pH 范围。当 pH 上升时，由于 $Fe(OH)_3$ 生成，溶液中 Fe^{3+} 浓度下降，

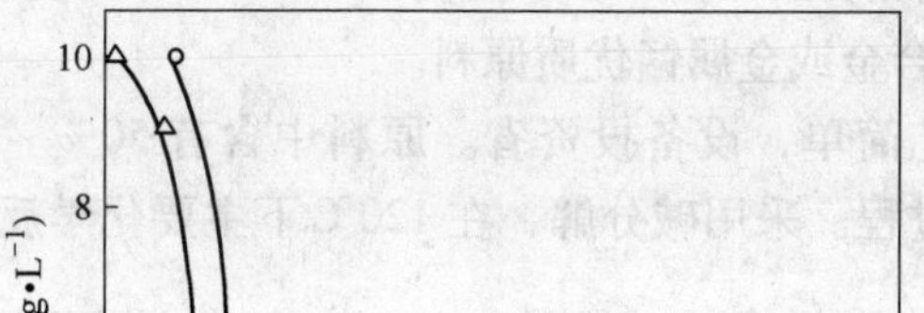

图 9-31　pH 对 Fe^{3+} 共沉淀除去 As^{3+} 的影响

1—Fe^{3+} 0.1g/L；2—Fe^{3+} 1g/L；As^{3+} 0.01g/L

图 9-32　pH 对 Fe^{3+} 共沉淀法除去 As^{5+} 的影响

1—Fe^{3+} 0.06g/L；2—Fe^{3+} 0.1g/L；As^{5+} 0.01kg/m^3

这时已难生成 $FeAsO_4$沉淀。但随 pH 升高，溶液中残砷量并未增加，此时是依靠 $Fe(OH)_3$吸附除砷。

冶炼多金属矿床产出的铜精矿，锌、砷、锑、铋、镉等将富集于铜冶炼时的烟尘中。烟尘采用湿法处理时，用碳酸钙维持 pH = 4.6 ~ 4.[illegible]，空气氧化使铁与砷形成砷酸铁。除铁后液含铁 0.2g/L，砷 0.001g/L，原液中铁、砷沉淀率分别为98%和99%。

在向含铁的硫酸镍水溶液吹入空气的过程中，同时撒入碳酸钙粉调节 pH = 4 ~ 5，然后添加极少量 $Ca(OH)_2$乳液，调节 pH = 5.5 ~ 6.0，即可使铜、锌、铁一起沉淀，镍得到净化，回收率97%。

赣州钴冶炼厂铜车间处理的浮选铜精矿成分复杂，除了给焙烧炉气制酸、焙砂浸出和电解带来一系列困难外，因废液中含有剧毒性金属离子和较高酸度，在铜电解方面也遇到一定困难。使用锌焙砂处理铜电解液，使焙砂中的锌、镉进入溶液，然后经净化得到铜、镉渣和硫酸锌溶液。铜电解废液经锌焙砂中和处理后，溶液中含锌 90 ~ 100g/L，镉 3 ~ 4g/L，铁 10 ~ 30g/L，锰 0.5 ~ 1.5g/L。除铁作业分两步，第一步中和除铁，加入石灰乳并鼓入空气，调节 pH = 4.5 ~ 5.2，80 ~ 90℃下沉淀；第二步采用针铁矿法除铁。

加压氨浸处理镍精矿或铜锍、钴镍硫化矿物、红土矿、锌精矿等，大部分铁在高压釜中以赤铁矿沉淀。浸液中尚含有少量铁，除铁均采用中和水解法，以氨作中和剂，空气作氧化剂。

从镍电解精炼所得钴渣中提钴工艺，是将干钴渣用 10mol/L 盐酸溶解，干渣与盐酸比为 1∶(1.1 ~ 1.2)，搅拌 3 ~ 4h，溶液 pH = 1.5 ~ 2.0，加热至 70 ~ 80℃，用碳酸钠调节 pH = 4 ~ 4.2，使 $Fe(OH)_3$沉淀，除铁后液含铁 0.04 ~ 0.05g/L。

松软锰矿含锰甚低，而含铁、硅较高，属高铁高硅的贫锰矿，铁锰分离相当困难。采用连二硫酸法进行化学处理较为有效，控制浸液 pH = 1.42 ~ 1.66 进行浸出，中和净化调节 pH = 5 ~ 5.8，使 Fe^{3+}以 $Fe(OH)_3$沉淀；然后将 pH 调至 8.92 ~ 9.14，使锰以 $Mn(OH)_2$沉淀，以达到 Fe-Mn 分离。采用上述工艺，锰由原来的 24.5% 提高到 56.31%，铁由 13.6%降低到 0.2%，可作为冶金工业高级锰铁合金或金属锰优质原料。

用钙镁磷肥副产镍铁废渣生产磷酸钠，工艺简单，设备投资省。原料中含有 50% ~ 60%的铁（以 Fe_2O_3计），生产本身是一个除铁过程。采用碱分解，在 120℃下主要化学反应为：

$$Fe_2O_3 \cdot P_2O_5 + 6NaOH \xrightarrow{\triangle} 2Na_3PO_4 + Fe_2O_3 \cdot nH_2O\downarrow \tag{9-50}$$

$$2[3FeO \cdot P_2O_5] + 12NaOH \xrightarrow{\triangle, O_2} 4Na_3PO_4 + 3Fe_2O_3 \cdot nH_2O\downarrow \tag{9-51}$$

在碱性介质中，水合氧化铁沉淀，磷酸钠留在溶液中，经浓缩结晶得产品。

许多采用溶剂萃取法提取有价金属的工艺，均采用沉淀法在溶剂萃取前除铁。如用烷基磷酸等分离 Co-Ni 过程，用空气氧化，石灰石沉淀除铁。

9.1.4.2　局部焙烧-亚硫酸盐沉淀法[1,4]

有人总结了从水溶液中沉淀金属的亚硫酸盐法，计算了一些金属的亚硫酸盐的标准生成自由能，并绘制了有关金属的稳定性图。一般说，亚硫酸盐的最低溶解度高于相应的氢氧化物，但它能在较低 pH 下沉淀，并且沉淀物易于过滤。图 9-33 示出了 Fe(Ⅱ)-SO_2-H_2O体系在 25℃，总浓度 $C_{总}$ = 1mol/L 时的溶解度图。由该图可见，亚硫酸铁沉淀 pH = 7.0，而相应的 $Fe(OH)_2$沉淀时 pH = 12。利用亚硫酸铁溶解度较低的特点，研制出局部焙烧-亚硫酸铁沉淀法炼锌新工艺。

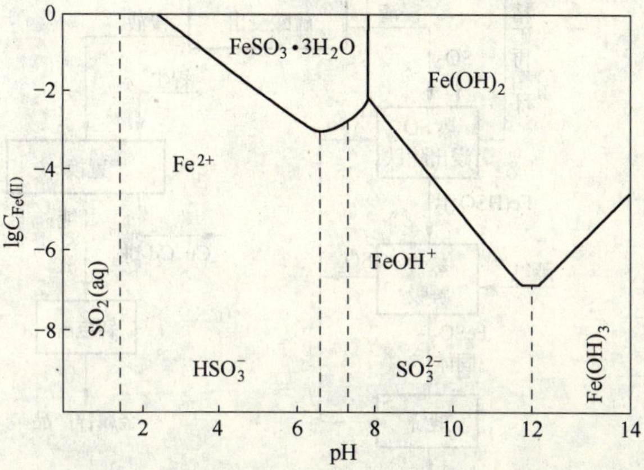

图 9-33 Fe(Ⅱ)-SO_2-H_2O 体系在 25℃时的溶解图

$C_{总}$ = 1mol/L；$C_{Fe(Ⅱ)}$ 为可溶性 Fe(Ⅱ)的浓度

供湿法浸出的锌焙砂除含有可溶性氧化锌、锌的硫酸盐外，还含有铁酸锌，它是高温焙烧闪锌矿的副产物，在稀酸中不溶，需采用热酸浸出。从锌铁共溶的浸液中先除铁，然后回收锌。

局部脱硫焙烧法可抑制铁酸锌的生成，省去锌渣再处理步骤，提高了锌的收率。局部脱硫焙烧的特点是整个焙烧过程均使氧分压保持在很低水平，以便使铁处于低价状态。锌精矿局部脱硫产物可用酸或碱浸，以选择性回收可溶性锌，而铁以 $Fe(HSO_3)_2$沉淀，如图 9-34 所示。该工艺锌回收率高于 98%，并可以处理氧化物和硫化物混合矿物。用局部脱硫焙烧法处理品位低的氧化铜矿，也是一种控制铁的有效方法。采用 SO_2和空气混合气体气氛下焙烧所得产物用水（加 H_2SO_4，pH 3.0）浸出，铜浸出率 90%，铁几乎不被浸出。

9.1.4.3 硫酸铁盐沉淀法[1,31,32]

用酸性硫酸铁溶液浸出铜精矿，在隔膜电解槽中，浸出剂硫酸盐在阳极再生，这种新工艺的特点是浸出剂的两次再生，从而使循环液中 Fe^{3+} 浓度降低到浸出反应所需理论量的 50% 左右，过量铁以 $FeSO_4 \cdot H_2O$ 形式在高温结晶中除去。图 9-35 为简化工艺流程图。在 90 ~ 95℃进行的两段逆流浸出，硫化铜按下列反应分解：

$$Cu_2S + Fe_2(SO_4)_3 = CuSO_4 + 2FeSO_4 + CuS \quad (9\text{-}52)$$

$$CuS + Fe_2(SO_4)_3 = CuSO_4 + 2FeSO_4 + S^0 \quad (9\text{-}53)$$

$$Cu_5FeS_4 + 6Fe_2(SO_4)_3 = 5CuSO_4 + 13FeSO_4 + 4S^0 \quad (9\text{-}54)$$

$$CuFeS_2 + 2Fe_2(SO_4)_3 = CuSO_4 + 5FeSO_4 + 2S^0 \quad (9\text{-}55)$$

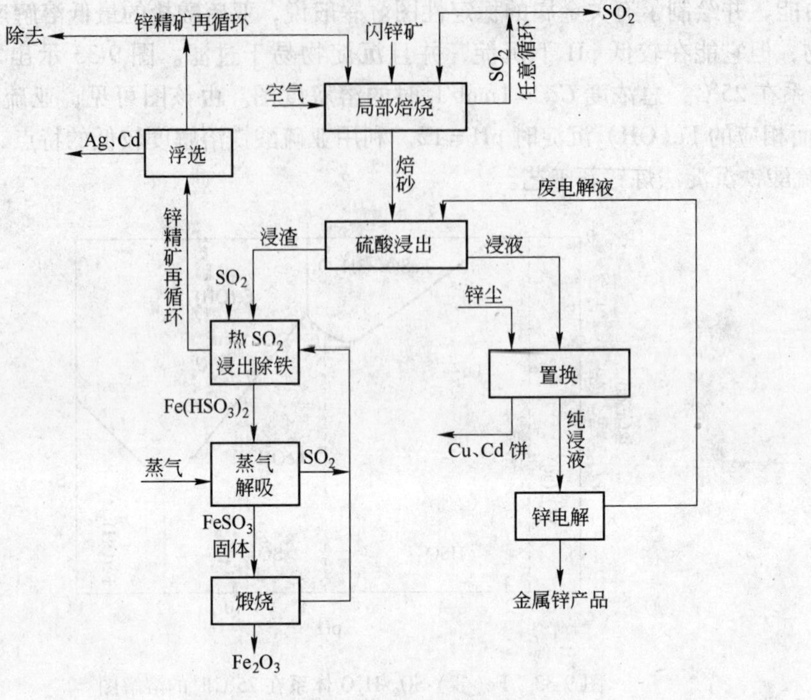

图 9-34 局部焙烧-硫酸浸出流程

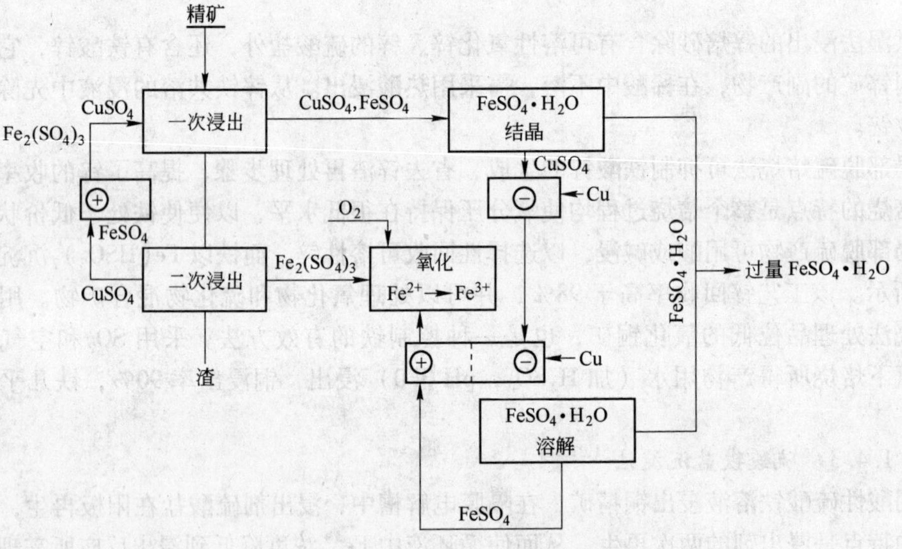

图 9-35 硫酸盐沉淀法除铁流程

浸出剂为含 5% ~10% 硫酸的硫酸铁溶液。将溶液加热到 170 ~175℃，实际上大约有 70% ~74% 的废浸出剂以 $FeSO_4 \cdot H_2O$ 结晶的形式沉淀，如图 9-36 所示。析出部分硫酸亚铁后溶液被送到电解槽阴极室，从阴极室流出的废电解液与一部分先前结晶的 $FeSO_4 \cdot H_2O$ 沉淀合并，待结晶溶解后，再送往阳极室，使 $FeSO_4$ 重新氧化成 $Fe_2(SO_4)_3$，用于第二段浸出。

酸盐沉淀法处理含铝物料时，也可除去一部分铁。高酸浸出时当酸浓度高于 35%，

Fe、Ti、K 溶解度降低。图 9-37 所示，铁的溶解度作为溶液中硫酸浓度的函数，铁在75℃，35%的硫酸中时，溶解度最大，然后随自由酸浓度增高而降低。当杂质浓度达到某一水平，以及酸浓度相当高时，这种酸盐沉淀在硅渣上，即所谓的 H^+ 过程。在高温和高硫酸浓度下，黏土可按此过程反应。酸盐组成为：SO_3（结合）37.6%、SO_3（自由）25.3%、Fe_2O_3 16%、K_2O 11.8%、H_2O 9.2%。

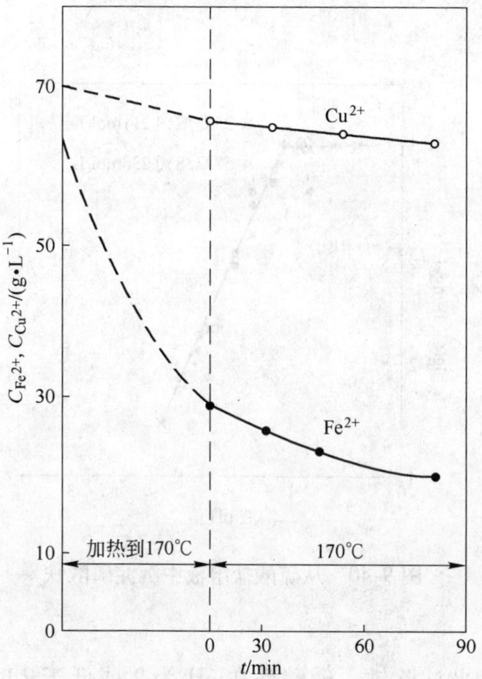

图 9-36　硫酸铁盐 $FeSO_4 \cdot H_2O$ 在高温下沉淀曲线
（水溶液中 H_2SO_4 为 30g/L）

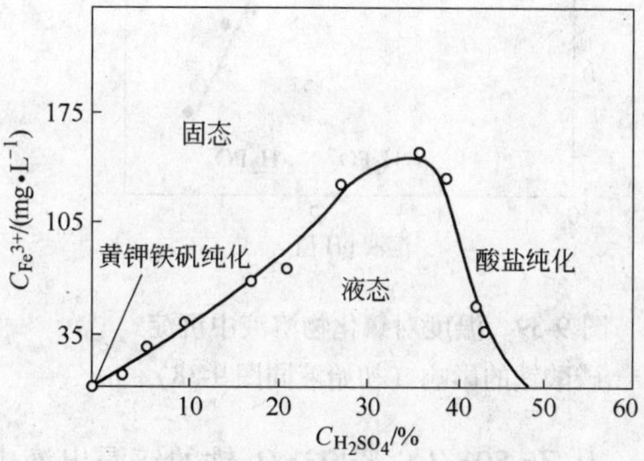

图 9-37　硫酸浓度对 Fe^{3+} 盐溶解度的影响（75℃）

9.1.4.4　磷酸盐沉淀法[1,4]

添加磷酸盐对从水溶液中除铁是很有效的。通过控制溶液 pH 值、磷酸盐浓度和温度，可使沉淀对铁的选择性好，易过滤并且吸附阳离子也很少。此法可用于从锌电解液中除铁，从电积氢氧化物的残渣中回收有价金属。图 9-38 示出从氯化物溶液中沉淀 Fe^{3+} 磷酸盐（$FePO_4 \cdot 2H_2O$）结果。磷酸盐生成自由能为 1650±3.55kJ/mol，温度对沉淀的影响如图 9-39 所示，表明温度影响很小。X 射线检测，在 25℃ 为无定型磷酸铁，50℃ 和 80℃ 是晶型结构。图 9-40 示出了温度对从硫酸盐溶液中沉淀磷酸铁的影响。磷酸铁沉淀速率很快，20～60min 已足够。

磷酸铁很易转化成氢氧化物，这一点很重要。它将使磷酸铁沉淀法变得经济，因为沉淀剂可以方便地再生：

$$FePO_4 \cdot 2H_2O(s) + H_2O \longrightarrow$$

$$Fe(OH)_3(s) + HPO_4^{2-} + 2H^+$$

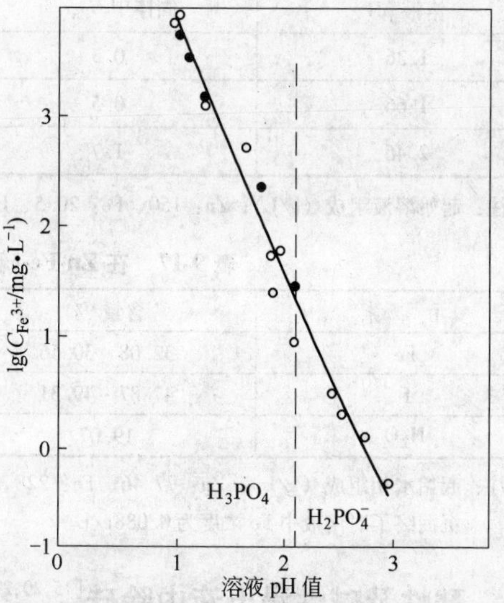

图 9-38　从氯化物溶液中沉淀磷酸铁 $FePO_4 \cdot 2H_2O$
初始液 ●—Fe 浓度为 10.2g/L，P 浓度为 5.6g/L，Cl^- 浓度为 19.5g/L；○—Fe 浓度为 0.4772g/L，P 浓度为 0.514g/L，Cl^- 浓度为 0.909g/L，25℃

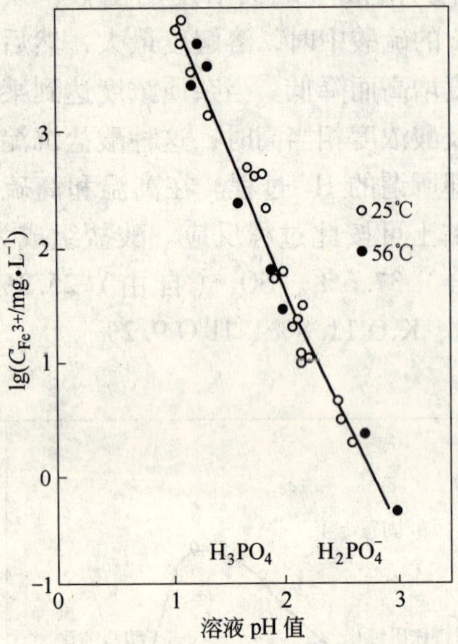

图 9-39 温度对氯化物溶液中沉淀磷酸铁的影响（初始液同图 9-38）

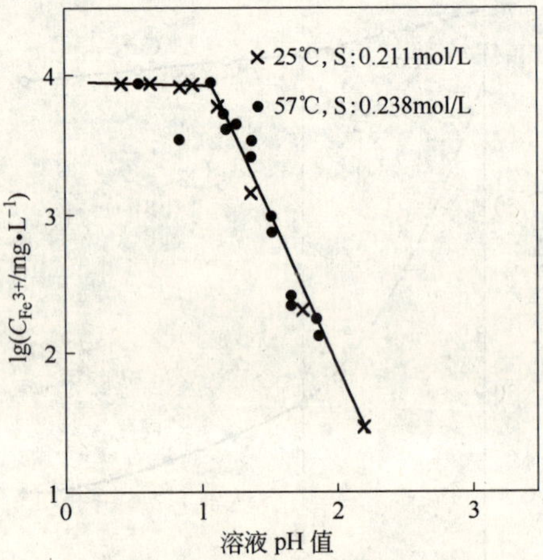

图 9-40 从硫酸盐溶液中沉淀磷酸铁

从 Zn 80g/L、Fe 23g/L 铁的锌浸出液中采用此法除铁，磷酸铁在 pH 为 2 或低于 2 时形成。从溶液中分离出磷酸铁固体后，在 pH = 5 ~ 6 再制浆，以转化成氢氧化铁。回收溶液中的磷酸根阴离子，循环到前面作为铁的沉淀剂。表 9-16 示出了从锌溶液中沉淀时，pH 与沉淀物中锌含量的关系；表 9-17 列出了固体物组成。

表 9-16 磷酸铁沉淀中锌含量与 pH 关系

溶液 pH	固体中 C_{Zn}/%	溶液 pH	固体中 C_{Zn}/%
1.36	0.5	2.93	9.9
1.66	0.5	2.96	9.3
2.46	1.7	5.20	23.3

注：起始溶液组成（g/L）：Zn：150、Fe：20.5、P：28.8、SO_4^{2-}：272.9；50℃。

表 9-17 在 Zn-Fe-硫酸盐体系中固体沉淀物组成

元 素	含量/%	元 素	含量/%
Fe	32.08 ~ 30.56	Zn	0.60 ~ 0.8
P	47.87 ~ 49.31	Na	0.84
H_2O	19.07	S	0.15

注：起始水相组成（g/L）：Zn：77.46、Fe：228、P：27.24、S：57.83、SO_4^{2-}：172.8；53℃，终点 pH = 1.46，沉淀终了时溶液中 Fe 浓度为 0.088g/L。

9.2 酸性及碱性浸出液中除硅[15,20,29,30]

9.2.1 酸性浸出液中除硅

根据文献［25］的叙述，下面介绍硅在酸性溶液的行为及在湿法炼锌中控制和除硅的原理。

9.2.1.1 二氧化硅及硅酸盐的一般性质

二氧化硅或硅酸盐溶解，使硅呈凝胶状态，对湿法冶金过程进行很有害：

(1) 造成矿浆浓缩困难，在澄清中使上清液混浊和上清率下降，使矿浆底流的比重减小；

(2) 使溶液的黏度提高，有时可使溶液冻胶化，恶化溶液的流动性，使液固分离困难；

(3) 过滤时，滤渣与滤布粘结性很小，造成挂渣性不良，这种渣有可能在滤布表面提前滑落或分离，影响渣的脱除；

(4) 硅凝胶或聚凝胶在过滤时容易堵塞滤布的孔隙，使过滤速度变慢，滤布的再生困难，可能造成过滤作业无法进行。

除影响固液分离外，在溶剂萃取操作中可能是造成乳化的主要原因；在离子交换中会使树脂中毒，造成树脂吸附能力降低。

因此应力求做到以下几点：

(1) 尽量使原料中的二氧化硅或硅酸盐少溶解或不溶解；

(2) 避免溶解的硅在溶液中成为硅凝胶或聚凝胶；

(3) 使溶解的硅呈易过滤的无定形二氧化硅沉淀，或易过滤的复合硅渣。

在高温下强碱溶液和熔融碳酸钠可把二氧化硅变成可溶性的硅酸盐，其反应如下：

$$SiO_2 + 4OH^- \longrightarrow SiO_4^{4-} + 2H_2O$$

$$SiO_2 + Na_2CO_3 \longrightarrow Na_2SO_3 + CO_2$$

硅酸盐可分为水溶性和非水溶性两大类。可溶于水的硅酸盐具有一般组成 $aM_2O \cdot bSiO_2 \cdot cH_2O$，式中 M 代表碱金属。将二氧化硅和碳酸钠大约在1300℃左右熔烧，根据二氧化硅和碳酸钠的比例不同可制得不同的硅酸盐。在这类化合物中，除了水合偏硅酸钠 $Na_2SiO_3 \cdot nH_2O$（$n=5$、6、7、8、9）以外，还有 Na_2SiO_3、Na_2SiO_5、Na_4SiO_4 和 $Na_6Si_2O_7$ 等。

可溶性的硅酸盐中，最常见的是 Na_2SiO_3，其水溶液叫水玻璃（工业上叫泡花碱）。

除了碱金属硅酸盐是可溶的以外，许多硅酸盐都是难溶的，而且结构也比较复杂。在硅酸盐中，硅原子是正四面体，被氧原子包围着。

硅酸盐与酸作用有下述几种情况：

(1) 硅酸盐结构彻底破坏，硅酸盐中的阳离子和二氧化硅溶解，而溶解在溶液中的二氧化硅聚合成为硅胶；

(2) 硅酸盐部分分解，硅成为硅质残渣，而硅酸盐中阳离子进入溶液；

(3) 硅酸盐结构非常稳定，这类硅酸盐不与酸发生分解反应，硅酸盐中的阳离子及硅均不进入溶液。

硅酸盐溶解时有两种情况，一是金属阳离子和二氧化硅的溶解比值与原矿物中的比值相同，这种溶解称为等成分溶解；二是阳离子的溶解量超过原始矿物中二氧化硅比值的量，即阳离子优先溶解，这种溶解可称为不等成分溶解。

正硅酸盐（SiO_4^{4-}）、双硅酸盐（$Si_2O_7^{6-}$）和层状硅酸盐（$Si_3O_9^{6-}$、$Si_4O_{12}^{8-}$）都是等成

分溶解，例如属于正硅酸盐的铁橄榄石、镁橄榄石、橄榄石、硅锌矿等；属于双硅酸盐的镁黄长石、异极石、黄长石等（也有属于层状结构的）。不等成分溶解，形成二氧化硅残渣的多为架状硅酸盐和层状硅酸盐，例如铯榴石、鳊绿泥石等。不溶解的多为链状硅酸盐、架状硅酸盐和层状硅酸盐，例如辉石、顽辉石、锂辉钠长石、透锂辉石、高岭石、白云母、蛇纹石等。

一般而言，在硅酸盐中金属阳离子与氧的键能要比硅与氧的键能弱一些，因此，容易与酸发生作用。已证明一些硅酸盐与酸的反应性在很大程度上取决于金属阳离子与氧生成键能的大小，而金属阳离子的极化能又是决定金属阳离子与氧的键能强弱的重要因素。因此，金属阳离子的极化能决定了某些硅酸盐的相对稳定性。金属阳离子极化能的半定量指数可用阳离子势（离子电荷/离子半径）表示。硅氧键的强度很大，因此离子势高的阳离子硅酸盐很难与酸作用。

二氧化硅的酸溶性受结构、颗粒大小、温度及杂质离子等几个因素的影响。图 9-41 表示了二氧化硅在水中溶解度与 pH 值之间的关系。在 pH 值低于 9 时，无定形二氧化硅的平衡溶解度较小，在室温下，一般约为 100mg/L。溶解后的 SiO_2形态呈单体[$Si(OH)_4$]存在。在碱性条件下形成单体和聚合硅酸盐离子[$SiO_2(OH)_2^{2-}$、$SiO(OH)_3^-$、$Si_4O_6(OH)_6^{2-}$]，这种情况示于图 9-42。由于有单体及聚合硅酸盐形成，而使无定形二氧化硅的溶解度增加。在有氟离子存在时，因在所有的 pH 值下，都能生成氟硅酸盐配合物，而会大大增加单体二氧化硅的溶解度。

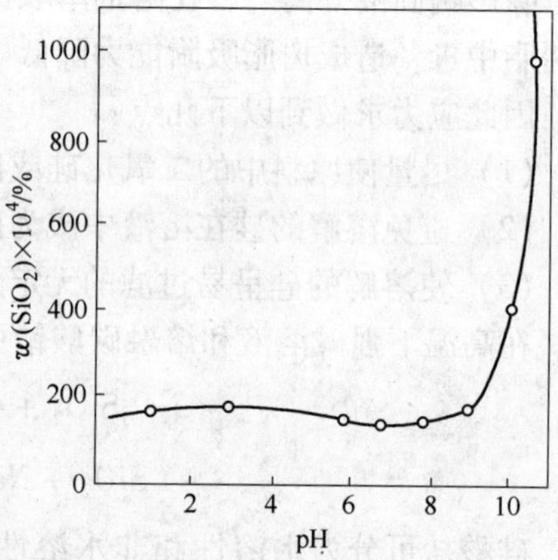

图 9-41　无定形 SiO_2溶解度与 pH 的关系

单体硅酸形成的二氧化硅在水中的溶解度随温度增加而增加。无定形二氧化硅有最大的溶解度，石英则很难溶解，其他形式的二氧化硅的溶解度则介于无定形二氧化硅与石英之间，如图 9-43 所示。

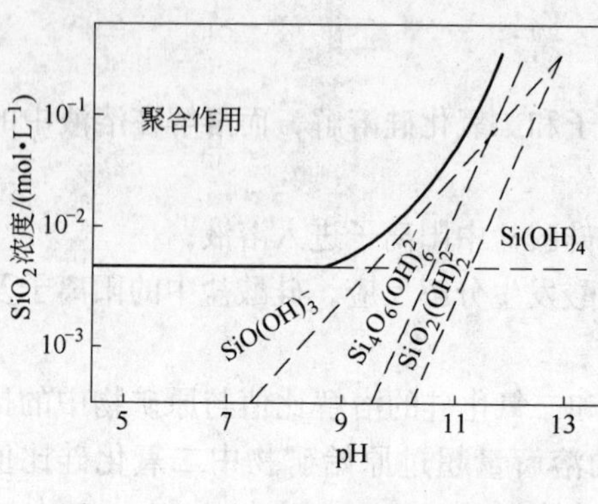

图 9-42　无定形 SiO_2在室温的溶解度

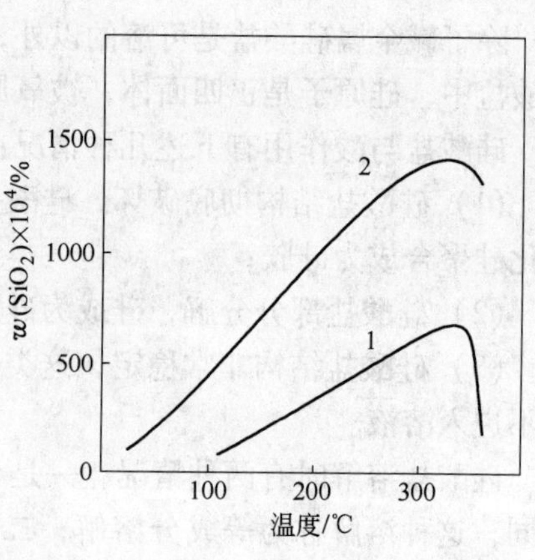

图 9-43　溶解度与温度的关系（pH = 7）

1—石英；2—无定形 SiO_2

9.2.1.2 二氧化硅的聚合、聚集、絮凝及除硅

在湿法冶金的酸性溶液中，二氧化硅的浓度常常超过单体二氧化硅的平衡溶解度，这是过饱和溶液中二氧化硅发生聚合作用的结果。

二氧化硅的聚合，是由于硅醇（—SiOH）基团的综合作用而产生的。

$$(\text{—SiOH}) + (\text{HOSi—}) \longrightarrow (\text{—SiOSi—}) + H_2O$$

聚合开始阶段可以表示为

$$2Si(OH)_4 \longrightarrow (HO)_3SiOSi(OH)_3 + H_2O$$

生成聚合物后，可用物化测定方法（例如，光散射法、冰点降低法、黏度和渗析法等），间接地确定出它的平均分子量或每个聚合分子中硅原子的平均数。上述聚合作用涉及到离子机理，pH 值低于 2 时，聚合速度与氢离子浓度成正比。在低 pH 值下，氟离子能增加聚合反应速度，如有能与氟离子配合的铝、铁、铍及钍离子存在，则能减弱这个效应。

二氧化硅的聚合作用发生后，硅氧烷—Si—O—Si—键的数目则达到最大值，而未聚合的—Si—O—H 基的数目达到最小值。所以，在二氧化硅聚合的最初阶段会形成环状结构，并立即因单体的加入而转变成球状分子。当球状分子形成后，因为它们内部缩合而生成脱水的二氧化硅缩合分子，而 SiOH 基则限制在外部表面上。溶液中球形分子是长大胶体粒子的核心，到聚合作用的最后阶段时，还可发生进一步的聚合作用，并生成稳定的二氧化硅溶胶。另外一种可能性是各个颗粒相互聚集，或者形成无定形二氧化硅沉淀物。

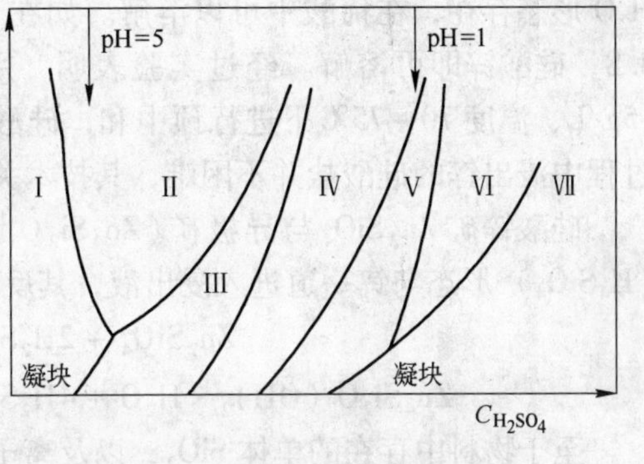

图 9-44 SiO_2存在状态与酸度的关系

Ⅰ—聚凝胶 H_4SiO_4；Ⅱ—凝胶 H_4SiO_4；Ⅲ—溶胶 H_4SiO_4；Ⅳ—溶胶 $H_4SiO_4 + H_2SiO_3$；Ⅴ—溶胶 H_2SiO_3；Ⅵ—凝胶 H_2SiO_3；Ⅶ—聚凝胶 H_2SiO_2

图 9-44 清楚地表明二氧化硅存在状态与溶液中 H_2SO_4浓度以及 pH 值的关系。当 pH≥3 时，由于酸度降低，会加快生成 H_4SiO_4 溶胶和凝胶。可以知道，生成 H_4SiO_4的溶胶和凝胶的机理是聚合作用。如果提高酸度，使溶液中的 pH < 3 时，在溶解的 H_4SiO_4分子上，由于高电荷阳离子的碱性水解作用，缩聚而生成无定形的溶胶、凝胶或聚凝胶。

在低 pH 值下，由于阴离子的酸性水解和羟基上氧的配合作用和缩聚作用，而发生如下反应：

$$H_4SiO_4 \longrightarrow H_2SiO_3 + H_2O$$

即在低 pH 值下，H_4SiO_4可缩聚生成 H_2SiO_3溶胶和凝胶，当它们被破坏时，会生成无定形的凝块和聚凝胶。

在酸性溶液中，H_4SiO_4的溶胶带负电荷，而 H_2SiO_3的溶胶带正电荷，它们的等电位是在 pH = 2 ~ 3 的范围内。当 pH 值上升时，由于 OH^- 离子的聚合作用，会加快 H_4SiO_4溶胶的破坏速度，而当 pH 值下降时，由于 H_3O^+的缩聚作用加强，可使 H_2SiO_3加速破坏。

在酸性溶液中，含有高浓度二氧化硅时，会出现以下几种情况：（1）pH 值在 2 左右

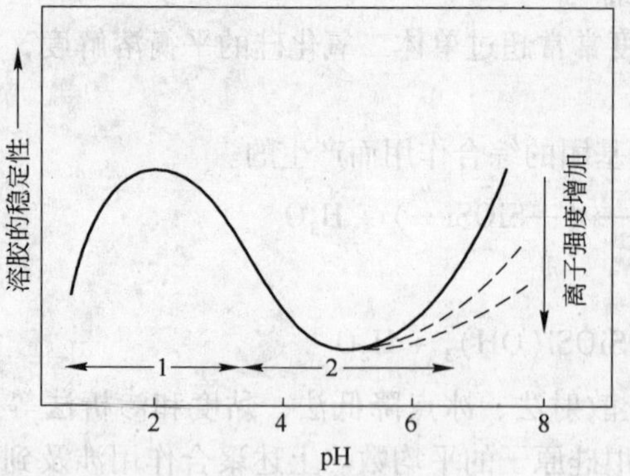

图 9-45　影响二氧化硅动力学因素
1—亚稳定区；2—聚集作用区

时，形成稳定的胶体溶液；（2）在较高 pH 值时，通常聚集成一种巨大的疏松网状结构的凝胶；（3）在高温、高 pH 值、高离子强度的迅速聚集条件下，可能形成胶体颗粒紧密堆积的细小的无定形沉淀物。溶胶的稳定性、离子强度、pH 值的关系如图 9-45 所示。

无论是胶凝作用，或是凝结作用都能使二氧化硅聚集。胶凝时，二氧化硅颗粒是在胶体中以支键互相连接在一起的；凝结时，二氧化硅颗粒以较紧密的聚集体互相连接在一起，以致使二氧化硅局部浓缩，并生成较致密的沉淀物。

在湿法冶金中，控制工艺条件，不使溶解的 SiO_2 发生胶凝，是关系到作业成功的重要环节。为了使溶液中 SiO_2 加快澄清，或使溶解的不同状的 SiO_2 聚集沉降下来，并除去，这样才利于过滤或以后的作业。为此，要加入絮凝剂。

在湿法炼锌中，氧化矿中锌的硅酸盐主要以硅酸锌 Zn_2SiO_4 与异极矿 $Zn_4Si_2O_7(OH)_2 \cdot H_2O$ 形态存在，在稀酸中可以溶解。如在 60℃温度下浸出，只要硫酸锌溶液 pH 值小于 3.8，硅酸锌即可溶解。经过实验表明，用含可溶硅 2.14% 的焙砂在始酸 31g/L、终酸 15g/L、温度 70 ~75℃下进行预中和，硅酸锌形态的锌浸出率达 92.86%，可见湿法炼锌过程中浸出锌的硅酸盐并不困难，其技术关键在于获得有良好液固分离性能的矿浆。

硅酸锌矿 Zn_2SiO_4 与异极矿（$Zn_4Si_2O_7(OH)_2 \cdot H_2O$），用稀硫酸浸出时，硅以硅酸（$H_4SiO_4$）形态与锌一道进入浸出液，其反应为

$$Zn_2SiO_4 + 2H_2SO_4 = 2ZnSO_4 + H_4SiO_4$$

$$Zn_4Si_2O_7(OH)_2 \cdot H_2O + 4H_2SO_4 = 4ZnSO_4 + 2H_4SiO_4 + 2H_2O$$

至于物料中存在的单体 SiO_2，以及离子势高的阳离子硅酸盐如硅酸铝、硅酸铁等，由于 Si—O 键的强度大，在一般酸性介质中不易被破坏浸出。

问题关键在于随锌一同浸出进入溶液的单体硅酸（$Si(OH)_4$）在溶液中极不稳定，且随着浸出控制的工艺条件的不同生成不同形态凝胶。若条件控制不当，可溶硅往往生成过滤性能很差的或根本不能过滤的凝胶，并带走大量的金属锌，使工艺流程无法运行。

湿法炼锌工业中促使硅酸凝聚、影响矿浆性能的因素有：矿浆 pH 值、硅酸的浓度、阳离子的种类与浓度、温度及晶种的数量等。

A　矿浆 pH 值

改变矿浆 pH 值是控制硅酸聚合与凝聚过程中最易实现的，也是最常用的方法。pH 值对硅酸稳定性的影响见图 9-45 和图 9-46 所示。在图 9-46 上表示出了硅酸的极稳定区和极不稳定区。

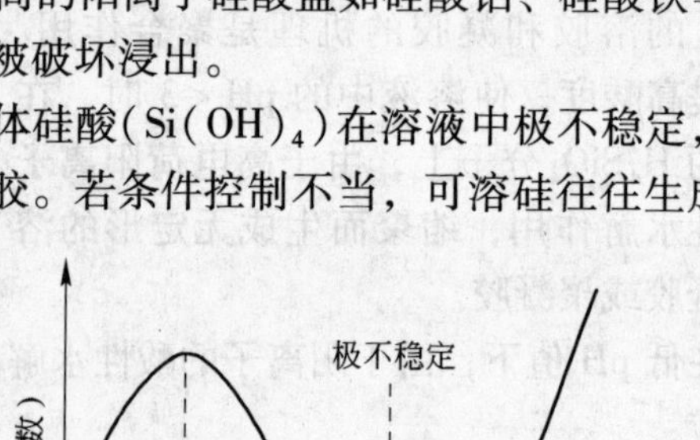

图 9-46　溶液 pH 值与硅酸稳定性的关系

(1) 溶液 $pH = 1.7 \sim 1.9$ 附近，浸出液中硅酸稳定，故 MV 法的最终脱硅处于 $pH < 1$ 的范围内。

(2) 在 $pH > 2$ 时，由于 OH^- 的催化作用，凝聚速度随 OH^- 量的增高而加快。当 $pH = 4.5 \sim 5.5$ 时，硅酸极不稳定。由于湿法炼锌过程中脱除大量 Fe、As 和 Sb 等杂质的酸度处于 pH 值 2 至 5 或 5.2 的范围内，因而中和絮凝脱硅的原理多为处理高硅锌矿的工艺所利用。

中和絮凝法要求 $pH = 1 \sim 2$ 的脱硅前液必须快速进入 $pH = 4.5 \sim 5.5$ 的硅酸不稳定区域，进行絮凝脱硅。如果 pH 值过低，中和速度太慢，硅酸凝块的过滤速度将会明显降低。

B 硅酸的浓度

在一定的 pH 值下，矿浆中硅酸的浓度决定了其过饱和程度，也就影响到硅酸聚合与凝聚的速度。适当的硅酸浓度，可以阻止粒径为 100nm 以下的二氧化硅胶粒的大量产生，并可促使大颗粒的无定形二氧化硅长大而沉淀。

C 阳离子的种类与浓度

带正电荷的阳离子可中和二氧化硅胶粒所带的负电荷，促使硅酸溶胶凝聚成二氧化硅沉淀。这种促进作用在 pH 值大于 3.5 时更为显著。对于不同价态的离子，其引起凝聚的能力不同，价态高，能力显著增大，在溶液中，它们的比例为 $Me^+ : Me^{2+} : Me^{3+} = 1 : 20 : 350$ 为好。锌湿法冶金中，铁是主要杂质，在除去铁时，可同时除去一定量的硅。在处理高硅矿时，要求浸出液中有适当的硅铁比（SiO_2/Fe^{3+}）以利于硅的脱除。过少，硅凝聚不好，影响液固分离；过多，无益于液固分离的改善，只能使中和剂耗量与渣率增大。某冶炼厂的脱硅能力可达（SiO_2/Fe^{3+}，即硅铁比）$0.8 \sim 1$ 的范围，除铁前液含铁 $10 \sim 18$g/L，SiO_2 $6 \sim 8$g/L。Al^{3+} 在絮凝过程中能促进硅沉淀长大，对浸出矿浆液固分离性能的改善优于 Fe^{3+}，因此瑞底诺法与 EZ 法均另加 Al^{3+} 离子作为脱硅的凝聚剂。

D 温度

升高温度能减少离子的吸附，因而能减少胶粒所带的电荷，有利于硅酸的凝聚。工业上常用的凝聚温度为 $50 \sim 90$℃之间。

E 晶种

对于同一种物理形态的物质，粒度愈小，表面能就愈大，也就愈不稳定。因而用已凝聚的 SiO_2 沉淀作晶种，可促使矿浆中新生的二氧化硅微粒易于生成与长大，以改善矿浆的液固分离性能。对于间断凝聚，资料显示将已凝聚 SiO_2 渣的 50% 或加 50% 的细硅胶粉作晶种，可使矿浆的过滤速度由 $0.16m^3/(m^2 \cdot h)$，增加到 $0.25 \sim 0.28m^3/(m^2 \cdot h)$。由于加晶种有利于改善脱硅矿浆的过滤性能（对除铁矿浆也有同样作用），而被广泛用于脱硅除铁过程中。

F 中和剂

高硅锌矿除杂过程可用含锌或不含锌的碱性物料作中和剂。常用的中和剂有锌矿、碱式硫酸锌、石灰石粉和石灰乳等。从技术上考虑，选用的中和剂应不带入有害杂质。

9.2.2 碱性浸出液中除硅[20,29,30]

在生产氢氧化铝的过程中，硅的存在影响生产过程及产品质量。因此，在碱性溶液中除硅，成为一项重要的工序。在此工序中除硅，即是碱性溶液除硅的重要内容。对这种除硅过程原理分述于下。

9.2.2.1　SiO_2在铝酸钠溶液中的行为

往铝酸钠溶液中加入硅酸钠 Na_2SiO_3、含水氧化硅（硅胶 $SiO_2 \cdot nH_2O$）或高岭石，由于它们与溶液相互作用而使 SiO_2进入溶液。这时溶液中的 SiO_2含量与熟料溶出后得到的粗液（仅经沉降分离的溶液）一样，常常是过饱和的，需要在长时间的搅拌后，才能将其降低到平衡含量。SiO_2在铝酸钠溶液中的溶解度随溶液的浓度而改变，图 9-47 表明 SiO_2在 70℃下的铝酸钠溶液（Na_2O/Al_2O_3的分子比为 1.7 ~2.0）中的溶解情况。往溶液中添加 Na_2SiO_3，搅拌 1 ~2 小时后即可得到 SiO_2在铝酸钠溶液中的介稳溶解度曲线 *AB*，继续搅拌 5 ~6 昼夜，才能得到溶解度曲线 *AC*，析出的固相是含水铝硅酸钠。这两条曲线将此图分成三个区域：*AC* 曲线图下面的Ⅰ区为 SiO_2的未饱和区；*AB* 曲线上面的Ⅲ区是 SiO_2的不稳定区，即过饱和区，溶液中的 SiO_2成为含水铝硅酸钠迅速沉淀析出；曲线 *AB* 和 *AC* 之间的Ⅱ区是 SiO_2的介稳状态区，所谓介稳状态是指溶液中的 SiO_2在热力学上虽属于不稳定，但是在不加含水铝硅酸钠作为晶种时，经长时间搅拌仍不至于结晶析出的状态。曲线 *AB* 表示 SiO_2在铝酸钠溶液中含量的最高限度，粗液中的 SiO_2含量大体上接近这一极限含量。

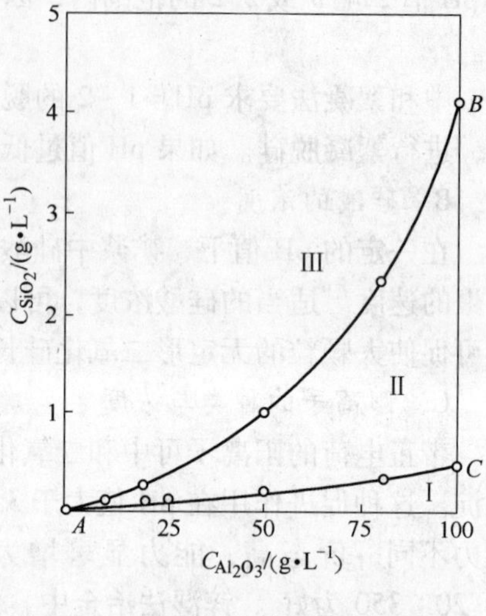

图 9-47　SiO_2在铝酸钠溶液中的溶解度和介稳状态溶解度（70℃）

熟料（指烧结后的料）溶出温度改变，*AB*、*AC* 曲线的具体位置会有所不同，但仍保持上述形状。

在 20 ~100℃温度范围内，SiO_2在铝酸钠溶液中的介稳溶解度随溶液中 Al_2O_3浓度的增加而提高，可按以下经验公式计算。当 Al_2O_3浓度在 50g/L 以上时：

$$[SiO_2] = 2 + 1.65n(n-1)\,g/L$$

式中，n 为 Al_2O_3浓度（g/L）除以 50 后的数值。

当 Al_2O_3浓度在 50g/L 以下时：

$$[SiO_2] = 0.35 + 0.08n(n-1)\,g/L$$

此时 n 为 Al_2O_3浓度（g/L）除以 10 后的数值。据此可以大致地估计溶出时，粗液的 SiO_2浓度以及碳分母液所允许的 SiO_2含量，从而可预计脱硅过程所必须达到的最低要求，即精液（指粗液经过滤后的溶液）硅量指数的最低值。但是碳分母液中含有大量 Na_2CO_3，使 SiO_2的介稳溶解度要比计算值小很多，精液的硅量指数应该比计算值高，通常不应低于 400。

对于 SiO_2在铝酸钠溶液中能够以介稳状态存在的原因有不同的见解。以往有人认为 Na_2SiO_3一类含 SiO_2化合物与铝酸钠溶液相互作用时，首先生成的是一种具体成分尚待确定的高碱铝硅酸钠 $mNa_2O \cdot Al_2O_3 \cdot 2SiO_2$，它后来水解才析出含水铝硅酸钠，水解反应式为

$$mNa_2O \cdot Al_2O_3 \cdot 2SiO_2 + aq \rightleftharpoons Na_2O \cdot Al_2O_3 \cdot 2SiO_2 \cdot nH_2O + 2(m-1)NaOH + aq$$

这种设想的依据是含水铝硅酸钠的析出程度是随温度的升高以及溶液浓度的降低而增大的，这正好是水解过程的特征。

较多的人认为 SiO_2 的介稳溶解度是与刚从溶液中析出的含水铝硅酸钠具有无定形的特点相一致的。随着搅拌时间的延长，含水铝硅酸钠由无定形转变为结晶状态，溶液中的 SiO_2 含量也随之降低到稳定形态的溶解度，即该温度下的最终平衡浓度。因为物质的晶体越小，表面能越大，所以物质的溶解度是随着其晶体的增大而减小的。同一物质在溶液中以不同大小的晶体存在时，小的晶体将自动溶解，再析出到大的晶体上使其长大，晶体的表面能因此而降低。表面化学推导出半径为 r_1 的微小晶体与半径 r 的较大晶体的溶解度（分别为 C_1 和 C）之间的关系如下：

$$\ln\frac{C_1}{C}=\frac{2\sigma_{晶-液}V}{RTr_1}$$

式中 $\sigma_{晶-液}$——晶体与溶液界面上的表面张力；

V——晶体的克分子体积。

由图 9-48 可见，当溶质晶体半径小到某一临界数值 r'' 之后，其溶解度便明显地高于正常晶体（稳定）的溶解度，有时无定形物质的溶解度可以比晶体物质的溶解度大得多。但是无机物结晶速度一般都较快，所以无定形很快转变为结晶形态，一般很少出现介稳溶解状态。含水铝硅酸钠由于其无定形转变为晶体的过程比较困难，才表现出明显的介稳溶解度，这种困难与含 SiO_2 铝酸钠溶液的黏度以及含水铝硅酸钠与溶液的界面张力较大有关。温度升高后，结晶条件改善，所以 SiO_2 含量才能够较快地由介稳溶解度降低到接近于正常溶解度。

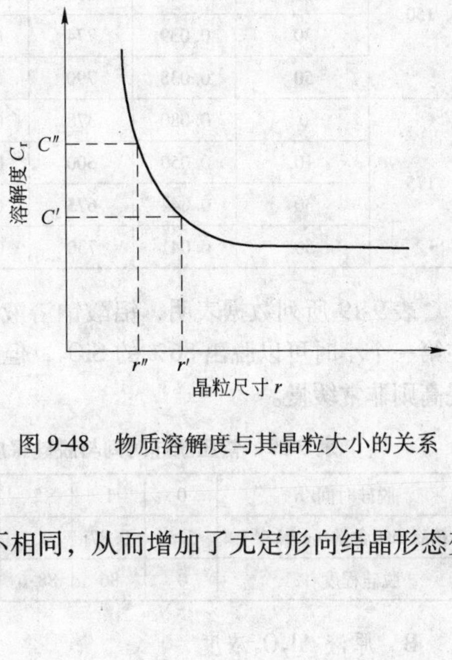

图 9-48 物质溶解度与其晶粒大小的关系

在铝酸钠溶液中，人造沸石核心吸附各种附加盐，使生成的含水铝硅酸钠在成分和结构上互不相同，从而增加了无定形向结晶形态变化过程的复杂性。

9.2.2.2 影响含水铝硅酸钠析出的因素

A 温度

温度对于含水铝硅酸钠在铝酸钠溶液中溶解度的影响比较复杂，随溶液组成不同而不同，有关数据列于表 9-18 中。通常是在某一温度下出现溶解度的最低点，当溶液中 Al_2O_3 浓度增大，碳酸钠含量减少时，这种特点更加明显。温度提高后，所得固相中 Na_2O 和 SiO_2 对 Al_2O_3 的分子比增大，而 H_2O 对 Al_2O_3 的分子比减小，同时晶粒增大，结构较为致密。提高温度还使含水铝硅酸钠结晶析出的速度显著提高，溶液中的 SiO_2 浓度在较短时间内便接近于平衡含量。实验表明，用 Al_2O_3 浓度为 100g/L，分子比为 1.6 左右的铝酸钠溶液进行 2h 的脱硅时，在 170℃（$7kg/cm^2$）下得到的硅量指数为最高。进一步提高脱硅温度，硅量指数反而降低。这是因为温度提高，SiO_2 在溶液中的溶解度增大的缘故。

表 9-18 分子比为 1.8 的铝酸钠溶液中 SiO_2 的平衡浓度和硅量指数

温度/℃	Na_2O_C /(g·L^{-1})	溶液中 Al_2O_3 浓度/(g·L^{-1})							
		30		50		70		90	
		SiO_2	A/S	SiO_2	A/S	SiO_2	A/S	SiO_2	A/S
98	0	0.066	451	0.115	440	0.182	390	0.298	331
	10	0.049	612	0.085	588	0.132	532	0.218	432
	30	0.046	652	0.079	630	0.126	555	0.200	453
	50	0.043	678	0.078	633	0.125	558	0.212	430
125	0	0.079	392	0.108	471	0.167	417	0.246	368
	10	0.049	608	0.078	655	0.122	580	0.197	474
	30	0.044	682	0.074	688	0.111	652	0.171	532
	50	0.039	764	0.070	697	0.107	660	0.161	557
150	0	0.075	400	0.118	437	0.184	380	0.274	337
	10	0.049	618	0.078	625	0.129	538	0.200	461
	30	0.039	774	0.074	662	0.120	585	0.173	521
	50	0.038	790	0.066	743	0.115	603	0.170	533
175	0	0.080	378	0.129	380	0.210	330	0.272	333
	10	0.050	600	0.085	600	0.150	465	0.208	450
	30	0.044	675	0.074	688	0.132	530	0.170	528
	50	0.041	730	0.070	706	0.133	523	0.171	527

表 9-19 所列数据表明，铝酸钠溶液常压脱硅时，虽然在第一个小时可以脱出 86% 的 SiO_2，但脱硅程度的进一步提高则非常缓慢。

表 9-19 常压脱硅时间与脱硅深度的关系

脱硅时间/h	0	1	2	6	12	15
精液 SiO_2 含量/(g·L^{-1})	5.8	0.87	0.7	0.64	0.25	0.22
脱硅程度/%	0	86	88.6	89.5	95.5	96

B 原液 Al_2O_3 浓度

采用低分子比在溶出时，为了保证脱硅后精液的稳定性，需要加入种分母液将粗液的分子比提高为 1.50～1.55，Al_2O_3 浓度则相应降低为 95～100g/L。铝酸钠溶液中 SiO_2 的平衡浓度与 Al_2O_3 浓度的关系表示于图 9-49 中。在 SiO_2 溶解度曲线上有一个最低点，在 Na_2O 浓度为 100～300g/L 的范围内，这一最低点的溶液的 Al_2O_3 浓度为 40～60g/L。所以在烧结法条件下，精液中的 SiO_2 平衡浓度是随 Al_2O_3 浓度的增大而提高的，而硅量指数则随之而降低。因此降低 Al_2O_3 浓度有利于制得硅量指数较高的精液。对于

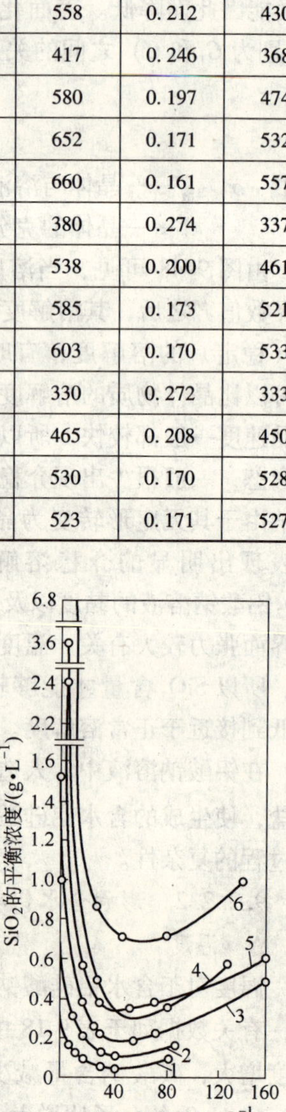

图 9-49 铝酸钠溶液中 SiO_2 平衡浓度与 Al_2O_3 含量的关系

Na_2O 浓度/(g·L^{-1})：1,2—100；3,4—200；5,6—300

温度/℃：1,3,5—120；2,4,6—280

Al_2O_3浓度大于50g/L，Na_2O_C浓度低于5g/L的铝酸钠溶液来说，铝酸钠溶液中的SiO_2平衡浓度与Al_2O_3及Na_2O的浓度保持着如下的关系：

$$[SiO_2] = 2.7[Al_2O_3][Na_2O] \times 10^{-5} \text{ g/L}$$

为了解释铝酸钠溶液中SiO_2溶解度与Al_2O_3的关系，对于SiO_2在溶液中的存在形态提出过种种假想。早期曾提出过SiO_2在溶液中以成分为$m Na_2O \cdot n Al_2O_3 \cdot 2SiO_2$的高碱铝硅酸钠（$m$及$n$均>1）存在的观点，并解释脱硅过程就是它水解并析出含水铝硅酸钠的过程。溶液中Na_2O和Al_2O_3浓度增大，因水解过程受到限制，使SiO_2的平衡浓度增大，但是它不能解释SiO_2的平衡浓度何以有最低值。另一些研究人员则提出SiO_2在铝酸钠溶液中是以$[Al_2(H_2SiO_4)(OH)_6]^{2-}$和$H_2SiO_4^{2-}$两种离子形态存在的观点。在低分子比的溶液中$SiO_2$主要以前一形式存在，溶液的分子比减小使这种配离子聚合的可能性增加。在这种配离子中，SiO_2与Al_2O_3的分子比保持为1，这是有实验数据作为依据的。由于脱硅得到的含水铝硅酸钠中含有$Al(OH)_4^-$或其脱水离子，因此它属于羟基方钠石，可以写成$3[Na_2O \cdot Al_2O_3 \cdot 2SiO_2] \cdot 2NaAl(OH)_4 \cdot nH_2O$，它溶解于低分子比的铝酸钠溶液的反应式可表示为

$$3[Na_2O \cdot Al_2O_3 \cdot 2SiO_2] \cdot 2NaAl(OH)_4 \cdot nH_2O(s) + 4NaAl(OH)_4 + aq \rightleftharpoons 6Na_2[Al_2(H_2SiO_4)(OH)_6](l) + aq \quad (9\text{-}56)$$

在高分子比的铝酸钠溶液中，特别是Al_2O_3浓度低于40~60g/L的情况下，会含有大量的游离碱。方钠石溶解时的反应式改变为

$$3[Na_2O \cdot Al_2O_3 \cdot 2SiO_2] \cdot 2NaAl(OH)_4 \cdot nH_2O(s) + 4NaOH + (12-2n)H_2O \rightleftharpoons 4Na_2[Al_2(H_2SiO_4)(OH)_6](l) + 2Na_2[H_2SiO_4] \quad (9\text{-}57)$$

如果溶液中游离碱的含量更多时，配离子$[Al_2(H_2SiO_4)(OH)_6]^{2-}$与碱反应的程度比在低分子比的溶液中大得多，其反应式为：

$$Na_2[Al_2(H_2SiO_4)(OH)_6] + 2NaOH \rightleftharpoons 2NaAl(OH)_4 + Na_2[H_2SiO_4]$$

因此，可认为在Al_2O_3浓度低于40~60g/L的溶液中，SiO_2主要是以配离子$[H_2SiO_4]^{2-}$存在。在低分子比的溶液中，反应式（9-56）是主要的，故Al_2O_3浓度增大时将增高SiO_2的溶解度；在高分子比的溶液中，反应式（9-57）是主要的，Al_2O_3浓度增大时会使游离碱的浓度减少，因而降低SiO_2的溶解度，这就是在SiO_2的溶解度曲线上出现最低值的原因。但是无论是反应式（9-56）还是反应式（9-57），Na_2O含量的增大都使SiO_2的溶解度提高。

C 原液Na_2O浓度

图9-50表明了Na_2O浓度增大后使SiO_2的溶解度提高的规律。但在分子比不同的溶液中，Na_2O浓度改变所带来的影响不一样，并且表现出复杂的关系。

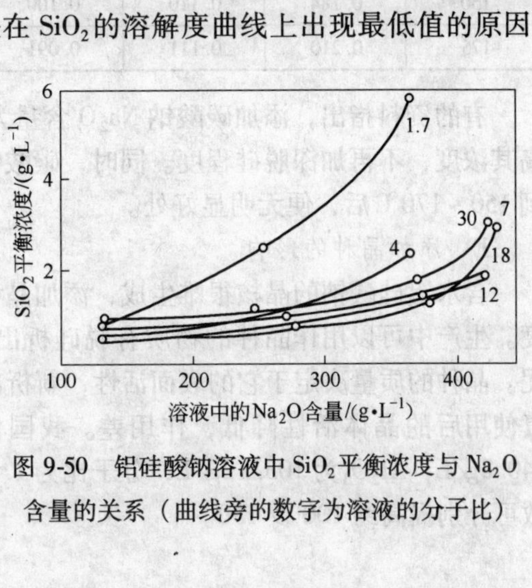

图9-50 铝硅酸钠溶液中SiO_2平衡浓度与Na_2O含量的关系（曲线旁的数字为溶液的分子比）

D 原液中K_2O、Na_2CO_3、Na_2SO_4和NaCl的含量

铝土矿中虽然只含有千分之几的K_2O，

但由于它能在流程中积累，故溶液中 K_2O 含量可以达到 10g/L 以上。人造钾沸石比人造钠沸石结晶缓慢，它生成含有附加盐的化合物的能力也比后者小（只能与 $KAl(OH)_4$ 结合），而且也不像后者那样容易转变为比较致密的方钠石结构。所以在含 K_2O 的铝酸钠溶液中，特别是纯铝酸钾溶液，SiO_2 较难析出（见表 9-20），这就是 K_2O 能够在生产中积累的原因。在人造钾沸石中，K^+ 与沸石核心结合的强度不如 Na^+，易于用水洗出来。从铝酸钾钠混合溶液析出的硅渣中，K_2O 含量随温度的提高及溶液中 K_2O 含量的增加而增加。这种硅渣在结构上与含水铝硅酸钠没有太大差别，是由钾和钠的含水铝硅酸盐组成的固溶体。

表 9-20　铝酸钾、钠混合溶液中的 SiO_2 平衡浓度（g/L）

（溶液中 $Al_2O_3$90 含量为 g/L，分子比为 1.8）

温度/℃	溶液中 K_2O 含量/%											
	0		10		20		30		40		50	
	SiO_2	A/S	SiO_2	A/S	SiO_2	A/S	SiO_2	A/S	SiO_2	A/S	SiO_2	A/S
98	0.249	372	0.278	324	0.304	295	0.331	271	0.377	238	0.414	216
125	0.231	392	0.275	326	0.311	288	0.340	265	0.400	225	0.440	205
150	0.274	334	0.298	303	0.338	256	0.368	245	0.408	220	0.475	188
175	0.272	333	0.416	216	0.467	191	0.522	171	0.586	154	0.618	146

溶液中的 Na_2CO_3、Na_2SO_4 和 NaCl 使含水铝硅酸钠转变为溶解度更小的沸石族化合物，它们对于 SiO_2 平衡浓度的影响列于表 9-21 中。

表 9-21　Na_2SO_4、Na_2CO_3 和 NaCl 含量对铝酸钠溶液中 SiO_2 平衡浓度的影响（溶液中含 $Al_2O_3$70.5g/L，分子比为 1.78）

温度/℃	SiO_2 平衡含量/($g\cdot L^{-1}$)						
	无添加盐	Na_2SO_4/($g\cdot L^{-1}$)		Na_2CO_3/($g\cdot L^{-1}$)		NaCl/($g\cdot L^{-1}$)	
		10	30	10	30	10	30
98	0.182	0.124	0.106	0.132	0.126	0.146	0.127
125	0.167	0.118	0.096	0.122	0.111	0.153	0.132
150	0.184	0.110	0.100	0.129	0.120	0.159	0.137
175	0.210	0.111	0.091	0.150	0.132	0.175	0.148

有的资料指出，添加碳酸钠 Na_2O 含量为 5～10g/L 时，便显示出良好效果，进一步提高其浓度，不再加深脱硅程度。同时，碳酸钠仅在常压脱硅时有良好作用，脱硅温度提高到 150～170℃后，便无明显好处。

E　添加晶种的影响

含水铝硅酸钠的晶核很难生成，添加晶种则可避免这种困难，并能提高脱硅速度和深度。生产中可以用作晶种的物质有脱硅析出的硅渣和拜耳法赤泥，前者在国外又称为白泥。晶种的质量决定于它的表面活性，新析出的细小晶体，表面活性大；而放置太久或反复使用后的晶体活性降低，作用差。我国使用拜耳法赤泥作晶种脱硅，往含 Na_2O_T 为 140.2g/L，Al_2O_3 为 103.12g/L，分子比为 1.57 的生产粗液中添加 15～30g/L，精液硅量指数可分别提高约 100 及 150。

实验证明，溶液中原始 SiO_2 含量增大，亦使脱硅程度增高。其原因就在于大量过饱和的 SiO_2 可以成为结晶核心。这是由于脱硅过程表现出强烈的自动催化作用的缘故。将高压脱硅后的料浆在常压下继续搅拌 4 ~ 5h，溶液中 SiO_2 将进一步析出，含水铝硅酸钠晶体也得到了发育的机会，而有利于硅渣的沉降分离。

国内外都进行过采用大量硅渣晶种以增大常压脱硅的深度实验研究。用含 Al_2O_3 为 82g/L，Na_2O 为 75g/L，Na_2O_C 为 27g/L，K_2O 为 9g/L 和 SiO_2 为 2g/L 的粗液，每升加入刚析出的硅渣 100g 作晶种。在 100 ~ 105℃下搅拌 6h 后，溶液的硅量指数提高到 550；在 170℃下搅拌 2h，硅量指数甚至提高到 900。但是大量的硅渣的循环使用，将使物料流量和硅渣沉降分离的负担增大。同时，大量使用硅渣的效果随溶液浓度和分子比的提高而明显降低。

9.2.2.3 铝酸钠溶液添加石灰的脱硅过程

使溶液中 SiO_2 成为含水铝硅酸钠析出的脱硅过程，精液的硅量指数一般很难超过 500。往溶液中加入一定数量的石灰，使 SiO_2 成为水化石榴石系固溶体析出，由于它的溶解度在相当大的温度、溶液浓度和分子比的范围内为 0.02 ~ 0.05g/L（以 SiO_2 表示），远低于含水铝硅酸钠，所以精液的硅量指数可以提高到 1000 以上。

A 添加石灰脱硅过程的机理

很早就已知道添加石灰可以提高脱硅深度，但由于对石灰的作用机理认识不足，使它的应用受到了限制。在铝酸钠溶液中加入石灰，除了可能发生苛化反应外，还可能生成含水铝酸钙，并进而生成水化石榴石 $3CaO \cdot Al_2O_3 \cdot xSiO_2(6-2x)H_2O$。当生成这一化合物时，在 $Ca(OH)_2$ 颗粒上出现两个反应层，外面的一层是水化石榴石，中间是一层含水铝酸钙，核心是 $Ca(OH)_2$。这是因为溶液中 Al_2O_3 的浓度远大于 SiO_2，含水铝酸钙比水化石榴石更先生成的缘故。实验证明，直接往溶液中添加含水铝酸钙也可以取得同样的脱硅效果，开始阶段的脱硅速度甚至还要快些。SiO_3^{2-} 进入含水铝酸钙并替换其中 OH^- 离子的速度决定于含水铝酸钙的微观结构、溶液中 SiO_3^{2-} 浓度和温度。脱硅速度随溶液温度和 Al_2O_3 浓度的提高而增大。在目前深度脱硅的条件下，SiO_2 饱和度约为 0.1 ~ 0.2，即在析出的水化石榴石中，CaO 与 SiO_2 的分子比为 15 ~ 30，而 Al_2O_3 与 SiO_2 的分子比为 5 ~ 10。为了减少 CaO 和 Al_2O_3 的消耗，通常是在铝酸钠溶液中的大部分 SiO_2 已经成为含水铝硅酸钠分离之后，再添加石灰进行深度脱硅。

B 添加石灰脱硅过程的主要影响因素

(1) 原液中的 Al_2O_3 和 Na_2O 浓度　一般认为添加石灰脱硅过程应用于 Al_2O_3 浓度低于 150g/L 的铝酸钠溶液才能增加脱硅深度，这是由于 SiO_2 在溶液中以 $[H_2SiO_4]^{2-}$ 和 $[Al_2(H_2SiO_4)(OH)_6]^{2-}$ 两种离子存在，溶液中的 SiO_2 含量也就是这两种离子的 SiO_2 含量之和的缘故。由反应式：

$$2Al(OH)_4^- + [H_2SiO_4]^{2-} \rightleftharpoons [Al_2(H_2SiO_4)(OH)_6]^{2-} + 2OH^-$$

可以看出，溶液中 Al_2O_3 浓度增大，以 $[Al_2(H_2SiO_4)(OH)_6]^{2-}$ 形态存在的 SiO_2 的比例亦增大。由 $3CaO \cdot Al_2O_3 \cdot xSiO_2 \cdot (6-2x)H_2O$ 的生成过程知道，只有 $[H_2SiO_4]^{2-}$ 才能合成水化石榴石，或者说生成水化石榴石只减少了溶液中以 $[H_2SiO_4]^{2-}$ 形态存在的 SiO_2 含量。在一定的条件下，溶液中的 $[H_2SiO_4]^{2-}$ 的数量保持一定。当 $[Al_2(H_2SiO_4)(OH)_6]^{2-}$ 所占

的比例增加时，溶液中 SiO_2 的平衡浓度也就提高了。但是，这种现象只是在 Al_2O_3 浓度大于150～200g/L的情况下才明显。在150g/L以下提高 Al_2O_3 浓度并不致降低脱硅效果，有关数据列于表9-22。

表 9-22　溶液中 Al_2O_3 浓度对于添加石灰①脱硅过程的影响

粗液成分/(g·L⁻¹)			精液成分/(g·L⁻¹)			泥渣成分/%				
Al_2O_3	Na_2O	SiO_2	Al_2O_3	Na_2O	SiO_2	Al_2O_3	CaO	Na_2O	SiO_2	灼减
44.7	147.2	0.82	24.8	157 3	0.013	26.8	43.5	0.55	1.90	27.0
91.6	148.0	0.795	82.0	151.9	0.006	26.5	44.0	0.50	1.81	26.1
122.6	151.9	0.83	114.8	156.5	0.009	26.8	44.0	0.52	2.0	26.0
160.8	146.5	0.815	143.0	155.7	0.004	26.5	43.2	0.62	1.90	27.7

①CaO 添加量为20g/L，脱硅过程在98℃下进行3h。

铝硅酸钠溶液中 Na_2O 浓度和分子比的增大将使添加石灰脱硅的效果变差。Na_2O 为350g/L，分子比为12的铝酸钠溶液，即使将CaO添加量增加到100～200g/L，在300℃下脱硅，精液的硅量指数仍然低于100。这是因为 Na_2O 浓度增大后促进水化石榴石分解的结果。

（2）溶液中的 Na_2O_C 浓度　在添加石灰脱硅的过程中，Na_2CO_3 浓度增大会使脱硅效果变差。这是由于：一方面 Na_2CO_3 也可以分解水化石榴石，提高 SiO_2 在溶液中的平衡浓度（见图9-50）；另一方面是 Na_2CO_3 与 $Ca(OH)_2$ 进行苛化反应，增加石灰的消耗，苛化后 Na_2O 浓度提高，而不利于 SiO_2 的脱除。碳酸钠对于添加石灰脱硅的影响还可以从图9-51中得到了解。图中平衡曲线将此图分为两个区域，在其上的稳定相为 $CaCO_3$，其下为水化石榴石。如果溶液中 Na_2O_C 含量沿 *AB* 线改变，在其浓度低于 *C* 点时，不致造成严重影响。当其浓度超过平衡曲线而为 *B* 点时，CaO便将与 Na_2CO_3 进行苛化反应，使溶液成分沿 *BD* 线变化，在溶液成分达到 *D* 点后，CaO才可能生成水化石榴石。

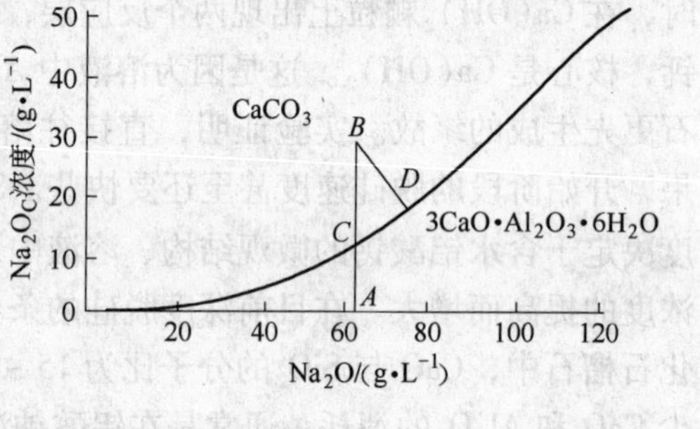

图 9-51　Na_2O-CaO-Al_2O_3-CO_2-SiO_2-H_2O 系状态图的局部区域（溶液分子比约为1.65）

（3）溶液中的 SiO_2 含量　如前所述，在铝酸钠溶液中存在着 $(H_2SiO_4)^{2-}$ 和 $[Al_2(H_2SiO_4)(OH)_6]^{2-}$ 两种含 SiO_2 的离子。添加石灰脱硅时，不断反应生成水化石榴石，$[Al_2(H_2SiO_4)(OH)_6]^{2-}$ 也将转化为 $(H_2SiO_4)^{2-}$，最后，两种离子的浓度保持着一定的平衡关系。由于在脱硅时生成的水化石榴石中，SiO_2 饱和度很低，所以原液 SiO_2 含量越高，消耗的石灰量以及损失的 Al_2O_3 量也越大。如果加入的CaO数量不足，便不能保证精液硅量指数的提高。其次，在溶液中也不应含有悬浮的钠硅渣。因为随着水化石榴石的生成，溶液中 $[Al_2(H_2SiO_4)(OH)_6]^{2-}$ 转化成 $(H_2SiO_4)^{2-}$ 并析入沉淀后，溶液对于含水铝硅酸钠来说又成为未饱和状态，钠硅渣就将溶入溶液，并且转化为水化石榴石析出。所以悬浮钠硅渣多也会造成石灰和 Al_2O_3 消耗量增大或精液硅量指数的下降。因而在添加石灰脱硅之前应该尽可能地把溶液的 SiO_2 转变为含水铝硅酸钠析出，并尽可能地分离出去。

（4）石灰的添加量和质量 石灰添加量越多，精液硅量指数越高，但损失的 Al_2O_3 也越大，有关数据列于表 9-23 中。该表数据是实验在 100℃下进行，原液含 Al_2O_3 105.9g/L，Na_2O_T 110.31g/L，Na_2O_C 20.9g/L，A/S 222，含浮游物（钠硅渣）0.5g/L 得到的。

表 9-23 CaO 添加量对铝酸钠溶液脱硅过程的影响

CaO 添加量 /(g·L^{-1})	CaO：SiO_2 分子比	精液质量（A/S） 10min	30min	60min	120min	Al_2O_3 损失量 /(g·L^{-1})
4.28	9.58	222	312	389	477	0.9
6.44	14.4	313	448	624	624	1.9
8.59	19.2	376	678	871	921	4.6
12.90	28.8	620	1620①	1477	1562	7.7

①A/S 的无规律变化，可能是分析误差造成的。

添加的石灰应该是经过充分煅烧的，以提高石灰中的有效 CaO 含量。脱硅温度一般低于溶液沸点，此时石灰中的 SiO_2 不会与铝酸钠溶液反应。研究表明，对于不含碳酸盐的铝酸钠溶液而言，MgO 具有比 CaO 更好的脱硅作用，并且可以大大减轻设备的结垢现象。MgO 脱硅的机理和 CaO 相同，也是先形成含水铝酸镁，然后 SiO_3^{2-} 进入它的晶格，生成水化镁石榴石固溶体。仅就脱硅过程来说，采用白云石或白云石化的石灰石来代替石灰石是可行的，但是脱硅后镁渣的利用却有困难。因为它不能用于配制铝酸盐炉料和水泥炉料。MgO 含量太高会使水泥制品由于固结时体积剧烈膨胀而破坏。

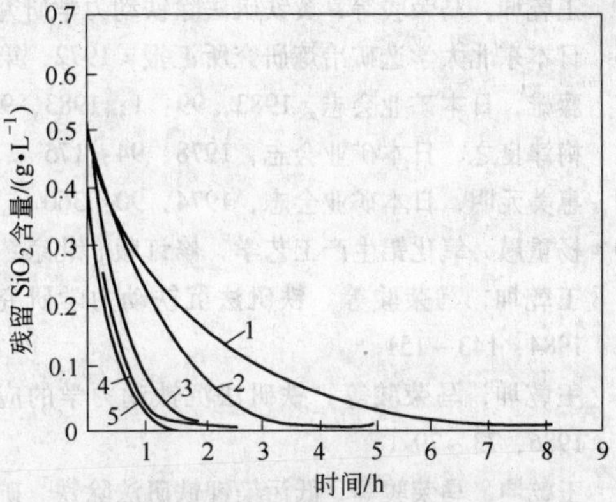

图 9-52 铝酸钠溶液添加石灰的脱硅过程与温度的关系

1—60℃；2—70℃；3—80℃；4—90℃；5—98℃

（5）温度 图 9-52 和表 9-24 表明，铝酸钠溶液添加石灰脱硅过程的速度和深度是随着温度的升高而提高的。在其他条件相同时，温度越高水化石榴石中 SiO_2 的饱和度越大，溶液中 SiO_2 的平衡浓度也就越低，故有利于减少石灰用量和 Al_2O_3 的损失。在二段脱硅过程中，第一阶段脱硅后溶液的温度一般为 100～105℃，在沉降分离钠硅渣以后，温度下降为 95～100℃。由表 9-24 中的数据可以看出，在此温度下进行添加石灰的第二阶段的脱硅是适当的。

表 9-24 温度对于添加石灰脱硅过程的影响（CaO 添加量为 10g/L）

温度/℃	原液成分/(g·L^{-1}) Na_2O_T	Al_2O_3	Na_2O_C	分子比	A/S	精液硅量指数 30min	60min	120min
80	121.8	104.8	23.09	1.55	320	326	356	420
80	120.8	104.5	23.46	1.53	368	374	418	552
100	121.9	103.6	24.2	1.55	360	1176	1800	2500
100	122.4	101.4	25.3	1.57	368	840	1280	2130

参 考 文 献

1　陈家镛，于淑秋，伍志春．湿法冶金中铁的分离与利用．北京：冶金工业出版社，1991
2　ed by J. E. Dutrizac, A. J. Monbemius, Ion Control in Hydrometallurgy, Ellis Horwood, London, 1986
3　南京大学地质矿物岩石教研室．结晶化学．北京：人民教育出版社，1961
4　K. Osseo-Asare, J. D. Miller, Met. Sci. of AIME, Dutrizac, J. E., Hydrometallurgy, Research, Development and Practice, 1983, p. 531
5　Wang Qiankun, Ma Rongjun, The Jarosite Process-Kinetic Study, Proc. Zinc'85, MMIJ, Tokyo, 1985, p. 675
6　马荣骏，姚先礼等．热酸浸出铁矾法处理高铟高铁锌精矿的研究．矿冶工程，1981（4）：18
7　C. Hintzei, Handbuch der Mineralogie, I, Bd., 3At., 1929-30, p. 4195
8　梅光贵等．湿法炼锌学．长沙：中南大学出版社，2001
9　彭容秋．铅锌冶金学．北京：科学出版社，2003
10　徐采栋．锌冶金物理化学．上海：上海科技出版社，1979
11　钟竹前，梅光贵．化学位图在湿法冶金和废水净化中的应用．长沙：中南大学出版社，1986
12　易阿蛮等．热酸浸出针铁矿法处理大厂富铟锌精矿的研究．重有色冶炼，1979（5）：1～9
13　M. J. Dias, Precipitation of Jarosite from Zinc Solution, Ph. D. Thesis, Imperial College, London, 1979
14　王乾坤，马荣骏等．黄铁矾法除铁动力学研究及应用［Ⅰ］．矿冶工程，1985（4）：48～53
15　王乾坤，马荣骏等．黄铁矾法除铁动力学研究及应用［Ⅱ］．矿冶工程，1986（1）：30～35
16　日本东北大学选矿冶炼研究所汇报，1972，第2号，p. 237
17　藤雄，日本矿业会志，1983，99：1；1983，97：685
18　梅津良之，日本矿业会志，1978，94：175
19　惠美元明，日本矿业会志，1974，90：360
20　杨重愚．氧化铝生产工艺学．修订版．北京：冶金工业出版社，1993
21　王乾坤，马荣骏等．铁矾法沉铁动力学研究．见：全国第五届冶金物理化学年会论文集．西安：1984，143～151
22　王乾坤，马荣骏等．铁矾法沉铁动力学的应用．见：中国有色金属学会学术会议论文集．北京：1986，73～79
23　王乾坤，马荣骏等．低污染钾铁矾法除铁．矿冶工程，1988（3）：47～50
24　王乾坤，马荣骏等．低污染铵铁矾法除铁．矿冶工程，1988（4）：39～43
25　马荣骏．湿法冶金中二氧化硅的一些行为．有色金属（冶炼部分），1987（1）：42～45
26　马荣骏．湿法炼锌中除铁的问题．湖南有色金属，1993（3）：161～164
27　邱电云，马荣骏．热酸浸出湿法炼锌中铁矾渣和处理方法．湖南有色金属，1994（3）：52～54
28　马荣骏．针铁矿湿法炼锌中用萃取法回收铟．湿法冶金，1997（2）：58～61
29　Misra, Industrial Alumia［M］, American Chemical Society, 1986
30　A. И, Лаинер, и др., Производство Глиозем, Москва, Металлургии, 1978
31　F. Tetowski, Hydrometallurgy, 1979, 4: 169
32　D. W. Dew, Hydrometallurgy, 1985, 14: 351

10 溶剂萃取

主要符号表

(A)——配位体平衡浓度

[A^*]——在液-液界面上A的浓度

[A_o]——A在B′相中的溶解度

[B_o]——在B′相中B的溶解度

[B_i]——在界面上B的浓度

A′——含A的连续相

A——S-H公式中参数;摩尔接触表面积;表面积、振幅、界面湍流特征速度

A——被萃物、溶质、空腔

a——比表面积、比界面积、离子间最近距离、活度、某组分的活度

A^-——金属离子Mn^+的阴离子配位体

B′——含B的连续相

B——D-H公式中参数

B——萃取物

C_a——配位体总浓度

C_M——溶液中金属离子总浓度

c_p——定压比热

c——体积摩尔浓度

C——无因次浓度

D_E——涡旋扩散系数

D——分配系数，分配比（金属离子在两相中的分配系数），扩散系数

d——液滴直径

$E(n)$——能谱分布函数

E_{aq-aq}——水相空腔作用能

E_{s-s}——有机相空腔作用能

E_u——欧拉数

E——萃取率，过量热力学函数

F_E——萃取比

Fr——弗劳德数

G——吉布斯自由能

g——分子间相互作用能，重力加速度

$r_{\neq}$——MA_n在水相中的平均离子活度系数

HR——酸性萃取剂

H——焓

I——离子强度

j_D——传质因子

j_H——传热因子

J——扩散通量

k_0——总传质系数

K_a——酸性离解常数

k——玻耳兹曼常数

K_{dm}——配合物的分配平衡常数

K_d——酸性物质的相间平衡常数，萃取剂在有机相和水相中的分配系数，[HL](o)/[HL]

K_{ex}——相间平衡常数

K_e——萃取反应热力学平衡常数

K_L——A对应于B′相中真实传质系数，其中，[$R_A = K_L([A^*] - [A_o])$]

k_{mn}——对$m+n$级反应的速率常数

K_{obsd}——表观萃取速率

K_V——萃取反应速率

k——分传质系数，界面反应速率常数，配合物逐级生成稳定常数

K——平衡常数，相间分配系数

l——B′相在反应器中的滞留量分数

L——长度

L——有机配体

M_n^+——金属离子

M——对$m+n$级反应有：

$$\frac{2/(m+1)D_A k_{mn}[A^*]^{m-1}[B_o]^n}{k_L^2}$$

m——重量摩尔浓度,对应于 A 的反应级数

M——金属离子（略去电荷）

Nu——努塞尔数

n——摩尔数，对应于 B 的反应级数

N——相对于静止坐标的摩尔通量

Pe——贝克莱数

C^{ϕ}——Pitzer 公式中参数

ϕ——Pitzer 公式中混合参数

Pr——普朗特数

p——压力，Pa

q——UNIFAC 方程中分子面积参数

Q——基团的摩尔接触面积

R_A——溶质 A 的特有萃取速率

Re——雷诺数

r——距离

R——气体常数，相比，理想体积常数

s——式（10-118）定义的参数

Sc——施密特数

Sh——舍伍德数

St——斯坦顿数

S——萃取剂，中性萃取剂分子

S——熵

T——绝对温度，温度

t——时间

⊕——UNIFAC 方程中基团的面积分数

u——速度分量

V_0——有机相体积

V_W——水相体积

V——表观流速,体积,纯液体的摩尔体积

v——速度分量

w——速度分量

W——物质重量

x——摩尔分数，坐标

y——活度系数（以体积摩尔浓度为浓度标度），坐标

Y——配合度

Z——反应的化学计量系数(理想化合系，即:1 摩尔 A 与 B 反应的摩尔比)，分子的配位数，离子电荷数

z——坐标

α——NRTL 公式中参数及 UNIFAC 方程中参数，热扩散率

$\beta_{(0)}, \beta_{(1)}, \beta_{(2)}$——Pitzer 公式中参数

β_n——配合物 HA_n 的稳定常数,分离系数

γ——活度系数（以质量摩尔浓度表示浓度）

δ——界面停滞膜厚度，溶解度参数

ε_v——单位体积流体的能量耗散速率

ε——能量

η——湍流 Kolmogoroff 特征长度

θ——Pitzer 公式中混合参数

λ_n——热传导系数

Λ——分配常数，界面湍流特征长度

λ——配合物生成稳定常数

μ——化学势，化学位，黏度

v——分子中离子或基团数目

ρ——密度

σ——Harned 系数

τ——NRTL 参数，时间间隔

ϕ——表面微团寿命分布密度函数

φ——分散相滞存率，体积分数

f——活度系数（以摩尔分数为浓度标度）

r——界面张力

K'_M——金属离子在界面相和有机相中的分配常数，$[M^{2+}]_{(i)}/[M^{2+}]_{(o)}$

ε——摩尔消光系数

K'_L——配体离子在界面牙和有机相中的分配常数，$[L^-]_{(i)}/[L^-]$

$\bar{\varepsilon}$——平均摩尔消光系数

n——平均配合常数

r——水相中某电解质的活度系数

f——有机相溶液中某组分的活度系数

R'_A——在单位体积 B′相中单相反应速率

$\Delta G^{\ominus}$——自由能

10.1 溶剂萃取原理[1]

10.1.1 基本概念[1~11,43~45]

利用有机溶剂（简称有机相）从基本上与其不相溶的溶液（简称水相）中把某种物质提取到有机相，再从有机相转到另一水相的方法称为有机溶剂液-液萃取法，简称溶剂萃取法。

溶剂萃取于20世纪40年代，在核燃料的提取中得到应用。随着科学技术的发展，逐渐地应用于稀有金属富集纯化上。到20世纪70年代，贱金属的提取也应用了溶剂萃取，至今在湿法冶金中已成为一项重要的技术与操作单元[11]。

10.1.1.1 萃取体系的组成及表示方法

A 萃取体系的组成

有机溶剂萃取体系由有机溶剂和水溶液组成，它们按密度差别分为两个液层，一般两液层之间有明显的界面。分别称这两个液层为有机相和水相，通常有机相密度小于水相，所以在水相的上面，每个相内部的物理和化学性质是完全均匀的。水相中含有被萃取物及其他共存离子，或因改善萃取效果而加入的各种添加剂，以及在某些情况下会有可溶于水的萃取剂等；有机相中含有萃取剂、稀释剂或某些情况下所需的相调节剂（极性改善剂），现分述如下。

（1）萃取剂 它是一种能与被萃取物作用生成一种不溶于水相而易溶于有机相的化合物，从而使被萃取物从水相转入有机相的有机试剂。萃取剂在常温下，有的呈液态，有的呈固态。采用固体萃取剂时，在萃取作业中，必须另加有机溶剂构成连续有机相，此时固体萃取剂可以是油溶性的，也可以是水溶性的。在后一种情况下，萃取剂与被萃取物反应生成一种新的不溶于水相的化合物而进入有机相。

（2）有机溶剂 与水溶液难于混溶且能构成连续有机相的液体称之为有机溶剂。如这种有机溶剂能与被萃取物发生化学结合，则本身就是萃取剂，因为它是一种液体，所以又称之为萃取溶剂；如这种有机溶剂仅仅用于改善有机相的物理性质如密度、黏度、表面张力，而不与被萃取物发生化学结合，则称之为稀释剂；如果添加某种溶剂，其目的在于改善有机相的极性，则称之为相调节剂或极性改善剂。有机相有时仅由萃取溶剂组成；有时由萃取剂、稀释剂两者按一定比例混合构成；有时由萃取剂、稀释剂、相调节剂三者按一定比例混合构成。在一体系中起萃取剂作用的有机溶剂，在另一体系中，可能起相调节剂作用。

（3）萃合物 萃取剂与被萃取物发生化学反应生成的不易溶于水相而易溶于有机相的化合物（通常是一种配合物）称为萃合物。

B 萃取体系的表示方法

为了简单明了地表示一个萃取体系，一般用下式表示：

被萃取物(起始浓度范围)/水相组成/有机相组成[萃合物的分子式]

例如：

$$Ta^{5+}\cdot Nb^{5+}(100g/L)/H_2SO_4+HF(4mol/L+4mol/L)/TBP+$$
$$煤油(80\%+20\%)[H_2Ta(Nb)F_7\cdot 3TBP]$$

上式表示被萃取物是五价 Ta、Nb 的离子，萃取前它们的浓度为 100g/L，水相的组成为 4mol/L 的硫酸、4mol/L 的氢氟酸；有机相的组成为 80% 的 TBP 作萃取剂，20% 的煤油作稀释剂；萃合物的分子式为 $H_2TaF_7 \cdot 3TBP$ 或 $H_2NbF_7 \cdot 3TBP$。

10.1.1.2　萃取过程

所谓萃取过程是：当水溶液（水相）与一个不与其相混溶的有机溶液（有机相）混合时，水相中的金属离子与有机相中的萃取剂发生化学反应，生成的萃合物进入有机相，这一过程称为萃取，两相接触后的水相称为萃余液，含有萃合物的有机物称为萃取液或负载有机相。由于萃取剂的选择性，易萃离子进入有机相，难萃离子留在水相，如果难萃离子是需除去的无用杂质离子，则此时的萃余液又称为残液。

负载有机相在另一个混合器中与另一种水溶液（反萃剂）混合，萃合物分解，金属离子又重新回到水相，这一过程称为反萃取。得到的反萃液是含被萃金属离子的纯溶液。反萃后的有机相称为空白有机相，返回再用。

在萃取或反萃时有机相的体积（或体积流量）与水相的体积（或体积流量）之比称为相比（或流比），控制萃取和反萃时的相比（或流比），可以将被萃离子浓缩得到金属离子的浓缩物。

实际的过程可能更为复杂一些，因萃取剂的选择性有限，故可能有少量杂质离子在萃取时也进入有机相，此时可在反萃前用某种水溶液与负载有机相接触，使杂质离子回到水相，这一过程称为洗涤，洗净后的有机相再送往反萃。

经反萃后的有机相也可能要用纯水洗去夹带的水相，在某些情况下还必须用无机酸混合处理，或碱液（氨溶液或碱溶液）处理，这一过程可统称之为再生。经过再生处理的有机相可返回使用。

10.1.1.3　溶剂分类

为了研究各种溶剂间的互溶规律，可以根据溶剂分子间形成氢键的能力将溶剂进行分类。众所周知，作用于溶剂分子之间的作用力有两种，即范德华力与氢键，后者比前者强。范德华引力存在于任何分子之间，其大小随分子的极化率和偶极矩的增加而增加。氢键 A—H…B 的生成（其中 A 和 B 为电负性大而半径小的原子如氧、氮、氟）依赖于溶剂分子具有给电子的原子 B 和受电子的 A—H 键。因此溶剂按照是否含有 A—H 或 B 分为下述 4 种类型。

（1）N 型溶剂　即惰性溶剂，如烷烃类、苯、四氯化碳、煤油等。它们不能生成氢键。

（2）A 型溶剂　即受电子溶剂，如氯仿、二氯甲烷、五氯乙烷等。含有 A—H 基团，能与 B 型或 AB 型溶剂生成氢键。

一般的 C—H 键（例如 CH_4 中的 C—H 键）不能形成氢键。但如碳原子上连接几个 Cl 原子，则由于 Cl 原子的诱导作用，使 C 原子的电负性增加，所以能形成氢键。

（3）B 型溶剂　即给电子溶剂，如醚、酮、醛、酯、叔胺等，它们含有 B 类原子，能与 A 型溶剂生成氢键。

（4）AB 型溶剂　即给、受电子型溶剂，同时具有 A—H 和 B，因此它们可以结合成多聚分子，且可以分为 3 类：

AB（1）型：交链氢键缔合溶剂，如多元醇、胺基取代醇、羟基羧酸、多元羧酸、多酚等；

AB（2）型：直链氢键缔合溶剂，如醇、胺、羧酸等；

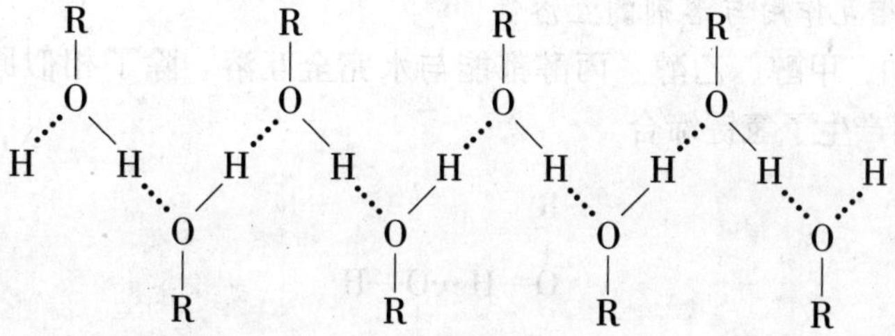

AB（3）型：生成内氢键的分子，如邻位硝基苯酚，因已形成内氢键，故 A—H 已不再起作用，所以它们的性质与一般 AB 溶剂不同，而与 B 型和 N 型溶剂相似。

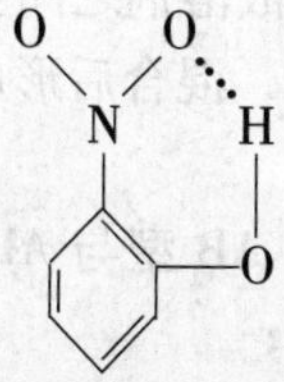

尽管水不是有机溶剂，但它是一种最普遍应用的溶剂，而且是 AB（1）型溶剂中，生成氢键缔合最强的溶剂。

10.1.1.4　溶剂互溶规则

A　相似性原理

结构相似的溶剂容易互相混溶，结构差别较大的溶剂不易互溶。

（1）溶剂的结构与水的相似性愈大，则在水中的溶解度愈大，如表 10-1 所示。随着苯环上 OH 基的增加，即与水的相似性增加，在水中溶解度增加。

表 10-1　苯和苯酚在水中的溶解度

化合物	每 100g 水溶解度（20℃）/g	化合物	每 100g 水溶解度（20℃）/g
C_6H_6（苯）	6.072	1，2-$C_6H_4(OH)_2$	45.1
C_6H_5OH（苯酚）	9.06		

（2）溶剂的结构与水的相似性减少，则在水中溶解度也减小，如表 10-2 所示，随着醇中碳链的增长，在水中的溶解度也越来越小，这是因为碳氢基团部分是与水不相同的部分，碳链增长，就意味着与水不相似部分增加，所以溶解度就越来越小。

表 10-2　醇的同系物在水中的溶解度

化合物	分子式	每 100g 水溶解度（20℃）/g	化合物	分子式	每 100g 水溶解度（20℃）/g
甲　醇	CH_3OH	完全互溶	正戊醇	$C_5H_{11}OH$	2.0
乙　醇	C_2H_5OH	完全互溶	正己醇	$C_6H_{13}OH$	0.5
正丙醇	C_3H_7OH	完全互溶	正庚醇	$C_7H_{15}OH$	0.12
正丁醇	C_4H_9OH	8.3	正辛醇	$C_8H_{17}OH$	0.03

这一规律不仅适用于解释溶剂的互溶性，而且它是物质溶解于溶剂的一条普遍规律。

一般而言，极性强的溶质易溶于强极性溶剂中，而极性弱的溶质易溶于弱极性溶剂中，所以也可以利用这一规律解释萃合物在有机相中的可溶性。

B　分子间的相互作用与溶剂的互溶性

由表 10-2 可知，甲醇、乙醇、丙醇都能与水完全互溶。除了相似原因之外，还由于它们与水分子之间产生了氢键缔合。

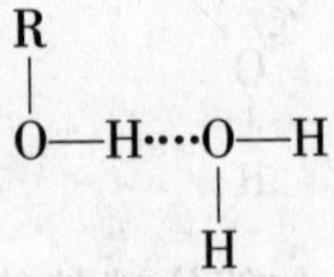

一般而言，凡两种溶剂混合生成氢键的数目或强度大于混合前氢键的数目和强度，则有利于互相混溶，反之则不利于互溶，故溶剂之间互溶性规律可归纳如下：

(1) A 型和 B 型溶剂混合前无氢键，混合后形成氢键，故有利于完全互溶，如氯仿与丙酮；

(2) AB 型和 A 型、AB 型和 B 型、AB 型与 AB 型在混合前后都有氢键形成，互溶度大小视混合前后氢键的强弱及多少而定；

(3) A 型和 A 型、B 型和 B 型、N 型和 N 型、N 型和 A 型、N 型和 B 型，混合前后均无氢键形成，互溶度大小取决于混合前后范德华力的大小，即由分子的极化率和偶极矩决定。

10.1.1.5　萃取剂（参见 10.2）

目前，对萃取剂分类还没有统一的标准，一种简单的分类法是根据萃取剂分子功能基的特征原子进行分类，也有人简单地按照萃取剂的酸碱性能进行分类。常用湿法冶金萃取剂的特征原子是氧、氮、磷、硫。

A　含氧萃取剂

此类萃取剂分子中只含有碳、氢、氧 3 种元素的原子。包括醚 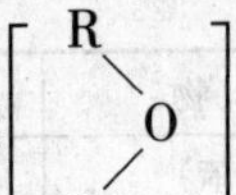、醇（R—OH）、酮 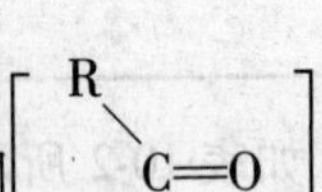、酸（RCOOH）、酯 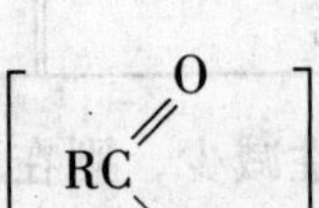 等的各种有机化合物，它们通过氧原子与被萃物结合形成萃合物。

B　含磷萃取剂

此类萃取剂分子中除含有碳、氢、氧 3 种元素外，还含有磷原子。它们亦可分为 3 类。

(1) 中性磷（膦）型萃取剂　它可视为正磷酸 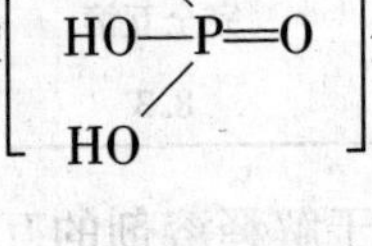 分子中羟基或氢原子完全被烷基取代的衍生物，故称为酯。

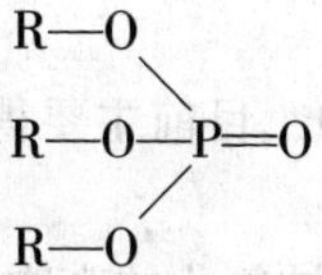 或 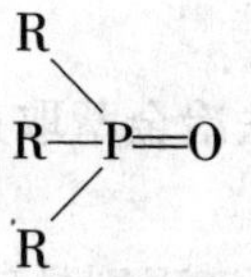，前者分子中只有 C—O—P 键，故称为中性磷酸酯，后者分子中有 C—P 键，故称为中性膦酸酯。它们通过磷氧键上的氧原子发生配位作用。

（2）酸性磷（膦）型萃取剂　它可视为正磷酸分子中部分羟基为烷基取代的衍生物，同样只有 C—O—P 键者称之为磷酸，而有 C—P 键者称之为膦酸，例如：

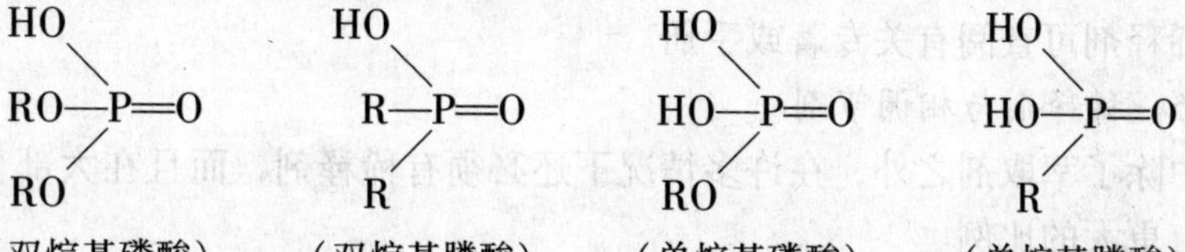

（双烷基磷酸）　（双烷基膦酸）　（单烷基磷酸）　（单烷基膦酸）

它们通过羟基上的氢与金属阳离子发生交换。在高的酸度下，磷氧键上的氧原子也可参与配位。

C　含氮萃取剂

含有碳、氢、氮或碳、氢、氧、氮原子的萃取剂称为含氮萃取剂，它们主要分为以下4类。

（1）胺类萃取剂　它可视为氨的烷基取代衍生物，氨分子中一个氢为烷基取代的衍生物，称为伯胺（RNH_2），两个氢为烷基取代的衍生物为仲胺（R_2NH），三个氢为烷基取代的衍生物为叔胺（R_3N），季铵盐 R_4NCl 视为氯化铵分子中的四个氢为烷基取代的衍生物，它们通过氮原子与金属离子配位。

（2）酰胺萃取剂　氨分子中的一个氢为酰基 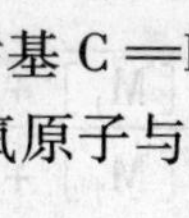 取代，另两氢原子为烷基取代的衍生物为酰氨，如 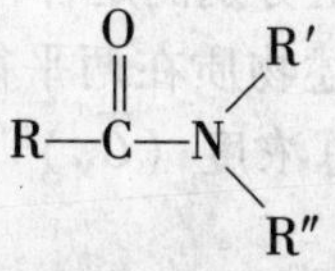，它们也是通过氧原子与金属离子配位。

（3）羟肟与异羟肟酸类萃取剂　同时含有肟基 C ═NOH 及羟基的萃取剂，称为羟肟萃取剂，例如 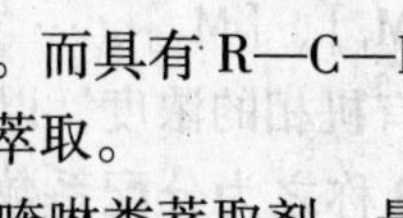。它们通过羟基氧原子与肟基氮原子与金属离子生成螯合物而实现萃取。而具有 R—C—NH—OH 结构的萃取剂为异羟肟酸，金属离子也是与它生成螯合物而被萃取。

（4）羟基喹啉类萃取剂　最有代表性的是 Kelex100，其结构式为

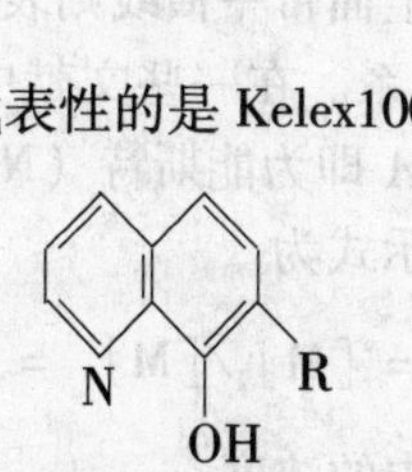

它也是一种螯合萃取剂。

D　含硫萃取剂

此类萃取剂的分子中除含碳、氢外，还含有硫。湿法冶金萃取剂中，目前主要得到应用的有硫醚类和亚砜类萃取剂。

硫醚（R_2S）可以看作是硫化氢的二烷基衍生物，而亚砜则是硫醚被氧化的产物。

$$RSR \xrightarrow{(O)} R_2S{=}O$$

硫醚的萃取作用主要是通过硫原子，而亚砜类的萃取是通过氧原子配位实现的，常用的萃取剂与稀释剂可查阅有关专著或手册。

10.1.1.6　稀释剂与相调节剂

有机相中除了萃取剂之外，在许多情况下还必须有稀释剂，而且在大部分情况下，在有机相中占有更大的比例。

常用稀释剂的组成分为脂肪烷烃与芳香烃两大类，有些工业稀释剂常由不同比例的这两类化合物组成，有时还含有一定比例的环烷烃。在湿法冶金溶剂萃取中最常用的稀释剂为煤油。

如前所述，稀释剂的作用是溶解萃取剂构成连续有机相，改善有机相的物理性能，因此早期认为它们在萃取过程中是“惰性”的，然而随着研究过程的深入，人们越来越认识到稀释剂对萃取过程的重要影响。

极性改善剂又名相调节剂，它的作用是增加有机相的极性，从而增加萃取剂与萃合物在有机相中的溶解度，常用的极性改善剂有高碳醇与中性磷型萃取剂如 TBP。

10.1.1.7　萃取过程的参数

A　分配比（D）

同一金属离子在溶液中由于配合作用而具有多种形态，往往是其中一种或几种形态的离子能被萃取。换言之，即能在两相之间分配，其中每一种形态的离子的分配都应服从分配定律，但是各形态离子的 Λ 并不一定相同，同时宏观上分别测定各种形态离子的浓度也是不可能的。因此在实际工作中是用分配比（D）来描述物质在两平衡液相之间的分配，其定义为：在萃取达到平衡后，被萃取物在有机相的总浓度（$\overline{C}_M$）和水相中的总浓度（C_M）之比值称为分配比。

$$D = \frac{\overline{C}_M}{C_M} = \frac{\overline{[M_1]} + \overline{[M_2]} + \overline{[M_3]} + \cdots + \overline{[M_n]}}{[M_1] + [M_2] + [M_3] + \cdots + [M_n]} \tag{10-1}$$

式中，C_M和 $\overline{C}_M$分别为被萃物在水相和有机相的总浓度；$[M_1]$、$[M_2]$、…、$[M_n]$ 分别为各种形态的被萃物在水相的浓度，上面带一横线则表示在有机相的浓度，以下同。

显然 D 与 Λ 之间应有一定的关系。在一些文献中将 D 称之为分配系数，注意不要与能斯特分配常数混淆。上面引用的 Λ 即为能斯特（Nernst）从理论上总结提出的分配平衡常数，简称为分配常数，其数学表示式为

$$\Lambda = [M]_2/[M]_1 = 常数$$

式中，$[M]_1$、$[M]_2$ 为溶质在两相中的浓度。

现考察一种最简单的情况：水相中尽管有 M、…、MX_n，但只有 MX_n 能为有机相萃

取；而有机相中的 MX_n 不发生离解或缔合作用，因此：

有机相中 $$\overline{C}_M = \Lambda[\overline{MX_n}] = \Lambda\beta_n[M][X]^n$$

水相中 $$C_M = [M] + [MX] + [MX_2] + \cdots + \beta_{MXn}[M][X]^n$$

$$= [M]\{1 + \sum_{i=1}^{n}\beta_i[X]^i\} = [M]Y_0$$

$$D = \frac{\overline{C}_M}{C_M} = \frac{\Lambda\beta_n[M][X]^n}{[M]Y_0} = \frac{\Lambda\beta_n[X]^n}{Y_0} \tag{10-2}$$

故 D 受 Λ 支配，即受分配定律支配，但决不能将两者混同。当水相中有两种以上物种被萃取，或有机相有二次反应发生，则情况会更复杂。

由上式知，D 是变数、易测定，而 Λ 难于测定。从下面的实例中，我们可以直观地区别 D 与 Λ 的意义。

例：用 TBP 从硝酸溶液中萃取钍时，因钍在硝酸溶液中可能有 Th^{4+}、$Th(NO_3^-)^{3+}$、$Th(NO_3^-)_2^{2+}$、$Th(NO_3^-)_3^+$、$Th(NO_3^-)_4^0$、$Th(NO_3^-)_5^-$、$Th(NO_3^-)_6^{2-}$ 各种形态存在，而仅仅中性的分子能被萃取。此时钍的分配比为

$$D_{Th} = \frac{\overline{[C_{Th}]}}{[C_{Th}]} = \frac{\overline{[Th(NO_3^-)_4]}}{[Th^{4+}] + [Th(NO_3^-)^{3+}] + \cdots + [Th(NO_3^-)_6^{2-}]}$$

而中性 $Th(NO_3^-)_4$ 的分配平衡常数为

$$\Lambda_{Th(NO_3^-)_4} = \frac{\overline{[Th(NO_3^-)_4]}}{[Th(NO_3^-)_4]} \tag{10-3}$$

B 萃取比（FE）

它是指有机相中某一组分的质量流量（kg/min）与水相中该组分的质量流量之比。即

$$FE = \frac{\overline{CV}}{CV} = D \cdot R \tag{10-4a}$$

式中，R 为相比（有机相体积与水相体积之比）。

C 萃取率（E）

它是指被萃取物进入到有机相中的量占萃取前料液中被萃取物总量的百分比。即

$$E = \frac{\overline{CV}}{\overline{CV} + CV} \times 100\% = \frac{\overline{C}}{\overline{C} + C(V/\overline{C})} \times 100\% = \frac{D}{D + 1/R} \times 100\% \tag{10-4b}$$

因为 $FE = D \cdot R$，将 $D = FE/R$ 代入上式，有

$$E = \frac{FE}{1 + FE} \times 100\% \tag{10-5}$$

D 分离系数（$\beta_{A/B}$）

又称为分离因数，它是表示两组分分离难易程度的一个参数，定义为在同一萃取体系内，在同样条件下两组分的分配比的比值。对 A、B 两组分而言，其分离系数可表示为

$$\beta_{A/B} = \frac{D_A}{D_B} = \frac{E_A}{E_B} \tag{10-6}$$

因为一般 A 表示易萃组分，B 表示难萃组分，所以 $\beta_{A/B}$ 越大，说明 A、B 越易分离，

也就是说萃取的选择性越好。有时可简单用 β 表示分离系数。

10.1.1.8　萃取等温线、饱和容量与饱和度

D 是一个变数，水相中被萃取物浓度增加，D 即随之发生变化，也就是说有机相的浓度也要随着变化。因此在一定温度下，被萃取物质在两相的分配达到平衡时，以该物质在有机相的浓度和在水相的浓度关系作图，可得到如图 10-1 所示的曲线，称为萃取等温线（又称萃取平衡线，简称平衡线）。当水相浓度达到一定程度时，则曲线趋向水平，说明当水相金属离子浓度逐渐升高到一定程度后，有机相的金属离子浓度基本维持不变。这种现象表明一定浓度的萃取剂能结合的金属离子的量是一定的，也就是说，它具有一定的饱和容量，当曲线趋于水平时，有机相中金属离子浓度，就是该萃取剂对该离子的饱和容量。根据萃取等温线，可以计算出不同浓度时的分配比，以及确定萃取级数，推测萃合物的组成等。

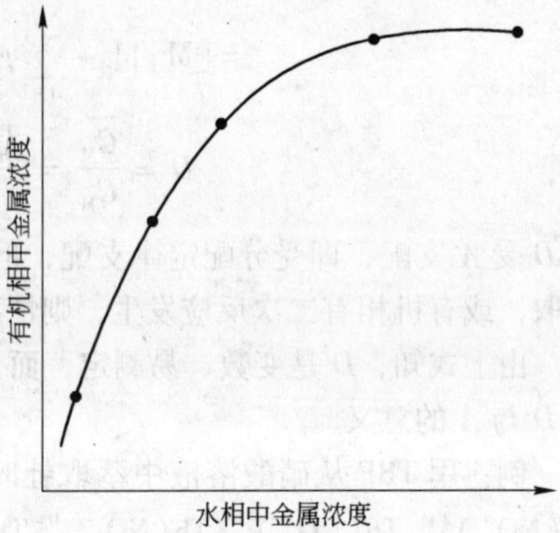

图 10-1　萃取等温线

萃取饱和容量的单位为：g（被萃取物）/L（有机相）或 g（被萃取物）/mol（萃取剂），其测定方法除了用等温线外切线法之外，还可以用一份有机相与数份新鲜料液相接触，直到有机相不再发生萃取作用为止，分析此时有机相所含被萃取物的量则为饱和容量。

在实际工作中，还用到饱和度的概念，所谓饱和度系指有机相中的实际容量与饱和容量之比。

10.1.2　萃取过程的物理化学[1]

10.1.2.1　萃取平衡和分配定律[6]

A　分配常数 Λ

在上面已引用了 Λ，它是 Berthelot 和 Jungfleisch 在 1872 年首先用实验证明了："溶于两个等体积的溶剂中的物质质量的比值是一常数。" 随后 Nernst 在 1891 年提出了有名的分配定律："当某一溶质在基本上不相混溶的两个溶剂中分配时，在一定的温度下两相达到平衡以后，若溶质在两相中的分子量相等，则其在两相中的浓度的比值为一常数。" 以公式表示如下：

$$\Lambda_A = \frac{[A]_2}{[A]_1} \tag{10-7}$$

式中，$[A]_1$ 和 $[A]_2$ 分别表示达成平衡后溶质 A 在溶剂 1 和 2 中的浓度。A 在两个溶剂中的分子形式上必须是相同的，Λ_A 在给定温度下是一常数，称为 Nernst 平衡常数，简称分配常数。

式（10-7）可从热力学推导。在恒温恒压下，当溶质 A 在两相间达到平衡时，其化学势必相等。即：

$$\mu_1 = \mu_2 \tag{10-8}$$

而A在每一相中的化学势与其活度 α 有如下的关系：

$$\mu_1 = \mu_1^{\ominus} + RT\ln\alpha_1$$

$$\mu_2 = \mu_2^{\ominus} + RT\ln\alpha_2 \tag{10-9}$$

式中，$\mu_1^{\ominus}$ 和 $\mu_2^{\ominus}$ 分别为溶质在第1和第2溶剂中的标准化学势，通常采用在假想的1mol/L的理想溶液中的化学势，将式（10-9）代入式（10-8）中，得：

$$\mu_1^{\ominus} + RT\ln\alpha_1 = \mu_2^{\ominus} + RT\ln\alpha_2 \tag{10-10}$$

所以

$$\Lambda^{\ominus} = \frac{\alpha_1}{\alpha_2} = e^{-(\mu_2^{\ominus}-\mu_1^{\ominus})/RT} = \frac{[A]_2\gamma_2}{[A]_1\gamma_1} = \Lambda\frac{\gamma_2}{\gamma_1} \tag{10-11}$$

式中，$\Lambda^{\ominus}$称为Nernst热力学分配平衡常数，如果两种溶剂是完全不混溶的，则式（10-11）中的指数部分为常数，所以 $\Lambda^{\ominus}$ 也是常数；γ_1 和 γ_2 分别表示A在两种溶液中的活度系数。由此可见，只有当 γ_2/γ_1 趋近于1时，Λ 才等于真正的热力学常数 $\Lambda^{\ominus}$。

B 萃取自由能 $\Delta G^{\ominus}$

萃取自由能 $\Delta G^{\ominus}$ 为被萃取物即溶质在有机相的标准化学势 $\mu_2^{\ominus}$ 和在水相的标准化学势 $\mu_1^{\ominus}$ 之差，即：

$$\Delta G^{\ominus} = \mu_2^{\ominus} - \mu_1^{\ominus} = -RT\ln\Lambda^{\ominus} = -RT\ln\frac{\alpha_1}{\alpha_2} = -RT\ln\Lambda\gamma_2/\gamma_1 \tag{10-12}$$

所以，分配常数与萃取自由能存在下列关系式：

$$\Lambda = \frac{\gamma_1}{\gamma_2}\exp(-\Delta G^{\ominus}/RT) \tag{10-13}$$

10.1.2.2 配合物的分级平衡

绝大部分的萃取过程需经过配合物的形成过程，因此研究萃取过程的化学，必须了解溶液中配合物形成理论。

溶液中配合物的分级形成是由Abegg、Nerse和Sherritt等在1902~1903年研究 Hg^{2+} 与 Cl^- 的配合体系时首先证明的。1915年Niels、Bjerrum测定了 Cr^{3+} 与 NO_3^- 的6个配合物的逐级平衡稳定常数。1914年Bjerrum发表了有名的经典著作“水溶液中金属离子的配合物的生成”，奠定了溶液中配合物的分级平衡理论。随后Leden、Fronacus及Rossotti等人的工作，使分级平衡理论和稳定常数的测定方法更趋于完善。

由两个或两个以上含有孤对电子的分子或离子与具有空的价电子轨道的中心原子或离子结合而成的结构单元叫配合单元，带电荷的配合单元叫配离子，配离子与带有相反电荷的离子组成的中性化合物叫配合物。由一个金属离子和一定数目的阴离子或中性分子组成的配合物，前者叫做配离子的中心离子（配合物生成体），后者叫做配离子的配位基（配位体）。配位体与一个中心离子所能结合的原子数叫配位原子数，一个中心离子所能结合的配位原子数目叫配位数。

A 配合物中常用的函数、符号及相互关系

根据配合物逐级平衡理论，溶液中金属离子M与配位体L的配合物的形成和解离是逐步发生的，即：

$$M + iL = ML_i,\quad i = 1,2,3,\cdots,N \tag{10-14}$$

当溶液的离子强度维持恒定时，

$$\lambda_i = [ML_i]/[M][L]^i \tag{10-15}$$

式中，λ_i为一常数，称为配合物ML_i生成稳定常数，简称稳定常数。上式中 [　] 表示浓度，离子的电荷略去不写，以求简洁。

溶液中金属离子的总浓度以C_M表示，它等于

$$C_M = [M] + [ML_1] + [ML_2] + \cdots + [ML_N] = \sum_{i=0}^{N}[ML_i] = [M]\sum_{i=0}^{N}\lambda_i[L]^i \tag{10-16}$$

式中，$\lambda_0 = 1$，令金属离子的总浓度C_M与未配合的金属离子浓度（M）之比为Y，即，

$$Y = C_M/[M] = \sum_{i=0}^{N}\lambda_i[L]^i = 1 + \lambda_1[L] + \lambda_2[L]^2 + \cdots + \lambda_N[L]^N \tag{10-17}$$

Y是金属离子配合程度的度量，故称为“配合度”，对于给定的金属离子与配位体，它是配位体浓度的函数。一些配合物常用的函数及其相互关系归纳于表10-3之中。

表 10-3　配合物中常用函数及符号

名　称	常用符号	名　称	常用符号
溶液金属离子总浓度	C_M	配合物ML_i的生成稳定常数	$\lambda_i = \dfrac{[ML_i]}{[M][L]^i}$
配位体总浓度	C_a		
配位体平衡浓度	[A]	配合物ML_i的逐级生成稳定常数	$k_i = \dfrac{[ML_i]}{[ML_{i-1}][L]}$
平均配合数（平均配位数）	$\bar{n} = \dfrac{C_a - [A]}{C_M}$		
配合度	$Y = \dfrac{C_M}{[M]}$	配合物ML_i的生成稳定常数与逐级稳定常数的关系	$\lambda_i = k_1k_2\cdots k_i$

B　测定配合物稳定常数的方法

表10-4归纳了测定配合物的4种常用方法[6]。

表 10-4　测定配合物的常用方法

方法名称	试验方法	表 达 式
配合度Y法	电位法、极谱法	$Y = C_M/[M] = f\{[L]\}$ 通过Y与[L]的关系测定配合物的稳定常数
平均配合数$\bar{n}$法	pH滴定法、分光光度法	$\bar{n} = [C_L - [L]]/C_M = f\{[L]\}$ 通过$\bar{n}$与[L]关系测定配合物的稳定常数
α_n法	萃取法、溶度法	例　$M^{4+} + 4L^- + 2TBP_{(o)} \!=\!= ML_4\cdot 2TBP_{(o)}$ $D = \dfrac{[ML_4]}{C_M}\cdot\dfrac{K}{\lambda_4}[TBP]^2_{(o)}$，$K$、$\lambda_4$为常数，维持$[TBP]_{(o)}$恒定，则测定的分配比即为$\alpha_n$的一种形式
平均物理化学函数法	分光光度法测摩尔消光系数	$\bar{\varepsilon} = \dfrac{\varepsilon_0 + \sum_{i=1}^{N}\varepsilon_i\lambda_i[L]^i}{1 + \sum_{i=1}^{N}\lambda_i[L]^i} = f\{[L]\}$

螯合萃取剂通常是一种多官能团的有机弱酸（HA），其结构中含有酸性官能团（—OH,═NOH,—SH 等）和配位官能团（═CO,═N— 等）。在萃取过程中，金属离子将螯合物酸性基团中的氢置换出来，同时与配位基团通过配位键结合，从而形成一种具有环状结构的疏水性金属螯合物 MA_m[46]。

（1）在螯合萃取中，金属离子在有机相和水相间的萃取平衡为

$$M^{m+} + mHA_{(o)} \rightleftharpoons MA_{m(o)} + mH^+ \tag{10-18}$$

在最简单的情况下，若水相中仅有 M^{m+}，有机相中有 $MA_{m(o)}$，则分配比 D_0 为

$$D_0 = \frac{[MA_m]_{(o)}}{[M^{m+}]} \tag{10-19}$$

于是由上两式得：

$$D_0 = K_{ex}[HA]_{(o)}^m[H^+]^{-m} \tag{10-20}$$

式（10-20）表示分配比与萃取剂浓度 $[HA]_{(o)}$ 的 m 次方成正比，与氢离子浓度 $[H^+]$ 的 m 次方成反比。该式是讨论螯合萃取剂萃取金属时的基本公式。

有时可根据水相中螯合物的生成及其在有机相中的分配来描述螯合物的萃取：

$$M^{m+} + mA^- \rightleftharpoons MA_m$$

$$\lambda_m = \frac{[MA_m]}{[M^{m+}][A^-]^m} \tag{10-21}$$

$$MA_m \rightleftharpoons MA_{m(o)}$$

$$K_{dm} = \frac{[MA_m]_{(o)}}{[MA_m]} \tag{10-22}$$

$$mHA \rightleftharpoons mH^+ + mA^-$$

$$K_a = \frac{[H^+]^m[A^-]^m}{[HA]^m} \tag{10-23}$$

$$mHA \rightleftharpoons mHA_{(o)}$$

$$K_d = \frac{[HA]_{(o)}^m}{[HA]^m} \tag{10-24}$$

从式(10-21) ~ 式 (10-22) 得：

$$\lambda_m K_d \rightleftharpoons D_0[A^-]^{-m} \tag{10-25}$$

根据关系：

$$[A^-] = \frac{C_{HA}}{K_d K_a^{-1}[H^+] + K_a^{-1}[H^+] + 1} \tag{10-26}$$

计算出 $[A^-]$ 后，以 $\lg D_0$ 对 $[A]$ 作图，可从截距和斜率求出 λ_m 和 m。

（2）水相中螯合物的形成　当水相中有各级螯合物存在时，D 值如下：

$$D = \frac{[MA_m]_{(o)}}{[M^{m+}](1 + \lambda_1[A^-] + \lambda_2[A^-]^2 + \cdots + \lambda_m[A^-]^m + \cdots + \lambda_n[A^-]^n)}$$

$$= \frac{D_0}{1+\sum_{i=1}^{n}\lambda_0[A^-]^n} = \frac{\lambda_m K_{dm}[A^-]^m}{1+\sum_{i=1}^{n}\lambda_n[A^-]^n} \quad (10\text{-}27)$$

由于配位体具有双配位基，许多情况下 MA_m 往往是体系中最高配位配合物。

(3) 有机相中的自加合螯合物　有些萃取体系中，有机相中的 $MA_{m(o)}$ 进一步接受亲有机的中性配位体，形成加合螯合物，其平衡如下：

$$MA_{m(o)} + xHA_{(o)} \rightleftharpoons MA_m \cdot xHA_{(o)}$$

$$\lambda_x = \frac{[MA_m \cdot xHA]_{(o)}}{[MA_m]_{(o)}[HA]_{(o)}^x}, \quad x = 0,1,2\cdots \quad (10\text{-}28)$$

有机相中总金属浓度为

$$C_{M(o)} = [MA_m]_{(o)}(1 + \lambda_{1(o)}[HA]_{(o)} + \cdots + \lambda_{m(o)}[HA]_{(o)}^m + \cdots + \lambda_{x(o)}[HA]_{(o)}^x) \quad (10\text{-}29)$$

水相中只有 M^{m+} 时，

$$D = \frac{C_{M(o)}}{[M^{m+}]}$$

$$= K_{ex}[HA]_{(o)}^m \cdot [H^+]^{-m}(1 + \lambda_{1(o)}[HA]_{(o)} + \cdots + \lambda_{m(o)}[HA]_{(o)}^m + \cdots + \lambda_{x(o)}[HA]_{(o)}^x) \quad (10\text{-}30)$$

(4) 其他配合物的萃取　当被萃金属配合物除含有螯合配位体 A^- 外，还含有其他阴离子 L^- 时，例如 $MA_{m-1}L$，则萃取方程为

$$M^{m+} + L^- + (m-1)HA_{(o)} \rightleftharpoons MA_{m-1}L_{(o)} + (m-1)H^+$$

$$K_{ex} = \frac{[MA_{m-1}L]_{(o)}[H^+]^{m-1}}{[M^{m+}][L^-][HA]_{(o)}^{m-1}} \quad (10\text{-}31)$$

若水相中金属组分仅是 M^{m+}，则分配系数为

$$D = \frac{[ML_m]_{(o)} + [ML_{m-1}A]_{(o)} + \cdots + [MA_m]_{(o)}}{[M_{m+}]}$$

$$= K_{ex,m}[L^-]^m + K_{ex,m-1}[L^-]^{m-1} \cdot [HA]_{(o)}[H^+]^{1-m} + \cdots + K_{ex,0}[HA]_{(o)}^m[H^+]^{-m} \quad (10\text{-}32)$$

10.1.3 影响萃取过程的因素[6,10,11]

萃取过程可视为被萃物 M 在有机相和水相两个溶解过程之间的竞争。在水相分子间有氢键和范德华力，以 aq-aq 表示这种作用。M 溶于水相，首先在水相要破坏某些 aq-aq 结合，形成空腔来容纳 M，同时生成 M-aq 结合。同理，在有机相中，溶剂分子间也有范德华引力（如溶剂为 A、B 型，其分子间还有氢键），这种作用以 s-s 表示。

10.1.3.1　水相空腔作用能 $E_{aq\text{-}aq}$ 和有机相空腔作用能 $E_{s\text{-}s}$

萃取时，M 要溶于有机相，首先必须破坏某些 s-s 结合，形成空腔来容纳 M，同时生成 M-s 结合，所以萃取过程可以表示为：

$$\text{s-s} + 2(\text{M-aq}) \longrightarrow \text{aq-aq} + 2(\text{M-s})$$

如令 $E_{\text{s-s}}$，$E_{\text{M-aq}}$，$E_{\text{aq-aq}}$，$E_{\text{M-s}}$代表破坏 s-s，M-aq 及 aq-aq，M-s 结合所需要的能量，则萃取能 $\Delta E^{\ominus}$等于：

$$\Delta E^{\ominus} = E_{\text{s-s}} + 2E_{\text{M-aq}} - E_{\text{aq-aq}} - 2E_{\text{M-s}} \tag{10-33}$$

$$E_{\text{aq-aq}} = K_{\text{aq}} \cdot A = K_{\text{aq}} \cdot 4\pi R^2$$

$$E_{\text{s-s}} = K_{\text{s}} \cdot A = K_{\text{s}} \cdot 4\pi R^2 \tag{10-34}$$

$$E_{\text{aq-aq}} - E_{\text{s-s}} = 4\pi(K_{\text{aq}} - K_{\text{s}})R^2$$

式中，K_{aq}与 K_{s}为比例常数；R 为离子半径。K_{s}大小随溶剂类型而不同，在惰性溶剂、给电子溶剂、受电子溶剂中，由于只有范德华力，所以 K_{s}较小，其中尤以非极性、不含易极化的 π 键、且分子量又不大的溶剂的 K_{s}为最小。在受电子-给电子溶剂中，因为氢键缔合，K_{s}较大，其中尤以交链氢键缔合型溶剂的 K_{s}为最大。水是交链氢键缔合型溶剂中氢键最强者，所以 $K_{\text{aq}} > K_{\text{s}}$。

令

$$\gamma = K_{\text{s}}/K_{\text{aq}}$$

则

$$E_{\text{aq-aq}} - E_{\text{s-s}} = 4\pi K_{\text{aq}}(1 - r)R^2$$

$E_{\text{aq-aq}} - E_{\text{s-s}}$的值越大，表示空腔效应愈大，愈有利于萃取。可见，简单分子萃取中，如果其他条件相同，M 越大越有利于萃取；R 值越大，空腔效应越显著，例如：

K_{s}减小的顺序：丁醇（给、受电子型）> 乙醚（给电子型）> CCl_4（惰性型）。

空腔效应的顺序：丁醇 < 乙醚 < CCl_4。

10.1.3.2 离子水化作用

从（10-33）式可见，M 与水相作用能 $E_{\text{M-aq}}$越大，越不利于萃取。M 与水相的作用中，先讨论离子的水化作用，它随离子势 Z^2/R 增加。

（1）离子电荷效应　离子电荷 Z 越大，$E_{\text{M-aq}}$越大，越不利于萃取。例如，四苯基胂氯 $(C_6H_5)_4AsCl^-$ 氯仿溶剂可以萃取 MnO_4^-、ReO_4^-、TcO_4^- 等阴离子，而不能萃取 MoO_4^{2-}、MnO_4^{2-}等二价离子。

（2）离子半径效应　对于电荷数相同的离子，半径 R 越大越容易被萃取。如$(C_6H_5)_4AsCl$ 萃取 ReO_4^- 的过程，实际上是小半径的 Cl^- 进入水相，而水化弱的大离子 ReO_4^- 进入有机相。

（3）被萃物在水中以不带电荷的中性分子存在，则水化作用很弱，易被萃取。例如，I_2在水中以可溶性中性分子存在，很容易被惰性溶剂如苯、CCl_4等萃取。

10.1.3.3 亲水基团作用

亲水基团系指能与水分子生成氢键的基团，如—OH、—NH_2、═NH、—COOH、—SO_3H等。被萃取物 M 如含有上述亲水基，其分配比要比不含亲水基者小得多，这是由于亲水基团与水分子生成氢键，使 $E_{\text{M-aq}}$增加，故不利于萃取。

10.1.3.4 丧失亲水性作用

无机盐类溶于水中，绝大多数电离为金属阳离子 M^{n+}，因它有很强的水化作用而不能被萃取。为达到萃取目的，需要破坏它的水化作用，为此，可以选择某些萃取剂，利用其与被萃取物之间的特殊作用，破坏水化，达到萃取的目的。如：

（1）螯合作用　选择某些螯合剂 HA，生成螯合物 MA_n，这些螯合物因有下述性质而易被萃取。

1）它是中性的　如果 MA_n 中 M^{n+} 的配位数已经饱和，那么 MA_n 中的水化基本上就消除了，因而有利于萃取。例如 Th^{4+} 的配位数为 8，$Th(TTA)_4$ 中，其配位数已饱和，不再发生水合作用。

2）MA_n 分子体积大，根据空腔作用规律，有利于萃取。

3）MA_n 分子的外缘基团为有机物，根据相似性原理，易溶于有机溶剂而不易溶于水。

4）MA_n 稳定性大，因而残留在水相中的未螯合的 M^{n+} 浓度很低，即能够萃取得比较完全。

（2）中性溶剂配合作用　有些无机盐类如硝酸铀酰，在硝酸溶液中以 UO_2^{2+}、$UO_2(NO_3)_2$ 和 $UO_2(NO_3)_3^-$ 等形式存在。其中只有中性 $UO_2(NO_3)_2$ 分子有利于萃取，但 U(Ⅵ)的配位数是 8，它与二个氧结合后还有 6 个配位数，两个 NO_3^- 可以用掉 U(Ⅵ)的 2～4个配位数（NO_3^- 可以是一合或二合配位），尚余 2～4 个配位数，所以 $UO_2(NO_3)_2$ 分子在水溶液中是水化的 $UO_2(NO_3)_2 \cdot xH_2O$ 分子，它不能直接被惰性溶剂如煤油、苯、氯仿等萃取。如果在惰性溶剂中再加入 TBP 或 MIBK 等中性萃取剂，由于它们能与 $UO_2(NO_3)_2$ 配位，挤掉了原先配位的水分子，形成丧失亲水性的 $UO_2(NO_3)_2 \cdot 2TBP$，这就能萃入有机相了。

（3）协萃作用　如果 M^{n+} 的配位数大于其价数的 2 倍（即大于 $2n$），MA_n 的配位数不饱和，这时水分子就会配上去，不利于萃取。例如 HTTA 萃 UO_2^{2+} 时，生成 $UO_2(TTA)_2 \cdot 2H_2O$。如果加入 TBP，它能挤掉一个水分子，生成 $UO_2(TTA)_2 \cdot TBP \cdot H_2O$，使配合物的亲水性降低，有利于萃取。

（4）金属离子的水解或水解聚合作用　例如 $UO_2(NO_3)_2$ 溶液中，当 pH 值增加到 4 左右，UO_2^{2+} 便发生水解和聚合作用：

$$UO_2^{2+} + H_2O = UO_2(OH)^+ + H^+$$

由于水解后的金属离子带有亲水性基团，不利于萃取，且当水解聚合度增加时，容易产生乳化和生成第三相。

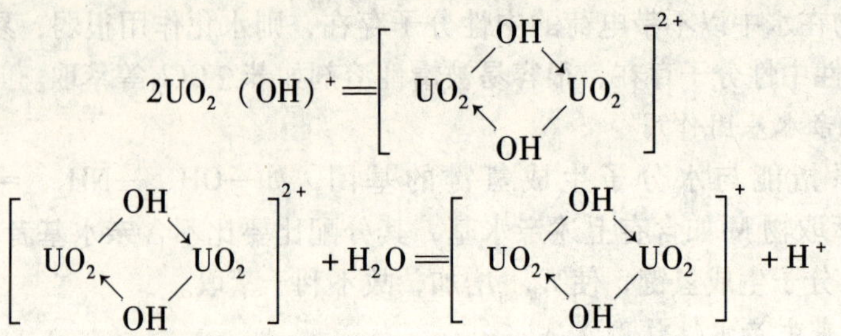

10.1.3.5　溶剂氢键作用

凡被萃取物与溶剂有氢键作用者，有利于萃取，如羧酸 RCOOH 在溶剂与水间的分配比随下列顺序递减：

$$TBP > R_2O > CHCl_3 > C_6H_5CH_3 > C_6H_6$$

其中 TBP 的 P ═O 键最易与 RCOOH 生成氢键。

10.1.3.6 离子缔合作用

铵盐、鉾盐等大的萃取剂阳离子可与水相中的金属离子缔合而萃入有机相。例如，$SbCl_5/H_2O$-HCl/罗丹明 B-苯体系中，萃合物是离子对：

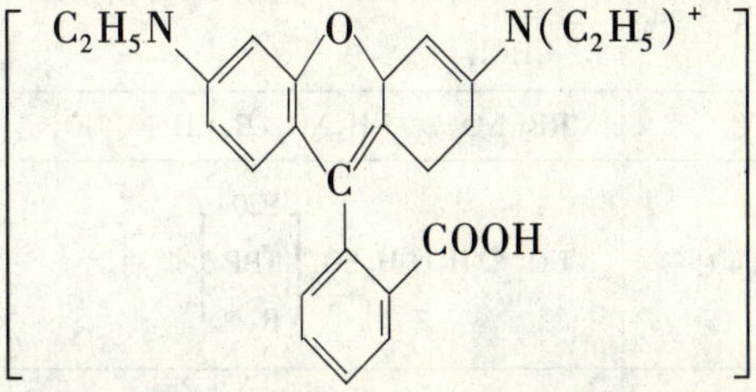

$\cdot [SbCl_6^-]$

大离子缔合体系有利于萃取，原因有：（1）离子势 Z^2/R 大大降低，即大离子外缘表面上的电荷密度很小，故水化很弱；（2）离子大，根据空腔作用的规律，有利于萃取；（3）大离子的外缘基团是 C—H 的化合物，易溶于有机溶剂；（4）大离子的外缘基团把亲水基团能包在里面，因而阻碍了它的水化。

10.2 常用萃取剂及其萃取原理[2]

10.2.1 萃取体系分类

萃取体系的范围很广，被萃取物从周期表的ⅠA 族到ⅧB 族。随着萃取化学的发展针对不同的萃取对象，研究使用的萃取剂种类也愈多。为了探索其中的规律性，人们试图从某一特征方面将萃取体系分类。国外对分类并不统一[6]，如 Кузнепов 的分类方法为：作为某种盐被萃取；根据丧失亲水性的萃取；根据物理分配元素的萃取等。Morrison 和 Freiser 的分类只有离子缔合和螯合物体系两类；Irving 的萃取体系分类较为详细：以共价化合物的形式萃取，以螯合物的形式萃取，以无机酸及其盐类或配合金属酸萃取；大型阴离子或阳离子萃取。这种不统一的观点在一定的程度上阻碍了萃取化学理论的发展。

10.2.1.1 萃取体系分类

萃取体系可以按照萃取剂的种类划分，例如分为 P 型或磷型萃取体系等；N 型或胺型萃取体系；C 型或螯合型萃取体系；O 型或鉾盐萃取体系等。这种分类法对于萃取机理不确定的体系特别适用。萃取体系也可以按照被萃取金属离子的外层电子构型不同来划分，如 5f 区元素（即锕系元素）的萃取[9]、4f 区元素（即镧系元素）的萃取、d 区元素（即过渡金属元素）的萃取、p 区元素（即碱金属和碱土金属）的萃取、惰性气体的萃取等类型。萃取体系还可按照底液的不同分为硝酸底液萃取、混合酸底液萃取、弱酸底液萃取、中性底液萃取和碱性底液萃取等类型。

但萃取体系比较合理的分类法是既要考虑到萃取剂的性质，又要考虑被萃取金属元素的特征和底液性质，即根据萃取机理或萃取过程中生成的萃取配合物的性质来划分为 6 大类，如表 10-5 所示。

表 10-5 萃取体系的分类法[6,9]

类别	名称	符号	举例	按萃取剂种类的分类
1	简单分子萃取体系	D	$I_2/H_2O/CS_2$	零元萃取体系（物理分配）
2	中性配合萃取体系	B	$La(NO_3)_3/NH_4NO_3$/P350-煤油	单元萃取体系
3	酸性配合萃取体系或螯合萃取体系	A	$Sc^{3+}/H_2O(pH=4\sim5)/HO_x(0.1mol/L)-CHCl_3$	单元萃取体系
4	离子缔合萃取体系	C	$RE(NO_3)_3/NH_4NO_3/R_3CH_3N^+NO_3^-$	单元萃取体系
5	协同萃取体系	A+B+C 等	$UO_2^{2+}/H_2O\text{-}H_2SO_4\begin{bmatrix}P204\\TBP\\R_3N\end{bmatrix}$-煤油	三元萃取体系
6	高温萃取体系	A+B+C 等	$RE(NO_3)_3/LiNO_3\text{-}KNO_3$（熔融）-TBP-多联苯（150℃）	三元萃取体系

除上述的六大类，还有混合或过渡机理体系。

10.2.1.2 简单分子萃取体系

在萃取化学研究中，有必要了解萃取剂本身在水相和有机相中的分配，例如：

$$TBP\text{-}H_2O\text{-煤油},\quad HTTA\text{-}H_2O\text{-}C_6H_6$$

这样的分配过程本身也是一种萃取，煤油从水溶液中萃取 TBP 或水从煤油中萃取 TBP。这一类萃取过程可称之为简单分子萃取。它是中性物质在水相和有机相之间的物理分配过程，其特点是被萃取物在水相和有机相中都以中性分子的形式存在，溶剂与被萃取物之间没有化学结合，也不外加萃取剂。在简单分子萃取过程中也可能会伴随有某些化学反应，如：

$$OsO_4\text{-}H_2O\text{-}CCl_4$$

也属于简单分子萃取类型，但 OsO_4 在有机相中能聚合为（OsO_4）$_4$。

$$4OsO_{4(o)} \rightleftharpoons (OsO_4)_{4(o)}$$

在水相中可能有两性的（amphoteric）电离平衡：

$$OsO_4+H_2O \rightleftharpoons H_2OsO_5 \begin{cases} \rightleftharpoons H^+ + HOsO_5^- \\ \rightleftharpoons HOsO_4^+ + OH^- \end{cases}$$

但决定它是简单分子萃取体系的关键是 CCl_4 从水溶液中萃取中性分子 OsO_4，且 OsO_4 与 CCl_4 之间无化学结合。简单分子萃取又可以按照被萃取物性质的不同分为：（1）单质萃取；（2）难电离无机化合物的萃取；（3）有机化合物的萃取。

10.2.1.3 中性配合萃取体系

这一萃取体系的特点是：（1）被萃取物是中性分子，如 $RE(NO_3)_3$（RE 代表任何一个稀土元素），虽然它在水相中可能以 RE^{3+}、$RE(NO_3)^{2+}$、$RE(NO_3)_3$ 等各种形式存在，但被萃取的却是中性分子；（2）萃取剂本身也是中性分子，如：TBP；（3）萃取剂与被萃取物结合生成中性配合物，如：

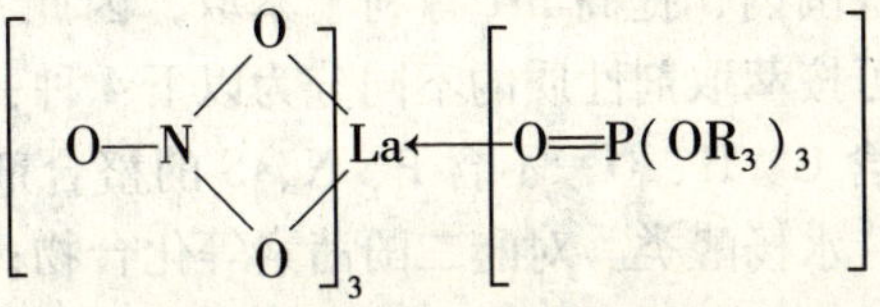

在此萃合物 $La(NO_3)_3 \cdot 3TBP$ 中 La^{3+} 的配位数等于 9。

中性配合萃取体系按萃取剂性质不同，可分为下列形式[6]。

（1）中性含磷萃取剂 包括：1）膦酸酯$(RO)_3PO$、膦酸酯 $R(RO)_2PO$、次膦酸酯 $R_2(RO)PO$和膦氧化物 R_3PO 等；2）焦膦酸酪 $R_4P_2O_7$及类似物；3）膦（PhosphinepH_3）的有机衍生物$(RO)_3P$；4）膦硫酰类化合物$(RO)_3PS$、R_3PS。

（2）中性含氧萃取剂 包括酮、醚、醇、酯、醛等。

1）一次溶剂化：当金属离子与萃取剂分子直接以配位键相结合时，称为一次溶剂化。如下列结构：

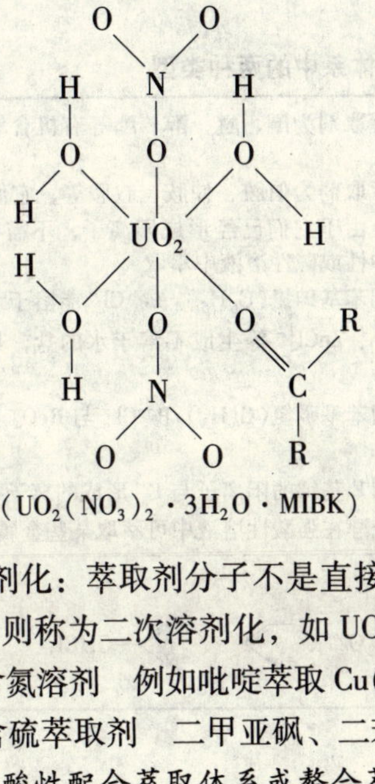

$(UO_2(NO_3)_2 \cdot 3H_2O \cdot MIBK)$

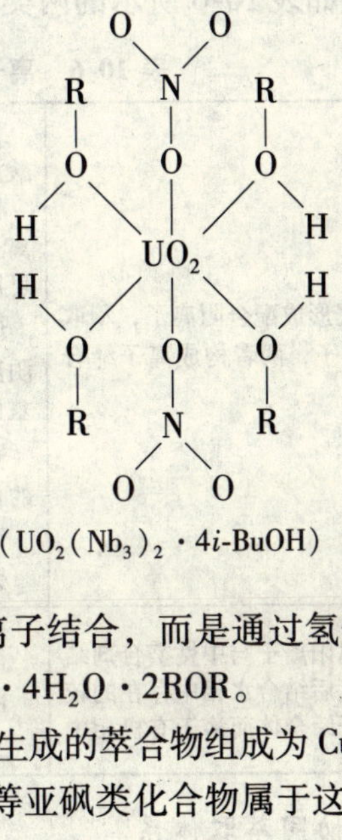

$(UO_2(Nb_3)_2 \cdot 4i\text{-}BuOH)$

2）二次溶剂化：萃取剂分子不是直接与金属离子结合，而是通过氢键与第一配位层的分子相接合，则称为二次溶剂化，如 $UO_2(NO_3)_2 \cdot 4H_2O \cdot 2ROR$。

（3）中性含氮溶剂 例如吡啶萃取 $Cu(SCN)_2$，生成的萃合物组成为 $Cu(SCN)_2(Py)_2$。

（4）中性含硫萃取剂 二甲亚砜、二苯基亚砜等亚砜类化合物属于这类萃取剂。

10.2.1.4 酸性配合萃取体系或螯合萃取体系

这类萃取机理的特点是：1）萃取剂是一弱酸 HL 或 H_2L，它既溶于有机相也溶于水相（通常在有机相中的溶解度较大），在两相间也有一定的分配系数，但依赖于水相的组成，特别是水相的 pH 值。螯合萃取中的萃取剂有时也称为螯合剂；2）在水相中金属离子以阳离子 M^{n+}（例如 La^{3+}）或能离解为 M^{n+} 的配合离子 ML_x^{n-xb}（b 表示配位体 L 的负价）的形式存在；3）在水相中 M^{n+} 与 HL 或 H_2L 结合生成中性的螯合物 ML_n［或 $M(HL)_n$或其他形式］；4）生成的中性螯合物不含有亲水基团，因而难溶于水而易溶于有机溶剂，所以能被萃取；5）在螯合物的反应中

$$M^{n+} + nL \Longrightarrow ML_n + nH^+$$

因为萃取平衡常数与（H^+）的 n 次方有关，所以 pH 的变化对螯合物的萃取特别灵敏，在金属离子不发生水解的范围内，提高 pH 有利于萃取，因此，利用 pH 值的不同可以达到分离的目的。螯合萃取可按萃取剂性质的不同分为以下 4 种：

（1）含氧螯合剂　只含 C、H、O，不含 P、N、S 的螯合剂，如 β-双酮类、羟基庚三烯酮等一些烯酮类化合物，水杨醛类、对醚二酚茜素等化合物；

（2）含氮螯合剂　只含 C、H、O、N，不含 P、S 的螯合剂，如 8-羟基喹啉及其类似物、二甲基乙二肟、水杨醛肟等肟类化合物、铜铁试剂等胺类化合物、α-亚硝基-β-萘酚等亚硝基羟基类化合物、偶氮吡啶萘酚等偶氮酚类化合物等；

（3）含硫螯合剂　如打萨宗 HDZ 及其类似物、苯基甲酸盐、N-二乙基氨基硫代甲酸盐等硫代甲酸盐化合物、黄原酸盐以及甲基-3，4-二硫酚等二硫酚类化合物；

（4）酸性磷萃取剂　只含 C、H、O、P，不含 N、S 的螯合剂，如磷酸二烷基、磷酸一烷基酯、焦磷酸二烷基酯（$R_2H_2P_2O_2$）等。

10.2.1.5　离子缔合萃取体系

这类萃取体系的特点是，金属以配阴离子与萃取剂的阳离子在有机相中形成离子缔合体。故可以分为如表 10-6 所示的两类[1]。

表 10-6　离子缔合萃取体系中的两种类型

阴离子萃取：金属形成配合阴离子，萃取剂与 H^+ 结合成阳离子，两者构成离子缔合体系进入有机相	𬭩盐萃取：萃取剂为酮、醚、醇、酯等有机含氧试剂，萃取需在强酸溶液中进行 铵盐萃取：萃取剂为伯胺、仲胺、叔胺等，它们在强酸溶液中以阳离子形式存在，由于它们已经形成阳离子，不需再与 H^+ 结合，所以可以在酸性、中性或碱性溶液中萃取 砷盐萃取：四苯基砷氯 $(C_6H_5)_4As^+Cl^-$ 能溶于水中，与某些较大的阴离子如 MnO_4^-、$ZnCl_4^{2-}$ 等生成不溶于水的盐，其中一部分被 $CHCl_3$ 萃取 磷盐萃取：四苯基磷氯 $(C_6H_5)_4P^+Cl^-$ 与 ReO_4^- 能形成被 $CHCl_3$ 萃取的化合物 锑盐萃取：四苯基锑的阳离子与 F^- 形成的离子缔合物被 $CHCl_3$ 萃取 锍盐萃取：硫醇在强酸性溶液中可萃取某些金属离子
阳离子萃取：金属阳离子与中性螯合剂结合成螯合阳离子，然后结合水相中存在的较大阴离子，组成离子缔合体而溶于有机相中	例： $Fe(ClO_3)_3/H_2O/$ 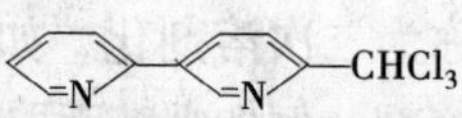

10.2.1.6　协同萃取体系[2,46]

两种或两种以上萃取剂组成的多元萃取体系中，金属离子的萃取分配比 $D_{协}$ 显著大于每一萃取剂在相同条件下单独使用时的分配比之和 $D_{加和}$（$D_1+D_2+D_3+\cdots$），人们即认为这一萃取体系有协同效应，如二值相等，则无协同效应。在无协同效应的情况下，两个萃取剂相互不发生作用，它们与被萃物不生成包含两种或两种以上萃取剂的协萃配合物。这可以视为理想的二元或多元萃取体系。严格讲理想的二元或多元萃取体系是不存在的。

从原则上说，中性配合萃取体系、离子缔合体系及酸性螯合萃取体系等均可单独或互相组合成为协同萃取体系。同时也发现三元（即三个萃取剂）协萃体系。在实际工作中，最常用的是酸性螯合萃取体系加上中性配合萃取体系，这种协萃体系大都有较大的协同效应。例如 TTA 加 TBP 对稀土元素的协同效应已有较多的研究；D2EHPA 加 TBP 体系虽然协同效应比上述体系要差一些，但因价格低，萃取容量较大，在稀土分离中已广泛采用[9]。

协萃反应机理复杂，一般认为协萃效应是由于两种或两种以上的萃取剂与被萃取金属离子生成一种更为稳定的含有两种以上配位体的可萃取配合物，或生成的配合物更有疏水性因而更易溶于有机相。

10.2.1.7 高温萃取体系

例如 TBP 可以溶解在多联苯的熔体（150℃）中，并从 $LiNO_3$-KNO_3 的低熔混合物（熔点为 130℃）中萃取硝酸稀土，其分配比可以比从相应的硝酸水溶液中提高一倍。

10.2.1.8 混合或过渡机理

有些萃取体系随条件不同属于不同的萃取机理。例如 P204 在硝酸底液萃取稀土时，当硝酸浓度 <2mol/L 时，主要是酸性配合萃取机理，

$$RE^{3+} + 3H_2L_{2(o)} \rightleftharpoons RE(HL_2)_{3(o)} + 3H^+$$

此时分配比 D 与氢离子的活度的三次方成正比，但当硝酸浓度 >7M 时，分配比 D 反而随硝酸浓度的增加而增加，在这样高浓度的硝酸溶液中，P204 不再电离，主要以中性分子存在，此时萃取机理主要是中性配合萃取，即 P204 与 $RE(NO_3)_3$，通过 P═O 键中氧原子向稀土离子配位而结合。当硝酸浓度在 2~7mol/L 之间时，酸性和中性配合萃取机理同时并存，成为混合或过渡型的萃取机理。

10.2.2 萃取剂的选择原则[9~11]

萃取剂通常是有机试剂，其品种繁多，而且不断出现新的品种。用来作为萃取剂的有机试剂，必须具备以下两个条件。

（1）萃取剂分子中至少有一个萃取功能基，通过它与被萃取物结合形成萃合物，常见的萃取功能基是 O、N、P、S 等原子，它们一般都有孤对电子，是电子给予体，为配位原子。以氧原子为功能基的萃取剂是最多的，可分为磷氧萃取剂 $-\overset{|}{\underset{|}{P}}=O$ 、碳氧萃取剂 $>C=O$ 和 $-\overset{|}{\underset{|}{C}}-O$ 硫氧萃取剂 $>S=O$ 等。以氮原子为功能基的萃取剂主要是胺型萃取剂，如伯胺 $R(H)N-H$，仲胺 $R_1(R_2)N-H$、叔胺 $R_1(R_2)(R_3)N$ 和季铵盐 $[R_1R_2R_3N^+-R_4]X^-$ 。以硫为功能基的萃取剂，如乙基黄原酸钾 $\left[C_2H_5-O-C(=S)-S^-\right]K^+$ 等。对于酸性萃取剂，通常是有机弱酸，具有能与金属离子发生交换的 H^+，例如二-2-乙基己基膦酸、环烷酸、三壬基萘酸、8-羟基喹啉及其衍生物等，其萃取过程是阳离子交换。此外，还有不少含有两个或两个以上功能基的萃取剂，如噻吩甲酰三氟丙酮 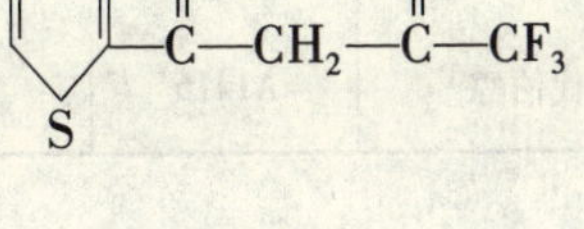 和 2-甲基-8-羟基

喹啉 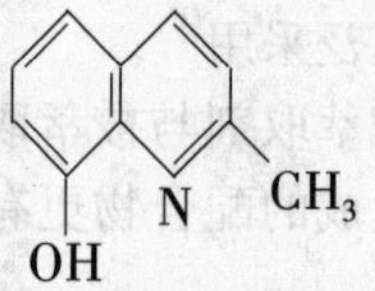 ，其中 O、N 和 S 都是萃取功能基。

（2）萃取剂分子中至少必须有相当长的烃链或芳环，其目的是使萃取剂及萃合物易溶于有机相，而难溶于水相。萃取剂的碳链增长，油溶性增加，与被萃物形成难溶于水而易溶于有机相的萃合物。但如果碳链过长、碳原子数目过多、分子量太大，则不宜用作萃取剂，这是因为它们可能是固体，使用不便，同时萃取容量降低。因此，一般萃取剂的分子量介于 350～500 之间为宜。

工业上选择一种较理想的萃取剂，除具备上述两个必要条件外，还应满足以下条件。

1）选择性好。对要分离的一种或几种物质，其分离系数 $\beta_{A/B}$ 或 $\beta_{C/B}$ 要大。

2）萃取容量大。单位体积或单位重量的萃取剂所能萃取物质的饱和容量要大，这就要求萃取剂具有较多的功能基和适宜的分子量，否则萃取容量就会降低，试剂单耗和成本就会增加。

3）化学稳定性强。要求萃取剂不易水解，加热时不易分解，能耐酸、碱、盐、氧化剂或还原剂的作用，对设备的腐蚀性小，在原子能工业中还要求萃取剂具有较高的抗辐照能力。

4）易与原料液相分层，不产生第三相和不发生乳化现象。要求萃取剂在原料液相的溶解度要小，与原料液相的密度差要大，黏度小和表面张力要大，以便于容易分相和保证萃取过程正常运行。

5）易于反萃取或分离。要求萃取时对被萃取物的结合能力适当，当改变萃取条件时能较容易地将被萃取物从萃取相中反萃到另一液相内，或易于用蒸馏或蒸发等方法将萃取剂相与被萃取物分开。

6）操作安全。要求萃取剂无毒或毒性小，无刺激性，不易燃（闪点要高），难挥发（沸点要高和蒸气压要小）。

7）经济性。要求萃取剂的来源丰富，合成制备方法容易，价格便宜，在循环使用中损耗要尽量少。

在具体选择萃取剂时，应根据实际情况，综合考虑以上诸因素。

萃取剂按其组成和结构特征，可以分为中性络合萃取剂、酸性萃取剂、离子对（如胺类）萃取剂和螯合萃取剂。表 10-7 列出各类常用萃取剂。

表 10-7　常用萃取剂

类型		名称	商品名或缩写	结构式	应用实例
中性含氧萃取剂	醇类	异戊醇①	*i*AmA	$(H_3C)_2CH—(CH_2)_2—OH$	萃取 Re（Ⅶ）
		仲辛醇①	octanol-2	$CH_3(CH_2)_5—CH(CH_3)—OH$	分离 Ta（Ⅴ）、Nb（Ⅴ）萃取 Au（Ⅲ）
		β-取代伯醇①	A1416	$H_{11}C_5—CH(C_{7\sim8}H_{15\sim17})—CH_2—OH$	萃取 Tl（Ⅲ）、Fe（Ⅲ）

续表 10-7

类型		名称	商品名或缩写	结构式	应用实例
中性含氧萃取剂	醚类	二异丙醚	DiPE	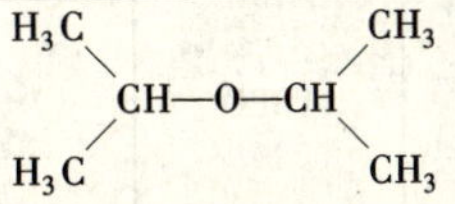	分离 Fe(Ⅲ)、Ga(Ⅲ)萃取 UO_2^{2+}
		(2-乙基己基)乙基醚	2EHEE	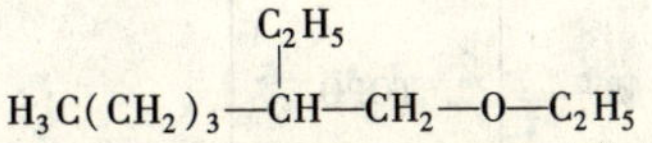	萃取 Au、Pt
	酮类	甲基异丁基酮①	MIBK	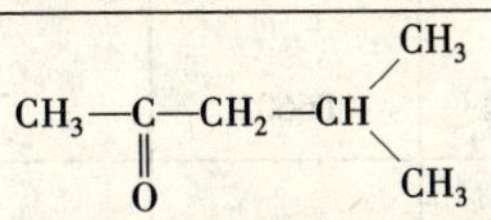	分离 Zr、Hf(Ⅳ)
		环己酮	CHD	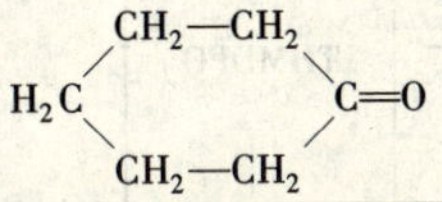	分离 Ta(Ⅴ)、Nb(Ⅴ)
	酯类	乙酸乙酯		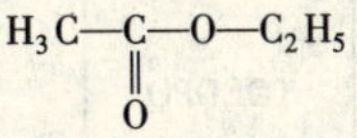	萃取 Ce(Ⅳ)、Zr(Ⅳ)
		乙酸戊酯		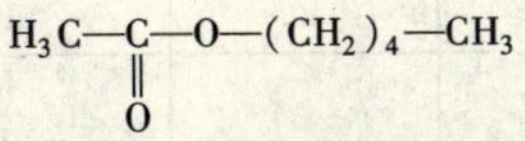	分离 Ti(Ⅳ)、Zr(Ⅳ)
中性含磷萃取剂	膦酸酯类	甲基膦酸二异戊酯	DAMP	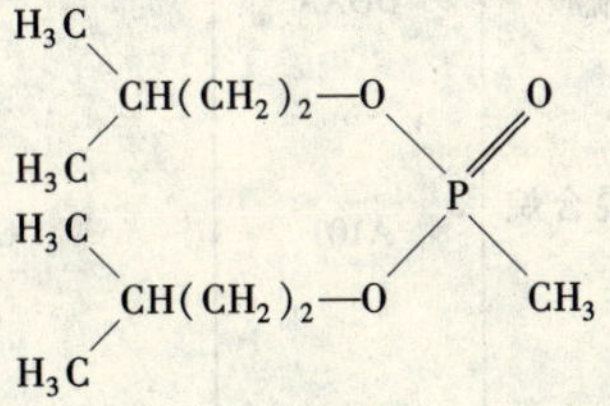	萃取分离稀土(Ⅲ)
		甲基膦酸二甲庚酯	P350	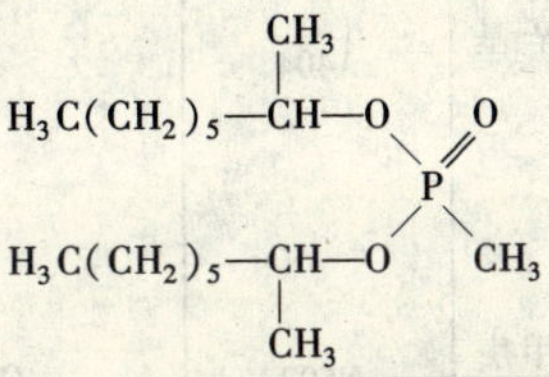	分离镧(Ⅲ)
		甲基膦酸二(2-乙基己基)酯	MDEP	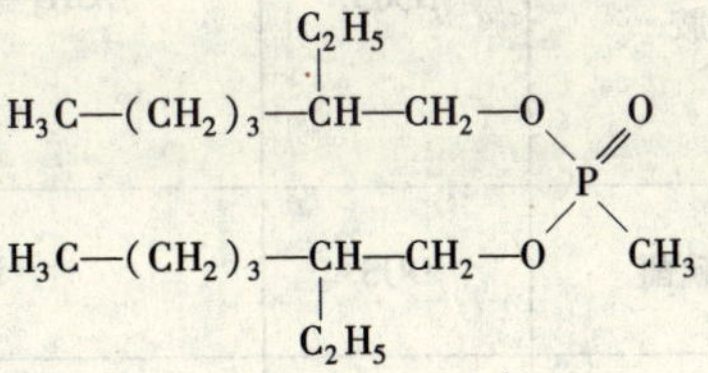	分离稀土(Ⅲ)
		二辛基膦酸辛酯	ODOP	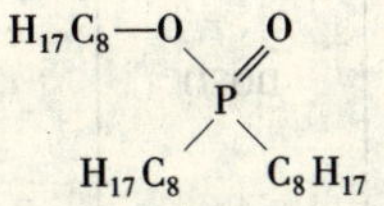	萃取 UO_2^{2+}[5]
		磷酸三丁酯①	TBP	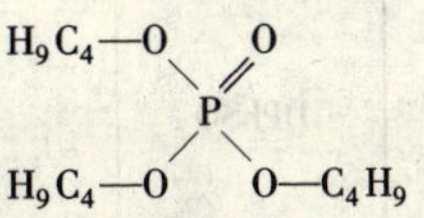	分离 Th^{4+}、RE^{3+}、Ta^{5+}、Nb^{5+}、Zr^{4+}、Hf^{4+}
		磷酸三辛酯	TOP	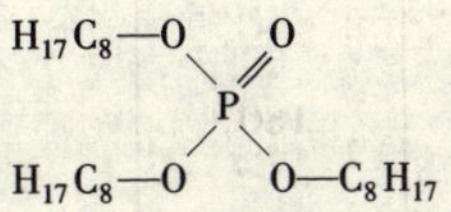	萃取 UO_2^{2+}

续表 10-7

类型		名称	商品名或缩写	结构式	应用实例
中性含磷萃取剂	膦氧化物	氧化三丁膦	TBPO	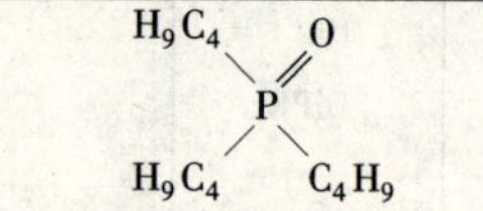	萃取 RE^{3+}、ReO_4^-
		氧化三辛膦①	TOPO	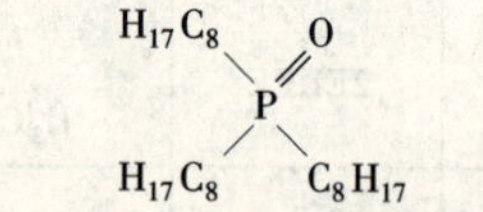	萃取 RE^{3+}、Th^{4+}、Hf^{4+}
		氧化三烷基膦①	P6602	$[CH_3(CH_2)_{7\sim9}]_3P{=}O$	萃取 RE^{3+}
	双膦氧化物	亚甲双氧化二己膦	THMDPO	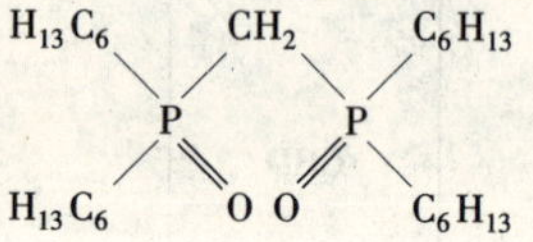	萃取 Th^{4+}、UO_2^{2+}
		亚乙双氧化二辛膦	TOEDPO	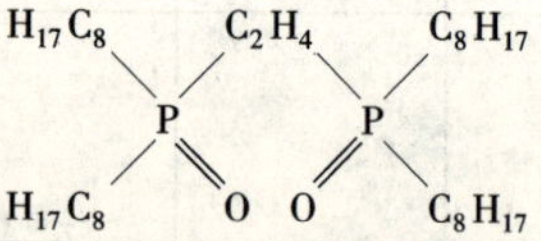	萃取 La^{3+}、Pr^{3+}、Y^{3+}
中性含氮萃取剂	取代酰胺类	二辛基乙酰胺	DOAA	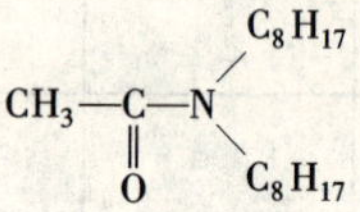	萃取 Pd^{2+}
		N，N-二混合烷基乙酰胺	A101	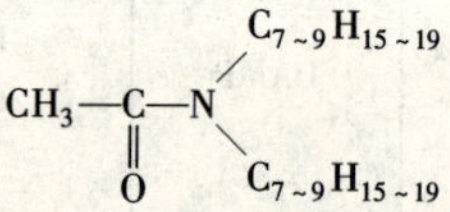	分离 Ta^{5+}、Nb^{5+}
		N-苯基-N-辛基乙酰胺	A404	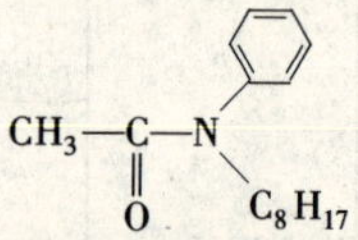	萃取 Ga^{3+}、In^{3+}、Tl^{3+}
		N，N-二（甲庚基）乙酰胺	N503	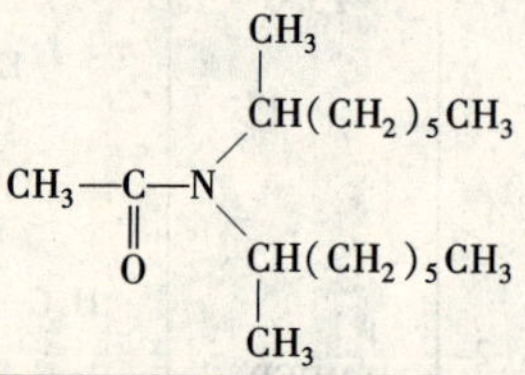	分离 Ta^{5+}、Nb^{5+}、萃取 Li^+、Pd^{2+}、Ga^{3+}、In^{3+}
中性含硫萃取剂	硫醚类	二辛基硫醚	DOS	$H_{17}C_8{-}S{-}C_8H_{17}$	萃取 UO_2^{2+}
	亚砜类	二辛基亚砜	DOSO	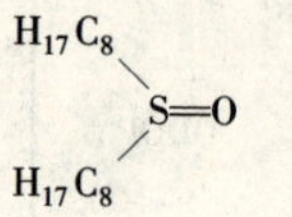	萃取 Y^{3+}、RE^{3+}
		二苯基亚砜	DPhSO	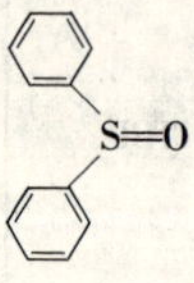	萃取 RE^{3+}
		烃基亚砜①	PSO	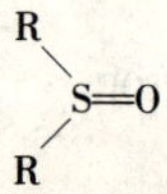	萃取 Pd^{2+}

续表 10-7

类型		名称	商品名或缩写	结构式	应用实例
酸性萃取剂	羧酸类	肉桂酸	HSt	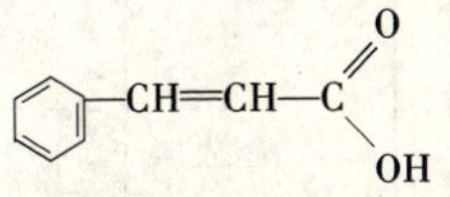	萃取 Y^{3+}
		合成脂肪酸		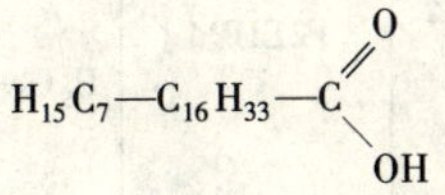	萃取 RE^{3+}
		α-溴代月桂酸	α-BrHLau	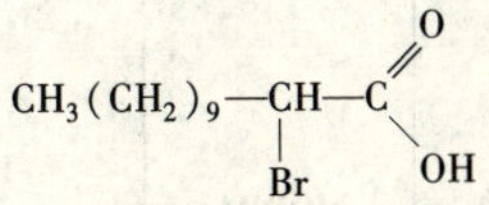	分离 Co^{2+}、Ni^{2+}
		环烷酸①	HNaph	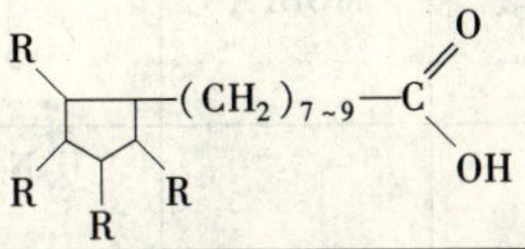	萃取 RE^{3+}、Y^{3+}
	磺酸类	十二烷基苯磺酸		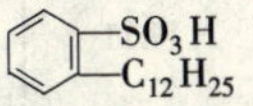	分离 RE^{3+}
		二壬基奈磺酸	HDNNSul	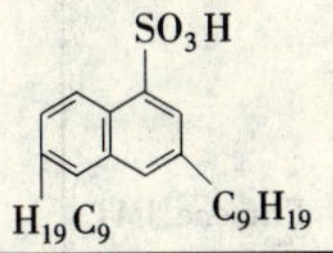	萃取 Rh^{2+}、Ni^{2+}
	酸性含磷类	膦酸单（2-乙基己基）酯	H2MEHP	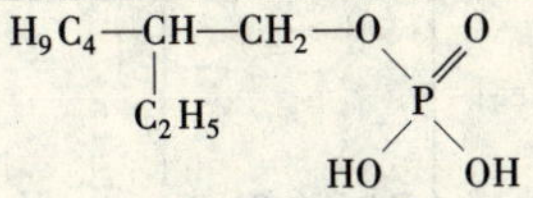	萃取 Sc^{3+}、La^{3+}、Y^{3+}
		膦酸单（2-己基辛基）酯	P538	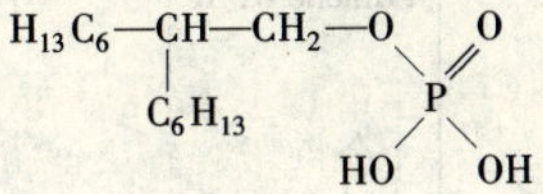	萃取 Ga^{3+}
		膦酸二（2-乙基己基）酯①	P204 或 D2EHPA	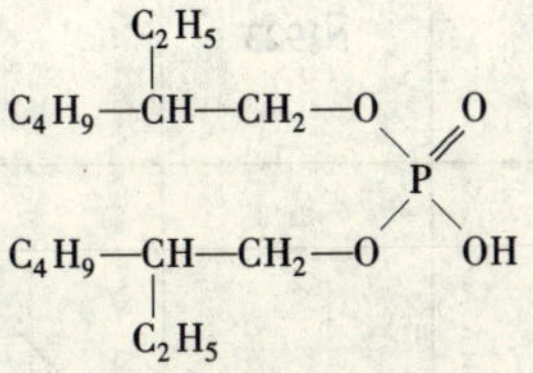	分离 RE^{3+}、Co^{3+}、Ni^{2+}、Ge^{4+}、Ga^{3+}、In^{3+}
		膦酸二辛酯	HDOP	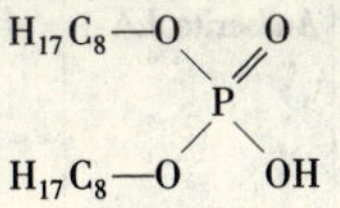	萃取 RE^{3+}、UO_2^{2+}
		苯基膦酸（2-乙基己基）酯	P509 或 HEHPP	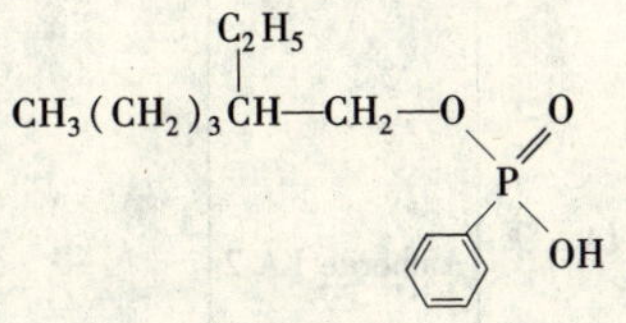	萃取 Co^{2+}、Ni^{2+}
		2-乙基己基膦酸单（2-乙基己基）酯①	P507	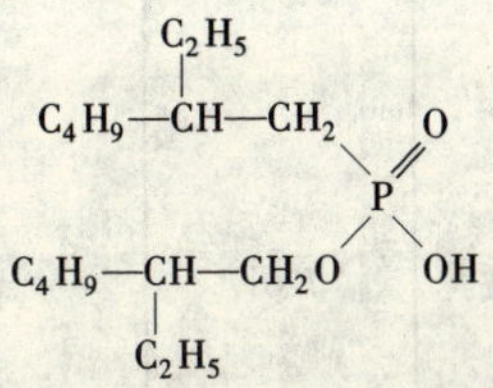	分离轻重 RE^{3+}、Co^{2+}、Ni^{2+}、Ga^{3+}、In^{3+}

续表 10-7

类型		名称	商品名或缩写	结构式	应用实例
酸性萃取剂	酸性含磷类	焦磷酸二（2-乙基己基）酯	P2EHPA	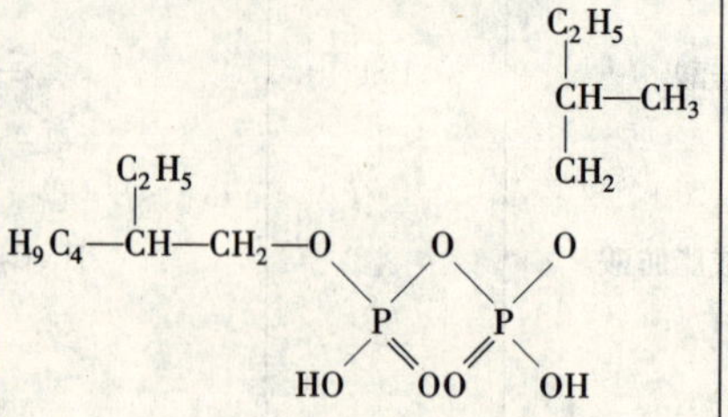	萃取分离 Ga^{3+}
		亚甲基辛膦酸	MODPA	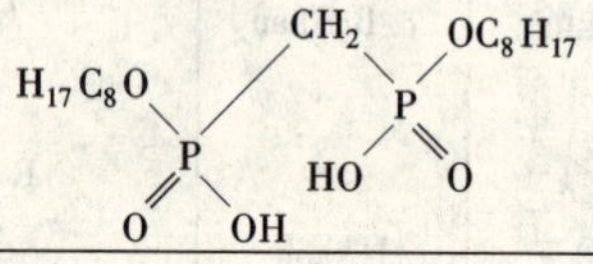	萃取 Ge^{4+}
胺类萃取剂	伯胺类	1-（3-乙基戊基）-4-乙基辛胺	21F811	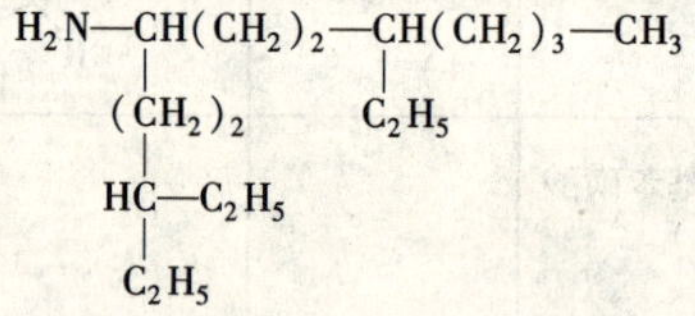	萃取 UO_2^{2+}、Th^{4+}、Gd^{4+}
		多支链二十烷基伯胺	Primene JMT	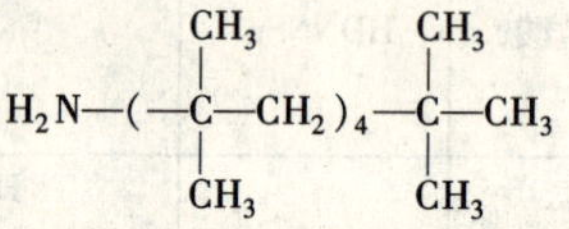	萃取 UO_2^{2+}、Th^{4+}、Be^{2+}
		三烷基甲胺	Primene 81-R	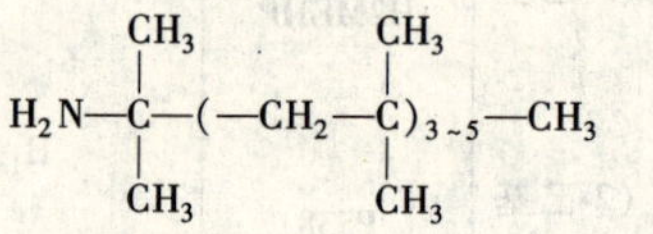	萃取 Th^{4+}
		仲碳伯胺①	N1923	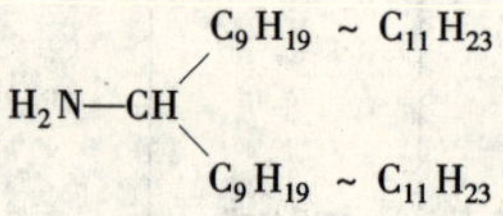	萃取 ReO_4^-、Th^{4+}、Ga^{3+}、In^{3+}、Tl^{3+}
	仲胺类	N-十二烯（三烷基甲基）胺①	Amberite LA-1	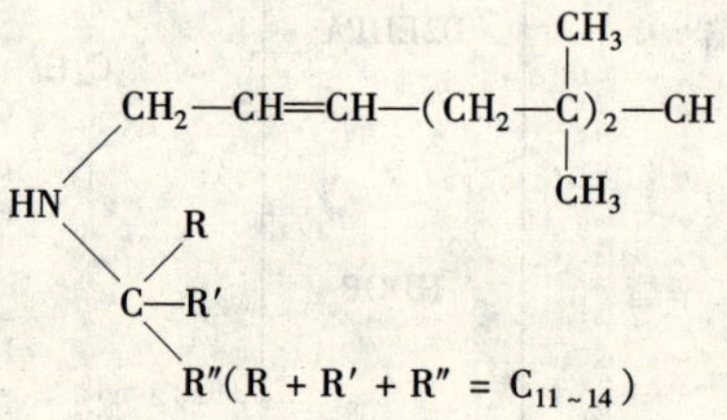	萃取 UO_2^{2+}
		N-月桂（三烷基甲基）胺	Amberite LA-2	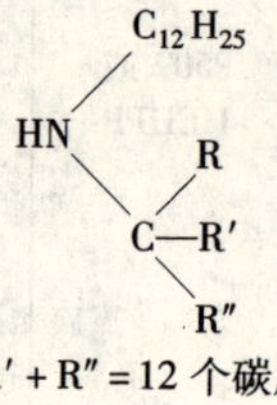 （$R+R'+R''=12$ 个碳原子）	萃取 UO_2^{2+}、Pt^{4+}
		二混合烷基胺①	7201	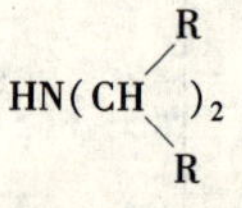 （$R = C_6 \sim C_9$）	萃取 UO_2^{2+}、Nb^{5+}、Pd^{2+}、Pt^{4+}

续表 10-7

类型		名称	商品名或缩写	结构式	应用实例
胺类萃取剂	仲胺类	二混合烷基胺①	7203	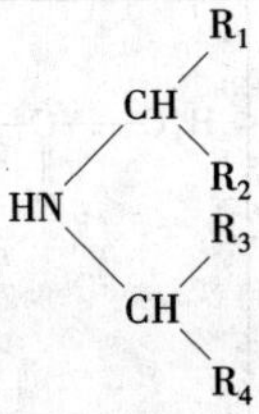 $(R_1 \neq R_2 \neq R_3 \neq R_4)$	Pt^{4+}
		二癸胺	DDA	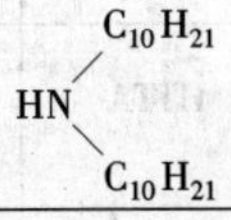	萃取 UO_2^{2+}、Pd^{2+}
	叔胺类	三辛胺	TOA 或 N204	$N—[CH_2(CH_2)_6CH_3]_3$	萃取 UO_2^{2+}、ReO_4^-
		三异辛胺	TiOA	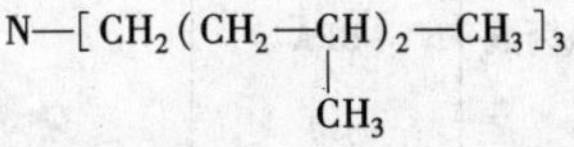	萃取 UO_2^{2+}、Co^{2+} 分离 Co^{2+}、Ni^{2+}
		三壬胺	TNA	$N—[CH_2(CH_2)_7CH_3]_3$	萃取 Fe^{3+}、ReO_4^-
		三癸胺	TDA	$N—[CH_2(CH_2)_8CH_3]_3$	萃取 UO_2^{2+}、Pu^{4+}
		三烷基胺①	N235 或 7301	$N[C_nH_{2n+1}]_3 \quad (n=8\sim10)$	萃取 UO_2^{2+}、ReO_4^-、Pd^{2+}、Mo^{6+}
		三苄胺	TBzA	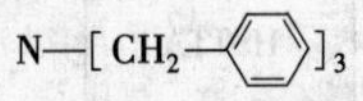	萃取 Nb^{5+}、Cd^{2+}、Ta^{5+}
		二（甲基庚基）乙醇胺	TAB-182	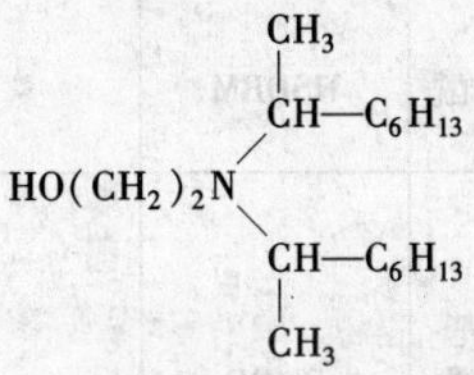	萃取 Tl^{3+}
		N-（1-庚基辛基）二乙醇胺	TAB-194	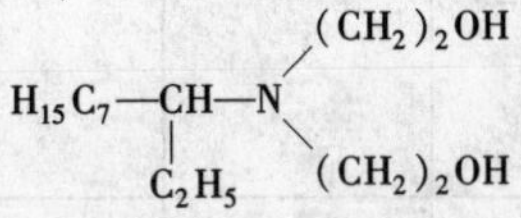	萃取 Ga^{3+}
	季铵盐类	氯化三烷基甲基胺①	Aliquat336 或 N263	$[CH_3—N—(C_{8\sim10}H_{17\sim21})_3]^+Cl^-$	分离 RE^{3+} 与 Y^{3+}、ReO_4^- 与 MoO_4^-
		氯化三烷基苄基胺	7407	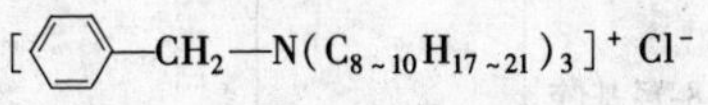	分离 ReO_4^-、MoO_4^{2-}
		氯化三（十二烷基）甲基胺	TLMA	$[CH_3—N—(C_{12}H_{25})_3]^+Cl^-$	萃取 Pt^{4+}、Pd^{2+} 萃取 ReO_4^-
		氯化十六烷基二甲基苄铵	CMMBA	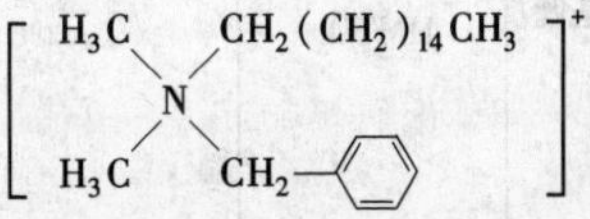 Cl^-	萃取 ReO_4^-、Pd^{2+}
		硝酸二（十六烷基）甲基胺	B104	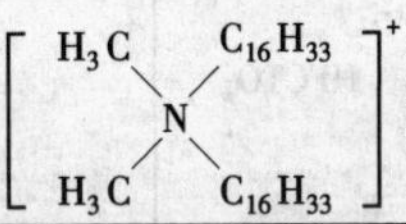 NO_3^-	萃取 UO_2^{2+}

续表 10-7

类型		名称	商品名或缩写	结构式	应用实例
胺类萃取剂	吡唑酮类	1-苯基-3-甲基-4-七氟丁酰基吡唑酮-5	PMSFP	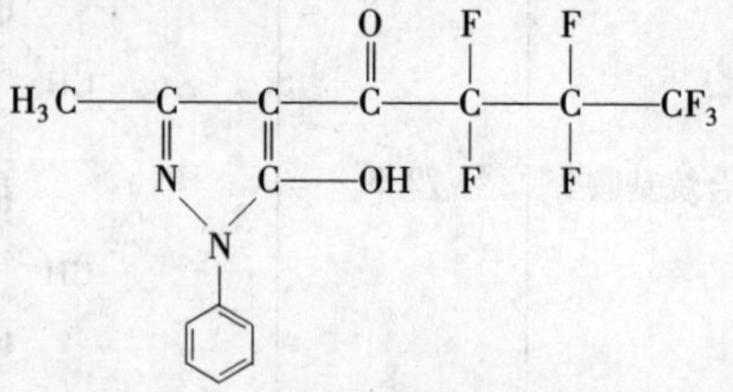	萃取 RE^{3+}
螯类萃取剂	β-二酮类	三氟乙酰丙酮	HTTA	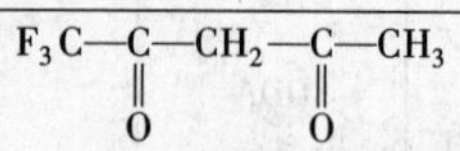	萃取 UO_2^{2+}、Th^{4+} 分离 Zr^{4+}、Hf^{4+}
		苯甲酰丙酮	HBA	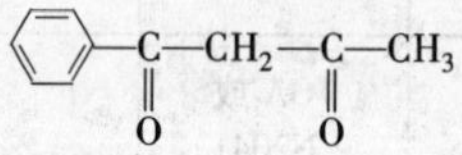	萃取 Cd^{3+}、Ga^{3+}、In^{3+}、Ti^{4+}、Y^{3+}、La^{3+}
		苯甲酰三氟丙酮	BFA	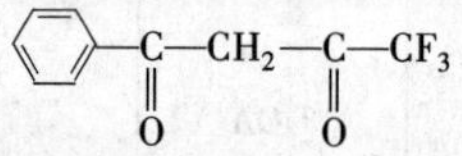	萃取 Nb^{3+}、Th^{4+}
		亚甲基双苯甲酰	HDM	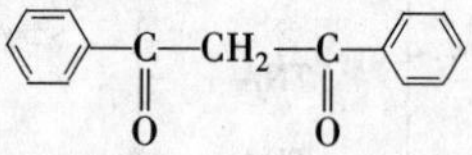	萃取 La^{3+}、Sc^{3+}、Ti^{4+}、Zn^{2+}
		呋喃甲酰三氟丙酮	HFTA	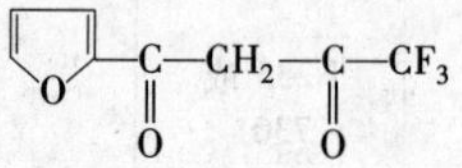	萃取 Zr^{4+}、Y^{3+}
		单硫代噻吩甲酰三氟丙酮	HSTTA	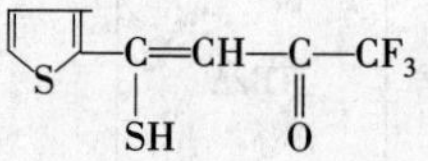	萃取 Co^{2+}
		单硫代双苯甲酰	HSDBM	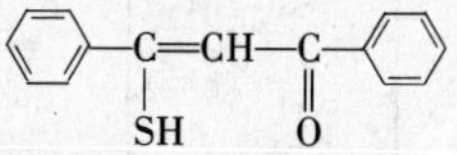	萃取 Co^{3+}
螯合萃取剂	吡唑酮类	1-苯基-3-甲基-4-苯甲酰基吡唑酮-5	PMBP	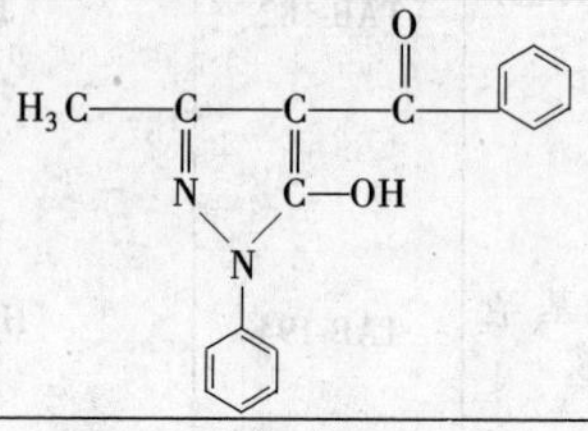	萃取 RE^{3+}、Cu^{2+}、Ni^{2+}、Co^{2+}、MoO_4^{2-}、V^{5+}、Ti^{4+}、Pu^{4+}、Pd^{2+}等
	8-羟基喹啉类	8-羟基喹啉	HO_x	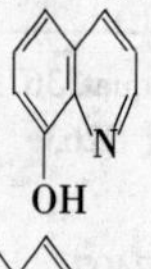	萃取 Pd^{2+}、H_2MoO_4、W（Ⅵ）、VO_2^{2+}、Tl^{3+}、Fe^{3+}、ZrO^{2+}、Ga^{3+}
		2-甲基-8-羟基喹啉	HMO_x	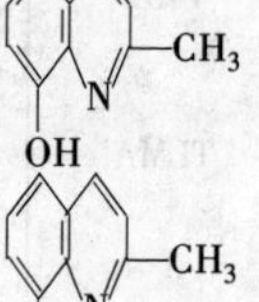	萃取 Be^{2+}、Co^{2+}、Ti^{4+}
		2-甲基-8-巯基喹啉	$HMTO_x$	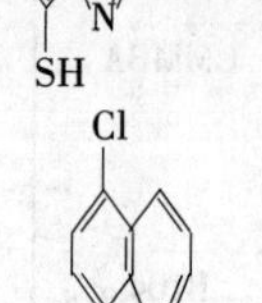	萃取 Cd^{2+}、Co^{2+}
		5-氯-8-巯基喹啉	$HFCTO_x$	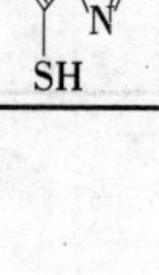	萃取 Pd^{2+}、Pt^{2+}、Rh^{4+}、In^{3+}

续表 10-7

类　型		名　　称	商品名或缩写	结　构　式	应用实例
螯合萃取剂	肟类	α-苯偶酰二肟	$H2DBD_x$	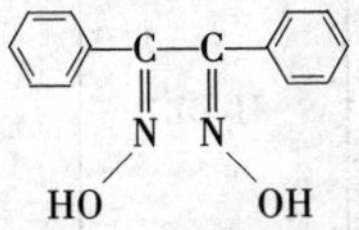	萃取 Pd^{2+}、Ni^{2+}
		2-羟基-5-辛基二苯甲酮肟	N510	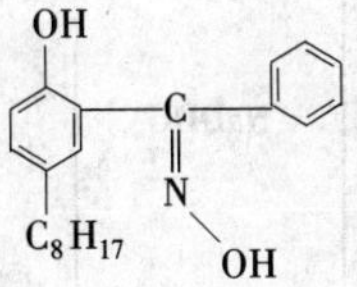	萃取 Cu^{2+}
		5，8-二乙基-6-羟基十二烷酮肟①	LIX-63（N509）	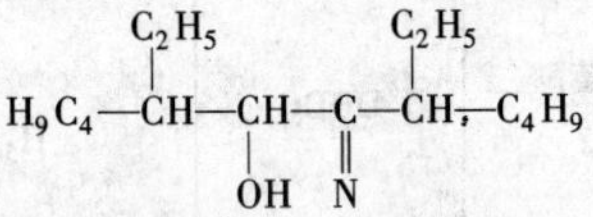	萃取 Cu^{2+}、Co^{2+}、Ni^{2+}
		2-羟基-5-十二烷基二苯甲酮肟	LIX64（N513）	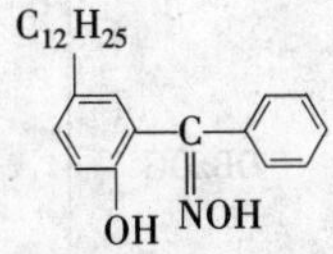	萃取 Cu^{2+}
		2-羟基-5-仲辛基-3-氯二苯甲酮肟	LIX-70	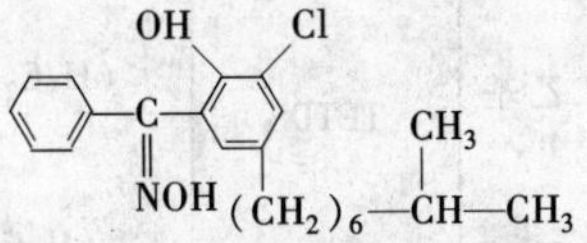	萃取 Cu^{2+}
		2-羟基-4-仲辛氧基二苯甲酮肟	N530	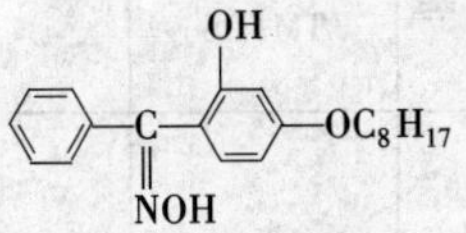	萃取 Cu^{2+}
	氧肟酸类	苄基氧肟酸		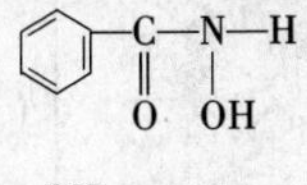	萃取 Pd^{4+}、W^{6+}
		水杨基氧肟酸		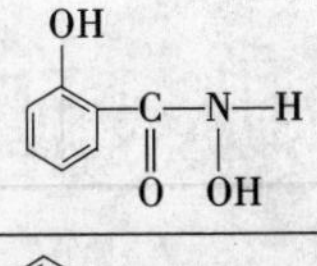	萃取 V^{5+}、Ti^{4+}
	胲类	N-苯甲酰苯胲	BPH	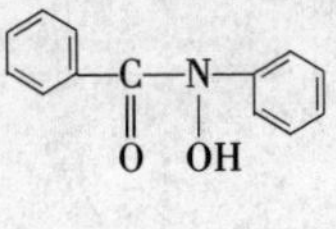	萃取 La^{3+}、Ti^{4+}、UO_2^{2+}、Zr^{4+}
		N-2-噻吩甲酰苯胲	TBHA	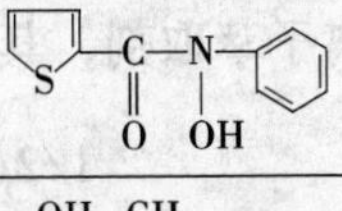	萃取 V^{3+}
	酚类	4-仲丁基-2-（α-甲苄基）酚	BAMBP（6101）	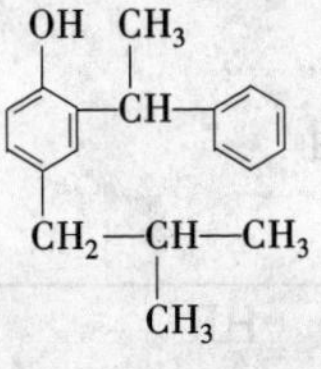	萃取 Cs^{+}
		1-（2-吡啶偶氮）-2-萘酚	PAN	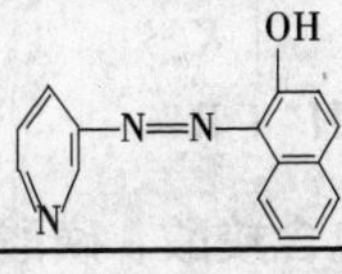	萃取 Co^{3+}、Pd^{2+}、Gd^{3+}、Ni^{2+}等

续表 10-7

类型		名称	商品名或缩写	结构式	应用实例
螯合萃取剂	双硫腙	二苯硫卡巴腙（双硫腙）	H_2DZ	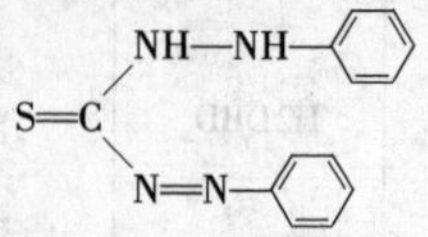	萃取 Pd^{2+}、Au^+、Hg^{2+}、Ag^+、Cu^{2+}
	氨黄酸类	二乙基氨黄酸钠	NaDDC	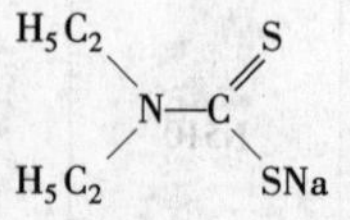	萃取 Pd^{2+}、Au^+、Hg^{2+}、Ag^+、Cu^{2+}
		二乙基氨黄酸二乙基季铵盐	DDDC	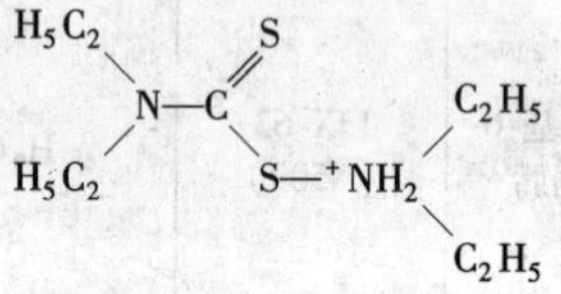	萃取 Cd^{2+}、Bi^{3+}、Ga^{3+}、Ag^+、Co^{2+}
		二苄基氨黄酸	DBzDC	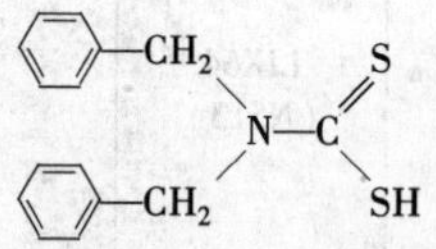	萃取 Tl^{3+}、Pt^{2+}、Pd^{2+}
		S，S′-联二乙基氨黄酸	TETDS	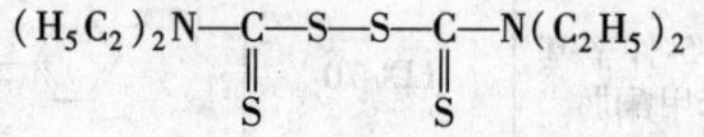	萃取 Te^{4+}、Cu^{2+}
		S，S-联二甲基氨黄酸	TMTDS	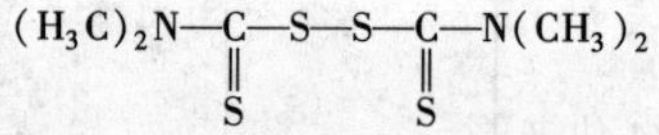	分离 Te^{4+}、Se^{4+}
	黄原酸盐类	乙基黄原酸钾		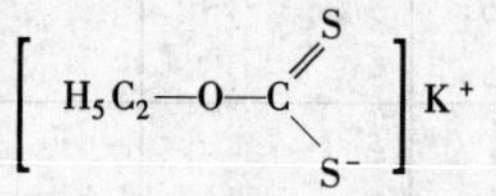	萃取 Co^{2+}、Cu^{2+}、UO_2^{2+}、V^{5+}
		苄基黄原酸基		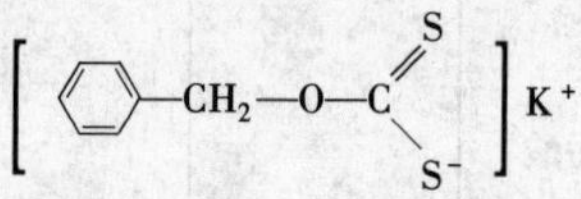	萃取 Co^{2+}、Zn^{2+}、Cd^{2+}

①已在工业生产中应用的萃取剂。

10.2.3 酸性萃取剂

酸性萃取剂也称为阳离子萃取剂，其在水相及有机相的基本反应可以简单概括如下：

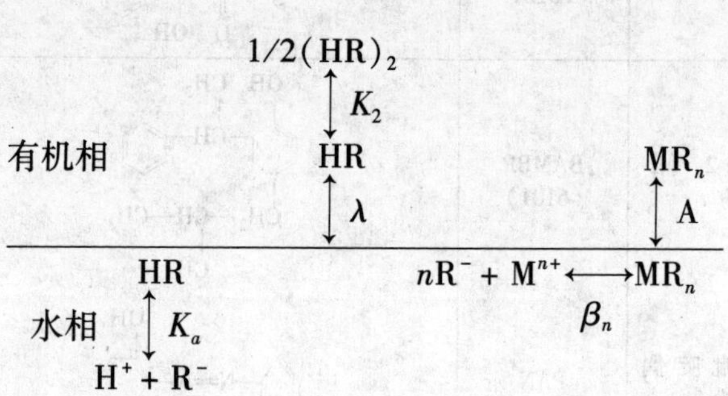

在酸性萃取剂中主要包含羧酸、磺酸及酸性含磷萃取剂，表 10-7 中较详细地列出了

各类酸性萃取剂。

羧酸类萃取剂：包含合成的 Versatic 酸和石油分馏副产物的环烷酸和脂肪酸。已经应用的 Versatic 酸有 Versatic 9 和 Versatic 911，它们的一般结构式如下。

Versatic 9：
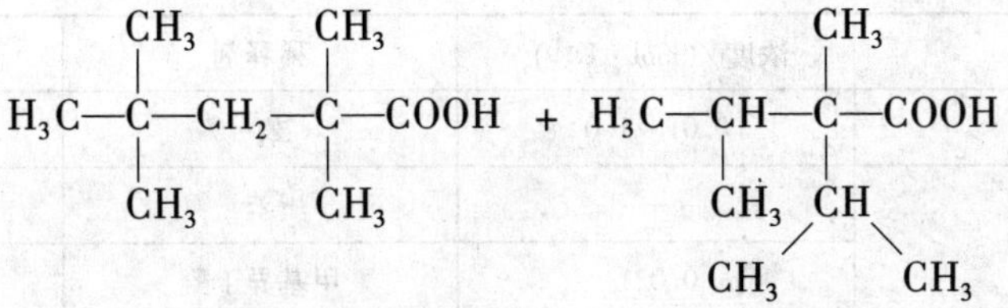
的混合物

Versatic 911：
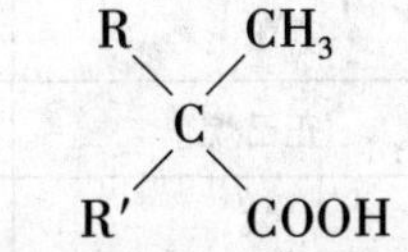

$R + R' = C_6 \sim C_8$

从图 10-2 看出，金属萃取率为 50% 的 pH 从小到大的顺序为 $Fe^{3+} < Cu^{2+} < Zn^{2+} < Cd^{2+} < Ni^{2+} < Co^{2+}$。使用烷基羧酸萃取剂的一个突出问题是它在水溶液中具有较大的溶解度，在弱酸或弱碱的萃取体系中它的溶解度更大，以致因此而增加生产成本，同时也可能造成环境污染。

磺酸萃取剂：磺酸的通式为 RSO_2-OH，这是一类强酸性萃取剂。由于分子结构中存在 SO_3H，使它有较大的吸湿性及水溶性。为此需要引入长链的烷基苯或萘取代基，其中具有代表性的是十二烷基苯磺酸和双壬基萘磺酸。这类萃取剂的一个显著特点是能够从 pH < 1 的酸性溶液中萃取金属阳离子，甚至从 2mol/L 无机酸的溶液中仍能有效地萃取。缺点是选择性差，容易乳化，在稀释剂中的溶解度太小。

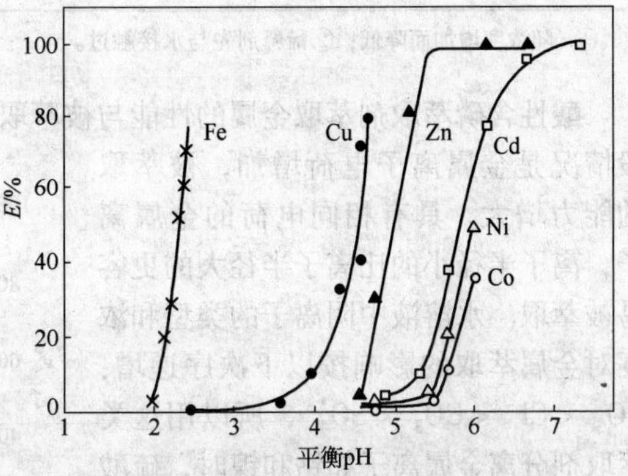

图 10-2　Versatic 9 萃取不同金属离子与平衡 pH 关系

酸性含磷萃取剂：属于酸性有机膦化合物的种类很多，包括正膦酸酯、膦酸酯、偏膦酸酯和含有多官能团的同类化合物，是一类应用最广泛的工业萃取剂，酸性膦酸酯的结构通式可表示为 $R_1'R_2'P(O)(OH)$。其中 R_1'，R_2' 可以是烷基、烷氧基、芳基、芳酰基及其他取代基，可以相同，也可以不同，二者之一还可以是羟基。酸性膦酸酯类的基本特征是形成分子内氢键的倾向性很小，而形成分子间氢键的倾向很大[47~49]。在表 10-8 中列出了一些膦酸烷基酯在各种稀释剂中的自缔合或多聚合度 n。由于$=PO_2H$ 基中存在电子给体和受体，因此酸性膦酸酯类的许多特征均具有代表性。如分子缔合、溶剂效应，与其他试剂形成分子配合物等。

虽然膦酸烷基酯的萃取作用机理主要是金属阳离子与氢的交换机理，但很多时候它又通过膦酰氧发生配位，从而形成多聚螯合产物。这样膦原子上的取代基就起主要作用，这些作用往往与离子交换作用同时并存。同样，萃取剂的结构会影响其水溶性，多数情况是烷基的碳链短时溶解度大。但长链基因空间效应又使其金属负荷能力下降。烷基膦酸的取代基数对水相中的溶解度同样有影响。例如膦酸正丁酯的水溶性很大，而二酯在25℃时的溶解度只有17g/L。

表 10-8　某些有机膦酸酯的平均自缔合度 *n*

有机膦酸酯	浓度/(mol·L^{-1})	稀释剂	*n*
膦酸正一辛酯	0.01～1.0	苯①	12～19
膦酸正一庚酯	—	苯	7
	0.021	甲基异丁酮	2.4
膦酸一（2-乙基己基）酯	0.24～0.39	苯	7.5～6.3 (1)
	0.02～0.07	正己烷	9.4～14.5
膦酸二苯酯	0.01～0.06	苯	2.0～2.3
膦酸二（对-甲苯）酯	0.18	苯	2.2
膦酸二（正丁基乙基）酯	0.14	苯	2.0
	0.18	苯	2.0
膦酸二（2-乙基己基）酯	0.01～0.08	正己烷	2.2～2.1②
	0.02～0.06	正己烷	2.1

①*n* 随浓度增加而降低；②稀释剂先与水接触过。

酸性含磷萃取剂萃取金属的性能与被萃取金属的性质关系密切（如图10-3所示）。一般情况是金属离子电荷增加，被萃取的能力增大，具有相同电荷的金属离子，离子半径小的比离子半径大的更容易被萃取。水溶液中阴离子的类型和浓度对金属萃取的影响按以下次序递增：$NO_3^- < Cl^- < CO_3^- < SO_4^{2-}$，所以用这类萃取剂分离金属离子如钴和镍时，硫酸根阴离子有明显的影响。

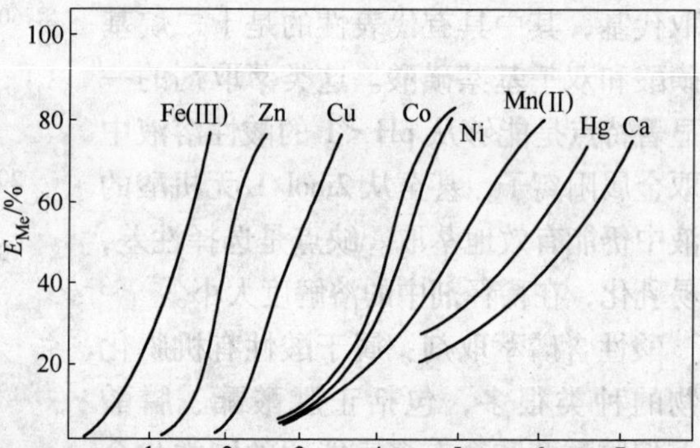

图 10-3　HDEHP从硫酸介质萃取金属规律

螯合萃取剂：这类萃取剂列于表10-7中，它们在萃取过程中生成具有螯环的萃合物——即螯合物，是一种专一性较强的萃取剂，大量用在分析化学和无机化学上，由于它的价格太贵，初期未能获得大规模的工业萃取应用。它的商业应用是从浸取液萃取铜开始的，这就是以LIX64N为代表的第一代铜螯合萃取剂，它对铜有较高的选择性，并有良好的物理性能。因此很适合湿法冶金的溶剂萃取过程，近十多年来铜的螯合萃取剂有了很大的发展。目前以Acorga P5100为代表的第二代铜萃取剂已为几家萃取工厂所使用，此外，原有萃取剂的改性，使之适用于不同介质和其他金属的螯合萃取剂的研究工作也都在进行。

螯合萃取剂的萃取能力与配位基的碱性大小有关，也与成盐基团的酸性强弱有关，另外，螯合萃取剂分子中两个活性基团的相对位置，几何异构性（顺式、反式）及取代基的空间效应等因素，对萃取能力也将产生影响。因螯合萃取剂的结构造成萃合物的疏水性与亲水性对其萃取能力具有明显的影响。一般而言，凡是能形成疏水性萃合物时，萃取能力强，而形成亲水性萃合物时，则萃取能力弱。[46]

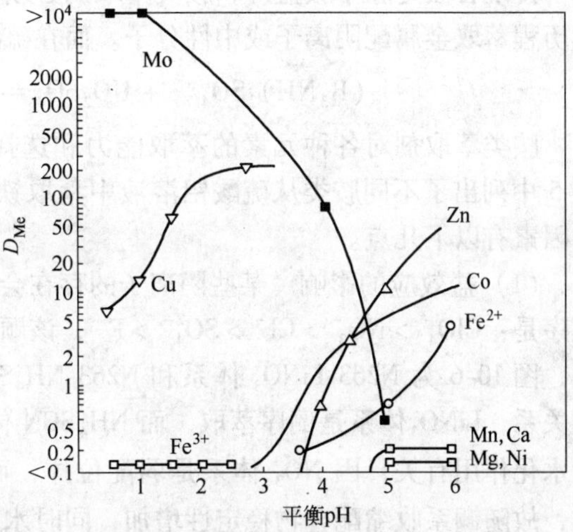

图 10-4 Kelex100 萃取金属规律

应当指出，螯合萃取剂的选择性通常比非螯合的酸性萃取剂好，这是因为只有当金属离子的大小合适时，才能螯合成环，而非螯合的酸性萃取剂与金属离子的大小不存在这种作用。近年来螯合萃取剂在工业上的应用有很大的进展，例如脂肪族-α-羟肟（如 LIX63），芳香族-α-羟肟（如 LIX64）以及某些 8-羟基喹啉的衍生物（Kelex100）已成功地用于萃取铜，而烷基酮肟及 β-双酮可用于萃取稀土。在图 10-4 中列出了 Kelex100 萃取金属与平衡 pH 的关系。

10.2.4 阴离子交换萃取剂

这类萃取剂的反应机理主要是阴离子交换及加成机理，属于这类萃取剂主要是伯、仲、叔胺及季铵盐，前三者属于中等强度的碱性萃取剂，它们一般必须与强酸作用生成铵盐阳离子（如 RNH_3^+、$R_2NH_2^+$、R_3NH^+）后，才能萃取金属配合阴离子，所以伯、仲、叔胺的萃取一般认为只有在酸性溶液中才能进行，而季铵盐属于强碱性萃取剂，本身含有阳离子 $R4N^+$，所以能够直接与金属配合阴离子缔合，因此季铵盐在酸性、中性和碱性溶液中均可用于萃取。

用做萃取剂的有机胺分子量通常在 250 ~ 600 之间，分子量小于 250 的烷基胺在水中的溶解度较大，使用时会造成萃取剂在水相中的溶解损失；分子量大于 600 的烷基胺大部分是固体，它在有机稀释剂中的溶解度小，而且往往会造成分相困难以及萃取容量小。

在伯、仲、叔胺中，作为萃取剂用的比较多的是叔胺，因为伯胺和仲胺在水中的溶解度比分子量相同的叔胺大。另外，伯胺在有机溶剂中，使有机相能溶解相当多水，对萃取不利，所以直链的伯胺一般不用作萃取剂，但带有很多支链的伯、仲胺可以作为萃取剂，表 10-7 给出常用胺类萃取剂的分类和例子，胺类萃取剂的萃取能力与水相中金属离子形成配阴离子的能力有关，对金属配阴离子的萃取过程是阴离子交换过程，如：

$$MX_m^{n-} + n(R_3N^+HX^-)_{(o)} \rightleftharpoons (R_3N^+H)_nMX_{m(o)}^{n-} + nX^-$$

为了实现以上交换，首先要使胺类萃取剂转化为铵盐。

$$R_3N_{(o)} + HX \rightleftharpoons R_3N^+ \cdot HX^-_{(o)}$$

这种含有铵盐的有机相与含有金属配阴离子的水溶液相接触，就发生如下离子交换：

$$R_3N^+HX^-_{(o)} + MY^- \rightleftharpoons R_3N^+H \cdot MY^-_{(o)} + X^-$$

传统看法是除季胺盐外，胺类萃取剂必须与酸作用生成胺盐，才能按阴离子交换或加成历程萃取金属配阴离子或中性分子。而在硫酸介质中萃取铀则表现出加成机理：

$$(R_3NH)_2SO_{4(o)} + UO_2SO_4 = (R_3NH)_2UO_2(SO_4)_{2(o)}$$

胺类萃取剂对各种元素的萃取能力和选择性随胺的结构不同而有很大的差别。在图10-5中列出了不同胺类从硫酸铝溶液中萃取铁的能力比较[12]，影响胺类萃取剂萃取性能的因素有以下几点。

（1）盐效应的影响　某些阴离子的存在会降低胺类对金属的萃取效率，其影响大小的顺序是：$ClO_4^- > NO_3^- > Cl^- > SO_4^{2-} > F^-$，该顺序就是这些阴离子形成配合物能力大小的顺序，图10-6为N263-$LiNO_3$体系和N263-NH_4SCN体系萃取稀土时，萃取率与原子序数Z的关系，$LiNO_3$体系是倒序萃取，而NH_4SCN体系是正序萃取，这同样与配离子的稳定性和水化作用有关，因NO_3^-体系是弱配位体，而SCN^-是强配位体，稀土离子是惰气型结构，故随镧系收缩配合物稳定性增加，同时水化半径也增加，在SCN^-体系中配合作用占优势，而NO_3^-体系中水化作用占优势，故分别出现正序与倒序现象。钇在两个体系中的位置不同，正序萃取时钇在钕与钐之间，而倒序萃取时，钇与重稀土在一起，因此可利用此性质制取高纯氧化钇。

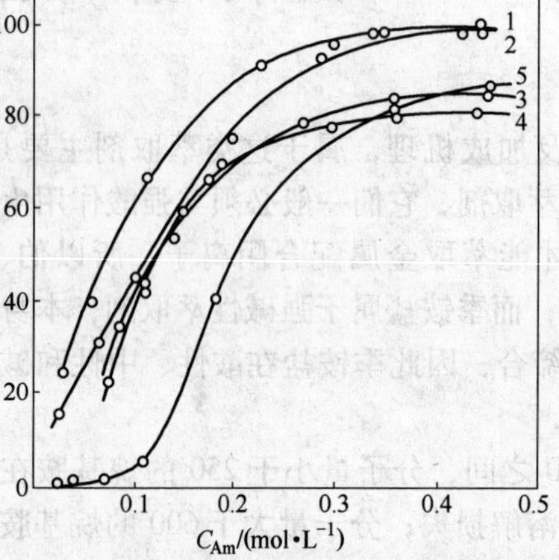

图10-5　不同胺类从硫酸铝溶液中萃铁能力比较

条件：O/A = 1，t = 3min，28℃；

水相料液：Fe(Ⅲ)0.045mol/L；Al(Ⅲ)，2mol/L

1—叔碳伯胺；2—仲碳伯胺；3—TOA；4—三正癸胺；

1～4—pH值为1.18；5—TOA pH值为0.57；稀释剂：正辛烷

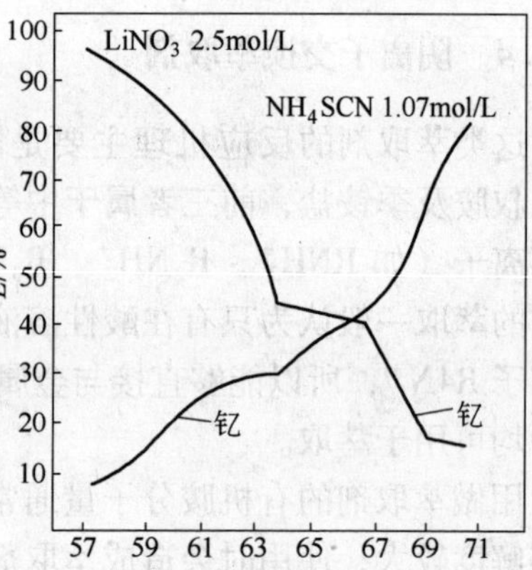

图10-6　N263-NO_3^-与N263-SCN^-萃取稀土时萃取率与原子序数的关系

（2）萃取剂的聚合作用　胺在有机相中的聚合作用主要受稀释剂性质的影响，其聚合过程是：

$$\underset{\text{单体}}{R_3N^+H\cdot X^-}\longrightarrow\underset{\text{二聚体}}{(R_3N^+H\cdot X^-)_2}\longrightarrow\underset{\text{多聚体(反微团)}}{(R_3N^+H\cdot X^-)_n}$$

（3）萃取剂的碳链性质　即碳链的碳原子数与支链的影响，一般来说，烷基胺萃取剂的萃取金属性能最好，芳烃取代基，特别是接上氯原子后，萃取金属的性能下降，这是由于芳烃的介电效应引起的，萃取剂分子的支链太多，同样也会降低其萃取金属的能力，这可能与位阻效应有关。

10.2.5 溶剂化萃取剂

这类萃取剂有时称为中性配合萃取剂，如表 10-7 所示，又可细分为含氧萃取剂、含硫萃取剂、中性含磷萃取剂及酰胺类萃取剂等。

在此类萃取反应中，被萃取物是中性分子，萃取剂也是中性分子，二者通过配合反应结合成为中性配合物而进入有机相，属溶剂化萃取机理，如膦酸三丁酯（TBP）在硝酸溶液中萃取铀酰。

$$UO_2^{2+} + 2NO_3^- + 2TBP_{(o)} \Longleftrightarrow UO_2(NO_3)_2 \cdot 2TBP_{(o)}$$

以 TBP 为代表的中性含磷萃取剂是研究最多、应用最广的一类萃取剂。在表 10-9 中给出了一些重要中性含磷萃取剂的物理常数，这些萃取剂均具有 P ═O 官能团，由于磷酰基极性的增加，它们的黏度、在非极性溶剂中的溶解度按 $(RO)_3PO \to R(RO)_2PO \to R_2(RO)PO \to R_3PO$ 的次序增加。由于碱性也随分子中 C—P 键数目的增加而增加，因而萃取能力也按上述顺序递增，这类萃取剂化学稳定性一般较高，水解或酸分解通常发生在 C—O 键上。而 P—C 键比 P—O—C 键更强，因此磷酸酯抗酸分解的能力比膦酸酯强一些。

表 10-9 一些重要中性含磷萃取剂的物理常数

类 型	萃取剂	结 构 式	沸点（mmHg）/℃	折射率 n	相对密度 d_4
$(RO)_3PO$	膦酸三正丁酯	$(n\text{-}C_4H_9O)_3PO$	143 ~ 144(8)	1.4210	0.9753
	膦酸三(2-乙基己基)酯	$[C_4H_9CH(C_2H_5)CH_2O]_3PO$	180 ~ 185(0.5)	1.4403	0.9216
$R(RO)_2P{=}O$	正丁基膦酸二丁酯	$n\text{-}C_4H_9PO(OC_4H_9)_2$	114 ~ 116(1)	1.4250	0.9504
	二(2-乙基己基)膦酸(2-乙基己基)酯	$[C_4H_9CH(C_2H_5)CH_2]PO$ $[OCH_2CH(C_2H_5)C_4H_9]_2$	183 ~ 186(0.5)	1.4456	0.9064
$R_2ROP{=}O$	二正丁基膦酸正丁酯	$(n\text{-}C_4H_9)_2PO(OC_4H_9)$	125 ~ 126(1)	1.4370	0.9187
	二(2-乙基己基)膦酸(2-乙基己基)酯	$[C_4H_9CH(C_2H_5)CH_2]PO$ $[OCH_2CH(C_2H_5)C_4H_9]$	157 ~ 159(1)	1.4531	0.8859
$R_3P{=}O$	氧化三正辛基膦	$n\text{-}(C_6H_{17})_3PO$	53 ~ 54(熔点)	—	—
	氧化三(2-乙基己基)膦	$[C_4H_9CH(C_2H_5)CH_2]_3PO$	190 ~ 192(1)	1.4548	0.8975

由图 10-7 可看到 TBP 浓度对萃取的影响，表明 Fe(Ⅲ) 萃取量随 TBP 浓度增大有减少的趋势，与其他元素的萃取行为相反。在盐酸介质中，中性膦酸类萃取各元素次序与硝酸介质中相反。图 10-8 示出 100% TBP 萃取时各元素的分配比，当盐酸浓度大于 4mol/L 时，Fe(Ⅲ)和铀均几乎定量被萃，但此时 U/Fe 分离困难，若用稀硝酸洗涤有机相，可除去铁。

含氧萃取剂主要指醚、酯、酮、醛类有机化合物，这也是人们最早开始使用的一类萃取剂。官能团的碱性、分子的极性及空间效应等是影响分子结构变化的主要因素，这类萃取剂的萃取能力一般按形成鎓盐能力的增加而增大，它们形成鎓盐能力的次序为：醚(R_2O) < 醇(ROH) < 酯(RCOOR) < 酮(RCOR′) < 醛(RCHO)，故对金属的萃取能力也

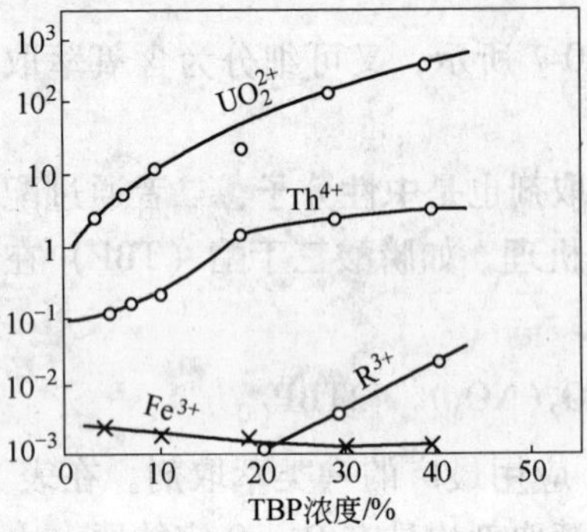

图 10-7　TBP 浓度与分配比 D 的关系
（水相：3mol/L HNO_3）

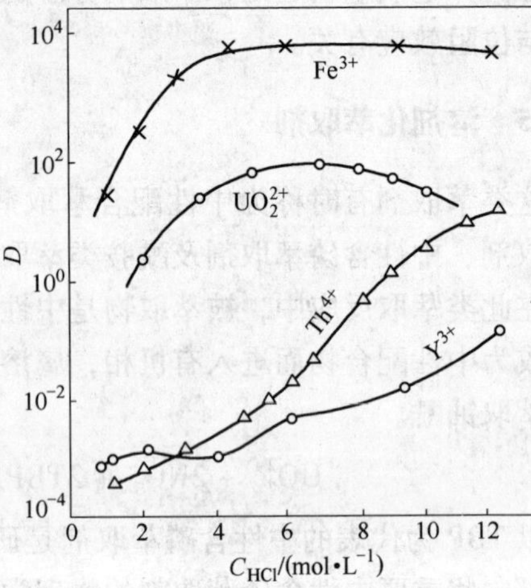

图 10-8　100% TBP 从不同浓度盐酸中萃取不同金属离子

是按以上次序逐级增大的。含氧的中性萃取剂，除醇外全都是电子给予体试剂，醇具有电子给予和电子接受两种性质，这是由羟基的两性所决定，它在多方面类似水的性质。具有工业应用价值的含氧萃取剂主要是醇和酮类，而醇类往往在实际应用中与其他萃取剂混合使用。

近年来中性含硫萃取剂的应用日益引起人们的关注，如石油亚砜（R_2SO）及石油硫醚（R_2S）是石油工业的副产品，便宜易得，是很有前途的工业用萃取剂，称为贵金属的特效试剂。如我国合成的石油硫醚 PS501，它从盐酸介质中萃取能力远高于 TBP，在生产金的工业原料中常含有 Fe、Cu、Co、Ni 等金属和铂、铑、钯等贵金属，采用 PS501 可选择适宜条件优先萃金，而其他元素基本不被萃取。亚砜是硫醚的氧化产物，亚砜继续氧化得到砜。在硫醚、亚砜、砜这一系列中，其萃取能力是递降的，即硫醚的萃取能力最强，亚砜次之，砜已不具有萃取能力，但硫醚化学性质不稳定，故不如亚砜重要。亚砜的萃取机理与 TBP 相类似，在大多数情况下，在有机相内生成单核中性配合物，对大量金属的亚砜配合物的红外光谱研究表明，除钯外，亚砜与被萃金属都是通过氧原子进行配合配位的，现在研究还表明，除中性配合萃取机理外，离子缔合机理更为重要，如石油亚砜萃金机理。

$$H^+ + 3(R_3SO)_{(o)} + nH_2O \rightleftharpoons (R_2SO)_3 \cdot nH_2O \cdot H^+_{(o)}$$

$$Au^{3+} + 4Cl^- \rightleftharpoons AuCl_4^-$$

$$(R_2SO)_3 \cdot nH_2O \cdot H^+_{(o)} + AuCl_4^- \rightleftharpoons \{[(R_2SO)_3 \cdot nH_2O \cdot H^+][AuCl_4^-]\}_{(o)}$$

取代酰胺类新型萃取剂在国外作为工业萃取剂应用尚未见报道，我国马荣骏等[11]研制了 N，N-混合基乙酰胺，并首先在冶金中应用，取代乙酰胺的通式为 $R_1CONR_2R_3$，它是以羰氧基作为官能团的碱性萃取剂，这类萃取剂的羰氧给电子能力比酮类强。如 $R_1 = CH_3$、$R_2 = R_3 = C_{7\sim9}H_{15\sim19}$、代号为 A101 的萃取剂，其萃取能力稍大于 MIBK，在取代酰胺中导入一个—NR_2基团，使其水溶性及挥发性减少，而闪点及沸点升高，这类萃取剂的抗氧化能力比酮、醇类强。在实践中已证明 A101 等取代酰胺比 MIBK 更优良，纯取代酰胺虽较酮、醇的黏度大，但加入煤油或二乙苯等稀释剂便可改善。经数年的工业应用证明，这类弱碱性萃取剂具有稳定性高、水溶性小，挥发性低、选择性好等优点，可用于钽铌的分离，以及铊、铼、镓、锂的提取，还可望用来提取其他一些金属。

近来人们对金属萃取机理的研究日益深入，中国科学院过程工程研究所对胺类萃取能力进行了广泛细致的研究[13]，认为自由胺可在中性或弱碱性介质中按溶剂化历程萃取中性分子，改变了胺类萃取剂必须与酸作用才能萃取金属的传统看法，如伯胺可从近于中性的含五价钒和六价铬的水溶液中定量地萃钒。此时，萃取机理如下：

$$x\mathrm{RNH_{2(o)}} + y\mathrm{V_4O_{12}^{4-}} + 2y\mathrm{Cr_2O_7^{2-}} + 2y\mathrm{H_2O} \longrightarrow (\mathrm{RNH_2})_x(\mathrm{H_4V_4O_{12}})_{y(o)} + 4y\mathrm{CrO_4^{2-}}$$

并且强调指出与氮原子相连的氢原子作为受体基团对胺类溶剂化萃取起着重要作用。伯、仲、叔三类胺中，伯胺的溶剂化萃取能力最强，它在许多萃取体系中表现出优良的性能和选择性，胺类按两种不同历程萃取的规律有着显著的差别。即按：伯胺→仲胺→叔胺的顺序活性氢原子减少，则溶剂化萃取能力降低，而相应的阴离子交换或加成反应的能力增强，这一发现实际上扩大了胺类萃取剂的使用范围。进一步从表面化学的角度，对这类萃取剂本身的表面活性与萃取和反萃相联系，从反向胶团的角度，对伯胺萃取除铁的过程进行了深入研究，指出萃取和反萃铁的过程实质上是反向胶团内外水合铁离子与水合氢离子之间的交换过程，这对于理解萃取和反萃的真实过程有积极意义[15]。

10.3 萃取热力学[3]

萃取过程从本质上说是一个由多种组分构成的多相平衡（一般是两相平衡）的过程。萃取热力学的任务就是研究这种相平衡，它为萃取工艺和设备的设计提供必要的基础数据。热力学的计算结果可以大大减少实验工作量，因此对萃取的工艺研究和工程应用具有重要的意义。

在有机物质的萃取中，主要涉及的是非电解质溶液体系，而金属的萃取则既涉及非电解质溶液又涉及电解质溶液体系。因此萃取热力学的研究对于溶液理论的发展也是重要的。

10.3.1 萃取相平衡原理

10.3.1.1 萃取热力学平衡常数

根据热力学原理，在等温等压条件下，当两相达到平衡时，体系中吉布斯自由能变化应为零，即

$$\mathrm{d}G = 0 \tag{10-35}$$

吉布斯-杜亥姆（Gibbs-Duhem）定律给出：

$$\Sigma n_i \mathrm{d}\mu_i = 0 \tag{10-36}$$

式中，n_i是体系中组分 i 的摩尔数；μ_i是组分 i 的化学位。由上两式，可以得到：

$$\Sigma \mu_i \mathrm{d}n_i = 0 \tag{10-37}$$

在物理萃取体系中，如芳烃萃取中芳烃在两相中的分配，没有化学反应产生，且被萃

物在两相中的形态是一样的，因此

$$dn_{i(1)} = -dn_{i(2)} \tag{10-38}$$

所以,可有

$$\mu_{i(1)} = \mu_{i(2)} \tag{10-39}$$

式中，$\mu_{i(1)}$ 和 $\mu_{i(2)}$ 分别为被萃物 i 在两相中的化学位。化学位与活度 a_i 的关系为

$$\mu_{i(1)} = \mu_{i(1)}^{\ominus} + RT\ln a_{i(1)}$$

$$\mu_{i(2)} = \mu_{i(2)}^{\ominus} + RT\ln a_{i(2)} \tag{10-40}$$

式中，$\mu_{i(1)}^{\ominus}$ 和 $\mu_{i(2)}^{\ominus}$ 分别是被萃取物 i 在两相中的标准化学位；R 为气体常数；T 是绝对温度。由于被萃物在两相中的形态一致，故有 $\mu_{i(1)}^{\ominus} = \mu_{i(2)}^{\ominus}$。由式（10-39）和式（10-40），可以知道被萃物在两相中的活度应当相等，

$$a_{i(1)} = a_{i(2)} \tag{10-41}$$

故萃取热力学平衡常数：

$$K_{ia} = \frac{a_{i(2)}}{a_{i(1)}} = 1 \tag{10-42}$$

由活度的定义可知 $a_i = x_i f_i$，其中 x_i 为摩尔分数；f_i 为活度系数（以摩尔分数表示浓度）。故由式（10-41）应有：

$$x_{i(1)} f_{i(1)} = x_{i(2)} f_{i(2)} \tag{10-43}$$

由于分配系数 D_i 等于被萃物 i 在两相中浓度之比，因此可以得到：

$$D_i = \frac{x_{i(2)}}{x_{i(1)}} = \frac{f_{i(1)}}{f_{i(2)}} \tag{10-44}$$

由此可见，在物理萃取中，分配系数可以直接由被萃物质在两相中活度系数的计算而得到。

对于伴有化学反应的萃取体系，由于被萃物在两相中的形态不一，因此分配系数不能简单地用上式表示，而必须考虑萃取反应式。以 TBP 对 $UO_2(NO_3)_2$ 的萃取为例，已知萃取反应式如下：

$$UO_{2(a)}^{2+} + 2NO_{3(a)}^{-} + 2TBP_{(o)} \rightleftharpoons UO_2(NO_3)_2 \cdot 2TBP_{(o)}$$

如以下标 1、2、3 和 4 分别代表 UO_2^{2+}、NO_3^-、TBP 和 $UO_2(NO_3)_2 \cdot 2TBP$ 4 种物质，由于

$$dn_1 = 0.5dn_2 = 0.5dn_3 = -dn_4$$

代入式（10-37）中，可得出：

$$\mu_4 - \mu_1 - 2\mu_2 - 2\mu_3 = 0$$

式中

$$\mu_4 = \mu_4^{\ominus}(T) + RT\ln x_4 f_4 \qquad \mu_1 = \mu_1^{\Delta}(T) + RT\ln m_1\gamma_1$$

$$\mu_2 = \mu_2^{\Delta}(T) + RT\ln m_2\gamma_2 \qquad \mu_3 = \mu_3^{\ominus}(T) + RT\ln x_3 f_3$$

即

$$\Delta G = \mu_4^{\ominus}(T) + RT\ln x_4 f_4 - 2\mu_3^{\ominus}(T) - RT\ln(x_3 f_3)^2 - 2\mu_2^{\Delta}(T)$$

$$- RT\ln(m_2\gamma_2)^2 - \mu_1^{\Delta}(T) - RT\ln m_1\gamma_1 = 0$$

在热力学中，习惯上对非电解质溶液采用摩尔分数 x 表示浓度，以 f 表示活度系数，以纯态为参考态；对电解质溶液采用质量摩尔浓度 m，以 γ 表示活度系数，以无限稀释为参考态。上式中 $\mu^{\ominus}$ 和 μ^{Δ} 是相应的标准生成自由能。同样，萃取热力学平衡常数也是用相应的浓度标度和活度系数表示的。故 TBP 萃取 $UO_2(NO_3)_2$ 的热力学平衡常数为

$$K_a = \frac{a_4}{a_1 \times a_2^2 \times a_3^2} = \frac{x_4 f_4}{m_1 m_2^2 \gamma_\pm^3 x_3^2 f_3^2} \tag{10-45}$$

式中，$\gamma_\pm$ 是平均离子活度系数，$\gamma_\pm^\nu = \gamma_+^{\nu_+}\gamma_-^{\nu_-}$，$\gamma_+$ 和 γ_- 分别是正、负离子的活度系数，ν_+ 和 ν_- 分别是 1mol 电解质在水中电离所得的正、负离子的摩尔数，$\nu = \nu_+ + \nu_-$。

萃取反应过程中标准生成自由能的变化 $\Delta G^{\ominus}$ 可由下式求出：

$$\Delta G^{\ominus} = \mu_4^{\ominus}(T) - 2\mu_3^{\ominus}(T) - 2\mu_2^{\Delta}(T) - \mu_1^{\Delta}(T) = -RT\ln K_a \tag{10-46}$$

显然，如果采用其他的浓度标度和与其相对应的活度系数，则 K_a 的数值必然改变。浓度标度和活度系数间的转换公式可见有关文献[14]。

萃取分配系数 D 和以浓度表示的平衡常数的数值都是随条件而变的，只有热力学平衡常数 K_a 才能在一定条件下保持为定值，因此也就具有预测功能。只要通过少量实验测出各组分的浓度，并测出或计算出活度系数，就可得到萃取热力学平衡常数，从而预测其他条件下的萃取平衡。

由萃取过程标准自由能的变化 $\Delta G^{\ominus}$ 或平衡常数 K，通过吉布斯-亥姆霍兹（Gibbs-Helmholtz）公式，可以得到萃取过程标准熵变 $\Delta H^{\ominus}$：

$$\frac{\partial \ln K}{\partial T} = \frac{\Delta H^{\ominus}}{RT^2} \tag{10-47}$$

利用此公式即可由某一个温度下的平衡常数求取另一温度下的平衡常数。

10.3.1.2 萃取反应式的确定

由以上所述可知，要得到萃取热力学平衡常数，首先必须知道萃取反应式，否则无法写出平衡常数的表达式，此时的关键问题是如何确定被萃物在有机相中的形态。

常用的确定萃合物组成的方法有如下几种[6]。

A 斜率法

斜率法是一个经常用来确定萃合物组成的方法。此方法是首先通过实验作出分配系数与某一组分浓度的对数关系图，由直线的斜率，即可得到萃取反应式中的系数。现仍以 TBP 萃取 $UO_2(NO_3)_2$ 的反应为例，若萃取反应式是：

$$UO^{2+}_{2(a)}2NO^-_{3(a)} + n\mathrm{TBP}_{(o)} \rightleftharpoons UO_2(NO_3)_2 \cdot n\mathrm{TBP}_{(o)}$$

反应的平衡常数可以写为

$$K_{ay} = \frac{c_4 y_4}{c_1 c_2^2 y_\pm^3 c_3^n y_3^n} \tag{10-48}$$

式（10-48）和式（10-45）的区别在于式中的 n 为待定值，且各组分的浓度是以体积摩尔浓度 c 表示，并以 y 表示相应的活度系数。铀在两相中的分配系数 D_U 与 K_{ay} 的关系为

$$D_U = \frac{c_4}{c_1} K_{ay} c_2^2 c_3^n \left(\frac{y_\pm^3 y_3^n}{y_4}\right)$$

可以通过实验测定铀的分配系数 D_U 和 TBP 的平衡浓度 C_{TBP} 的关系，用斜率法求出上式中的 n 值。如水相中铀浓度较低，萃取过程中自由 TBP 的浓度可认为不变，且硝酸根浓度基本不变，并忽略萃取过程中各组分活度系数的变化，可以得到：

$$\lg D_U = n\lg C_{TBP} + 常数$$

以 $\lg D_U$ 对 $\lg C_{TBP}$ 作图，所得直线的斜率为 2（见图 10-9），故在上述萃取反应中，萃合物应为 $UO_2(NO_3)_2 \cdot 2TBP$。

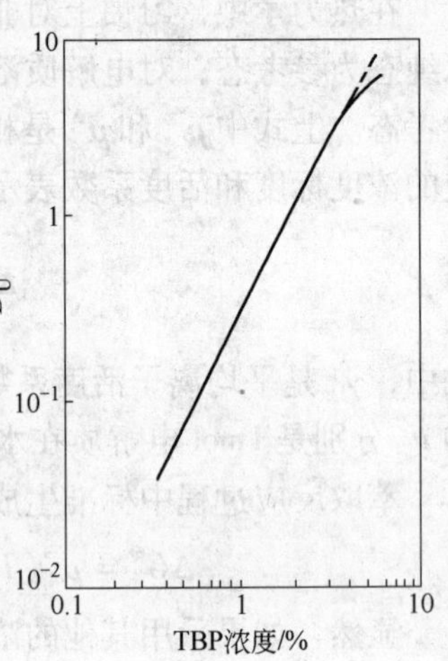

图 10-9 TBP 浓度与 $UO_2(NO_3)_2$ 分配系数的关系

B 等摩尔系列法

此法也可用以确定萃合物的组成。假定萃取反应中按下述反应形成萃合物：

$$mA + nB \Longleftrightarrow A_mB_n$$

保持组分 A 和 B 的总浓度为常数（$C_A + C_B$ = 常数），可以容易的证明：当 $C_A/C_B = m/n$ 时，被萃物 A_mB_n 的浓度有最大值。因此只要设计一组实验，保持 A 和 B 的原始浓度之和为常数，但连续改变他们的浓度比例，测定萃合物的浓度，作浓度-组成曲线图，由浓度为最大值时的组成就可确定萃合物中的组成。

如用季铵盐从含 H_2O_2 的碳酸钠溶液中萃取铀，保持有机相中季铵盐和水相初始铀的摩尔数之和不变，但改变它们之间的比值，测定达到平衡后有机相中的铀浓度，并以有机相中铀浓度对摩尔比作图。可以看到，当[季铵盐]/[UO_2^{2+}] = 4/1 时有极大值（见图 10-10），它相应于在有机相内的萃合物中[R_4N]/[$UO_2(O_2)(CO_3)_2^{4-}$] = 4/1，由此可知萃合物应为 $(R_4N)_4UO_2(O_2)(CO_3)_2$。

C 饱和萃取法和饱和溶度法

饱和萃取法是保持萃取剂浓度不变，对被萃物反复萃取，使有机相中被萃物达到饱和，分析有机相中被萃物的浓度，可得到萃合物中萃取剂与被萃物的分子比，从而确定萃合物组成。

饱和溶度法是把固体的被萃物直接溶解在有机相中，当达到饱和时，测定有机相组成，也可以得到萃合物中萃取剂与被萃物的分子比。

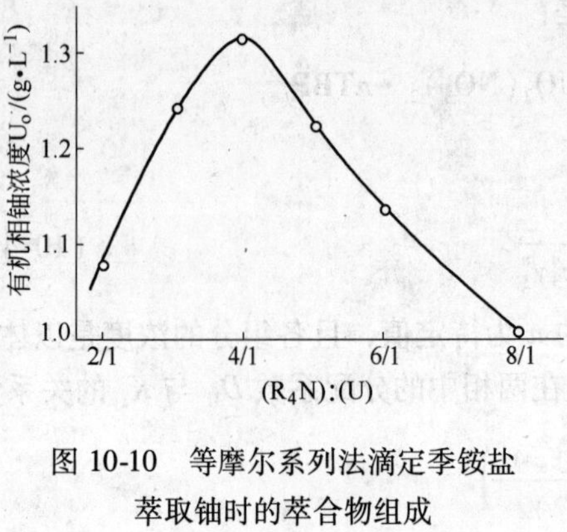

图 10-10 等摩尔系列法滴定季铵盐萃取铀时的萃合物组成

上述几种方法比较简便。其他尚有核磁共振法、对应溶液法、物料衡算法等。在判断萃合物组成的过程中，常常需要几种方法的联合应用。

10.3.1.3 萃取过程相平衡表示方法与测定方法

A 萃取过程相平衡表示方法[8,10]

在金属溶剂萃取中，萃取平衡常用萃取曲线表示，即用金属在两相中的浓度 x 和 y 的关系图，或用金属的分配系数与平衡时水相中某一组分的浓度或有机相中萃取剂浓度的关系图表示。

对于有机物质的萃取，如是三元体系，则常用三元相图表示，可用三角坐标相图，也可用直角坐标相图。在很多物理化学和化工原理的书中对相图的原理和作图法均有叙述，故此处不再介绍。

如是四元体系的相平衡，则常用简化的方法处理：(1) 如非萃取组分与萃取剂基本不互溶，或虽部分互溶，但在萃取条件下，互溶度基本不变，则被萃物的萃取平衡仍可用三元相图表示；(2) 如被萃物混合液中的物质可以按化学性质分成两组，则可把每组物质当作一种假想的物质来看待，而用三元相图表示；(3) 在被分离的多元混合物中，如果可用两个关键组分代表萃取体系的相平衡，则可用这两个关键组分和萃取剂作三元相图。当然，上述简化方法会带来一定的误差，但在不少情况下，可以满足工程计算的要求。

B 萃取过程相平衡测定方法

对于有机物质的萃取，常用互溶度测定和相平衡测定方法测定浓度，用非电解质溶液理论计算活度系数[10]，从而计算热力学平衡常数。

在金属萃取体系中，对于水相中的组分，可以根据情况，采用离子选择电极法、渗透系数法等实验手段测定活度系数，或由电解质溶液理论进行计算。对于有机相中的组分可用气相色谱等实验方法并配合热力学计算而求出各组分的活度系数，从而可以同时回归得到活度模型参数及热力学平衡常数。此处对此不再赘叙，读者可以参阅有关文献[14,19]。

10.3.2 非电解质溶液的活度系数

一般情况下，有机物质萃取中的上、下两相，以及金属萃取中的有机相都属于非电解质溶液，因此非电解质溶液中活度系数的计算对液-液萃取过程的研究是非常重要的。现代的溶液理论已经提供了很多经验的、半经验的以及基于统计力学理论的计算非电解质活度系数的公式，其中一些已经在液-液萃取的计算中得到应用。显然，希望这些公式不仅要简便、准确，而且要具有预测功能。

工程中常用的计算非电解质溶液活度系数的公式，诸如 Van Laar 公式、Margules 公式、Scatchard-Hildebrand 公式、NRTL 公式、UNIQUAC 公式和 UNIFAC 公式等，原则上均可用于萃取体系中活度系数的计算。它们在本质上说属于半经验公式，公式中均包含若干需由实验数据回归的特征参数。但由少量实验所得到的参数，就可以预测其他条件下的活度系数，更重要的是可以由二元体系的参数预测多元体系的性质，而多元体系中活度系数的测定是一个工作量很大，有时是很困难的工作。由此可见，这些计算活度系数的公式在萃取过程中是非常重要的。可以参阅化工热力学的书籍和论文[14,15]。此处仅简单介绍这些公式中的几种。

10.3.2.1 S-H（Scatchard-Hildebrand）公式

由 Scatchard 和 Hildebrand 导出的这个公式适用于正规溶液[16]，即混合过程中没有体积变化，而且熵变和理想溶液一样，即 $V^E=0$ 和 $S^E=0$。他们在推导公式的过程中采用了 1、2 两分子间作用能等于两纯组分的分子间作用能的几何中项的假定，从而得到二元溶液的过量自由能的表达式：

$$G^E = U^E = (n_1V_1 + n_2V_2)\varphi_1\varphi_2(\delta_1 - \delta_2)^2 \tag{10-49}$$

式中；U 为内能；n 为组分的摩尔数；V 为摩尔体积；下标 1、2 表示组分；φ 为溶液中某组分的体积分数，其定义为

$$\varphi_1 = \frac{x_1 V_1}{x_1 V_1 + x_2 V_2}, \quad \varphi_2 = \frac{x_2 V_2}{x_1 V_1 + x_2 V_2} \tag{10-50}$$

δ 为溶解度参数，其定义为

$$\delta_i = (\Delta E_i / V_i)^{1/2} \tag{10-51}$$

式中的 ΔE 为组分 i 的摩尔汽化热。将上式对组分的摩尔数 n_1、n_2 求偏导后，得到：

$$\ln f_1 = \frac{V_1 \varphi_2^2 (\delta_1 - \delta_2)^2}{RT} = \frac{A_{12} V_1 \varphi_2^2}{RT} \tag{10-52}$$

$$\ln f_2 = \frac{V_2 \varphi_1^2 (\delta_1 - \delta_2)^2}{RT} = \frac{A_{12} V_2 \varphi_1^2}{RT}$$

上式中的 A_{12} 为端值常数

$$A_{12} = (\delta_1 - \delta_2)^2 \tag{10-53}$$

由上式可以看出，不论 $\delta_1 > \delta_2$，还是 $\delta_1 < \delta_2$，A_{12} 均恒大于零，所以必有 $\gamma_1 > 1, \gamma_2 > 1$，因此原始的 S-H 模型仅适用于正偏差非理想溶液。又由于所引入的假定，原始的 S-H 模型仅适用于非极性分子组成的萃取体系。

为了改善 S-H 公式的计算精度和适用范围，可以对端值常数 A_{12} 作如下修正：

$$A_{12} = (\delta_1 - \delta_2)^2 - 2 I_{12} \delta_1 \delta_2 \tag{10-54}$$

式中，I_{12} 是分子 1、2 间作用力的修正系数，可以大于零，也可小于零，由混合物的数据求出。由此计算出的活度系数既可大于 1，也可小于 1，因此使得 S-H 公式既可适用于正偏差溶液也可适用于负偏差溶液，从而扩大了公式的适用范围。

对于三元体系，可有：

$$G^{\mathrm{E}} = (n_1 V_1 + n_2 V_2 + n_3 V_3)(\varphi_1 \varphi_2 A_{12} + \varphi_2 \varphi_3 A_{23} + \varphi_1 \varphi_3 A_{13}) \tag{10-55}$$

$$\ln f_1 = \frac{V_1}{RT}[A_{12}\varphi_2^2 + A_{13}\varphi_3^2 + (A_{12} + A_{13} - A_{23})\varphi_2 \varphi_3]$$

$$\ln f_2 = \frac{V_2}{RT}[A_{12}\varphi_1^2 + A_{13}\varphi_3^2 + (A_{12} + A_{13} - A_{23})\varphi_1 \varphi_3] \tag{10-56}$$

$$\ln f_3 = \frac{V_3}{RT}[A_{13}\varphi_1^2 + A_{23}\varphi_2^2 + (A_{13} + A_{23} - A_{12})\varphi_1 \varphi_2]$$

式中的体积分数 $\varphi_i = \dfrac{x_i V_i}{\sum_i x_i V_i}$。

表 10-10 中列出了一些物质的摩尔体积和溶解度参数值。

表 10-10 一些物质的摩尔体积 V 和溶解度参数 δ 值（25℃）

化合物	$V/(m^3 \cdot mol^{-1})$	$\delta/(J \cdot cm^{-3})^{1/2}$	化合物	$V/(m^3 \cdot mol^{-1})$	$\delta/(J \cdot cm^{-3})^{1/2}$
CH_4	52	11.62	$C_5H_9(CH_3)$	113.1	16.06
C_2H_6	68	12.38	C_6H_{12}	108.7	16.77
C_3H_8	84	13.09	$C_6H_{11}(CH_3)$	128.3	16.02
n-C_4H_{10}	101.4	13.77	C_6H_6	89.4	18.74
i-C_4H_{10}	105.5	13.77	$C_6H_5CH_3$	106.8	18.25
n-C_5H_{12}	116.1	14.36	$C_6H_5C_2H_5$	123.1	17.99
i-C_5H_{12}	117.4	14.36	o-$C_6H_4(CH_3)_2$	121.2	18.40
n-C_6H_{14}	131.6	14.87	m-$C_6H_4(CH_3)_2$	123.5	18.05
n-C_7H_{16}	147.5	15.20	p-$C_6H_4(CH_3)_2$	124.0	17.94
n-C_8H_{18}	163.5	15.45	CH_3OH	40.7	29.22
n-C_9H_{20}	179.6	15.65	C_2H_5OH	58.5	26.44
n-$C_{10}H_{22}$	196.0	15.80	$(CH_3)_2CO$	73.99	19.99
n-$C_{11}H_{24}$	212.2	15.94	$(CH_3)_2SO$	71	26.46
n-$C_{12}H_{26}$	228.6	16.04	CCl_4	97.1	17.70
n-$C_{13}H_{28}$	244.9	16.14	$CHCl_3$	80.7	18.85
n-$C_{14}H_{30}$	261.3	16.20	$CH_2ClCHCl_2$	92.9	20.83
n-$C_{15}H_{32}$	277.8	16.29	H_2O	18.0	48.1
n-$C_{16}H_{34}$	294.1	16.35	$(C_4H_9)_3PO_4$	274	18.8
n-$C_{17}H_{36}$	310.4	16.43	$UO_2(NO_3)_2 \cdot 2TBP$	606	19.95
C_5H_{10}	94.7	16.59			

S-H 公式中的溶解度参数 δ 也可用来定性估计两种液体的相互溶解度，即如这两种液体的溶解度参数值愈相近，则互溶度愈大。这也就是“相似者相溶”的理论根据，它对于溶剂萃取中的溶剂选择是有意义的。

由上可见，经修正后的 S-H 方程是一些线性方程，故计算简便。滕藤、李以圭[53]等人把修正的 S-H 公式成功地用于金属溶剂萃取体系的有机相中的活度系数的计算，所计算的体系中的组分包括有极性和非极性的物质，包括正、负偏差的非理想溶液。

10.3.2.2 NRTL 公式

NRTL（Non-Random Two-Liquid）公式是一种局部组成型方程，由 Renon 和 Prausnitz 提出[17]。他们针对 Wilson 方程不能用于液-液分层的热力学条件的情况，应用局部浓度的概念，并根据双流体理论，得出过量自由能的表示式为

$$\frac{G^E}{RT} = x_1 x_2 \left[\frac{\tau_{21}\exp(-\alpha_{12}\tau_{21})}{x_1 + x_2\exp(-\alpha_{12}\tau_{21})} + \frac{\tau_{12}\exp(-\alpha_{12}\tau_{12})}{x_2 + x_1\exp(-\alpha_{12}\tau_{12})} \right] \tag{10-57}$$

式中，$\tau_{12} = \dfrac{g_{12} - g_{22}}{RT}$ 及 $\tau_{21} = \dfrac{g_{21} - g_{11}}{RT}$，$g_{12}$ 是分子 1、2 间相互作用的能量参数，且 $g_{12} = g_{21}$（但 $\tau_{12} \neq \tau_{21}$）；α_{12} 是二元体系的特性常数，Renon[17] 将溶液分成七类，其 α_{12} 值分别为 0.20、0.30、0.40 和 0.47，在无实验数据时，可按其分类进行选取。

由上式可以得到活度系数的表达式如下：

$$\ln f_1 = x_2^2\left\{\frac{\tau_{21}\exp(-2\alpha_{12}\tau_{21})}{[x_1+x_2\exp(-\alpha_{12}\tau_{21})]^2}+\frac{\tau_{12}\exp(-\alpha_{12}\tau_{12})}{[x_2+x_1\exp(-\alpha_{12}\tau_{12})]^2}\right\}$$

$$\ln f_2 = x_1^2\left\{\frac{\tau_{12}\exp(-2\alpha_{12}\tau_{12})}{[x_2+x_1\exp(-\alpha_{12}\tau_{12})]^2}+\frac{\tau_{21}\exp(-\alpha_{12}\tau_{21})}{[x_1+x_2\exp(-\alpha_{12}\tau_{21})]^2}\right\} \quad (10\text{-}58)$$

对于多组分体系，NRTL 方程给出的计算公式为

$$\frac{G^{\mathrm{E}}}{RT} = \sum_{i=1}^{K} x_i \frac{\sum_{j=1}^{K}\tau_{ji}G_{ji}x_j}{\sum_{k=1}^{K}G_{kj}x_K} \quad (10\text{-}59)$$

$$\ln f_i = \frac{\sum_{j=1}^{K}\tau_{ji}G_{ji}x_j}{\sum_{k=1}^{K}G_{ki}x_k} + \sum_{j=1}^{K}\frac{G_{ij}x_j}{\sum_{k=1}^{K}G_{ki}x_k}\left[\tau_{ij} - \frac{\sum_{l=1}^{K}x_1\tau_{1j}G_{1j}}{\sum_{k=1}^{K}G_{kj}x_k}\right] \quad (10\text{-}60)$$

式中，$\tau_{ji} = (g_{ji} - g_{ii})/RT$；$G_{ji} = \exp(-\alpha_{ji}\tau_{ji})$；$\alpha_{ji} = \alpha_{ij}$。

由以上可以看出，在二元体系的 NRTL 方程中有三个参数，即 α_{12}、τ_{12}、τ_{21}，如果 α_{12} 已经选取，则它就变成一个两参数方程，而且在多组分体系的公式中也仅包含二元参数，因此可从二元体系的数据预测多元体系的结果。NRTL 方程的适应性较宽，能定量地关联二元和三元液-液平衡体系的数据。它可用于金属溶剂萃取体系，也可在石油化工中应用。

10.3.2.3　UQCE 公式

UQCE（Universal Quasi-Chemical Equations）模型由 Prausnitz 提出[18]，是从似晶格模型和局部组成概念上导出的。他提出每个液体分子有两个结构参数，即体积参数 r 和接触表面积参数 q，并将混合物的过量自由能表示成为组合项和剩余项两个部分：

$$G^{\mathrm{E}} = G^{\mathrm{E,C}} + G^{\mathrm{E,R}}$$

$$\frac{G^{\mathrm{E,C}}}{RT} = \sum_i x_i \ln\frac{\varphi_i}{x_i} + \frac{z}{2}\sum_i q_i x_i \ln\frac{\theta_i}{\varphi_i} \quad (10\text{-}61)$$

$$\frac{G^{\mathrm{E,R}}}{RT} = -\sum_i q_i x_i \ln\left(\sum_i \theta_i\tau_{ji}\right)$$

式中，x_i 为组分 i 的摩尔分数；z 为配位数，一般 z 取 10；φ_i 和 θ_i 分别是组分 i 在混合物中的体积分数和面积分数：

$$\varphi_i = \frac{x_i r_i}{\sum_j x_j r_j};\quad \theta_i = \frac{x_i q_i}{\sum_j x_j q_j}$$

$$\tau_{ji} = \exp[-zN_0(\varepsilon_{ji} - \varepsilon_{ii})/RT]$$

式中，ε_{ij} 是分子 i、j 间的相互作用能；N_0 是阿伏加德罗常数。

由此可得到活度系数的表达式如下：

$$\ln f_i = \ln\frac{\varphi_i}{x_i} + 1 - \frac{\varphi_i}{x_i} - \frac{1}{2}zq_i\left(\ln\frac{\varphi_i}{\theta_i} + 1 - \frac{\varphi_i}{\theta_i}\right) -$$

$$q_i \ln\left(\sum_j \theta_j \tau_{ji}\right) + q_i - q_i \sum_{j=1}^{K} \frac{\theta_j \tau_{ij}}{\sum_{K=1}^{K} \theta_K \tau_{kj}} \tag{10-62}$$

表 10-11 中列出了一些纯液体分子的 UQCE 结构参数，表 10-12 中列出了一些二元体系的 UQCE 常数。

表 10-11 一些纯液体分子的 UQCE 结构参数

化合物	体积参数 r	面积参数 q	化合物	体积参数 r	面积参数 q
H_2O	0.92	1.40	CCl_4	3.33	2.82
HCl	1.00	1.00	$CHCl_3$	2.70	2.34
H_2S	1.00	1.00	CH_3OH	1.43	1.43
NH_3	1.00	1.00	C_2H_5OH	2.11	1.97
SO_2	1.55	1.45	C_3H_7OH	2.78	2.51
n-C_6H_{14}	4.50	3.86	C_4H_9OH	3.45	3.05
n-C_7H_{16}	5.17	4.40	CH_3NO_3	2.01	1.87
n-C_8H_{18}	5.85	4.94	CH_3CN	1.87	1.72
n-$C_{10}H_{22}$	7.20	6.02	CH_3COOH	2.23	2.04
n-$C_{16}H_{34}$	11.24	9.26	$(CH_3)_2CO$	2.80	2.58
C_5H_{10}	3.30	2.47	$CH_3COC_4H_9$	4.60	4.03
C_6H_{12}	3.97	3.01	$CH_2=CHCN$	2.31	2.05
$C_5H_9CH_3$	3.97	3.01	$CH_3COOCH=CH_2$	3.25	2.90
C_6H_6	3.19	2.40	$(CH_3)_3CCH_2CH(CH_3)_2$	5.85	4.94
C_6H_5OH	3.55	2.70	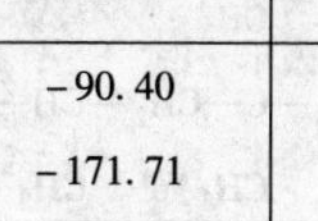	3.17	2.48
$C_6H_5NH_2$	3.72	2.82			
$C_6H_4(CH_3)_2$	4.66	3.54			

表 10-12 一些二元体系的 UQCE 常数

组分 1	组分 2	α_{12}/K	α_{21}/K	T/K
$(CH_3)_2CO$	C_6H_6	-90.40	147.12	303
	CH_3Cl	-171.71	93.95	323
	C_2H_5OH	414.45	-119.36	305
	H_2O	636.17	-128.35	298
$CH_2=CHCN$	CH_3CN	80.53	-49.84	351~354
	H_2O	575.58	141.17	298
CH_3COOH	$CH_3COOCH=CH_2$	-140.18	360.56	348~386
	H_2O	555.01	-258.51	293
$CH_3COOCH=CH_2$	C_6H_6	-40.70	229.79	318
	n-C_7H_{16}	23.71	545.79	318
	H_2O	294.10	61.92	350~364

续表 10-12

组分 1	组分 2	α_{12}/K	α_{21}/K	T/K
$C_6H_5NH_2$	$C_5H_9CH_3$	54.36	228.71	298
	n-C_6H_{14}	34.82	283.76	298
C_6H_6	C_6H_{12}	4.33	65.28	283
	C_2H_5OH	997.61	−128.85	318
	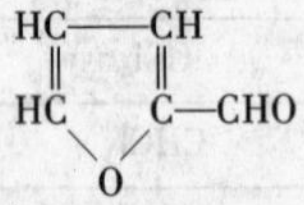	−85.70	192.72	355 ~ 427
	CH_3OH	988.60	−56.05	308
	n-C_7H_{16}	19.07	31.35	318
	CH_3NO_2	134.43	29.71	298
	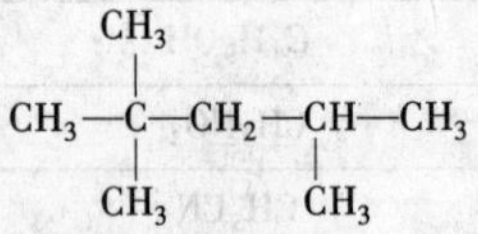	−35.12	91.65	353 ~ 368
	H_2O	2057.42	115.13	298
CH_3Cl	C_2H_5OH	1315.02	−235.47	328
C_6H_{12}	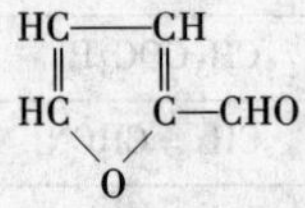	354.83	41.17	298
	CH_3OH	1364.12	6.02	328
	CH_3NO_2	517.19	105.01	298
	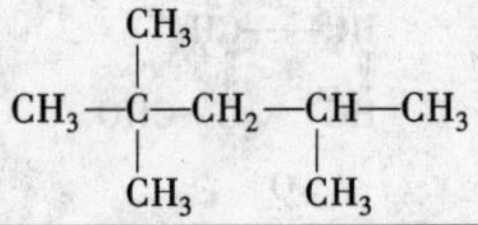	−112.66	141.01	308
$CH_2COOC_2H_5$	H_2O	569.86	80.91	323
C_2H_5OH	H_2O	−27.36	284.81	313
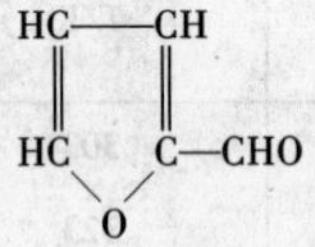	C_6H_{12}	41.17	354.53	298
	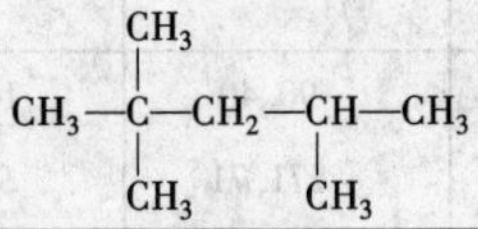	−4.98	410.08	298
CH_3COOCH_3	CH_3OH	508.39	−83.96	308
CH_3OH	n-C_7H_{16}	2.49	1419.33	306
	H_2O	−50.82	148.27	338 ~ 368
n-C_7H_{16}	CH_2CN	545.79	23.71	318
	$C_5H_9(CH_3)$	−138.84	162.13	333
n-C_8H_{18}	$C_2H_5NO_2$	308.14	−17.29	308
$C_2H_5NO_2$	H_2O	920.08	138.44	298
$C_6H_5CH_3$	H_2O	1371.36	305.71	323
$CH_2COOCH{=\!=}CH_2$	H_2O	154.72	130.05	298

对于二组分体系，上式化为：

$$\ln f_1 = \ln\frac{\varphi_1}{x_1} + 1 - \frac{\varphi_1}{x_1} - \frac{1}{2}zq_1\left(\ln\frac{\varphi_1}{\theta_1} + 1 - \frac{\varphi_1}{\theta_1}\right) - q_1\ln(\theta_1 + \theta_2\tau_{21}) + q_1 + \theta_2 q_1\left(\frac{\tau_{21}}{\theta_1 + \theta_2\tau_{21}} - \frac{\tau_{12}}{\theta_2 + \theta_1\tau_{12}}\right) \tag{10-63}$$

式中

$$\tau_{12} = \exp[-zN_0(\varepsilon_{12} - \varepsilon_{22})/RT] = \exp(-\alpha_{12}/T)$$

$$\tau_{21} = \exp[-zN_0(\varepsilon_{21} - \varepsilon_{11})/RT] = \exp(-\alpha_{21}/T)$$

由此可以看出，对于二组分体系，UQCE 公式只需要两个调节参数 α_{12} 和 α_{21}，而 NRTL 公式需要三个参数，故它比 NRTL 公式简便，其关联效果也常常比 NRTL 公式好。它可用于定量关联二元和三元液-液平衡体系，也可从二元体系的结果预测三元体系，并可进行内插和外推液-液平衡数据。

10.3.2.4 UNIFAC 方程

在基团贡献法中，UNIFAC（Universal Functional Group Activity Coefficients）方程是使用得最普遍的一种。它由 Fredenslund 等人提出[20,21]，是在 UQCE 方程的基础上发展的，以后在这方面先后做了大量的工作。基团贡献法是把分子拆分成基团，这样，分子的混合物就变成为基团的混合物，以基团间的相互作用能代替分子间的相互作用能。由于化合物的种类数不胜数，而基团的种类却只是有限的几十种，因此，就把热力学的计算问题大为简化。如除甲烷以外的各种正烷烃都是由两个 CH_3基团和不同数量的 CH_2基团组成的，他们之间的区别仅在于 CH_2基团数量的不同而已。所以，就可以根据少量的实验数据得出基团的特性参数，预测大量的未知溶液的性质。当然，这种简化处理的方法必然给计算结果带来一定的误差，但由于它具有较好的预测功能，因此得到了广泛的应用。

UNIFAC 方程中的活度系数也是由组合部分和剩余部分组成：

$$\ln f_i = \ln f_i^{\mathrm{C}} + \ln f_i^{\mathrm{R}} \tag{10-64}$$

式（10-64）中右方第一项为组合项，与 UNIQUAC 公式相同：

$$\ln f_i^{\mathrm{C}} = \ln\frac{\varphi_i}{x_i} + 1 - \frac{\varphi_i}{x_i} - \frac{zq_i}{2}\left(\ln\frac{\varphi_i}{\theta_i} + 1 - \frac{\varphi_i}{\theta_i}\right) \tag{10-65}$$

与 UNIQUAC 方程不同的是，在体积分数和面积分数的表达式中，r_i和 q_i是组分 i 中的基团体积和面积参数的加和，

$$r_i = \sum_k \nu_k^{(i)} R_k; \quad q_i = \sum_k \nu_k^{(i)} Q_k$$

式中，R_k和 Q_k分别是基团 k 的体积和面积参数；$\nu_k^{(i)}$ 是分子 i 中基团 k 的数目。

活度系数的剩余项为

$$\ln f_i^{\mathrm{R}} = \sum_k \nu_k^{(i)}(\ln\Gamma_k - \ln\Gamma_k^{(i)}) \tag{10-66}$$

式中，Γ_k为基团 k 在溶液中的基团活度系数；$\Gamma_k^{(i)}$ 为基团 k 在纯液体分子 i 中的基团活度系数。

$$\ln\Gamma_k = Q_k\left[1 - \ln\left(\sum_m \Theta_m\varphi_{mk}\right) - \sum_m\left(\frac{\Theta_m\varphi_{km}}{\sum_n \Theta_n\varphi_{nm}}\right)\right] \tag{10-67}$$

式中，Θ_m 是基团的面积分数：

$$\Theta_m = \frac{Q_m x_m}{\sum_n Q_n x_n}$$

$$\varphi_{mn} = \exp\left(-\frac{\alpha_{mn}}{T}\right) \tag{10-68}$$

式中，T 为绝对温度；α_{mn} 为 UNIFAC 模型的基团相互作用参数。

$$\ln\Gamma_k^{(i)} = Q_k\left[1 - \ln\left(\sum_m \Theta_m^{(i)}\varphi_{mk}\right) - \sum_m\left(\frac{\Theta_m^{(i)}\varphi_{km}}{\sum_n \Theta_n^{(i)}\varphi_{nm}}\right)\right] \tag{10-69}$$

式中，$\Theta_m^{(i)}$ 为基团 m 在纯液体分子 i 中的接触表面积分数：

$$\Theta_m^{(i)} = \frac{Q_m x_m^{(i)}}{\sum Q_n x_n^{(i)}} \tag{10-70}$$

式中，$x_m^{(i)}$ 是纯液体分子 i 中基团 m 的摩尔分数。

有时也将 α_{mn} 表示为温度的函数：

$$\alpha_{mn} = A_{mn} + B_{mn}(T - 273.15) \tag{10-71}$$

表 10-13 中列出了一些基团的体积参数和面积参数，表 10-14 中列出了一些基团的相互作用参数。现在还不断有新的参数发表。一般的 UNIFAC 模型的气-液平衡和液-液平衡的相互作用参数尚不能统一，此处给出的是液-液平衡的参数。近年来，Gmehling 等人发表了可同时用于气-液平衡和液-液平衡计算的改进的 UNIFAC 公式和参数[20]。

表 10-13　UNIFAC 基团体积参数 R_k 和面积参数 Q_k

主基团编号	主基团	子基团	子基团编号	R_k	Q_k	基团分配示例
1	CH_2	CH_3	1	0.9011	0.848	丁烷：$2CH_3$，$2CH_2$
		CH_2	2	0.6744	0.540	丁烷：$2CH_3$，$2CH_2$
		CH	3	0.4469	0.228	2-甲基丙烷：$3CH_3$，1CH
		C	4	0.2195	0.000	2，2-二甲基丙烷：$4CH_3$，1C
2	C＝C	CH_2＝CH	5	1.3454	1.176	1-己烯：$1CH_3$，$3CH_2$，$1CH_2$＝CH
		CH＝CH	6	1.1167	0.867	2-己烯：$2CH_3$，$2CH_2$，1CH＝CH
		CH＝C	7	0.8886	0.676	2-甲基-2-丁烯：$3CH_3$，1CH＝C
		CH_2＝C	8	1.1173	0.988	2-甲基-1-丁烯：$2CH_3$，$1CH_2$，$1CH_2$＝C
3	ACH	ACH	9	0.5313	0.400	苯：6ACH
		AC	10	0.3652	0.120	苯乙烯：$1CH_2$＝CH，5ACH，1AC
4	$ACCH_2$	$ACCH_3$	11	1.2663	0.968	甲苯：5ACH，$1ACCH_3$
		$ACCH_2$	12	1.0396	0.660	乙苯：$1CH_3$，5ACH，$1ACCH_2$
		ACCH	13	0.8121	0.348	异丙基苯：$2CH_3$，5ACH，1ACCH
5	OH	OH	14	1.0000	1.200	2-丁醇：$2CH_3$，$1CH_2$，1CH，1OH
6	P1	P1	15	3.2499	3.128	1-丙醇：1P1
7	P2	P2	16	3.2491	3.124	2-丙醇：1P2
8	H_2O	H_2O	17	0.92	1.40	水：$1H_2O$

续表 10-13

主基团编号	主基团	子基团	子基团编号	R_k	Q_k	基团分配示例
9	ACOH	ACOH	18	0.8952	0.680	苯酚：5ACH，1ACOH
10	CH_2CO	CH_3CO	19	1.6724	1.488	第二碳的酮基： 2-丁酮：$1CH_3$，$1CH_2$，$1CH_3CO$
		CH_2CO	20	1.4457	1.180	其他碳的酮基： 3-戊酮：$2CH_3$，$1CH_2$，$1CH_2CO$
11	CHO	CHO	21	0.9980	0.948	乙醛：$1CH_3$，1CHO
12	FURF	FURF	22	3.168	2.484	糠醛：1FURF
13	COOH	COOH	23	1.3013	1.224	乙酸：$1CH_3$，1COOH
		HCOOH	24	1.5280	1.532	甲醛：1HCOOH
14	COOC	CH_3COO	25	1.9031	1.728	乙酸丁酯：$1CH_3$，$3CH_2$，$1CH_3COO$
		CH_2COO	26	1.6764	1.420	丙酸丁酯：$2CH_3$，$3CH_2$，$1CH_2COO$
15	CH_2O	CH_3O	27	1.1450	1.088	甲醚：$1CH_3$，$1CH_3O$
		CH_2O	28	0.9183	0.780	乙醚：$2CH_3$，$1CH_2$，$1CH_2O$
		CH-O	29	0.6908	0.468	二异丙醚：$4CH_3$，1CH，1CH-O
		FCH_2O	30	0.9183	1.1	四氢呋喃：$3CH_2$，$1FCH_2O$
16	CCl	CH_2Cl	31	1.4654	1.264	1-氯丁烷：$1CH_3$，$2CH_2$，$1CH_2Cl$
		CHCl	32	1.2380	0.952	2-氯丙烷：$2CH_3$，1CHCl
		CCl	33	1.0060	0.724	2-氯-2-甲基丙烷：$3CH_3$，1CCl
17	CCl_2	CH_2Cl_2	34	2.2564	1.988	二氯甲烷：$1CH_2Cl_2$
		$CHCl_2$	35	2.0606	1.684	1，1-二氯乙烷：$1CH_3$，$1CHCl_2$
		CCl_2	36	1.8016	1.448	2，2-二氯丙烷：$2CH_3$，$1CCl_2$
18	CCl_3	$CHCl_3$	37	2.8700	2.410	氯仿：$1CHCl_3$
		CCl_3	38	2.6401	2.184	1，1，1-三氯乙烷：$1CH_3$，$1CCl_3$
19	CCl_4	CCl_4	39	3.3900	2.910	四氯化碳：$1CCl_4$
20	ACCl	ACCl	40	1.1562	0.844	氯苯：5ACH，1ACCl
21	CCN	CH_3CN	41	1.8701	1.724	乙腈：$1CH_3CN$
		CH_2CN	42	1.6434	1.416	丙腈：$1CH_3$，$1CH_2CN$
22	$ACNH_2$	$ACNH_2$	43	1.0600	0.816	苯胺：5ACH，$1ACNH_2$
23	CNO_2	CH_3NO_2	44	2.0086	1.868	硝基甲烷：$1CH_3NO_2$
		CH_2NO_2	45	1.7818	1.560	1-硝基丙烷：$1CH_3$，$1CH_2$，$1CH_2NO_2$
		$CHNO_2$	46	1.5544	1.248	2-硝基丙烷：$2CH_3$，$1CHNO_2$
24	$ACNO_2$	$ACNO_2$	47	1.4199	1.104	硝基苯：$5ACH_2$，$1ACNO_2$
25	DOH	$(CH_2OH)_2$	48	2.4088	2.248	1，2-乙二醇：1 $(CH_2OH)_2$
26	DEOH	$(HOCH_2CH_2)_2O$	49	4.0013	3.568	二甘醇：$1(HOCH_2CH_2)_2O$
27	PYR	C_5H_5N	50	2.9993	2.113	吡啶：$1C_5H_5N$
		C_5H_4N	51	2.8332	1.833	3-甲基吡啶：$1CH_3$，$1C_5H_4N$
		C_5H_3N	52	2.667	1.553	2，3-二甲基吡啶：$2CH_3$，$1C_5H_3N$
28	TCE	$CCl_2=CHCl$	53	3.3092	2.860	三氯乙烯：$1CCl_2=CHCl$
29	MFA	$HCONHCH_3$	54	2.4317	2.192	甲基甲酰胺：$1HCONHCH_3$
30	DMFA	$HCON(CH_3)_2$	55	3.0856	2.736	二甲基甲酰胺：$1HCON(CH_3)_2$
31	TMS	$(CH_2)_4SO_2$	56	4.0358	3.20	四亚甲基砜：$1(CH_2)_4SO_2$
32	DMSO	$(CH_2)_2SO$	57	2.8266	2.472	二甲亚砜：$1(CH_2)_2SO$

表 10-14　UNIFAC 基团的相互作用参数 α_{mn}（K）（用于液-液平衡计算）

序号	基　团	1 CH_2	2 C＝C	3 ACH	4 $ACCH_2$	5 OH	6 P1	7 P2	8 H_2O
1	CH_2	0	74.54	－114.8	－115.7	644.6	329.6	310.7	1300.0
2	C＝C	292.3	0	340.7	4102.0	724.4	1731.0	1731.0	896.0
3	ACH	156.5	－94.78	0	167.0	703.9	511.5	577.3	859.4
4	$ACCH_2$	104.4	－269.7	－146.8	0	4000.0	136.6	906.8	5695.0
5	OH	328.2	470.7	－9.210	1.270	0	937.3	991.3	28.73
6	P1	－136.7	－135.7	－223.0	－162.6	－281.1	0	0	－61.29
7	P2	－131.9	－135.7	－252.0	－273.6	－268.8	0	0	5.890
8	H_2O	342.4	220.6	372.8	203.7	－122.4	247.0	104.9	0
9	ACOH	－159.8		－473.2	－470.4	－63.15	－547.2	－547.2	－595.9
10	CH_2CO	66.56	306.1	－78.31	－73.87	216.0	401.7	－127.6	634.8
11	CHO	146.1	617.0	－75.30	223.2	－431.3	643.4	231.4	623.7
12	FURF	14.78		－10.44	－184.9	444.7	－94.64	732.3	211.6
13	COOH	1744.0	－48.52	75.49	147.3	118.4	728.7	349.1	652.3
14	COOC	－320.1	485.6	114.8	－170.0	180.6	－76.64	－152.8	385.9
15	CH_2O	1571.0	76.44	52.13	65.69	137.1	－218.1	－218.1	212.8
16	CCl	73.80	－24.36	4.680	122.9	455.1	351.5	351.5	770.0
17	CCl_2	27.90	－52.71			669.2	－186.1	－401.6	740.4
18	CCl_3	21.23	－185.1	288.5	33.61	418.4	－465.7	－465.7	793.2
19	CCl_4	89.97	－293.70	－4.70	134.7	713.5	－260.3	512.2	1205.0
20	ACCl	－59.06		777.8	－47.13	1989.0			390.7
21	CCN	29.08	34.78	56.41	－53.29	2011.0			63.48
22	$ACNH_2$	175.8		－218.9	－15.41	529.0			－239.8
23	CNO_2	94.34	375.4	113.6	－97.05	483.8	264.7	264.7	13.32
24	$ACNO_2$	193.6		7.180	－127.1	332.6			439.9
25	DOH	108.5		247.3	453.4	－289.3			－424.3
26	DEOH	81.49		－50.71	－30.28	－99.56			
27	PYR	－128.8		－225.3	－124.6	－319.2			203.0
28	TCE	147.3				837.9			1153.0
29	MFA	－11.91	176.7	－80.48					－311.0
30	DMFA	14.91	132.1	－17.78					－262.6
31	TMS	67.84	42.73	59.16	26.59				1.110
32	DMSO	36.42	60.82	29.77	55.97				

续表 10-14

序号	基团	9 ACOH	10 CH_2CO	11 CHO	12 FURF	13 COOH	14 COOC	15 CH_2O	16 CCl
1	CH_2	2255.0	472.6	158.1	383.0	139.4	972.4	662.1	42.14
2	C=C		343.7	−214.7		1647.0	−577.5	289.3	99.61
3	ACH	1649.0	593.7	362.3	31.14	461.8	6.0	32.14	−18.81
4	$ACCH_2$	292.6	916.7	1218.0	715.6	339.1	5688.0	213.1	−114.1
5	OH	−195.5	67.07	1409.0	−140.3	−104.0	195.6	262.5	62.05
6	P1	−153.2	−47.41	−344.1	299.3	244.4	19.57	1970.0	−166.4
7	P2	−153.2	353.8	−338.6	−241.8	−57.98	487.1	1970.0	−166.4
8	H_2O	344.5	−171.8	−349.9	66.95	−465.7	−6.320	64.42	315.9
9	ACOH	0	−825.7				−898.3		
10	CH_2CO	−568.0	0	−37.36	120.3	1247.0	258.7	5.202	1000.0
11	CHO		128.0	0	1724.0	0.750	−245.8		751.8
12	FURF		48.93	−311.6	0	1919.0	57.70		
13	COOH		−101.3	1051.0	−115.7	0	−117.6	−96.62	19.77
14	COOC	−337.3	58.84	1090.0	−46.13	1417.0	0	−235.7	
15	CH_2O		52.38			1402.0	461.3	0	301.1
16	CCl		483.9	−47.51		337.1		225.4	0
17	CCl_2		550.6		808.8	437.7	−132.9	−197.7	−21.35
18	CCl_3		342.2		203.1	370.4	176.5	−20.93	−157.1
19	CCl_4	1616.0	550.0		70.14	438.1	129.5	113.9	11.80
20	ACCl		190.5			1349.0	−246.3		
21	CCN		−349.2				2.410		
22	$ACNH_2$	−860.3	857.7			681.4			
23	CNO_2		377.0			152.4		−94.49	
24	$ACNO_2$	−230.4	211.6						
25	DOH	523.0	82.77		−75.23	−1707.0	29.86		
26	DEOH								
27	PYR	−222.7			−201.9				
28	TCE		417.4		123.2	639.7			
29	MFA								
30	DMFA				−281.9				
31	TMS								
32	DMSO								

续表 10-14

序号	基团	17 CCl_2	18 CCl_3	19 CCl_4	20 ACCl	21 CCN	22 $ACNH_2$	23 CNO_2	24 $ACNO_2$
1	CH_2	-243.9	7.5	-5.550	924.8	696.8	902.2	556.7	575.7
2	C=C	337.1	4583.0	5831.0		405.9		425.7	
3	ACH		-231.9	3000.0	-878.1	29.13	1.640	-1.770	-11.19
4	$ACCH_2$		-12.14	-141.3	-107.3	1208.0	689.6	3629.0	-175.6
5	OH	272.2	-61.57	-41.75	-597.1	-189.3	-348.2	-30.70	-159.0
6	P1	128.6	1544.0	224.6				150.8	
7	P2	507.8	1544.0	-207.0				150.8	
8	H_2O	370.7	356.8	502.9	-97.27	198.3	-109.8	1539.0	32.92
9	ACOH			4894.0			-851.6		-16.13
10	CH_2CO	-301.0	12.01	-10.88	902.6	430.6	1010.0	400.0	-328.6
11	CHO								
12	FURF	-347.9	-249.3	61.59					
13	COOH	1670.0	48.15	43.83	874.3		942.2	446.3	
14	COOC	108.9	-209.7	54.57	629.0	-149.2			
15	CH_2O	137.8	-154.3	47.67				95.18	
16	CCl	110.5	249.2	62.42					
17	CCl_2	0		56.33					
18	CCl_3		0	-30.10		70.04	-75.50		
19	CCl_4	17.97	51.90	0	475.8	492.0	1302.0	490.9	534.7
20	ACCl			-255.4	0	346.2		-154.5	
21	CCN		-15.62	-54.86	-465.2	0			
22	$ACNH_2$		-216.3	8455.0			0		179.9
23	CNO_2			-34.68	794.4			0	
24	$ACNO_2$			514.6			175.8		0
25	DOH				-241.7		164.4	481.3	-246.0
26	DEOH								
27	PYR		-114.7		-906.5	-169.7	-944.9		
28	TCE								
29	MFA								
30	DMFA								
31	TMS								
32	DMSO								

续表10-14

序号	基团	25 DOH	26 DEOH	27 PYR	28 TCE	29 MFA	30 DMFA	31 TMS	32 DMSO
1	CH_2	527.5	269.2	-300.0	-63.6	928.3	331.0	561.1	956.5
2	C = C					500.7	115.4	784.4	265.4
3	ACH	358.9	363.5	-578.2		364.2	-58.10	21.97	84.16
4	$ACCH_2$	337.7	1023.0	-390.7				238.0	132.2
5	OH	536.6	53.37	183.3	-44.44				
6	P1								
7	P2								
8	H_2O	-269.2		-873.6	1429.0	-364.2	-117.4	18.41	
9	ACOH	-538.6		-637.3					
10	CH_2CO	211.6			148.0				
11	CHO								
12	FURF	-278.2		-208.4	-13.91		173.8		
13	COOH	572.7			-2.160				
14	COOC	343.1							
15	CH_2O								
16	CCl								
17	CCl_2								
18	CCl_3			18.98					
19	CCl_4								
20	ACCl	124.8		-387.7					
21	CCN			134.3					
22	$ACNH_2$	125.3		924.5					
23	CNO_2	139.8							
24	$ACNO_2$	963.0							
25	DOH	0							
26	DEOH		0						
27	PYR			0					
28	TCE				0				
29	MFA					0			
30	DMFA						0		
31	TMS							0	
32	DMSO								0

UNIFAC 模型无论在芳烃抽提还是金属溶剂萃取中均有很多应用。对于石油体系，由于组成复杂，有时难以精确地确定组成，因此需对体系进行某些简化处理。除可用在 10.3.1.3 节中所述的方法外，尚可考虑采用其他方法来确定 UNIFAC 基团数目。[54,55]

10.3.3 电解质溶液的活度系数

在金属溶剂萃取中的水相是电解质水溶液，故在金属溶剂萃取热力学中，计算电解质水溶液中离子活度系数是必需的。电解质水溶液理论始于 1923 年的 Debye-Huckel 理论。目前国内外通用的计算电解质溶液中活度系数的公式是 Pitzer 公式[22,23]，它在本质上属于半经验公式。由于此公式比较简便，计算值与实验值符合程度较好，适用的浓度范围宽，可得到的参数值多，因此得到了广泛的应用。Pitzer 公式对于单一电解质溶液的活度系数计算很方便，对于混合电解质溶液，则需要另外的混合参数。此外，对于不同温度下的活度系数，此公式也需要其他的调节参数。除 Pitzer 公式外，还有离子水化理论[24]、电解质 NRTL 方程[37]等，但无论计算精度和应用范围均与它有一定差距。对于混合电解质溶液，尚有一些经验或半经验公式可以使用。理论性更强的统计力学公式正在发展中，由于计算过程比较复杂，故尚未能在工程中广泛应用。

关于 Debye-Huckel 公式[14]、Pitzer 公式[22~24]、其他用于混合电解质溶液的公式（Harned 经验规则、Frank-Thompson 弥散晶格模型、Meisser 公式[28]）以及 1-1、2-1、2-2 价电解质 Pitzer 参数，在文献［14］中已有详细的描述，我们在 1.3 节中也作了一些介绍，在此就不再赘述了。

10.4 伴有化学反应的萃取动力学[4]

在萃取过程中常常伴随化学反应，包括相内反应及界面上反应的体系，常称伴有化学反应的萃取或简称化学萃取。

化学萃取是一复杂的物理化学过程，其理论既来源于各门学科，如化学热力学、溶液理论、配位化学、化学及化工动力学、胶体化学等，而又形成自己体系。化学萃取由于溶质与萃取剂之间的化学作用，如金属化合物通常参与各种化学转化（配合物形成、水解、聚合、离解及离子聚集等），因此浓度变化时，金属离子在有机相和水相中的浓度比常常是变化的，所以化学平衡比物理萃取平衡复杂。

化学萃取存在着多种萃取机理，如中性溶剂配合、螯合、溶剂化、阳离子交换及阴离子交换、离子缔合、协同效应及带同萃取作用等。金属离子或其化合物与萃取剂之间形成配合物而进入有机相，均是带有化学反应的传质过程[6~14,29,30]。由于萃取过程经常在非平衡条件下进行，从而提出了一个最艰巨的任务，即根据宏观萃取速率的资料确定多相化学反应过程中的动力学特性，这不仅能提供具有工业应用价值的数据，而且对多相化学反应机理的认识也提供了条件。萃取动力学的研究不仅强化萃取并可能减少反应系统在传质设备中的停留时间。

10.4.1 伴有化学反应萃取的相平衡

化学萃取是包含两相或两相以上的非均相过程，除相律适用于这一过程外，萃取过程也可以描述为一般的化学反应。大部分萃取反应是可逆的，并可应用质量作用定律。化学萃取的相平衡关系决定着萃取过程质量传递的方向与两相的宏观平衡状态。因此，相平衡关系是化学萃取中最基本的反应，就金属溶剂萃取而言，根据萃取机理的不同，主要有以下 4 种类型。

A 阳离子交换体系

反应通式为 $$M^{n+} + nHR_{(o)} \rightleftharpoons MR_{(o)} + nH^+ \tag{10-72}$$

这类萃取剂在多种极性溶剂中具有易形成二聚体的倾向，所以反应通常可以表示为

$$M^{n+} + n(HR)_{2(o)} \rightleftharpoons M(HR_2)_{n(o)} + nH^+ \tag{10-73}$$

$$K_e = \frac{a_M(HR_2)_n \cdot a^n_{H^+}}{aM^{n+} \cdot a^n(HR)_2} = \frac{[M(HR_2)_n][H^+]^n \cdot f_{M(HR_2)n}\gamma^n_{H^+}}{[M^{n+}][(HR)_2]^n \cdot \gamma_{M^{n+}} f^n_{(HR)_2}} \tag{10-74}$$

$$D = \frac{[M(HR_2)_n]}{M^{n+}} = K_e \frac{[(HR)_2]^n}{[H^+]^n} \cdot \frac{\gamma_{M^{n+}} f^n_{(HR)_2}}{f_{M(HR_2)_n}\gamma^n_{H^+}} \tag{10-75}$$

如 HDEHP（P204）萃取 Co^{2+}，LIX65N 萃取 Cu^{2+} 均属于这一类型。

B 阴离子交换体系

反应通式为：$$MA^{n-}_m + n(R_3NH \cdot A)_{(o)} \rightleftharpoons (R_3NH)_n MA_{m(o)} + nA^- \tag{10-76}$$

$$K_e = \frac{a(R_3NH)_n MA_m \cdot a^n_{A^-}}{aMA^{n-}_m \cdot an(R_3NH \cdot A)} = \frac{[(R_3NH)_n MA_m][A^-]^n \cdot f_{(R_3NH)_n MA_m}\gamma^n_{A^-}}{[MA^{n-}_m][(R_3NH \cdot A)]^n \cdot \gamma_{MA^{n-}_m} f^n_{(R_3NH \cdot A)}} \tag{10-77}$$

$$D = \frac{[(R_3NH)_n MA_m]}{[MA^{n-}_m]} = K_e \frac{[R_3NH \cdot A]^n}{[A^-]n} \cdot \frac{\gamma_{MA^{n-}_m} f^n_{(R_3NH \cdot A)}}{\gamma^n_{A^-} f_{(R_3NH)_n MA_n}} \tag{10-78}$$

如叔胺从硫酸介质中萃取铀的反应属于这一类型。

C 中性溶剂配合（溶剂化）萃取体系

反应通式为：$$M^{n+} + nA^- + qS_{(o)} \rightleftharpoons MA_n \cdot qS_{(o)} \tag{10-79}$$

$$K_e = \frac{aMA_n \cdot qS}{aM^{n+} \cdot a^n_A \cdot a^q_s} = \frac{[MA_n \cdot qS] \cdot f_{MA_n} \cdot qS}{[M^{n+}][A^-]^n[S]^q \cdot \gamma^{n+1}_{\pm} \cdot f^q_s} \tag{10-80}$$

$$D = \frac{[MA_n \cdot qS]}{M^{n+}} = K_e[A^-][S]^q \cdot \frac{\gamma^{n+1}_{\pm} f^q_s}{f_{MA_n} \cdot qS} \tag{10-81}$$

如磷酸三丁酯（TBP）萃取硝酸铀酰即是典型的配合反应。

D 协同（加合）萃取体系

萃取体系中若同时含有两种以上萃取剂，它们可与金属离子生成更为稳定的加合物而进入有机相。

以 HDEHP（HR）与 TBP 从硝酸体系中萃取 UO_2^{2+} 为例，此时协同萃取机理有下面 3 种反应：

（1）加成机理：

$$UO_2^{2+} + 4HR_{(o)} \rightleftharpoons UO_2R_2(HR)_{2(o)} + 2H^+$$

$$UO_2R_{2(o)} + S_{(o)} \rightleftharpoons UO_2R_2 \cdot S_{(o)}$$

配合物 $UO_2R_2(HR)$ 比中性化合物 $UO_2(NO_3)$ 更容易被中性溶剂 S(TBP) 萃取。

(2) 取代机理：

$$UO_2^{2+} + 4HR_{(o)} \rightleftharpoons UO_2R_2(HR)_{2(o)} + 2H^+$$

$$UO_2R_2(HR)_{2(o)} + 2S_{(o)} \rightleftharpoons UO_2R_2S_{2(o)} + 2HR_{(o)}$$

生成的酸性萃取剂 HR 又可以从水溶液中萃取更多的金属离子。

(3) 溶剂化机理：

$$[UO_2(H_2O)_x]^{2+} + 4HR_{(o)} \rightleftharpoons UO_2(H_2O)_xR_2(HR)_{2(o)} + 2H^+$$

$$UO_2(H_2O)_xR_2(HR)_{2(o)} + qS_{(o)} \rightleftharpoons UO_2R_2(HR)_2qS_{(o)} + xH_2O$$

用酸性溶剂萃取时配合离子以水合的形式进入有机相，因而认为中性溶剂具有置换水合物中部分水或全部水的能力，减少了萃合物的水合，使其更容易萃取，此时协萃反应的相平衡也更为复杂。

应当指出，金属离子或溶质（被萃物）在两相中的分配系数不仅与相应物质的浓度有关，而且与相应物质的活度系数有关。上述分配系数的表达式都是指有机相中萃合物及水相中的溶质均存在一种化学状态的情况，如果存在着不可忽视的其他化学状态，则应根据各种化学状态的溶质之间的平衡关系，对分配系数表达式加以修正。化学萃取相平衡的复杂性还在于：同一种溶质与萃取剂，在不同的萃取条件（如不同浓度与酸度）下，有可能存在不同的萃取机理，生成不同组成的萃合物，因而就有不同的相平衡关系表达式。即使是同一萃取体系，在相同的萃取条件下，也可能同时生成几种不同组成的萃合物而进入有机相。对于多组分萃取体系，则存在不同组分对分配平衡的交互影响，情况更为复杂。

10.4.2　反应速率对萃取速率的影响

在许多方面伴有化学反应的萃取与伴有化学反应的气体吸收相类似。然而，化学萃取传质系数通常低于气-液接触过程，在原则上，萃取反应可以在两相中发生，要列出精细的化学萃取速率方程，不仅要研究化学反应速率，还要考虑扩散速率、相界面积以及界面两侧的膜厚度等，这是比较困难而又复杂的工作。

10.4.2.1　动力学数据的测定

反应介质的萃取动力学是很复杂的，涉及非均相体系中伴随化学反应的传质问题，如果萃取速率是受扩散机理控制的，它将依赖于界面积和低扩散物种的浓度；当萃取速率由化学反应控制时，确定速率控制的化学反应发生的位置是至关重要的。即使发生在本体溶液内，或在界面或在与界面相邻的一个区域内都是如此。在体系内发生的速率控制化学反应（极慢反应），最重要的参数是反应物的溶解性、它们的分配系数（随稀释及水相中的离子强度而变化）、合适的离子强度及相体积。对于在扩散控制动力学下的界面化学反应，界面的组成决定于界面反应达到时平衡界面物种的浓度。当界面化学反应是速率控制时，其重要参数是界面面积、界面反应物种的活性、位于界面的分子合适取向的分子几何特性。在这种速率控制反应的条件下，界面组成是唯一反应物种，界面的物理化学参数的测量十分有助于数据的解释。

A　单液滴技术

在单液滴技术（single-drop technique）中，已知大小的液滴在一个垂直的管道中穿过连续相以确定界面积。如果液滴内有一个内循环存在，传质和扩散将在很大程度上增强。图10-11给出的是单液滴技术测定实验装置容器。

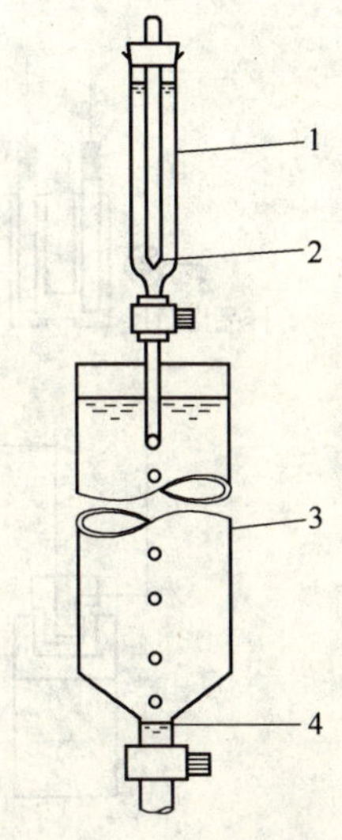

图10-11　单液滴技术实验装置图

1—滴定管；2—毛细管口；3—玻璃柱(5～7cm)；4—界面

B　Lewis 液池技术

采用Lewis液池（Lewis Cell）避免了单液滴技术中界面重组的难题。这种实验仪器由一个盛装液体的容器组装而成。同时搅拌容器中的液相可获得没有界面波动的混合相。图10-12是Lewis液池实验装置的示意图。

Lewis液池中，界面积由容器的几何尺寸控制，因而单位界面积的界面传质速率可以准确测量。

C　震动或搅拌实验装置容器

在震动或搅拌实验装置容器（shaken or stirred contactor）中能够获得完全耗散的反应相（视其相内反应组成浓度为零）。一种常用来研究金属萃取的设备称为AKUFVE（apparatus for continuous study of distribution factors in liquid-liquid extraction）。此设备是1967～1968年发展起来的，目的用来准确而又快速地测定溶剂萃取动力学分配因子。

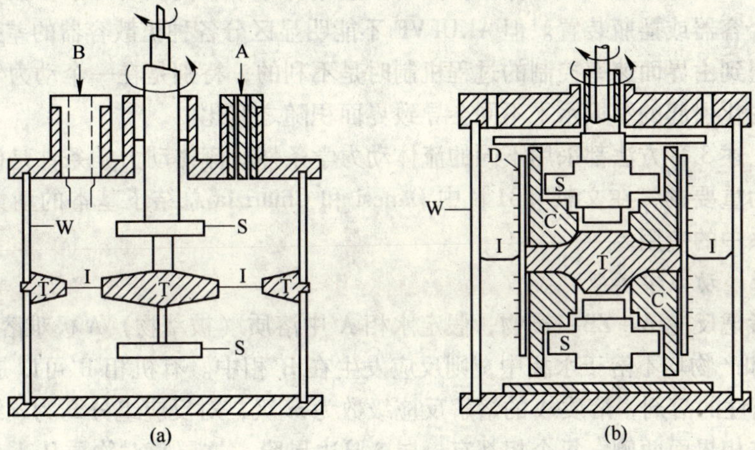

图10-12　传质搅拌液池实验装置

（a）Lewis最初的设计：

A—加料/取样口；B—电极插孔；S—平叶搅拌桨；T—静止挡板；　I—环形相界面；W—圆柱体器壁

（b）Bulicka等的改进设计：

C—垂直挡板；D—圆柱形多孔板；S—斜叶搅拌桨；T—静止挡板；I—环形相界面；W—圆柱体器壁

AKUFVE能连续测量不溶性液相之间不溶物之间的分配特性，通常是有机相与水相，能提供溶液中不溶物数量和浓度的实时测量或有机物的光学吸收。图10-13是AKUFVE液体流动系统的示意图。AKUFVE的数据准确率优于1%，这样可用AKUFVE准确测定平衡

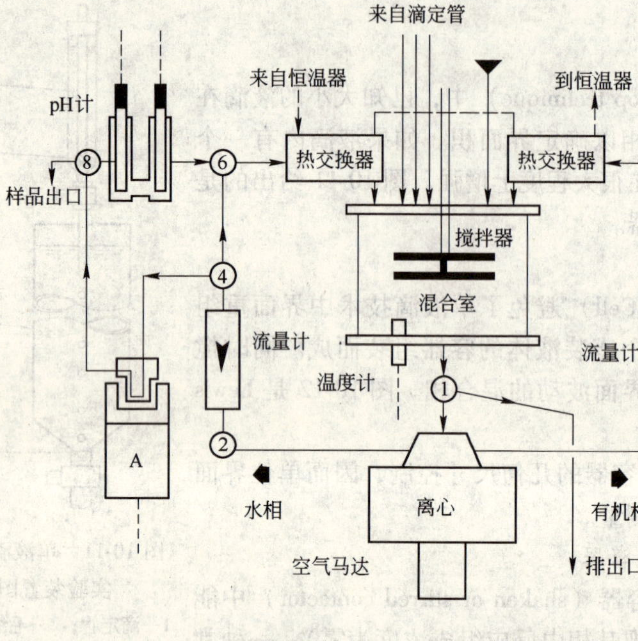

图 10-13 AKUFVE 液体流动体系示意图

①~⑨—阀门；A，B—微量探测器

常数、热力学常数、动力学及萃取焓等。

AKUFVE 是一个完全封闭的体系，实时测量循环体系以提供动力学参数，特别优于简单的搅拌混合容器或摇瓶装置。但 AKUFVE 不能明显区分各种扩散容器的差别，不能测量界面积。在遇到由界面速率控制的过程机制时是不利的，特别是在一个动力学过程中，由于界面特性变化引起的萃取水平不同会导致界面积随之变化。

显然，上述 3 种方法都采用不同的流体动力学条件。流体动力学条件是研究溶剂萃取速率过程最为重要的，在文献［31］中 Danesi 和 Chiarizia 总结了基本的动力学模型和它们在实验体系中的应用。

10.4.2.2 动力学模型

这里仅考虑反应 A + ZB→产物，假定水相 A′中溶质（被萃物）A 极难溶于有机相 B′。而萃取剂 B 和产物均不溶于水相中，则反应发生在 B′相中。有机相 B′可以是单一 B 相或 B 是溶于非极性的溶剂，溶质 A 的溶解反应级数为 m 级，对反应组分 B 为 n 级。根据双膜传质理论，在相界面两侧，每个相都有一层 δ 厚边界膜。这层膜对物质从一个相转入另一相建立了传质阻力。在各相中的传质被看成是独立进行的，互不影响，先假设在 A′相一侧无传质阻力，只有在 B′相一侧存在传质阻力，在如图 10-14 所示的体系中反应为等温体系，则每单位体积 B′相中的单相反应速率为 k_{mn}［A］^{m}［B］^{n}。依据萃取体系的扩散和化学反应的相对速率可分为：极慢反应、慢反应、快反应、瞬间反应和可逆反应。但这些反应的分类并不是绝对的，在两种反应之间由于化学反应的限制而存在过渡态。

A 极慢反应

当反应速率极慢使溶质 A 在有机相 B′相中每单位体积的反应速率基本无影响，过程速率主要由动力学控制。此时：

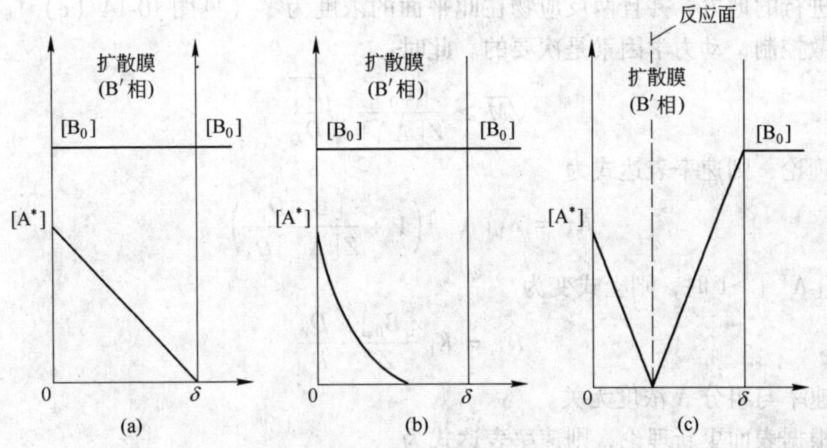

图 10-14 不同速率控制方式下的浓度变化图
（a）慢反应；（b）快反应；（c）瞬间反应

$$K_L[A^*] \geqslant lk_{mn}[A^*]^m[B_0]^n$$

其速率表达式为

$$R'_A = k_{mn}[A^*]^m[B_0]^n \tag{10-82}$$

B 慢反应

当反应足够快，使溶质 A 在 B′相中的浓度在扩散膜以外为零（见图 10-14（a））。这里动力学的因素是首要的，因而速率与 B 的浓度无关。由于扩散因素控制反应速率，所以温度的影响相对于上一种极慢反应来讲要小一些。此时：

$$K_L[A^*] \leqslant lk_{mn}[A^*]^m[B_0]^n$$

其速率表达式为

$$R_A = K_L[A^*] \tag{10-83}$$

C 快反应

在扩散传质膜中的某处起组分 A 的浓度将降至零，而 B 的浓度是恒定的（见图 10-14（b））。在这类体系中，若 A 的反应级数是一级，R_A正比于［A^*］，若反应对 A 为零级，则 R_A正比于［A^*］$^{0.5}$，当选择对某一萃取适用的反应剂时，R_A值可由选择反应最快的萃取剂而得到提高，各种表面更新理论推导的萃取反应速率表达式基本上一致。此时：

$$\sqrt{\frac{2/(m+1)(D_A k_{mn}[A^*]^{m-1}[B_0]^n)}{K_L^2}} = \sqrt{M} \geqslant 1$$

同时
$$\sqrt{M} \leqslant \frac{[B_0]}{Z[A^*]}\sqrt{\frac{D_B}{D_A}}$$

其速率表达式为

$$R_A = [A^*]\sqrt{2k_{mn}D_A[A^*]^{m-1}[B_0]^n/(m+1)} \tag{10-84}$$

式中，R_A与 A 浓度［A^*］、扩散系数 D_A、反应级数 m 及 n 有关，并取决于反应速率常数 k_{mn}。

D 瞬间反应

当反应速率非常快，反应发生在扩散膜内一个无限小的区间内，即在扩散膜中的某平面为反应进行的地方，并且两反应物在此平面的浓度为零（见图 10-14（c））。反应速率完全由扩散控制，动力学因素是次要的。此时：

$$\sqrt{M} \geqslant \frac{[B_0]}{Z[A^*]}\sqrt{\frac{D_B}{D_A}}$$

根据双膜理论，则速率表达式为

$$R_A = K_L[A^*]\left(1 + \frac{[B_0]D_B}{Z[A^*]D_A}\right) \tag{10-85}$$

当$[B_0]/Z[A^*] \gg 1$ 时，则上式变为

$$R_A = K_L\frac{[B_0]}{Z}\cdot\frac{D_B}{D_A} \tag{10-86}$$

此时反应速率与组分 A 浓度无关。

同样根据表面更新理论，则速率表达式为

$$R_A \approx K_L[A^*]\left[\sqrt{\frac{D_A}{D_B}} + \frac{[B_0]}{Z[A^*]}\sqrt{\frac{D_B}{D_A}}\right] \tag{10-87}$$

当$[B_0]/Z[A^*] \gg 1$ 时，则上式变为

$$R_A = K_L\frac{[B_0]}{Z}\sqrt{\frac{D_B}{D_A}} \tag{10-88}$$

目前无论是双膜理论或是表面更新理论都尚不能精确地解释传质机理，因为它们都是以简化流体力学性质作为基础的。同时，处于非平衡态的过程速率表达式也与这几种极限情况有差别。

E　*可逆反应*

可逆反应通常在气-液中存在，在液-液萃取体系中金属萃取涉及的反应主要也是可逆反应。在许多情况下，可以假定在液相主体中反应物处于平衡状态，当反应是瞬间反应，则可以假定平衡存在于整个液相包括相界面在内。当反应是快反应时，则并非溶液中每一点都能达到平衡，这是在考虑萃取反应过程时必须加以区分的两种情况。由于金属溶剂萃取是多相反应过程，实验比较困难，其误差常达 10% 以上。

对于可能存在的中间反应类型，图 10-15 是不同控制速率下浓度变化图。中间过渡反

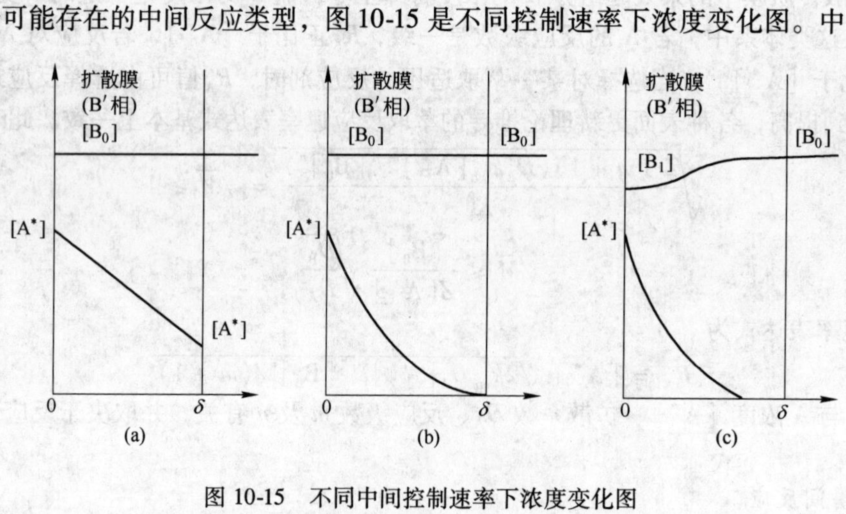

图 10-15　不同中间控制速率下浓度变化图

（a）极慢反应与慢反应中间过程；（b）慢反应与快反应中间过程；（c）快反应与瞬间反应中间过程

应类型的条件、反应速率表达式及特性可以参见文献[32]。

10.4.3 混合溶剂萃取与协同萃取

10.4.3.1 混合溶剂萃取

凡萃取体系中含有两种或两种以上萃取剂的称为二元、多元或混合萃取体系。

从广义上讲，协同萃取体系也是混合溶剂萃取。部分混合溶剂萃取不仅可以在一定程度上提高萃取分配比，而且可以在改善萃取和反萃的可能性条件方面有较大的提高。中国科学院过程工程研究所在用混合溶剂从硫酸溶液中萃取分离铁的研究中取得了卓有成效的工作[13,56]。虽然不同的混合溶剂萃取具有良好的萃取和反萃性能，但萃取过程中存在的机理各不相同。

伯胺和仲胺被广泛用于从硫酸溶液中分离铁。在伯胺中加入给电子的中性溶剂，有机相中的铁能够用稀硫酸反萃出来，如图 10-16 所示。具有不同电子给予体的中性醚有不同的萃铁特性。增加中性醚类溶剂的浓度，结果用稀硫酸能提取更多的铁。研究表明加入 TBP，铁离子以特殊水解的状态被萃取。TBP 直接以磷酰基上的氧原子配位，配位配合物可写成$(FeOHSO_4)(RNH_3)_2SO_4 \cdot TBP$。

对单独伯胺来说，萃合物是 $Fe(SO_4)_3(RNH_3)_3$。被萃取的铁离子以未水解的 $FeSO_4^+$ 离子形式存在，硫酸胺解离后直接吸附在铁离子上。铁的萃取仅用浓硫酸来获取，使硫酸胺转变成二硫酸盐，正是由于加合物之间相互作用的立体效应，如 TBP 和胺，阻碍了未水解铁的萃取。同时，与电子给予体直接配位的能力增强了部分水解铁的萃取。在有机相中加入 TBP 和其他电子给予体改善了部分水解铁的存在形式，因而有利于萃取。

在硫酸溶液中可以用 HDEHP（di-2-ethylhexyl phosphoric acid）萃取Fe(Ⅲ)，但只能用极浓的硫酸反萃Fe(Ⅲ)。TRPO（Trialkyl phosphine oxide）和伯胺 N1923 却是一种非常有效的硫酸介质相转移试剂。研究表明萃取铁的百分数随有机相中加入的相转移试剂量的增加而增加。利用 FT-IR 和激光散射光谱研究表明此体系中铁主要以 Fe(Ⅲ)水化离子形式萃取，而在 HDEMP 体系中是以水解形式被萃取的。加入相转移剂后的混合萃取体系萃取铁的过程实际上是反胶团内外的水化 Fe(Ⅲ)离子与水化 H^+ 的交换。HDEHP 萃取铁时通过用浓硫酸破坏反胶团来完成。

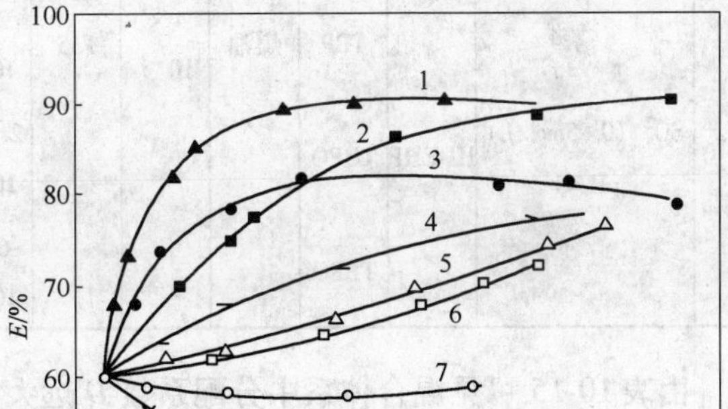

图 10-16 在萃取铁有机相中加入 RNH_2 对萃取的影响

1—磷酸三丁酯；2—甲基异丙基（甲酮）；3—2-辛醇；4—乙酸正丁酯；5—二异丙醚；6—二辛基亚砜；7—四氯化碳；8—氯仿（水相：pH—1.57，Fe—2.21g/L，有机相/水相（O/A）=1，t=5min；有机相：正己烷含 5% RNH_2(7101)，13～14℃）

同时表明用伯胺萃取铁时微乳不被破坏，伯胺在硫酸中以阳离子表面活性剂形式形成稳定的微乳。用 HDEHP 和伯胺的混合体系，结果表明是形成反胶团来萃取分离 Fe(Ⅲ)。可用稀硫酸能成功地反萃 Fe(Ⅲ)，不是像在浓硫酸介质中仅用 HDEHP 通过破坏反胶团来达到反萃铁的目的。

10.4.3.2　协同萃取

在萃取中，协同效应是指两种或两种以上萃取剂混合后同时萃取某一金属离子或其他化合物时，其分配比显著大于每一萃取剂在相同条件下单独使用时的分配比之和。这样的萃取体系称为协萃体系，反之，如混合萃取剂萃取金属时的分配比显著小于单独使用时分配比之和，则称为反协同效应。

1956 年 Blake[33] 等人在研究膦酸二（2-乙基己基）酯（P204）从硫酸溶液中萃取铀加入各种破乳剂（它能在碳酸钠溶液中反萃铀时避免生成第三项）时，发现了所谓协同效应。有些中性磷化合物（TBP）等，在硫酸溶液中对铀几乎不萃取，但若添加到 P204 煤油溶液中，不但能防止反萃时第三相的生成，而且可使萃取铀的分配比增加若干倍。协同萃取体系对金属的协同萃取在近 30 年的研究中获得了迅速的发展，新的协同萃取过程不断出现，许多研究者对协同萃取机理进行了广泛的研究，表 10-15 列出了一些协萃体系的协萃系数。

表 10-15　一些协萃体系的协萃系数

M	水相	HA	B	S	C_M^0，M	D_{HA}	D_B	D	x_B	R	RH_A	R_B	t/℃	C_M^0
UO_2^{2+}	HNO_3（10^{-2}mol/L）	TTA	TBP	环己烷	10^{-4}	0.063	5.7×10^{-4}	65.9	0.45	2×10^3	10^3	10^2	22±1	0.02
			TBPO				35.8	995	0.50	50	1.6×10^4	26		
Pm^{3+}	HCl（10^{-2}mol/L）	TTA	TOPO	C_6H_6	示踪量	2×10^{-2}	10^{-2}	10^2	0.25	6×10^4	5×10^4	10^5		0.2
UO_2^{2+}	SO_4^{2-}（0.25mol/L）pH=1	HDEHP	TBP	煤油	4×10^{-3}	135	2×10^{-4}	470	0.50	3.5	5.5	2×10^5	25	0.2
			TOPO				2.5×10^{-3}	7000	0.30	51.8	51.8	3×10^{-6}		
			TBPO				6×10^{-2}	3500	0.50	25.9	25.9	6×10^{-4}		

由表 10-15 可见混合体系中分配系数 D 远大于相应的单一体系 D_{HA} 和 D_B 之和，即在协萃体系中生成了更稳定的协萃配合物，而大大提高了相应的萃取率[6]。

在金属萃取中，动力协萃效应也有很多，所谓动力协萃效应是指两种以上萃取剂混合后同时萃取某一金属离子时，其萃取速率常数明显大于每一萃取剂在相同条件下单独使用时的萃取速率常数之和。如 LIX 64N 就是范例之一，它是 LIX 65N 和 LIX 63 两种萃取剂的混合物，由于 LIX 63 的加入，LIX 64N 的动力学萃取速率比 LIX 65N 大的多。此外，在镍钴硫酸盐溶液中，用 Versatic 911 酸和 LIX 63 混合物对二价金属离子萃取时，具有显著的协萃作用。但该体系萃镍的速度很慢，需要 3h 才能达到平衡。后来采用 Versatic 911 酸和 LIX 70 中加入二壬基萘磺酸（DNNSA）可使萃取平衡时间缩短到 5min，镍钴的分离系数可达 125。上述 LIX 63 和 DNNSA 就是动力协萃体系。

在协萃体系中，通常形成一种或几种具有较大疏水性的新萃合物，其热力学稳定性高于单独萃取剂所形成的各种萃合物，因而在萃取过程中起主导作用，在讨论和预测协萃机理时常常从待萃配合物中金属离子的配位需要，按照配位是否饱和的观点来对协萃机理及协萃配合物的组成、结构加以阐明。如在酸性膦酸酯萃铁中，萃合物为 FeA_3，由于 A^- 含有两个电子配体，已经满足 Fe^{3+} 的八面体六配位的结构需求。从加成或取代的观点看，外加试剂不再会产生协同效应，而实际上影响协萃的因素很多，如萃取剂的酸碱性、它们的溶剂化作用、金属离子的配位需要、稀释剂的溶剂效应、水相及有机相结构组成等，因此协同萃取的范围是很广泛的。从化学角度和溶剂间相互作用以及界面特性出发，通过外加试剂以改变萃取剂活性基团的化学特性，常可产生预料不到的协萃效应。近年来，于淑秋等人发现在弱碱性溶液中用伯胺可与中性磷酸酯（或膦酸酯）类协同萃取高铼酸实现较好的钼铼分离[13]，这类协同萃取主要是通过形成氢键而进行的协萃，其协萃因子较一般的两个中性萃取剂协萃时的协萃因子高出几个数量级。於静芬等人发现有机膦酸混合萃取体系（P204—MEHPA）萃取 Al^{3+} 同时具有动力学和热力学两种协萃效应，即增加 Al^{3+} 的萃取速率，又提高 Al^{3+} 分配系数。这种双重协萃作用的加速机理区别于其他有机膦混合体系[57,58]。为解决湿法冶金萃取除铁中的协同和反协同效应，进行了广泛研究，将有机合成中相转移原理运用到酸性膦酸酯萃铁工艺的反萃过程中[59]。实践证明碱度高的三烷基氧化膦和某些结构的有机胺类都是良好的相转移剂，图 10-17 表示 TRPO 加入量对 HDEHP (P204)—Fe(Ⅲ) 反萃的影响，不加 TRPO，反萃率 E_S 为 0%，加入 20% TRPO 后，$E_S \approx$ 80%，该混合体系适合于从中等酸度工业浸出液中，如 1 ~ 2mol/L³ 硫酸介质含钴、镍、锌、铝、铜等多金属溶液中选择性萃铁，图 10-18 表示叔胺与不同酸性膦酸酯相互作用对萃取平衡 pH 的影响，表明叔胺与它产生协同效应的体系，平衡 pH 先是随胺浓度增加而降低，随后则随胺浓度增加而升高；而叔胺与之产生反协同效应的体系，平衡 pH 随胺浓度增加是升高的。这些协萃体系不仅能有效地解决铁“反萃难”的问题，而且更进一步实现了高酸萃取低酸反萃的目标。在无机盐工业及湿法冶金中，有许多体系是高酸介质，如双氧水生产中，电解液本身含 H_2SO_4 是 6mol/L，除铁的目的是将溶液重返主体工艺；又比

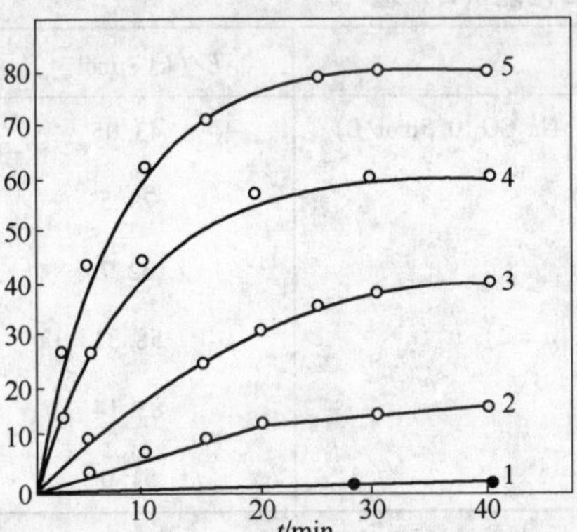

图 10-17　TRPO 加入量对 HDEHP-Fe(Ⅲ)反萃的影响

TRPO 的加入量：1—0%；2—5%；3—10%；4—15%；5—20%

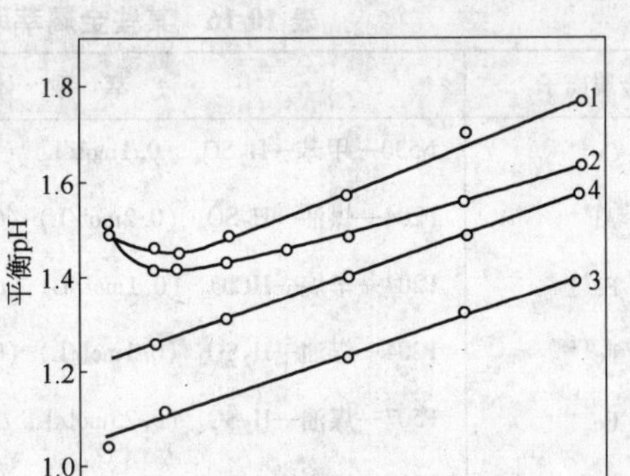

图 10-18　叔胺对酸性膦酸酯萃 Fe(Ⅲ)平衡 pH 的影响

1—含 Cyanex272-TOA 0.05mol/L；2—含 HE-HEHP-TOA 0.05mol/L；3—含 HDEHP-TOA 0.05mol/L；4－TOA

如许多二次物料加工均是在高酸体系，回收酸比回收金属更有价值。因而这类高酸体系（如单烷基膦酸（P358）与中性有机膦或伯胺的混合体系）萃取除铁具有重要的使用价值。又如用P204从硫酸介质中萃取铈时，加入TBP可以提高萃取容量，避免产生第三相，又能保持P204在较低酸度下萃取和提高分离效率的优点。

总之，协萃体系的研究与应用还需进行更多的工作，其前景是广阔的。

10.4.4 金属萃取的速率

金属萃取的速率控制是属于伴有化学反应的传质过程，它不仅包括多相中的传质过程，而且伴随有化学反应。如果萃取速率是扩散控制，就与界面积和扩散慢的物质的浓度有关；当萃取速率是由化学反应控制，则重要的是确定化学反应的控制步骤，也就是首先判别萃取反应发生在相内（均相反应控制），还是在界面（多相反应控制）或在相内和相界面的吸附层（混合控制过程）。为了得到不同类型的化学萃取速率方程，首先要判别萃取过程的控制步骤，通常可以有以下几种试验判别法。

A 搅拌强度判别法

若萃取过程是扩散控制过程，则通常萃取速度随搅拌强度的增加而有规律地上升，化学反应控制的萃取速度虽然也会随搅拌强度的增加而上升，但当搅拌强度增加到一定强度后，就会出现一段与搅拌无关的区域（称为坪区）。这种判别方法不一定充分，如在高搅拌强度时，萃取速率与搅拌强度无关的过程并不一定都是化学反应控制过程，有种种因素可以使得扩散控制过程的萃取速度对搅拌强度不敏感。

B 温度判别法

温度对化学反应控制过程的速率影响很敏感，如表10-16列出的某些具有典型意义的化学反应速率控制过程，工业萃取剂P204、P507萃取Fe(Ⅲ)、Al(Ⅲ)等的活化能E值均较大，而温度对扩散控制过程的萃取速度虽有影响，但不明显，所以活化能一般较小（不大于21kJ/mol），但低活化能值并不一定表明该过程就是扩散控制过程，有的虽是化学反应控制，但活化能也很小，因此这种判别方法也不十分严格。

表10-16 某些金属萃取反应的活化能（E）值

金属离子	萃取体系	$E/(kJ\cdot mol^{-1})$
Cu^{2+}	N530—甲苯—H_2SO_4（0.1mol/L）（pH：2.42，Na_2SO_4 0.5mol/L）	43.05
Al^{3+}	P204—煤油—H_2SO_4（0.2mol/L）（0.05mol/L）	79.5
Fe^{3+}	P204—辛烷—$HClO_4$（0.1mol/L）（$\mu=2$）	62.7
Fe^{3+}	P204—煤油—H_2SO_4（0.1mol/L）（0.25mol/L，$\mu=2$）	58.31
Fe^{2+}	P507—煤油—H_2SO_4（0.25mol/L，$\mu=2$）	83.14
Am^{3+}	P204—正庚烷—$HClO_4$（$\mu=2$）	51.0

C 界面积判别法

普遍采用的是恒界面池法和液滴法。要结合萃取剂的界面活性、低水溶性以及萃取速率与比界面积之间的关系进行判别。如为扩散控制或混合控制过程，萃取速度与搅拌强度及界面积a均有关；如为化学反应控制，被萃金属的萃取反应若为一级反应，其他组分大大过量的条件下，控制步骤的 $K_v = f(a)$ 的关系均为直线关系（K_v为速度常数），如图 10-19 所示；如为界面化学反应控制过程，直线通过原点，K_v与 a 保持正比关系（直线2）；如为相内反应过程，直线为一水平线（直线3），直线1 的情况为混合过程。根据变更表面积 a 的值的方法对 81 种螯合萃取体系进行研究的结果表明，大多数萃取过程属于界面化学反应控制，只有极少数属于相内反应和混合控制过程。

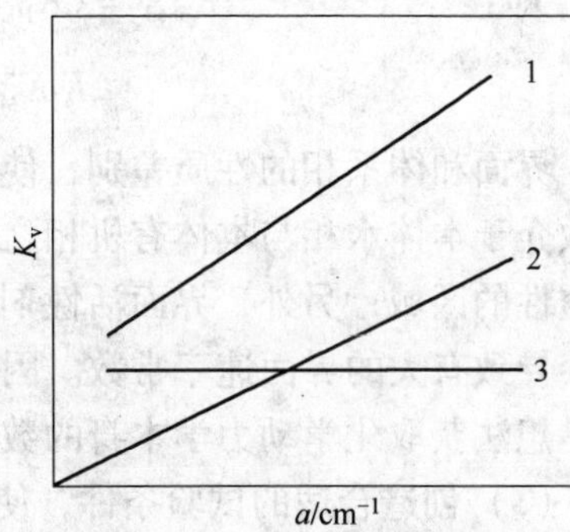

图 10-19 在化学反应控制中 K_v与 a 的关系

恒界面池法和液滴法也都有其自身的弱点，例如在界面池法中，对两相的搅拌强度必须局限在避免涡流形成的范围内，即保持两相间有固定的界面积，这种搅拌能否完全消除扩散的影响是值得怀疑的。而在液滴法技术中，第一相的液滴在第二相中的液柱中上升、下落或生长时，不能完全克服扩散传质对萃取速率的影响。

基于以上原因，这三类控制步骤的主要判别方法都是相对的，其中界面积法比较严格一些，所以在确定控制步骤时往往需要几种判别方法，加以综合分析，才能比较可靠，在较复杂的情况下，只有对萃取过程动力学机理作了深入研究，才能比较准确地判断出其控制步骤。

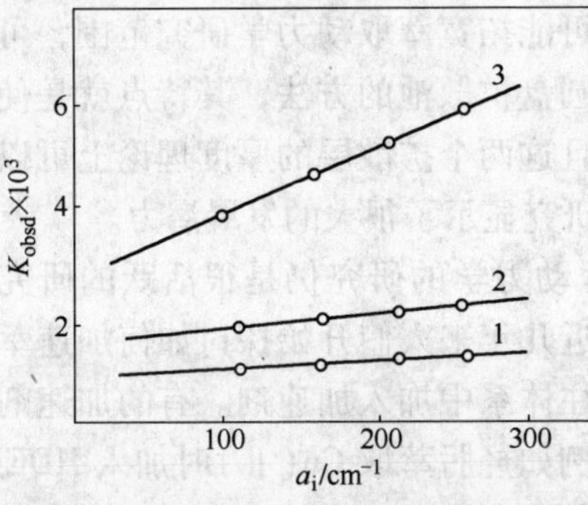

图 10-20 K_{obsd}与 a_i 的关系

1—pH = 7.27；2—pH = 7.70；3—pH = 8.45

近十多年来，界面在金属溶剂萃取动力学过程中的作用，受到人们的广泛重视，有关这方面的评述文章层出不穷，Freiser 在考察 Ni^{2+}/$NaClO_4$/8-羟基喹啉体系的动力学时发现 $-d[Ni^{2+}]/dt = K_{obsd}[Ni^{2+}]$ 中 K_{obsd}与比界面积 a_i（$=a/V$）有图 10-20 的关系。低 pH 值时，K_{obsd}与 a_i几乎无关，说明体系中 8-羟基喹啉（HL）占优势，与 Ni(Ⅱ)的反应发生在本体水相（通道Ⅰ）；pH 值上升时，曲线的斜率和截距都上升，说明在该 pH 值条件下，即使 $a_i = 0$ 时，水相中有 HL 与 L^- 同时与 Ni^{2+} 发生反应，且 a_i上升时 K_{obsd}上升，说明界面上 L^- 的参与构成了速度控制步骤的主要方面，于是设想有以下 3 通道反应。

通道 1： $M^{2+} + HL \xrightarrow{K_{HL}} ML^+$（水相内）

通道 2： $M^{2+} + L^- \xrightarrow{K_L} ML^+$（水相内）

通道 3： $M^{2+} + L^-\ (l) \xrightarrow{K_i} ML^+\ (l)$（界面）

其萃取速率方程为：

$$-d[Ni^{2+}]/dt = (K_{HL} + K_L K_a [H^+]^{-1}) \times K_d^{-1} [HL]_{(o)} [Ni^{2+}] + K_i K'_M K'_L AdV^{-1} K_a K_d^{-1} [H^+]^{-1} \times [HL]_{(o)} [Ni^{2+}]$$

即：

$$K_{obsd} = (K_{HL} + K_L K_a [H^+]^{-1}) \times K_d^{-1} [HL]_{(o)} + K_i K'_M K'_L K_a AdV^{-1} K_d^{-1} [H^+]^{-1} [HL]_{(o)}$$

界面和体系相的性质差别，使界面速率常数 K_i 往往高出 K_{HL} 与 K_L 许多，若界面的介电常数介于本体水相与本体有机相之间，对于涉及电荷中和的反应来说，界面区是一个较好通透性的区域，另外，界面活性剂的极性基倾向于指向界面水相一边，增大了反应机会，也会导致有大的界面速率常数。因此，在研究涉及传递过程的化学体系时，最大的目的显然是想法获取化学动力学本身的数据，因此，进行萃取动力学研究时一般遵循如下原则：

（1）创造合适的试验条件，使过程处于化学反应控制的条件下，从而可直接对反应动力学进行研究；

（2）使体系中涉及的传质过程可以被定量进行描述，从而可以从总的效应中扣除传质的作用而获得化学动力学本身的信息。

目前绝大多数研究是按前一条道路进行的，如强搅拌体系萃取动力学研究，在两相体系中，借助于强烈搅拌或强烈振荡，使两相以微小液滴形式处于高度分散状态。该技术能有效地消除扩散传质对萃取速率的影响，并能得到关于反应级数的信息，且特别适合于慢反应萃取体系的研究。但该技术若不能有效地估算两相接触的总界面积，就不能得出动力学模式以及速度控制步骤确切位置等方面的结论，将阻碍对萃取动力学过程的深入认识。所以发展和完善后一种途径的研究方法至少有两点益处：一是由于提供了考虑传质阻力的可靠手段，可以使控制区域的判断更为可靠；二是有可能拓宽萃取动力学研究范围，可研究测定快反应的速率，同时能确定萃取模式。如旋转圆盘扩散池的方法，其特点就是使体系的传质阻力集中到传递膜和其两侧的扩散层内，而且这两个扩散层的厚度理论上可以用 Levich 方程定量描述，将此技术用于金属萃取动力学研究显示了很大的发展潜力。

由于萃取过程有着巨大的工业应用背景，其过程动力学的研究仍是很活跃的研究领域。在研究单一萃取剂体系的动力学过程的基础上，近几年来人们开始探讨如何加速萃取过程的问题，为使萃取传质过程加快，有效的办法是往体系中加入加速剂。有的加速剂其浓度项虽进入萃取速率方程，但不进入萃合物组成。例如羟肟萃取 Cu(Ⅱ)时加入 HDEHP(P204)作加速剂。有的加速剂其浓度与速率无关，当然也不进入萃合物组成，如 HTTA（噻吩甲酰三氟丙酮）萃取 Eu(Ⅲ)时 Ph_3PO（三苯基氧膦）的作用。加速剂也可称为催化剂，这些催化剂有时可以加到有机相，也可加到水相，还有的加速剂不仅其浓度与萃取速率有关，且进入萃合物的组成，如 P204 萃取 Al(Ⅲ)时，其正逆向萃取速率均与 H_2RPA（长碳链膦酸单烷基酯）的浓度有关，而且萃合物的组成比即 P204 : H_2RPA : Al^{3+} 为 2 : 1 : 1 摩尔比，此时加速剂的作用已非单一的催化性质，而是具有既加速反应，又参加反应形成 Al^{3+} 的协萃配合物的双重作用，只有在这种意义上，才可以称之为双协同萃取体系。加速剂也可称为动力学协萃剂，它与被萃物的反应比体系中主萃取剂快，形成一种不太稳定的中间配合物，出现了较小势垒的附加通道。

10.5 萃取过程的相间传递速率[5]

萃取过程中的相间传质速率是指从一液相主体通过单位相界面积向另一相主体质量传递的速率。在两相（R 相和 S 相）主体间，被传递的溶质的浓度是逐渐变化的，如图

10-21所示，其间包括主体相中的对流（层流和湍流流动）传质、相界面附近的边界层内的对流和扩散传质以及界面上的溶解平衡和界面状态对传质的促进和阻碍作用。这些因素的影响不易从机理上简洁地表达，在工程应用中一般用传质系数来综合表示各种因素的影响。与一相内部的传质速率类似，也可以表示为传质系数 k 与传质推动力（往往以浓度差 ΔC 或摩尔分数差 Δx 表示）的乘积：

$$J = k\Delta C = k'\Delta x \tag{10-89}$$

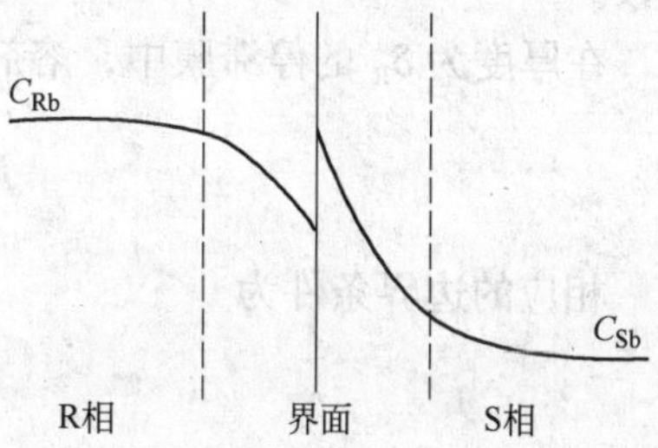

图 10-21　在相界面附近两侧的溶质浓度分布

因此相间传质系数的定义是与推动力的定义方式密切相关的。

取决于 J 和 ΔC 定义的是局部值或是过程中的时间或空间平均值，一同定义的传质系数 k 也同样地为局部瞬时值或某种平均值。

10.5.1 传质系数和相间传质模型

由于实际传质速率问题的复杂性，在应用中的多数场合下要采用一些合理的简化假设。在主体相中，对流传递过程远比扩散过程重要，故可忽略扩散过程对传质速率的贡献，主体相中的浓度可视为均匀。这样，相间传质的阻力主要集中在相界面两侧的薄层（边界层）和界面本身上。在界面边界层中，没有宏观意义上垂直于界面的对流，否则这将造成界面在空间整体平移，不构成相对于界面的传质。但边界层中微尺度上的对流，如界面小尺度上的 Taylor 和 Marangoni 效应所引起的对流，则对相界面传质有相当大的贡献。取决于相界面边界层中传质的具体机理，发展出了许多用于描述相界面传质的模型，如双膜模型、穿透模型、表面更新模型及近年开始逐渐发展的涡流扩散模型。

10.5.1.1 停滞膜模型

Whitman[34] 提出的相间传质的双膜模型包含 3 个假设：（1）传质阻力集中于界面两侧的两个停滞膜中，膜内传质通过分子扩散进行；（2）界面上达到溶解平衡：

$$K = C_{Si}/C_{Ri} \tag{10-90}$$

分配系数 K 为一常数；（3）主体相浓度均匀，无传质阻力。图 10-22 表示此假设溶质浓度在界面附近的分布，其中两侧液膜的厚度分别为 δ_R 和 δ_S。

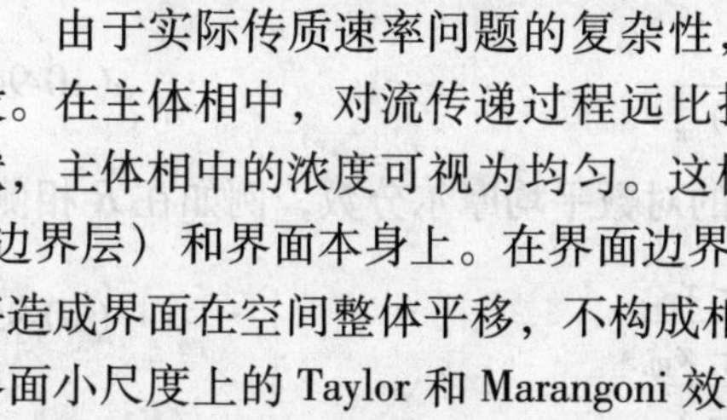

图 10-22　按双膜理论相界面附近的溶质浓度分布

在 R 相中 A 的一维稳态传质可用下式表示[35]：

$$J_A = x(J_A + J_R) - C_{OR}D\frac{dx}{dz} \tag{10-91}$$

式中，J_A 为溶质 A 的传递通量；J_R 为 R 相溶剂穿过膜的传质通量；C_{OR} 为 R 相（包括溶质和溶剂）的总摩尔浓度（常数）；D 为溶质 A 在溶剂中的分子扩散系数；x 为溶质 A 在 R 相侧停滞膜中的摩尔分数。

在厚度为 δ_R 的停滞膜中，溶剂 R 的通量 $J_R=0$，故式（10-91）化为

$$J_A(1-x)=-C_{OR}D\frac{dx}{dz} \tag{10-92}$$

相应的边界条件为

$$\begin{cases}x=x_b, z=\delta_R\\ x=x_i, z=0\end{cases}$$

积分后得到

$$J_A=C_{OR}\frac{D}{\delta_R}\ln\frac{1-x_b}{1-x_i}=\frac{DC_{OR}(x_b-x_i)}{\delta_R(1-x)_{im}}$$

与式（10-89）比较，可得 R 相侧的传质系数为

$$k_R=\frac{D_{AR}C_{OR}}{\delta_R(1-x_{AR})_{im}} \tag{10-93}$$

在 E 相一侧同样有

$$k_E=\frac{D_{AR}C_{OR}}{\delta_E(1-y_{AE})_{im}} \tag{10-94}$$

式中，$(1-x)_{im}$ 和 $(1-y)_{im}$ 为界面某一侧溶剂浓度的对数平均摩尔分数，例如在 R 相侧：

$$(1-x)_{im}=\frac{x_{Rb}-x_{Ri}}{\ln\dfrac{1-x_{Rb}}{1-x_{Ri}}} \tag{10-95}$$

只有当溶质摩尔分数 x 远小于1时，才有 $(1-x)_{im}=1$，式（10-93）就简化为大家熟悉的传质系数定义式 $k=D_{AR}C_{OR}/\delta_R$，与此定义一同定义的浓度推动力即为（x_b-x_i）。这样 k 与溶质浓度无关，在一定的流体力学条件下保持为常数。若传质系数定义为 $k=D_{AR}/\delta_R$，则相应的浓度推动力即为（C_b-C_i）。因此，k 的定义式（10-93）是与浓度推动力定义（$C_{Ab}-C_{Ai}$）同时定义的。多数实际萃取场合是为了提取或浓缩稀溶液中的有价溶质，故一般 $(1-x_A)_{im}\approx1$，故停滞膜一侧的分传质系数可描述为

$$k=\frac{D_{CO}}{\delta},\ k'=\frac{D}{\delta} \tag{10-96}$$

稳态时，在 R 相中和 S 相中的停滞膜有相同的传质速率：

$$J=k_R(C_{Rb}-C_{Ri})=k_S(C_{Si}-C_{Sb})$$

代入相平衡关系式（10-90）可得以总推动力（$C_{Rb}-C_{Sb}^*$）表示的传质速率：

$$J=k_{OR}(C_{Rb}-C_{Sb}^*) \tag{10-97}$$

或以总推动力（$C_{Rb}^*-C_{Sb}$）表示的传质速率：

$$J=k_{OS}(C_{Rb}^*-C_{Sb}) \tag{10-98}$$

其中总传质系数（k_{OR} 和 k_{OS}）与两侧停滞膜的传质系数的关系为

$$\frac{1}{k_{OR}}=\frac{1}{k_R}+\frac{1}{K_{kS}} \tag{10-99}$$

$$\frac{1}{k_{OS}}=\frac{1}{k_S}+\frac{K}{k_R} \tag{10-100}$$

形象地表达了两相阻力的串联，等式左边的两项代表了在界面两侧膜中传质阻力的相对大小。上式中，$C_{Rb}^*=KC_{Rb}$为与C_{Rb}平衡的S相主体浓度；$C_{Sb}^*=C_{Sb}/K$为与C_{Sb}平衡的R相主体浓度。

当K很大时，即溶质在S相中的溶解度很高时，$k_{OR}\to k_R$，即S相一侧的传质阻力可以忽略，这时传质是R相控制的。若$K\to 0$，则类似地$k_{OS}\to k_S$，这时传质是S相阻力控制的。

单侧传质系数含有特定参数——停滞膜厚度δ，其数值大小取决于界面附近的流体力学条件和体系的物理性质。显然，即使是同一萃取体系在不同的条件（设备和操作条件）下操作，也有不同的δ数值，即有不同的传质系数值。从物性设备、操作条件出发估计所设计体系的传质系数值是一件困难的任务，目前仍主要借助于在各种类型的具体条件下实验总结出无因次准数关联式进行估算。

按以上模型，单侧传质系数与二元体系分子扩散系数D成正比，但实验结果是k与D的0.5～1次方成正比，一般可以认为$k\propto D^{2/3}$。实验与理论的偏差主要是因为停滞膜内仅有分子扩散的假设偏离实际。除D以外的其他设备、体系、操作因素都归并在未知参数膜厚δ之中，其数值需通过实验求出。

10.5.1.2 穿透模型及膜穿透组合模型

A 穿透模型

与双膜理论不同，Higbie穿透理论的基本出发点是界面处微元的非稳态传质，假设在界面一侧的传质过程是非稳定的：一浓度为C_b的新鲜液体微团从主体相中被带到液-液界面，与界面处浓度相当于C_i的另一相接触，开始进行分子扩散传质（图10-23）。微团在界面停留时间τ后又被来自主体相的新鲜微团代替。此过程可用菲克第二定律描述：

$$\frac{\partial C}{\partial t}=D\frac{\partial^2 C}{\partial z^2} \tag{10-101}$$

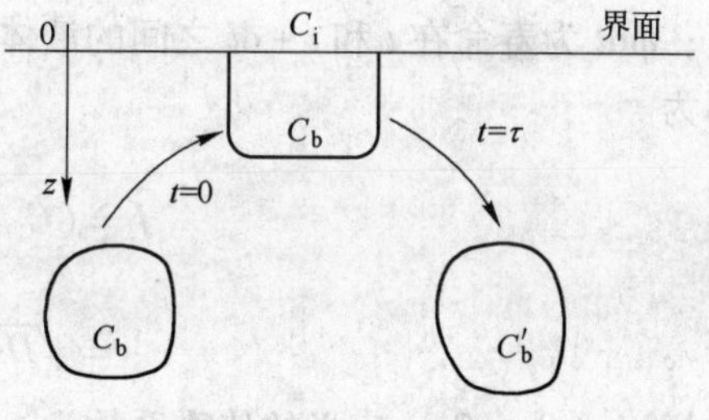

图10-23 穿透模型中微团暴露在界面时间τ后被新鲜微团取代

若传质进行到时间τ时扩散传质尚未深入到离界面很远的地方，即微元在z方向厚度很大，那么相应的初始和边界条件可取为

$$\begin{cases} C=C_b, & z>0, & t=0 \\ C=C_i, & z=0, & t>0 \\ C=C_b, & z\to\infty, & t>0 \end{cases}$$

其解为

$$\frac{C - C_b}{C_i - C_b} = 1 - \mathrm{erf}\left(\frac{z}{\sqrt{4Dt}}\right) \tag{10-102}$$

其中误差函数定义为

$$\mathrm{erf}(u) = \frac{1}{\sqrt{2\pi}}\int_0^u \mathrm{e}^{-x^2}\mathrm{d}z$$

界面处溶质的瞬时通量为

$$J = -D\left(\frac{\mathrm{d}C}{\mathrm{d}z}\right)_{z=0} = (C_i - C_b)\sqrt{\frac{D}{\pi t}}$$

在时间间隔τ内的平均传质通量为

$$\bar{J} = 2\sqrt{\frac{D}{\pi\tau}}(C_i - C_b) \tag{10-103}$$

这样,以推动力($C_i - C_b$)定义的传质系数即为

$$k = 2\sqrt{\frac{D}{\pi\tau}} \tag{10-104}$$

应用此模型时需给出微团更新的平均时间间隔τ。

Danckwerts[36]提出的表面更新理论是穿透理论的一个扩展，将 Higbie 的固定暴露时间 r 改变为在界面暴露时间的某种分布，然后时间域上平均溶质传递的速率。假设表面微团被主体相取代的机会与微团已在表面暴露的时间长短无关，这样表面微团寿命分布密度函数即为

$$\phi = s\mathrm{e}^{-st} \tag{10-105}$$

式中，s 为常数，是单位时间内表面微团被取代的分数；ϕ 为表面微团寿命为 t 的概率密度；$\phi\mathrm{d}t$ 为寿命在 t 和 $t+\mathrm{d}t$ 之间的液体微元在微元总数中所占的分数。平均溶质溶解的速率为

$$\bar{J} = (C_i - C_b)\sqrt{\frac{D}{\pi}}\int_0^\infty \frac{s\mathrm{e}^{-st}}{\sqrt{t}}\mathrm{d}t$$

$$= \sqrt{Ds}(C_i - C_b) \tag{10-106}$$

这样以（$C_i - C_b$）定义的传质系数为

$$k = \sqrt{Ds} \tag{10-107}$$

从式（10-107）和式（10-104）可以看出，穿透理论提示 $K \propto D^{0.5}$，这与简单的双膜模型中 $K \propto D$ 完全不同。穿透理论中的参数 τ 或 s 也需要从实验中得出，以用于以后的设计计算。

B　膜穿透组合模型

Toor 和 Marchello 提出的组合模型假设，溶质从界面向厚度为 δ 的停滞膜作非稳态分子扩散，膜两端的浓度为 C_i 和 C_b，液膜在界面暴露 τ 时间后被主体相的新鲜液体取代[37]。这时模型方程仍为式（10-101），但边界条件略有不同。此组合模型的解综合了膜理论和穿进理论的特性，当 τ 很小时，其解还原为穿透理论，τ 很大时还原为停滞膜理论。此模型

有更大的灵活性，但模型有两个参数，需要更大的工作量来提供成套的设计参数。

10.5.1.3 界面湍流传质模型

以上几种经典的传质理论都属经验模型，均含有经验参数。由于这些理论中传质机理过于简化，所需的参数无法从流体力学和传递过程原理求出。比较新的传质模型考虑了界面处流场的特性，出现了两类湍流传质模型。一类是 King[50] 的涡旋扩散模型（eddy diffusivity model），另一类是涡旋池模型（eddy cell model）。

A 涡旋扩散模型

King 认为，在界面液膜中，平行于界面的对流流动对传质的贡献远不如法向的分子扩散和湍流扩散。后者的作用以湍流扩散系数 $D_E = ay^n$ 表示，其中 y 是距自由界面的距离。由于表面张力对湍流起阻尼作用，故在界面处 $D_E = 0$。这样，扩散方程成为

$$\frac{\partial C}{\partial t} = \frac{\partial}{\partial y}\left[(D + ay^n) \frac{\partial C}{\partial y}\right] \tag{10-108}$$

对于固-液界面或表面张力较大的自由界面，$n = 3$；对于一般自由界面，n 值更大一些。a 可由下式估计：

$$a = 0.006 \frac{\varepsilon_V \rho}{\mu^2} \tag{10-109}$$

式中，ε_V 为单位液体体积的能量耗散。因此，模型参数数值根据湍流的实验和理论得出。所得传质系数 $k \propto D^{1-\frac{1}{n}}$。但后来的研究认为 $n = 2$，这样，$k \propto D^{\frac{1}{2}}$，更符合一般实验观察到的实际情况。本模型是基于表面更新及涡流扩散的概念建立的，Bin[51] 对这一模型有进一步的评价和阐述。

B 涡旋池模型

这类模型又可分为大涡模型（large eddy model）和小涡模型（small eddy model）。

Fortescus 和 Pearson[38] 提出的大涡模型认为在界面附近由于湍动存在一连串大小与性质相异的涡旋，但对传质的影响可由一串规则的方形涡旋来模拟。这些条形涡旋如图 10-24 所示，其尺度可取为湍流流动的积分尺度。涡旋引起的界面流动的 3 个速度分量为

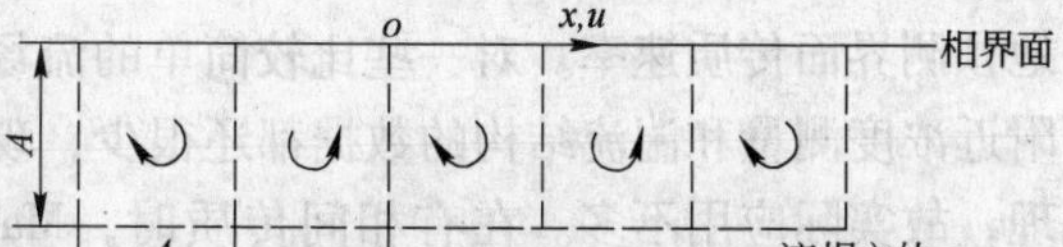

图 10-24 相界面附近的条形涡旋

$$\begin{cases} u = A\sin\left(\frac{\pi x}{\Lambda}\right)\cos\left(\frac{\pi y}{\Lambda}\right) \\ v = -A\cos\left(\frac{\pi x}{\Lambda}\right)\sin\left(\frac{\pi y}{\Lambda}\right) \\ w = 0 \end{cases}$$

式中

$$A = 2\left(\frac{\bar{u}^2 + \bar{v}^2 + \bar{w}^2}{2}\right)^{\frac{1}{2}}$$

$$\Lambda = \int_0^{\infty} \frac{\overline{u_{\tau}(x)u_{\tau}(x+r)}}{u_r^2(x)} \mathrm{d}r$$

将上述速度式代入对流扩散方程，加上适当的边界条件，得到平均传质系数

$$\bar{k} = -\frac{D}{\Lambda}\int_0^{\Lambda}\left(\frac{\partial C}{\partial y}\right)_{y=0} \mathrm{d}x \tag{10-110}$$

这类模型的特点是将传质模型中的常数与湍流流动的特征值相联系，具有更强的物理内涵。

Lamont 和 Scott[39] 提出了小涡模型，主要物理概念是界面附近的大尺度涡旋中重叠着许多小尺度涡旋（Kolmogoroff 涡），这些黏性的小尺度涡引起的界面流动控制着界面的对流扩散传质过程，由此得出传质系数为

$$\frac{k\eta}{D} = 0.445 Pe^{\frac{1}{2}} \tag{10-111}$$

式中，η 为 Kolmogoroff 尺度；$Pe = A\eta/D$，A 为小涡的速度振幅。实际流体中的小涡尺度也有一定的分布，若仅考虑垂直界面的 y 方向的一维能谱函数为 $E(n)$，n 为波数。但距界面 y 值不同的地方，$E(n)$ 分布函数是不同的，而速度振幅 A 是正比于 $\sqrt{nE(n)}$ 的。以各向同性湍流的惯性区为例：

$$E(n) = 0.45\varepsilon_{\mathrm{m}}^{2/3} n^{-5/3} \tag{10-112}$$

式中，ε_{m} 为单位质量流体的能量耗散速率，则由式（10-111）和式（10-112）可得：

$$k \propto D^{1/2} \varepsilon_{\mathrm{m}}^{1/6} n^{-1/3} \tag{10-113}$$

这是单位波数的传质系数。上式在适当的波数范围内积分平均值则是传质系数 k 的平均值（上限是使 $E(n)$ 为 0，下限是与液滴（或气泡）大小相当的波数）。

上述模型与界面湍流结构特征密切相关，使传质模型具有更明确的物理意义，可望准确地预测界面传质速率。对一些比较简单的流场，其 ε_{m} 和 $E(n)$ 已有公认的结果。但对界面附近浓度测量和湍流结构的数据都还很少，现在尚无法判断表面更新和湍流传质的真正机理，故实际应用不多。在有相间传质时，Marangoni 效应等也影响湍流在界面的特性。因此，涡旋扩散模型还有待进一步的研究和发展。

10.5.1.4 传递过程中的无因次准数

以上各种传质理论用不同的机理和不同的参数，最终导出了相间传质速率表达式，并由此定义了传质系数和相对应的推动力。传质系数中包含了相应的模型参数。在实践中现已积累了相当丰富的传质系数数据，在不能给出理论传质模型参数的情况下，按传质系数整理成许多有用的关联式供设计使用。

由于影响相间传质速率的因素很多，例如流体速度 v、黏度、密度、扩散系数 D、设备特征尺度 L 等，故

$$k = f(v, \mu, \rho, D, L)$$

的形式相当复杂，逐一改变影响参数，实验测定每个参数的影响，这样实验工作量太大。按照因次分析的理论，可以将这些参数组成一定数目的无因次数群，同样可以表达各物理参数影响的方式。于是上式简化为

$$Sh = f(Re, Sc)$$

一般文献也是用无因次数来报道传质系数的实验结果。常用于描述传质和传热过程的无因次数见表10-17。

表10-17 传递过程常用的无因次准数

无因次数	符号	定 义	物理意义	无因次数	符号	定 义	物理意义
雷诺数	Re	$\frac{\rho LV}{\mu}$	惯性力/黏性力	弗劳德数	Fr	$\frac{V^2}{gL^2}$	惯性力/重力
舍伍德数	Sh	$\frac{kL}{D}$	传质速率/扩散速率	贝克莱数	Pe	$\frac{VL}{D}$或$\frac{VL}{\alpha}$	对流速率/分子扩散速率
努塞尔数	Nu	$\frac{hL}{\lambda}$	传热速率/热传导速率	斯坦顿数	St	$\frac{k}{V}$或$\frac{h}{C_p V\rho}$	传递速率/对流速率
施密特数	Sc	$\frac{\mu}{\rho D}$	动量分子扩散速率/质量分子扩散速率	j_D因子	j_D	$St_D Sc^{2/3}$	传质因子
普朗特数	Pr	$\frac{C_p\mu}{\lambda}=\frac{\mu}{\rho\alpha}$	动量分子扩散速率/热量分子扩散速率	j_H因子	j_H	$St_H Pr^{2/3}$	传热因子
欧拉数	Eu	$\frac{p}{\rho V^2}$	压力/惯性力				

10.5.1.5 萃取设备的体积传质系数

在工业萃取设备中往往一相分散在另一相中成为液滴，在单位体积设备中可得到更大的传质面积。为了表示萃取设备单位截面积上的传质通量，需要引进单位设备体积中的相间接触面积 a，其单位为 m^2/m^3。这样，单位设备体积的传质速率为

$$N = k_{ORa}(C_{Rb} - C_{Sb}^*) \tag{10-114}$$

由此式可在具体的设备条件下估算设备的体积大小。

在多数文献中的传质数据是用 k_{oja}（体积传质系数，j 指R或S相）或用传质单元高度（HTU）报道的。不同设备中的 k_{oja} 差别很大，原因是设备中的比相界面积 a 变化很大，而对某一体系而言 k_{oj} 则取相对较固定的值。近年来已有将 k_{oja} 分解为两个各有独立物理意义的量来处理的趋势，尤其是在研究填料萃取塔方面取得了较好的结果。在不同萃取设备中的传质速率或传质系数的数据，可参见设备的有关文献[30]。

10.5.2 界面现象及对传质的影响

相界面对传质速率的影响除在量的方面体现为比相界面积 a 外，界面的性质也对传质速率有很大的影响。多数场合下可假设界面上溶解达到平衡，没有传质阻力。但即使在清洁无表面活性剂污染的相界面上，由于溶解（萃取）是通过非均相反应进行的，或通过溶剂化、缔合、水合、脱水等物理过程实现的，也可能未达到平衡，因而消耗了部分传质推动力。相反，由于传质形成相界面张力的梯度，引起自发的界面湍动（Marangoni 效应等），又可强化相间传质速率。表面活性剂对界面物理性质的影响自然也影响相间传质速率。

10.5.2.1 相界面传质阻力

溶质可能在两相中以不同的化学形式存在，因而溶解过程实际上伴随着非均相界面反

应。用非极性试剂（如苯）从水中萃取羧酸时，酸在萃取剂中以二聚物形式存在。例如，苯甲酸的二聚反应为：

$$2C_6H_5COOH = (C_6H_5COOH)_{2(o)}$$

又如二乙胺等胺类物质从水中萃取到溶剂中时也要失去缔合水。无机物的萃取体系中也有许多萃取时发生溶质和溶剂形成配合物的例子。如硝酸铀酰用含氧溶剂（如甲基异丁基酮 MIBK）萃取时，反应为：

$$UO_2(NO_3)_2 \cdot 6H_2O + 3S_{(o)} = UO_2(NO_3)_2 \cdot 3S \cdot 4H_2O_{(o)} + 2H_2O$$

上式中 S 表示溶剂。用肟类溶剂螯合萃取铜离子时，螯合反应常常是速率控制步骤。

可以借助双膜理论来体现非均相反应的影响。若反应的正逆方向均为一级反应，速率常数为 k_i^+ 和 k_i^-，则单位界面积的反应速率为

$$J = k_i^+ C_{Ri} - k_i^- C_{Si} = k_i^+ \left(C_{Ri} - \frac{k_i^-}{k_i^+} K C_{Si} \right)$$

但所谓相界面溶解平衡即非均相反应的化学平衡，故：

$$J = k_i^+ (C_{Ri} - C_{Si}^*) = k_i^- (C_{Ri}^* - C_{Si}) \tag{10-115}$$

这一子过程是与两停滞膜内的传质串联的过程，故总传质系数中将含有界面化学反应阻力项：

$$\frac{1}{k_{OR}} = \frac{1}{k_R} + \frac{1}{K_{kS}} + \frac{1}{k_i^+} \tag{10-116}$$

$$\frac{1}{k_{OS}} = \frac{1}{k_S} + \frac{1}{K_R} + \frac{1}{k_i^-} \tag{10-117}$$

这两个公式形式上很好地体现了界面阻力与其他传质阻力的串联特性。界面传质的物理性质的阻力也消耗一定的浓度推动力，需要定义界面传质系数。由于速率常数 k_i^+ 和 k_i^- 与界面传质系数的量纲相同，故式（10-115）也可用来表示由于物理原因造成的界面传质阻力。

10.5.2.2　传质引起的界面不稳定性

以上介绍和各种传质理论中，均假设界面是不动的，没有沿界面方向的对流流动（宏观的或是微尺度的），但实际上界面附近有流动，传质涉及溶质在相间的转移，这可能产生一定的热效应，通过温度变化引起液体密度和界面张力的变化。传质过程中界面附近浓度在时间上和空间上的变化，也会引起液体密度和界面张力的变化。在条件搭配适当时，就会出现由界面张力梯度引起的界面微尺度流动或界面湍动（一般称为 Marangoni 效应），和界面附近密度梯度与重力方向相反引起的界面湍动（Taylor 不稳定性）及其他界面不稳定现象。

A　Marangoni 效应

在界面发生传质过程时界面浓度不可能是完全均一的，因此界面张力也不是处处完全相等的。低界面张力的区域，在与界面张力梯度逆向的表面压力梯度作用下，界面向周围扩张，并带动界面两侧的液体沿界面方向运动，这就是所谓的 Marangoni 效应。在不同的情况下，它能引起多种形式的界面运动，大体可分为规则型和不规则型两类。

规则型界面湍动，发生于两静止液体之间的界面上（图 10-25）。若某一时刻界面上 a 点的浓度比 b 点高，而体系是溶质浓度增高而界面张力减少的系统（$\partial\gamma/\partial C<0$），则界面张力梯度指向 b，而表面压力梯度指向 a，因而发生由 a 向 b 的界面对流，引起主体相流体和界面间的液体交换，形成环形涡流。若溶质从 R 相向 S 相传递，而 R 相的物性使得这一侧的环流较强，向 a 点补充溶质超过在另一侧的逆向传递，则 a 点浓度大于 b 点的状况能维持下去，形成稳定的有组织的环流，从而促进相间传质。

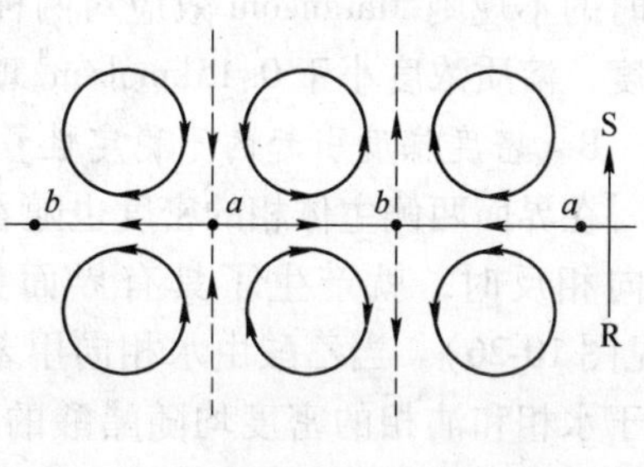

图 10-25 规则型界面湍流的形成

Sternling 和 Scriven 用流体力学不稳定性理论分析了界面微扰发展成为稳定或移动的环形湍流的条件，其结论总结在表 10-18 中[40]。这些结果有助于判断在萃取体系中是否会出现影响传质速率的 Marangoni 效应，在设计计算中对实际传质速率给予足够的注意。从表中结果可以看到，传质的方向是决定是否发生 Marangoni 效应的重要因素之一。对 $\partial\gamma/\partial C>0$ 的体系，同样可能发生 Marangoni 效应（表 10-19）。

表 10-18 $\partial\gamma/\partial C<0$ 体系规则界面不稳定性的判据

比值		传质方向 R→S	传质方向 S→R	比值		传质方向 R→S	传质方向 S→R
D_R/D_S	v_R/v_S	现象	现象	D_R/D_S	v_R/v_S	现象	现象
<1	1	对流环	稳定或振荡	1	<1	稳定	对流环
1	1	稳定	稳定	<1	>1	对流环	稳定或振荡
>1	1	稳定或振荡	对流环	>1	<1	稳定或振荡	对流环
1	>1	对流环	稳定				

表 10-19 $\partial\gamma/\partial C>0$ 体系规则界面不稳定性的判据

比值		传质方向 R→S	传质方向 S→R	比值		传质方向 R→S	传质方向 S→R
D_R/D_S	v_R/v_S	现象	现象	D_R/D_S	v_R/v_S	现象	现象
<1	1	稳定或振荡	对流环	1	<1	对流环	对流环
1	1	稳定	稳定	<1	>1	稳定或振荡	对流环
>1	1	对流环	稳定或振荡	>1	<1	对流环	稳定或振荡
1	>1	稳定	稳定				

不规则的界面 Marangoni 效应，或称瞬时扰动，发生在湍流或强制对流的相界面上，尤其是有机溶质在液滴与连接相间传质时会引起界面猛烈的摆动和振荡。当主体相内湍动强烈且溶质浓度较大时，有可能在界面局部一点上产生十分强烈的界面迸发。此时溶质高浓度使 $\partial\gamma/\partial C<0$ 的体系具备了表现强烈 Marangoni 效应的条件，因此当界面上由于主体相中的湍动使一涡旋达到界面，引起表面张力降低和表面压力升高，表面为恢复平衡而诱发界面运动，并由于 Marangoni 效应而非线性地放大，成为垂直于界面的更强烈的喷射流（迸发），导致主体相和边界流体交换，使传质通量增加。例如用细针头向悬浮在甲苯中的水滴表面注射一股丙酮时即引起水滴沿注射方向剧烈摆动，其效果能增加传质速率。此类

瞬时的不规则 Marangoni 效应对两种方向的传质均可发生，但存在发生该现象的最低溶质浓度，溶质浓度小于 0.15kmol/m^3 时就不会发生迸发。

B　密度梯度引起的不稳定性

在界面两侧主体相的密度也随着传质的变化而发生变化。当此密度变化的梯度与重力方向相反时，就产生了具有界面失稳的因素（见图 10-26）。当乙酸由水相向甲苯中传递时，由于水相和油相的密度均随醋酸的浓度增高而增大，这时界面两侧密度从下而上递减，因而在重力场中是稳定的（见图 10-26 左）。而当传质方向是从油到水时，在界面两侧的边界层中出现逆重力变化的密度梯度，若界面上其他的微扰足够强，就可能破坏界面的静止状态，引起像图 10-25 中类似的环形涡流（见图 10-26 右）。这称为 Taylor 不稳定性，也起到增强传质的作用。当液面有表面张力引起的 Marangoni 效应时，稳定的密度梯度对 Marangoni 效应起限制作用，而不稳定的密度梯度会增强 Marangoni 效应，增大涡漩的尺度，且使涡漩能更深入到主体相中去。

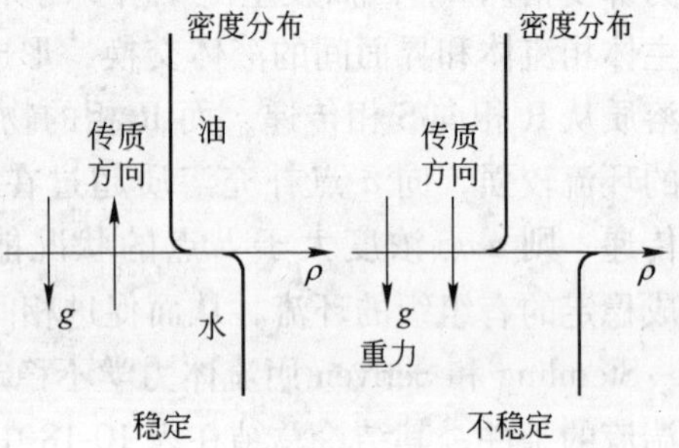

图 10-26　界面的 Taylor 不稳定性

C　界面温度变化的影响

由于溶质在萃取体系两液相中溶解热不同，传质过程的同时必然伴随着界面吸热或放热的现象，使界面区域的温度不同于两主体相。这会使界面局部的分配系数、物理性质（黏度、密度等）发生变化，影响到传质系数的大小。一般说来，传质的热效应不大，但溶于异丁醇中的醋酸萃取到含 NaOH 的水中时，伴有酸碱中和热释放出来，估计界面可产生达 11℃的温升。这样，主体相温度下的传质系数 k 值不再适用。这么大的温度差有可能引起 Bernard 效应（热重力不稳定性），温度变化引起界面张力的变化可以加强或削弱 Marangoni 效应；温升引起的密度变化可能和 Taylor 不稳定性叠加，当界面温度变化较小时可忽略其影响。

10.5.2.3　界面湍动对相间传质的影响

当溶质由有机相液滴传进水溶液连续相中时（正向传质），Marangoni 效应通常促进液滴的合并，而由水相到有机相传质则对液滴合并起阻碍作用。在混合澄清槽中，正向传质起增大液滴尺寸和传质系数的作用，但体积传质系数可能减小；澄清槽中液滴合并加速，可提高相分离的效率。在串联混合澄清槽中，可加强搅拌来改善传质效率，在高浓度（进料）端的效果更好。在萃取塔中，有机分散相液滴变大，滞存率降低，结果比相界面积减小，虽然传质系数增大，但体积传质系数可能会降低。低的滞存率相应于较高的液泛点，这样塔的通量可以增大。通常可用机械搅拌来改善操作，但在塔的低浓度端界面湍流较弱，注意不要因此引起液泛。

界面不稳定性对相同传质过程的影响通过两个因素起作用，界面湍动等微尺度对流能增大传质系数，但对分散相的总界面积的影响是可能减小也可能增大，故体积传质系数的增减趋势不一定。

10.5.2.4　表面活性剂对传质的影响

表面活性剂是可溶于界面两侧的一相或两相，且平衡时会在界面富集的化学试剂。通常少量的表面活性剂就会使界面张力明显地下降，并削弱物系表面张力和溶质浓度间的依赖关系。表面活性剂选择适当且浓度较高时，界面张力甚至不受溶质浓度的影响，这样可以用表面活性剂抑制界面的不稳定性，制止界面湍动。另外，表面活性剂在界面吸附，占据一定的界面积，有时会增大界面溶解的阻力。当液滴在连续相中运动时，表面活性剂会在液滴表面上重新分配，向运动液滴的尾部表面集中，抑制滴外对流和内部环流，降低液滴的传质速率。总的说来，表面活性剂对液-液萃取体系相间传质的影响表现在以下几个方面。

A 堵塞传质表面

已知某些物质（如十六碳醇）可在水面形成单分子层，大大降低水面的蒸发速率，这是因为水分子蒸发通道的面积缩小了。Davies 和 Mayers[41] 研究了表面活性剂膜对传质速率的影响，包括在水-苯界面上散布一层抗酸蛋白质（porcinemucosa 胃蛋白酶）对醋酸传进苯中的影响，以及十六烷基三甲基溴化胺或十八烷基三甲基氯化胺对苯-水-异丙醇体系的影响，结论是少量的表面活性剂能使传质速率显著下降。但并非所有的单分子层都这么有效。若真是传质表面积缩小的缘故，则传质速率的降低应正比于表面活性剂在界面的吸附量，后者同时应体现在降低表面张力上，但 Garner 和 Hale[42] 发现在表面活性剂浓度和界面传质阻力间没有关系。显然，界面阻力产生的原因还需研究。但当产生界面传质阻力时，溶解将偏离平衡，溶解速率仍可以用式（10-97）和式（10-98）表示，总传质系数中将包含界面传质系数，如式（10-99）和式（10-100）所示。

B 降低界面的活动性

液-液界面通常是活动的，一相中的湍流和对流容易传过界面，因而影响另一相中的传质。但某些吸附在界面的微量物质能使界面变得僵硬，界面的运动变弱，使 k 值降低。一般的液滴在连续相中自由下沉的速度大于同样尺寸和密度的固体颗粒，这是因为活动的液滴表面容许液滴内部形成环流，减小了两相间的摩擦阻力。若液滴表面因表面活性剂吸附而使表面活动性减弱，则液滴运动速度将降低接近固体球的水平，萃取速率也随之下降。表面活性剂也会被对流推向液滴尾部积累，这样在界面形成不利于液滴内部环流的表面张力梯度，使液滴行为更像一个硬球，滴内传质因此变慢。但另一方面，表面活性剂降低了液滴表面张力，使液滴容易变形，增大了尾涡的体积，这对传质产生一些有利的影响。

C 表面活性剂与被萃取溶质间的相互作用

已发现有些溶质会被在界面吸附的表面活性剂吸附，而且同一表面活性剂对不同溶质的阻碍作用也不相同。这些发现初步表明了表面活性剂与被萃取溶质间的相互作用，从而影响了传质的过程。

在本章结束前，作者强调指出：溶剂萃取作为提取、分离和纯化的一门技术，今后还会得到发展。现在由传统萃取工艺引申出来的反胶团溶剂萃取（RMSE）、超临界流体萃取（SFSE）、微波萃取（MASE）、电泳萃取（ESE）、超声萃取（USE）、预分散萃取（PSE）、磁场协助溶剂萃取（MFASE）、液膜萃取（LMSE）、内耦合萃取反交替分离过程（IESP）及非平衡溶剂萃取（NSE）都是溶剂萃取发展中的新方向。在新的世纪中，溶剂萃取热力学、动力学、界面化学、传质与模型、新萃取剂及稀释剂的分子设计、计算机专家系统在萃取中的应用及新型萃取设备的研究等均是溶剂萃取中应该研究的重要课题[52]。

参 考 文 献

1 刘会洲，余江．溶剂萃取的原理．见：汪家鼎，陈家镛主编．溶剂萃取手册．北京：化学工业出版社，2001

2 刘会洲，余江．常用萃取剂．见：汪家鼎，陈家镛主编．溶剂萃取手册．北京：化学工业出版社，2001

3 陆九芳．萃取热力学．见：汪家鼎，陈家镛主编．溶剂萃取手册．北京：化学工业出版社，2001

4 刘会洲，余江．伴有化学反应的萃取动力学．见：汪家鼎，陈家镛主编．溶剂萃取手册．北京：化学工业出版社，2001

5 毛在砂．相间传递速率．见：汪家鼎，陈家镛主编．溶剂萃取手册．北京：化学工业出版社，2001

6 徐光宪，王文清，吴瑾光等．萃取化学原理．上海：上海科学技术出版社，1984

7 关根达也，长谷川佑子．溶剂萃取化学．滕藤等译．北京：原子能出版社，1981

8 时钧，汪家鼎，余国琮，陈敏恒．化学工业手册：上卷．北京：化学工业出版社，1996

9 徐光宪，袁承业等．稀土的溶剂萃取．北京：科学出版社，1987

10 T. C. Lo, M. H. I. Baird, and C. Hanson, Handbook of Solvent Extraction, Wiley-Interscience Pub, 1983

11 马荣骏．溶剂萃取在湿法冶金中的应用．北京：冶金工业出版社，1998

12 Yu, S., Wa Z., Chen J., Ion Control in Hydrometallurgy, edby Dutrizac, J. E. and Monhernius, A. J. Ellis Horwood, London, 1986

13 陈家镛，杨守志，柯家骏等．湿法冶金的研究与发展．北京：冶金工业出版社，1998

14 李以圭．金属溶剂萃取热力学．北京：清华大学出版社，1988

15 胡英．流体的分子热力学．北京：高等教育出版社，1983

16 J. H. Hildebrand, and R. L. Scott, The Solubility of Non-Electrolytes, 3rd ed, Reinhold, 1950

17 H. Renon and J. M. Prausnitz, AIChEJ, 1968（14）：135

18 D. S. Abrams and J. M. Prausnitz, AIChEJ, 1975（21）：116

19 陆九芳，李总成，包铁竹．分离过程化学．北京：清华大学出版社，1993

20 J. J. Gmehling and M. Schillet, IEC Res., 1993, 32（1）：178

21 As. Fredenslund, R. L. Jones, and Prausnitz, AIChEJ, 1975（21）：1086

22 K. S, J. Pitzer, Phys. Chem, 1973, 77：268

23 K. S. Pitzer, and G., J. Mayorga, Phys., 1973, 77：2300

24 K. S. Pitzer, Activity Coefficients in Electrolyc Solution, 2rd ed. Chap. 3. CRC Press, Boca Raton, 1991

25 沈玉龙，陆九芳．石油化工．1994，23（7）：450

26 H. S. Harned, The Physical Chemistry of Electrolyte Solutions, 3rd ed., 1958

27 滕藤，李以圭．Hydrometallurgy，1983（10）：69

28 H. P. Meissner, and L. Kusik, AIChEJ, 1972（18）：294

29 陈家镛，于淑秋，伍志春．湿法冶金中铁的分离与利用．北京：冶金工业出版社，1991

30 李以圭，李洲，费维扬．液-液萃取过程和设备．北京：原子能出版社，1981

31 P. R. Danesi, et al. CRC Critical Reviews in Anal. Chem, 1980,（10）：1

32 G. Astarita, Mass Transer with Chemical Reaction, 1965

33 C. A. Blake, et al. PUAE, 28, 289（1958）, ORNL-2172, 1956

34 W. G. Whitman, Chem. Met. Eng. J., 1923,（29）：147

35 R. B. 伯德，W. E. 斯图瓦特，E. N. 莱特福特著．传递现象．袁一等译．北京：化学工业出版社，

1996
36 P. V. Danckwerts Ind. Eng. Chem., 1951, (43): 1460
37 H. L. Toor, J. M. Marchello, AIChEJ, 1958 (4): 97
38 G. E. Fortescus, J. R. A. Pearson, Chem. Eng. Sci., 1967, (22): 1163
39 J. C. Lamont, W. J. Anderson, ISEC, 77 [M], Toronto, 1979
40 G. V. Sternling, L. E. Scriven, J. Fluid Mech., 1964, (19): 321
41 J. T. Davies, G. R. A. Mayers, Chem. Eng. Sci., 1961, (11): 55
42 F. H. Garner, A. R. Hale, Chem. Eng. Sci., 1953, (2): 157
43 王开毅，成本诚，舒万银．溶剂萃取化学．长沙：中南工业大学出版社
44 杨佼庸，刘大星．萃取．北京：冶金工业出版社，1988
45 覃诚真，杨子超．萃取化学．桂林：广西师范大学出版社，1991
46 马荣骏．螯合物萃取及其协同效应的若干化学问题．云南冶金，1981（1）：28，1981（2）：34
47 Qiu Dianyun, Zhen Longao, Ma Rongjun. The Behavioer Structure Relation in the Extration Co(Ⅱ)、Ni(Ⅱ)、Cu(Ⅱ) and Ca(Ⅱ) by Monoacidic Organophosphorus [J], Solvent Extr. And Ion Exchange, 1989, 7 (6): 937
48 邱电云，郑隆鳌，马荣骏．酸性磷萃取剂结构与性能关系的研究．中国有色金属学报，1994（4）：34
49 邱电云，郑隆鳌，马荣骏．某些有机磷酸萃取钴的比较研究．矿冶工程，1989（3）：37
50 G. J. King, Ind. Eng. Chem. Fundam. 1966 (5): P1
51 K. A. Bin, Int. J. Heat Mass Trmsfer. 1983 (26): 981
52 马荣骏，罗电宏．溶剂萃取新进展及其在新世纪中的发展方向．矿冶工程，2001（3）：6~11
53 Li. Yiqui, Teng Teng, Lu Jinfang, et al. Fluid Phase Equilibria. 1986 (30): 297
54 沈玉龙，陆九芳．石油化工．1994，23（7）：450
55 吕翠英，徐亦芳，沈复．石油学报（石油加工），1988，4（4）：40
56 Chen Jiayong, Yu Shuqiu, Liu Huizhou, et al. Hydrometallurgy, 1992 (30): 401~406
57 於静芬，熊毅刚．有色金属，1990，42（2）：67
58 於静芬，吉晨．高等学校化学学报，1992，13（2）：224
59 于淑秋，陈家镛．Proc. of the ICHM'1988：168 及 185

11 离 子 交 换

主要符号表

a——活度，热力学活度

ABKB——强碱-弱酸系列树脂

ABKY——强酸-强碱系列树脂

AHKY——弱酸-强碱系列树脂

C_i——溶液中组分 i 的浓度，离子交换剂中组分 i 的浓度

C——浓度，溶液浓度

D_i——溶液中组分 i 的单独扩散系数，离子交换剂中组分 i 的单独扩散系数

D——溶液中的互扩散系数

F——转化分数（达到平衡的分数），法拉第常数

G——吉布斯自由能

He——Helfferrich 数

H——焓

I——离子的符号

J_i——液体中组分 i 的流量，离子交换剂中组分 i 的流量

f——活度系数

K——平衡常数，热力学平衡常数，表观平衡常数，假设平衡的平衡常数

K_1、K_2——取代后和取代前的反应常数

k_f——液膜传质系数

k_p——离子交换剂颗粒传质系数

K_B^A——A、B 两物质的选择系数

n——摩尔数

$P_{k'}$——表观电离常数

p——压力

Q——热效应

r_0——离子交换剂珠体的半径

Re——雷诺数

R——通用气体常数

R——烷基

S——熵

$t_{1/2}$——达到平衡的半时间

T——绝对，绝对温度

t——时间

V——体积，溶液体积，离子交换剂体积

W——每摩尔离子交换剂中溶剂的摩尔数

X——物质的量之分数

Y——二元体系的性质

γ——与离子某一状态有关的 Y 的特定性质

z_i——组分 i 的价数（阴离子带负号）

Z——离子电荷

α_{ij}——抗衡离子 i 相对于抗衡离子 j 的分离因数，被吸附离子的分数，聚电解质的极限离解度

δ——液相的假想的能斯特膜的厚度

ε——离子交换剂的孔体积分数

μ——化学势

π——溶胀压，渗透压

ρ——系数

σ——表征取代基常数，最小二乘法中的加和

v——偏摩尔体积，溶液流速，树脂盐离解生成的粒子数

ϕ——渗透系数

ω——溶剂的符号

γ——电解质的活度系数，活度系数

f——树脂盐活度系数

φ——电势，形式活度系数

$\overline{D}$——离子交换剂中组分的互扩散系数

$\overline{C}$——离子交换容量-固定离子基团浓度

R_{Z_i}；I^{Z_i}——树脂盐的符号

$\overline{C}_i$——离子交换剂珠体部组分 i 的平均浓度

$\beta_{A/B}$——A、B 两物质的分离系数

离子交换是利用离子交换剂功能团中的阳离子或阴离子与溶液中同性离子进行可逆交换反应的方法。用这种方法可以从水溶液中提取有价金属或者除去杂质进行溶液的净化。它的应用越来越广泛，是湿法冶金、化工、医药、环保中的重要技术。

11.1　离子交换的基本原理[1~6,8]

11.1.1　基本概念[17]

离子交换树脂的容量有限，故不适宜处理浓溶液，但它们没有萃取法中萃取剂的夹带、溶解、乳化及有机溶剂的气味问题。

阳离子交换树脂的可交换离子是阳离子（又称反离子），或者说阳离子交换树脂阻止阴离子（又称同离子）进入树脂相而允许阳离子进入树脂相。阴离子交换树脂则阻止阳离子进入树脂，进入树脂交换的是阴离子。

离子交换法的基本操作分为交换（又称吸附）与解吸两个主要阶段，在实际操作中根据任务的需要，往往有不同的模式，例如：

（1）交换—漂洗—解吸；

（2）交换—漂洗—解吸—漂洗；

（3）交换—漂洗—淋洗—解吸—漂洗。

在上述模式的解吸中的新发展是使用了有机萃取剂，把离子交换与溶剂萃取结合起来，体现了独特的优点[15]。有时也会增加一个树脂再生过程。

离子交换过程的操作简单，但速度较慢，用水量较大。

离子交换的基本反应可以用下式表示：

$$\overline{RB} + A^+ \rightleftharpoons \overline{RA} + B^+$$

式中，有上加线的项代表树脂相。

根据此交换反应，可以定义离子交换过程的有关基本参数。

A　平衡常数及平衡系数

根据质量作用定律，可得到离子交换过程的热力学平衡常数 K（简称平衡常数）

$$K = \frac{a\,\overline{RA}\cdot a_{B^+}}{a\,\overline{RB}\cdot a_{A^+}} = \frac{[\overline{RA}][B^+]}{[\overline{RB}][A^+]} \times \frac{\gamma\,\overline{RA}}{\gamma\,\overline{RB}} \times \frac{\gamma_B}{\gamma_A}$$

而稀液中的活度系数 γ 接近 1，故上式可写为

$$K = \frac{[\overline{RA}][B^+]}{[\overline{RB}][A^+]} \times \frac{\gamma\,\overline{RA}}{\gamma\,\overline{RB}}$$

由于树脂相中离子活度很难测定，实际应用中以浓度代替活度，则平衡关系式可表示

为

$$\tilde{K} = \frac{[\overline{RA}][B^+]}{[\overline{RB}][A^+]} = K \times \frac{\gamma\,\overline{RB}}{\gamma\,\overline{RA}}$$

显然 $\tilde{K}$ 并非常数，故称之为平衡系数。

B　选择系数

$\tilde{K}$ 的数值可反映出该树脂对不同离子的相对亲和力，即选择性的大小，故平衡系数也称为选择系数，并标以符号 K_B^A。$K_B^A<1$ 表明该树脂对 B 离子的选择性大于 A 离子。$K_B^A>1$ 则表明该树脂对 A 离子的选择性大于 B 离子。将上式重新进行整理，得到：

$$K_B^A = \tilde{K} = \frac{[\overline{RA}][B^+]}{[\overline{RB}][A^+]} = \frac{[\overline{RA}]/[\overline{RB}]}{[A^+]/[B^+]} = \frac{[\overline{RA}]/[A^+]}{[\overline{RB}]/[B^+]} \tag{11-1}$$

表示选择系数是树脂相中 A 与 B 的浓度比率与平衡水相中 A 与 B 的浓度比率之比，或者说选择系数是 A 的分配比与 B 的分配比的比值。在稀溶液中选择系数可近似看作常数。

如以 q 表示 A 在树脂相中的平衡浓度，C 表示 A 在溶液中的平衡浓度，同时以 Q 表示 A＋B 在树脂相中平衡浓度，C_0 表示 A＋B 在溶液相中的平衡浓度，其单位均为 mol/m^3，则（11-1）式可改写为

$$\tilde{K} = \frac{[\overline{RA}][B^+]}{[\overline{RB}][A^+]} = \frac{q(C_0 - C)}{(Q-q)\cdot C} = \frac{q/Q(1 - C/C_0)}{(1 - q/Q)\cdot C/C_0}$$

令 $Y = q/Q, X = C/C_0$，则：

$$\tilde{K} = \frac{Y(1-X)}{(1-Y)X}$$

$$\frac{Y}{1-Y} = \tilde{K}\,\frac{X}{1-X} \tag{11-2}$$

对于等价离子交换的情况，如果固定 X，则 Y 亦固定。

C　平衡参数

对于不等价离子交换的情况，交换反应可表示为

$$a\,\overline{R_bB} + bA^{a+} \rightleftharpoons b\,\overline{R_aA} + aB^{b+}$$

$$K_B^A = \tilde{K} = \frac{[\overline{R_aA}]^b[B^{b+}]^a}{[\overline{R_bB}]^a[A^{a+}]^b} = \frac{q^b(C_0 - C)^a}{(Q-q)^a\cdot C^b}$$

分子、分母分别除以 $Q^a \times C_0^a \times Q^b \times C_0^b$，则

$$\tilde{K} = \frac{(q/Q)^b(1 - C/C_0)^a}{(1-q/Q)^a\cdot(C/C_0)^b} \times \frac{Q^b\cdot C_0^a}{Q^a\cdot C_0^b} = \frac{Y^b(1-X)^a}{(1-Y)^a\cdot X^b} \times \left(\frac{C_0}{Q}\right)^{a-b}$$

所以

$$\frac{Y^b}{(1-Y)^a} = \tilde{K}\left(\frac{Q}{C_0}\right)^{a-b}\frac{X^b}{(1-X)^a} \tag{11-3}$$

式中，$\tilde{K}\left(\frac{Q}{C_0}\right)^{a-b}$ 称为平衡参数或表观选择系数。

与式（11-2）对比，显然在等价离子交换时，给定 X 值，即可求得 Y 值，即 Y 的值与 Q 及 C_0 无关；而不等价离子交换时，即使给定 X 与 Q 后，Y 的值也会随 C_0 而变化。

式（11-3）说明高价离子（如 Ca^{2+}）可将树脂上的低价离子（Na^+）置换下来，而用浓的含低价离子（Na^+）的溶液又可将饱和了 Ca^{2+} 离子的树脂重新转变成 Na^+ 型树脂。

D 分配比与分离系数

与溶剂萃取情况类似，可以用分配比表征交换离子在两相间的平衡分配，其定义为

$$\lambda = \frac{q}{C} \tag{11-4}$$

式中，C 为水相中交换离子的平衡浓度，mol/m^3；q 为树脂相中交换离子的平衡浓度，mol/m^3（湿树脂）或 mol/kg（干树脂）。在一些文献中常用 D 代表分配比，而以 Λ 代表能斯特（Nerst）分配定律中的分配常数。因此在用湿树脂体积表示时，λ 为无因次的量；用干树脂重量表示时，λ 的单位为 m^3/kg。

同样，定义 $\beta_{A/B}$ 为交换平衡中的 A、B 的分离系数，它等于 A、B 的分配比的比值，所以

$$\beta_{A/B} = \frac{\lambda_A}{\lambda_B} = \frac{[\overline{RA}][B]}{[\overline{RB}][A]} = K_B^A \tag{11-5}$$

同样 $\beta_{A/B} > 1$ 表示 A 的选择性大于 B。而对于不等价交换情况，仍定义 $\beta_{A/B} = \frac{\lambda_A}{\lambda_B}$，但此时它不等于选择系数 K_B^A。这就是说 $\beta_{A/B}$ 与 K_B^A 在概念上是有区别的，前者与离子价态无关，后者与离子价态有关，只有在等价离子交换时，它们的数值才相等。

E 平衡等温线与平衡图

将式（11-2）展开成 $Y = \frac{\tilde{K}X}{1 - X + \tilde{K}X}$ 形式，在 $\tilde{K}$ 为常数时，此式表示平衡曲线是双曲线型式，式中 X、Y 以离子浓度的摩尔分数表示。如图 11-1 所示，曲线 1、2、3 分别表示 $\tilde{K}$ 大于 1、等于 1 及小于 1 的情况。如 $\tilde{K} = 2$，$X = 0.5$ 时，$Y = 0.67 > 0.5$，因此等温线呈上凸形式；当 $\tilde{K} = 1$，$X = 0.5$ 时，$Y = 0.5$，因此等温线为一直线；当 $\tilde{K} = 0.33$，$X = 0.5$ 时，$Y = 0.25 < 0.5$，因此等温线呈下凹形式。等温线上凸表示交换平衡为有利平衡；下凹表示交换平衡为不利平衡；直线表示交换平衡为线性平衡。

在交换平衡图上，等价离子交换选择系数 K_B^A 可由图上面积Ⅰ、Ⅱ之比得到，如图 11-2 所示。

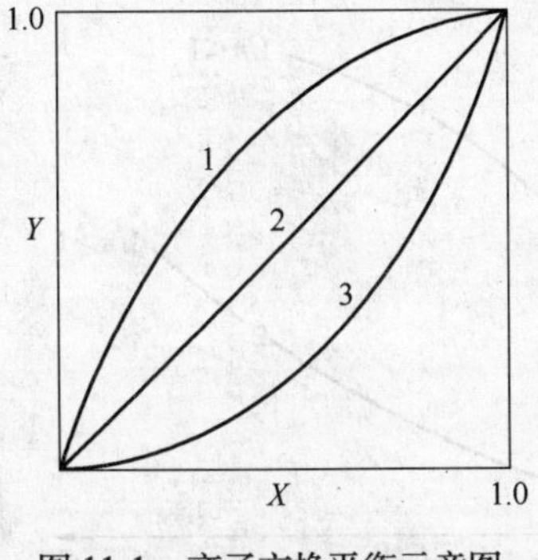

图 11-1 离子交换平衡示意图

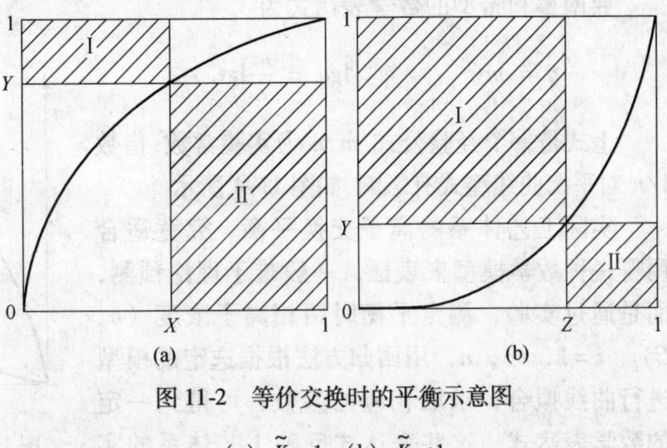

图 11-2 等价交换时的平衡示意图

(a) $\tilde{K} > 1$；(b) $\tilde{K} < 1$

在 $\tilde{K}>1$ 时，面积 $S_{\text{II}}>S_{\text{I}}$；$\tilde{K}<1$ 时，面积 $S_{\text{II}}<S_{\text{I}}$，$K=\dfrac{S_{\text{II}}}{S_{\text{I}}}=\dfrac{Y(1-X)}{(1-Y)X}$。

在工程上，常常不是以 Y、X 关系，而是直接以 $q=f(C,T)$ 的函数表示树脂相中某离子的平衡浓度与水相中该离子的平衡浓度的关系，在恒温条件下，函数式以 $q=f(C)$ 表示。如图 11-3 表示在某一温度下以 q-C 关系表示的离子交换平衡图。工程上所遇到的交换平衡有下列 5 种情况，分别对应着 5 种曲线：

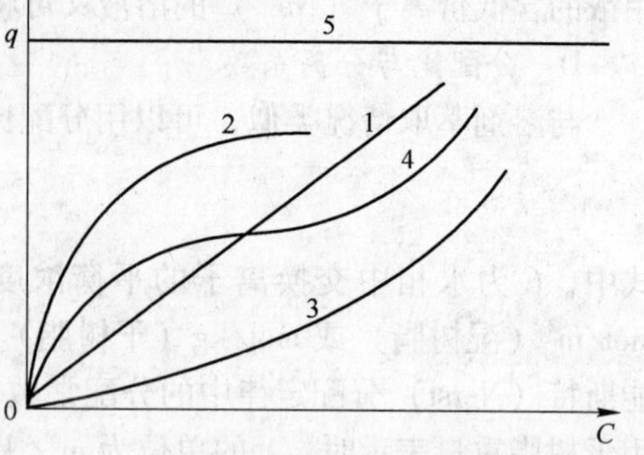

图 11-3　离子交换 q-C 平衡示意图

曲线 1：线性平衡 $f''(C)=0$；

曲线 2：有利平衡 $f''(C)<0$；

曲线 3：不利平衡 $f''(C)>0$；

曲线 4：带拐点的平衡；

曲线 5：不可逆平衡。

$q=f(C)$ 函数的数学式表达有下列几种类型。

(1) 亨利型（线性关系型）

亨利型的数学表达式为

$$q=\lambda C$$

它通常适用于各种低浓度范围，但不宜外推。

(2) 朗格缪尔型（双曲线型）

朗格缪尔型的数学表达式为

$$q=\frac{mC}{L+nC}$$

式中，L、m、n 为实验常数，它表示树脂相浓度有一极限值，如图 11-4 中的曲线 2，当水相浓度较低时，上式可简化为

$$q=\lambda C \qquad \left(\lambda=\frac{m}{L}\right)$$

水相浓度较高时，q 达到定值。

(3) 弗南德利希型

弗南德利希型的数学表达式为

$$q=mC^{1/n} \qquad \lg q=\frac{m}{n}\lg C$$

上式是一个经验公式，m、n 为实验常数；指数 $1/n$ 对平衡曲线型式有影响，如图 11-4 所示。

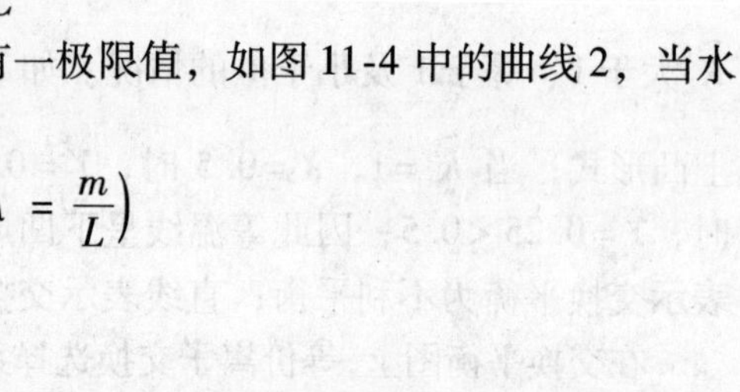

图 11-4　$1/n$ 对平衡曲线的影响示意图

实际工艺体系的离子交换平衡，究竟适合用哪一种数学模型来表征，一般难于理论预测，而是通过实验，测定平衡时两相离子浓度 $(q,C)_i$，$i=1,\cdots,n$，用回归方法根据选定的模型进行曲线拟合，求取相应的参数，可得到一定的数学表达式。这些表达式反映工艺体系的实

际交换平衡的关系。

11.1.2 离子交换的反应过程

离子交换反应通常是指固相的离子交换树脂与液相中离子间发生的离子互换反应。

离子交换树脂为一带有极性基团的高分子化合物，它不溶于水、酸、碱及任何溶剂，其结构可分为3部分：(1) 不溶性高分子骨架；(2) 骨架上有极性基团；(3) 极性基团可以电离的离子。连于母体上的离子叫固定离子，与固定离子荷电相反的离子叫反离子(也叫可交换离子、可扩散离子)。

反离子能与溶液中的同性离子发生交换。例如，用HR代表阳离子交换树脂，它在水中能电离出H^+离子（即反离子），可与溶液中的正离子（如Na^+离子）发生如下交换反应：

$$\overline{H^+ R^-} + Na^+ \rightleftharpoons \overline{Na^+ R^-} + H^+$$

树脂虽为固体，但当与水接触而水分子进入树脂内部后，其极性基团上的离子因水化而溶胀。溶胀的树脂为凝胶状，含有大量水分子，就像浸在水中一样，故而可视为电解质。这类电解质的许多性质与溶液中的电解质很相似，主要不同点是树脂的一种离子（固定离子）太大，它不能进入溶液。所以，树脂虽为固体，但与溶液中离子交换反应可作为液相中的反应来处理。

由于电中性的缘故，交换到树脂上Na^+离子的摩尔数与树脂上释放出的H^+离子的摩尔数完全相等，即交换反应是严格按照定量关系进行的，如不相符，必定另有缘故。例如，有时出现如下情况：当用氢型阳离子交换剂与Na^+交换时，分析结果表明溶液中得到的H^+离子少于失去的H^+离子，其原因是发生了下列反应：

$$\overline{H^+ R^-} + Na^+ \rightleftharpoons \overline{Na^+ R^-} + H^+$$

$$H^+ \; CH_3 - \underset{C}{\overset{O}{\|}} - O^- \rightleftharpoons CH_3 - \underset{C}{\overset{O}{\|}} - OH$$

生成了相当量的未电离的醋酸分子（其中可能还有一些为树脂所吸附）。

离子交换反应是可逆的，例如，H-型阳离子交换树脂（HR）与Na^+离子发生交换时，H^+离子又能置换出Na^+离子。树脂的再生正是利用了交换反应的可逆性。

综上所述，离子交换反应是可逆的，并且是等量进行的离子互换反应。

离子交换过程表现出的反应速度不如溶液中离子互换反应速度那样快。这是因为树脂与溶液接触进行的离子交换反应，不仅发生在树脂颗粒表面，更主要的是在颗粒内部进行。当溶液中的交换离子扩散到树脂表面后，还需经过5个步骤，才能完成一个交换过程：

(1) 溶液中交换离子穿过树脂颗粒表面的液膜（称为膜扩散）；

(2) 继续在树脂相（即在树脂颗粒内）扩散（称为粒扩散），达到交换位置；

(3) 发生交换；

(4) 交换下来的离子在树脂相扩散，扩散至颗粒表面；

(5) 穿过颗粒表面的液膜，进入溶液。

例如，当溶液中的 Na^+ 离子与 H 型阳离子树脂发生交换时，其反应如下：

$$Na^+ + \overline{HR} \rightleftharpoons \overline{NaR} + H^+$$

这一交换反应可用图 11-5 表示。

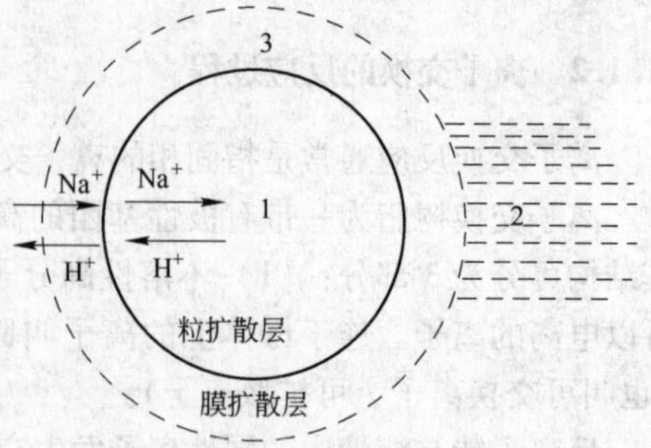

图 11-5　离子交换过程的示意图

1—树脂相；2—溶液相；3—液膜

在交换位置的实际交换速度是较快的，但离子扩散速度较慢。尤其是溶胀的树脂为凝胶状，密度高，使离子的扩散更为缓慢，这就是树脂交换反应比均相溶液中的离子互换反应缓慢的原因。

影响交换反应速度的因素，除来自树脂的原因（如类型、交联度、粒度等）外，还与离子的电荷、体积、浓度、搅拌作用以及温度等因素有关。根据上述道理，在工艺中必须要选择有利于交换的最佳条件。

11.1.3　离子交换的理论（学说）[5]

现在，已有如下几种解释离子交换现象的理论。

A　晶格理论

晶格理论认为，组成固体物质晶体点阵的是离子而不是分子。换言之，一个离子固体物可以认为是完全处于解离的状态，而晶体中每一个离子被一定数目的具有相反电荷的离子所包围。相反电荷离子的数目决定于配位数。离子受库仑引力所作用，引力的大小决定于离子的相对电荷和离子间的距离。晶体点阵离子被其他离子取代的难易程度决定于以下几点：（1）联结离子到晶体上去的引力大小与性质；（2）进行交换的离子浓度；（3）进行交换的离子的电荷；（4）相互置换离子的大小；（5）晶格的可以接近程度；（6）溶解度效应等。

离子上的离子交换作用相似于两种可溶性电解质的混合作用，其晶格上的离子交换也相似于晶格离子的交换作用。

按晶格理论，有的物质，在它们的结构中有很大部分的阳离子不必经过研磨就能被电解质溶液中的阳离子所取代。换句话说，它们是一种不需要研磨成为细粉就表现出相当程度的离子交换现象。但是这种物质的结构必须有足够的孔隙，以便进行交换的离子扩散到晶格中去。

在离子交换中，晶体点阵上的阳离子或阴离子都能进行交换。能进行阳离子交换者称为阳离子交换剂；能进行阴离子交换者称为阴离子交换剂；在某些情况下阴阳两种离子都能进行交换者称为两性交换剂。对所有两性电解质而言，阳离子吸附或交换能力都随 pH 值的升高而增高；对阴离子交换，pH 值则有相反的影响。

晶格理论认为，尽管在离子交换中，离子交换树脂是缺少结晶性的，但离子交换机理与晶格点阵上的离子交换是十分相似的。可以把各种阳离子和阴离子树脂看作为高分子量的聚合电介质，而且树脂的离子交换反应是在整个树脂胶体结构中进行的，并不是局限于表面上的作用。

用近代观点来看，用晶格理论来解释离子交换现象是很不够的，存在着很多局限性，有些问题得不到很好的解释。

B 双电层理论

早期的双电层理论认为，交换物质的双电层是由两个固定不变的电层组成的，这种组成和电容器的两个极片相似。以后，把上述模型又加以修改，这种修改的模型认为，有一个是固定不变的内层，而外层是扩散而可移动的电荷。这些电荷层的存在就能吸附离子，而这些被吸附的离子可以与胶体内部原来存在的离子完全不同，原来存在的离子决定胶体体系的电动力学性质，而存在于胶体的扩散外层中的离子可伸展到外面液体介质中去。在扩散外层中的离子以及与之平衡的外部介质中的离子之间，并没有清楚的分界线。

可以认为，构成扩散层的离子的浓度不断随外层溶液的浓度和 pH 值的改变而变化。如果加了一种另外的离子到外面溶液中去，就会改变外面溶液中离子的浓度，则平衡被搅乱，需要重新建立平衡。某些新来的离子将进入扩散外层，以替代某一些原来存在于层中的离子，但是电的中性法则必须保持，因而这种交换是按化学计量进行的。

显然，在晶体点阵位置上的交换与双电层的交换之间有某些相同的地方，但是这两种机理是完全不同的。在交换中由于没有重结晶发生，两种理论的总交换量与 pH 或浓度间的关系是十分不同的。对晶体点阵交换而言，可以假定一个固定不变数目的交换位置，这个数目必须予以满足而与 pH 或浓度的变化无关系。但是在双层交换中就不是如此，扩散层的容量与浓度和 pH 都有关系。

在许多离子交换体系中，把晶格的点阵交换与双电层交换结合起来，即同时发生两种交换机理，则可使交换现象获得较好的解释。

C 道南（Donnan）膜理论

道南膜理论认为，在一个膜的两边离子分布是不均匀的，在膜的一边有一种电解质，而电解质中的一种离子不能渗透过膜，但能通过膜的离子必须进行到两边的浓度比相等，即达到平衡状态。道南膜理论所包括的内容还有：（1）游离电解质不能进入高交换容量树脂相内去；（2）在交换过程中具有原子价效应；（3）交换中有溶液体积和电解质浓度的效应；（4）交换中具有树脂相固定离子浓度的效应。

当将道南膜平衡理论引用到离子交换时，要假设交换离子的胶粒为不能渗透的离子。应该指出：在实际的离子交换平衡中并没有膜存在，只是在应用这种理论时，可将固体相与液体相的接触面视为膜，并认为固相上的离子与液相中的离子通过膜而发生交换作用。

道南膜理论非常适用于解释一个离子交换物质（排除游离）具有扩散的电解质的能力。当取一个高交换容量或固定离子浓度的离子交换物质，并将其浸在稀电解质溶液中时，很少电解质能扩散到交换物质中去。例如，磺酸型阳离子交换树脂的钠盐有固定离子浓度 5mol/L，当其与 0.1mol/L NaCl 溶液平衡时，将只有极少而可以忽略的氯离子进入到树脂中去。因此，当树脂具有高交换容量时，会有高浓度的固定离子以阻止从浓度低于固定离子浓度的溶液来的游离电解质进入到树脂中去，该现象是构成离子交换树脂的离子交换原理的基础，也是离子交换膜的选择透过性质的根据。

道南膜理论把离子交换作为一个膜平衡。他证实，假如把一个胶体的电解质 RNa 置于膜（R^-不能渗透过去的）的一边，而在另一边放着食盐溶液，那么，由于膜的半渗透性，在平衡情况下，扩散反应不能导致膜两边离子浓度的完全均一。

根据在可逆过程中反应的最大功变化：

$$\Delta A = nRT\ln\frac{(C_1 + x)_{Na}}{(C_2 - x)_{Na}} + nRT\ln\frac{x_{Cl}}{(C_2 - x)} = 0$$

式中，C_1、C_2 代表两种离子的浓度；x 为交换离子的浓度。

进而导出：$x_{Cl}(C_1 + x)_{Na} = C(C_2 - x)_{Cl}(C_2 - x)_{Na} = 0$ 即是在膜两边 Na^+ 和 Cl^- 平衡浓度积应该相等，亦即：

$$[Na^+]_1[Cl^-]_1 = [Na^+]_2[Cl^-]_2 \tag{11-6}$$

对于 $CaCl_2$ 则有：

$$[Ca^{2+}]_1[Cl^-]_1 = [Ca^{2+}]_2[Cl^-]_2 \tag{11-7}$$

根据以上式（11-6）、式（11-7）两式可导出以下的关系式：

$$\frac{[Na^+]_1}{\sqrt{[Ca^{2+}]_1}} = \frac{[Na^+]_2}{\sqrt{[Ca^{2+}]_2}}$$

这些关系简单地说明膜两边的离子必须交换，一直进行到两相内的浓度积相等为止。

道南的膜平衡理论清楚地解释了下列几点：

（1）原子价对离子交换有影响；

（2）溶液体积与电解质浓度有影响；

（3）树脂内固定浓度有影响。

D　多相化学反应和渗透压理论

多相化学反应理论是把离子交换作为一个多相化学反应。下面举一个简例来说明这一问题。例如 Fe^{3+} 与 Ca^{2+} 进行交换：

$$3\overline{R_2Ca} + 2Fe^{3+} = \overline{2R_3Fe} + 3Ca^{2+}$$

$$K = \frac{[R_3Fe]^2[Ca^{2+}]^3}{[RFe^{3+}]^2[R_2Ca]^3}$$

反应也可写成为

$$\frac{1}{2}R_2Ca + \frac{1}{3}Fe^{3+} = \frac{1}{3}R_3Fe + \frac{1}{2}Ca^{2+}$$

$$K' = \frac{[Ca^{2+}]^{1/2}[R_3Fe]^{1/3}}{[Fe^{3+}]^{1/3}[R_2Ca]^{1/2}}$$

式中，K 和 K' 均为反应平衡常数，而 K 和 K' 有如下关系：$K' = K^{1/6}$。K' 可以更加定量表达离子交换过程的平衡。

离子交换中的渗透压力理论，把渗透压力理解为溶液的一种外压力，它导致溶液的蒸气压等于纯溶剂的蒸气压。

转换 n 摩尔 H_2O 的渗透过程的最大功为：

$$A = nRT\ln\frac{a_{溶液}}{a_{树脂}}$$

式中，$a_{溶液}$和$a_{树脂}$分别为水在溶液中和在树脂中的活度。

有人提出，离子交换过程的等压位变化由树脂的体积变化来确定，即

$$A_1 = \pi(V_2 - V_1)$$

式中，V_1和V_2代表被交换离子的体积；π为渗透压力；A_1为体积变化功。

离子交换过程的吸附选择性K'_2为：

$$K'_2 = \frac{(n_1/n_2)_{树脂}}{(n_1/n_2)_{溶液}}$$

则
$$RT\ln\left[K'_2\left(\frac{f_1}{f_2}\right)_{树脂}\right] = \pi(V_2 - V_1)$$

式中，f_1、f_2为金属离子的活度系数。

即
$$\ln K'_2 = \frac{\pi\ (V_2 - V_1)}{RT} + \ln\left(\frac{f_2}{f_1}\right)_{树脂}$$

上式表明了选择性K'_2与π、V、f的关系。当离子半径相同时，分离系数由$\frac{f_2}{f_1}$决定。当离子半径不同时，π这一项对K'_2起的作用很大。

以上几种理论互相补充，便可较好解释离子交换中的一些问题。

11.1.4 离子交换势及交换规律性[5]

树脂与金属离子进行交换反应时，不同金属离子所能产生交换的程度和趋势不同，换言之，不同金属离子有不同的交换能力。通常把这种交换能力称之为“势”。在离子交换中，把容易进行交换的离子称为交换“势”大的离子，反之则称为交换“势”小的离子。

因为树脂对离子的选择系数（K_s）正好反映了金属离子与树脂发生交换反应的趋势与程度。所以，将金属离子按照选择系数大小的次序排列，就得到金属离子的交换势顺序，或称之为离子的选择性次序。

在离子交换反应中，金属离子是否容易交换到树脂上去，这要取决于固定离子与金属离子间作用力和结合力的大小。这两种离子间的作用力有数种，这些作用力影响着两种离子间能否形成共价键和能否形成离子对，这是比较复杂的问题，现就其重要的几点叙述如下。

A 静电效应

金属离子与固定离子以静电引力结合时，金属离子配置在固定离子周围，它们结合的牢固程度取决于离子间静电引力的大小。引力越大，则结合越牢固，金属离子的交换势也就越高。

正负离子间的静电引力正比于离子的电荷数，反比于两种离子间距的平方。所以，金属离子的电荷数愈多，水化离子半径越小时，静电引力就愈大，金属离子的交换势就愈高。例如Al^{3+}、Mg^{2+}、Na^+离子的交换势次序为：$Al^{3+} > Mg^{2+} > Na^+$。又如，碱金属离子的水化半径以Li^+、Na^+、K^+、Rb^+、Cs^+的次序减小，所以它的交换势顺序是：$Li^+ < Na^+ < K^+ < Rb^+ \leqslant Cs^+$（注：周期表中同族元素的水化离子半径的大小次序与未水化的裸

离子半径的次序恰好相反。例如，碱金属元素的裸离子半径的次序是：$Li^+ < Na^+ < K^+ < Rb^+ < Cs^+$；它们的水化离子半径的次序是：$Li^+ > Na^+ > K^+ > Rb^+ > Cs^-$）。

B　溶胀压的作用

离子交换树脂溶胀后，其弹性的网状结构会扩张变化，弹性结构具有收缩趋势而对微孔内的水施加压力，这种压力称为溶胀压。由于不同金属离子的水化程度不同，所以不同金属离子交换到树脂上后，引起树脂的溶胀度（溶胀的程度）也不相同。

例如：对如下的平衡，在考虑溶胀度和溶胀压时，每种离子的情况，写在括号中：

$$R—SO_3^-Na^+ + K^+ \rightleftharpoons R—SO_3^-K^+ + Na^+$$

（溶胀度大、溶胀压大）（水化程度低）（溶胀压小、溶胀度小）（水化程度高）

Na^+离子的水化程度高，K^+离子的水化程度低。这就使得Na型磺酸树脂的溶胀度大，而其溶胀压自然也就高；相反，K型磺酸树脂的溶胀压小。由于溶胀的树脂有收缩的倾向，这就有利于使溶胀压减小的离子交换到树脂上去。所以，上列平衡向正反应进行的趋势大，即K^+离子的交换势比Na^+离子的高。

由上述可知，同族元素中水化程度愈低的离子交换势愈高。例如碱金属离子的交换势次序如下：

$$Li^+ \quad Na^+ \quad K^+ \quad Rb^+ \quad Cs^+$$

$$\xrightarrow[\text{交换势增大}]{\text{水化程度减小}}$$

上述的这种影响与静电效应中（水化）离子半径对交换势的影响是一致的。

在阴离子交换平衡中，溶胀压的影响较小，这是由于阴离子的水化程度比较低的缘故。

C　共价键的形成

共价键是由于电子云重叠而形成的，它的键距小，难以电离。金属离子与固定离子形成共价键时，反离子就容易交换到树脂的固定离子上去。例如，H^+离子与COO^-离子结合时，形成以共价键结合的—COOH，因而羧酸型阴离子交换树脂对H^+离子的选择性高，即H^+离子在树脂上的交换势大。

D　极化效应

离子间的极化作用，对离子形成物的结构影响较大，像高极化度的Ag^+与X^-（卤素）离子接近时，由于极化作用，Ag^+与X^-间电子云重叠，形成共价键。因此它们都难溶于水。X^-离子中以I^-离子的变形性最大，故它与Ag^+离子间极化作用最强烈。所以AgX中以AgI的共价性最强，溶解度最小。

同样，高极化度的离子与树脂上固定离子结合时，由于极化作用，电子云重叠，键具有共价性，离子的交换势变大。像Ag^+、Tl^+离子，若仅从电荷与半径看，它的交换势应与K^+离子的相仿。事实是它们的交换势异常的高，这种情况在表11-1上可以看到。这样的事实归结到Ag^+、Tl^+离子的高极化度是有道理的。

表 11-1 某些阳离子 Li 型磺酸树脂 Dowex 50 交换时的相对选择系数 (K_{Li}^{M})①

阳离子	交联度			阳离子	交联度		
	4%	8%	16%		4%	8%	16%
	K_{Li}^{M}				K_{Li}^{M}		
Li^+	1.00	1.00	1.00	Zn^{2+}	3.13	3.47	3.78
H^+	1.32	1.27	1.47	Co^{2+}	3.23	3.74	3.81
Na^+	1.58	1.98	2.37	Cu^{2+}	3.29	3.85	4.46
NH^+	1.90	2.55	3.34	Cd^{2+}	3.37	3.88	4.95
K^+	2.27	2.90	4.50	Mn^{2+}	3.42	4.09	4.91
Rb^+	2.46	3.16	4.62	Be^{2+}	3.43	3.99	6.23
Cs^+	2.67	3.25	4.66	Ni^{2+}	3.45	3.93	4.06
Ag^+	4.73	8.51	22.9	Ca^{2+}	4.15	5.16	7.27
Tl^+	6.71	12.4	28.5	Sr^{2+}	4.70	6.51	10.1
UO_2^{2+}	2.36	2.45	3.34	Pb^{2+}	6.56	9.91	18.0
Mg^{2+}	2.95	3.29	3.57	Ba^{2+}	7.47	11.5	20.8

① (K_{Li}^{M}) 表示金属离子 M^{n+} 与 Li 型树脂发生交换时的相对选择系数。

极化作用对阴离子选择系数的影响更大一些。这是由于阴离子的半径大，变形性大，容易被极化。像 F^-、Cl^-、Br、I^-离子的选择系数随裸离子的半径的增大而增大，而其增大的程度远比预料的显著。与碱金属离子的选择系数的变化相比（见图 11-6 及图 11-7）更能看出这一变化的显著程度。这种变化是不能用水合离子半径变化引起静电引力的变化来解释的，但归因于极化作用是说得通的。由于 X^-离子被极化的结果，键具有一定的共价性，随着 X^-离子半径的增大，共键性显著增强，选择系数因此而急剧增大。这一事实也反映出强碱性阴离子交换树脂难以再生，要获得高再生程度，需消耗高倍量的碱液。

除固定离子与金属离子之间的作用影响离子选择系数和交换势外，还有树脂的性质

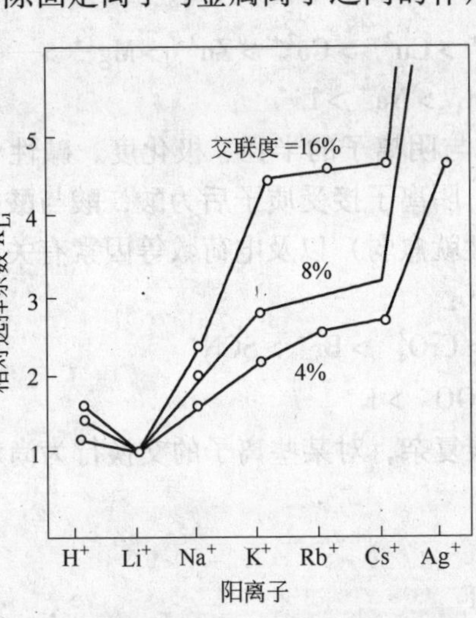

图 11-6 一价阳离子与不同交联度的 Dowex-50 交换时的相对选择系数

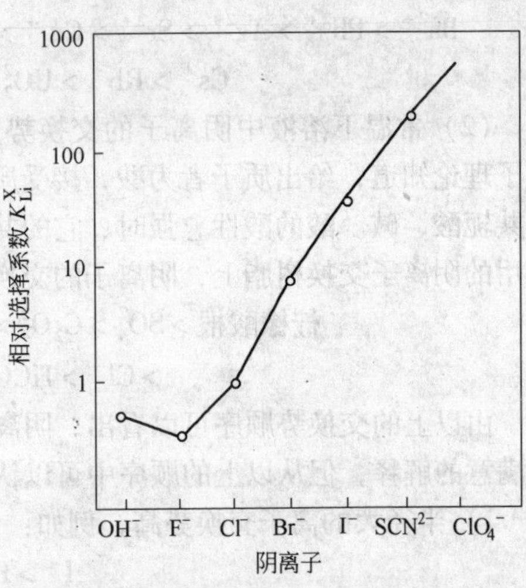

图 11-7 一价阴离子对 Amberlite IRA-400 交换时的相对选择系数

（如交联度、容量、官能团的类型等）与外部的原因（如体系温度、溶液的浓度等）也是影响的因素。

由表11-1及图11-6可以看出，树脂的交联度愈高（容量愈低）选择系数愈大。

温度升高，会使离子的水化半径减小，因而温度对离子的交换势也有影响。

离子的水化半径随溶液的浓度变化而改变，在稀溶液（0.1mol/L以下）中，离子充分水化，碱金属离子中以Li^+离子的水化半径最大，与固定离子间的作用最小，它的交换势在碱金属中为最小。溶液浓度增大，离子的水化半径减小。当浓度大至一定程度时，溶液中离子的半径近乎等于裸离子的半径。因而金属离子在浓溶液中的交换势与稀溶液时不同，浓溶液中同价离子的交换势的差异减小，可趋于接近，甚至交换势的次序与稀溶液时相反。

迄今为止，对金属离子的交换势尚不能提出一个完整而准确的结论来，仅能依据在实践中得到的结果，提出如下规律：

（1）常温下稀溶液中阳离子的交换势随着离子电荷的增高及半径的增大而增大：

1）离子的电荷数愈高，交换势愈大，例如$Th^{4+} > Al^{3+} > Mg^{2+} > Na^+$；

2）相同电荷的同族元素离子的交换势随离子半径的增大而增大（即随离子水合半径的减小而增大），例如：

$$Rb^+ > K^+ > Na^+ > Li^+$$

$$Ba^{2+} > Sr^{2+} > Ca^{2+} > Mg^{2+}$$

$$La^{3+} > Ce^{3+} > Pr^{3+} > Nd^{3+} > Pm^{3+} > Sm^{3+} > Eu^{3+} > Gd^{3+} > Tb^{3+}$$
$$> Dy^{3+} > Ho^{3+} > Er^{3+} > Tm^{3+} > Yb^{3+} > Lu^{3+}$$

离子的选择系数随树脂官能团性质、交联度大小而改变。因此，要想排列出一个绝对的交换势顺序，是不可能的。像对于交换度为4%与8%的磺酸型阳离子交换树脂，Ag^+离子的选择系数介于Sr^{2+}离子与Pb^{2+}离子之间。但对于16%的磺酸树脂，Ag^+离子的选择系数比Ba^{2+}离子的还高。尽管这样，还是可大致地排出应用于一般交联度树脂的交换势顺序。对一、二价阳离子的交换势顺序大致如下：

$$Ba^{2+} > Pb^{2+} > Ag^{2+} > Sr^{2+} > Ca^{2+} > Ni^{2+} > Cd^{2+} > Cu^{2+} > Co^{2+} > Zn^{2+} > Mg^{2+} >$$
$$Cs^+ > Rb^+ > UO_2^{2+} > K^+ > NH_4^+ > Na^+ > Li^+$$

（2）常温下溶液中阴离子的交换势更复杂，它与阴离子的半径、极化度、碱性（由质子理论知道，给出质子者为酸，接受质子者为碱，阴离子接受质子后为酸，酸与酸根互为共轭酸、碱。酸的酸性愈强时、它的共轭碱的碱性就愈弱）以及电荷数等因素有关。在常用的阴离子交换树脂上，阴离子的交换势顺序如下：

$$\text{柠檬酸根} > SO_4^{2} > C_2O_4^{2} > I^- > NO_3^- > CrO_4^{2-} > Br^- > SCN^-$$
$$> Cl^- > HCOO^- > CH_3COO^- > F^-$$

由以上的交换势顺序可以看出，阴离子交换势很复杂，对某些离子的交换行为尚难做出满意的解释，但从以上的顺序中可以认识到：

1）半径大的离子交换势高，例如：

$$I^- > Br^- > Cl^- > F^-$$

2）碱性弱的离子（即共轭酸强的离子）具有高的交换势。例如，脂肪酸根的交换势主要决定于它的碱性，或者说决定于共轭酸性。酸性强，酸根的交换势高：

酸根交换势	$HCOO^- > CH_3COO^-$	
共轭酸的电离常数	1.77×10^{-4} (25℃)	1.75×10^{-5} (25℃)

又如，硅酸根、硼酸根、碳酸根、硫离子等弱酸根的交换势都很低，与强碱性阴离子树脂的交换反应虽能进行，但毕竟有限。这是因为弱酸强碱盐容易水解，即使发生了交换，生成的弱酸强碱盐也很容易水解；弱酸根与弱碱树脂生成的盐为弱酸-弱碱盐，更容易水解，因而它们与弱碱性树脂的交换就更难进行了，几乎不发生交换作用；

3）电荷对阴离子交换势的影响与离子半径、极化度以及碱性比较起来，似乎影响不大，为一次方因素。

(3) H^+离子与OH^-离子的交换势与树脂极性基团的性质有关。它们的交换势决定于树脂极性基团的电解质类型，若它们与固定离子结合的极性基团为强电解质型，则交换势小；若为弱电解质型，则交换势大。

1）H^+离子的交换势。弱酸性树脂与H^+离子结合后极性基团为弱酸型，不易电离，即不易为其他种离子置换，例如：

$$R—COOH + Na^+ \rightleftharpoons R—COONa^+ + H^+$$

即—COOH为弱酸基，难电离（$pK\approx5\sim7$），很难被Na^+离子置换。且交换下来的H^+离子又抑制着—COOH的电离，使正反应难以进行。所以，对于弱酸性树脂，H^+离子的交换势最高，即：

$$H^+ > Al^{3+} > Mg^{2+} > Na^+$$

这也说明了弱酸性树脂不适用于酸性溶液的交换，只有在碱性溶液中它才具有有效的交换作用（即能较好地与金属离子发生交换反应）。

强酸树脂与H^+离子结合后，极性基团属强电解质型，极易电离。H^+离子因其电荷少，半径小，交换势变得很低。对磺酸树脂而言，H^+离子的交换势接近于Li离子的交换势：

$$K^+ > Na^+ > H^+ \geqslant Li^+$$

2）OH^-离子的交换势。同上述道理一样，与强碱树脂交换时，OH^-离子的交换势很低；但与弱碱树脂交换时，OH^-离子的交换势很高，几乎大于所有阴离子的交换势。所以，在碱性溶液中弱碱树脂几乎不与别的离子发生交换。因为OH^-离子对弱碱树脂的交换势大，所以，弱碱树脂容易再生。

3）浓溶液中离子交换势与稀溶液时不同。上述规律只适用于常温下低离子浓度水溶液的交换反应；若在高温、溶液中离子浓度高或为非水溶液时，离子交换反应势不遵从上述规律。这是因为在这些条件下，离子的溶剂化程度及树脂的溶胀程度与在稀溶液中的情况不同。

在浓溶液中，高价离子与低价离子的交换势间的差异减少，甚至可能出现低价离子具有较高的交换势。同价离子的交换势也因浓度的增高而接近，甚至也可能出现相反于稀溶液时的情况，即半径小的离子交换势高。

4）高分子量的有机离子及金属配合阴离子具有很高的交换势。单宁酸与腐植酸是高分子量的有机酸，尽管酸性很弱，但因体积大，对强碱树脂具有很高的交换势，很难由强碱树脂上洗脱下来（有时称这种现象为阴离交换树脂“中毒”）。

副族元素中很多金属离子与无机离子（如卤素离子）所形成的配阴离子具有很高的交换势。最常见的例子是 Fe^{3+} 离子在浓 HCl 中以 $FeCl_4^-$ 形式存在，9mol/L HCl 溶液中的 $FeCl_4^-$ 在强碱离子交换树脂上的分配系数高达 10^5。

5）高极化度的离子具有很高的交换势。Ag^+、Tl^+ 离子的极化度与变形性都很大，具有很强的极化作用，因而它们在磺酸树脂上的交换势很高。I^- 离子具有比 Cl^-、Br^- 离子高得多的选择系数（见图 11-7），当然其中也有因它具有大的半径（即变形性大），而更容易被极化的缘故。

（4）离子交换势与在树脂层中的分布规律。在离子交换作业中，交换势高的离子易发生交换而被吸附，而具有高交换势的离子能置换低交换势的离子。所以，含有混合多离子的溶液流经树脂层后，高交换势离子位于树脂层上部，低交换势离子处于下部，其分布次序依交换势顺序排列。图 11-8 表示出了含 Fe^{3+}、Ca^{2+}、Na^+ 离子的混合液流经树脂层后离子的分布示意图。

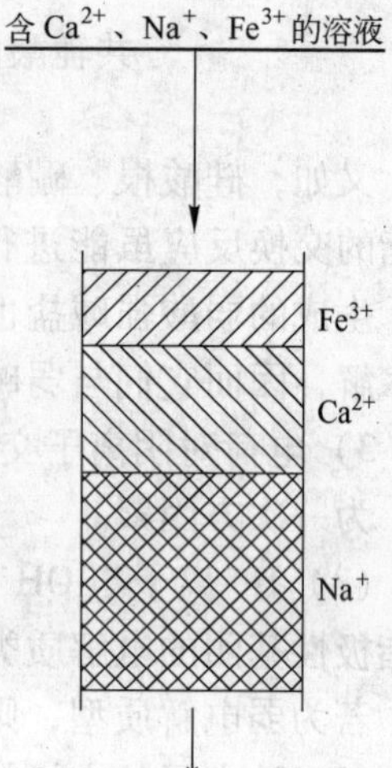

图 11-8　离子在树脂层中的分布

离子交换势相差大时，离子在树脂相分层分布是很明显的；相差小时，分层不明显。例如，Ca^{2+}、Mg^{2+} 离子的交换势相差不大，交换后，Ca^{2+} 离子多在上部，Mg^{2+} 离子多在下部，分层则不明显。用离子交换法制取纯水时，若原水中含有 Ca^{2+}、Mg^{2+}、Fe^{3+}、Na^+ 离子，则首先漏泄的离子总是低交换势的 Na^+ 离子。

影响交换势的因素，除离子的电荷、半径、浓度、溶液的 pH 值等以外，还有树脂的类型、交联度等因素。例如，碱金属离子在强酸树脂上的交换势顺序是 $K^+ > Na^+ > Li^+$。但在丙烯酸类树脂上的交换顺序却正好反转过来，即 $Li^+ > Na^+ > K^+$。随着树脂交联度的增大，这一次序变得更明显。这种顺序的反转仅适用于碱金属的卤化物，它们的醋酸盐及氢氧化物在丙烯酸树脂上的交换顺序仍是 $K^+ > Na^+ > Li^+$。

综合上述可见，离子的交换势受多种因素的影响，它是一个比较复杂的问题，在讨论时，应全面的加以综合分析。考虑条件影响时，要看到多因素的作用，单独只强调一个因素，而忽略了其他因素的作用是不恰当的。

11.2　离子交换的热力学[1~3]

11.2.1　离子交换体系的一般热力学特性[1]

一个离子交换体系由一种离子交换剂和一种溶液构成。该溶液至少含有两种可交换离子（抗衡离子）及一种溶剂 W。离子交换剂包含了许多不同化学性质及物质结构的物质。其中最重要的有以下物质：

（1）交联聚电解质　离子交换剂中拥有抗衡离子的电荷承载体是在一空间上无限的聚合物骨架上的固定功能基团，其结构有尺寸形状随机的空腔；

(2) 晶体离子交换剂　晶体的晶格是电荷承载体，其电荷不是固定的，其结构有尺寸及形状一定的空腔；

(3) 离子交换吸附剂　位于多孔物质表面上的功能基团是电荷承载体；

(4) 液体离子交换剂（离子交换萃取剂）　它们是在与不混溶的溶剂中不溶于水的可电离的有机化合物的溶液，疏水离子是电荷承载体，有机相可以改变它们的结构，这取决于稀释剂及抗衡离子的性质，从而可以从分子溶液变成胶束溶液。

离子交换的一般描述，一方面必须足够地概括；另一方面又必须有可能将特定过程看作特例。

方便地表示离子交换平衡的等同通式是：

$$\frac{1}{Z_1}\overline{\mathrm{I}}_1^{Z_1}+\frac{1}{Z_2}\mathrm{I}_2^{Z_2}\rightleftharpoons\frac{1}{Z_1}\overline{\mathrm{I}}_2^{Z_2}+\frac{1}{Z_2}\mathrm{I}_1^{Z_1} \tag{11-8}$$

式中，不管其性质，带上加线的表示离子交换剂。另外一个写法的等同公式是：

$$Z_1\overline{\mathrm{I}}_1^{Z_1}+Z_2\mathrm{I}_2^{Z_2}\rightleftharpoons Z_1\overline{\mathrm{I}}_2^{Z_2}+Z_2\mathrm{I}_1^{Z_1} \tag{11-9}$$

通常多用式（11-8）表示。

由于离子交换剂的溶胀，离子发生交换时几乎总是伴随有溶剂迁移。这可表示成

$$\mathrm{W}\rightleftharpoons\overline{\mathrm{W}} \tag{11-10}$$

此外还发生电解质在离子交换剂与溶液间的分布，然而通过降低溶液浓度，总可以将这种现象对离子交换过程的影响降到最小。因此，将考虑的是一“纯”离子交换过程，不会因电解质的分布而使离子交换过程复杂化，对电解质分布将另作考虑。

与其他化学体系一样，化学势的概念和给出化学势与组分浓度关系方程式

$$\begin{aligned}\mu&=\mu_i^{\ominus}+RT\ln a_i\\&=\mu_i^{\ominus}+RT\ln C_i+RT\ln f_i\end{aligned} \tag{11-11}$$

上式是离子交换热力学中的核心。

式中，μ_i是组分 i 的化学势；$\mu_i^{\ominus}$ 是标准化学势；a_i是热力学活度；C_i是浓度；f_i 是活度系数。

在这一方程中，化学势分成两部分：$\mu_i^{\ominus}$ 与混合物组成无关，$RT\ln a_i$ 与混合物组成有关。按照式（11-11），$a_i=1$ 时，$\mu_i=\mu_i^{\ominus}$。对于理想混合物，式（1-11）可严格地写成

$$\mu_i^{\ominus}=\mu_i^{\ominus}(T)+RT\ln C_i \tag{11-12}$$

式中

$$\mu_i^{\ominus}(T)=-RT\ln\frac{(2\pi M_ikT)^{3/2}kT}{h^3} \tag{11-13}$$

式中，M_i是摩尔质量；k 和 h 分别是玻耳兹曼常数和普朗克常量；应强调指出，C 是 1 升中组分 i 的摩尔数。在理想溶液中，摩尔体积及总浓度 C_0与组成无关，因此，以下方程是正确的

$$\mu_i=\mu_i^{\ominus}(p,C_0)+RT\ln N_i \tag{11-14}$$

式中，N_i 是摩尔分数，$N_i=C_i/C_0$。

式（11-12）和式（11-14）相当于 Henry 定律和 Raoult 定律，它们在整个组成范围内是可适用的。

在实际溶液中，C_0与N_i有关。因此，方程：

$$\mu_i = \mu_i^{\ominus}(p, C_0) + RT\ln N_i + RT\ln f_{N_i} \tag{11-15}$$

因为$\mu_i^{\ominus}$（T，C_0）≠（常数），而式（11-15）就不能应用。由于活度系数f_N与N有关，所以$\mu_i^{\ominus}$（T，C_0）与组成的依赖关系应加以考虑。根据式（11-11）和式(11-15)，f_N与f间的相互关系为

$$f_N = \frac{f}{C_0} \tag{11-16}$$

因此，f_N不仅考虑了实际体系中的相互作用，而且考虑了体积的变化。前者是活度方法假设的；后者是独立存在的。

用于说明混合物组成的其他方法，如体积摩尔浓度，也可导出$\mu_i^{\ominus}$与组成的依赖关系。然而在体系的摩尔体积与组成的依赖关系不大时可使用摩尔分数；在组分之一为低浓度时可使用体积摩尔浓度，这在溶液理论中使用方便和可近似地接受。

离子交换体系的特性是，离子交换剂中的浓度总是高的，因为它的结构与液体、气体不同。各组分的总浓度极大地取决于离子交换剂的组成。因此，应该注意到，在式(11-11)中，用不同于体积摩尔浓度的其他方法说明组成，将导出正式活度系数，它考虑到了总浓度的变化，或可直接考虑离子交换剂其他性质的变化。只有f直接量度了体系的非理想性。

“组分”、“浓度”、“化学势”等概念的意义都与离子交换剂结构有关。以下将只考虑交联聚电解质。然而，许多导出的结论，几乎只要作很少的改动，就可适用于其他形式的离子交换剂。

在交联聚电解质中，抗衡离子补偿了同一无限骨架上的电荷，在存在两种抗衡离子时，体系看成是聚电解质盐 $R_{Z_1}I_1$、$R_{Z_2}I_2$ 和溶剂 W 的混合物。$R_{Z_1}I_1$ 和 $R_{Z_2}I_2$ 称作树脂盐，R 表示相应于给定抗衡离子的基体（matrix）一部分；$R_{Z_1}I_1$、$R_{Z_2}I_2$ 的浓度和溶剂可互相独立变化，这些浓度可说明交换剂相组成的任何变化，因此，这三者是组分。以下将用 $\bar{I}_1$、$\bar{I}_2$、$\overline{W}_0$ 作为离子交换剂组分的缩写。

考虑到离子交换剂是无限大分子量的聚电解质。方程（11-11）中的活度与抗衡离子活度$\bar{a}_+$之间的关系为

$$a = \bar{a}_+^{v\varphi_0} \tag{11-17}$$

式中，v 是一个功能基团解离生成的可活动粒子的数目；φ_0 是在无限稀释条件下聚电解质的渗透系数（φ_0 总是小于 1）。

11.2.2　交联聚电解质和水的热力学[1]

有两种方法描述离子交换剂和液体或蒸汽间的相平衡。第一种是假定平衡两相中的压力相等；第二种认为，离子交换剂相受到随着增加体积而由弹性骨架扩张所产生的附加的压力。第一种称为“非渗透法”；第二种称为“渗透法”。最常使用的是前种方法。

在平衡时，树脂中和蒸汽中溶剂的化学势相等，$\bar{\mu}_w = (\mu_w)_v$。从而得到：

$$\mu_w = \mu_w^{\ominus} + RT\ln(p/p_0) = \mu_w^{\ominus} + RT\ln\bar{a}_w$$
$$= \mu_w^{\ominus} + RT\ln C_w + RT\ln f_w \quad (11\text{-}18)$$

$$\bar{a}_w = \frac{p}{p_0} \quad (11\text{-}19)$$

式中，p 和 p_0分别是溶剂蒸汽在所研究条件下及在标准状态（通常是饱和蒸汽）下的分压。不管离子交换剂的类型和交联度，当离子交换剂与液体溶剂平衡时，$\bar{a}_w=1$。完全溶胀的不同类型离子交换剂中溶剂状态的差别，可由等于 $\bar{C}_w^{-1}$ 的活度系数表达出来。

$d\bar{n}_w$ 摩尔溶剂从压力为 p_0的蒸汽相迁移到含有 $\bar{n}_w$ 摩尔溶剂的离子交换剂中时，自由能变化为

$$dG_w = (\bar{\mu}_w - \mu_w)d\bar{n}_w = -RT\ln(p/p_0)d\bar{n}_w \quad (11\text{-}20)$$

$dG_w/d\bar{n} = \Delta G$ 可定义为溶剂吸入的微分自由能。

用 W 表示 1 摩尔离子交换剂含有的溶剂摩尔数（$W_i = \bar{n}_w/\bar{n}_i$）。

相应于溶剂组成从 W'变到 W''的 ΔG 的积分改变量，可表示成：

$$\Delta G_{int} = -RT\int_{W'}^{W''}\ln(p/p_0)dW \quad (11\text{-}21)$$

如果 $W'=0$（$p=0$），$W''=W_{max}$（$p=p_0$），$\Delta G=\Delta G^{\ominus}$是溶剂吸入的标准自由能。

用分部积分法计算式（11-21）更方便。相应于 W 从 0 变到 W 的 ΔG 值

$$\Delta G = WRT\ln(p/p_0) - RT\int_0^{p/p_0} W d\ln(p/p_0) \quad (11\text{-}22)$$

这些过程的焓变（ΔH）很容易从溶剂吸入的热效应测定，$Q=-\Delta H$。实验测定 Q 的方便方法是，将含有不同量溶剂的交换剂与液体溶剂接触。这就得到：

$$-Q = \Delta H_{int} = \int_W^{W_{max}} \Delta H dW \quad (11\text{-}23)$$

相应于式（11-22）ΔG 的 ΔH 的值可从 $\Delta H = \Delta H^{\ominus} - \Delta H_{int}$ 得到。溶剂吸入熵由方程

$$T\Delta S = \Delta H - \Delta G \quad (11\text{-}24)$$

给出。大量的研究工作致力于实验研究离子交换剂吸入水的热力学。图 11-9 ~ 图 11-11 给出了相关离子交换剂吸入水的热力学函数变化情况。并可从中得出如下规律：

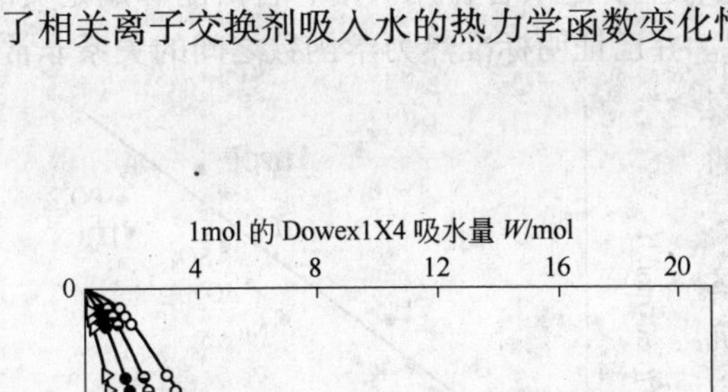

图 11-9 Dowex 1X4 的吸水量与 p/p_0的关系

○—F^-；◒—Cl^-；●—Br^-；△—I^-

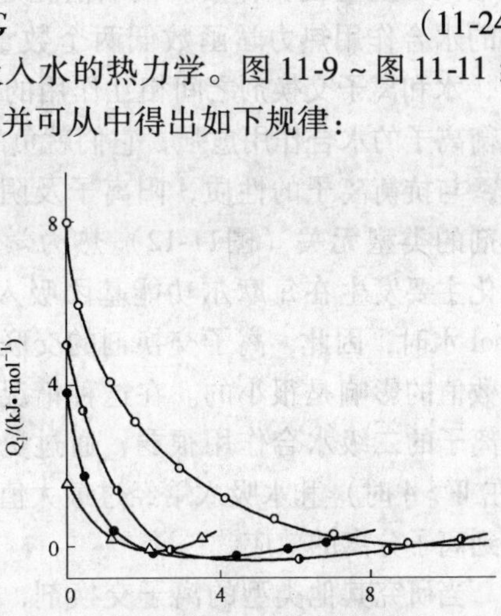

图 11-10 Dowex 1X4 吸水的热效应与样品含水量间的关系

○—F^-；◑—Cl^-；●—Br^-；△—I^-

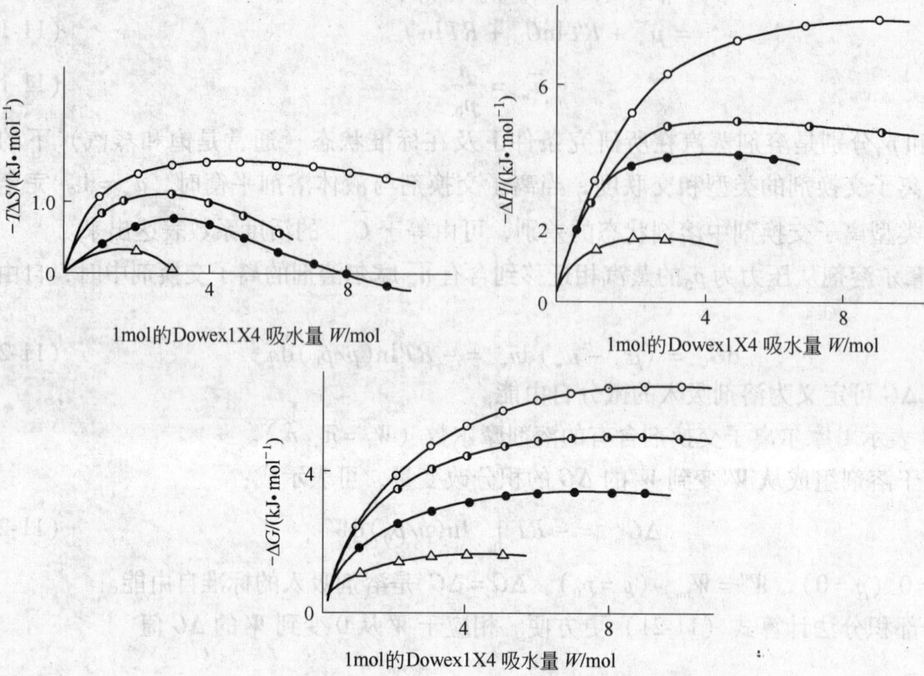

图 11-11　Dowex 1X4 吸入水的热力学函数与交换剂中含水量 W 的关系

○—F^-；◐—Cl^-；●—Br^-；△—I^-

当水进入离子交换剂中时，发生两种主要过程：离子（抗衡离子和固定离子）的水合过程及生成离子对的离子的分离过程。这些过程伴随有热力学函数的相反的变化，并在很大程度上互相补偿。极端情况是，离子交换剂水合作用的热力学函数比分离开的离子的水合作用热力学函数低两个数量级。对于强酸性阳离子和强碱性阴离子交换剂而言，水和离子交换剂之间相互作用的第一步，主要是水合作用。焓、自由能和熵是负的，抗衡离子的水合作用愈强，它们就负的愈多。并已证明标准热力学函数之间的关系非常简单，与抗衡离子的性质，阳离子及阴离子交换剂的类型无关（图11-12）。热力学函数的变化主要发生在每摩尔功能基团吸入前 4 ~ 6mol 水时，因此，离子交换剂的交联度对这些数值的影响是很小的。在这种情况下，抗衡离子的二级水合作用很弱，通过负热效应（在 $W>4$ 时）和水吸入焓经过最大值，可观测到离子分离的效应。

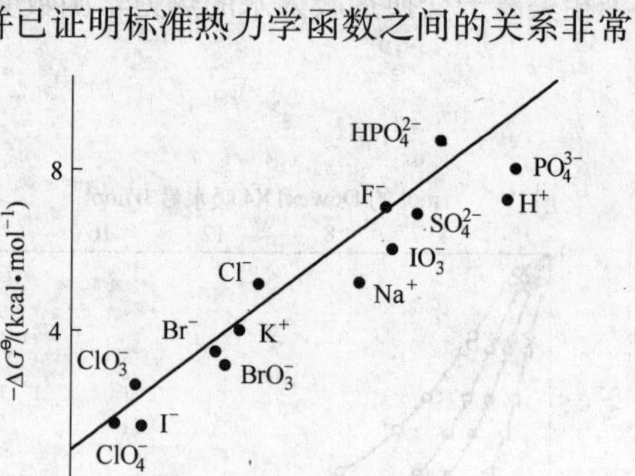

图 11-12　离子交换剂吸入水的 $\Delta H^{\ominus}$ 与 $\Delta G^{\ominus}$ 的关系

（阴离子数据用 Dowex 1X4 得到；

阳离子数据用磺酸聚苯乙烯离子交换剂得到）

当研究其他类型的离子交换剂，即当简单的静电相互作用因极化作用而复杂化时，这些简单规律不再成立。例如，碱金属和碱土金属离子型的羧酸树脂发生水合作用时，就不再成立。从分步水合作用模型，可以得

到依赖关系 $W=f(p/p_0)$ 和 ΔG，ΔH，$T\Delta S=f(W)$ 的更加具体的定量解释。

11.2.3　电解质在离子交换剂-溶液体系中的分布[1]

当离子型（如 I^{Z+}）离子交换剂与 $I_{Z+}^{Z}I_{Z-}^{Z}$ 电解质溶液接触时，可用道南膜平衡来考虑平衡结果，因为聚阴离子不能穿过离子交换剂/溶液边界。

如果对两相选择同一标准状态的话，则在平衡时，两相中电解质的活度相等：

$$a_+^{Z-}\,a_-^{Z+}=\bar{a}_+^{Z-}\,\bar{a}_-^{Z+} \tag{11-25}$$

如果 $\bar{C}_{R+}$ 是补偿离子交换剂骨架电荷的抗衡离子的浓度，r 是被分布离子的活度系数，则上式可重写成

$$a_+^{Z-}\,a_-^{Z+}=(\bar{C}_++\bar{C}_{R+})^{Z-}\,\bar{C}_-^{Z+}\,\bar{r}_+^{Z-}\,\bar{r}_-^{Z+} \tag{11-26}$$

由于离子交换剂相中同离子浓度低，可假定 $\bar{r}_-^{Z+}=1$。如果被吸入电解质的浓度大大小于抗衡离子浓度（$\bar{C}_+\ll\bar{C}_{R+}$），$\bar{r}_+^{Z-}$ 可看作常数，然而其数值是不知道的。通常，假定 $\bar{C}_{R+}$ 等于抗衡离子的分析浓度。应该考虑聚电解质的不完全解离，无限稀的聚电解质的极限解离度等于它的渗透系数（$a_0=\varphi_0$）。从而得：

$$\bar{C}_{R+}=v\varphi_0\bar{C} \tag{11-27}$$

式中，$\bar{C}$ 是功能基团的浓度。将此式代入式（11-26），则得到：

$$a_+^{Z-}\,a_-^{Z+}=(\bar{C}_++v\varphi_0\bar{C})^{Z-}\,\bar{C}_-^{Z+}\,\bar{r}_+^{Z-}\,\bar{r}_-^{Z+} \tag{11-28}$$

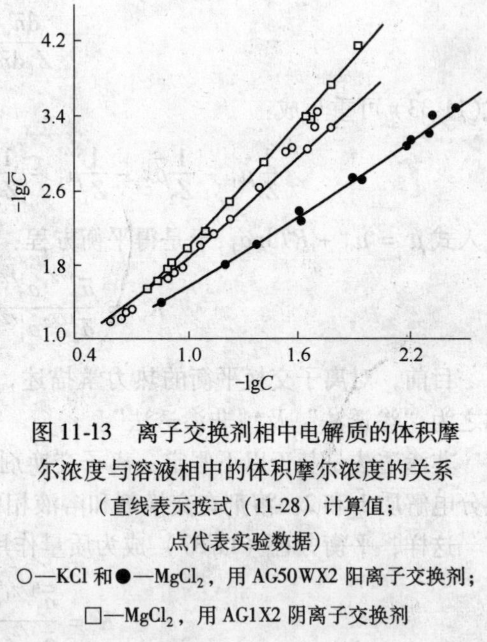

图 11-13　离子交换剂相中电解质的体积摩尔浓度与溶液相中的体积摩尔浓度的关系
（直线表示按式（11-28）计算值；点代表实验数据）
○—KCl 和●—$MgCl_2$，用 AG50WX2 阳离子交换剂；
□—$MgCl_2$，用 AG1X2 阴离子交换剂

用上式实验数据以及 φ_0 值表明（图 11-13），此式很好地描述了实验数据。磺酸聚苯乙烯阳离子交换剂吸入 $MgCl_2$ 及 KCl 的恒定值 $\bar{r}_{Mg^{2+}}$ 和 $\bar{r}_{R+}=1.00$ 以及强碱性阴离子交换剂吸入 $MgCl_2$ 的 $\bar{r}_{Cl^-}=0.48$ 表明，实验及计算结果一致。假设 $C_{R+}=v\bar{C}$ 并用式（11-26）计算的结果也与实验结果一致，然而满足式（11-26）的活度系数是相当的低，$\bar{r}_\pm(MgCl_2)=0.48$，$\bar{r}_\pm(KCl)=0.47$（阳离子交换剂），$\bar{r}_\pm(MgCl_2)=0.29$（阴离子交换剂）。

从这一比较可以作出结论，引用测定的 φ_0，可很大程度地减少（甚至排除）恒定值的 $\bar{r}$ 不确定性。

11.2.4　离子交换平衡方程[1]

离子 1 和离子 2 之间的离子交换体系的平衡条件为：

$$\bar{\mu}_1\mathrm{d}\bar{n}_1+\bar{\mu}_2\mathrm{d}\bar{n}_2+\bar{\mu}_w\mathrm{d}\bar{n}_w+\mu_1\mathrm{d}n_1+\mu_2\mathrm{d}n_2+\mu_w\mathrm{d}n_w=0 \tag{11-29}$$

质量守恒及电中性条件是：

$$d\bar{n}_1 = -dn_1,\quad d\bar{n}_2 = -dn_2 \tag{11-30}$$

$$\frac{1}{Z_1}d\bar{n}_1 = \frac{1}{Z_2}dn_2,\quad \frac{1}{Z_1}dn_1 = -\frac{1}{Z_2}dn_2 \tag{11-31}$$

$$d\bar{n}_w = -dn_w \tag{11-32}$$

将式（11-23）~式（11-25）代入式（11-22），得到：

$$\frac{1}{Z_1}\bar{\mu}_1 - \frac{1}{Z_2}\bar{\mu}_2 - \frac{1}{Z_1}\mu_1 + (\bar{\mu}_w - \mu_w) = \frac{d\bar{n}_w}{d\bar{n}_1} = 0 \tag{11-33}$$

用 $\bar{x}_1$ 表示离子交换剂中离子交换 1 物质量的摩尔分数

$$\bar{x}_1 = \frac{Z_1\bar{n}_1}{Z_1\bar{n}_1 + Z_2\bar{n}_2} \tag{11-34}$$

则得到：

$$\frac{d\bar{n}_w}{Z_1 d\bar{n}_1} = \frac{dW}{d\bar{x}_1} \tag{11-35}$$

式(11-33) 可重写成：

$$\frac{1}{Z_1}\bar{\mu}_1 - \frac{1}{Z_2}\bar{\mu}_2 - \frac{1}{Z_1}\mu_1 - \frac{1}{Z_2}\mu_2 + (\bar{\mu}_w - \mu_w) = \frac{dW}{dx_1} = 0 \tag{11-36}$$

代入式 $\mu = \mu_0 + RT\ln a_1$，于是得平衡方程：

$$K_w = \frac{\bar{a}_1^{-1/Z_1} a_2^{1/Z_2}}{\bar{a}_2^{-1/Z_2} a_1^{1/Z_1}}\left[\frac{\bar{a}_w}{a_w}\right]\frac{dW}{d\bar{x}_1} \equiv \text{const} \tag{11-37}$$

目前，对离子交换平衡的热力学描述，广泛采用在 11.2.2 节谈到的两种方法。它们称之为"渗透法"及"非渗透法"。

非渗透法是基于以下假定：离子交换剂相的组分 1 和 2 是树脂盐，它们不同于溶液相组分电解质 1 和 2。溶剂在交换剂和溶液相中的活度相等。

这样，平衡方程（11-37）成为质量作用定律方程：

$$K = \frac{\bar{a}_1^{-1/Z_1} a_2^{1/Z_2}}{\bar{a}_2^{-1/Z_2} a_1^{1/Z_1}} \equiv \text{const} \tag{11-38}$$

式中，K 称作热力学平衡常数。

在渗透法中，离子交换平衡看作是在不同的压力下，离子 1 和 2 在溶液相和离子交换剂相之间的分配。从而得附加条件 $(\partial\mu_1/\partial P)_T = \bar{v}_i$ 和可活动离子电化学势相等：

$$\mu_i + Z_iF\varepsilon_i = \bar{\mu}_i + \pi\bar{v}_i + Z_iF\varepsilon_i \tag{11-39}$$

将这些条件代入采用同一标准状态的式(11-36) 得到：

$$RT\ln K - \pi\left[\left(\frac{\bar{v}_2}{Z_2} - \frac{\bar{v}_1}{Z_1}\right) - \frac{dW}{d\bar{x}_1}\right] = 0 \tag{11-40}$$

式中，$\bar{v}_1$，$\bar{v}_2$ 和 $\bar{v}_w$ 是离子交换剂中相应组分的偏摩尔体积，这些数值可近似看作常数。W 和 $\bar{x}_1$ 之间的依赖关系可近似为一直线，即 $dW/d\bar{x}_1 = W_1 - W_2$，于是可认为以下方程

$$RT\ln K - \pi\left[\left(\frac{\bar{v}_2}{Z_2} + W_2\bar{v}_w\right) - \left(\frac{\bar{v}_1}{Z_1} + W_1\bar{v}_w\right)\right] = \pi(V_2 - V_1) \tag{11-41}$$

是正确的。式中 V_i 是已溶胀的离子交换剂的摩尔体积。上列方程与 Gregor 模型一致。又可用 π（$\bar{v}_2/Z_2 - \bar{v}_1/Z_1$）代替上式右边的数值。因计算用的渗透项与由 Gregor 模型预测的 K 值相比很小，$\pi(V_2 - V_1)$值比 $\pi(\bar{v}_2 - \bar{v}_1)$大得多，并有相反的符号。而且随着交联度减少，它缓慢降低，因为在这种情况下，$V_2 - V_1$ 增加，从而部分地补偿了 π 的减少。就这一点看，与 $\ln K$ 值相比，弱交联离子交换剂的渗透项不大可以忽略。

非渗透法的主要特征是普遍性，因为它符合所有类型的离子交换剂。如果在式(11-36)中（$\bar{\mu}_w - \mu_w$）$dW/d\bar{x}_1 = 0$，就成非渗透法了，这在离子交换剂的溶胀不变的情况下（$dW/d\bar{x}_1 = 0$）或 $\bar{\mu}_w = \mu_w$ 时是可能的。作为一种很好的近似，对于许多矿物吸附剂来说，是正确的。而对于液体离子交换剂和在表面上排布有功能基团的离子交换剂来说，即在渗透模型明显不适用的情况下，用这种方法也不能预测 K 值或离子交换体系的某些其他特性。

渗透法适合于低及中等交联度的聚电解质的性质。

11.2.5 树脂盐的活度系数和平衡常数[1]

至今，还没有测定离子交换剂相组分活度系数的实验方法。因此，平衡常数 K_w（式(11-37)）或 K（式（11-38））不能从实验数据直接计算，也不能证明 K_w或 K 是常数。以下的 $\tilde{K}$ 值并没有考虑树脂盐的活度系数，故称之为“表观平衡常数”，

$$\tilde{K} = \frac{\bar{C}_1^{1/Z_1} a_2^{1/Z_2}}{\bar{C}_2^{1/Z_2} a_1^{1/Z_1}} \tag{11-42}$$

它通常与交联聚电解质的交换度有关,并由此得到:

$$K_w = \tilde{K}\frac{f_1^{1/Z_1}}{f_2^{1/Z_2}}\left[\frac{\bar{a}_w}{a_w}\right]\frac{dW}{d\bar{x}_1} \tag{11-43}$$

通过解式（11-43）和离子交换剂相的吉布斯-杜亥姆（Gibbs-Duhem）方程构成的方程组，求得活度系数 f_1 和 f_2 的值。用这种求法时，将含有两种抗衡离子的离子交换剂看作两种分体系，没有将溶剂看成一种组分。将体系看成三组分 $\bar{I}_1$、$\bar{I}_2$ 和 W 体系就更加严格了。这时吉布斯-杜亥姆方程应写成：

$$\bar{C}_1 d\ln\bar{a}_1 + \bar{C}_2 d\ln\bar{a}_2 + \bar{C}_w d\ln\bar{a}_w = 0 \tag{11-44}$$

如将 $d\ln f_1$ 项从 $d\ln a_i$ 中分出来,则得:

$$\bar{C}_1 d\ln\bar{f}_1 + \bar{C}_2 d\ln\bar{f}_2 + \bar{C}_w d\ln\bar{a}_w + d\bar{C}_0 = 0 \tag{11-45}$$

式中

$$d\bar{C}_0 = d\bar{C}_1 + d\bar{C}_2 \tag{11-46}$$

取对数和微分后，式（11-43）成为以下形式：

$$d\ln\tilde{K} + \frac{1}{Z_1}d\ln f_1 + \frac{1}{Z_2}d\ln f_2 + d\left[\frac{dW}{d\bar{x}_1}\ln\frac{\bar{a}_w}{a_w}\right] = 0 \tag{11-47}$$

联立解式（11-45）和式（11-47）就得：

$$\ln(f_1/f_{01}) = -Z_1\bar{x}_2\ln\widetilde{K} + Z_1\int_{\bar{x}_1}^{1}\ln\widetilde{K}\,\mathrm{d}\bar{x}_1 + Z_1\int_{\bar{C}_0}^{\bar{C}_{01}}\frac{\mathrm{d}\bar{C}_0}{Z_1\bar{C}_1 + Z_2\bar{C}_2} - Z_1\bar{x}_2(\mathrm{d}\bar{W}/\mathrm{d}\bar{x}_1)\ln(\bar{a}_\mathrm{w}/a_\mathrm{w}) + Z_1\bar{W}_1\ln(\bar{a}_{\mathrm{w}1}/a_{\mathrm{w}1}) - Z_1\bar{W}\ln(\bar{a}_\mathrm{w}/a_\mathrm{w}) \tag{11-48}$$

$$\ln(f_2/f_{02}) = Z_2\bar{x}_1\ln\widetilde{K} - Z_2\int_{1}^{\bar{x}_1}\ln\widetilde{K}\,\mathrm{d}\bar{x}_1 - Z_2\int_{\bar{C}_{02}}^{\bar{C}_0}\frac{\mathrm{d}\bar{C}_0}{Z_1\bar{C}_1 + Z_2\bar{C}_2} + Z_2\bar{x}_2(\mathrm{d}\bar{W}/\mathrm{d}\bar{x}_1)\ln(\bar{a}_\mathrm{w}/a_\mathrm{w}) + Z_2\bar{W}_2\ln(\bar{a}_{\mathrm{w}2}/a_{\mathrm{w}2}) - Z_2\bar{W}\ln(\bar{a}_\mathrm{w}/a_\mathrm{w}) \tag{11-49}$$

式（11-48）及式（11-49）中，$\bar{C}_{01}$、$\bar{C}_\mathrm{w}$、$a_{\mathrm{w}i}$和f_{0i}相应于纯i离子型的值。

式（11-48）和式（11-49）的积分限选在$\bar{x}_i=1$、$\bar{C}_0=\bar{C}_{0i}$、$\bar{a}_\mathrm{w}=\bar{a}_{\mathrm{w}i}$和$\bar{a}_\mathrm{w}=\bar{a}_{\mathrm{w}i}$时$f_i=1$。将式（11-48）及式（11-49）代入式（11-47），得到：

$$\ln K_\mathrm{w} = \int_0^1\ln\widetilde{K}\,\mathrm{d}\bar{x}_1 + \int_{\bar{C}_{02}}^{\bar{C}_{01}}\frac{\mathrm{d}\bar{C}_0}{Z_1\bar{C}_1 + Z_2\bar{C}_2} + \ln\frac{(\bar{a}_{\mathrm{w}1}/a_{\mathrm{w}1})^{\bar{W}_2}}{(\bar{a}_{\mathrm{w}2}/a_{\mathrm{w}2})^{\bar{W}_2}} + \ln\frac{f_{02}^{1/Z_2}}{f_{01}^{1/Z_1}} \tag{11-50}$$

活度系数f以及K_w、$\widetilde{K}$的值取决于C的浓度标度。

离子交换过程标准自由能由以下方程：

$$\Delta G^{\ominus} = \frac{1}{Z_1}\bar{\mu}_1^{\ominus} - \frac{1}{Z_2}\bar{\mu}_2^{\ominus} - \frac{1}{Z_1}\bar{\mu}_1^{\ominus} + \frac{1}{Z_2}\bar{\mu}_2^{\ominus} + (\bar{\mu}_\mathrm{w} + \mu_\mathrm{w})\frac{\mathrm{d}\bar{W}}{\mathrm{d}x_1} = -RT\ln K_\mathrm{w} \tag{11-51}$$

决定，而且$\Delta G^{\ominus}$取决于标准状态的选择。选定的电解质溶液的标准状态是在$C_i=1$时$\alpha_i=1$的假想溶液，参考状态是$C_i\to0$的真实溶液（$f_i=1$）。

如果用同样方法选择离子交换剂的标准状态，则使同样功能基团的不同交联度的离子交换剂所得的特征函数$\Delta G_\mathrm{char}^{\ominus}$是相等的，它们的行为差别用溶胀度的不同来表示。对于渗透法，只有当$\bar{\mu}_\mathrm{w}\neq\mu_\mathrm{w}$时这才是可能的。标准化学势的选择与式（11-50）的最后一项有关。根据树脂盐/溶剂二元体系的数据，可得f_{0i}值。

如果在$\bar{a}_{0i}=\bar{C}_{0i}f_{0i}=1$时，即$f_{0i}=1\ \sqrt{C_{0i}}$时，

$$\bar{\mu}_i^{\ominus} = \bar{\mu}_i^{\ominus}(\bar{C}_{0i}) \tag{11-52}$$

则就可计算一定交联度的离子交换剂与标准溶液间的离子交换自由能（$\Delta G^{\ominus}$）。

式（11-50）的最后一项可重写如下：

$$\ln(f_{01}^{1/Z_1}/f_{02}^{1/Z_2}) = \ln(\bar{C}_{02}^{1/Z_2}/\bar{C}_{01}^{1/Z_1}) \tag{11-53}$$

在这种情况下，可假定$\bar{\mu}_\mathrm{w}\neq\mu_\mathrm{w}$，或可假定$\bar{\mu}_\mathrm{w}=\mu_\mathrm{w}$。如为后者，则在式（11-48）~式（11-50）中包含$\bar{a}_\mathrm{w}$的各项都等于0。还应注意到，$\Delta G_\mathrm{char}^{\ominus}$或$\Delta G^{\ominus}$均与表示离子交换剂组成的量（$c$、$m$或$N$）无关。

更加详细地考察计算$\Delta G^{\ominus}$的一个方程：

$$\Delta G = -RT\int_0^1\ln\widetilde{K}\,\mathrm{d}\bar{x}_1 - RT\int_{\bar{C}_{02}}^{\bar{C}_{01}}\frac{\mathrm{d}C_0}{Z_1\bar{C}_1 + Z_2\bar{C}_2} - RT\ln\frac{\bar{a}_{\mathrm{w}_1}^{W_1}}{\bar{a}_{\mathrm{w}_2}^{W_2}} + RT\ln\frac{\bar{C}_{01}^{1/Z_1}}{\bar{C}_{02}^{1/Z_2}} \tag{11-54}$$

式中，a_w假定等于1，在$Z_1=Z_2$时，该方程就大大简化了。因而，式（11-54）的第二项及第四项可消去，把$\Delta G^{\ominus}$看作是用两个独立项表示。$\Delta G_0^{\ominus}$是离子再分配的自由能：

$$\Delta G^{\ominus} = \Delta G_0^{\ominus} + \Delta G_{\mathrm{w}}^{\ominus} = RT\int_0^1 \ln \widetilde{K}\,\mathrm{d}\bar{x}_1 - RT\ln(\bar{a}_{\mathrm{w}_1}^{W_1}/\bar{a}_{\mathrm{w}_2}^{W_2}) \tag{11-55}$$

$\Delta G_{\mathrm{w}}^{\ominus}$ 是伴随着 1mol 离子 2 被离子 1 取代时，溶剂在相间转移的自由能。对于非渗透法，没有第二项，就得到常用的表达式：

$$\Delta G^{\ominus} = -RT\ln K = RT\int_0^1 \ln \widetilde{K}\,\mathrm{d}\bar{x}_1 \tag{11-56}$$

在异价离子交换的情况下，还要加一项 $\Delta G_{\mathrm{C}}^{\ominus}$。在 $Z_1 \neq Z_2$ 时，式（11-54）可表示成不随浓度而变的三项之和：

$$\Delta G = \Delta G_0^{\ominus} + \Delta G_{\mathrm{C}}^{\ominus} + \Delta G_{\mathrm{w}}^{\ominus} = -RT\int_0^1 \ln \widetilde{K}\,\frac{\overline{C}_{02}^{\,1/Z_2}}{\overline{C}_{01}^{\,1/Z_1}}\mathrm{d}\bar{x}_1 - RT\int_{\overline{C}_{02}}^{\overline{C}_{01}} \frac{\mathrm{d}C_0}{Z_1\overline{C}_1 + Z_2\overline{C}_2} - RT\ln(\bar{a}_{\mathrm{w}_1}^{W_1}/\bar{a}_{\mathrm{w}_2}^{W_2}) \tag{11-57}$$

当 $\bar{a}_{\mathrm{w}_1}^{W_1} = \bar{a}_{\mathrm{w}_2}^{W_2}$ 时，只保留两项

$$\Delta G = \Delta G_0^{\ominus} + \Delta G_{\mathrm{C}}^{\ominus} = -RT\int_0^1 \ln \widetilde{K}\,\frac{\overline{C}_{02}^{\,1/Z_2}}{\overline{C}_{01}^{\,1/Z_1}}\mathrm{d}\bar{x}_1 - RT\int_{\overline{C}_{02}}^{\overline{C}_{01}} \frac{\mathrm{d}C_0}{Z_1\overline{C}_1 + Z_2\overline{C}_2} \tag{11-58}$$

上述自由能的变化并不给出随交换度而变的任何信息，只与离子 2 完全被离子 1 取代有关。从微分自由能 ΔG 可得到关于交换规律的更详细的信息，ΔG 相应于在具有组成的无限量离子交换剂上交换 1mol 离子。微分自由能 ΔG 由方程

$$\Delta G_0^{\ominus} = \int_0^1 \Delta G\,\mathrm{d}\bar{x}_1 \tag{11-59}$$

确定。将式（11-54）表示成式（11-59）的形式，我们得到：

$$\Delta G = -RT\int_0^1 \ln \widetilde{K}\,\frac{\overline{C}_{02}^{\,1/Z_2}}{\overline{C}_{01}^{\,1/Z_1}}\mathrm{d}\bar{x} - \frac{RT}{Z_1\overline{C}_1 + Z_2\overline{C}_2}\,\frac{\mathrm{d}\overline{C}_0}{\mathrm{d}\bar{x}_1} - RT\,\frac{\mathrm{d}CW\ln\bar{a}_{\mathrm{w}}}{\mathrm{d}\bar{x}_1} \tag{11-60}$$

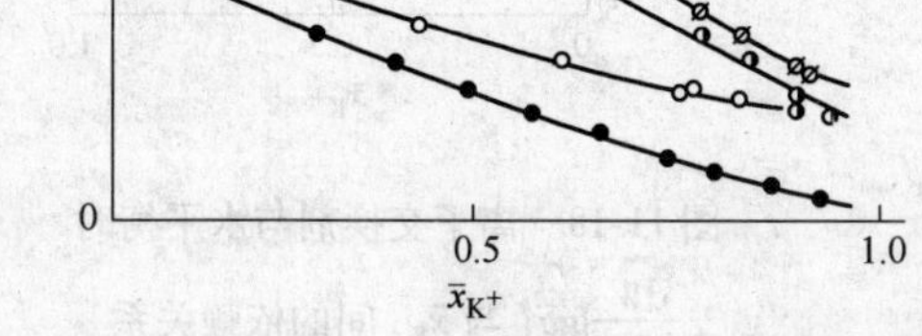

图 11-14　在 Dowex 50W 离子交换剂上 K^+-H^+ 交换的表观平衡常数 $\widetilde{K}$ 与 $\bar{x}_{\mathrm{K}^+}$ 的关系

●—1%；◑—4%；○—8%；Ø—12% DVB；

$t = 25$℃平衡离子强度是 0.1mol/L

对于 $\bar{a}_{\mathrm{w}} = 1$，$Z_1 = Z_2$ 以及 $\ln C_0$ 与 $\bar{x}_1$ 线性依赖关系的特殊情况下，式（11-60）的第二项是

$$RT\,\frac{1}{C_0}\,\frac{\mathrm{d}\overline{C}_0}{\mathrm{d}\bar{x}_1} = RT\ln\frac{\overline{C}_{01}}{\overline{C}_{02}} \tag{11-61}$$

从而得到：

$$\Delta G = RT\ln K \tag{11-62}$$

在许多情况下，$\ln\overline{C}_0$ 与 $\bar{x}_1$ 的关系可很好地近似为一直线，所以式（11-62）是正确的，如图 11-16 所示。

用上述方程所求的实验数据如图11-14 ~ 图 11-21 和表 11-2 所示。

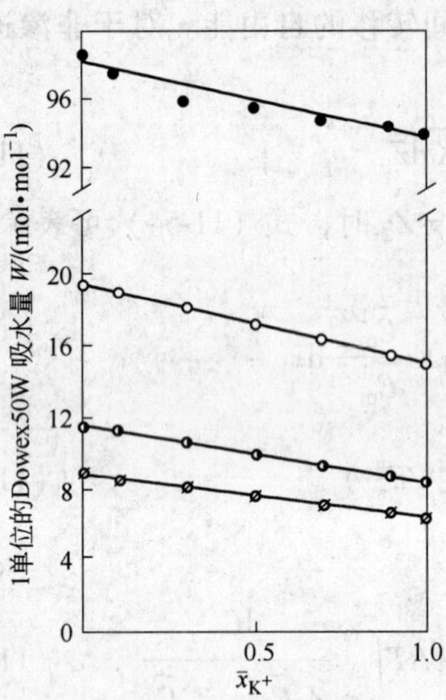

图 11-15　Dowex 50W 离子交换剂与水平衡时 W 与 $\bar{x}_{K^+}$ 的依赖关系

（图中符号与图 11-14 同）

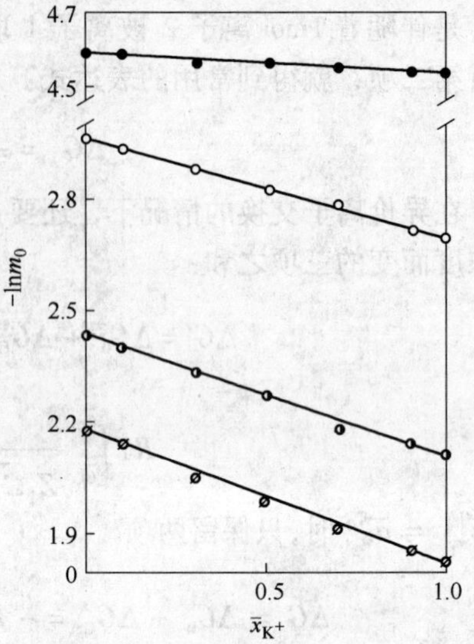

图 11-16　Dowex 50W 离子交换剂中总体积摩尔浓度 m_0 的对数与 $\bar{x}_{K^+}$ 的依赖关系

（图中符号与图 11-14 同）

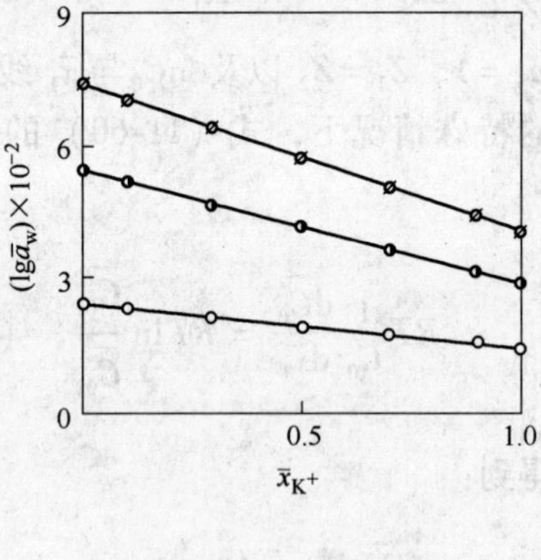

图 11-17　Dowex 50W 离子交换剂与水平衡时水的活度 a_w 对数与 $\bar{x}_{K^+}$ 的依赖关系

（图中符号与图 11-14 同）

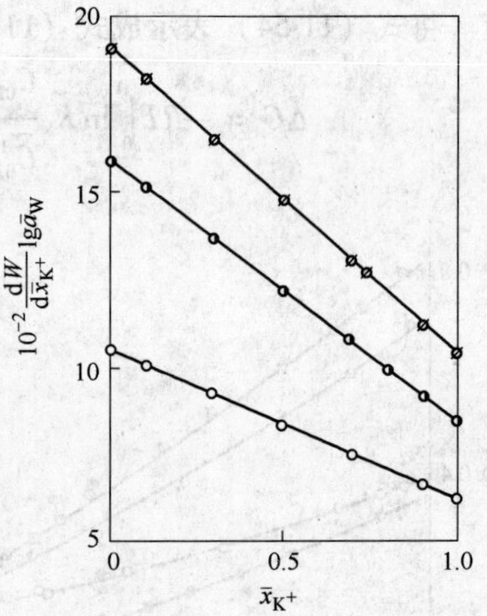

图 11-18　离子交换剂与水平衡时 $\frac{dW}{dx_{K^+}}\lg\bar{a}_w$ 与 $\bar{x}_{K^+}$ 间的依赖关系

（图中符号与图 11-14 同）

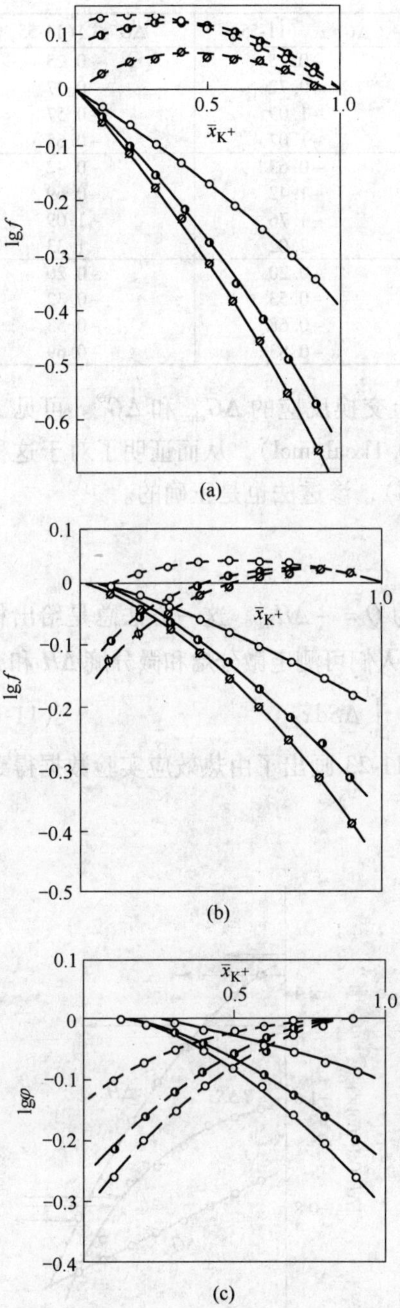

图 11-19 树脂盐 RH（实线）RK（虚线）的活度系数的对数与 $\bar{x}_{K^+}$ 间的依赖关系用 DVB 含量不同的 Dowex 离子交换树脂：

○—4%；◐—8%；Ø—12%

（a）在 $a_w=1$，$f_{0i}=1$ 时用式(11-48)及式(11-49)计算得到；(b)含有 $\bar{a}_w$ 的各项省略后计算得到；

（c）含有 $\bar{a}_w$ 的各项及 $\bar{C}_0$ 省略后计算得到

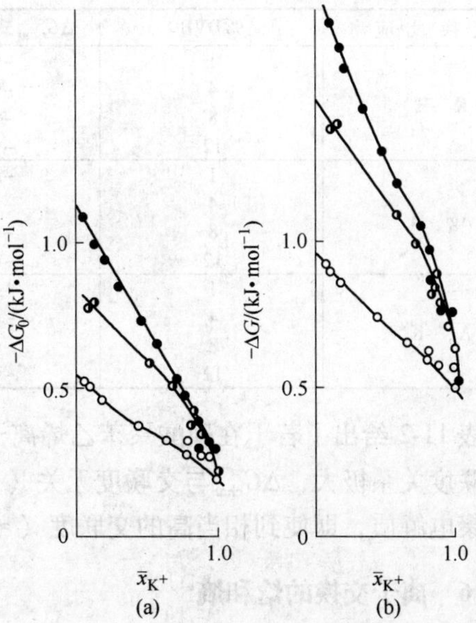

图 11-20 用 Dowex 50W 离子交换剂进行 K^+-H^+ 交换的自由能与 $\bar{x}_{K^+}$ 的依赖关系

○—4%；◐—8%；●-12% DVB

（a）按式（11-62）计算的 ΔG（非渗透法）；

（b）按式（11-60）计算的 ΔG（渗透法）

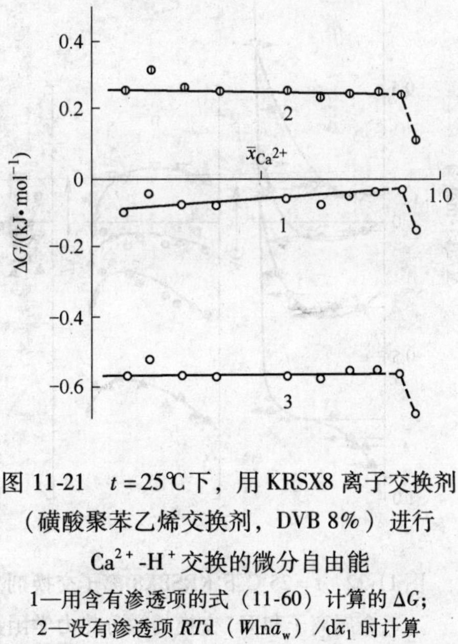

图 11-21 $t=25$℃下，用 KRSX8 离子交换剂（磺酸聚苯乙烯交换剂，DVB 8%）进行 Ca^{2+}-H^+ 交换的微分自由能

1—用含有渗透项的式（11-60）计算的 ΔG；2—没有渗透项 $RT\mathrm{d}(W\ln\bar{a}_w)/\mathrm{d}\bar{x}_1$ 时计算的 ΔG；3— $RT\ln\tilde{K}_m$ 与 $\bar{x}_{Ca^{2+}}$ 间的依赖关系，$\tilde{K}_m$ 是按体积摩尔浓度计算的表观平衡常数

表 11-2　磺酸聚苯乙烯树脂上离子交换过程的标准吉布斯自由能　　(kcal/mol)

交换反应	%DVB	$\Delta G^{\ominus}_{char}$ 式 (11-51)	$\Delta G^{\ominus}$ 式 (11-55)	$\Delta G^{\ominus}$ 式 (11-55)
K^+-H^+	1	-0.35	-0.25	-0.25
	4	-0.29	-0.72	-0.37
	8	-0.32	-1.09	-0.57
	12	-0.19	-1.02	-0.65
Ag^+-H^+	1	-0.63	-0.63	-0.42
	4	-0.64	-1.42	-0.69
	8	-0.66	-1.76	-1.09
	12	-0.58	-2.02	-1.33
Ag^+-K^+	1	-0.31	-0.20	-0.20
	4	-0.36	-0.53	-0.32
	8	-0.35	-0.68	-0.53
	12	-0.41	-0.83	-0.69

表 11-2 给出了若干在磺酸聚苯乙烯离子交换剂上交换反应的 $\Delta G^{\ominus}_{char}$ 和 $\Delta G^{\ominus}$。可见 $\Delta G^{\ominus}$ 与交联度关系极大，$\Delta G^{\ominus}_{char}$ 与交联度无关（分散度 ±0.1kcal/mol），从而证明了对于这种类型的聚电解质，即使到相当高的交联度（≈12% DVB），渗透法也是正确的。

11.2.6　离子交换的焓和熵[1]

为了测定离子交换的焓 ΔH，必须测定热效应，因为 $Q = -\Delta H_{int}$。这一方法总是给出相应于交换剂组成从 $\bar{x}'_1$ 变成 $\bar{x}''_1$ 的数值。与式(1-59)类似，人们可测定微分焓和微分熵 ΔH 和 ΔS：

$$\Delta H^{\ominus} = \int_0^1 \Delta H \mathrm{d}\bar{x}_2, \quad \Delta S^{\ominus} = \int_0^1 \Delta S \mathrm{d}\bar{x}_1 \tag{11-63}$$

ΔH 和 ΔS 与 $\bar{x}_1$ 的依赖关系非常重要。图 11-22 和图 11-23 画出了由热效应实验数据得到的

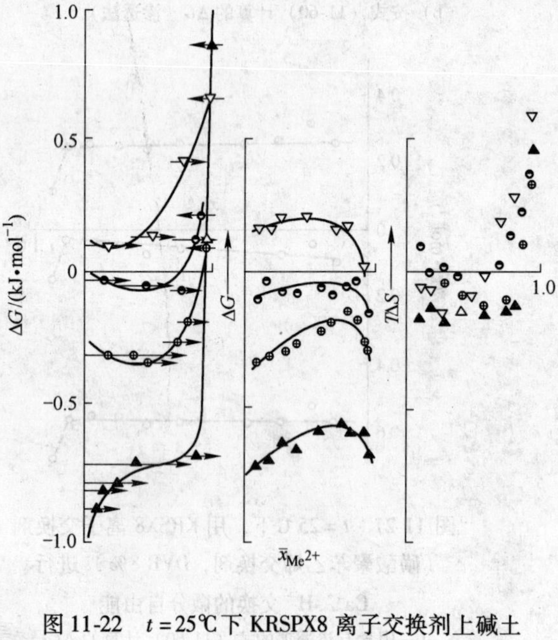

图 11-22　$t = 25$℃下 KRSPX8 离子交换剂上碱土金属离子和 H^+ 交换的微分热力学函数

按式(11-60)计算 ΔG，▽—Mg^{2+}；⊖—Ca^{2+}；⊕—Sr^{2+}；▲—Ba^{2+}（从交换的热效应得到 ΔH，箭头的起点表示起始交换剂组成，终止点表示最终组成）

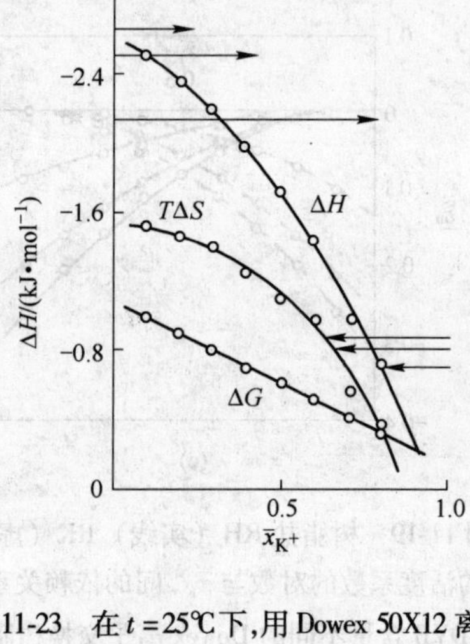

图 11-23　在 $t = 25$℃下，用 Dowex 50X12 离子交换剂进行 K^+-H^+ 交换的热力函数

ΔH 根据表观平衡常数随温度的变化，即式(11-66)计算，并在 0℃、25℃、40℃和 60℃下研究平衡；图中的箭头表示量热结果。ΔG 按非渗透法计算式(11-62)计算

ΔH 与 $\bar{x}_1$ 之间的依赖关系。曲线 $\Delta H=f(\bar{x}_1)$ 必须满足条件:

$$-Q=\Delta H_{\text{int}}=\int_{\bar{x}_1}^{\bar{x}_1''}\Delta H\mathrm{d}\bar{x}_1 \tag{11-64}$$

第二种测定 ΔH 的方法是应用表示平衡常数与温度关系的范特荷夫方程

$$\Delta H^{\ominus}=-R\frac{\mathrm{d}\ln K}{\mathrm{d}(1/T)} \tag{11-65}$$

按照式（11-65），可以测定相应于离子 2 被离子 1 完全取代的标准焓。在离子交换中，应用像式（11-65）这样的方程，但不用 K 而用 $\tilde{K}$ 时，这样得到的与 $\bar{x}_1$ 有关的 ΔH 值称为表观焓：

$$\Delta\tilde{H}^{\ominus}=-R\left[\frac{\partial\ln\tilde{K}}{\partial(1/T)}\right]_{\bar{x}_1} \tag{11-66}$$

这是在 $\bar{x}_1$ 固定条件下进行求导。在这种情况及在不同温度下，溶液相组成 x_1 是不同的，因为 ΔH 是离子交换剂和溶液的焓变之和，所以这就证明是正确（$\Delta H=\Delta H_{\mathrm{R}}+\Delta H_{\mathrm{S}}$）的。$\Delta H_{\mathrm{S}}$ 是稀释溶液混合热，它比 ΔH_{R} 小得多，即 $\Delta H_{\mathrm{S}}\approx 0$。因此，必须固定离子交换剂相的组成，而不是固定溶液相组成。在解释文献中的实验数据时，ΔH 实际上看成是微分焓，即在无限量的组成恒定，且等于 $\bar{x}_1$ 的离子交换剂上，1mol 离子 1 和 2 交换的焓。

比较由式（11-66）计算的 ΔH 和由量热数据测定的 ΔH 表明：它们的数值是非常接近的（图 11-22 和图 11-23）。

用式（11-66）计算 ΔH 的适用性，很明显与式（11-60）的后两项与温度的依赖关系不大有关，这两项包括了溶胀和溶剂活度值。

至今，已积累了相当多有关离子交换过程的热力学函数的数据。图 11-21 ~ 图 11-23 画出了微分热力学函数之间依赖关系。通过碱金属离子在磺酸聚苯乙烯离子交换剂上的交换，以及卤素阴离子在强碱性阴离子交换剂上的交换，观测到了最简单的规则。在这些例子中，选择性吸着离子的动力是抗衡离子与功能基团之间的相互作用的结果。因此，它的 ΔH、ΔG 及 ΔS 值均为负值。

自由能值比较小，这是由于选择性吸着离子结合时，伴随有熵的大大减少。发现标准函数之间关系是非常简单的，与离子的类型、温度及交换剂交联度无关，见图 11-24。

$\Delta H^{\ominus}=f(T\Delta S)$ 依赖关系为直线，且在原点附近，即在 $T\Delta S^{\ominus}=0$ 及 $\Delta H^{\ominus}=0$ 附近，这就证明了实际上只是这种相互作用造成熵减少。$\Delta G^{\ominus}$ 等于 $\Delta H^{\ominus}$ 的 35%，因此，即便在高 $\Delta H^{\ominus}$ 时，碱金属阳离子的交换选择性也比较低。在抗衡离子与功能基团之间为静电相互作用的简单的情况下，满足了这种依赖关系。而对于水合作用弱的阴离子的交换来说，$\Delta G^{\ominus}$ 值比较高，与此相一致的是吸附

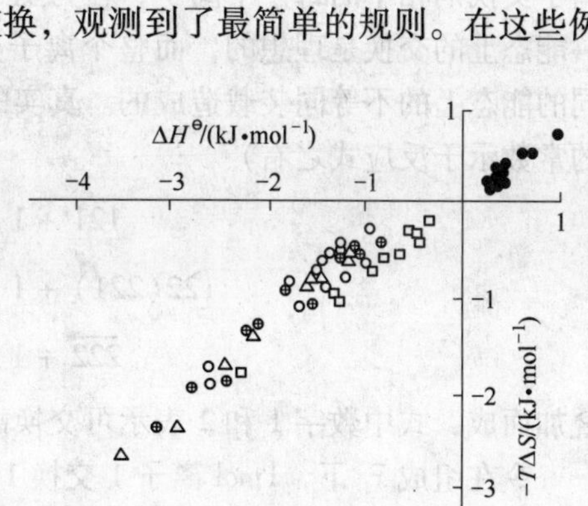

图 11-24 在磺酸聚苯乙烯交换剂上 I^+-H^+ 交换的 $\Delta H^{\ominus}$ 与 $T\Delta S^{\ominus}$ 间的关系

●—Li^+；□—Na^+；○—K^+；⊕—Rb^+；△—Cs^+

（树脂的 DVB 含量为 6.5%、10.5% 及 25%，温度为 0℃、25℃、60℃和 90℃按式（11-62）计算 ΔG）

选择性高，从所给的 $\Delta H^{\ominus}$ 值也可预期到这一点。这与附加的“疏水相互作用”概念是一致的，这是由于离子对 $PhNMe_3^+An^-$ 形成时，“疏水颗粒”与水之间界面减少造成的。

在吸附高电荷抗衡离子时，由于熵的特别有利的贡献，所以 $\Delta G^{\ominus}$ 值和选择性都特别高。在许多情况下，抗衡离子与功能基团之间发生特别强的相互作用（例如极化或局部水解），从而改变了如图 11-24 所示的那样的热力学函数之间的平衡（如在磺酸聚苯乙烯上的交换 Ag^+，Tl^+，羧酸和磷酸型离子交换剂）。对配合物生成离子或有机离子交换的热力学函数的变化远为复杂，目前还不能预测。

11.2.7　非理想体系离子交换平衡的定量表述[1]

在描述离子交换平衡的热力学方程中，体系的非理想性由活度系数表示。然而，热力学并没有预测活度系数与离子交换组成依赖关系的方法。因此，试图在实践中考虑非理想性，总是与以某一模型作为基础的若干简化假定产生的特定不确定性有关。一般说来，交联聚电解质对理想性的偏离，是由 $\tilde{K}$ 与交换程度的依赖关系来证明。只有在特殊情况下，这种依赖关系可以用渗透性质的变化来解释。通常，这种解释只有定性意义。最近，提出了一个简单的近似的理论模型，该模型考虑了液体离子交换剂的非理想性。用该模型的主要方程，可以恰当地说明离子交换体系的各种性质与其组成的关系。下面介绍这一模型。

假定在溶胀的聚电解质中，每一个抗衡离子有两个最近的相邻抗衡离子，在描述整个体系时，最近相邻两个抗衡离子之间的相互作用是最基本的（例如在同一聚合物链上，某一抗衡离子两边有两个抗衡离子）。因此，在有两种抗衡离子（1 和2）的情况下，每一抗衡离子可以 6 种状态存在，即 111，211（=112），212，222，221（=122），121。

将相应于这些状态的化学势表示为 $\bar{\mu}_{1(11)}$，$\bar{\mu}_{1(12)}$，$\bar{\mu}_{1(22)}$，$\bar{\mu}_{2(22)}$，$\bar{\mu}_{2(12)}$，$\bar{\mu}_{2(11)}$。这样，离子交换剂相中的每一个离子，在与上述 6 种状态相应的 6 种能态上分布。假定离子在每一能态上的交换是理想的，而整个离子交换过程的非理想性是由于在不同的 $\bar{x}_1$ 时，在不同的能态上的不等同装载造成的。真实的离子交换平衡是由以下理想的假想的平衡（它们的常数示于反应式之右）

$$121 + 1 \rightleftharpoons 111 + 2, k^1_{2(22)} \tag{11-67}$$

$$122(221) + 1 \rightleftharpoons 112(211) + 2, k^1_{2(12)} \tag{11-68}$$

$$\overline{222} + 1 \rightleftharpoons \overline{212} + 2, k^1_{2(22)} \tag{11-69}$$

叠加而成，式中数字 1 和 2 表示可交换离子。

令在组成 $\bar{x}_1$ 下，1mol 离子 1 交换 1mol 离子 2 时的自由能是每一能态上交换的自由能之和

$$\Delta G = \alpha_{1(22)}\Delta G^{\ominus}_{1(22)} + \alpha_{1(12)}\Delta G^{\ominus}_{1(12)} + \alpha_{1(11)}\Delta G^{\ominus}_{1(11)} \tag{11-70}$$

式中，$\alpha_{1(22)}$、$\alpha_{1(12)}$、$\alpha_{1(11)}$ 是分布在各能态上的离子 1 的摩尔分数。

$$\alpha_{1(22)} + \alpha_{1(12)} + \alpha_{1(11)} = 1 \tag{11-71}$$

1mol 离子 1 交换 1mol 单电荷离子 2 的自由能可以这样写，那么，离子 1 的最近相邻离子只是离子 2 时的交换自由能，可写成

$$dG_{1(22)} = \bar{\mu}_{1(22)} d\bar{n}_{1(22)} + \mu_1 dn_1 + \bar{\mu}_{2(22)} d\bar{n}_{2(22)} + \mu_2 dn_2 \tag{11-72}$$

如果

$$d\bar{n}_{1(22)} = d\bar{n}_1; \quad d\bar{n}_{2(22)} = d\bar{n}_2 \tag{11-73}$$

则得到:

$$dG_{1(22)} = (\bar{\mu}_{1(22)} - \mu_1) d\bar{n}_{1(22)} - (\bar{\mu}_{2(22)} - \mu_2) d\bar{n}_{2(22)} \tag{11-74}$$

当无限小量的离子 1 在被离子 2 饱和的离子交换剂和含有离子 1、2 的电解质溶液间分布时，就发生这样的过程。如果标准状态选成在 $\bar{x}_i = x_i = 1$ 时，$\bar{\mu}_i = \bar{\mu}_i^{\ominus}$，则得到:

$$\Delta G_{1(22)}^{\ominus} = \mu_{1(22)}^{\ominus} - \mu_1^{\ominus} = -RT\ln(\bar{x}_1/x_1)_{x_1\to 0} = -RT\ln k_{2(22)}^1 \tag{11-75}$$

同样可得:

$$\Delta G_{1(11)}^{\ominus} = \Delta G_{2(11)}^{\ominus} = -RT\ln(\bar{x}_2/x_2)_{x_2\to 0} = -RT\ln k_{2(11)}^1 \tag{11-76}$$

和

$$\begin{aligned}\Delta G_{1(12)}^{\ominus} &= \mu_{1(12)}^{\ominus} - \mu_1^{\ominus} - \mu_{2(12)}^{\ominus} - \mu_2^{\ominus} \\ &= -RT\ln(\bar{x}_{1(22)} x_2/\bar{x}_{2(22)} x_1) = -RT\ln k_{2(12)}^1\end{aligned} \tag{11-77}$$

假定抗衡离子在各能态间按统计分布，而离子间相互作用自由能之差（几个 kJ/mol）远小于自由能的绝对值（几十个 kJ/mol），那么这种假定是合理的。对于每一个组成 $\bar{x}_1$ 的 $\alpha_{1(22)}$ 值等于被离子 2 包围的离子 1 的相对摩尔分数。将 $\alpha_{1(22)}$ 值写成 $\bar{x}_{1(22)}$。对于其他的离子间的结合，同样是正确的，即:

$$\alpha_{1(22)} = \bar{x}_{1(22)}, \quad \alpha_{1(12)} = \bar{x}_{1(12)}, \quad \alpha_{1(11)} = \bar{x}_{1(11)} \tag{11-78}$$

这里 $\bar{x}_{1(22)}$ 值与某离子 2 的近邻离子也是与 2 的几率成正比，其几率等于 $\bar{x}_2^2$。因为两种几率之和以及摩尔分数之和都等于 1，故得到

$$\alpha_{1(22)} = \bar{x}_{1(22)} = \bar{x}_2^2 \tag{11-79}$$

由于类似的理由，又得:

$$\alpha_{1(22)} = 2\bar{x}_1\bar{x}_2, \quad \alpha_{1(11)} = \bar{x}_1^2 \tag{11-80}$$

根据式(11-70)、式(11-75)、式(11-77) 和式(11-80)，可得到:

$$-\frac{\Delta G}{RT} = \ln K = \ln(k_{2(11)}^1)\bar{x}_1^2 + 2\ln(k_{2(12)}^1)\bar{x}_1\bar{x}_2 + \ln(k_{2(22)}^1)\bar{x}_2^2 \tag{11-81}$$

概括起来，已经证明，对于某具有加和性的性质 Y，有以下方程

$$Y = y_{11}\bar{x}_1^2 + 2y_{12}\bar{x}_1\bar{x}_2 + y_{22}\bar{x}_2^2 \tag{11-82}$$

并是正确的，式中 y_{11}、y_{22} 和 y_{12} 是在极限条件下的 Y 的特征值。在所讨论的情况下，

$$y_{11} = \ln k_{2(11)}^1, \quad y_{22} = \ln k_{2(22)}^1, \quad y_{12} = \ln k_{2(12)}^1 \tag{11-83}$$

在其他情况下，Y 可以等于 ΔG、ΔH 和 ΔS。

$k_{2(11)}^1$、$k_{2(22)}^1$ 和 $k_{2(12)}^1$ 的值可以将实验数据拟合方程（11-82）的常数而得到，y_{11} 和 y_{12} 可以由外推法测定，即由函数关系 $\ln\tilde{K} = f(\bar{x}_1)$ 外推到 $\bar{X}_1 \to 0$，而不可能在 $\bar{x}_1 \to 0$ 及 $\bar{x}_1 \to 1$ 范围内，因其他过程而使这函数关系急剧变化（如液体离子交换剂）。在高交联度离子交换剂的情况下，这种方法可能是不合适的，因为在某一组分含量很低时，杂质或不规则的

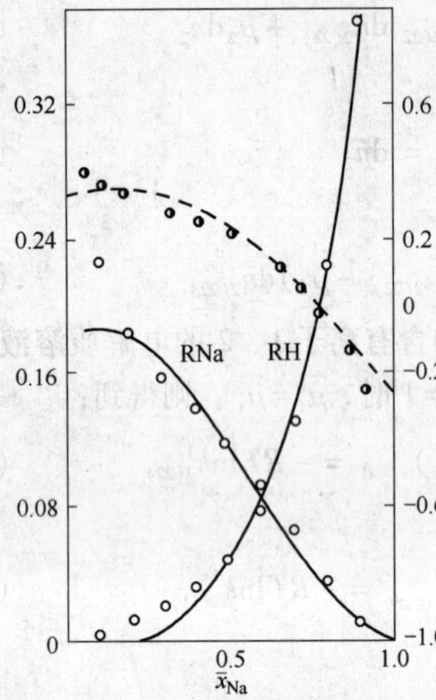

图 11-25　Na^+-H^+ 离子交换体系中作为树脂相内 Na^+ 摩尔分数函数的表观平衡常数的对数（右标尺及虚线）$\lg\widetilde{K}=f(\bar{x}_{Na})$ 和活度系数的对数 $\lg\varphi=f(\bar{x}_{Na})$ 与 $\bar{x}_{Na}$ 的关系示意图

（磺酸聚苯乙烯交换剂：DVB 25%（KU-2X25））

◑—用实验数据计算 $\lg\widetilde{K}=f(\bar{x}_{Na})$；○—用式（11-85）的图解积分法计算的曲线，其 $\lg\varphi=f(\bar{x}_i)$ 是用式（11-82）、式（11-86）和式（11-87）计算的，所取常数 $y_{Na\text{-}Na}=-0.276$，$y_{H\text{-}H}=0.350$，$y_{Na\text{-}H}=0.459$（$y_{ij}=\lg k_{ij}$）

交换位置可影响函数关系 $\ln\widetilde{K}=f(\bar{x}_1)$。因此，以下给出的高交联度离子交换剂的例子，显示了对理想性的偏离特别大。系数 y_{11}、y_{12} 和 y_{22} 是在主要浓度范围（$\bar{x}=0.1\sim0.9$）内，用最小二乘法拟合而计算得到的，计算中假定总和值为 σ：

$$\sigma=\sum_{i=1}^{n}(\ln\widetilde{K}_1-Y)^2$$

$$=\sum_{i=1}^{n}[\ln\widetilde{K}_1-y_{22}+2(y_{22}-y_{12})\bar{x}_1-(y_{11}+y_{22}-2y_{12})\bar{x}_1^2] \qquad (11\text{-}84)$$

图 11-25 ~ 图 11-27 给出了用式（11-82）求算的实验数据。在大多数情况下，这一方程能很好地描述实验数据。

正如式（11-82）可以用于预测 ΔG 或与 $\ln\tilde{K}$ 液体离子交换剂组成间的依赖关系，对在有机离子交换时也可应用。还可将常数 y_{11}、y_{12} 和 y_{22} 分解成相应于各原子团（CH_3、CH_2、NH_2^+、NH^+、N^+）的分值，以及可用于将有机离子中含有的各原子团加和，代入式（11-82）的方法来得到或预测实际体系中 $\ln\tilde{K}$ 与 $\bar{x}_i$ 间的依赖关系。同样，可用上述方法来明确地考虑离子交换体系的非理

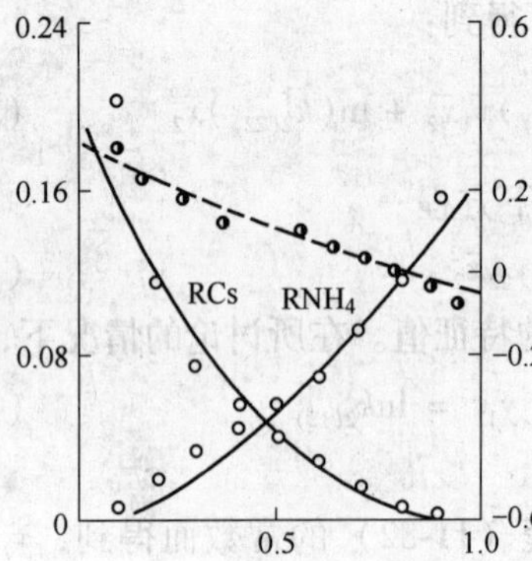

图 11-26　Cs^+-NH_4^+ 离子交换体系（KRS-25）

$y_{Cs\text{-}Cs}=0.0046$；$y_{NH_4\text{-}NH_4}=0.324$；$y_{Cs\text{-}NH_4}=0.067$

（图中其他说明与图 11-25 同）

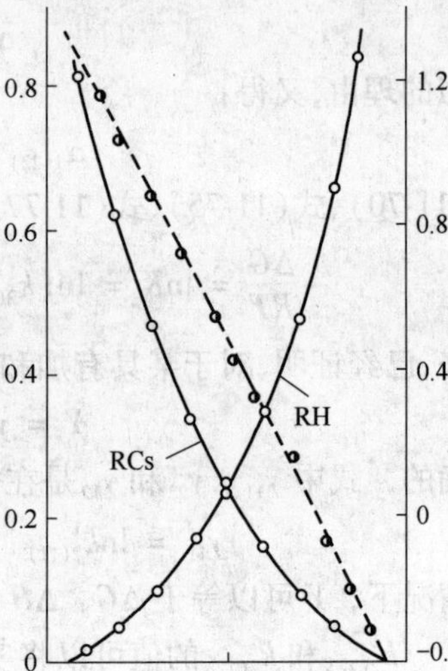

图 11-27　Cs^+-H^+ 离子交换体系（KRS-25）

$y_{Cs\text{-}Cs}=-0.503$；$y_{H\text{-}H}=1.425$；$y_{Cs\text{-}H}=0.505$

（图上其他说明与图 11-25 同）

想性。

使用式（11-79）能得到与树脂盐活度系数有关的表达式。在 $Z_1 = Z_2$用非渗透法研究离子交换平衡的情况下及当离子交换剂溶胀与 $\bar{x}_i$ 无关时的情况下，已经导出了如下方程：

$$\ln\varphi_i = -(1-\bar{x}_i)\ln\tilde{K} + \int_{\bar{x}_i}^{1}\ln\tilde{K}\,\mathrm{d}\bar{x}_i \tag{11-85}$$

将式(11-81) 代入式(11-85) 可得：

$$T\ln\varphi_i = -\left[\ln\frac{k_{2(12)}^1}{k_{2(11)}^1}\right]\bar{x}_2^2 - \frac{2}{3}\left[\ln\frac{k_{2(11)}^1 k_{2(22)}^1}{(k_{2(12)}^1)^2}\right]\bar{x}_2^3 \tag{11-86}$$

和

$$T\ln\varphi_i = \left[\ln\frac{k_{2(12)}^1}{k_{2(22)}^1}\right]\bar{x}_1^2 + \frac{2}{3}\left[\ln\frac{k_{2(11)}^1 k_{2(22)}^1}{(k_{2(12)}^1)^2}\right]\bar{x}_1^3 \tag{11-87}$$

考虑到上面的假定,则有：

$$\ln K = \int_0^1 \ln\tilde{K}\,\mathrm{d}\bar{X}_1 = \frac{1}{3}\ln(k_{2(11)}^1 k_{2(22)}^1 k_{2(12)}^1) \tag{11-88}$$

作为一特例：

$$\ln k_{2(12)}^1 = \frac{1}{2}\ln(k_{2(11)}^1 k_{2(22)}^1) \tag{11-89}$$

可以注意到，这相当于 $\ln\tilde{K}$ 和 $\bar{x}_i$ 之间的线性依赖关系。在 $\ln(k_{2(11)}^1 k_{2(22)}^1 k_{2(12)}^1)^2 = 0$ 的条件下，式（11-86）及式（11-87）可成为

$$\ln\varphi_1 = \frac{1}{2}\ln(k_{2(11)}^1/k_{2(22)}^1)\bar{x}_2^2 = \mathrm{const}\bar{x}_2^2 \tag{11-90}$$

$$\ln\varphi_2 = \frac{1}{2}\ln(k_{2(11)}^1/k_{2(22)}^1)\bar{x}_1^2 = \mathrm{const}\bar{x}_1^2 \tag{11-91}$$

它们类似于 Kielland 方程。应用比较严格的方程（11-50）和方程（11-49），不用 $\bar{a}_w = 1$ 的方程（11-81），只要 $\ln\bar{C}_0$ 与 $\bar{x}_1$ 的关系式不是高于二次的多项式。则不改变式（11-91）的形式。图 11-12 属于这种情况。φ_1 和 φ_2 值将变化，并与组成标度有关。

图 11-25 ~ 图 11-27 说明了方程（11-87）应用于实验数据。由这些方程计算的 $\ln\varphi_i$ 值，与由 $\ln\tilde{K} = f(\bar{x}_i)$ 依赖关系图解积分法得到的 $\ln\varphi_i$ 是一致的。

但也应注意到某些体系会大大偏离理想性，但呈现正规行为并实际上服从 Kielland 方程是很有意义的（NH_4^+-H^+，Cs^+-H^+）。对 Li^+-H^+ 和 Na^+-H^+ 体系的活度系数只可用式(11-87) 描述，虽然它们的绝对值比前例中的小。

看来，对于抗衡离子统计分布的单功能基团离子交换剂的任何交换体系，确实可以用这种模型描述。但该模型不适用于多功能离子交换剂和具有筛分效应的体系。在这种情况下，抗衡离子在交换位置上不是简单的统计分布。

上述方法可将抗衡离子统计分布的所有离子交换体系分为 3 类：

（1）理想体系，$\tilde{K}$ 保持不变，活度系数等于 1；

（2）正规体系，$\ln\tilde{K} = f(\bar{x}_i)$ 为线性关系，活度系数服从 Kielland 方程；

（3）非正规统计体系，$\ln\tilde{K} = f(\bar{x}_i)$ 为二次多项式，活度系数服从三次多项式方程。

对于式（11-81）和式（11-87）的偏离，表明离子交换剂的可交换基团是不等同的。研究单价有机离子在磺酸聚苯乙烯上的交换表明，这种偏离只有在 $\bar{x}_1 < 0.1$ 时才发生。

应指出，提出的该方法已扩大到多离子体系。已经证明，非理想的多离子体系的平衡可正确地用类似于式（11-82）的多参数方程和二元体系的实验数据来描述。

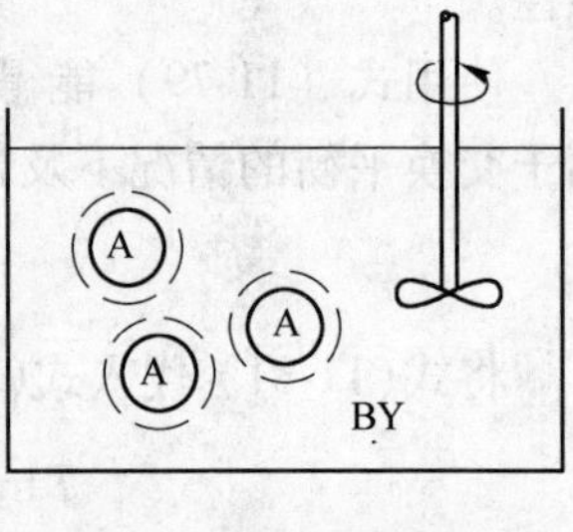

图 11-28　离子交换剂珠体与很好搅拌的液相之间的抗衡离子 A 和 B 的交换体系

11.3　离子交换动力学[1,8]

本节论述离子交换动力学，其中包含了当离子交换剂与电解质溶液相接触时以及离子交换剂部分地或完全地转化成另一离子型时的速度问题（见图 11-28）。并不包含更加复杂的离子交换柱的动态学，或可产生流出液的离子交换剂与溶液相接触的设备的动态学。为了简明，这里介绍的动力学将限于大小均一的固体球形离子交换剂（或其行为可近似为这样的离子交换剂）的动力学。

11.3.1　离子交换机理的简述[1]

在 11.1 节已讨论过离子交换机理问题，在此根据需要，再加以简单概述于下：

普通的离子交换可用图 11-29 表示。包含一种可动的抗衡离子（A）的离子交换剂与包含另一种抗衡离子（B）的液相接触。某些抗衡离子从液相进入离子交换剂，与离子交换剂珠体上的另一抗衡离子交换。平衡时，两相都包含两种抗衡离子，但它们的比例是不同的。

可见离子交换好像是可动抗衡离子的再分配，是传质现象而不是化学反应。传质共包括四步：（1）A 离子从珠体内某起始位到达珠体的表面；（2）A 离子从珠体表面到整体液相；（3）B 离子从整体液相到珠体表面；（4）B 离子从珠体表面到珠体内部。然而，两种离子的流量是互相关联的。必须保持电中性，这就要求一种离子的电荷的迁移，被另一种离子等物质的量之电荷反方向迁移所补偿。

几乎所有实际应用的离子交换剂都有微观的孔结构，这就造成了对对流的极大阻力。

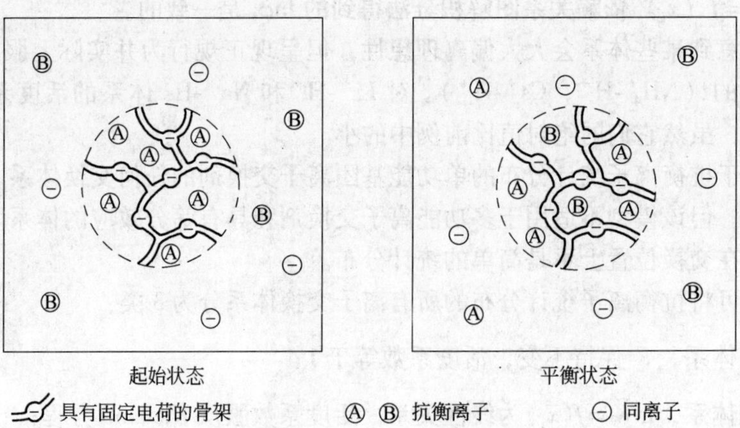

图 11-29　抗衡离子在交换剂和液相之间的再分配示意图

因此，通常假定交换剂珠体内的传质唯一地通过扩散发生。“粒内扩散”这术语指的就这一步。

在液相中，扩散和对流都对传质有贡献，所以看来“液相传质”一词是适宜的，另外还引用了“膜扩散”一词。这“膜”指的是，在很好搅拌的液体中，悬浮的固体颗粒周围的假想的能斯特膜，因而有了因扩散及对流而实际发生的到达和离开表面的传质的模型。膜的厚度是一调节参数，它与已知的或可测量的流体力学性质有经验上或理论上的联系。另外，也可使用传质系数，这将在以后进行详细讨论。

在大孔离子交换剂中，情况将更加复杂，这种交换剂最好用“沙堆”结构来描述。这种交换剂是由在最后一步聚合反应中熔合在一起的球形微粒（沙粒）构成（图11-30）。这里就有三步：液相传质、大孔中扩散和微球内的扩散。

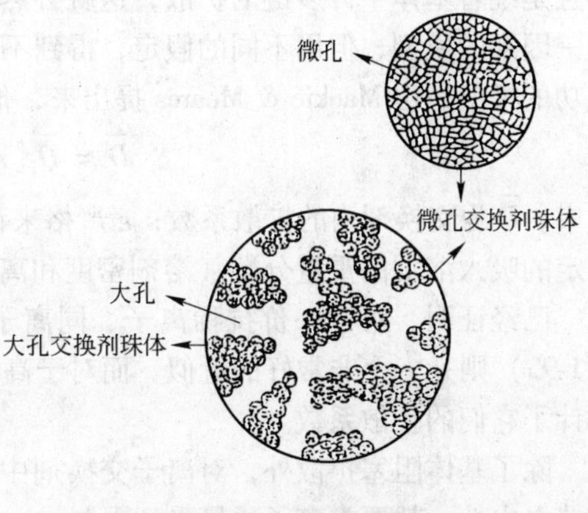

图 11-30　大孔离子交换树脂的结构

我们知道，将离子交换唯一地看成一传质现象是过分简化了，离子交换可伴随有化学反应。典型的例子是，H^+ 型或游离酸型阳离子交换剂被碱中和，螯合树脂吸入过渡金属离子。这就很明显，这样的反应将与影响平衡一样，极大地影响动力学。

从图 11-30 所示的简单图像可明显看到，一个离子交换的深一层的有关侧面。与抗衡离子相比，由于一定程度的道南排斥作用，同离子在离子交换剂中的浓度可以忽略，而且电中性要求交换剂珠体和液相之间的交换要有化学计量关系，即 1mol 抗衡离子进入珠体，必须有 1mol 抗衡离子离开珠体。其结果是用摩尔表示的，珠体中及液体中的抗衡离子的总浓度保持不变。在大多数模型中，都假定抗衡离子总浓度是恒定不变的。

11.3.2　液-固界面的状态[1]

离子交换剂可看作“准液体”，在此“准液体”中，在同一溶剂中含有若干可动离子的电解质，正像达到平衡的液相一样，树脂中基体交联剂或无机材料三维晶体的性质，阻止了这些电解质溶解。因此，宏观看来，交换剂珠体与液体之间的界面不过是一界限，是一基体不能扩张到的界限。除非受到污染，在这样的界面上，可预期没有大的阻力。实际上，已经证明，“清洁”珠体表面上没有传质阻力。通常都假定在珠体和液体之间保持着平衡。

离子交换剂对某些抗稀离子有选择性。选择性可用二元分离因数表示，它的定义是

$$\alpha_{ij} = \frac{\overline{C}_i C_j}{C_j \overline{C}_i} \tag{11-92}$$

式中，α 为分离因数；$\overline{C}_i$、C_j 为离子浓度。

分离因数随着液相浓度、离子的浓度比及存在其他离子而变，但它们在大部分动力学

模型中，均作为重要的参数。在分析解中，又通常假定它们为常数，在数值计算中，如果它们与条件之间的依赖关系是已知的，那么它们的变化就应该考虑进去。

液固相界面的性质应按界面化的原则去处理。

11.3.3　离子交换剂中的扩散[1]

液相扩散系数的数据很容易得到（根据分子性质可以计算扩散系数），而交换剂相的扩散系数却不能得到。交换剂中的扩散由于存在骨架而受阻，不仅是一部分截面被阻塞，而且是绕着基体中许多链的扩散，这就必然是走曲曲折折的更长的路程。并不缺乏考虑到这一因素的模型，但用不同的假定，得到不同的结果。至少对于凝胶离子交换剂来说，最成功的模型是由 Mackie & Meares 提出来，他们给出：

$$\overline{D} = \overline{D}_i[\varepsilon/(2-\varepsilon)]^2 \tag{11-93}$$

式中，$\overline{D}$ 为交换剂内的扩散系数；ε 严格来说是粒内孔体积分数，但它可完全近似为容易测定的吸入溶剂的重量分数（溶剂密度和离子交换剂密度通常是很相近的）。

已经证明，对于一价抗稀离子、同离子以及非电解质来说，假如它们体积不大，式（11-93）则是一个非常好的近似。而对于高价离子，或大分子和大离子，通常都是偏高地估计了它们的扩散系数。

除了基体阻塞扩散外，对离子交换剂中扩散的最重要的影响因素是诱生电场的作用。保持电中性，就要求离子通量受到限制，一种离子通量所迁移的电荷，必须被一种或几种离子通量所迁移的电荷按等物质的量补偿。为了真正了解离子交换动力学，这种补偿的物理机理必须正确认识。在离子交换过程中，如果各抗稀离子以相反方向扩散而不带电荷，则快的离子将有更大通量。而对于带电荷的离子来说，这就相当于有电荷的净迁移，并违反了电中性要求。不大的偏离电中性，就产生电场，从而在电场中会产生离子的电迁移，所有存在的离子都会受到电场的作用。而抗衡离子电迁移的方向就是较慢抗衡离子扩散的方向。这样，电迁移增加了较慢抗衡离子的通量，减少了较快抗衡离子的通量，最后使净流量相等，并阻止进一步产生净电荷（图 11-31）。这也就是扩散与迁移的关系。

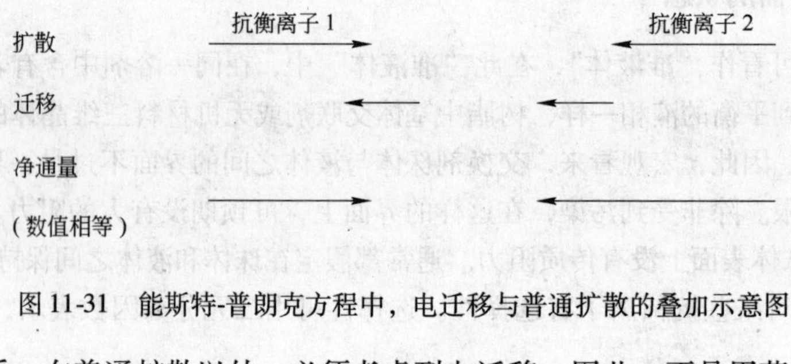

图 11-31　能斯特-普朗克方程中，电迁移与普通扩散的叠加示意图

从数学上看，在普通扩散以外，必须考虑到电迁移。因此，不是用菲克定律

$$\overline{J}_i = -\overline{D}_i \mathbf{grad}\overline{C}_i \tag{11-94}$$

而是必须用能斯特 -普朗克方程

$$\overline{J}_i = -\overline{D}_i \mathbf{grad}\overline{C}_i - D_i z_i C_i (F/RT)_{\mathbf{grad}\varphi} \tag{11-95}$$

净通量　　普通扩散　　电迁移

必须在 Poisson-Boltzmann 方程基础上，考虑到对方中性的偏离，进行严格的处理。这种对电中性的偏离非常小，假定没有净电荷迁移不会引起误差。

扩散是一纯统计现象，不包含分子水平上的实际作用力，因此，其通量仅与浓度梯度有关，与浓度本身无关。相反，电场的校正力是真正的实际作用力，它作用在每一个存在的离子上，产生了与各离子本身浓度成正比的通量。从而就造成以下结果，电场的校正作用主要是影响以多数存在的离子，而对以少数存在的离子，电迁移项小，它们主要是以普通扩散的速度迁移。在同离子量不显著的情况下，对于 A 和 B 两种抗衡离子的二元互扩散，两种通量是严格补偿的。由于电场的校正作用不大，所以，主要是以少数存在的离子控制速度。

11.3.4 控制速度[1,8]

在不考察大孔离子交换剂和各化学反应，仅认为在离子交换剂珠体或液相中存在传质，则哪一步比较慢，哪一步控制速度，是要考虑的问题。

在表观上，珠体中的扩散受到骨架的阻挡，而溶液中扩散不受阻挡。而且，从珠体表面到珠体中心扩散所经过的距离远远大于穿过液膜、被搅拌液体和珠体表面间的边界层的距离。实际上，如果作为推动力的浓度差相同，则粒内扩散总是比液相传质慢。然而，粒内和液体中的推动力是不一样的。在液体中，推动力是整体液相与珠体表面间的浓度差，并且决不会大于整体浓度本身；而在珠体中，推动力是珠体表面和中心之间的浓度差，可以高达固定离子基团的浓度，通常是每升几摩尔数量级。这样，哪一步控制速度就成为一个争论的问题，但大部分有关因素的作用是清楚的。从而，以下各因素有利于液相传质控制：

(1) 液相浓度低（液相中推动力小）；

(2) 离子交换剂容量高（珠体中推动力大）；

(3) 颗粒小（珠体中传质距离短）；

(4) 离子交换剂结构敞开，如交联度低（珠体中扩散的阻挡小）；

(5) 液相的搅动不力（对流对液相传质的贡献小）。

此外，选择性也起更加微妙的影响，如果离子交换剂对进入的离子的选择性高，那么在达到了相当高转化以前，在珠体表面上，进入离子在液相一侧的浓度低，因为进入离子一到达就从液相中吸入。从而使在转化趋向完全前，整体液体和珠体表面间的浓度差大，即液相推动力大。相反，如果离开交换剂的离子的选择性高，那么进入离子在液相一侧的浓度必然高，在液相一侧接受该离子，从而使浓度差很快消失，失去推动力。这样，在离子交换剂开始含有的是离子交换中选择性高的离子时，这一附加因素有利于液相传质控制速度。

所有这些因素都包括在以下准则中：

$$\left.\begin{array}{l}\text{如 } He \ll 1\text{，则为粒内扩散控制}\\ \text{如 } He \gg 1\text{，则为液相传质控制}\end{array}\right\} \tag{11-96}$$

这里 He 是一无量纲数，称为 Helfferich 数，其定义为

$$He = \frac{\overline{CD}\delta}{CDr}(5 + 2\alpha_{AB}) \tag{11-97}$$

式中，δ是假想的液体能斯特膜的厚度。然而不能全依从这一准则。因为正如工程中大多数无量纲数一样，He比较了两种过程的速度，其定义是，当粒内扩散控制的离子交换与液相传质控制的离子交换两者的理论半衰期相等时，He值等于1，但这时作了以下重要假定：没有化学反应发生；离子交换剂从A型完全转换为B型；液相的组成不变；释放出的A离子是自由的。如果这些假定不成立，使用者又要使用这一准则，则应按照自己所用的条件，再用粒内扩散控制与液相传质控制的交换两者半衰时间相等的方法，导出自己的无量纲数。

在$He \approx 1$时，两种传质都会影响速度。在转化低时，液相对传质的阻力更重要。实际上，由于液相传质速度是受边界层两侧最大浓度差所限制，而从理论上说，在刚开始时，粒内扩散速度是无限的，所以任何离子交换一开始的速度都由液相传质控制，虽然只在相当短的时间内，且这时$He \ll 1$。

在大孔离子交换材料时，大孔中含有的液相的浓度基本上是外部液相的浓度。因而，没有较大的推动力来补偿扩散受的阻挡及扩散经过的较大距离，这样就不大可能是外部液相中的传质控制速度。从原则上说，比较两种过程的半时间，就能估计出是大孔中的扩散还是微球中的扩散控制速度。但很难得到所要求的结构信息（特别是微球大小及其溶剂含量）。

很显然，化学反应可在离子交换动力学中起重要作用。如果与传质相比，化学反应很慢，而传质的时间足以使液体及珠体中的任何尝试梯度拉平，那么速度将仅由化学反应控制，有时与颗粒大小无关。然而我们已知溶液中的离子的反应非常快，极少例外，所以，没有理由假定离子交换剂中的反应与此反应有什么不同。实际上，由一慢反应控制的速度还没有得到证实。不过，在以后还要清楚说明，化学反应可极大地影响传质速度，所以在任何预测控制步骤速度时，化学反应是应考虑的重要因素。

现今已经提出了许多实验上确定控制步骤速度的准则。大多用的是传统的方法，即对适当的关系图寻找成为直线的条件，这种方法必须以数学模型正确和该模型可成为各自的直线关系为先决条件。更加可靠的是以下描述的两种试验方法，而且最好是结合起来用。

第一种是所谓“中断试验”法，该法是将离子交换剂从液相中短时期分离出来，而仍一直检测速度不间断。如果是粒内扩散控制，由于粒内的浓度梯度将有时间拉平，所以再将交换剂浸入液相后，速度将比分离出前更快；如果是液相传质控制，则观测不到这种速度更快的现象，因为在不到1s内，液膜中的准定态梯度就可再建立起来。

第二种方法是观测速度与颗粒大小的关系。如果是液相传质控制，由于几何形状上的原因，速度将与颗粒半径成反比，即与单位体积的表面积成正比；如果是粒内扩散控制，速度将与颗粒半径的平方成反比。

对于大孔离子交换剂，在大孔及微球扩散控制速度的两种情况下，中断试验法均将有正结果。另一方面在微球大小一定情况下，如果是微球扩散控制，速度将与颗粒大小无关；如果是大孔扩散控制，速度将与颗粒大小的平方成反比。

11.3.5　模型和速度定律[1,8]

11.3.5.1　推动力模型和传质系数

在工程估算中，例如对柱式操作运行估算中，常常要求简单的方程而不惜牺牲准确度。最简单的合理的速度定律假定，流量和推动力之间有线性关系：

液相

$$J_i = k_f(C_i^b - C_i^*) \qquad (11\text{-}98)$$

颗粒

$$\overline{J}_i = k_p(\overline{C}_i^* - \langle \overline{C}_i \rangle) \qquad (11\text{-}99)$$

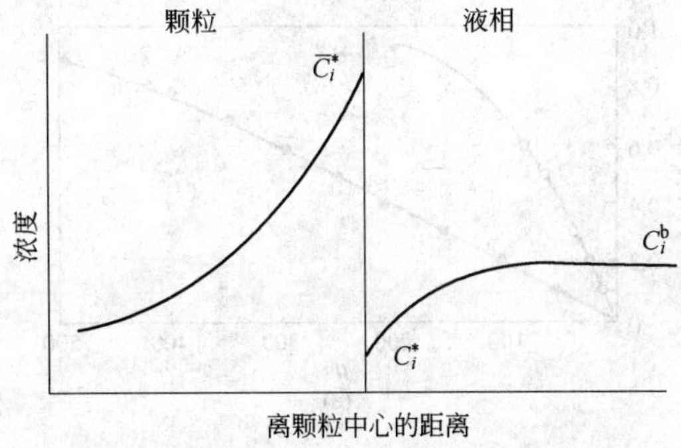

图 11-32 颗粒中及液相中进行交换离子的浓度分布示意图

式中，推动力是珠体表面和整体相之间的浓度差，$\langle \overline{C}_i \rangle$ 是珠体中离子 i 的平均浓度（见图 11-32）。所关心的结果是作为时间函数的转化分数（更正确地说是达到平衡的分数），它是由对通量积分得到的。在所研究的是组分 i 时

$$F(t) = \frac{3}{r_0(\langle \overline{C}_i \rangle - \langle \overline{C}_i^\infty \rangle)} \int_0^1 \overline{J}_i \mathrm{d}t \qquad (11\text{-}100)$$

式中，$3/r_0$ 是每单位珠体体积的表面积，分母上的浓度差是从起始状态到平衡状态的变化。

相关分析建议的传质系数有：

$$k_f = (10D/r_0)Re^{0.84} \qquad (11\text{-}101)$$

低流速 $$k_f = D/\delta, \delta = (1 + 70r_0 v) \qquad (11\text{-}102)$$

高流速 $$\delta = 0.0029/v$$

$$k_p = 5\overline{D}/r_0 \qquad (11\text{-}103)$$

式中，$k_f = D/\delta$。

对于液相，推动力方法是吸引人的，因为在更加复杂的模型中给出了更多的可靠答案。当扩散系数恒定及没有选择性（$\alpha_{AB} = 1$）时，则线性推动力方程是严格相当于非克定律模型。当扩散系数恒定及分离因数恒定而 $\alpha_{AB} \neq 1$ 时，则转化分数由下式给出：

$$\ln[1 - F(t)] + (1 - 1/\alpha_{AB})F(t) = -3k_j C_i/\alpha_{AB} r_0 \overline{C} \qquad (11\text{-}104)$$

离子交换剂对进入离子的选择性特别高（$\alpha_{AB} \ll 1$）时，或对离开离子的选择性特别高（$\alpha_{AB} \gg 1$）时，这是两种特别有意义的极端情况。除了转化分数接近 1，即 $F(t) \to 1$ 外，可得到：

$$\alpha_{AB} \ll 1; \quad F(t) \cong 3k_f Ct/r_0 \overline{C} \qquad (11\text{-}105)$$

这就表明了在几乎达到完全转化以前，转化分数是时间的线函数（图 11-33）。这种线性意味着流量恒定，而流量恒定来源于已经讨论过的进入离子的高选择性，高选择性使该离子在珠体表面的浓度非常低，基本上保持起始推动力不变。在相反的极端情况下：

$$\alpha_{AB} \ll 1; \quad \ln[1 - F(t)] + F(t) = -3k_f Ct/\alpha_{AB} r_0 \overline{C} \qquad (11\text{-}106)$$

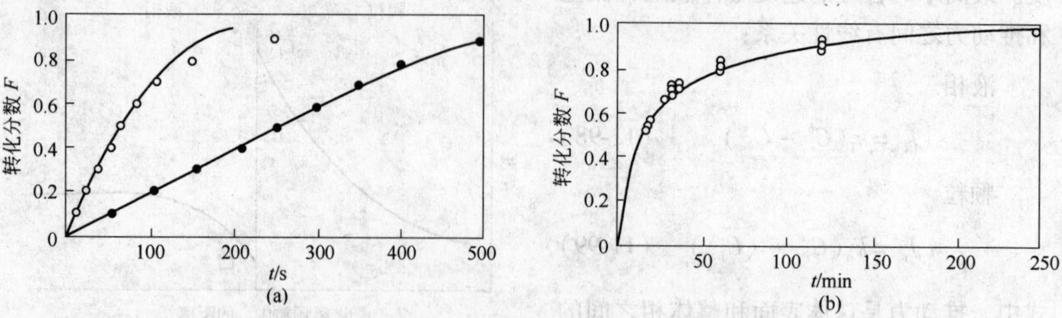

图 11-33　氯和硫酸根离子交换时正逆交换的转化分数与时间的关系

Amberlite IRA 458；0.006mol/L 溶液；pH = 3；

（a）树脂起始为氯化物型：○—30 ~ 35 筛孔；●—18 ~ 20 筛孔；

（b）树脂起始为硫酸盐型；○—20 ~ 30 筛孔；曲线是按式（11-104）计算的

除了在非常低的转化分数下，即 $\ln(1-F)\to -F$ 时，转化分数不是时间的线性函数，由于 α_{AB} 在上式右端的分母上，所以 α_{AB} 很大，转化就很慢（图 11-33）。$\alpha_{AB}\ll 1$ 时的转化分数与时间的线性关系和两种离子的正逆交换间速度的极大差别，这都是高选择性体系的液相传质控制的典型特点。

如果说选择性的影响比较容易解释，那么两种抗衡离子的不同迁移率的影响就不大好解释。在边界层中迁移率不同的抗衡离子的互扩散产生电场，然后电场作用在同离子上。如果进入离子交换剂的离子比较快，则在珠体表面上有同离子积累；反之，则有同离子贫化，如图 11-34 所示。在前一种情况下，这就使推动力大一些，而在后一种情况下，又使推动力小一些，即使离子交换剂没有选择性也是这样。线性推动力方程不反映迁移率不同的影响，这就需要一个复杂的理论，以提供传质系数与迁移率之比的依赖关系。在缺少这种理论的情况下，在实际中使用两种离子中比较慢的离子的扩散系数进行处理，以求稳妥一些。

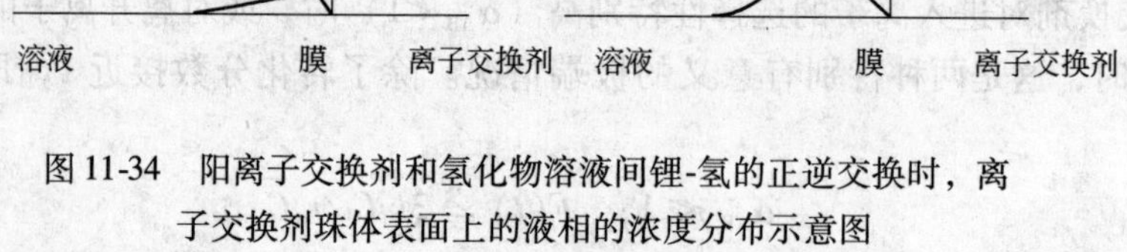

图 11-34　阳离子交换剂和氢化物溶液间锂-氢的正逆交换时，离子交换剂珠体表面上的液相的浓度分布示意图

如果说线性推动力方法为液相提供了相当好的近似，而应用于粒内扩散就有根本的缺陷。因为，事实上在珠体中的扩散是一个非定态过程。对于任一给定的珠体中的平均浓度，速度依赖于以前的发展过程，这由中断试验可以说明。根据双膜模型和假定从表面穿过壳层到均一整体颗粒的扩散为准定态，导出了式（11-99），该式忽略了这种依赖关系。

因此，即使具有可变系数的最复杂的线性推动力定律，原则上也不能反映所有可能的起始及边界条件下的行为。虽然，推动力定律不精确，不能进行非稳定态计算，只好使用最简单的线性推动力定律。

11.3.5.2 菲克定律模型——同位素离子交换和痕量离子交换

这是一个比较简单的离子交换动力学模型。假定菲克定律（式（11-94））是正确的，扩散系数为常数，并与珠体至液体中的浓度成比例。实际上，进行交换的各离子的扩散系数相等，这就表明离子交换剂对它们没有选择性。这种情况除了在其组成恒定条件下的同位素离子交换以外，是很少达到的。

有一个例外，若交换的是痕量离子且整体相组成实际上保持不变，则只由痕量离子的恒定的扩散系数决定速度，并在比较小的所研究的浓度范围内，分离因数通常大体上保持不变。

因此，对于同位素离子交换及痕量离子交换，使用菲克定律模型最为适宜。在不能提供准确结果时，也能提供一粗略的近似结果。

对于液相传质，通常都要引入两个理想化条件：第一，不管珠体表面的弯曲而认为是平面。在液膜厚度与颗粒半径比很小时，这种简化是正确的。在实际研究工作中，几乎总可满足这一条件。第二，假定在整体液相和珠体表面间的传质为准定态，只要建立准定态所需的时间是几秒或更短，这种简化实际上也是正确的。这所需时间由 0.5（δ^2/D）计算，δ 在液相搅拌情况下，其数量级为 10^{-3}cm。满足了这些先决条件，菲克定律给出：

$$J_i = (D/\delta)(C_i^b - C_i^*) \tag{11-107}$$

式（11-107）与式（11-98）严格相似，用式（11-100）可计算转化分数。对于球体，所需微分物料平衡为

$$(\partial \overline{C}_i/\partial t)_r = -d_i v \overline{J}_i \tag{11-108}$$

并必须积分。不同情况下的分析解示于表 11-3 中。如果是液体不断地更新，或是在分批操作中，液相中离子的量比离子交换剂中的量大得多（即 $CV \gg \overline{C}\,\overline{V}$），这样就提供了可应用液相组成恒定的条件。

表 11-3 球形珠体进行离子交换时菲克定律的解

粒内扩散控制
(1) 液相组成恒定下的转化分数与时间的关系： $$F(t) = 1 - (6/\pi^2)\sum_{n=1}^{\infty}[(1/n^2)\exp(-\overline{D}t\pi^2 n^2/r_0^2)] \quad (11\text{-}109)$$
(2) 液相组成恒定下的半时间： $$t_{1/2} = r_0^2/\overline{D} \quad (11\text{-}110)$$
(3) 有限的条件下转化分数与时间的关系： $$F(t) = 1 - \frac{3}{3W}\sum_{n=1}^{\infty}\frac{\exp(-S_n^2 Dt/r_0^2)}{1 + S_n^2/9W(\omega+1)} \quad (11\text{-}111)$$ $$\omega \equiv \overline{C}\,\overline{V}/CV \qquad S_n \cot S_n = 1 + S_n^2/3W$$

续表 11-3

液膜扩散控制

(1) 液相组成恒定下的转化分数与时间的关系：

$$F(t) = 1 - \exp(-3dCt/r_0\delta\overline{C}) \tag{11-112}$$

(2) 液相组成恒定的半时间：

$$t_{1/2} = 0.23 r_0 \delta \overline{C}/DC \tag{11-113}$$

(3) 有限的条件下的转化分数与时间的关系：

$$F(t) = 1 - \exp\frac{-3Dt(\omega+1)}{r_0\delta W} \tag{11-114}$$

粒内扩散和液膜扩散联合控制

液相组成恒定下的转化分数与时间的关系：

$$F(t) = \frac{6\theta^2}{r_0^2}\sum_{n=1}^{\infty}\frac{A_n \sin^2 m_n r_0}{m_n^4}\exp(-Dm_n^2 t) \tag{11-115}$$

$$\theta = CD/\overline{C}\,\overline{D}\delta, A_n = \frac{m_n^2 r_0^2 + (\theta r_0 - 1)^2}{m_n^2 r_0^2 + (\theta r_0 - 1)\theta r_0} \tag{11-116}$$

$$m_n r_0 = (1 - \theta r_0)\tan m_n r_0 \tag{11-117}$$

表 11-3 中的式（11-109）是适用于粒内扩散控制和液相组成恒定条件，是应用最广的解。当转化分数高，$F(t) > 0.8$，则只需取级数中的第一项；当转化分数从低到中等，$F(t) < 0.5$，则用以下近似式：

$$F(t) \cong (6/r_0)(\overline{D}t/\pi)^{1/2} - 3\overline{D}t/r_0^2 \tag{11-118}$$

表 11-3 中的式（11-110）给出的是粒内扩散控制的半衰时间，典型的是若干秒。例如，用美国标准筛筛分的 50 筛孔颗粒（$r = 0.015$cm），$\overline{D} = 10^{-6}$cm/s^2，得到 $t = 225$s。相反，如果是液相传质控制，且液相浓度低，则半衰时间十分长，且与液相浓度成反比。

预测决定速度的准则，是建立在比较式（11-109）（见表 11-3）和式（11-104）的基础上，即建立在比较具有任意选择性的液相传质控制方程和粒内扩散的非克定律以及它们的半衰时间相等（$He = 1$）的基础上。

为了便于比较，在图 11-35 示出了在粒内扩散控制和液相传质控制时的转化分数与时间的关系，该图说明，随着转化进行，粒内扩散控制的速度变得比较慢。

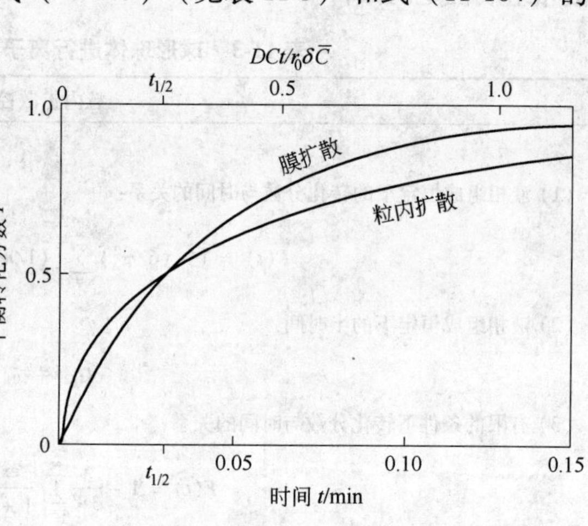

图 11-35　液相传质控制膜扩散和粒内扩散控制时，转化分数与时间的关系

11.3.5.3　能斯特-普朗克模型——无化学反应的离子交换

对于不同性质的离子之间的交换，迁移率有差别就要求用能斯特-普朗克

方程(11-95)而不用非克定律式（11-94）。以这种方法为基础的模型在离子交换动力学中最为通用，与某些新理论相比，它是常用的模型。

能斯特-普朗克方程已用于能斯特膜。由于膜中非线性浓度梯度的计算，以及从固相表面上梯度的线性外，推导出膜厚度使该模型太繁冗。也有把能斯特-普朗克方程与渗透和表面更新模型相结合，想得到更可靠的结果，但其复杂性使实际使用者望而生畏。因此，目前能斯特-普朗克方程仅应用于粒内扩散控制的交换。

从数学上看，在电中性及没有净电荷迁移条件下，将两种抗衡离子 A 和 B 的两个能斯特-普朗克方程结合起来，得到：

$$\overline{J}_A = \overline{D}_{AB}\,\mathbf{grad}\,\overline{C}_A \tag{11-119}$$

式中，互扩散系数 $\overline{D}_{AB}$ 由

$$\overline{D}_{AB} = \frac{\overline{D}_A\overline{D}_B(z_A^2\overline{C}_A + z_B^2\overline{C}_B)}{z_A^2\overline{C}_A\overline{D}_A + z_B^2\overline{C}_B\overline{D}_B} \tag{11-120}$$

求出。当 $\overline{C}_A \to 0$，$\overline{C}_{AB}$ 简化为 $\overline{C}_A$，而当 $\overline{C}_B \to 0$，则简化为 $\overline{C}_B$，这仅是少数情况。现在，用数值方法使用方程（11-119）进行积分来处理。

在能斯特-普朗克方程中如果进入离子交换剂的离子是两种离子中慢的一种，则在其他条件都相同下，两种给定的抗衡离子的交换比较快（见图 11-36）。而且在这种情况下，珠体中的瞬间的浓度分布也很不一样（图 11-37）。在迁移率比很大时，如进入离子是慢的一种，则有相当陡峭的从珠体表面到中心的浓度变化。

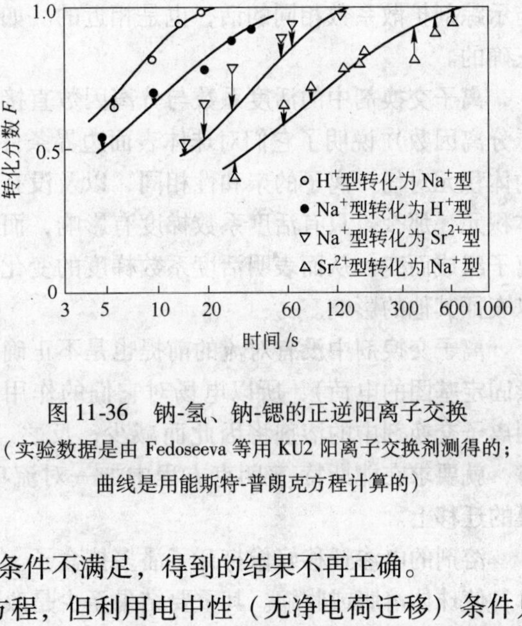

图 11-36 钠-氢、钠-锶的正逆阳离子交换
（实验数据是由 Fedoseeva 等用 KU2 阳离子交换剂测得的；曲线是用能斯特-普朗克方程计算的）

在恒定的液相组成和理想的粒内扩散控制条件下，珠体表面上的边界条件是不变的。而且如果离开珠体的离子很快进入大体积溶液中，则在全部时间内，二元交换中的珠体表面完全转成进入离子状态。因此，在这些条件下，速度与离子交换剂的选择性和液相浓度都无关。如果上述任一条件不满足，得到的结果不再正确。

每一个抗衡离子有一个能斯特-普朗克方程，但利用电中性（无净电荷迁移）条件只能消去其中一个方程。因此，对于三元及多元离子交换体系，必须解联立微分方程。此外，在这样的体系中，在全部时间内，在珠体表面上，必然同时存在两种或更多种抗衡离子，这样，选择性影响表面上的边界条件，从而影响速度。在这样的体系中，常常会发生某一或几种抗衡离子的转化分离超过平衡值，产生瞬间的浓度极大或极小。

在典型的能斯特-普朗克方法中，离子交换剂内不存在同离子，这当然是一种理想化。实际上，至少存在少量同离子。它们在电场作用下引起迁移，其结果是，如进入的抗衡离子是比较快的，同离子将被拉入珠体内；如进入的抗衡离子比较慢，同离子将被推出珠体外。同时，电势梯度被减小，并会微量地减少两种抗衡离子的正逆交换速度的差。因此定

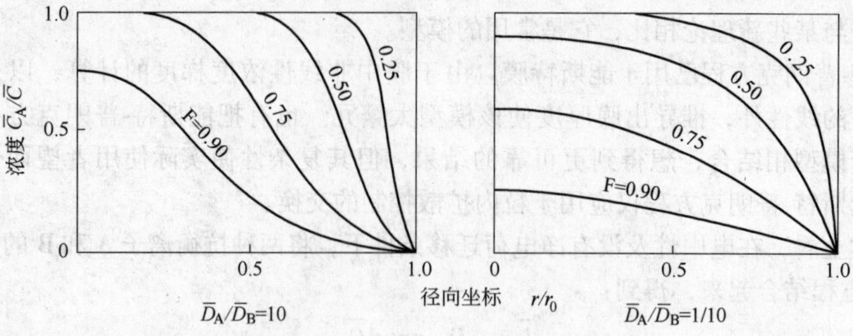

图 11-37　不同转化分数时的浓度分布

（两种抗衡离子的迁移率之比为 10 时，用粒内扩散控制的正逆交换的能斯特-普朗克方程计算的）

量计算要求使用同离子的附加的能斯特-普朗克方程。

11.3.5.4　精确的能斯特-普朗克模型

典型的能斯特-普朗克方程只考虑到扩散和电迁移，它们并不包括活度系数，而是建立在离子的单独扩散系数不变这一概念的基础上，认为在相同的条件下，该系数如果不是与示踪剂扩散系数相同的话，也是相近的。如只是作为一种近似，以上这些概念和假定是正确的。

离子交换剂中的活度系数与分离因数直接相关，用分离因数（或在多组分体系中用若干分离因数）说明了它们对珠体表面边界条件的影响。在珠体以内，如果不同浓度的相邻的体积元对任一离子的亲和性相同，以及没有另外的推动力使离子一个体积元迁移到另一体积元，那么，只有活度系数梯度有影响，而不存在其他的影响。相反，如果分离因数随离子组成而变，从而表明活度系数梯度的变化，则在能斯特-普朗克方程中就要另加一项，以表征其他的影响。

离子交换剂中没有对流的前提也是不正确的。因为孔中液体的体积元带净电荷（以补偿固定基团的电荷），所以电场对它们的作用会产生电渗流。如果进入抗衡离子比较快，则离子交换剂中的溶剂将因此而减少；反之，则因此而有积累溶剂。这样，在定量处理时，就要求在能斯特-普朗克方程中加一对流项。然而，至今这一方面只是用于穿过各种膜的迁移上。

溶剂的电渗迁移好像打开了潘多拉盒子。至少在凝胶离子交换剂中，溶剂的积累或减少，使珠体溶胀或收缩。其重要结果至少是改变了粒内扩散经过的距离。更重要的是因溶剂含量改变而影响粒内扩散系数。而更坏的情况是，珠体的体积元中瞬间的局部的溶剂含量不处于局部平衡中，而是与进行的过程有关，这时扩散称为非菲克扩散。对这一因素至今还没有一种理论予以定量考虑。

11.3.5.5　非平衡热力学——斯忒藩-麦克斯韦尔方程

能斯特-普朗克方程是基于离子的单独扩散系数是常数这一概念，并假定这种常数是可以用示踪剂实验测量的。但是非平衡热力学表明，这仅是一种近似。

可以用不同的方法导出电解质中扩散的非平衡热力学公式。在这方面最方便的方法是用斯忒藩-麦克斯韦尔方程，其原因是两方面的，一是已发现它们的系数可合理地保持常数；二是这种方法可以使它们的系数与能斯特-普朗克方程中的扩散系数之间有一定的关系。由于离子间的相互作用，示踪剂的扩散系数随组成而变。对于抗衡离子 A 和 B 之间的二元离子交换，如果将在纯 A 型和纯 B 型离子交换剂中 A 和 B 的示踪剂扩散系数分别认为是 D_A 和 D_B，则发现能斯特-普朗克方程给出很好的近似。

11.3.5.6　*发生化学反应而由传质控制速度的离子交换模型*

在很多实验应用中，离子交换伴有化学反应发生，化学反应极大地影响了平衡及动力学。表 11-4 及图 11-38 表明了各种可能的情况。

表 11-4　伴有化学反应的典型离子交换过程

类别		反应物		产物	
		树脂	溶液	树脂	溶液
Ⅰ	a	$-SO_3^- + H^+$	$+Na^+ + OH^-$	$\rightarrow -SO_3^- + Na^+$	$+H_2O$
	b	$-N^+(CH_3)_3 + OH^-$	$+H^+ + Cl^-$	$\rightarrow -N^+(CH_3)_3 + Cl^-$	$+H_2O$
	c	$-SO_3^- + H^+$	$+Na^+ + AcO^-$	$\rightarrow -SO_3^- + Na^+$	$+AcOH$
	d	$4-SO_3^+ + 2Ni^{2+}$	$+4Na^+ + EDTA^{4-}$	$\rightarrow 4-SO_3^- + 4Na^{2+}$	$+Ni_2EDTA$
Ⅱ	a	$-COO^- + Na^+$	$+H^+ + Cl^-$	$\rightarrow -COO$	$+Na^+ + Cl^-$
	b	$-NH_3^- + Cl^-$	$+Na^+ + OH^-$	$\rightarrow -NH_2$	$+Na^+ + Cl^- + H_2O$
	c	$-N(CH_2COO)_2^{2-} + 2Na^+$	$+Ni^{2+} + 2Cl^-$	$\rightarrow -N(CH_2COO)_2Ni$	$+2Na^+ + 2Cl^-$
Ⅲ	a	$-COOH$	$+Na^+ + OH^-$	$\rightarrow -COO^- + Na^+$	$+H_2O$
	b	$-NH_2$	$+H^+ + Cl^-$	$\rightarrow -NH_3^+ + Cl^-$	
	c	$2-N(CH_2COO)_2Ni$	$+4Na^+ + EDTA^{4-}$	$\rightarrow 2-N(CH_2COO)_2^{2-} + 4Na^+$	$+Ni_2EDTA$
Ⅳ		$-N(CH_2COO)_2Ni$	$+2H^+ + 2Cl^-$	$\rightarrow -N(CH_2COO)_2$	$+Ni^{2+} + 2Cl^-$

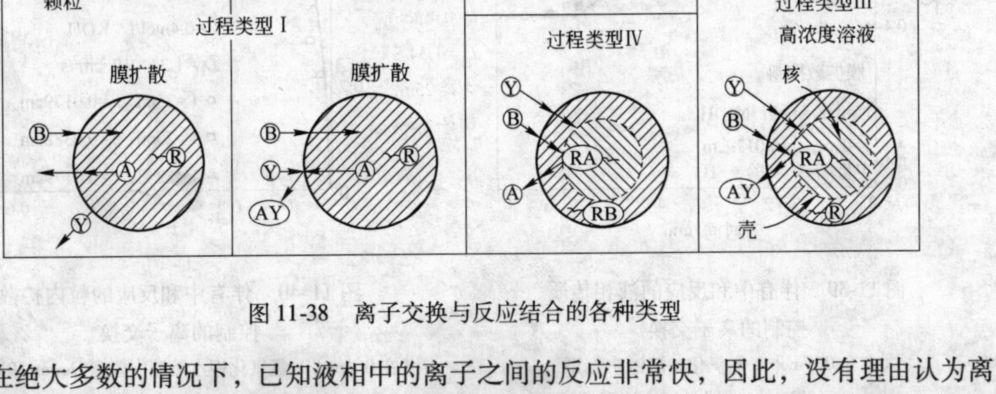

图 11-38　离子交换与反应结合的各种类型

在绝大多数的情况下，已知液相中的离子之间的反应非常快，因此，没有理由认为离子交换剂中的离子间反应不快。因此，数学模型通常假定这种反应处于局部平衡。这样，传质虽仍是慢的一步，但这种反应使机理复杂，而表现出了不同的速度行为。

不包括在图 11-38 及表 11-4 中的最简单的情况是，被固定基团配合的离子的同位素交换。例如螯合树脂上过渡金属离子的同位素交换，但这样情况实际意义不大。这时，包含了离解平衡，只有很少一部分金属离子可在珠体中自由运动。因为这一体系除了同位素分配以外，始终处于平衡状态，所以这部分金属离子是恒定的，与转化多少无关。因而，菲克定律的解，如方程式（11-109）~式（11-111），只要改用一恒定的有效扩散系数就可适用。有效扩散系数等于游离离子的扩散系数与离解度之乘积。这两个量可用 Mackie-Meares 近似及类似配合物在液相中的离解常数估计。如果配合物很稳定，只有很少离子可自由运动，从而使粒内扩散是最慢的，并成为控制步骤及控制速度。

实际离子交换中的最简单情况在表 11-4 中用第Ⅰ类表示，由离子交换剂释放的抗衡离子因与液相中同离子反应而消耗。因为同离子受道南效应而被离子交换剂排斥，所以当抗衡离子刚被释放就在珠体表面上发生反应。这时控制步骤速度是同离子（Y）和进入抗衡离子（B）到达珠体表面的传质，或者是珠体中两种抗衡离子（A 和 B）的互扩散（见图 11-38）。在前一种控制步骤中，可采用电解质 AY 的能斯特扩散系数的线性推动力或菲克模型式（11-114）或式（11-116）（图 11-39）。在后一种控制步骤中，即使交换在有限体积的溶液中发生，也可采用粒内扩散控制速度的各模型，以及液相中没有被释放后离子的边界条件（图 11-40）。

如果用的是弱电解质，如用氨中和 H^+ 型强酸性阳离子交换剂，则情况会复杂一些。

在以上讨论过的例子中，反应对速度的影响是零或比较小。然而，如果发生迁移的组分因与固定基团或基体缔合而被部分地固定时，如在表 11-4 中的Ⅱ~Ⅳ类过程，则应会

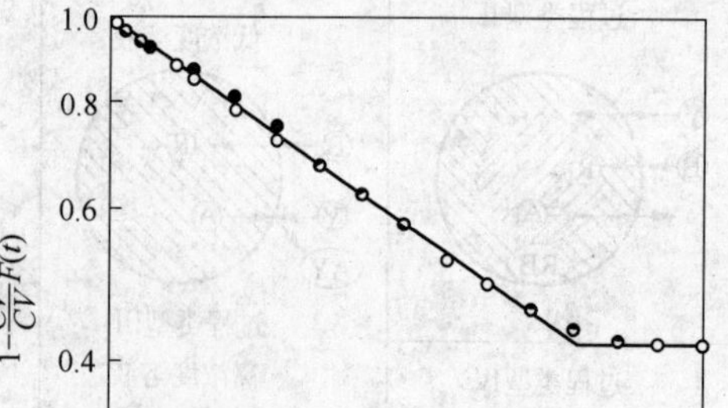

图 11-39　伴有中和反应的液相传质控制的离子交换

（在 0.005mol/L 氢氧化钠溶液中氢型 Dowex；50W-X8 曲线是理论计算的）

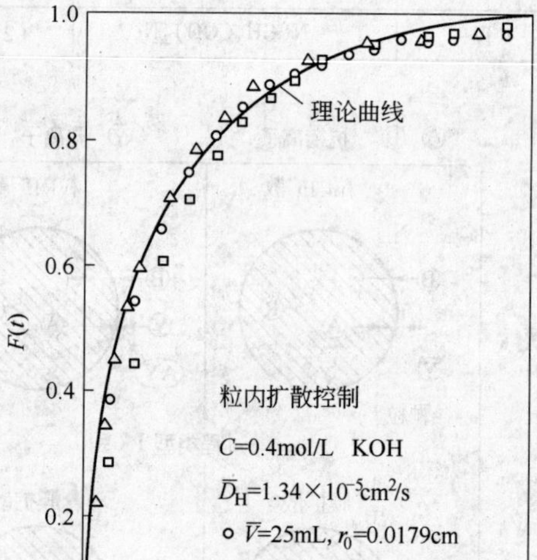

图 11-40　伴有中和反应的粒内扩散控制的离子交换

（在 0.4mol/L 氢氧化钾水溶液中氢型 Dowex 50W-X8；曲线是用能斯特-普朗克模型理论计算的）

对速度产生较大的影响。交换与大量化学反应间可以有许许多多的可能的组合，这里只讨论了若干突出的例子。

Ⅲa 过程中作为第Ⅲ类的例子，弱电解质离子交换剂转成完全离子化型。当将珠体放在液体中，表面上的游离酸基 R—COOH 被完全中和，并转成 $R—COO^-Na^+$，再进一步转化，就要求 Na^+ 和 OH^- 扩散穿过这 $R\text{-}COO^-Na^+$ 的外壳。任何一个 OH^- 当与未转化的 R-COOH 基团一接触立即被消耗，所以没有一个 OH^- 穿过完全游离酸式的核的周边。其结果是，在完全转化层 $RCOO^- + Na^+$ 和未转化核 R-COOH 之间有一陡峭的边界，转化逐渐从珠体表面到珠体中心（图 11-38）。这陡峭的边界可以直接观测到，从而证明壳-核模型的正确性。

非常有意义的情形是，H^+ 和 Na^+ 间的交换速度是由同离子 OH^- 的扩散所控制，OH^- 是转化层中的少数离子。此外，虽然粒内扩散是慢了一步，以及普通的粒内扩散控制的交换速度与液相浓度无关，但这里交换速度与浓度关系极大（如为一价离子及理想的道南平衡，则与浓度的平方成正比）。这一过程非常慢，因为它取决于因道南效应而受壳层排斥的 OH^- 的迁移。实际上，在与非常稀溶液接触时，OH^- 的迁移可能变得这样慢，导致其他可能的机理都不起作用，如图 11-38 所示。

在大多数情况下，扩散穿过壳层可认为是准定态。在这种情况下，得到分析解：

$$F(t) = 1 - \left\{\frac{1}{2} + \sin\left[\frac{1}{3}\arcsin(1 - 12D_x D_x^* t/r_0^2\overline{C})\right]\right\} \tag{11-121}$$

式中，x 表示速度控制离子，如上例中的 OH^-。

游离碱型的弱碱性阴离子交换剂吸入酸，是典型的壳-核机理的例子（表 11-4 中的Ⅲb类型）。对于强的一元酸，如盐酸反应，其过程与以上描述的Ⅲa 完全类似。然而，对于多元酸，如硫酸或磷酸，可能有如图 11-41 说明的另外的更快的机理发生。例如，两个 HSO_4^- 离子（总电荷为 −2）与一个 SO_4^{2-}（总电荷相同）互扩散，相当于净迁移了一个 H_2SO_4，而电荷没有迁移，这就提供了质子穿过壳层的迁移的机理，这只依靠抗衡离子，且它不受道南排斥作用束缚。虽然 HSO_4^- 和 SO_4^{2-} 都可影响速度，但它们的扩散系数非常相似，以致可应用准定态下扩散的式（11-121）处理。

一个必然的推论是，在存在 CO_2 的液体体系中，一部分 CO_2 具有与 SO_4 相同的能力，则将有利于质子迁移，并加速吸入速度。这种被称为 CO_2 对酸吸入的催化作用，可能是按这一机理进行的。

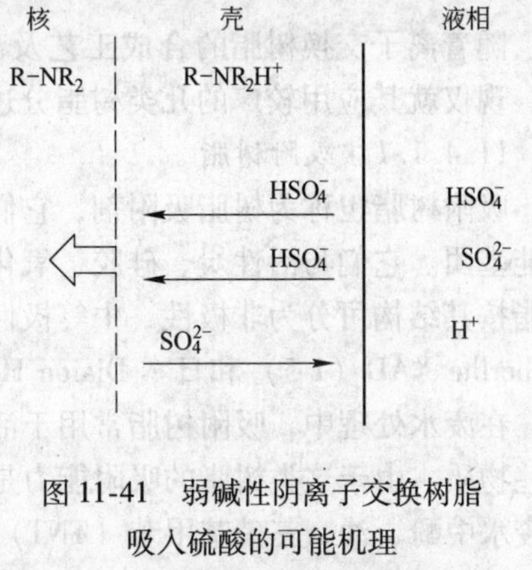

图 11-41 弱碱性阴离子交换树脂吸入硫酸的可能机理
（仅依靠阴离子扩散，不因同离子的道南排斥而受阻碍）

第Ⅳ类是另一很有实际意义的情况，这里两种参加交换的抗衡离子被固定基团配合。与第Ⅱ类一样，珠体中或壳层中的固定基团大多是不解离的，这样，道南排斥作用弱，不能认为没有同离子。壳-核行为是否可能发生，这取决于进行交换的两种抗吸离子的迁移率之比和配合物稳定常数之比，如离开的抗衡离子的迁移率很大，则倾向于在颗粒内有瞬间的陡峭分布，正如普通的粒内扩散控制交换一样；如进入抗衡离子的配合作用特别强，则发生同样的情况，正如以前壳-核模型中讨论过的那样，另一抗衡离子完全不被配合。而且即使在液相传质是非常快，可使离开离子交换剂的抗衡离子在溶液中自由运动时，交换速度也取决于液相浓度和选择性。在对这些抗衡离子和同离子的能斯特-普朗克方程进行很多数值计算后，才得出这些结论。

对于粒内扩散控制和反应局部平衡的体系，已导出普遍适用的多组分模型。已有数值计算的计算机程序供使用。该模型是基于生成或分解反应及 $\bar{R}_i$ 项的微分物料平衡。

$$\frac{\partial \bar{C}_i}{\partial t} = - d_i v \bar{J}_i + \bar{R}_i \tag{11-122}$$

式中，$\bar{J}_i$ 是用能斯特-普朗克方程表示的流量，并为便于在多组分体系中处理而重排。各反应被看作是保留的各基元的重排，例如组分 H^+、H_3PO_4、$H_2PO_4^-$、HPO_4^{2-} 和 PO_4^{3-} 被看作是由不同比例所组成的。由各反应平衡产生的联立代数方程以矩阵方式处理。允许抗衡离子、同离子、固定基团和中性分子以任何组合进行反应，至今已提出了最普遍适用的模型，该模型包含了上述的粒内模型作为特例。该模型也可用于配位体交换、氧化还原离子交换以及离子交换剂的催化作用。它的主要局限性是，假定能斯特-普朗克方程和符合质量作用定律的局部平衡都是正确的。

11.3.5.7　化学反应控制模型

如果化学反应比传质慢很多，它将单独控制速度，因为所有浓度差均被很快拉平。这种体系的特征是，速度与颗粒大小无关，完全不存在粒内浓度梯度。

从原则上说，离子交换伴有的化学反应比传质慢得多，这是可能的。例如，已知某些含有 Cr(Ⅲ)的复杂反应相当慢。有时将化学反应控制的速度作为一种机理来研究，但所有这样的主张后来都收回了。至今化学反应控制的离子交换仍然作为一种模型在进行研究。

11.4　离子交换树脂结构与性能的关系[2,3,7]

11.4.1　离子交换树脂的种类[2,3,7]

随着离子交换树脂的合成工艺及离子交换应用的发展，离子交换树脂的类型不断增多，现仅就其应用较广的几类树脂分述于下。

11.4.1.1　吸附树脂

吸附树脂也称为树脂吸附剂，它们在制造时未经过官能团反应，因而不带有能交换的功能基团。它们与活性炭、硅胶、氧化铝等无机吸附材料有相似的吸附、解吸机理。这类树脂按其结构可分为非极性、中等极性、极性及强极性 4 种类型。目前在市场出售的美国 Amberlite XAD（1-5）和日本 Diaion Hp（10-50）系列产品，均属于大孔径的吸附树脂。

在废水处理中，吸附树脂常用于活性炭不易再生的情况下，用它们分离、回收、吸附一些物质。由于这类树脂的吸附能力是随着被吸附分子的亲油性而增加的，所以特别适用于废水中酚、油、三硝基甲苯（TNT）等有机物的脱除，也适用于农药、印染、造纸废水的处理。例如，使用 Amberlite XAD-8 型吸附树脂处理造纸及印染废水时，BOD 可降低 40%，COD 可降低 60%，脱色率可达 75%～90%。

11.4.1.2　螯合树脂

螯合树脂是带有螯合能力的基团，对特定离子具有特殊选择能力的树脂。这类树脂与金属离子既能生成离子键，又有形成配价键的能力。

作为树脂官能团的主要有：FDTA类、肟类、8-羟基喹啉类、吡咯烷酮类及3（5）-甲基吡唑等。

目前已合成了多种螯合树脂，其中最主要的是带有胺基羧酸类官能团的树脂。如美国的Dowex A-1、IRC-718，日本的Diaion CR-10，苏联的K-1、K-2等应用最为普遍。这些树脂对Cr^{3+}、In^{3+}、Hg^{2+}、Co^{2+}、Hg_2^{2+}、Ca^{2+}、Ni^{2+}等具有特殊的选择性，如用多胺基的螯合树脂处理成分为（$/10^{-4}\%$）：$w(Mn)=15$、$w(Cu)=28$、$w(Cd)=0.2$、$w(SO_4^{2-})=3200$的矿山废水时，经过30个小时的吸附后，排放水中达到（$/10^{-4}\%$）：$w(Mn)<0.005$、$w(Cu)<0.003$、$w(Cd)<0.005$、$w(SO_4^{2-})<0.03$，可见效果特佳。这些年在市场上有能选择吸附汞的螯合树脂出售，这种树脂可使处理后的水中，汞含量小于5μg/L。

11.4.1.3　氧化还原树脂

氧化还原树脂是指带有能与周围的活性物质进行电子交换、发生氧化还原反应的一类树脂，这类树脂也称为电子交换树脂。对这类树脂可举出一个典型例子如下：

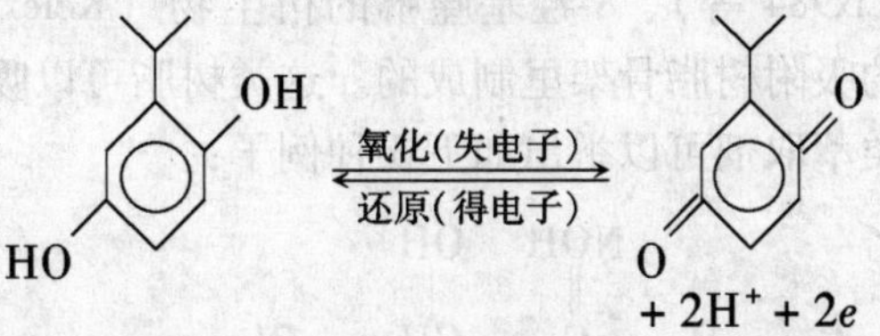

现在这类树脂的商品有：Serdoxit pA、Duolite S-10、Amberlite XE_{239}、Eu-5、Eu-12、Eo-11等。这类树脂在废水处理中，可将高毒性的Cr^{6+}还原成较低毒性的Cr^{3+}。在纤维印染、彩色照相及工业废水的生化处理上都使用了氧化还原树脂。

11.4.1.4　两性树脂

将两种性质相反的阴、阳离子功能基（如：一至四胺、磺酸、膦酸、羧酸等）连接在同一树脂骨架上，就构成了两性树脂。在树脂结构中，这类树脂骨架上的两种功能基距离很近，在与溶液里的阴、阳离子进行交换后，只要使其通过水，稍稍改变体系的酸、碱条件即可发生相反的水解反应，使树脂恢复原型，而可重复使用。

应该说明，这类树脂骨架上的两种功能基是以共价键连接的，而蛇笼树脂中两种聚合物仅机械地绞缠在一起，这是它们的区别。

由于这类树脂内部两种功能基很接近，它在配合能力上与螯合树脂相似，对许多金属具有特殊的选择性。

前苏联合成了一系列两性树脂。例如AHKY代表弱碱-强酸性系列树脂；ABKY代表强碱-强酸性系列树脂；ABKB代表强碱-弱酸性系列树脂。这些牌号的两性树脂，在处理废水中得到了广泛的应用。

11.4.1.5　蛇笼树脂

这类树脂与两性树脂相似，在同一个树脂颗粒内带有阴、阳交换功能基的两种聚合物。一种是以交联的阴离子树脂为笼，而以线型的聚丙烯酸为蛇；另一种是以交联的多元酸为笼，而以线型的多元碱为蛇。这两种情况都如同把蛇关闭于笼网中，故形象地称它们为蛇笼树脂。这类树脂的结构可以表示如下：

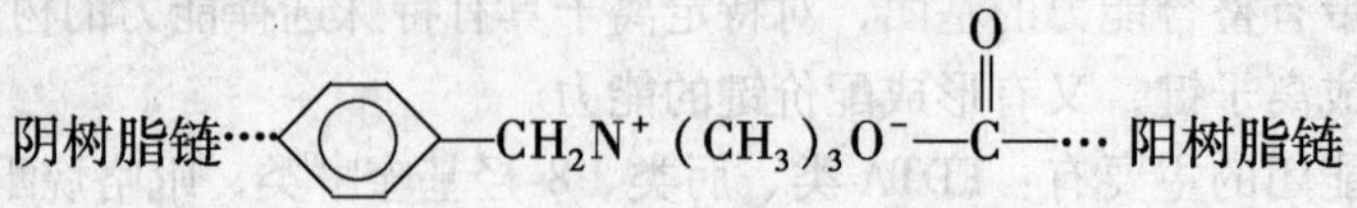

这类树脂的两种功能基可以互相接近，几乎相互吸引中和，但遇到溶液中的离子时，还能起交换反应。

这类树脂的应用原理是离子阻滞，即利用蛇笼树脂中所带阴、阳两种功能基截留阻滞处理溶液中强电解质（盐）而排斥有机物（乙二醇），使有机物在流出液中首先出现，所以叫阻滞法。

蛇笼树脂的再生是用水，而不需使用试剂。

美国 Dow 化学公司生产的 Retardation Ⅱ A_8 即是蛇笼树脂，它应用于废水脱盐、从有机物中分离出无机盐（如除去糖类、乙二醇、甘油等极性有机物中的盐）、两种无机盐的分离等方面。

11.4.1.6 萃淋（萃取）树脂

萃淋（萃取）树脂是将液体萃取剂，如磷类（TBP、D_2EHPA）、胺类（N_{263}、TOA）、肟类（Lix64N、Lix84、Lix984 等）、8-羟基喹啉的衍生物（Kelex100、Kelex120）等萃取剂吸附包藏在各种多孔的吸附树脂骨架里制成的。这类树脂可以吸附萃取许多金属离子。

在萃淋树脂上的肟类萃取剂可以举出如下 3 种例子：

① 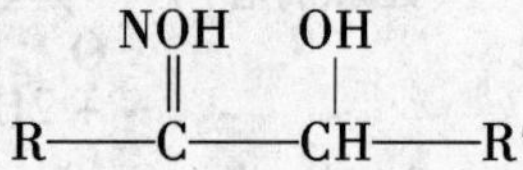 （Lix63）

② 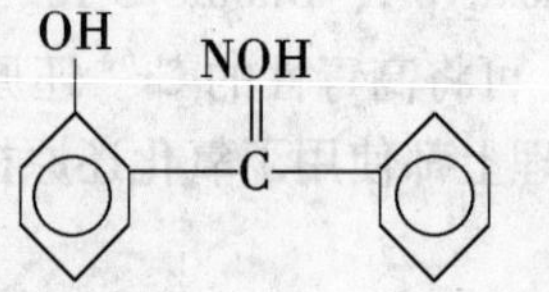 （Lix64）

③ 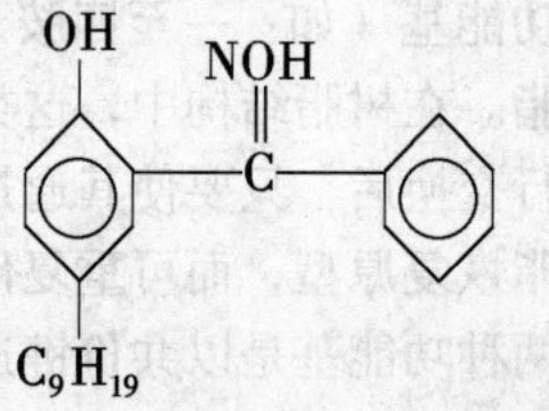 （Lix65N）

由吸附树脂 XAD-2、XAD-4 吸附 Lix65N 制成的萃淋树脂对 Cu^{2+}、Ni^{2+}、Zn^{2+} 等的吸附萃取选择系数都很高。

这类树脂在废水处理中有以下用途：

（1）除去废水中微量有害金属离子；

（2）除去废水中放射性元素；

（3）除去废水中有害的有机物；

（4）综合回收废水中的有价金属。

目前在工业上已应用萃淋树脂脱除废水中的铀、钍、钚、铜、锌、钒、铁及有机物，并达到了综合回收的目的。

11.4.1.7 碳化树脂

这是一类近期才发展起来的新树脂。它是将离子交换树脂置于惰性气体保护下，于600～900℃高温炭化制得。这类树脂的吸附性能居于吸附树脂和活性炭之间，有很高的机械强度，再生也方便。碳化树脂的生产、应用发展很快，目前国内外均有商品出售，如国内有TDX-01、TDX-02、TDX-02B等；美国有Amberlite 200系列及Amberite IRC-120H等系列产品。这种树脂主要用于除去废水中的有机物，如脱酚及除去芳香化合物、多卤代化合物、表面活性剂等均有良好的效果。最近对一种碳化树脂的吸附性能测定得到：对氯乙烯的吸附量为42～47mg/g；对氯仿的吸附量为12～24mg/g；对苯酚的吸附量为32～100mg/g；对尿毒酸的吸附量为8～18mg/g。

11.4.1.8 磁性树脂

这类树脂是在树脂颗粒上机械地粘上γ-Fe_2O_3制成的。在外磁场的作用下，树脂沉降速度加快，而便于分离。沉降的树脂一经搅拌后又可以很容易地重新分散。日本专利报道，使用Diaion磁性树脂处理pH＝5.9、含H_3BO_4 1.5g/L的废水，处理后水溶液中硼含量可降至$0.1\times10^{-4}\%$以下。由于这类树脂在使用时，需要有一个外磁场，因此在实际应用中受到了一定的限制。

11.4.1.9 热再生树脂

热再生树脂属于两性类树脂，在同一种树脂颗粒中带有弱酸性和弱碱性两种功能基。这类树脂在室温下可以吸附盐类，而当温度升到70～80℃时，吸附的盐便可解吸出来。美国专利报道，利用热再生树脂可连续除去水中溶解的氨和有机胺。这类树脂除应用于废水处理，还应用于海水淡化。市场销售的产品有：美国的Amberlite XD-2、Amberlite XD-4、Amberlite XD-5；澳大利亚的Sirolite TR-10、Sirolite 20等。

11.4.1.10 粉状树脂

在离子交换树脂中，有一类粒度为10μm左右，称为粉状树脂。这类树脂在水中大约有20%以悬浮状态存在。其特点是在许多体系中都能够稳定的分散，交换速度比一般树脂快5～15倍。目前商品有：Amberlite、XE254-257、Amberlite IRF、Amberlite XAD、Diaion IMA、Wofatit PK 202等。这类树脂易制造，成本低，但不易再生。用其处理废水兼有过滤作用，目前用于核工业的水处理中。

除上述十种之外，其他还有交换纤维、交换膜、光活性树脂、硼树脂、加重树脂等一些特种树脂。它们都有自己的特殊结构，虽然应用还不广，但都有着专门特殊的用途。

离子交换法在废水处理中铀的提取及稀有金属的提取、分离、纯化中，得到了广泛应用[3,5,10～14]。

11.4.2 树脂结构与性能的关系[7]

在离子交换工艺中，交换工艺成败的关键及交换工艺的优劣，在很大程度上取决于离子交换树脂。而树脂的性能又决定于树脂的结构。所以很有必要深入研究和讨论树脂结构与其性能的关系。

离子交换树脂的结构由3部分组成：（1）不溶性的三维空间网状骨架（基体）；（2）连接在骨架上的功能团；（3）功能团所带的可离解的交换离子。树脂的性能完全依赖于这3部分组成的性质。

下面按骨架、功能团、功能基的离解离子和外界交换的离子三部分，就结构与性能的关系，进行阐述与讨论。

11.4.2.1 骨架（基体）

树脂的骨架（基体）结构决定着交换离子的牢固性和可透过性。聚合物凝胶形成过程的条件也会影响产物的结构，因而影响树脂的动力学和平衡性质。

用作树脂的聚苯乙烯骨架类型，取决于三维网络的形成条件。最后产物可划分为3个主要类别。

第一类是由单体经共聚反应制成珠状或块状的苯乙烯-二乙烯苯共聚物，这类骨架的树脂，在实验室和工业上得到广泛应用；

第二类是改良的苯乙烯-二乙烯苯凝胶，它是通过单体在溶剂存在下进行共聚反应制成的，其骨架结构取决于三维网络形成时溶剂所起的作用。

对其改良的聚合物骨架可进一步分为：

（1）聚合物在一种惰性溶剂存在下制成，这种溶剂能溶解单体并使形成的聚合物链溶剂化，可使用某些稀释剂减少每单位体积的凝胶链数目；

（2）聚合物在一种溶剂存在下制成，这种溶剂能使聚合物链溶剂化，并且在共聚反应过程中起着调聚的作用，从而缩短聚合物链的平衡长度，在此种情况下合成的聚合物骨架，称为调聚聚合物；

（3）聚合物在一种惰性溶剂介质中制成，这种溶剂能溶解单体，而对增长着的聚合物链起着沉淀剂的作用，在此情况下形成可见孔的结构，称为大孔结构。

当二乙烯苯-苯乙烯在一种惰性填料中，例如在低分子量的聚苯乙烯或粉状的碳酸钙中进行聚合反应后，把填料从共聚珠体中提取出来，并可形成大孔结构。

另一种接近于改良的苯乙烯-二乙烯苯聚合物结构，是在已形成的三维凝胶内，再通过单体的共聚反应，这样就产生网络互相贯穿的结构。

第三类骨架是包括采用与二乙烯苯不同的特殊交联剂所制成的结构。结果交换剂是长链的，其中两个乙烯基之间距离明显地超过了二乙烯苯分子的全长，对这样骨架的树脂称为大网树脂。这种树脂对于大离子有高度的可透过性。现在利用长链交联剂来制造大网树脂是很广泛的。

另一种具有良好透过性骨架的树脂，是通过已形成的苯乙烯-二乙烯苯共聚物，在引入离子交换基的过程中产生附加交联（例如，在氯甲基化过程中产生的次甲基桥），这样制得的结构，称为均孔的结构。

这些骨架改良的目的，都是要增进离子交换树脂对大离子的可透过性。离子交换树脂对交换离子的可透过性，是由树脂颗粒内部的扩散速率和树脂对这些离子的最大吸着容量所表征的，扩散速率能提供关于溶胀的离子交换树脂中孔道的尺寸和决定交换反应的净速率。

工业上合成共聚物使用的是普通的商品二乙烯苯（DVB），这种商品含有大量杂质。这些杂质能在某种程度上参加共聚反应。在DVB中又有间-二乙烯苯（m-DVB）和对-二乙烯苯（P-DVB）之分，这两种不同的DVB对树脂的性能也有影响。

苯乙烯-DVB共聚物具有分布极不均匀的交联桥，这是由于共聚反应中两种单体活性不同所造成的。m-DVB和P-DVB共聚物结构的不同，仅在于它们的不均匀性程度，含有P-异构体的共聚物的不均匀性较高。

除上述苯乙烯系为骨架树脂外，还有丙烯酸系、酚醛系、环氧系、乙烯吡啶系、脲醛系、氯乙烯系等为骨架的树脂。由于通过二乙烯苯交联的聚苯乙烯高聚物、结构稳定可以利用其所带苯环的反应活性，通过对苯环的磺化反应制备阳离子交换树脂；通过膦化制得膦酸阳离子交换树脂；通过氯甲基化后，再与各种胺反应，可以得到各种阴离子交换树脂；将氯甲基交联的聚苯乙烯与胺基羧酸及硫脲进行反应，可以制得螯合树脂。氯甲基化树脂，还可以与酚类及水杨酸等进行傅氏反应，制得氧化还原树脂及带多种功能基的树脂；氯甲基化树脂经过氧化后，还可以制得羧酸树脂。交联的聚苯乙烯骨架结构，可认为是大多数离子交换树脂的母体。

骨架对树脂性能的影响是复杂的，但主要影响决定于骨架种类或状态的改变。例如改变吡啶-咪唑型树脂的骨架孔隙度，就能明显改变在铁存在下对铜的选择性。表 11-5 列出了树脂骨架的性质，是通过在制备聚合物时，来调节向单体混合物中加入致孔剂（辛酸）的量来实现的。由于孔隙度的改变有可能明显影响吸附速度和平衡时的分离系数。

表 11-5　PI 树脂的孔隙度对分离因数 $\alpha_{Cu/Fe}$ 的影响

致孔剂/（$mL \cdot g^{-1}$）	$\alpha_{Cu/Fe}$				
	1h	5h	24h	72h	480h
1.22	14	19	19	—	—
0.99	6	21	27	27	—
0.85	—	—	24	27	32

将结构为：

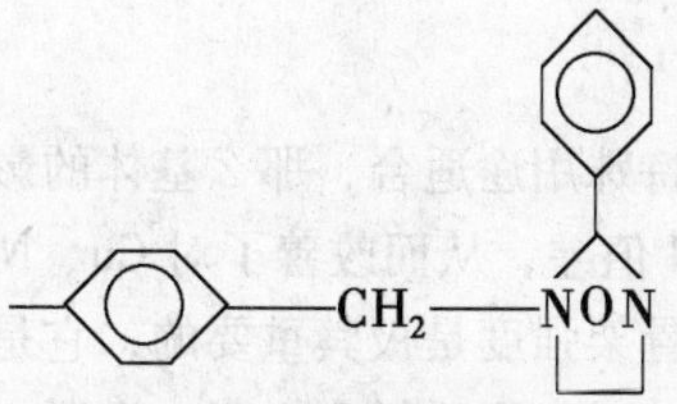

的 PI_1 树脂的官能团引入聚乙烯骨架，代替聚苯乙烯骨架，则所制备的 PI 树脂其容量有所改进。产生这种变化的原因是：（1）从树脂结构中除去了无用的苄基；（2）单体本身已含有活性基，而合成苯乙烯型树脂时，为了向基体引入活性基，则需要进行两步反应。在表 11-6 的第 2、3 栏表明了它对铜具有较高的容量，而在第 4 栏的结果说明，改变骨架后不是在所有溶液条件下都能提高容量。图 11-42 表明 PI_1 和 PI_4 树脂在硫酸铜溶液中 pH 的影响。虽然这两种树脂的活性基团相同，但由于骨架不同，树脂的特性也发生了变化。图 11-43 和图 11-44 分别是镍和钴的吸附与 pH 值的关系。

表 11-6　PI 树脂的吸附行为

树　脂	$Cu_{最大}$/（$mmol \cdot g^{-1}$）	Cu（1g/L，pH = 2）①/（$mmol \cdot g^{-1}$）	Cu（20g/L，pH = 2）②/（$mmol \cdot g^{-1}$）
PI_1（聚苯乙烯型）	2.9	1.5	1.6
PI_4（聚乙烯型）	2.9	2.6	1.2

①树脂平衡时的容量，由人工浸出液（硫酸盐）测得，溶液条件在括弧中已给出；

②树脂平衡时的容量，由人工硫酸盐淋洗液测得，溶液条件已在括弧中给出。

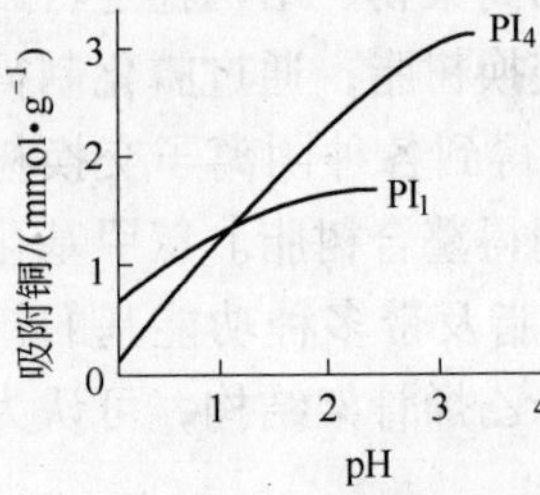

图 11-42 PI 树脂的基体对吸附铜的影响

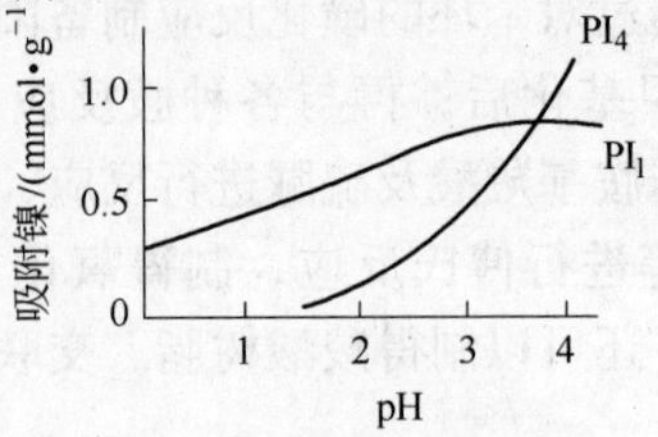

图 11-43 PI 树脂的基体对吸附镍的影响

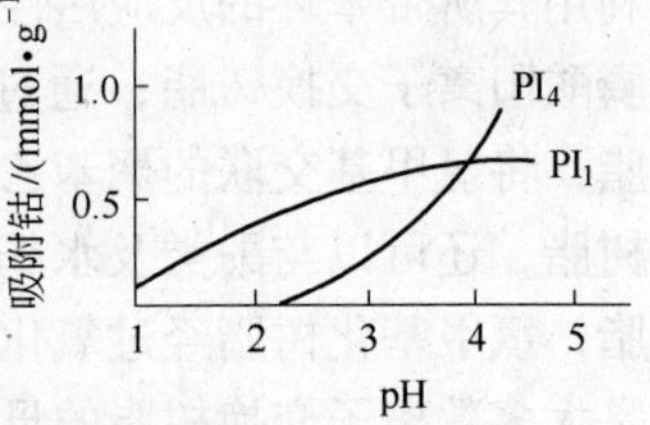

图 11-44 PI 树脂的基体对吸附钴的影响

表 11-7 表明，当树脂与含有铜、钴、镍的溶液接触时，PI_4 树脂的选择性优于 PI_1。这可能是由于树脂内部空间阻碍原因引起的。

表 11-7 PI_1 和 PI_4 树脂对金属吸附容量和 Cu/Ni、Ni/Co 的分离因数

树 脂	Cu（1g/L，pH=4）①/（$mmol \cdot g^{-1}$）	$\alpha_{Cu/Ni}$	Ni（1g/L，pH=4）②/（$mmol \cdot g^{-1}$）	$\alpha_{Ni/Co}$	Co（1g/L，pH=4）③/（$mmol \cdot g^{-1}$）
PI_1	1.54	10	0.82	14	0.59
PI_4	3.20	31	1.30	55	0.50

①在 Ni、Co、Zn、Fe(Ⅱ)、Mn 存在下各为 1g/L；

②在 Co、Zn、Fe(Ⅱ)、Mn 存在下各为 1g/L；

③在 Zn、Fe(Ⅱ)、Mn 存在下各为 1g/L。

如果树脂的官能团对上述特殊用途适合，那么基体的影响实际上意味着树脂的吸附和淋洗体积减少这二者之间的 pH 值差，从而改善了对 Cu、Ni 的选择性。

离子交换树脂的交联度对骨架强度是极其重要的，它是骨架结构的重要参数，这个参数与树脂的许多性质都有关系。对于聚乙烯型树脂，交联一般是以二乙烯苯用量占单体总量的百分数表示。作为交换剂的二乙烯苯，确定出它的邻、间、对 3 种异构体的百分比较困难，在生产上只是粗略地从配料用量（%）表示，典型的商品是 8%。对于其他类型的骨架，如酚醛、聚多乙烯多胺环氧氯丙烷类及无机交换剂等结构更为复杂，并无明确标志。交联度对树脂性能的影响，主要有以下几点。

（1）对交换量的影响：交联度越高，结构上越紧密，功能基反应越难进行，交换量也越低，但由于溶胀减少，故交换容量也可能增大。

（2）对选择性影响：交联度越高，选择性越大。树脂对不同离子之间的选择性也较大；交联度越小，这种选择性的差别也就越小。交联度大，对不同离子的筛分能力也大。

强酸性树脂中，各种交联度的阳离子选择系数见表 11-8。

（3）对交换速度的影响，交联度越高，结构越紧密，离子交换速度越小。

交换速度在离子交换工艺中是一个很重要的问题，必须给予极大的注意，尤其是在催化化学反应中，交换速度的作用更大。值得注意的是，对一些新型大孔树脂不一定完全符合交联度越大，交换速度越小的规律。

表 11-8 强酸型阳离子树脂不同交联度对不同离子选择系数的影响

离子种类	交联度 4%	交联度 8%	交联度 16%	离子种类	交联度 4%	交联度 8%	交联度 16%
Li^+	1.00	1.00	1.00	Cu^{2+}	3.29	3.85	4.46
H^+	1.32	1.27	1.47	Mn^{2+}	3.42	4.09	4.91
Na^+	1.58	1.98	2.37	Be^{2+}	3.43	3.99	6.23
NH_3OH^+	1.90	2.25	3.28	Ni^{2+}	3.45	3.93	4.06
NH_4^+	1.90	2.55	3.34	Ca^{2+}	4.15	5.16	7.27
K^+	2.27	2.90	4.50	Sr^{2+}	4.70	6.51	10.10
Rb^+	2.46	3.16	4.62	Pb^{2+}	6.56	9.91	18.00
Cs^+	2.67	3.25	4.66	Ba^{2+}	7.47	11.50	20.80
Ag^+	4.73	8.51	22.90	Cr^{3+}	6.60	7.60	10.50
Tl^+	6.71	12.4	28.50	Ce^{3+}	7.50	10.60	17.00
Mg^{2+}	2.95	3.29	3.51	La^{3+}	7.60	10.70	17.00
Zn^{2+}	3.13	3.47	3.78	UO_2^{2+}	2.36	2.45	3.34
Co^{2+}	3.23	3.74	3.81				

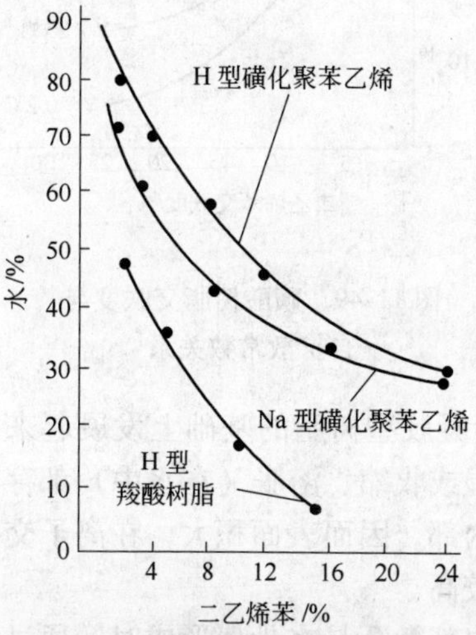

图 11-45 阳树脂中二乙烯苯含量与含水量关系

(4) 对机械强度的影响：交联度增加，机械强度则显著增加。

(5) 对含水量的影响：随着交联度的增加，含水量显著减小。对于强、弱酸阳树脂，含水量与二乙烯苯含量的关系，见图 11-45。由图可见，随交联度的增加，含水量降低很快，H 型强酸树脂比 Na 型的含水量大，H^+ 型弱酸树脂含水量较低。

(6) 对溶胀系数的影响：交联度增高后，由于离子形式改变，造成的溶胀系数显著减少。强酸性阳树脂的溶胀见图 11-46 所示，溶胀与交联关系见图11-47。

为了定量地说明树脂对某种离子的选择性，引入了选择系数（K_d），对具体树脂与具体离子的选择系数可用 K_A^B 表示。K_A^B 即表示 A 型树脂对 B 的选择系数。

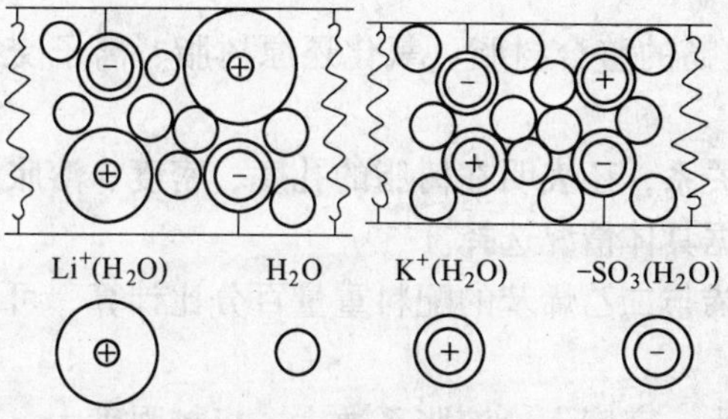

图 11-46 阳树脂溶胀示意图

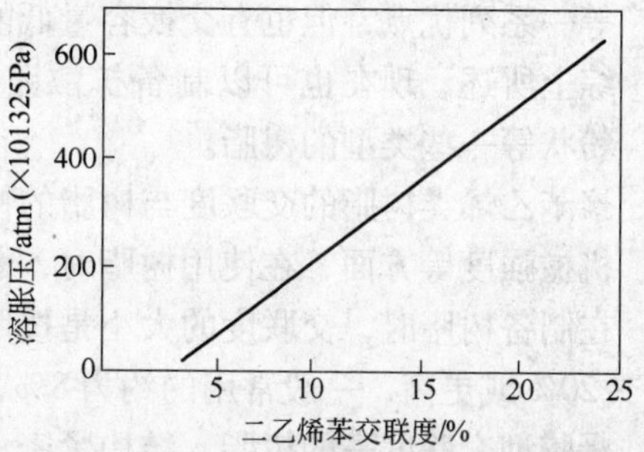

图 11-47 溶胀压与交联度关系的示意图

交联度对 K_A^B 有着明显的影响，见图 11-48。

由图 11-48 看出，K_H^{Na} 随交联度的增加而显著地增加。

在离子交换过程中，决定交换速度的是膜扩散及粒扩散，后者是离子在树脂颗粒内的扩散，其速度用自扩散常数表示，交联度及离子电荷对自扩散系数的大小有着一定的影响。例如，磺酸型树脂的自扩散常数与交联度和离子电荷的关系如图 11-49 所示。

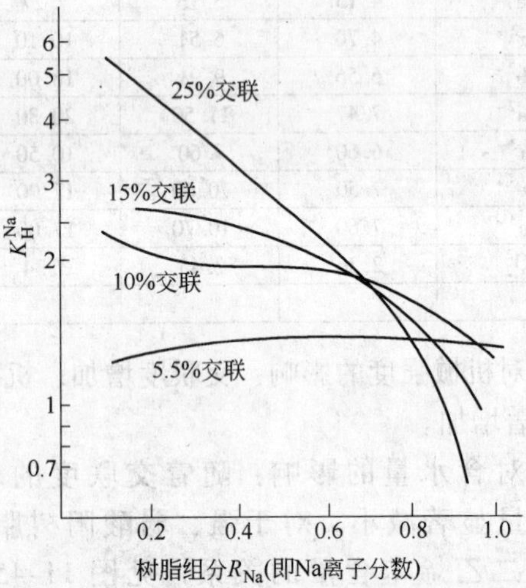

图 11-48 不同交联度磺化聚苯乙烯型树脂 K_H^{Na} 与树脂组成的关系

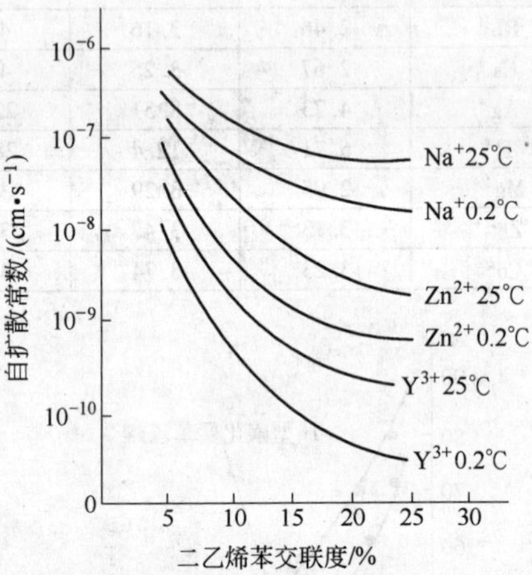

图 11-49 磺酸树脂交联度与自扩散常数关系

多孔性或大孔离子交换树脂是最近 20 年来在一般凝胶型树脂的基础上发展起来的一类新型树脂。它的基本特点是整个树脂内部无论干、湿或收缩、溶胀（在水中）都存在着比一般凝胶型更多、更大的孔道。这些孔道布满树脂内部，因而表面积大，在离子交换过程中，离子容易迁移扩散，交换速度较快，工作效率较高。

大孔型树脂的基本性能与普通凝胶型树脂相似，内部微孔是在骨架形成时，通过加入适宜的致孔剂，使在网络骨架固化和链节结构单元形成过程中，填垫惰性分子，预先留下孔道而生成的，在骨架固定后，再抽走致孔剂，便留下不受干、湿缩胀影响的永久性孔道。大孔型树脂具有不易中毒、交换速度快、选择性高、稳定性大、催化效率高及应用范围广等一系列优点，但也有交换容量低的缺点。

综上所述，现在也可以制备扩散路径较通畅的螯合树脂、氧化还原树脂、离子交换膜、粉状等一些类型的树脂。

聚苯乙烯类树脂的交联度与树脂的性能的关系，还表明在树脂的孔度、密度、溶胀系数、机械强度等方面，在使用树脂时，必须根据具体情况选择。

在制备树脂时，交联度的大小是按照苯乙烯与二乙烯苯的配料重量百分比计算，可由 1% ~20% 或更高，一般常用的约为 8% 。

凝胶型交联度高的树脂，结构紧密、孔度小、密度大、溶胀系数大、机械强度大，对大小不同离子的选择性也大。

强酸及弱酸树脂的含水量与交联度的关系见图 11-50。

强酸及Ⅰ、Ⅱ型强碱树脂的重量交换量及体积交换量都与交联度有关，见图11-51。Ⅰ、Ⅱ型强碱阴离子树脂的溶胀体积及含水量也都和交联度有关见图 11-52 和图11-53。

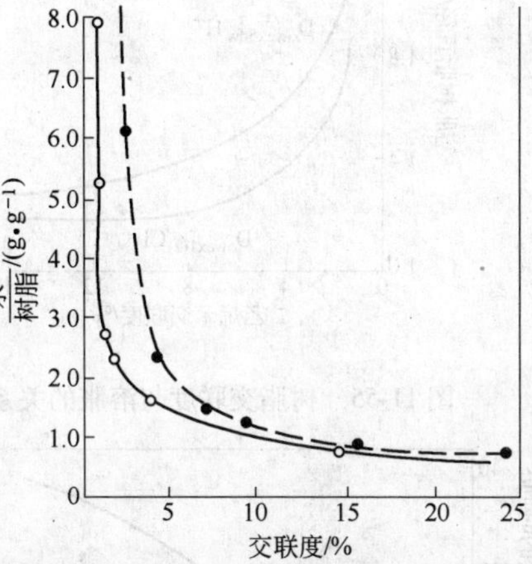

图 11-50 树脂交联度与水含量的关系

实线—聚甲基丙烯酸（甲基丙烯酸）乙二醇酯交联

虚线—磺化聚苯乙烯

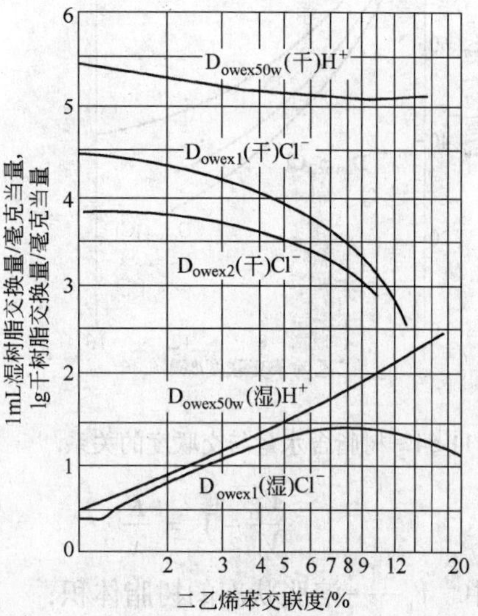

图 11-51 典型树脂的交联度与交换量的关系

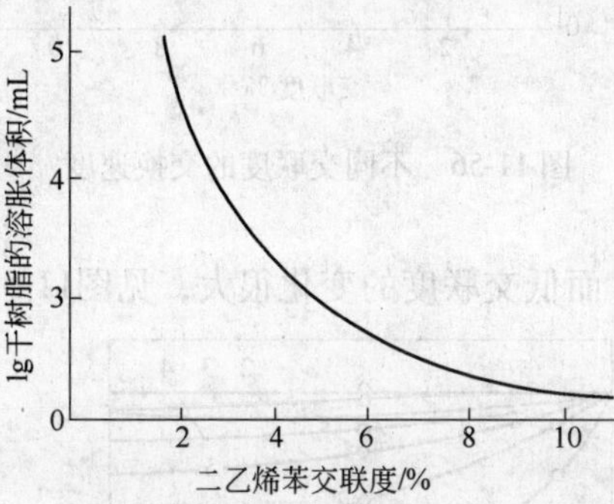

图 11-52 Ⅰ型强碱树脂溶胀体积与交联度的关系

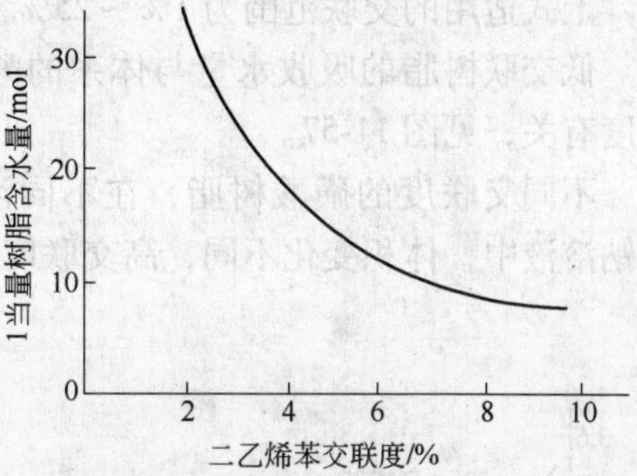

图 11-53 Ⅱ型强碱树脂交联度与含水量的关系

不同交联度的阳、阴树脂含水量（%）与交联度有关，见图 11-54。

不同交联度阳、阴树脂的溶胀（颗粒直径）与原聚物直径比差别很大，见图 11-55。

随着交联度的增大，交换速度显著地减小见图 11-56。

磺化聚苯乙烯型树脂含水量与交联度成反比，对于未知交联度树脂只要测出树脂的干、湿体积比（V_g/V_t）就可以按下式算出交联度，其中 K 是给定型式树脂的常数。

阳离子	H^+	Li^+	NH_4^+	K^+	Et_2N^+
K	10.7	11.8	9.1	9.1	5.2

计算公式：

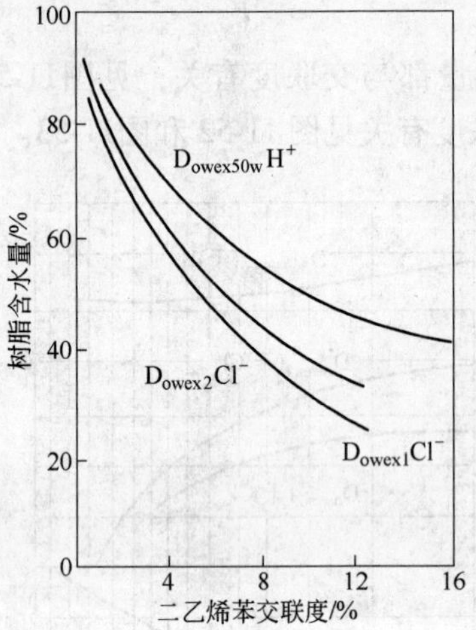

图 11-54　树脂含水量与交联度的关系

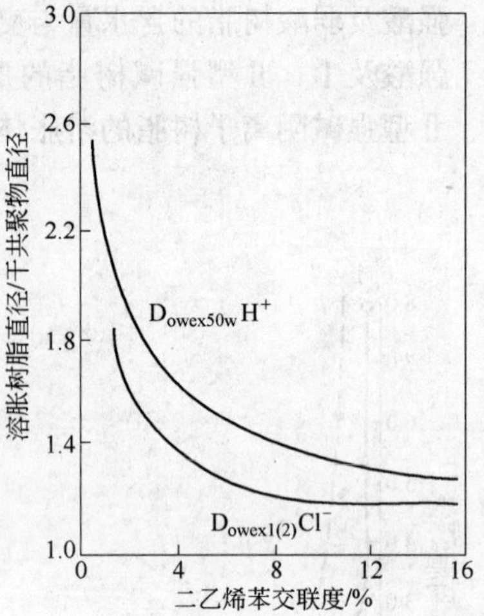

图 11-55　树脂交联度与溶胀的关系

$$\frac{V_g}{V_t} - 1 = \frac{K}{x}$$

式中　V_g——溶胀状态的树脂体积；

V_t——干燥状态的树脂体积；

K——给定型式的树脂常数；

x——树脂的交联度。

上式适用的交联范围为 1% ~25%。

低交联树脂的吸收水量与体系的酸（HCl）浓度有关，见图 11-57。

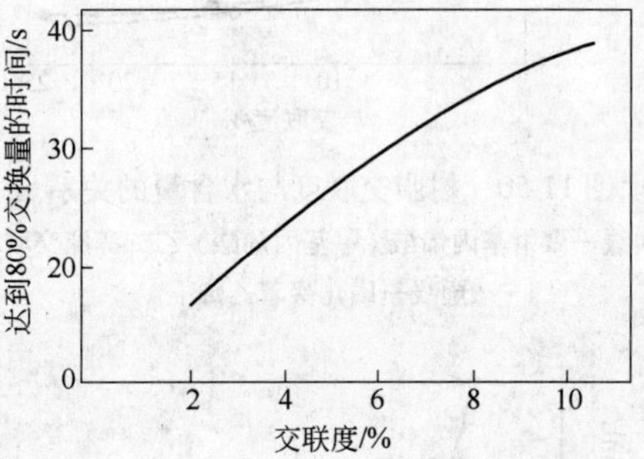

图 11-56　不同交联度的交换速度

不同交联度的磺酸树脂，在不同浓度氢氧化钠溶液中，体积变化不同，高交联度的改变不大，而低交联度的变化很大，见图11-58。

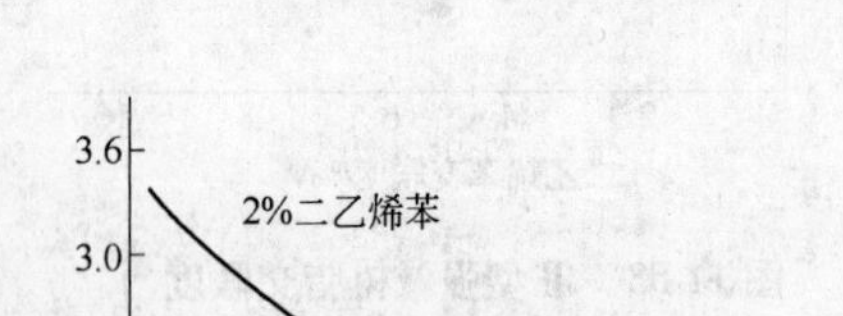

图 11-57　不同浓度盐酸中不同交换度的磺酸树脂的吸水量

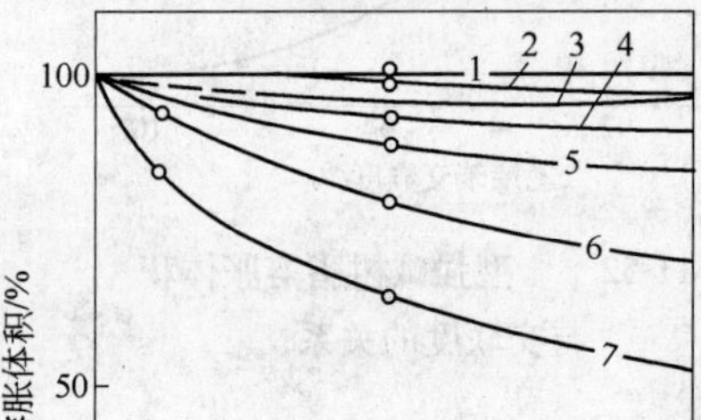

图 11-58　在不同浓度氢氧化钠溶液中不同交联度磺酸树脂体积的变化

1—二乙烯苯 16%；2—二乙烯苯 12%；3—二乙烯苯 10%；4—二乙烯苯 8%；5—二乙烯苯 6%；6—二乙烯苯 4%；7—二乙烯苯 2%

不同交联度磺酸及强碱树脂，在不同交换程度下，选择系数（K_{H}^{Na}，K_{OH}^{Cl}）的改变不同、高交联度改变较大，低交联度改变较小，见图 11-59。

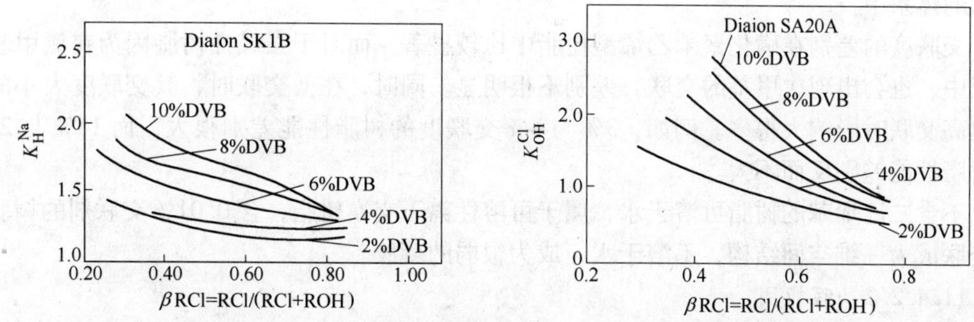

图 11-59 不同交联度阴阳树脂在不同交换程度下的选择系数

树脂结构内部除了交换外，还会吸附中性盐，尤以低交联树脂吸附量更大，强故态复萌树脂在盐酸中会吸附盐酸，见图 11-60。在有机酸及醇中也会类似地吸附相应的酸式醇，见图 11-61 及图 11-62。

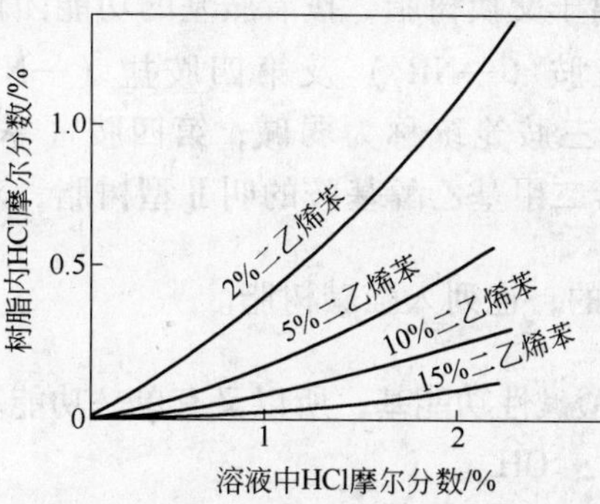

图 11-60 在不同浓度盐酸中不同交联度磺酸树脂的内部吸附量

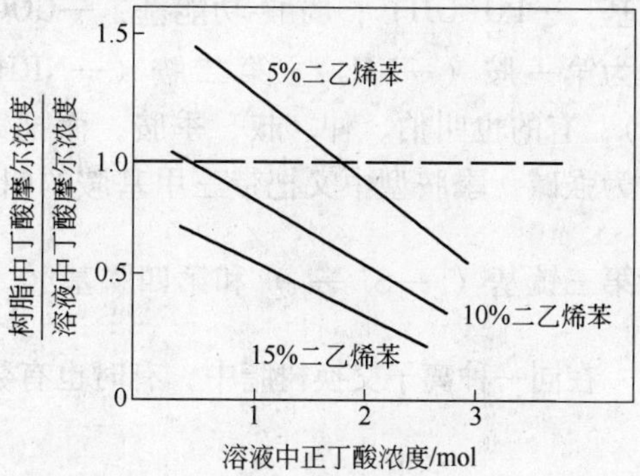

图 11-61 在不同浓度丁酸中各种交联度 H 型阳树脂的丁酸分配

以上不同物质在树脂内外浓度分配的差别就是离子排斥法分离的基础。分离对象选择性差别小，则应使用高交联树脂。

在水处理及一般性无机离子的分离中，常用树脂的交联度为 7% ~12%，对于以离子大小为基础的离子（筛）分离时可以高至 20%。

交联度低的树脂（约含二元乙烯苯 1% ~5%）结构疏松、含水量大、溶胀系数大、密度小、机械强度差、对离子选择性小、使用寿命亦短，但有利于离子扩散、交换速度快、容易洗脱。所以这类树脂广泛应用于有

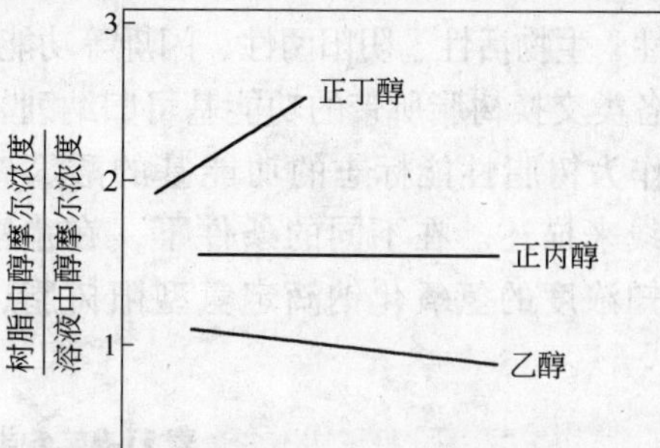

图 11-62 醇类在 H 型树脂内外的分配(5%二乙烯苯)

机酸、有机碱、高分子、配合物等大离子的分离及溶液的脱色。

交联度1% ~5%的树脂，有时叫做多孔性树脂，还可以应用于催化反应、分析化学及非水的体系中。

交联度的差别在磺化聚苯乙烯型树脂中比较显著，而对于强碱性树脂因为在氯甲基化过程中，也会出现次甲基的交联，差别不很明显。同时，在低交联时，其交联度大小的差别比高交联时影响大得多。例如，3%与4%交联度的树脂性能差别很大，而14%与20%的树脂性能差别反而不大。

不含二乙烯苯的树脂可溶于水，属于可溶性离子交换树脂，含0.01%交联剂的树脂可以交联成为三维空间结构，不溶于水，成为很弱的凝胶。

11.4.2.2　官能团

树脂上的官能团（功能基）是决定树脂交换性能的决定性因素。功能基与多元酸或多元碱等聚合电解质相类似。

树脂上带有酸性官能团，能与阳离子进行交换的树脂称为阳离子交换树脂；树脂上带有碱性官能团，能与阴离子进行交换的树脂则称为阴离子交换树脂，按功能基上酸或碱的强弱程度不同而有区别。阳离子交换树脂，通常分为强酸-功能基：SO_3H；中酸-功能基：—$PO(OH)_2$；弱酸-功能基：—COOH。阴离子交换树脂，按着胺基的功能团性质分为第一胺（—NH_2）、第二胺（—NRH）、第三胺（—NR_2）及第四胺盐（—N^+R_3Cl），有的也叫伯、仲、叔、季胺，而把第一至第三胺笼统称为弱碱；第四胺（季胺）称为强碱。季胺型中又把带三甲基胺的叫Ⅰ型，带二甲基乙醇基胺的叫Ⅱ型树脂，对于带第三锍基（—S^+—，S 下连一价键）和第四膦基（—P^+，P 上下各连一价键）的，也列入强碱树脂。

在同一种离子交换树脂中，有时也有数种不同酸碱性功能基，所以又有单一功能基和多种功能基两种。此外，还有带氧化还原（—SH、—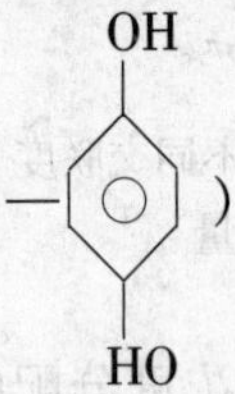）、螯合（—$N(CH_2(COOH)_2)$）、光活性、生物活性、阴阳两性、闪烁等功能基，以及磁性基的树脂。

各类交换树脂所带的功能基可归纳列入表11-9。

作为树脂性能标志的功能基的酸、碱的强弱程度等，一般用电位滴定亦即pH滴定曲线来描述。在不同的条件下，在水溶液中使用已知浓度的盐酸滴定羟型阴树脂；用已知浓度的氢氧化钠滴定氢型阳树脂，观察并记录pH的变化，对所用酸、碱量作图。

表11-9　各类树脂所带的功能基

分类名称	功能基
强　酸	磺酸基（—SO_3H）
弱　酸	羧酸基（—COOH）、磷酸基（—PO_3H_2）等

续表 11-9

分类名称	功能基
强碱	季胺基（$—N^+(CH_3)_3$、$—N^+\langle^{(CH_3)_2}_{CH_2CH_2OH}$）等
弱碱	伯、仲、叔胺基（$—NH_2$、—NHR、$—NR_2$）等
螯合	胺羧基（$—CH_2—N\langle^{CH_2COOH}_{CH_2COOH}$、$—CH_2N(CH_3)—C_6H_8(OH)_5$）
两性	强碱-弱酸（$(-NCCH_3)_3^+$、—COOH） 弱碱-弱酸（$—NH_2$、—COOH）
氧化还原	硫醇基（$—CH_2SH$）、对苯二酚基（HO—⌬—OH）等

A 阳性树脂的滴定曲线

各种阳树脂，如苯磺酸型（$—SO_3H$）、次甲基磺酸型（$—CH_2—SO_3H$）、膦酸型（$—P(=O)—(OH)_2$）、亚膦酸型（$—P(=O)—OH$）、酚基型（—⌬—OH）的滴定曲线类似于相应的低分子酸，而有以下反应：

$$RH + M^+ \longrightarrow RM + H^+$$

$$OH^- + H^+ \longrightarrow H_2O$$

$$M = Na^+、K$$

不同基团的酸性强度及离子强度（不同电解质浓度）的滴定曲线，分别如图 11-63 ~ 图 11-68 所示。

以上所有曲线都说明了离子强度（盐的存在）的影响。

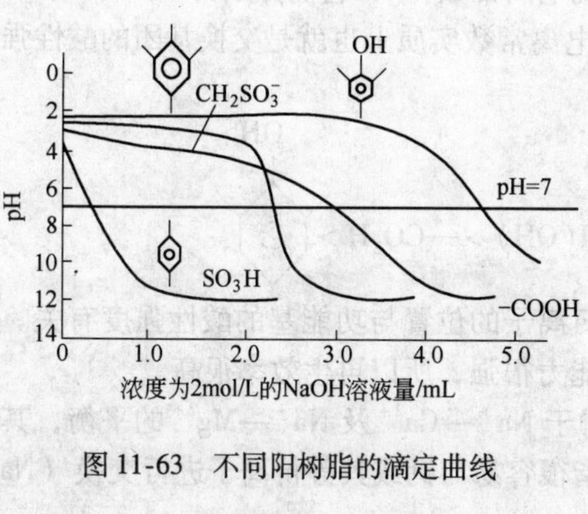

图 11-63 不同阳树脂的滴定曲线

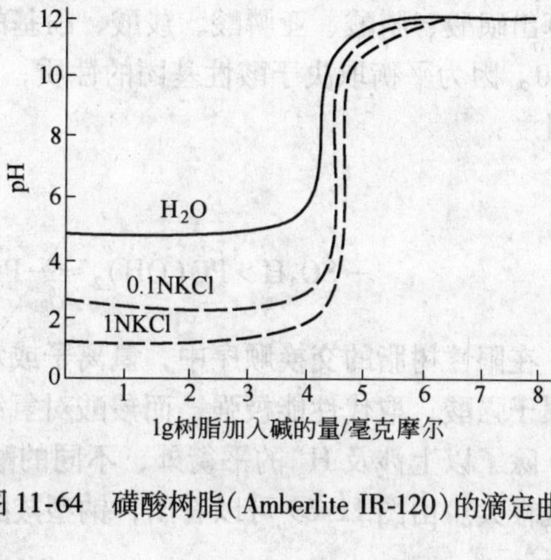

图 11-64 磺酸树脂（Amberlite IR-120）的滴定曲线

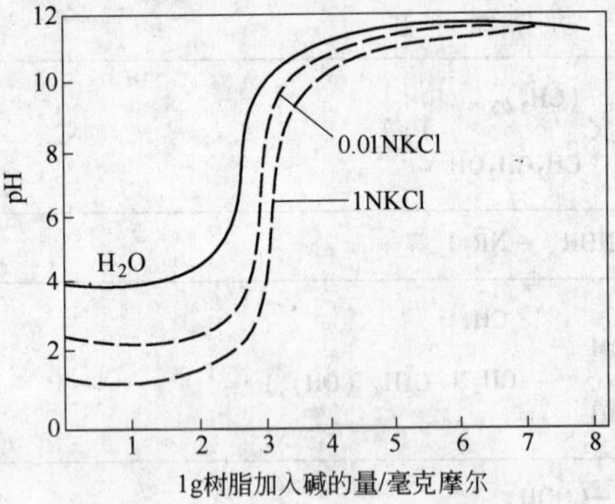

图 11-65　酚次甲基磺酸树脂（Amberlite IR-105）的滴定曲线

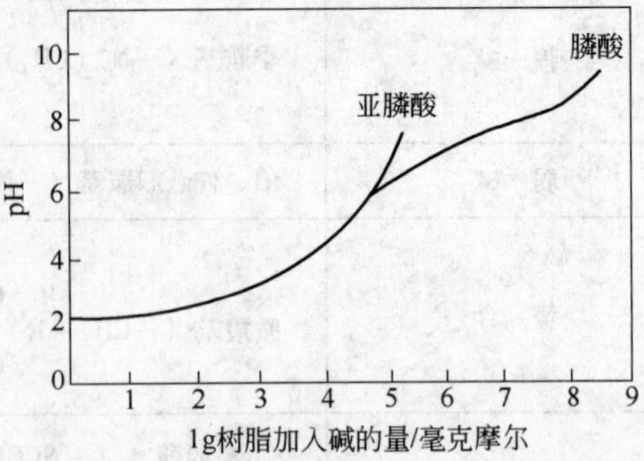

图 11-66　膦酸及亚膦酸树脂的滴定曲线

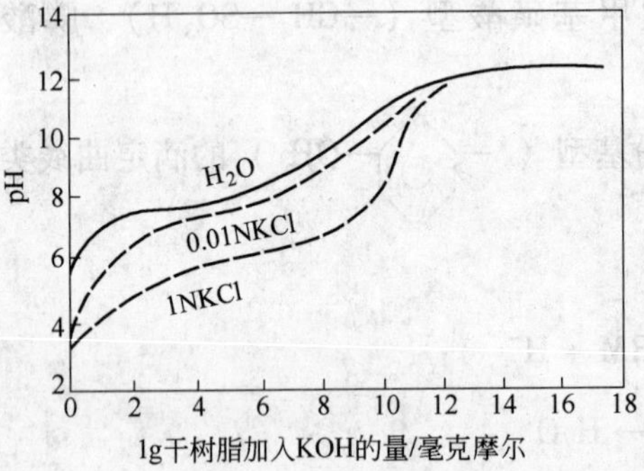

图 11-67　羧酸树脂（Amberlite IRC-50）的滴定曲线

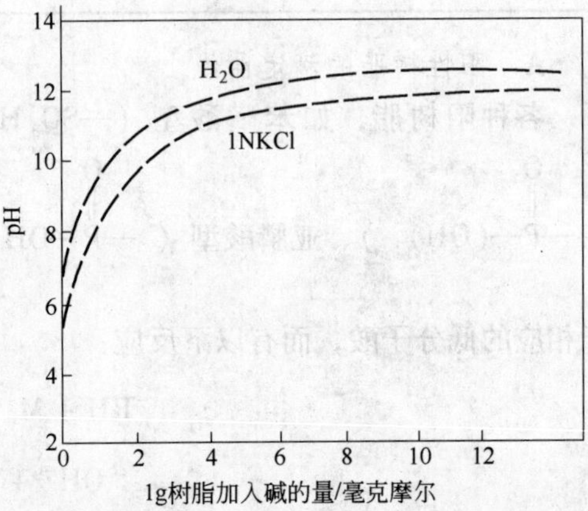

图 11-68　酚基树脂的滴定曲线

从以上曲线，可以按照下式

$$pH = P_{K'} + \lg[盐或酸]$$

计算出磺酸、膦酸、亚膦酸、羧酸、酚基的表观电离常数 $P_{K'}$，它们分别为 2、3、3、5 ~ 6 及 10。因为平衡取决于酸性基团的性质，所以电离常数实质上也就是交换基团的酸性强度的量度：

$$—SO_3H > PO(OH)_2 \approx —P(O)H(OH) > —CO_2H >$$ 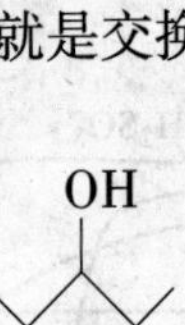

在阳性树脂的交换顺序中，氢离子或水合氯离子的位置与功能基的酸性强度有关。磺酸属于强酸，取代性能极强，而羧酸对氢结合能力很强，所以再生效率很高。

除了以上涉及 H^+ 的平衡外，不同的酸基对于 $Na^+ \to Ca^{2+}$ 及 $Na^+ \to Mg^{2+}$ 的平衡，其差别也很大。由图 11-69 可以看出，钠型羧酸树脂很容易与钙或其等价离子进行交换（Na→

Ca^{2+}）。

B　阴性树脂的滴定曲线

阴离子交换树脂的滴定曲线与阳树脂相似，它也与阴离子的离子强度、种类、pH 范围、树脂功能基的碱性强度有关，各种碱度阴树脂的滴定曲线见图 11-70。

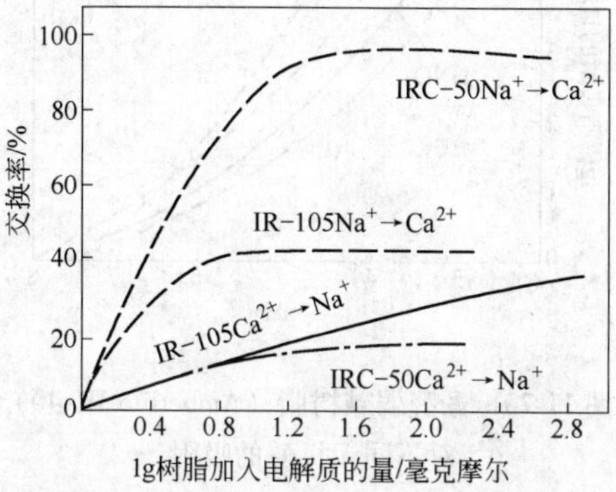

图 11-69　磺酸及羧酸树脂的电解质含量与交换率的关系

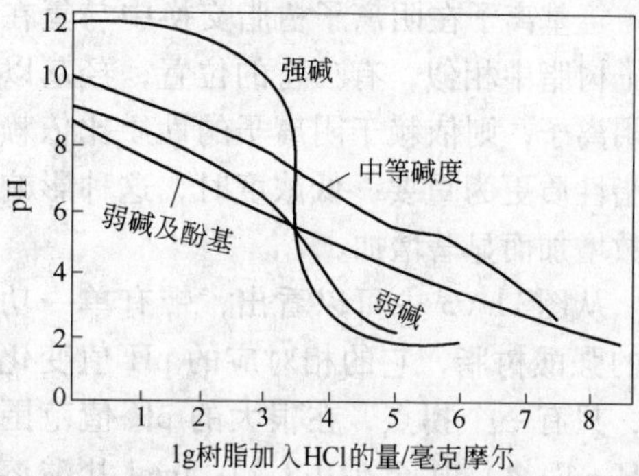

图 11-70　阴树脂在 1mol KCl 中的滴定曲线

离子强度的影响随树脂碱度的降低而显著增加。这说明对阴性树脂的酸中和是按以下反应进行的：

$$RNH_3^+OH^- + Cl^- \rightleftharpoons RNH_3^+Cl^- + OH^-$$

$$H^+ + OH^- \longrightarrow H_2O$$

其滴定曲线见图 11-71，并说明 KCl 的存在抑制水解，有利于平衡向右进行。盐的存在对强碱阴离子树脂也有影响，但不如弱碱显著，见图 11-72。酸的强度或离解常数和阴离子价数的增加，对羟基的取代是有利的，见图 11-73。

应该注意的是，由于很多因素都影响阴离子树脂的吸附顺序，所以构成阴离子的离解常数并不是重要因素，但是如果酸的离解常数很小，以致与树脂结合而成盐（相当于弱

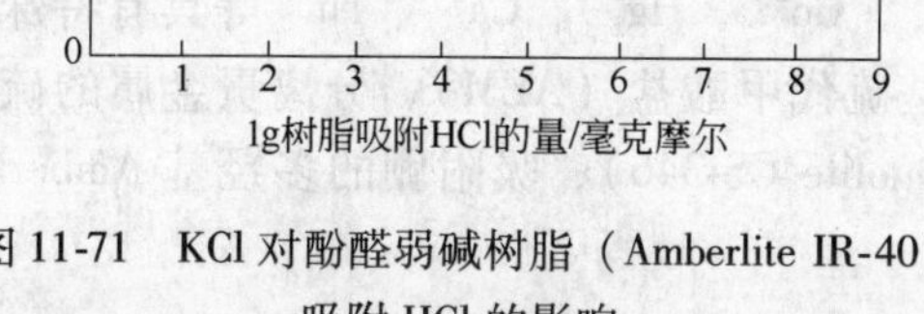

图 11-71　KCl 对酚醛弱碱树脂（Amberlite IR-40）吸附 HCl 的影响

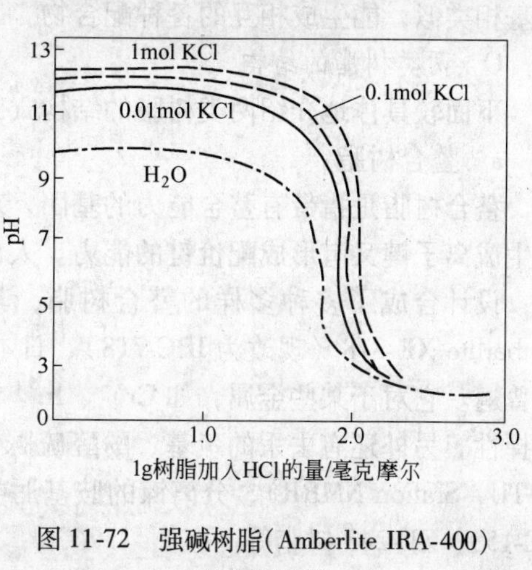

图 11-72　强碱树脂（Amberlite IRA-400）的滴定曲线

酸、弱碱形式的盐），水解作用很大，交换就很难进行。例如硅酸及硼酸的价数都很高，由于与弱碱树脂成盐后，其水解作用大，所以不易被吸附，它只有对强碱树脂才能进行交换。

羟基离子在阴离子树脂交换中与氢在阳离子树脂中相似，有独特的位置，羟基以外的阴离子，则依赖于阴离子的性质比依赖于树脂性质更为重要，低浓度时，这种影响随价数增加而显著增加。

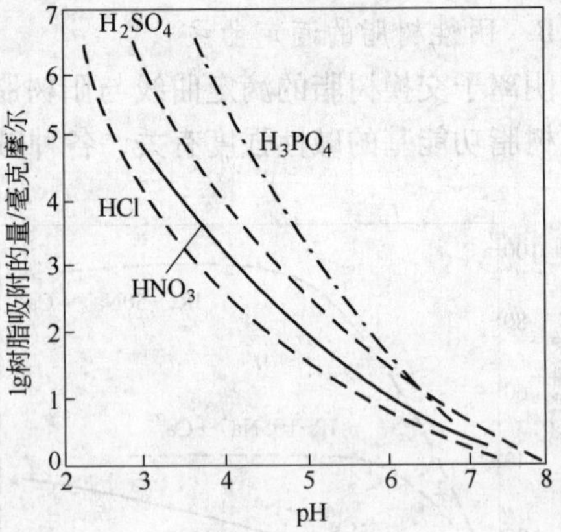

图 11-73　酚醛弱碱树脂（Amberlite IR-40）对不同无机酸的吸附

从图 11-63 中可以看出，带有单一功能基的强酸树脂，它的相对应的 pH 值变化曲线，只有一个拐点，在很大的 pH 值范围内（pH = 1 ~ 4）甚至在 0.1 ~ 0.5mol 盐酸溶液中，都可以与金属离子交换；而羧酸型树脂所带羧基，其酸性较弱，仅在碱性条件（约 pH 值 >6）下，才能使用。

在图 11-66 中可以看出，带多功能基树脂的滴定曲线的拐点与带单一功能基种类相适应。

不同离子与树脂的功能基互相结合的能力不同，这是树脂选择性的基础。弱酸树脂对氢离子的亲和力比强酸树脂强，所以在用酸再生时，酸的利用率较高，但不能在酸性条件下与其他离子交换。它的交换能力随条件的微小变化而显著地变化，对多价金属及不同碱性强度的有机碱类选择性比强酸树脂还强。但由于羧基电离性能较弱，故交换速度较慢。

同理，强碱性阴离子树脂可以在较大的酸碱（pH）范围内使用，可以交换硅胶酸、碳酸及硼酸等；而弱碱性树脂只能在酸性（pH <7）范围内使用，由于与羟基（—OH）结合能力强，故再生效率高，选择性也高，但是交换速度慢。

显然，中等酸、碱树脂的性质介于强、弱酸碱之间。树脂所带的功能基也和低分子功能基相类似，能生成相互的各种配合物。

C　两类树脂的结构

下面较具体地介绍两类树脂的结构（参见 11.4.1 节）。

a　螯合树脂

螯合树脂是指带有螯合能力的基团，对特定离子具有特殊选择能力的树脂，因为它既有生成离子键又有形成配价键的能力。人们从配合物的研究及分析化学的发展上得到了启示，设计合成了多种多样的螯合树脂，其中主要是胺基羧酸类，如美国的 Dowex A-1、Amberlite XE-318（现改为 IRC-718）、日本的 Diaion CR-10、前苏联的 K-1、K-2 等应用最为普遍。它对于某些金属，如 Cr^{3+}、In^{3+}、Hg^{2+}、Co^{2+}、Hg_2^{2+}、Ca^{2+}、Ni^{2+} 等具有特殊的选择性。另外还有去汞的巯基、酚醛硫脲、胺基硫代甲酸盐（ALM）、分离贵金属的硫脲（BTU，Srafion NMRR）、分离镍的胺基肟类（Duolite CS-346）、吸附硼的多羟基 Amberlite XE-153、XE-243 树脂等。

作为螯合树脂官能团的种类有以下几种。

（1）胺基羧酸（EDTA）类 乙二胺四乙酸二钠能与许多重金属生成配合物，是常用的分析试剂，按照类似结构制备出来的螯合树脂都具有很好的选择性。这种树脂的选择系数（以 Zn^{2+} 为 1）列入表 11-10。

表 11-10 ChelexA、DowexA-1 的选择系数

Hg	1060	Zn^{2+}	1.00	Ba^{2+}	0.016
Cu	126	Co^{2+}	0.62	Ca^{2+}	0.013
UO_2^{2+}	5.70	Cd^{2+}	0.39	Sr^{2+}	0.013
Ni^{2+}	4.40	Fe^{2+}	0.130	Mg^{2+}	0.009
Pb^{2+}	3.88	Mn^{2+}	0.024	Na^{+}	10.07

（2）肟类 肟类化合物与镍等生成配合物。在树脂骨架中引入带二肟基团，对镍等离子有特殊的选择性。在肟基近旁带有酮基、胺基、羟基等都可提高树脂功能基的配合能力。对于酮肟型的法国产品为 Duolite ES-346，选择顺序为：

$$Pb > Cu > Zn > Ca > Cd > Ni > Co$$

肟基型树脂对一些金属离子的配合能力如表 11-11 所示。

表 11-11 肟类螯合树脂对一些金属离子的配合能力

强配合	中等配合	弱配合	强配合	中等配合	弱配合
Cu^{2+}、Rb^{2+}	Zn^{2+}、Th^{4+}	Ag^{+}、Hg^{2+}	Pt^{2+}、Pt^{4+}、Fe^{3+}		Pb^{2+}、Pb^{4+}
Au^{3+}、Pb^{2+}、Pb^{4+}	Cd^{2+}、Co^{2+}、Co^{3+}	Sb^{2+}、Bi^{3+}	Ir^{3+}、Ir^{4+}、Ru^{3+}		Mn^{2+}、Mn^{3+}
V^{2+}、V^{3+}、V^{4+}、V^{5+}	Cr^{2+}、Cr^{3+}、Ni^{2+}、Ni^{3+}	Sn^{2+}、Sn^{4+}	Os^{3+}、Os^{4+}		

（3）8-羟基喹啉类 8-羟基喹啉是分析化学中的广谱螯合剂，它可与许多金属离子发生配合作用。在树脂骨架中引入 8-羟基喹啉基团，对铜等离子有特殊的配合能力。

（4）其他还有吡咯烷酮类、3（5）-甲基吡唑、N-乙烯基咪唑类、聚 N-乙烯基三唑类、聚咯嗪类、聚乙烯吡啶类、聚（叔丁基、N-乙烯基胺基甲酸酯）类、聚马来酸环酰肼、西佛碱类、β-二酮类、硫脲型、水杨酸型、巯基类、胺基硫代甲酸盐、巯基胺类、多硝基二苯胺、酚类、胂酸类、间苯二胺、冠醚、膦酸类、多胺类、多羟基等均可为螯合树脂的官能团。

b 萃淋（萃取）树脂

萃淋树脂综合了液体离子交换剂（萃取）和颗粒状离子交换树脂的优点，克服了溶剂萃取中液体操作分层的困难，将膦类、胺类、肟类萃取剂吸收包藏在各种多孔的吸附树脂骨架里，用于吸附萃取各种金属。这类树脂在萃取、洗涤及反萃取上兼有液体和颗粒两种特点，效果良好。

将吸附树脂（如 XAD-2、XAD-4）、氯甲基化聚苯乙烯（XE-305）及各种多孔型共聚物（泡沫塑料等）或经聚乙烯亚胺（Polyethylene Amine）、聚氧化乙烯（Polyoxyethylene）接枝的聚苯乙烯等多孔材料经过脱水后，吸收各种萃取剂，如伯、仲、叔胺、季胺盐、有机酸类、酯类以及肟类等有机物即可制成。关于被吸收的萃取剂可以

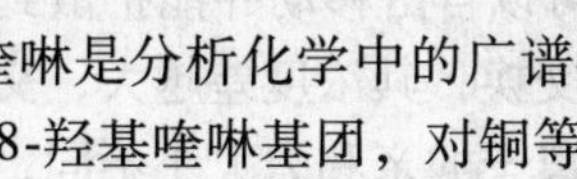

为例。其中，R、R′是 H、$—CH_3$、$—CH_2C_6$、$H_5—CH_3$、$—CH_2N(C_4H_9)_2$等取代基的喹啉(2-十二烃酰基、8-羟基喹啉，Kelex100) 等都可以作为吸收的萃取剂。

由吸附树脂 XAD-2、XAD-4 吸收 LiX64N 制成的萃淋树脂对 Cu^{2+}、Ni^{2+}、Zn^{2+} 等选择系数很高。

此种树脂在湿法冶金及环保上有以下的用途：

(1) 除去微量有害金属离子；

(2) 除去放射性离子；

(3) 除去极微量离子；

(4) 在高浓度溶液中除去有害离子；

(5) 除去系统中高浓度离子；

(6) 使金属盐的形式转变，例如，$ZnCl_2$吸附萃取后用 H_2SO_4洗脱时，可得到 $ZnSO_4$；

(7) 分离回收废液中金属离子。

目前萃淋树脂已用于铀、锌、钚、铜、铁、钒等，还可以处理有机物。

对其他类型的树脂，在 11.4.1 节中均有介绍，在此不再赘述。

11.4.2.3　*功能基的离解离子及外界交换离子*

阳离子交换树脂上能离解出阴离子，钠型的可离解出 Na^+，氢型的可离解出 H^+，在阳离子交换树脂中氢型或钠型者属多数，根据需要当然还可能有其他的阳离子。

阴离子交换树脂能离解出阴离子，氯型的可离解出 Cl^-，OH 型的可离解出 OH^-，除 Cl^-、OH^- 还可能离解其他阴离子。

在水溶液中，连接在离子交换树脂的固定不变的骨架上的功能基会离解出可交换离子(例如 H^+)。后者在较大范围内可以自由移动并能扩散到溶液里。同时，溶液里的同类型离子之间的浓度差推动它们相互交换，其浓度差越大，交换速度越快。又由于离子交换树脂上所带的一定的功能基对各种离子的亲和力大小不同，所以在人为控制条件下，功能基离解出来的可交换离子就可与溶液里的同类型离子发生交换，如图 11-74 所示。例如，磺酸型阳离子交换树脂与氯化钠的稀溶液接触时，由于树脂上氢离子浓度较大，而且磺酸基对于钠离子的亲和力比对氢离子大，所以树脂上的氢离子就与溶液里的钠离子发生交换，使树脂上的功能基原来所带的氢离子进入溶剂生成盐酸，而在溶液中的钠离子则跑到树脂上去，这一过程可用下式表示。

$$RSO_3H + NaCl \rightleftharpoons RSO_3Na + HCl$$

各种类型的离子交换树脂相当于各种酸和碱，螯合树脂与氧化还原树脂相当于一般螯合试剂、氧化还原试剂。

几种常用树脂的典型反应如下：

(1) 强酸树脂相当于硫酸的一元酸：

$$R—SO_3H + NaOH \rightleftharpoons R—SO_3Na + H_2O$$

$$R—SO_3H + NaCl \rightleftharpoons R—SO_3Na + HCl$$

$$2R—SO_3H + CaCl_2 \rightleftharpoons (R—SO_3)_2Ca + 2HCl$$

(2) 弱酸树脂相当于羧酸：

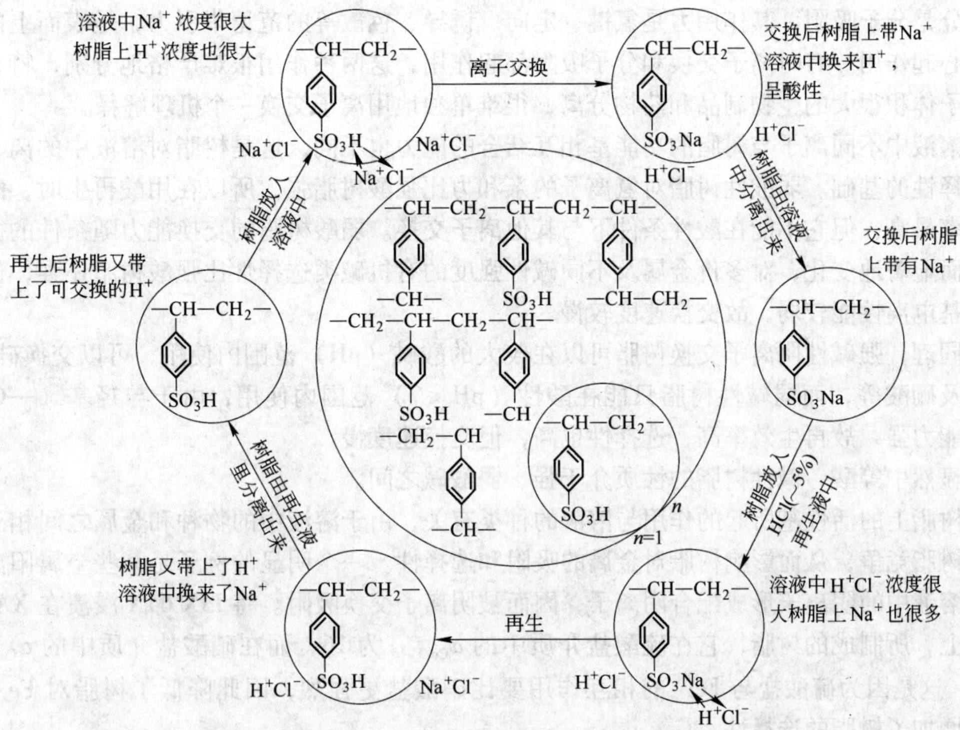

图 11-74 阳离子交换树脂的离子交换、再生循环示意图

（反应：$R-SO_3H + NaCl \rightleftharpoons RSO_3Na + HCl$）

$$R—CO_2H + NaOH \rightleftharpoons R—CO_2Na + H_2O$$

$$2RCO_2Na + CaCl_2 \rightleftharpoons (RCO_2)_2Ca + 2NaCl$$

（3）强碱树脂相当于季铵，其中一个基团是高分子：

$$RN(CH_3)_3OH + HCl \rightleftharpoons RN(CH_3)_3Cl + H_2O$$

$$RN(CH_3)_3OH + NaCl \rightleftharpoons RN(CH_3)_3Cl + NaOH$$

$$2RN(CH_3)_3Cl + H_2SO_4 \rightleftharpoons [RN(CH_3)_3]_2SO_4 + 2HCl$$

（4）弱碱树脂相当于相应的胺（伯、仲、叔）：

$$RNH_2 + HCl \rightleftharpoons RNH_2 \cdot HCl$$

或

$$RNH_2 + HOH + HCl \rightleftharpoons RNH_2 \cdot HCl + H_2O$$

$$2RNH_2Cl + H_2SO_4 \rightleftharpoons (RNH_3)_2SO_4 + 2HCl$$

（5）螯合树脂相当于螯合试剂：

$$RN(CH_2CO_2Na)_2 + Cu^{2+} \rightleftharpoons RN(CH_2CO_2)_2Cu + 2Na^+$$

$—NH_2$中如果一个 H 被 $R(CH_3—)$所取代为仲胺，两个 H 被 $R(CH_3—)$所取代为叔胺，即 $RNCH_3$为仲胺；$RN(CH_3)_2$为叔胺。

在树脂交换中，除了无机离子、低分子有机酸、碱等离子是以库仑力作用外，尚有一大部分是分子吸附，其作用力是氢键、定向、诱导、色散等的范德华引力，是表面上的活性中心起作用。有时离子交换和分子吸附都起作用，这两种作用很难严格地分别，特别是对分子体积很大的生物制品和药物分离，很难单独地用离子交换一个机理解释。

溶液中不同离子与树脂的功能基相互结合的能力也不同，这是树脂对溶液中的离子具有选择性的基础。弱酸性树脂对氢离子的亲和力比强酸树脂强，所以在用酸再生时，酸的利用率最高，但它不能在酸性条件下与其他离子交换。弱酸树脂的交换能力随条件的微小变化而显著地变化，对多价金属及不同碱性强度的有机碱类选择性比强酸树脂还强，但由于羟基电离性能较弱，故交换速度较慢。

同理，强碱性阴离子交换树脂可以在较大的酸碱（pH）范围内使用，可以交换硅酸、碳酸及硼酸等，而弱碱性树脂只能在酸性（$pH<7$）范围内使用，由于与羟基（—OH）结合能力强，故再生效率高，选择性也高，但交换速度慢。

显然中等酸、碱性树脂的性质介于强、弱酸碱之间。

树脂上的活性基所起的作用与溶液的种类有关，由于溶液中的物种和金属之间相互作用与树脂竞争，从而影响树脂对金属的吸附和选择性。一个明显的例子是某些金属阳离子可与溶液中的阴离子形成配合阴离子，因而被阴离子交换吸附。将 LIX 64N 浸渍在 XAD-2 骨架上，所制成的树脂，它在硫酸盐介质中的 $a_{Cu/Fe^{3+}}$ 为 16，而在硝酸盐介质中的 $a_{Cu/Fe^{3+}}$ 为 2。这是因为硫酸盐与 Fe^{3+} 的相互作用要比硝酸盐更强烈，因此降低了树脂对 Fe^{3+} 活性，增加了树脂的选择性。

亚胺基二乙酸树脂对金属的选择性顺序的差别是由于胺和亚胺基二乙酸配合强度不同，在氨溶液中对金属的选择性要受到影响。已经证实，该种树脂在硫酸铵溶液中吸附金属能力大小顺序为 $Co^{2+}>Ni^{2+}>Cu^{2+}>Zn^{2+}>Ca^{2+}$。

下面我们根据不同树脂对水溶液中不同离子的交换能力不同来进行讨论（参见 11.1.4 节）。

A　强酸性阳离子交换树脂

在稀溶液中（0.1mol 以下）和常温下，阳离子的价数越高，其选择性就越大；在同一价数中，离子的水合半径越小，即是原子序数越大亲和力也越大，粗略地类似于 Hofmeister 的感胶离子顺序：

$$\begin{cases}Fe^{3+}>Al^{3+}>Ca^{2+}\\ La^{3+}>Y^{3+}>Ba^{2+}\end{cases}$$

$La^{3+}>Ce^{3+}>Pr^{3+}>Nd^{3+}>Sm^{3+}>Eu^{3+}>Y^{3+}>Sc^{3+}>Al^{3+}$

$Th^{4+}>La^{3+}>Ce^{2+}>Na^{+}$

$Th^{4+}>Hf^{4+}\geqslant Zr^{2+}$

$Al^{3+}>La^{3+}$

$Mg^{2+}>Be^{2+}$

$Eu^{3+}>Gd^{3+}>Tb^{3+}>Dy^{3+}>Y^{3+}>H^{+}>Er^{3+}>Tm^{3+}>Yb^{3+}>Lu^{3+}$

$Tl^{+}>Ag^{+}>Cs^{+}>Rb^{+}>K^{+}>NH_4^{+}>Na^{+}>H^{+}>Li^{+}$

$$Ba^{2+} > Pb^{2+} > Sr^{2+} > Ca^{2+} > Ni^{2+} > Cd^{2+} > Cu^{2+} > Co^{2+} > Zn^{2+} > Mn^{+}$$

$$La^{3+} > Ce^{3+} > Pr^{3+} > Nd^{3+} > Sm^{3+} > Eu^{3+} > Y^{3+} > Sc^{3+} > Al^{3+}$$

(1) 离子价态对交换能力产生的影响，原因在于：

1) 离子价数越高，该离子与树脂功能基的静电吸引力越大，故亲和力越大，交换能力也就越强。如：

$$Th^{4+} > Cr^{3+} > Ca^{2+} > Ag^{+}$$

$$AsO_4^{3-} > CrO_4^{2-} > Cl^{-}$$

2) 对于同样价数的不同离子，一般是原子序数越大，其离子亲和力越大，交换能力也就越高。如：

$${}_{3}Li^{+} < {}_{11}Na^{+} < NH_4^{+} < {}_{37}Rb^{+} < {}_{47}Ag^{+} < {}_{55}Cs^{+}$$

$${}_{4}Be < {}_{12}Mg^{2+} < {}_{22}Ca^{2+} < {}_{48}Cd^{2+} < {}_{55}Ba^{2+} < {}_{38}Ra^{2+}$$

$${}_{13}Al^{3+} < {}_{26}Fe^{3+} < {}_{27}Co^{3+} < {}_{28}Ni^{3+} < {}_{57}La^{3+}$$

离子在水中，因为静电吸附作用而被极性的水分子所包裹着，形成水合离子，包括水分子算在一起的离子半径称为水合离子半径。

当原子序数增加时，一般离子本身半径（即裸半径，指没有水合时的半径）增加。这时离子表面的电荷密度相对减少，使得在水中离子吸附的水分子也减少，因此水合离子半径也减少，如表 11-12 所示。

表 11-12 一些元素的原子序数、裸离子大小与水合离子半径及水合分子数量的关系

离 子	原子序数	裸半径 ×10/nm	水合半径 ×10/nm	水合水克分子数/阳离子克分子数
Li^{+}	3	0.68	10.0	12.6
Na^{+}	11	0.98	7.9	8.4
K^{+}	19	1.33	5.3	4.0
Rb^{+}	37	1.49	5.09	—
Cs^{+}	55	1.65	5.05	—
Mg^{2+}	12	0.89	10.8	13.3
Ca^{2+}	20	1.17	9.6	10.0
Sr^{2+}	38	1.34	9.6	8.2
Ba^{2+}	56	1.49	8.8	4.1

水合离子半径的大小决定着同价离子的不同亲和力，水合离子半径越小，离子与活性基固定离子的静电吸引力越大，即结合力越大。

一般说来，离子在交换次序中的位置取决于离子价数及水合离子半径的综合影响。

在高浓度溶液中（一般认为是 3mol 以上），由于水合作用不充分，甚至离子接近于裸露，仅有离子本身状态。这样当原子序数增大时，仅有离子本身状态。这样当原子序数增大时，离子半径增大，离子表面电荷密度相对减小，水合也减少，有时甚至出现完全相反的交换次序，也就是有倒转过来的次序。所以，选择性的规律只适于稀溶液。当然，在非水介质的有机溶剂，如醇等在气体中或温度较高的情况下，选择性不是一样的。

（2）溶液中酸浓度对选择性的影响，在此要强调的是树脂选择性与具体溶液条件有关，阳离子型交换树脂（例如磺酸型）在不同浓度盐酸、硝酸及硫酸存在下的选择系数如表11-13和表11-14所示。

表11-13 不同浓度盐酸存在下强酸阳树脂对一些金属离子的选择系数

阳离子	HCl 溶液						
	0.1mol	0.2mol	0.5mol	1.0mol	2.0mol	3.0mol	4.0mol
ZrO^{2+}	$>10^5$	$>10^5$	$\sim10^5$	7250	489	61	14.5
Th^{4+}	$>10^5$	$>10^5$	$\sim10^5$	2049	239	114	67
Li^{3+}	$>10^5$	10^5	2480	265.1	48	18.8	10.4
Ce^{3+}	$>10^5$	10^5	2460	264.8	48	18.8	10.5
Y^{3+}	$>10^5$	$>10^4$	1460	114.6	29.7	13.6	8.6
Ba^{2+}	$>10^4$	2930	590	126.9	36	18.5	11.9
Hg^{+}	$>10^4$	7600	640	94.2	33	19.2	13.6
Al^{3+}	8200	1900	318	60.8	12.6	4.7	2.8
Sr^{2+}	4700	1070	217	60.2	17.8	10.0	7.5
Ga^{3+}	$>10^4$	3036	260	42.58	7.75	3.2	0.36
Ca^{2+}	3200	790	151	42.29	12.2	7.3	5.0
Pb^{2+}	$>10^4$	1420	183	35.66	9.8	6.8	4.5
Fe^{3+}	9000	3400	225	35.45	5.2	3.6	2.0
Cr^{3+}	1130	262	73	26.69	7.9	4.8	2.7
Tl^{+}	173	41	40	26.32	9.9	5.8	3.3
Ni^{2+}	1600	450	70	21.85	7.2	4.7	3.1
Co^{2+}	1650	460	72	21.29	6.7	4.2	3.0
Mg^{2+}	1720	530	88	20.99	6.2	3.5	3.5
Mn^{2+}	2230	610	81	20.17	6.0	3.9	2.5
Fe^{2+}	1820	370	66	19.77	4.1	2.7	1.8
Cs^{+}	182	99	44	19.41	10.4	—	—
UO_2^{2+}	5460	860	102	19.20	7.3	4.9	3.3
Ag^{+}	156	83	35	18.08	7.9	5.4	4.0
Cu^{2+}	1510	420	65	17.50	4.3	2.8	1.8
Hg^{2+}	4700	1090	121	16.85	5.9	3.9	2.8
Zn^{2+}	1850	510	64	16.03	3.7	2.4	1.6
Rb^{+}	120	72	33	15.43	8.1	—	—
K^{+}	106	64	29	13.87	7.4	—	—
Be^{2+}	255	117	42	13.33	5.2	3.3	2.4
Ti^{4+}	$>10^4$	297	39	11.86	3.7	2.4	1.7
V^{4+}	—	230	44	7.20	—	—	—

续表 11-13

阳离子	HCl 溶液						
	0.1mol	0.2mol	0.5mol	1.0mol	2.0mol	3.0mol	4.0mol
Na^{+}	52	28.3	12	5.59	3.6	—	—
Li^{+}	33	18.9	8.1	3.83	2.5	—	—
Sn^{4+}	~10^{4}	45	6.2	1.60	1.2	—	—
Cd^{2+}	510	84	6.5	1.54	1.0	0.6	—
V^{5+}	13.9	7.0	5.0	1.10	0.7	—	0.3
Mo^{5+}	10.9	4.5	0.3	0.81	0.2	0.4	0.3
Se^{4+}	1.1	0.6	0.8	0.63	1.0	—	0.7
Bi^{3+}	沉淀		<1.0	1.0	1.0	1.0	1.0
As^{3+}	1.4	1.6	2.2	3.81	2.2	—	—
Sb^{3+}	沉淀				2.8	—	—
Pt^{4+}	—	—	—	1.4	—	—	—
Au^{3+}	0.5	0.1	0.4	0.84	1.0	0.7	0.2
Hg^{2+}	1.6	0.9	0.5	0.28	0.3	0.2	0.2

阳离子	NHO_3 浓度				
	0.2mol	0.5mol	1mol	2mol	4mol
Li^{2+}	104	1870	268	47	9.1
Mg^{2+}	29	71	23	9.1	4.1
Mn^{2+}	389	89	28	11.4	3.0
Ni^{2+}	384	91	28	10	7.3
Pb^{2+}	1420	180	36	8.5	4.5
Th^{4+}	10^{4}	10^{4}	1186	120	25
Ti^{4+}	460	70	15	6.5	3.4
U^{6+}	260	69	24	11	6.6
Zn^{2+}	350	80	25	7.5	3.6
Zr^{4+}	10^{4}	10^{4}	6500	650	31
Al^{3+}	8300	540	126	28	4.7
Be^{2+}	300	80	27	8	2.6
Bi^{3+}	10^{4}	6800	235	32	6.4
Cd^{2+}	540	140	46	15	4.3
Co^{2+}	433	126	43	14	5.4
Cr^{3+}	176	126	55	19	0.2
Cu^{2+}	505	130	41	13	3.7
Fe^{3+}	2050	255	58	13.5	1.8
Ga^{3+}	3500	620	137	27	4.9
Hg^{2+}	1790	320	100	35	12

续表 11-13

阳离子	NHO_3 浓度				
	0.2mol	0.5mol	1mol	2mol	4mol
La^{3+}	10^4	1860	330	68	12
Mg^{2+}	480	120	41	13	3.4
Mn^{2+}	610	165	59	17	5.5
Ni^{2+}	590	140	46	16.5	2.8
Th^{4+}	3900	260	52	9.0	1.8
Ti^{4+}	225	46	9	2.5	0.4
U^{6+}	118	29	10	3.2	1.8
Zn^{2+}	550	135	43	12	4.0
Zr^{4+}	474	98	5	1.4	1.0

表 11-14 不同浓度硝酸、硫酸存在下强酸阳树脂（Dowex 50X8）的选择系数

阳离子	NHO_3 浓度				
	0.2mol	0.5mol	1mol	2mol	4mol
Ag^{+}	86	36	18	7.9	4.0
Al^{3+}	3900	392	79	16	5.4
Ba^{2+}	1560	271	68	13	3.6
Be^{2+}	183	52	15	6.6	3.1
Bi^{3+}	305	79	25	7.9	3.0
Ca^{2+}	480	113	35	9.7	1.8
Cd^{2+}	382	91	33	11	3.4
Co^{2+}	392	91	29	10	4.7
Cr^{2+}	4620	418	112	28	11
Cu^{2+}	356	84	27	8.6	3.1
Fe^{3+}	4100	262	74	14	3.1
Ga^{3+}	4200	445	94	20	5.8
Hg^{2+}	1090	121	17	5.9	2.8

B 膦酸型阳离子交换树脂

这类树脂的选择性为：

$$Th^{4+}, U^{4+} > Fe^{3+} > UO_2^{2+} > La^{3+} \text{系} > H^{+} > Cu^{2+} > Co^{+}$$

$$Ca^{2+}, Ba^{2+} > Li^{+} > Na^{+} > K^{+}$$

对于二价金属离子有如下次序：

$$Pb^{2+} > Cu^{2+} > Zn^{2+} > Cd^{2+} > Mn^{2+} > Co^{2+} > Ni^{2+} > Ba^{2+} > Ca^{2+} > Sr^{2+}$$

也有文献列为下列次序：

$$Be \gg Ca > Sr > Ag \gg Cs > Rb > K > Na > Li$$

膦酸（Duoliet S-463）与磺酸（Duolite C-20）树脂对于一些金属离子的选择系数列于

表 11-15 中。

表 11-15　膦酸、磺酸树脂的选择系数

离　子	膦酸树脂	磺酸树脂	离　子	膦酸树脂	磺酸树脂
Na^+	0.2	1.5	Cd^{2+}	195	2.9
Ba^{2+}	2.0	8.7	Zn^{2+}	370	2.7
Mg^{2+}	2.3	2.5	Cu^{2+}	890	2.9
Ca^{2+}	3.0	3.9	H^+	1000	1.0
Ni^{2+}	17	3.0	Fe^{2+}		2.5
Co^{2+}	23	2.8	Pb^{2+}	5000	7.5
Mn^{2+}	51	2.3			

膦酸树脂的选择性与溶液的 pH 值有关：

$$pH = 6.7 \sim 8.5 \qquad Cs > Rb > K > Na > Li$$

$$pH = 10 \qquad Cs > Rb > K > Li > Na$$

$$pH = 12 \qquad Li > Na > Rb \approx Cs > K$$

C　羧酸型弱酸性阳离子交换树脂

羧酸型阳树脂对氢离子的选择性特别强，对于多价金属离子选择性特别大，尤其对于能生成配合物的 Cu^{3+}、Co^{2+}、Ni^{2+} 等有特殊的选择性。对一些元素的选择性次序为：

$$H^+ \gg Fe^{3+} > Ba^{2+} > Sr^{2+} > Mg^{2+} > K^+ > Na^+ > Li^+$$

$$H^+ > Ba^{2+} > Ca^{2+} > Mg^{2+} > K^+ > Na^+$$

另有资料报道：在 HNO_3、HCl 溶液中

$$Li^+ > Na^+ > K^+$$

$$H^+ \gg Cu^{2+} > Ca^{2+} > Zn^{2+} > Ni^{2+}$$

D　强碱性阴离子交换树脂

用三甲胺进行胺化的第一型与二甲基乙醇胺化的第二型有如下次序。

第一型

$$> ClO_4^- > CNS^- > I^- > HSO_4^- > Br^- > CN^- > HSO_3^-$$

$$> NO_2^- > BrO_3 > Cl^- > HCO_3^- > CH_3—C(=O)O^- > F^- > OH^-$$

第二型

$BrO_3^- > OH^- > HCO_3^- >$ 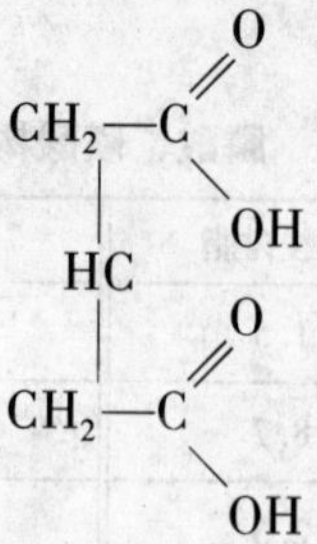 $> H_2SO_4 >$ 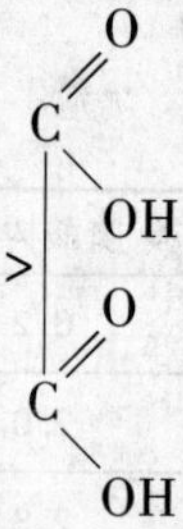

$> I^- > NO_3^- > CrO_4^{2-} > Br^- > ScN^- > Cl^- >$ 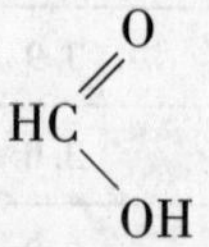 $>$ 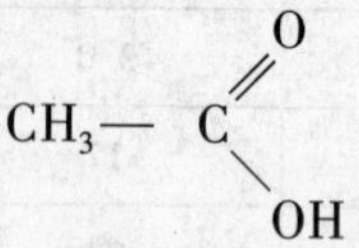 $> F^-$

另外有报道：

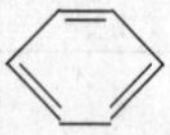 $—O^- > I^- > HSO_4^- > ClO_3^- > NO_3^- > Br^- > CN^-$

$> HSO_3^- > NO_2^- > Cl^- > OH^- >$ 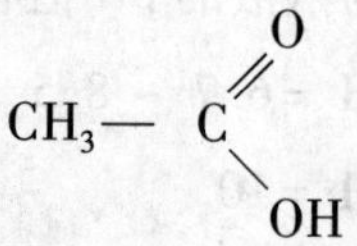 $> F^-$

一些离子选择性的定量关系列于表 11-16 中。

表 11-16　强碱季铵型离子交换树脂对不同阴离子的选择系数

离子种类	强碱Ⅰ型树脂 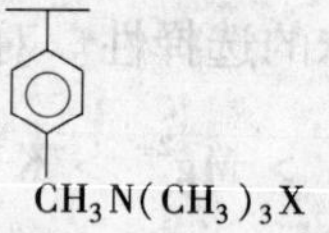	强碱Ⅱ型树脂 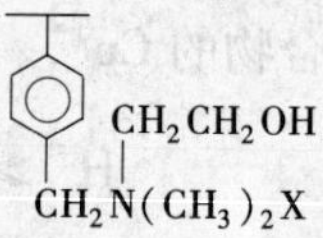
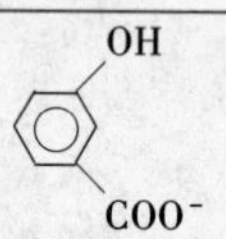	450	65
柠檬酸	220	23
I^-	175	17
$C_6H_5O^-$	110	27
ClO_3^-	74	12
NO_3^-	65	8
Br^-	50	6
CN^-	28	3
HSO_3^-	27	3
BrO_3^-	27	3
HCO_3^-	6.0	1.2
Cl^-	22	2.3
F^-	1.6	0.3
OH^-	1.00	1.00
木素磺酸	800	120
苯磺酸	500	75

从上述可见第二型树脂对 OH^- 的亲和力大于第一型，所以第二型的再生效率高于第一型树脂。

通常的规律，选择性随离子的价数增加而增大，但过程较复杂。综合考虑了其他因素后，就会出现一些例外的情况。例如，对强碱性树脂，一价硝酸根和碘离子反而比二价的铬酸的亲和力强。

$$I^- > NO_3^- > CrO_4^{2-}$$

对于强碱阴树脂，OH^- 与季铵基正离子结合不牢固，离解度很大；从选择性看，OH^- 与 F^- 近似，

$$Cl^- > OH^- > F^-$$

容易被其他阴离子置换下来。在高离子溶液中出现与稀溶液相反的离子选择情况，也就是说：在高浓度溶液中不同价数的离子选择差异减少，甚至倒转过来。使用较高浓度的碱溶液如12% NaOH 溶液，再生强碱树脂。OH^- 离子就能够把交换到树脂上的其他阴离子置换下来，使树脂重新恢复交换能力。这就是用高浓度、低价数、小原子序数的 H^+、Na^+、OH^-、Cl^- 等再生剂进行树脂再生的依据。

强碱阴树脂的选择性也与溶液的酸浓度有关，关于这种情况可见表 11-17。

表 11-17 强碱阴树脂（Dowex 1×8）在不同浓度硫酸中对一些离子的选择系数

离 子	H_2SO_4 浓 度					
	0.1mol	0.2mol	0.5mol	1.0mol	2.0mol	4.0mol
As^{3+}	0.9	0.6	—	—	—	—
Bi^{3+}	18	4.7	2.1	0.9	0.5	—
Cr^{3+}	2.1	0.7	0.5	—	—	—
Cr^{6+}	12000	7800	4400	2100	800	300
Fe^{3+}	16	9	3.6	1.4	0.9	—
Ga^{3+}	0.6	—	—	—	—	—
Hf^{4+}	4700	700	57	12	3.2	1.2
In^{3+}	2.4	0.8	—	—	—	—
Mo^{6+}	530	670	480	230	50	4.6
Th^{4+}	35	21	8.3	3.7	2.0	0.6
U^{6+}	520	250	90	27	9.3	2.9
V^{5+}	6.5	3.3	1.6	0.7	—	—
Zr^{4+}	1350	700	210	47	11	2.9

表 11-17 说明树脂的选择性随着酸的浓度增加而显著降低，有其他离子存在时，这种作用更为显著。

E 弱碱树脂

通常把带有三级、二级和一级胺功能基的阴性树脂都列入弱碱性阴树脂。其亲和力顺序也决定于离子价态、水合离子半径、阴离子结构及阴离子相对应的酸性强弱，而且与阴树脂存在的型式有很大关系。

a　游离碱（—NH_2）型树脂：

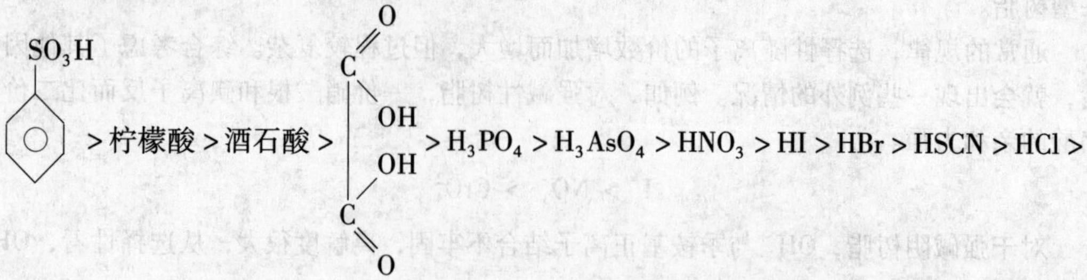

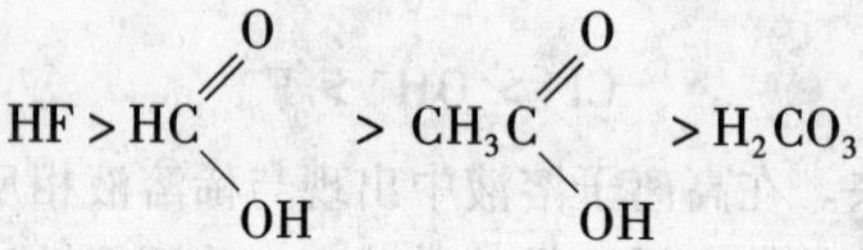

另有报道有如下次序：

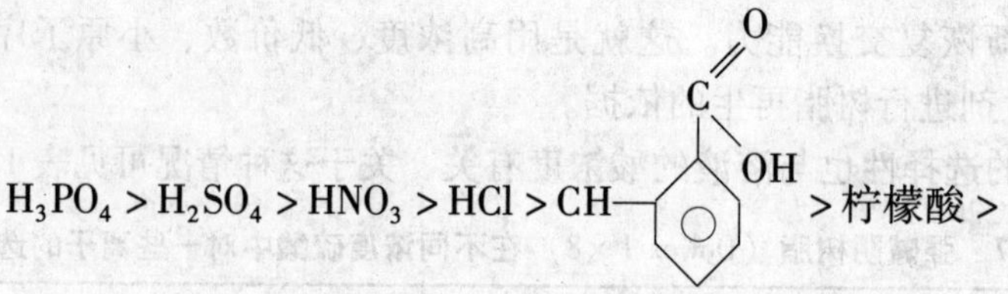

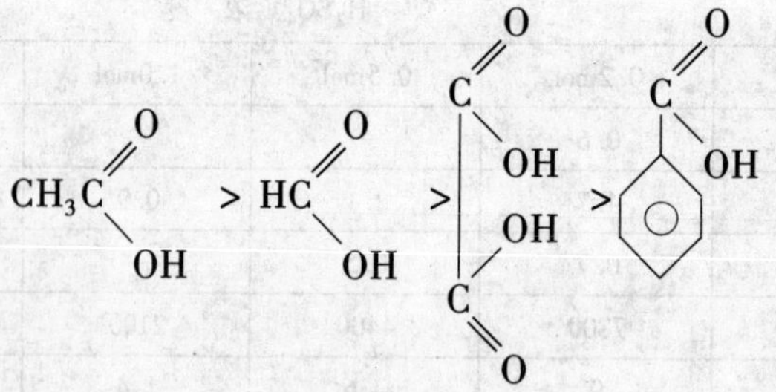

b　氯型树脂：

$OH^- > SO_4^{2-} > CrO_4^{2-} >$ 柠檬酸 $>$ 酒石酸 $> NO_3^- > AsO_4^{3-}$

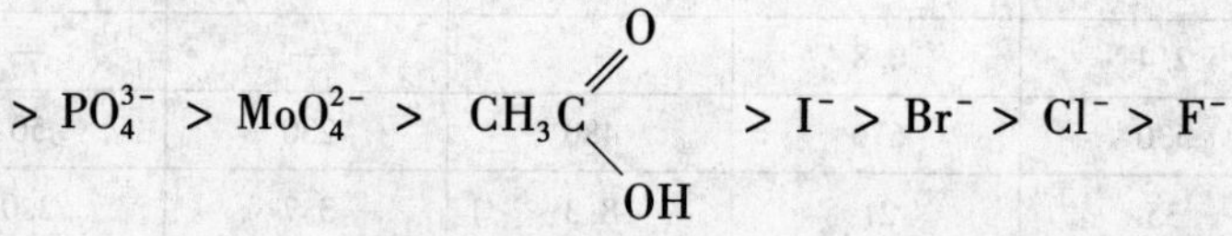

或　　$OH^- > SO_4^{2-} > CrO_4^{2-} > NO_3^- > PO_4^{3-} > MnO_4^- > HCO_3^- > Br^- > Cl^- > F^-$

弱碱阴树脂对 OH^- 亲和力特别强，OH^- 离子与树脂活性基固定离子的生物离解程度很小，因而亲和力很大。例如，弱碱性阴树脂对 OH^- 的亲和力甚至大于 SO_4^{2-}，所以再生效率很高。

除以上阐述的 3 个问题外，还应说明的是：关于树脂结构与交换性能的数学定量关系，对于这一问题人们正在积极地进行研究。

一些烷基的诱导效应对反应基的能力影响，由于树脂吸附与胺类萃取剂萃取金属离子有着相同的反应机理，故可用同样的公式描述[9]：

$$\lg K_1 = \lg K_2 + \rho \Sigma \sigma$$

式中 K_1、K_2——取代后和取代前化合物的反应常数；

ρ——系数，对一定的反应类型而言，它是一个常数，可称为反应常数；

σ——表征取代基效应，与反应类型及条件无关，称为取代基常数。当有多个取代基常数，σ 的影响能力可由各取代基的 σ 加和来求得。

σ 又可分为三种情况：

(1) 取代基被 C_6H_4 基与反应中心分开时的取代基常数，以 σ 表示，称为 Hammet 取代基数；

(2) 取代基被 $C_6H_4CH_2$ 基同反应中心分开时的取代基常数，以 σ^0 表示；

(3) 取代基直接同反应中心相连接的取代基常数，称为 Taft 取代基常数。

离子交换树脂结构与性能关系的数学模型会随着理论化学的不断发展而得到进一步完善。

最后还要指出，离子交换技术从稀溶液回收金属[11~14]及在废水处理中[10]有着特殊的优点。可以预计，它会在低品位矿石处理、稀贵金属回收及在环保废水治理中发挥重要作用。在基础理论研究方面，需要开展的工作是：①开发离子交换中传质、热力学、动力学及表面化学的研究；②应用量子力学、价键理论进行新型离子交换剂的分子设计，在合成新型特效的离子交换树脂中，开展有关的理论研究工作[16]。

参 考 文 献

1 王方．国际通用离子交换技术手册．北京：科学技术文献出版社，2000

2 何炳林，黄文强．离子交换与吸附树脂．上海：上海科技教育出版社，1995

3 钱庭宝．离子交换剂应用技术．天津：天津科学技术出版社，1984

4 姜志新，湛竞清，宋正孝．离子交换分离工程．天津：天津科学技术出版社，1992

5 马荣骏．离子交换在湿法冶金中的应用．北京：冶金工业出版社，1991

6 姜志新．湿法冶金分离工程．北京：原子能出版社，1992

7 马荣骏．离子交换树脂结构与性能的关系：云南冶金，1988（1）：46～56；1988（2）：43～49；1988（3）：45～55

8 陶祖贻，赵爱民．离子交换平衡及动力学．北京：冶金工业出版社，1989

9 马荣骏．溶液萃取在湿法冶金中的应用．北京：冶金工业出版社，1979

10 马荣骏．工业废水的治理．长沙：中南工业大学出版社，1991

11 张镛，许根福．离子交换及铀的提取．北京：原子能出版社，1991

12 周令治．稀散金属冶金学．北京：冶金工业出版社，1988

13 孙晋．银冶金．北京：冶金工业出版社，1986

14 黎鼎鑫，王永录．贵金属提取与精炼．长沙：中南大学出版社，1991

15 杨伯和，周梅．有机萃取剂体系中的离子交换．北京：冶金工业出版社，1993

16 马荣骏，肖松文．离子交换分离技术及原理．见：陈家镛主编．湿法冶金手册．北京：冶金工业出版社，2005：504～543；161～176

17 张启修．冶金分离科学与工程．北京：科学出版社，2004

12 膜分离的理论

主要符号表

J——通量	θ——接触度
R——截留率	σ——溶液的表面张力
$\beta_{A/B}$——A、B 两物质的选择性	α——分离系数
Y——收率	r——毛细管的孔径
ε——孔隙率（度）	G——自由能
S_V——单位体积的表面积	a——活度，膜的单位面积
V_{cap}——毛细管中的流量	V——体积
Z——弯曲因子	D——扩散系数
δ——膜厚度	K——效应系数（或速率常数、传质系数）
η——黏度	Q——膜的表面积
ρ——密度	P——渗透系数
Π——膜两侧的渗透压	U——流速
C——浓度	
ΔC——浓度差	

膜分离至今仍是发展中的一个学科分支。它的用途很广，在湿法冶金领域具有广泛的用途。

膜的种类按膜的来源划分，可分为合成膜与生物膜；按膜的形态划分可分为固态膜及液态膜。

在本章中，仅对压力膜、离子交换膜及液膜等分离的原理进行阐述。

12.1 压力驱动膜[1~5]

12.1.1 概述

通常所说的压力驱动膜过程包括反渗透（RO）、纳滤（NF）、超滤（UF）、微滤（MF）4 个过程，它们均是以一个外压作推动力的膜滤过程。反渗透可以截留离子而让溶剂水通过。纳滤可以截留相对分子质量为 200 以上的分子，并利用膜荷电对不同价态离子的盐有不同的截留性能，从而实现分离。超滤可以截留大的有机分子及胶体。微滤可以截留微小颗粒。由于截留物大小不一，膜的结构及所需施加的外压有很大的差别。图 12-1 表明它们与普通过滤之间在截留物大小与所施加外压的差别。图 12-2 表明了它们的分离

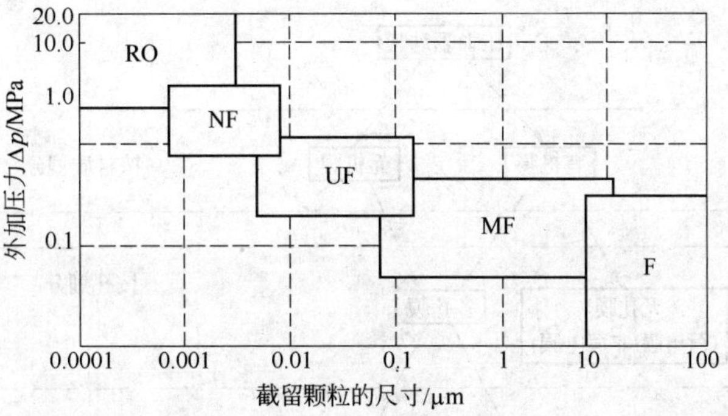

图 12-1 压力驱动膜工艺与普通过滤（F）的区别

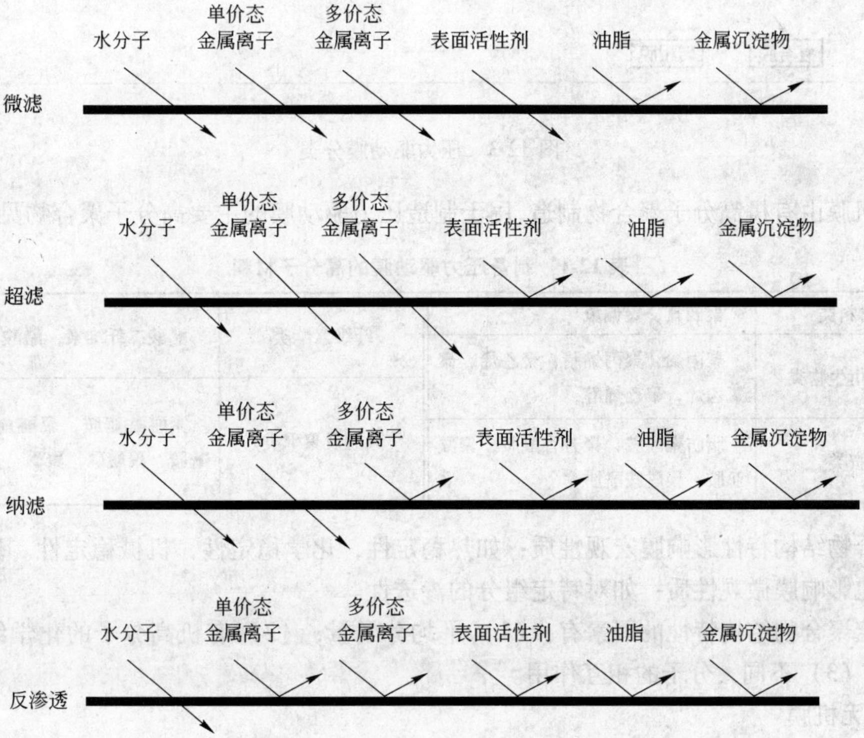

图 12-2 压力驱动膜的分离过程特性

过程特性。它与溶剂萃取和离子交换不同，压力驱动膜的分离性能与膜材料、膜结构、对象溶质的形态与空间构型均有关系，故图 12-2 只是一个原则的示意图。

12.1.2 压力驱动膜的分类

压力驱动膜过程所用的膜均为固态膜，根据制造材料、形态与结构及制造方法，它们又可有不同的分类方法，如图 12-3 所示。

A 按材质分类

a 有机膜

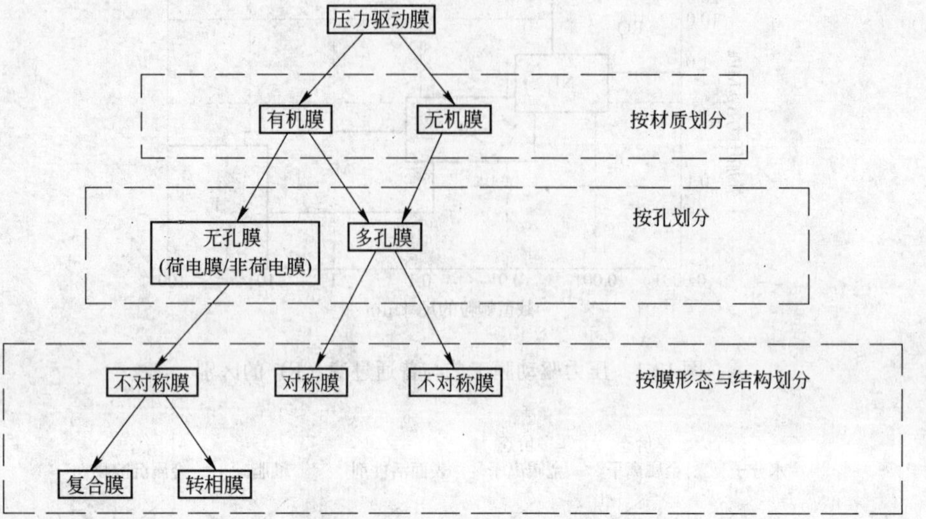

图 12-3　压力驱动膜分类

有机膜由有机高分子聚合物制造，用于制造压力驱动膜的主要高分子聚合物见表 12-1。

表 12-1　制备压力驱动膜的高分子材料

氟材料类	聚四氟，聚偏氟	纤维素酯类	醋酸二纤维素，醋酸三纤维素
烯烃及衍生物类	聚丙烯，聚丙烯腈，聚乙烯，聚氯乙烯，聚乙烯醇		
酰胺类	脂肪聚酰胺，聚芳香酰胺，聚酰亚胺，聚酰胺酰肼	聚醚及聚砜类	聚醚酰亚胺，聚醚醚酮，聚醚酰胺，聚醚砜，聚砜

聚合物结构特性影响膜宏观性质：如热稳定性，化学稳定性，机械稳定性。聚合物结构特性也影响膜微观性质：如对特定组分的渗透性。

决定聚合物结构特性的因素有：（1）平均分子量；（2）有机高分子的化学结构和空间排列；（3）不同大分子的相互作用。

b　无机膜

无机膜主要包括下列各类：

（1）陶瓷膜：Al、Ti、Zr 等氧化物、氮化物、碳化物材料制成，其表层厚 1μm，孔径 2～50nm，中层厚 10～100μm，孔径 50～100nm，而载体层厚为毫米级，孔径为 1～10μm；

（2）玻璃膜：以 SiO_2 基的玻璃材料制造，孔径从微米级至纳米级；

（3）金属膜：一类为金属粉末烧结而成，其孔径较大，另一类为金属薄膜例如钯膜；

（4）沸石膜：它是一种结晶形的微孔氧化铝硅酸盐，其孔径结构非常规整；

（5）炭膜：以石墨或碳纤维材料为基体，在其上精细沉积碳微粒而成。

无机膜的主要优点是：热稳定高；耐化学侵蚀；无老化问题，寿命长；可反向冲洗；分离极限和选择性可控。

无机陶瓷膜的缺点是：脆性；机械强度差；投资大；密封材料限制了热稳定优势的发

挥。

B 按有无孔隙分类

有机膜有无孔膜与多孔膜之分，而无机膜只有多孔膜（图12-4）。多孔膜以微滤和超滤为代表，气体分离膜为典型无孔膜代表。

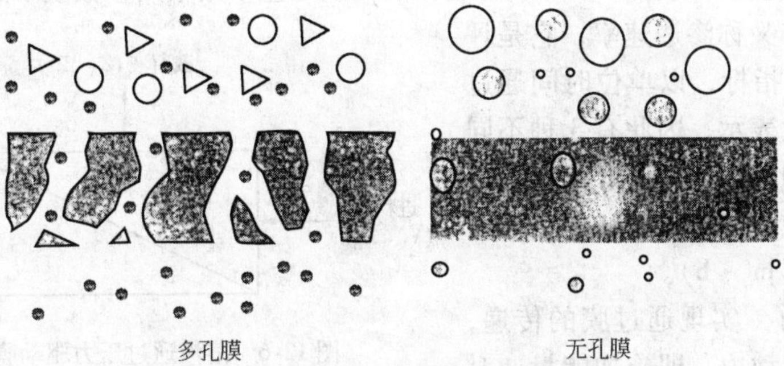

图12-4 多孔膜与无孔膜

孔可以分为3类，孔径>50nm为大孔；孔径介于2~50nm之间为中孔；孔径小于2nm为微孔。

C 按膜结构分类

如图12-5所示，按结构分类，多孔膜有对称膜和非对称膜之分。非对称膜又可分为整体不对称膜和组合不对称膜，即复合膜及转相膜。所谓转相膜系指控制一定方式使聚合物由液态变为固态的相转化法制备而成的膜。相转化法可以制备对称膜，也可制备非对称膜。复合膜是非对称膜，它是由一个薄的精密皮层支撑在多孔表层上，皮层和表层是由不同聚合物材料制成。

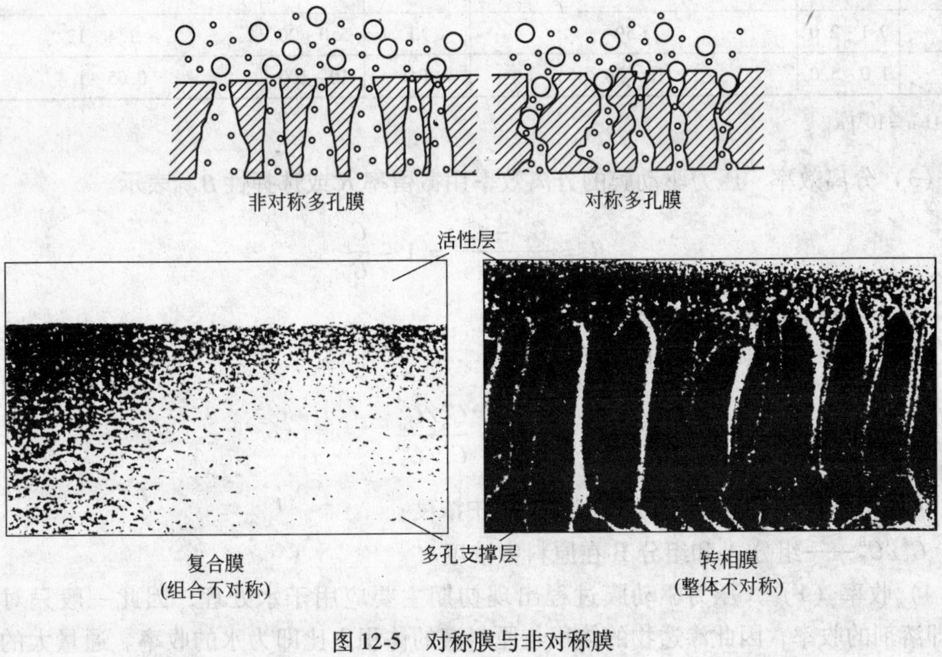

图12-5 对称膜与非对称膜

12.1.3　膜分离过程的基本参数

图 12-6 表示一个膜组件中发生的分离情况，进料流体经过组件后分成了浓缩（截留物）和渗透液两股液流。如进料液中有 A、B 两种溶质，它们均可分布在渗透液和浓缩液两个液相中，但它是一个热力学不平衡过程。在膜工艺中用下列参数表示过程的效率。

（1）通量　又称渗透速率，它是评价膜效率的重要指标，以单位时间通过单位膜面积的量表示，因此有 3 种不同的表示通量的单位，即体积通量：$L/(m^2 \cdot h)$；质量通量：$kg/(m^2 \cdot h)$；摩尔通量：$mol/(m^2 \cdot h)$。

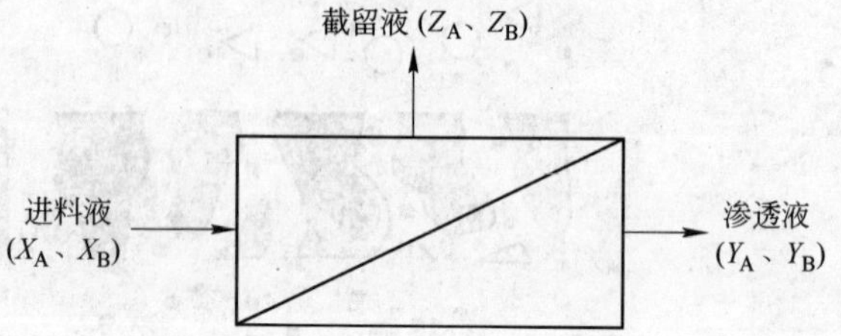

图 12-6　溶液通过压力驱动膜的情况

（2）推动力　实现通过膜的传递，必须施加某种推动力，即施加能量。对压力驱动膜而言，其推动力为压力差。膜过程的推动力通式为：

$$J = -A\frac{dF}{dX}$$

式中　J——通量；

$\frac{dF}{dX}$——推动力；

A——系数。

不同的压力驱动膜过程的压力与通量范围示于表 12-2。

表 12-2　膜操作的压力与单位压力下通量范围比较

膜过程	压力范围	通量范围①/ $L\cdot(m^2\cdot h\cdot bar)^{-1}$	膜过程	压力范围	通量范围①/ $L\cdot(m^2\cdot h\cdot bar)^{-1}$
MF	0.1～2.0	>50	NF	5.0～20	1.4～12
UF	1.0～5.0	10～50	RO	10～100	0.05～1.4

①$1bar = 10^5 Pa$。

（3）分离效率　压力驱动膜的分离效率用截留率 R 或选择性 $\beta_{A/B}$ 表示。

$$R = \frac{C_F - C_p}{C_F} = 1 - \frac{C_p}{C_F}$$

式中　C_F——原料液中溶质浓度；

C_p——渗透物中溶质浓度。

$$\beta_{A/B} = \frac{C_p^A/C_p^B}{C_F^A/C_F^B}$$

式中　C_p^A/C_p^B——组分 A 和组分 B 在渗透物中浓度；

C_F^A/C_F^B——组分 A 和组分 B 在原料中浓度。

（4）收率（Y）　压力驱动膜过程出现初期主要应用于水处理，因此一般只对水而言，即溶剂的收率，因此渗透物的体积与原料液的体积之比即为水的收率。通量大的体系肯定收率高。对水处理通常用通量与截留率这两个指标，通量高且截留率（R）高表示水的质量高，得到的产水量也大，可认为是一满意的分离过程。用于湿法冶金过程时，溶质是主要研究对象，对有价溶质应计算直收率，对有害溶质就计算其除去率。此时渗透液和浓缩液都可能是产品，因此应灵活应用，分别计量料液、浓缩液、渗透液体积，分析溶质在各液流中的浓度就可进行计算收率。

12.1.4 压力驱动膜的传质[3]

12.1.4.1 膜内的传质

在对膜组件和膜过程进行设计与优化的工作中，用数学模型来进行模拟是必不可少的。这些数学关系式是描述有关组分通过膜的传质过程与操作条件的依赖关系。对工程科学而言，为了进行工程技术设计，应用半经验的数学模型是方便适合的。这些模型以实际体系进行的渗透实验为基础，同时吸收了有关的理想化模型概念，可以用来对实验测得的膜分离特性作定量的详细描述。

从将膜分为多孔与无孔两类出发，可以用多孔模型和溶解-扩散模型来描述发生在这两类膜中的传质过程。

A 多孔模型

多孔膜存在“孔径”的分布，因此即使被截留颗粒的直径等于平均孔径，也总存在溶质透过膜时，部分溶质被截留的情况，因此多孔膜的分离类似于一个筛分过程。基于这一基本认识，多孔模型作出 3 个基本假设。

（1）尽管在膜上溶质会沉积形成一个覆盖层，但假定这个覆盖层的传质阻力可以忽略不计，即通过多孔膜的流量等于通过覆盖层的流量。

（2）将弯弯曲曲的膜孔简单看成一个平行连接的毛细管体系，膜的结构由下列膜参数表征。

孔隙率：

$$\varepsilon = \frac{V_H}{V_T} \tag{12-1}$$

式中 V_H——孔体积；

V_T——膜体积。

单位体积的比表面积（m^2/m^3）：

$$S_V = \frac{A_H}{V_S} \tag{12-2}$$

式中 A_H——孔体积；

V_S——支撑体的体积。

（3）毛细管中的流量可以用 Hagen-Poiseuille 定律来描述，即

$$V_{cap} = \frac{d_h^2}{32\eta} \cdot \frac{\Delta p}{L} \quad (m/s) \tag{12-3}$$

式中，$L = Z\delta_m$，m，Z 为弯曲因子，一般取 $Z = 12 \sim 25$；δ_m 为膜厚；L 为毛细管长度；η 为黏度，kg/(m^2·s)；d_h 为毛细管的水力学直径，m：

$$d_h = \frac{4\varepsilon}{(1-\varepsilon)S_V} \tag{12-4}$$

另一方面毛细管中流量又可表示为

$$V_{cap} = \frac{V_P}{\varepsilon} = \frac{J_P}{\rho_P \varepsilon} \tag{12-5}$$

式中　V_P——渗透液的溢流速度，m/s；

J_P——质量渗透通量，$kg/m^2 \cdot s$；

ρ_P——渗透液密度，kg/m^3。

合并式（12-3）~式（12-5），可以得到渗透通量与推动力之间的线性关系式

$$V_P = \frac{J_P}{\rho_P} = A\Delta p \tag{12-6}$$

式中

$$A = \frac{\varepsilon^2}{\eta(1-\varepsilon)^2 S_V{}^2 2Z\delta_m} \quad \text{(Carman-Kozeny 方程)} \tag{12-7}$$

B　溶解—扩散模型

无孔膜是不对称膜，溶解-扩散模型只讨论经致密表皮层中的传质，而对多孔支撑体的影响忽略不计。溶解-扩散模型的基本假设为：

（1）聚合物的致密表皮层是理想的膜；

（2）这种理想的膜好像是一种真实的液体，渗透物溶解于其中成为理想溶液，在膜的上游或下游的界面处（即与料液的界面或与渗透液的界面），各组分存在化学平衡，在化学位的推动下，渗透物沿着其梯度方向扩散传递，从膜下游解吸，物质的渗透能力不仅取决于扩散系数，还取决于在膜中的溶解度；

（3）忽略各渗透组分之间的相互影响。

对于反渗透而言，无论是溶剂（水）还是盐通过膜，都被看成是溶质溶解于高分子膜，而后在其中的扩散过程，因此原则上可用菲克第一扩散定律进行描述。

先考查水的渗透过程：

$$J_w = -D_w \mathrm{d}C_w/\mathrm{d}x \tag{12-8}$$

式中　C_w、D_w——水在膜中的浓度和扩散系数；

J_w——水的渗透量；

x——流向的坐标。

若水在膜中的溶解服从亨利定律，则：

$$D\mu_w = -RT\mathrm{d}\ln C_w = -RT\mathrm{d}C_w/C_w \tag{12-9}$$

式中　μ_w——膜中水的化学位。

代入式（12-8）又有

$$J_w = -D_w \mathrm{d}C_w/\mathrm{d}x \frac{D_w C_w}{RT} \cdot \frac{\mathrm{d}\mu_w}{\mathrm{d}x} \approx \frac{D_w C_w}{RT} \cdot \frac{\Delta\mu_w}{\Delta x} \tag{12-10}$$

对于理想稀溶液中的溶质，在等温条件下有：

$$\Delta\mu_w = RT\ln a_w + V_w\Delta p = RT\ln C_w + V_w\Delta p \tag{12-11}$$

式中 a_w——膜中水的活度。

又根据溶质的渗透压公式，有 $V_w \Delta \Pi = -RT\ln C_w$，与式(12-11)合并后代入式(12-10)，则有：

$$J_w = \frac{D_w C_w V_w}{RT\Delta x}(\Delta p - \Delta \Pi) = A(\Delta p - \Delta \Pi) \tag{12-12}$$

式中 $\Delta \Pi$——膜两侧溶液渗透压差；

A——溶剂（水）的渗透系数，通过实验测定：

$$A = \frac{D_w C_w V_w}{RT\Delta x} = \frac{D_w C_w V_w}{RT\delta_m} \tag{12-13}$$

Δp——膜上下游压力差；

V_w——水的摩尔体积；

δ_m——膜厚。

对于盐的渗透过程，它几乎完全取决于浓度梯度，可写为

$$J_S = -D_S \frac{dC_i^m}{dx} \approx D_S \frac{\Delta C_i^m}{\Delta x} \tag{12-14}$$

式中，C_i^m 为盐在膜中的浓度，由于它不易测定，故引入分配系数（或称溶解度常数）K_S，

$$K_S = C_i^m / C_i^s \tag{12-15}$$

而

$$\Delta C_i^s = C_F - C_p$$

故

$$J_S = D_S K_S \frac{C_F - C_p}{\Delta X} = B(C_F - C_p) \tag{12-16}$$

式中 C_F——料液中溶质的浓度；

C_p——渗透液中溶质浓度；

D_S——盐在膜中扩散系数；

B——溶质的渗透率系数，由实验测定：

$$B = \frac{D_S K_S}{\Delta X} = \frac{D_S K_S}{\delta_m} \tag{12-17}$$

12.1.4.2 *浓差极化的传质阻力*

膜的运行中，会随运行时间延长，通量下降。造成这一现象的重要原因之一是由于浓差极化造成的。

在分离过程中，由于膜有选择性，使溶剂（一般为水）通过膜，而溶质被截留。因此如图12-7所示，在膜面处的溶质浓度 C_m 升高，大于溶液在主体相中浓度 C_b，此时发生溶质从膜表面向本体的反扩散，溶质在两个相反方向的扩散达到平衡时，在膜面附近存在一个稳定的浓

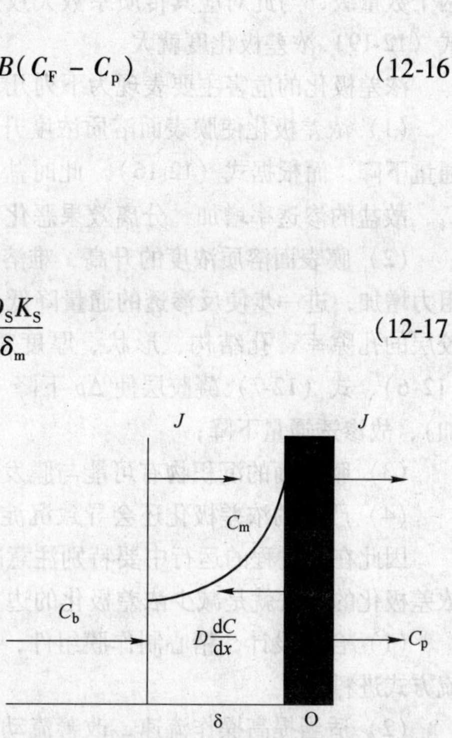

图 12-7 浓差极化

度梯度区，称之为浓差极化边界层，这一现象称为浓差极化。膜面溶质浓度 C_m 与溶液主体溶质浓度 C_b 之比 C_m/C_b 称为浓差极化度。达到稳态时其质量平衡为

$$J = -D\frac{dC}{dx}$$

据边界条件：$x=0$，$C=C_m$；$x=\delta$，$C=C_b$，积分取对数后有

$$\ln\frac{C_m - C_p}{C_b - C_p} = \frac{J\delta}{D}$$

$$\frac{C_m - C_p}{C_b - C_p} = \exp\left(\frac{J\delta}{D}\right) \tag{12-18}$$

式（12-18）称为浓差极化方程，其中 $\frac{D}{\delta}=K$ 称为传质系数，J 为膜的渗透通量。当 C_p 很小时，简化式（12-18），有

$$\frac{C_m}{C_b} = \exp\left(\frac{J}{K}\right) \tag{12-19}$$

对每种膜过程，浓差极化的程度及其对各自膜过程的影响并不相同。对 UF 及 MF 过程，极化影响比 RO 及 NF 严重得多，这是因为 UF 截留大分子与胶体，大分子与胶体在边界层中浓度的升高值大，而反扩散速度却小，一般大分子的扩散系数 D 比盐的扩散系数小两个数量级，与此对应其传质系数大致是 RO 的5%。而 UF 的渗透通量却比 RO 大，根据式（12-19）浓差极化度就大。

浓差极化的危害主要表现为下列几方面：

（1）浓差极化使膜表面溶质浓度升高引起渗透压增加，根据式（12-12）反渗透的水通量下降，而根据式（12-16），此时盐的渗透推动力由 $C_F - C_p$ 变为 $C_m - C_p$，而 C_m 大于 C_F，故盐的渗透率增加，分离效果恶化；

（2）膜表面溶质浓度的升高，难溶盐及胶体等会在表面沉积形成凝胶层，使透过膜的阻力增加，进一步使反渗透的通量降低，脱盐率降低，传质可以转变为由凝胶层控制，凝胶层的孔隙率、孔结构、形状、厚度对传质有显著影响，对于 UF 及 MF 过程，根据式（12-6）、式（12-7）凝胶层使 Δp 下降（因为凝胶层形成相当于膜厚 δ_m 及弯曲因子 Z 增加），故渗透通量下降；

（3）膜表面的沉积物有可能与膜发生溶胀或溶解，使膜性能恶化；

（4）严重的浓差极化还会导致沉淀、结晶堵塞膜组件内的流道，恶化运行状况。

因此在膜过程的运行中要特别注意减少浓差极化，根据浓差极化形成原理可知，减少浓差极化的方法就是减少浓差极化的边界层厚度，提高溶质传质系数。其具体方法是：

（1）合理设计，精心制作膜组件，使流体能分布均匀，以湍流方式运行，尽量采用错流方式进料；

（2）适当提高操作流速，改善流动状态，适当提高进料液温度，降低黏度，增加传质系数。

12.1.5 超滤与微滤

A 膜表征

UF 膜与 MF 膜均属多孔膜，按筛分机理实现分离。UF 可截留相对分子质量在 500 ~ 500000 之间的大分子，而 MF 可分离 0.1μm 以上的微粒。

按多孔膜定义，MF 膜是由孔径在 0.1 ~ 10μm 之间的大孔构成的多孔皮层，而 UF 膜是具有孔径在 2 ~ 100nm 之间的中孔皮层的多孔介质。它们的特征不是由膜材料而是由膜孔大小决定哪些粒子或分子被截留，材料对分离性能无太大影响。

表征多孔膜的方法可以有两类：

（1）用结构相关参数表征：结构相关参数指孔径、孔径分布、皮层厚度和表面孔隙率；

（2）用渗透相关参数表征：即用溶质被截留分数表示。

一般很难将结构相关参数与渗透相关参数关联。这是因为对孔的大小、形状并未精确规定，对孔构形的描述也不一致。

B MF 膜表征

（1）扫描电镜法（SEM）：能清楚观测多孔膜的全部结构，对表层、断面和底面均可获得清晰简洁的图像，得到孔径、孔径分布、表面孔隙率及孔的几何结构资料。

（2）泡点法：泡点用来表征最大孔的尺寸。其原理是将过滤器的上部与液体（如水）接触，从而使膜孔内充满液体，过滤器底部与空气相连，当空气压力逐渐增大到一定值时气泡会通过膜，测定产生第一个气泡所需的压力，再由拉普拉斯方程计算最大孔径：

$$r = \frac{2\sigma}{\Delta p}\cos\theta \tag{12-20}$$

式中 r——毛细管孔径，m；

σ——液-气界面张力，N/m。

气泡通过孔时 $\theta = 0$，$\cos\theta = 1$，所以可计算出孔径。如果逐渐分段升压还可测定孔径分布，但使用不同液体时，由于 σ 值不同得到的孔径值不一样，所以在膜技术中使用异丙醇作标准溶液测定。

（3）汞注入法：它是泡点法的变种，将泡点法中的液体换成汞，在变化压力下使汞注入膜孔，首先注满大孔，再逐渐注满小孔。汞体积可准确测定，故进入膜孔的汞体积可精确算出，根据压力与孔体积（汞体积）曲线可得到孔径分布情况，测量范围 5nm ~ 10μm。此方法的缺点是压力很高时，小孔结构可能会遭到破坏。

在实际应用中要注意不同的厂商对孔径有不同表示法，有的用绝对孔径（或最小孔径），有的用标称孔径，它表示等于该尺寸的微粒以一定百分数（95% 或 98%）被截留，还有的以平均孔径表示。好的 MF 膜应该有明晰的孔径分布曲线。

C UF 表征

UF 膜是不对称膜，主要关注的是其皮层厚度、孔径分布和表面孔隙率。

（1）溶质截留测量：由于 UF 孔径很小，测定有一定难度，所以常用渗透相关参数来表征。如相对分子质量为 1000 的物质通过膜时，有 90% 被截留，则认为此膜的分子截留为 1000。这是一种常用的有实用意义的方法，但不能定量预测膜的性能。

（2）液体转换法：用一种液体置换已经存在于膜孔内的另一种液体，这两种液体互不相溶，在一定压力下可以实现这种置换，开始是大孔中液体被置换，随压力增加，较小孔内的液体也被置换，因此通量逐渐增大，由此可测得通量与孔径之间关系，进而确定孔径分布。

D　UF 与 MF 的比较

UF 过程与 MF 过程有很多相似之处，但无论是膜，还是操作，还是应用领域均有不同之处，这两种膜的特征如表 12-3 所示。

表 12-3　UF 与 MF 的特征

项　目	MF	UF	项　目	MF	UF
分离机理	筛分	筛分	孔隙率	约 70%（转相膜）	约 60%（转相膜）
施加压力	0.1～0.3MPa	0.3～1.0 MPa	材　质	聚合物，陶瓷	聚合物，陶瓷
膜结构	大部分为对称膜	非对称膜	膜　厚	10～150μm	～150μm
孔　径	0.1～10μm	2～100nm			

12.1.6　反渗透与纳滤

12.1.6.1　*原理*

RO 与 NF 都是用于从溶液中分离低分子量溶质，这两个过程可视为同一种过程，故 NF 也被称之为松散反渗透。RO 与 NF 依据的原理是相同的。如图 12-8（a）所示，如果用一张半透膜将浓度不同的两种溶液隔开，这时溶剂将通过半透膜自发地自稀溶液迁入浓溶液，这一过程将进行到浓溶液液面上升高度形成的液柱压力等于渗透压时停止（图 12-8（b）），如果要让浓溶液中的溶剂又回到稀溶液中则必须施加一个外压，并使其大于渗透压差。这即是反渗透过程。RO 及 NF 过程即依据这一原理。

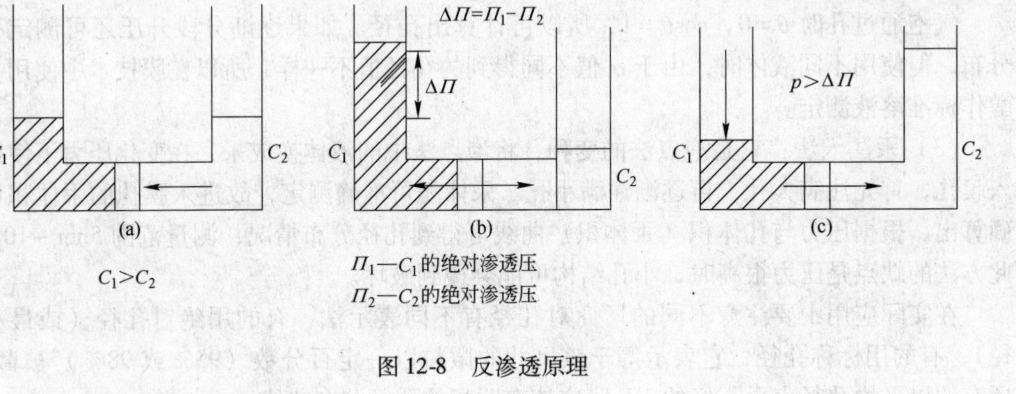

图 12-8　反渗透原理

影响渗透通量的因素有以下几点。

（1）浓缩程度或水回收率：

$$Y=\theta_P/\theta_F\times100\%$$

式中　θ_P——产品液流速；

θ_F——料液流速。

浓缩程度高，水的收率高，但过度浓缩将引起浓差极化严重，盐的渗透率增加。

（2）温度：水温每升高1℃，产水量增大3%。

（3）压力：增大压力使水通量增加，但过高压力会使膜压密，反而使通量下降。

（4）流速：流速大，水的流体力学状态好，可减少浓差极化，但流速过大则压力损失大，能耗高，同时使下游膜组件的压力降低，反而降低能量。

（5）料液浓度：浓度过高则渗透压过大，浓差极化严重，分离效果也不好，故RO与NF不适宜处理浓溶液。

12.1.6.2 膜的材料与结构

RO膜与NF膜可视为介于多孔膜与致密无孔膜之间的过渡型膜，与UF及MF截然不同，材料的性质决定了这类膜的分离性质。

RO膜与NF膜均具有不对称结构，是一体化不对称膜或是复合膜。所谓一体化不对称膜就是其皮层与支撑层由同种材料构成，由相转化法制备。而大部分情况下RO与NF膜均采用复合膜结构。

RO膜全部由高分子聚合物制造；NF膜大部分也由高分子聚合物制造，但目前出现了无机中空纤维NF膜。

提高或改进RO膜与NF膜的抗污染性能对处理湿法冶金溶液有重要意义。有效的方法之一是调整、控制膜的荷电状态与亲水性能。以海德伦公司的低污染反渗透膜为例，其LFC1膜表面层是一薄层聚烯醇材料，而内层材料是交联的芳香聚酰胺，它具有高脱盐率和高水通量。在pH为6时LFC1膜表面电位为2mV，且聚烯醇高度亲水，因而对溶解有机物的吸附性小，故具有高抗污染性能，从而可延长膜清洗周期，降低清洗费用，大大增加膜元件和系统的运行寿命。而该公司的LFC2膜却相反，它也有良好的亲水性但却带正电荷，因而适合处理溶液中含正电荷组分的料液。

RO膜与NF膜的表征主要是用物理方法，多用近代各种表面分析方法。

12.1.6.3 NF、RO膜分离机理

NF膜带有负的荷电基团，通过静电相互作用，阻碍多价阴离子渗透。它能截留相对分子质量在200以上的低分子量有机分子，或者大小约为1nm的溶解组分。因此NF膜与RO不同而具有一些独特的分离功能。NF的功能是：

（1）可以实现低分子量有机物与高分子量有机物的分离；

（2）分离无机盐与有机物；

（3）分离一价离子与高价离子。

NF膜对离子的截留可以用多孔模型进行解释，一般遵循如下规律。

（1）多价阴离子受膜的负电荷排斥作用强，故其截留率大于一价阴离子，其基本规律为：

$$NO_3^- < Cl^- < OH^- < SO_4^{2-} < CO_3^{2-}$$

因此利用NF膜可实现低价离子与高价离子分离，其分离原理可用道南排斥理论作出解释。设想用一张NF膜将稀NaCl溶液分隔为两个液相，此时相Ⅰ与相Ⅱ中的NaCl处于平衡状态。如果往相Ⅰ中添加Na_2SO_4，因NF膜对SO_4^{2-}的截留率高，故迁移进入相Ⅱ的Na^+离

子远远多于 SO_4^{2-} 离子，但为了维持中性，相Ⅰ中的 Cl^- 离子不得不被“排斥”进入相Ⅱ，其结果是随着相Ⅰ中 Na_2SO_4 添加量的增加，相Ⅱ中 Cl^- 离子浓度增加，甚至可达到相Ⅱ中的 Cl^- 离子浓度，而大于相Ⅰ中的 Cl^- 离子浓度。

(2) 在溶液离子浓度高的情况下，离子选择性降低，或者说高价阴离子的截留率降低。其原因在于膜孔两侧有负电荷，由于异性相吸，在通道两侧布满阳离子，当溶液浓度高时，高的正电荷密度将膜上的负电荷屏蔽，故对阴离子的排斥作用减弱，阴离子的截留率降低。

另一方面从道南平衡角度分析，料液浓度越高，微孔中料液浓度也越高，因此最终在渗透物中的浓度也越高。即膜的截留率随着浓度的增加而下降。

(3) NF 膜对阳离子的截留率按下列顺序递增。

$$H^+ < Na^+ < K^+ < Ca^{2+} < Mg^{2+} < Cu^{2+} < M^{3\pm}$$（表示各种 3 价正、负离子）

形成如此顺序的原因是由于富集于膜中进行电荷平衡的高价阳离子量比低价阳离子量要少。

(4) 按照多孔膜型，盐通过膜的传递受压力引起的对流传递及扩散传递影响，在低压下扩散传递占的份额较大，而随压力增加扩散传递的影响逐渐减弱，因此渗透液浓度下降，即盐的截留率增加。

NF 膜对中性有机分子的分离完全遵循溶解-扩散模型的规律。

(1) 截留率随摩尔质量的增加而增加；

(2) 截留率随跨膜压差的增加而增加；

(3) 在压力一定时，截留率随浓度的增加而下降。

实践表明，NF 膜的分离效果可能与多种因素有关，例如离子的电荷半径比，被分离对象的空间构型等，因此进行 NF 过程工业化设计前应认真进行试验，以取得可靠设计依据。

12.1.6.4　RO 膜与 NF 膜的比较

NF 膜也属于 RO 类型的膜，但又有各自的特性，它们的异同之处对比列于表 12-4 中。

表 12-4　RO 膜与 NF 膜对比

项　目	NF 膜	RO 膜	项　目	NF 膜	RO 膜
膜结构	不对称膜	不对称膜	膜　厚	皮层 1μm，支撑层 150μm	
材　质	聚合物、陶瓷	聚合物	孔　径	<2nm	<2nm
分离机理	多孔模型（离子） 道南效应 溶解-扩散模型（中性分子）	溶解-扩散模型	施加压力	1 ~ 2MPa	1.5 ~ 10MPa

12.2　离子交换膜[1~7]

12.2.1　离子交换膜的分类

离子交换膜有 3 种基本的类型：阴离子交换膜、阳离子交换膜和双性离子交换膜，固定的离子分别对应于阳离子、阴离子和阴阳两种离子。离子交换膜可以进一步按化学性能均一性的程度分类。

按化学均一性的程度，可分为3种主要类型。

（1）非均相离子交换膜：它是由离子交换树脂粉和粘合剂制成。

（2）半均相离子交换膜：这种膜又可分为：1）交联高分子膜，这种是由可以溶于同一溶剂中带有离子交换功能基团的聚合物和粘结剂的混合物制成；2）接枝和蛇笼膜，它是由聚合物薄膜浸渍单体，然后经辐射聚合制备。离子交换基团固定或存在于单体中或聚合后引入。

（3）均相离子交换膜：大部分实用的膜是均相膜，由烃类聚合物或氟代烃聚合物组成，典型的化学结构如图12-9所示。

碳氢聚合物膜制备有5个基本步骤：（1）聚合；（2）交联（三维）；（3）膜的制备；（4）增强材料的选择；（5）引入离子交换功能基团。

膜的基体一般是烃类聚合物或氟代烃聚合物。现在常用的烃类聚合物膜大部分由苯乙烯单体聚合得到，其他的由苯酚单体的缩聚得到。氟代烃膜一般通过四氟乙烯和全氟乙烯基醚共聚制备。

阳离子交换基团一般分为强酸型（磺酸）或弱酸型（羧酸）；阴离子交换基团一般分为强碱型（季铵盐）或弱碱型（伯胺、仲胺和叔胺）。

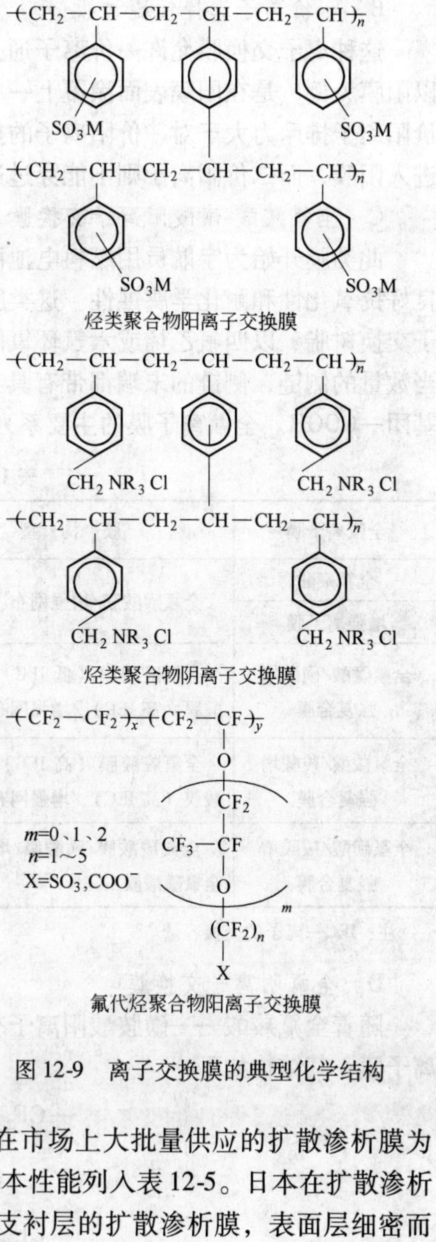

图12-9 离子交换膜的典型化学结构

12.2.2 特种性能离子交换膜

A 扩散渗析膜

这种膜用于酸与相应盐及碱与相应盐的扩散渗析分离。其膜孔径比电渗析膜孔径大一些，要求水的渗透量尽量小。国内早期生产有S-203膜，现在市场上大批量供应的扩散渗析膜为山东天维膜技术有限公司生产的DF201膜，它们的基本性能列入表12-5。日本在扩散渗析膜的研究与生产方面居于领先地位，他们所发展的有支衬层的扩散渗析膜，表面层细密而薄，故在渗透率和分离率性能上都有很大提高。

表12-5 DF201扩散渗析阴膜的有关性能

指标名称	测试值	指标名称	测试值
含水率/%	49.05	选择渗透率/%	98.00
交换容量(干)/(mol·kg^{-1})	1.96	酸盐平均分离系数	28.6
膜面电阻/(Ω·cm^2)	2.0	爆破强度/MPa	>0.8
离子迁移数	0.99	膜厚/mm	0.25

B　一价离子选择性透过膜

这种离子交换膜允许一价离子通过膜而不允许二价及高价离子通过膜。其基本原理，以阳膜为例，是在阳膜表面涂覆上一层阴膜薄层，阴膜覆层固定荷电基团带正电，它对二价阳离子排斥力大于对一价阳离子的排斥力，在电场作用下，一价离子可穿过这一阻挡层进入阳膜，而二价阳离子则不能穿过这一阻挡层。

C　全氟羧酸-磺酸阳离子交换膜

此类膜开始为宇航员用燃料电池而设计，后成功用于氯碱电解取代石棉隔膜。它具有良好抗氧化性和耐化学腐蚀性。这类膜均为均相膜或均相复合膜，它的基体材料是全氟离子交换树脂，以四氟乙烯或六氟环氧丙烷为代表的含氟原材料制造。其主链上必须连接相当数量的侧链，侧链的末端都带有具有离子交换功能基的基团如磺酸基团—SO_3H 或羧酸基团—COOH。全氟离子膜的主要系列与构型见表 12-6。

表 12-6　全氟离子交换膜

全氟离子膜	膜　构　型	电效/%	碱浓度/%	膜的商品代号
全氟磺酸 增强离子膜	全氟磺酸膜/增强网布	58～64	15	Nafion 400
全氟磺酸/磺酸增强复合膜	全氟磺酸膜（低 IEC）/全氟磺酸膜（高 IEC）/增强网布	80～85	20	Nafion 300
全氟羧酸/羧酸增强复合膜	全氟羧酸膜（高 IEC）/全氟羧酸膜（高 IEC）/增强网布	95	35 左右	Flemion 230
全氟磺酸/羧酸增强复合膜	全氟羧酸膜/磺酸膜/增强网布/全氟磺酸膜	95	35 左右	Nafion 900

注：IEC—离子的交换容量。

D　全氟阴离子交换膜

随着全氟羧酸——磺胺酸阳离子交换膜的成功应用，日本于 1982 年又开发出全氟阴离子膜，其结构如下：

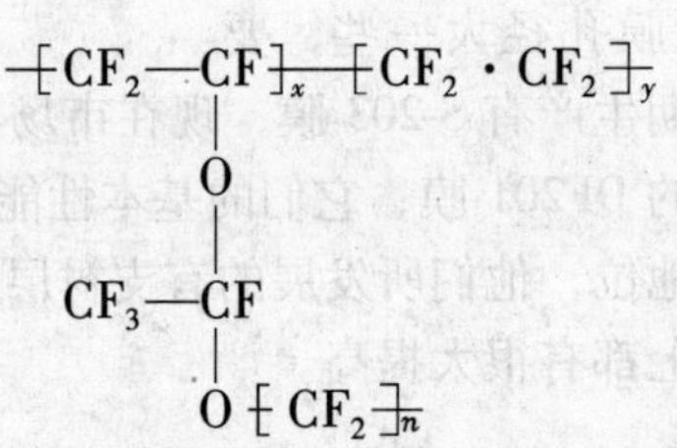

与碳氢系列阴离子交换膜相比，全氟阴膜具有优异的耐热性、耐酸碱性、耐氧化性等特性。

全氟阴膜（AEM）有下列几种结构类型：（1）单层膜；（2）复合膜：高交换容量与低交换容量的复合膜；（3）两性膜：阴离子交换层与阳离子交换基层的复合膜。

全氟阴膜除有平板状的商品形式外，还有圆筒状、管状的膜。

全氟阴膜的面世更加扩大了离子膜在湿法冶金领域中的应用，例如可回收酸，可与阳膜配合分解盐为酸和碱。

E 双性膜

双性膜是一种复合膜，一侧是阳膜，另一侧是阴膜。在直流电场下膜内的水分发生离解生成 H^+ 和 OH^- 离子，分别通过阳膜侧和阴膜侧向外迁移。国外双性膜已商品化。日本的 NEOSEPTA^{R}BP-1 双性膜性能如表 12-7 所示。

表 12-7 NEOSEPTA^{R}BP-1 双性膜性能

项 目	指 标	备 注
水离解电压	1.2～2.2V	在 1mol/L NaOH 和 1mol/L HCl，0.1A/cm^2，30℃测量
水离解效率	>98%	
爆破强度	0.4～0.7MPa	
膜 厚	0.2～0.35mm	

以上这 5 种特殊性能的离子交换膜在湿法冶金中具有非常重要的应用前景。

12.2.3 离子交换膜的物化及电化性能

由于全氟离子膜的性能特别优越，在湿法冶金中用做电解隔膜的领域很广。因此，重点围绕它的物化及电化性能进行介绍。

12.2.3.1 物理性能

（1）机械强度 膜应有一定的机械强度，同时也要有一定的柔软性和弹性，以方便组装和拆洗，这样可延长膜的使用寿命。

膜的机械强度包括三个方面的内容：

爆破强度：能承受垂直方向的最大压力，单位为 MPa；

抗拉强度：能承受水平方向上最大拉力，单位为 MPa；

耐折度：次数。

一般说来，交联度大的膜，机械强度较高，但膜的脆性也随交联度的提高而增大。为了提高膜的强度，多在膜内嵌入增强网布。

（2）表观尺寸：

厚度：干态膜或湿态膜的厚度，一般以微米（μm）或毫米（mm）为单位，其值对机械强度及膜的电阻均有较大影响，较厚的膜其机械强度均较高，但膜电阻也较高。

溶胀度：溶胀度指离子交换膜在规定溶液中浸泡（24h 以上）后，它的面积和体积变化的百分率，可用面积变化百分率表示：

$$溶胀度（\%）=\frac{湿态膜面积-干态膜面积}{干态膜面积}\times 100\%$$

也可用含水率表示。

含水率：指干态膜在水中溶胀后增加的质量，以百分数表示：

$$含水率（\%）=\frac{湿态膜重-干态膜重}{干态膜重}\times 100\%$$

一般为 25%～50%，影响膜中含水率的因素：

1）膜的含水率随离子交换容量（*IEC*）的上升而增加；

2）随组成膜的聚合物分子质量增加，膜片的含水率将降低，但聚合物分子量增加有一定限度，对全氟膜而言相对分子质量达到 20 万以上时，全氟聚合物链形成一种疏水性结构阻止水分子进入聚合物中；

3）膜的含水率受到外界碱浓度的影响，如图 12-10 所示，当全氟离子浸泡于碱液中时，其含水率随碱浓度增加而明显下降；

4）离子交换基团对含水率的影响：磺酸膜的含水率要远高于羧酸膜，因此磺酸膜的电导率高于羧酸膜，但是 OH^- 离子在磺酸膜中的反渗透速度要高于羧酸膜；

5）树脂的化学结构对膜含水率的影响：高聚物的化学结构对膜的含水率影响很大，全氟膜的含水率远远小于碳氢膜的含水率。

膜的含水率降低引起膜电阻、电流效率的变化，对复合膜而言，还会影响复合膜各层之间的结合力，从而影响膜寿命。

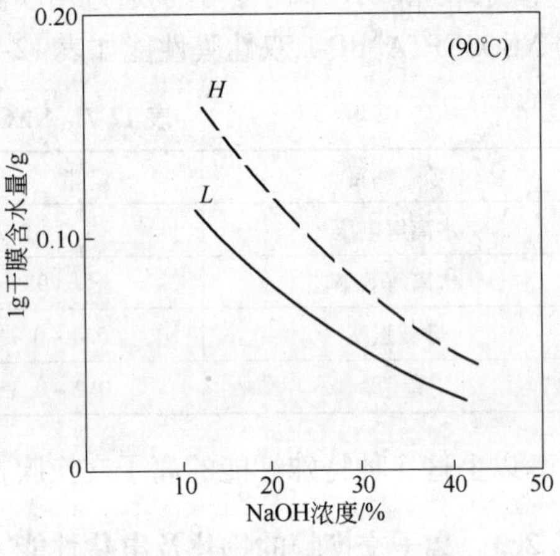

图 12-10　膜的含水量与外液碱浓度关系

L—膜的 *IEC* = 1.23；*H*—膜的 *IEC* = 1.43

12.2.3.2　化学性能

A　交换容量

离子膜的离子交换容量（*IEC*）是指每克干膜（氢型）或湿膜（氢型）与外界溶液中相应离子进行等量交换的物质的量[mmol/g(干式湿膜氢型)]。故交换容量大的膜导电性能好，但由于膜的亲水性较好，含水率相应也较大。要有电解质溶液进入膜内，膜的选择性有所降低。反之，离子交换容量较低的膜，虽然电阻较高，但其选择性也较好。与含水率一样，*IEC* 也是影响膜的各种性能的重要参数。

IEC 与 1g 干膜含水量 *W*（g）及 1g 水固定离子浓度（mmol）之间有下列关系

$$A_W = IEC/W \tag{12-21}$$

以含水量 *W*（g）作纵坐标，*IEC* 作横坐标作图，则斜率即为 A_W。*IEC* 与 *W* 值影响膜的性能。根据代表膜的斜率 A_W 可对它们的性能做出大致估计及比较。

由图 12-11 可见随 *IEC* 增加，膜的电导率提高，而选择性和机械强度有所下降。对一种膜而言，随 *IEC* 提高其水含量增加，这将导致膜电压降减小，阳极液中 NaOH 向阴极液泄漏系数增高，产品质量下降。

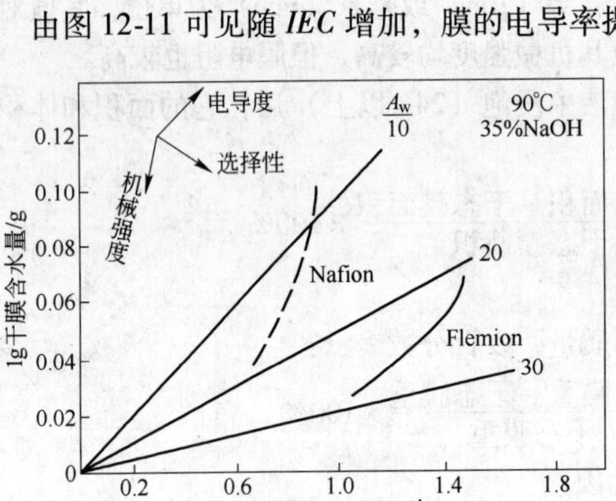

图 12-11　全氟离子膜的 *IEC*，*W*，A_W 之间关系

图 12-11 上强度优化方向指向左下方，即降低 *IEC* 及 *W* 值，膜强度增加；选择性优化方向指向右下方，即增加 *IEC*，降低 *W* 有利于提高选择性，但 *IEC* 增加，水含量随之增加，故为保证选择性，*IEC* 应选择一适当值。

由图 12-11 还可看出全氟磺酸膜（Nafion）的含水量大于全氟羧酸膜

(Flemion) 含水量，因而全氟磺酸膜的电导较高。

B　膜的扩散性能

对阳膜而言，希望阳离子在膜中的扩散系数大；对阴膜而言，希望阴离子在膜中的扩散系数大。问题在于中性电解质在膜中的扩散，一般而言，应尽量减少进入膜的中性电解质量，要求中性电解质的扩散系数尽量小，以减小它们的泄漏率。全氟离子膜用于食盐电解制取烧碱时，阳极液 NaCl 浓度或阴极液 NaOH 浓度对碱及盐的表观扩散系数（D）的影响示于图 12-12 及图 12-13。

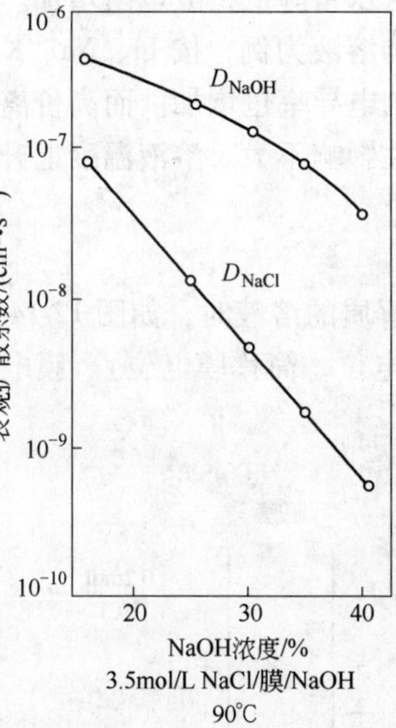

图 12-12　烧碱浓度对 D 的影响
（离子膜的 $IEC=1.44$mmol/g）

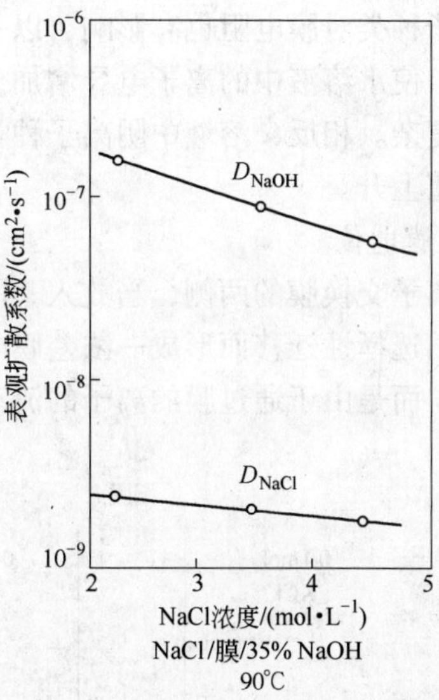

图 12-13　NaCl 浓度对表观扩散系数的影响
（离子膜的 $IEC=1.44$mmol/g）

温度及 IEC 对表观扩散系数 D 也有影响。食盐电解时一般 T 增加，D 减小；IEC 增加，D 增加。因 OH^- 的淌度大于 Cl^-，故 NaOH 的表观扩散系数一般大于 NaCl。

C　耐酸、碱、氧化性能

对冶金工艺而言，一般均需要膜有一定的化学稳定性。膜的耐酸、碱、氧化性能不仅取决于膜材料，而且取决于增强网布材料的耐蚀性。

D　膜电导

膜的电导性可以用电阻率（$\Omega \cdot cm$）、电导率（$\Omega^{-1} \cdot cm^{-1}$）表示，但在离子膜的导电性能表征中常用面电阻（$\Omega \cdot cm^2$）表示，它又称为实效电阻。电阻的高低对能耗影响很大。用于隔膜电解的膜既希望有高的物理、化学性能，也希望有低的电阻。

影响膜的导电性能的主要因素有：

(1) 交换容量 IEC：如图 12-11 所示，IEC 越高，水含量越高，导电性能越好；

(2) 交换基团性质：磺酸基比羧酸基易解离，故磺酸膜的导电性高于羧酸膜；

(3) 交联度：交联度越高，结构越致密，孔越小，含水量相应越小，故导电性能越差；

（4）引入羧酸层的影响：通过复合或化学改性在磺酸膜的一侧引入羧酸基团，其优点是可提高制碱时的电流效率，而且电流效率随羧酸层的厚度增加而提高，但当羧酸层厚度达 10μm 以上时，电流效率不再上升，其缺点是羧酸层的引入使膜电阻上升；

（5）膜中增强材料对膜电阻的影响：增强材料的引入，将遮蔽一部分膜的导电面积，从而引起膜电阻的上升；

（6）膜外溶液对膜导电性能的影响：原则上膜外溶液浓度、离子种类、温度对膜电导性能均有影响。

对阳离子全氟膜而言，随阴极液碱浓度增加，膜含水量降低，故电阻增加。而阳极液中的离子种类对膜电阻也有影响，以一价阳离子氯化物溶液为例，按 Li、Na、K、Rb、Cs 的顺序，使水溶液中的离子电导增加，它们浸泡的膜的电导率也增加。而高价离子的影响则较为复杂。相反，溶液中阴离子种类对阳膜的导电性影响不大。溶液温度上升，膜的电导率也将上升。

E　膜电位

在离子交换膜的两侧，当放入不同浓度的同种电解质的溶液时，如图 12-14 所示，由于离子的选择性迁移而形成一浓差膜电位（又称化学电位，简称膜电位）。膜电位不是平衡电位，而是由于通过膜的离子的流动而产生的电位。

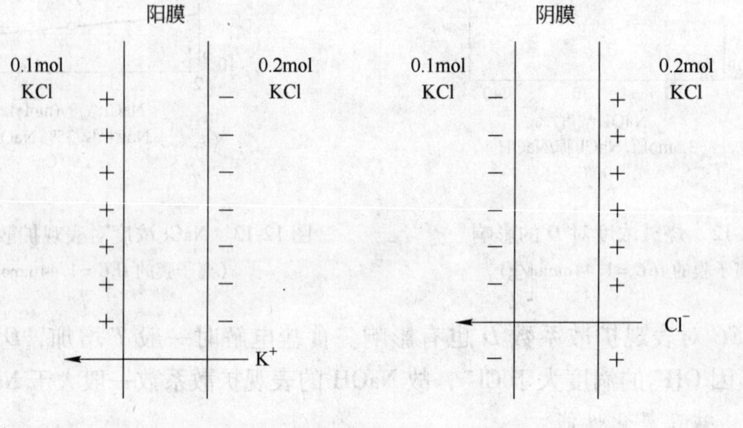

图 12-14　离子交换膜浓差膜电位形成

对阳膜而言，浓溶液一侧带负电，稀溶液一侧带正电；对阴膜而言，浓溶液一侧带正电，稀溶液一侧带负电。由此产生的膜电位可用式（12-22）计算。

$$E_m = (\bar{t}_+ - \bar{t}_-)\frac{RT}{zF}\ln\frac{a_1}{a_2}(a_1 > a_2) \qquad (12\text{-}22)$$

式中　$\bar{t}_+$，$\bar{t}_-$——分别为阳离子和阴离子在膜中的迁移数；

a_1，a_2——两种电解质溶液的活度。

F　膜内迁移数

它是某种离子在膜内独立迁移电量与全部离子在膜内迁移总量的比值，以 $\bar{t}_i$ 表示：

$$\bar{t}_i = \frac{z_i \overline{L_i} \overline{C_i}}{\sum z_i \overline{C_i} \overline{L_i}}$$

式中 $\bar{L}_i$——i 离子在膜中的淌度。

用测膜电位的方法可求迁移数 $\bar{t}_i$。假设电解质是 1-1 型。因 $\bar{t}_+ + \bar{t}_- = 1$，故式（12-22）改写为

$$E_m = (2\bar{t}_+ - 1)\frac{RT}{zF}\ln\frac{a_1}{a_2} \tag{12-23}$$

对理想阳膜 $\bar{t}_+ = 1$，$\bar{t}_- = 0$，此时之膜电位为理论最大电位。即能斯特中逆电位：

$$E_0 = \frac{RT}{zF}\ln\frac{a_1}{a_2} \tag{12-24}$$

$$E_m/E_0 = 2\bar{t}_+ - 1$$

$$\bar{t}_+ = \frac{E_m + E_0}{2E_0} \tag{12-25}$$

G 选择透过性

选择透过性是离子交换膜的重要功能指标，其物理意义为：在一定条件下反离子在膜内迁移数实际增值与理想增值之比。实际增值指反离子在膜内迁移数 $\bar{t}_m$ 与它在溶液中迁移数 $\bar{t}_s$ 之差，因离子在膜内迁移数永远大于在溶液中迁移数，故此增值永远为正值。以 P 表示膜的选择透过性，则有：

$$P(\%) = \frac{\Delta t_r}{\Delta t_0} \times 100 = \frac{\bar{t}_m - \bar{t}_s}{1 - \bar{t}_s} \times 100 \tag{12-26}$$

式中 $\bar{t}_m$——反离子在膜内迁移数；

$\bar{t}_s$——反离子在溶液中迁移数。

显然选择透过性的大小和迁移数一样，全依赖于膜电位的测定值。膜电位越高，迁移数越大，选择透过性越好，因此决定和影响膜电位值的膜内因素及外界因素也会对迁移数和选择渗透性有影响。

H 水在膜内的电渗透压

在电场作用下，水分子伴随离子通过离子膜而发生迁移，称之为水的电渗透。它与渗透压驱使下水分子由稀室向浓室的迁移含意完全不同。

水的电渗透速度的大小不仅影响产品的质量（产品浓度、杂质含量等），而且影响电流效率及能耗。水的电渗透量可用下式计算：

$$W_e = \bar{t}_w \cdot I \cdot \tau / 96500 \tag{12-27}$$

式中 W_e——通过膜的水的电渗透量，mol；

$\bar{t}_w$——通过膜的水的电渗透系数，mol/cm^2；

I——电流密度，A/cm^2；

τ——通电时间，s。

影响水的电渗透系数 $\bar{t}_w$ 的因素主要为膜的含水率，凡影响含水率的因素均影响值 $\bar{t}_w$。

（1）膜的固定离子浓度的影响：图 12-15 是在 0.5mol/L 氯化钠溶液中测得的碳氢系阴离子交换膜的电渗透系数，随着固定离子浓度增加，按照式（12-21），膜的含水量将下降，此时电渗透系数会有下降，因而可以推测，膜的含水率增加也会使电渗透系数提高。

(2) 膜外液浓度的影响：图 12-16 一方面说明在同一外液浓度下，含水率高的磺酸型的 Nafiom295 膜的电渗透系数高于含水率低的羧酸型的 Flemion 膜；另一方面又说明了电渗透系数随阴极液碱浓度增加而降低。其原因是同样的，因碱浓度增加，膜含水量也下降。阳极液 NaCl 浓度的上升同样也会导致 $\bar{t}_w$ 值下降。图 12-17 为 NaCl 浓度与 $\bar{t}_w$ 的关系，而图 12-18 反映了由于水的电渗透使阴极产品中 NaCl 增加的情况下，水中溶解的氯离子随水的电渗透而向阴极室迁移，氯离子迁移量正比于 $\bar{t}_w$ 值。反过来进入膜中的水又会使膜溶胀，引起更多的 NaCl 透过膜而进入 NaOH 中，故图 12-18 反映出一条上升直线的关系。

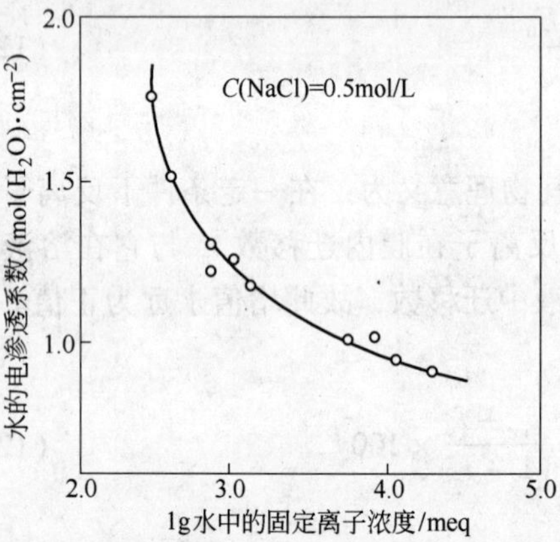

图 12-15　膜固定离子浓度与水的电渗透系数的关系

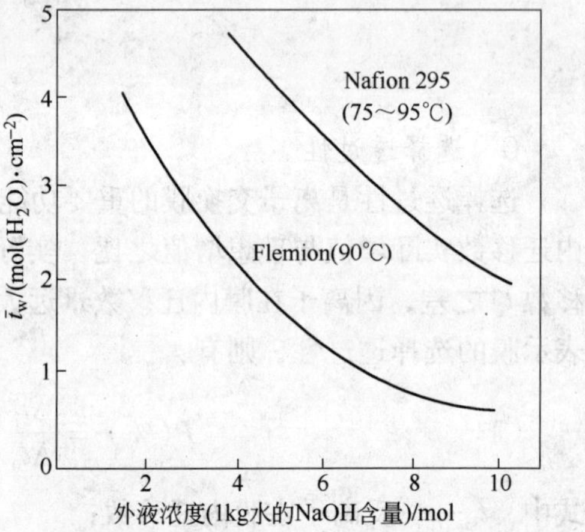

图 12-16　阴极液 NaOH 浓度与水的电渗透系数的关系

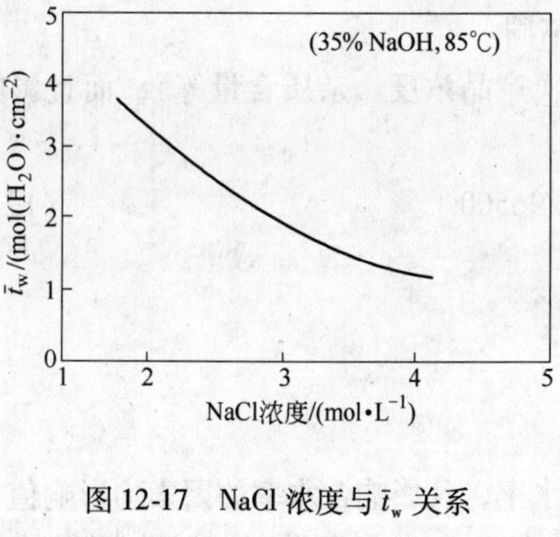

图 12-17　NaCl 浓度与 $\bar{t}_w$ 关系

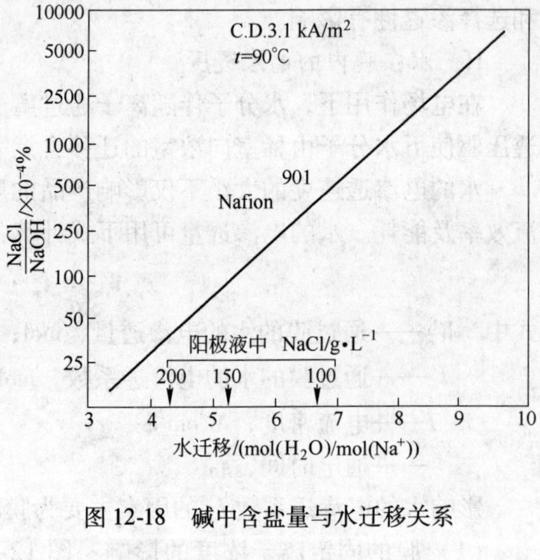

图 12-18　碱中含盐量与水迁移关系

(3) 其他因素影响：温度对 $\bar{t}_w$ 值影响不大，电流密度一般也不影响 $\bar{t}_w$ 值，但对含水率很高的膜，当外液浓度很低时（约 0.1mol/L 以下），随电流密度降低，$\bar{t}_w$ 值有上升倾向。

12.2.4 离子交换膜的传递

12.2.4.1 道南理论

离子交换膜的选择性受道南平衡支配。应用道南理论（参见 11.1.3 小节 C 的内容）可对离子膜的选择性进行解释。其要点如下：

(1) 与离子交换树脂类似，膜浸入溶液，发生交换作用，构成一平衡体系，由于道南排斥效应，阳离子膜允许反离子（Na^+ 离子）进入并通过膜，不允许同离子（Cl 离子）进入或通过膜；

(2) 只有膜相中固定离子浓度高于周围溶液浓度，道南排斥效应才有作用；

(3) 外部溶液浓度很高时，同离子反离子同时进入膜，即发生中性电解质的非交换吸附，此时选择性降低；

(4) 道南排斥是由于道南位引起，道南位的定量表述及与膜电位的关系可以阳膜为例，把阳膜置入溶液中时，在膜与溶液接界处产生一双电层，膜上固定的负电荷基团使膜带负电，靠近膜面处的一层溶液内主要是带正电荷的阳离子，因而产生道南电位，阴离子受排斥而远离膜面，离膜面越远电位越小。在平衡状态下可以计算离子组分在两相中的化学位。

在离子溶液内组分 i 的电化学位：

$$\mu_i = \mu_i^{\ominus} + RT\ln a_i = z_i F\varphi \tag{12-28}$$

在膜中组分 i 的电化学位：

$$\bar{\mu}_i = \bar{\mu}_i^{\ominus} + RT\ln\bar{a}_i = z_i F\bar{\varphi} \tag{12-29}$$

平衡时 $\mu_i = \bar{\mu}_i$，假设两相的参考状态相等，即 $\bar{\mu}_i^{\ominus} = \mu_i^{\ominus}$，则有：

$$E_{\mathrm{Don}} = \bar{\varphi} - \varphi = \frac{RT}{z_i F}\ln\frac{\bar{a}_i}{a_i} \tag{12-30}$$

对于稀溶液

$$E_{\mathrm{Don}} = \bar{\varphi} - \varphi = \frac{RT}{z_i F}\ln\frac{\bar{C}_i}{C_i} \tag{12-31}$$

实际上式（12-31）右侧还应加上一项 H_{V_i}，即膜由于溶胀产生的溶胀压。V_i 为 i 组分的偏摩尔体积。

显然它与前面描述的非平衡的膜电位 E_m 不同，E_{Don} 是膜置于同种但不同浓度的两溶液之间产生的电位，它包括了离子交换膜内的扩散电势、两相界面上的道南电势及液膜边界层内的扩散电势。

12.2.4.2 基本传质方程

一般而言，通过离子交换膜的传质过程由对流传质、扩散传质和电迁移传质共同组成。

(1) 对流传质 包括因浓度差、温度差以及重力场作用引起的自然对流和机械搅拌引起的强制对流传质。

(2) 扩散传质 当溶液中某一组分存在浓度梯度时，必须存在着化学位梯度，在其作用下离子发生扩散迁移。

（3）电迁移传质　当存在电位梯度时，离子在电场力的作用下发生迁移，由于正负离子带相反符号的电荷，其运动方向相反。

因为离子交换膜经常与外加电位差结合起来使用，此时可忽略对流传质的作用，而只需综合考虑浓度差与电位差的作用，此时得到的传质方程为能斯特-普朗克公式：

$$\overline{J}_i = -\overline{D}_i \frac{d\overline{C}_i}{dx} + \frac{z_i F \overline{C}_i \overline{D}_i}{RT} \frac{d\varphi}{dx} \tag{12-32}$$

而在无外电位差存在下发生的通过离子膜的传递（对其他带电膜同样如此），则应综合三方面的作用进行考虑，即

$$\overline{J}_i = J_{i扩散} + J_{i电导} + J_{i对流} \tag{12-33}$$

此式称为扩展的能斯特-普朗克方程，在完全理想情况下，只考虑在垂直于膜面方向的一维传质，其表示式可写为：

$$\overline{J}_i = -\overline{D}_i \frac{d\overline{C}_i}{dx} + \frac{z_i F \overline{C}_i \overline{D}_i}{RT} \frac{d\varphi}{dx} + C_i \overline{V}_i \tag{12-34}$$

式（12-32）及式（12-34）中，$\overline{J}_i$ 为离子 i 通过离子膜的传质速率，mol/(cm² · s)；$\overline{D}_i$ 为离子 i 在膜内扩散系数，cm²/s；$\overline{C}_i$ 为离子 i 在膜中浓度，mol/(cm² · s)；$\overline{V}_i$ 为膜微孔中液体运动速度，cm/s；φ 为电位，V；z_i 为 i 离子电荷数；F 为法拉第常数。

12.2.5　膜电解的基本原理、应用及影响因素

将一张离子交换膜置于电解槽中将其分成阴极室与阳极室的电解过程即为离子膜电解。

当利用阳极反应将低价态离子氧化为高价态，或者利用阴极反应将高价态离子还原为低价态时，在普通电解槽中由于对应电极的相反反应（还原或氧化）使过程无法进行到底。如采用离子膜电解，问题便得到解决，而可使其成为工业过程。因此，当利用电极过程将盐分解为酸和碱时，如电解食盐生产烧碱与盐酸，也就采用了离子膜电解。

当然也可以用两至三张膜将电解槽分隔成若干室，以达到不同的分离目的。因此在一些中外文献中将膜电解过程与电渗析过程混为一谈。实际上两者有原则区别。作为膜电解过程，电极反应本身是分离体系的重要组成部分，而电渗析的电极反应与分离体系关系不大，其任务是形成一个电场，使电渗析膜中的离子定向迁移而已。除此之外，一般电渗析过程在一对电极之间是一个膜堆，而普通的膜电解过程在一对电极之间不可能是一个膜堆。电渗析的英文译名是“Electrodialysis”，而膜电解的英文译名应该为“Electromembrane Process”，也可直接用“电氧化”、“电还原”等专有名词表示。

用于离子膜电解的膜一般均为均相膜，对于食盐电解或者回收碱的工艺用全氟磺酸系列膜为宜。而对于其他电解系统可以用各种均相离子交换膜，比较常用的为苯乙烯-二乙烯苯类的均相膜。

就物理化学原理而言，电解是一个借助电能而发生氧化还原的体系，故在湿法冶金中应用极广，离子膜电解又赋予这种传统工艺许多新的功能，因此应用前景更为广阔。

12.2.5.1　离子膜电解生产或回收酸与碱

A　由 NaCl 电解生产苛性碱与氯气

采用全氟阳离子交换膜作隔膜，NaCl溶液置放阳极室，进电解槽的盐水pH值在8~10之间，预先要经过螯合树脂深度净化使Ca、Mg含量<20μg/L。出口阳极液浓度一般控制为200~220g/L；出槽阴极液NaCl浓度因膜种类不同而异，一般为30%~33%。日本新型高浓度烧碱专用膜可直接电解产生50%浓度的烧碱。电解的基本反应以下几种。

（1）阳极反应：

$$2Cl^- - 2e \longrightarrow Cl_2\uparrow$$

在阳极液为弱碱性情况下，阳极副反应：

$$4OH^- - 4e \longrightarrow O_2 + 2H_2O$$

阳极析出的氯气与溶液中的水反应：

$$Cl_2 + H_2O \longrightarrow HCl + HClO$$

次氯酸根也可能在阳极上发生析氧反应：

$$6ClO^- + 3H_2O - 6e \longrightarrow 2ClO_3^- + 4Cl^- + 6H^+ + \frac{2}{3}O_2$$

因此阳极产生的氯气中多少总含有一点氧气，选择低氯析出电位，高氧析出电位的电极对于减少氯气中的氧含量至关重要。

（2）阴极反应：

$$2H_2O + 2e = 2OH^- + H_2\uparrow$$

（3）膜的作用与溶液中的副反应：阳极室的Na^+离子在电场作用下定向运动并通过阳膜进入阴极室，因而在阴极室内生成NaOH。

而阴极室内的阴离子也朝阳极运动，但受到阳膜的阻挡。然而不可避免地从阴极室通过阳膜反渗进入阳极室的少量NaOH引起的副反应会引起电流效率的下降。

$$Cl_2 + 2NaOH = \frac{1}{3}NaClO_3 + \frac{5}{3}NaCl + H_2O$$

$$Cl_2 + 2NaOH = \frac{1}{2}O_2 + 2NaCl + H_2O$$

$$HClO + NaOH = \frac{1}{2}O_2 + NaCl + H_2O$$

故采用离子膜朝向阴极面有羧酸层的复合膜有利于减少碱的反迁移，提高电流效率。

B　Na_2WO_4溶液中回收碱

Na_2WO_4溶液电解有两种情况，一种情况为回收Na_2WO_4溶液中过量碱（NaOH或Na_2CO_3）；一种为电解Na_2WO_4为偏钨酸钠并同时回收碱，两者原理基本一致。均采用阳离子交换膜。

（1）脱除阳极液中的游离碱：Na_2WO_4溶液置于阳极室。

阳极反应：
$$4OH^- - 4e = O_2 + 2H_2O$$

阴极反应：
$$2H_2O + 2e = H_2 + 2OH^-$$

阳极室中的Na^+离子通过阳膜进入阴极室，因而在阴极室中NaOH浓度增加，阳极室中NaOH浓度降低。

如果阳极室中是钨矿的苏打浸出液，阳极反应情况有所不同。

对阳极极化曲线的测定分析，认为是CE过程，即

$$CO_3^{2-} + H_2O \longrightarrow HCO_3^- + OH^-$$

$$HCO_3^- + H_2O \longrightarrow H_2CO_3 + OH^-$$

$$H_2CO_3 \longrightarrow H_2O + CO_2\uparrow$$

$$4OH^- - 4e \longrightarrow O_2 + 2H_2O$$

无论阳极反应机理如何，阳极释放的气体是氧气及二氧化碳。

同样阴极发生释氢反应：

$$2H_2O + 2e \longrightarrow H_2 + 2OH^-$$

所以借助阳离子交换膜的作用，阴极室的 NaOH 浓度增加，阳极室的 Na_2CO_3浓度逐渐减少。此时如将阳极气体引入阴极液中，则阴极液发生 $2NaOH + CO_2 = Na_2CO_3 + H_2O$ 反应，表面看来好像是阳极室的 Na_2CO_3迁移进入阴极室，实现了 Na_2WO_4与 Na_2CO_3的分离。

（2）钨酸钠电解缩合生产偏钨酸钠：如果将纯化的 Na_2CO_4溶液置入电解槽的阳极室，Na_2CO_4电离的 Na^+离子通过阳膜进入阴极室生成 NaOH，图 12-19 为阳极溶液 pH 值随电解时间延长的变化曲线。

随着电解过程的进行，pH 值大体可分为三个区域，开始为 Na^+离子迁移但 WO_4^{2-}未发生缩合反应，pH 值迅速下降。随后是 Na^+迁移量增加，阳极产生 H^+与 WO_4^{2-} 发生缩合反应生成仲钨酸根，1mol 的 WO_3需消耗 7/6mol 的 H^+，因此在相当长一段时间内，溶液的变化十分缓慢，此阶段溶液中的反应为：

$$7H^+ + 6WO_4^{2-} \longrightarrow HW_6O_{21}^{5-} + 3H_2O$$

随着此一反应成为主要反应，曲线的变化又趋平缓，因此时 1mol 的 WO_3只需 1/3mol 的 H^+，故在较短时间即可完成反应。此后 pH 值下降速度又变快。图 12-20 为阳极液 pH 值与电流效率的关系曲线。

显然，随电解过程进行，阳极液 pH 值下降，可迁移 Na^+量减小，故电流效率下降。因而这一过程的总电流效率下降，能耗增加。

为此将电解过程分成 2～3 段进行，各阶段电流密度依次下降，从而使总能耗下降。表 12-8 为实验结果。

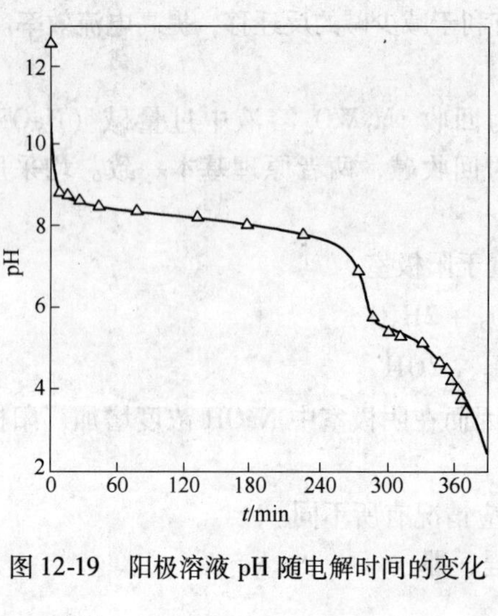

图 12-19　阳极溶液 pH 随电解时间的变化

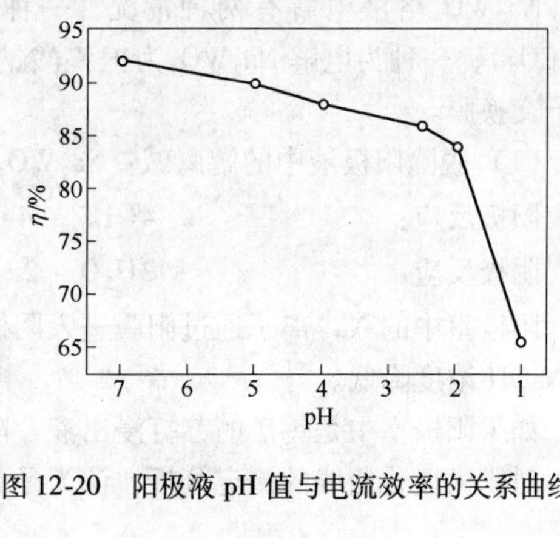

图 12-20　阳极液 pH 值与电流效率的关系曲线

表 12-8 多段电解与一段电解的比较[①]

	一段电解	二段电解		三段电解		
		段 1	段 2	段 1	段 2	段 3
进槽钨盐溶液 pH 值	13.6	13.6	9.3	13.6	11.4	6.3
出槽钨盐溶液 pH 值	2.0	9.3	2.0	11.4	6.3	2.0
1kgW 能耗/kW·h	3.51	1.08	2.09	0.48	1.68	0.58
ΣE	3.51	3.17		2.74		

①$I=1200\mathrm{A/m^2}$，$C_{\mathrm{NaOH}}^{\text{出}}=28\mathrm{g/L}$。

C $(NH_4)_2SO_4$电解劈裂为 NH_4OH 及 H_2SO_4

南非科学家发明的低品位铜湿法流程中，用氨水分阶段调整硫酸浸出液的 pH 值依次萃取铜、钴、镍，最后的萃镍残液含 $(NH_4)_2SO_4$ 大约 45g/L，在返回流程采用膜电解法劈裂它为 H_2SO_4与 NH_4OH，从而形成闭路工艺。

该方法的特征是：采用阴离子交换为隔膜，萃镍液置放阴极室，SO_4^{2-} 离子在电场力驱动下通过阴膜进入阳极室。因为阳极室为酸性，故在阳极发生下列反应：

$$2H_2O-4e=\!=\!=O_2+4H^+$$

在阳极室生成 H_2SO_4。而在阴极发生下列反应：

$$2H_2O+2e=\!=\!=H_2+2OH^-$$

OH^-与 NH_4^{2-} 结合成电离常数很小的 H_2SO_4或 $NH_3\cdot H_2O$，硫酸直接返回浸出，氨水适当浓缩后返回用作中和剂。

仿照这一工艺将 Na_2SO_4置于阴极室则不可能生成 H_2SO_4与 NaOH，这是因为 NaOH 是强电解质，完全电离，不但在阴极室不能得到 NaOH，而且 OH^-也可能通过阴膜进入阳极室中和 H_2SO_4，使电流效率非常低，所产之硫酸也非常稀。同样同双室单阳离子膜也不可能劈裂 Na_2SO_4为氢氧化钠与硫酸。

因此用双室单膜电解法只能劈裂弱酸强碱的盐或者强酸弱碱的盐为相应的酸和碱。对于强酸强碱的盐只有在 NaCl 这样特殊的情况，强酸根离子本身在阳极氧化为气体析出才有可能。

当然采用由一张阳膜与一张阴膜组成的三室膜电解法可以实现强酸强碱的盐的劈裂，但往往能耗偏高，而无实用价值。

12.2.5.2 阴极电解析出金属

在阴极电还原析出金属的成功范例是称之为 Ledclor、Zinclor 及 Cuprex 的离子膜电解工艺。它们采用的电解槽为 Metclor 电解槽。其特征为采用美国杜邦公司的 Nafion120、117 或 114 阳离子交换膜作隔膜。阳极室置 NaCl 溶液，阴极液为被电解金属的高浓度氯化物溶液，并添加氯化钠及光亮剂。电解时阳极析出氯气，Na^+离子通过阳膜进入阴极室，靠维持一定的 NaCl 浓度来保证电解液的合适电导，同时金属离子在阴极被还原析出。因此与 NaCl 电解在原理上的差别是阴极反应不同。

12.2.5.3　阳极电溶造液

对于一些难于用酸溶解的金属，为了制取它们的相应的盐溶液，可以用化学氧化法造液，但是在普通电解槽中，溶液中的金属离子又会在阴极析出。为此可采用离子交换膜作隔膜实现这一过程。例如某厂电池 Ni 粉，用电解 Ni 板为原料，用离子膜电解法实现了电溶造液的工业化。采用阴离子交换膜为隔膜，Ni 板为阳极，阴阳极室均置盐酸，阳极反应为：

$$Ni - 2e \Longleftrightarrow Ni^{2+}$$

Cl^- 离子自阴极室通过阴膜进入阳极室，同时在阴极发生析氢反应：

$$2H^+ + 2e \Longleftrightarrow H_2\uparrow$$

12.2.5.4　改变离子氧化态的膜电解

典型的例子是在稀土分离中将铈氧化为四价，铕还原为二价，与其他三价稀土离子分离。用电解氧化（或还原）可以降低成本，简化操作，并可以避免某些化学试剂氧化（或还原）时带进新的杂质离子的缺点。

A　铈的氧化分离

在硝酸盐体系中实现铈的电解氧化比较容易，而在硫酸稀土溶液中由于硫酸稀土溶解度低故难度较大，图 12-21 为 Ce^{3+}-Ce^{4+} 体系的电位 pH 图。

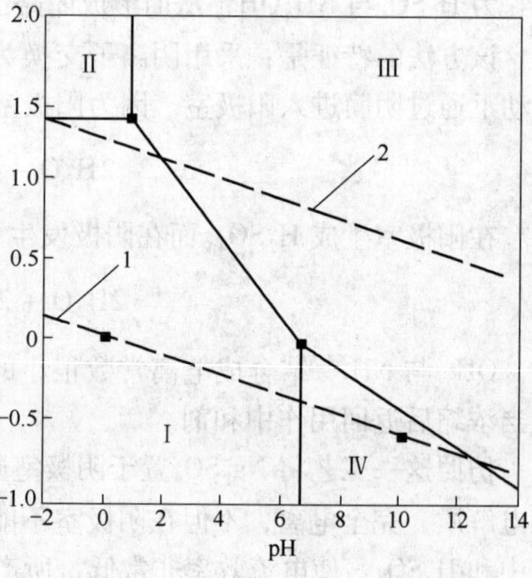

图 12-21　Ce^{3+}-Ce^{4+} 体系的电位 pH 图
1—氢气析出线；2—氧气析出线；Ⅰ—Ce^{3+}；Ⅱ—Ce^{4+}；Ⅲ—$Ce(OH)_4$；Ⅳ—$Ce(OH)_2$

从 E-pH 图可以看出，阳极液为酸性条件下 Ce^{3+} 才能氧化为 Ce^{4+}，实验结果也表明，阳极液最佳酸度为 1mol/L H_2SO_4。实验同时证实，阳极析出氧反而不利铈的电解氧化，这说明氧化反应电位应控制在氧线下进行。但图 12-21 表明，在较高酸度下电解析出氧是不可避免的。其中原因有二：其一，在绘制 E-pH 图时所取 $Ce^{4+} + e = Ce^{3+}$ 的电位为 1.44，它并不是标准电位，而是表观电位，测量是在铈浓度很低的条件下；其二，也可能是主要的原因，实际反应可能存在某种中间活化配合物，它的存在使还原电位降低。

随电解过程进行，铈浓度下降，故电流密度也相应降低。

电解需要避免阳极释氧，故应选择高氧过电位阳极。

采用阴离子交换膜为隔膜，为了充分利用电能，需要阴极液为 $CuSO_4$，故在阳极铈氧化的同时，在阴极析出铜粉，由于在两极均无气体析出，槽电压与能耗均相应下降。

B　铕的还原分离

台湾学者研究了铕的电解还原。阴极液为 Sm、Eu、Gd 的氧化物盐酸液，阳极为 $FeCl_2$的盐酸溶液，以美国 Ionac 化学公司的阴离子交换膜（MA-3475）将阴、阳极室隔开，用多孔石墨板作阴、阳极，采用两个电解槽串联进行两段电解。

阴极的电化学反应为

$$H^+ + e = \frac{1}{2}H_2 \qquad E^\ominus = 0.0V$$

$$Eu^{3+} + e = Eu^{2+} \qquad E^\ominus = -4.3V$$

阳极的电化学反应为

$$Fe^{2+} = Fe^{3+} + e \qquad E^\ominus = -0.77V$$

$$Cl^- = \frac{1}{2}Cl_2 + e \qquad E^\ominus = -1.36V$$

流出的阴极液在沉淀槽中处于高纯氮气保护下沉淀 $EuSO_4$，得到的较好结果是：还原率达到84%，回收率达到73%，产品中 Eu_2O_3/REO 为88%。

在运行中结果并不稳定，其原因与两极析出气体有关。控制槽电压小于2.5V则可控制阳极不析出氯气，如能选择高氢过电位阴极材料，则有可能阻止 H_2 的析出。试验中发现的副反应有：

二价铕为氢离子氧化： $Eu^{2+} + H^+ = Eu^{3+} + \frac{1}{2}H_2\uparrow$

阴极室中水的劈裂反应： $2H_2O + 2e = H_2\uparrow + 2OH^-$

产生的 OH^- 引起稀土沉淀： $Re^{3+} + 3OH^- = Re(OH)_3\downarrow$

其次，二价铁离子通过阴膜有少量泄漏进阴极室，阳极室的 H^+ 也可能泄漏进入阴极室，阳极液的组成选择也值得进一步改善。

12.2.5.5 膜电解过程的影响因素

由前述可知，电流效率越高，槽电压越低，则电解过程能耗越低。因此，影响电流效率及槽电压的因素均对电解过程的能耗，即对电解过程造成影响，由于各因素在不同的电解体系中的影响程度并不完全相同。在此，主要结合氯化钠及钨酸钠电解回收 NaOH 体系的有关因素作一阐述。

A 膜自身结构的影响

膜是膜电解的心脏，膜自身结构对电解过程的影响往往是首要的影响因素，主要表现在下列各方面。

(1) 交换容量（*IEC*）的影响：*IEC* 大，表示膜含水量高，因而导电性好，故槽电压低。但反过来 OH^- 离子向阳极室的反渗也越厉害，从而使电流效率下降。因此，这一因素对电解过程的能耗的影响存在正反两方面的作用。

(2) 膜厚度影响：膜厚度减小，电阻下降，槽电压下降，总体而言对电解过程有利。

(3) 膜种类影响：磺酸膜的电阻小，但在同样条件下的电流效率又小于羧酸膜。

为了既有低电阻，又能获得高电流效率，目前最好的解决方法是采用羧酸-磺酸复合膜。羧酸膜的 *IEC* 小，故使其朝向阴极，并尽量使其厚度小一些，同时要尽量降低复合膜总厚度。

B 电流密度的影响

在任何一个电解过程中，电流密度都是重要的影响因素。对离子交换膜而言有一个特殊需考虑的问题，就是离子膜的极限电流密度。电流密度增加，Na^+ 离子通过阳膜的迁移加快，膜朝阳极一面的液层中发生离子枯竭现象，这时的电流密度为极限电流密度。同时会发生水电离，电流效率下降，槽电压升高。因此一般应控制在极限电流密度以下操作。但是存在缺乏离子的这一薄液层却可减少阳极液中其他离子，如 NaCl 电解中的氯离子向阴极液的泄漏，所以操作电流应尽可能接近极限电流，同时慎重选择槽结构及其他因素，使这一液层的厚度尽量减小。

电流密度对电效的影响情况是不同的。随电流密度增加，膜效率可能增加、下降或者出现峰值。其基本原因在于：如电流密度增加，分离的离子迁移过膜的迁移量增加，则 η 增加；如副反应增加，则电流效率下降。

但是电流密度增加，槽电压成比例增加。电流密度还影响气泡效应及电极的过电位，因此总的情况是使电解过程能耗增加。

C　温度影响

每一种离子膜都有一个最佳操作温度范围，在这一范围内，温度上升会使膜孔隙增大，导致电性提高，迁移离子的迁移数增加，从而使膜电阻下降，电流效率提高，而使电解过程能耗降低。在每一个电流密度下都有一个取得最佳电流效率的温度点。

D　阳极料液质量及浓度影响

一般而言，阳极液浓度提高，溶液电阻下降，槽电压下降，故能耗降低。对离子膜电解而言，如图 12-22 所示 Na_2WO_4 电解中，随着阳极液浓度下降，引起膜含水量增加，即对氢氧根离子的反迁移的阻挡能力减小，故 η 随之下降，能耗增加。但溶液电阻对能耗的影响仅占支配地位，故总的趋势是随阳极液浓度增加，而能耗下降。

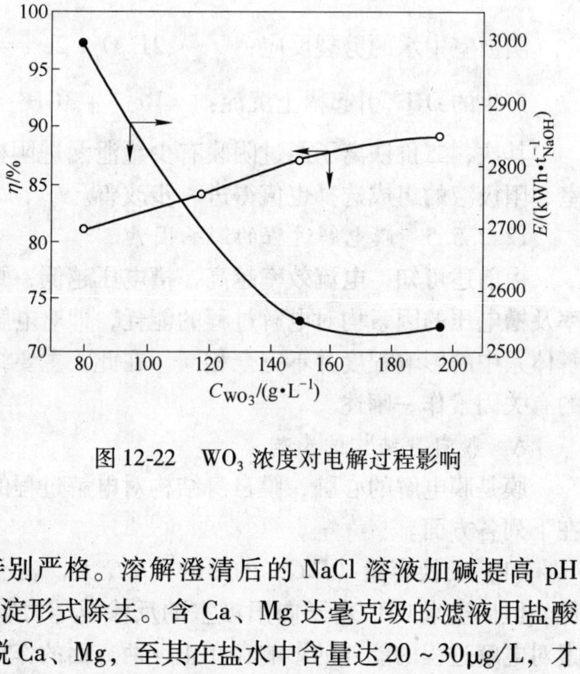

图 12-22　WO_3 浓度对电解过程影响

在用复合膜时，NaCl 电解的长期运转经验表明，如果长时间低盐水量运转，还会引起膨胀，严重时膜起泡，使复合膜分层。

NaCl 电解对 NaCl 溶液的杂质要求特别严格。溶解澄清后的 NaCl 溶液加碱提高 pH 值，可使其中 Ca、Mg 离子以氢氧化物沉淀形式除去。含 Ca、Mg 达毫克级的滤液用盐酸回调 pH 值至 8 ~ 10，再经螯合树脂深度脱 Ca、Mg，至其在盐水中含量达 20 ~ 30μg/L，才能进入电解槽。其原因在于 NaCl 电解要求电效必须在 90% ~ 95% 以上。而 Ca^{2+}、Mg^{2+} 离子可能与反渗出的氢氧根离子生成沉淀，并附着在膜上而堵塞膜孔，故使 Na^+ 离子迁移量减小，电流效率下降，能耗增加。对任何膜电解体系，保持阳极液的质量，避免在电解过程中发生固相沉积都是值得注意的问题。

E　阴极 NaOH 溶液浓度影响

NaOH 浓度与电效之间一般存在极大值、极小值关系，且交换容量越高的膜，电流效率的极大值也越偏向于高浓度一侧。因为当膜的结构固定后，电流效率受膜的阴极一侧含水量 ΔW 的支配。碱浓度提高，ΔW 下降，固定离子浓度随之上升，电流效率也随之上升。

但当碱浓度超过一定值后，膜中含水量极度不足，反而影响 Na^+ 由阳极室向阴极室的移动，导致电流效率的下降。为了获得较高的电流效率，对 NaCl 电解而言，要对不同制碱浓度使用不同交换容量的膜。

另一方面随碱浓度的提高，膜的含水率下降，膜电阻升高，尽管碱浓度高，但溶液电阻小，此时膜电位上升占支配地位，因而基本规律是碱浓度提高，槽电压增加。

综合考虑，对一定的膜，要选择一个合适的阴极碱浓度。总而言之，对任何一种膜电解体系，选择合适的阴极碱浓度是重要的。

F 气泡效应的影响

对两极有气体析出的过程而言，气泡有可能附着在膜及电极上，从而使槽电压升高，能耗增加。此一现象称之为气泡效应。膜的亲水性越强，气泡越难于附着，故气泡效应减小。因而有效的措施是对有机膜进行表面亲水处理。

由于氢气泡比氧气泡小得多，故电解槽内氢气泡难于长大排出，更易附着于膜面及电极上，所以在 NaCl 电解、Na_2WO_4 电解中，阴极液的循环量有明显影响，循环量减少，槽内电解液中气泡率将增加，在电极与膜上的附着量也增加，从而导致槽电压上升，能耗增加。

G 极距的影响

极距减小，溶液电压降减小，故槽电压降低，能耗下降。但极距 <2mm 时，由于气泡效应影响，槽电压反而上升。如采用亲水性强的膜则可排出气泡效应。

对任何一个电解体系，视有否气体析出、气体种类、膜、电极、槽结构各因素，均有一最合适的极距。

12.2.6 渗析、电渗析及膜蒸馏的基本原理

12.2.6.1 渗析的基本原理

扩散渗析是膜分离的一种形式，已经长期用于人工肾的血液透析和人造纤维废液提取碱。分离的原理是基于几种不同物质通过膜时不同的扩散速率。它是一个简单的能量效应过程，不需要外加电能或压力。

利用阴离子交换膜的扩散渗析过程能用来从含有盐和酸的溶液中回收酸。在该溶液中酸已离解成 H^+ 和阴离子，盐已离解成金属离子和阴离子。在阳离子中只有氢离子可通过膜与等量的阴离子结合，这个筛网效应示于图 12-23。酸渗析通过膜而盐留在原来的一侧。

在实际运行中，水在膜的一侧逆向流动，酸盐溶液在另一侧，这样使酸被连续分离。如图 12-24 所示，酸从膜的一侧到另一侧运动的推动力是膜两侧酸的浓度差。

膜扩散渗析性能的基本指标是它对盐的渗透性能、渗析系数和它的渗透选择性。渗透选择性是膜对氢离子和金属离子渗透性能的比率

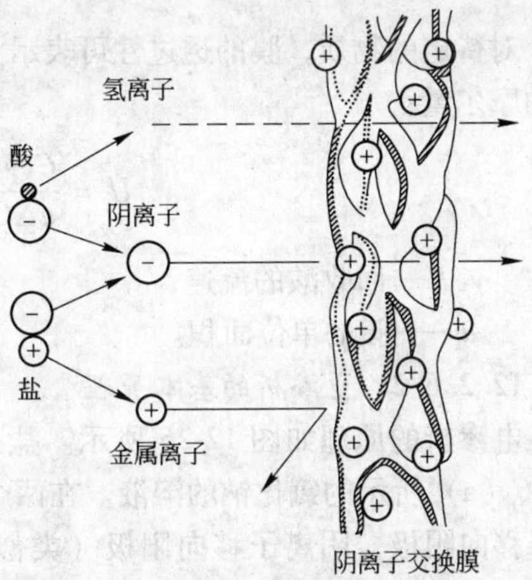

图 12-23 酸通过阴离子交换膜的渗析过程

U_H/U_B。膜渗透性 U 一般通过浓度 C（mol/L）、流率 γ（L/h）和膜面积 A（m^2）测量，如图 12-25 所示。通过膜时浓度的变化，可表达为：

$$\Delta C = \frac{(C_4 - C_1) - (C_2 - C_3)}{\ln \dfrac{C_4 - C_1}{C_2 - C_3}}$$

式中　ΔC——浓度差；

C_1——水质量；

C_2——稀酸溶液浓度；

C_3——回收的酸浓度；

C_4——原料液浓度。

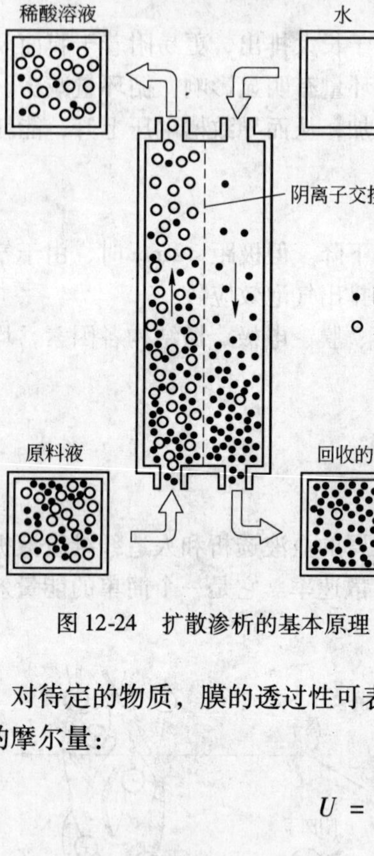

图 12-24　扩散渗析的基本原理

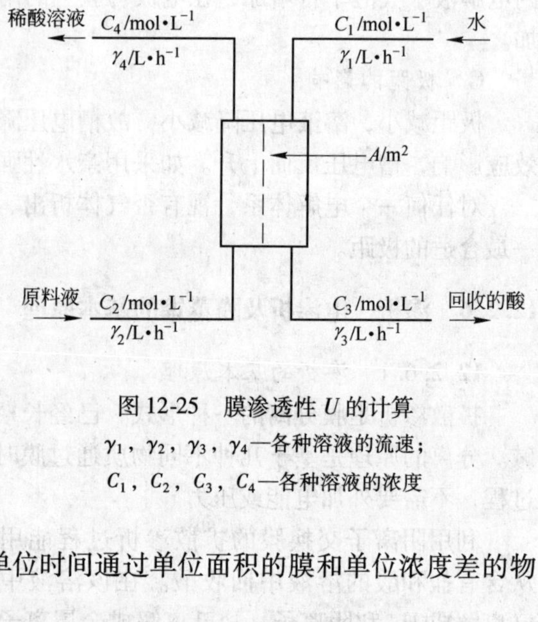

图 12-25　膜渗透性 U 的计算

γ_1，γ_2，γ_3，γ_4—各种溶液的流速；

C_1，C_2，C_3，C_4—各种溶液的浓度

对待定的物质，膜的透过性可表示为用单位时间通过单位面积的膜和单位浓度差的物质的摩尔量：

$$U = \frac{C_3 \gamma_3}{a \Delta C} \quad \left(\frac{\text{mol}}{\text{m}^2 \cdot \text{h} \cdot \text{mol/L}}\right)$$

式中　γ_3——回收酸的流速；

a——膜的单位面积。

12.2.6.2　电渗析的基本原理

电渗析的原理如图 12-26 所示。盐一般溶解在水溶液中形成阴离子和阳离子，如图 12-26（a）所示的氯化钠的溶液。在两个电极间电场的存在下，如图 12-26（b）所示，阳离子移向阴极，阴离子移向阳极（类似于电泳过程）。在两个电极间插入一张阳膜（图 12-26（c））或一张阴膜（图 12-26（d）），这样就会使阳离子或阴离子通过膜的选择性迁移。

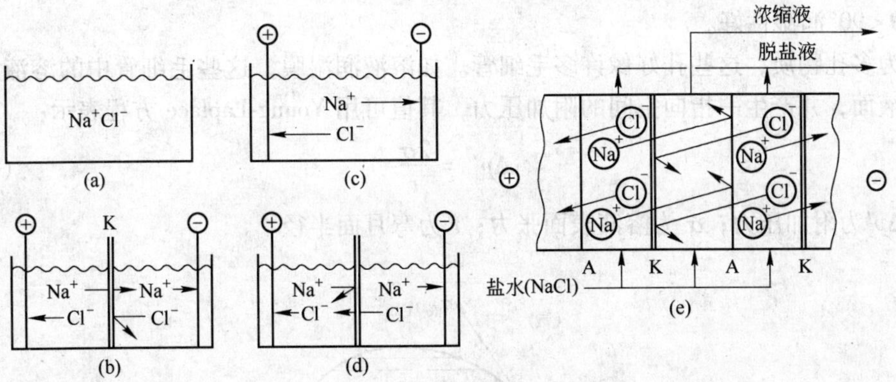

图 12-26 电渗析的基本原理

⊕—阳极；⊖—阴极

A—阴离子交换膜；K—阳离子交换膜

在电渗析时，一组交替排列的阳离子和阴离子交换膜固定在两个电极中间，用来分离和浓缩盐离子。图 12-26（e）所示为氯化钠的电渗析过程。盐由脱盐室移出进入相邻的浓缩室，这样电渗析器既可以用来脱盐也可以进行盐的浓缩。

12.2.6.3 膜蒸馏的基本原理

在离子交换膜的两侧加一压力差，通过蒸发可以除去有机溶剂和海水中的水。如图 12-27 所示，供料液在膜的一侧，在膜的另一侧的压力低。在低压下水以蒸气状态快速地选择性地透过膜，然后冷凝从体系中除去。

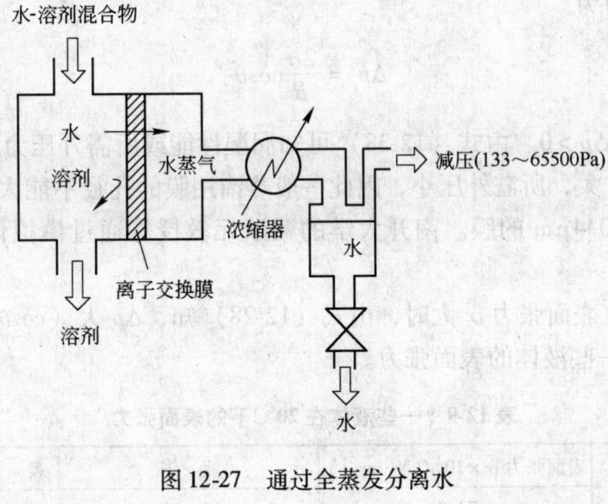

图 12-27 通过全蒸发分离水

膜蒸发用来从水与乙醇或三氯乙烷的混合物中分离水，也可以用来浓缩海水。在冶金中富集有价元素及环保中废水处理上都有应用。

膜蒸馏过程得以实现的关键就是膜不能被溶液润湿，膜的润湿性取决于溶液对膜材质的亲和性，亲和性低时膜不会被润湿，亲和性高时膜会被润湿。用接触角的概念可以很容易理解润湿机理。图 12-28 为液滴在固体表面展开的情况，θ 称为接触角，$\theta > 90°$ 则润湿性差，$\theta < 90°$ 润湿性好。

膜为多孔物质，这些孔好像许多毛细管。如溶液润湿膜，这些毛细管中的溶液会形成一凹形液面，并产生一指向空间的附加压力，其值可用 Young-Laplace 方程表示：

$$\Delta p' = \frac{2\sigma}{r} \tag{12-35}$$

式中，$\Delta p'$为附加压力；σ 为溶液表面张力；r 为弯月面半径。

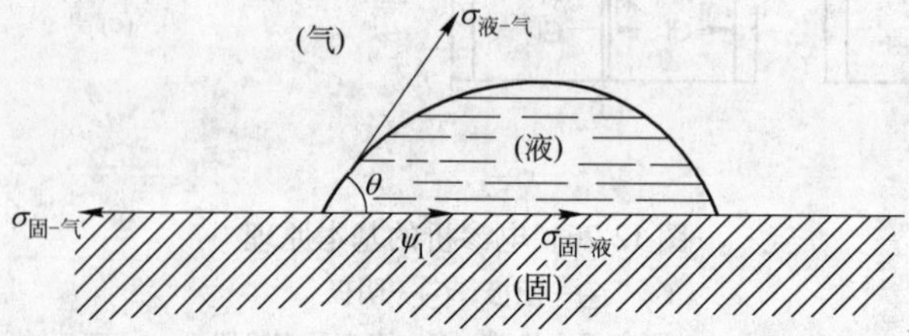

图 12-28　液滴在固体表面展开

因为弯月面半径 r 与毛细管半径 R 之间有下列关系

$$r = R/\cos\theta \tag{12-36}$$

将式(12-36) 代入式(12-35) 有

$$\Delta p' = \frac{2\sigma}{R}\cos\theta \tag{12-37}$$

因为实际上膜蒸馏用膜是疏水的，此时 $\theta > 90°$，只有施加一定的外力溶液才能进入孔内，所需最小外压力为

$$\Delta p = \frac{2\sigma}{R}\cos\theta \tag{12-38}$$

因 $\cos\theta < 0$，故 $\Delta p > 0$。由式（12-38）可知润湿性能或所需外压力取决于三个因素。

（1）孔大小：R 大，所需外压小，因此一般蒸馏用膜的孔径不能太大，实用上一般选择平均孔径为 0.2～0.4μm 的膜。南开大学的戴猷元教授等通过模拟计算，认为 1μm 为好。

（2）表面张力：表面张力 σ 大时，由式（12-28）知，Δp 大（$\cos\theta < 0$），即所需外压大。表 12-9 列出了一些液体的表面张力。

表 12-9　一些液体在 20℃下的表面张力

液　体	表面张力 $\sigma \times 10^3/(N \cdot m^{-1})$	液　体	表面张力 $\sigma \times 10^3/(N \cdot m^{-1})$
水	72.8	甲　醇	22.6
CS_2	31.38	乙　醇	22.8
甲　醇	28.4	正辛烷	21.27
正辛醇	27.53	正己烷	18.43
CCl_4	26.66	乙　醚	17.10

当液体中含有某些溶质时，其表面张力会降低。如水中含有乙醇，随乙醇浓度增加表面张力降低。当 $\Delta p=0$ 时之表面张力为临界表面张力，表面张力降至临界表面张力以下，则膜孔就被润湿。当水中含乙醇达30%～40%时就会出现膜自发润湿现象。

（3）膜材料的表面能：固体膜材料的表面张力（图12-28）（$\sigma_{固\text{-}气}$）又称为比表面能，$\sigma_{固\text{-}气}$大，意味着溶液越易润湿该固体。一些聚合物材料的比表面能列入表12-10，由该表可见，聚四氟乙烯是最理想膜蒸馏用的膜材料。

表12-10 一些聚合物的比表面能

聚 合 物	比表面能 $\times 10^3/(N \cdot m^{-1})$	聚 合 物	比表面能 $\times 10^3/(N \cdot m^{-1})$
聚四氟乙烯（PTFE）	19.1	聚乙烯（PE）	33.2
聚三氟乙烯	23.9	聚丙烯（PP）	30.0
聚偏二氟乙烯（PVDF）	30.3	聚苯乙烯	42.0
聚氯乙烯（PVC）	36.7		

但PTFE目前还不能加工成中空纤维，故膜蒸馏较常用PVDF、PP、PE为制膜材料。

12.3 液膜分离[8～25]

12.3.1 概述

20世纪60年代初，马亭（Martin）在研究反渗透脱盐时，发现了带支撑体的液膜；60年代中期，黎念之（N. N. Li）在测定表面张力的dunuoy法中发现了界面膜；70年代初，E. L. 库斯勒尔（Cussler）研究成功了含流动载体的液膜。液膜技术刚一出现，便立即引起科技工作者极大的兴趣，他们从各个不同领域研究其应用[8～12]。

液膜主要分两种，一为乳状液膜（emulsion liquid membrane）；二为支撑液膜（Suported liquid membrane）。单就液膜而论，它是很薄的一层液体膜，可以由某种液体单独形成（乳状膜），也可以由某种液体充填在薄的多孔固体膜的孔隙中而形成（支撑膜）。依液体的类别，又可分为油膜（由不溶于水的有机溶液构成）和水膜（由某种水溶液构成）。用液膜来分离物质的过程则要靠一个液膜体系。用乳状膜时，这一体系由球面形的膜与膜外相、膜内相组成；若用于从水溶液中提取与分离某种物质，膜为油膜，膜外相与膜内相均为水溶液，膜外相为连续相，膜内相为分散相；若用支撑液膜分离体系时，则由支撑液膜、料液、反萃液组成。料液与反萃液位于膜的两侧。

12.3.2 液膜分离机理[10～12]

无论是乳状膜还是支撑膜，其起分离物质作用的机理是一样的，区别仅在于膜的形状与构成。液膜起分离作用的机理主要有三种。

12.3.2.1 选择性渗透

若A、B两种物质穿过液膜的速度不同，前者比后者快，则经过一定时间，快的A就会富集在膜的另一侧，慢的B就不能穿过膜，极端情况如图12-29所示。

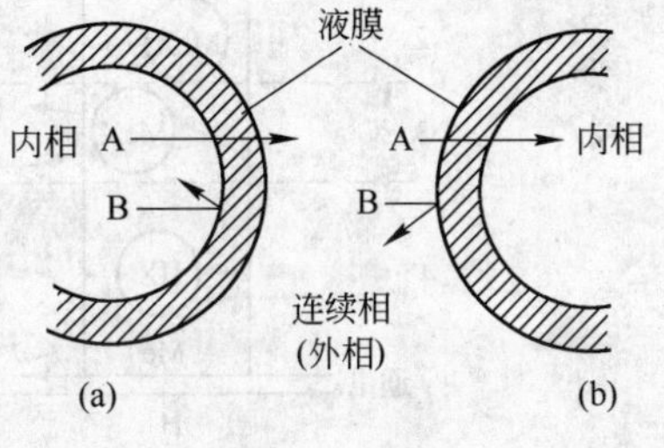

图12-29 选择性渗透机理示意图
（a）从内相向连续相（液相）渗透；
（b）从连续相向内相渗透

12.3.2.2　膜外相物种进入膜内相并发生化学反应

如图 12-30 所示，膜外相被分离的物质 C 透过膜进入内相，与膜内相所含的试剂 R 发生化学反应，生成产物 P。而产物 P 不能透过液膜，因此，被分离物 C 在内相浓度几乎为零，维持膜传递过程最大的推动力，使膜外相中 C 物质不断传递到内相，直到内相反应试剂消耗完为止。用液膜从工厂废液中除氨就属这种情况，如图 12-31 所示。若膜内用含有某种还原剂可使被提取的金属改变价态或生成金属粉末。膜内相也可含某种沉淀剂使进入膜内的金属离子生成某种沉淀。

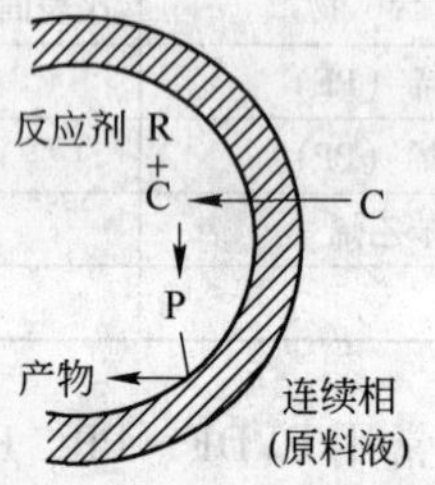

图 12-30　在膜内相发生化学反应的机理示意图

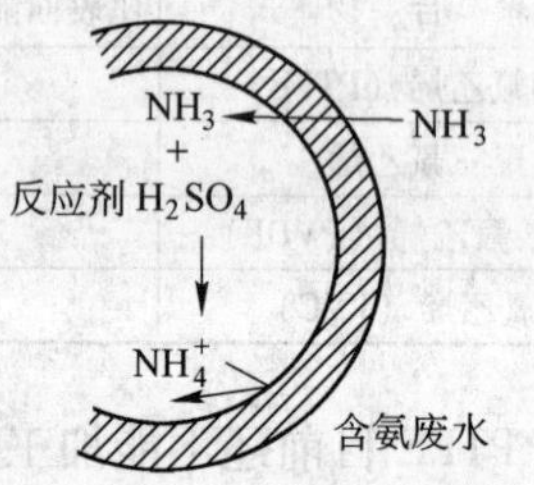

图 12-31　液膜除氨原理图

12.3.2.3　萃取机理[8~12]

膜相中含有某种可萃取水溶液中某物种的有机物，称此有机物为载体。膜外相或料液中的某物种萃取入膜相，被萃物在膜相中扩散到膜的另一侧，被膜内相（乳状膜时）或反萃液（支撑膜时）反萃。依萃取机理可分为两类，如图 12-32 所示。

（1）离子萃取。被萃物种为离子，此时液膜的功能类似于离子交换膜。若金属物种 Me^{z+} 在膜相和料液之间的分配比 K_d 足够大，使金属离子被萃入膜相。而在液膜的另一侧的溶液称为反萃液。此时，金属物种在膜相的反萃之间的分配比 K_d 应尽可能低，使金属离子能从膜中反萃出来。如果金属载体是一种酸性萃取剂（HX），这时金属离子的迁移称为

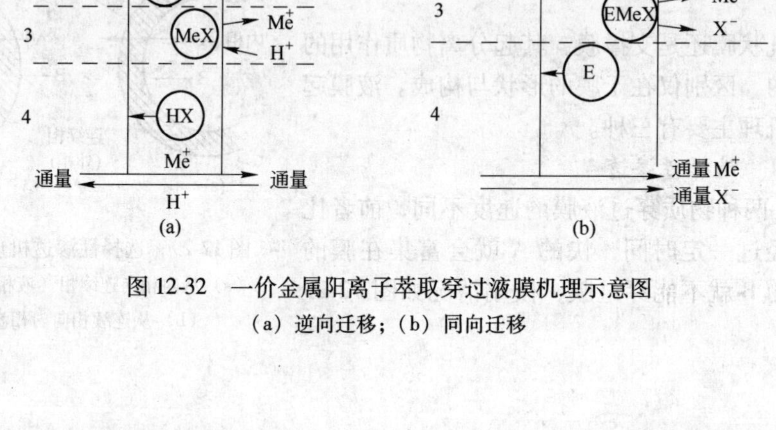

图 12-32　一价金属阳离子萃取穿过液膜机理示意图

（a）逆向迁移；（b）同向迁移

逆向耦合迁移（逆向迁移），如图 12-32（a），其化学式可写为

$$Me^+ (aq) + \overline{HX(膜)} \xrightleftharpoons[\text{反萃液一边}]{\text{料液一边}} \overline{MeX(膜)} + H^+ (aq) \tag{12-39}$$

（2）中性分子萃取。如果金属载体是一种中性或碱性萃取剂（一种长链烷基胺）E，水溶液中的物种以中性分子被萃取，这时金属物种的迁移称为同向耦合迁移（即同向迁移），如图 12-32（b），其化学反应可写为

$$Me^+ (aq) + X^- (aq)\ \overline{E(膜)} \xrightleftharpoons[\text{反萃液一边}]{\text{料液一边}} \overline{MeXE(膜)} \tag{12-40}$$

从图 12-32（a）的逆向迁移可见，载体分子 HX 在支撑液膜两侧间不停地运动，将 Me^{z+}“搬到”反萃液一侧，将 H^+“搬到”料液一侧，以至于金属离子可以逆着它们浓度梯度迁移穿过膜发生所谓的“爬坡”迁移，即由浓度低的一侧迁移到浓度高的一侧。假如这一过程的推动力一直保持下去，这种“爬坡”迁移现象将持续下去直到有可透过液膜的金属物种都从料液一边迁移到反萃液一边。对欲提取金属具有较好选择性的载体分子 HX 或 E，可以使金属物种进行较完全的分离，在分离的同时使迁移到膜另一侧的金属得到浓缩。在渗透过程中，载体的行为就像“梭子”一样，不断地将原液中的金属物种输送到反萃液中并得以再生，然后又扩散返回，如此周而复始。

12.3.3 液膜的构造[9~12]

12.3.3.1 乳状液膜

可用于从水溶液中分离提取金属的乳状液膜其膜相一般由三种物质组成。

（1）载体。载体是一种可选择性萃取水溶液中某些物种的有机物。载体的选用和一般萃取分离对萃取剂的选用原则基本一致。只是由于液膜分离时有机试剂耗量比萃取少得多，故而可选用一般萃取过程出于经济上的原因不能用的高效、高选择性的昂贵的萃取剂。

（2）膜溶剂。膜溶剂的选用要求与萃取所用稀释剂基本一致，膜溶剂的黏度必须适当，才能维持液膜的机械强度，以免破裂。

（3）表面活性剂。表面活性剂是乳状液膜的重要组成部分，它直接影响到液膜的稳定性、渗透速度、分离效果以及破乳等。凡是能显著地改变液体表面张力或二相间界面张力的物质均称为表面活性剂。表面活性剂有一共同特点是它们的分子具有双亲结构：由极性的亲水基和非极性的憎水基（亲油基）组成，因此表面活性剂具有亲水与亲油的双重性。表面活性剂可分为离子型（溶于水时能电离生成离子）和非离子型（不能电离者）。

所选用的表面活性剂要满足下列三方面要求。

（1）用表面活性剂制成液膜的稳定性要高。稳定性用液膜的破损率作定量表述，破损率 ε 定义如下：

$$\varepsilon = \frac{G_t}{G_0} \times 100\%$$

式中 G_t——乳液与膜外水相混合后经时间 t 时测得的外水相中某一指定物质的总量；

G_0——乳状膜内相中包含的同一物质的原始总量。

（2）用表面活性剂制成液膜的溶胀率要小。溶胀是乳状液膜操作中普遍存在的现象。一般 W/O 型乳状液膜的溶胀率为 50%～100%，高者甚至可以达 500%。乳状液膜的溶胀使内水相中欲分离的物质的富集倍数降低，分离选择性变差，并对正常操作及设备的设计带来困难。研究表明，不同表面活性剂对乳状液膜溶胀的影响不同。好的表面活性剂除了能形成稳定的乳液外，还能使乳状液膜的溶胀减到最小。乳状液膜的溶胀率用下式计算：

$$\eta_s = \frac{V_{\bar{\omega},i} - V^0_{\bar{\omega},i}}{V^0_{\bar{\omega},i}} \times 100\% + \varepsilon$$

式中　$V^0_{\bar{\omega},i}$——乳液溶胀前内水相体积；

$V_{\bar{\omega},i}$——乳液溶胀后内水相体积；

ε——乳液的破损率。

（3）在水中溶解度尽可能小，最好无毒，价格低廉等。表面活性剂在膜相中的浓度要适当，即形成一耐久的液膜所需的最低浓度。

我国于 1981 年以前市售的表面活性剂中只有 Span-80（失水山梨醇单油酸酯）。早期的乳状液膜研究中大多用它作表面活性剂。实践表明，用 Span-80 所制乳液黏度不够，溶胀大，强度差，不耐酸碱，而且不能在高于 298K 的温度下使用。国内外在筛选与开发性能优良的、适合于液膜用的表面活性剂方面作了不少工作。继 Span-80 以后又有一些液膜用表面活性剂问世，如上-205、中胺-185、兰-113A 和兰-113B、307-Ⅰ等。除 307-Ⅰ是磺化烯烃聚合物外，其余皆为聚胺类的非离子型表面活性剂。目前国外使用的有美国 Exxon 公司生产的专利产品 ENJ-3029 和 ECA-1360。ENJ-3029 为聚胺类的非离子型表面活性剂，其组成是：

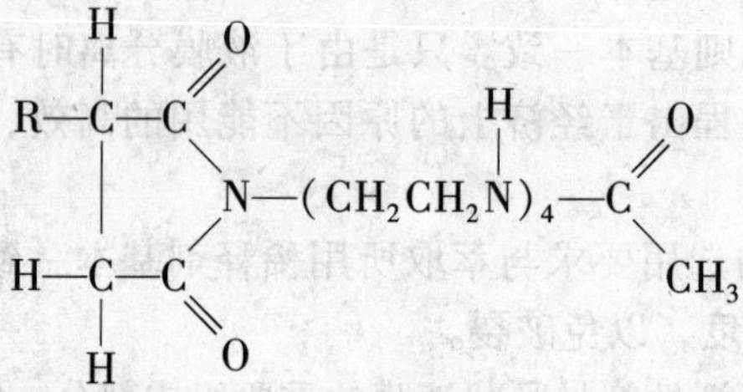
及

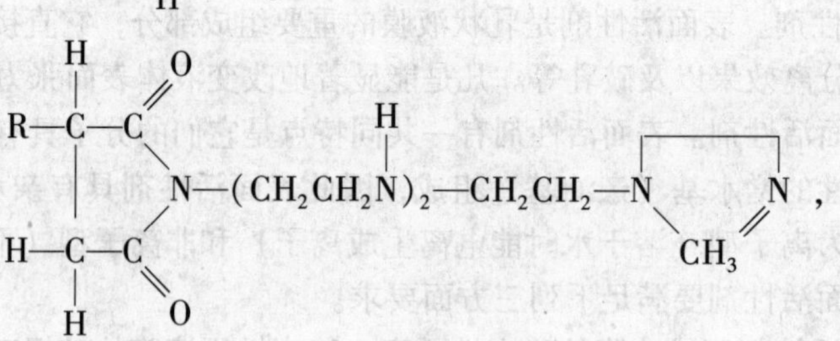

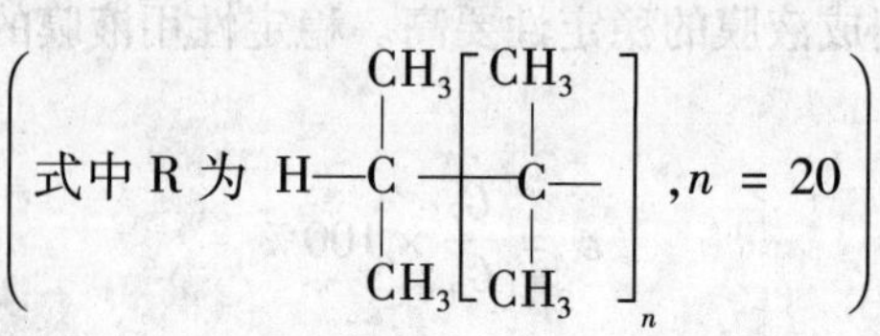

两者的混合物分子量为 2000 左右，可在温度 313K 下操作，用它制作的乳液具有较高的稳定性。

张秀娟等[18,23]先后研制出几种性能较好的表面活性剂 LMS-1、LMS-2、LMS-3 以及 LMA-1。几种表面活性剂的主要特征列入表 12-11。

表 12-11 几种表面活性剂的主要特征

代 号	类 型	组 成	平均相对分子量	黏度① η/（mPa · s）	密度 ρ/（$g \cdot cm^{-3}$）	外 观	毒 性
LMS-1	阴离子型	含 C_4 烯烃的共聚物	5000	8000 ~ 10000	0.83 ~ 0.86	褐色油状物	
LMS-2	阴离子型						
LMS-3	阴离子型		7000				
LMA-1	非离子型	由 C_4 烯烃共聚物合成	8000	9000 ~ 10000	0.85 ~ 0.88	棕黄色黏稠物	
PSN-89	非离子型		3000 ~ 4000				

①为 298K 温度下的黏度。

几种表面活性剂所制乳液的稳定性列入表 12-12 和表 12-13 中。在内水相含 KCl 为 2mol/L，外水相为蒸馏水，其他条件同表 12-11 的情况下，对表面活性剂对乳液溶液溶胀的影响进行了试验，试验结果如图 12-33 所示。

表 12-12 不同表面活性剂所制乳液（膜内包碱）的破损率 ε （%）

表面活性剂	时间 t/min					备 注
	5	10	20	30	40	
LMA-1	0.08	0.12	0.14	0.15	0.18	内水相为含 KCl 为 1% 及 NaOH 为 1mol 的溶液
LMS-2	0.15	0.28	0.34	0.39	0.42	
兰-113A	0.30	0.47	0.58	0.75	0.83	
ENJ-3029	0.43	0.54	0.62	0.78	0.90	

表 12-13 不同表面活性剂所制乳液（膜内包酸）的破损率 ε （%）

表面活性剂	时间 t/min					备 注
	5	10	20	30	40	
LMA-1	0.18	0.21	0.28	0.34	0.39	内水相为含 KCl 为 1% 及 H_2SO_4 为 1mol 的溶液
LMS-2	0.12	0.16	0.19	0.23	0.30	
兰-113A	0.50	0.63	0.90	1.12	1.24	
ENJ-3029	4.40	5.51	6.14	7.28	8.43	

12.3.3.2 支撑液膜

支撑液膜由支撑体和膜相组成，而膜相由载体（萃取剂）和稀释剂组成。载体与稀释剂的选用原则与萃取相似，支撑液膜的有机试剂耗量比乳化膜都小得多，故而可以选用价贵的选择性好的载体。研究较多、用于湿法冶金的支撑体是由微孔的聚丙烯、聚四氟乙烯以及特殊制备的聚砜制成的。这些支撑体在国外已成为商品，一些商品支撑体的性质见表 12-14。

表 12-14　微孔支撑体的性质

产品名称	厚度 δ/μm	孔隙率/%	平均孔径 r/μm
Celgard 2400①	25	38	0.02
Celgard 2500①	25	45	0.04
Celgard K801①	50	65	0.1
Corelex②	75	85	0.3
Accurel③		30 ~ 90	0.1 ~ 11.0

①聚丙烯（Celanese 有限公司）；
②聚四氟乙烯（W. A Gore）；
③聚烯烃，共聚物缩聚物、聚合物混合体（德国 ENKA）。

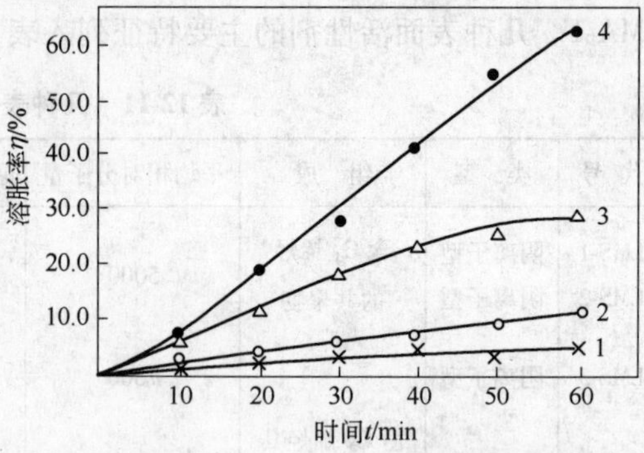

图 12-33　表面活性剂对乳液溶胀的影响
1—LMA-1；2—LMS-3；3—ENJ-3029；4—兰-113A

一般所用的支撑体形状有平板式、管式、螺旋式和空心纤维膜组件 4 种。平板式支撑体（图 12-34（a））的结构简单，可用于间断或连续操作，这种支撑体的膜表面积与模件体积的比值低，对实验研究，尤其是对理论研究较为方便。工业上用的平板式模件是较为复杂的析框式和多层板架装置。管式支撑体（图 12-34（b））的直径从小于 1mm（空心纤维）到几毫米。螺旋式支撑体（图 12-34（c））是用两张厚度为 25μm、孔隙率 0.47、孔径为 0.04 ~ 0.4μm、宽为 30.5cm 的聚丙烯膜 Duragard 2502（聚合塑料公司制）重叠在一起所制成的。支撑膜和聚酯网眼隔片（厚度 1.1mm）绕原液和反萃液的供给管卷取，膜

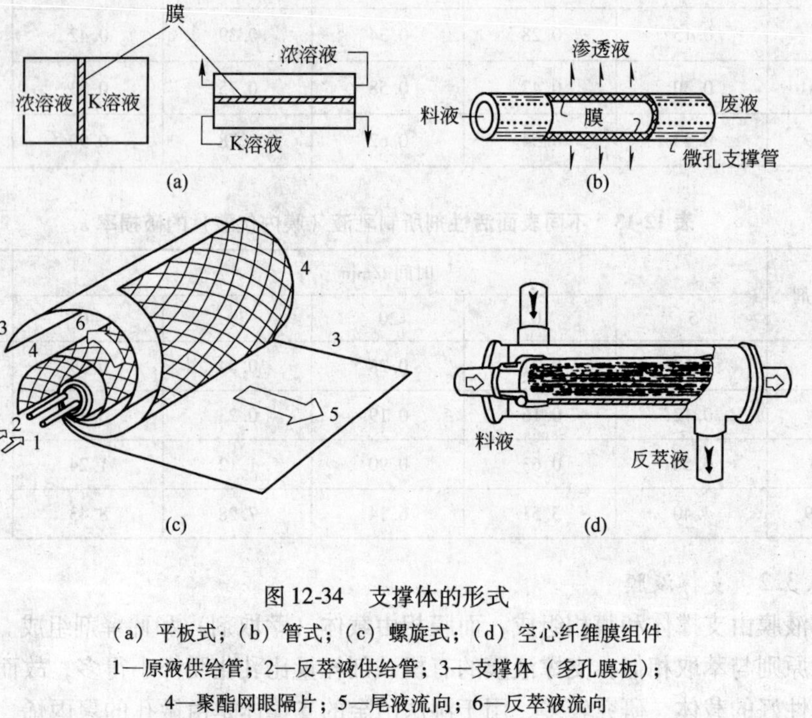

图 12-34　支撑体的形式
（a）平板式；（b）管式；（c）螺旋式；（d）空心纤维膜组件
1—原液供给管；2—反萃液供给管；3—支撑体（多孔膜板）；
4—聚酯网眼隔片；5—尾液流向；6—反萃液流向

两端用环氧树脂胶密封。这种膜件比表面积为 500 ~ 1000m^2/m^3，组件体积空心纤维组件如图 12-34（d），纤维端部嵌于管壳中，通常料液流经纤维管之内，反萃液流经纤维管外部。表 12-15 所列各种结构中，一般以每单位体积空心纤维管的表面积最大。由于纤维管直径以及它们之间的距离均很小，流体高速流经模件，可减少在膜表面附近形成的浓差极化，其投资费用及操作费用最低，而具有一定的实用潜力。

表 12-15 各类模件的填装密度、投资和操作费用比较

模件种类	填装密度 $\rho/(m^2 \cdot m^{-3})$	投资费用	操作费用	模件种类	填装密度 $\rho/(m^2 \cdot m^{-3})$	投资费用	操作费用
管 式	25 ~ 50	高	高	空心纤维膜组件	600 ~ 1200	低	低
平面和板框式	400 ~ 600	高	高	螺旋式	500 ~ 1000		

支撑体内有很多微孔，这些孔隙是互相联通的毛细管，它们贯穿着整个支撑体的厚度。这种微观构造能使膜固定，并允许金属离子配合物从一侧向另一侧扩散。

制备这种支撑液膜的方法很简单，就是将支撑体浸渍在含有萃取剂的溶剂中。这项工作可在已经组装起来的模件上进行。这样，当液膜由于溶解损失而导致金属离子传递效能降低时，可进行补充。例如，平面支撑体液膜可以再浸渍含有萃取剂的溶剂，中空纤维膜可以将膜相通入纤维管。

12.3.4 液膜分离过程的热力学[12]

应该理解对金属离子能逆其浓度梯度进行“爬坡”迁移的事实，并没有违背热力学规律。以逆向迁移而言，Me^+ 由料液一侧（其活度为 $a_{Me,1}$）穿过膜进入反萃液一侧，并令其在反萃液中活度为 $a_{Me,2}$。与这一过程同时发生着 H^+ 的逆向迁移，从反萃液中（令其活度为 $a_{H,2}$）穿过膜进入料液。令料液中 H^+ 的活度为 $a_{H,1}$，这两种物质在膜两侧的偏摩尔吉布斯自由能可表述为：

在料液中

$$\overline{G_{Me^+,1}} = \overline{G^{\ominus}_{Me^+}} + RT\ln a_{Me,1}$$

$$\overline{G_{H^+,1}} = \overline{G^{\ominus}_{H^+}} + RT\ln a_{H,1}$$

在反萃液中

$$\overline{G_{Me^+,2}} = \overline{G^{\ominus}_{Me^+}} + RT\ln a_{Me,2}$$

$$\overline{G_{H^+,2}} = \overline{G^{\ominus}_{H^+}} + RT\ln a_{H,2}$$

Me^+ 由膜一侧迁移到另一侧，这一过程的吉布斯自由能变化

$$\Delta G_{Me} = \overline{G_{Me,2}} - \overline{G_{Me,1}} + RT\ln\frac{a_{Me,2}}{a_{Me,1}}$$

H^+ 由反萃液进入料液这一过程的吉布斯自由能变化

$$\Delta G_H = RT\ln\frac{a_{H,1}}{a_{H,2}}$$

整个过程的吉布斯自由能变化

$$\Delta G = \Delta G_{Me} + \Delta G_{H} = RT\ln\frac{a_{Me,2}a_{H,1}}{a_{Me,1}a_{H,2}}$$

当 $\Delta G<0$ 时，过程在热力学上是可以进行的。

当 $\Delta G<0$ 时，则 $a_{Me,2}a_{H,1} < a_{Me,1}a_{H,2}$；当 $a_{H,2} > a_{H,1}$ 时，在一定范围内，即令 $a_{Me,2} > a_{Me,1}$，上述不等式依然成立。所以，Me^+ 可由活度低的 $a_{Me,1}$ 处向活度高的 $a_{Me,2}$ 处迁移，即逆其浓度梯度产生"爬坡"迁移。显然，这一过程的热力学推动力是液膜两侧 H^+ 离子的浓度差。

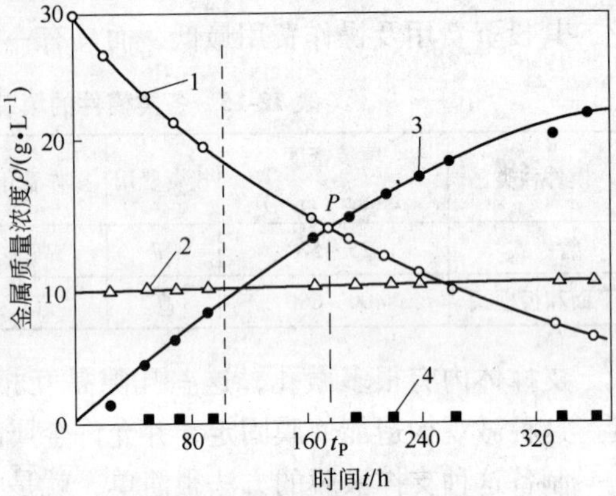

图 12-35　铜离子的爬坡迁移

1—Cu^{2+}料液（pH＝3）；2—Zn^{2+}料液（pH＝3）；3—Cu^{2+}反萃液；4—Zn^{2+}反萃液

可用同样的原理来讨论同向迁移的问题。

$$\Delta G = RT\ln\frac{a_{Me,2}a_{X,2}}{a_{Me,1}a_{X,1}}$$

X^- 是和 Me^+ 进行同向迁移的阴离子。若 $a_{X,1} > a_{X,2}$，则在一定范围内令 $a_{Me,2} > a_{Me,1}$，仍可使 $a_{Me,2}a_{X,2} < a_{Me,1}a_{X,1}$，$\Delta G<0$，热力学推动力是液膜两侧的与金属离子共同迁移的阴离子 X^- 的浓度差。

"爬坡"迁移的实际例子示于图 12-35。

12.3.5　液膜分离过程的动力学[12]

12.3.5.1　乳状液膜传输过程动力学

由于液膜体系的复杂性，到目前为止，还没有建立一个能够全面描述液膜的传质机理的动力学数学模型，现已经提出的这类模型有 3 种。

（1）快速化学反应模型。把液膜传输过程视为快速化学反应的纯扩散控制过程，并假定膜的厚度不变，而建立的简单的数学模型。

（2）反应前沿模型。认为在液膜传质过程中，在乳状液滴内存在着两个区域。一为饱和区，此区内膜内相试剂全部耗尽；另一为未吸收区，膜内相浓度等于原始浓度，两区之间有一截然不同分界。液膜的厚度是原液膜厚度加饱和区厚度，因此随液膜传质的进行，液膜不断变厚。

（3）渐进前沿模型（advancing front）。

比较了上述数学模型，认为渐进前沿模型最合理，具有一定的实用价值。按照建立渐进前沿模型的原理：在乳状液膜体系中，整个传质过程包括以下几个步骤，1）迁移组分通过膜外相边界层扩散到乳状液滴的表面上；2）在界面上迁移组分通过化学反应或物理溶解过程进入模相；3）迁移组分通过膜由外界面向乳状液滴内部扩散；4）在膜相和膜内相界面上，迁移组分再通过化学反应进入膜内相。上述迁移过程表示见图 12-36。

该模型有以下假定：1）由于表面活性剂的存在，在乳状液滴的内部膜内相微滴不产生对流；2）传质过程的阻力主要是膜外相边界层和膜相的扩散阻力；3）迁移组分首先与最外层的膜内相试剂反应，当该层膜内相试剂耗尽后迁移组分再与下一层的膜内相试剂反应。因此，在乳状液滴内存在着两个区，一个饱和区，另一个未吸收区。两区之间有一个截然的边界。

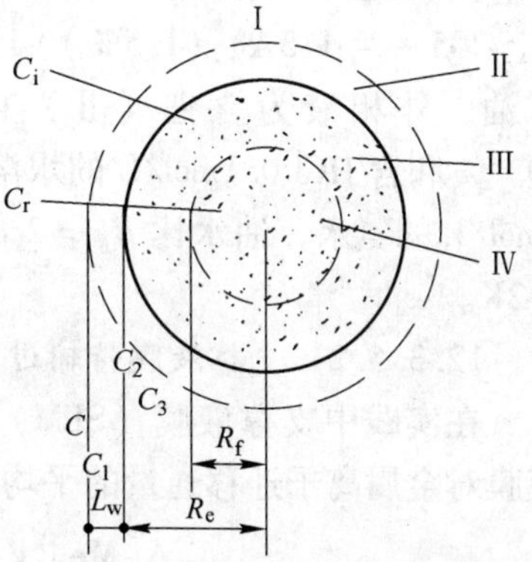

图 12-36 渐进前沿模型示意图

在图 12-36 中，Ⅰ表示膜外相，C 为迁移组分在膜外相的体积浓度；Ⅱ表示乳状液滴周围的膜外相边界层，L_w为其厚度，在一定的搅拌速度和两相黏度下，L_w为常数。C_1为在乳状液滴的外界面上，迁移组分在膜外相中的浓度；C_3为此界面上迁移组分在膜相中的浓度；Ⅲ表示饱和区，在该区中膜内相试剂全部耗尽，C_i为该区内迁移组分在膜内相中的浓度；Ⅳ表示未吸收区，C_r为该区内相试剂的浓度，由于该区内没有迁移组分，其浓度 C_r即为原始浓度；C_2为反应前沿上迁移组分在膜相中的浓度，与 C_r相比较可以认为 C_2 接近于零；R_f为反应前沿的半径；R_e为乳状液滴的平均半径。

根据以上的假定，建立了迁移组分的传质通量式为

$$J = \frac{3D_e(V_m + V_i)}{R_e^2}\left(\frac{R_f}{R_e - R_f}C_3\right) \tag{12-41}$$

将式（12-41）积分得到：

$$P = \left(1 + \frac{1}{2B}\right)\ln\frac{C_i}{C_0} - \frac{3}{2B}\ln\frac{X - B}{1 - B} + \frac{3}{B}\left[\arctan\frac{2 + B}{3B} - \arctan\frac{2X - B}{3B}\right] \tag{12-42}$$

其中

$$X = \frac{R_f}{R_e} = (1 - GC_0 + GC_e)^{1/3}, \quad B = (1 - GC_0)^{1/3}$$

$$G = \frac{Q^* V_e}{C_i V_i}, \quad P = \frac{3D_e(V_m + V_i)}{R_e^2 V_e}$$

式中 D_e——迁移组分在乳状液滴中的有效扩散系数；

V_m——膜相总体积，cm^3；

V_i——膜内相总体积，cm^3；

V_e——膜外相总体积，cm^3；

Q^*——膜相试剂与 1mol 的迁移组分反应所需要的摩尔数；

C_i——迁移组分在吸收区的膜内相中的浓度，mol/L。

式（12-42）只考虑了膜相阻力，实际上，膜外相边界层的阻力有时也是不能忽略的。在上述模型基础上，还综合考虑了膜外相边界层阻力对传质速度的影响。得到影响传质的膜外相边界层效应系数 K 值的计算公式为：

$$K = \frac{-3D_e(V_m + V_i)t}{K_e^2 V_e \ln(C_e/C_0)}$$

用钯（Ⅱ）的液膜提取实验数据验证式（12-42），实验值与计算值吻合较好，如图 12-37 所示。

实验选取的膜相组成为 DOSO（3.0%）-（上-205 + 兰-113A）（1.5%）-1.2-二氯乙烷-磺化炼油，外相液为含钯（Ⅱ）$1\times10^{-2}\%\sim3\times10^{-2}\%$和含 HCl 0.1mol/L 的水溶液，内相为含氨 3mol/L 的氨水，油水比 $R_{oi}=2:1$，温度 298K ± 0.2K。

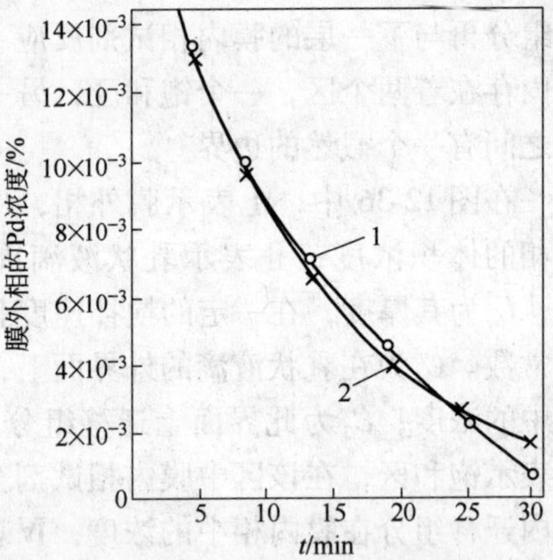

图 12-37　实验值与计算值比较

1—实验值；2—计算值

12.3.5.2　支撑液膜传输过程动力学

在实践中支撑液膜（SLM）的渗透性用支撑液膜对金属离子迁移通量的平均值来表示。

$$J=\frac{\Delta[\mathrm{Me}]_s V}{\Delta t Q}$$

式中　Δt——t_2-t_1时间间隔；

$\Delta[\mathrm{Me}]_s$——$[\mathrm{Me}]_{s,2}-[\mathrm{Me}]_{s,1}$；

$[\mathrm{Me}]_{s,2}$——时间 t_2 反萃液中金属的浓度；

$[\mathrm{Me}]_{s,1}$——时间 t_1 反萃液中金属的浓度；

V——反萃液体积；

Q——膜表面积。

目前，还没有一种能解释各种 SLM 传输过程有关现象的理论，一些学者已提出一些有一定参考价值的方程和数学模型，如提出的平板型和中空纤维管型 SLM 传递方程。图 12-38 所示为金属离子 Me^+ 经过平板型 SLM 的传输过程的各阶段浓度的变化。

若下列假设成立：

（1）传输过程处于稳定态；

（2）浓度梯度呈线性变化；

（3）金属在料液-膜相之间的分配系数比在反萃液-膜相之间的分配系数大得多；

（4）金属离子与膜相中载体间的反应为瞬间界面化学反应；

（5）料液中金属离子的浓度 c 很低。

则可写出传输过程各阶段的通量方程。

（1）金属离子 Me^+ 经过料液-膜相边界层的通量：

$$J_1=-D_a\frac{\partial[\mathrm{Me}^+]}{\partial x}\qquad(12\text{-}43)$$

式中，D_a为金属离子在水溶液中扩散系数。

从图 12-37 可以看出，浓度梯度

$$\frac{\partial[\mathrm{Me}^+]}{\partial x}=\frac{C_i-C}{d_a}\qquad(12\text{-}44)$$

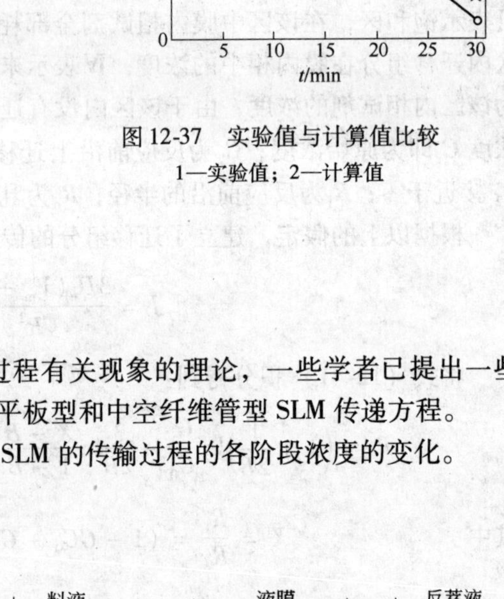

图 12-38　离子 Me^+ 经过平板型 SLM 传输过程各阶段的浓度变化

ⓐ代表水溶液边界层扩散（$\Delta_a=d_a/D_a$）；ⓑ代表化学反应（K_1，K_{-1}），ⓒ代表膜相内扩散（$\Delta_o=d_o/D_o$）

C—Me^+ 在料液中的本体浓度；C_i—在料液与膜相界面处 Me^+ 在料液中的浓度；$\bar{C}_i$—在料液与膜相界面处 Me^+ 在膜相中的浓度；d_a—料液与膜相一侧的边界层厚度；d_o—膜相厚度

于是便有：

$$J_1 = -\frac{D_a}{d_a}(C - C_i) \tag{12-45}$$

（2）料液-膜相界面处的化学反应通量。料液的金属离子与膜相中的载体在料液-膜相界面上形成配合物或缔合物，反应产生的通量为

$$J_2 = K_1 C_i - K_{-1}\overline{C}_i \tag{12-46}$$

式中 K_1——正向反应速率常数；

K_{-1}——逆向反应速率常数。

（3）第2步生成的金属离子与载体的配合物或缔合物，在膜相内向膜相-反萃界面处扩散：

$$J_3 = J_1 = -D_o\frac{\partial[\overline{\mathrm{Me}}]}{\partial x} \tag{12-47}$$

式中，D_o为金属离子与载体的配合物或缔合物在膜相中扩散系数。$[\overline{\mathrm{Me}}]$为金属离子与载体的配合物或缔合物在膜相中的浓度，由图12-38可以看出：

$$J_3 = \frac{D_o}{d_o}\overline{C}_i \tag{12-48}$$

在稳定态下$J_1 = J_2 = J_3$，联立式（12-45）、式（12-46）和式（12-48）并化简后得：

$$J = \frac{K_1}{K_1\Delta_a + K_{-1}\Delta_o + 1}C \tag{12-49}$$

式中 $\Delta_a = d_a/D_a$；

$\Delta_o = d_o/D_o$。

渗透系数

$$P = \frac{J}{C} = \frac{K_1}{K_1\Delta_a + K_{-1}\Delta_o + 1} \tag{12-50}$$

将式（12-50）分子分母同除以K_{-1}，由于

$$K_1/K_{-1} = \frac{\overline{C}}{C} = K_d \tag{12-51}$$

为金属离子在膜相与水相之间的分配比，得：

$$P = \frac{K_d}{K_d\Delta_o + \Delta_o + \dfrac{1}{K_{-1}}} \tag{12-52}$$

若$K_{-1} > 1$，则式（12-52）变为：

$$P = \frac{K_d}{K_d\Delta_o + \Delta_o} \tag{12-53}$$

又，根据通量的定义可看出：

$$J = -\frac{\mathrm{d}C}{\mathrm{d}t}\frac{V}{Q} = PC \tag{12-54}$$

$$\frac{dC}{C} = -\frac{V}{Q} = P\mathrm{d}t$$

$$\int_{C_0}^{C} \frac{dC}{C} = -\int_{0}^{-t} \frac{V}{Q} P\mathrm{d}t$$

$$\ln\frac{C}{C_0} = -\frac{V}{Q}Pt \tag{12-55}$$

式中　C_0——时间为 0 时料液中金属离子的浓度；

C——时间为 t 时料液中金属离子的浓度；

Q——膜面积；

V——料液体积；

P——渗透性系数。

式（12-55）表明，以 $\ln\frac{C}{C_0}$ 与 t 作图，得一直线，由直线斜率

$$K = -\frac{V}{Q}P$$

可求出渗透系数 P。

可以用式（12-52）和式（12-55）来解释稀溶液中金属离子经 SLM 的传输行为。

当料液中金属离子浓度相当高时，膜相表面载体分子全部与金属离子配合或缔合，此时，$\overline{C}_i = \frac{[\overline{HX}]}{n}$。$[\overline{HX}]$ 为膜相中载体的浓度，n 为每个金属离子配合或缔合的载体分子数。此时，金属离子在膜相与水相之间分配比

$$K_d = \frac{\overline{C}_i}{C} = \frac{[\overline{HX}]}{nC}$$

代入式（12-53），得

$$P = \frac{J}{C} = \frac{\dfrac{[\overline{HX}]}{nC}}{\left(\dfrac{[\overline{HX}]}{nC}\right)\Delta_a + \Delta_o} \tag{12-56}$$

当 C 足够大时

$$P \approx \frac{[\overline{HX}]}{nC\Delta_o}$$

$$J \approx \frac{[\overline{HX}]}{n\Delta_o} \tag{12-57}$$

同样，

$$J = -\frac{dC}{dt}\frac{V}{Q}$$

积分后得

$$C = C_0 - \frac{[\overline{HX}]}{n\Delta_o}\frac{Q}{V}t \tag{12-58}$$

上式表明，当料液浓度足够大时，随着渗透的进行，料液中金属离子的浓度随时间而呈直线下降。

中空纤维管的支撑膜可有两种操作方式。一种为单程式，料液由中空管的一端进，另一端出，反萃液在管外侧逆向流动；另一种为循环式，料液在管内反复循环，反萃液在管外沿逆向也反复循环。推导出的中空纤维管式支撑膜的数学模型有四种情况。

（1）单程式，当料液中金属离子浓度很低时，

$$C_{出} = C_{进}\left(\frac{\phi - 1}{\phi + 1}\right) \quad \phi > 1 \tag{12-59}$$

对于单管
$$\phi = \frac{R\,\bar{u}}{P^{*} L\varepsilon}$$

对于多管
$$\phi = \frac{Q_{\mathrm{T}}}{P^{*} L\varepsilon' TNR}$$

（2）单程式，当料液中金属离子浓度很高时，

$$C_{出} = C_{进} - \frac{[\overline{\mathrm{HX}}]}{n\Delta_{\mathrm{o}}^{*}} \frac{2L\varepsilon}{\bar{u}R} \tag{12-60}$$

$$\frac{[\overline{\mathrm{HX}}]}{n\Delta_{\mathrm{o}}^{*}} \frac{2L\varepsilon}{\bar{u}R} < C_{进}$$

（3）循环式，当料液中金属离子浓度很低时，

$$\ln\frac{C_t}{C_0} = -\frac{A}{V}P^{*}\frac{\phi}{\phi + 1}t \tag{12-61}$$

式中，$\phi > 1$。

（4）循环式，当料液中金属离子浓度很高时，

$$C_t = C_0 - \frac{[\overline{\mathrm{HX}}]}{n\Delta_{\mathrm{o}}^{*}} \frac{A}{V}t \tag{12-62}$$

$$\frac{[\overline{\mathrm{HX}}]}{n\Delta_{\mathrm{o}}^{*}} \frac{A}{V}t < 0$$

式中 R——中空形支撑管内径，cm；

L——中空形支撑管长度，cm；

$\bar{u}$——料液在管中的线速度，cm/s；

Q_{T}——料液的总流速，$\mathrm{cm^3/s}$；

ε——支撑体的孔隙度；

V——料液总体积，$\mathrm{cm^3}$；

$\Delta_{\mathrm{o}}^{*} = \dfrac{d_{\mathrm{o}}y}{D_{\mathrm{o}}}$；

$P^{*} = \dfrac{K_{\mathrm{d}}}{K_{\mathrm{d}}\Delta_{\mathrm{a}}^{*} + \Delta_{\mathrm{o}}^{*}}$，cm/s；

$\Delta_{\mathrm{a}}^{*} = \left(\dfrac{R}{R - d_{\mathrm{a}}}\right) \times \dfrac{d_{\mathrm{a}}}{D_{\mathrm{a}}}$；

d_o——管壁厚度，cm；

d_a——料液-膜相界面处的边界层厚度，cm；

$[\overline{HX}]$——膜相中载体浓度；

A——支撑管内壁供传输的总面积，$A=2\pi RLN\varepsilon$，cm；

N——支撑管的根数；

n——每个金属离子络合或缔合的载体分子数；

$C_{出}$——料液在中空管出口处的浓度，mol/L；

$C_{进}$——料液在中空管进口处的浓度，mol/L；

C_t——时间 t 时料液浓度，mol/L；

C_0——时间 0 时料液浓度，mol/L。

在上述的模型中，整个操作过程中都把渗透系数视为常数。事实上渗透系数不一定是常数，它随被提出物的浓度变化而变化，给模型带来了误差。

通过对 Cu^{2+} 穿过中空纤维管支撑液膜的研究，提出了具有可变渗透系数的简单模型和精确模型，即：

（1）单程式。假设：

1）在整个萃取操作过程中，液膜体系所有物理性质和迁移性质都是常数；

2）在纤维管空腔内，轴向扩散可忽略；

3）除了沿纤维管内壁形成的边界层，迁移组分在纤维空腔内的浓度分布在任何轴向位置都呈线性分布；

4）体系为稳态操作。

依据上述假设，通过对空心纤维的任一微元段作物料衡算，可得：

$$-Q_F\frac{dC}{dx}=J_x\pi(r_1+r_2) \tag{12-63}$$

在 $x=0$ 处，方程（12-63）的边界条件为：

$$C_1=C_1^0,\quad H_1=H_1^0$$

式中，H_1 为料液中 H_2SO_4 浓度。结合机理的方程，方程（12-63）可从空心纤维的进口到出口进行数值积分以求得迁移组分的出口浓度。

（2）循环式又可分为以下两种模型。

1）精确循环模型。每次循环从空心纤维管流出的迁移组分浓度，可通过空心纤维管入口处的浓度从轴向计算而获得；而在搅拌着的料液储槽中迁移组分浓度就基于出口浓度计算而得。料液槽中的物料平衡方程建立如下：

$$-V_s\frac{dC_{进}}{dt}=Q_F(C_{进}-C_{出}) \tag{12-64}$$

2）简单的循环模型。空心纤维被视为一个单元，用迁移组分的平均浓度（基于进口和出口的浓度）来计算迁移组分通过空心纤维管萃取的总量。这是一种合理的近似，因为沿着空心纤维管金属离子的浓度分布大约呈线性分布。在整个空心纤维管上对料液的迁移组分作物料衡算，得：

$$Q_F(C_{进} - C_{出}) = PA\left(\frac{C_{进} - C_{出}}{2}\right) \tag{12-65}$$

通过同时解方程（12-64）和式（12-65），可容易地求得料液搅拌槽中迁移组分浓度的时间曲线。但是，在解方程之前，必须确定 P 是否为迁移组分的函数。由于方程（12-65）的两边等于料液流经空心纤维空腔时迁移组分的萃取总量。因此，得下列方程：

$$PA\frac{C_{进} - C_{出}}{2} = \frac{A}{L}\int_0^L J_x \mathrm{d}x \tag{12-66}$$

或者

$$P = \frac{2}{L(C_{进} - C_{出})}\int_0^L J_x \mathrm{d}x$$

方程（12-65）中的 P 可以定义为：

$$P = P_0 C_{进}/C_0 \tag{12-67}$$

式中，P_0是当进口迁移组分的浓度 $C_{进}$ 等于 C_0时的渗透系数，它可用单程式模型的方程计算出来。将方程（12-67）代入式（12-65）得

$$Q_F(C_{进} - C_{出}) = \frac{A}{2}P_0 \times \frac{C_{进}}{C_0}(C_{进} - C_{出}) \tag{12-68}$$

或

$$C_{出} = \frac{\phi C_0 - C_{进}}{\phi C_0 + C_{进}}C_{进} \tag{12-69}$$

式中，$\phi = 2Q_F/AP_0$。将方程（12-69）代入式（12-64），可得 $C_{进}$ 作为时间函数的解析结果：

$$\ln\left(\frac{C_{进}}{C_0}\right) - \phi\left(\frac{1 - C_{进}/C_0}{C_{进}/C_0}\right) = -\frac{2Q_F}{V_F}t \tag{12-70}$$

曾用实验证实了在相同实验条件下，具有不变渗透系数的循环模型大约有 10% 的偏差。实验同时证实了上述具有可变渗透系数的精确循环模型和简单循环模型仅有 1% 的偏差。

12.3.6 液膜的选择性[12]

对于分离水溶液中金属离子这一目的而言，仅仅讨论一种离子的膜过程行为是不够的，而应同时考察溶液中同时存在的离子的膜过程行为，只有它们在膜过程中具有不同的行为才能用膜来分离它们。与萃取过程一样，各种离子分离的可能性的大小用分离系数来表述。

对支撑液膜而言，若料液中有 Me_1 和 Me_2 两种金属离子，其渗透系数分别为 P_1 与 P_2，则其分离系数定义为：

$$\alpha = \frac{P_1}{P_2} = \frac{K_{d_1}}{K_{d_2}}\left(\frac{K_{d_2}\Delta_a + \Delta_o}{K_{d_1}\Delta_a + \Delta_o}\right) \tag{12-71}$$

由于大多数金属离子和金属载体配合物在相同的介质中的扩散系数数值相近，故可以认为 Me_1 和 Me_2 的 Δ_a 与 Δ_o 是一样的。所以式（12-71）的 Δ_o 与 Δ_a 是非选择性因素，它们会使膜过程的选择性降低。当 $K_d\Delta_a < \Delta_o$ 时，式（12-71）变为：

$$\alpha_{\max} = \frac{K_{d_1}}{K_{d_2}} \tag{12-72}$$

上式表明，用 SLM 进行分离过程的分离系数的最大可能值是在相同体系的萃取过程的分离系数。在两种情况下可达到 $\alpha_{\max}$，即料液搅拌强度或流速高，料液-膜相界面处附面层厚度 d_o很小，或液膜厚度大。这两种情况，前者在实际应用中更可取。在另一种极端情况下，即料液搅拌强度（对于面板膜）或流速（对中空纤维管型膜）很低或两种金属的 K 都很高，此时两种金属的 $K_{d_1}>1$，$K_{d_2}<1$。在这种情况下，由于大多数 SLM 的 d_o在 25 ~ 40μm 之间，对于大多数搅拌良好或流速很高的溶液 d_a在 15 ~ 40μm，由式（12-53）得出：

$$P_1 = \Delta_a$$

$$P_2 = \frac{K_{d_2}}{\Delta_o}$$

$$\alpha = \frac{\Delta_o}{\Delta_a K_{d_2}} \tag{12-73}$$

考虑到 d_a与 d_o具有大致相同的值，对于典型脂肪族稀释剂

$$\frac{D_a}{D_o} \approx 10$$

于是：

$$\alpha \approx \frac{10}{K_{d_2}}$$

即分离系数仅 Me_2与 K_{d_2}难萃取金属的分配比有关。式（12-73）作为另一个经验公式可用来估计一些支撑膜分离过程的分离系数。

12.3.7　液膜分离的实践[12]

用支撑液膜分离水溶液中的金属，其工艺流程较为简单，如图 12-39 所示。

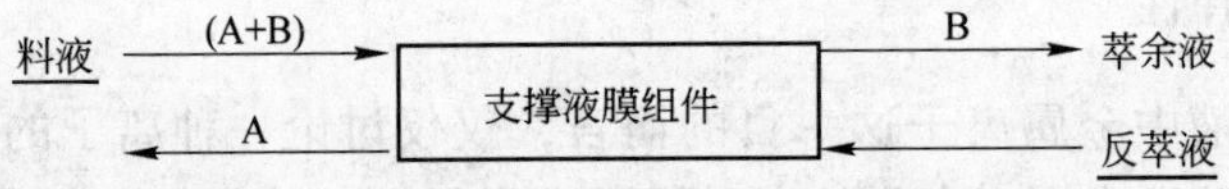

图 12-39　支撑液膜分离工艺流程

支撑液膜分离的操作也较为简单。反之，乳状液膜工艺流程与操作要复杂一些，其工艺过程至少包含制乳、液膜萃取、破乳三大步骤，其流程如图 12-40 所示。

（1）制乳　将选定的膜液（载体 + 稀释剂 + 表面活性剂）与膜内相（反萃液）高速搅拌混合制成乳状液。膜液与膜内相的体积比称为油水比，一般用于从水溶液中分离提取金属需要制备油包水型（W/O）乳状液。依表面活性剂的加入方式（先加入油中还是先加入内相中）、油与水混合的方式（油注入水中或相反）以及速度，可组合成若干种不同的操作方式。经验表明，以先将表面活性剂加入油（载体 + 稀释剂）中，而后再把水（膜内相）快速加入油中为好。加入时与加入后加以强烈搅拌（搅拌器转速一般大于

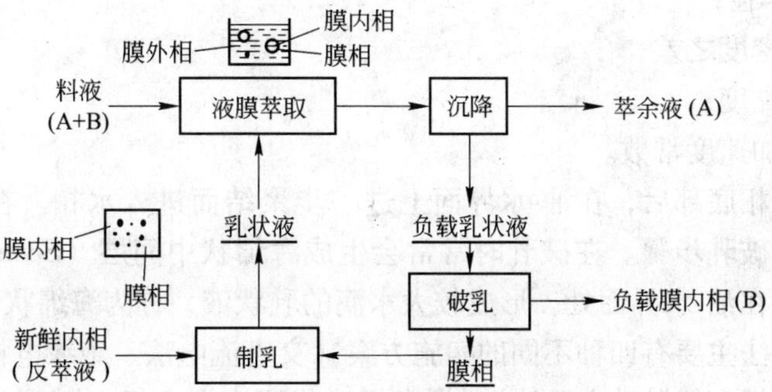

图 12-40 乳状液膜工艺流程图

2000r/min)。这种操作方式可获得 W/O 型乳状液，液滴细而稳定。制乳用的容器的材质对乳液性质也有影响，制备 W/O 型乳状液需用不为水浸润的塑料容器。

(2) 液膜萃取 将制得的乳状液缓慢地注入料液中，同时施以缓慢的搅拌。乳液与料液体积比称为乳水比。油包水型液滴分散在料液中（连续相），形成水-油-水三相体系的乳状液。料液中的某些金属物种萃取入膜相，同时反萃入膜内相中。液膜萃取使萃取的反萃取在一个设备中同时实现。与萃取一样，液膜萃取的方式可以有间歇式和连续式两种，连续式又可分为顺流式或逆流式。连续式可在各种塔（类似萃取塔）中进行。

在液膜萃取过程中所形成的水-油-水型乳状液经静置后，由于密度的差别负载乳状液（膜+膜内相）与萃余液（膜外液）分层。静置沉降作业采用设备为一般的沉降槽。

(3) 破乳 与萃余液分开后的负载乳状液通过破乳，使有机物构成的膜相与膜内相分离。膜相返回使用，膜内相则需进一步处理以提取其中的金属。破乳是个十分重要的环节，其操作好坏直接影响到整个液膜分离过程的经济效益。在破乳中，要设法使被反萃液带失的有机相量尽可能小，能耗、原料单耗尽可能低。破乳的方法有化学破乳和物理破乳两种方法，前者是加入某种破乳剂，后者是用物理方法（离心、加热、高压静电破乳等）将液膜打破。化学破乳法的缺点是加入破乳剂会使有机相污染及试剂的消耗增加。在各种破乳方法中最有效的方法是高压静电破乳法，电破乳过程分为水滴的电致聚结、水滴沉降、水滴在油水界面上聚结而下沉三个步骤。电致聚集是由于水滴在电场中极化所产生的偶极力的作用下发生撞击时，由于作用力大或油膜不太牢固，产生聚合，两水滴连贯成花生形，如图 12-41 (b) 所示。继之在界面张力的作用下经椭球形最后变成球形。并不是所有的撞击都是有效的，有的撞击后两液滴仍然分开并恢复球形。电致聚集使若干个小液滴聚集为大液滴，接着便是水滴的沉降，其沉降速度按斯托克斯公式：

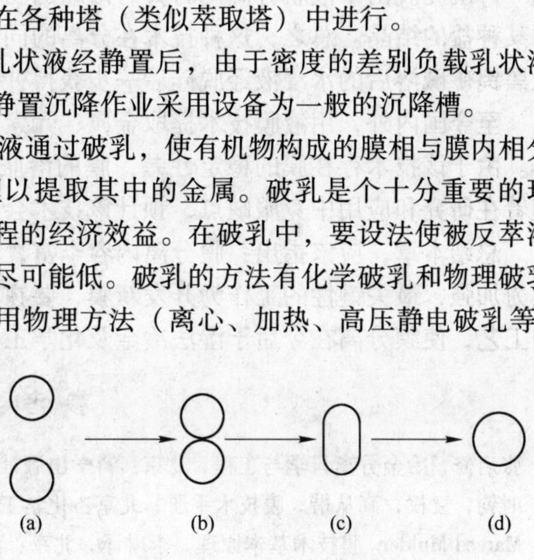

图 12-41 电聚结的有效过程

(a) 两水滴；(b) 两水滴结成花生形；(c) 花生形转变椭球形；(d) 椭球形变成球形

$$v = \frac{2}{9\eta} r^2 (\rho_2 - \rho_1) g$$

式中　r——水滴半径；

$\rho_2-\rho_1$——水油密度之差；

η——油的黏度；

g——重力加速度常数。

水滴沉降到油相底部后，在油-水界面上进一步聚结而进入水相。在液膜分离技术的操作中，最慢的是破乳步骤。在破乳时常常会生成海绵状中间层（Sponge）。当水滴不太大时，水滴就堆积在油-水界面处，形成较大水滴的乳状液，称为海绵状中间层。

高压静电破乳法主要有四种不同的实施方案（交直流电法、绝缘电极交流电法、绝缘电极脉冲电压法及裸电极脉冲电压法）。裸电极法将两支裸电极（球形、平板形或圆锥形等）直接插入乳状液中并通以交流或直流电。这种方法优点是简单，缺点是电流通过乳液会引起一些不必要的电化学反应，致使破乳后形成的油相与水相之间存在着第三相。不论哪种方法电流通过乳液使乳液温度升高，均易引起液膜成分变质难以返回使用，并增大有机试剂的损失。此外，操作技术难度较大，不安全，能耗高，也是这些方法的缺点。

近年来出现了一种集萃取、反萃、浓缩和结晶沉淀或还原制取金属（粉末）为一体的乳状液膜技术。这种技术是往膜内相中加入某种还原剂把从膜外相转入膜内相的金属物种还原成金属从而直接制得金属粉末。若膜内相含有某种沉淀剂，则可使进入其中的金属生成一种沉淀。由于液膜分离同时具有浓缩的功能，在特定条件下，在膜内相可以生成金属的某种盐的结晶。总之，这种技术在分离的同时可以直接获得某种固体产物。用这种方法从黑钨矿碱溶后的水浸液经脱硅后一步获得仲钨酸铵（APT）的合格产品，载体为 N_{263}。

至今国内外，用液膜技术提取金属、元素的分离、纯化及在治理废水上，做了许多工作。由于该技术存在膜的稳定性差，膜的溶胀和破乳技术不完善等问题，实际应用较少。随着在研究和应用中克服缺点，预计该技术会得到更多的发展[10~25]。

总结本章，应该指出：膜分离内容丰富，工艺在发展之中，膜分离的基础理论研究应大力加强，最关键性的工作为开发新膜，要在膜的性能上有创新性的突破，建立更加完善的工艺，使膜分离在今后于湿法冶金及化学工业中发挥更大的作用。

参 考 文 献

1　张启修．冶金分离科学与工程．北京：科学出版社，2004

2　时钧，袁权，高从楷．膜技术手册．北京：化学工业出版社，2001

3　Marced Mulder. 膜技术基本原理．李琳译．北京：清华大学出版社，1999

4　刘荣娥等．膜分离技术．北京：化学工业出版社，2000

5　任建新．膜分离技术及其应用．北京：化学工业出版社，2003

6　方度，相维铎．全氟离子交换膜-制法、性能及应用．北京：化学工业出版社，1993

7　王振坤．离子交换膜-制备、性能及应用．北京：化学工业出版社，1986

8　喻庆华，马荣骏．液膜萃取及其应用．湖南冶金，1981（4）：18～28

9　Ed. N. Li. Norman, Separation Technology［M］, United Engineering Trustees, Inc., Copyright, 1988

10　张瑞华．液膜分离技术．南昌：江西人民出版社，1984

11　马荣骏．第三代分离新技术-液膜分离．湖南有色金属，1985（4）：27～31；（5）：23～26

12　杨显万，邱定蕃．湿法冶金．北京：冶金工业出版社，2001

13　马荣骏．膜分离及其在废水处理中的应用．矿冶工程，1990（1）：64～68

14 何宗健，马荣骏，马强．用液膜技术分离模拟海洋锰结核中的钴和镍．矿冶工程，1992（3）：36～38
15 何宗健，马荣骏，马强．液膜技术处理模拟海洋锰结核浸出液——D_2EHPA为流动载体分离钴、镍．有色金属（季刊），1993（1）：11～15
16 马荣骏，喻庆华．液膜萃取在稀土制取中的应用．稀有金属与硬质合金，1993（2）：41～44
17 马荣骏，喻庆华．用液膜萃取在稀土浸出液中提取稀土的研究．矿冶工程，1997（3）：47～50
18 张秀娟等．精细化工．1987（4）：128
19 T. D. Martin, et al., Hydrometallurgy, 1976～1977，（2）：315
20 杨显万，刘朗明．有色金属学报，1993（3）：30
21 朱建华，张秀娟．膜科学与技术，1994（2）：38
22 吴全锋，顾志茂等．稀土，1991（4）：1～6
23 张秀娟等．华南工学院学报，1981（2）：40
24 张秀娟等．水处理技术．1991，17（4）：219
25 张秀娟等．膜科学与技术．1992，12（4）：127

13 净化除杂和制取金属、金属粉体材料的原理

主要符号表

μ——化学位	P——蒸气压
$\mu^{\ominus}$——标准化学位	σ——物质的表面张力
K_{ap}——饱和溶液中离子活度积	ρ——物质的密度
K_{sp}——溶度积	ΔG——自由能
pK_{sp}——K_{sp}负对数	M——摩尔质量
a——活度	J——成核速度
γ——活度系数	D——扩散系数
H——溶解热	f——逸度系数
$H^{\ominus}$——标准溶解热	E——电势
K_a——离解常数	σ_i——晶体表面自由能
pK_a——K_a 的负对数	γ_i——晶体面网间距
X——游离的配合剂浓度	

13.1 沉淀与结晶[1~4]

沉淀与结晶是在分析化学、冶金提取、化工生产中的一种古老方法。由于该方法简单易行，所以一直被广泛应用。近来，随着高新技术的发展，它又在纳米粉体材料的制备中，得到了应用。在湿法冶金工艺中，大多都有沉淀与结晶的单元过程，它的主要作用有以下几个方面。

（1）从溶液中除去有害杂质，即加入化学试剂并控制适当的物理化学条件，选择性地使杂质形成难溶化合物，从溶液中沉淀析出而与主要金属分离。例如用中和法从 $ZnSO_4$中除 Fe^{3+}；用镁盐法从粗 Na_2WO_4溶液中除磷、砷；用 $(NH_4)_2S$ 从 $(NH_4)MoO_4$ 溶液中除重金属杂质等。

（2）从溶液中析出主要金属的纯化合物。冶金中粗溶液经提纯后得到含有色金属化合物的纯溶液，为了进一步从中提取有色金属化工产品或冶金中间产品，往往采用沉淀和结晶法。例如上述从纯 $(NH_4)_2WO_4$ 溶液制取 APT。又如在稀土冶金中为从纯的稀土硝酸盐或氯化物溶液中析出纯稀土化合物，向溶液中加入 $C_2O_4^{2-}$，使之成 $RE_2(C_2O_4)_3$ 析出：

$$2RE(NO_3)_3 + 3C_2O_4^{2-} = RE_2(C_2O_4)_3\downarrow + 6NO_3^-$$

此外，在钽、铌、锆冶金中也广泛使用沉淀法从溶液中析出纯化合物。

（3）用沉淀法和结晶法析出纯化合物的同时，往往也有着深度净化过程。在APT结晶过程中适当控制结晶率，能使Mo、P、As等杂质大部分留在溶液中。产品APT中上述杂质的含量可大大下降。

（4）在材料制备领域中，沉淀结晶法由于产品纯度高，各组分预先可在溶液中达到分子间的均匀混合，且比例可任意控制，因而制品的成分均匀稳定，另外其他参数也易于控制，容易得到具有给定物理性能（如粒度、粒形等）的原始粉末，因而近年来被广泛用以制备磁性材料、新型陶瓷材料、复合材料的粉末和纳米粉体，并呈现出越来越广阔的应用前景。

13.1.1 溶度积及影响溶解度的因素[1,5]（参阅第5章）

物质在水中溶解达到饱和后，它在水溶液中的化学位等于其固体物质的标准化学位。对强电解质 M_mA_n 而言，其在水中溶解后完全成为 M^{n+} 和 A^{m-}，其在水中的化学位：

$$\mu = \mu^{\ominus} + RT\ln(a_{M^{n+}}^{m} \cdot a_{A^{m-}}^{n})$$

在达到饱和时 $\mu = \mu_{M_mA_n}^{\ominus} = \mu^{\ominus} + RT\ln(a_{M^{n+}}^{m} \cdot a_{A^{m-}}^{n})$

式中 $\mu^{\ominus}$——M_mA_n 在溶液中的标准化学位；

$\mu_{M_mA_n}^{\ominus}$——固体 M_mA_n 的标准化学位。

将上式整理可得：

$$\ln(a_{M^{n+}}^{m} \cdot a_{A^{m-}}^{n}) = (\mu_{M_mA_n}^{\ominus} - \mu^{\ominus})/RT$$

当温度一定时，$\mu^{\ominus}$ 及 $\mu_{M_mA_n}^{\ominus}$ 为常数，因此，对强电解质而言，在一定温度下，其饱和溶液中离子活度积也为常数，常用 K_{ap} 表示。由于 $a_{M^{n+}}^{m} \cdot a_{A^{m}}^{n} = [M^{n+}]^m[A^m]^n \cdot r_{M^{n+}}^{n} \cdot r_{A^{m-}}^{n}$ 对稀溶液而言，$r_{M^{n+}}^{m} = r_{A^{m-}} \approx 1$。故对难溶强电解质而言，在一定温度下，其饱和溶液中离子浓度积为常数，此常数通常用 K_{sp} 表示。

运用 K_{sp} 值衡量此强电解质溶解过程进行的限度，当溶液中 $[M^{n+}]^m\ [A^{m-}]^n < K_{sp}$，则溶液未饱和，溶解将继续进行；当 $[M^{n+}]^m\ [A^{m-}]^n > K_{sp}$，则溶液已过饱和，将析出部分固体 M_mA_n，直至溶液中 $[M^{n+}]^m\ [A^{m-}]^n = K_{sp}$ 为止。

用 K_{sp} 值，还可以计算在一定温度下的溶解度，设溶解度为 S_0（mol/L），则饱和溶液中 M^{n+}、A^{m-} 的浓度分别 mS_0（mol/L）和 nS_0（mol/L），故公式

$$K_{sp} = [M^{n+}]^m \cdot [A^{m-}]^n = m^m \cdot n^n \cdot S_0^{m+n}$$

$$S_0 = K_{sp}^{\frac{1}{m+n}} \cdot m^{\frac{-m}{m+n}} \cdot n^{\frac{-n}{m+n}} \tag{13-1}$$

影响溶解度的因素如下。

3.1.1.1 温度

难溶电解质的 K_{sp} 与温度的关系决定于溶解的标准热效的标准效应，根据等压方程，反应的平衡常数与温度的关系为：

$$\left(\frac{d\ln K}{dT}\right)_p = \frac{\Delta H^{\ominus}}{RT^2}$$

$$\ln K = \frac{-\Delta K^{\ominus}}{RT} + B$$

式中，$\Delta H^{\ominus}$为溶解的标准热效应。

对难溶电解质的溶解，其反应：

$$M_mA_n = mM^{n+} + nA^{m-}$$

由于，溶液浓度很稀，故

$$K = a_{M^{n+}}^m \cdot a_{A^m}^n \approx K_{sp}$$

故

$$\ln K_{sp} = \frac{-\Delta K^{\ominus}}{RT} + B$$

若溶解过程为吸热反应，K_{sp}随温度升高而增加，即溶解度增加。反之则溶解度降低。

3.1.1.2　溶液成分

式（13-1）仅适用于难溶解电解质形成的稀溶液，但溶液中存在的其他组分均可能影响其溶解度。

A　共同离子效应

溶液中除 M_mA_n外，其他含共同离子的盐（如 M'_mA_n）的存在将使 M_mA_n 溶解度低，称为共同离子效应，现证明如下：

设由 M'_mA_n带入的共同离子 A^{m-} 的浓度为 C_A，由于 M'_mA_n存在，使 M_mA_n 的溶解度变为 S_1，则：

$$(C_A + nS_0)^n (mS_1)^m = K_{sp}$$

设无共同离子存在时溶解度为 S_0，则：

$$K_{sp} = (mS_0)^m (nS_0)^n = (C_A + nS_1)^n (mS_1)^m$$

C_A为正数，显然 $S_1 < S_0$，即有共同离子存在时，会使溶解度降低。运用共同离子效应可使沉淀剂过量以保证沉淀完全，但当沉淀剂本身可与金属离子形成配合物时，则可能起着相反效果。

B　盐效应

当溶液中有不带共同离子的强电解质（特别是其离子的价态高的电解质）存在时，M_mA_n的溶解将升高，其主要是，在不太稀的电解质溶液中，某电解质 M_mA_n溶解饱和后，其离子的活度积为常数：

$$a_{M^{n+}}^m \cdot a_{A^m}^n = [M^{n+}]^m \cdot [A^{m-}]^n \gamma_{M^{n+}}^m \cdot \gamma_{A^{m-}}^n = K_{sp}$$

或

$$(mS_2)^m \cdot (nS_2)^n \gamma_{M^{n+}}^m \cdot \gamma_{A^{m-}}^n = K_{sp}$$

式中，$\gamma_{M^{n+}}^m$，$\gamma_{A^{m-}}^n$ 分别为 M^{n+} 和 A^{m-} 的活度系数；S_2为实际溶解度。

而

$$\gamma_{M^{n+}}^m \cdot \gamma_{A^{m-}}^n = \gamma_{\pm}^{m+n}$$

简化得：

$$S_2 = K_{sp}^{\frac{1}{m+n}} \cdot m^{\frac{-m}{m+n}} \cdot n^{\frac{-n}{m+n}} \cdot \gamma_{\pm}^{-1} \tag{13-2}$$

故溶解度与平均活度系数（$\gamma_{\pm}$）成反比，而溶液中有其他电解质存在时，其离子强度 I 增加。根据德拜-尤格尔公式知道，I 值增加则在一定范围内 $\gamma_{\pm}$ 将降低，相应地使 S_2 增加。$AgIO_3$ 在 KNO_3 溶液中的溶解度与离子强度的关系如图 13-1 所示。

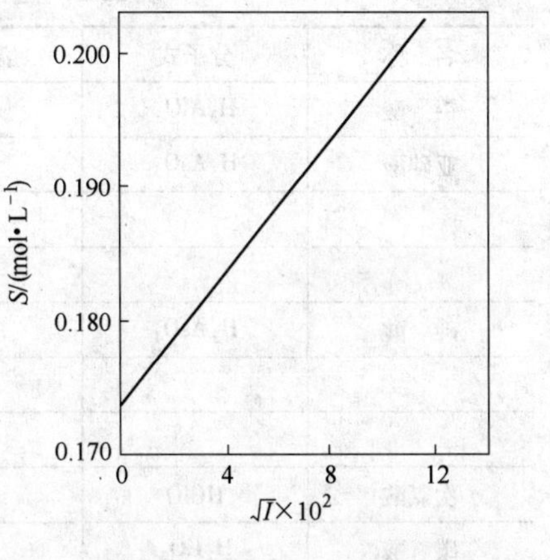

图 13-1 $AgIO_3$ 在 KNO_3 中的溶解度与离子强度 I 的关系

C 酸（碱）度效应

对弱酸盐而言，溶液的酸碱度都将影响其离子的形态和浓度，相应地影响其溶解度，现分别分析如下。

（1）强碱弱酸盐。强碱弱酸盐 M_mA_n 溶解后，A^{m-} 与溶液中 H^+ 发生反应：

$$A^{m-} + H^+ \longrightarrow HA^{(m-1)-}$$

$$HA^{(m-1)-} + H^+ \rightleftharpoons H_2A^{(m-2)-}$$

相应的使溶液中 A^{m-} 的浓度降低，使溶解度增高，设弱酸盐 M_mA_n 溶解度为 S_3，则溶液中 A 的总浓度（包括 A^{m-} 及各种酸根离子 $HA^{(m-1)-}$ 等）为 nS_3，其中所占的比例为 a。

$$a = [A^{m-}]/(nS_3) < 1$$

根据溶度积原理

$$K_{sp} = [M^{n+}]^m[A^{m-}]^n = (mS_3)^m(nS_3)^n a^n$$

整理得：

$$S_3 = K_{sp}^{\frac{1}{m+n}} \cdot m^{\frac{-m}{m+n}} \cdot n^{\frac{-n}{m+n}} / a^{\frac{n}{m+n}} \tag{13-3}$$

对照式（13-1）可知，式（13-3）中分子项相当于强电解质（如强酸强碱盐）的情况下的溶解度，而 $a<1$，故对强碱弱酸盐而言，在同样的 K_{sp} 下，其溶解度较强酸强碱盐的大。

根据水溶液中电离平衡的原理，可推导出 a 与弱酸电离常数的关系。

对一元酸 HA 而言

$$a = K/(K + [H]) \tag{13-4}$$

对二元酸 H_2A 而言

$$a = K_1K_2/(K_1K_2 + [H]K_1 + [H]^2) \tag{13-5}$$

对三元酸 H_3A 而言

$$a = K_1K_2K_3/(K_1K_2K_3 + [H]K_1K_2 + [H]^2K_1 + [H]^3) \tag{13-6}$$

式中 K——一元酸的电离常数；

K_1、K_2、K_3——分别为多元酸的各级电离常数；

[H] ——H^+ 的浓度，为简单起见省去离子的符号（下同）。

从上可知，对强碱弱酸盐而言，溶液的酸度愈高，则其溶解度愈大，同时组成该盐的弱酸的电离常数 K 愈小（酸愈弱），则 a 值愈小，相应地在同样 K_{sp} 下，S_3 值愈大。湿法冶金中常见的弱酸的电离常数如表 13-1 所示。

表 13-1 湿法冶金中常见的某些弱酸的电离常数

名 称	分子式	温度/℃	级 数	K_a	pK_a
铝 酸	H_3AlO_3	25	1	6×10^{-12}	11.22
亚砷酸	H_3AsO_3	20	1	4×10^{-10}	9.40
			2	3×10^{-14}	13.53
		25	1	6×10^{-10}	9.22
砷 酸	H_3AsO_4	25	1	6.31×10^{-3}	2.2
			2	1.02×10^{-7}	6.99
			3	6.99×10^{-12}	11.16
次氯酸	HClO	25		3.02×10^{-8}	7.52
碳 酸	H_2CO_3	25	1	4.17×10^{-7}	6.38
			2	5.62×10^{-11}	10.25
氢氟酸	HF	25	1	6.61×10^{-4}	3.18
钼 酸	H_2MoO_4	25	2	1.78×10^{-4}	3.75
亚硝酸	HNO_2	25		5.13×10^{-4}	3.29
磷 酸	H_3PO_4	25	1	7.59×10^{-3}	2.12
		25	2	6.31×10^{-8}	7.20
			3	4.36×10^{-12}	11.36
亚硫酸	H_2SO_3	25	1	1.26×10^{-2}	1.90
			2	8.31×10^{-8}	7.20
硅 酸	H_2SiO_3	20	1	2×10^{-10}	9.70
			2	1×10^{-12}	12.00
原硅酸	H_4SiO_4	30	1	2.2×10^{-10}	9.66
			2	2.2×10^{-12}	11.66
			3	1×10^{-12}	12.00
			4	1×10^{-12}	12.00
锡 酸	H_2SnO_3	25	1	4×10^{-10}	9.4
醋 酸	CH_2COOH	5		1.7×10^{-5}	4.77
草 酸	$(HCOOH)_2$	25	1	6.5×10^{-2}	1.19
			2	6.1×10^{-5}	4.22

例：已知 MgF_2 的 $K_{sp}=7.1\times10^{-9}$（18℃），HF 的 K 为 6.61×10^{-4}，求 18℃时 MgF_2 在浓度为 0.05mol/L，HCl 中的溶解度。

解：由于 MgF_2 的 K_{sp} 较小，溶液中平衡的 F^- 及 HF 浓度不大，题中指定的 HCl 溶液浓度（0.05mol/L）比它大得多，故可将平衡后溶液中［H^+］近似为 0.05mol/L。

$$a = K/(K+[H]) = 6.61\times10^{-4}/(6.61\times10^{-4}+0.05) \approx 0.013$$

代入式（13-3）得 $S_3\approx2.2\times10^{-2}$mol/L

实际上 MgF_2 在纯水中的溶解度为 1.92×10^{-3}mol/L，故在浓度为 0.05mol/L，HCl 溶

液中提高了一个数量级。

（2）弱碱强酸盐。弱碱强酸盐 M_mA_n溶解后，其中 M^{n+}将产生如下等水解反应：

$$M^{n+} + H_2O = M(OH)^{(n-1)+} + H^+$$

$$M(OH)^{(n-1)+} + H_2O = M(OH)_2^{(n-2)+} + H^+$$

$$\cdots\cdots$$

$$M(OH)_n + H_2O = M(OH)_{n+1}^- + H^+$$

设溶解度为 S_4，则溶液中 A^{m-}浓度为 nS_4，M 的总浓度（M^{m+}及各种碱式离子浓度之和）为 mS_4，设其中 $[M^{m+}]/(mS_4) = a$，按照上述式（13-3）的推导过程可得：

$$S_4 = K_{sp}^{\frac{1}{m+n}} \cdot m^{\frac{-m}{m+n}} \cdot n^{\frac{-n}{m+n}} / a^{\frac{m}{m+n}} \tag{13-7}$$

对弱碱离子的水解而言，其情况远比弱酸离子水解复杂，如 Fe^{3+}水解时就有 $Fe(OH)^{2+}$、$Fe(OH)_2^+$等，在 Al^{3+}水解时还存在 $Al_3(OH)_6^{3+}$等聚合离子，同时在 OH^-过量时，由于共同离子效应而使$[M^{n+}]$减小。因此，难以像弱酸根那样求出统一的 a 表达式。现以 $Zn(OH)_2$沉淀与溶液酸度关系的具体计算为例，说明酸碱度的影响。

$Zn(OH)_2$溶解（或沉淀）时，与固体相平衡的溶液中锌的形态有 $Zn(OH)_2$、Zn^{2+}、$Zn(OH)^+$、$Zn(OH)_3^-$、$Zn(OH)_4^{2-}$，并存在下列平衡：

$$Zn(OH)_2(s) = Zn(OH)_2(aq) \quad K_1 = 10^{-5.4}$$

$$Zn(OH)_2(aq) = Zn^{2+} + 2OH^- \quad K_2 = 10^{-11.6}$$

$$Zn^{2+} + H_2O = Zn(OH)^+ + H^+ \quad K_3 = 10^{-5.7}$$

$$Zn(OH)_2(aq) + OH^- = Zn(OH)_3^- \quad K_4 = 10^{2.2}$$

$$Zn(OH)_2(aq) + 2OH^- = Zn(OH)_4^{2-} \quad K_5 = 10^{3.4}$$

根据 $K_1 \sim K_5$值及溶液中电离平衡原理，可分别求出上述各种形态锌离子浓度与 H^+浓度的关系，进而求出溶液中总锌浓度（或 $Zn(OH)_2$ 的溶解度）与 H^+浓度的关系为：

$$S_{Zn(OH)_2} = 10^{-5.4} + 10^{11}[H]^2 + 10^{5.3}[H] + 10^{-17.2}[H]^{-1} + 10^{-30}[H]^{-2}$$

根据上式，将 $S_{Zn(OH)_2}$ 对溶液 pH 作图，如图 13-2 所示。从图中可知，随着溶液 pH 的增加，其中锌的浓度存在最低点。因此，用水解法从含 Zn^+的溶液中沉淀 $Zn(OH)_2$ 时，并不是 OH^-过量愈多愈完全，当 pH 值超过 11 时，将起着相反的作用。

（3）弱碱弱酸盐。对弱碱弱酸盐而言，其水溶液中将同时进行 M^{n+}和 A^{m-}的水解反应，使 M^{n+}和 A^{m-}的浓度降低，相应地使溶解度增加，而上述水解反应同样决定于溶液的酸碱度，故溶液酸碱度将影响其溶解度。

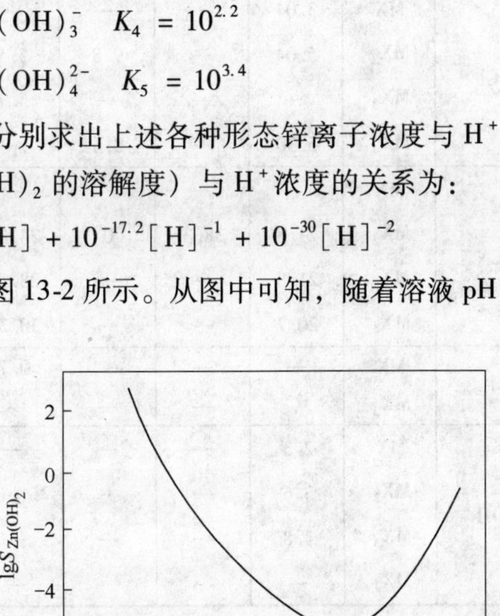

图 13-2 $Zn(OH)_2$ 溶解度与 pH 值关系

D　配合效应

有配合剂存在时，配合剂 X 与 M^{n+} 形成配离子，降低 M^{n+} 的浓度，相应地使溶解度增加，现分两种情况进行讨论。

(1) 溶液中已有的配合剂。当 M_mA_n 溶解或沉淀时，若溶液中已有配合剂 X（如 NH_3、F^-、Cl^-、$C_2O_4^{2-}$ 等）。则 X 将与 M^{n+} 形成配离子，使 M^{n+} 的浓度降低，相应地使 M_mA_n 的溶解度增加。

设有配合剂作用时，M_mA_n 的溶解度为 S_5，则溶液中 M 的总浓度（包括 M^{n+} 及各种配离子 MX、MX_2 等）为 mS_5，A^{m-} 的总浓度为 nS_5，设溶液中 M^{n+} 在总浓度中所占的比例为 a，则：

$$a = [M^{n+}]/(S_5)$$

参照式（13-3）可知：

$$S_5 = K_{sp}^{\frac{1}{m+n}} \cdot m^{\frac{-m}{m+n}} \cdot n^{\frac{-n}{m+n}} \cdot a^{\frac{-m}{m+n}} \qquad (13\text{-}8)$$

对照式（13-1）可知，式（13-8）中 $K_{sp}^{\frac{1}{m+n}} \cdot m^{\frac{-m}{m+n}} \cdot n^{\frac{-n}{m+n}}$ 项即为无配合剂存在时，强电解质的溶解度，而 a 小于 1，故有配合剂存在时溶解度增加。a 的具体数值可根据配合平衡的原理及相应配合物的稳定常数求出，即：

$$a = 1/(1 + K_{配1}[X] + K_{配2}[X]^2 + \cdots + K_{配n}[X]^n)$$

式中，$K_{配1}$、$K_{配2}$ 与 $K_{配n}$ 分别为各级配合物积累稳定常数。某些配合物的积累稳定常数的对数如表 13-2 所示。[X] 为游离配合剂的浓度。

表 13-2　某些配合物的积累稳定常数的对数

配位体	配合物	金属离子									
		Ag^+	Au^+	Au^{2+}	Cu^+	Cu^{2+}	Zn^{2+}	Cd^{2+}	Fe^{2+}	Co^{2+}	Ni^{2+}
Cl^-	MX	3.04	—	—	—	0.1	0.43	1.95	0.36	—	—
	MX_2	5.04	—	9.8	5.5	-0.6	0.61	2.50	—	—	—
	MX_3	—	—	—	5.7	—	0.53	2.60	—	—	—
	MX_4	5.30	—	2.6	—	—	0.20	2.80	—	—	—
CN^-	MX		—	—	—	—	—	5.48	—	CoL_6	—
	MX_2	21.8	38.3	0	24.00	—	—	10.60	FeX_6	19.09	—
	MX_3	21.8	—	—	28.59	—	—	15.23	35.4	—	—
	MX_4	20.7	—	—	30.30	—	—	18.78	—	—	33.3
F^-	MX	—	—	—	0.7	—	—	—	<1.5	—	0.7
	MX_2	—	—	—	—						
OH^-	MX	2.3	—	—	—	7.0	4.40	4.17	5.56	5.1	4.97
	MX_2	3.6	—	—	—	13.68	11.30	8.38	8.77	—	8.55
	MX_3	4.8	—	—	—	17.00	14.14	9.02	9.67	10.2	11.38
	MX_4	—	—	—	—	18.50	17.60	8.62	8.58	—	—

当 $K_{配1}$ 值不太大（$10^2 \sim 10^5$）、配合剂量大、M_mA_n 的 K_{sp} 小时，可近似认为游离配合剂浓度与配合剂总浓度相等。即 $[X] = [X]_T$，则能近似求出 a 值，进而根据式（13-8）可求出 S_5 值。

具体求 S_5，亦可解下列方程式：

1）根据溶液中 M 的总浓度（mS_5）为 M^{n+} 浓度和各级配离子浓度之和，即：

$$mS_5 = [M](1 + K_{配1}[X] + K_{配2}[X]^2 + \cdots + K_{配n}[X]^n)$$

2）根据溶液中配合剂总浓度 $[X]_T$ 为游离的 X 浓度 [X] 与各级配离子中 X 之和，即

$$[X]_T = [X] + [M](1 + K_{配1}[X] + 2K_{配2}[X]^2 + \cdots + nK_{配n}[X]^n)$$

3）根据溶液中游离 M^{n+} 浓度与 A^{m-} 浓度之积为 K_{sp}。即：

$$[M]^m \cdot [nS_5] = K_{sp}$$

上述三个方程式中含 [M]、[X]、S_5 三个未知数，解方程式即可求出 S_5。

（2）沉淀剂（A^{m-}）本身能成为 M^{n+} 的配合剂。某些难溶盐 M_mA_n 能与溶液中加入的 A^{m-} 形成配离子。在这种情况下随着 A^{m-} 浓度的增加，开始由于共同离子效应而使其溶解度减小，进一步增加 A^{m-} 浓度，由于配合作用而使溶解度增加（类似于上述 Zn^{2+} 的水解与[OH]的关系）。设溶解度为 S_6，则 S_6 可参照生成 MX_n 配合物的方法求出：

设 M^{n+} 与 A^{m-} 形成 MA^{n-m}、MA_2^{n-2m}、…、MA_n^{n-nm} 等配离子，溶液中游离 M^{n+}、A^{m-} 的浓度分别为 [M] 和 [A]，而溶液中 M 的总浓度 mS_6 为游离 M^{n+} 浓度和各种配合物中 M 之和，故：

$$mS_6 = [M]\{1 + K_{配1}[A] + K_{配2}[A]^2 + \cdots + K_{配n}[A]^n\}$$

已知 $[M]^m[A]^n = K_{sp}$，$[M] = K_{sp}^{1/m}[A]^{-n/m}$，代入上式得

$$mS_6 = K_{sp}^{1/m}[A]^{-n/m}\{1 + K_{配1}[A] + K_{配2}[A]^2 + \cdots + K_{配n}[A]^n\} \tag{13-9}$$

溶液中 A 的总浓度为加入的 A^{m-} 浓度（用 $[A]_0$ 表示）与 M_mA_n 的溶解产生的 A^{m-} 浓度（mS_6）之和，并且等于游离 A^{m-} 和各级配合物中 A^{m-} 之和，则：

$$[A]_0 + nS_6 = [A] + K_{sp}^{1/m}[A]^{-n/m}\{K_{配1}[A] + 2K_{配2}[A]^2 + \cdots + nK_{配n}[A]^n\} \tag{13-10}$$

式（13-9）及式（13-10）中，已知 $[A]_0$、K_{sp} 及 $K_{配1}$、$K_{配2}$、$K_{配n}$，只有两个未知数 S_6 及 [A]，联立解方程式，即可求出 S_6。

一般当 $K_{配}$ 值不太大，K_{sp} 较小的情况下，可将 $[A] \approx [A]_0$，即将加入的 A^{m-} 视为游离，被配合的 A^{m-} 忽略不计，则可从式（13-9）直接计算 S_6 值。

根据式（13-9）亦可运用微分的方法求出 S_6 的极小值，为简单起见，现设沉淀的分子式为 MA（即 $m = n = 1$），A^- 与 M^+ 形成两级配离子 MA、MA_2，其积累稳定常数分别为 $K_{配1}$、$K_{配2}$ 代入式（13-9），则：

$$S_6 = K_{sp}[A]^{-1}\{1 + K_{配1}[A] + K_{配2}[A]^2\} = K_{sp}[A]^{-1} + K_{sp} \cdot K_{配1} + K_{sp} \cdot K_{配2}[A]$$

$$dS_6/d[A] = -K_{sp}[A]^{-2} + K_{sp}K_{配2}$$

在 S_6 极小时，$dS_6/d[A] = 0$，即

$$-K_{sp}[A]_{极小}^{-2} + K_{sp}K_{配2} = 0$$

求出 $[A]_{极小} = K_{配2}^{-1/2}$

$$S_{6(\text{极小})} = K_{sp}(K_{配1} + 2K_{配2}^{1/2})$$

例如：已知25℃时化合物 CuCl 的 K_{sp}为 $10^{-6.73}$，同时 Cu^+ 与 Cl^- 形成 CuCl、$CuCl_2^-$ 两种配离子，$K_{配1} = 10^{1.73}$，$K_{配2} = 10^{5.61}$，求 CuCl 的最小溶解度，并求对应最小溶解度的 $[Cl^-]$。

解：根据上述方程式，将有关数据代入得：

$$S_{CuCl(\text{极小})} = 10^{-6.75}(10^{1.73} + 2\sqrt{10^{5.16}}) \approx 2.35 \times 10^{-4} mol/L$$

对应的 $[Cl^-]$ 为 $1/\sqrt{10^{5.16}} \approx 1.78 \times 10^{-3} mol/L$

根据计算，当考虑配合作用与不考虑配合作用时，CuCl 在水中的溶解度与 Cl^- 浓度的关系如图13-3所示。从图可知配合作用使 CuCl 溶解度出现最低点。

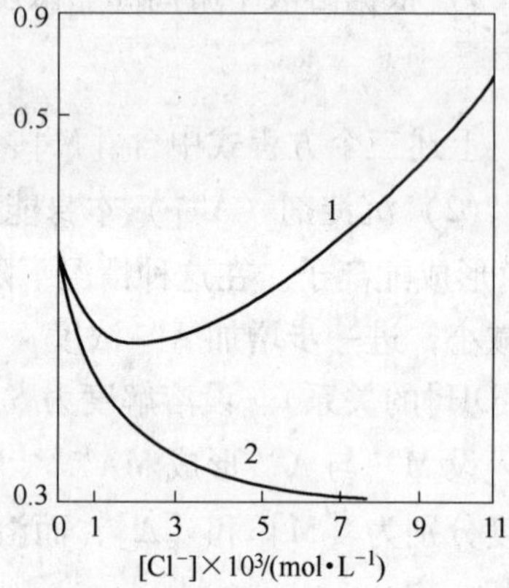

图 13-3　CuCl 溶解度与 $[Cl^-]$ 的关系

1—考虑配合作用；2—未考虑配合作用

13.1.2　过饱和溶液的沉淀或结晶[1~4]

13.1.2.1　过饱和溶液

在实践中，当溶液中没有结晶核心存在时，溶质的实际浓度往往在超过其溶解度后，仍不发生结晶，这种溶液称为过饱和溶液。

过饱和溶液是由于微细颗粒的溶解度大于大颗粒的溶解度而造成的。根据 Kelein 公式，微小液滴的蒸气压与其半径有关，即：

$$\ln(p_r/p^0) = 2\sigma M/(r\rho RT)$$

式中　p_r、p^0——分别为半径 r 的液体及平面液体的蒸气压；

σ、ρ、M——分别为物质的表面张力、密度和摩尔质量。

上述公式同样适用于固体物质，而根据亨利定律，物质的溶解度与蒸气压（气相分压）成正比，即：

$$S/S_0 = p_r/p^0$$

式中　S——半径为 r 的微细颗粒的溶解度；

S_0——大颗粒的溶解度。

故
$$\ln(S/S_0) = 2\sigma_{(s-1)} M/(r\rho RT) \tag{13-11}$$

式中　$\sigma_{(s-1)}$——固体物质在水溶液中的表面张力。

分析式（13-11）可知，随着颗粒半径减小，则溶解度增加。例如对 $BaSO_4$ 而言，其摩尔质量、密度、在水溶液中的表面张力分别为 233g/mol、4.5g/cm³、0.52N/m，不同 r 时的 S/S_0 计算值如下：

r/cm	10^{-4}	10^{-5}	10^{-6}
S/S_0	1.022	1.242	8.71

实际测定表明，25℃时大颗粒的 $BaSO_4$ 晶体的溶解度约为 10^{-5} mol/L，而粒度分别为 3.6×10^{-3}mm 和 2.0×10^{-4}mm 的 $BaSO_4$ 晶体的溶解度分别为 2.2×10^{-3} mol/L 和 4.15 ×

10^{-3}mol/L。

考虑到溶质从其饱和溶液中结晶时，在没有外来晶核存在的条件下，势必有一个自动形成微细晶核的过程，这种微细晶核的溶解度远大于粗颗粒的溶解度，故为使晶核能形成，溶液的实际浓度 S 应大于溶解度 S_0，即应当是过饱和溶液，且应有足够的过饱和度。

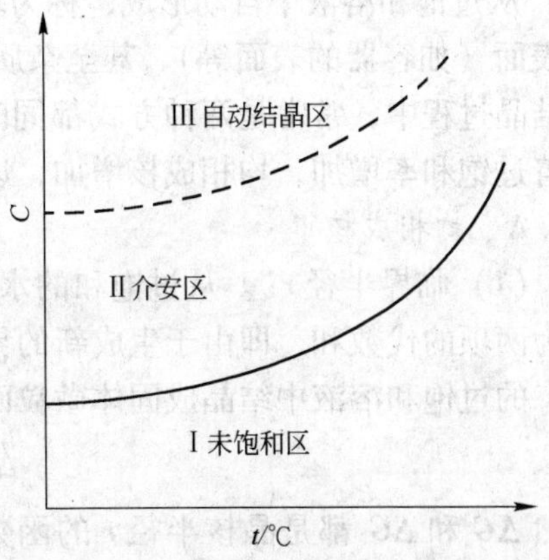

图 13-4　溶液的状态图

相应地溶液的状态图如图 13-4 所示，其中实线为溶解度曲线；Ⅰ区为未饱和区；Ⅱ为介安区（或亚稳定区），在Ⅱ区内，虽然溶液已过饱和，但由于上述原因，当没有外来的晶核存在或其他因素的激发，溶液中将不会自动形成晶核，也不会发生结晶过程；Ⅲ区为自动结晶区，即其过饱和程度已足以自动形成核心，因此，将发生自动结晶过程。

为表征过饱和溶液的饱和度常引用下列参数：

$S-S_0$为绝对过饱和度，以 α 表示；

S/S_0为过饱和率，以 β 表示；

$(S-S_0)/S_0$ 为相对过饱和度，以 γ 表示，$\gamma=(S-S_0)/S_0=\beta-1$。

图 13-4 中虚线所对应的过饱和率为自动成核的临界过饱和率，或者说自动产生核心所需的过饱和度，它的大小反映了过饱和溶液的稳定性。一般说来影响过饱和溶液稳定性的因素主要有：

（1）溶质离子电荷之积　离子电荷积愈大则稳定性愈大，例如：NaCl、KCl 的离子电荷积为 1，其过饱和率 β 为 1.03～1.06，而 $CaSO_4$、$CoSO_4$的离子电荷积为 2，β 为 1.6；

（2）溶解度和溶解度的温度系数　溶解度 S_0愈小，温度系数 f 愈大，则 β 值愈大，例如：KCl、KNO_3和 $KClO_3$的 β 数值大小如下：

	KCl	KNO_3	$KClO_3$
S_0/%	4.03	2.76	0.68
f/℃$^{-1}$	0.0031	0.014	0.15
β	1.09	1.36	1.41

（3）离子水合度及形成晶体含结晶水量　当离子水合程度大，结晶体含结晶水多，则 β 值大，例如对钾盐而言，其离子水合度按下列顺序 KI →KBr →KCl →K_2SO_4依次增加，相应地其 β 值依次增大为 1.029 →1.056 →1.098 →1.37；

（4）溶质结晶类型　对称性低的晶体（如三斜晶体）其晶核形成比较困难，溶液的 β 值大，而立方晶体在小的过饱和度就能自动成核析出。

此外，搅拌作用、杂质都将影响过饱和溶液的稳定性，搅拌作用及不溶性杂质都会使其稳定性降低。

13.1.2.2　晶核的形成[1,3,6]

为从过饱和溶液中进行结晶，首先要形成核心，核心的形成一般有两种途径，即：

（1）从过饱和溶液中自动形成，称为均相成核；（2）溶液中存在的夹杂物颗粒或其他固相表面（如容器的表面等），甚至杂质离子也可能成为结晶的核心，称为异相成核。在实际结晶过程中，常常是两种方式都同时存在，当溶液的过饱和率小时，以异相成核为主，随着过饱和率增加，均相成核增加，逐渐变为均相成核占优势。

A　均相成核

（1）临界半径 r^*。从过饱和的水溶液中进行均相成核时，其吉布斯自由能的变化主要为两项的代数和，即由于生成新的界面导致的界面能增加（ΔG_s）和由于溶质从不稳定状态的过饱和溶液中结晶成固体微粒而导致的吉布斯自由能减少（ΔG_v）：

$$\Delta G = \Delta G_s + \Delta G_v \tag{13-12}$$

显然 ΔG_s 和 ΔG_v 都是晶核半径 r 的函数，ΔG_s、ΔG_v、ΔG 与半径的关系如图 13-5 所示。图中在一定 r 下 ΔG_s、ΔG_v 的代数和即为形成该半径的晶核的吉布斯自由能变化值，从图 13-5 可知，随着半径的增加，ΔG 成具有最大值的曲线变化，在 ΔG_{max} 为最大值时的半径用 r^* 表示。显然对半径为 r^* 的晶核而言，其溶解成半径更小颗粒的过程或进一步长大成大颗粒的过程都是吉布斯自由能减小的过程，因此都是自动过程，当颗粒半径 $r \geq r^*$，它才能在该饱和溶液中自动长大，因此 r^* 称为晶核的临界半径，对简单无机物的结晶过程而言，r^* 约为 $10^{-7} \sim 10^{-5}$mm。

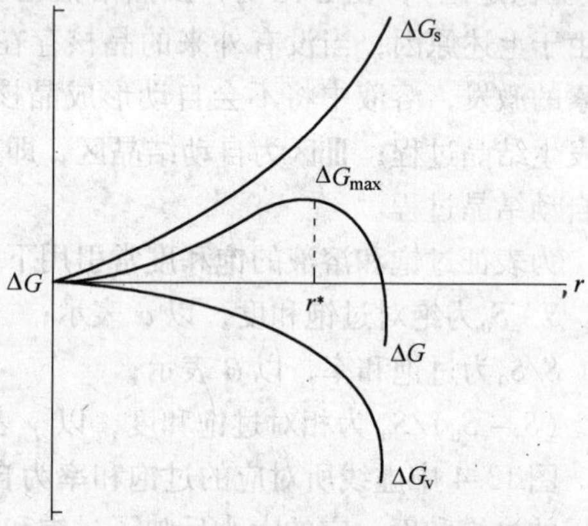

图 13-5　形成晶核的吉布斯自由能变化与其半径的关系

r^* 与两相的界面张力及过饱和率有关，具体分析如下：

$$\Delta G_v = n(\mu_{S_0} - \mu_S)$$

式中　n——结晶的溶质摩尔数；

μ_S——待结晶的溶质在浓度为 S 的过饱和溶液中的化学位，$\mu_S = \mu^{\ominus} + RT\ln\gamma_1 S$；

μ_{S_0}——待结晶的溶质在饱和溶液中的化学位，考虑到溶解度与粒径有关，因此严格说来，在结晶过程中物质的溶解度（饱和浓度）随粒径而变，这里的饱和浓度应与平衡的粒径相对应，是一个与粒径有关的数，为简单起见，采用大颗粒的饱和溶解度，并在温度一定时视为常数。

$$\mu_{S_0} = \mu^{\ominus} + RT\ln\gamma_2 S_0$$

故
$$\Delta G_v = n(\mu_{S_0} - \mu_S) = nRT\ln(\gamma_2 S_0/\gamma_1 S)$$

在浓度变化范围不大的情况下，活度系数 γ 可视为不变，即 $\gamma_1 = \gamma_2$，对球形颗粒而言：

$$n = \frac{4}{3}\pi r^3 \rho / M$$

式中，ρ 和 M 分别为结晶物质的密度和摩尔质量。

可得
$$\Delta G_v = \frac{4}{3}\pi r^3 RT\ln\left(\frac{S_0}{S}\right)\frac{\rho}{M}$$

又知 $$\Delta G_s = 4\pi r\sigma_{(s-1)}$$

将 ΔG_s 和 ΔG_v 代入式（13-12），得：

$$\Delta G = 4\pi r^2\sigma_{(s-1)} + \frac{4}{3}\pi r^3 RT\ln(S_0/S)\rho/M$$

或 $$\Delta G = 4\pi r^2\sigma_{(s-1)} - \frac{4}{3}\pi r^3 RT\ln(S/S_0)\rho/M \tag{13-13}$$

或将 ΔG 对 r 微分，同时令 $d(\Delta G)/dr = 0$

则求出 $$r^* = 2\sigma_{(s-1)}M/[\rho RT\ln(S/S_0)] \tag{13-14}$$

将式（13-14）代入式（13-13），得：

$$\Delta G_{max} = \frac{16}{3}\pi\sigma^3 M^2/[\rho RT\ln(S/S_0)]^2 \tag{13-15}$$

从式（13-14）、式（13-15）可知，临界半径 r^* 的大小及形成临界半径的晶核所需的吉布斯自由能与固体与溶液间的界面张力、晶体的密度以及过饱和（S/S_0）率密切相关。当两相间界面张力小，则临界半径及生成晶核所需的能量都小，因此易自动成核；当过饱和率大，则 r^* 及 ΔG_{max} 都小，也易于自动成核。

（2）均相成核的速度。单位时间内单位体积过饱和溶液中产生的晶核数，称为均相成核的速度，可用下式表示：

$$J = k\exp[-\Delta G_{max}/RT]$$

式中，k 为比例常数；ΔG_{max} 为形成临界晶核所需的吉布斯自由能，将式（13-15）的方程式代入，球形晶核的成核速度为：

$$J = k\exp\left\{-\frac{16}{3}\frac{\pi\sigma^3 M^2}{\rho^2(RT)^3[\ln S/S_0]^2}\right\} \tag{13-16}$$

分析式（13-16），可知过饱和率 S/S_0 增大，不仅有利于减小临界半径，而且有利于提高成核速度；S/S_0 增大，则 J 加大，即成核速度加快。

大部分物质的溶解度随温度的升高而升高，此时温度对其成核速度有两方面的影响：一方面温度升高，溶解度 S_0 增加，不利于成核；另一方面，有利于原子的迁移，有利于成核，但总的说来，后者占优势。对溶解度随温度的升高而降低的物质而言，则温度的升高肯定有利于成核。

B 异相成核

溶质从过饱和溶液中结晶时，亦可能以溶液中的夹杂物或其他固相表面为核心，此时结晶过程生成新的相界面所需的表面能远比自动成核小，因此，即使在过饱和率较小的情况下，亦能形成核心，进行结晶过程。根据测定，即使是化学纯试剂，其中可作为异相成核的质点也可达 $10^6 \sim 10^7/cm^2$。

异相成核的难易程度主要决定于夹杂物粒度的大小及其晶格与待结晶的溶质晶体结构的近似性，两者晶体结构愈近似，则愈容易成为结晶核心。因此，作为异相成核的核心最好是人为加入的溶质为固体粉末。例如在拜耳法生产 Al_2O_3 时，为使 $NaAlO_2$ 溶液分解而加入 $Al(OH)_3$ 晶种。

13.1.2.3 晶粒的长大[1,6]

过饱和溶液中溶质分子（或离子）到晶核上结晶，使晶粒长大的过程属多相过程，应遵循多相过程的一般规律。溶质分子（或离子）的结晶过程经历的步骤为：

（1）通过包括对流与扩散在内的传质过程达到晶体的表面；

（2）在晶体的表面吸附；

（3）吸附的分子或离子在表面迁移；

（4）进入晶格，使晶粒长大。

整个结晶长大的速度决定于其中最慢的步骤。当步骤 1 为最慢则称为传质控制，当步骤 2 或步骤 3、步骤 4 最慢则称为界面生长控制。

为判断给定结晶过程的控制步骤，A. E. Nielsen 认为，对粒度大于 5 ~ 10μm 的晶粒生长而言，当长大速度对搅拌强度很敏感时，则控制步骤为传质过程；当长大速度对搅拌强度不敏感则为界面生长控制。而对粒度小于 5μm（具体大小决定于溶液与晶体的密度差）的晶体的生长，在搅拌过程中，晶体几乎与溶液同速运动，溶液与晶体界面的相对速度很小，不足以改变扩散速度，故长大速度往往与搅拌速度几乎无关。

对扩散控制而言，影响结晶过程总速度的因素主要为绝对过饱和度，即过饱和浓度 S 与饱和浓度 S_0 之差和扩散系数 D，同时温度升高则 D 值增加，相应地总速度亦增加。

对界面生长控制而言，则其主要影响因素为温度和相对过饱和度 r，温度升高，则长大速度增加；相对过饱和度 r 增加，长大速度亦增加，长大速度与 r 的具体关系式，则随其中最慢过程而异。当最慢过程为表面吸附时，则长大速度与 r 的 1 次方成正比；当界面螺旋生长过程最慢，则与 r^2 成正比。

13.1.2.4 沉淀物的形态及其影响因素[1,3,6]

A 沉淀物的主要形态及生长过程

在沉淀过程中，由于条件的不同及物质性质的不同，沉淀物的形态往往不同，主要有：

（1）结晶型即外观呈明显的晶粒状，如 NaCl 溶液蒸发结晶所得的 NaCl 晶体，X 衍射也表征出特有的晶体结构；

（2）无定形（凝乳型）实际上为很小晶粒的聚集体；

（3）非晶形 X 衍射图形表明无一定的晶体结构，非晶形的沉淀不稳定，在一定条件下能转化成凝乳状。

这些形态产生的过程为：

离子 —核心的形成→ 晶核 —成长→ 沉淀微粒 → { （a）聚集成无定形沉淀；（b）定向长大成结晶型沉淀 }

即过饱和溶液中首先形成核心，核心经长大成微粒后，可能进行两种过程：即 1）过饱和溶液中的溶质分子进一步形成许多核心并长大为微粒，许多微粒经聚集形成无定形沉淀；2）过饱和溶液中的溶质扩散至微粒表面，并在表面上定向排列长大为晶形颗粒。

B 影响沉淀物形态及粒度的因素

从上述沉淀的生成过程可知，沉淀的形态一方面决定于晶核数量，当形成晶核的速度快而定向成长的速度慢，则势必产生大量微粒并聚集成无定形沉淀。另一方面也决定于聚集和定向长大的相对速度，当定向长大速度快，则主要成晶形沉淀；反之则主要聚集成无定形。因此，要研究影响沉淀物形态及粒度的因素，应综合分析有关因素对上述三个过程特别是晶核形成和定向长大过程的影响。

为综合分析各种因素的影响，C. Weimarm 提出了“分散度”的概念。分散度大则粒度细，用下式表示：

$$\text{分散度} = K \times \left(\frac{S - S_0}{S_0}\right) = K \cdot r \qquad (13\text{-}17)$$

下面根据分散度分析影响沉淀物的形态和粒度的因素。从式（13-17）可知分散度主要由相对过饱和度 r 和系数 K 两项组成。

a 相对过饱和度 r

相对过饱和度增加虽然有利于晶体的长大，更重要的是它有利于核心的生成，有利于在溶液中产生大量微粒并进一步聚集，因此相对过饱和度大，则分散度大，有利于生成无定形细颗粒。

决定相对过饱和度大小的主要因素是溶液的过饱和浓度 S，即沉淀剂加入瞬间（沉淀尚未形成时）溶液中沉淀化合物的总浓度，它决定于溶液的起始浓度、沉淀剂的浓度、沉淀剂的加入速度以及搅拌速度。当溶液的起始浓度大，则 S 值大，相应地导致生成细颗粒。在 $BaCl_2$溶液中沉淀 $BaSO_4$时，其粒度与 $BaCl_2$溶液浓度的关系如表 13-3 所示。

表 13-3 $BaSO_4$粒度与沉淀前 Ba^{2+} 浓度的关系

$BaSO_4$浓度/（$mol \cdot kg^{-1}$）	0.4	0.1	0.01	0.001	0.0006
粒径/μm	0.2（占53%）	最大0.24	最大0.5	最大1.0	显微观察的1μm

同理沉淀剂的浓度加大以及加入沉淀剂的速度加快，都有利于得到细颗粒沉淀物。

b 系数 K

式（13-17）中系数 K，实际上包括了温度、晶体性质、搅拌等因素的影响。

（1）温度。温度升高，对核心的生成、聚集、晶粒长大等过程都有利，但其综合效果是温度升高，有利于得到粗颗粒。

（2）晶体结构类型。极性较强的盐类如 $BaSO_4$、AgCl 等一般具有大的结晶速度，因而得到晶形沉淀。氢氧化物特别是高价氢氧化物易得无定形状沉淀。价数愈高愈难结晶，如对二价的 $Cd(OH)_2$、$Zn(OH)_2$ 而言，控制适当条件有时可直接得到结晶产物，三价的 $Fe(OH)_3$ 往往是无定形的，但在高温下处理一定时间（陈化），可转变为结晶型，而 $Th(OH)_4$ 等四价氢氧化物则通常为非晶型，很难转化为晶型。

（3）搅拌。搅拌作用有利于防止局部过饱和度增加，同时有利于传质过程，因此在一定程度上，搅拌有利于得到粗颗粒沉淀。但是过于强烈的搅拌也可能将颗粒粉碎。

（4）其他。某些物质吸附于晶体表面将严重抑制晶体生长，如四溴荧光素即使其浓度为 10^{-6}mol/L 时也能显著地减慢 AgCl 晶体的生长速度。而陈化过程则有利于晶体的长大，采用均相沉淀法亦能减少过饱和度，有利于晶体长大。

因此，在实践中应根据沉淀过程的具体目的，适当地控制上述参数，以控制沉淀物的形态和粒度。

13.1.2.5 陈化过程[1,3,6]

沉淀物形成后，其粒度及结构进一步自动向热力学更稳定的方向变化过程称为陈化过程。陈化过程主要是 Ostwald 熟化和亚稳相的转化所起的作用。

Ostwald 熟化是指沉淀颗粒自动长大，而小颗粒消失的过程。由式（13-11）可知，粒度愈小的颗粒溶解度愈大。当溶液中同时存在颗粒大小不同的晶体时，由于小颗粒的溶解度大，而将自动溶解，进而在大颗粒上结晶，其总的趋势是颗粒的自动长大。因此，沉淀后在高温下保温一段时间，往往有利于改善沉淀的过滤性能，同时由于颗粒长大，减少了比表面积，有利于减少由于各种共沉淀而带入的化学杂质。

亚稳相的转化是指在沉淀过程中由于动力学上的原因往往出现亚稳定相，因为一般界面张力小的物质溶解度大，从式（13-14）又知临界半径与界面张力 σ 成正比，在其他条件相同的情况下，σ 小的物质的临界半径小，即容易形成核心，因此在沉淀过程中有时 σ 小而溶解度大的相反而优先析出，在沉淀后，在一定的条件下这种溶解度大的相将自动转化成溶解度小的稳定相。这种转化往往容易出现在有多种晶形的物质（如 $CaCO_3$）以及有多种结晶水的物质的情况。

13.1.2.6　共沉淀及其产生的原因[1,3,6]

在沉淀过程中，某些未饱和组分亦随难溶化合物的沉淀而部分沉淀，这种现象称为“共沉淀”。在湿法冶金中，常要求避免共沉淀现象的发生。例如：当沉淀去杂质时，主金属与之共沉淀则造成主金属的损失；当沉淀析出纯化合物时，杂质的共沉淀则影响产品的纯度。但是，在某些场合下也利用共沉淀以除去某些难以除去的杂质。例如，稀土冶金中为从独居石碱溶浆的 HCl 优溶母液中除镭，则加入 $BaCl_2$ 和 $(NH_4)_2SO_4$，以产生 $BaSO_4$ 的沉淀，在沉淀的过程中，由于 Ba^{2+} 和 Ra^{2+} 的半径相近（分别为0.138nm 和0.142nm），故 Ra^{2+} 进入 $BaSO_4$ 晶格与之共同沉淀除去；在材料的制备中，有的利用共沉淀的原理以制取具有特定成分且成分分布均匀的产品。因此，掌握共沉淀的规律性对湿法冶金产品和材料制备都具有十分重要的意义。

A　共沉淀产生的原因

a　形成固溶体

设溶液有 $M_Ⅰ^+$、$M_Ⅱ^+$ 两种金属离子，当加入沉淀剂 A^- 时，若 $M_ⅠA$ 达到饱和而 $M_ⅡA$ 未达到饱和，则应当只有 $M_ⅠA$ 沉淀，但两者晶格相同，且两者的半径相近时，则 $M_Ⅱ^+$ 将进入 $M_ⅠA$ 晶格，与之共同析出。

进一步研究 $M_ⅡA$ 在固溶体中的浓度。$M_ⅠA$、$M_ⅡA$ 的沉淀反应为

$$M_Ⅰ^+ + A^- = M_ⅠA$$

$$a_{M_ⅠA}/(a_{M_Ⅰ^+} \times a_{A^-}) = K_1$$

$$M_Ⅱ^+ + A^- = M_ⅡA$$

$$a_{M_ⅡA}/(a_{M_Ⅱ^+} \times a_{A^-}) = K_2$$

式中　$a_{M_ⅠA}$、$a_{M_ⅡA}$——分别为 $M_ⅠA$、$M_ⅡA$ 在固相的活度；

$a_{M_Ⅰ^+}$、$a_{M_Ⅱ^+}$、a_{A^-}——分别为 $M_Ⅰ^+$、$M_Ⅱ^+$、A^- 在水溶液中的活度。当析出的固相为纯物质时，$a_{M_ⅠA}$、$a_{M_ⅡA}$ 为1，则：

$$1/K_1 = a_{M_I^+} \times a_{A^-} = K_{ap(M_I A)}$$

$$1/K_2 = a_{M_{II}^+} \times a_{A^+} = K_{ap(M_{II} A)}$$

式中，$K_{ap(M_I A)}$、$K_{ap(M_{II} A)}$ 分别为 $M_I A$、$M_{II} A$ 的活度积。

故

$$a_{M_I A}/(a_{M_+^I} \times a_{A^-}) = 1/K_{ap(M_I A)}$$

$$a_{M_{II} A}/(a_{M_+^{II}} \times a_{A^-}) = 1/K_{ap(M_{II} A)}$$

将两式相除并整理可得：

$$\frac{a_{M_{II} A}}{a_{M_I A}} = \frac{a_{M_{II}^+}}{a_{M_I^+}} \times \frac{K_{ap(M_I A)}}{K_{ap(M_{II} A)}} \tag{13-18}$$

式（13-18）表明，以固溶体形态进入固相的 $M_{II} A$ 的活度与 $a_{M_{II}^+}$ 成正比，与 $K_{ap(M_I A)}/K_{ap(M_{II} A)}$ 成正比。或者说 $M_{II} A$ 的溶解度愈小，则愈容易形成固溶体杂质。

b 表面吸附

晶体表面的离子的受力状态与内部离子不同。内部离子周围都由导电性的离子所包围，受力状态是对称的；而表面的离子则有未饱和的键力，能吸引其他的离子，即能进行表面吸附，表面吸附量与吸附离子性质有关，即：

（1）表面优先吸附与晶体中相同的离子，如 $CaSO_4$ 晶体表面优先吸附 SO_4^{2-} 和 Ca^{2+}；

（2）外界离子的被吸附量随该离子电荷数的增加成指数地增加。因此高价离子容易被吸附；

（3）在电荷及浓度相同的情况下，离子与晶格中离子形成的化合物的溶度积愈小，则愈易被吸附。

c 吸留和机械夹杂

在晶体长大速度很快的情况下，晶体长大过程中表面吸附的杂质来不及离开晶体表面而被包入晶体内，这种现象称为“吸留”。机械夹杂指颗粒间夹杂的溶液中所带进的杂质，这种杂质可通过洗涤的方法除去，而吸留的杂质则不能用洗涤的方法除去。

d 后沉淀

沉淀析出后，在溶液放置的过程中，溶液中的某些杂质可能慢慢沉积到沉淀物表面上，如向含 Cu^{2+}、Zn^{2+} 的酸性溶液中通 H_2S，则 CuS 沉淀，ZnS 不沉淀，但 CuS 表面吸附 S^{2-}，使 S^{2-} 浓度增加，导致表面 S^{2-} 浓度与 Zn^{2+} 浓度的乘积超过 ZnS 的溶度积，从而 ZnS 在 CuS 表面沉淀。

B 影响共沉淀的因素

（1）沉淀物的性质。大颗粒结晶型沉淀物比表面小，因而吸附杂质少；而无定型或胶状沉淀物比表面积大，吸附杂质量多。

（2）共沉淀物的性质与浓度。不论对固溶体或表面吸附而言，共沉淀的量均与共沉淀物质的性质密切相关，同时亦与其浓度密切相关。对固溶体而言，从式（13-18）可知固溶体中杂质浓度与杂质在溶液中的活度成正比；对表面吸附而言，根据研究，固体物质从溶液中吸附溶质（共沉淀物）的吸附等温线，有的服从弗罗因德利希（Freandlich）方程，即：

$$a = KC^{1/n}$$

式中　a——单位固体物质吸附的溶质的量；

C——溶质的浓度；

n——经验常数。

有的服从兰格缪尔吸附等温方程，即：

$$a = a_{\infty} bC/(1 + bC)$$

式中　b、a_{∞}——常数。

但不论哪种方程，a 值均随 C 的增加而增加。

（3）温度。温度升高往往有利于减少共沉淀，其原因主要有两方面：一方面吸附过程往往为放热过程，升高温度对吸附平衡不利；另一方面升高温度往往有利于得到颗粒粗大的沉淀物，其比表面积小。

（4）沉淀过程的速度和沉淀剂的浓度。沉淀剂浓度过大、加入速度过快，一方面导致沉淀物颗粒细，另一方面在溶液中往往造成沉淀剂局部浓度过高（搅拌不均匀的情况下更是如此），使某些从整体看来未饱和的化合物在某些局部过饱和而沉淀，这是形成共沉淀的主要原因之一。

C　减少共沉淀的措施与均相沉淀

为减少共沉淀，其主要措施是根据上述影响共沉淀的因素，采取相应的措施。例如：提高温度，降低沉淀过程的速度（或降低沉淀剂的加入速度），降低溶液和沉淀剂的浓度，加强搅拌，同时将沉淀剂以喷淋方式均匀分散加入，以防止局部浓度过高等。

至于降低沉淀剂浓度（或中和过程中酸、碱的浓度），有时单纯依靠稀释的方法是不够的，实践中已证明均相沉淀为有效的措施。

均相沉淀是向待沉淀的溶液首先加入含沉淀剂的某种化合物，待其在溶液中均匀溶解后，再控制适当条件使沉淀剂从该化合物中缓慢析出，进而与待沉淀的化合物形成沉淀。例如在中和沉淀过程中，中和剂不用 NH_4OH 或 NaOH，而是加入尿素，待尿素在溶液中均匀溶解后，再升温至90℃左右，此时尿素在溶液中分解：

$$CO(NH_2)_2 = NH_3 + HNCO = NH_4^+ + NCO^-$$

NCO^-在不同溶液中发生不同的中和反应，在酸性溶液中：

$$NCO^- + 2H^+ + H_2O = NH_4^+ + CO_2$$

而在中性或碱性溶液中：

$$NCO^- + OH^- + H_2O = NH_3 + CO_3^{2-}$$

因而均匀中和溶液中的酸或碱，不致发生酸碱度局部过高的现象，从而防止中和过程多种离子共沉淀。用尿素作中和剂，pH 值可达 9.3。

均相沉淀除能有效地防止共沉淀外，还由于沉淀剂浓度分布均匀，而有利于晶粒的长大，得到粗颗粒的沉淀物，甚至在一般条件下易成胶态的 $Fe_2O_3 \cdot xH_2O$、$Al_2O_3 \cdot xH_2O$ 等物质，在均相沉淀时，也可具有结晶性质。

在有尿素存在下进行的中和过程，除能用于水解制取氢氧化物外，亦常用于那些与 pH 有关的其他化合物的沉淀过程，包括弱酸盐沉淀和硫化物沉淀等。当溶液中有 CO_3^{2-}、

PO_4^{3-}、S^{2-}等弱酸根离子存在时，则随着溶液 pH 的升高也可能获得相应的弱酸盐或硫化物。

应当指出，尿素在中性或弱碱性条件下，分解产生 CO_3^{2-}，因而，有时溶液中虽然没有加入 CO_3^{2-}，也可能产生碳酸盐沉淀。据报道，A. Janekovic 等在有尿素存在下从 $CdCl_2$ 溶液中制备均匀分散的镉化合物胶粒时，发现在 pH = 6.4 ~ 7.2 时，沉淀物为 CdO · HCl，pH > 7.2 时，沉淀物为 $CdCO_3$。

作为均相沉淀的实例，除上述尿素存在下的中和过程外，在某种意义上将沉淀剂以配离子形态加入（如氨配离子）也是一种均相沉淀过程。此时，溶液中游离的沉淀剂的浓度由配合物稳定常数及配位体的浓度决定，不至于过高。随着沉淀过程的进行，游离沉淀剂浓度降低，配合平衡向配合物分解的方向迁移，不断产生沉淀剂，因而沉淀反应始终在沉淀剂浓度小而均匀的条件下进行，防止了某些 K_{sp} 大的化合物共沉淀。

13.1.3 沉淀法及其在湿法冶金中的作用[1]

在湿法冶金中，沉淀过程既是一种从溶液中析出有价元素的手段，又是一种利用不同化合物在溶解度上的差异而将主金属与杂质分离的手段。其具体方法繁多，作为冶金工作者，最重要的是根据任务选择最恰当的沉淀方法，同时要充分研究所处理体系中各种离子及其化合物在溶解性能上的差异，并设法扩大这种差异，从而找出最佳沉淀条件。下面介绍最主要的几类沉淀方法，以反映沉淀法在湿法冶金中的重要作用。

13.1.3.1 水解沉淀

氢氧化物沉淀法包括用中和水解的方法从水溶液中析出金属氢氧化物及某些金属氧化物。

A 基本原理

除碱金属、一价铊及某些碱土金属外，其他金属的氢氧化物都难溶于水，因此将其盐的水溶液中和到一定 pH 值，则可能发生以下水解反应：

$$M^{n+} + nOH^- = M(OH)_n$$

水解平衡时：

$$a_{M^{n+}} \cdot a_{OH^-}^n = K_{ap}$$

而

$$a_{OH^-} \cdot a_{H^+} = K_w$$

故

$$a_{M^{n+}} \cdot (K_w / a_{H^+})^n = K_{ap}$$

$$\lg a_{M^{n+}} + n\lg K_w + n\text{pH} = \lg K_{ap} \tag{13-19}$$

$$\lg a_{M^{n+}} = \lg K_{ap} - n\lg K_w - n\text{pH}$$

因此，水解平衡时，溶液中残留金属离子的活度的对数与 pH 成直线关系。pH 愈高，则残留金属离子的活度愈小。若将 K_{ap} 近似用溶度积 K_{sp} 代替，算出某些金属离子的平衡浓度与溶液中 pH 的关系如图 13-6、表 13-4 所示。

分析图 13-6 及表 13-4 可得如下结论：

(1) 在离子活度相同的情况下，位于图左边各种离子的平衡 pH 小，故它们在较小的

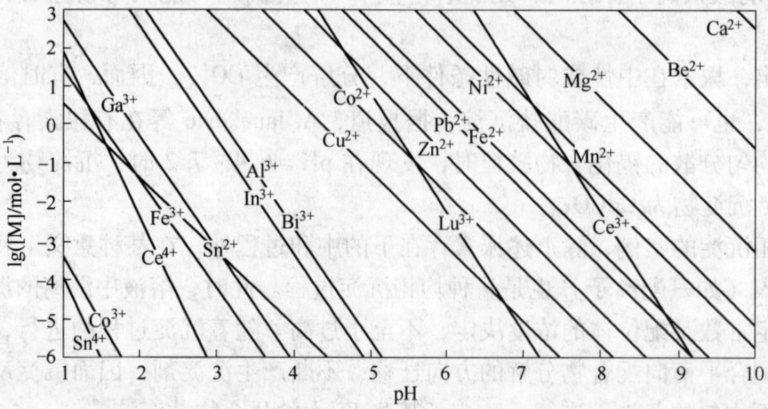

图 13-6 某些金属离子在水溶液中的平衡浓度与 pH 值的关系（25℃）

pH 下便可沉淀，或者说它们的盐类容易水解，而碱土金属的盐类难于水解。

表 13-4 氢氧化物沉淀时，M^{n+} 的平衡 pH 值（25℃）

M^{n+}		Ca^{2+}	Be^{2+}	Mg^{2+}	Mn^{2+}	Ce^{3+}	Ni^{2+}	Fe^{2+}	Pb^{2+}
平衡 pH 值	$[M^{n+}]=1mol/L$	11.37	9.21	8.37	7.4	7.3	7.1	6.35	6.22
	$[M^{n+}]=10^{-6}mol/L$	14.37	12.21	11.37	10.4	9.3	10.1	9.35	9.22

M^{n+}		Zn^{2+}	Lu^{3+}	Co^{2+}	Cu^{2+}	Al^{3+}	Bi^{3+}	In^{3+}	Ga^{3+}
平衡 pH 值	$[M^{n+}]=1mol/L$	5.65	5.3	5.1	4.37	3.09	3.2	2.9	1.9
	$[M^{n+}]=10^{-6}mol/L$	8.65	7.3	8.1	7.37	5.09	5.2	4.9	3.9

M^{n+}		Fe^{3+}	Sn^{2+}	Tl^{3+}	Co^{3+}	Sn^{4+}	Ce^{4+}
平衡 pH 值	$[M^{n+}]=1mol/L$	1.53	1.35	−1.1	−0.2	0.0	1.4
	$[M^{n+}]=10^{-6}mol/L$	3.53	4.35	0.9	1.8	1.5	2.9

（2）对照 Fe^{2+}—Fe^{3+}、Co^{2+}—Co^{3+}、Ce^{3+}—Ce^{4+} 的水解平衡线知，对变价金属而言，同一金属其高价离子比低价离子容易水解。因此改变其价态可改变其在水解过程中的行为。例如在硫酸法生产钛白过程中，重要工序之一为 $TiOSO_4$ 水解得 H_2TiO_3，为防止其中 Fe^{3+} 与 $TiOSO_4$ 同时水解，往往以铁屑为还原剂，先将 Fe^{3+} 还原成较难水解的 Fe^{2+}。

$$2Fe^{3+}+Fe = 3Fe^{2+}$$

而在锌焙砂中性浸出时，为使铁优先水解沉淀，则加氧化剂，使 Fe^{2+} 氧化成 Fe^{3+}，并进而成 $Fe(OH)_3$ 沉淀。

此外，配合剂的存在，将使某些易与之形成配合物的离子活度降低，相应地不利于其沉淀。因此选择适当的配合剂亦可扩大不同金属离子水解 pH 的差别，相应地改善其分离过程。

B 氢氧化物沉淀法在湿法冶金中的应用

氢氧化物沉淀法为提取冶金中应用最广的沉淀方法，它主要用于：

（1）从溶液中除杂，如从溶液中除铁等；

（2）从溶液中沉淀有价金属，如从 $BeSO_4$ 溶液中沉淀 $Be(OH)_2$，从稀 $CuSO_4$ 溶液中

回收 $Cu(OH)_2$，从海水中回收镁等；

(3) 相似元素的分离，例如镍钴分离，选择性氧化-浸出法从混合稀土氧化物中分离铈。

现将其中几个具有代表性的技术简述如下。

a 氢氧化铁沉淀法从水溶液中除铁

氢氧化铁沉淀法为从水溶液中除铁的常用方法。其中最成熟的为锌焙砂中性浸出过程中除去溶液中铁、砷、锑等杂质，现以其为代表进行介绍。

在锌焙砂中性浸出时，一方面由于从返回的酸性浸出液中含有部分杂质，另一方面由于中性浸出的前期溶液中酸度较高（质量浓度达 5g/L），亦有一部分杂质被浸出，因此，中性浸出液中含有铁、砷、锑、锗以及铜、钴、镉等杂质，应在中性浸出后期，将其中的铁、砷、锑、锗除去。为此采用氢氧化物沉淀法，即将溶液中和至 pH = 5 左右，由于 $Fe(OH)_3$ 的 K_{sp} 小，例如 18℃时仅为 3.8×10^{-38}，故在 pH = 5 时 Fe^{3+} 平衡活度小于 10^{-9}，溶液中的 Fe^{3+} 将首先水解成 $Fe(OH)_3$ 沉淀。从表 13-4 可知 Ni^{2+}、Co^{2+}、Zn^{2+} 及 Cu^{2+} 将保留在溶液中。

由于 $Fe(OH)_2$ 的溶度积比 $Zn(OH)_2$ 大，因此 Fe^{2+} 比 Zn^{2+} 更难水解，对变价元素而言，其高价氢氧化物的溶度积远比其低价化合物小，即高价离子更容易水解，因此，为从含大量 Zn^{2+} 的溶液中除铁首先应将 Fe^{2+} 氧化成 Fe^{3+}。

为使 Fe^{2+} 氧化，应加入适当的氧化剂，MnO_2 及 O_2 都能有效地将 Fe^{2+} 氧化。用 MnO_2（软锰矿）为氧化剂时，其反应为：

$$2Fe^{2+} + MnO_2 + 4H^+ = 2Fe^{3+} + Mn^{2+} + 2H_2O$$

此氧化还原反应在 25℃时的标准电动势为 0.46V，可算出 25℃反应的平衡常数为：

$$\lg K = \lg[a_{Fe^{3+}}^2 \cdot a_{Mn^{2+}}/(a_{Fe^{2+}}^2 \cdot a_{H^+}^4)] = 2\times0.46/0.059 = 15.59$$

在工业上进行 MnO_2 氧化时，一般控制 pH≈1，同时在溶液中 $a_{Mn^{2+}}$ 一般为 0.01 左右。代入上式计算，氧化平衡时得：

$$2\lg(a_{Fe^{3+}}/a_{Fe^{2+}}) = 13.59$$

即氧化非常彻底。实际上 Fe^{3+} 不断变成 $Fe(OH)_3$ 沉淀，即不断除去了反应的生成物 Fe^{3+}，更有利于氧化反应的进行。

用 O_2 作氧化剂时，其反应为

$$2Fe^{2+} + 0.5O_2 + 2H^+ = 2Fe^{3+} + H_2O$$

此氧化还原反应在 25℃时的标准电动势亦为 0.46V，因此从热力学上分析 Fe^{2+} 用空气氧化时将十分彻底。

动力学研究表明，空气氧化时，氧化速度随 pH 的升高而升高。当 pH < 1 时，氧化反应速度很慢；在 pH > 2 时，Cu^{2+} 对 Fe^{2+} 的氧化有催化作用，故用空气氧化一般在较高的 pH 值下进行，并通过生成的 Fe^{3+} 不断水解沉淀而降低其活度，保证反应的不断进行。

用中和法沉淀铁的同时，溶液中的 As 与 Sb、Ge 可以与铁共同沉淀，所以在生产实践中，如果溶液中的 As 与 Sb、Ge 的质量比较高时，为了使它们沉淀安全，必须保证溶液中有足够的 Fe 离子，溶液中的 Fe 的质量分数应为 As + Sb 的 10 倍以上，当 Sb 质量分数高时，要求 Fe 更高一些，当 Fe 不够时还要补加 $FeSO_4$ 以便 Fe、As、Sb 共同沉淀。只要 Fe 的质量分数足够高，溶液中的 As 和 Sb 质量浓度都可降到 0.2mg/L。

b　镍、钴分离

从表 13-4 可知，当离子浓度均为 1mol/L 时，Ni^{2+} 和 Co^{3+} 的开始水解沉淀的 pH 分别为 7.1 和 -0.2。因此含镍、钴的混合溶液要首先进行氧化，使钴氧化成三价并以 $Co(OH)_3$ 形态优先进入沉淀，而镍保留在溶液中。工业中常常是在 60 ~ 65℃下加入 NaClO 作为氧化剂，以 $NiCO_3$ 为中和剂，控制 pH 为 2 左右，则进行以下反应：

$$2Co^{2+} + NaClO + 5H_2O \longrightarrow 2Co(OH)_3\downarrow + NaCl + 4H^+$$

$$2NiCO_3 + 4H^+ \longrightarrow 2Ni^{2+} + 2H_2O + 2CO_2$$

溶液中钴总量的 85% ~ 90% 是以 $Co(OH)_3$ 形态析出的。由于共沉淀的原因，$Co(OH)_3$ 的质量分数为 Ni 的 0.2% ~ 0.3%。

为进一步回收溶液中残留的钴，将溶液中和至 pH = 3.5 ~ 3.8 时，这时得到含镍高的 $Co(OH)_3$，作为进一步提钴和镍的原料。

c　氧化法提铈

利用氢氧化物溶解度的不同，即可选择性地使溶液中金属离子成难溶氢氧化物优先进入沉淀，亦可选择性地使沉淀物中某些易溶氢氧化物优先溶解，同样达到分离的目的。现以从混合稀土氢氧化物中分离提铈为例说明如下，处理独居石所得的混合稀土氢氧化物中含铈及其他稀土氢氧化物，它们基本上都为三价，而铈在碱性条件下容易由三价氧化为四价，根据表 13-4 可知，当浓度为 1mol/L 左右，在 pH = 1 ~ 2 时，四价铈的稳定形态为固态 $Ce(OH)_4$，而其他稀土元素的三价氢氧化物在 pH = 5.3 ~ 7.1 才进入沉淀，若控制 pH = 5 左右，则三价稀土氢氧化物将溶解。因而将混合物稀土氢氧化物调成质量浓度为 50 ~ 70g/L 的矿浆，在碱浓度为 0.15 ~ 0.13mol/L 下进行氧化，氧化剂可用空气、氧或氯气，用空气时的反应为：

$$2Ce(OH)_3 + 0.5O_2 + H_2O \longrightarrow 2Ce(OH)_4$$

然后矿浆用 HNO_3 浸出，控制 pH 为 4 ~ 5，则所有三价的稀土氢氧化物溶解，而 $Ce(OH)_4$ 保留在沉淀中，其中 $Ce(OH)_4$ 的质量分数达 80% ~ 85%。

d　从 $BeSO_4$ 溶液中沉淀 $Be(OH)_2$

$Be(OH)_2$ 沉淀法是从绿柱石精矿制取 BeO 的主要工序之一，绿柱石精矿与 CaO 熔合再用 H_2SO_4 分解后，得 $BeSO_4$ 溶液。$BeSO_4$ 溶液净化除杂，然后进行中和沉淀，由于 $Be(OH)_2$ 的溶解度小，在 25℃时其 K_{sp} 为 2.7×10^{-10}，故中和时发生以下水解反应：

$$BeSO_4 + 2H_2O \longrightarrow Be(OH)_2 + H_2SO_4$$

沉淀所得的 $Be(OH)_2$ 经煅烧后得 BeO。

13.1.3.2　硫化物沉淀

A　基本原理

某些硫化物的溶度积如表 13-5 所示，可见许多元素的硫化物难溶于水。因此，当溶液中有 M^{n+} 存在时，加入 S^{2-}，则将发生以下沉淀反应：

$$2M^{n+} + nS^{2-} \Longrightarrow M_2S_n \downarrow$$

表 13-5 某些硫化物的溶度积 K_{sp}

硫化物	温度/℃	K_{sp}	$\lg K_{sp}$	硫化物	温度/℃	K_{sp}	$\lg K_{sp}$
Ag_2S	25	1.6×10^{-49}	-48.8	MnS	25	2.8×10^{-13}	-12.55
As_2S_3	18	4×10^{-29}	-28.4	NiS (α)	25	2.8×10^{-21}	-20.55
Bi_2S_3	18	1.6×10^{-72}	-71.8	PbS	25	9.3×10^{-28}	-27.03
CdS	25	7.1×10^{-27}	-26.15	Sb_2S_3	18	1×10^{-30}	-30
CoS (α)	25	1.8×10^{-22}	-21.74	SnS	25	1×10^{-23}	-28
CuS	25	8.9×10^{-36}	-35.05	Tl_2S	18	4.5×10^{-23}	-22.35
Cu_2S	18	2×10^{-47}	-46.7	ZnS (β)	25	8.9×10^{-25}	-24.05
FeS	25	4.9×10^{-18}	-17.31	In_2S_3		5.7×10^{-74}	-73.24
HgS	18	1×10^{-47}	-47				

对于二价金属离子的沉淀反应，平衡时

$$[M^{2+}]\cdot[S^{2-}] = K_{sp(MS)}$$

或
$$[M^{2+}] = K_{sp(MS)}/[S^{2-}] \tag{13-20}$$

而溶液中 $[S^{2-}]$ 决定于下列电离反应

$$H_2S(aq) \Longrightarrow H^+ + HS^-$$

其电离常数
$$K_1 = [HS^-][H^+]/[H_2S(aq)]$$

$$HS^- \Longrightarrow H^+ + S^{2-}$$

其电离常数为
$$K_2 = [S^{2-}][H^+]/[HS^-]$$

$$[H_2S(aq)] = 2H^+ + S^{2-}$$

其电离常数
$$K_{H_2S} = K_1\cdot K_2 = [S^{2-}][H^+]/[H_2S(aq)]$$

故
$$[S^{2-}] = K_{H_2S}[H_2S(aq)]/[H^+]^2$$

代入式（13-20）可得：

$$[M^{2+}] = K_{sp(MS)}/(K_{H_2S}[H_2S(aq)]\cdot[H^+]^{-2})$$

$$\lg[M^{2+}] = \lg K_{sp(MS)} - \lg K_{H_2S} - \lg[H_2S(aq)] - 2pH \tag{13-21}$$

溶液中硫的总浓度 $[S]_T$ 为：$[H_2S(aq)]$、$[HS^-]$、$[S^{2-}]$ 之和，但根据 K_1、K_2 值计算，在常温下，当 $pH<6$ 左右时，$[HS^-]$、$[S^{2-}]$ 已很小，故可近似认为

$$[S]_T \approx [H_2S(aq)]$$

代入上式得：

$$\lg[M^{2+}] = \lg K_{sp(MS)} - \lg K_{H_2S} - \lg[S]_T - 2pH \tag{13-22}$$

已知 25℃时，$K_1 = 1.32\times10^{-7}$，$K_2 = 7.08\times10^{-15}$，$K_{H_2S} = 9.35\times10^{-22}$

故 25℃时，
$$\lg[M^{2+}] = \lg K_{sp(MS)} + 21.03 - \lg[S]_T - 2pH$$

按类似推导，对 M_2S 型硫化物而言，

$$\lg[M^+] = 0.5\lg K_{sp(M_2S)} - 0.5\lg K_{H_2S} - 0.5\lg[S]_T - pH \tag{13-23}$$

25℃时　$\lg[M^{+}] = 0.5\lg K_{sp(M_2S)} + 10.51 - 0.5\lg[S]_T - pH$

同理，对 M_2S_3 型硫化物而言，

$$\lg[M^{3+}] = \frac{1}{2}\lg K_{sp(M_2S_3)} - \frac{3}{2}\lg K_{H_2S} - \frac{3}{2}\lg[S]_T - 3pH \quad (13\text{-}24)$$

25℃时　$\lg[M^{3+}] = \frac{1}{2}\lg K_{sp(M_2S_3)} + 31.54 - \frac{3}{2}\lg[S]_T - 3pH$

分析式（13-21）~式（13-24）可知，沉淀后影响残留金属离子浓度的因素，主要有以下 3 个。

a　溶液的 pH 值

pH 值增加则金属离子的残留浓度降低，25℃时，当 $[S]_T$ 为 0.1mol/L 时，某些金属离子的残留浓度与 pH 值的关系如图 13-7 所示。从图 13-7 可知，在通常能达到的 pH 范围内，图中所示的各种金属离子浓度均可降到 10^{-7}mol/L 以下。

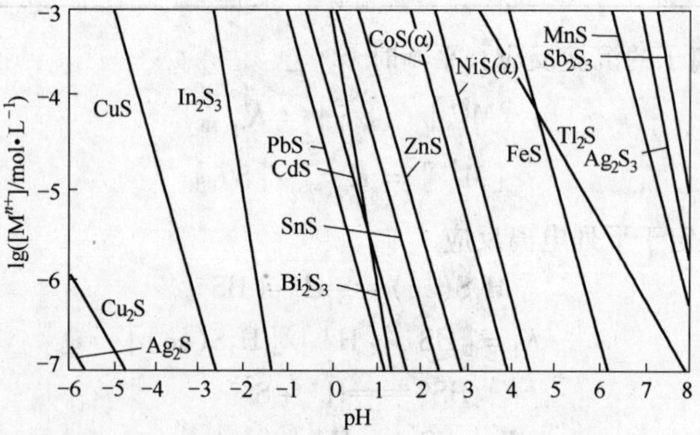

图 13-7　溶液中 S^{2-} 浓度为 0.1mol/L 时某些金属离子的残留浓度与 pH 值的关系（25℃）

b　溶液中硫的浓度 $[S]_T$ 及气相 H_2S 的分压 p_{H_2S}

溶液中硫的浓度增加，或者说加入的沉淀剂如 Na_2S、H_2S 等增加，则金属的残留浓度降低。但是，在一定 pH 值下，溶液中 S^{2-} 浓度以及硫的总浓度 $[S]_T$ 与气相 H_2S 分压 p_{H_2S} 有一定比例关系，由于溶液中存在下列平衡反应

$$2H^{+} + S^{2-} \rightleftharpoons H_2S(aq)$$

$$H_2S(aq) \rightleftharpoons H_2S(g)$$

$$a_{H_2S}(aq)/a_{H_2S}(aq) = K_p$$

$$p_{H_2S}\, f_{H_2S}/([H_2S(aq)]\gamma_{H_2S}) = K_p$$

式中，γ_{H_2S} 为 H_2S 在水溶液中的活度系数；f_{H_2S} 为气相 H_2S 的逸度系数。

整理得　$[H_2S(aq)] = p_{H_2S} f_{H_2S}/(\gamma_{H_2S} K_p)$

因此，p_{H_2S} 以及使 γ_{H_2S} 改变的因素将使 $[H_2S]_{aq}$ 和 $[S]_T$ 改变，都将影响净化效果。H_2S 在水中的溶解度（用摩尔浓度 m_{H_2S} 表示）与 H_2S 气相分压及温度的关系如图 13-8 所示。图中还标明了溶液中某些硫酸盐的影响。

c 温度

温度对金属的残留浓度有着复杂的影响。从热力学角度分析：一方面温度升高使得硫化物的溶度积 K_{sp} 增加，如图 13-9 所示。同时 H_2S 在水中的溶解度减小，这些对沉淀是不利的；另一方面溶液中 H_2S 的电离常数增加，这对沉淀有利。因此，其综合影响应视具体金属而异。若从动力学分析，升高温度有利于加快沉淀速度，也有利于改善沉淀物的过滤性能，故许多沉淀工序都在较高温度下进行。

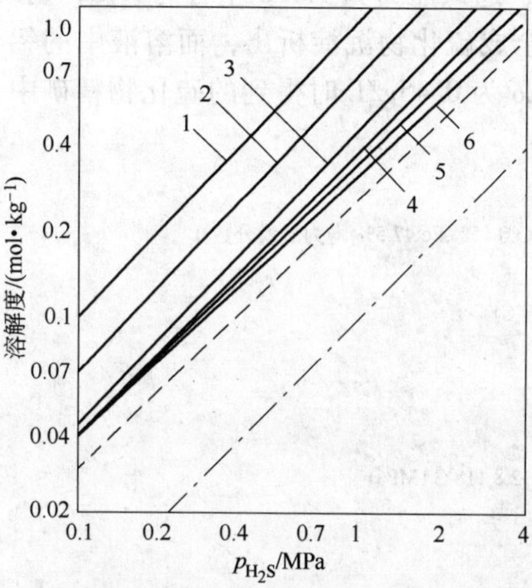

图 13-8 H_2S 的溶解度与温度、溶液的成分及 H_2S 分压的关系

——：在水中，1—25℃；2—40℃；3—70℃；4—105℃；5—140℃；6—170℃；

—·—：$w[(NH_4)_2SO_4]$ = 34% 溶液，105℃；

— — —：浓度为 0.35mol/L 硫酸盐，H_2SO_4 质量浓度为 10 ~ 11g/L 的溶液，50℃

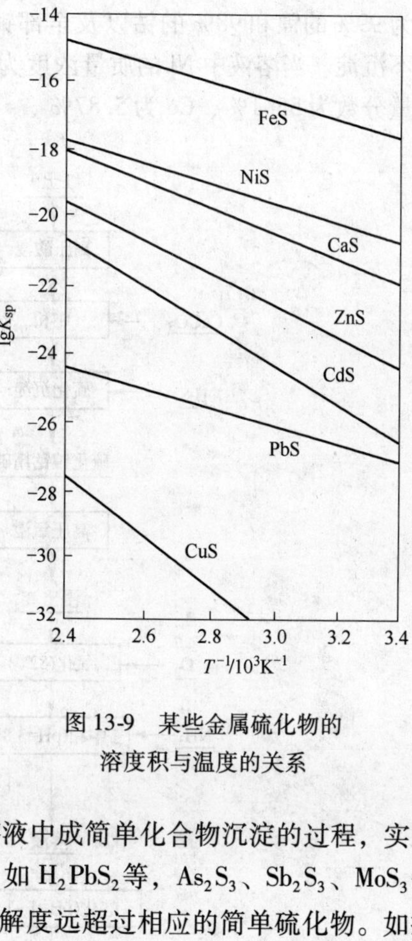

图 13-9 某些金属硫化物的溶度积与温度的关系

应当指出，以上分析都是针对金属硫化物从水溶液中成简单化合物沉淀的过程，实际上某些硫化物在一定条件下能形成 H_2MS_2 型化合物。如 H_2PbS_2 等，As_2S_3、Sb_2S_3、MoS_3 等能形成 SbS_3^{3-}、AsS_3^{3-}、MoS_4^{2-} 等硫代离子，它们的溶解度远超过相应的简单硫化物。如按溶度积计算在 pH 为 1 和 5.5 时，PbS 在饱和 H_2S 中的溶解度分别为 4×10^{-4}g/L 和 4×10^{-3}g/L，而生成 H_2PbS_2 时，溶解度达 $(3\sim5)\times10^{-3}$g/L。因此在这种情况下，沉淀效果变差，而且影响因素更为复杂。

B 硫化物沉淀法在湿法冶金中的应用

硫化物沉淀法为湿法冶金中应用较广的一种方法。它一方面用于从溶液中回收有价金属，如铟、铊冶金中，常用 In_2S_3 沉淀法从含铟的溶液中回收铟，用 Tl_2S 沉淀法从含铊的溶液中回收铊；另一方面它更广地用于除杂，例如钨冶金中常用 MoS_3 沉淀法从 Na_2WO_4 溶液中除钼，对 $Mo/WO_3\approx0.5\%$ 的溶液而言，Mo/WO_3 可降至 0.1% 甚至更低。在钼冶金中常用硫化物沉淀法从 $(NH_4)_2MoO_4$ 溶液中除 Cu、Pb 等杂质。日本坂岛炼锌厂亦用 H_2S 沉淀法从热酸浸出液中沉淀并回收 CuS。硫化物沉淀法应用最成熟的是在 Ni-Co 冶金领域，它既用以从稀溶液中富集镍和钴，亦用以从含Ni-Co的溶液中除杂。现将硫化物沉淀法在镍钴冶金及钼冶金中的应用情况简单介绍如下。

a　从稀硫酸镍、钴溶液制取硫化镍钴精矿。

红土矿高压酸浸（流程如图 13-10 所示）得含 Ni^{5+} 质量浓度为 5 ~ 10、Co^{2+} 为 0.1 ~ 1g/L、H_2SO_4 为 25g/L 的稀溶液。为了形成硫化物回收其中的镍钴，而将溶液中和至 pH = 2.5 ~ 2.8，再在高压容器中加热至 118 ~ 120℃，通入压力为 1MPa 左右的 H_2S，则质量分数为 99% 的镍和 98% 的钴以及全部铜、锌完全成硫化物沉淀析出，而溶液中的铝、镁、锰不沉淀。当溶液中 Ni 的质量浓度为 4g/L、Co 为 0.45g/L 时得到的硫化物精矿中 Ni 的质量分数为 55.1%、Co 为 5.87%。

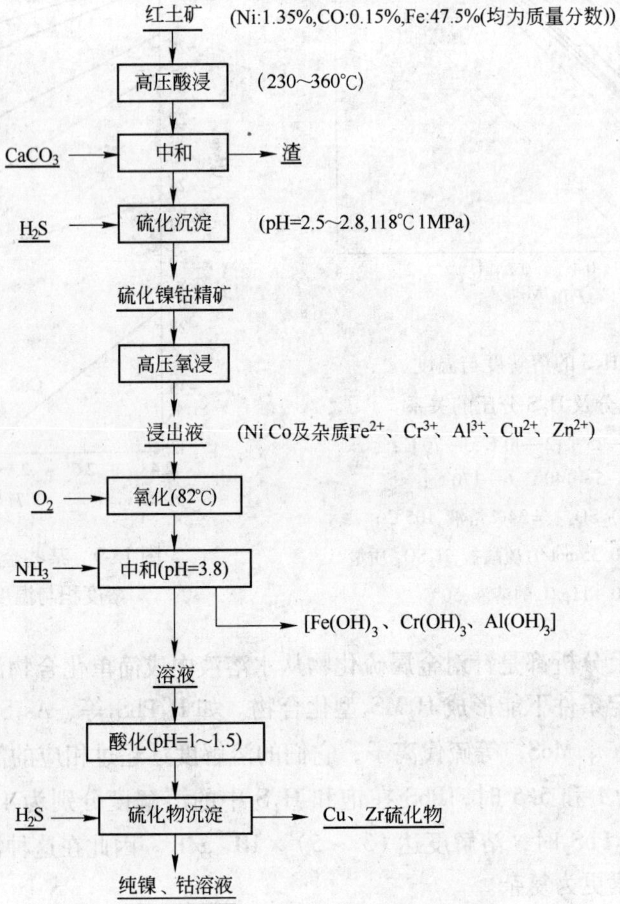

图 13-10　从红土矿提取硫化物镍、钴精矿并进而制取镍、钴硫酸盐溶液的原则流程

镍、钴硫化物沉淀过程中，在低温下速度很慢，升高温度可加快反应速度。例如，在温度为 71℃、H_2S 分压为 0.68MPa 时，NiS 实际上不沉淀，但温度提至 113 ~ 121℃则迅速析出沉淀。加入少量铁粉或镍粉能起催化作用，加入晶种也能够强化反应。

由于高温下 H_2S 及弱酸性溶液具有腐蚀性，因此过程在衬耐酸砖的高压釜内进行，且砖与金属壁之间还衬有橡胶。

b 硫化物沉淀法净化镍、钴溶液

上述硫化镍钴精矿中含铁、铝、铬以及锌（质量分数为13%）、铜（质量分数为0.6%），这些属于有害杂质。硫化物精矿经高压氧浸后，得含 Ni 质量浓度为50g/L，Co 为5g/L 以及杂质 Fe^{2+}、Cr^{2+}、Al^{2+}、Cu^{2+}、Zn^{2+} 的溶液。为了除去其中杂质，先将 Fe^{2+}、Cr^{2+} 在82℃左右氧化成高价，然后中和至 pH = 3.8 左右，此时 Fe^{3+}、Cr^{3+}、Al^{3+} 将水解沉淀，溶液进一步通 H_2S 除 Cu^{2+}、Zn^{2+} 等杂质。从图13-7可知，为使 CuS、ZnS 沉淀而不让 NiS、CoS 沉淀，应控制 pH 值较低（即 pH = 1 ~ 1.5），同时保持溶液中 H_2S 浓度较低，并控制较高的温度，则 Cu、Pb 质量浓度可降至 0.0001g/L 以下。

c 从钼酸铵溶液中除去杂质

钼冶金中辉钼精矿焙烧后得 MoO_3 焙砂，焙砂经 NH_4OH 浸出得 $(NH_4)_2MoO_4$ 溶液：

$$MoO_3 + 2NH_4OH \longrightarrow (NH_4)_2MoO_4$$

浸出过程中焙砂中的杂质铜、锌、镍等均成为氨配合物进入溶液：

$$Mo + nNH_4OH \longrightarrow M(NH_3)_n^{2+} + (n-1)H_2O + 2OH^-$$

溶液中除含钼及上述杂质外，还含少量游离氨，为了从中除去上述杂质而加入 NH_4HS，这时产生硫化物沉淀：

$$M(NH_3)_n^{2+} + nH_2O \longrightarrow M^{2+} + nNH_4OH$$

$$M^{2+} + HS^- \longrightarrow MS\downarrow + H^+$$

按照上述反应，Cu^{2+}、Fe^{2+}、Pb^{2+} 可除去 95% ~ 99%，由于其硫化物的 K_{sp} 较大，其氨络离子的稳定常数也较大，因此除锌、镍效果较差。

硫化物沉淀法主要问题是 H_2S 有毒，而且易爆炸。因此在应用时，需要加强设备的密封和车间的通风，并要采取防暴措施。

13.1.3.3 弱酸盐沉淀

A 基本原理

弱酸盐沉淀法是基于某些弱酸盐（草酸盐、砷酸盐、磷酸盐、碳酸盐等）在水中溶解度很小，在上述弱酸根存在的条件下，控制适当的参数，从而使主金属或杂质从溶液中选择性沉淀，同时利用这一性质亦可从溶液中除磷、砷等杂质。某些弱酸盐的溶度积如表13-6所示。

弱酸盐沉淀过程各种参数对沉淀效果的影响与上述硫化物（硫化物实际上也是一种弱酸盐）沉淀大同小异，现分析如下。

设溶液中弱酸根为 A^{2-}，设金属 M 为 +2 价，则：

$$[M^{2+}] = K_{sp,MA}/[A^{2-}]$$

参照式（13-21）的推导过程可得：

$$\lg[M^{2+}] = \lg K_{sp,MA} - \lg K_{H_2A} - \lg[H_2A] - 2pH \qquad (13\text{-}25)$$

式中，K_{H_2A} 为弱酸的电离常数；$[H_2A]$ 为溶液中 H_2A 的浓度，$[H_2A]$ 随溶液中沉淀剂总浓度的增加而增加。

表 13-6　某些弱酸盐的溶度积（除注明者外，其他均为 25℃）

阳离子	弱酸盐				
	碳酸盐	砷酸盐	磷酸盐	草酸盐	氟化物
Ag^+	6.5×10^{-12}	1.0×10^{-19}	1.8×10^{-18}(20℃)	1.1×10^{-11}	
Ca^{2-}	5×10^{-9}		1×10^{-25}	2.57×10^{-9}($CaC_2O_4\cdot H_2O$)	3.9×10^{-11}
Mg^{2+}	2.6×10^{-5}(12℃)($MgCO_3\cdot 3H_2O$)	2.04×10^{-20}	1.62×10^{-25}	8.57×10^{-5}(18℃)	6.4×10^{-9}
Cu^{2+}	2×10^{-10}			2.87×10^{-8}	
Zn^{2+}	6×10^{-11}			1.4×10^{-9}	
Mn^{2+}	50.5×10^{-11}				
Co^{2+}	1×10^{-12}				
Fe^{2+}	2.11×10^{-11}			2.1×10^{-7}	
Ni^{2+}	1.35×10^{-7}				
La^{3+}			3.7×10^{-23}($LaPO_4\cdot 3H_2O$)	2.02×10^{-28}(28℃)	7.58×10^{-18}
Ce^{3+}				2.5×10^{-29}[$Ce_2(C_2O_4)_3\cdot 10H_2O$]	8.7×10^{-18}
Nd^{3+}				5.87×10^{-29}	8.31×10^{-18}
Lu^{3+}					2.69×10^{-18}

分析式（13-25）可知影响沉淀效果的因素主要有 3 个：

（1）溶液的 pH 值；

（2）沉淀剂的总用量　沉淀剂用量提高，则 $[H_2A]$ 相应提高，有利于沉淀反应的进行，但用量过高同样易造成其他元素的共沉淀，同时过量的沉淀剂本身也可能成为杂质留在溶液中；

（3）温度　温度对弱酸盐沉淀过程的影响与水解及硫化物沉淀过程大同小异。

从式（13-25）还可看出，金属离子与 A^{2-} 形成的难溶化合物的溶度积愈小，则残余金属离子浓度愈小，因而在弱酸盐沉淀过程中，同样可以利用各种弱酸盐 K_{sp} 值的不同，控制 pH 而实现各种金属离子的选择性沉淀，达到彼此分离的目的。

B　弱酸盐沉淀法在湿法冶金中的应用

弱酸盐沉淀法在有色冶金中常用以从溶液中（特别是稀溶液中）析出有价金属和从溶液中除杂质。众所周知，磷、砷本身是有色冶金中的有害杂质，人们常利用磷（砷）酸盐溶解度小的特点，加入适当的阳离子，使溶液中的磷和砷沉淀而除去。

a　用草酸盐、碳酸盐沉淀法从含稀土离子的溶液中沉淀稀土

在稀土冶金中，处理离子吸附型稀土矿（含 RE_2O_3 的质量分数为 0.08% ~0.3%）时，得到混合稀土含量较低的浸出液（含 RE_2O_3 仅 2g/L 左右），为从中析出稀土化合物，可加入草酸，使稀土成草酸盐析出。

$$2RE^{3+} + 3H_2C_2O_4 = RE_2(C_2O_4)_3\downarrow + 6H^+$$

所得的 $RE_2(C_2O_4)_3$ 经煅烧，即可得到 RE_2O_3。

同样在稀土分离时，往往得到纯的单一稀土盐溶液，亦可用草酸盐沉淀法从中析出单一稀土草酸盐。

由于使用草酸作为稀土的沉淀剂时，存在草酸价格昂贵及有毒，不利于环保。而碳酸稀土的溶解度仅为 $10^{-3} \sim 10^{-4}$g/L，显然比草酸稀土溶解度低得多，作为沉淀剂的碳酸氢铵是一种价廉易得的商品，它的价格仅为草酸的十分之一。从稀土的收率和经济上考虑，以碳酸氢铵作沉淀剂对稀土生产是很有利的。

用 NH_4HCO_3 作沉淀剂的反应为：

当 pH <7 时，主要放出二氧化碳。

$$RE^{3+} + NH_4HCO_3 \longrightarrow REOH + NH_4^+ + CO_2\uparrow$$

$$RE^{3+} + 2NH_4HCO_3 \longrightarrow RE(OH)_2^+ + 2NH_4^+ + 2CO_2\uparrow$$

当 pH >7 时，生成稀土碳酸盐沉淀而放出氨气

$$2RE(OH)_2^+ + 3NH_4HCO_3 + (x-4)H_2O \longrightarrow RE_2(CO_3)_3 \cdot xH_2O\downarrow + 2NH_4^+ + NH_3\uparrow$$

在风化淋积型稀土矿的 $(NH_4)_2SO_4$ 浸出液中，加入晶种的情况下，可用 NH_4HCO_3 作沉淀，制得晶型混合稀土碳酸盐。马荣骏和柳松对稀土碳酸盐的沉淀做了系统研究，并在工业上得到了应用[2,78~89]。

b 从钨酸钠溶液中用磷（砷）酸镁或磷（砷）酸铵镁沉淀法除磷、砷

钨精矿碱分解所得粗钨酸钠溶液中含杂质磷、砷、硅，其形态视溶液 pH 不同分别为 Na_2HPO_4、Na_2HAsO_4、Na_3PO_4、Na_3AsO_4。为了从中除磷、砷，通常加入 Mg^{2+}，使其成为镁盐沉淀：

$$2HAsO_4^{2-} + 3Mg^{2+} \xlongequal{\quad} Mg_3(AsO_4)_2\downarrow + 2H^+$$

$$2HPO_4^{2-} + 3Mg^{2+} \xlongequal{\quad} Mg_3(PO_4)_2\downarrow + 2H^+$$

由于是在弱碱性条件下进行，亦发生 $Mg(OH)_2$ 的水解沉淀。

影响除磷、砷效果的因素首先是溶液的 pH 值。根据 Mg^{2+} 水解反应知，pH 低则溶液中游离的 Mg^{2+} 浓度大，有利于磷、砷的除去；但是，溶液中磷、砷将成为复盐，甚至成为 H_3PO_4、H_3AsO_4 使磷、砷的除去过程复杂化（溶液中磷的形态与 pH 的关系如图 13-11 所示）。因此，溶液中游离 NaOH 质量浓度一般控制为 0.2g/L 左右。其次，由于温度升高，$Mg_3(PO_4)_2$ 的溶解度降低，有利于改善沉淀物的质量，所以，镁盐法除磷、砷往往在高温下进行。

实践中往往先将溶液煮沸，在激烈搅拌下加入稀盐酸或稀硫酸中和至游离 NaOH 质量浓度达 1±0.2g/L。中和剂也可用氯气或无机酸，因为 Cl_2 会先与 H_2O 作用产生 HClO，然后再分解产生 HCl，不致造成局部酸度过高，而且 Cl_2 可将溶液中的三价砷氧化为五价有利于提高除砷效果。中和到给定碱度后，煮沸 20～30 分钟再加适量 $MgCl_2$，控制游离 NaOH 质量浓度为 0.2～0.4g/L，则磷、砷均

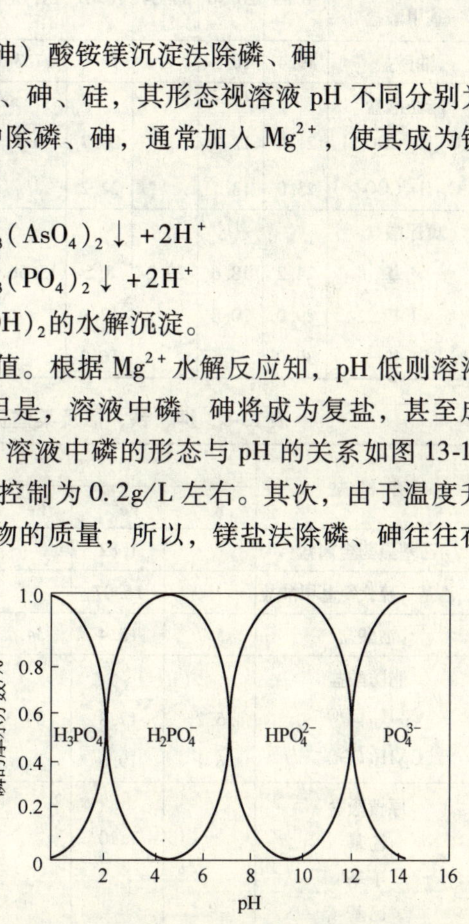

图 13-11 溶液中磷的形态与 pH 值的关系

成相应的镁盐析出。

在除磷、砷过程中由于碱度降低，Na_2SiO_3亦水解成H_2SiO_3沉淀析出。

13.1.3.4　有机化合物沉淀

许多有机化合物能与金属离子或金属的含氧阴离子形成难溶化合物，而且与不同金属离子形成的难溶化合物的溶度积各不相同，因而利用某些有机化合物可将金属离子沉淀或将不同金属离子选择性分离。

有机化合物沉淀，一般有两种机理，即形成金属的有机酸盐和形成离子缔合物。

形成金属有机酸盐沉淀的沉淀剂一般为有机酸或者其他碱金属盐，如黄酸盐或者脂肪盐。有色重金属的某些有机盐的 pK_{sp} 值，如表 13-7 所示，Fe^{2+}、Fe^{3+}、Mn^{2+} 及某些贵金属、碱金属、碱土金属的某些有机酸盐的 pK_{sp} 值如表 13-8 所示。

表 13-7　某些金属有机盐的 pK_{sp}

盐类	金属离子													
	Cu^{2+}	Ag^{+}	Au^{2+}	Zn^{2+}	Cd^{2+}	Co^{3+}		Co^{2+}	Ni^{2+}	Pb^{2+}	Sn^{3+}	Sb^{3+}	Bi^{3+}	Cu^{+}
乙基黑药金属盐	16.0	15.92	26.22	4.92	8.12				3.77	11.66	9.82		11.12	15.85
二乙基二硫代氨基甲酸盐	30.85	20.36	33.64	16.07	21.21					22.85			51.0	21.19
油酸盐	19.4	10.9		18.1	17.3				15.7	19.8				
脂肪酸盐														
$C_{15}H_{31}COO^-$	21.6	12.2		20.7	20.2				18.3	22.9				
$C_{17}H_{35}COO^-$	23.0	13.1		22.2					19.4	24.4				
黄原酸盐														
乙基	24.2	18.6	29.2	8.2	13.56	41.0		24.2	12.5	16.7	14.70	24.0	9.61	19.28
丁基	29.0	20.8		12.9				14.3	16.5	20.3				
壬基	30.0	22.6		16.2			11.0	21.3	22.3	24.0				

表 13-8　钾、铁、锰及某些贵金属、碱土金属的有机酸盐的 pK_{sp} 值

有机盐	金属离子								
	K^{+}	Fe^{2+}	Fe^{3+}	Mn^{2+}	Ag^{+}	Au^{+}	Ca^{2+}	Ba^{2+}	Mg^{2+}
乙基黑药金属盐		1.82			15.92	26.22			
二乙基二硫代氨基甲酸盐		16.07			20.36	33.64			
油酸盐	5.7	15.4	34.2	15.3	10.9		15.4	14.9	13.8
脂肪酸盐									
$C_{15}H_{31}COO^-$	5.2	17.8	34.3	18.4	12.2		18.9	17.6	16.5
$C_{17}H_{35}COO^-$	6.1	19.6		19.7	13.1		19.6	19.1	17.7
原黄酸盐									
乙基		7.10			18.6	29.2			
丁基					19.5				
己基					20.8				
壬基		11.0			2.6				

形成离子缔合物的沉淀剂在冶金中最常用的为胺类化合物，它与金属的含氧银离子形成难溶化合物。如：

$$RNH_3^+ + HWO_4^- \longrightarrow RNH_3HWO_4 \downarrow$$

$$2RNH_3^+ + WO_4^{2-} \longrightarrow (RNH_3)_2WO_4 \downarrow$$

无机阴离子与胺形成胺盐能力的顺序为

$$WO_4^{2-} > SO_4^{2-} \approx PO_4^{3-} > F^- \approx CO_3^{2-}$$

上述有机沉淀剂与金属形成的难溶化合物溶度积大小与沉淀剂中所含疏水基团和亲水基团有关，亲水基团（如—SO_3H、—OH、—COOH、—NH_2等）多，则溶解度大；疏水基团（如烷基、苯基等）多，则溶解度小。从表13-7中亦可看出这一规律性。因此选择适当的有机沉淀剂，可改变其溶解度。

许多有机沉淀剂为弱酸或弱碱，与上述弱酸盐沉淀一样，其沉淀效果与pH有关。例如用乙基黄酸盐沉淀 M^{2+} 时，其反应为

$$2C_2H_5OCS_2^- + M^{2+} \longrightarrow M(C_2H_5OCS_2)_2 \downarrow$$

参照式（13-21）的推导过程，同样可得

$$\lg[M^{2+}] = \lg K_{sp,(C_2H_5OCS_2)_2M} - 2(\lg K_{C_2H_5OCS_2H} + \lg K_{C_2H_5OCS_2H} + pH)$$

根据测定，25℃时，

$$K_{C_2H_5OCS_2H} = 2.9 \times 10^{-2}$$

代入上式可得： $\lg[M^{2+}] = \lg K_{sp,(C_2H_5OCS_2)M} + 3.08 - 2[\lg K_{C_2H_5OCS_2H} + pH]$

从上式可知，残余金属浓度随乙基黄酸盐溶度积的减小、pH值的增加以及沉淀剂的用量的增加而减少。

利用有机物沉淀法也可实现金属的选择性沉淀。

以上介绍了几种典型的较通用的从溶液中沉淀金属及选择性分离杂质的方法。在此，还要说明：

（1）在实践中使用的方法远不限于这些，关键是要找出所处理体系中有关元素的某种化合物在溶解性能上的差异。例如，根据某些卤化物（特别是氟化物）溶解度的差异，可采用卤化物沉淀法析出金属并除杂。某些复盐具有特殊的溶解性能，相应地在冶金中也不乏采用复盐沉淀法进行分离提纯实例。在钨冶金中，铵钠复盐[$3(NH_4)_2O \cdot Na_2O \cdot 10WO_3 \cdot 15H_2O$]沉淀法曾用来从 Na_2WO_4 溶液中析出钨化合物。在稀土冶金中，早期人们也广泛利用各种稀土金属的硫酸盐与碱金属硫酸盐形成复盐沉淀以进行稀土分组，La、Ce、Pr、Nd、Sm的硫酸复盐的溶解度最小，Eu、Gd、Tb、Dy的次之，Ho、Er、Tm、Yb、Lu、Y的硫酸复盐的溶解度则相对较大，因此可分为三组。在锆冶金中，根据硫酸锆铵复合物的难溶解性，用硫酸锆铵沉淀法提纯锆化合物，即向工业纯的硫酸锆溶液中加入铵化合物，在 pH＝0.1～2.5 的条件下析出 $NH_4^+ : ZrO_2 : SO_4^{2-} = 2:2:3$（摩尔比）的化合物，经煅烧得 ZrO_2后，其中U的质量分数为 3×10^{-6}，Ti为 5×10^{-6}，Ca、Si、Al的质量含量均低于标准液。因此，应当根据给定溶液体系中各组分的物理化学性质上的差异，并考虑到后续工序要求的不同，正确选用或研究新的沉淀方法。

（2）在应用沉淀法进行溶液中不同元素的分离时，往往仅利用与沉淀剂所形成的化合物溶解度的差异是不够的，还必须充分运用物理化学原理扩大这种差异，以达到提高分离

效果的目的。这样的实例在湿法冶金及化工中不胜枚举。例如，在硫酸法制取钛白的过程中，为防止 Fe^{3+} 与 $TiOSO_4^-$ 一道水解而预先用铁屑将 Fe^{3+} 还原成难水解的 Fe^{2+}；在锌冶金中为水解除铁，而将 Fe^{2+} 预先氧化成易水解的 Fe^{3+}；在钨冶中，当用 Ca^{2+} 从含 WO_4^{2-} 的溶液中沉淀人造白钨以回收钨时，为防止溶液中的 MoO_4^{2-} 同时沉淀而利用钼和钨亲疏性质的不同，先加入适量的 S^{2-}，在一定条件下使 MoO_4^{2-} 优先转化为难被 Ca^{2+} 沉淀的 MoO_4^{2-}，从而实现了在沉淀钨的同时，就使钨钼的部分分离；在从 $(NH_4)_2WO_4$ 溶液中析出仲钨酸铵时，为防止其中的 MoO_4^{2-} 同时结晶析出，也同样预先将 MoO_4^{2-} 转化成 MoS_4^{2-}，实现钨与钼的分离。总之在进行沉淀法分离时，对系统中各待分离的元素的性质先进行充分研究，设法扩大差异是保证和提高分离效果的重要途径。

13.1.4　结晶法及其在湿法冶金中的作用[1]

结晶过程在湿法冶金中主要用以从溶液中结晶析出有色金属盐类，作为湿法冶金的中间产品或化工产品，如从 $CuSO_4$ 溶液中结晶胆矾（$CuSO_4 \cdot 5H_2O$），从钨酸铵溶液中结晶仲钨酸铵等，此外，作为被淘汰的冶金方法，分步结晶法曾用以分离相似元素。

13.1.4.1　从钨酸铵溶液中结晶仲钨酸铵

在钨冶金中通过离子交换、萃取工艺或经典工艺得含游离 NH_4OH 的纯 $(NH_4)_2WO_4$ 溶液，为从中得到仲钨酸铵，常用蒸发结晶法，即通过蒸发使其中游离 NH_3 挥发除去，溶液的 pH 降低，从而钨以结晶仲钨酸铵形态析出。其反应为

$$NH_4OH \longrightarrow NH_3\uparrow + H_2O$$

$$12(NH_4)_2WO_4 \longrightarrow 5(NH_4)_2O \cdot 12WO_3 \cdot 5H_2O + 14NH_3 + 2H_2O$$

在结晶过程中，溶液中微量的杂质钼、磷、砷、硅等往往比仲钨酸铵后析出，故结晶率控制在 90% ~95% 时，结晶体的纯度远比原始溶液高，杂质主要富集在结晶母液中。

在仲钨酸铵蒸发结晶过程中，有时要控制产品一定粒度，理论分析和实践都表明：提高结晶温度往往使粒度变粗。

13.1.4.2　分步结晶法分离性质相近元素

分步结晶法曾是分离相似元素，如钽-铌分离、锆-铪分离等的重要方法之一，因其流程烦琐，成本高，已经基本被先进的分离方法如萃取所取代。

分步结晶法分离相似元素的基本概念可用图 13-12 说明。设有两相似元

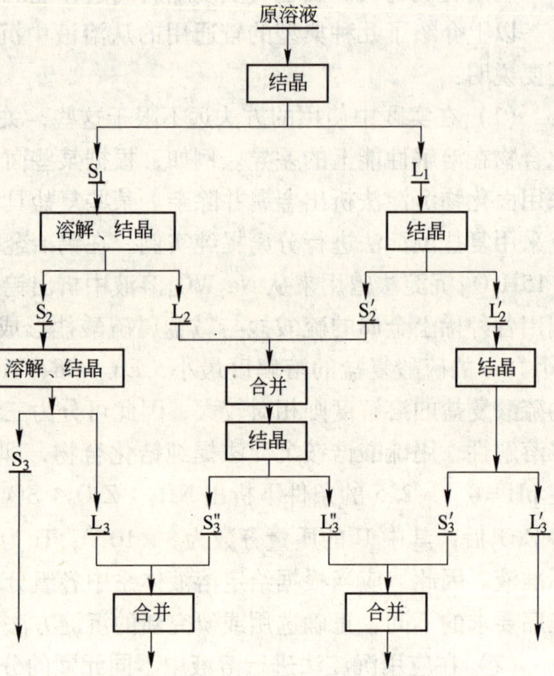

图 13-12　分步结晶法的原则流程图

素的化合物A和B，A和B的性质十分相近，但其差异是A在某溶液中的溶解度小于B，设原溶液中A、B溶液之比为$\frac{[A]_{L_0}}{[B]_{L_0}}$，将它进行蒸发且部分结晶得固体$S_1$和母液$L_1$，显然$S_1$中A与B之比$\frac{[A]_{S_1}}{[B]_{S_1}}>\frac{[A]_{L_0}}{[B]_{L_0}}$，母液中$[A/B]_{L_1}<\frac{[A]_{L_0}}{[B]_{L_0}}$，将$S_1$溶解，再部分结晶，得$S_2$与$L_2$，进一步溶解，结晶得$S_3$和$L_3$，显然：

$$\frac{[A]_{S_3}}{[B]_{S_3}}>\frac{[A]_{S_2}}{[B]_{S_2}}>\frac{[A]_{S_1}}{[B]_{S_1}}>\frac{[A]_{L_0}}{[B]_{L_0}}$$

当溶解-结晶次数适当多，则得到的固相中基本上不含B。对上述一次结晶的母液L_1再进行二次结晶得晶体S_2'和L_2'，再结晶，得母液L_3'，显然$\frac{[A]_{L_3'}}{[B]_{L_3'}}<\frac{[A]_{L_2'}}{[B]_{L_2'}}<\frac{[A]_{L_1'}}{[B]_{L_1'}}<\frac{[A]_{L_0'}}{[B]_{L_0'}}$，当次数适当多，所得母液中可基本上不含A。至于二次结晶所得到L_2和S_2'则要合并，再用分步结晶体的方法分离。在20世纪50~60年代长沙矿冶研究院曾用此法进行了工业规模的Nb-Ta、Zr-Hf分离，满足了国家的需要。

13.1.5 沉淀法制备粉体材料[1]

近年来，无机材料越来越广泛地用于各技术部门，如发动机部件、计算机元件、超导体、催化剂、磁性材料等。在这些应用领域中，决定其应用效果的重要因素之一是其前驱材料——粉体材料的质量。对这些粉体要求粒度分布均匀，化学成分及致密度一致，同时还要求在下阶段深加工过程中有较好的稳定性（包括化学成分的稳定性和物理形态的稳定性）和加工性能。此外，为适应不同应用领域的要求，还必须具备该材料所必需的物理化学性能，如导电性能、导磁性能等。因此，制备这些粉体材料是一个复杂的技术问题。在制备粉体材料的方法中，湿法冶金的方法具有一系列技术上和经济上的优势，因此，传统的沉淀法和共沉淀法在制备各种粉体材料中得到了广泛的应用。

13.1.5.1 影响粉体成分、粒度、形貌的因素及控制

A 影响粉体材料成分、粒度、粒度分布、形貌的因素

在沉淀法或共沉淀法制取特种粉体材料时，其成分、粒度、粒度分布、形貌很敏感地随着溶液成分、添加剂的种类和用量、技术参数及操作方法的改变而改变，影响情况十分复杂，在13.1.2.4节中已介绍沉淀过程中影响沉淀物的形态及粒度的一般规律，那些规律对生产粉体材料同样适用。这里结合粉体材料的制备进一步介绍文献上的一些重要的研究结果。

a 溶液的化学成分

溶液的化学成分不同，则沉淀出的颗粒的成分、性能各异，有时即使溶液中阳离子相同，仅阴离子不同，所得沉淀物成分及物理形态也有很大的差别，例如：在有尿素存在的条件下，分别在不同铜盐溶液中进行中和沉淀，对$CuCl_2$溶液而言，沉淀物为八面体的氯氧化铜；对$CuSO_4$溶液而言，却为针形结晶的碱式硫酸铜；对$Cu(NO_3)_2$溶液而言，则为球状黑色的氧化铜或球状绿色的碱式碳酸铜。

用强制水解法制取α-Fe_2O_3时，发现产品的成分和形貌决定于溶液的Fe^{3+}浓度、pH值

和溶液中阴离子形态。从 $Fe(NO_3)_3$ 溶液和高氯酸盐溶液中得 α-Fe_2O_3，而从 $FeCl_3$ 溶液中得 β-FeOOH 或 α-Fe_2O_3 或它们的混合物。

许多学者研究了用铁盐水解制取 α-FeOOH 过程，也发现溶液中的阴离子 Cl^-、F^-、ClO_4^-、NO_3^-、SO_4^{2-} 等都对产品的成分、形貌有较大影响。

溶液的成分同样影响着最终产品的结晶形态，有人在用水解法分别从 $TiOSO_4$ 溶液和 $TiOCl_2$ 溶液中制备偏钛酸时，发现其结构与溶液成分密切相关，从有足量的 SO_4^{2-} 溶液中沉淀的偏钛酸有微弱的锐钛矿型结构，在煅烧时首先转化成锐钛矿型 TiO_2 晶体，然后再转变成金红石型；而从有足量 Cl^- 溶液中沉淀的偏钛酸则有微弱的金红石型结构，其煅烧时，直接转变成金红石 TiO_2。

b　溶液的浓度

从化学组成相同的溶液中析出沉淀物，往往由于溶液浓度不同，其沉淀物的化学成分和形貌也可能不同。在将 $FeCl_3$ 溶液加热水解时，随着浓度不同而分别析出长棒形的 β-FeOOH 和球形、立方形或椭圆形的 α-Fe_2O_3 晶体。在研究从 $FeCl_3$ 溶液用强制水解法制取 α-Fe_2O_3 时，发现在有乙醇存在下，当 $FeCl_3$ 溶液浓度为 0.02mol/L，或 NaH_2PO_2 浓度为 $1\times10^{-5}\sim1\times10^{-4}$ mol/L 时，析出的为 α-Fe_2O_3，高于上述浓度范围则析出 α-Fe_2O_3 与 β-FeOOH 的混合物。

在有尿素存在条件下，研究从 $Y(NO_3)_3$ 溶液中沉淀钇化合物时，发现沉淀物的形态明显地随着浓度变化而变化，如图 13-13 所示。

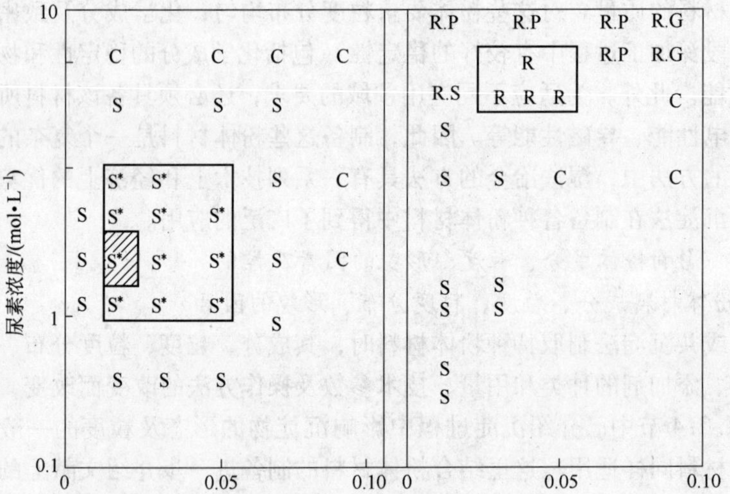

图 13-13　有尿素存在下，从 $Y(NO_3)_3$ 溶液中沉淀钇化合物时，沉淀物的形态与 $Y(NO_3)_3$ 及尿素浓度的关系

(a) 90℃，陈化 2h；(b) 115℃，陈化 18h

R—棒状；S—球形；S* —均匀球形；C—聚合球体；P—小片状；G—胶态

c　添加剂

溶液中加微量添加剂，有时能改变产品的形貌。上述在研究从 $FeCl_3$ 溶液制备 α-Fe_2O_3

时，就发现溶液中 NaH_2PO_4 浓度由 0 增至 4.5×10^{-4} mol/L 时，α-Fe_2O_3 颗粒的长度由 0.12μm 增至 0.55μm，长径比由 1 增至 5.5。有人研究在有尿素存在条件下，由 $GdCl_3$ 溶液中沉淀钆化合物时，发现在同样条件下当 NaH_2PO_4 浓度为 10^{-4} mol/L，则沉淀物为球形颗粒的聚集体，而进一步增加 NaH_2PO_4 浓度，则产品为针状。

沉淀过程中加入某些表面活性物质，往往有利于制取细颗粒产品，由于超细颗粒之间往往由于范德华力作用而粘结，特别是制取磁性粉末（如磁铁矿 Fe_3O_4 粉）时更加严重，而加入某些表面活性剂能缓解或防止这一现象，可维持粉末的微细结构。Jiwen. Lee 等在中和摩尔比为 2∶1 的 $FeCl_2$、$FeCl_3$ 混合溶液制取 Fe_3O_4 粉末时，发现当溶液中含质量分数为 1% 聚氯乙烯（PVC）时，其起始粒度为 4.2±0.1mm，不含 PVC 则为 26.5±1mm，而且经 1h 以后增大为 300~400mm，说明磁力作用使颗粒的聚合，一般的防止颗粒聚合的表面活性剂，除上述 PVC 外还有油酸钠、十二烷胺、羟基甲基纤维素等。

d 操作条件

沉淀过程的操作条件如温度、保温时间、pH 值、搅拌情况等都可能影响颗粒的形貌及粒度分布，有些产品的形貌对操作条件的波动十分敏感。在研究 $La(NO_3)_3$ 溶液在有尿素存在下的沉淀情况时，发现在密闭设备中进行，其沉淀颗粒为球形，而在敞开设备中同时进行搅拌时，颗粒为长条形。在有尿素存在的条件下将 YCl_3 溶液进行沉淀时，在 90℃ 下保温 2.5h，产品为均匀球形的 $Y(OH)CO_3\cdot H_2O$，而在 115℃ 较长的时间保温，则产品有棒状的 $Y_2(OH_3)(CO_3)_3\cdot 3H_2O$。

B 控制方法

综上所述，沉淀过程中对粉末粒度、形貌的影响因素十分复杂，而且其规律性往往随具体的体系而有所不同，粒度及形貌对条件的改变也十分敏感，这一方面增加了控制粒度、形貌的难度，但另一方面也给通过控制适当参数以控制或改变粒度、形貌提供了可能性。

一般而言，为了控制粒度和形貌，应根据具体体系中各种因素对其影响的规律性采取适当措施，因此具体措施是随体系而变，但是都遵循一个共同规律，即为了制得粒度均匀的颗粒，应创造条件使晶核能在整个溶液中同时地均匀地生成并长大。为此，应保证沉淀剂的浓度和待沉淀物的过饱和度在整体溶液中是均匀的。为实现这一点，带有普遍意义的措施是：

（1）均相沉淀法。此法为当前采用最广的方法，其原理一般是通过在一定范围内调节 pH 值，以实现的沉淀过程。如氢氧化物沉淀、磷酸盐沉淀、某些碱式盐沉淀等，通常是用加尿素的方法，通过尿素在溶液中的分解以调节 pH 值，达到均相沉淀的目的。对生成硫化物的过程而言通常是加入硫代乙酰铵（CH_3SNH_3），使之在溶液中分解而析出 H_2S。

（2）强制水解法。对某些盐的水解反应而言，在高温下是向生成氢氧化物的方向进行。因此，适当控制溶液 pH 值，由常温升至高温，即使不加沉淀剂也会从溶液中直接产生沉淀，这种沉淀的成核过程是在整体溶液中均匀进行的。有人曾在有 Na_2HPO_4 或 NaH_2PO_3 存在下，在 100±2℃ 时将浓度为 0.02mol/L 的 $FeCl_3$ 溶液进行水解，制得纺锤状的 α-Fe_2O_3（赤铁矿）。

13.1.5.2　沉淀法制备化合物粉末的实例

A　纯化合物粉体

a　铁氧化物

有两种方法都可制成单一分散的纺锤形的 α-Fe_2O_3 粉末。其中，一种方法为强制水解法，即将含 $FeCl_3$ 浓度为 0.02mol/L、NaH_2PO_4 浓度为 1×10^{-4}mol/L ~ 4.5×10^{-4}mol/L 的水溶液或 $FeCl_3$ 浓度为 0.02mol/L、NaH_2PO_4 浓度为 1×10^{-5}mol/L ~ 10×10^{-4}mol/L 的水-醇溶液，在 100±2℃时条件下，陈化 2 ~ 7 天，即可得纺锤形粒度分布均匀的 α-Fe_2O_3 粉末，但水-醇溶液中产品粒度较粗。另一种方法是先将 Fe $(NO_3)_3$ 溶液中和到 pH = 10.5 ~ 10.8，水解得 Fe $(NO)_2$，洗至 pH = 9.3 左右，再控制 HCl 浓度为 0.01 ~ 0.04mol/L、NaH_2PO_4 浓度为 1×10^{-4} ~ 5×10^{-4}mol/L，在 100℃下陈化 2 小时，同样可得纺锤状 α-Fe_2O_3 粉。

可用强制水解法制取粒度分布范围狭窄的纳米级的立方 α-Fe_2O_3 胶态粉末。其主要过程为：将含 $FeCl_3$ 为 5×10^{-3} ~ 1×10^{-2}mol/L 和 HCl 为 2×10^{-3}mol/L 的溶液迅速升温至沸腾，并保温以生成均匀的含水铁氧化物晶核，然后尽快冷却，再用渗析法把残留的 Fe^{3+} 和 Cl^- 除去，最后在一定条件下进行陈化，便得到粒度 40mm 左右的均匀粉末。据研究，其核心生成的阶段控制在数秒钟内完成，核心为 3 ~ 5mm 的非晶形的铁氧化物，后者再转化为 β-FeOOH 进而变成 α-Fe_2O_3。

在有尿素存在下用均相沉淀法从 $Fe(NO_3)_3$ 溶液中沉淀 α-FeOOH（针铁矿），溶液含 Fe $(NO_3)_3$ 浓度为 1.5mol/L，尿素浓度为 0.8mol/L，并加入不同数量的 SO_4^{2-}，发现 SO_4^{2-} 与 Fe^{3+} 的摩尔比、起始 pH 值、温度对产品形态有影响，当 SO_4^{2-}/Fe^{3+} 的摩尔比 < 0.5 时得纯针铁矿，而≥1.0 时由于形成聚合离子 $FeSO_4^+$，影响针铁矿的沉淀过程，同时发现不同条件（SO_4^{2-} 与 Fe^{3+} 摩尔比、pH 值、温度）下，即使粒度、晶格参数基本相同，而内部孔隙度、比表面积也不同，当 SO_4^{2-} 与 Fe^{3+} 摩尔比为 0.5、起始 pH 值为 1.5 时，温度为 90℃，产品中微孔隙多，比表面积大，可达 133.5m^2/g。

b　镉化合物

研究在有尿素存在的条件下，从不同的镉盐中制备单一分散的胶态镉化合物时，发现沉淀物的形态和粒度与镉盐种类、pH 值、温度密切相关，对 $Cd(Ac)_2$ 溶液而言，当溶液含 $Cd(Ac)_2$ 为 0.1mol/L，含尿素为 2×10^{-3} ~ 2×10^{-1}mol/L、65 ~ 90℃，得椭球状 $CdCO_3$ 沉淀，粒度约为 10μm；对 $CdCl_2$ 溶液而言，在 $CdCl_2$ 浓度为 1mol/L、尿素浓度为 0.02mol/L，在 90℃下陈化 16h、当 pH < 6.4，则成为 Cd(OH)Cl 与 $CdCO_3$ 的混合物，当 6.4 < pH < 7.2，成为立方形 $CdCO_3$；对 $Cd(NO_3)_2$ 溶液而言，当 $Cd(NO_3)_2$ 浓度为 1mol/L，尿素浓度 2mol/L，在 65℃和 90℃，陈化 16h，得均匀立方体的，其粒度分别为 10μm 和 20μm；对 $CdSO_4$ 溶液而言，在 65 ~ 90℃随着 pH 值的不同，分别为 $\beta Cd(OH)_2\cdot CdSO_4$ 或 $\beta Cd(OH)_2\cdot CdSO_4$ 与 $CdCO_3$ 的混合物或 $CdCO_3$。在室温下为制备单一分散均匀粒度的产品，最佳条件为：溶液含镉盐浓度为 10^{-3}mol/L、尿素浓度为 5mol/L，产品形貌为菱形，粒度约 1μm。

c　钴化合物

在有尿素和十二烷基硫酸钠（SDS）存在下，从 $CoSO_4$、NaH_2PO_4 溶液中制取 $Co_2(PO_4)_2\cdot xH_2O$ 的试验时，发现产品的形态和成分与温度、陈化时间以及各种反应剂、添加剂浓度有关，一般在80℃下保温3h较好，至于$CoSO_4$、尿素、十二烷基硫酸钠浓度的影响见图13-14。

钴化合物中Co_3O_4为重要的催化剂，为了从水溶液中制备Co_3O_4，在有NH_3作缓冲剂的情况下，由$Na_3Co(NO_2)_6$溶液制备Co_3O_4，所得产品为单一分散的立方结晶，粒度为0.2~0.3μm，性能远超过火法制取的产品。

d 硫化物和硒化物

CdS和CdSe是重要的光敏陶瓷材料。在以硫化乙酰胺（TAA）为硫化物，从$Cd(OH)_2$的悬浮液中用沉淀法制取CdS超细粉，所用溶液的成分为：$Cd(OH)_2$浓度为0.5mol/L，硫代乙酰胺浓度为0.55mol/L，NH_4NO_3浓度为1mol/L，外加质量分数为1%的明胶，温度20℃，通过NH_3调节pH = 8.5，研究表明反应的进行过程为：

$$CH_3CSNH_2 = CH_3CN + H_2S$$
$$= CH_3CN + 2H^+ + S^{2-}$$

TAA存在下溶液中有一定量的S^{2-}，S^{2-}与溶液中Cd^{2+}作用成CdS沉淀，使Cd^{2+}浓度减少，破坏了溶液中的平衡，促使$Cd(OH)_2$迅速溶解再产生Cd^{2+}，从而完成由$Cd(OH)_2$转化成CdS的过程。

产生的CdS粒度均匀为球状，平均直径为40mm，每个粉末由小约8.6mm的次结晶体不规则排列而成。

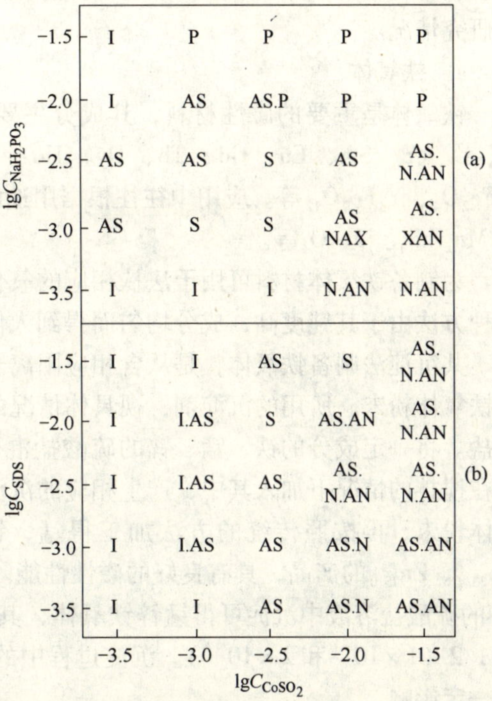

图13-14 80℃保温3h的条件下有关物质浓度对产品$Co_3(PO_4)_2 \cdot xH_2O$形态和成分的影响

（a）在尿素浓度为1mol/L、SDS浓度为0.01mol/L时，$CoSO_4$浓度（mol/L）和NaH_2PO_4浓度（mol/L）的影响；

（b）在尿素浓度为1mol/L、NaH_2PO_4浓度为3.2×10^{-3}mol/L时，$CoSO_4$浓度（mol/L）和SDS浓度（mol/L）的影响

P—小片状$Co(NH_4)PO_4 \cdot xH_2O$；
N—针状含水$CoSO_3$；AN—针状物聚集体；
S—球状$Co_3(PO_4)_2 \cdot xH_2O$；AS—球状物聚集体

用TAA作为硫化剂，在有尿素存在下，从$NiCl_2$溶液中制取NiS，发现尿素的存在能大幅度提高硫化物的产出率。例如$NiCl_2$在浓度为0.05mol/L、起始pH值为1.8，温度为80℃的条件下，当尿素浓度由0.4mol/L提高至0.8mol/L，则产出率由9.6%急剧提高到66.0%。尿素有两方面的作用：一是它增快了TAA的分解速度，相应地增加了H_2S的浓度；二是尿素的分解提高了溶液pH值，相应地在一定H_2S浓度下，使S^{2-}浓度增加，但发现尿素的存在使颗粒的聚团现象加重。

与上述工作相类似，以硒脲NH_2CSeNH_2作为硒化剂，分别与$Cd(Ac)_2$溶液或$Pb(NO_2)_2$溶液作用，取得了粒度均匀的CdSe和PbSe粉末。

B 复合材料

在含多种离子的溶液中选用适当的沉淀剂，控制适当的条件和采用适宜的操作方法，可使某些化合物同时沉淀或互相形成复杂化合物沉淀，而制得复合材料粉末。目前共沉淀

制取复合材料粉末已引起了人们的充分重视，下面介绍制取铁氧体及增韧氧化锆陶瓷方面的研究情况。

a　铁氧体

铁氧体是重要的磁性材料，其成分主要为 Fe_2O_3 与 Mn、Zn、Cu、Ni、Mg、Ba、Pb、Sr、Li、Y、Sm、Eu、Gd、Tb、Dy、Ho、Er 等金属氧化物的复杂化合物，例如：$NiFe_2O_4$、$Y_3Fe_2O_{12}$等。应用中往往根据用途的不同将两种或两种以上铁酸盐复合，如铁氧体 $Mn_xZn_{(1-x)}Fe_2O_4$等。

为制备铁氧体材料可用干法从相应的氧化物中合成，也可用共沉淀法制备其粉末，后一种方法由于其纯度高，成分均匀而得到人们的重视。

共沉淀法制备铁氧体，是从含相应阳离子的溶液中用沉淀剂，将它们共沉淀得到相应的铁氧体粉末。所用的沉淀剂，视具体情况的不同可以是钠或铵的氢氧化物、碳酸盐或草酸盐。将一定成分的铁、锰、锌的硫酸盐混合溶液加热到60℃，然后把60℃的草酸铵溶液在搅拌的情况下加入其中，产生相应的沉淀物，再在180～200℃下烘干、煅烧得锰锌铁氧体粉末，再按照传统的方法加工得锰、锌、铁氧体材料，其成分（%）为 $Fe_2O_{51.6}$、$Mn_{23.4}$、$Zn_{25.0}$的产品，具有良好的磁性性能。再以碳酸盐-氢氧化物为沉淀剂，从 Fe、Mn、Zn 的硫酸盐溶液中沉淀可得锰锌铁氧体，其导磁率比传统方法高15%，而损耗因素仅为其1/2（1×10^{-6}和2×10^{-6}）。沉淀过程中的 pH 值、SO_4^{2-} 与 OH^- 摩尔比值都对产品质量有一定影响。

采用悬浮物氧化法制备铁氧体时，在 NaOH 溶液加入含 Fe^{2+} 及其他组分的阳离子的溶液进行中和，使之产生二价氢氧化物的混合沉淀，然后在 60～90℃下通 O_2 进行搅拌，则 $Fe(OH)_2$ 氧化成 Fe_2O_3，并与其他氢氧化物形成尖晶石型铁氧体。在氧化过程中，其产品形态与溶液的 pH 值及温度有密切关系，同时与二价离子的浓度及通氧条件有关。对 $Fe(OH)_2$ 的氧化过程而言，产品形态与温度及 pH 值（或中和时 2NaOH 与 $FeSO_4$的摩尔比）的关系如图 13-15 所示。

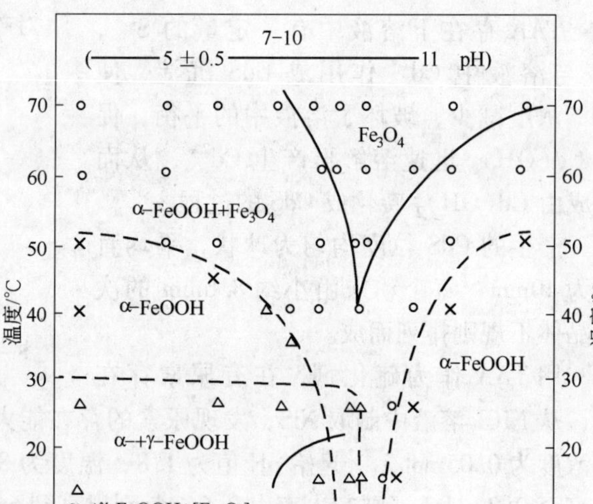

图 13-15　$Fe(OH)_2$ 氧化沉淀过程中 pH 值及温度对沉淀物形态的影响

x—2NaOH 与 $FeSO_4$的摩尔比

b　增韧氧化锆陶瓷材料[75]

氧化锆陶瓷（包括部分稳定氧化锆陶瓷（PSZ）、四方氧化锆多晶体（TZP）、部分稳定氧化锆与 Al_2O_3 复合材料（Y-PAZ/Al_2O_3）、ZrO_2 增韧 Al_2O_3(TZA)等）为重要的工程材料，在这些材料中加入 Y_2O_3、CeO_2、MgO 等作为 ZrO_2四方相的稳定剂。共沉淀法是加入稳定剂的有效方法之一，所

用的沉淀剂一般为 NH_4OH。

为制备摩尔分数分别为 $CeO_2$5.5%-$YO_{1.5}$2%-Zr92.5%的超细四方多晶体，曾研究出两种共沉淀工艺，即氨共沉淀-水热处理工艺和在有尿素存在下的均相沉淀工艺，前者是首先制备 $nZrO_2 : nY(NO_3)_3 : nCe(NO_3)_3 = 92.5 : 2 : 5.5$ 的混合物溶液，混合液中阳离子总浓度控制为0.25～1mol/L，将它滴入 NH_4OH 溶液，控制 pH≈11，所得的非晶形沉淀物用无离子水洗去 OH^-，然后在200℃下用水热法处理3.5h，使之变成晶体，再用乙醇脱水。用这种方法制备的产品粒度为4.8mm左右，比表面积为206m^2/g，随着起始料液浓度的提高则粒度增加，比表面积减小，其晶体结构全部为四方形，同时堆装密度大，烧结温度低(<1400℃)。上述氨沉淀物如果不是用水热法处理而是在500℃下煅烧，则结晶不是四方结构。后者是共沉淀均相法，它是将尿素（浓度为0.3～0.42mol/L）加入上述含Zr、Y、Ce的料液，在100℃下煮2～12h，所得沉淀物在500℃下煅烧0.5h，其结构完全是四方形，同时其成分与原始料液几乎相同，因此共沉淀均相法容易控制产品的化学成分。

现在已有3种用共沉淀法制备Y-PSZ/Al_2O_3的具体工艺：

（1）全部共沉淀法：将一定比例的 $ZrOCl_2$、AlO_3、YCl_3 混合溶液以喷雾的方式喷入40℃的稀氨水中，控制 pH 为9左右，沉淀物用乙醇脱水，干燥后，在880℃下煅烧1h；

（2）沉淀包裹法：将一定比例的 $ZrOCl_2$、YCl_3 混合溶液倒入含 NH_4OH 和固体 α-Al_2O_3（直径约70mm）的悬浮液中，使Zr、Y共沉淀并包裹在 Al_2O_3 颗粒表面上，其沉淀条件及后处理方式与上述全部共沉淀法大体相同；

（3）混合法：将 $ZrO_2(Y_2O_3)$ 粉末及 α-Al_2O_3 粉末在水中混合过滤，干燥。

结果表明前两种工艺生产的产品的成分均匀，晶粒细至10.5μm左右，ZrO_2 四方相质量分数高达95%以上，但其中全部共沉淀法所得粉末的成型性能较差，烧结时收缩率大。混合法则均匀性较差，四方相所占比例小。

除了上述用氨水作中和沉淀剂外，也可用醇类（如甲醇、乙醇、异丙醇等）作为沉淀剂，即将含 $Zr(SO_4)_2$ 浓度为0.405mol/L和 $Y_2(SO_4)_2$ 浓度为0.01mol/L的溶液（或含 $Zr(SO_4)_2$ 浓度为1.98mol/L，$Y_2(SO_4)_3$ 浓度为0.05mol/L的溶液）通过不同的喷雾装置雾化后喷入搅拌的醇溶液，则发生中和水解反应得混合氧化物沉淀，后者经过过滤再用丙酮脱水后，干燥，在750℃下煅烧1h即得Y-PSZ粉末。结果表明用弱极性的醇（如异丙醇）所得产品粉末比强极性醇的细而均匀，同时其化学成分更接近原始料液的成分。对雾化装置而言，用低压超声波雾化器的产品质量比空气雾化器好，7kg/批的试验表明，产出的Y-PSZ粉末单斜相比例<5%，粒度为25～75mm，比表面积为30m^2/g，化学成分均匀，在70MPa下成型再在150℃烧结2h，产品密度为5.98g/cm^3，收缩率为40%。

C 包覆粉末

包覆粉末由于其特有的物理化学性质或工艺上的物性或经济方面的效益，而得到人们的广泛重视和应用，目前沉淀法是制取包覆粉末的重要方法之一。

为从水溶液中制取包覆粉末，常用的方法是将预定的包覆粉末内核物质（如制取 $CaAl_2O_4$ 包覆 Al_2O_3 粉末时的 Al_2O_3 粉），首先均匀分散悬浮在含包覆物质离子的溶液中（如 $Ca(NO_3)_2$ 和 $Al(NO_3)_3$ 溶液），然后控制条件使溶液中的离子形成难溶化合物，在其沉淀物形成析出的过程中，则以悬浮的内核物质为核心，因而形成包覆粉。

用上述方法成功地制取了 $YOHCO_3 \cdot H_2O$ 或 Y_2O_3 包覆 α-Fe_2O_3 颗粒的包覆粉末，即将

纺锤状的 α-Fe_2O_3 均匀悬浮在 $Y(NO_3)_3$ 溶液中，控制溶液 α-Fe_2O_3 的质量浓度为50～210mol/L（或每升溶液中 α-Fe_2O_3 的颗粒数为（0.37～1.5）$\times 10^{13}$ 个），$Y(NO_3)_4$ 浓度为（1～5）$\times 10^{-3}$mol/L，然后在90℃下保温2h，则在尿素存在下发生，$YOHCO_3 \cdot H_2O$ 的均相沉淀，沉淀过程以 α-Fe_2O_3 颗粒为核心，形成 $YOHCO_3 \cdot H_2O$ 包覆 α-Fe_2O_3 的包覆粉，如果将粉末进一步在800℃下进行煅烧，则变成 $Y_2(CO_3)_3$ 包覆 α-Fe_2O_3 的包覆粉。

在沉淀过程中为防止 $YOHCO_3 \cdot H_2O$ 单独形成核心长大成球状的 $YOHCO_3 \cdot H_2O$ 颗粒，应控制好单位体积内悬浮物（α-Fe_2O_3）的数量与 $Y(NO_3)_3$ 浓度的恰当比例，以及沉淀速度，一般当 α-Fe_2O_3 量和 $Y(NO_3)_3$ 浓度控制在上述范围内时，能防止 $YOHCO_3 \cdot H_2O$ 球状颗粒的形成。

D　纳米粉末

上述各种沉淀法控制适当的条件都有可能制取各种纳米粉，但由于大体积的水溶液中用沉淀法制取的粉末难免颗粒间进一步聚集长大，因而粉末粒度难以控制。近年来，人们发现，如果改变反应的条件，即在油包水的微乳滴中进行，则可防止颗粒间的聚集，同时得到的纳米粉的粒度均匀，当前在微型反应器中进行沉淀过程有两种方式。

（1）膜外相的沉淀剂扩散通过液膜进入内相，与内相的物质发生反应生成沉淀物。有人曾将阳离子表面活性剂十六烷基三甲基溴化铵和阴离子表面活性剂十二烷基苯磺酸加入含铁离子的溶液，形成乳浊液，应用透析法将膜外相的铁氯化物用 NaCl 代替，然后再加入 NaOH，OH^- 扩散通过膜进入微滴内部与铁离子发生水解反应而生成磁铁矿或 γ-铁氧体颗粒，颗粒的粒度均匀，理论上其直径 d 可按下式计算。

$$d = 0.1D(m \cdot M/\rho)^{1/3}$$

式中，D 为微滴的内径；m 为微滴内铁盐的摩尔比浓度；M 为生成物的摩尔质量；ρ 为生成物的密度。

由于 D 值往往可达数十纳米，因而生成的沉淀物亦为纳米级。

（2）反应物与沉淀剂在有表面活性剂存在的情况下，分别形成油包水的乳浊液，然后将两种乳浊液混合，在两个不同的乳滴碰撞过程中发生交互反应生成沉淀物，最后表面活性剂则附着在颗粒的表面，防止其进一步长大。有人利用这种方法制取了尖晶石型磁铁矿，即将含 $FeCl_2$ 浓度为0.15mol/L和 $FeCl_3$ 浓度为0.3mol/L的乳浊液和含 NH_4OH 的乳浊液混合，两者反应生成沉淀物，经离心脱水后用庚烷和丙酮洗涤，其粒度为4nm，具有超顺磁（superparanagnetic）性。

用同样的方法亦制成了高临界温度的超导体 YBaCuO 粉末，即将 $Y(NO_3)_3$ 浓度为0.05mol/L，$Ba(NO_3)_2$ 浓度0.1mol/L，$Cu(NO_3)_2$ 浓度0.15mol/L的乳浊液与含 $(NH_4)_2C_2O_2$ 浓度为0.3mol/L的乳浊液混合得沉淀物，经庚烷、丙酮洗涤后，在825℃下于空气中煅烧24h，再在450℃在氧中热处理6h，产品原始粒度为30nm，热处理后为100nm，临界温度为80K。

应用上述原理，人们同样可通过适当的还原剂与溶液中的金属离子作用而制取纳米级的金属粉或合金粉。有人曾分别将浓度为0.2mol/L的 $CuCl_2$ 和浓度为0.4mol/L的 $NaBH_4$ 的水溶液加入TX-100、n-己醇环己烷组成的有机相，有机物中TX-100的浓度为0.126mol/L，TX-100与n-己醇的质量比为4:1，分别形成两种乳滴液，将这两种乳滴液按等体积迅速混合，则 $CuCl_2$ 被 $NaBH_4$ 还原而得铜粉，该铜粉为均匀分散颗粒，粒度为纳米级。

采用含水溶液（质量分数为15%）、n-heptan 和 AOT（$[H_2O]/[AOT] = 10$）的乳浊液体系分别制备 $NiCl_2$浓度为0.1mol/L 和 $NaBH_4$为0.2mol/L 两种乳浊液，将两种乳浊液混合后制得镍粉。同样用类似的方法采用不同的乳浊液体系亦能制得粒度为30nm 的 FeNi 合金粉。

最后还应指出，沉淀法的应用不断扩展，当今电池材料的生产中也广泛地应用沉淀法[76]。

13.2　还原法制备金属及粉体材料

13.2.1　置换法

置换法是湿法冶金中的还原过程，利用还原剂将水溶液中的金属离子（或其配离子）由高价还原成低价或金属的过程。它是人们掌握最早、最成熟的冶金技术之一，我国早在西汉以前就用铁屑置换（还原）法从含 $CuSO_4$的水溶液中回收金属铜。随着科学技术的发展，它在湿法冶金及材料制备领域具有十分重要的地位。主要应用于以下几方面。

（1）由水溶液中富集金属。某些稀有分散性金属或贵金属，其原料品位很低，相应地在溶液中其浓度和相对含量都很低，选用适当的还原剂可使其优先被还原进入固相，而将还原电势相对较负的杂质留在溶液中。例如某厂处理质量分数分别为 In：0.2% ~0.6%、Zn：38%、Cd：2%的物料回收铟时，将物料酸溶，使 In、Zn、Cd 均进入溶液，再用锌置换铟，使锌及比锌更负电性的金属均留在溶液中，而铟富集在固相，制备了海绵铟。

（2）制取粗金属或某些化工产品。例如用锌还原法从含金、银的氰化物溶液中回收金银以及用 SO_2还原法从 Na_3AsO_4溶液中制取 As_2O_3等。

（3）制取有一定化学成分及物理形态的金属粉末（包括复合粉和包覆粉）。

（4）进行化学镀。在特定物件表面制取金属镀层，例如在某些非金属材料表面制备镍、金、银的镀层并进而用化学镀的方法制备某些电子元件。

（5）将溶液净化除杂。如锌冶金中将 $ZnSO_4$溶液用锌粉置换法除铜、镉等。

（6）改变某些离子的价态，扩大某些相似元素性质的差异，相应地提高净化分离过程的效果。

例如在稀土冶金的钐铕分离过程中，Eu^{3+}与 Sm^{3+}的性质相近，难以分离，但两者变成二价离子后，它们氧化还原电势就相差较大，$E^{\ominus}_{Eu^{3+}}/Eu^{2+}$为 -0.43V，$E^{\ominus}_{Sm^{3+}}/Sm^{2+}$为 -1.72V。因此采用锌粉作为还原剂，可使 Eu^{3+}还原成 Eu^{2+}，而 Sm^{3+}基本不变，相应地钐和铕的水解沉淀性能以及在离子交换树脂上的吸附性能上的差异都大为扩大，其分离效果亦大为改善。

又如在硫酸法由钛铁矿精矿生产钛白粉的水解过程中，为防止溶液中的 Fe^{3+}与$TiOSO_4$同时水解沉淀，预先加入铁屑将 Fe^{3+}还原成难以水解的 Fe^{2+}，以保证水解沉淀物的质量。

因此，在湿法冶金中深入研究还原过程的理论和工艺具有重要的意义。

考虑到在水溶液中进行还原时，其还原剂的种类繁多，如单质的金属、变价元素的低价化合物（气体或水溶液状态）、某些有机化合物等，但它们的原理均大同小异，在此选其中有代表性的进行介绍。

置换法是以较负电性的金属从溶液中还原较正电性金属的离子，直接得到金属，例如以 Zn（$E^{\ominus}_{Zn^{2+}}/Zn$）= -0.762V 从含 Cu^{2+}（$E^{\ominus}_{Cu^{2+}}/Cu$）= +0.345V 的溶液中沉积铜；另一方面用以将溶液中变价化合物由高价还原成低价，以改变其在水溶液中的物理化学性质。前者一般又称为置换沉积法，它在湿法冶金中应用较广，现以置换沉积法为主介绍金属还原剂还原法的原理与工艺。

A　基本原理

a　置换反应的热力学

从热力学的角度考虑，任何金属（M_1）均可能按其在电势序（表 13-9）中的位置被更负电性的金属（M_2）从溶液中置换出来，置换反应的通式可表示为

$$z_2 M_1^{z_1+} + z_1 M_2 = z_2 M_1 + z_1 M_2^{z_2+}$$

置换反应为典型的原电池反应，组成该原电池的两个电极反应为

$$M_1^{z_1+} + z_1 e = M_1 \tag{13-26}$$

$$M_2^{z_2+} + z_2 e = M_2 \tag{13-27}$$

设两金属价数相同，即 $z_1 = z_2 = z$，该置换反应可简化为 $M_1^{z+} + M_2 = M_1 + M_2^{z+}$，并可得此置换反应的平衡常数：

$$K = a_{M_2^{z+}}/a_{M_1^{z+}} = \exp\left[\frac{zF}{RT} \times E^{\ominus}\right] = \exp\left[\frac{zF}{RT}(E_1^{\ominus} - E_2^{\ominus})\right] \tag{13-28}$$

式中　$E_1^{\ominus}$、$E_2^{\ominus}$——分别为电极反应（13-26）、式（13-27）的标准电极电势；

$a_{M_1^{z+}}$，$a_{M_2^{z+}}$——分别为 M_1^{z+} 和 M_2^{z+} 的平衡活度。

式（13-28）可作为置换沉积过程反应能否进行以及反应进行限度的判据。以锌（M_2）置换铜（M_1）为例，将它们各自在25℃的标准电极电势值代入此式，则得：

$$\frac{a_{Zn^{2+}}}{a_{Cu^{2+}}} = \exp\left[\frac{zF}{RT}(0.345 + 0.762)\right] = 2.88 \times 10^{37}$$

计算结果表明，25℃下反应平衡时溶液中 Zn^{2+} 的活度相当于 Cu^{2+} 活度的 2.88×10^{37} 倍，可见，用金属锌能够从溶液中将铜置换沉积出来，而且，其置换是相当彻底的。

表 13-9　某些电极反应的标准电极电势（按电势顺序排列）

编 号	电极反应	$E^{\ominus}$/V	编 号	电极反应	$E^{\ominus}$/V
1	$Li^+ + e = Li$	-3.024	12	$ZnS + 2e = Zn + S^{2-}$	-1.44
2	$Cs^+ + e = Cs$	-3.02	13	$2SO_3^{2+} + 2H_2O + 2e = S_2O_4^{2-} + 4OH^-$	-1.4
3	$Rb^+ + e = Rb$	-2.99	14	$[Zn(CN)_4]^{2-} + 2e = Zn + 4CN^-$	-1.26
4	$K^+ + e = K$	-2.924	15	$CdS + 2e = Cd + S^{2+}$	-1.23
5	$Ra^{2+} + 2e = Ra$	-2.92	16	$N_2 + 4H_2O + 4e = N_2H_4 + 4OH^-$	-1.15
6	$Ca^{2+} + 2e = Ca$	-2.87	17	$PO_4^{3-} + 2H_2O + 2e = HPO_3^{2-} + 3OH^-$	-1.05
7	$Na^+ + e = Na$	-2.714	18	$[Zn(NH_3)_4]^{2+} + 2e = Zn + 4NH_3(aq)$	-1.03
8	$Ce^{3+} + 3e = Ce$	-2.48	19	$SO_4^{2-} + H_2O + 2e = SO_3^{2-} + 2OH^-$	-0.90
9	$Mg^{2+} + 2e = Mg$	-2.34	20	$[Co_6(CN)_6]^{3-} + e = [Co(CN)_6]^{4-}$	-0.83
10	$Al^{3+} + 3e = Al$	-1.67	21	$[Ni(CN)_4]^{2-} + e = [Ni(CN)_3]^{2-} + CN^-$	-0.82
11	$HPO_3^{2-} + 2H_2O + 2e = H_2PO_2^- + 3OH^-$	-1.65	22	$Zn^{2+} + 2e = Zn$	-0.762

续表 13-9

编号	电极反应	$E^\ominus$/V	编号	电极反应	$E^\ominus$/V
23	$AsO_4^{3-}+2H_2O+2e=AsO_2^-+4OH^-$	-0.71	52	$CO_2+2H^++2e=HCOOH(aq)$	-0.13
24	$AsO_2^-+2H_2O+3e=As+4OH^-$	-0.68	53	$CH_3COOH(aq)+2H^++2e=CH_3CHO(aq)+H_2O$	-0.13
25	$SO_3^{2-}+3H_2O+6e=S^{2-}+6OH^-$	-0.61	54	$Pb^{2+}+2e=Pb$	-0.126
26	$Au(CN)_2^-+e=Au+2CN^-$	-0.60	55	$[Cu(NH_3)_2]^++e=Cu+2NH_3$	-0.11
27	$[Cd(NH_3)_4]^{2+}+2e=Cd+4NH_3(aq)$	-0.597	56	$[Cu(NH_3)_4]^{2+}+2e=Cu+4NH_3(aq)$	-0.05
28	$ReO_4^-+2H_2O+2e=ReO_2+4OH^-$	-0.594	57	$AgCN+e=Ag+CN^-$	-0.04
29	$HCHO(aq)+2H_2O+2e=CH_3OH(aq)+2OH^-$	-0.59	58	$Fe^{3+}+3e=Fe$	-0.036
30	$ReO_4^-+4H_2O+7e=Re+8OH^-$	-0.584	59	$HCOOH(aq)+2H^++2e=HCHO(aq)+H_2O$	-0.01
31	$2SO_3^{2-}+3H_2O+4e=S_2O_3^{2-}+6OH^-$	-0.58	60	$[Cu(NH_3)_4]^{2+}+e=[Cu(NH_3)_2]^++2NH_3(aq)$	0.00
32	$As+3H^++3e=AsH_3$	-0.54	61	$2H^++2e=H_2$	0.0000
33	$S_2^{2-}+2e=2S^{2-}$	-0.51	62	$[Co(NH_3)_6]^{3+}+e=[Co(NH_3)_6]^{2+}$	0.1
34	$[Ag(CN)_3]^{2-}+e=Ag+3CN^-$	-0.51	63	$Cu^{2+}+e=Cu^+$	0.167
35	$H_3PO_3+3H^++3e=P+3H_2O$	-0.49	64	$SO_4^{2-}+4H^++2e=H_2SO_3+H_2O$	0.20
36	$2CO_2+2H^++2e=H_2C_2O_4(aq)$	-0.49	65	$2SO_4^{2-}+4H^++2e=S_2O_6^{2-}+2H_2O$	0.20
37	$[Ni(NH_3)_6]^{2+}+2e=Ni+6NH_3(aq)$	-0.48	66	$ReO_2+4H^++4e=Re+2H_2O$	0.252
38	$In^{3+}+e=In^{2+}$	-0.45	67	$Cu^{2+}+2e=Cu$	0.345
39	$Fe^{2+}+2e=Fe$	-0.441	68	$Cu^++e=Cu$	0.522
40	$[Cu(CN)_2]^-+e=Cu+2CN^-$	-0.43	69	$O_2+2H^++2e=H_2O_2$	0.682
41	$[Co(NH_3)_6]^{2+}+2e=Co+6NH_3(aq)$	-0.422	70	$C_6H_4O_2+2H^++2e=C_6H_6O_2$	0.699
42	$Cr^{3+}+e=Cr^{2+}$	-0.41	71	$H_2SeO_3+4H^++4e=Se+3H_2O$	0.740
43	$Cd^{2+}+2e=Cd$	-0.402	72	$Fe^{3+}+e=Fe^{2+}$	0.770
44	$SeO_3^{2-}+3H_2O+4e=Se+6OH^-$	-0.366	73	$Ag^++e=Ag$	0.799
45	$In^{3+}=3e+In$	-0.34	74	$SeO_4^{2-}+4H^++2e=H_2SeO_3+H_2O$	1.15
46	$Tl^++e=Tl$	-0.338	75	$O_2+4H^++4e=2H_2O$	1.229
47	$[Ag(CN)_2]^-+e=Ag+2CN^-$	-0.30	76	$Cl_2+2e=2Cl^-$	1.36
48	$Co^{2+}+2e=Co$	-0.277	77	$ClO_3^-+6H^++6e=Cl^-+3H_2O$	1.45
49	$H_3PO_4+2H^++2e=H_3PO_3+H_2O$	-0.276	78	$Ce^{4+}+e=Ce^{3+}$	1.61
50	$Ni^{2+}+2e=Ni$	-0.250	79	$Pb^{4+}+2e=Pb^{2+}$	1.69
51	$Sn^{2+}+2e=Sn$	-0.140	80	$H_2O_2+2H^++2e=2H_2O$	1.77

以上所述，只是一种简单分析置换沉积反应热力学的方法。事实上，在某些置换反应体系中，被置换的金属离子或置换金属溶解形成的离子，均有可能与溶液中其他组分（配位体）发生配合反应而使问题复杂化。例如，用锌粉从氰化物溶液中置换沉积金就属于这

类复杂体系，此时金离子与 CN^- 形成一系列配合离子，溶解的锌离子亦然。为了比较确切地说明这种置换体系的平衡关系，必须借助有关金属-配位体-水系平衡的分析方法。

有配合剂 X 存在时，若 X 与 M^{n+} 形成配合物 MX_{m+}^{n+}，其配合物积累稳定常数为 $K_{配}$，则当溶液中游离 X 浓度为 1mol/L 时，25℃时，其标准电极电势可按下式计算：

$$E^{\ominus}_{MX_m^{n+}/M} = E^{\ominus}_{M^{n+}/M} - \frac{0.0591}{n}\lg K_{配}$$

式中，$E^{\ominus}_{MX_m^{n+}/M}$ 为无配合剂存在时金属的标准电极电势。

例如已知 25℃时，$E^{\ominus}_{Cu^{2+}/Cu}$ 为 0.345V 时，$Cu(NH_3)_4^{2+}$ 的积累稳定常数为 $10^{13.32}$，故：

$$E^{\ominus}_{Cu(NH_3)_4^{2+}/Cu} = 0.345 - \frac{0.059}{2} \times 13.32 = -0.048V$$

b　置换过程的动力学

置换过程也称为内电解，其机理是沿着原电池理论的发展建立起来的。根据原电池的概念，可视置换金属的溶解即离子化为负极过程，而被置换金属的沉积为正极过程。也就是说，在与电解质溶液相接触的金属表面上，进行着共轭的氧化还原电化学反应。当较负电性的金属放入含更正电性金属离子的溶液中时，在金属与溶液之间立即开始离子交换，并在金属表面上形成了被置换金属覆盖的表面区。随着反应的进行，电子将由置换金属流向被置换金属的正极区，而在负极区则是金属的离子化，如图 13-16 所示。

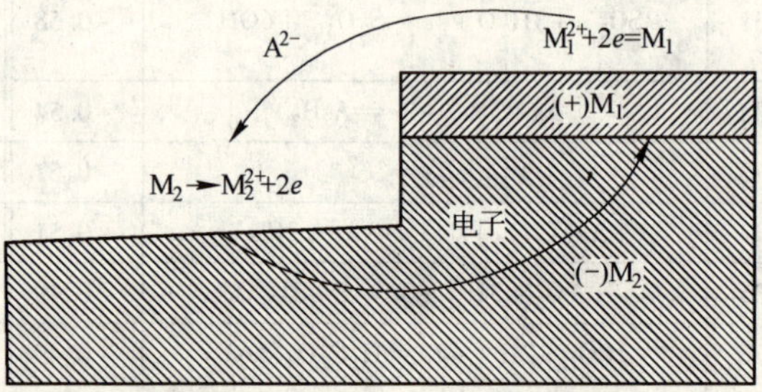

图 13-16　置换沉淀过程的示意图

从反应机理上说，置换过程的速度，可能受电化学反应步骤控制，即受负极或正极反应速度控制，也可能受扩散传质步骤控制，用电化学的研究方法进行测定所得结果表明：若过程受负极反应速度控制，在被置换金属表面上测得的电势是向更正的方向移动；相反，若过程受正极反应速度控制，则被置换金属的电势向更负值方向移动，并趋近于该原电池反应中负电性金属的电势。例如，镍置换铜时，铜的电势向更正值方向移动，说明置换过程受负极反应即镍的离子化控制。相反，在锌置换铜的过程中，铜的电势向负值方向移动，说明置换过程取决于正极反应即铜的沉积反应速度。

至于整个置换过程的速度是受扩散步骤控制还是受电化学步骤控制则决定于一系列的因素，其中最重要的是决定于组成的原电池的标准电势，当标准电势足够大，则电化学反应步骤的速度大，即受扩散步骤控制。事实上绝大多数有实用价值的置换沉积体系，其标准电动势均较大，因此，绝大多数置换沉积过程的速度是受扩散传质步骤控制。若是这样，便可基于扩散传质过程的速度方程，在反应表面积 S 大体不变的条件下，导出下列适用于绝大多数置换沉积过程的速度方程：

$$\lg\frac{C_t}{C_0} = \frac{-KS}{2.303V}t$$

式中　C_0 和 C_t——分别为溶液中被置换金属离子的起始浓度和时间为 t 时的浓度，mol/L；

K——扩散速度常数，cm/min；

S——反应表面积，cm^2；

V——溶液体积，cm^3；

t——反应时间，min。

可将上述方程式扩展，用于描述整个置换过程的速度。当受扩散步骤控制时，K 值为扩散速度常数；当受电化学反应步骤控制时，则 K 值为电化学反应的速度常数，并用此方程式对其用旋转圆盘电极研究非配合银离子的锌置换和铁置换的数据进行了拟合，其初始速度常数与温度的关系如图 13-17 所示。从图 13-17 可知，在具体的试验条件下，对锌置换而言，在常温或常温以上属扩散控制，对铁置换而言，在常温下属混合控制。

由于置换沉积过程大多受扩散传质步骤的控制，因此，各种类型置换反应器的设计，均着力于强化溶液与置换金属之间的相对运动，以增强固-液相之间的传质过程。此外，从速度方程可以看出，采取措施以增大反应表面积，例如采用粒度尽可能小的金属粉末作为置换剂，就是提高置换沉积过程的速度。

c　影响置换过程速度的因素

由于绝大多数置换过程都是由扩散步骤控制，因此影响传质速度的因素都会影响整个置换过程的速度，主要有以下一些因素：

（1）搅拌速度。置换过程属多相反应过程，加快搅拌，则溶液与固相表面（包括还原剂与置换产物的表面）接触相对增加，有利于加大扩散速度常数。在用旋转圆盘研究锌从氨溶液中置换 Co、Ni、Cd 时，Cd 的浓度与圆盘转速的关系如图 13-18 所示。

（2）置换剂的粒度。粒度细则比表面增加，有利于加快置换速度。

（3）置换产物的形貌。根据图 13-16 所示的置换过程可知，置换过程主要在已沉积的金属表面进行，其形状愈复杂、表面愈粗糙，则置换过程的速度愈快。

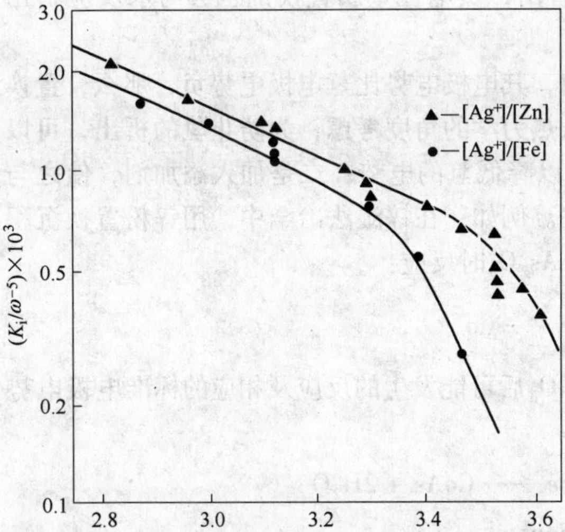

图 13-17　起始速度常数与温度的关系

（起始时 Ag^+ 质量浓度为 10±0.1mg/L）

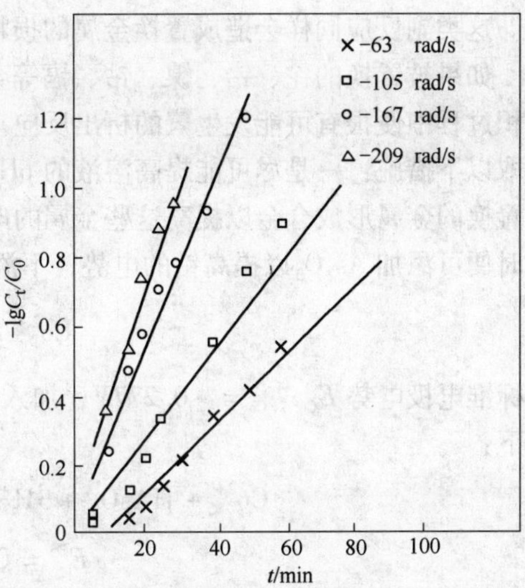

图 13-18　用 Zn 从氨溶液中置换 Cd 时，

Cd 的浓度与旋转圆盘转速的关系

（4）溶液中其他离子的影响。某些其他离子的存在，将对置换过程产生有利或不利的影响。在研究用锌置换非配合的 Ag^+ 时发现，溶液中 Na^+、K^+、Li^+ 能使析出的银表面粗糙，相应地使置换过程加快，如图 13-19 所示，而氧的存在能生成氧化物膜，使表面致密，相应地降低置换速度。

在研究用锌从氨溶液中置换铜、镉、钴时，发现有 Cu^{2+} 存在时，Ni、Co 被置换速度加快，对含 Cu 和 Co 质量分数为 10×10^{-6} 和 40×10^{-6} 的混合溶液而言，其中 Co 的置换速度常数比纯 Co 溶液的大 4 倍左右。

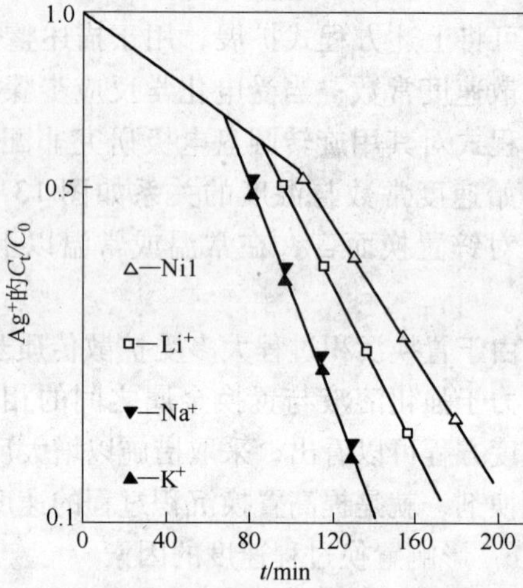

图 13-19　Na^+、K^+、Li^+ 对 Zn 置换 Ag^+ 速度的影响

（5）温度。温度适当升高，一般有利于加快置换速度。

此外，在反应的前期置换速度随时间的延长而加快，其原因可能是置换产生的生成物与置换剂形成了原电池，同时生成物的表面积逐步增大，因而加快了反应的速度。

d　置换沉积过程的副反应

在置换沉积法实际应用过程中，必须重视下述一些副反应。

（1）金属的氧化溶解反应。从金属-水系的电势-pH 图或表 13-9 可以看出，按热力学方面来说，氧完全有可能使置换金属溶解，甚至有可能使被置换沉积出来的金属返溶，从而造成置换金属的损耗。因此，有必要尽可能避免溶液与空气接触，或采取措施脱除溶液中被溶解的氧。例如，用锌粉从氰化物溶液中置换沉积金以前，将含金氰化物溶液进行真空脱气，这已成为金冶炼工艺流程中一个十分重要的工序。

（2）氢的析出反应。从电势-pH 图可以看出，负电性金属置换剂也会与水反应析出氢。这类副反应同样会造成置换金属的损耗。

如果被置换的铊、铅、镍、钴、镉等金属，其电极电势比氢电极电势负，那么，置换沉积过程中便很有可能发生氢的析出反应。从热力学的角度考虑，为防止氢的析出，可以采取以下措施：一是尽可能提高溶液的 pH 值以降低氢的电势；二是加入添加剂，使之与被置换的金属形成合金以提高这些金属的电势。例如，在锌湿法冶金中，用锌粉置换沉积钴时便可添加 As_2O_3 以提高钴的电势，不添加 As_2O_3 时反应：

$$Co^{2+} + 2e \longrightarrow Co$$

其标准电极电势 $E^{\ominus}_{Co^{2+}/Co} = -0.277V$，加入 As_2O_3 后可能发生的反应及相应的标准电极电势如下：

$$Co^{2+} + HAsO_2 + 3H^+ + 5e \longrightarrow CoAs + 2H_2O$$

$$E^{\ominus} = 0.1399V$$

$$2Co^{2+} + As_2O_3 + 6H^+ + 10e \longrightarrow 2CoAs + 3H_2O$$

$$E^{\ominus} = 0.133V$$

$$Co^{2+} + As_2O_3 + 6H^+ + 8e \longrightarrow CoAs_2 + 3H_2O$$

$$E^{\ominus} = 0.232V$$

在分析氢的析出反应时，当然也应该注意到氢析出反应动力学所涉及的氢在金属上析出的超电势。氢析出的超电势越高，其析出的可能性越小。

如果被置换金属的电势太负以致无法避免置换沉积过程中氢的析出，进而造成置换金属的大量损耗。那么，这种置换沉积过程即使在技术上可行，但因经济上不合理也无法被采用。实际上，对诸如 Fe、Sn、Zn、Cr、Mn 等金属，一般就极少用置换法使之从溶液中沉积。

（3）砷化氢或锑化氢的析出反应。酸性溶液中含有砷或锑时，置换沉积过程中有可能发生析出极毒气体 AsH_3或 SbH_3的副反应，这些反应及25℃下相应的电极电势如下：

$$As + 3H^+ + 3e \longrightarrow AsH_3$$

$$E = -0.38 - 0.0591pH - 0.0197\lg p_{AsH_3}$$

$$Sb + 3H^+ + 3e \longrightarrow SbH_3$$

$$E = -0.51 - 0.0591pH - 0.0197\lg p_{SbH_3}$$

$$HAsO_2 + 6H^+ + 6e \longrightarrow AsH_3 + 2H_2O$$

$$E = -0.18 - 0.0591pH - 0.00981\lg p_{AsH_3} + 0.00981\lg a_{HAsO_2}$$

$$HSbO_2 + 6H^+ + 6e \longrightarrow SbH_3 + 2H_2O$$

$$E = -0.14 - 0.0591pH - 0.00981\lg p_{SbH_3} + 0.00981\lg a_{HSbO_2}$$

从热力学出发，为防止上列有害副反应发生，可采取的主要措施是尽可能提高溶液的 pH 值；工业实践中，除非特殊需要添加锑或砷化合物（例如上述锌粉置换沉积钴需添加 As_2O_3），否则应在置换沉积过程进行之前，尽可能脱除溶液中的砷和锑。因 AsH_3 及 SbH_3 有剧毒，所以加强对 AsH_3或 SbH_3的监测及采取强有力的密封与排气安全措施是非常必要的。

B 置换沉积法在湿法冶金中的作用

置换沉积法在湿法冶金中既可用于金属的提取，也可用于浸出液的净化。

a 金属提取

在铜湿法冶金发展过程中，铁置换法作为从氧化铜矿硫酸浸出液中提取金属铜的方法，曾经起过重要的作用。但自从 20 世纪 60 年代后，由于高效的溶剂萃取技术的崛起，铁屑置换法已逐步被溶剂萃取-电积法替代。

当前，置换沉积法作为金属提取的有效方法仍然占有重要地位的应用实例，是用锌从含氰化物浸出液（又称母液）中置换沉积金和银。

锌从氰化物溶液中置换金，是一个复杂的反应体系，通常可用一个简化了的反应式

$$2Au(CN)_2^- + Zn = 2Au\downarrow + Zn(CN)_4^{2-}$$

来描述。

正如前述，系统中同时存在一系列副反应造成锌的大量消耗，首先是锌的氧化溶解。虽然这一置换沉积过程是在碱性（pH = 9 ~ 10）氰化物介质中进行，就氧的电势而言，似

乎不如在酸性介质中那样高，但由于 Zn^{2+} 与 CN^- 之间的配合反应，使锌的氧化还原电势大幅度下降（从表 13-9 可知 $E^\ominus_{Zn^{2+}/Zn} = -0.762V$，而 $E^\ominus_{Zn(CN)_4^{2-}/Zn}$ 为 $-1.26V$），同时也随着溶液 pH 值升高而降低，结果，使下列锌的氧化反应在更大的电势差（$E^\ominus_{O_2}/H_2O - E^\ominus_{Zn(CN)_4^{2-}/Zn}$）值推动下进行：

$$2Zn + 8CN^- + O_2 + 2H_2O \longrightarrow 2Zn(CN)_4^{2-} + 4OH^-$$

若 CN^- 浓度不够而碱浓度又较高时，锌还会按反应

$$2Zn + 4OH^- + O_2 \longrightarrow 2ZnO_2^{2-} + 2H_2O$$

溶解，这两个反应均造成锌的大量消耗，此外，当碱浓度稍降低，所形成的 ZnO_2^{2-} 离子又会发生水解形成 $Zn(OH)_2$ 沉淀：

$$ZnO_2^{2-} + 2H_2O \longrightarrow Zn(OH)_2\downarrow + 2OH^-$$

如果氰化物浓度不够，$Zn(OH)_2$ 又会与 $Zn(CN)_4^{2-}$ 反应形成 $Zn(CN)_2$ 沉淀：

$$Zn(OH)_2 + Zn(CN)_4^{2-} \longrightarrow 2Zn(CN)_2\downarrow + 2OH^-$$

$Zn(OH)_2$ 和 $Zn(CN)_2$ 这两种白色沉淀均会覆盖在锌表面从而严重地妨碍金和银的置换沉积。为了防止白色沉淀的生成，置换过程必须在足够高的碱和氰化物浓度下进行，但是，上列反应表明，所有这些危害的根源皆在于氧的存在，因而将溶液进行预先脱氧才是最有效的措施。例如，不脱氧时，防止白色沉淀出现所需的氰化物和碱的质量分数为0.05% ~0.08%，如果预先脱氧，则氰化物和碱的质量分数可降至0.02% ~0.03%。

造成锌大量损耗的另一副反应是氢的析出：

$$Zn + 4CN^- + 2H_2O \longrightarrow Zn(CN)_4^{2-} + 2OH^- + H_2\uparrow$$

$$Zn + 2OH^- \longrightarrow ZnO_2^{2-} + H_2\uparrow$$

氧化溶解和氢的析出这两类副反应，在生产实践中使锌的消耗量为置换沉积所需理论量的数十倍，其中又以氧化溶解反应所带来的危害最大，因此，溶液是否预先脱氧是决定锌置换沉积金生产过程技术与经济效果的重要因素。

生产实践中，锌置换法又可分为锌丝置换法和锌粉置换法两种，而使用更广泛的是锌粉置换法。从反应速度方程可以看出，因为锌粉的表面积比锌丝的大得多，因而，锌粉置换沉积金的效率自然比锌丝高得多。

图 13-20 所示的是一种锌粉置换沉积金的设备系统图。锌粉置换沉积设备主要由混合槽 4 和置换沉淀器 6 组成，沉淀器是一锥形底圆槽，带有螺旋搅拌桨，在沉淀器的中部支架上，安装有四个滤框，并与真空连接，已搅拌后的锌浆在真空泵 14 的抽力作用下过滤，滤液经过管道 13 抽出，金泥和未反应的锌粉则沉积在滤布上，溶液经过沉积层时，其中的 $Au(CN)_2^-$ 进一步被沉积层中的锌还原。当滤布表面沉积层达到一定厚度时停车卸出，为了使作业不因卸出金泥而间断，可并联 2 个沉淀器，交替使用。我国的氰化法黄金冶炼厂广泛采用压滤机作为沉金设备，除锌粉沉淀器被滤机替代外，其他与图 13-20 所示大同小异，用压滤机作为沉金设备时，需先往压滤机内加入一层相当于最终沉淀层重量 50% 以上的锌粉，形成一个锌粉层以确保金完全被置换沉积。

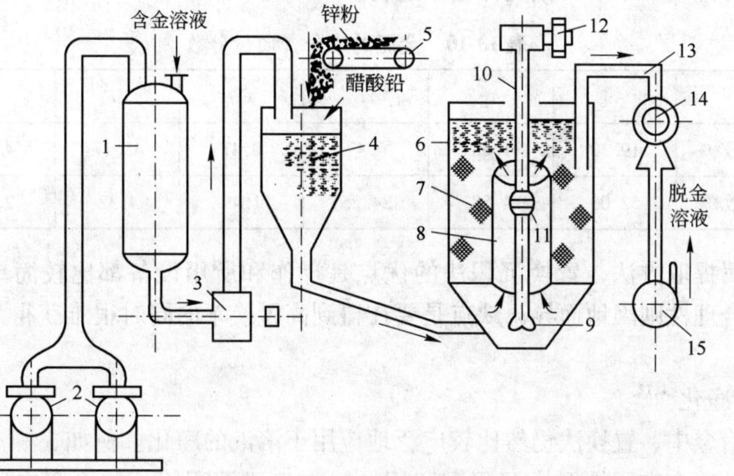

图 13-20　锌粉置换设备系统图

1—除气塔；2—真空泵；3—离心泵；4—混合槽；5—给粉器；6—置换沉淀器；7—布袋过滤片；8—中心管；9—螺旋桨；10—中心轴；11—小叶轮；12—传动机构；13—支管；14—总管和真空泵；15—离心泵

如图 13-20 所示，在锌粉置换沉积金的工艺中，通常要往混合槽中加入可溶性铅盐（醋酸铅或硝酸铅），其目的是希望在锌表面上置换出一层疏松的具有很大表面的海绵铅，以加速金的沉积过程。

我国某厂锌粉置换沉积金的工艺条件及技术指标如下：

贵液中 CN^- 质量分数	0.04% ~0.05%
氧化钙质量分数	0.02% ~0.03%
醋酸铅质量分数	0.003%
悬浮物质质量浓度	10 ~20g/m^3
真空度	93 ~96kPa
脱氧液中氧的质量浓度	<0.25g/m^3
锌粉用量	80g/m^3（溶液）
贵液流量	200 ~230m^3/d
贵液含金（质量浓度）	10 ~18g/m^3
贫液含金（质量浓度）	0.02 ~0.006g/m^3
置换率	99.87% ~99.90%
金泥品位（Au 质量分数）	15% ~20%

提取金以后的溶液一部分返回氰化浸出系统，一部分经净化处理后排放，置换沉积出来的金泥含金一般不会很高，需进一步用火法冶金或湿法冶金工艺处理提纯。不论是用火法或者湿法冶金工艺提纯金，其首道工序都是用稀硫酸（H_2SO_4 的质量分数为 10% ~15%）将金泥中的可溶性成分，尤其是残留的过剩锌粉溶解分离，酸溶前后金泥的成分列于表 13-10，为减少酸溶过程的酸耗量以及回收可返回利用的锌粉，酸溶前可用筛子将粗颗粒锌粉筛出。此外，若金泥中含砷，则酸溶过程有可能析出有毒气体 AsH_3，故作业宜

在密封并附有排气烟罩的机械搅拌槽中进行。

表 13-10　金泥的成分（质量分数）

元　素	Au	Ag	Pb	Cu	Zn	S	其他
酸溶前质量分数/%	19.30	1.88	0.47	0.47	48.17	4.19	余量
酸溶后质量分数/%	52.00	4.58	24.25	1.49	4.32	2.63	余量

作为金属提取方法，置换沉积法的优点是操作和所用设备都比较简单，易于组织生产，其经济合理性则因地而异；缺点是要在得到高置换率的同时很难获得足够高品位的金属产品。

b　溶液净化[1,12]

在湿法冶金中，置换法仍然比较广泛地应用于溶液的净化。例如，镍冶金中用镍粉置换沉积铜，钴冶金中用铁置换沉积铜和用钴粉加硫磺沉积镍，锌冶金中用锌粉置换沉积铜、镉和钴等，均有生产规模应用实例。这里，以锌湿法冶金中浸出液的净化除铜、镉和钴为例介绍其典型工艺。

锌湿法冶金过程中，锌焙砂经浸出除铁后所得中性浸出液，因各工厂处理的原料不同，杂质元素铜、镉、钴、镍、砷、锑等的含量差别比较大，但大都超过锌电积的要求。此外，从综合利用的观点考虑，从浸出液中回收这些元素也是必要的。经置换沉积净化后，这些元素的质量浓度通常都降低到 1mg/L 左右。

就铜、镉、钴这三个元素而言，不难理解，铜可以比较容易地用锌粉置换沉积下来，如果仅仅从各自的标准电极电势考虑（见表 13-9），钴似乎比镉容易被锌置换，但事实上，钴是最难被置换沉积出来，原因之一是钴的含量很低，其平衡电势本身就比其标准电势低得多；原因之二是钴在锌上析出的超电压比较高。因此，生产实践中，大多是用锌粉同时置换沉积铜和镉，然后在有添加剂存在下再用锌粉沉积钴，或者采用某种特殊试剂（如黄药、β-萘酚）除钴。由于各工厂所产浸出液成分不同，在净液工艺流程中也还有三段甚至四段分别除铜、镉和钴的实例。

影响锌粉置换沉积铜和镉的主要因素有以下几种：

（1）锌粉的质量与用量。锌粉的纯度应该比较高，除了不应带入新的杂质外，应避免锌粉被氧化，氧化了的锌不会起置换作用，而只会增大锌粉的耗量。从增大比表面加速置换反应的观点考虑，锌粉的粒度固然越小越好，但如果粒度过小以致漂浮在溶液表面，显然也不利于锌粉的有效利用。如果一次加锌粉同时沉积铜和镉，则锌粉粒度一般小于 0.15mm；如果按两段分别沉积铜和镉，则可先用较粗的锌粉沉积铜，再用较细的锌粉沉积镉。对铜的沉积而言，锌粉用量约为理论量的 1.2 ~ 1.5 倍便已足够，但对镉来说，为了有效防止镉的返溶，需增加锌粉用量至理论量的 3 ~ 6 倍。当然，锌粉用量还与溶液成分、锌粉纯度与粒度有关，纯度低和粒度粗的锌粉，其消耗量显然更大些。

（2）搅拌速度。置换过程是在搅拌槽中进行，用高搅拌速度以强化扩散传质从而加速置换反应显示是有利的。从这一点出发，流态化床净化技术具有优越性。我国湿法炼锌厂已成功地采用了连续流态化净液槽，其结构如图 13-21 所示。

（3）温度。提高温度既有利于置换反应的加速，也会增进锌粉的溶解和镉的返溶，一般以控制60～70℃为宜，对镉的置换来说，温度低至40～50℃更好。

（4）浸出液成分。浸出液中锌的浓度低些固然有利于锌粉表面Zn^{2+}的扩散传质，但如果浓度过低，则因为增大了锌与氢之间的电势差而有利于H_2的析出，从而导致锌粉消耗量增大，故锌的质量浓度一般以150～180g/L较为合适。溶液的pH值越低越有利于H_2的析出，且有利于增大锌粉损耗和镉的返溶，在锌粉用量为理论量的3倍，要使溶液残余的铜和镉符合要求，溶液的pH值应维持在3以上。如果溶液含铜高，需要优先沉积铜而保留镉，则可将中性浸出液酸化至含H_2SO_4的质量浓度为0.1～0.2g/L，以便活化锌表面，促进铜的沉积。前已述及，溶液中的砷和锑在置换过程中尤其在酸度较高情况下，可能会析出极毒气体AsH_3和SbH_3，因此，应尽可能在中性浸出时将砷和锑沉淀完全。研究结果表明，单独用锌粉置换沉积镉时，Cu^{2+}具有催化作用，铜的质量浓度以0.20～0.25g/L为好。

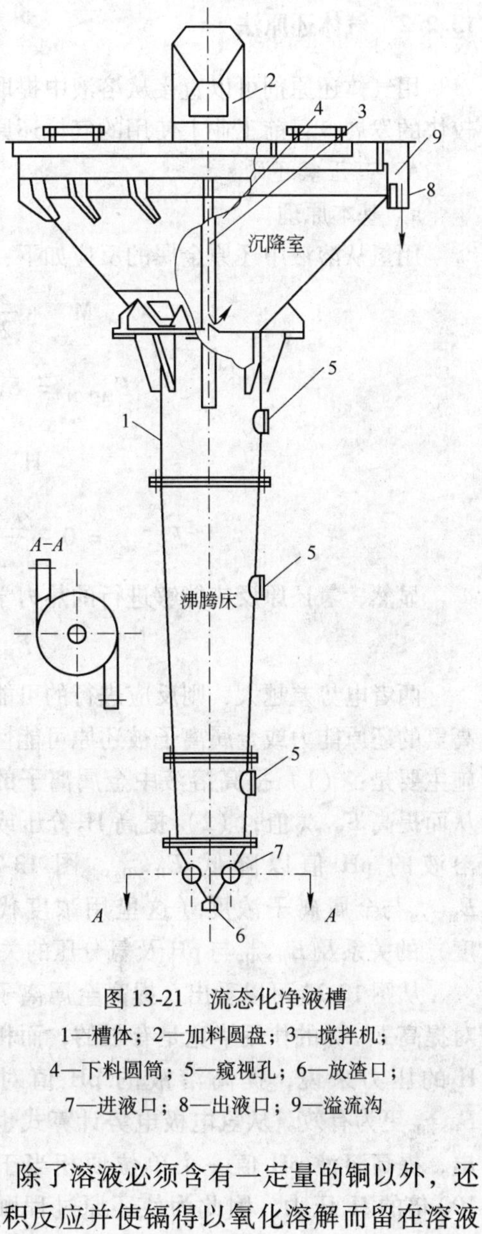

图13-21　流态化净液槽

1—槽体；2—加料圆盘；3—搅拌机；4—下料圆筒；5—窥视孔；6—放渣口；7—进液口；8—出液口；9—溢流沟

锌粉置换沉积钴必须加入添加剂，目前许多工厂采用的添加剂是As_2O_3，添加As_2O_3对置换沉积钴热力学方面的作用前面已经讨论过。研究结果表明，在锌粉加As_2O_3置换钴的过程中，$CuSO_4$的作用非常重要，原因是锌置换铜形成的Zn-Cu微电池，有利于As_2O_3和Co^{2+}在铜极上反应。为此，有的工厂在净化过程中的第一阶段就用锌粉并加入As_2O_3使铜和钴同时沉积下来。但是，采用这种方法沉积钴时，除了溶液必须含有一定量的铜以外，还需要在高温（80～95℃）下作用，以加速钴的沉积反应并使镉得以氧化溶解而留在溶液内。

近年来的工业实践表明，用Sb_2O_3、Sb粉或酒石酸锑钾等作为锌粉置换沉积钴的添加剂比As_2O_3更有效。此外，根据研究结果，采用含Sb、Pb的锌合金粉比纯锌粉具有更高的活性，据认为合金粉末中的锑可以有效地降低钴析出的超电势，而铅在合金粉上形成的凹凸面有利于防止钴的重新溶解，故出现了用合金化锌粉同时置换沉积铜、镉和钴的净化工艺。

综上所述，用置换沉积法可以有效地实现锌浸出液净化除铜、镉、钴的目的，但各工厂采用的工艺流程有所不同，主要取决于浸出液中这些有价元素和杂质的含量及实际经济效益。

13.2.2 气体还原法

用气体还原剂可以直接从溶液中提取纯度高并适用于粉末冶金的金属粉末，因而得到较快的发展。目前工业上使用的气体还原剂主要是氢气和二氧化硫。

A 高压氢还原

a 基本原理

用氢从溶液中还原金属的反应如下：

$$M^{z+} + \frac{z}{2}H_2 = M + zH^+$$

$$E_{M^{z+}/M} = E^{\ominus}_{M^{z+}/M} + \frac{2.303RT}{zF}\lg a_{M^{z+}}$$

$$H^+ + e = \frac{1}{2}H_2$$

$$E_{H^+/H_2} = 0 - \frac{2.303RT}{F}pH - \frac{2.303RT}{2F}\lg p_{H_2}$$

显然，氢还原反应能够进行的热力学条件是：

$$E_{M^{z+}/M} > E_{H^+/H_2}$$

两者电势差越大，则反应进行的可能性越大，或者说金属被还原的程度越高。因而提高氢的还原能力或金属离子被还原可能性的措施主要是：（1）提高溶液中金属离子的活度从而提高 $E_{M^{z+}/M}$ 值；（2）提高 H_2 分压或提高溶液的 pH 值以降低 E_{H^+/H_2}。图 13-22 为 $E_{M^{z+}/M}$ 与金属离子浓度（这里用浓度代替活度）的关系及 E_{H^+/H_2} 与 pH 及氢分压的关系。

从图 13-22 可以看出，提高金属离子浓度对提高 $E_{M^{z+}/M}$ 的作用毕竟是有限的，而相对于 H_2 的压力来说，提高溶液的 pH 值对降低 E_{H^+/H_2} 更为有效。从氢电极电势计算式也可看出，提高溶液 pH 值一个单位便相当于提高 100 倍的 H_2 压力。因此为使还原过程顺利进行，除了在溶液中要保留一定的金属离子最终浓度以外，还必须尽量降低氢的电极电势，亦即在溶液中保持相应的 pH 值。这个条件对标准电势比氢标准电势更低的金属的还原来说具有特别重要的意义。

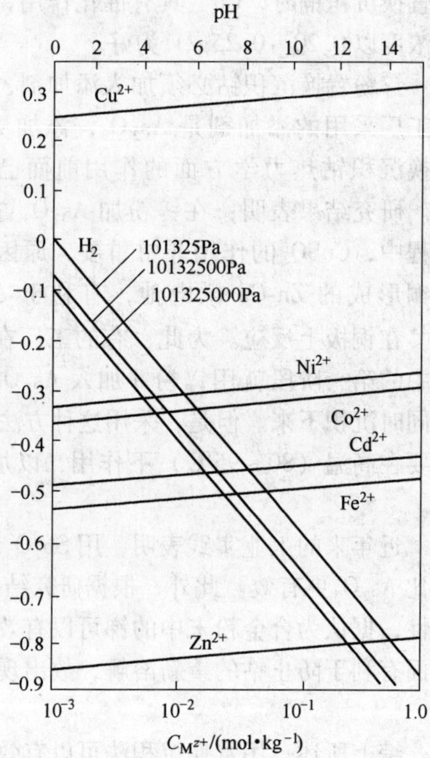

图 13-22 在 25℃下 $E_{M^{z+}/M}$ 与 M^{z+} 离子浓度以及 E_{H^+/H_2} 与溶液 pH 值及氢分压的关系

根据上列两个电极电势计算式，可以导出金属还原完全程度与溶液最终 pH 值之间的关系，因为还原反应平衡时 $E_{M^{z+}/M} = E_{H^+/H_2}$，于是可得：

$$\lg a_{M^{z+}} = -zpH - \frac{z}{2}\lg p_{H_2} - \frac{zF}{2.303RT}E^{\ominus}_{M^{z+}/M}$$

反应平衡时 $a_{M^{z+}}$ 值越低则说明还原程度越高。对某一种金属来说，$E^{\ominus}_{M^{z+}/M}$是个定值，于是在指定 H_2压力下，$\lg a_{M^{z+}}$与 pH 呈线性关系，直线的斜率决定于金属离子的价数 z，如图 13-23 所示。

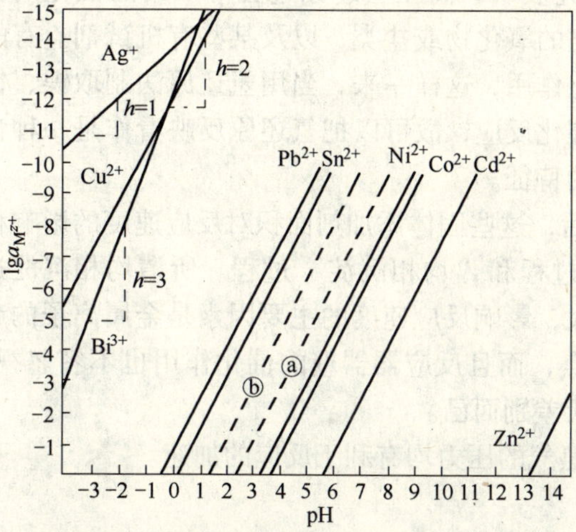

图 13-23 在 25℃及 p_{H_2} = 0.1MPa 的条件下用氢还原金属的可能完全程度
（对镍来说还列举了 p_{H_2} = 1MPa（ⓐ）和 10MPa（ⓑ）时的情况）

图 13-23 说明，对正电性金属例如银、铜、铋等来说，不管溶液 pH 值如何，$\alpha_{M^{z+}}$值都很低，即还原程度很高；对负电性金属诸如镍、钴、铅、镉的还原来说，要得到高的还原程度，就必须使溶液的 pH 值维持较高；但对于诸如锌这种电势值太负的金属来说，要使之还原便十分困难甚至不可能；因为还原过程所需 pH 值太高，在这样高的 pH 值条件下，这些金属离子会水解沉淀。

为了维持溶液具有较高的 pH 值，使诸如镍和钴等负电性金属的还原反应能够顺利进行，控制适当的 pH 值的有效方法之一是加入氨。加氨的优点是氨呈弱碱性便于 pH 值的调节，即使加入氨过量，因为 Ni^{2+} 和 Co^{2+} 会与 NH_3 发生配合反应而不至于水解沉淀。但是在金属离子总浓度一定时，也正因为 Ni^{2+}、Co^{2+} 与 NH_3 反应形成了一系列配位数不同的配离子，使游离金属离子的浓度降低，而不利于金属的还原。也就是说，加氨产生了两种相反的效应：一是由于中和了还原过程产生的酸，降低了氢的电势，有利于还原反应的进行；二是由于配合反应降低了金属离子浓度，降低了金属的电势，从而削弱了还原反应的推动力。因此必然有一个最佳的氨加入量问题，根据有关金属-配位体-水系平衡计算方法，求出不同 NH_3 与金属浓度比值下，氢、镍和钴的电势变化结果示于图 13-24。

从图 13-24 可以看出，氢还原反应最大的电动势是在 [NH_3] : [M] = 2.0 ~ 2.5 : 1 的范围内。事实上，在镍、钴氢还原的工业实践中，也是采用这个范围的氨与金属浓度的摩尔比。

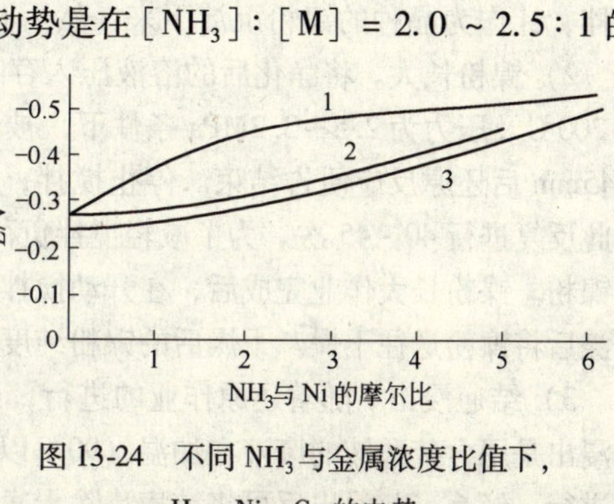

图 13-24 不同 NH_3 与金属浓度比值下，H_2、Ni、Co 的电势
1—氢电势；2—钴电势；3—镍电势

目前，高压氢还原反应的动力学研究结果表明，不同的金属以及同一种金属在组成不同的溶液中，其反应机理也不尽相同，尚难用一个统一的模型来处理。这里，只能叙述有关氢还原反应动力学的某些共同特点。

（1）氢还原反应是气-液相反应，其反应产物又是固体金属相，这意味着反应开始便涉及到一个新相的形成，新相的形成需要比较大的自由能，为此通常加入产品金属的粉末作为晶种。

（2）氢气是相当稳定的，反应具有很大的惰性。据测定，每摩尔氢分子解离为氢原子所需的能量高达430kJ，这意味着氢还原反应要求很高的活化能，要使反应更快进行，必须提高温度。实践表明，随着温度升高反应速度大为加快；另一方面，为了加快反应的进行，可采用催化剂以降低反应的活化能。研究表明，高压氢还原过程可采用的催化剂有镍、钴、铁、铂、钯等金属，铁、铜、锌、铬的氧化物或盐类，以及某些有机试剂。有的研究者甚至认为，反应容器的器壁也会起催化作用，这样一来，当用氢还原法制取镍、钴时，既然反应本身的产物金属镍或钴可以起催化反应，故可以把氢还原反映看作是一种自动催化反应，或者说这种反应具有自动催化的特征。

（3）根据反应中加入晶种或固体催化剂后，这些固体添加剂面积对反应速度的影响程度。有人将氢还原过程区分为“多相沉淀”过程和“均相沉淀”过程。所谓均相沉淀过程指的是添加剂的表面积对反应速度影响不大，影响反应速度的主要因素是金属离子的起始浓度。但是，还原反应具有自动催化的特点，而且反应器器壁的催化作用也不容忽视，添加剂表面积对反应速度的影响只是程度有所差别而已。

（4）无论哪一种金属的还原过程，提高氢气的压力均有利于反应的加速。

b　高压氢还原法在湿法冶金中的应用

工业实践中，高压氢还原过程大都是在不锈钢卧式高压容器内进行。目前，高压氢还原法主要用于生产镍、钴和铜粉。

（1）镍粉和钴粉的生产。氢还原法广泛用于从镍、钴氨络盐[$Ni(NH_3)_nSO_4$、$Co(NH_3)_nSO_4$等]的溶液中制取金属镍、钴粉。现以加拿大某厂从硫化矿氨浸出液中制取镍和钴粉为例，其流程如图13-25所示。浸出液经净化后各成分的质量浓度分别为：45g/LNi、1g/LCo、350g/L $(NH_4)_2SO_4$，并补加氨使溶液中游离氨与镍加钴的比值为2∶1。首先在温度为200℃及2.5～3.2MPa压力下优先选择性还原沉积镍，还原过程是周期性作业，包括晶种制备，镍粉长大和结疤浸出3个步骤。

1）晶种制备。将第一批溶液装入高压釜内，用氨气使釜内气氛中的氧的质量分数低于2%后再用氢换气，换气后往釜内加入作为催化剂的硫酸亚铁溶液，当氢气压力达2.5MPa，溶液温度达到120℃左右时，大量的微细金属镍粉被还原出来。还原结束，停止搅拌，让作为晶种的镍粉沉淀下来，然后开启排料闸门将上清还原尾液排出。

2）镍粉长大。将净化后的溶液压入存有晶种的高压釜中，边搅拌边通入氢气，在温度为200℃及压力为2.5～3.2MPa条件下，被还原出来的镍沉积在晶种上，晶粒逐渐长大。30～45min后还原反应便告结束。停止搅拌，澄清后将上清液排出，接着加入新的一批料液，如此反复进行40～45次。为了减轻搅拌负荷，在镍粉长大到20～25次后，每隔几次排出部分镍粉。镍粉长大作业完成后，在开动搅拌机的情况下将镍粉和尾液一起排出，经过滤分离洗涤后将镍粉送往干燥。干燥后的镍粉纯度（质量分数）约为99.7%～99.85%。

3）结疤浸出。随着还原作业的进行，会有少量镍粉沉积在高压釜内壁上形成结疤。结疤浸出是用含硫酸铵的废液在加温（90℃以上），鼓入压缩空气（压力均为1.4MPa）的条件下进行。经6～7h浸出后可将结疤清除干净，浸出操作一般是在两次还原作业后进行一次。

镍粉还原后所得溶液中Ni的质量浓度为1g/L、Co为1.5g/L，在常压及80℃下用H_2S

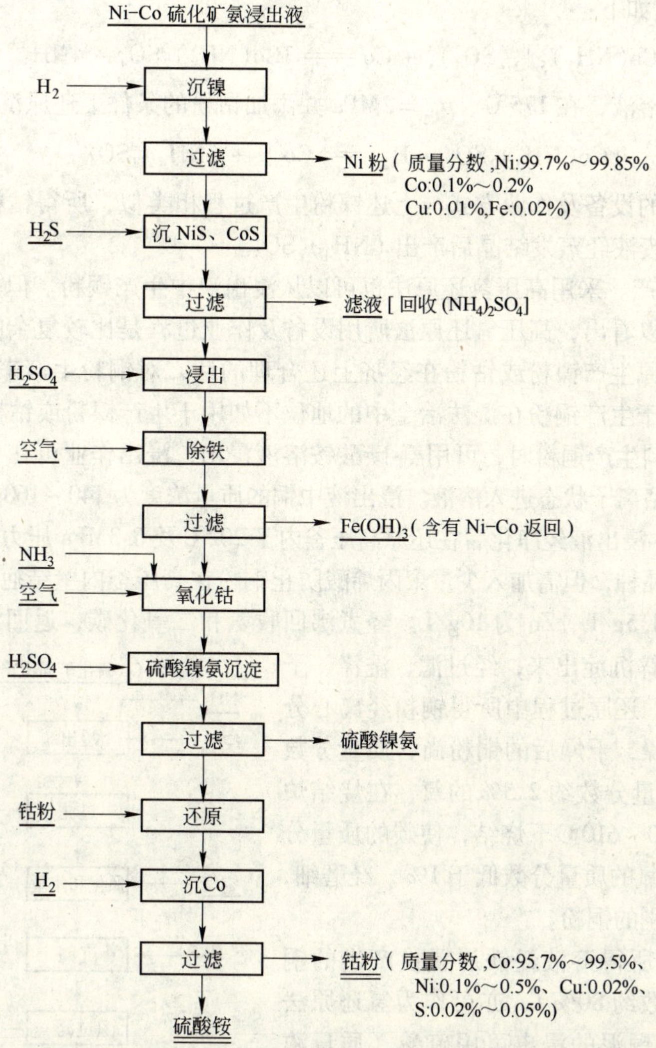

图 13-25 用高压氢还原沉淀法回收和分离镍钴的原则流程

作沉淀剂并用氨中和，产出镍钴硫化物，滤后的滤液经蒸发结晶产出可作农肥的 $(NH_4)_2SO_4$。镍钴硫化物在120℃、0.68MPa 左右的压力下加硫酸进行高压氧浸出，使之变成 $NiSO_4$ 和 $CoSO_4$，浸出终了的 pH 为 1.5～2.5。浸出液加氨调高 pH 至 4.5，通入空气氧化除铁，除铁后的溶液在70℃和有过剩氨存在的条件下用 0.68MPa 压力的空气使 Co^{2+} 氧化为三价：

$$2CoSO_4 + (NH_4)_2SO_4 + 8NH_3 + \frac{1}{2}O_2 = [Co(NH_3)_5]_2(SO_4)_3 + H_2O$$

再将溶液酸化至 pH = 2.6，使镍呈镍铵盐沉淀析出，其成分为 Ni 的质量分数 14.5%、Co2%，送往回收镍。这种镍-钴分离法称为可溶高钴五氨法。

溶液中存在的三价钴，必须再还原为二价，否则会在加热过程中形成黑色的 $Co(OH)_3$ 沉淀。还原过程用钴粉作为还原剂，在 65℃及用酸调整使溶液中游离氨与钴的摩尔比为2.6∶1，反应如下：

$$[Co(NH_3)_5]_2(SO_4)_3 + Co = 3Co(NH_3)_2SO_4 + 4NH_3$$

还原后的含钴溶液，在175℃、p_{H_2} = 2MPa并添加钴粉的条件下还原沉积出金属钴粉：

$$Co(NH_3)_2SO_4 + H_2 = Co\downarrow + (NH_4)_2SO_4$$

还原过程采用的设备及作业方式与上述镍粉生产过程相类似，所得钴粉其质量分数为95.7%～99.6%，废液经蒸发结晶后产出$(NH_4)_2SO_4$。

(2) 铜粉的生产。采用高压氢还原法也可以从浸出液中生产铜粉。但是，从上述镍粉和钴粉生产过程可以看出，高压氢还原法所用设备及作业过程是比较复杂的，生产成本较高，如果说用氢还原生产镍粉或钴粉在经济上还合理的话，对铜粉生产来说就不一定了。因此，氢还原法用于生产铜粉在湿法冶金中的地位不如用于生产镍粉或钴粉那样重要。

以废杂铜为原料生产铜粉时，可用氨-碳酸铵溶液浸出，浸出作业可在49～64℃常压下进行，使铜以铜氨络离子状态进入溶液。浸出液中铜的质量浓度为140～160g/L，其中Cu的质量浓度约50g/L，浸出液经净化后在还原高压釜内于202℃及6.3MPa压力下用氢还原，铜的还原不需要添加晶种，但需加入少量聚丙烯酸防止铜粉在高压釜内壁结疤。还原后尾液中Cu^+的质量浓度为1.5g/L、Zn为10g/L。经煮沸回收氨和二氧化碳，返回浸出。煮沸过程中，会有碱式碳酸锌沉淀出来，经过滤、洗涤、干燥后，作为副产品。还原过程中所得铜粉经离心分离、洗涤后进行干燥，干燥后的铜粉尚含质量分数约0.07%的碳和质量分数约2.5%的氧，在烧结炉中氢气气氛下于590～610℃下烧结，使碳的质量分数降低到0.02%，氧的质量分数低于1%，经磨细、筛分后产出不同级别的铜粉。

露天铜矿堆浸所得溶液经铁屑置换产出的铜泥（含Cu质量分数约80%），亦可作为氢还原法生产铜粉的原料。铜泥的浸出可用硫酸（质量浓度为108g/L）-硫酸铵（质量浓度为200g/L）溶液在80℃、以空气作氧化剂，机械搅拌条件下进行，浸出液中Cu的质量浓度为65g/L、游离硫酸为1.24g/L、$(NH_4)_2SO_4$为100g/L，在高压釜中于150℃，p_{H_2} = 2.45MPa条件下进行还原。还原过程加入聚丙烯酸（加入量为0.01～0.02kg/kgCu）防止铜粉结疤并有助于铜粉粒度的控制，聚丙烯酸的加入以及还原作业完成后停止搅拌的沉降过程，有利于粒度过小的铜粉致密化。还原铜粉的后续处理与上述以废杂铜为原料时相类似。

据报道，加拿大最近以铜锌硫化精矿为原料用氢还原法分离铜、锌并生产铜粉，其原则流程如图13-26所示。

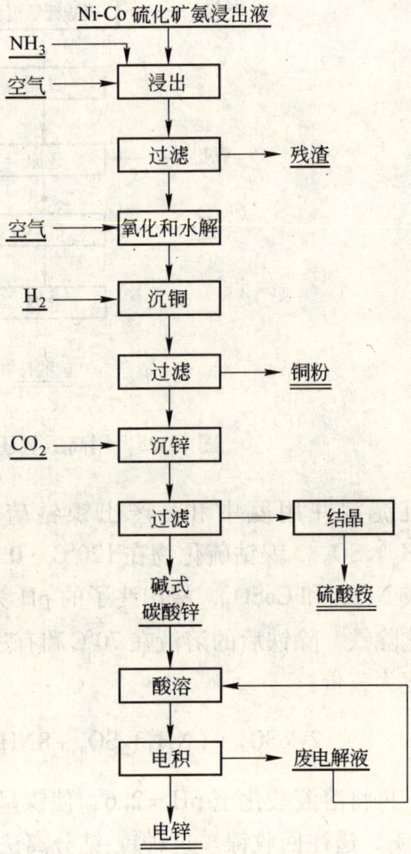

图13-26 用高压氢还原沉淀法分离并回收铜和锌的原则流程

铜锌硫化精矿在90℃及0.68MPa压力下进行氧氨浸出，铜、锌进入溶液，铁则以氢氧化物形态进入残渣，过滤后，浸出液在高温（230℃）高压（3.5MPa）下用空气氧化，随后加硫酸将氨铜比降低至3：1，并加入少量聚丙烯酸胺进行高压还原产出金属铜粉。还原后的溶液在37℃及0.68MPa压力下用CO_2使其中的锌转变为碱式碳酸锌：

$$2Zn(NH_3)_2SO_4 + CO_2 + 3H_2O = Zn(OH)_2 \cdot ZnCO_3 + 2(NH_4)_2SO_4$$

产出的碳式碳酸锌沉淀用硫酸（锌电积废液）溶解，然后进行电积产出金属锌。

B 二氧化硫还原法

a 基本原理

二氧化硫分子中S的价数为+4。既有可能升高，也有可能降低。因此，SO_2既有还原性也有氧化性，其中，还原性是主要的。二氧化硫易溶于水，常温下，在1L水中可溶解约40L的SO_2。在水溶液中，SO_2的还原性表现为S的价数由+4升高至+6价，即转变为SO_4^{2-}。电极反应：

$$SO_4^{2-} + 4H^+ + 2e \longrightarrow SO_2(aq) + 2H_2O$$

在25℃下的电极电势为：

$$E_{SO_4^{2-}/SO_4} = 0.170 - 0.1182pH + 0.0295\lg\frac{a_{SO_4^{2-}}}{a_{SO_2(aq)}}$$

二氧化硫的水溶液称为“亚硫酸”，其电离反应平衡常数如下：

$$SO_2 + H_2O = H^+ + HSO_3^-$$

$$K_1 = [H^+][HSO_3^-]/[SO_2] = 1.26 \times 10^{-2}$$

$$HSO_3^- = H^+ + SO_3^{2-}$$

$$K_2 = [H^+][SO_3^-]/[HSO_3^-] = 8.31 \times 10^{-6}$$

反应形成的SO_3^{2-}同样具有还原性，电极反应：

$$SO_4^{2-} + 2H^+ + 2e \longrightarrow SO_3^{2-} + H_2O$$

在25℃下的电极电势为：$E_{SO_4^{2-}/SO_3^{2-}} = -0.040 - 0.0591pH + 0.0295\lg\frac{a_{SO_4^{2-}}}{a_{SO_3^{2-}}}$

无论$E_{SO_4^{2-}/SO_{4(aq)}}$或$E_{SO_4^{2-}/SO_3^{2-}}$均随着溶液中SO_4^{2-}活度的增大而增大，随着pH值升高而降低，亦即溶液中SO_4^{2-}及H^+值对SO_3^{2-}的还原能力具有抑制作用；提高溶液的pH值有利于提高SO_2的还原能力。但是，随着溶液pH值的提高及溶液中SO_3^{2-}的浓度增大，如果溶液中有金属阳离子存在，则会发生金属离子的水解，或与SO_3^{2-}反应生成亚硫酸盐。除碱金属的亚硫酸盐如Na_2SO_3，$NaHSO_3$外，其余的亚硫酸盐几乎都不溶于水。因此，用SO_2作为还原剂从溶液中提取金属时，基本上是在酸性介质中进行。

工业实践中，如无气体二氧化硫来源或为了操作方便，有时采用Na_2SO_3或$NaHSO_3$作为试剂，这两种盐在酸作用下会分解产生SO_2：

$$Na_2SO_3 + 2HCl = 2NaCl + H_2O + SO_2\uparrow$$

$$NaHSO_3 + HCl = NaCl + H_2O + SO_2\uparrow$$

因此，用 Na_2SO_3 或 $NaHSO_3$ 作还原剂的还原沉积过程，实质上也属于二氧化硫还原。

b　二氧化硫还原法在湿法冶金中的应用

生产实践中，SO_2 还原沉积法主要应用于金和稀散元素硒的提取。具体介绍如下。

（1）金泥的提纯　前述用锌粉从氰化物溶液中置换沉积金所产生出的金泥，其纯度很低，虽经酸洗仍远远达不到商品金的要求（见表 13-10）。传统的金泥提纯方法是火法冶金方法，即在 600℃左右温度下，将酸洗金泥进行氧化焙烧，继而加熔剂产出金银合金，然后进一步精炼。这种方法的主要缺点是熔炼过程不能得到纯金。因此，人们对提纯金的湿法冶金工艺更加有兴趣。

从金泥中提纯金的湿法冶金工艺的主要过程是：金泥酸洗后，矿浆不过滤直接用氯气进行浸出；银以氯化形态进入浸出渣，过滤后渣用高质量分数（5%）的氰化钠溶液浸出，浸出液用电积法提取银；氯气浸出过程中，质量分数为 99.8% 的金按以下反应进入溶液：

$$2Au + 3Cl_2 + 2Cl^- \longrightarrow 2AuCl_4^-$$

浸出液过滤后用 SO_2 气体还原：

$$2AuCl_4^- + 3SO_2 + 6H_2O \longrightarrow 2Au\downarrow + 12H^+ + 8Cl^- + 3SO_4^{2-}$$

所得金粉可直接熔成金锭，纯度高达 99.95%（质量分数），一般场合下无需精炼。作为此湿法冶金工艺中一个主要工序是 SO_2 还原过程，操作和所用设备都比较简单，还原过程是在常温常压下进行；用一般机械搅拌或直接用 SO_2 气体搅拌，以保证 SO_2 在槽内有足够的停留时间，使其具有足够高的利用率，当然，从环境保护安全卫生的角度考虑，有必要附设良好的废气排放设施。

（2）从铜阳极泥中提金　铜阳极泥是金的重要来源之一，如同金泥提纯一样，处理阳极泥的方法亦有火法和湿法之分。湿法冶金方法处理阳极泥的方案之一，如图 13-27 所示。首先加入浓硫酸混合后，用低温硫酸化焙烧使阳极泥中的硒挥发，继而用稀硫酸空气氧化浸出脱铜，由于浸出时加入一定量的氯化钠，浸出脱铜过程中银以氯化银形态留在浸出渣中。从脱铜浸出渣中提取银是采用氨浸法，使银以银氨配合离子形态溶出。氨浸渣再用硝酸溶出其中的铅以后，所得浸出渣便是一种质量分数高达 60%～80% 的金精矿（脱铅渣）。从这种金精矿中提取金是：采用固体氯酸钠作为氧化剂在盐酸介质中浸出，金的浸出率可达 99% 以上。这一浸出过程与上述金泥提纯所采用的方法相同，目的都是使金以 $AuCl_4^-$ 形态进入溶液，只不过所用的氧化剂是氯酸钠而不是氯气，浸出液中金的质量浓度约为 200g/L，采用 SO_2 还原法沉积金，还原反应及作业条件与上述金泥提纯的情况相同。此法的优点是可以直接获得纯度（质量分数）高达 99.9% 以上的金粉。由于还原过程是在浓度为 1mol/L 以上的酸度下进行，不仅重金属离子而且阳极泥中所含的铂族金属离子也不会被还原，仍然留在溶液内便于进一步提取回收。

（3）从含金废料中提取金　含金废料种类繁多，是金的重要二次资源，从固体含金废料中回收金，常用王水将金溶脱下来。此外，在电子元件生产过程中，也常会产生一种含金的废王水，为从含金王水中提取金，SO_2 还原法也是一种常用而有效的方法，这里介绍的是 Na_2SO_3 和 $NaHSO_3$ 还原法，如上所述，这两种方法的实质也是 SO_2 还原法。

用 Na_2SO_3 作还原剂时，为了防止沉积出来的金重溶，还原前必须将溶液加热煮沸以

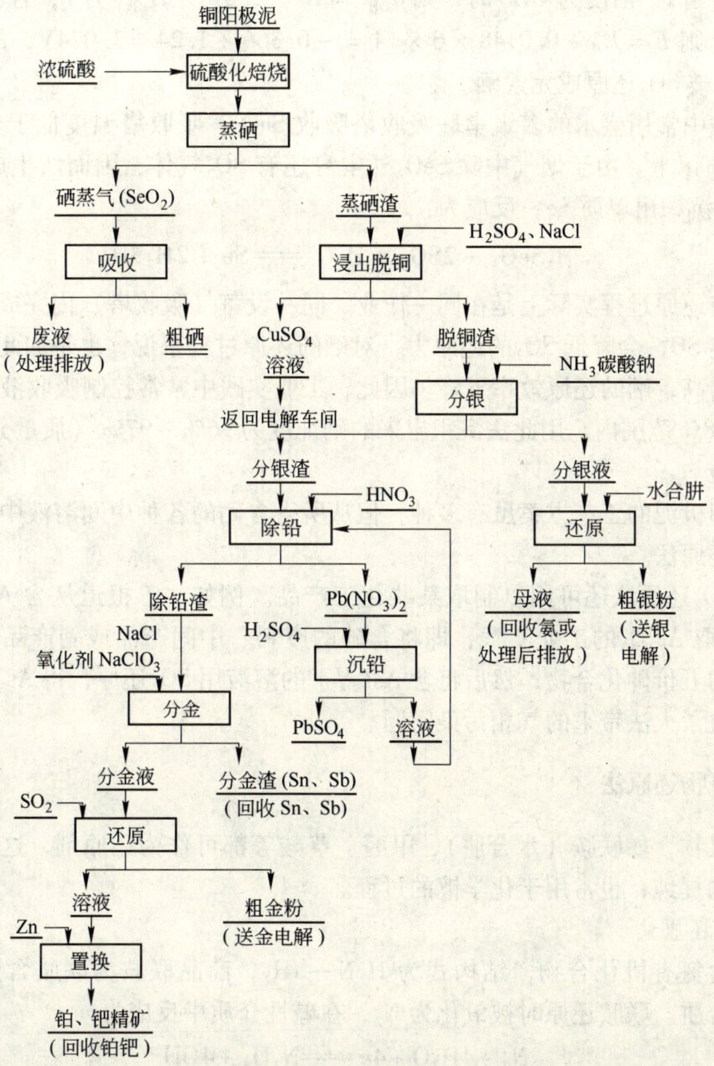

图 13-27 铜阳极泥硫酸化焙烧-湿法提取硒与金银的原则流程图

驱赶干净溶液中游离的硝酸和硝酸根，还原过程宜适当加热，以利于大颗粒海绵金析出，也可往溶液中加入少量聚乙烯酸作为絮凝剂，以利于漂浮金粉沉降。

（4）硒的提取　铜阳极泥是稀散元素硒的重要资源之一。如图 13-27 所示，当阳极泥在 450 ~ 500℃下进行硫酸化焙烧时，硒以易挥发的 SeO_2 形态挥发出来，而 SeO_2 又极易溶解于水生成亚硒酸：

$$SeO_2 + H_2O = H_2SeO_3$$

而 SeO_3^{2-} 按下反应

$$SeO_3^{2-} + 3H_2O + 4e = Se + 6OH^-$$

还原成 Se 时，其电极电势

$$E = E^{\ominus} + \frac{RT}{4F}\lg\frac{a_{SeO_3^{2-}}}{a_{OH^-}^6} = E^{\ominus} + 0.0148\ (\lg a_{SeO_3^{2-}} - 6\lg a_{OH^-})$$

在酸性溶液中当 H^+ 活度为 OH^- 时，则 $a_{OH^-}=10^{-14}$，并设 $a_{SeO_3^{2-}}$ 为 1，且已知 25℃时，$E^{\ominus'}=-0.366V$，则 $E=E^{\ominus}+0.0148\times6\times14=-0.366+1.24=1.074V$，故在酸性溶液中 SeO_3^{2-} 很容易被 SO_2 还原成元素硒。

生产实践中常用盛水的多级串联吸收塔吸收 SeO_2，吸收塔温度低于 70℃时，硒的吸收率可达 90% 以上。由于烟气中除 SeO_2 外本身还有 SO_2 气体，因而所生成的 H_2SeO_3 会立即被 SO_2 还原沉积出单质 Se，反应为：

$$H_2SeO_3+2SO_2+H_2O = Se+2H_2SO_4$$

因此，吸收与还原过程实际上是在同一作业、同一设备（吸收塔）内完成。

前面所述 SO_4^{2-} 会降低 SO_2 的还原力，对硒的还原过程来说，也是如此，随着吸收液中硫酸浓度的增高，硒的还原效率下降。因此，工业实践中常常控制吸收液中硫酸的质量分数在 10% ~48% 范围内。用此法沉积出来的硒纯度为 96% ~97%（质量分数），可用蒸馏法进一步提纯。

处理铜阳极泥的工艺方案虽有多种，但从所得含硒的各种中间溶液中提取硒，大多采用二氧化硫还原法。

此外，SO_2 还原法还可用以制取某些化工产品。例如，曾报道从含 As(Ⅴ) 溶液中用 SO_2 还原法制取 As_2O_3 的工业实践，即将含砷的废料、中间产品或副产品首先进行氧化使之成为易溶的五价砷化合物，然后将含 As(Ⅴ) 的溶液用 SO_2 还原，得 As_2O_3 析出，这种工艺有效地解决了火法带来的气相污染问题。

13.2.3　有机物还原法

许多有机物，如联胺（水合肼）、甲醛、草酸等都可作为还原剂，这些还原剂主要应用于贵金属的提纯，也常用于化学镀的过程。

A　联胺还原法

联胺是含氮有机化合物，结构式为 $H_2N—NH_2$，商品联胺为联胺含量不等的水合联胺，亦称水合肼。联胺还原时被氧化为 N_2，在碱性介质中反应为

$$N_2+4H_2O+4e = N_2H_4+4OH^-$$
$$E^{\ominus}=-1.150V$$

酸性介质中反应为：

$$N_2+4H^++4e = N_2H_4$$
$$E^{\ominus}=-0.3326V$$

联胺的还原能力相当强，而且随着溶液 pH 值升高而增大，目前多用于还原沉积银。用联胺从硝酸银和银氨溶液中还原沉积银的反应可表示如下：

$$AgNO_3+N_2H_4 = Ag\downarrow+NH_4NO_3+\frac{1}{2}N_2$$

$$4Ag(NH_3)_2^++N_2H_4+4OH^- = 4Ag\downarrow+8NH_3+4H_2O+N_2$$

联胺还可以用来从固体 AgCl 浆料中还原沉积银：

$$4AgCl+N_2H_4+4OH^- = 4Ag\downarrow+4Cl+4H_2O+N_2$$

如果硝酸银或银氨溶液中含有其他可被还原的杂质，则可先加入盐酸使银呈难溶 AgCl

沉淀下来，而杂质元素仍保留在溶液内，从而达到银与杂质分离的目的，所得 AgCl 沉淀经洗涤、浆化继而还原，便可获得纯度高的银粉。

例如，图 13-27 所示的工艺流程中，脱铜浸出渣是用氨浸法溶出银，所得氨浸液尚含有少量重金属离子，若直接用水合肼从这种溶液中还原沉积银，则所得银粉的纯度（质量分数）仅为 98% 左右，需要进一步用电解精炼法提纯，但是，如果先加盐酸将氨浸出液中的银转化为 AgCl 沉淀，继而洗涤、浆化、还原，则可获得纯度（质量分数）高达 99.9% 的银粉。联胺还原的最佳条件是：溶液 pH = 8 ~ 10，联胺用量为理论量的 2 倍，AgCl 的质量浓度为 5 ~ 100g/L，在一般的机械搅拌槽中于常温常压下进行，在搅拌良好的情况下还原 30min 以上，银的还原率可高于 99%。

在铂族元素铂与铑、铱分离过程中，也常用联胺还原法从净化后所得氯铂酸盐溶液中提取金属铂，反应如下：

$$Na_2PtCl_6 + 4N_2H_4 = Pt\downarrow + 2NaCl + 4NH_4Cl + 2N_2$$

B 甲醛还原法

甲醛是一种羰基化合物，结构式为 HCHO，甲醛既有氧化性也有还原性，即可被还原为甲醛：

$$HCHO + 2H_2O + 2e = CH_3OH + 2OH$$

$$E^\ominus = -0.59V$$

也可被氧化为 H_2CO_3、HCO_3^- 或 CO_3^{2-}：

$$H_2CO_3 + 4H^+ + 4e = HCHO + 2H_2O$$

$$E^\ominus = -0.05V$$

$$HCO_3^- + 5H^+ + 4e = HCHO + 2H_2O$$

$$E^\ominus = -0.044V$$

$$CO_3^{2-} + 6H^+ + 4e = HCHO + 2H_2O$$

$$E^\ominus = -0.197V$$

从标准电极电势可以看出，甲醛的还原能力弱于联胺，随着溶液 pH 值增高其还原能力增强，目前，甲醛还原法多用来提取银。

有的工厂从铜阳极泥中回收有价金属的原则流程如图 13-28 所示。先将阳极泥进行低温氧化焙烧，然后用硫酸加氯化钠溶液浸出铜、硒和碲，浸出渣以氯酸钠作氧化剂，用硫酸加氯化钠溶液浸出金和铂族金属，此时银以氯化银形态留在浸出渣内。为从含 AgCl 的浸出渣中提取银，采用的方法是 Na_2SO_3 溶液浸出法，因为银会与 SO_3^{2-} 发生配合反应以配合离子形态进入溶液。

从 Na_2SO_3 浸出液中提取银采用了甲醛还原法，其反应为：

$$4Ag(SO_3)_2^{3-} + HCHO + 5OH^- = 4Ag\downarrow + 8SO_3^{2-} + 3H_2O + HCO_3^-$$

还原过程产出的含 SO_3^{2-} 母液，可返回用于银的浸出工序。

甲醛还原沉积银，通常是在一般机械搅拌槽中于室温及 pH > 8 的条件下进行，甲醛消耗量为理论量的 1.3 倍，从上列反应可以看出，1mol 的 HCHO 可以还原出 4mol 的银，而

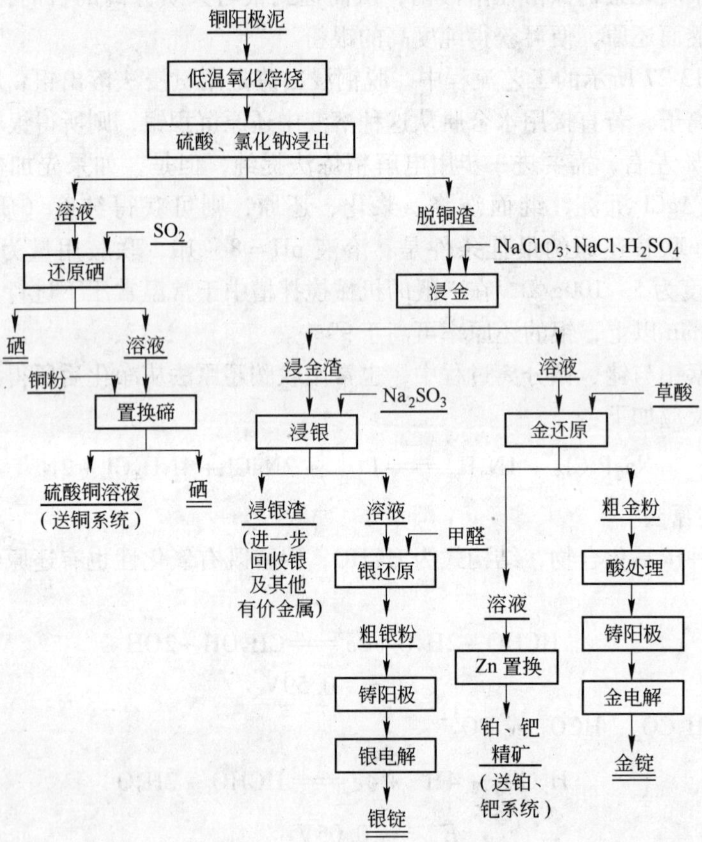

图 13-28　低温氧化焙烧-湿法提取金银工艺流程

HCHO 的摩尔质量仅 32，故甲醛的用量相当少，这是甲醛还原法的重要优点。上述用联胺从氯化银浆液中还原沉积银也具有这种优点。

C　草酸还原法

草酸的结构式为 HOOC—COOH，学名为乙二酸。草酸的还原能力相当强，其氧化产物为 CO_2：

$$2CO_2 + 2H^+ + 2e \longleftrightarrow H_2C_2O_4$$

$$E^{\ominus} = -0.49V$$

目前，草酸还原法主要用于从氧化性较强的溶液中提取金。如图 13-28 所示工艺流程中，从 $NaClO_3$-H_2SO_4-NaCl 溶液浸出金所得浸出液提取金，采用的方法就是草酸还原法，其反应可表示为：

$$2HAuCl_4 + 3H_2C_2O_4 = 2Au + 8HCl + 6CO_2$$

还原过程是在 pH 值为 2 ~ 3 的条件下进行，溶液中的铂和钯不能被草酸还原，随后可用锌粉置换法产出铂钯精矿。

在湿法冶金过程中，除上述 3 种有机还原剂，其他如甲酸（蚁酸）、乙醇、葡萄糖和抗坏血酸等也可作为有机还原剂。工业实践中，还原剂的选择主要取决于还原剂的还原能力、所处理的溶液成分和性质、还原剂的来源和价格以及作业劳动条件等因素。

13.2.4 用还原法制备冶金新材料的实例

13.2.4.1 特种金属粉末的制备

水溶液中还原法被广泛用于生产 Ni、Co、Cu 及贵金属粉末，特别是制备贵金属粉末。还原法比喷雾制粉法具有过程简单、粉末的物理性能易于控制等特点，这是被广泛应用的主要原因。

近年来为适应科学技术发展的需要，已研究成功了用水溶液还原法制取各种特种金属粉末，如制备包覆粉及具有一定粒度、形貌及粒度组成的粉末。

早在 20 世纪中期，人们就发现在粉末的表面包覆某些其他材料（例如金属材料）便能显著地改善其压型烧结性能、抗氧化抗腐蚀性能或耐磨性能。例如在石墨或 WC 粉末表面包覆以金属镍层，则赋予了其镍的压制和烧结性能，因此人们广泛研究包覆粉的生产工艺。

水溶液中还原法是生产金属包覆粉的主要方法之一。例如在 13.2.2 节所述的氢还原法制取镍或钴粉的过程中，如果在溶液中同时加入作为核心的固体粉末，同时采用搅拌等措施使粉末均匀悬浮于溶液中，则镍或钴将在其表面还原析出，并形成相应的包覆粉。但是应当指出，为保证金属在固体核心表面均匀生长而不至于彼此分离，作为核心的固体表面应对还原过程有催化活性，对没有这种活性的固体核心物应预先进行活化处理。在生产镍、钴包覆粉时，对固体核心物进行活化处理的有效方法是用氯化钯溶液进行处理，使惰性固体核心物表面吸附微量钯离子，在氢还原时，后者首先被还原成金属钯，金属钯对氢还原过程有很强的催化性能。因而保证溶液中的镍离子能在固体核心物表面还原，并形成良好的包覆层。根据报道，蒽醌及其衍生物亦有良好的催化作用，因而可用以代替昂贵的钯盐。

在生产镍包覆粉时，其技术参数随被包覆的核心物质的不同而略有差异。其主要条件为 Ni 的质量浓度为 10 ~ 60g/L、$(NH_4)_2SO_4$ 的质量浓度为 50 ~ 400g/L、氢分压为 2 ~ 3MPa、温度 120 ~ 200℃。

在水溶液中除用氢还原制取包覆粉外，亦可用其他还原剂如水合肼等。例如，从 $CuSO_4$—$NiSO_4$ 溶液中以酒石酸铵为配合剂，水合肼为还原剂，并用 NaOH 调节溶液的 pH 值，则在 $Ni^{2+}+Cu^{2+}$ 质量浓度为 80g/L、$(NH_4)_2C_4H_4O_6$ 质量浓度为 50g/L、NaOH 质量浓度为 50g/L、$N_2H_4\cdot H_2O$ 质量分数为 60% 及温度为 85℃ 的条件下搅拌 30min，由于铜氨配离子的标准电极电势比相应的镍氨配离子大 0.43V，故优先被还原成铜粉，接着镍离子以铜粉为核心还原长大形成 Ni/Cu 的包覆粉。其平均粒径为 50nm 左右，同时控制起始溶液中 Ni^{2+} 与 Cu^{2+} 摩尔比，可得到不同成分的包覆粉。这种纳米级 Ni/Cu 复合粉代替 Ni/Cu 用于喷涂，可简化工艺。与上述相似，用水合肼或甲醛还原法在工业规模下制得了 Ag-WC-C 包覆粉，将一定比例的 WC 和石墨粉末进行表面处理后悬浮于银氨离子溶液中，充分搅拌，使粉末表面被溶液完全润湿，然后在搅拌条件下缓慢加入还原剂溶液，将银还原并包覆在 WC、C 的表面形成包覆粉。实践证明这种粉末用于制造电触头时，其密度可达 9.6g/cm^3，硬度可达 HB715，均超过国际要求，而电阻率却比国际要求低，大大地提高了产品质量。此外，水合肼等还原剂亦可用以从水溶液中制备其他包覆粉，例如制备 Pt/ZrO_2包覆粉等。

除制取包覆粉外，利用在水溶液中各种参数易于控制，溶液成分及还原剂的种类和配比易于调整等特点，可在还原的过程中制取各种粒度、粒度组成以及形貌的粉末或复合粉，其粒度可达纳米级，甚至可制备同时兼有多种形貌的粉末的混合体。制备这种兼有两重形貌粉末的一种有效方法是采用两种还原剂的混合物进行还原。从 $AuCl_3$溶液中还原制取金粉时，以草酸和氢醌的混合物作为还原剂，就可得到球形/片状的复合粉。

采用水溶液中还原法制取金属粉末时，由于粉末的物理化学性能易于调节和控制，这对生产特种贵金属粉末具有更大的意义。贵金属粉末因其应用不同对其性能有不同的要求，在化学工业中往往要求它有大的比表面积和催化活性，而在微电子工业中则要求它粒度细、粒度均匀，且不团聚，控制不同参数则能满足不同用户的要求，因而水溶液中还原法已成为制取贵金属粉末的主要方法。

为从水溶液中制取各种粒度的（特别是超细的）金属粉或合金粉，亦可应用乳化型的液膜技术或“微型反应器”技术。用液膜技术还原制粉的实质是，将含有还原剂的水溶液与含有适当萃取剂和表面活性剂的有机相混合，形成油包水型的乳浊液，此乳浊液再与含待还原的金属盐的水溶液（膜外相）接触，此时，膜外相的金属盐被有机相萃取进而反萃进入膜内相，在乳滴内与还原剂混合而被还原。所得的粉末的粒度决定于每个液滴内的还原条件，由于此乳浊液中每个液滴的大小和成分基本相同，金属盐通过液膜的速度亦大体相同，因而能得到均匀的细粉末。将已完成还原反应的乳浊液与膜外相分离，破乳后再将粉末与有机相分离，即得所要求的产品。国外报道，曾在实验室规模下应用上述原理研究了 Au、Pt、Pd 粉末的制备。对制备金粉而言，所用的萃取剂为 MIBK 或二丁基卡必醇，表面活性剂为 Span80 和煤油，还原剂为 H_2SO_3或 HCHO 或 $(COOH)_2$或 $FeCl_2$，使用的金盐为 $HAuCl_4$。过程中膜内相∶有机相∶膜外相的体积比为 1∶1∶20 。结果表明适当控制过程的参数如 Au(Ⅲ) 的浓度，还原剂的种类和 pH，可得粒度为 1 ~ 0.01μm 粒度分布均匀的金粉，并发现 Au(Ⅲ) 浓度愈小，则粒度愈细。在以 MIBK 为萃取剂，H_2SO_4为还原剂的条件下，当 Au(Ⅲ) 质量浓度分别为 1g/L 和 0.1g/L，则金粉粒度分别为 1 ~ 3μm 和 0.05 ~ 0.3μm。Au(Ⅲ) 质量浓度为 0.01g/L，所得金粉粒度最细，同时发现萃取剂 MIBK 的浓度降低，则金粉的平均粒度也降低。应用上述工艺也研究了制取铂、钯粉体，所用的萃取剂为三正辛胺，还原剂为 $NaBH_4$，其他条件大同小异，获得的铂、钯粉粒度均小于 0.2μm。

除上述反胶团萃取法以外，亦可应用将两种分别含还原剂和待还原溶液的乳浊液混合的方法制取纳米级的金属粉或合金粉，如将含 $CuCl_2$浓度为 0.2mol/L 和含 $NaBH_4$浓度为 0.4mol/L 的水溶液加入由 TX-100、环已烷组成的有机相，有机相中 TX-100 的浓度为 0.126mol/L，TX-100 与 n-已醇的重量比为 4∶1 ，分别形成两种乳浊液，把两种乳浊液按等体积迅速混合，则 $CuCl_2$被 $NaBH_4$还原而得铜粉，该铜粉为均匀分散颗粒，粒度为纳米级。

又如将浓度为 0.1mol/L 的 $NiCl_2$和浓度为 0.2mol/L 的 $NaBH_4$两种水溶液与正庚烷和三辛胺组成的有机相混合形成两种乳浊液，再将两种乳浊液混合后制得镍粉。同时用类似的方法，采用不同的乳浊液体系制得了粒度为 30nm 的 FeNi 合金粉。

13.2.4.2 化学镀

化学镀是将含待还原金属离子和还原剂的溶液与具有催化活性的固体表面接触，在该表面的催化下，进行还原反应得金属并进一步在该表面上沉积，形成镀层。这种技术具有一系列的优点，其主要有：

(1) 不仅可在导体表面而且还可在绝缘体材料（如陶瓷、塑料等）和半导体材料表面施镀；

(2) 对镀件的形状没有严格要求；

(3) 化学镀所得的镀膜致密，孔隙率低，厚度均匀；

(4) 可进行大量生产，成本低。

因此化学镀在电子、机械等领域得到广泛应用，而且近年来这一技术得到了迅速发展。

A 基本原理

化学镀过程中还原反应的原理与前面所述的用还原法制取金属的原理相同，但对化学镀而言，为使其正常进行，还应保证待镀的基底对还原反应有良好的催化活性，还要保证镀液有适当的成分。

a 表面催化作用

在镀液中虽然待还原的金属离子与还原剂同时存在，从热力学上看，反应有可能在溶液中自动进行。但适当控制镀液的成分，可使镀液中缺乏足够的动力条件，从而镀液内部不进行还原反应。浸入镀液的基底表面若对还原反应具有催化性能，则还原反应将在其表面进行，产生的金属则在其表面形成镀层。

一般对镍、钴、锡、金、银、铂、钯等金属而言，它们对还原过程都有催化作用。因此一旦在基底材料表面有上述金属存在，则化学镀过程将不断进行下去。这种情况叫自催化作用。一般说来，当在电势较负的金属基底上镀电势相对较正、而且本身又有自催化性能的金属镀层时，开始由于置换作用将在基底上自动产生少量的镀层，后者将作为催化表面而使下一步的化学镀过程得以启动并不断进行。但是，由于自催化作用不仅与金属层性质有关，同时与镀液体系有关，例如，有人曾发现在铵镍盐用水合肼及其衍生物作还原剂时，催化了的表面被镍镀层覆盖后，进一步镀镍就很困难。这是值得注意的。

若在绝缘体上进行化学镀，则应对其表面进行活化。即首先将其表面进行一系列清洁处理及用酸液腐蚀使之亲水，再进行敏化处理。敏化处理的目的是使之表面吸附少量还原剂，如浸入 $SnCl_2$ 溶液使表面吸附 Sn^{2+}。敏化处理后进行活化处理，即浸入 Pd 或 $AuCl_3$ 的酸性溶液，此时，在表面发生以下还原反应：

$$SnCl_2(aq) + PdCl_2(aq) = SnCl_4(aq) + Pd$$

金属钯在表面上成为启动化学镀的催化中心，使化学镀过程在绝缘体表面能顺利进行。

近年来，随着激光技术的发展。有人曾研究了利用激光在绝缘体材料聚酰亚胺上产生钯的核心，从而使其表面得到活化，省去了上述敏化等一系列过程。过程的实质是将聚酰亚胺材料放在对激光是透明，质量浓度 $PdCl_2$ 为 0.1g/L、H_2SO_4 为 98g/L 的溶液中，用波长为 248nm 和 308nm 的激光进行照射，使材料表面电子被激活成自由电子进入溶液。进而与 Pd^{2+} 作用变成金属钯，附着在材料表面，实现了使其表面活化的目的。在这种方法活化后的聚酰亚胺表面，成功地用化学镀沉积了均匀的 Cu 或 Co 镀膜。

b　镀液的组成

镀液由以下一些成分组成。

（1）待镀的金属盐。一般是含有待镀金属的无机盐，它会离解产生金属离子，如镀镍时用 $NiSO_4$ 或 $NiCl_2$ 等。

（2）还原剂，具有还原能力的物质。

（3）配合剂。配合剂是镀液中重要组分之一，其作用主要是与镀液中某些金属离子配合，降低其活度，一方面可防止产生金属氢氧化物或其他形式难溶化合物的沉淀，另一方面，也可改变某些电极反应的氧化还原电势，为化学镀过程创造有利条件。例如在铜基上镀锡时，由于 $E^{\ominus}_{Sn^{2+}/Sn}$ 为 -0.14V，$E^{\ominus}_{Cu^{2+}/Cu}$ 为 +0.345V，因此在标准状态下，基底上的铜不可能置换锡以形成有催化作用的锡层。但加入硫脲为配合剂，使铜离子活度降低，从而使其电势降低到 -0.39V，相应地使起始的置换过程成为可能，进而使表面催化活化。此外，当旨在制取多组分的复合镀层时，为控制各组分的相对沉积速度，也往往添加适当的配合剂。

（4）稳定剂。镀液中同时有待还原的金属离子和还原剂，因此是一种介安体系，当溶液中有催化活性的核心（如金属微粒等）存在时，将发生溶液的自动分解，缩短镀液的寿命，为此应加入稳定剂。稳定剂一般为无机化合物（如镀镍时的 Pb^{2+}、硫化物、硒化物，镀铜时的可溶性无机硅酸盐化合物、锗化合物等）或有机化合物（如镀镍时的硫脲、镀铜时的聚乙二醇等），其作用机理可能是通过化学反应或吸附过程而在催化中心上沉积，因而对催化中心起着屏蔽作用。例如在镀镍时，镀液中微量的 Pb^{2+} 将与催化中心的镍作用生成铅而将其屏蔽。反应式为：

$$Pb^{2+} + Ni \Longrightarrow Pb + Ni^{2+}$$

硫脲则可能吸附于催化中心上使之失去活性。

（5）pH 调节剂及缓冲剂。化学镀过程中，镀液 pH 的大小对其性质有很大影响。例如以甲醛为还原剂时，溶液 pH 值不同则标准电极电势值相差很大：

在 pH = 14 时，反应为

$$HCOO^- + 2H_2O + 2e \Longrightarrow HCHO + 3OH^-$$

的标准电势为

$$E^{\ominus} = -1.07V$$

在 pH = 0 时，反应为

$$HCOOH + 2H^+ + 2e \Longrightarrow HCHO + H_2O$$

的标准电势为

$$E^{\ominus} = +0.01V$$

因此，在碱性溶液中，HCHO 是强还原剂，而在酸性溶液中，其还原性能很差。故应根据实际情况调节适当的 pH 值。pH 调节剂一般为 NaOH 或 NH_4OH。

另外，为稳定溶液的 pH 值（特别是当化学镀反应产生 H^+ 或 OH^- 时），还应加入缓冲剂，如 NaAc 等。

此外，对某些镀液而言，还往往要加入加速剂以加快镀速，加入光亮剂以改善镀层的光洁度，加入其他试剂，改善镀层的机械性能，这些都因实际情况和需要而异。

B 化学镀镍

a 化学镀镍主要性能及应用领域

（1）Ni-P层。化学镀制备的Ni-P合金镀层，有硬度高，耐磨性好，耐腐蚀性好，结构致密的特点。未经热处理的Ni-P合金镀层硬度HV达500，与硬化合金钢相近。400℃热处理后HV达1030，其耐磨性能与硬铬相当，耐腐蚀性则优于不锈钢。因此，常镀覆于铝及铝合金、钛及钛合金以及金刚石表面，以增加其硬度及耐磨性能、抗氧化性能。Ni-P镀于金刚石表面，由于对金刚石表面的裂纹有愈合作用，使其强度、热稳定性能大幅度提高，同时抗氧化温度可提高到170℃，因而用镀Ni-P金刚石制成的砂轮，其寿命比未镀Ni-P的金刚石砂轮高30%～200%。

（2）耐磨镀层。复合镀层Ni-P-SiC、Ni-B-SiC、Ni-P-Si_3N_4、Ni-B-Al_2O_3等的硬度比Ni-P镀层更高，经热处理后HV达1100～1400。Ni-P-SiC复合镀层的耐磨性比普通Ni-P镀层高3～4倍。故复合镀层广泛用于模具、钻头、气缸套、活塞环等的表面强化。

（3）自润滑镀层。Ni-P-PTFE（聚四氟乙烯）等的复合镀层具有摩擦系数小和自润滑好的性能。据测定，若把钢的摩擦系数定为1.0，则含P（质量分数为13%）的Ni-P镀层的摩擦系数为0.6，而Ni-P-PTFE的仅为0.2。所以，常把这些镀层用于轴承和模具等部件上。

（4）非晶态薄膜电阻。Ni-W-P、Ni-Mo-P等复合镀层膜具有大的比电阻，同时电阻的温度系数小，因此为理想的薄膜电阻材料。

此外，由于含P镀层具有很高的耐腐蚀性能，可用于石油化工领域；合金镀层还可用于计算机硬盘磁记忆底层、电磁波屏蔽层。Ni-B镀层兼有较好的耐磨性、较好的耐蚀性和良好的熔焊性能，可用于电子、航天的某些零部件。

b 化学镀镍的反应机理

关于化学镀镍的反应机理目前尚无统一的说法。对以次磷酸钠为还原剂的体系而言，有人认为，首先在催化表面次磷酸盐反应产生吸附态的原子氢、进而对Ni^{2+}及H_2SO_4发生还原作用：

$$H_2PO_2^- + H_2O = HPO_3^{2-} + H^+ + 2H(ads)$$

$$Ni^{2+} + 2H(ads) = Ni + 2H^+$$

$$H_2PO_2^- + H(ads) = H_2O + OH^- + P$$

$$2H(ads) = H_2\uparrow$$

据测定，用于将Ni^{2+}还原的H(ads)，约占其总数的37%左右。

还原产生的磷将进入镀层形成Ni-P合金。控制不同条件，镀层中含磷的质量分数为4%～16%。

对以硼氢化物为还原剂的体系而言，人们认为反应机理为

$$BH_4^- + 4Ni^{2+} + 8OH^- \xrightarrow{\text{催化}} 4Ni + BO_2^- + 6H_2O$$

$$2BH_4^- + 4Ni^{2+} + 6OH^- \xrightarrow{\text{催化}} 2Ni_2B + 6H_2O + H_2\uparrow$$

$$BH_4^- + 2H_2O \longrightarrow BO_2^- + 4H_2\uparrow$$

c　化学镀镍的镀液

化学镀镍镀液中的镍盐通常采用 $NiSO_4 \cdot 6H_2O$ 或 $NiCl_2 \cdot 6H_2O$，其质量浓度约 20 ~ 35g/L。

化学镀镍的还原剂通常为 NaH_2PO_2、硼氢化物或其衍生物 N-二甲基硼胺烷、水合肼等。

所用的配合剂对 Ni-P 体系而言为柠檬酸钠、乳酸、苹果酸等，柠檬酸钠用量约为 5 ~ 10g/L。

镀镍镀液中的稳定剂，一般有以下几类：

(1) 无机重金属离子，如 Pb^{2+}、Sn^{2+}、Sb^{3+} 等；

(2) 含碘化合物和氧化物，如 KI 和 KIO_3 等；

(3) 第四族元素 S、Se、Fe 化合物及 HS^- 等；

(4) 有机含硫化合物如硫脲、丙烯基硫脲等。

稳定剂在镀液中浓度都较小，如 HS^- 在质量浓度为 0.1mg/L 时，对镀液就起着有效的稳定作用。

此外，为加快沉积速度，可加某些有机酸作为加速剂，如琥珀酸等。

C　化学镀铜

化学镀是电子工业中制造印制板的最重要的工艺之一。要求所得的铜镀层有较大的抗拉强度和延伸率。

化学镀铜的效果主要决定于镀液的成分。镀液中铜盐主要采用 $CuSO_4 \cdot 5H_2O$，其质量浓度以含 Cu^{2+} 为 2 ~ 6g/L 为宜；配合剂通常为 EDTA 的钠盐或酒石酸钾钠（$KNaC_4H_4O_6$）或三乙醇胺，质量浓度为 20 ~ 50g/L；还原剂通常为 HCHO，其体积浓度为 10 ~ 30mL/L（对含 HCHO 质量分数为 37% 的原料而言）。对弱碱性的镀液（pH = 7 ~ 8），亦有人用四丁基氢硼化铵[$(C_4H_9)_4BNH_4$]或二甲基胺硼烷[$(CH_3)_2NHBH_3$]作还原剂取代 HCHO，以防止对环境可能带来的污染，工作 pH 值一般为 12.5 ~ 12.8（用 NaOH 调节）。但有人发现在较低的 pH 值（11.7 ~ 11.9）下，镀层中铁含量很低，有利于提高其延伸率，因此亦有在 pH 为 11.7 ~ 11.9 下进行，工作温度一般为 60 ~ 70℃。

为保证镀液的稳定性，常加入稳定剂。作为稳定剂的有：可溶性的无机硅化合物或锗化合物（质量浓度为 25 ~ 100mg/L，以 Si 或 Ge 计），聚二乙醇（聚二乙醇的代号为 PEG，其摩尔质量一般为 250 ~ 15000，以其中 600 ~ 2000 的为宜，质量浓度以 0.5 ~ 4g/L 为宜），L-精氨酸，α，α′-联吡啶，硫脲等。一般稳定剂浓度过高或过低都有不利的影响。以 Ge 化合物为例，当其质量浓度小于 25mg/L，则镀液稳定性显著变差，当其质量浓度超过 100mg/L 时，则使沉积速度降低。

为提高化学镀铜层的光滑度和延展性，可加入钒化合物。加入钒化合物后，得到的铜镀层，其表面粗糙度可小于 1μm，其延伸率会高 50% 以上。钒化合物质量浓度一般为 0.5 ~ 2.5mg/L（按 V_2O_5 计）为宜。另外，考虑到当镀液中铁含量高于 10mg/mol Cu 时，铁将会进入镀层使镀层延伸率下降，为了防止这种现象，常加入铁的配合剂 NN′-二乙醇甘氨酸，以抑制铁的沉积，其质量浓度为 0.5 ~ 1.0g/L。近年来适合制造印制板的镀液配方较多，仅举一例如下：$CuSO_4 \cdot 5H_2O$ 的质量浓度为 10g/L，EDTA 的为 45g/L，HCHO（37%）为 10mg/L，L-精氨酸为 0.5mg/L，α,α'-联吡啶的为 30mg/L，pH = 11.8 ~ 13.0，工作温度60℃。在上述镀液中，沉铜速度可达2.46μm/h，铜镀层延伸率达9.2%，抗拉强度达330MPa。

13.3 湿法制备超细（纳米）粉体材料的进展[7]

13.3.1 制备超细（纳米）粉体材料的方法

一般认为μm级尺寸的粉体为超细，小于100nm为纳米粉体。在纳米尺寸下，无机固体粉末表现出小尺寸、表面、光子、量子及宏观量子隧道等效应，而使其制品性能显著变好。例如：由纳米晶粒制成的纳米陶瓷，其晶粒尺寸与陶瓷强度有如图13-29所示的相关性[14]。图13-29表明，晶粒尺寸的减小，可使陶瓷材料的力学性能有数量级的提高。这是由于晶粒尺寸减小，材料中晶界数量大大增加，使可能分布于晶界处的其他物质的数量减少和晶界变薄，使晶界物质对材料性能的负影响减小；其次是由于晶粒的细化，使材料不易造成产品断裂，有利于提高材料的断裂韧性。晶粒的细化也有助于晶粒间的滑动，因此，使材料具有塑性行为。正因为纳米级固体粉末材料的出现，使无机材料的性能有了大幅度的改善，因而关于纳米级固体粉末材料的制备、开发与研究，已成为人们非常关注的热点课题。当今制备纳米级固体粉末材料的方法如图13-30所示。

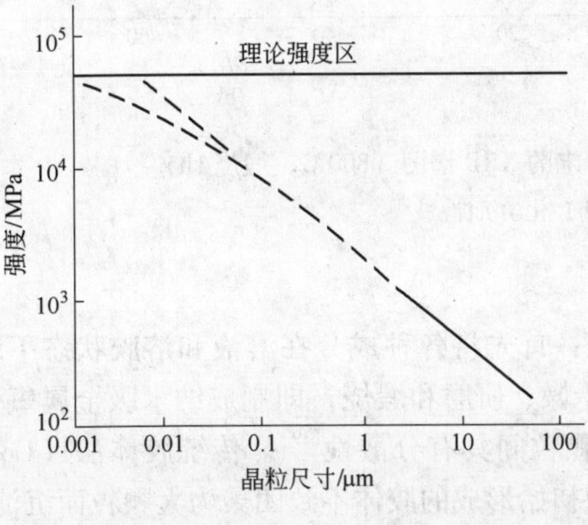

图13-29 陶瓷的晶粒尺寸对陶瓷力学性能的影响

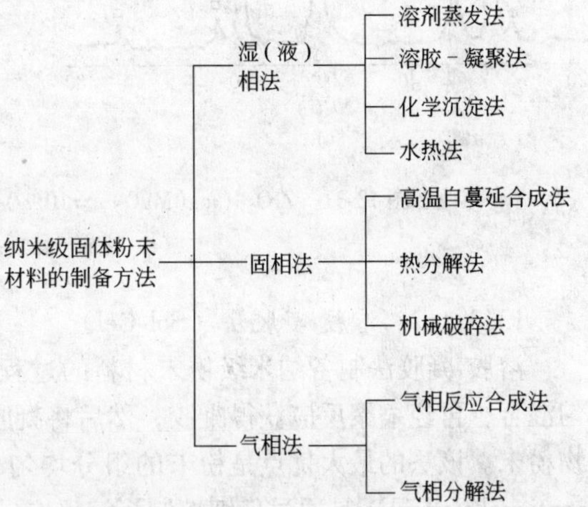

图13-30 纳米级固体粉末材料的制备方法

在图13-30所示的湿（液）、固、气3大类方法中，湿法简单易行，对其研究、使用最多。在13.1及13.2节已阐述了沉淀及还原法制备粉体材料。在此对湿法制备超细纳米级固体粉末材料进行较全面的介绍与评述。

13.3.1.1 溶剂蒸发法（Solvent Evaporation）

溶剂蒸发法包括喷雾干燥（Sptay Drying）、冷冻干燥（Freeze Drying）和喷雾热分解（Spray Pyrolysis）等几种方法。喷雾热分解法是用喷雾干燥器将溶液或悬浮液分散成小液滴，并迅速喷入高温区使溶液蒸发，以减少成分分解和偏析，同时在瞬间完成前驱体的煅烧过程，而得到均匀分散的氧化粉末。它的最大优点是制粉周期短，实用性强，近年来已有应用。例如：用该方法制备了纳米级ZrO_2-Y_2O_3[15~17]。另外应该介绍的是冷冻干燥法。这种方法是将共沉淀胶体雾化喷入到液氮中快速冷却，然后在真空中使水分子从固态冰中以升华方式被脱除。该方法的优点是可较好地消除干燥过程中的团聚现象，因为含水的物料在结冰时，可以使固相颗粒保持在水中时的均匀状态；冰升华时，由于没有水的表面能力作用，颗粒之间不会过分靠近，从而避免了团聚的产生。文献［18］介绍，以工业纯氯氧化锆、化学纯硝酸镁和化学纯氨水为原料，先用中和沉淀法制备氢氧化锆凝胶，水洗除氯离子后，将其分散于硝酸镁水溶液中，然后进行冷冻干燥，可制得含 $Mg(NO_3)_2$ 的氢氧化锆粉末，再经煅烧后得到立方 ZrO_2（MgO 的质量分数为 10%）纳米级粉末。这种粉末的 XRD 谱图见图 13-31。图 13-31 表明，冷冻干燥法与化学沉淀法一样，ZrO_2以立方相存在，MgO 进入了 ZrO_2晶格。可见，以这种方法制备 Zr-Mg 氧化物纳米级粉末是可行的。

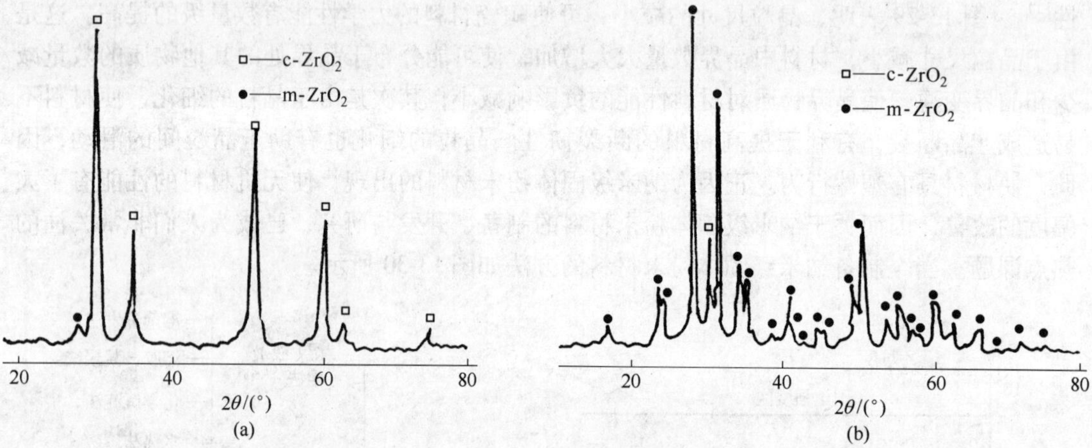

图 13-31 ZrO_2（w（MgO）=10%）粉末的 XRD 谱图（800℃，煅烧 1h）

（a）冷冻干燥法；（b）化学沉淀法

13.3.1.2 溶胶-凝胶法（Sol-Gel）

溶胶-凝胶法制备纳米级粉末材料的过程是：首先将各种成分在溶液和溶胶状态下均匀混合，再经缩聚反应获得凝胶，然后将凝胶干燥、研磨和煅烧，即制成纳米级金属氧化物粉末。该法的最大优点是粉末的组分均匀，颗粒间具有分散性[19]。传统胶体法（Conventional Colloid）是通过仔细控制沉淀反应，使初始形成的胶体不致团聚为大颗粒而沉淀。曾用该法制备了 UO_2和 ThO_2球形颗粒粉末，但在凝胶的干燥和煅烧阶段，仍有可能形成团聚结构。金属醇盐水解法是利用金属醇盐的水解和聚合反应得到无机高分子聚合体，其颗粒大小（2~5nm）处于胶粒尺寸范围内。由于使用有机醇作介质，表面张力很小，不易形成氢键，因此粉末的团聚强度低，这是该法的优点。近年来研究用该法制备 ZrO_2-Y_2O_3纳米粉末的报道较多，但是由于该法原料昂贵，操作复杂，在推广应用上受到了限制，目前仍处于实验室研究阶段。配合溶胶法（Complexing Sol-Gel）的特点是用某种配合剂与金属离子反应生成可溶性配合物，经缓慢蒸发溶剂而得到溶胶。由于该法可使用廉价的无机盐作原料，而且工艺简单，克服了醇盐法的缺点，近年来颇受重视[20]。如用柠檬酸制备 $Pb_2Sr_2Y_{1-x}Ca_xCu_3O_{8+\delta}$超导体[21]、$BaTiO_3$[22]、$SrFe_{12}O_{19}$[23]和 $Zr_{0.98}Mo_{0.02}O_{2-\delta}$等[20]；用肼合成掺杂 Cr_2O_3的 3Y-TZP[24]和掺杂 Al_2O_3（Al_2O_3的物质的量占25%）的 Y-TZP（ZTA）[25]；用尿素合成 $Y_3Al_5O_{12}$(YAG)[26]；用甘氨酸[27]或丙酸[28]制备 $YBa_2Cu_3O_7$；用乙二胺四乙酸

（EDTA）制备 Bi(Pb)-2223 等高 Tc 超导材料[29,30]、CaHAP 生物陶瓷和 PZT（钛锆酸铅）陶瓷[31,32]等。

13.3.1.3 化学沉淀法（Chemical Precipitation）

化学沉淀法属湿法中最广泛使用的一种方法。该法是在含有多种可溶性阳离子的盐溶液中，加入沉淀剂（OH^-、CO_3^{2-}、$C_2O_4^{2-}$、SO_4^{2-} 等），形成不溶性化合物沉淀（如氢氧化物、碳酸盐、草酸盐、硫酸盐等），得到的沉淀物再经热分解或煅烧，便可得到氧化物粉末。

化学沉淀法中，从化学沉淀反应、晶粒生长到凝胶体的漂洗、分散、干燥、煅烧的每一个阶段都对颗粒生长有影响。从沉淀机理分析，为了从溶液中析出大小均匀的固体颗粒，必须使成核和生长这两个过程分开，以便使已形成的晶核同步长大，并在生长过程中不再有新核形成。如图 13-32 所示，在整个成核和生长过程中，溶液与沉淀物质的浓度是变化的。在阶段Ⅰ，浓度尚未达到成核所需要的过饱和浓度 C_{min}，因此无晶核生成；当溶液在浓度超过 C_{min} 后便进入开始成核阶段Ⅱ；阶段Ⅲ是晶体生长阶段。为使成核与生长尽可能的分开，必须使成核速率尽可能大，而生长速率则应该适当的小。

沉淀物生长时，扩散层内溶质溶解度的变化情况如图 13-33 所示。

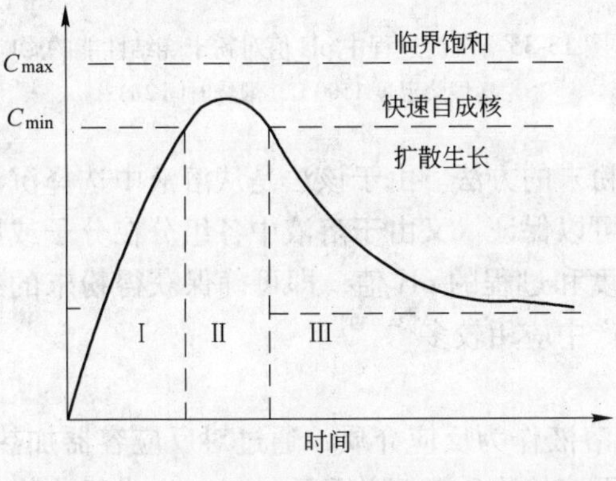

图 13-32 从溶液中析出沉淀时溶质浓度的变化

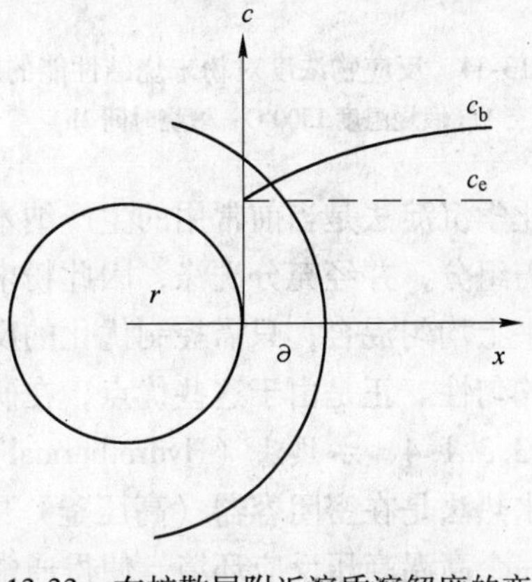

图 13-33 在扩散层附近溶质溶解度的变化

如果是扩散速度控制沉淀物生长，则可导出在生长过程中，颗粒半径分布的标准偏差 Δr 的变化速度表达式[4,33]：

$$\frac{d\Delta r}{dt} = \frac{2\gamma D V_m^2 c_\infty}{RT} \cdot \frac{\Delta r}{c_b}\left(\frac{2}{r_a} - \frac{1}{r_b}\right) \tag{13-29}$$

式中，Δr 为生长颗粒半径分布的标准偏差；γ 为固-液表面张力；D 为溶质在溶液中的扩散系数；V_m 为溶质的摩尔体积；c_∞ 为平面固相的溶解度；r_a 为沉淀颗粒的平均半径；r_b 为对应于溶解度为 c_b 的沉淀物颗粒半径；c_b 为远离颗粒的溶液中溶质的溶解度；R 为气体常数。

如果沉淀颗粒生长受溶质在沉淀颗粒表面发生的化学反应控制，则有如下两个公式成立：

$$\frac{dr}{dt} = k_1 V_m (c_b - c_e) \tag{13-30}$$

$$\frac{dr}{dt} = k_1 r^2 \tag{13-31}$$

式中，k_1为沉淀反应平衡常数；c_e为张力作用下的溶解度。其中公式（13-30）表示颗粒生长速度与颗粒半径无关，式（13-31）则表示颗粒越大其生长速率也越大。这两种情况都会导致有较宽的粒度分布。

在沉淀法诸多控制因素中，反应物的浓度及反应过程的 pH 值对纳米粉末的性质及形貌的影响最大，见图 13-34 和图 13-35 所示。由此可知，在用该法制备纳米级固体粉末材料时，需通过实验优化出适宜的反应物浓度及应该控制的沉淀过程 pH 值。

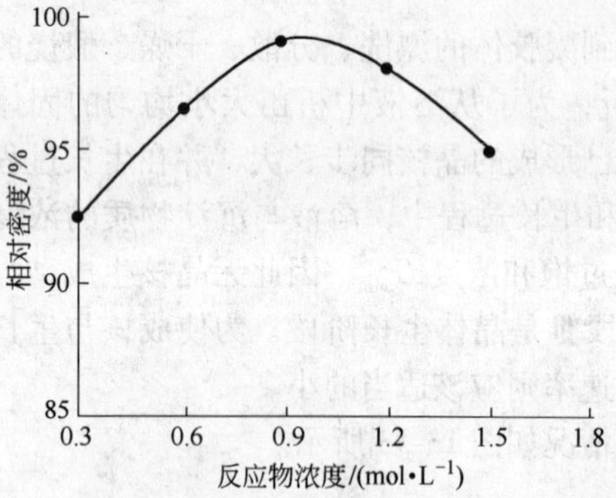

图 13-34 反应物浓度对粉末烧结性能的影响
（煅烧温度 1500℃；煅烧时间 2h）

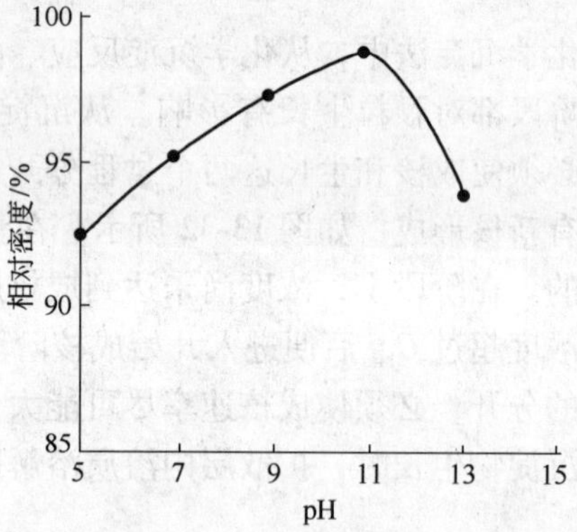

图 13-35 沉淀过程中 pH 值对粉末烧结性能的影响
（煅烧温度 1500℃；煅烧时间 2h）

化学沉淀法是当前常用的生产纳米级固体粉末的方法。由于该法是从溶液中选择沉淀出所需组分，并经充分洗涤，因此粉末的纯度可以保证。又由于溶液中各组分在分子或原子水平上均匀混合，只需控制优化的反应物浓度和过程的 pH 值，即可确保获得粉末的纯度和均匀性。正是由于这些优点，在研究与生产中应用较多[34~39]。

13.3.1.4 水热法（Hydrothermal）

水热法是在密闭容器（高压釜）中，用水溶液作为反应介质，通过对反应容器加热，形成一个高温高压反应环境，使得通常难溶或不溶的物质溶解并且重结晶，生成氧化物晶态粉末[40]。根据使用设备的差异，又可分为普通水热法和特殊水热法。所谓特殊水热法是指在水热条件反应体系中，再添加其他的力场，如直流电场、磁场、微波场等。水热法也是当前制备纳米级粉末的一种重要方法，不但在实验室有大量研究和应用，而且已实现了工业规模的纳米级粉末的生产。

从水热物理化学看，在这种方法中除发生化学反应外，还涉及到了相平衡、溶解度与温度、加热反应热力学等问题。在一般情况下，化合物在水中的溶解度都很小，所以，常在体系中加入低熔点的盐或酸、碱等添加剂。由于水溶液在水热条件下的黏度较常温常压下低两个数量级，所以这种体系有利于扩散，故而反应速度较快。

水热法制备超细或纳米级粉末需经历以下步骤：（1）原料在水热介质中溶解，即以离子、分子或离子团的形式进入溶液；（2）体系中存在的十分有效的热对流，以及溶解区和生长区之间的浓度差，使溶解的离子、分子或离子团被输送到生长区；（3）离子、分子或离子团在生长界面上的吸附、分解与脱附；（4）吸附物质在界面上运动，直到晶体粉末生成。得到的晶体形貌与生长条件是密切相关的，通常的规律是反应温度和压力越高，晶体生成速度越大。在研究中提出的负离子配位体生长基元模型合理地解释了实际情况。该模型认为，溶解到溶液中的离子、分子或离子团之间发生反应，形成具有几何构型的聚合体，即生长基元。生长基元的大小和结构与水热反应条件有关。在一个水热反应体系里，同时存在多种形式的生长基元，它们之间存在着动态平衡。哪一种生长基元越稳定，它在体系中出现的几率也就越大。从结晶学的观点看，生长基元的正离子是与满足一定配位数的负离子相结合的，故又称为负离子配位生长基元模型。这是目前将晶体的形貌、结构和生长条件统一起来，并被公认为合理的一个模型。

近年来水热法制备纳米级粉体的技术已相当成熟[7]，水热法的设备也有了很大的改进与发展。可以预见，这一方法的研究与应用将会得到更广泛的发展。

还应提出的是利用溶剂萃取技术中的反胶团法制备超细氧化物粉末[73]，我国研究专利用这一方法，成功制备了 ZrO_2[74]。

反向胶团技术是近十几年由溶剂发展而来的新技术。萃取剂自身具有亲水亲油性，能够自聚或在非极性溶剂中形成聚集体，因而当萃取剂与水相混合接触达到平衡时，其结构如图13-36所示。它的内腔由表面活性分子的极性基团构成，外层为伸向连续相的非极性基团。这种负荷金属离子的反胶团溶液经水解或沉淀反萃，可直接制备无机物超细粉。这种方法与传统的共沉淀法制备超细粉相比，具有两个特点，其一是利用了反胶团的自身结构限制了颗粒的生长并能抑制颗粒间的团聚；其二是由于直接利用了萃取的过程物料，可降低粉末的生产成本并得到更高纯度的产品，因此这种结合溶剂萃取制备高级无机材料的新过程被认为极具发展前景。

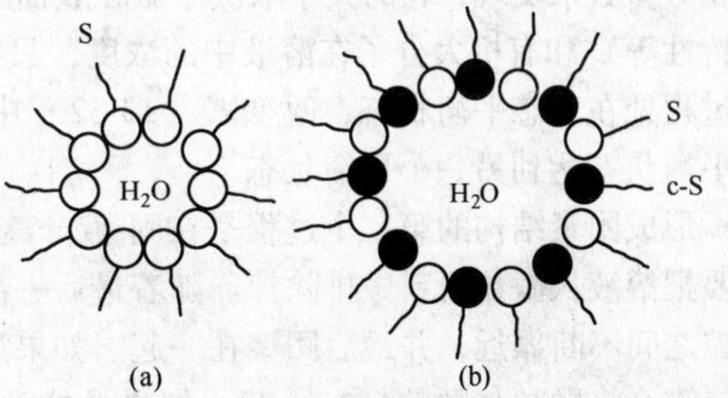

图 13-36 反胶团或微乳滴结构示意图
（a）反胶团（10nm）；（b）W/O 微乳液（100 ~ 1000nm）
S—表面活性剂；c-S—助表面活性剂

13.3.1.5 湿法中各种方法的比较与团聚问题

湿法制备纳米粉体几种方法的比较列入表13-11。由表13-11经综合分析可见：沉淀法与水热法有较高的性能、价格比，应认为具有先进性，而且效益较好。

表 13-11 常用的制备纳米级粉末的湿法比较

项目名称	化学沉淀法	溶胶-凝胶法	水 热 法
纯度/%	>99.5	>99.5	>99.5
组成控制	纯度高，均匀	纯度高，均匀	纯度高，均匀
粉末尺寸/nm	<100	<100	<100
尺寸分析	好	好	好
晶体的形貌控制	一 般	一 般	一 般
团聚情况	有（用醇洗可减少团聚）	有（用醇洗可减少团聚）	极 小
生产成本	居 中	居 中	稍 高
性能/价格	稍 高	居 中	高

在湿法中存在的最大问题是颗粒的团聚。这一问题一直困扰着湿法的应用与发展，围绕着团聚机理以及解决团聚问题已进行了许多研究工作[9]。

从溶液中生成固体微粒后，由于布朗运动的驱使，微粒之间互相接近。若微粒没有足够的动能克服阻碍微粒发生碰撞形成团聚体的势叠，则两个微粒将聚在一起成为团聚体。阻碍两个微粒互相碰撞形成团聚体的势叠（V_b）可表示如下：

$$V_b = V_a + V_e + V_c \tag{13-32}$$

式中，V_a为起源于范德华引力，为负值；V_e为起源于静电排斥力，为正值；V_c为起源于微粒表面吸附有机大分子的形位贡献，其值可正可负。

从式（13-32）可知，为使V_b变大，应使V_a变小，V_e变大，V_c应是大的正值。V_a同微粒的种类、大小和溶液的介电性能有关；V_e的大小可通过调节溶液的 pH 值、反离子浓度、温度等参数来实现；V_c的大小取决于微粒表面的有机大分子特性（如链长、亲水、亲油基团特性等）和有机大分子在溶液中的浓度，只有酸度适当才能使V_c为正值。团聚和离散两个过程处在动态平衡状态，改变式（13-32）中的参数，可以使团聚与离散平衡，并从一个平衡状态达到另一个平衡状态。

形成团聚结构的第二个过程是在固-液分离过程中发生。从溶液中生长出固相微粒后，需要把溶液从微粒粉料中排除掉。随着最后一部分溶液的排除，在表面张力作用下，固相颗粒之间不断靠近，并最后团聚在一起。如果溶液是水，最终残留在颗粒间的微量水，通过氢键会将颗粒与颗粒粘在一起；如果是盐类溶液，其中含有的微量盐类杂质（如氯化钠、氢氧化物等）则会形成"盐桥"，更会把颗粒相互粘连牢固。这种团聚过程是不可逆的，团聚体一旦生成就很难彻底分离开。

产生团聚的第三个过程是在煅烧过程中形成团聚体。这是由于已形成的团聚体因局部烧熔而结合牢固。颗粒间的这种局部熔结造成的团聚，会大大地恶化粉料的成型和煅烧性能。这是在制备超细粉体材料中难免的。

有关团聚问题在 13.3.3 节中还要进行讨论。

13.3.2　超细（纳米）晶体粉末生长的理论

用湿化学法（简称湿法）制备纳米级粉体已受到人们的重视。如前所述，在湿法中有沉淀法（又可分为直接沉淀法、均匀沉淀法和共沉淀法），又有水热法、溶胶-凝胶法和微乳法。在这些方法中都存在着控制晶体生长，使产品达到纳米级粒度和希望的形貌等问题。因此，了解与掌握晶体生长的规律与机理具有特殊的意义。根据主要参考文献［43，44］对晶体生长的理论问题可归纳与探讨如下。

13.3.2.1　晶体生长过程的研究现状

晶体生长过程具有多样性，非常复杂。随着研究手段的不断进步，在研究层次上不断向深度发展，从最初的晶核生成及生长、晶体结构和生长形态的研究、经典的热力学分析发展到研究生长界面和质量、热输运和界面反应等问题。虽然现在已形成了不少理论和模型，但对晶体生长过程的了解与实践上的要求仍有很大的差距。

人们已经认识到，对晶体生长的过程研究必须从宏观及微观两个方面入手，一方面要在更深层次上对生长界面的结构、界面附近液体结构、界面热、质输运和界面反应进行研究，另一方面还要在动力学、热力学上进行系统、深入地研究。

在过去，人们的研究重点放在晶核与晶粒的生长速率上，例如希望晶核生长多而速度要快，而晶粒生长速度要慢，以便使颗粒具有纳米级的要求。现在已在晶体生长机制上有了晶体颗粒或生长基元与晶体颗粒之间的空位生长机制的研究。认为在晶体生长的溶液和晶体生成过程中，结晶物质沉淀时，在晶粒之间借助互相碰撞，使晶粒有短暂的接触机会把晶粒联结起来，使晶体得到生长。并认为，在溶液中有很强的离子作用时，晶粒在快速结合过程中，会自由选择最佳方向；反之若晶粒在离子作用强度较低的溶液中结合时，在其结合过程中，会有一个短暂的时间来调整晶粒之间的取向。在弱离子作用的溶液中，随着双电层厚度的增加，双电层的作用会使晶体有一个快速的结合过程，从而有足够的时间来调整晶粒间的取向，或者被双电层将两个晶体颗粒分开，或者只有一些具有合适取向的晶粒，克服溶液中的热动力而相互结合。这种晶体生长的定位机制把晶体或基元的定位生长划分为完善结合、完全结合伴随的小角度的旋转、部分结合及没有明显的结合等4种情况[45]。

已出现的台阶生长机制认为[46]，在饱和度较小的条件下，晶体光滑面可以二维生长方式或位错方式生长，当溶质过饱和度进一步降低时，晶体光滑面只能按位错生长方式生长。在晶体生长中，当螺型位错的位错线在晶体光滑面上露头时，位线的露头点可以形成晶体生长台阶。这一台阶为晶体提供了连续生长的台阶源。如此，在晶体光滑面上便会形成一组由台阶组成的生长蜷线。而组成生长蜷线的台阶系列具有以下几个特征[47]：(1)在同一生长蜷线中各个台阶具有相同的高度；(2) 同一生长蜷线中台阶系列的距离远大于台阶高度；(3) 同一台阶系列中邻近的台阶之间具有较强的相互作用使台阶系列运动表现出较好的协调性；(4) 晶体生长的过饱和度低时，台阶系列的间距与生长界面-溶质过饱和度成反比。

因而人们把台阶生长的过程描述为：结晶分子首先从溶质向晶体生长的固-液界面扩散，然后在晶体表面上吸附，被吸附的结晶分子通过在晶体上扩散向台阶方向运动，在台阶上的结晶分子与扭结结合而形成晶体分子。台阶生长不仅与溶质的饱和度和过饱和度有关，而且与台阶的宽度有关[48]。其中有下列规律存在：(1) 当 $\lambda_s < x_0$（λ_s为颗粒扩散距离，x_0为台阶宽度）时，台阶阶步是垂直的，这时台阶面上生长基元有一定的结合方式，当生长基元在表面上吸附量较少时，每一个生长基元与一个结点相连，并结合到晶体表面上，随着晶体表面吸附生长基元浓度增加，生长基元之间的相互作用使得它们之间的取向与台阶面扭结的方向相反，并产生新扭结。这些新增加的扭结为生长基元与晶面的结合提供了更多的结合点；(2) 当 $2\lambda_s > x_0$，台阶阶步不是垂直的，台阶会有下列情况出现，即当生长基元与扭结快速结合时，所有的生长基元均能叠合在台阶面上，当生长基元与扭结的结合速度慢时，它开始在纽结点上聚集。

在研究中认识到，晶体形态是由晶体生长时各个面之间的生长速率决定的。在晶体生长过程中，生长速度较快的面逐渐消失或变小，而生长速度较慢的面最后则被保留下来[49]。基于上述原因，可通过控制不同晶面的生长速率来控制晶体的最终状态。具体措施是要寻找和使用合适的添加剂（活化剂或钝化剂）。要求使用的添加剂仅对所期望的晶面生长速率产生影响，而其他晶面不发生影响或影响很小。这样就可以用添加剂来控制晶体的形象，并且可以预测晶体形态和改变晶体生长的习性。

关于添加剂在晶体表面上的活动，一般认为有如下3个阶段：(1) 溶质向晶体表面扩散并暂时被晶体表面捕获；（2）添加剂分子在晶体表面上迁移，在晶体表面上与阶步及纽结结合；（3）对钝化剂，其分子之间的距离 d 是一个重要参数，它与晶体表面吸附位和溶质过饱和度有如下关系：当溶液的过饱和度 σ 大于1，而相邻两个钝化剂分子之间的距离 d 大于晶体表面相邻两个吸附位的距离 x 时，钝化剂对晶体没有影响，晶体会持续生长；当 $\sigma=1$，$d=x$ 时，晶体则停止生长；当 $\sigma<1$，$C<x$ 时，晶体也停止生长[50]。

依上述可见，活化剂、钝化剂在晶体生长过程中都是作用于晶体与溶质之间的界面上，因此，研究和控制添加剂分子的关键是了解其在晶相与溶液之间的界面上的迁移，具有特殊的重要意义。

我国学者施尔畏、仲维卓[51]对晶体生长提出了更为清晰的见解，他们认为晶体生长过程中是晶体与蒸气、溶液、溶体界面在液相中不断推移的过程，也就是由包含组成晶体单元的母相从低秩序相向高度有序晶相的转变。从微观角度来看，晶体生长过程可以看作一个“基元”过程。所谓“基元”是指结晶过程中最基本的结构单元。从广义上说，“基元”可以是原子、分子，也可以是具有一定几何构型的原子（分子）聚集体。所谓的“基元”过程包括以下主要步骤。

（1）基元的形成：在一定的生长条件下，环境中物质相互作用，动态地形成不同结构形式的基元。这些基元不停地运动并相互转化，可随时产生或消失。

（2）基元在生长面上的吸附：由于对流，热力学无规则运动或原子间吸引力，基元运动到界面上并被吸附。

（3）基元在界面上的运动：基元由于热力学力的驱动，在界面上迁移运动。

（4）基元在界面上结晶或脱附：吸附在界面上的基元经过一定的运动，可在界面某一适当位置结晶并长入固相，或者脱附而重新回到环境中。

掌握晶粒生长过程的目的是希望在用湿法制备纳米级粉体时能有效地控制晶体粒径和形貌，达到预期要求，使纳米级粉体能充分体现出纳米粒子的特性。研究工作正在向这个目标努力。

13.3.2.2　晶体生长理论

对晶体生长理论的研究较多，目前有重要价值的晶体生长理论有晶体平衡形态理论、界面生长理论、周期键链（Periodic Bond Chain）理论（简称 PBC 理论）及界面相理论模型。这些理论各有其内涵，简述如下。

A　晶体平衡形态理论

晶体平衡形态理论基于晶体内部结构和热力学分析。先后提出的有 Bravais 法则、Gibbs-Wulff 晶体生长规律及 Frank 运动学理论。

a　Bravais 法则

该法则首先提出了：（1）晶体最终应为面网密度最大的晶面所包围；（2）晶面的法线方向生长速率 R 反比于面网间距；（3）生长速率快的晶面簇在晶体形态中消失[52]。后来，又对该法则作了进一步完善，考虑了晶体结构中螺旋轴和滑动面对最终形态的影响，形成了 BFDH 法则（或称 Donnay Harker 原理）[53]。BFDH 法则较 Bravais 法则有了较大改进，但它只能预测同种晶体的一种形式（即晶体的理想形态），还不能解释在不同条件下同种晶体有不同生长形态的现象。Bravais 法则和 BFDH 法则共同的缺陷是它们只能给出晶体内部结构与生长形态之间的关系，忽略了生长条件对形态的影响。

b　Gibbs-Wulff 生长规律

这一定律从热力学角度出发，考虑了晶体生长过程中与溶质的平衡条件，提出了晶体生长的最小表面能原理，认为晶体在恒温和等容的条件下，如果晶体的总表面能最小，则晶体形态为晶体的平衡状态。在晶体趋向平衡状态时，它会调整自己的形态使其达到最小的总表面自由能，反之就不会形成平衡形态。还认为某一晶面簇的线性生长速率与该晶面簇比表面自由能有关，这一关系称为 Gibbs-Wulff 晶体生长规律：

$$\frac{\sigma_1}{\gamma_1}=\frac{\sigma_2}{\gamma_2}=\cdots=\frac{\sigma_i}{\gamma_i}=\text{常数}$$

式中，σ_i和γ_i分别代表晶体的表面自由能和面网间距。

在上述基础上，又进一步提出了利用界面能图求取晶体平衡形态的方法[54]。

该定律在实际应用中，由于表面自由能很难得知，使计算产生了困难，只能运用于平衡态或接近于平衡态时，对较小线度晶体生长形态作预测。对于较大线度的晶体，由于存在着过饱和度的差异，难以走向平衡状态。另外，它还不能解释晶体形态的多样性。

c　Frank 运动学理论

这一理论提出了在晶体生长或溶解过程中，不同时刻外形的两条定律，即所谓运动学的第一定律和第二定律[55]。

第一定律是晶面法线向生长速率只能是倾角 θ 的函数，对给定倾角 θ 的晶面，其生长或溶解具有直线轨迹；第二定律是在制作晶面法线生长速率倒数的能图时，倾角为 θ 的晶面生长轨迹平行于该方向能图的法线方向。运动学理论的进一步发展提出了台阶运动理论，成功地解释了台阶并合现象[56]。

在实际中，应用 Frank 运动定律计算晶体生长形态必须先得到法线生长速率与晶体取向之间的关系，这就有很大的困难，大大限制了它的应用。台阶运动理论虽然注意了溶质的作用，但仍不能预测界面上何处能吸附杂质，也不能预测环境变化对晶体形态的影响。

B　界面生长理论

a　界面结构模型及生长动力学

界面结构模型及生长动力学把晶体生长过程看作是生长界面不断向外推移的过程。经典的 4 种界面结构模型如下。

（1）1927 年，由 W. Kossel 建立的完整光滑突变界面模型[6]。该模型认为，晶体是理想完整的，并且界面在原子层次上没有凹凸不平的现象，固相与流体之间是突变的。可知这是最理想化的情况，与实际晶体生长情况有很大不同。

（2）1949 年，由 F. A. Frank 建立的非完整光滑突变界面模型[57]。这一模型认为，晶体是不完整的，其中存在一定数量的位错，如果一个纯螺型位错和光滑的不同界面相交，在晶面上就会产生一个永不消失的台阶源。在生长中，台阶将逐渐变成螺旋状，使晶面不断向前推移。

（3）1959 年，由 K. A. Jackson 建立的粗糙突变界面模型[58]。该模型提出了晶体生长界面的单原子层，单原子层中包含的全部晶相与流体相的原子都位于晶格位置上，并遵循统计规律分布。

（4）1966 年，由 D. E. Temkin 建立的弥散界面模型[59]。该模型认为，界面由多层原子构成，可在平衡状态下，根据界面的相变熵大小推算界面宽度，还可根据非平衡状态下界面自由能变化，由界面相变熵及相变驱动力确定界面结构的类型。

界面结构模型及生长动力学理论的局限性是将晶体结构过于简单化，没有考虑环境相（蒸气、溶液、溶体）的结构；把环境相看做均匀的连续介质，没有考虑浓度变化及不均匀等因素的影响；把界面上吸附的基元限定为单个原子，无法解释多元体系的生长过程；动力学规律的推导也不严谨，假定的条件太多。

b　粗糙化相变理论

W. K. Burton 等[60]提出，存在一个界面由基本光滑转为粗糙的温度 T_R，在此温度以上，界面由基本光滑转变成粗糙。H. J. Leamy 等[61]采用了弥散界面模型，应用 Monte-Carlo 方法，对简单晶体界面进行了计算机模拟，认为当某一温度 T 大于 T_R时，台阶失去它们的特性，棱边自由能变为零，晶体生长没有二维成核势垒，呈线性生长规律。Van Der Eerden[61,62]又做了进一步研究，完善了粗糙化相变理论。该理论的缺点是计算粗糙化相变温度有很多困难。

C　周期性键链理论（PBC 理论）

这一理论是 P. Hartman 和 W. G. Perdok[63~66]提出的，用附着能代表表面自由能（在结晶过程中，一个结构单元结合到晶体表面所释放的能量）。由于成键时所需时间随键能增大而减小，因而晶面的法线生长速度将随晶面附着能的增大而增大，进而建立了 4 种定性判断晶面生长速度的方法。认为晶体中存在的一系列强键不间断地连贯成键链，并呈周期性重复，这种规律简称为 PBC 理论。PBC 的方向由 PBC 矢量来表征，根据相对于 PBC 矢量的方位，将晶体中可能出现的晶面分为 3 种类型，如图 13-37 所示。

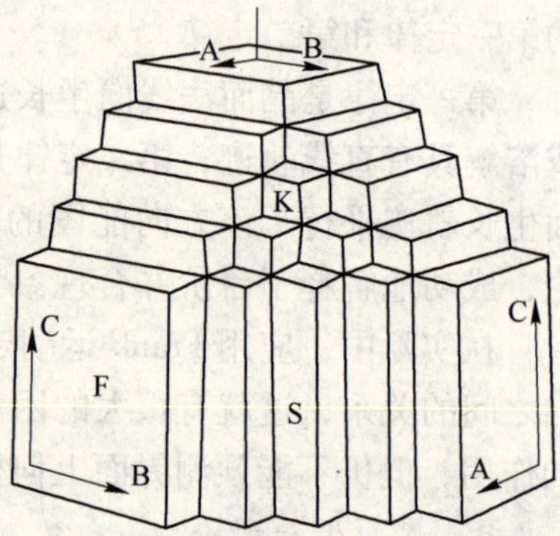

图 13-37　PBC 理论中的 3 类晶面

F 面是含两个以上共面的 PBC 矢量平面，K 面是不含 PBC 矢量平面，S 面是只含一个 PBC 矢量平面。P. Hartman[67]进一步完善了 PBC 理论，称为现代 PBC 理论。在现代 PBC 理论中，建立了定量计算晶面生长速率的方法，并由此可预测晶体的理论生长习性。这一理论近年来得到了人们的重视，应用也较多。

无论 PBC 理论还是现代 PBC 理论，仍然没有把环境和生长条件对晶体生长形态的影响统一到理论中，显然存在着缺点。

D　负离子配位多面体生长基元模型

仲维卓等[51]提出了负离子配位多面体生长基元模型（以下简称模型），将晶体生长形态、晶体内部结构、晶体生长条件及晶体结构缺陷作为统一体研究，为晶体生长理论研究开辟了新途径。

该模型有两个基本假设：（1）假设存在生长基元，认为溶质与溶液相互作用形成具有一定几何结构的聚集体，这些聚集体称为生长基元，生长基元是多种多样的，它们之间存在着动态平衡，晶体生长过程是生长基元在界面上的叠合；（2）假设结构一致，即在界面上叠合的生长基元必须满足取向的要求，生长基元结构单元与相应晶体结构单元在结构上是一致的。

模型具有以下特点：（1）晶体内部结构因素对晶体生长的影响有机地体现于生长基元的结构及界面叠合过程中；（2）利用生长基元的维度以及空间结构形式的不同来体现生长条件对晶体生长的影响；（3）所建立的界面结构便于考虑生长体系中离子吸附及生长基元叠合的难易程度对晶体生长的影响。

负离子配位多面体生长基元模型与其他理论或模型相比，考虑的晶体生长影响因素更为完全，更接近于晶体生长实际情况。利用这个模型，成功地解释了一些氧化物晶体（ZnO 等）和生长习性，特别是解释了一些极性晶体的生长习性。但是，该模型目前还处于定性描述阶段，要发展为一个完整的晶体生长理论还要进行大量的工作。

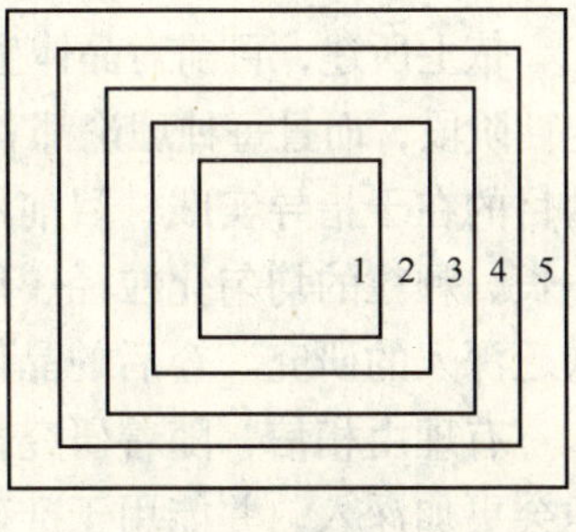

图 13-38 晶体生长相理论模型示意图

1—晶体相；2—界面相；3—吸附相；4—过渡相；5—环境相

E 界面相理论模型

李国华等深入系统地总结与分析了晶体生长理论，提出了界面相理论模型，如图 13-38 所示[44]。

他们认为晶体在生长过程中，位于晶体相和环境相之间的界面相可划分为 3 个有机组成部分，由晶体相到环境相依次为界面层、吸附层和过渡层。其中，界面层是晶体相的表面相或表面层；吸附层是固相与液相的分界层，是狭义的界面相；过渡层是环境相的表面相。晶体生长过程中，电荷、质量和能量的输运是通过界面相来完成的，任何物质要由环境相的组分变为晶体相的组分，必须依次由环境相的主相输运到环境相的表面相-界面相的过渡层，然后由过渡层输运到吸附层中，再由吸附层输运到界面层中，最后从界面相的界面层-晶体相的表面相转变为晶体相的主相；反之亦然。在晶体生长过程中，环境相性质首先是引起环境相的表面相-界面相的过渡层性质改变，并最终影响晶体的生长和发育过程；同样，晶体相性质改变首先是引起晶体相的表面相-界面相的界面层性质改变，通过界面层性质改变而影响过渡层性质的改变，最终影响晶体的生长和发育。

该理论模型尚处于初步的定性阶段，要得到公认，还有大量研究来证实。

13.3.2.3 晶体生长理论发展趋势

综上所述，晶体生长理论在 100 多年的时间内，经历了晶体平衡形态理论、界面生长理论、PBC 理论和负离子配位多面体生长基元模型 4 个阶段，目前又提出了界面相理论模型。晶体平衡形态理论虽然是从晶体内部结构、应用结晶学和热力学的基本原理来探讨晶体的生长，但是过于注重晶体的宏观和热力学条件，而没有考虑晶体的微观条件和环境相对于晶体生长的影响，实际是晶体的宏观生长理论；界面生长理论重点讨论晶体与环境的界面形态在晶体生长过程中的作用没有考虑晶体的微观结构，也没有考虑环境相对于晶体生长的影响；PBC 理论虽然考虑了晶体的内部结构——周期性键链，但仍然没有考虑环境相对于晶体生长的影响；负离子配位多面体生长基元模型考虑了晶体的内部结构、晶体与环境相的界面结构和环境等因素，并能很好解释极性晶体的生长习性，但是仍然有许多不尽如人意之处，尤其是将晶体相和环境相分隔开来，无法综合考虑晶体相和环境相对于晶体生长的联合作用，即忽视了晶体生长体系中，除了晶体相和环境相之处，还应有第三相——界面相的存在。界面相理论模型强调了界面相的存在与作用，但这种强调是否能被公认，还要进一步验证。

从晶体平衡形态理论到负离子配位多面体生长基元模型，晶体生长理论在不断地发展并趋于完善，主要体现在以下几个方面：从宏观到微观、从经验统计分析到定性预测、从考虑晶体相到考虑环境相、从考虑单一的晶体相到考虑晶体和环境相以及微观与宏观之间的相互关系对晶体生长影响的方向发展[44]。

依上所述，目前对晶体生长的研究还处于深入阶段，已出现的晶体生长理论也还是处于定性阶段，而且每种理论都有一定的局限性，与实际需要有很大差距。我们知道，理论研究的目的在于指导实践，目前用湿法制备纳米级粉体工艺中亟待解决的问题，是控制颗粒的生长、颗粒的均匀化粒径、形貌以及团聚等。如何根据晶体生长理论来解决工艺问题，还缺乏深入的研究。今后的晶体生长理论研究要在这些至关重要的问题上继续开展工作。

有理由相信，随着研究技术和检测手段的发展，对晶体生长过程及晶体生长理论的认识会更加深入，并能用于准确地指导工艺实践。

13.3.3　超细粉体的团聚[6,10]

在 13.3.2 节中，曾简述了制备超细粉末的团聚问题。由于超细粉末形成团聚结构，会破坏超细粉末的超细性与均匀性，进而影响粉末的性能，所以在制备超细粉末过程中应尽量减少团聚状态的产生与存在。

鉴于在制备超细粉末过程中团聚问题的重要性，对团聚的种类、形成原因及减少团聚的一些措施在本节进行较详细的阐述与讨论。

13.3.3.1　超细粉末团聚的种类

所谓超细粉末，通常是指微米至纳米级的粉末。在制备这样的粉末时，皆有粉末的团聚产生。在粉体形成的团聚中，按团聚的成因，又分为软团聚与硬团聚，图 13-39 及图 13-40 表示了原始颗粒、硬团聚和软团聚的存在状态及结构[42]。

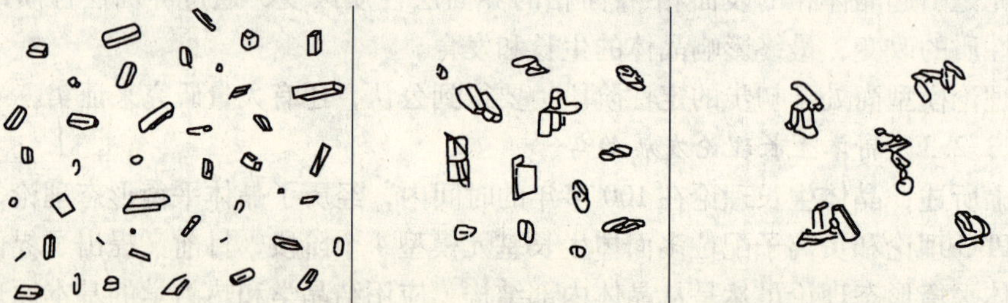

(a)　　(b)　　(c)

图 13-39　干粉颗粒的状态

(a) 原始颗粒；(b) 硬团聚；(c) 软团聚

软团聚主要是由粉末颗粒间的范德华力和库仑力造成的，这种团聚可通过一些化学作用或施加机械能的方法，使其大部分消除。硬团聚是团聚体内的颗粒之间，除范德华力和库仑力之外的化学键以及颗粒之间的液相桥（liquid bridge）或固相桥的强烈结合而产生的，这种团聚的消除很困难。无论硬团聚或软团聚，都与颗粒表面张力有关，图 13-41 表示了粉末间存在的吸引力与排斥力。

如图 13-41 所示，液相中的颗粒之间存在着范德华引力、双电层固相排斥力、液相桥

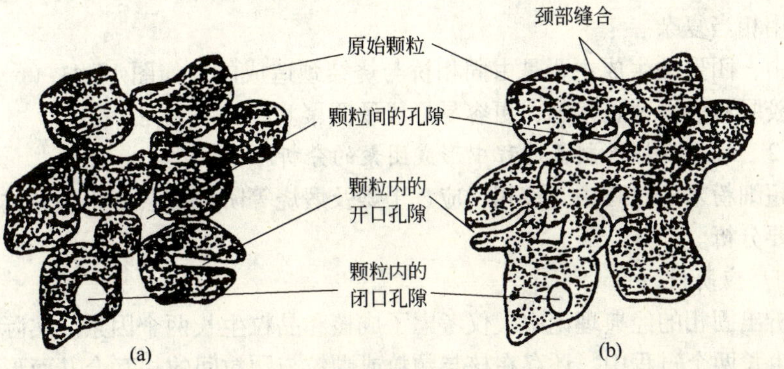

图 13-40 软团聚和硬团聚的结构

（a）软团聚；（b）硬团聚

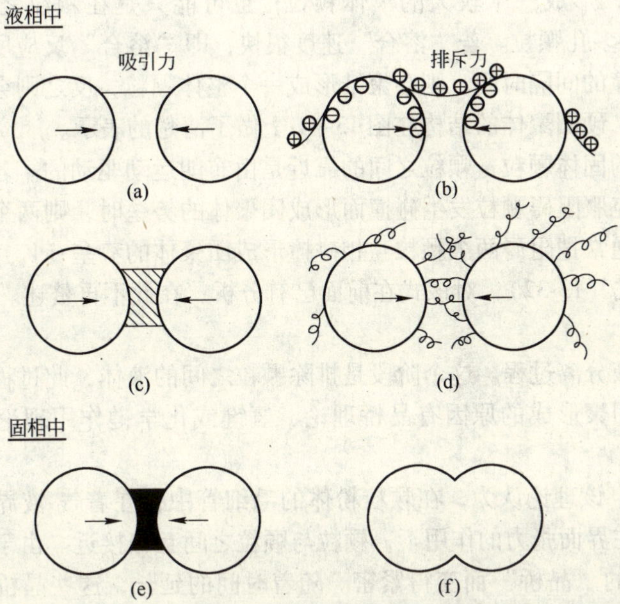

图 13-41 各种物相状态下颗粒间的相互作用力

（a）范德华引力；（b）双电层的交叠；（c）液相桥；（d）溶剂化层的交叠（或高分子链的交叠）（e）固相桥；（f）烧结颈

和溶剂化层交叠，固相中存在着固相桥和烧结颈。颗粒在液体介质中的相互作用是非常复杂的，除了范德华力和库仑力外，还有溶剂化力、毛细管力、憎水力、水动力等。它们与液体介质相关，又直接影响着团聚的程度。

颗粒在液体介质中，由于吸引了一层极性物质，会形成溶剂化层。在颗粒互相接近时，溶剂化层重叠，便产生排斥力，即溶剂化力。如果颗粒表面被介质良好润湿，两个颗粒接近到一定的距离，在其颈部会形成液相桥。液相桥存在着一定的压力差，使颗粒相互吸引，进而成为存在于颗粒间的毛细管力。憎水力是一种长程作用力，其强度高于范德华力，它与憎水颗粒在水中趋向于团聚的现象有关。水动力普遍存在于固相高的悬浮液中，当两个颗粒接近时，产生液间剪切应力并阻止颗粒接近，当两颗粒分开时，它又表现为吸引力，其作用相当复杂。

在固相中，团聚的生成主要是由固相桥与烧结颈造成的，如图 13-41（e）及（f）所示。如果凝胶颗粒表面紧密接触，更容易形成硬团聚。

13.3.3.2　对超细粉末制备过程中形成团聚的分析

在制备超细粉末的过程中，液相反应、干燥及煅烧等阶段都会产生颗粒的团聚。下面对此做一简要分析。

A　液相反应阶段

在液相析出固相的经典理论中，仅考虑了成核和晶粒生长两个因素。实际上，在伴随成核和晶粒生长两个过程中，还存在核与颗粒或颗粒与颗粒间的相互合并而形成较大的颗粒。如果颗粒聚结生长速度随颗粒半径增大而降低，最终也可形成颗粒大小均匀的集合体。小的颗粒聚结到大的颗粒上之后，有可能通过表面反应、表面扩散或体积扩散而"溶合"到大颗粒之中，形成一个较大的单体颗粒；也可能只是在颗粒之间局部接触"溶合"，形成一个大的多孔颗粒。若"溶合"速度很快，即"溶合"反应所需时间小于相邻颗粒二次的有效碰撞的间隔时间，则会聚结形成一个整体颗粒，反之则会形成多孔的颗粒聚结体。颗粒的软、硬团聚体的结构在图 13-41 上做了清楚的表示。

在液相中生成的固体颗粒，颗粒之间的靠近是由布朗运动驱动的。若颗粒有足够的动能，而这种动能可克服阻碍颗粒发生碰撞而形成团聚体的势垒时，则两个颗粒能聚集在一起而成为团聚体。通常把阻碍两个颗粒互相碰撞形成团聚体的势垒（V_b）表示为 $V_b = V_a + V_c + V_e$，该式即为式（13-32），对该式在前面已有分析，在此不再赘述。

B　干燥阶段

干燥可视为固液分离过程。这个阶段是排除颗粒之间的液体，此过程中颗粒会形成硬团聚。目前解释硬团聚形成的原因有晶桥理论、氢键或化学键作用理论和毛细管吸附理论。

（1）晶桥理论。该理论认为，在颗粒粉体的毛细管中存在着气-液界面，随着最后一部分液体的排除，在界面张力的作用下，颗粒与颗粒之间互相接近。由于存在表面羟基和因溶解-沉淀而形成的"晶桥"而变得紧密。随着时间的延长，这些晶桥互相结合，变成大的团聚体[68]。如果液相中含有其他金属的盐类物质（如氢氧化物），还会在颗粒间形成结晶盐的固相桥（见图 13-41（e）），从而形成团聚体。

（2）氢键或化学键作用理论。氢键作用理论认为，如果液相为水，最终残留在颗粒间的微量水会通过氢键的作用，由液相桥将颗粒紧密地粘结在一起（见图 13-41（c））。化学键理论认为[69]，存在于凝胶表面的非架桥羟基发生的反应可表示为

$$M—OH + HO—M \rightarrow M—O—M—H_2O$$

可用此式来解释产生团聚的原因。

（3）毛细管吸附理论。这种理论认为，凝胶中的吸附水受热蒸发时，颗粒的表面部分裸露出来，水蒸气则从孔隙的两端逸出，由于有毛细管力的存在，在水中形成静压力 p，p 值正比于 $\gamma_{sv} - \gamma_{sl}$（见图 13-42），进而会导致毛细管孔隙壁收缩（见图 13-43）。因此，可以认为 p 是造成硬团聚的原因[70]。

C　煅烧阶段

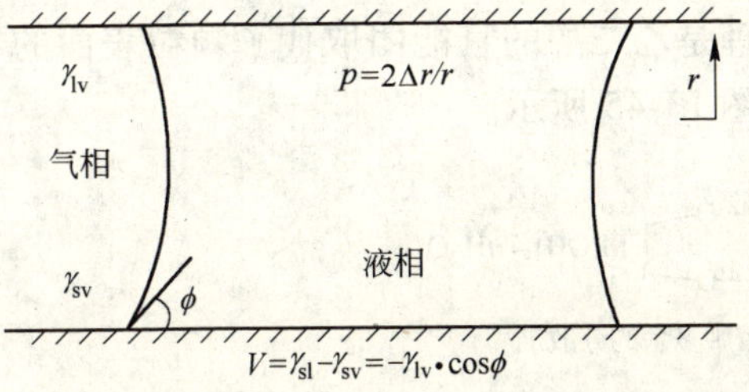

图 13-42 含水的圆柱形孔隙剖面图
（r 为孔隙半径；γ_{sv}，γ_{sl}，γ_{lv} 分别为固-气，固-液和液-气界面能；ϕ 为润湿角；p 是液体中的静压强）

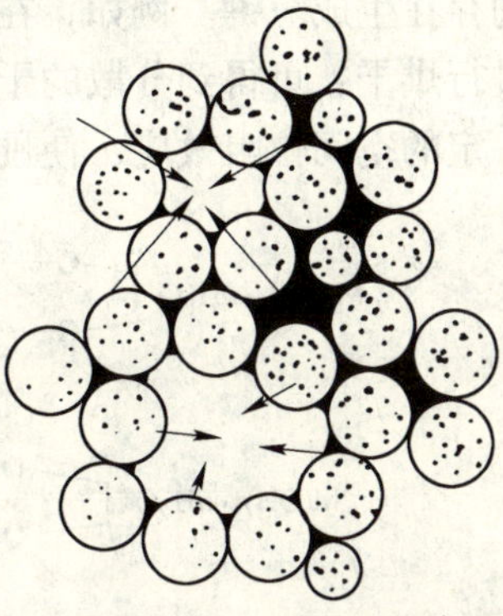

图 13-43 湿凝胶干燥过程中的毛细管力

超细粉体具有很大的比表面积和很高的活性。在一定温度下，颗粒之间会紧密接触而发生烧结，形成烧结颈而产生硬团聚（见图 13-41（f））。温度过高是造成煅烧阶段产生硬团聚的主要原因。

13.3.3.3 控制团聚的措施

制备超细粉末的各阶段都要注意团聚问题。减轻或防止团聚的方法有以下几种。

A 液相反应阶段

a 利用双电层的作用

液相中的超细粉体由于吸附水溶液中的 H^+ 和 OH^- 而使表面带有一定量的电荷，带电表面附近溶液中则会出现电量相等而电性相反的电荷扩展层，即形成双电层结构。颗粒相互靠近时，双电层交叠，会产生排斥力（见图 13-41（b））。排斥力的大小是 Zeta 电位的函数。Zeta 电位越大，排斥力越大，颗粒的分散力越强。当 Zeta 电位等于零时，表面处于中性，称为等电点（PZC）。调整溶液的 pH 值，当 pH$\geqslant$PZC 时表面带负电荷，反之表面带正电荷。因此，在操作中要控制反应体系的 pH 值大于 PZC，使颗粒表面带负电荷，产生排斥力，这样，在远离等电点的 pH 值下操作，双电层的作用可控制颗粒团聚。

b 采用分散剂

使用分散剂是抑制团聚的最好措施。分散剂的种类较多，其中有亲溶液的高分子有机物、表面活性剂及一些配合物。它们在液相中有两个作用：一是吸附作用，降低界面的表面张力；二是胶团化作用利用它们在固-液界面的吸附作用形成一层液膜，阻碍颗粒间相互接触，同时降低界面的表面张力，从而减小毛细管的吸附力，并且还能通过库仑力及空间位阻作用（见图 13-41（d））及图 13-44，防止颗粒接触及生产排斥力，抑制团聚体形成[71]。分散剂作用的效果取决于其种类和浓度。较常用的分散剂有醇类、酮类有机物，胺盐和明胶等。

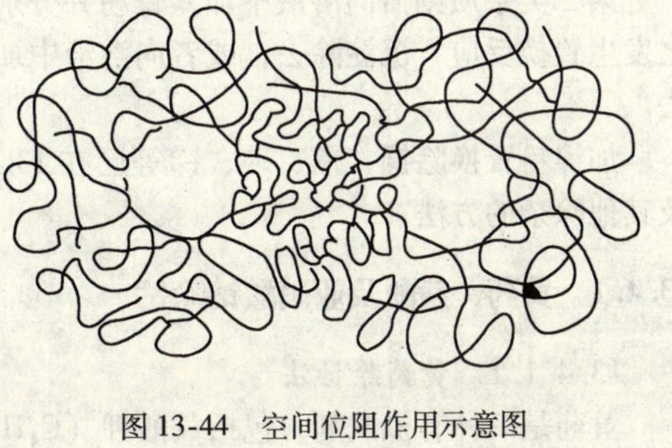

图 13-44 空间位阻作用示意图

B 干燥阶段

在干燥阶段抑制团聚可从两个方面进行：一是在干燥前加入分散剂，使颗粒分离；二是要用适当方法将水脱除，避免颗粒间因水的存在生成氢键。例如，在实践中用乙二醇作分散剂，对用乙二醇多次洗涤得到的湿凝胶进行烘干，可得到分散的干凝胶。其道理是乙二醇的官能团取代了颗粒表面的羟基，还有一定的空间位阻效应，使硬团聚减少如图 13-45 所示。

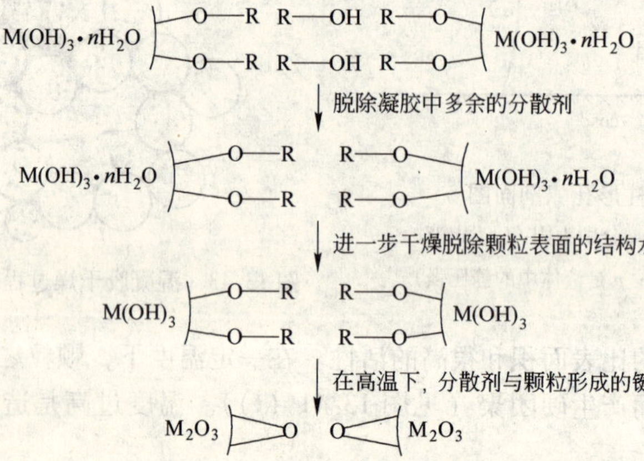

图 13-45　采用乙二醇消除硬团聚的机理模型

（M = Fe，La，Nd，Sm，Gd 等元素）

C　煅烧阶段

在煅烧阶段防止团聚最重要的是选择合适的煅烧温度。煅烧温度过高易产生硬团聚，使细颗粒变大，而温度过低会有残留的未分解的氢氧根存在，妨碍颗粒的紧密堆积[72]，影响生坯的密度和生坯的致密化。

根据上述可认识到：

（1）在制备超细金属化合物粉末时，粉体会产生团聚，影响粉末的性质，因此控制和减少团聚至关重要，制备过程中的各阶段都要采用适当的方法避免或减少团聚的产生；

（2）这里所阐述的团聚原理及控制团聚的方法可供参考，在具体的体系中，对于团聚问题，必须在实践中研究和选择适当的控制方法。

13.4　用药剂及其他方法除杂[12]

在湿法炼锌的硫酸锌溶液中的杂质分为三类：第一类为铁、砷、锑、锗、铝、硅酸；第二类为铜、镉、钴、镍；第三类为氟、氯、镁、钙。

对于第一类杂质，在中性浸出过程中，控制好矿浆的 pH 值即可大部分除去。

第二类杂质则需向溶液中加入锌粉并分别加入 Sb 盐、As 盐、Sn 盐等有关添加剂，使之发生置换反应，沉淀除去；或者向溶液中加入特殊试剂使之生成难溶性化合物，沉淀除去。

加镍粉置换除铜、镉、砷、锑等已在 13.2.1 节中进行了论述，本节阐述加药剂净化及其他除杂的方法。

13.4.1　黄药、萘酚及亚硝酸钠除钴

13.4.1.1　黄药除钴法

黄药是一种有机试剂，包括黄酸钾（C_4H_9OCSSK），黄酸钠（$C_4H_9OCSSNa$）等。

黄药除钴基本原理是，利用 C_4H_9OCSSK 或 $C_4H_9OCSSNa$ 与溶液中的三价钴作用，生成不溶解的黄酸钴沉淀除去。

由于黄药能与铜、镉等金属作用生成化合物，因此为了节约昂贵的黄药，一般都在净化除去其他杂质（如 Cu，Cd，As，Sb，Fe 等）后，再加黄药除钴。

钴在溶液中呈二价钴（Co^{2+}）形式存在，为此应先用氧化剂将二价钴氧化成三价钴（Co^{3+}），然后再与黄药作用生成稳定难溶的三价黄酸钴沉淀除去。常采用的氧化剂有二价铜离子（Cu^{2+}）、三价铁离子（Fe^{3+}）、高锰酸钾（$KMnO_4$）等。

在生产实践中，采用黄药除钴时，用 $CuSO_4 \cdot 5H_2O$ 作氧化剂效果最好，故常向溶液中添加少量的二价铜离子，硫酸铜的加入量一般为黄药量的 1/3 ~1/4。

在硫酸锌溶液中若不加氧化剂，便会产生大量白色的黄酸锌沉淀，这说明只有 Co^{3+} 能优先与黄药作用产生 $Co(C_4H_9OCS_2)_3$ 沉淀，而不会生成黄酸锌沉淀。为了有效地除去 Co，常向净化槽中鼓入空气。

黄药除 Co 的反应式如下。

首先按下列反应生成复盐：

$$4KC_4H_9OCSS + 2CuSO_4 = Cu_2(C_4H_9OCSS)_2 + 2K_2SO_4 + (C_4H_9OCSS)_2$$

此复黄酸盐又按下列反应使二价黄酸钴氧化为三价黄酸钴：

$$Co^{2+} + 2C_4H_9OCSS^- = Co(C_4H_9OCSS)_2$$

$$2Co(C_4H_9OCSS)_2 + (C_4H_9OCSS)_2 = 2Co(C_4H_9OCSS)_3 \downarrow$$

实践证明，为了彻底净化除 Co，黄药实际用量为理论量的 15 倍左右。除 Co 温度最好控制在 35 ~40℃之间。温度过高将引起黄药分解与蒸发，散发出具有严重臭味的蒸气，使劳动条件恶化，同时增加黄药的消耗和降低除 Co 效率。温度过低，又会降低反应速率，延长作业时间。在生产中为了加速反应的进行，所用的黄药都是预先配成 10% 的水溶液。溶解黄药时只可用冷水，而且不可以放置过久，这是因为黄药在水中经过足够的时间或在适当的温度下进行如下的化学分解反应而失效。

$$C_4H_9OCSSNa + H_2O \xrightarrow{35℃} C_4H_9OH + NaOH + CS_2$$

黄药在酸性溶液中也容易发生分解反应。所以当除 Co 的 pH 值低时，黄药消耗便增加，降低了除 Co 效率。在生产实践中溶液的 pH 值不应小于 5.2，以 5.2 ~5.4 为宜。黄药除 Co 时间为 15 ~45min。

除 Co 后压滤，Co 渣含 Co 约为 1.3% ~3.5%，再送往炼 Co 车间回收 Co。

黄药除 Co 难以达到除杂深度净化，且劳动条件恶劣，故此方法应用较少。

13.4.1.2　β 萘粉和亚硝酸除钴法

此法是用钴试剂（β 萘粉和亚硝酸）沉淀溶液中的 Co，主要化学反应为：

$$13C_{10}H_6ONO^- + 4Co^{2+} + 5H^+ = C_{10}H_6NH_2OH + 4Co(C_{10}H_6ONO)_3 \downarrow + H_2O$$

反应后生成亚硝基-β 萘粉钴沉淀。

这种净化方法是将被净化的溶液打入净化槽中，加入碱性 β 萘粉，然后加入 NaOH 和 HNO_2，或者加入预先准备好的纳盐溶液，搅拌 10min 后，再加废电解液使溶液的酸度达到 H_2SO_4 为 0.5g/L 止，再继续搅拌 60min，净化过程便告结束。

β 萘粉除钴效果较好，能获得质量较高的净液，但试剂昂贵，还需用活性炭吸附残余试剂。故采用此法净化除 Co，除日本、加拿大、意大利、印度等国家少数工厂已用于工业实践外，我国尚无一家工厂用于生产。

13.4.2　四氢硼酸钠还原除镍、钴

在广泛应用的锌粉置换除钴工艺中，锌消耗量常达理论量的 10～20 倍，作业时间长，过程一般在高温（>80℃）下进行，且常有毒气 AsH_3 或 SbH_3 析出，故国内外仍在寻求新的净化除钴法，因而出现了用四氢硼酸钠（$NaBH_4$）还原净化硫酸锌溶液除去镍、钴的研究。

水溶液中 $NaBH_4$ 的稳定性随 pH 值降低及温度升高而降低。为了使 $NaBH_4$ 稳定和 pH 值在净化过程中保持不变，应在常温下配制含有一定量 NaOH 和 $NaBH_4$ 的溶液（例如 $NaBH_4$ 为 2.2g/L 及 NaOH 为 2.3g/L 的溶液）作还原剂。还原镍、钴及铜、镉、铅、锑、铁等金属离子的反应为：

$$4MSO_4 + NaBH_4 + 10NaOH = 4M + 4Na_2SO_4 + Na_3BO_3 + 7H_2O$$

还原反应在强烈搅拌下进行。所用溶液成分（g/L）：120 Zn、0.040 Ni、0.020 Co、5.050 Fe、0.010 Cd、0.0006 Cu、0.0002 As、0.00015 Sb、0.0002 Pb、pH = 3。试验结果表明，在下列条件下可获得良好的净化效果：温度为 20～40℃，pH 值为 3～4，还原剂用量按反应式计算为理论值的 110%，须预先加入一定量的表面活性物，即每升待净化液加入 0.10mg 三羟乙基胺 $N(CH_2CH_2OH)_3$ 或 1% 的聚丙烯醇溶液 10mL。为了保证还原剂能充分利用，$NaBH_4$ 碱液应不断均匀地加入溶液中，加入完毕后稍加搅拌即可结束过程。温度过高和 pH 值过低均可导致已析出金属反溶而影响净化效果，而且会增加 $NaBH_4$ 的热分解及与游离酸的作用，从而增加还原剂的消耗。表面活性物的作用是为了使还原产物微粒聚团和表面钝化，从而防止反溶。

所得净液成分（mg/L）：<0.55 Ni、<0.75 Co、<1.3 Fe、<0.02 Pb、<0.15 Cd、<0.01As 或 Sb，痕量 Cu。还原沉淀物烘干后具有下列成分（%）：32.52 Ni、15.64 Co、39.21 Fe、0.47 Cu、8.02 Cd、1.46 Pb、0.16 As、0.12 Sb、0.46 B、0.34 Zn、1.60 的不溶残渣。除了锌以 $Zn_3(BO_3)_2$ 及部分铁以 $Fe_3(BO_3)_2$ 形式存在外，其余金属均以元素状态存在，可在 60～80℃和供入空气的条件下溶解于浓度为 25～30g/L 的稀硫酸溶液中。还原沉淀物具有磁性，可用磁选法使其与溶液分离。

还原法能深度净化除去镍、钴及其他比锌电位更高的杂质，工艺简便，在较低温度下即能迅速进行还原反应，作业时间仅 10min，还原沉淀物中镍、钴含量高，较易处理。虽然四氢硼酸钠（$NaBH_4$）价格较高，但沉淀 1t 杂质仅消耗 0.15t $NaBH_4$，因此与置换法相比在经济上也是有利的。

13.4.3　除氟、氯

13.4.3.1　除氟

湿法炼锌中，氟的主要来源是在处理含有氟的氧化锌粉和升华物烟尘时，被带入到浸出液中。当锌电积液中含氟高时，将对剥锌造成困难。为此，一般对处理含氟较高的氧化

锌时，须经预先焙烧除氟后再行浸出。国内某厂采用多膛炉焙烧氧化锌除氟。目前从溶液中除氟的比较理想的方法尚少，已知的方法有以下几种。

(1) 利用钍的盐类从溶液中除氟。其原理是氟与钍形成难溶的化合物沉淀除去。但钍盐昂贵，工业上不宜采用。

(2) 在浸出过程中加入少量的石灰乳除氟。其原理是氟与钙生成难溶化合物氟化钙(CaF_2)。有关难溶氟化物的 pK_{sp} 值见表 13-12。

表 13-12 有关难溶氟化物的 pK_{sp} 值

氟化物	pK_{sp}	氟化物	pK_{sp}
CaF_2	9.79（80℃时 9.63）	PbF_2	7.432
MgF_2	8.194	MnF_2	2.876
BaF_2	5.770	SiF_4	8.6

各元素沉淀的次序为

$$Ca > Mg > Pb > Ba > Si > Mn$$

但是，净化作业过程要在中性溶液中进行，否则溶液中的氟将与硫酸锌和硫酸锰作用，生成 ZnF^+ 与 MnF^+ 型配离子，使之无法达到除氟目的。

(3) 硅胶除氟。硅胶除氟的基本原理是：在酸性溶液中，氟以氢氟（HF）分子状态与硅酸聚合，并吸附在硅酸胶体上；而在中性或碱性溶液中，氢氟酸与硅胶不发生化学反应，只是物理吸附作用，故经水淋洗后，即可脱氟，而硅胶可再生。

氢氟酸的 $pH^{\ominus}$ 值为

$$F^- + H^+ \longrightarrow HF \qquad pH_{25}^{\ominus} = 3.174 \qquad pH_{80}^{\ominus} = 3.810$$

国内某厂用冷却塔冷却后的混合液进行硅胶除氟，已在工业生产中应用。含氟液在钢板衬铅的交换塔中通过硅胶，对氟进行吸附，交换后的溶液用泵打入电积循环分配槽，然后向塔内通入自来水淋洗使硅胶再生。实践证明，硅胶除氟率可达 26.6% ~53.8%，可降低氟离子对电积过程的危害，降低铝板单耗，改善析出锌的剥离。

13.4.3.2 除氯

在湿法炼锌中，由于处理的锌焙砂、各种烟尘、氧化锌以及其他含锌物料（如铸造型渣与镀锌渣等）含有一定量的氯，这些物料中的氯在浸出过程中，几乎全部进入溶液。另外，由于整个系统使用大量的自来水，也带入一定量的氯。氯的存在影响锌电积过程，使铅阳极和设备遭受腐蚀，电积液含铅升高，使阴极析出锌质量降低。所以 Cl^- 的危害不容忽视。Cl^- 半径小，易从阳极保护膜细小孔隙中渗入到阳极内部与铅作用。

$$Pb + 2Cl^- - 2e \longrightarrow PbCl_2 \qquad E^{\ominus} = 2.68V$$

$$PbCl_2 \longrightarrow Pb^{2+} + 2Cl^-$$

$$Pb^{2+} + SO_4^{2+} \longrightarrow PbSO_4(s)$$

($PbCl_2$溶解度为 11g/L，$PbSO_4$溶解度为 4.5×10^{-2}g/L，$PbCl_2$溶度积为 2.4×10^{-8}) 这种

周而复始的反应，造成阳极腐蚀，$PbSO_4$以机械夹杂形式进入阴极沉淀物，并与Pb^{2+}放电沉淀，降低了电锌质量，导致锌反溶。

$$Pb^{2+} + 2e \longrightarrow Pb \qquad E^{\ominus} = -0.126V$$

$$E = -0.125 - 0.059/2\lg10^{-6} = -0.303V$$

此外，Cl^-对阳极 Ag（1%）的腐蚀也不能忽视。Ag^+在阴极放电析出后，与 Zn 组成 Ag-Zn 原电池，加速了锌的反溶。

$$Ag - e \longrightarrow Ag^+ \qquad E^{\ominus} = 0.799V$$

此外Cl_2的析出恶化劳动条件，影响环境保护。在湿法炼锌中除氯的方法较多，其中火法一般采用多膛炉焙烧法除氯，湿法常采用硫酸银沉淀法、铜渣除氯法、离子交换法以及碱洗除氯法等。

A　氯化银沉淀法

基本原理是使硫酸银与溶液中的氯盐作用，以生成难溶的氯化银沉淀将氯除去。其反应式如下：

$$Ag_2SO_4 + 2NaCl \longrightarrow Na_2SO_4 + 2AgCl\downarrow$$

此法除氯效果很好，但因银盐昂贵，且银的再生率较低，使它在生产中的使用受到限制。

B　铜渣除氯法

此法除氯基本原理是利用铜及铜离子(Cu^{2+})与溶液中的氯离子(Cl^-)相互作用，生成难溶的氯化亚铜(Cu_2Cl_2)沉淀，从溶液中除去。有关难溶氧化物的 K_{sp} 值见表 13-13。

表 13-13　有关难溶氧化物的 K_{sp} 值

氯化物	K_{sp}	氯化物	K_{sp}
Hg_2Cl_2	17.959	TiCl	3.72
AgCl	9.553	BiOCl（$BiO^+ + Cl^-$）	8.155
Cu_2Cl_2	6.495	SbOCl（$SbO^+ + Cl^-$）	5.083
$PbCl_2$	4.796		

部分金属氯化物的沉淀次序为

$$Hg > Ag > Cu > Pb > Tl$$

铜渣除 Cl^- 的反应式为

$$Cu + Cu^{2+} + 2Cl^- \longrightarrow Cu_2Cl_2\downarrow$$

所用的铜渣可以是两段净化除铜镉时产出的铜渣，也可以用从铜镉渣中回收镉后产出的铜渣。

采用此法除氯时，应在净化除铜、镉之前进行，否则除氯后的溶液又被铜离子污染，还需再次除铜。

铜渣除氯操作过程：将含氯约为 500～600mg/L 的硫酸锌溶液送入用空气搅拌的除氯槽内，同时用蒸气加热溶液和配入废电积液（含硫酸 100～200g/L），到溶液含酸 10g/L 左右。取样分析含氯量，以便确定铜渣用量。当溶液温度升高到 60℃时，再将经球磨机磨细后的铜渣（含铜为15%～20%）加入除氯槽内，并开风搅拌。每隔10～20min取样分析硫酸、铜离子各一次。要求控制溶液含酸在1～2g/L、二价铜离子（Cu^{2+}）2～3g/L，直到溶液含氯量降低到100mg/L以下，即可停止搅拌送往压滤。滤液送去净化除铜镉，滤渣经过处理后产出再生铜返回使用。

在铜渣除氯时，要注意以下几个问题：

（1）随着搅拌时间的延长，溶液中铜离子浓度升高，有利于氯化亚铜沉淀物的生成。但是，由于溶液中存在高价铁离子（Fe^{3+}），会使氯化亚铁发生复溶，使溶液含氯升高，而降低了除氯率。其反应如下：

$$2Fe^{3+} + Cu_2Cl_2 = 2Cu^{2+} + 2Fe^{2+} + 2Cl^-$$

为了防止复溶现象，可向溶液内加入过量的铜渣，以防止高价铁离子的生成。其反应式如下：

$$2Fe^{3+} + Cu = 2Fe^{2+} + Cu^{2+}$$

（2）铜渣含铜品位不能小于15%。因含铜过低，相应地需要加入较多的铜渣，使操作时间延长，并使溶液的液固比较低，影响氯化亚铜沉淀和造成压滤困难等。铜渣中的铜以氧化铜形式存在较好，因它能迅速与硫酸作用，从而使溶液含铜量迅速增加，加速除氯过程。

（3）为使溶液中具有足够的铜离子（Cu^{2+}），可向溶液中加入适量的二氧化锰，以加速铜的溶解。其反应式如下：

$$Cu + MnO_2 + 2H_2SO_4 = CuSO_4 + MnSO_4 + 2H_2O$$

（4）要求溶液的酸度适当，酸度过高则终点残酸高，对设备、滤布等有腐蚀作用；反之，酸度过低，又将延长除氯过程。

（5）最适宜的温度为50～60℃。温度过高，易引起氧化亚铜的复溶降低除氯率；温度过低，又将使操作时间延长。

（6）采用空气搅拌时可以加速铜的氧化，缩短除氯操作时间，但用空气搅拌时，也将导致铁的氧化量增大，使溶液中三价铁离子增加，因此应适当加入过量的铜渣。

C　离子交换除氯法

基本原理是利用树脂的可交换基团与电积液中的待除去离子发生置换反应，使溶液中待除去的离子吸附在树脂上，而树脂上相应的可交换离子进入溶液。某厂在含氯高达260～370mg/L的电积液中，采用国产717号强碱性阴离子交换树脂除氯，取得了良好效果。

国产717号强碱性阴离子交换树脂，原为氯型，用1.5%的硫酸处理，使它转化成硫酸型。当它与锌电积液作交换时，其离子交换势是高价离子大于低价离子，即$SO_4^{2-} > Cl^- > F^-$，故用离子交换法除氟氯可以达到满意的结果。用强碱性季胺型阴离子树脂在中性溶液内（含SO_4^{2-}高达200g/L）交换时，氯离子表现出有更大的交换能力，在用树脂交换，氯离子将取代树脂上的硫酸根（SO_4^{2-}），而从溶液中将氯除去。然后再用1.5%的硫酸溶液淋洗树脂，使树脂获得再生，其交换和再生过程可用下列可逆反应式表示。

$$[R]SO_4 + 2Cl^- \rightleftharpoons [R]Cl_2 + SO_4^{2-}$$

该过程是在钢板衬铅的除氯交换柱内进行。某厂采用四根交换柱串联使用，交换液为合格新液，控制pH值在5.0～5.2，温度40～50℃，交换完毕后用水反冲，然后用酸淋洗，淋洗过程中经常用1%的硝酸银检查，直至溶液中无白色沉淀时，即表明树脂再生作业结束。某厂采用717号强碱性阴离子交换树脂除氯的实践证明，除氯率可达30%～50%，因而降低了阳极消耗，改善了析出锌质量。

离子交换除氯法比采用焙烧法除氯，具有设备简单、投资少、劳动条件好以及不影响稀有金属回收等优点。

D　碱洗除氯法

基本原理是使氯进入碱洗液，而$Zn(OH)_2$进入沉淀得到回收，反应式为

$$ZnCl_2 + 2NaOH = 2NaCl + Zn(OH)_2(s)$$

除氯技术条件：液固比为6∶1，85～90℃，时间2h，pH=9～10。试验结果，见表13-14。

表13-14　碱洗除氯试验结果

试验编号	碱洗					水洗			洗后含氯量/%	脱氯率/%
	液固比	温度/℃	时间/h	pH值	碱洗液含锌量/g·L^{-1}	温度/℃	时间/h	水洗液含锌量/g·L^{-1}		
W-1	6∶1	90	1.5	9～10	0.0064	80	1	0.0007	0.021	99.33
W-2	6∶1	90	1.5	9～10	0.0288	80	1	0.0007	0.034	98.91
W-3	6∶1	90	1.5	9～10	0.0031	80	1	0.001	0.030	99.04
W-4	6∶1	90	1.5	9～10	0.0030	80	1	0.0024	0.027	99.13
W-5	6∶1	90	1.5	9～10	0.0018	80	1	0.0012	0.020	99.36
W-6	6∶1	90	1.5	9～10	0.0016	80	1	0.0011	0.015	99.52
W-7	6∶1	90	1.5	9～10	0.0029	80	1	0.0031	0.028	99.10
W-8	6∶1	90	1.5	9～10	0.0020	80	1	0.0035	0.019	99.39
W-9	6∶1	90	1.5	9～10	0.0029	80	1	0.007	0.036	98.84
W-10	6∶1	90	1.5	9～10	0.0023	80	1	0.006	0.027	99.13

由表13-14可知，碱洗除氯法能获得良好结果。

13.4.4　净化除钙、镁

A　在焙烧前除镁

国外有些湿法炼锌厂，当硫化锌精矿中Mg含量≥0.6%时，采用稀硫酸洗涤法除镁，我们曾进行了稀硫酸浸出预处理除镁的研究工作[13]，其化学反应式为

$$MgCO_3 + H_2SO_4 = MgSO_4 + H_2O + CO_2\uparrow$$

$$MgO + H_2SO_4 = MgSO_4 + H_2O$$

使Mg以$MgSO_4$进入到洗涤液中排除。

这种方法能有效地除去硫化锌精矿中的镁。但由于增加了一个工艺过程，必然会带来有价金属的损耗。如果硫化锌精矿中含有ZnO、$ZnCO_3$时，这一部分的锌在酸洗时也进入到酸洗液中，造成回收困难。尽管稀硫酸除镁有上述缺点，但仍是对含镁高的锌精矿一个可行处理的方法。

B 溶液集中冷却除钙、镁

用冷却溶液的方法除钙镁的原理是基于 Ca^{2+}、Mg^{2+} 在不同温度下的溶解度差别，当钙、镁含量接近饱和时，将溶液从正常作业温度强制降温，Ca^{2+}、Mg^{2+} 就会以 $CaSO_4$、$MgSO_4$ 结晶析出，从而降低了溶液中的 Ca^{2+}、Mg^{2+} 含量。

工业生产中，多采用鼓风式空气冷却塔，冷却经净化除 Cu、Cd、Co 后的新液，新液从50℃以上，在冷却塔内降至 40～45℃时，放置在大型的新液贮槽内，自然缓慢冷却，这时钙镁盐生成结晶，在贮槽内壁和槽底沉积，随着时间的增加，贮槽内壁四周和贮槽底形成整体块状结晶物。定期清除结晶物，以达到除去钙镁的目的。

也有一些工厂，将净化除 Cu、Cd、Co 后的新液加入到废电积液的空气冷却塔中，与废电积液一同冷却，结晶在冷却塔内的塔板上或在冷却塔塔底集液池中析出。

参考文献

1 李洪桂等．湿法冶金学．长沙：中南大学出版社，2002

2 马荣骏．湿法冶金新研究．长沙：湖南科技出版社，1999

3 柳松，马荣骏．水溶液中的沉淀过程．稀有金属与硬质合金，1996（2）：50～54

4 马荣骏，柳松．沉淀过程的理论和应用的新进展．中国稀土学报，1998（8）：555～561

5 杨显万，邱定蕃．湿法冶金．北京：冶金工业出版社，1998

6 马荣骏，罗电宏．湿法制备纳米粉末晶体生长机理的探讨．湿法冶金，2002（4）：169～174

7 马荣骏，邱电云．湿法制备纳米级粉末材料的进展．湿法冶金，2001（1）：1～8

8 马荣骏，肖松文．特殊形貌氧化锌开发及应用．中国稀土学报，2002（20）：492～494

9 肖松文，马荣骏．材料显微结构形貌及其界面作用机理．中国有色金属学报，2001（2）：1～4

10 马荣骏，罗电宏．对超细粉末团聚问题的探讨．湿法冶金，2002（2）：57～61

11 马伟，马荣骏，申殿邦．磁场效应对三氧化二砷结晶过程的影响．中国有色金属学报，1995（4）：59～62

12 梅光贵，王德润，周敬元，王辉等．湿法炼锌学．长沙：中南大学出版社，2001

13 王乾坤，马荣骏．高镁硫化锌矿中镁的赋存状态及预处理脱镁的研究．有色金属（冶炼部分），1993（6）：41～44

14 郭景坤，徐跃萍．纳米陶瓷及其进展．硅酸盐学报，1992，20（3）：286～291

15 S. C. Zhang，G. L. Messing，M. Borden，Synthesis of Solid，Spherical Zironia Particles by Spray Pyrolysis，J. Am. Ceram. Soc.，1990，（1）：61～67

16 Dai Xiaming，Li Qingfeng，Tan Yuying，Study of Phase Formation in Spray Pyrolysis of ZrO_2 and $ZrO\text{-}Y_2O_3$ Powers，J. Am. Ceram. Soc.，1993，（3）：760～762

17 G. L. Messing，S. C. Zhang，G. V. Jayanthi，Ceramic Power Synthesis by Spray Pyrolysis，J. Am. Ceram. Soc.，1993，（11）：2707～2709

18 刘继富，吴厚政，谈家琪等．冷冻干燥法制备 $MgO\text{-}ZrO_2$ 超细粉末．硅酸盐学报，1996（1）：105～108

19 李强．湿化学法合成陶瓷粉料的原理和方法．硅酸盐学报，1994（1）：85～91

20 丁子上，翁文剑．溶胶-凝胶技术制备材料的进展．硅酸盐学报，1993（5）：443～450

21 R. Mahesh，R. Nagarajan，C. N. Rao，Synthesis of Pb Based Cuprate Superconductors by the Sol-Gel Method，Solid State Chem.，1992，96：2～6

22 J. D. Tsay，T. T. Fanf，Effect of Temperature and Atmosphere on the Formation Mechanism of Barium Ti-

tanate Using the Citrate Process, J. Am. Ceram. Soc., 1996, (6): 1693 ~ 1696

23 张密林，周铭，辛艳凤等．柠檬酸法合成 $SrFe_{12}O_{19}$ 超微粉末．硅酸盐学报，1996 (6): 685 ~ 688

24 S. Hirano, M. Yoshinaka, K. Hirota, et al. Formation Characterization and Hot Isostatic Pressing of Cr_2O_3-Doped ZrO_2 (0.3% mol% Y_2O_3) Prepared by Hydrazine Method, J. Am. Ceram. Soc., 1996 (1): 171 ~ 176

25 K. Coto, K. Hirota, O. Yamaguchi, Formation and Sintering of 75mol% Alumina 25 mol% Zironia (2-3.5 mol Yttria) Composite Power by the Hydrazine Method, J. Mater. Sci., 1996, 31: 204 ~ 208

26 J. J. Kingsley, K. P. Supesh, K. G. Patil, Combustion Synthesis of Fine Particle Rare Earth Orthoaluminates and Yttrium Aluminum Gane, Solid State Chem., 1990, 88: 435 ~ 442

27 K. Kourtakis, K. Robbins, P. K. Gallagher, Synthesis of $Ba_2YCu_2O_7$ by the SCD Method Using Acid Solid Reduction Agents, Solid State Chem., 1990, 84: 88 ~ 92

28 K. Kourtakis, K. Robbins, P. K. Gallagher, Power by Anionic Oxidation (NO_3^-) -Reduction ($RCOO^-$, Where R is H, CH_3 and CH_3CH_2), J. Solid State Chem., 1989, 83: 230 ~ 236

29 V. Rouessac, J. Wang, J. Provost, et al. Rapid Synthesis of the Bi (Pb) -2233, 110K Superconductor by the EDTA Sol-Gel Method, J. Mater. Sci., 1996, 36: 3387 ~ 3390

30 J. Roos, L. Deiaey, et al. Sol-Gel Preparation of High Tc-Bi-Ca-Sr-Cu-O and Y-Ba-Ca-O Superconductors, J. Appl. Phys., 1989, No. 8: 3277 ~ 3279

31 H. W. Wang, D. A. Hall, F. R. Sale, Phase Homogeneity and Segregation in PZT Powers Prepared by Thermal Decomposition of Metal-EDTA Complexes Derived form Nitrate and Chloride Solutions, J. Am. Ceram. Soc., 1992, (1): 124 ~ 130

32 方右，赵文宽，张雷．EDTA-凝胶法制备 PZT 超微粉的研究．无机化学学报，1996 (3): 267 ~ 271

33 T. Sugimoto, Preparetion of Monodisparsed Colloidal Particles, Adv. Colloid and Interface Sci., 1987, 28: 65 ~ 68

34 S. L. Jones, C. J. Noeman, Dehydration of Hgdrous Zironia with Methanol, J. Am. Ceram. Soc., 1988, (4): 190 ~ 191

35 仇海波，高谦，冯楚德等．纳米氧化锆粉的共沸蒸馏制备与研究．无机材料报，1994 (3): 365 ~ 370

36 高谦，乔海潮．乳液法制备超细氧化锆粉体．无机材料学报，1994 (2): 217 ~ 220

37 N. Jabee, A. Mardan, Effect of Water Removal on the Textual Properties of Resorcinol/Formaldehyele Gels by Azeotropic Distillation, J. Mater. Sci., 1998, 33: 5451 ~ 5453

38 A. Benedeli, G. Fagherazzi. F. Pinna, Preparation and Structural Characterization of Ultrafine Zirocona Powers, J. Am. Ceram. Soc., 1989, No. 3: 249 ~ 467

39 Guo Ccngyi, Chen Yuli, Effect of Preparetion Methods and Condition of Precursors on the Phase Composition of Yttria-Atabilized Zironia Powers, J. Am. Ceram. Soc., 1992, No. 5: 1294 ~ 1296

40 施尔畏，夏长泰，王步国．水热法的应用与发展．无机材料学报，1996 (6): 193 ~ 206

41 马荣骏，邱电云，马文骥．湿法制备纳米级氧化铝粉．湿法冶金，1999 (2): 31 ~ 35

42 杨金龙，吴建．陶瓷粉末颗粒测试，表征及分数．硅酸盐通报，1995 (5): 67 ~ 77

43 邢燕青，施尔畏．晶体生长理论研究规则与进展．无机材料学报，1999 (3): 321 ~ 332

44 李国华．纳米 TiO_2 粉体晶相控制研究与晶体生长界面模型［学位论文］．长沙：中南大学，2001, 79 ~ 85, 93

45 A. P. Collier, Aligment Mechanisms Between Particles in Crystalline Aggregate, J. of Crystal Growth, 2000, (208): 513 ~ 519

46 罗豪苏，仲维卓．晶体生长的台阶运动一个基本特点．人工晶体学报，1995 (1): 41 ~ 44

47 罗豪苏，仲维卓．晶体的台阶生长及稳定性．人工晶体学报，1994（3）：211～214

48 J. Prywer, On the Mechanism of Crystal Growth form Solution, J. of Crystal Growth, 1998,（192）：200～214

49 J. Prywer, Theoretical Analysis of Changes in Habit of Growth Rates of Individual Faces, J. of Crystal Growth, 1999,（197）：275～285

50 K. Songwal, Kinetic Effects of Impurities on the Growth of Single Crystals form Solution, J. of Crystal Growth, 1999,（203）：197～212

51 施尔畏，仲维卓．关于负离子配位多面体生长基元模型．中国科学（E辑），1998（1）：27～45

52 C. J. Cchneer, Crystal from an Structure, Phennylvnia, Hutchinson & Ross Inc., 1997

53 J. D. H. Donnay, A New Law of Crystal and Morphology, Amer., Mineralogist, 1937,（22）：446～450

54 F. C. Frank, Growth and Perfection of Crystal, New York, JOHN Willey, 1958：393

55 Ibid, 1958：400

56 Ibid, 1958：393

57 F. C. Frank, Disucussing of the Farady Society, London, Butter Worth Scientific Publication, 1959, 67

58 K. A. Jakson, Liquid Metals and Solidification, Chem. Soc. Met. Novelty, 1958：74

59 D. E. Temkin, Crystallization Processes, New York, Consultants Bureau, 1960, 15～22

60 W. K. Burton, The Growth of Crytals and Equilibrium Structure of their Surfaces, Phil, Trans. Soc., 1951,（243）：209～211

61 H. J. Leamy, The Equilibrium Properties of Crystal Surfaces Steps, J. of Crystal Growth, 1974,（24/25）：499～502

62 V. Der Eerden, Progr. Crystal Growth Charact., Pegamon, Press Ltd., 1978, 219～254

63 P. Hartman, On the Relations Between Structure and Morphology of Crystals（Ⅰ）, Acta Crast, 1955,（7）：49～52

64 Ibid（Ⅱ）, Acta Cryst., 1955,（8）：521～524

65 Ibid（Ⅲ）, Acta Cryst., 1955,（8）：525～529

66 P. Hartman, Crystal Growth, Austerdam, North-Holland Pub. Co., 1973：367～402

67 P. Hartman, Morphology of Crystals, Tokyo, Terra Scientific Pub. Co., 1987；271～319

68 A. Maskra, Agglomeration During the Drying of Fine Silica Powders Part（Ⅱ）, The Role Particle Solubility, J. Am. Ceram Soc., 1997,（7）：1715～1722

69 S. L. Jones, Dehydration of Hydrous Zirconia, J. Am. Ceram Soc., 1988,（4）：190～191

70 G. W. Scheret, Drying gels（Ⅰ）, General Theory, J. Noncryst Solids, 1986,（1-2）：199～225

71 T. Sug Imato, Preparation of Monodispered Colloidal Particles, Adv. On Colloid an Interfac Sci., 1987,（28）：65～108

72 R. L. Coble, Sitering Crystalline Solids（Ⅰ）, Intermediate and Final State Diffussion Models, J. Appl. Phys., 1961,（5）：787～792

73 M. F. Doyle, W. Ye, ZrO_2 Powers form Zirconium（Ⅳ）Carboxylate, J. Met., 1987,（7）：73～76

74 杨传芳，陈家镛．Ni溶剂萃取反胶团合成优质ZrO_2超细粉．金属学报，1994（12）：B527

75 王零森．特种陶瓷．长沙：中南工业大学出版社，1998

76 郭炳焜，李新海，杨松青．化学电源—电池原理及制造技术．长沙：中南工业大学出版社，2003

77 毛铭华．金属及金属氧化物粉末材料的制备．见：陈家镛主编．《湿法冶金手册》．北京：冶金工业出版社，2005：1608～1647

78 柳松，马荣骏．稀土碳酸盐的组成、结构与应用．见：有色金属科学技术进展．长沙：中南工业大学出版社，1994

79　柳松，马荣骏．晶型稀土碳酸盐的制备及其在提取稀土中的应用．稀有金属与硬质合金，1995（1）：24～27

80　Liu Song , Ma Rongjun , Synthesis and Structure of Hydrated Lanthanum Carbonate, Proc. of Inter. Symp. Nonferrous Metal and Material Metallurgy, Northeastern University, Shenyang (1996)

81　Liu Song, Ma Rongjun, Synthesis and Structure of Hydrated Terbium Carbonate, Indian J. of Chemistry, 1996, 35A: 992～994

82　Liu Song, Ma Rongjun, Synthesis and Structure of Hydrated Ruropium Carrbonate, Crystal Growth, 1996, 169: 190～192

83　Liu Song, Ma Rongjun, Synthesis and Structure of Hydrated Lanthanum Carbonate, South China University of Technology, 1997 (10): 23～26

84　Liu Song, Ma Rongjun, Synthesis Crysalline Hydrated Basis Ytterbium, $Yb_2O_3 \cdot 2.17CO_2 \cdot 6.17H_2O$, Synth. React. Inorg. org. Chem. , 1997, 27 (8): 1183～1190

85　Liu Song, Ma Rongjun, Synthesis of Hydrated Lutetium Carbonate, Acta. Chem. Scan. , 1997, 51 (9): 893～895

86　柳松，马荣骏．RE^+-NH_4^+-CO_3^{2-} 体系的研究．矿冶工程，1997（1）：59～61

87　柳松，马荣骏．混合稀土晶型碳酸盐沉淀的制备．中国有色金属学报，1998（3）：44～46

88　Liu Song, Ma Rongjun, Preciptation and Characterization of Cerous Carbonate, J. of Crystal, 1999, 206: 82～85

89　Liu Song, Ma Rongjun, Synthesis and Structure of Hydrated Yttrium Carbonate, Synthesis-Organic Chemistry, 2000, 30 (2): 271～279

14 微生物湿法冶金原理

主要符号表

q——吸附容量（或平衡吸附容量）
C_0——水溶液中金属离子的初始浓度
C_f——水溶液中金属离子的平衡浓度
V——溶液体积
W——吸附剂重量
q_m——最大吸附容量
K——朗格缪尔平衡常数
K_R、a_R、β——Redlich-Peterson 等温方程中的参数
M_1、M_2——第一种、第二种被吸附的金属
F——溶液的体积流量
t——时间
ρ_b——干吸附剂的装填密度
Q——吸附剂中可交换键位的浓度
B——吸附强度
T. f——氧化亚铁硫杆菌
T. t——氧化硫硫杆菌
L. f——氧化亚铁微螺菌
ΔG——硫化物与 Fe^{2+} 氧化时释放的能量
$\Delta\phi$——硫化物、Fe^{2+} 电位与氧电位之差
μ_{rel}——矿浆相对黏度（相对于水）
Q'_v——空气流速
v_a——吸附速率
v_d——脱附速率
K_a——吸附速率常数
K_d——脱附速率常数
θ——被细菌占据的表面积分数
B'——溶液中的细菌浓度
μ_{max}——细菌生长的最大比速
γ_x——细菌的生长速率（或细菌的产出速率）
C_x——细菌浓度
K_s——基质饱和常数
C_s——抑制细菌生长的物质浓度
X——黄铁矿浸出分数
X_{max}——黄铁矿最大浸出分数
K_m——逻辑方程中的最大速率常数
Y_{sx}——单位基质的细菌产出率
E——电位（有下标时，即代表该下标物质的电位）
ξ——生成速率（有下标时，即代表该下标物质的生长速率）
$E^{\ominus}$——标准电位
$\vec{\gamma}$——生长速率
$\overleftarrow{\gamma}$——消耗速率
W_0——矿物的起始质量
d——氧化率或浸出率
V_0——矿物的起始体积
ρ_p——矿浆密度
$D_{p,0}$——矿粒的起始直径
ϕ——反应矿粒偏离球体程度的形状系数
ρ_B——矿石密度
K_m——Michaelis 常数
H_e——亨利系数
ε_g——矿堆中流相所占的体积比
K_{rg}——相对渗透性
D_g——氧在气相中的扩散系数
G^{θ}——矿石中矿物的含量

K_B——矿堆的导热系数
h_i——单位面积中的水相焓流量
h_g——单位面积中的气相焓流量
ΔH_g——浸出反应的平均反应热
λ——水的蒸发热
H_{air}——空气湿度
$c_{p \cdot g}$——空气热容
$c_{p \cdot v}$——水蒸气的热容
$c_{p \cdot l}$——水的热容
S_{ef}——矿堆中液体的有效填充量
S_w——空穴中液体含量
S_{wr}——空穴中残留液体量
ε_w——矿堆内水所占的体积比
ϕ'——矿堆空穴度
M_w——水的分子量
M_{air}——空气的分子量
X_{actu}——矿堆内某一点的细菌密度
F_T——温度函数
F_{OX}——氧浓度函数
X_{opt}——最佳条件下的矿堆中细菌密度

迄今已把细菌湿法冶金扩称为微生物湿法冶金。在细菌浸出上，氧化和硫化铜精矿以及难处理金矿细菌浸出已得到了工业应用。例如，智利的 Quelroda 铜矿的细菌浸出已于 1991 年启动工程，而于 1994 年开始投产，1994 年 8 月产出了第一批阴极铜。在难处理金矿上，细菌浸出主要应用于戴金黄铁矿及砷黄铁矿的氧化。现今已有了 BIOX® 工艺，Bactech 工艺、Newmont 工艺及 Gebitics 工艺。其他金属如铀、锰、锌、镍、钴等也有细菌浸出的报道，但都在实验室及半工业试验阶段。

微生物在湿法冶金上的应用，主要是微生物对金属元素的吸附、浸取富集及作为新型无污染的微生物絮凝剂的应用。在这方面已有较多报道。

由于微生物湿法冶金符合低能耗、无污染、绿色工业生产的要求，在近些年来引起人们的关注，并把它作为湿法冶金发展的一个新方面。

按本书的范围，仅就微生物湿法冶金中的有关理论问题，引用文献 1 ~4 内容进行介绍。

14.1　微生物吸附富集金属及微生物絮凝剂

14.1.1　微生物吸附富集金属[1,2]

14.1.1.1　概述

早在 20 世纪 40 年代就已发现某些微生物对金属离子的亲缘性，1949 年 Ruchhoft C. C. 提出了用生物吸附法（活性污泥）脱除废水中的 Pu^{239}。由于人类社会对环境问题的进一步关注，现行的从工业废水中除去重金属的技术效果欠佳且成本很高，同时这些技术产生含金属的矿泥，引起新的环境问题。有效而价廉的废水治理方法——生物吸附法引起了人们的注意，并把它作为废水治理新工艺的基础，且研究工作不断扩大，到 20 世纪 80 年代，注册了第一批专利，确定了特定的微生物体作为污水处理的吸附剂。最初，生物体是以其本来形态而用作吸附剂，很快开发出了生物体固定化技术，并注册了一些专利。这些专利采用压缩、化学处理、固结与制粒来固定生物体。生物体的固定对于生物吸附技术是不可缺少的，它使生物吸附技术得以采用传统的化工设备，诸如固定床或流态化床反应器[2]。

较之离子交换技术，生物吸附可以取得更好的净化指标，经过处理后，溶液中的金属

残留量可降低到 μg/L 级，同时工业用离子交换树脂价格比生物吸附剂要高一个数量级。低成本是生物吸附最大的优越性，它为污水、废液处理提供了一个有竞争力的工艺。虽然生物吸附作为一种技术还不是一个成熟的技术，但由于上述的优越性，可认为这一技术具有工业化的前景[2,30,31]。

14.1.1.2 吸附金属离子的微生物

许多微生物都具有从水溶液中吸附金属离子的能力，包括细菌、真菌、放线菌、酵母与藻类。活的微生物及死的生物体对金属离子均有吸附能力。表 14-1 是部分文献中报道的微生物吸附金属离子的最大吸附容量（mg/g）。

一些发酵工业的废料中含有能吸附金属离子的微生物，这种废料可用作吸附剂。一些种类的海藻也具有很好的吸附金属的能力，这就有可能将天然海藻变成一种有用的资源。因此对于盛产海藻的国家与地区利用海藻进行废水治理有很好的发展前景。一些活性污泥中也含有能吸附金属的微生物，这更是一种廉价的吸附剂；某些干燥了的植物也具有吸附金属离子的能力；一些具有优异性能的微生物还可以在发酵缸内繁殖，同时采用一些含碳水化合物的工业废液作为培养基。总之，以尽可能低的成本获取作为吸附剂的微生物方能显出微生物吸附的优越性。

14.1.1.3 微生物吸附的分类

按被吸附的金属离子在微生物细胞上的位置可分为：

(1) 胞外多糖层吸附；

(2) 细胞表面吸附；

(3) 胞内富集（积累）。

按吸附过程的物理化学类型可分为：

(1) 物理吸附；

(2) 离子交换；

(3) 化学配合；

(4) 沉淀。

这两种分类的关系如图 14-1 所示。

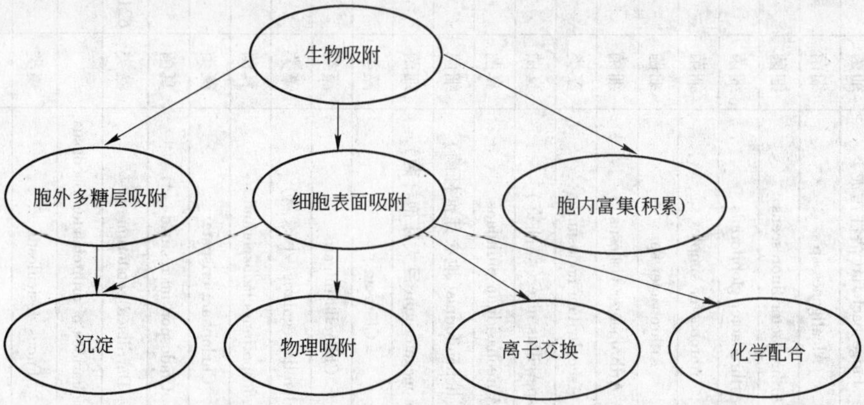

图 14-1 生物吸附分类

表 14-1 某些微生物吸附金属的最大吸附容量[2]

(mg/g)

微生物名称	类别	Hg	Cr(Ⅲ)	Cr(Ⅳ)	Co	Ni	Cu	Zn	Cd	Ag	Au	Pb	Th	Sr	U	Pb
Active sludge bacteria(活性污泥)	细菌			24		37	50	138	80.72			143				
Alcaligenes sp	细菌							10								
Arthrobacter fluorescens	细菌															
Arthrobacter globiformis	细菌								0.2							
Arthrobacter simplex	细菌				11										58	
Arthrobacter sp	细菌					13	148					130				
Arthrobacter viscosus	细菌								1.4							
Ascophyllum nodosum	藻类				156	70			195			280				
Aspergillus niger(黑曲霉)	真菌				95		4				200		22		43	
Aureobasidium pullulans	真菌						6									
Bacillus licheniformis(地衣芽孢杆菌)	细菌											224.8				
Bacillus megaterium(巨大芽孢杆菌)	细菌										302					
Chitosan	藻类															280
Chlorella rulgaris	藻类			3.5			42.9									
Chlorella regularis(小球藻)	藻类														3.95	
Cladosporium cladosporioides	真菌													2670Bq/g		
Clodophara crispata	藻类			3												
Cladosporium resinae	真菌						16									
Darrillaea potatorum	藻类	621.86														
Exopolisaccharides of arthrobacter viscousus									3.3			336				
Fucus vesiculosus	藻类					17										
Ganaderma lacidum	真菌						24									
Gram-positiye bacteria	细菌								18.5							

续表 14-1

微生物名称	类别	Hg	Cr(Ⅲ)	Cr(Ⅳ)	Co	Ni	Cu	Zn	Cd	Ag	Au	Pb	Th	Sr	U	Pb
Gram-negtiye bactria	细菌								13.5							
Halimeda opuntiq	藻类		40													
Melanin of aurcobasium pullulans							9									
Melanin of cladosporium resinae							25.4									
Penicillium chrysogenum(产黄霉素)	真菌											116	150			
Penicillium digitatum(指状青霉)	真菌								3.5			5.5				
Penicillium jigitatum	真菌						3									
Penicillium griseofulvum(灰黄青霉)	真菌						37.88									
Pseudomonas fluorescens	细菌												15		6	
Pseudomonas saccharophilia	细菌					11									87	
Pseudomonas syringae	细菌					6	25.4	8								
Rhizopus arrhizus(少根根菌)	真菌			94	2.9	18.7	9.5	13.5	26.8			75	185		180	
Rhizopus oligosporus(少孢子根菌)	真菌											126				
Saccharomyces cerevisiae	酵母			3	5.8			17	1			2.7	116		157	
Saccharomycea cereisiae(living)	酵母						0.8									
Saccharomycea cereisiae(not living)	酵母						0.4									
Sargassum natans	藻类								132		420	310				
Sargassum vulgare	藻类						59		87							
Sargassum filipendula	藻类						51		74							
Sargassum fluitans	藻类						56		108.39						571	
Sargassum polycytum	藻类								103.36							
Streptomyces noursei	细菌		10.6		1.2	0.8	9	1.6	3.4	38.6		36.5	34			
Streptomyces longwoodensis	细菌											100			450	
Streptomyces niveus	细菌														40	
Zoogloea ramigera	细菌			3			270									

14.1.2　微生物吸附的机理分析[1,2]

14.1.2.1　胞外多糖层吸附

不同微生物产生的胞外多糖层组成不同，从而不同微生物吸附金属离子的机理也不一样，微生物生长条件也强烈影响胞外多糖层的组成。已查明活性污泥和细菌对金属离子产生胞外多糖层吸附。从 ASP 分离出的聚合物对 Cu^{2+}、Cd^{2+}、Ni^{2+} 有配合能力。谷胺酸基夹膜对金属离子也具有亲和能力。一些细菌在生长过程中释放出的蛋白质能使溶液中的 Cd^{2+}、Hg^{2+}、Cu^{2+}、Zn^{2+} 产生不溶性的沉淀。

14.1.2.2　细胞表面吸附

细胞表面吸附有以下 4 种可能。

A　物理吸附

细胞表面靠范德华力或静电引力吸引溶液中的金属离子。研究证实，Rhizopus arrhizus 吸附铀是靠物理吸附；Rhizopus arrhizus 对 Cu^{2+} 与 Ni^{2+}、Zn^{2+}、Cd^{2+} 与 Pb^{2+} 的吸附也被认为是物理吸附；水藻、真菌、酵母的死生物体吸附 UO_2^{2+}、Cd^{2+}、Zn^{2+}、Cu^{2+}、Co^{2+} 是靠离子与细胞壁之间的静电吸引。

B　离子交换

海藻吸附重金属离子的机理认为是离子交换。例如，用海藻 sargassum（马尾藻属）吸附 Zn^{2+}、Cd^{2+}、Cu^{2+} 是属于离子交换机理，海藻可以像离子交换树脂那样转型。用 KOH 溶液处理时由 H^+ 型转为 K^+ 型。以此种 K^+ 型海藻装入柱中进行 Zn^{2+}、Cd^{2+} 与 Cu^{2+} 的连续吸附试验，流出液中重金属离子的减少量与 K^+ 的增加量符合化学计量。此种现象很好地证明了海藻吸附重金属离子的离子交换属性。在吸附 Sr^{2+} 时能释放出化学计量的 Ca^{2+} 与 Mg^{2+}。有资料表明，一些海藻对金属离子的吸附虽不完全是，但至少部分是通过离子交换机理。被认为是离子交换机理的还有 Streptomyces longwoodensis 吸附铀与铅，真菌 Ganoderma lucidum 吸附铜，Aspergillus niger 吸附铜。Brady 等研究了 Rhizopus arrhizus 的死生物量对 Sr(Ⅱ)、Mn(Ⅱ)、Zn(Ⅱ)、Cd(Ⅱ)、Cu(Ⅱ) 与 Pb(Ⅱ) 的吸附时发现 Ca^{2+}、Mg^{2+} 与 H^+ 从生物体上被交换下来，但其量大大小于被吸附金属离子的量（按化学计量）。这说明，离子交换机理确实存在，但不是表面吸附的唯一机理。

C　化学配合

经研究表明真菌 P. chrysogenum 的细胞壁对重金属离子有很高的配合特性，由 X 射线吸收精细光谱分析知道：在 $2.6\times10^{-3}\sim0.15$mmol/g 的吸附范围内，Zn^{2+} 离子主要是以四面体构型配位到 4 个磷酰基上的。

用红外光谱技术研究真菌 A. niger、P. chrysogenum 和 M. miehei 的吸附时表明，这些微生物的细胞壁主要含有聚氨基葡萄糖和糖蛋白纤维，铀酰离子在细胞上的吸附导致了氨基或酰氨基红外吸收峰强度的降低，表明了铀酰离子主要与细胞壁上氨基发生配位配合。对海藻与甲壳质吸附金属离子的研究也证实了海藻 S. fluitans 中羧基基团与 Fe(Ⅲ)、Fe(Ⅱ) 的配合，甲壳质上氮和钍的配合。

D　沉淀

除了上述机理外，某些变价金属离子在具有还原能力的生物体上吸附时可能发生氧化还原反应，如小球藻 Chlorella vulgaris 对 Au(Ⅲ) 有很高的吸附能力。光谱分析证实，在吸附了金的细胞上有元素金存在。用适当的淋洗液淋洗时只有 Au(Ⅰ) 离子从细胞上脱附，这表明这种微生物在吸附 Au(Ⅲ) 时 Au(Ⅲ) 首先被还原为 Au(Ⅰ)，继而又被还原为单质金。此外，一些易水解而形成聚合水解产物的金属离子在细胞表面可形成无机沉淀物。通过对钨在 Saccharomgces cerevisia 细胞的吸附研究表明，钨沉淀在细胞表面，并且形成 0.2μm 的针状纤维层。

在细胞表面对金属离子的吸附中细胞壁上的一些化学基团起了重要作用，也就是说，离子交换、配合等过程是通过这些化学基团来实现的。

真菌类微生物，几丁质是细胞壁的主要组成成分，它是由数百个 N-乙酰葡萄糖胺分子与 β-1,4 葡萄糖苷链连接而成的多聚糖，几丁质可以脱乙酰几丁质形式存在。一些研究工作表明，几丁质在真菌类微生物吸附金属离子时起了重要作用。产黄青霉素对 Pb^{2+} 的吸附主要发生在细胞壁上，细胞的主要成分几丁质和聚葡糖均参与吸附过程；酰胺基团（—$NHCOCH_3$）和羟基基团（—OH）协同作用与 Pb^{2+} 配合，而以酰胺基团优先。海藻细胞壁上的氨基（—NH_2）、硫醚、（RSR）、巯基（—SH）、羧基（—COOH）、羰基（—CO）、咪唑（$C_3H_4N_2$）、磷酸根、硫酸根、酚、羟基（—OH）和酰胺都可能是结合金属的功能团。在对比了吸附 Pb(Ⅱ) 前与后的 Rhizopus arrhizus 发现，与 Pb(Ⅱ) 结合的是羟基。

14.1.2.3 胞内富集（生物积累）

金属离子穿过细胞膜在微生物细胞内富集的现象已被观察证实，例如铜绿假单孢菌在细胞内富集 UO_2^{2+}，活发面酵母在细胞内富集 Cd^{2+}，链霉素吸附 UO_2^{2+} 时细胞内出现了 UO_2^{2+} 的存在。Na、K、Ca 等的胞内富集机理已研究证实，而其他的金属在胞内富集的机理还有待研究。

由于实际的吸附过程所采用的生物吸附剂十分复杂，因而吸附机理也显出多样性，常常是几种机理同时起作用，而由于作为吸附剂的微生物的差异与溶液条件的不同，各种机理发挥作用的程度也不一样。在同一吸附剂上有着不同的吸附机理，例如采用电子显微镜、X 射线光电子能谱和红外光谱等多种检测手段证实，根霉吸附铀的过程中先后有 3 种机理。开始铀与氮原子发生配合反应被吸附在细胞壁的几丁质上，随后铀被吸附于细胞壁的网状多孔结构中，最后铀—几丁质配合物水解形成沉淀。产黄青霉废菌体对 Pb^{2+} 离子的吸附有 3 种机理同时存在：（1）沉淀机理，Pb^{2+} 与一些细胞自溶物或细胞碎片结合，沉积在吸附颗粒表面，这些沉积物具有晶体结构；（2）离子交换机理；（3）共价/配位链形式存在的配合吸附。

14.1.3 微生物吸附等温线及其数学模型[1,2]

当吸附剂与溶液接触时间足够长时，吸附会达到动态平衡。吸附剂吸附金属离子的能力用“吸附容量”来表述，吸附容量 q 指在平衡状态下单位质量吸附剂（g）上所吸附的金属量（mg 或 mmol）。

$$q = (C_0 - C_f)V/W \tag{14-1}$$

式中 q——平衡吸附容量，mg/g 或 mmol/g；

C_0——水溶液中金属离子的初始浓度，mg/L 或 mmol/L；

C_f——水溶液中金属离子的平衡浓度，mg/L 或 mmol/L；

V——溶液体积，L；

W——吸附剂质量（干重、湿重均可，但需加注明），g。

取一定体积，不同金属离子浓度的溶液在同一温度下与一定量的吸附剂充分接触使其达到平衡，再测定溶液中金属离子浓度，并按式（14-1）计算相应的 q，则可得出一系列对应的 C_f 与 q 值，作成曲线，一般具有图 14-2 所示的形状，称为吸附等温线。q_m 为最大吸附容量，q_m 与吸附剂、被吸附离子性质有关，也与吸附的条件有关，特别是溶液 pH 值等因素影响显著。

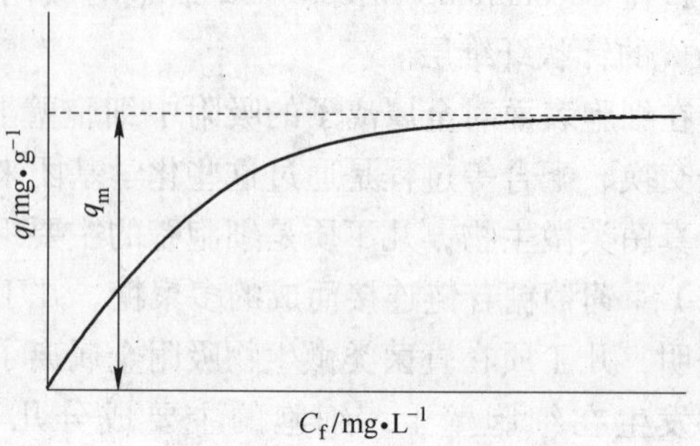

图 14-2　吸附等温线

吸附等温线可用一定的数学模型描述。

A　朗格缪尔（Langmuir）等温方程（L 方程）

$$q = q_m C_f/(K + C_f) \tag{14-2}$$

式中　q——平衡吸附容量，mg/g 或 mmol/g；

q_m——最大吸附容量，mg/g 或 mmol/g；

K——朗格缪尔平衡常数，mg/L 或 mmol/L；

C_f——水溶液中金属离子的平衡浓度，mg/L 或 mmol/L。

式（14-2）可改写为

$$\frac{C_f}{q} = \frac{K}{q_m} + \frac{1}{q_m}C_f \tag{14-3}$$

以 C_f/q 对 C_f 作图为一直线，由其斜率可求出 q_m，由其截距与 q_m 可求出 K。朗格缪尔模型是根据气固二相间单分子层的吸附假设而推导出来的，并假定每个吸附空位吸附能量相同，相邻吸附分子间无相互作用。该模型不适用于表达低平衡浓度的生物吸附过程。

B　Freundlich 方程（F 方程）

$$q = k(C_f)^n \tag{14-4}$$

式中，k 与 n 为 F 方程参数，由实验数据求出。该模型是一个半经验方程，缺乏物理意义。

C　Redlich-Peterson 吸附等温方程

$$q = \frac{K_R C_f}{1 + \alpha_R C_f^{\beta}} \tag{14-5}$$

式中，K_R、α_R、β 是三个参数，β 在 0～1 之间变化。$\beta=1$ 时，式（14-5）转化为 L 方程，$\beta=0$ 时，式（14-5）转化为亨利定律。

上述 3 种模型各有 2～3 个参数需由实验数据求出，各适用于一定的吸附体系，但缺乏物理意义，不能反映吸附过程的机理，同时也不适用于有竞争吸附的多元体系。

D 扩展L型吸附方程（竞争吸附模型）

Butler与Ockrent在经典的L方程基础上提出了扩展L型方程，可用于有竞争吸附的多元体系。若溶液中同时存在两种均能被吸附的金属离子M_1与M_2，则有

$$q_1 = \frac{q_{m,1}\alpha_1 C_{f,1}}{1 + \alpha_1 C_{f,1} + \alpha_2 C_{f,2}} \tag{14-6}$$

$$q_2 = \frac{q_{m,2}\alpha_2 C_{f,2}}{1 + \alpha_1 C_{f,1} + \alpha_2 C_{f,2}} \tag{14-7}$$

若溶液中有n种金属离子，则对其中任一种可写出

$$q_i = \frac{q_{m,i}\alpha_i C_{f,i}}{1 + \sum_{i=1}^{n} \alpha_i C_{f,i}} \tag{14-8}$$

除了上述数学模型，还有表面配合模型、离子交换模型。

14.1.4 微生物吸附剂的固定化[1,2]

单个游离微生物细胞也能吸附金属离子，但用作吸附剂可操作性很差。首先，如何把这些吸附了金属的微生物与溶液分离；第二是如何把金属从微生物体上洗下来并使微生物能返回使用。从产业化的要求来看，成本是决定性因素，所采用的分离手段应该是简单的、廉价的。一般游离菌体很难达到上述要求，因而需要一种固定化技术把游离菌体联结到固体载体上做成具有一定粒度的颗粒，这样就可以采用传统的化工设备与方法来实现生物吸附。

固定化的关键是载体的选择，这不仅决定吸附剂的吸附性能，也决定了其成本与经济上的可行性。载体材料应该对细胞无毒性，性质稳定，能耐工作介质的腐蚀，传质性能好，有一定的强度，寿命长，价格低廉。可用作载体的有多糖类如纤维素、交联葡萄糖、DEAE-纤维素、几丁质、鹿角菜胶和琼脂、藻酸钙（Calcium alginate）、聚丙烯酰胺（Polyacrylamide）、聚乙烯醇（Polyviny alcohol）、尿素-甲醛（Urea-formaldehyde）、戊二醛蛋白（Protein glutaraldehyde与戊二醛联结的天然蛋白质）、多孔硅胶、多孔玻璃、氧化铝以及多孔陶瓷等。在研究Penecillium griseofulvum吸附铜时，同时试用了藻酸钙、聚丙烯酰胺、聚乙烯醇、尿素-甲醛与戊二醛蛋白5种载体材料。试验证明，以戊二醛蛋白最好。有人以黏土作载体用Cladosporium cladosporioides吸附了Sr与Cs；以膨润土（Bentoniate）、火山岩（Volcanic tuff）、活性炭、分子筛（Seashell sand）等作载体，用Bacillus、Pseudomonas、Arthrobacter、Micrococcus、Spirulina等微生物从铀冶金工业废水中吸附了铀。这些微生物被固定化在上述多孔材料时，会进一步生长而在载体表面形成连续的生物膜。

固定微生物的方法有吸附、包埋、胶联、共价结合等。

（1）吸附法 将多孔的固体物质置于接种了微生物的溶液中，微生物细胞吸附在载体表面并继续生长繁殖，逐步形成连续的生物膜。

（2）包埋法 包埋法是最常用的方法。按照包埋的结构可分为凝胶包埋法与胶囊法。前者将细胞包裹于凝胶的微小格子内，后者是将细胞包裹于半透膜聚合物的超滤膜内。用于包埋法的载体通常有聚丙烯酰胺凝胶（ACAM）、海藻酸钙、卡拉胶、琼脂糖胶、聚乙烯醇（PVA）等。

例 1　用海藻酸钙固定

海藻酸是 D-甘露糖醛酸和 L-葡萄糖醛酸形成的线性共聚物，用海藻酸固定藻类一般是先按一定比例将藻类细胞悬浮液与海藻酸钠溶液混合，然后将混合液逐滴加入到沉淀剂中去，如氯化钙溶液。当悬浮液小滴与沉淀剂接触后，形成不溶的海藻酸盐小珠，将藻类细胞固定在其中，这种基质有很好的多孔性，允许金属离子扩散到细胞表面及内部结合。

例 2　用聚丙烯酰胺固定

用聚丙烯酰胺固定藻细胞原理主要是丙烯酰胺上自由基在水溶液中发生聚合反应将藻细胞固定于其中，其过程为：将干燥藻类用 0.01mol HCl 和 0.7NaCl 漂洗后配成悬浮液，然后将悬浮液与丙烯酰胺和 N,N′-二亚甲基丙烯酰胺的水溶液混合，然后再加入丙基二胺和过硫酸铵的混合液，引发聚合反应形成聚合物，这一反应大约需 1h 完成，然后将固定了藻细胞的基质在 40 目筛子上挤压成型（颗粒状），再在 100 目筛子上冲洗，这样就得到固定好的产品。

（3）共价结合法　细胞表面的功能团与固相载体材料表面的反应基团之间形成化学共价键联结，从而使细胞固定。

（4）胶联法　与共价结合法一样，都是靠化学结合方法使细胞固定，但胶联法所采用的载体是非水溶性的。

14.1.5　重金属的吸附[1,2,9,28]

14.1.5.1　真菌类的吸附

有人研究了 80 多种丝状真菌（Filamentous fungi）从稀溶液中吸附重金属的能力。约有一半菌株（青霉素菌属）能吸附至少一种重金属，从起始浓度为 100mg/L 的溶液提取率可达 50% 以上。无论是活菌或死的生物量均具有吸附重金属的能力。表 14-2 列出了各种菌株的试验结果，表中% 表示金属离子浓度降低率，pH 表示终点 pH 值，水溶液中金属的起始浓度为 100mg/L 吸附时间为 7d。金属吸附量与介质 pH 值、培养基的组成有关。生长于葡萄糖-酵母提取介质中的菌丝体比生长于麦芽提取介质中的真菌生物的效果更好。表 14-3 列出了用真菌吸附的结果。

表 14-2　若干真菌吸附重金属试验结果[1]

菌株编号	菌　类	Co		Ni		Cu		Zn		Cr^{6+}	
		%	pH	%	pH	%	pH	%	pH	%	pH
1	Penicillium funiculosum			50	6.6			75	6.5		
4	Talaromyces trachyspermus					66	3.5				
7	Aspergillus					56	3.6				
35	Fusarium javanicum			56	6.4			80	4.3		
53	Aspergillus niger	58	2.7			60	2.0	80	2.8		
55	Aspergillus niger	75	2.7	50	2.1	60	2.8	80	2.8		
56	Penicillium			55	4.3						
57		54	4.7			70	4.0				
62	Penicillium					50	4.0				

续表 14-2

菌株编号	菌　类	Co		Ni		Cu		Zn		Cr^{6+}	
		%	pH	%	pH	%	pH	%	pH	%	pH
64						60	2.8				
68						80	2.4				
70						55	3.0				
71								50	3.0	70	4.1
72						65	4.1				
73										50	5.3
76				53	4.4	74	4.1	90	5.2	60	4.8
79						60	3.4	65	5.6		
88		70	3.1					75	6.4		

表 14-3　用真菌从含镉溶液中吸附镉的结果[2]

（溶液镉的质量浓度为 100mg/L）

菌株及其编号	100mL 溶液中生物量的湿重/g	介质 pH	吸附时间对应的吸附率/%		
			30min	1d	3d
1 Penicillium	1	5.0	12	16	14
7 Aspergillus	1	5.0～5.8	2	3	3
	5	5.0～6.1	14	13	14
	10	5.0～6.2	32	30	33
	20	5.0～6.3	56	62	51
32 Trichoderma	1	5.0～6.0	18	20	21
	5	5.0～6.5	45	50	46
48 Penicillium	1	3.1～3.3	0	0	5
	5	3.1～3.7	0	0	8
	10	3.3～5.3	1	14	53
	5	5.0～6.5	8	39	62
	10	5.0～6.8	21	54	61
56 Penicillium	5	5.0～6.5	23	68	69
	10	5.2～6.6	34	86	80
62 Penicillium	5	5.0～6.2	24	63	70
	10	5.0～6.4	28	63	84

制药工业的废水中常含有多种真菌，它们可用来从水溶液中提取重金属。

用从抗菌素生产的废水中分离出的死生物量（加热杀死）进行吸附试验，试验条件为 pH = 5，金属起始浓度 100ml/L，生物量 200ml/L，时间为 4d。结果表明金属提取率随生物量的增加而增大，所取得的最好提取率：Cu 为 70%、Cr(Ⅵ)为 68%、Cd 为 64%、Zn 为 57%、Ni 为 52%、Co 为 37%，铜的提取率最高。当用抗菌素厂含 Aspergillus niger 53 的尾废液并补充1%葡萄糖时，即使在低pH(= 2. 1）的条件下经3d处理，铜的提取率可达65%（水溶液铜的起始浓度为100mg/L，生物量为100g/L）。

有人曾研究了固定了的Penicillium griseofulvum（P. g）从溶液中吸附Cu，从发酵工业可获得大量的P. g生物量。在试验中采用多种固定剂，诸如：藻酸钙（calcium alginate），聚丙烯酰胺（polyacrylamide），聚乙烯醇（polyvinyl alcohol），尿素-甲醛（urea-formaldehyde），戊二醛蛋白（protein glutaraldehyde）（与戊二醛联结的天然蛋白质）。试验表明，在上述固定剂中，以protein glutaraldehyde最好，吸附剂与溶液接触时间为30～60min，即可达到最大吸附量。用protein glutaraldehyde作固定剂制成的吸附剂的吸附量与溶液中起始铜浓度有关。起始铜浓度分别为6. 985mg/L、26. 67mg/L、50. 8mg/L时，对应的吸附量分别为10. 91mg/g、15. 69mg/g、37. 88mg/g，吸附率分别为9. 23%、38. 38%、56. 11%。

有人研究了用废弃的曲霉菌（Aspergillus）生物体从水溶液中吸附重金属离子。生物体是生长在发酵的小麦麸上，在提取了酶后的渣上。这种渣在丢弃前先进行高温高压煮。渣呈黑褐色颗粒状，0. 16～0. 2mm大，密度为310g/L。此种废弃物中含有大量已死亡的微生物，如Aspergillus niger、Aspergillus terreus、Penicillium funiculosum与酵母菌Saccharomyces ceevisiae。研究表明，对于Cr(Ⅲ)与Cr(Ⅵ)吸附平衡可于60min达到，而对于Ca，Fe，Ni则需要90min，如图14-3所示。吸附达到最大量的pH值，对于Fe为pH = 4～5，对于Ca与Ni则为pH = 5～7，而对于Cr(Ⅲ)与Cr(Ⅵ)则为pH = 6。吸附率随溶液中金属离子浓度的上升而下降，随生物体负载量的增高而下降。吸附遵从Langmurian规律，吸附各种金属离子的能力顺序为Ca > Cr(Ⅲ) > Ni > Fe > Cr(Ⅵ)。多种金属离子共存时每种离子的吸附量下降。

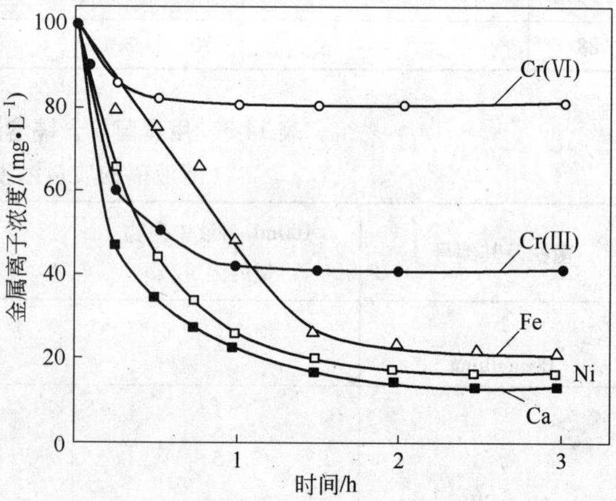

图14-3　金属离子浓度随时间变化曲线

（金属离子初始浓度：100mg/L；吸附剂量：10g/L；pH值分别为：对Cr(Ⅲ)与Cr(Ⅵ) 3. 5，Ni 4. 5，Fe 5. 4，Ca 5. 5）

有人曾研究了7种细菌、18种酵母、2种放线菌、2种绿藻对重金属的吸附情况，上述微生物是以纯菌株的形式以及8种制药工业废水中的生物形式使用的。用链霉素noursei的废生物在温度30℃、干生物量3g/L、pH = 4、接触时间1h的条件下，吸附重金属的试验结果列入表14-4。

表14-4　吸附重金属的试验结果

金属（硝酸盐形式）	1g干生物体的吸附容量/μmol	金属（硝酸盐形式）	1g干生物体的吸附容量/μmol
Ag	356	Zn	0
Pb	267	Cd	0
Cu	73	Co	0
Cr	34	Ni	0

还有人研究了制成粒的 Rhizopus oligosporus 对铅的吸附。溶液中铅浓度为 50～200mg/L 时，生物量的最佳浓度为 0.5g/L，最佳 pH 值为 5，在溶液中铅浓度为 750mg/g 时，铅吸附量达到最大值为 126mg/g。有人将产黄青霉素（Penicillium chrysogenum）废菌（取自四川制药厂）用藻酸钠钙固定后从溶液中吸附铅，实验表明 pH 值对吸附影响很大，最佳 pH 值为 5～5.5；温度对吸附影响不明显；pH 值以及初始浓度 C_0 与吸附剂量的比值 C_0/M 对吸附影响显著，当 C_0 不变（并不太大时）随 C_0/M 增大，q 增大，吸附剂量 M 不变，随着 C_0/M 增大，q 先增大后减少，因而 C_0 不宜过大。pH = 4.8～5，C_0 = 180mg/L，100mL 溶液中加入 0.1g 吸附剂时，q 达到 98mg/g。吸附的铅用 0.1mol/L 的 EDTA 洗脱，在保持脱附率 100% 的前提下，Pb 在洗脱溶液中浓度可达 20700mg/L，浓缩因子为 113。

美国恩捷尔哈特矿物和化学制品有限公司早于 1981 年就获得用一些真菌将工业废水中呈溶解状态的金属转化为不溶性金属的专利权，用该专利中所研究的芽枝霉属（Chadosporium）、青霉菌属（Penicillium）、木霉属（Trichoderma）、黑色头孢霉（Black fungi）和黑色厚垣孢霉（Black mycelium）等真菌回收贵重金属，必须往处理液中加入 $CaCO_3$ 或某些如白云石等含 Ca 矿物，为真菌生长提供所需部分营养物，也可以使真菌聚集在它们表面。实验结果表明，用芽枝霉属真菌回收 Zn、Rh、Fe、Ru 和 Al，回收率在 94% 以上，这些真菌回收废水中的金属反应时间只需数小时，处理成本低，操作简单，适用 pH <4 的酸性废液。

14.1.5.2 藻类吸附剂

众多的研究表明，藻类具有吸附金属的能力，而藻类，特别是海藻，数量大而且容易收集，在一些地区还可以人工培养。藻类的细胞壁主要由多糖、蛋白质和脂类组成，有很多能与离子配合的官能团。例如绿藻（Chlorella、Monoraphidium）等的细胞壁含 24%～74% 的多糖、2%～16% 的蛋白质、1%～24% 的糖醛酸，它们可提供氨基、酰胺基、羰基、醛基、羟基、硫醇、硫醚、咪唑、磷酸根与硫酸根等官能团。此外，细胞膜是具有高度选择性的半透过性膜，这些特点决定了藻类可以吸附很多种金属离子。藻类对常见金属离子的亲和性一般具有下列顺序：Pb > Fe > Cu > Zn > Mn > Ni > V > Se > As > Co。藻类富集金属的效率相当高，对 Zn、Hg、Cd 和 Pb 等的富集可达几千倍。

海藻具有优良的吸附性能与低成本，作为生物吸附剂受到关注，其中以 Sargassum 最佳。研究褐色海藻（马尾藻属 Sargassum）从稀溶液中吸附 Zn^{2+}、Cd^{2+} 与 Cu^{2+} 的规律。海藻采自美国佛罗里达州的 Naples，湿海藻在阳光下晒干，然后用 0.2mol/LHCl 溶液处理 3h，固体浓度为 10g/L。液固分离后再用蒸馏水漂洗至 pH = 4.5，然后在 60℃ 下烘一夜。用浓度为 20mmol/L 的 KOH 溶液处理使海藻从 H^+ 型转变为 K^+ 型。处理后漂洗至 pH 约为 5.5 而后又在 60℃ 下烘一夜。吸附试验在玻璃管做成的柱中进行，柱长 50cm，直径 2.5cm。将制备好的吸附剂装入柱中，装填密度约为 100g/L。从柱子底部向上缓慢通入蒸馏水将吸附剂浸没，然后从柱子顶部连续地输入含金属离子的溶液，流速为 8mL/min，从底部放出流出液（流出速度与流入速度相等），按 30min 间隔收集流出液并送去化验。

通过实测与计算得到多金属离子溶液中各种离子的吸附平衡常数列入表 14-5。

表 14-5　多金属溶液中不同金属离子的吸附平衡常数[2]

金属离子	K	K_M/K_K	金属离子	K	K_M/K_K
K^+	2.16	1	Cd^{2+}	8.02	3.71
Zn^{2+}	4.26	1.96	Cu^{2+}	35.15	16.51

K_M/K_K为相对平衡常数，可以用来表征金属离子吸附能力的大小与吸附的选择性。表14-5 表明，在 Zn^{2+}、Cd^{2+}、Cu^{2+} 三种离子中 Cu^{2+} 的吸附能力最强，而 Zn^{2+} 与 Cd^{2+} 相当。

连续柱式吸附试验结果如图 14-4 ~ 图 14-6 所示。图的纵坐标 X_M 为流出液中金属离子浓度与流入液中金属离子浓度之比（无量纲）。因流入液中无 K^+，K^+ 是在吸附剂上，故而对 K^+ 离子，X_M 为流出液中 K^+ 摩尔浓度与流入液中金属阳离子摩尔浓度之比（无量纲）。横坐标为无量纲时间 T。

$$T = \frac{C_0 F t}{\rho_b Q V_c} \tag{14-9}$$

式中　C_0——流入液中金属离子的总浓度，meq/L；

F——溶液的体积流量，mL/h；

t——时间，h；

ρ_b——干吸附剂的装填密度，g/m；

Q——吸附剂中可交换键位的浓度，meq/L，可用 NaOH 溶液滴定测出；

V_c——柱子中吸附床体积，L。

图 14-4 是从单一的 Zn^{2+} 溶液中吸附锌。从图可看出，在 $T=0 \sim 0.18$ 区间，流出液中不含 Zn^{2+}，Zn^{2+} 全部被吸附，流出液中含 K^+，K^+ 的浓度与被吸附的 Zn^{2+} 量符合化学计量。在 T 约为 0.18 时，流出液中开始出现 Zn^{2+}，与离子交换柱一样，生物体吸附柱也出现了“穿透”。$T=0.2$ 时，流出液中 Zn^{2+} 浓度与进流中 Zn^{2+} 浓度相等，流出液中不再含 K^+，说明此后 Zn^{2+} 的吸附不再发生。

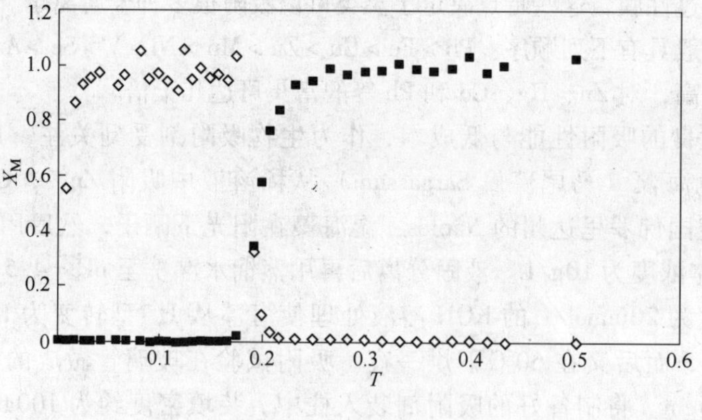

图 14-4　Zn^{2+} 在 K-Sargassum 上吸附曲线

◇—K；■—Zn

图 14-5 是从含 Zn^{2+}、Cd^{2+} 两种离子溶液中的吸附情况。由于 Cd^{2+} 的吸附平衡常数 $K_{Cd}=8.02$，比 Zn^{2+} 的 $K_{Zn}=4.26$ 大，Cd^{2+} 的吸附能力比 Zn^{2+} 强，Cd^{2+} 的穿透比 Zn^{2+} 略晚

一些，而且 Zn^{2+} 出现穿透后流出液中 Zn^{2+} 浓度上升至高于进液中 Zn^{2+} 浓度，此时发生了溶液中的 Cd^{2+} 与吸附剂上的 Zn^{2+} 的交换，一直到 Cd^{2+} 穿透后，Zn^{2+} 浓度才开始回降，直到流出液中 Cd^{2+} 浓度等于进液 Cd^{2+} 浓度时，流出液 Zn^{2+} 浓度回降到与进液浓度相等。

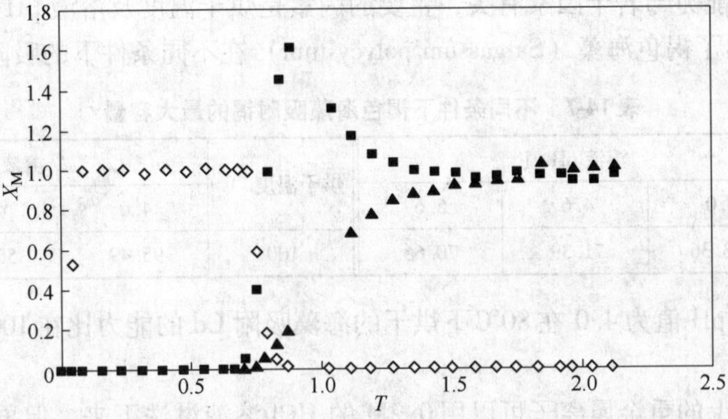

图 14-5 Zn^{2+}、Cd^{2+} 在 K-Sargassum 上吸附曲线

◇—K；■—Zn；▲—Cd

图 14-6 是从含 Zn^{2+}、Cd^{2+} 与 Cu^{2+} 三种离子溶液中的吸附情况。由于 $K_{Cu}=35.35$，比 Zn^{2+}、Cd^{2+} 均大得多，所以 Cu^{2+} 的穿透比 Zn^{2+} 与 Cd^{2+} 晚得多，在吸附后期溶液中的 Cu^{2+} 把已被吸附的 Zn^{2+} 与 Cd^{2+} 交换下来。由此可以看出，吸附具有一定的选择性。

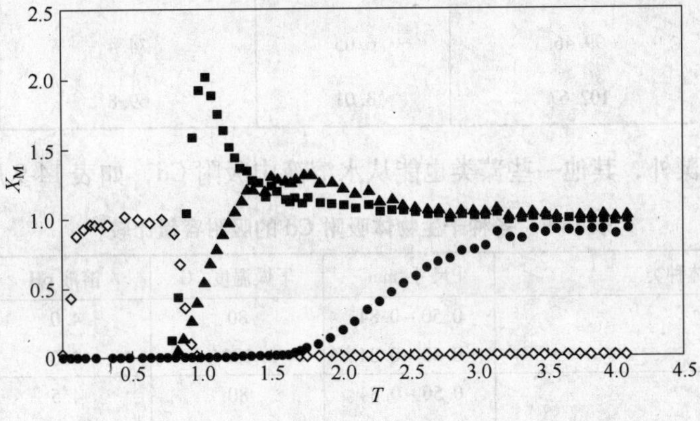

图 14-6 Zn^{2+}、Cd^{2+}、Cu^{2+} 在 K-Sargassum 上吸附曲线

◇ —K；■ —Zn；▲ —Cd；● —Cu

K 型 Sargassum 生物吸附剂比 Ca 型的吸附剂性能优越。Ca 型吸附剂的 K_M/K_{Ca} 分别为 $K_{Zn}/K_{Ca}=0.45$，$K_{Cd}/K_{Ca}=0.67$，$K_{Cu}/K_{Ca}=2.01$，比 K 型的 K_M/K_K 低得多。

将三种不同的 Sargassum 吸附 Cd 与 Cu，即 S. vulgare（采自巴西的 Natal）、S. filipendula 与 S. fluitans（采自美国佛罗里达州 Naples 海边）。这些海藻被切成尺寸 1～4mm 的形状不规则的颗粒，用蒸馏水洗两次，在 45℃下烘干一夜以上。吸附试验所得到的三种海藻吸附 Cu 与 Cd 的最大吸附量值列入表 14-6。

表 14-6　三种海藻吸附金属的最大吸附容量[2]　　(mg/g)

金属离子	S. vulgare	S. filipendula	S. fluitans	金属离子	S. vulgare	S. filipendula	S. fluitans
Cu^{2+}	59	51	56	Cd^{2+}	87	74	87

海藻的吸附能力与若干因素有关，主要的因素是烘干温度及溶液 pH 值。

表 14-7 列出了褐色海藻（Sargassum polycystum）在不同条件下的吸附 Cd 的能力。

表 14-7　不同条件下褐色海藻吸附镉的最大容量[2]　　(mg/g)

烘干温度/℃	溶液 pH 值			烘干温度/℃	溶液 pH 值		
	4.0	4.6	5.6		4.0	4.6	5.6
80	103.36	71.39	70.66	100	95.49	56.78	56.67

吸附的最佳 pH 值为 4.0 在 80℃下烘干的海藻吸附 Cd 的能力比在 100℃下烘干的海藻大一些。

吸附在海藻上的重金属离子可以用 0.2M 的 HCl 溶液淋洗下来，但再生后的海藻返回使用其吸附能力与自身重量均呈下降趋势，见表 14-8，这说明此种吸附剂稳定性较差。

表 14-8　返回使用次数对褐色海藻吸附镉的性能影响[2]

循环次数	Cd 吸附容量/($mg \cdot g^{-1}$)	与第一的差/%	褐色海藻（干重）/mg	失重/%
1	105.86	—	100	—
2	101.33	4.28	80.3	19.7
3	112.89	6.64	76.0	24.0
4	99.46	6.05	74.4	25.63
5	102.67	3.01	69.8	30.19

除了褐色海藻外，其他一些藻类也能从水溶液中吸附 Cd，如表 14-9 所示。

表 14-9　各种干生物体吸附 Cd 的吸附容量比较[2]

生物体种类	尺寸/mm	干燥温度/℃	溶液 pH	q_{max}/($mg \cdot g^{-1}$)
S. polycystum	0.50 ~ 0.84	80	4.0	103.36
	0.50 ~ 0.84	100	4.0	95.49
S. fluitans	0.50 ~ 0.84	80	4.5	108.39
	0.50 ~ 0.84	60	4.5	102.37
S. fluitans crosslinked with Glutaraldehyde	0.84 ~ 1.00	80	3.5	120
S. natans	N/A	N/A	3.5	132
Fucus vesiculosus	N/A	N/A	3.5	73
Ascophyllum nodosum	N/A	N/A	3.5	133
			4.9	215
A. nodosum crosslinked with Formadehyde	N/A	N/A	4.9	149
Glutaraldehyde	N/A	N/A	4.9	139
Seccharomyces cereviseae	N/A	N/A	4.5	28

注：N/A 为缺数据。

有人对偶氧氯膦Ⅲ染料脱色的海藻和未脱色的海藻吸附去除5种重金属离子的特性进行了研究，所采用的绿藻（U. lactucal）、马尾藻（Sargassum horneri）和鼠尾藻（Sargassum thcmkergii）分别来源于南沙群岛、汕头南澳岛和福建东山岛，研究表明：在pH =6～7，反应6h后，对Cu^{2+}、Zn^{2+}、Pb^{2+}、Cd^{2+}和Hg^{2+}的去除率都在79%以上，其中绿藻的吸附效果最佳，去除率分别达到93% Cu^{2+}，97% Zn^{2+}，98% Pb，79% Cd^{2+}和83% Hg^{2+}。

用丰富而廉价的海洋巨藻（Durvillaea potatorum）所制备的生物吸附剂可吸附Hg^{2+}。pH值对吸附有很大的影响，在pH =0.4～5.0的范围内Hg^{2+}的吸附容量为98～621.86mg/g（干重），最佳pH为3时，最大吸附容量为621.86mg/g。Cl^-显著降低Hg^{2+}的吸附容量。

14.1.5.3 *活性污泥吸附*

污水处理所产生的活性污泥（Activated sludge）可从水溶液中吸附Cd、Cu、Ni、Pb与Zn等重金属离子。污泥在50℃下干燥6d，而后研磨成0.1mm的颗粒。试验表明，活性污泥吸附这些重金属速率很快，只需5min吸附率即可达90%，30min达到吸附平衡。溶液pH值对吸附影响显著，最佳pH值对于Cu、Cd、Pb为4，对于Ni和Zn为5；最佳生物量浓度为1g/L。温度影响不显著。各种重金属离子被吸附能力的顺序为Pb > Cu > Cd ≈Zn > Ni，与它们的电极电位排序一致。吸附服从朗格缪尔吸附等温方程：

$$\frac{C_f}{q} = \frac{1}{q_{max}} + \frac{C_f}{Bq_{max}} \tag{14-10}$$

式中 C_f——金属离子在水溶液中的平衡浓度，mg/L或mol/L；

q——金属离子在固体吸附剂中的平衡浓度，mg/L或mol/L；

q_{max}——金属离子在固体吸附剂中的最大浓度，mg/L或mol/L；

B——吸附强度，$mmol^{-1}$。

以C_f/q对C_f作图为一直线，$1/q_{max}$为其截距，$1/(Bq_{max})$为其斜率。求出的方程各参数值列入表14-10。

表14-10 活性污泥吸附金属离子的朗格缪尔方程参数[2]

金 属	$q_{max}/(mmol \cdot g^{-1})$	$1/(Bq_{max})$	金 属	$q_{max}/(mmol \cdot g^{-1})$	$1/(Bq_{max})$
Cd	0.247	35.97	Pb	0.690	20.72
Cu	0.296	7.63	Zn	0.236	39.88
Ni	0.153	8.80			

用Digested sludge吸附水溶液中的重金属离子。吸附能力的大小排序为Cu > Cd > Zn > Ni，与前面的排序基本一致。从同时含两种、三种或四种金属离子的水溶液中吸附时与从含单一金属离子水溶液中吸附相比较，金属总吸附容量前者比后者高，如表14-11所示。

铜离子可以使吸附在污泥上的Zn与Cd脱附。接触19h，Cd可完全脱附，而Zn则残留少量。

表 14-11 活性污泥从含两种金属溶液中吸附结果比较[2]

金属	含单一金属溶液		含两种金属的溶液			总吸附容量
	吸附容量/(mg·g^{-1})	吸附率/%	金属	吸附容量/(mg·g^{-1})	吸附率/%	/(mmol·g^{-1})
Cu（初始浓度为2.6mmol）	48.34	98.70	Cu Cd	48.28 71.82	98.56 71.32	1.40
			Cu Zn	48.06 23.94	99.95 56.61	1.11
			Cu Ni	47.25 29.94	99.05 56.36	1.25
Cd（初始浓度为2.5mmol）	80.72	91.37	Cd Cu	71.82 48.28	71.32 98.56	1.40
			Cd Zn	45.41 25.23	53.49 58.07	0.79
			Cd Ni	68.27 20.15	79.27 38.07	0.99
Zn（初始浓度为2.2mmol）	38.98	94.62	Zn Cu	23.94 48.06	56.61 99.95	1.11
			Zn Cd	25.23 45.41	58.07 53.49	0.79
			Zn Ni	36.41 25.63	83.70 48.05	0.99
Ni（初始浓度为3.1mmol）	39.70	74.43	Ni Cu	29.94 47.25	56.36 99.09	1.25
			Ni Cd	20.15 68.27	38.07 79.27	0.95
			Ni Zn	25.63 36.41	48.05 83.70	0.99

14.1.6 稀贵金属的吸附[1,2]

曾用假单孢菌和金色葡萄球菌的混合菌进行吸附实验，发现每克干细胞可固定300mg银。美国新泽西州提尔哈特矿物和化学制品有限公司发表了用某些如芽枝霉属（Cladosporium）、青霉属（Penicillium）、木霉属（Trichoderma）、黑色头孢霉（Black fungi）、黑色厚垣孢霉（Black mycelium）等真菌从废液中回收微量金、银、铂的专利，据称回收率达94%～98%。所选用的真菌经比较，以用芽枝霉效果最好，金回收率可达98%。1988年Brierly对一株具有吸附金属离子能力的枯草杆菌进行加热与碱处理后制成一定大小的颗粒装入柱内，让待处理的金属溶液通过柱，结果表明，每克干物质可固定390mg金、94mg银、436mg铯。在研究多种微生物沉金的能力时表明，金的最有效的吸附剂是曲霉属Aspergillus niger与Aspergillus oryzae，其吸附金的结果列入表14-12。

表 14-12 曲霉菌从金的盐酸溶液中吸附沉淀金的试验结果[2]

（溶液盐酸浓度 100g/L，试验持续时间 5 昼夜）

微生物	菌的耗量/$(g \cdot L^{-1})$	水溶液中金的质量浓度/$(mg \cdot L^{-1})$		沉淀率/%
		试验前	试验后	
Aspergillus oryzae	10	550	144	74.0
Aspergillus oryzae	20	550	130	76.7
Aspergillus niger	10	480	130	73.0
Aspergillus niger	20	480	116	76.0

一些微生物的代谢物如蛋白质、肽与氨基酸能从盐酸溶液中还原并沉淀金。在所研究过的若干蛋白质中精朊（protamin）与球蛋白（globulin）沉淀金的效果最好。从含 HCl 50g/L、金的初始浓度 90mg/L 的溶液中经 20 昼夜处理，金的沉淀率分别为 86.0% 和 77.8%，其中以在 100～150℃下脱水 1h 的蛋白质沉淀效果最好。几乎所有被研究过的氨基酸都能从含金 29mg/L 的溶液中沉淀 88.8%～99.8% 的金（氨基酸浓度 1g/L，盐酸浓度 50g/L，试验时间 3 昼夜）。

$Au(CN)_2^-$ 配合物能被孢杆菌属（Bacillus subtilis）、青霉菌属的 Penicillium chrysogenum 以及褐色海藻（Sargassum fluitans）吸附。在 L-半胱氨酸（L-cysteine）存在的条件下吸附能力大为提高。用这 3 种微生物提金的试验，所用 B. subtilis 与 P. chrysogenum 是从中国四川医药公司（成都）的工业废弃生物液中采集的，而 S. fluitans 则采集自美国佛罗里达州的 Gulf Coast 海边。这些生物体破碎至 0.5～0.85mm，而后用 0.2molHNO_3溶液洗涤 4h，再用蒸馏水漂洗 pH =4.5，最后在 50℃下干燥 24h 至恒重。

溶液中 L-cysteine 对吸附的增进作用随其浓度的上升而增大，增大顺序为 Bacillus > Penicillium > Sargassum。L-cysteine 浓度为 0.5mmol/L，pH = 2 时，B. subtilis 吸附 $Au(CN)^-$ 的吸附容量为不加 L-cysteine 时的 250%，P. chrysogenum 为 200%，S. fluitans 则为 148%。相应的 Au 吸附容量为 4.03mg/g，2.8mg/g 与 0.93mg/g。pH 值对吸附有很大的影响，最佳 pH 值为 2，随 pH 值增大，Au 吸附量减少，pH 值为 6 时，Au 吸附量接近为 0。金吸附量随溶液离子强度增大而下降。

吸附在上述生物体上的 Au 可用 0.1mol/L 浓度的 NaOH 溶液淋洗下来。淋洗率随 pH 值的增大而上升，淋洗的最佳 pH 值为 5。

脱乙酰壳多糖（Chitosan）是甲壳质碱性脱乙酰作用的产物，具有很强的吸附铂的能力，在 pH =2 的条件下，其最大吸附容量为 280 mg/g。脱乙酰壳多糖能溶于酸（除硫酸外），为了提高它在酸性介质中的稳定性，先用戊二醛处理。

甲单孢杆菌属（Alcaligenes、Pseudomonas）、节杆菌属（Arthrobacter）的一些细菌能吸附水溶液中的 $PdCl_4^{2-}$ 与 $Pd(NH_3)_4^{2+}$。在研究了上述 3 属的各两种菌吸附 $PdCl_4^{2-}$ 与 $Pd(NH_3)_4^{2+}$ 的规律时，发现 $Pd(NH_3)_4^{2+}$ 吸附能力高于 $PdCl_4^{2-}$，所试验的一种细菌 AS302（甲单孢杆菌属）吸附 $Pd(NH_3)_4^{2+}$ 的吸附量达到 140mg/g，而在同样条件下吸附 $PdCl_4^{2-}$ 的吸附量达到 83mg/g。pH 值对吸附有很大的影响，因为 pH 值不仅影响水溶物种的分布，而且影响细菌细胞的表面电荷（质子化与去质子化）。

14.1.7　放射性金属的吸附[1,2]

多种微生物对铀均具有优良的吸附能力，如丝状真菌（Filamentous fungi）、酵母、细菌、放线菌（Actinomycetes）与新鲜水藻例如小球藻（Chlorella）等。有文献报道[27]，干的生物量吸附铀的量可高达150mg/g。海藻（Marine algae）是重要的吸附剂。

日本人 Sakaguchi 和 Nakajima 研究135种不同微生物吸附铀的能力（包括42种细菌、26种酵母、34种真菌和33种放线菌）时表明，Pseudomonas stutzeri、Neurospora sitophilia、Streptomyces albus 和 Streptomyces viridochromogenes 具有特别好的从水溶液中吸附 UO_2^{2+} 的能力。多数被研究过的微生物都能从溶液中吸附 UO_2^{2+}、Hg(Ⅱ)与 Pb(Ⅱ)。另外放线菌属也具有很强吸附 UO_2^{2+} 的能力[32]。

某些真菌均具有很好的吸附铀的能力，其吸附能力可与常用的离子交换树脂 Dowex-1 及 IRA-400 等相比美。表14-13列出了一些真菌在24h内对铀的吸附率。

表14-13　某些真菌从水溶液中吸附铀的吸附率[2]

菌　种	100mL 溶液中生物量（湿重）/g	铀吸附率/%	菌　种	100mL 溶液中生物量（湿重）/g	铀吸附率/%
Alternaria tenulis	10.0	90	Penicillium herguei	10.0	75
Aspergillus amsta	10.0	80	Rhizopus sp.	10.0	60
Aspergillus niger	10.0	45	Saccharomyces cerevisiae	10.0	90
Chaetomium distortium	10.0	100	Trichoderma horzianum	10.0	96
Fusarium sp.	6.4	90	Zybgorlnchus macrocarpus	10.0	50

图14-7所示为含铀溶液的起始 pH 值对铀吸附的影响。

图14-8和图14-9分别示出了溶液铀起始浓度对铀吸附量与吸附速率的影响。

上述3图均以 S. cerevisiae 为吸附剂，生物量为5g/L。

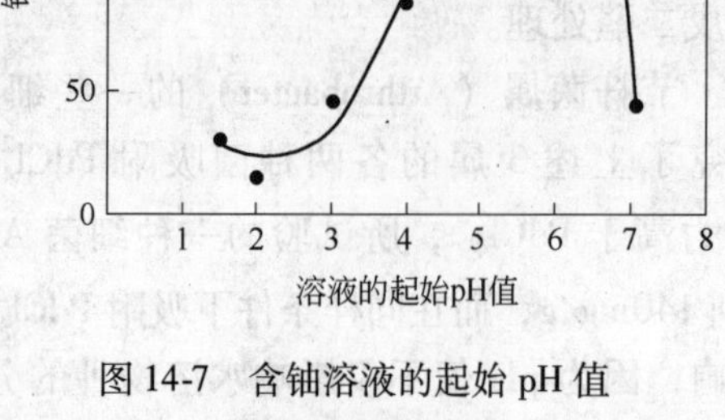

图14-7　含铀溶液的起始 pH 值对铀吸附量的影响

固定化了的 Rhizopus arrhizus 细胞吸附水中的铀，在实验室规模的间歇与连续试验表明，固定化的 R. arrhizus 可回收稀溶液中所有的铀（U浓度≤300mg/L），吸附的铀可洗脱，洗脱液中铀浓度超过5000mg/L。吸附剂循环使用12次后其吸附能力仍达50mg/L。

干海藻（Sargassum fluitans）采集于美国佛罗里达 Naples 海滩，切成1.0～1.4mm小块。而后用0.1mol的HCl溶液处理3h使其转化为 H^+ 型（每1L溶液10g干海藻），过滤后用去离子水漂洗至pH值稳定为4，接着在40～60℃下干燥一夜备用。

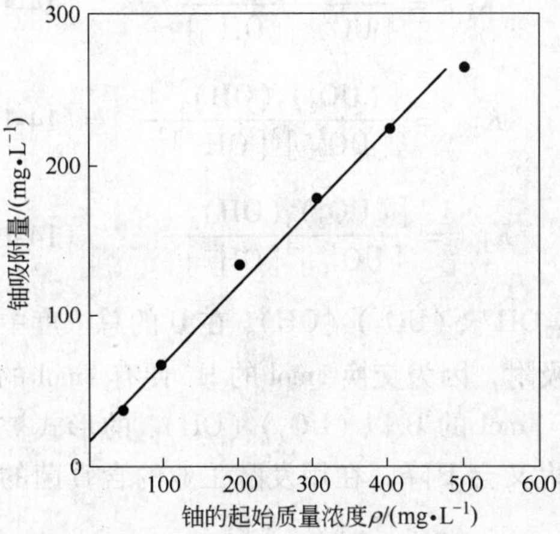

图 14-8 溶液起始铀浓度对铀吸附量的影响

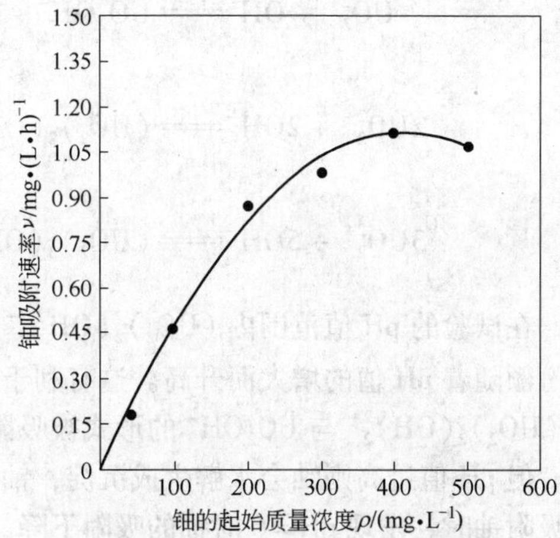

图 14-9 溶液中铀的起始浓度对铀吸附速率的影响

图 14-10 表示接触时间对吸附的影响。从图可以看出吸附是很快的，前 15min 在不同 pH 值下溶液中 70% ~80% 的铀已被吸附。3h 可达到吸附平衡。

图 14-11 为吸附等温线，根据实验数据求出的等温方程参数列入表 14-14。

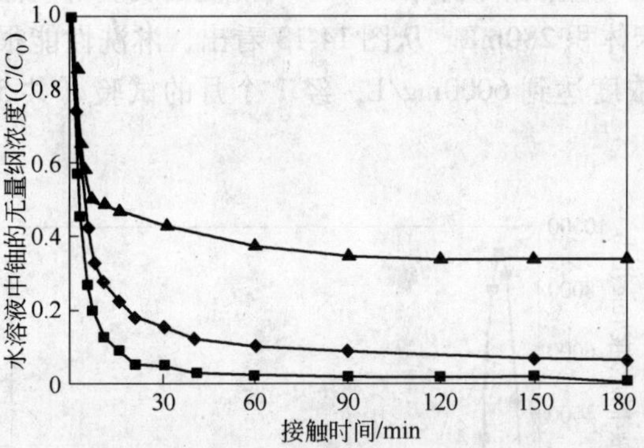

图 14-10 时间与 pH 对吸附的影响

C_0 = 190mg/L，50mL 溶液，0.1g 吸附剂

▲—pH = 2.5；◆—pH = 3.2；■—pH = 4.0

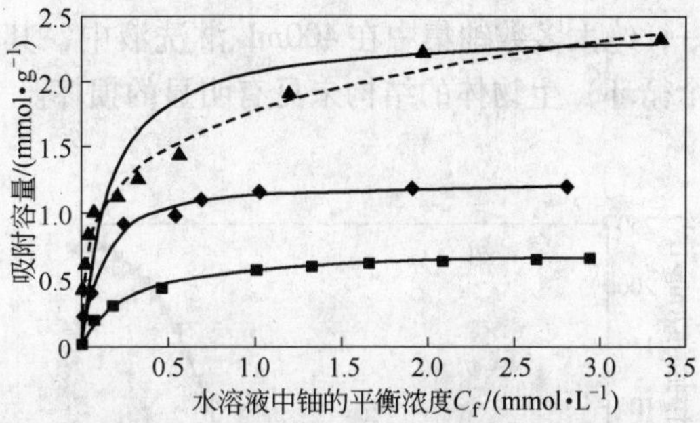

图 14-11 铀的吸附等温线

■—pH = 2.6；◆—pH = 3.2；▲—pH = 4.0

实线—朗格缪尔等温方程计算结果；

虚线—Freundlich 等温方程计算结果

表 14-14 铀吸附等温方程参数[2]

参数	pH = 2.5	pH = 3.2	pH = 4.0	参数	pH = 2.5	pH = 3.2	pH = 4.0
K/(mmol · L^{-1})	0.233	0.084	0.1695	k			1.756
q_{max}/(mmol · g^{-1})	0.701	1.215	2.40	n			0.249

从图 14-10 和图 14-11 看出，pH 值对铀吸附影响十分显著。铀在海藻上的吸附机理以离子交换为主。U(Ⅵ) 在水溶液中可呈 UO_2^{2+}、$(UO_2)_2(OH)_2^{2+}$、UO_2OH^+、$(UO_2)_3OH_5^+$ 等多种形态，并有下列平衡：

$$UO_2^{2+} + OH^- \rightleftharpoons UO_2OH^+ \qquad K_{1,1} = \frac{[UO_2OH^+]}{[UO_2^{2+}][OH^-]} \tag{14-11}$$

$$2UO_2^{2+} + 2OH^- \rightleftharpoons (UO_2)_2(OH)_2^{2+} \qquad K_{2,2} = \frac{[(UO_2)_2(OH)_2^{2+}]}{[UO_2^{2+}]^2[OH^-]^2} \tag{14-12}$$

$$3UO_2^{2+} + 5OH^- \rightleftharpoons (UO_2)_3(OH)_5^+ \qquad K_{3,5} = \frac{[(UO_2)_3(OH)_5^+]}{[UO_2^{2+}]^3[OH^-]^5} \tag{14-13}$$

在试验的 pH 值范围内 $(UO_2)_2(OH)_2^{2+}$ 、UO_2OH^+、$(UO_2)_3(OH)_5^+$ 在 U 的总浓度中所占份额随着 pH 值的增大而升高。这有利于铀的吸附，因为交换 1mol 的 H^+ 便有 1mol 的 U 以 $(UO_2)_2(OH)_2^{2+}$ 与 UO_2OH^+ 的形式被吸附，有 3mol 的 U 以 $(UO_2)_3(OH)_5^+$ 的形式被吸附。但 pH 值过高则铀会水解生成沉淀，铀的吸附又会下降。在用发酵工业的含真菌的生物吸附铀时，发现 pH =6 时铀的吸附下降。

在装填有 Sagarsum biomass 的吸附柱中进行连续吸附的结果示于图 14-12。吸附柱装入吸附剂 22. 64g（干基计），吸附床体积为 280mL，溶液初始铀浓度为 C_0 =238mg/L，溶液流速为 340mL/h，溶液 pH =2. 5。由图 14-12 看出，在流过柱的溶液体积 V 与吸附床体积 V_0之比 V/V_0为 36. 5 时出现穿透，V/V_0 =60 时达到饱和。铀的吸附容量达到 105mgU/g 干生物量。

被吸附在吸附床中的铀用 0. 1mol/L 浓度的稀盐酸淋洗，图 14-13 为淋洗曲线。淋洗液流速为 340mL/h，吸附剂干重 22. 64g，吸附床体积 280mL。从图 14-13 看出，淋洗性能很好，绝大多数铀集中在 400mL 淋洗液中，其浓度达到 6000mg/L，经 1 个月的试验（共 5 个循环）生物体的结构未见有明显的损坏。

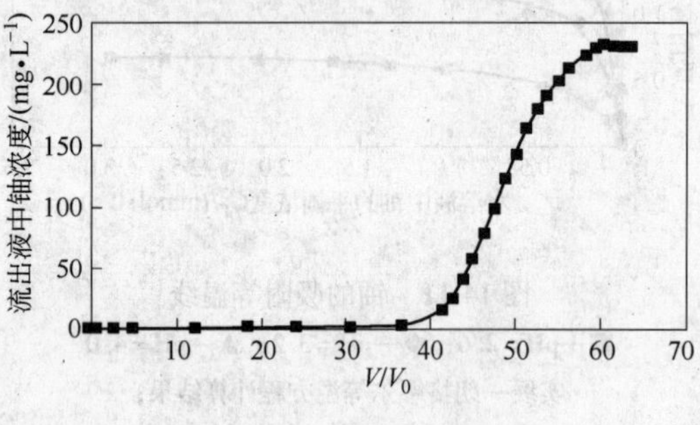

图 14-12　铀的吸附曲线

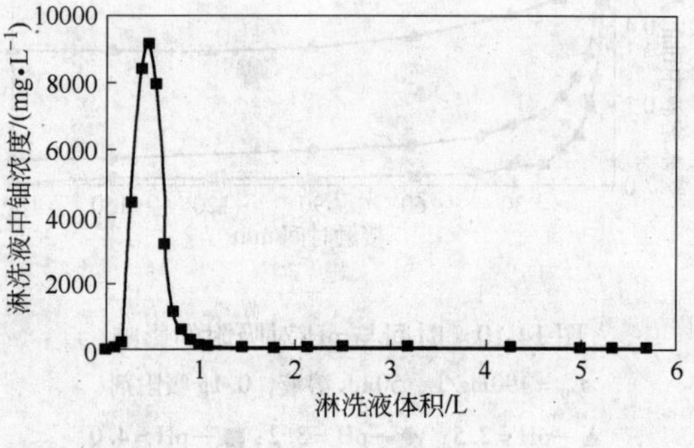

图 14-13　铀的淋洗曲线

对用死的生物体从溶液中吸附镭进行了大量的研究表明，把 Hamilton 城市污水处理厂的活性污泥用蒸馏水洗涤后离心分离，在温度 100℃下烘干，添加一定聚合物制成直径约 1mm 的颗粒，这种颗粒含有不少于 90% 的死菌体。用这种粒料可吸附铀矿或工厂排出的废液中的镭，7d 吸附达到平衡。被吸附的镭可用 pH =1. 5 的 HCl 洗脱，吸附剂得以再生并返回使用。再生后的吸附剂可以用 2 ~3 次。

某些细胞代谢物可作金属离子的配合剂，与水溶液中的金属离子生成配位化合物。已发现从多种细菌、放线菌可以分离出一种儿萘酚或羟氨的衍生物，这是些低分子量化合物，专与铁形成配位化合物。Daves 和 Hollein（1986）合成了一系列能固定金属的儿茶酚及其代用品，将这些产物以共价方式固定在多孔的玻璃珠上，能吸附回收除铁以外的金属。用它处理含钚、钍、铀的核工业废液，其有效固定率大于 99.9%。

14.1.8　微生物絮凝剂[5]

絮凝剂在冶金、化工及环保中发挥着重要作用，常用的絮凝剂包括铝盐（硫酸铝（明矾）、聚合氯化铝（PAC）等）、铁盐（氯化铁、聚合硫酸铁（PFS）等）和聚丙烯酰胺（PAM，俗称 3 号絮凝剂）。人们逐渐认识到：无机絮凝剂一般使用量较大，容易造成二次污染。如水中残留铝离子过多，不但对水生生物和植物有害，还可造成老年人的铝性骨病及痴呆症。铁离子虽对人体无害，但铁离子会使处理的水呈现红色，并刺激铁细菌繁殖，从而加速对金属设备的微生物腐蚀。目前使用的 PAM 等高分子有机絮凝剂，通常价格昂贵，在水中的残留物不易降解，而且有些聚合物单体具有毒性和致癌作用。随着人们生活水平的提高，以及对卫生及环境的关注，急需研究和开发絮凝效果好、价格低廉、易降解、环境友好、应用范围广、无二次污染的新型絮凝剂。

当今国内外对絮凝剂研究和发展方向是由无机向有机、低分子向高分子，单一向复合、合成型向天然型发展。基于生物多样性，开展了微生物絮凝剂的研究。所谓微生物絮凝剂实际上是天然高分子化合物，它是利用生物技术，从微生物或其分泌物提取、纯化而成，具有高效且能自然降解、无二次污染、使用方便、安全、应用范围广等特点，从而克服了无机和有机合成高分子絮凝剂的缺点，越来越被人们重视，并成为絮凝剂研究的发展方向。

14.1.8.1　微生物絮凝剂的种类和结构特性

根据近些年对微生物絮凝剂的研究与报道，可把它分为 4 大类：

（1）从微生物细胞壁提取的絮凝剂，如酵母细胞壁葡聚糖、蛋白质和 N-乙酰葡萄糖胺等成分均可作絮凝剂使用；

（2）从微生物细胞代谢产生絮凝剂，这类絮凝剂主要是细菌的荚膜和黏液质，其主要成分为多糖及少量的多肽、蛋白质、脂类及其复合物等；

（3）直接利用微生物细菌作为絮凝剂，如某些细菌、霉菌、放线菌和酵母等，它们大量存在于土壤、活性污泥和沉积物中；

（4）利用克隆技术所获得的絮凝剂，这类絮凝剂是用基因工程技术和现代分子生物学，把高效絮凝基因转移到便于发酵的菌中，构造高效遗传菌株，克隆絮凝基因能在多种降解中产出有效的微生物絮凝剂；

从组成上看，微生物絮凝剂是属于生物分子系列结构的复杂物质，主要含多糖、糖蛋白、纤维素、DNA 蛋白质及脂肪等，几种微生物絮凝剂的组成及结构类别如表 14-15 所示。

14.1.8.2　微生物絮凝剂的絮凝机理

微生物絮凝剂实际上是带有电荷的生物大分子，对絮凝物质的絮凝机理已有一些研究，目前认为其絮凝机理与高分子絮凝剂相似，主要有以下几种[5~8]。

表 14-15　几种微生物絮凝剂的组成及结构类别[5]

絮凝剂产生菌	絮凝剂代号名称	组　成	分子量	结构特性
Nocadia cupids	Fix	42.5%糖，36.28%半乳糖、8.52%葡萄糖醛酸、10.3%的己酸		蛋白质类
Rhodococcus erythropolis	NOC-1	蛋白质、氨基酸	约 $>7\times10^5$	多糖蛋白质类
Aspergillus sojae	AJ7002	5.3% 2-葡萄糖酸、27.5%蛋白质，主要组成为多肽	$>2\times10^6$	蛋白质、己糖、2-葡萄糖及酮酸化合物类
Aspergillus parasiticus	AHU7165	半乳糖胺残基	$3\times10^5\sim1\times10^6$	多糖类
Alcaligenes cupids	KT-201	半乳糖胺	$>2\times10^6$	多聚糖类
Pacecilomy sp	PF101	85%半乳胺、2.3%乙酰基、5.7%甲酰基、氨化半乳糖胺	约 $>3\times10^5$	黏多糖类
R-3mixed microbes	APR-3	葡萄糖、半乳糖、琥珀丙烯酸（摩尔比为5.6：0.6：2.5）	$>2\times10^5$	酸性多糖
Anabenopsis circalaris	Pce6720	丙酮酸、蛋白质、脂肪酸		杂多糖类

(1) 架桥絮凝机理。这一机理认为，絮凝剂借助离子键、氢键，同时结合了多个颗粒上的分子，在颗粒间起了“中间桥梁”的作用，从而使悬浮物形成网状结构的絮凝物而沉淀下来。通常认为合成的高分子絮凝剂都是通过这种机理产生絮凝作用，微生物絮凝剂的絮凝机理与合成的高分子絮凝剂的作用机理是一致的。这种机理最为人们所认可。

(2) 电性中和机理。这一机理认为胶体粒子的表面一般带有负电荷，当带有一定正电荷的链状生物大分子絮凝剂或其水解产物靠近这种胶粒时，会中和胶体表面上的部分电荷，使静电斥力减少，从而使胶粒间发生磁力碰撞而凝聚，向溶液中加入金属离子或调节pH值可影响其絮凝效果。

(3) 化学反应机理。这一机理认为生物大分子中某些活性基团与被絮凝物质相应基团反应，进而聚集成较大的分子而沉淀下来。通过对生物大分子进行改性处理，使其添加或丧失某些活性基团，絮凝活性发生变化而起作用。某些学者指出絮凝剂的活性主要是依赖于活性基团，即活性基团决定了絮凝剂的活性。

(4) 卷扫作用机理。这一机理认为，当微生物絮凝剂的投加量一定且形成小颗粒絮体时，可以在重力作用下，迅速网捕，卷扫水中一些胶粒，从而产生沉淀。这种作用可看成是一种机械作用，实践证明，所需絮凝剂的量与原水中杂质悬浮体含量成正比。

除上述4种机理外，还有黏质学说、酶合学说等絮凝机理，这些机理可解释部分絮凝现象。作者认为从微生物絮凝剂的多样性出发，它的絮凝机理不应该是单一的，而应是复合的。

14.1.8.3　影响产生微生物絮凝作用及其絮凝能力的因素

A　影响产生微生物絮凝作用的因素

为使微生物具有絮凝作用，必须研究了解产生絮凝作用的各种因素，如培养基的组成、pH值、通气情况、温度等。实践证明，各种微生物絮凝作用产生的最佳条件是不一致的。

a　培养基的组成

培养基包括硫源、氮源、能源生长因子、无机盐和水等六大营养物质，各种微生物絮凝剂要求的营养成分不同，因此，应灵活控制培养基组成，选择合适的最佳配方。

b pH 值

初始 pH 值会影响微生物产生絮凝能力的生长和絮凝物质的分泌，通常作为絮凝用的细菌和放线菌的适宜 pH 值在中性至弱碱性范围内，对于不同微生物絮凝剂，其适宜生长 pH 值是不相同的。

c 培养温度和通气量

一般认为最适宜的温度在 25～35℃之间，温度太低，菌体生长速度慢，温度太高，会使菌体产生的絮凝活性降低。通气量也是菌体产生絮凝作用的重要因素，而且不同生长期通气量应该是不同的，应通过试验选择不同生长期的最佳通气量。

B 影响絮凝能力的因素

影响絮凝能力的因素主要有以下几点。

a 被絮凝物质的性质

大部分微生物絮凝剂是通过桥联作用将絮凝物质集聚在一起，这些絮凝剂的絮凝作用是广谱性的，絮凝效果受微生物个体和颗粒物表面特性的影响。被絮凝的物质包括各种细菌、放线菌和真菌的培养物、活性污泥、微囊藻、泥浆、土壤固体悬浮物、底泥、煤灰、硅胶粉末、氧化铝、高岭土和纤维素粉等，它们均有较好的絮凝性。例如，Aspergillus Sojae产生的絮凝剂可有效地絮凝 Brevibacterium Lactofemeutum 等微生物，其絮凝率可达到 100%，但对另一些微生物的絮凝效果较差，只有 30% 左右。所以被絮凝物质不同，同一种絮凝剂有着不同的效果。

b 絮凝剂的分子结构、分子量的大小

絮凝剂的分子结构对絮凝效果有较大的影响。一般而言，线性结构大分子絮凝剂的絮凝效果较交联或带支链结构的絮凝剂要好。此外，微生物絮凝剂的分子量越大，吸附位点越多，携带的电荷也越多，其絮凝能力也强，所发生的桥联和卷扫作用也大。

c 絮凝剂的投加量

絮凝剂都有一个最佳投加量，投加量过大或过小都影响絮凝效果。有的报道认为，絮凝剂的最佳投加量是固体颗粒表面吸附大分子化合物达到饱和时的一半吸附量，因为此时大分子在固体颗粒上架桥概率最大。

d 温度和 pH 值

温度对某些微生物絮凝剂的活性有较大的影响，这主要是因为这些絮凝剂蛋白质成分在高温下变性而丧失部分絮凝能力，对多聚糖构成的絮凝剂则没有这种变化，所以受温度影响较小。絮凝剂的絮凝能力受 pH 值影响的原因是酸碱度的变化改变了生物聚合物带电状态和电荷的能力。如真菌 Pacilomyces sp 产生的絮凝剂半乳糖胺，在 pH 值为 4～7.5 时，絮凝能力最强，而当 $pH<3$ 或 $pH>8$ 时，絮凝能力会急剧下降。

e 添加金属离子与无机离子

有些微生物絮凝剂中含有金属离子或一些无机离子，可以加强桥联中和作用，这是由于活性增加而使絮凝效果变好。

14.1.8.4 微生物絮凝剂研究与应用现状

当前对微生物絮凝剂的研究，在国内外均是热点，属前沿的工作。国外在这方面研究报道较多，研究报道的具有絮凝性的微生物种类如表 14-16 所示。

表 14-16　具有絮凝性的微生物种类

拉丁名称	中文名称	拉丁名称	中文名称	拉丁名称	中文名称
气单胞菌属	Aeromonas sp	杆状菌	Bacillus sp PP-152	氏杆菌属	Oerskcovia sp
协腹产碱杆菌	Alcaligenes cupulus	棕腐真菌	Brown rot fungi	拟青霉属	Paecilomvces sp
酱油曲霉	Aspergillus sojae	棒状杆菌	Coyne bacterium brevicale	铜绿假单胞菌	Pseudomonad aeruginosa
棕曲霉	Aspergillus ochraceus		Citrobacter. Sp TKF04	荧光假单胞菌	Pseudomonad flurescens
寄生曲霉	Aspergillus parasiticus	卷霉属	Circinellasydowi	粪便假单胞菌	Pseudomonad faecalic
项圈藻	Anabaeba sp PC-1	解烃棒杆菌	Coryneba cterium Hydrocarbodastus	施氏假单胞菌	Ps stutzeri
	Anabaenas sp N1444		Coryne bacterium sp	红平红球菌	Rhodcoccus erythropolic
	Acinetobcter sp	硫酸还原菌	disulfuricans		Rhodovulum sp Ps88
氮单胞菌属	Azomonas sp	暗色孢属	Dematium sp	栗酒裂殖酵母	Scihizosaceharomyces pombe
不动细菌属	Acinetobcter sp		Eupencicenium crustaceus	金黄色葡萄球菌	Slaphytococcus aureus
节细菌属	Arthrobacter sp	白地霉属	Geotrichum candidum	粪壳菌属	Sirdarua fimicola
土壤杆菌属	Agrobacterimn sp	克氏肺炎杆菌	Klebsiella pneumoniae	芽胞乳杆菌属	Sporolactobacillus sp
	Anabenopsis ciralalans	克氏杆菌属	Klebsiella SII	灰色链霉菌	Streptomyces grisens
	Aniriell reliculala	赤红霉素	Monacus anta	酒红色链霉菌	Streptomyces vinacens
巨大芽孢杆菌	Bacillus megaterium	椿象虫诺卡氏菌	Nocardin restricta	黄单胞菌属	Xanthomonas
地衣芽孢杆菌	Bacillus licheniformis	石灰壤诺卡氏菌	Nocardin calcarea	白霉真菌	Whire rot fungi
嗜虫短杆菌	Brevibacterium nesctiohium	红色诺卡氏菌	Nocardin rhodnii	生枝动胶菌	Zoogloea ramigera

国内对微生物絮凝剂的研制起步较晚，总体看综合性的报道较多，实验性报道少，菌珠的筛选较多，鉴定性的工作较少，对培养基组成与作用机理，以及生产和应用的研究不多。在这方面还要继续努力开展工作。

14.2　细菌浸出[1~4]

14.2.1　浸矿用细菌[1,2]

据报道可用于浸矿的微生物的细菌有几十种，按它们生长的最佳温度可以分为 3 类，即中温菌（mesophile）、中等嗜热菌（moderate thermophile）与高温菌（thermophile）。硫化矿浸出常涉及到的细菌如图 14-14 所示[10]：

14.2.1.1　中温菌（mesophile）[1,2]

此类细菌的生长适宜温度为 25 ~ 40℃，在 45℃以上不能生长。其中比较重要的有以下 3 种。

A　氧化亚铁硫杆菌（T. ferrooxidaus，简称 T. f）[1,2,29]

氧化亚铁硫杆菌属革兰氏阴性无机化能自养菌。其能源物质为 Fe^{2+} 和还原态硫，实际

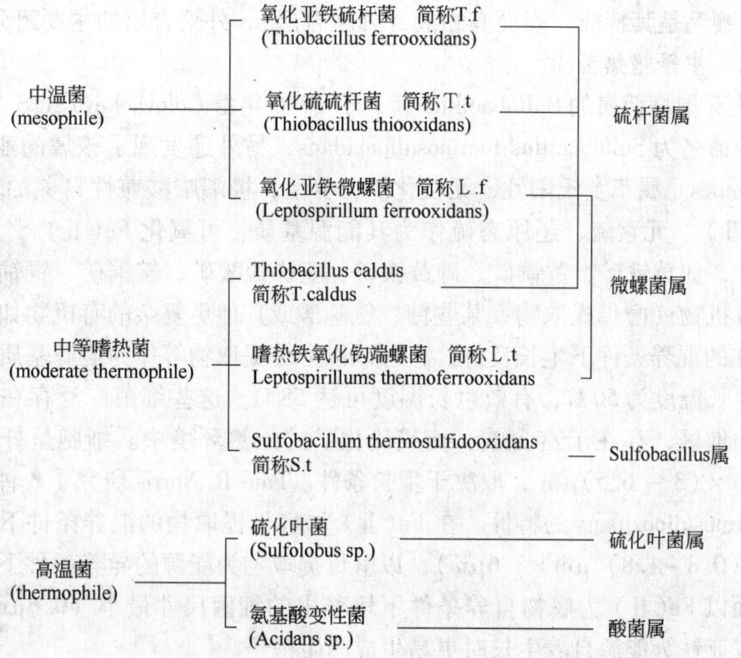

图 14-14 硫化矿浸出常涉及到的细菌

上可氧化 Fe^{2+}、元素硫与几乎所有的硫化矿物，能有效地分解黄铁矿。它栖居于含硫温泉、硫和硫化矿矿床、煤和含金矿矿床，也存在于硫化矿矿床氧化带中，能在上述矿的矿坑中存活。这类细菌的形状呈圆端短状，长 1.0 ~ 1.5μm，宽 0.5 ~ 0.8μm，端生鞭毛，细胞表面有一层黏液（外聚合层，又称多糖层）。能运动，只需要简单的无机营养便能存活（氮、磷、钾、亚铁等）。根据 Macintosh（1976）与 Stense（1986）等的看法，T. f 能固定空气中的氮以满足其对氮的需求，这可以解释为什么该种菌在无任何明显氮存在的情况下仍具有活力。适宜生长的 pH 值为 1 ~ 4.8，最佳生长 pH 值为 1.8 ~ 2.5。存活温度为 2 ~ 40℃，最佳存活温度为 30 ~ 35℃。McCready R. G. 报道[11]，在 25 ~ 2℃范围内，温度每下降 6℃ T. f 的生长速度减小一半。某些菌株在温度低于 10℃时也能氧化黄铁矿，T. f 生长温度的上限在 40℃左右。

B 氧化硫硫杆菌（T. thiooxidans，简称为 T. t）[1,2]

氧化硫硫杆菌与 T. f 同属于杆菌属，属革兰氏阴性无机化能自养菌。圆头短柄状，宽 0.5μm，长 1μm，端无鞭毛，常以单个、双个或短链状存在。栖居于硫和硫化矿矿床，能氧化元素硫与一系列硫的还原性化合物（S^{2-}、硫代硫酸根与某些硫化物），适宜生存 pH 范围为 0.5 ~ 6，最佳生存 pH 为 2 ~ 2.5。生存温度范围为 2 ~ 40℃，最佳生存温度为 28 ~ 30℃。T. t 在纯态下不能分解硫化矿，但当它与 T. f 或 L. f 混合存在时可以提高二者分解硫化矿的能力。

C 氧化亚铁微螺菌（L. ferrooxidans，简称为 L. f）[1,2]

1972 年氧化亚铁微螺菌由美国矿床中分离析出，属螺旋菌一种，严格好氧，仅能通过氧化溶液中的 Fe(Ⅱ) 或矿物中的 Fe(Ⅱ) 成分（例如 FeS_2 中的 Fe(Ⅱ)）获得能量。生存适宜温度范围为 45 ~ 50℃，最佳生存 pH 值为 2.5 ~ 3.0，具有螺旋菌的弯曲状，宽 0.5μm，极生鞭毛是其特征，表面有黏液（外聚合层），外聚合层的主要组分是葡萄糖酸。

14.2.1.2　中等嗜热菌[1,2]

（1）硫化芽孢杆菌属的 Sulfobacillus 菌，于 1976 年由 Golovacheva R. S. 等发现，发现的第一个物种命名为 Sulfobacillus thermosulfooxidans，另外还发现了该属的亚种 themorolerans 与 asporogenes。属革兰氏阳性，无机化能自养菌，极端嗜酸兼性自养的真菌（eubacteria），以 Fe(Ⅱ)、元素硫、还原态硫作为其能源基质，可氧化 Fe(Ⅱ)、S^0、硫代硫酸根与一些硫化矿，如黄铁矿、黄铜矿、砷黄铁矿、亚锑盐酸矿、靛铜矿、铜铀云矿等。所有物种均能在有机物（酵母提取物、某些糖、氨基酸或其他更复杂的有机物如谷胱甘肽、酪蛋白等）存在的混养条件下生长良好。也可以以酵母提取物等作为能源基质在异养条件下生长。最佳生长温度为 50℃，有效生长温度可达 58℃。这些细菌广泛存在于自然界如硫化矿堆、火山地区，存在于富含铁、硫或硫化矿的酸热环境中。细胞呈杆状，其尺寸为 (0.6 ~ 2)μm × (3 ~ 6.5)μm，取决于生长条件。Paul R. Norris 研究了 3 种不同底物下培养出的 S. thermosulfooxidans 的特性。在 Fe(Ⅱ) 加酵母提取物的混养条件下培养出的细胞尺寸最大（(0.8 ~ 1.8) μm × 3.6μm)，以酵母提取物为能源的异养条件下培养出的细菌尺寸次之，而以 Fe(Ⅱ) 为底物自养条件下培养出的细菌尺寸最小（0.6μm × (2 ~ 3.5) μm)，该菌以亚铁为能源自养生长时更易生成内生孢子。

（2）1992 年 Golovacheva R. S. 等分离出微螺菌属的一种中等嗜热菌 L. thermoferrooxidans，其适应温度范围为 45 ~ 50℃之间，最佳 pH 值为 1.65 ~ 1.9，具有微螺菌的共同特征。螺旋状，有鞭毛，严格好氧，只能氧化水溶液与矿物种的 Fe(Ⅱ)。

（3）T. caldus 菌是 Hallberg K. B. 于 1994 年发现的。它属于硫杆菌属，不能氧化 Fe(Ⅱ)，可以氧化还原态硫。在 Hallberg 正式将其归类为 T. caldus 之前，一个被称为 BC_{13} 的菌株的最佳生长温度为 45℃，在 55℃下也能生长。在实验室的连续浸出槽中，在 35 ~ 40℃ 的条件下浸出锌-铅-铁硫化矿精矿时，介质中含有两种菌，即 L. ferroxidans 与 T. caldus，它们分别是 Fe(Ⅱ) 与还原态硫的主要氧化者。

14.2.1.3　高温细菌（thermophiles）[1,2]

嗜酸嗜高温古细菌（Thermoaeidophilic archaebacteria）是微生物进化的一个独立支系，共 4 个种属能氧化硫化物，即硫化叶菌（Sulfololus）、氨基酸变性菌（Acidanus）、金属球菌（Metallosphaera）和硫化小球菌（Sulfurococcus）。上面 4 种属均极端嗜高温、嗜酸，球状无鞭毛，不游动，直径约 1μm。

其中硫化叶菌表面具有纤毛样的结构，均属兼性化能自养菌，能在自养、异养、混养条件下生长。在自养条件下能催化硫、铁及硫化物的氧化，利用二氧化碳作为碳源。混养条件下在培养基中加入 0.01% ~ 0.02% 酵母提取物则生长最快。叶硫球菌（Sulfololus acidocaldarius）还可在厌氧条件下以 Fe^{3+} 作电子受体氧化元素硫。叶硫球菌能在 pH = 1 ~ 5.9 范围内生长，最佳 pH 值为 2 ~ 3，生长温度为 55 ~ 80℃，而最佳生长温度是 70℃。A. brierleyi 菌的最佳 pH 值为 1.5 ~ 2，温度范围为 45 ~ 75℃，最佳温度为 70℃。

上述细菌大多分布在含硫温泉中，上面提到的两个代表物种是从美国黄石国家公园的高温泉水中找到的，水的 pH = 1 ~ 5.9，温度为 43 ~ 100℃。其他物种发现于冰岛、意大利、亚苏尔群岛、新西兰、日本、千岛群岛以及堪察加半岛的火山区。近来，在云南热温泉水中采集到了一种高温菌，在65℃温度下浸出黄铜矿，其速率为氧化亚铁硫杆菌的6倍。其形貌是一种严格无机化能自养型嗜热嗜酸菌，革兰氏阴性。

表14-17列出了各主要浸矿用细菌的一些性质参数。

表14-17 浸矿用细菌主要性质[2]

特 性	T. f	T. t	L. f	Sulfobacillus	Sulfololus	Acidanus
营养类型	自 养	自 养	自 养	兼性自养	兼性自养	兼性自养
外 形	圆端短柄	圆端短柄	弯曲杆状	直棒状	球 形	球 形
大小/μm	(0.3~0.5) × (1~1.7)	0.5×1.2	0.5×?	0.8× (1.6~3.2)	1.5~1.6	1.5~1.6
适宜pH值范围	1.0~6.0	0.5~6.0			1~5.9	
最佳pH值	2~2.5	2~2.5	2.5~3.0		2~3	1.5~2
适宜温度范围/℃	2~40	2~40		45~50	55~80	45~75
最佳温度/℃	28~30	28~30	30	50	70	70
性 质	革兰氏阴性	革兰氏阴性	革兰氏阴性	革兰氏阴性	革兰氏阴性	革兰氏阴性
能氧量	Fe(Ⅱ)还原态硫硫化矿	元素硫还原态硫硫化矿	Fe(Ⅱ)	元素硫还原态硫 Fe(Ⅱ)硫化矿	硫 Fe(Ⅱ) 硫化矿	硫 Fe(Ⅱ) 硫化矿
$x(G+C)/\%$	55~77	50~53	50	49~68	34~39	31~39

14.2.1.4 细菌对各种离子的抗性[1,2]

在浸矿过程中细菌不可避免地生活在含有各种不同离子的介质中，因此，细菌对各种离子的抗性对浸出是重要的。过去的众多研究表明，不同的细菌，同一细菌的不同菌株，同一菌株在经历了不同环境下的培养后，其抗性各异。因此，不宜笼统地说某些细菌对某些离子的抗性是多少，文献中报道的结果也很不一致。氧化亚铁硫杆菌对金属阳离子有很好的抗性，曾有报道，氧化亚铁硫杆菌可在如下金属浓度的介质中生长；

金 属:	Co^{2+}	Cu^{2+}	Ni^{2+}	Zn^{2+}	U_3O_3	Fe^{2+}
质量浓度/$g \cdot L^{-1}$:	30	55	72	120	12	163

氧化亚铁硫杆菌对Hg^{2+}，Ag^{+}，As^{3+}，Mo^{6+}与负一价阴离子Cl^{-}、Br^{-}、NO_3^{-}敏感，抗性差。生产实践表明，氧化亚铁硫杆菌与氧化亚铁微螺菌对As^{5+}的耐受力为15~20g/L，对As^{3+}的耐受力更低，当As^{3+}的浓度达到6g/L时细菌的生长就会受到抑制，砷化合物对细菌的毒害作用主要是因为砷酸盐是磷酸盐的类似物，可被细菌的磷酸盐转移系统所转移，使细菌表现出“磷酸盐饥饿”症状。As(Ⅲ)比As(Ⅴ)砷酸盐毒性更大，因为它可与蛋白质的巯基作用使酶失活，而酶在细菌细胞的新陈代谢过程中起决定性作用。对于许多生物体来说，汞离子具有很高的毒性，其部分原因是它对硫醇类化合物具有较大的亲和性，这种相互作用以及伴随所形成的化合物的稳定性。使得许多蛋白质和酶结构中的必需硫醇失去活性。再者，正常的代谢过程能产生一些比Hg^{2+}毒性更大的有机汞化合物。试验表明，在9K培养基中1mmol的Mo^{6+}对氧化亚铁硫杆菌对铁的氧化已有抑制作用，2mmol则完全抑制铁的氧化。嗜热菌的一个重要特性是它们对Cl^{-}

的高度敏感，这对浸矿实践十分重要，也对所采用水源的水质提出了特别的要求。有些地区的水含 Cl^- 高，其使用必然受到限制。用混合硫杆菌浸出硫化铜矿有使用含 Cl^- 5g/L 的水的实例，而用氧化亚铁硫杆菌，用含 $Cl^- > 5g/L$ 的水则未获成功。Cl^- 的毒性可能表现在破坏细菌的膜。

氧化亚铁微螺菌（L. ferrooxidans）对铀、银、钼的抗性为氧化亚铁硫杆菌的 4 ~ 5 倍多，但对铜的抗性则低 100 倍，对比氧化亚铁硫杆菌、氧化亚铁微螺菌、氧化硫硫杆菌与 Acidiphilium 对重金属离子的抗性，结果示于图 14-15。从图看出，氧化亚铁硫杆菌与氧化亚铁螺菌对 Cu^{2+}、Zn^{2+}、Al^{3+}、Ni^{2+}，与 Mn^{2+} 的抗性相当，但氧化亚铁微螺菌比氧化亚铁硫杆菌对 Co^{2+} 更敏感（ <2g/L）。氧化硫硫杆菌对除了 Zn^{2+} 以外的所有阳离子的敏感度为 <5g/L，而对 Zn^{2+} 则为 10g/L。

细菌对离子的抗性机理有内在的（细菌的生理及遗传特性）原因主要有以下 4 个方面：

（1）通过改变膜转移系统，使有毒离子不能进入细胞内，也能将原先就存在于胞内的有毒离子排出胞外；

（2）通过特殊的金属离子配合剂在细胞内外将有毒离子固定（一般固定在细胞壁上），使其不能进入细胞内。

（3）通过抗性基因编码的高度特异性的离子排出系统，将有毒离子排出胞外，它是属于质粒控制的抗性系统；

（4）通过细胞的酶系统，将有毒离子转变成低毒的物质。

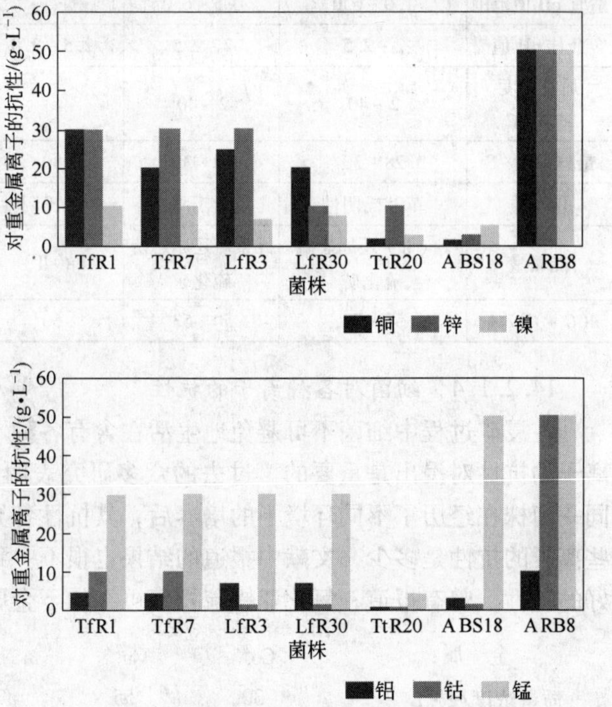

图 14-15　四种细菌对部分金属离子的抗性

T. f（T. ferrooxidans），T. t（T. thiooxidans）

L. f（L. f errooxidans），A（Acidiphilium）

R1，R7，R3，R30，R20，BS18，RB8 为菌株编号

质粒编码的抗性机理目前还研究得不很深入。主要的抗金属毒性的特质都是源于质粒编码的。氧化亚铁硫杆菌的大多数含有质粒，1980 年 MaO 首先报道从氧化亚铁硫杆菌与兼性自养嗜酸性硫杆菌中分离得到了质粒。有的氧化亚铁硫杆菌不含质粒，这间接说明在硫杆菌中硫和亚铁的氧化机能不是由质粒所编码的。质粒编码的抗性系统能抵抗一系列重金属离子的毒性，诸如：Ag^+，AsO_2^-、AsO_4^{2-}、Bi^{3+}、Cd^{2+}、Co^{2+}、CrO_4^{2-}、Hg^{2+}、Ni^+、TeO_3^{2-}、Ni^+、TeO_3^{2-}、Tl^+、Pb^{2+}、Zn^{2+}。

将抗砷的质粒 R773 导入氧化亚铁硫杆菌后，其抗性明显增强。有人进行了氧化亚铁硫杆菌质粒基因重组，获得了一种抗砷菌株，用于金精矿的浸出可以提高金的浸出率。利用大肠杆菌 Incp 族质粒能够转移到氧化亚铁硫杆菌中并表达其功能的特性，选用 PJRD215 作为氧化亚铁硫杆菌基因工程载体，通过整合在大肠杆菌 SM10 染色体上的 PR4 质粒 Tra

基因的作用被带动转移到氧化亚铁硫杆菌中，使得该质粒上的两个抗性基因（卡那霉素和链霉素基因）和抗砷基因（As）被成功地转移到氧化亚铁硫杆菌中并获表达。利用DNA体外重组技术将抗砷质粒酶切、克隆，构建了新的氧化铁硫杆抗砷工程菌T. f-59（PSDX3），以减少砷化合物在细菌体内积累，专一性地排出砷化合物，使磷酸盐系统正常工作，免于砷的毒害，抗砷试验表明，此种含有抗砷质粒的菌株可在AsO_2^-高达80mmol/L的条件下正常生长，而野生型T. f在AsO_2^- 60mmol/L的条件下受到严重抑制。氧化亚铁硫杆菌ATCC33020的抗砷基因已被克隆出。有人对适合氧化亚铁硫杆菌（T. ferrooxidans）特点的诱变方法进行了研究：把菌体制成无铁细胞悬液进行小剂量、多次数的诱变，氧化亚铁硫杆菌菌株S_1经多次紫外线和激光照射，并结合逐级驯化处理，最终选育出了优良耐砷菌株S，它能在含11g/L As_2O_3的环境中生长，比出发菌株的0.7g/L提高了近14.7倍。在用该菌株进行浸矿的实验结果表明：浸矿能力良好，同样是在10%接种量时，浸出时间比出发菌株缩短了一天，并且砷的浸出率由原先的76%提高到85.7%。

除开细菌的生理及遗传特性外，细菌生长在有利条件下的化学因素对细菌耐高浓度金属离子也是有贡献的，这些条件大体有：

（1）具有优化成分介质的低pH值，使细胞壁上的阴离子格点质子化，从而减少了有毒金属离子与细胞壁的结合；

（2）介质中某些阴离子的存在（特别是磷酸根、砷酸根离子），会与某些金属阳离子生成沉淀，从而减少阳离子与细胞结合的机会；

（3）细胞分泌或死细胞释放出的有机配位体能与金属离子配合，同样可以减少阳离子与细胞的结合；

（4）在介质中存在某些能与有毒的金属或非金属竞争的物质，会减少有毒物质的毒性，例如磷酸根的存在可减少砷酸根的毒性，钾离子的存在可减少Tl^+的毒性。

14.2.1.5 细菌的采集、培养与驯化[1,2]

细菌的采集、培养与驯化涉及到以下五方面内容：

（1）细菌菌样的采集；

（2）细菌的分离、培养与鉴定；

（3）细菌的纯化；

（4）细菌数量的测定；

（5）细菌活性的测定。

这些内容和微生物实验研究采用的方法及技术大体一致，在有关微生物学的教科书中均有系统的阐述，此处只着重说明其中几个问题。

氧化亚铁硫杆菌一般在硫化矿的矿坑水中都有，若矿坑水pH为1.5~3.5并呈红棕色，则很可能有氧化亚铁硫杆菌，在国内从广东云浮茶洞毒砂矿酸性矿坑水中首次分离出氧化亚铁硫杆菌，在云南东川汤丹铜矿、大姚铜矿等的矿坑水中也采集到氧化亚铁硫杆菌。最近在云南某温泉水中还采集到高温菌。

浸矿用的菌种也可向菌种保藏单位购买，但经验证明，在进行细菌浸矿的矿区就地采集的细菌比外购的细菌有更强的适应当地条件的能力。

细菌的培养是细菌浸出的主要准备工作。在适宜的条件下使所需的细菌繁殖，提供浸出所需的细菌。这些条件包括：合适的培养基、温度、pH值以及O_2和CO_2的供给。

A　培养基

培养基是细菌获取营养、能源的源泉。不同的微生物有不同的营养要求，因此，首先根据不同微生物的营养需要配置不同的培养基。由于自养微生物有较强的合成能力，能从简单无机物质如CO_2和无机盐合成本身需要的糖、蛋白质、核酸、维生素等复杂的细胞物质，因此，培养自养微生物的培养基由简单的无机物组成。细菌浸出常用的氧化亚铁硫杆菌，氧化硫硫杆菌的培养基大多采用 Leathen 提出的成分，见表 14-18。

表 14-18　自养微生物培养基成分[2]

成　分	培养基种类				
	Leathen	9K	Wakesman	ONM	Comet
$(NH_4)_2SO_4$	0.15g	3.0g	0.2g	2.0g	0.2g
KCl	0.05g	0.1g			
K_2HPO_4	0.05g	0.5g	KH_2PO_4 3～4g	KH_2PO_4 4.0g	KH_2PO_4 3g
$MgSO_4 \cdot 7H_2O$	0.5g	0.5g	0.5g	0.3g	0.1g
$Ca(OH_3)_2$	0.01g	0.01g			
$CaCl_2 \cdot 2H_2O$			0.25g	0.3g	$CaCl_2$ 0.2g
硫磺粉			100g	10.0g	
浓度为5mol/L的H_2SO_4		1.0mL			
$Na_2S_2O_3 \cdot 5H_2O$					5g
$FeSO_47H_2O$	10.0g	44.3g	0.01g	0.01g	
蒸馏水	1000mL	1000mL	1000mL	1000mL	1000mL
适用菌种	氧化铁杆菌与氧化亚铁硫杆菌		氧化硫硫杆菌		氧化亚铁硫杆菌

有些研究者在实验应用中使用的培养基成分有小的变动，例如用硫磺粉代替$FeSO_4$做能源物质，其他一些物质的含量也略有不同。

异养微生物合成能力较弱，不能以CO_2作为唯一的能源，其培养基中至少需含一种有机物质如葡萄糖，有的需要一种以上的有机物。

B　合适的条件

主要的条件有 pH 值、温度、浸出液中Fe^{3+}离子初始浓度、CO_2与O_2的供给等。经众多前人的研究，这些条件已经确定，并已指出了各种浸矿菌生长的最佳温度和最佳 pH 值。

细菌的培养通常在生化培养箱中进行。在 100mL 锥形瓶中先加入 30mL 培养基，然后接种 5～10mL 菌种液，置于培养箱中，在 30℃下恒温培养 2～3d。可隔一定时间取样化验 Fe(Ⅲ) 浓度，统计细菌浓度（个/mL）。

为使细菌具有最大活性，必须通过驯化使细菌适应与其工作条件相似的基质。这种驯化往往采用逐步提高培养基或浸出悬浮液中金属离子浓度的办法使菌株对高金属离子浓度适应。其方法是：首先在三角瓶中加入一定体积的培养基，配入一定量的某种金属离子（保持低浓度），然后接种加入需要驯化的细菌进行恒温培养，待细菌适应并能正常生长后再将它接种加入新的一份培养基中，其金属离子浓度比上一次高，继续培养，依次进行多次，每一次的培养基中金属离子浓度都比前一次高。

14.2.2 细菌浸出的影响因素[1,2]

14.2.2.1 概述[1,2]

细菌浸出是一个复杂的过程，影响其效果的因素很多。这些因素列入表14-19。在这诸多因素中细菌与矿物性质是内因，至关重要，其他因素是外部条件。本节仅对其重要影响因素进行讨论。

表14-19 影响细菌浸出效果的主要因素

<table>
<tr><td>细菌和矿物的性质</td><td colspan="3">细菌性质、菌种、菌株与培养条件
矿物特性
脉石性质
矿物粒度</td></tr>
<tr><td rowspan="4">条　件</td><td colspan="3">温　度</td></tr>
<tr><td rowspan="3">介　质</td><td colspan="2">矿浆浓度
pH值</td></tr>
<tr><td>溶液成分</td><td>电位
营养物浓度
金属离子种类及浓度
非金属离子种类及浓度</td></tr>
<tr><td colspan="2">细菌接种量
表面活性剂种类与浓度，催化剂</td></tr>
<tr><td>操　作</td><td colspan="3">时间
浸出方式
搅拌方式与强度（对槽浸）；筑堆方式与喷淋强度（对堆浸）
充气方式和强度</td></tr>
</table>

14.2.2.2 细菌的性质[1,2]

细菌种类与性质对浸出效果的影响可归为三个“不一样”，即

(1) 不同的细菌对同一矿物浸出效果不一样；

(2) 同一种细菌的不同菌株对同一矿物的浸出效果不一样；

(3) 同一种细菌的同一菌株经过不同条件的培养与驯化其浸出效果也不一样。

第一个不一样是显而易见的，实验结果也证实了这一点，如图14-16所示。

第三个不一样是经很多实验证实了的。用氧化亚铁硫杆菌的29种菌株从硫化钴矿中浸出钴，发现其中有5种浸出效果较好，28天钴从钴精矿中可浸出钴20%以上，其中Fe 1号菌株效果最好，28天钴浸出率高达95%以上。

把一个氧化亚铁硫杆菌（取自chitradurga黄铁矿，印度），在两种不同介质中培养，一为含Fe^{2+}的培养基，另一为含固态元素硫的培养基，然后用这两种菌去浸出黄铜矿，浸出结果如图14-17所示。

由此可知在含Fe^{2+}培养基中培养的细菌好一倍左右。A. Das等测绘了该菌株以及在3种不同的培养基中培养的同一菌株的Zeta电位-pH线如图14-18所示。

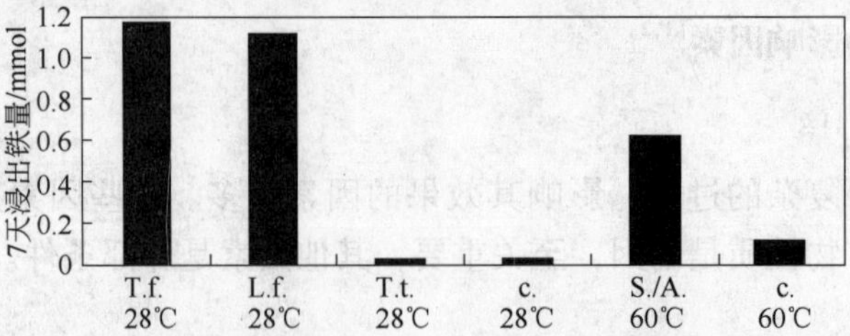

图 14-16　各种细菌浸出黄铁矿的比较

T. f—氧化铁硫杆菌；L. f—氧化亚铁微螺菌；T. t—氧化亚铁硫杆菌；
c. —无菌对照；S. /A. —Sulfolobus/Acidianus SP. 浸出条件：1g 黄铁矿，
粒度 36 ~ 50μm，pH = 1.9，28℃下试验：细菌接种量 1×10^9，
摇瓶速度 150r/min；60℃下试验：接种量为 2×10^8 不摇动

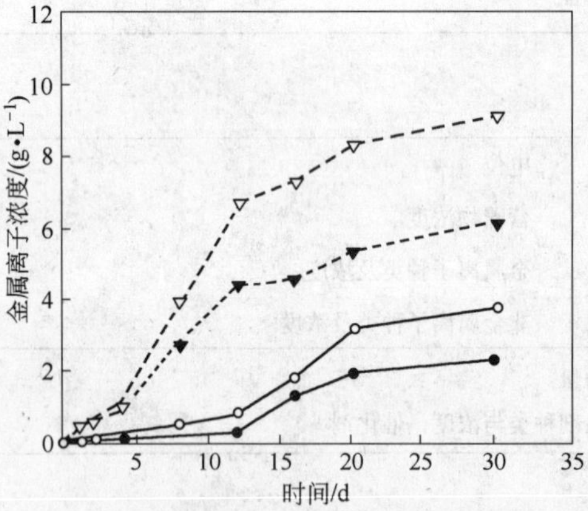

图 14-17　氧化亚铁硫杆菌浸出黄铜矿结果

●—Cu（在含 Fe^{2+} 溶液中培养）；
○—Fe（在含 Fe^{2+} 溶液中培养）；
▼—Cu（在含元素硫介质中培养）；
▽—Fe（在含元素硫介质中培养）

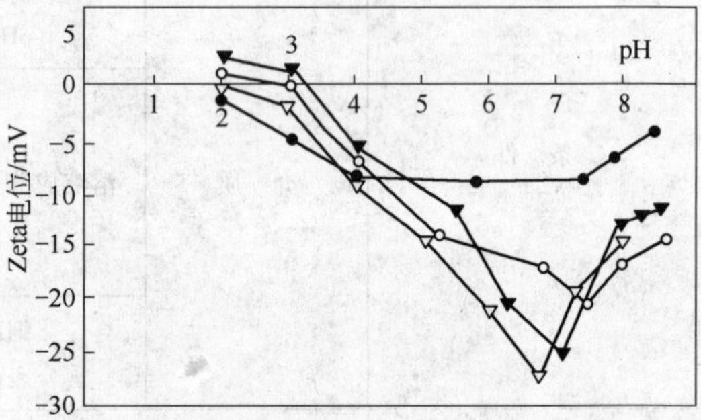

图 14-18　用不同能源基质培养的氧化亚铁硫杆菌的 Zeta 电位-pH 图

●—在含 Fe^{2+} 溶液中培养的细菌；
○—在含元素硫介质中培养的细菌；
▼—在含黄铁矿介质中培养的细菌；
▽—在含黄铜矿介质中培养的细菌

从图 14-18 看出，在只含 Fe^{2+} 的培养基中培养的细菌的等电点为 pH≈2，在 pH = 4 ~7 区间内具有最大的 Zeta 电位，约为 -10mV，而在分别含有固态元素硫、黄铁矿、黄铜矿的介质中培养的细菌的等电点明显向右移至 pH = 3 ~ 3.5，最大 Zeta 负电位在 pH = 7 左右，其最大负值为 -20 ~ -28mV。在不同环境中培养出的同一菌株有不同的静电行为。

P. 德瓦西亚等[13] 在分别含有元素硫、黄铁矿、黄铜矿、硫代硫酸盐与亚铁离子的介质中培养氧化亚铁硫杆菌（从印度乌兰基可汗铜矿分离而得）。试验发现，在上述不同介质中培养的细菌有如下的差别：

（1）电位等电点不同，在有亚铁离子与硫代硫酸根基质中培养的细胞具有相同的等电点，pH = 2，而在有固体硫基质中培养的细胞其等电点为 pH = 2 ~ 3.8，在黄铜矿与黄铁矿基质中培养的细胞其等电点为 pH = 3.8；

(2) 在有硫化矿的基质中培养的细胞具有强烈的疏水性，在浸出硫化矿时紧紧吸附在硫化矿表面，而且更易于大量附着于硫化矿表面，不同于那些在不含硫化矿的基质中培养的细胞；

(3) FTIR 光谱检测表明，细胞生长期间，在硫化矿基质中培养的细菌细胞表面有 NH_3、NH_2、NH、CONH、CO、CH_3、CH_2、CH 和 COOH 等功能团存在。培养环境的不同迫使细菌细胞组织发生了某些变化，德瓦西亚设想，在元素硫与硫化矿的培养基质中细胞必须与固体表面接触，为了获得使其生存的能源，它被迫在其细胞壁上产生蛋白质细胞表面成分，靠这种蛋白质膜细胞附着在硫化矿表面，而在 Fe^{2+} 与硫代硫酸根的基质中细胞没有在固体表面附着而传递能量的需要，故而没有长出这种蛋白质膜。也正因为有无这种蛋白质膜的存在造成了细胞表面电荷的不同，自然又导致等电点的不同。而通过 K 蛋白酶的处理去掉细胞表面的蛋白质膜，则在各不同基质中培养的细菌的电动行为趋于一致。这一现象有力地支持了上述设想。

通过上述情况至少得出一个结论：在不同条件下培养的细菌细胞具有不同的表面结构，在浸矿时表现出不同的附着能力，从而具有不同的浸矿活性，因为附着于固体矿物表面对浸出是很重要的。过去已有不少试验结果证明，经过驯化的细菌（在有硫化矿存在的基质中培养过）比未经驯化的细菌在硫化矿表面达到吸附平衡所需时间要短得多。

问题不仅仅限于前述表面变化，更深入的研究表明，在不同条件下获得的菌株或同一菌株在不同条件下培养，其 DNA 具有不同的结构特征。

同一菌株在不同条件下（pH、能源物质种类、温度、Fe^{2+}/Fe^{3+} 浓度等）培养，其 DNA 的脉冲场凝胶电泳图也有明显的差异。

综上所述，同一菌种的不同菌株，同一菌株经不同条件下培养，具有不同的表达差异（即不同的耐酸、耐重金属离子的能力、不同的浸矿速率等），这应首先归因于其基因的区别，其次也有细胞壁上发生的某些变化。揭示细菌浸矿特性与其基因表达的内在规律，可为我们通过生物工程技术的手段来改造细菌，使其具有浸矿所需要的优异性能提供了一个可靠的依据。

14.2.2.3 *矿石的性质*[1,2]

细菌浸出的对象是矿石，矿石的性质当然会对浸出效果产生重大影响。生产实践中很难有处理纯矿物的情况，只有在试验研究中，特别是基础理论的研究需要处理纯的矿物样品。

A *矿物的性质*

文献报道认为影响浸出速率的决定因素是矿物的性质[14]。矿物性质对细菌浸出的影响可归结于一句话：同一菌种的同一菌株去浸出不同的矿，浸出效果明显不一样。至今对各种矿物用各种细菌浸出的难易还缺乏系统的研究，也更无法按浸出的难易程度把矿物排出一个令人信服的顺序。对氧化亚铁硫杆菌浸出有色金属硫化矿得到两个排序：

一是在研究氧化亚铁硫杆菌氧化金属硫化矿的动力学时发现，细菌浸出速率按下列顺序排列：

$$NiS > CoS > ZnS > CdS > CuS > Cu_2S$$

二是英国比利顿公司过程研究所研究了用 Mesophile 浸出赞比亚与智利含铜的浮选精

矿时，对精矿中各种铜矿物的浸出进行了跟踪检测，结果表明各种铜矿物的浸出速率由大到小按以下顺序排列：

辉铜矿 > 斑铜矿 > 古巴矿（Cubanite，又称方黄铜矿 $CuFe_2S_3$）> 铜蓝 >

黄铁矿 > 硫砷铜矿（Enargite）> 硫铜钴矿（Carrolite，$Cu(Co \cdot Ni)_2S_4$）> 黄铜矿

以上排序是经验的还难说是确定的，缺乏理论解释，因此也很难把上述排序与哪一种矿物性质很好地关联。应认识到影响浸出效果的性质是多方面的，诸如：

矿物的化学成分；晶型，晶格结构，晶格能；表面离子化能（相当于一种金属的费米能级）；电极电位；导电类型；溶解度；杂质种类与含量，杂质的分布方式。

表 14-20 列出了一些主要的有色金属硫化矿的有关性质。有人认为影响反应速率的主要因素可能是矿物表面的离子化能（相当于一种金属的费米能级）。

表 14-20 有色金属硫化矿的性质[1,2]

矿物名称	分子式	晶 型	导电类型	电阻率 /(Ω · m)	溶度积 $\lg K_{sp}$	标准电极电位 273K/V	在浸矿相近条件下平衡电位①/V	禁带宽度 Energy gap/erg
斑铜矿 (Bornite)	Cu_9FeS_4	正方晶系	P 型	$10^{-3} \sim 10^{-6}$	−160.6			
辉铜矿 (Chalcocllе)	Cu_2S	斜方晶系	P 型	$4.2 \times 10^{-2} \sim 8 \times 10^{-5}$	−47.64			1.1
黄铜矿 (Chalcopyrite)	$CuFeS_2$	正方晶系	N 型	$0.2 \times 10^{-3} \sim 9 \times 10^{-3}$	−61.5	0.358	0.2392	
铜 蓝 (Covellite)	CuS	六方晶系	P(类金属导电)	$0.8 \times 10^{-4} \sim 7 \times 10^{-7}$	−35.85	0.4043	0.2862	
方铅矿 (Galena)	PbS	立方晶系	N 与 P	$1 \times 10^{-5} \sim 6.8 \times 10^{-6}$	−28.06			
辉钼矿 (Molybdennite)	MoS_2	六方晶系	N 与 P	$(7.5 \sim 8) \times 10^{-3}$				
镍黄铁矿 (Pentlandite)	$(Fe \cdot Ni)_9S_8$		N 与 P			0.416	0.1164	
黄铁矿 (Pyrite)	FeS_2	立方晶系	N 与 P	$3 \times 10^{-2} \sim 1 \times 10^{-3}$	−26.27	0.351	0.220	0.9 ± 0.1
闪锌矿 (Sphalerite)	ZnS	立方晶系	非导体	$2.7 \times 10^{-3} \sim 1.2 \times 10^{-4}$	−24.92	0.282	0.2524	3.67
	FeS		P			0.114	0.0844	很小
	NiS		金 属		−21.03	0.176	0.1464	
	CdS		N		−27.19			2.42
	Ag_2S		N		−49			~1
	HgS		N		−53			2
	SnS		P		−25			1.08

①$T = 25℃$，pH = 2，$[M] = [SO_4^{2-}] = [HSO_4^-] = 0.1 mol/L$。

a 矿物的电位

浸没在电解质溶液中的矿物组成了一个电极，其电极电位值列入表14-20，表中未列入的砷黄铁矿（$E^{\ominus}=0.213V$）与磁黄铁矿（$E^{\ominus}=0.27V$）。实测值与标准电极电位有明显的差别，这是由于测定方法、条件、矿物成分、杂质含量以及溶液成分不同造成的。根据前人的测定数据可以整理出各种矿物的电位顺序，如图14-19。从热力学的角度看，矿物的电位愈小愈有利于浸出。首先是由于浸出过程真正的电子受体是溶解于浸矿液的氧，矿物的电位愈小，与氧的电位差愈大，其氧化的热力学趋势也愈大；第二是电位不同的两个矿粒紧密接触并浸没在同一溶液中组成了一对原电池，电位小的是阳极，发生阳极溶解（氧化），电位大的是阴极，在其上发生 O_2 与 Fe^{3+} 的还原，如图14-19所示。上面的电位顺序表明，黄铁矿与其他矿物伴生都能起阴极的作用，促进这些矿物的氧化。因此，黄铁矿的细菌浸出较之其他硫化矿难。对难处理金矿的生物浸出研究表明，含砷高的（毒砂含量高的）金矿容易进行氧化处理，高硫低砷的金矿（黄铁矿含量高的）则难以氧化处理。

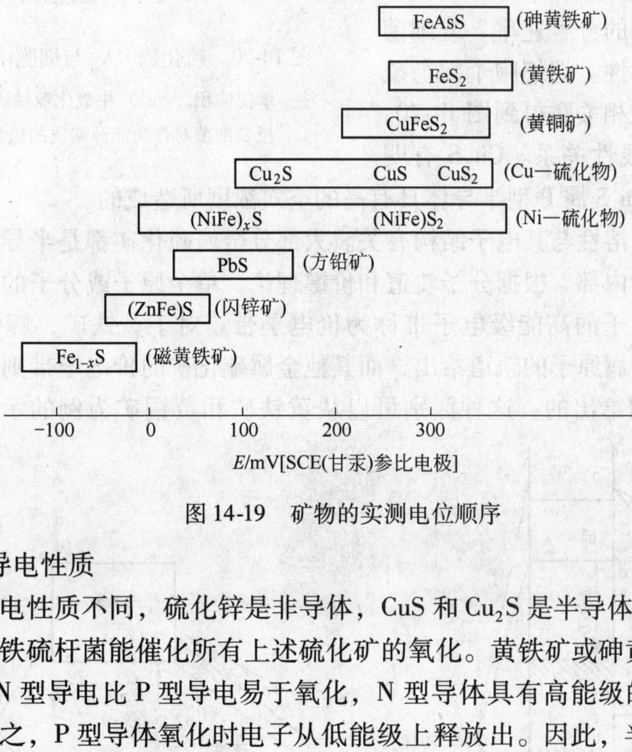

图14-19 矿物的实测电位顺序

b 矿物的导电性质

硫化矿的导电性质不同，硫化锌是非导体，CuS 和 Cu_2S 是半导体，而 NiS 具有金属的导电性。氧化亚铁硫杆菌能催化所有上述硫化矿的氧化。黄铁矿或砷黄铁矿有N型导电与P型导电两类。N型导电比P型导电易于氧化，N型导体具有高能级的电子，易于在氧化过程中失去。反之，P型导体氧化时电子从低能级上释放出。因此，半导体的导电类型是导致硫化物氧化速率不同的原因之一，但不是决定性的原因。非导体的 ZnS 与金属导体的 NiS 的氧化速率比黄铁矿和砷黄铁矿快得多。非导体的雄黄和雌黄则难以氧化。

c 矿石的化学成分

同一种矿物在相同的条件下浸出，因矿石成分的差异，表现出不同的动力学特征。如前所述矿石中是否伴生有黄铁矿及其含量均会影响矿石的浸出效果。难处理金矿的生物氧化速率与其砷黄铁矿与黄铁矿的含量比有关。含量比小于0.5时，氧化速率慢；含量比大于0.5时，氧化速率快。同样是砷黄铁矿，其砷硫含量的差异（是富硫还是富砷）也会呈现出不同的氧化动力学特征。

d　硫化物的溶度积

研究氧化亚铁硫杆菌氧化金属硫化物的动力学时，发现细菌浸出速率按下列顺序排列：NiS > CoS > ZnS > CdS > CuS > Cu_2S，此顺序与其溶度积的大小顺序基本相符（见表 14-20 中各矿物的溶度积数据）。

对比了在无铁介质中用氧化亚铁硫杆菌浸出 16 种不同的人工合成硫化物时，在相同时间内单位体积溶液中细菌的个数。在无铁介质中氧化亚铁硫杆菌以硫化物作为能源基质，细菌生长愈快，需要的能量愈多，作为能源基质的硫化物分解的速率也愈快。所以单位体积溶液中细胞的个数可以反映硫化物的分解速率，或细菌对该硫化物的氧化活性。把细胞个数与硫化物的溶度积的对数相关联得到图 14-20，二者之间有近似的线性关系。Cu_2S 有明显的偏离，这是因 Cu_2S 属 P 型半导体具有高的空穴浓度所造成的。

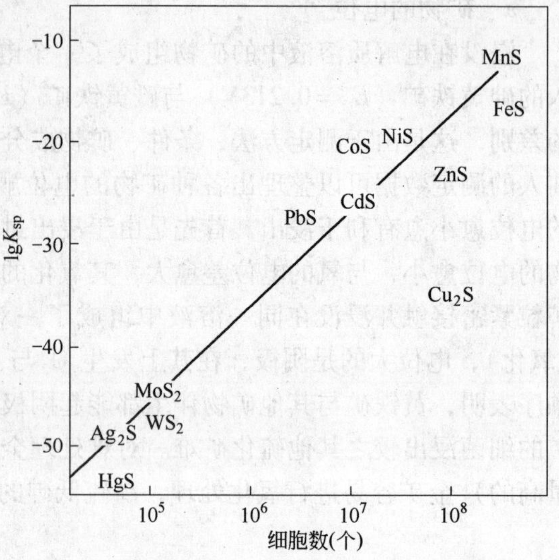

图 14-20　硫化物 $\lg K_{sp}$ 与细胞个数的关系图

（注：单位体积（cm^3）中氧化亚铁硫杆菌细胞个数，反映细菌对作为能源基质的硫化物活性）

金属硫化物的可溶性与其电子结构有关。大部分金属硫化矿都是半导体，金属原子和硫原子被束缚在晶格内部。根据分子轨道和价键理论，单个原子或分子的轨道组成不同能级的电子带，充满电子的高能级电子带称为价电子带。对于黄铁矿、辉钼矿和辉钨矿来说，价电子带仅由金属原子的轨道给出，而其他金属硫化矿的价电子带则是由金属原子轨道与硫原子轨道共同给出的。这种区别可以从黄铁矿和黄铜矿为例的示意图 14-21 中看

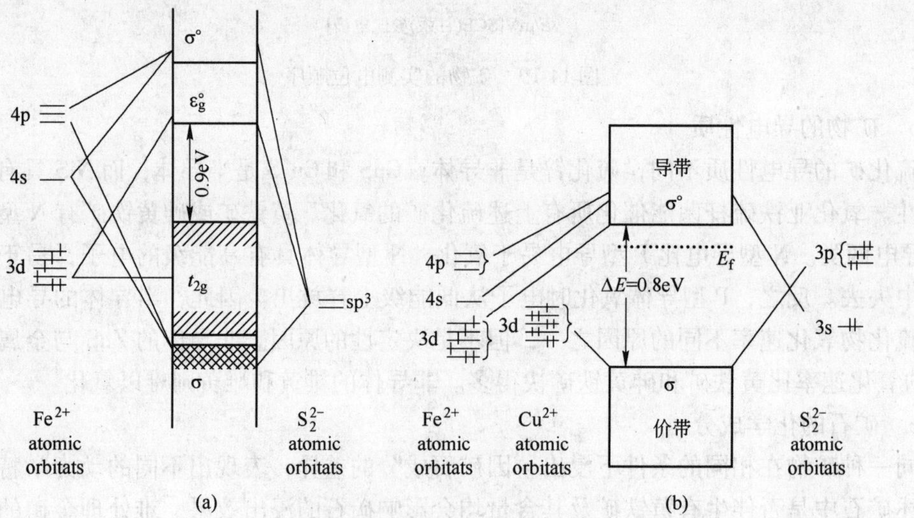

图 14-21　黄铁矿（A）和黄铜矿（B）的电子带示意图

（a）无键接的价电子带 t_{2g} 仅来自 Fe^{2+} 原子轨道；

（b）键接连接的价电子带分别来自 Cu^{2+} 和 S_2^{2-} 原子轨道

出。

因此，黄铁矿、辉钼矿和辉钨矿的价电子带并不能加强金属硫化矿中金属和硫之间的价键，这样，这个价键就只能由三价铁离子的六水合物经过分步氧化来破坏打开。而对于其他的金属硫化矿，除了三价铁离子之外，氢核也能将价电子带上的电子移开，从而造成硫化矿中金属和硫之间价键的破坏。因此，这些金属硫化矿或多或少均能溶于酸中，但黄铁矿，辉钼矿和辉钨矿却不可溶。这一点可由图 14-22 对黄铁矿和闪锌矿的对比看出。由图看出，ZnS 随 pH 值的降低而明显溶解，而 FeS_2 则不受 pH 影响，在酸中几乎不溶，以上这些情况不仅导致 ZnS 与 FeS_2 浸出速率不同，浸出机理也不同。

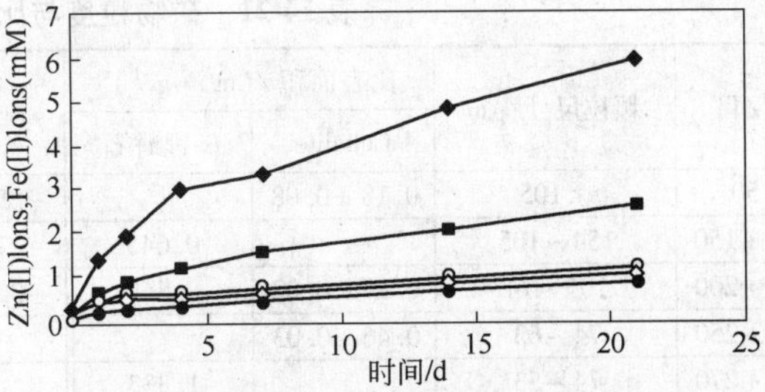

图 14-22 黄铁矿和闪锌矿在酸中的溶解情况

◆— Zn（Ⅱ），pH = 1.5 ~ 1.6；■— Zn（Ⅱ），pH = 1.9 ~ 2.1；
●— Zn（Ⅱ），pH = 2.5 ~ 3.2；◇— Fe（Ⅱ），pH = 1.5 ~ 1.6；
○— Fe（Ⅱ），pH = 2.3 ~ 2.5；（每种矿 1g，粒度 36 ~ 50μm，加入稀 H_2SO_4 50mL，pH 分别为 1.5、1.9 与 2.5，振荡。测定 Zn^{2+} 与 Fe^{2+}）

e 矿物中杂质含量与类型

矿物中杂质种类、含量以及其赋存状态均对硫化矿的浸出有影响。在研究闪锌矿的细菌浸出时发现，杂质溶解于闪锌矿的精矿最易浸出；由闪锌矿与黄铁矿组成的精矿第二易浸；含闪锌矿、方铅矿与黄铁矿者最难浸出。这些现象至少部分可用原电池效应来解释。Ballester[33] 等提出，Fe^{2+} 溶解于 ZnS 中提高了 ZnS 的导电性与化学可浸性。

B 脉石性质

与矿物伴生的脉石性质对浸出的影响是：

（1）碱性脉石（钙、镁的碳酸盐等）易溶于酸，由于细菌浸出多在稀酸介质中进行（pH = 1 ~ 2），这些物质同时溶解从而增加了过程的耗酸量，提高了运作成本，不仅如此，过多的碳酸钙会导致浸矿液中 $CaSO_4$ 达到饱和浓度而呈固体析出并沉积于矿块表面，从而阻碍进一步的浸出；

（2）在进行块堆浸时，由于有用矿物多嵌布在脉石中，因此，脉石的可渗透性对于浸出的有效进行便十分重要，脉石如果多孔，渗透性好，则有利于浸出；

（3）不同的硅酸盐脉石对水的吸附能力不同，由于吸水能力不同堆浸时产生不同的效果，皂土吸附水的能力最强，高岭石次之，伊利水云母最差，各种硅酸盐脉石特别是膨胀性黏土，均严重地降低矿堆的渗透能力。

C 矿石的粒度

细菌浸矿是在矿石的界面上进行的过程，其速率与固体的比表面积有关。矿石粒度愈小，其比表面积愈大，则浸出速率也愈大。表 14-21 中列出了两种矿物比表面积与粒度的关系，其比表面积是用氮原子吸附法测定的。

E. Ilgar 等研究从锂辉石中浸出锂时发现，浸出初始速率与矿物比表面积之间呈下述关系[15]：

$$\nu = \nu_m \exp(-k/s) \text{ 或 } \ln\nu = \ln\nu_m - k/s \tag{14-14}$$

式中　ν——初始浸出速率，g/(L·s)或 kg/(m³·s)；

ν_m——所能达到的最大初始理论浸出速率，g/(L·s)；

s——比表面积，m^2/g；

k——比例常数。

表 14-21　矿物粒度与比表面积的关系

粒度/目	颗粒尺寸/μm	比表面积/($m^2·g^{-1}$)		粒度/目	颗粒尺寸/μm	比表面积/($m^2·g^{-1}$)	
		Cobalite	β-锂辉石			Cobalite	β-锂辉石
-150	<105	0.18±0.08		-250+270	63~53	0.79±0.03	
-100+150	154~105		0.645	-270+325	53~44	0.95±0.06	1.6
-150+200	105~74	0.29±0.02	0.869	-325+400	44~38	1.76±0.09	2.5
-200+250	74~63	0.46±0.03		-400	<38	2.34±0.12	5.00
-200+270	74~53		1.333				

以 $\ln\nu$ 对 $1/s$ 作图为一直线，从其截距可求出 ν_m，斜率可求出 k，所得试验结果如图 14-23 所示。$\nu_m=0.32\times10^{-3}$kg/(m³·s)，$k=0.275$g/m²。

研究用 T. ferrooxidans 浸出辉砷钴矿（cobaltite）中的钴时发现，初始浸出速率与矿物比表面积之间符合 Monod 方程：

$$s/\nu = k/\nu_m + s/\nu_m \tag{14-15}$$

式中　ν——初始浸出速率，g/(L·s)或 kg/(m³·s)；

ν_m——所能达到的最大理论初始速率，g/(L·s)或 kg/(m³·s)；

k——比例常数。

s/ν 与 s 之间呈直线关系，其斜率可求出 ν_m，其截距可求出 k，并求出得 $\nu_m=0.376$g/(L·h)，$k=1.27$m²/g，所得结果示于图 14-24。

除此之外，对矿石的细磨还可以起到机械活化的作用。P. Balaz 的研究表明，机械活化后用氧化亚铁硫杆菌从 ZnS-FeS_2 混合矿中浸出锌的速率增大了 3~4 倍。使用行星式球磨机活化含金硫化矿，然后进行生物化学分解，

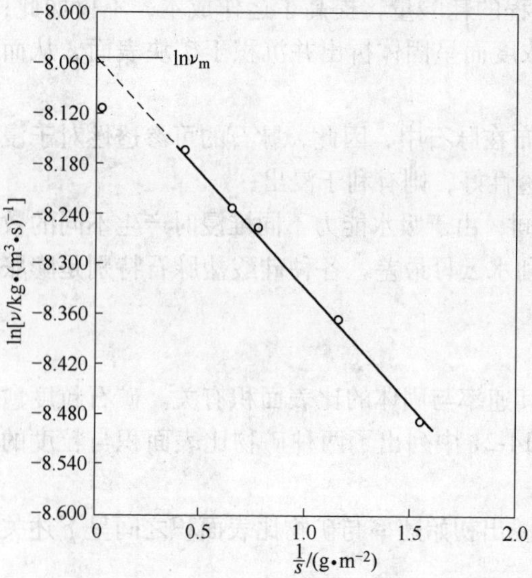

图 14-23　锂辉石浸出速率与其比表面积的关系

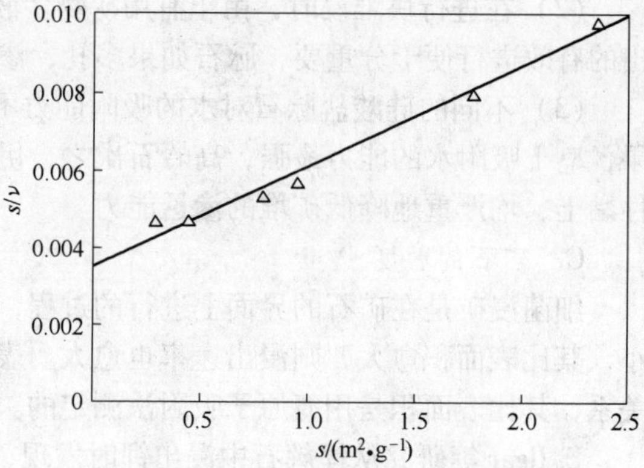

图 14-24　辉砷钴矿浸出时浸出速率与矿物比表面积的关系

可使70%～75%的砷转入溶液，金浸出率超过80%。在另一研究中也使用行星式球磨机活化Au-As精矿，使浸出液中生物物质浓度由1g/L增至10g/L，精矿浸出时间从72h降至22h。机械活化改变了黄铁矿的结晶程度，进而影响了细菌浸出。

将细菌浸出过程与轻度的研磨过程结合，使含金硫化矿的浸出速率大为增加。

综合考虑反应动力学的一般要求与机械活化作用可得出如下结论：

(1) 对于堆浸必须考虑矿层渗透性，矿块应有一合适的粒度范围；

(2) 对于槽浸，不仅要考虑矿石的细度，还要注意磨矿的方式及增强机械活性的效果；

(3) 细磨对槽浸是有利的，但磨矿也是耗能作业，应把提高浸出速率与降低能耗和作业成本综合起来考虑，选择一最佳的物料粒度范围；

(4) 为使机械活化后的物料不失去活性，磨细后的物料的搁置时间不要超过50h，最好是磨好后即投入浸出。

14.2.2.4 环境条件[1,2]

浸出的环境条件包括多方面的因素，均对浸出有影响。

A 温度

与一般化学反应不同的是，微生物浸出所能选择的温度首先受到微生物生长的制约，只能在适宜微生物生长的温度范围内进行。而一般的化学反应则可根据动力学的需要采用各种温度，包括在加压条件下的高温（>100℃），浸出最好在最佳浸矿温度下进行。最佳浸矿温度不一定就是微生物最佳生长温度。图14-25示出了温度对某些微生物氧化Fe^{2+}能力的影响规律。有试验表明，从最佳温度每下降6℃，浸出速率减半。在实际的浸矿作业中温度并不都能控制在最佳温度上。

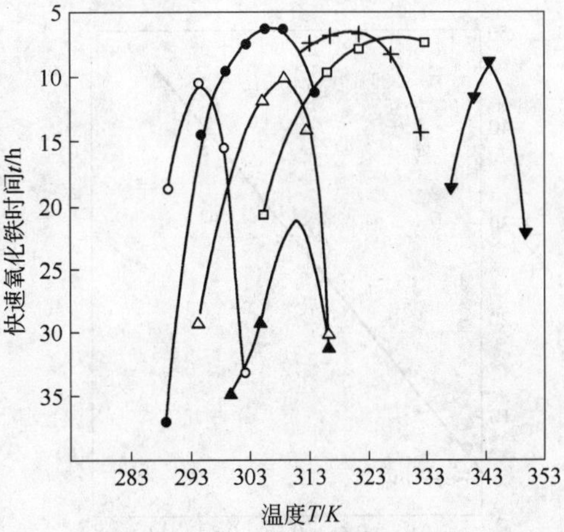

图14-25 在一定条件下温度对某些嗜酸细菌氧化能力的影响

○—氧化亚铁硫杆菌（Hardanger）；●—氧化亚铁硫杆菌DSM583；△—氧化亚铁微螺菌DSM2706；□—中等嗜热细菌（BC_1）；▲—微螺菌（BC菌株）；+—中度嗜热细菌ALV；▼—硫杆叶菌LM菌株

B 矿浆浓度

矿浆浓度指单位体积矿浆中固体物质（矿粒）的质量含量，一般以百分数表示（W/V）。

E. Ilgar等[15]研究用氧化亚铁硫杆菌浸出β-锂辉石时发现，浸出速率与矿浆浓度之间遵守Monod方程：

$$1/\nu = k/(\nu_m C_s) + 1/\nu_m \tag{14-16}$$

式中 ν——初始浸出速率，g/(L·s)或kg/(m³·s)；

ν_m——所能达到的最大初始速率，g/(L·s)或kg/(m³·s)；

C_s——矿浆中固体物浓度，%；

k——比例常数。

以 $1/\nu$ 对 C_s 作图为一直线，如图 14-26 所示。

由图 14-26 的截距求出 $\nu_m = 3.01 \times 10^{-7} kg/(m^3 \cdot s)$，由斜率与 ν_m 可求出 $k = 12.4\%$。

由方程（14-16）看出，浸出速率随矿浆浓度增大而增大，并最终有一个理论上可能达到的最大速率。图 14-26 表明，这最大速率是矿浆浓度的倒数为 0 时的速率，即矿浆浓度为∞时。事实上这一最大速率往往在矿浆浓度为 15% ~20% 时即出现。图 14-27 示出了硫化锌矿和砷黄铁矿细菌浸出时的典型结果。矿浆浓度为 15% 时，氧化速率达到最大值；到 15% ~20%，变化不大；超过 20%，氧化速率下降。难处理金矿生物预氧化大规模工业试验表明，黄铁矿和砷黄铁矿含硫量分别为 20% 和 28% 时，矿浆浓度为 18% ~20%，氧化速率达到最大值。精矿含硫量为 6.2% 及含硫很低的等外矿，当矿浆浓度分别为 43% 和 55% 时，尚能达到中等的浸出速率。在一般槽浸作业中，采用的矿浆浓度为 18% ~20%。

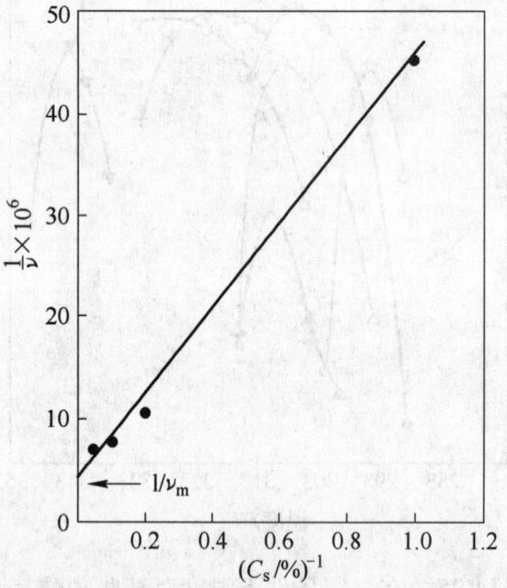

图 14-26　浸出速率与矿浆浓度关系图

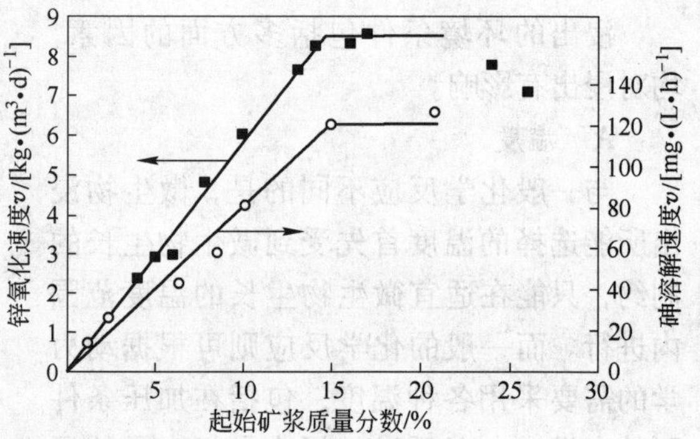

图 14-27　硫化锌和砷黄铁矿生物氧化速率与矿浆浓度的关系
■—硫化锌矿；○—砷黄铁矿

制约矿浆浓度的因素有：

（1）氧气传输的限制；

（2）随矿浆浓度升高，矿粒互相摩擦的机会增多，细菌生存条件恶化，所以有一些互相独立的研究表明，提高矿浆浓度对浸出速率产生不利的影响；

C　介质的 pH 值

介质 pH 值从几个方面影响浸出：（1）细菌繁殖速率；（2）细菌的氧化活性；（3）固体产物的生成。

每一种细菌均有其适宜生长的 pH 值范围与最佳生长 pH 值。研究了介质 pH 值对氧化亚铁硫杆菌生长速率与其氧化活性的影响，其结果如图 14-28 所示。图中曲线 1 表示细菌生长速率，更准确地说是代表细菌数目的增长速率，但是以 Fe^{2+} 氧化速率表征的；曲线 2 则代表在不同 pH 值下培养已长成的细菌的氧化活性。曲线 2 各点的测定在 60min 内完成，介质中不加入细菌生长所必需的营养物，只含 Fe^{2+} 0.001mol/L。在这样的条件下可以认为在曲线 2 各点的测定过程中细菌个数保持恒定，测定时的 pH 值约为 2。

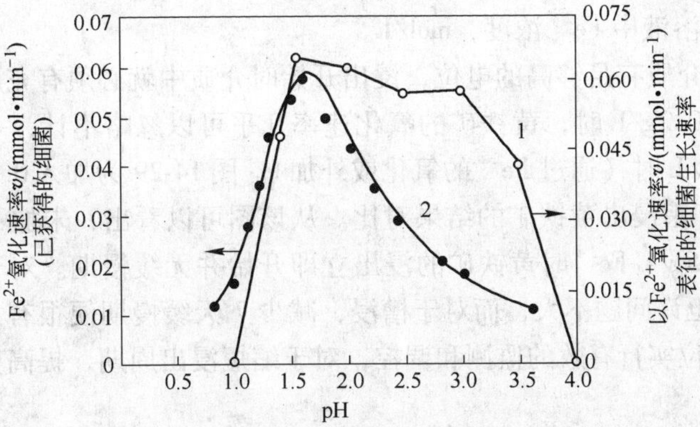

图 14-28 pH 值对 T. ferrooxidance 细菌繁殖率（曲线 1）和氧化活性（曲线 2）的影响

从图 14-28 看出，无论是对氧化亚铁硫杆菌的生长速率还是其氧化活性 pH 值均有十分显著的影响。pH =1.5 时细菌的生长速率最大，在这一 pH 值下培养出的细菌其氧化活性也接近最高，因此在用氧化亚硫杆菌浸矿时选择 pH =1.5 应该是最好的。但是在浸矿实践中要严格保持某一 pH 值是困难的。在初期，由于物料中含有酸可溶物质（钙、镁碳酸盐等），其溶解耗酸，Fe^{2+}的氧化也是耗酸反应，pH 值会升高，此时需加酸调整介质的 pH 值，随着矿物中低价硫氧化为硫酸根（产酸反应）介质 pH 值又会下降。

D 介质的电位

介质的电位对浸出是至关重要的，对这一点过去往往重视不够。

有人作的一组试验颇能说明这一问题。将表面抛光的黄铁矿做成一电极（阳极）与另一电极（阴极）分别放置入不同成分的溶液中组成一电解槽，然后：

（1）将电极放入有细菌（氧化亚铁硫杆菌）的介质中并使两电极形成开路，经 24 天之后电极表面未发现任何蚀变，铁也仅有少量溶解（仅达百万分之几），但电极表面吸附了很多细菌。在此种条件下黄铁矿电极的开路电位为 +0.4V（对饱和 Ag/AgCl 电极）；

（2）对电极施加外电压，使黄铁矿电极电位保持在 +0.6V（对饱和 Ag/AgCl 电极），在同样长的期限内抛光黄铁矿表面发生了明显的三维蚀刻，其形状与尺寸与氧化亚铁硫杆菌相似；

（3）将抛光黄铁矿电极置于无菌介质中，同时施加外电压使其电位保持在 +0.6V（对饱和 Ag/AgCl 电极），则经过 17 天未发现电极表面有何蚀变。

用磨细了的黄铁矿做试验进一步证实了在上述块状电极实验中所发现的倾向。在有菌条件下，介质电位保持 +0.8V（SHE），经 72h 铁的溶解后介质电位为 +0.6V（SHE），无菌时介质电位为 +0.8V（SHE）的 3 倍。

以上情况说明，即使在有细菌的条件下，也要介质的电位足够高时硫化矿的氧化方能有效进行。

根据伦斯特方程，介质电位取决于溶液中 Fe^{3+} 的浓度，$T=25℃$时，电位如下式：

$$E_{Fe^{3+}/Fe^{2+}} = 0.78 + 0.0591\lg\frac{[Fe^{3+}]}{[Fe^{2+}]} \tag{14-17}$$

式中　[Fe^{3+}]——溶液中 Fe^{3+} 浓度，mol/L；

　　　[Fe^{2+}]——溶液中 Fe^{2+} 浓度，mol/L。

为了保持浸矿介质有足够高的电位，浸出开始时介质中就必须有充足的 Fe^{3+}。实验结果表明当[Fe^{3+}] <0.2g/L 时，黄铁矿的氧化速率几乎可以忽略不计，一直到 [Fe^{3+}] 增加到大于等于0.2g/L 时（通过 Fe^{2+} 的氧化或外加）。图 14-29 为加入 0.5g/LFe^{3+} 与未加入 Fe^3 的氧化亚铁硫杆菌浸出黄铁矿的结果对比。从该图可以看出，未加 Fe^{3+} 时浸出有 7 天缓慢期。而加入 0.5g/L Fe^{3+} 时黄铁矿的浸出立即开始并无缓慢期。对于堆浸，由于总周期长，7 天缓慢期也许问题不大，而对于槽浸，减少 7 天缓慢期便很有意义了。浸出过程从始至终对溶液电位实行有效的监测和调控，对于缩短浸出周期，提高劳动生产率是很有意义的。

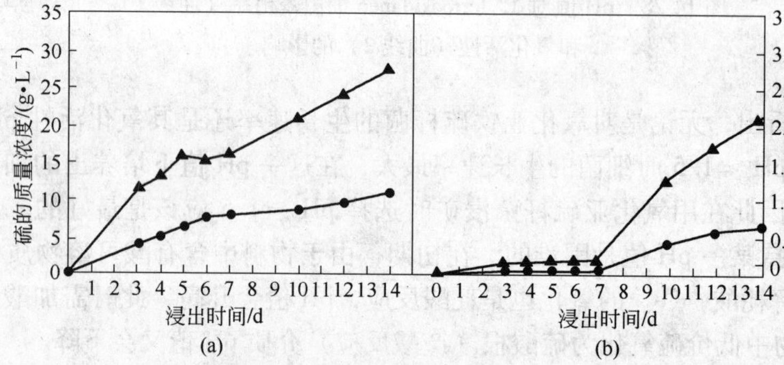

图 14-29　氧化亚铁硫杆菌浸出黄铁矿时 Fe^{3+} 的作用

（a）浸出开始时 Fe^{3+} 浓度为 0.5g/L；（b）未加入 Fe^{3+} 起始细胞浓度为 10^9/mL

●—总铁浓度；▲—硫浓度

E　介质中其他物质

（1）无机盐。为提高浸出效果可向浸矿介质中加入一定的 $(NH_4)_2SO_4$ 和磷酸盐，其加入量由实验确定。磷酸盐离子是细菌生长所需的基本要素之一。

（2）金属离子与阴离子。细菌对各种金属离子与阴离子的抗性已在第 12.2.1.4 节中详细论及，此处不再赘述。

（3）表面活性剂。表面活性剂对细菌浸出有促进作用。在使用表面活性剂时，有一最佳浓度值，在此浓度下能显著提高矿物的浸出效果，例如用细菌浸出黄铜矿时加入吐温-20，其最佳浓度为 0.603%，在此浓度下浸出速率由 20mg/(L·h)（不加时）提高到 500mg/(L·h)。

（4）催化剂。硫化物溶度积很小的金属的阳离子如 Ag^+、Bi^{3+}、Co^{3+}、Hg^{2+} 等对金属硫化物的细菌浸出有催化作用，例如用氧化亚铁硫杆菌浸出闪锌矿时，不加催化剂，最大浸出率只能达到50%，加入 Ag^+、Bi^{3+}（浓度 0.1g/L）浸出率可达 80% 左右。Cu^{2+} 浓度 1.27g/L 时的 300h 浸出率比不加 Cu^{2+} 时提高 30% 以上。Ag^+ 和 Hg^{2+} 对复杂金属硫化精矿细菌浸出的催化作用也很明显，不加时 300h 铜浸出率仅为 25%，加入 Hg^{2+}、Ag^+ 后浸出率分别达到 80% 和 90%。一些研究者认为，上述金属阳离子的催化机理是它们从硫化矿的晶格中取代出 Fe^{2+}，Fe^{2+} 进入溶液后又在细菌参与下氧化为 Fe^{3+}，例如浸出 $CuFeS_2$ 时加 Ag 作催化剂的反应为：

$$CuFeS_2 + 4Ag^+ \longrightarrow 2Ag_2S + Fe^{2+} + Cu^{2+} \quad (14\text{-}18)$$

$$Ag_2S + 2Fe^{3+} \longrightarrow 2Ag^+ + 2Fe^{2+} + S \quad (14\text{-}19)$$

所生成的 Ag^+ 又继续取代矿物晶格中的 Fe^{2+}，如此周而复始，Ag^+ 催化作用的另一种解释，即 Ag_2S 电位较其他金属硫化物高得多，加入的 Ag^+ 按式（14-18）生成 Ag_2S 与其他金属硫化物形成原电池而促进其浸出。

实验很好地说明了用氧化亚铁硫杆菌浸出黄铁矿时 Ag^+ 的催化作用。在35℃下浸出时，加入 Ag^+（≥0.3Ag/kg 黄铜矿），12 天铜浸出率为 80%，而不加 Ag^+ 或加入量不够时 12 天浸出率为 25%。而用高温细菌（Sulfolobus BC）在 68℃下浸出则 Ag^+ 没有显出催化作用，不加 Ag^+ 时浸出率为 60% 与加 Ag^+ 时的 55% 接近。对黄铜矿表面成分进行分析发现，35℃下与 68℃下的浸出属于截然不同的两种机理。在 35℃下浸出时，黄铜矿表面有 AgS 生成，因而 Ag^+ 的催化作用可按反应式（14-18）、式（14-19）反复不断进行，而在 68℃下浸出时黄铜矿表面生成了一薄层金属银。在细菌浸出的条件下溶液的电位不足以使金属银氧化溶解，因而不可能按式（14-18）、式（14-19）产生催化作用。

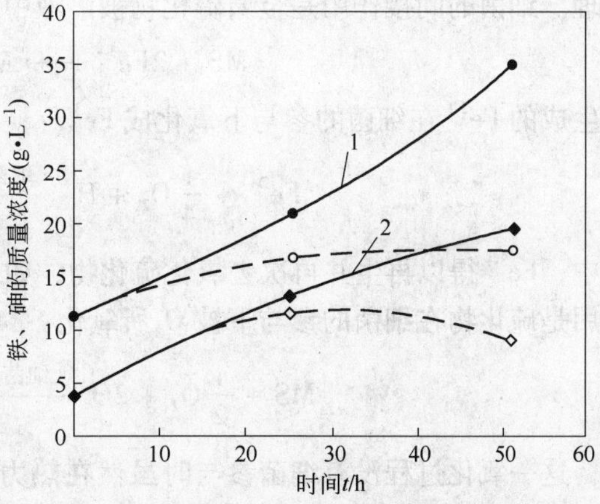

图 14-30 经洗涤（实线）和未经洗涤（虚线）的精矿氧化速率对比

1—铁溶出速率；2—砷溶出速率

（5）浮选药剂的影响。精矿中残存的有机浮选药剂对细菌的氧化速率有影响。研究表明，浮选药剂对细菌生长抑制顺序为：乙基黄药（10mg/L）≥丁基胺黑药≥丁基黄药>2 号油。有人研究了异丙基黄原酸钠对黄铁矿与砷黄铁矿生物氧化的影响情况。从图 14-30 看出，未经洗涤的精矿氧化速率比用 pH = 1.25 的酸性水洗涤过的氧化速率慢。

他们认为，在酸性介质（pH≈1.5）发生下面的分解反应：

$$(CH_3)_2{-}CH{-}O{-}CS_2{-}Na + 0.5H_2SO_4 \longrightarrow (CH_3)_2{-}CH{-}OH + 0.5Na_2SO_4 + CS_2$$

（异丙基黄原酸钠）　　　　　　　　（异丙醇）

(14-20)

分解产物 CS_2 是引起速率减慢的原因。

（6）充气方式和强度必须保证溶液中有足够的溶解氧，使氧化过程不受氧传递的控制。由于 CO_2 是自养的碳来源，向溶液中充气时，在空气中添加 0.1% ~10% CO_2 可使细菌氧化过程大为强化。经研究表明，在细菌浸出硫化锌矿时，气相中 CO_2 含量为 1.0% 时金属的浸出速率达到 1150mg/(L·h)，而在空气不含 CO_2 的条件下浸出速率仅为 360mg/(L·h)。

14.2.3　硫化矿细菌浸出机理[1,2]

关于硫化矿细菌浸出机理，过去不少人研究过并相继提出了若干观点。比较流行的是细菌的间接作用与直接作用两种机理，但一直存在着争论。要弄清细菌浸出的机理，至少应说清3个层面的问题：(1) 是谁在氧化硫化物，氧化过程中的第一电子受体是谁；(2) 这种氧化过程的反应途径是什么，即反应的终端产品是什么，在到终端产品之前经历了哪些阶段；(3) 细菌起何作用并如何起作用。

14.2.3.1　不同的机理观点

细菌浸出的实质是使难溶金属硫化物氧化，使其金属阳离子溶入浸出液，浸出过程是硫化物中 S^{2-} 的氧化过程。过去的普遍看法是这一过程有细菌的间接作用与直接作用两种机理。细菌的间接作用是金属硫化物被溶液中 Fe(Ⅲ) 氧化，是一化学或电化学过程：

$$MS + 2Fe^{3+} \longrightarrow M^{2+} + 2Fe^{2+} + S^0 \tag{14-21}$$

所生成的 Fe^{2+} 在细菌的参与下氧化成 Fe^{3+}：

$$Fe^{2+} + \frac{1}{4}O_2 + H^+ \xrightarrow{\text{细菌参与}} Fe^{3+} + \frac{1}{2}H_2O \tag{14-22}$$

式中，Fe^{3+} 得以再生并再次去氧化硫化物，如此周而复始，循环进行。而所谓细菌的直接作用是硫化物在细菌的参与下被 O_2 所氧化：

$$MS + \frac{1}{2}O_2 + 2O^+ \xrightarrow{\text{细菌参与}} M^{2+} + S^0 + H_2O \tag{14-23}$$

这一氧化过程没有细菌参与时虽然在热力学上可行，但十分缓慢而不具有实用价值，由于细菌的参与，使这一过程大为加快。

细菌"直接作用"最初是指细菌的细胞与被氧化的物质之间的作用，从这一含义出发，细菌对 Fe^{2+} 与 S^0 等的氧化应属于"直接作用"的范畴。而在固体状态硫化物的氧化时细菌的"直接作用"指的是细菌的细胞与硫化矿表面之间的作用，这种作用被假定是通过某种酶来完成的。

众多的研究已表明，ZnS、NiS、CuS 等硫化矿浸出的时候，当用 Fe^{3+} 浸出、溶液电位保持不变并且溶液中 Fe^{3+} 浓度较高时，有菌与无菌的速率相当。ZnS 浸出是一个很好的例子，如图 14-31 所示。这类硫化矿的浸出被认为是细菌的间接作用。

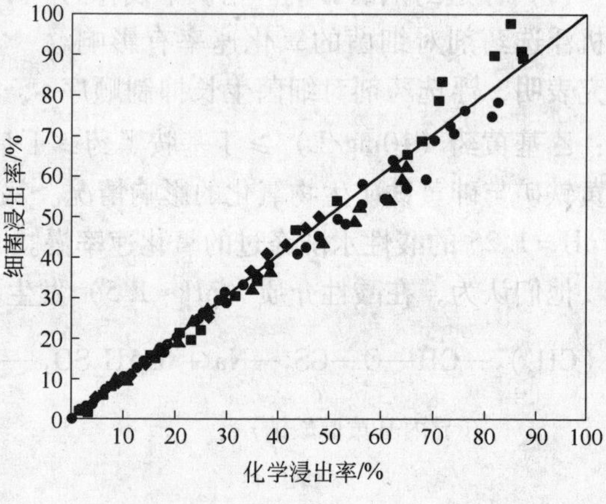

图 14-31　闪锌矿细菌浸出与化学浸出速率对比图

[Fe^{3+}]：◆—2g/L；●—4g/L；▲—9g/L；■—10g/L

另一类矿物，典型的是黄铁矿，其氧化过程比较流行的看法是以细菌的直接作用为主，即

$$FeS_2 + 0.5H_2O + \frac{15}{4}O_2 \xrightarrow{\text{细菌}} Fe^{3+} + 2SO_4^{2-} + H^+ \tag{14-24}$$

其主要依据是黄铁矿细菌浸出速率比用 Fe^{3+} 进行化学氧化浸出的速率快得多，高出10～20倍。黄铁矿细菌氧化不是均匀地进行，而是在其表面形成侵蚀坑，其形状和尺寸与参与的细菌（氧化亚铁硫杆菌）极为相似，过去一直把这种现象作为被吸附细菌与其附着表面之间发生界面反应的结果。

根据上述情况得出结论说黄铁矿氧化是细菌直接作用是不正确的，因为提供依据的那些实验，即用 Fe^{3+} 进行的化学氧化与细菌参与下的氧化二者是在不同的介质电位下进行的。测定没有细菌参与的条件下 Fe^{3+} 浸出黄铁矿的浸出速率时，溶液的电位比有细菌参与时低。把磨平并抛光的黄铁矿作为一电极与另一铂电极同时放入溶液中组成电解池，黄铁矿作阳极，另一 Ag/AgCl 电极作为参比电极用以测定黄铁矿电极的电位。在溶液中接种细菌（氧化亚铁硫杆菌）但不加入铁，二电极形成开路（此种条件下，黄铁矿电极的电位为 +0.4V，SHE），经24天之后并未发现黄铁矿表面有明显的侵蚀，铁也仅少量溶解（浓度仅达 $1.6\times10^{-3}\%$），但电极表面吸附了很多细菌。这表明只有细菌被吸附到黄铁矿表面并不能导致氧化发生。把氧化亚铁硫杆菌接种到黄铁矿的矿浆中加入阳离子交换树脂。在这种条件下细菌能与矿粒接触，也能被吸附在矿粒表面，但介质中的 Fe^{3+} 与 Fe^{2+} 均被阳离子交换树脂吸附，因而介质中铁的浓度可保持在很低的水平。在这样的条件下，在长达30天时间内介质中细胞浓度无明显增长，而在相同的条件下未加入阳离子交换树脂的对照实验中细胞浓度增长了15倍以上。可见，若介质中只有黄铁矿而无 Fe^{3+}，细胞不会繁殖，同时对矿粒进行拉曼光谱检测表明，在这种情况下，除开 S_2^{2-} 外没有发现任何 S_2^{2-} 的氧化产物存在。而不加阳离子交换树脂的对照实验中，矿粒的拉曼光谱明显地显示了 S_2^{2-} 的氧化产物存在。这一试验也很好地说明，氧化亚铁硫杆菌并不能与黄铁矿“直接作用”，直接以黄铁矿为其能源基质，通过“直接”氧化黄铁矿获得能量而繁殖。

因而另一种观点认为，即便是黄铁矿的细菌氧化也是间接作用，即

$$FeS_2 + 14Fe^{3+} + 8H_2O \longrightarrow 15Fe^{2+} + 2SO_4^{2-} + 16H^+ \tag{14-25}$$

$$15Fe^{2+} + \frac{15}{4}O_2 + 15H^+ \xrightarrow{细菌} 15Fe^{3+} + \frac{15}{2}H_2O \tag{14-26}$$

试验表明氧化亚铁硫杆菌与氧化亚铁微螺菌氧化黄铁矿的能力大致相当，而氧化硫硫杆菌氧化黄铁矿的速率极低。注意到氧化亚铁微螺菌是一种只能氧化 Fe(Ⅱ)的细菌，而氧化亚铁硫杆菌则既能氧化还原态硫也能氧化 Fe(Ⅱ)，氧化硫硫杆菌不能氧化 Fe(Ⅱ)，则可以看出 Fe^{3+} 在黄铁矿氧化中的重要作用。一些使用 BIOX® 工艺处理难处理金矿的工厂实践也表明，用由氧化亚铁硫杆菌、氧化硫硫杆菌、氧化亚铁微螺菌组成的混合菌进行浸出时，经过一定的时间，氧化铁微螺菌成为优势菌种。这些事实都支持黄铁矿氧化是间接作用这一观点。

直接作用机理有一个环节很难解释，即从硫化物表面到细菌细胞内部的电子传输过程中是谁作为首端电子受体，把电子从硫化物表面跨越硫化物与细胞壁的界面传到细胞内。最初曾假定是某种酶，但时至今日，一直未能发现这种酶。以上情况使得“直接作用”机理难以令人信服，为“确凿证据表明，直接作用机理并不存在”。过去被认为是细菌直接作用的过程发生在被吸附于矿物表面的细胞与矿物之间，即使在这种情况下是靠细菌细胞外的外聚合层（细胞分泌产物形成的）中的 Fe(Ⅲ)去氧化硫化物。即是说，在这种情况

下，氧化硫化物的依然是 Fe(Ⅲ)，只不过这种 Fe(Ⅲ) 不是游离于溶液本体中的，而是包含于细胞外的外聚合层（多糖层）中的。氧化而生成的 Fe(Ⅱ) 又靠细菌内的反应被 O_2 氧化成 Fe(Ⅲ)。由于"直接作用"与"间接作用"都是靠 Fe(Ⅲ) 去氧化金属硫化物，因此这两种机理没有本质的区别，都属于间接作用，这一氧化过程分两步进行。第一步是 Fe(Ⅲ) 氧化金属硫化物，这 Fe(Ⅲ) 有两种来源，一种是游离于溶液本体中的 Fe^{3+}，另一种是吸附在硫化物表面的细菌细胞外多糖层中的 Fe(Ⅲ)。第二步是前一过程所生成的 Fe^{2+} 在细菌参与下被氧化成 Fe^{3+}，使 Fe^{3+} 再生，这一过程主要是在细菌的细胞内进行，并作为细菌获取能源的途径。

根据这种对机理的解释，在吸附细菌与其附着表面之间发生界面反应，有人建议将这称为"接触浸出"。过去众多的研究所发现的黄铁矿细菌浸出时，其表面侵蚀不是均匀发生，而是形成尺寸与形状与细菌相仿的刻蚀坑，这一直被认为是吸附的单个细菌与其附着表面处发生"接触浸出"的结果。然而近年来，这种吸附细菌与其附着面之间的界面反应也受到质疑。指出，对放置于接种了氧化亚铁硫杆菌介质中的黄铁矿矿样（表面抛光）进行的 SEM 检测表明，在反应前期阶段（一个星期），其表面生成了许多形状和尺寸与氧化亚铁硫杆菌为相像的刻蚀坑，后来（4 个星期）延伸为直线槽。可是在这些坑内与槽内未观察到有细菌（过去一些人的研究也是如此）。对这一现象只可能有两种解释，一是这种刻蚀坑并不是细菌（被吸附的）的接触浸出造成的；另一种是被吸附细菌细胞在其附着位置与黄铁矿表面发生界面作用（接触浸出）而导致侵蚀坑的产生，到一定时候细菌细胞脱附了，进入溶液或转移到别的位置上去了，后一种解释显得不合逻辑，细菌细胞吸附在黄铁矿表面以及其脱附不可能同时进行，应该是随时间早晚不一，任何时候都有吸附与脱附发生并保持动态平衡，不管细胞在一个位置上停留时间有多长，在任何时候都应有一批细胞还保留在原来的位置上，如果侵蚀坑是细胞接触浸出产生的，则总应该有一些细胞留在原侵蚀坑内。用不接种细菌的含 Fe^{3+} 的溶液（Fe^{3+} 浓度 0.01M，pH = 1.5，T = 42℃）与黄铁矿（表面抛光）作用，同样不是均匀进行，也生成了侵蚀坑，其尺寸、形状与氧化亚铁硫杆菌作用时相像。虽然这些现象不能证明在吸附细胞与附着表面处不存在界面反应，但至少可以说明这种反应没有快到能在试验时间内形成电子显微镜可观察到的侵蚀坑，这些侵蚀坑依然是间接作用（Fe^{3+} 的作用）造成的。这就更有力地支持了间接作用机理。

根据上述机理，在细菌浸出时介质中有 Fe^{3+} 存在并保持介质的高电位至关重要。用氧化亚铁硫杆菌氧化黄铁矿，当介质中 Fe(Ⅲ) 含量为 0.5g/L 时，没有滞后期，而未加 Fe^{3+} 的试验，则有 7 天的滞后期，一直到介质中的铁浓度上升到≥0.2g/L。

14.2.3.2　*浸出的两种反应途径*[1,2]

按硫化矿氧化时硫的反应途径，浸出过程可分为两类。

（1）生成硫代硫酸盐的过程：

第一步：
$$MS_2 + 6Fe^{3+} + 3H_2O \longrightarrow S_2O_3^{2-} + 6Fe^{2+} + 6H^+ + Me^{2+} \tag{14-27}$$

第二步：
$$S_2O_3^{2-} + 8Fe^{3+} + 5H_2O \longrightarrow SO_4^{2-} + 8Fe^{2+} + 10H^+ \tag{14-28}$$

硫化物被 Fe^{3+} 氧化，金属溶解，硫化物中的还原态硫氧化生成硫代硫酸根，继而硫代硫酸根很快与 Fe^{3+} 作用生成硫酸根，不太可能成为细菌的基质。用示踪氧原子与含有示踪氧的水中进行试验发现，水中的示踪氧进入了硫酸根，而空气中的示踪氧进入了水中。

(2) 生成多硫化物的过程：

第一步：
$$MS + Fe^{3+} + H^+ \longrightarrow M^{2+} + \frac{1}{2}H_2S_n + Fe^{2+} \quad (14\text{-}29)$$

第二步：
$$\frac{1}{2}H_2S_n + Fe^{3+} \longrightarrow 0.125S_8^0 + Fe^{2+} + H^+ \quad (14\text{-}30)$$

$$0.125S_8^0 + 1.5O_2 + H_2O \longrightarrow SO_4^{2-} + 2H^+ \quad (14\text{-}31)$$

Schipper A., W. Sand[16] 将两种途径表示，如图 14-32 所示。

图 14-32 中 T. f、L. f、T. t 分别代表氧化亚铁硫杆菌、氧化亚铁微螺菌、氧化硫硫杆菌。

硫化物按何种途径反应取决于其电子结构。黄铁矿 FeS_2 与 MoS_2、WS_2 按硫代硫酸根途径反应；其余硫化物（它们均有一定的酸溶性）按多硫化物途径反应。Hackl R. P. 等报道他们在黄铜矿与 Fe^{3+} 作用时在其表面检测到多硫化物，可作为多硫化物途径的一个佐证[17]。

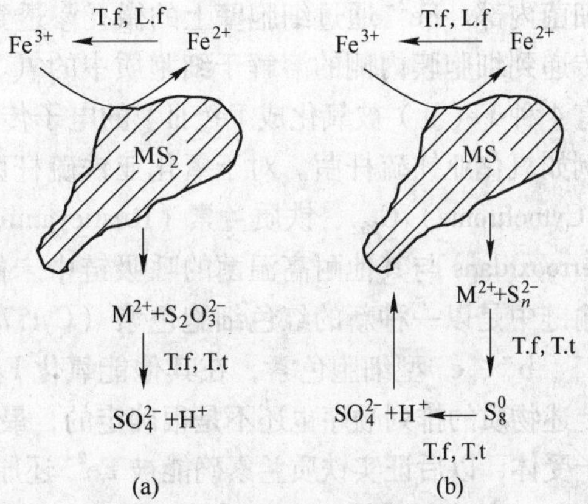

图 14-32 硫化矿氧化的两种途径

(a) 生成硫代硫酸盐；(b) 生成多硫化物

14.2.3.3 胞外多糖层的作用[1,2]

胞外多糖层是细胞分泌的产物，又称外聚合层，它是附着于细胞壁外的一层松散透明、黏度极大、黏液状或胶质状的物质。外聚合层的化学成分因菌种而异，主要是多糖，有时为多肽、蛋白质、脂肪以及由它们组成的复合物——脂多糖、脂蛋白等，曾在吸附在黄铁矿表面的氧化亚铁硫杆菌上探测到这种外聚层的存在，并分离出部分此种多糖层物质和分析了这种外聚合层的化学成分。当细胞置身于含有铁的离子 Fe^{3+} 或 Fe^{2+} 的溶液中时，溶液中的铁离子与细胞外聚合层中的葡萄糖酸的 H^+ 发生离子交换，铁离子进入外聚合层并与葡萄糖酸根配合生成配合物。

$$2GluH + Fe^{2+} \rightleftharpoons Fe(Glu)_2^+ + 2H^+ \quad (14\text{-}32)$$

式中，Glu^+ 为 $CH_2OH(HOH)_4COO^-$。葡萄糖和铁的摩尔比为 2∶1，这表明它们之间形成了稳定的配合物。由于这种配合现象的存在使溶液中的铁富集到外聚合层中，其浓度大大高于其在溶液本体中的浓度。外聚合层中铁离子浓度约为 53g/L，这种充满了铁离子的外聚合层在硫化矿的分解中起着重要的作用。

细胞吸附到硫化矿表面后，为其外聚合层中 Fe^{3+} 氧化硫化矿创造了条件。由于外聚合层中 Fe^{3+} 的浓度比溶液本体高得多（大约为 53g/L），则吸附细胞-矿物表面界面处的氧化反应比溶液本体中 Fe^{3+} 氧化硫化矿要快得多。

外聚合层中的铁离子既可是 Fe^{2+}，也可是 Fe^{3+}，显然，只有当外聚合层中 Fe^{3+} 占优势时被吸附细菌才有可能去氧化硫化矿。而外聚合层中 Fe^{3+}/Fe^{2+} 之比取决于溶液本体中 Fe^{3+}/Fe^{2+}，即是取决于溶液本体的电位。这样一来，溶液本体电位的大小对被吸附细菌的行为有决定性的影响。当溶液中 Fe(Ⅲ) 浓度 <0.2g/L 时，即使在有菌条件下，黄铁矿的氧

化速率几乎可忽略不计，只有当 Fe(Ⅲ) 浓度≥0.2g/L 时，黄铁矿的氧化才能显著发生。

14.2.3.4　Fe^{2+} 的氧化[1,2]

在细菌浸出过程中 Fe^{2+} 的氧化是一个重要环节。该过程不仅使 Fe^{3+} 再生，而使浸出介质保持高的电位，同时通过这一过程细胞获得能量，用于自身的生长与繁殖。这一氧化过程最终的电子受体是 O_2：

$$Fe^{2+} + 0.25O_2 + 2H^+ \longrightarrow Fe^{3+} + H_2O \tag{14-33}$$

这一反应在热力学上是完全可行的，而且其趋势很大，但在动力学上则十分缓慢。但在细菌（氧化亚铁硫杆菌、氧化铁铁杆菌）的参与下这一过程大为加快，这一过程发生在细菌内部。Fe^{2+} 通过细胞壁上的微孔渗透到细胞壁内进入周质间隔，在那里把电子链最后传递到细胞膜内侧的溶解于细胞质中的氧。不同的细菌电子传输链的组成不尽相同，至少有 4 种 Fe(Ⅱ) 被氧化成 Fe(Ⅲ) 的电子传输链。一种是以 C 型细胞色素与铁质兰素为主，例如氧化亚铁硫杆菌。对于氧化亚铁硫杆菌这一电子传输链由 Fe(Ⅱ)oxidase、细胞色素（Cytochrome）C_{552}、铁质兰素（Rusticyanin）与 aa_3 型的 Cytochrome C oxidase 组成。而 L. ferrooxidans 与其他耐高温菌的呼吸链中未能发现有铁质兰素。在 L. ferrooxidans 的电子传输链中是以一种新的红色细胞色素（Cyt579）为主，其分子量为 16152，它明显地不同于 a⁻、b⁻、c⁻型细胞色素，在其他能氧化 Fe^{2+} 的细胞中未能发现。即使对氧化亚铁硫杆菌，上述物质的排列顺序也还不是很确定的，最初提出铁质兰素是电子传输链的首端，是第一电子受体，以后证实铁质兰素确能被 Fe^{2+} 还原，这也许是前一结论的原因。但后来发现铁质兰素与 Fe^{2+} 之间的反应十分缓慢，实验证明 Fe^{2+}-细胞色素 C_{552} 不能还原铁质兰素。提出了铁质兰素的作用是扩大了电子从 Cytochrome C_{552} 到 Cytochrome oxidase 的通道（作为并联的另一通道）。根据上述可以得出一个 Fe^{2+} 在细胞内氧化成 Fe^{3+} 这一过程，如图 14-33 所示。

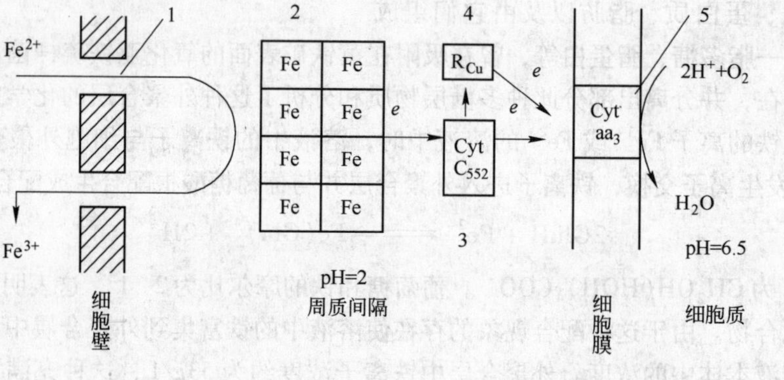

图 14-33　Fe^{2+} 氧化的电子传输示意图（对氧化亚铁硫杆菌）

1 —膜孔隙；2 — Fe(Ⅱ) —细胞色素 C oxidase．曾被从氧化亚铁硫杆菌的水溶性组分里分离出来并测得其分子量（Mr）为 63000。这种细胞色素似乎是存在于细胞的周质间隔中。它似乎由两个基本单元组成，而其每一基本单元又由 4 个最小的分子量约为 6000 的单元组成。最小的单元含有一个 Fe_4S_4 分子。这种细胞色素还原细胞色素 C_{552}，但不能与铁质兰素作用；3 —细胞色素 Cyt — C_{552}；4 —铁质兰素（Rusticyanin），是一种分子量为 16.5KD 的可溶性周质兰铜蛋白，具有较高的氧化还原电位（+670mV）及酸稳定性。其分子单肽链蛋白，可通过其辅基 Cu^{2+}/Cu^+ 的氧化还原反应传递电子。在铁生长环境中 T. f 体内含高浓度的铁质兰素，达可溶蛋白质总量的 5%；5 —细胞色素 aa_3 型。该酶的最小结构单位由 3 个亚基组成，再由 2 个这样的单位组成 2 聚体，每一个结构单位含 1 个血红素 a 辅基，1 个铜原子。此种酶的光谱征与细胞色素 aa_3 相似后来在氧化亚铁硫杆菌细胞中发现了另一细胞色素 Cyt C_4（分子质量为30kDa），曾研究了 Cyt C_4与铁质兰素之间在有 Fe^{2+}存在下的氧化还原反应动力学，发现不论 Fe^{2+}浓度如何，Cyt C_4不被 Fe^{2+}还原，但铁质兰素在有大量 Fe^{2+}存在时还原 Cyt C_4，并将 Cyt C_4列入电子传输链，于是提出了有别于图 14-32 的设想，Fe^{2+}→? →铁质兰素→Cyt C_4→Cyt. oxidase→O_2，在这一设想中铁质兰素同样不是电子传输链的首端（首端电子受体未能确定）。

在氧化亚铁硫杆菌铁氧化系统的研究中，各研究者得出的结论不同。原因一方面可能是他们对所得资料的解释不同，另一方面反映出在极端生长环境中强大的选择压力所造成的遗传多样性，使得不同种群之间能量代谢系统出现差异。

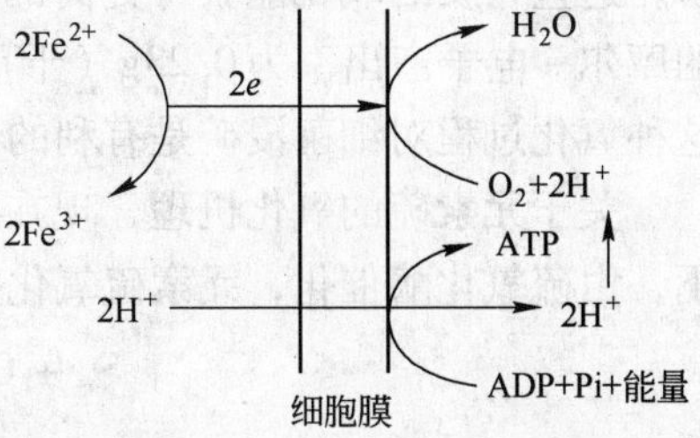

图 14-34　氧化亚铁硫杆菌氧化 Fe^{2+}合成 ATP 示意图

图 14-33 所示电子由 Fe^{2+}转移到细胞内，并与 O_2生成水的过程中，伴随能量的转换。氧化亚铁硫杆菌这样好的氧化能力，其自养微生物是通过物质的氧化获得生长所需要的能量，在硫化矿的浸出过程中是通过 Fe^{2+}这一氧化过程获得能量。

$$2Fe^{2+} + 0.25O_2 + 2H^+ \longrightarrow 2Fe^{3+} + 0.5H_2O + 44.52\text{kJ},(\text{pH} = 0) \qquad (14\text{-}34)$$

并靠此获得的能量合成一种高能化合物 ATP，如图 14-34 所示。

合成 ATP 的过程为

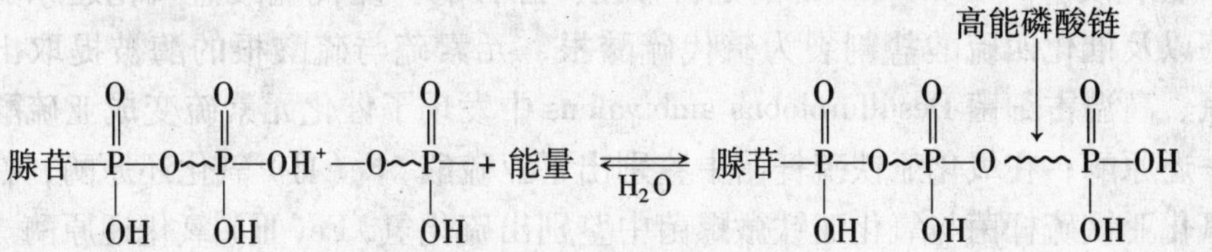

(14-35)

式中的腺苷为

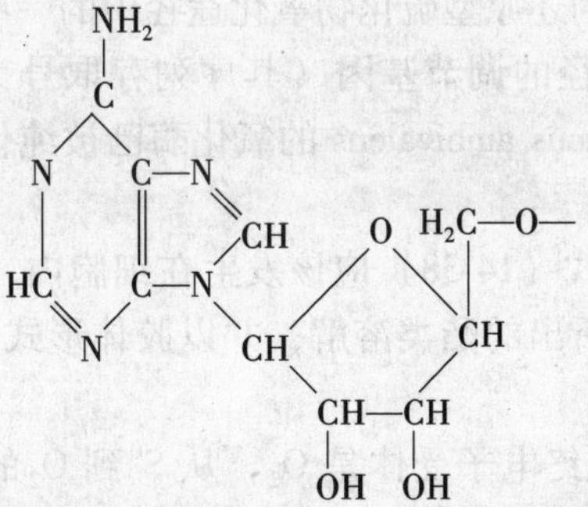

ATP 在细菌的代谢过程中起重要的作用，其分子中有两个高能磷酸链，这种高能磷酸链在水解时（式（14-35）逆过程）可放出能量，在形成时可以储存能量。

硫化物与 Fe^{2+}氧化时释放能量为

$$\Delta G = -nF\Delta E = -23 \times 4.184\text{kJ} \qquad (14\text{-}36)$$

式中　ΔE——硫化物、Fe^{2+}电位与氧电位之差，V；

　　n——参加反应的电子数。

所释放能量用于合成 ATP，合成 1mol 的 ATP 需 33.472kJ 的能量。

14.2.3.5　硫的氧化机理[1,2]

在硫化矿细菌浸出过程中除了硫化物的氧化外，还同时发生各种低价硫的氧化。这些低价硫诸如元素硫、硫代硫酸根、多硫酸根、亚硫酸根等是硫化矿氧化的中间产物。这些也是浸矿细菌的能源基质，通过它们的氧化，细菌获取能量供其繁殖。从能量供应的角度看，这些物质的氧化能获得更高的细菌产出。例如 Fe^{2+} 氧化成 Fe^{3+} 时，氧化亚铁硫杆菌的摩尔 e 电子产出率为 0.23g（干重），而 $S_4O_6^{2+}$ 氧化成 SO_4^{2-} 时则为 0.92g（干重）。因此，这种氧化过程对细菌浸矿是有利的。

关于元素硫的氧化机理，现在比较倾向于 Suzuki 模式[18]，在谷胱甘肽（GSH）参与下，由硫氧化酶催化，元素硫氧化生成亚硫酸根：

$$S_n + GSH \longrightarrow GSS_nH \tag{14-37}$$

$$GSS_nH + O_2 + H_2O \xrightarrow{\text{硫氧化酶}} GSS_{n-1}H + SO_3^{2-} + 2H^+ \tag{14-38}$$

在上述反应过程中，通过谷胱甘肽多硫化物中间体 $GSS_{n-1}H$，硫原子逐个从聚合态硫 S_n 上解离下来，被氧化成亚硫酸根，亚硫酸根可继续被氧化成硫酸根。当硫原子全部被氧化后生成的氧化型谷胱甘肽（GSSG）可在谷胱甘肽还原酶作用下，再生成还原型谷胱甘肽：

$$GSSG + NADPH + H^+ \xrightarrow{\text{谷胱甘肽还原酶}} 2GSH + NADP^+ \tag{14-39}$$

上述构想有下列问题需要回答：

（1）催化反应式（14-38）的酶是否存在？三种酶：硫代硫酸盐氧化还原酶、三硫酸盐水解酶以及催化四硫酸盐割裂为硫代硫酸根、元素硫与硫酸根的酶被提取出来。在兼性、厌氧、高温古细菌 Desulfurolobus ambivalens 中发现了催化元素硫变成亚硫酸根的硫加氧酶——还原酶；在氧化亚铁硫杆菌中鉴别出了亚硫酸，Fe(Ⅲ) 氧化还原酶；在一系列菌株包括氧化亚铁硫杆菌与氧化亚铁微螺菌中鉴别出硫化氢，Fe(Ⅲ) 氧化还原酶。最近，定位于自养硫杆菌周质间隔中的还原型硫化物氧化途径中的一些酶已开始纯化，如硫代硫酸氧化酶等，有一个硫氧化途径的调节基因（其序列存取号为 gbAF005208）被克隆测序。另外，一个高温古细菌 Acidanus ambivalens 的氧化酶已被纯化，该酶不需要任何辅因子即可表现出酶活性。

（2）反应式（14-37）、式（14-38）应该发生在细胞内，固体态的元素硫如何进入细胞内？认为，元素硫被细菌析出的酯类溶解，并以胶体形式渗透过细胞壁进入周质空间，这一结论没有实验数据。

（3）反应式（14-38）最终电子受体是 O_2，从 S^0 到 O_2 的电子传输途径是什么？提出了硫氧化时失去的电子与 Fe^{2+} 氧化时失去的电子在同一位置上进入电子传输链。如果是这样的话，硫氧化时每摩尔电子的细胞产出与 Fe^{2+} 氧化时应相同。而事实上，低价硫氧化时每摩尔电子的细胞产出比 Fe^{2+} 要高得多。因此，硫氧化时失去的电子比 Fe^{2+} 氧化时失去的电子在更高的水平上进入电子传输链。在好氧硫杆菌中硫化合物氧化所产生的电子是在细胞色素 C 水平上进入电子传输链的。

除了元素硫氧化外，元素硫氧化的中间产物 SO_3^{2-} 以及一些硫化矿氧化所生成的中间产物硫代硫酸根 $S_2O_3^{2-}$、$S_4O_4^{2-}$ 等均在细菌的参与下进一步氧化最终生成 SO_4^{2-}。这些硫化合物的氧化途径是复杂的并有多种可能。可将无机硫化合物氧化途径总括表示如图 14-35。当基质是元素时，氧化进入主要途径（粗箭头表示），如果基质是硫代硫酸盐，以还原割裂为主，形成硫与亚硫酸盐；如果硫的氧化速率低于硫代硫酸盐的割裂速率，便会造成硫的沉积；如果硫代硫酸盐的还原割裂受阻时则会在硫代硫酸盐氧化酶的作用下生成四硫酸盐；当细胞浓度较高，氧化压较低时，四硫酸盐还原割裂生成硫、亚硫酸盐与硫代硫酸盐。图 14-35 中 S^{2-} 到 S^0 是在硫化物氧化酶作用下进行的，这是按过去对硫化矿氧化的细菌直接作用机理的一种假设。由于至今这种酶未被发现，一些研究者倾向于否定这种机理。

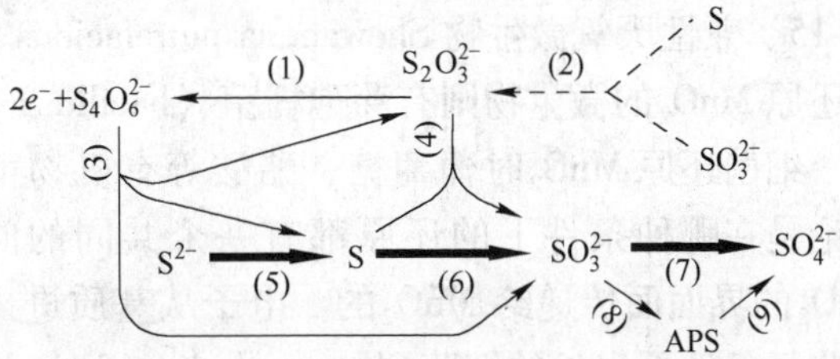

图 14-35 硫杆菌的无机硫化合物氧化机理
(1) 硫代硫酸盐氧化酶；(2) 非酶缩合；(3) 还原割裂（高细胞浓度，低氧分压）；(4) 还原割裂（硫代硫酸盐还原酶（?））；(5) 硫化物氧化酶（?）；(6) 硫氧化酶；(7) 亚硫酸盐氧化酶；(8) APS 还原酶；(9) ADP 硫酸化酶
（注：? 表示还未得到证实）

14.2.3.6 细菌浸出时的原电池反应[1,2]

如前所述，硫化矿细菌浸出时，Fe^{3+} 起着重要作用，此种情况下，单一矿物的浸出往往不及两种矿物共存时浸出效果好。两种（或两种以上）的固相（它们是导体或半导体）相互接触并同时浸没在电解质溶液中时各自有其电位（不同的物质电位一般都不相同），组成了原电池，发生电子从电位低的地方向电位高的地方转移并产生电流。电位低者为阳极是电子供体，电位高者为阴极是电子受体。在阳极上发生氧化反应，阴极上发生还原反应，化学能转化为电能，如图 14-36 所示。实验研究表明，黄铁矿的存在能明显使黄铜矿浸出速度增加。若干研究者发现，贫铜矿的浸出速率比铜精矿高出 10 倍，其原因就在于此。

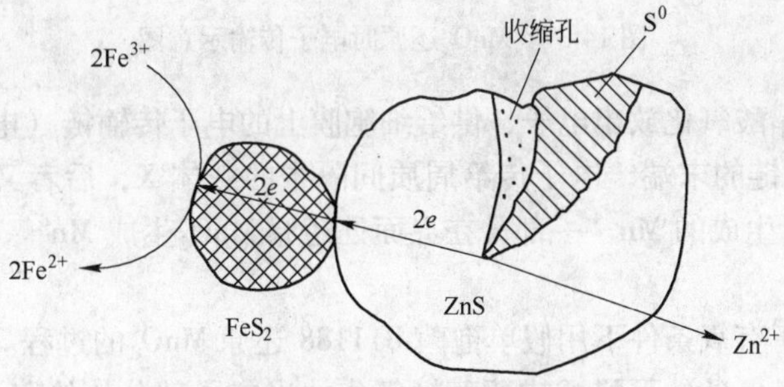

图 14-36 原电池浸出反应示意图

14.2.4 氧化矿细菌浸出机理[1,2]

MnO_2 难溶于水溶液，欲使之溶解必须将其还原为 Mn(Ⅱ) 或是氧化为 MnO_4^-。MnO_2 在细菌的作用下的还原最早报道于 1894 年，但详细的研究还是在 20 世纪 90 年代。多数文献报道 MnO_2 的细菌酶催化还原是一非氧过程，但也有文献认为，它同样是一个有氧过

程。仅能在非氧条件下还原 MnO_2 的微生物的例子是厌氧微生物 Geobacter metallireducens GS-15、兼性厌氧微生物 Shewanella putrefaciens 与 Bscillus polymyxa。能在非氧与有氧条件下还原 MnO_2 的微生物则有芽孢杆菌（bacillus）。

细菌还原 MnO_2 时葡萄糖、醋酸等有机物可作为电子供体，其氧化过程释放出电子，无论是在哪种条件下的还原都有一个共同的问题，还原过程中电子是如何穿越细胞与 MnO_2 的界面而传递给 MnO_2 的。电子从基质进入穿越细胞膜的呼吸链并沿着呼吸链传输，在非氧条件下生长的细菌 Shewanella putrefaciens 的能量可能传输，经越周质间隔到细胞壁上的 C 型细胞色素，由此可直接或再经某一载体传到 MnO_2 表面并使 Mn(Ⅳ) 还原成 Mn(Ⅱ)。

有人研究了一种海生假单孢菌（采自太平洋深海处）还原 MnO_2 的机理。该菌株能在有氧或无氧条件下还原 MnO_2，以醋酸或葡萄糖为电子供体。他提出的还原机理如图 14-37 所示。

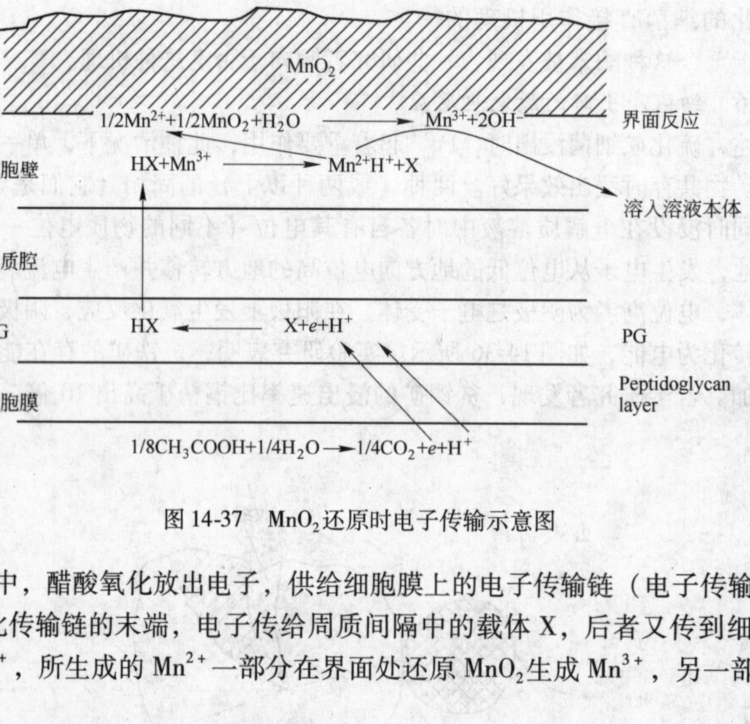

图 14-37 MnO_2 还原时电子传输示意图

在此机理中，醋酸氧化放出电子，供给细胞膜上的电子传输链（电子传输链的组成尚未搞清），在此传输链的末端，电子传给周质间隔中的载体 X，后者又传到细胞壁，还原 Mn^{3+} 生成 Mn^{2+}，所生成的 Mn^{2+} 一部分在界面处还原 MnO_2 生成 Mn^{3+}，另一部分则溶解入溶液。

该机理也适用于有氧条件下用假单孢菌 B11188 还原 MnO_2 的过程。有氧与无氧条件下的区别仅在于：在有氧条件下醋酸或葡萄糖氧化放出电子部分传给 MnO_2 使其还原，另一部分则传给 O_2。

用自养微生物如氧化亚铁硫杆菌浸出 MnO_2 时，加入黄铁矿或硫磺粉作为细菌能源基质，此时，细菌的作用是参与硫与黄铁矿的氧化，按前面所讲述的机理，氧化过程生成 Fe^{2+} 与低价硫的中间化合物，在黄铁矿伴生时为硫代硫酸根，这些生成的 Fe^{2+} 与硫代硫酸根作为还原剂去还原 MnO_2。

$$MnO_2 + 2Fe^{2+} + 4H^+ = Mn^{2+} + 2Fe^{3+} + 2H_2O \quad (14\text{-}40)$$

$$4MnO_2 + S_2O_3^{2-} + 6H^+ \Longleftrightarrow 4Mn^{2+} + 2SO_4^{2-} + 3H_2O \quad (14\text{-}41)$$

某些异养微生物，如真菌黑曲酶和大肠杆菌对葡萄糖代谢的末端产物分别是乙二酸和甲酸这两种有机酸，它们是 MnO_2 在酸性溶液里的有效还原剂，其还原反应为：

$$MnO_2 + HOOCCH + 2H^+ \Longleftrightarrow Mn^{2+} + 2H_2O + 2CO_2 \quad (14\text{-}42)$$

$$MnO_2 + HCOOH + 2H^+ \Longleftrightarrow Mn^{2+} + 2H_2O + CO_2 \quad (14\text{-}43)$$

有些微生物，如真菌，其代谢产物中含有机酸，这些有机酸可以作为溶剂与配合剂去溶解氧化矿中的金属氧化物如 NiO、ZnO 等，而达到浸出的目的。

14.3 硫化矿及氧化矿细菌浸出的热力学[1,2]

14.3.1 细菌浸出硫化矿的热力学[1,2]

硫化矿的细菌浸出最终的电子受体是氧。尽管细菌浸出过程十分复杂，但从热力学的角度看，对这一过程而言，体系的状态函数的变化量仅与体系的始态与终态有关，而与所经历的途径无关。所以可以不涉及过程的机理对浸出过程进行热力学上的分析。

图 14-38 为主要硫化矿的 *E*-pH 图，图中各线对应的反应式与平衡方程式（$T = 25℃$

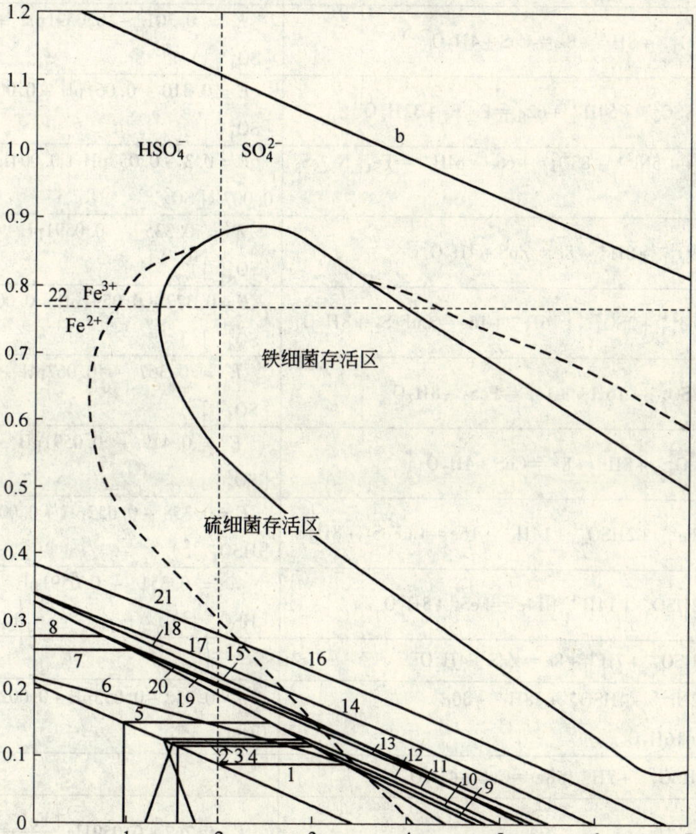

图 14-38 主要金属硫化物 *E*-pH 图

$T = 25℃$，$[Me] = [SO_4^{2-}] = [HSO_4^-] = 0.1mol/L$，$[H_2S] = 0.01mol/L$

时）如表 14-22 所示。图上叠加了卡普兰（Kaplan）绘制的硫细菌与铁细菌的活动区。

表 14-22　主要硫化物电极反应与其平衡方程式（$T=25℃$）[1,2]

序号	电极反应式	平衡方程式
a	$2H^+ + 2e = H_2$	$E = 0 - 0.0591pH - 0.0296\lg P_{H_2}$
b	$\frac{1}{2}O_2 + 2H^+ + 2e = H_2O$	$E = 1.299 - 0.0591pH - 0.01478\lg P_{O_2}$
1	$Fe^{2+} + S + 2e = FeS$	$E = 0.144 - 0.0296\lg[Fe^{2+}]$
2	$Co^{2+} + S + 2e = CoS$	$E = 0.145 - 0.0296\lg[Co^{2+}]$
3	$7Fe^{2+} + 8S + 14e = Fe_7S_8$	$E = 0.146 - 0.0042\lg[Fe^{2+}]^7$
4	$4.5Fe^{2+} + 4.5Ni^{2+} + 8S + 18e = Fe_{4.5}Ni_{4.5}S_8$	$E = 0.146 - 0.0148\lg([Ni^{2+}][Fe^{2+}])$
5	$Ni^{2+} + S + 2e = NiS$	$E = 0.176 - 0.0296\lg[Ni^{2+}]$
6	$Fe^{2+} + H_3AsO_3 + S^0 + 3H^+ + 5e = FeAsS + 3H_2O$	$E = 0.2130 - 0.0355pH + 0.0118\lg\frac{[Fe^{2+}]}{[H_3AsO_3]}$
7	$Zn^{2+} + S + 2e = ZnS$	$E = 0.282 + 0.0296\lg[Zn^{2+}]$
8	$Fe^{2+} + 2Ni^{2+} + 4S + 6e = FeNi_2S_4$	$E = 0.304 + 0.0098\lg([Fe^{2+}][Ni^{2+}]^2)$
9	$Fe^{2+} + SO_4^{2-} + 8H^+ + 8e = FeS + 4H_2O$	$E = 0.297 - 0.0591pH + 0.0074\lg([Fe^{2+}][SO_4^{2-}])$
10	$Co^{2+} + SO_4^{2-} + 8H^+ + 8e = CoS + 4H_2O$	$E = 0.301 - 0.0591pH + 0.0074\lg([Co^{2+}][SO_4^{2-}])$
11	$7Fe^{2+} + 8SO_4^{2-} + 64H^+ + 62e = Fe_7S_8 + 32H_2O$	$E = 0.310 - 0.061pH + 0.007\lg[Fe^{2+}] + 0.008\lg[SO_4^{2-}]$
12	$4.5Fe^{2+} + 4.5Ni^{2+} + 8SO_4^{2-} + 66e + 64H^+ = Fe_{4.5}Ni_{4.5}S_8 + 32H_2O$	$E = 0.3 - 0.057pH + 0.004\lg([Fe^{2+}][Ni^{2+}]) + 0.007\lg[SO_4^{2-}]$
13	$Zn^{2+} + SO_4^{2-} + 8H^+ + 8e = ZnS + 4H_2O$	$E = 0.335 - 0.0591pH + 0.0074\lg([Zn^{2+}][SO_4^{2-}])$
14	$Cu^{2+} + Fe^{2+} + 2SO_4^{2-} + 16H^+ + 16e = CuFeS_2 + 8H_2O$	$E = 0.372 - 0.0591pH + 0.0037\lg([Fe^{2+}][Cu^{2+}][SO_4^{2-}]^2)$
15	$Fe^{2+} + 2SO_4^{2-} + 16H^+ + 14e = FeS_2 + 8H_2O$	$E = 0.367 - 0.067pH + 0.0042\lg([Fe^{2+}][SO_4^{2-}]^2)$
16	$Cu^{2+} + SO_4^{2-} + 8H^+ + 8e = CuS + 4H_2O$	$E = 0.419 - 0.0591pH + 0.0074\lg([Cu^{2+}][SO_4^{2-}])$
17	$Cu^{2+} + Fe^{2+} + 2HSO_4^- + 14H^+ + 16e = CuFeS_2 + 8H_2O$	$E = 0.358 - 0.052pH + 0.0037\lg([Cu^{2+}][Fe^{2+}][HSO_4^-]^2)$
18	$Fe^{2+} + 2HSO_4^- + 14H^+ + 14e = FeS_2 + 8H_2O$	$E = 0.351 - 0.0591pH + 0.0042\lg([Fe^{2+}][HSO_4^-]^2)$
19	$Zn^{2+} + HSO_4^- + 7H^+ + 8e = ZnS + 4H_2O$	
20	$Fe^{2+} + 2Ni^{2+} + 4HSO_4^- + 28H^+ + 30e = FeNiS_4 + 16H_2O$	$E = 0.332 - 0.055pH + 0.002\lg([Fe^{2+}][Ni^{2+}]^2[HSO_4^-]^4)$
21	$Cu^{2+} + HSO_4^{2-} + 7H^+ + 8e = CuS + 4H_2O$	
22	$Fe^{3+} + e = Fe^{2+}$	$E = 0.767 + 0.0591\lg\frac{[Fe^{3+}]}{[Fe^{2+}]}$

从图 14-38 看出，细菌活动区也是各金属硫化矿的氧化区，这样可使细菌的存活与硫化矿的氧化统一在一个环境中。细菌浸出硫化矿时最终的电子受体是氧，而氧的电位比图

上所列硫化物均正，从热力学看这些硫化物均可能被细菌浸出。按硫化矿被氧化的热力学趋势的大小可排序如下：

$$FeS > CoS > Fe_{4.3}Ni_{4.5}S_8 \approx Fe_7S_8 > NiS > ZnS > FeNi_2S_4 > CuFeS_2 > FeS_2$$

由于 FeS_2 电位较高，因而它可与其他硫化物组成原电池，FeS_2 作为阴极，促进与之接触的其他硫化矿的浸出，而黄铁矿自身的氧化则较其他矿困难。辉铜矿有其特殊性。

图 14-39 是杨显万、张英杰绘制的 Ag_2S-H_2O 系 E-pH 图。

从图看出，在细菌浸出的平衡范围内 Ag_2S 在一定电位下也会发生变化，但不是被浸出而是转化为金属态的银

$$Ag_2S + 4H_2O - 8e = 2Ag + HSO_4^- + 7H^+ \tag{14-44}$$

$$E = 0.4032 - 0.069pH - 0.01lg[HSO_4^-] \tag{14-45}$$

$T = 25℃$, pH = 1, $[HSO_4^-] = 0.1mol/L$ 时, $E = 0.373V$。即是说当浸矿液电位大于 0.373V 时，这一反应即能发生。电位更高时，少量银也能溶解入溶液，这一情况对生产实践是有意义的。

14.3.2 细菌浸出氧化矿的热力学[1,2]

氧化矿的浸出有 3 种类型：氧化浸出、还原浸出、酸溶 + 配合浸出。

A 氧化浸出

如铀的浸出。矿物中的铀一般是 U(Ⅳ) 的氧化物，难溶，可将其氧化变成易溶物种。

$$UO_2 - 2e = UO_2^{2+} \tag{14-46}$$

$$E = 0.221 + 0.0293lg[UO_2^{2+}] \tag{14-47}$$

图 14-40 是铀-水系 E-pH 图。

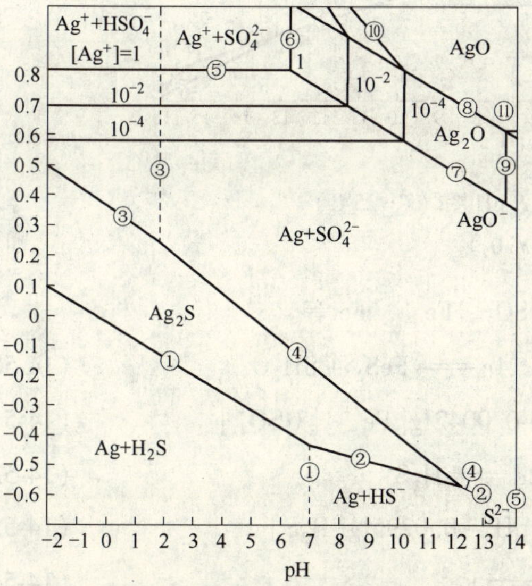

图 14-39 Ag_2S-H_2O 系 E-pH 图

$T = 25℃$, $[S(Ⅱ)] = [S(Ⅵ)] = 10^{-2}mol/L$

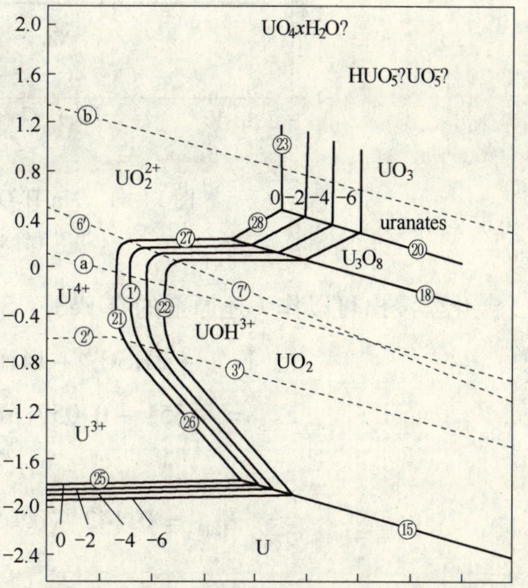

图 14-40 U-H_2O 系 E-pH 图（$T = 25℃$）

B　还原浸出

如锰矿中的锰常以 Mn(Ⅳ) 的氧化物 MnO_2形式存在，由 $Mn-H_2O$ 系 E-pH 图可以看出，MnO_2在任意 pH 范围内均稳定，故不溶于碱也不溶于酸，但可以将其还原为 Mn(Ⅱ) 而溶解入溶液，如图 14-41 上的箭头所示。

$$MnO_2 + 4H^+ + 2e = Mn^{2+} + 2H_2O \tag{14-48}$$

$$E_{298} = 1.228 - 0.1182pH - 0.0295\lg[Mn^{2+}] \tag{14-49}$$

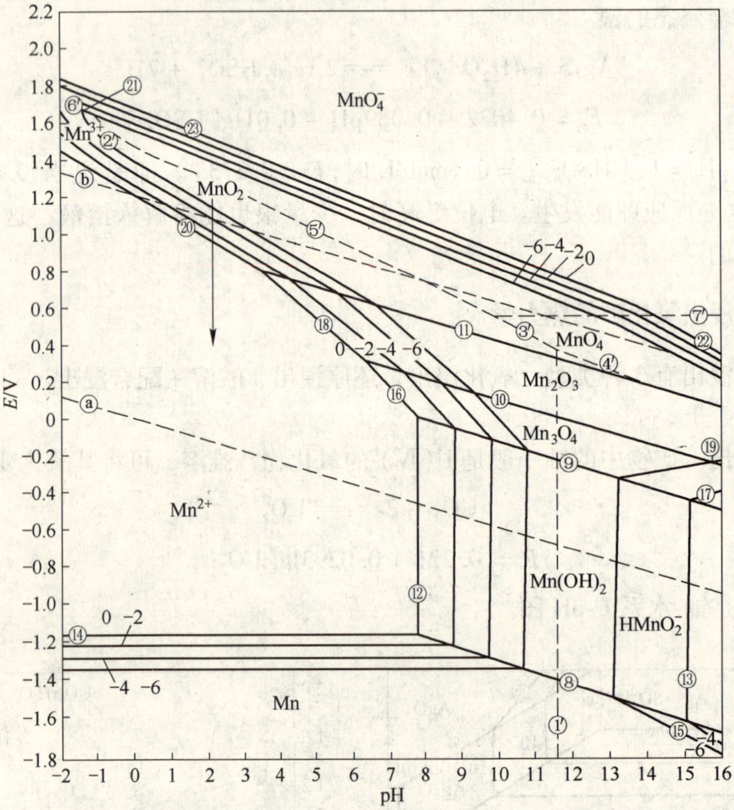

图 14-41　$Mn-H_2O$ 系 E-pH 图（$T=25$℃）
（针对 β-MnO_2）

化学浸出可以作为还原剂的有 FeS_2、S^0、SO_2、Fe^{2+}、Fe 等。

$$Fe^{2+} + 2HSO_4^- + 14H^+ + 14e = FeS_2 + 8H_2O \tag{14-50}$$

$$E_{298} = 0.351 - 0.0591pH + 0.0042\lg[Fe^{2+}][HSO_4^-]^2 \tag{14-51}$$

$$S^0 + 2H^+ + 2e = H_2S \tag{14-52}$$

$$E_{298} = 0.142 - 0.0591pH - 0.0295\lg[H_2S] \tag{14-53}$$

$$Fe^{3+} + e = Fe^{2+} \tag{14-54}$$

$$E_{298} = 0.767 - 0.0591\lg\frac{[Fe^{3+}]}{[Fe^{2+}]} \tag{14-55}$$

$$Fe^{2+} + 2e \xlongequal{} Fe \tag{14-56}$$

$$E_{298} = -0.44 + 0.0295\lg[Fe^{2+}] \tag{14-57}$$

微生物浸出可以用 T. ferrooxidans + 能源基质，如 FeS_2 等进行浸出，细菌氧化 FeS_2 等产出 $S_2O_3^{2-}$ 等中间产物，这些中间产物则去还原 MnO_2。

C 酸溶配合浸出

一些微生物在其生长繁殖过程中能衍生出有机酸，如柠檬酸、草酸、酒石酸、氨基酸等。在氧化矿中金属（除贵金属外）常以其氧化物形态存在，因此，凡能与这些有机酸生成配合物的金属均能被这些微生物浸出。研究表明，有的微生物生产有机酸的能力是很大的。

金属与有机酸生成配合物的能力可根据其配合物的稳定常数或累计生成常数来判断。

$$M^{z+} + iA^{n-} = MeA_i^{z-in} \tag{14-58}$$

其稳定常数或累计生成常数为

$$\beta_i = \frac{[MA_i^{z-in}]}{[M^{z+}][A^{n-}]^i} \tag{14-59}$$

式中 M——金属阳离子；

A^{n-}——有机酸根；

[ ]——活度，mol/L。

表 14-23 列出了几种有机酸与金属配合物的累计生成常数。

表 14-23 几种有机酸与金属配合物的累计生成常数

有 机 酸	配合物	测定温度/℃	离子强度	$\lg\beta$
草酸(OX^{2-})$C_2O_4^{2-}$	$AgOX^-$	25	0	2.41[6]
	$Al(OX)_2^-$		>0.01	13.0
	$Al(OH)_3^{3-}$		>0.01	3.8
	CdOX	25	0	3.52
	$CdOX_2^{2-}$	25	0	1.85
	$CeOX^+$	25	0	6.52
	$Ce(OX)_2^-$	25	0	3.96
	$Ce(OX)_3^{3-}$	25	0	0.82
	CoOX	18	0	4.70
	$Co(OX)_2^{2-}$	25	>0.1	2.41
	$Co(OX)_3^{4-}$	25	0.1	7.96
	CuOX	18	0	6.16
	$Cu(OX)_2^{2-}$	25	>0.10	8.04
	FeOX	18	0	4.7
	$Fe(OX)_2^{2-}$	25	0.5	4.52
	$Fe(OX)_3^{4-}$	25	0.5	0.70
	$FeOX^+$	—	—	9.4

续表 14-23

有　机　酸	配合物	测定温度/℃	离子强度	lgβ
草酸(OX^{2-})$C_2O_4^{2-}$	$Fe(OX)_2^-$	—	—	6.8
	$Fe(OX)_3^{3-}$	—	—	4.0
	NiOX	18	0	5.3,4.1[5]
	$Ni(OX)_2^{2-}$	25	>0.1	7.2[5]
	$Ni(OX)_3^{4-}$			8.5[5]
	ZnOX	18	0	4.89,3.7[5]
	$ZnHOX^+$			5.6[5]
	$Zn(HOX)_2$			10.8[5]
	$Zn(HOX)_2^{2-}$			6.0[5],7.60[6]
	$Zn(OX)_2^{4-}$			8.15[6]
柠檬酸 CH_2COOH │ $C(OH)COOH$ │ $CH_2COOH(H_3L)$	$AgHL^-$	25	0	7.1
	CdHL	25	0	3.98[6]
		25	0.1	5.05
	CdL^-	25	0	11.3[6],4.22
	CuHL	25	0	4.75[6]
	CuL^-	25	0	14.2[6]
		25	>0.5	14.21
	$Cu(OH)_2L_2^{6-}$	25	>0.5	19.3
	$Cu(H_2L)(HL)^-$	室　温	—	4.0
	$Cu(OH)(L)^{2-}$	室　温	—	16.35
	$Cu(OH)_2L_2^{6-}$	室　温	—	2.42
	FeHL	25	0	11.5[6]
	$FeHL^+$	25	0	12.5[6]
	FeL	25	0	25[6]
	NiHL	25	0	5.11[6]
	NiL^-	25	0	14.3[6]
	NiL_2^{4-}	—	—	5.1[6]
	ZnHL	25	0	4.71[3],8.7[2]
	ZnL^{2-}	25	0	11.4[3],4.5[5]
氨基酸($Alan^-$)$CH_3(NH_2)CHCOO^-$	AgAlan	25	0	3.64
	$Ag(Alan)_2^-$	25	0	3.57
	$CoAlan^+$	25	0	4.82
	$Co(Alan)_2$	25	0	3.66
	$Cu(Alan)^+$	25	0	8.51
	$Cu(Alan)_2$	25	0	6.87
	$NiAlan^+$	25	0	5.96
	$Ni(Alan)_2$	25	0	4.70
	$PbAlan^+$	25	0	5.00
	Pb(Alan)	25	0	3.24
	$ZnAlan^+$	25	0	5.21
	$Zn(Alan)_2$	25	0	4.33

14.4 微生物浸矿过程动力学与数学模型[1,2]

微生物浸出全过程十分复杂，包括了微生物生长、物质传输、生化反应、化学反应、电化学反应等多种过程。这些过程有的并列进行，有的串联进行，整个生物浸出过程包括下面6个重要环节。

14.4.1 气体的溶解与传输[1,2]

硫化矿物、Fe^{2+}、S^0等的氧化，最终的电子受体是氧。氧是生物浸出过程必不可少的参与者。除氧外，CO_2是细菌生长所必需的。在槽浸时氧和CO_2是以向矿浆中鼓入空气的方式提供的；在堆浸、原地浸出时则靠这些气体在自然条件下溶解在浸出液中。在某些条件下，溶液中溶解的气体向细菌和矿粒表面的扩散，有可能成为全过程的速率控制步骤。特别是在槽浸时，当充气速率和搅拌速率低于某值时更会如此。但在正常情况下气体的溶解与扩散尚不至于成为速率控制步骤，在原地浸出时溶解有气体的浸矿液的供给有可能成为控制步骤。气体溶解在溶液中的速率可用下式表示：

$$\frac{dC_1}{dt} = K_1\alpha(C_{sat} - C_1) \tag{14-60}$$

式中 C_1——气体在液相中的浓度；

C_{sat}——气体在液相中的饱和浓度；

K_1——传质系数；

α——气液界面的有效面积。

因为K_1与α均不易测得，故常把$K_1\alpha$作为一个参数看待，有人称$K_1\alpha$为氧气传输系数。

对于带搅拌的槽浸，氧气传输系数$K_1\alpha$与各因素的关系为

$$K_1\alpha = 6.6 \times 10^4(\mu_{rel})^{-0.39}(P/V)^{0.75}Q_v^{0.5} \tag{14-61}$$

式中 μ_{rel}——矿浆相对黏度（相对于水）；

V——矿浆体积；

P——能量输入；

Q_v——空气流速。

浆相对黏度与浓度（固体含量）的关系，如图14-42所示。

当黄铁矿粒度为 -75μm，固体含量大于60%时，矿浆黏度即显著上升。对很多矿物来说，这一现象带有共性。氧的传输速率等于$K_1\alpha$、搅拌强度（driving force）、溶液中氧的浓度与其饱和浓度之差三者的乘积。假定氧在溶液中的浓度达到 Liu 等提出的临界值——$0.7 \times 10^{-4}\%$[19]时，搅拌强度为最大值。$K_1\alpha$与此时之搅拌强度的

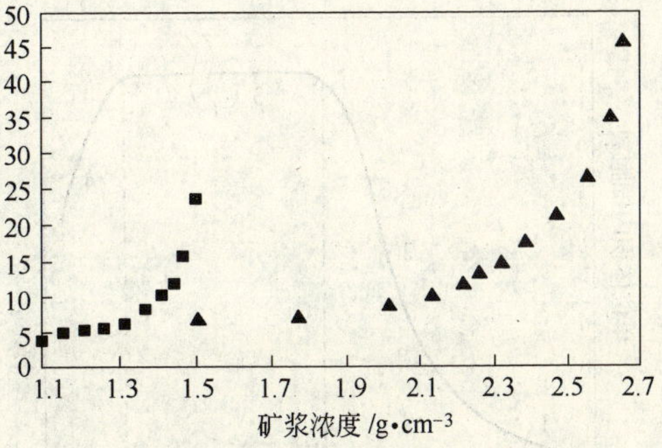

图 14-42 矿浆浓度与矿浆相对黏度的关系
■—石英砂；▲—黄铁矿

乘积称为“氧传输势”（oxygen transfer potential）OTP。两种物料（含 S 为 28% 的黄铁矿和含 S 为 1.0% 的等外矿）生物氧化过程耗氧速率与矿浆浓度的关系如图 14-43。图上同时给出了 OTP 与矿浆浓度的关系线。对于含 S 为 28% 的黄铁矿在交点 *A* 之前为化学或生化反应控制，而在交点 *A* 之后，OTP 小于耗氧速率，此时的过程为氧扩散控制，这是引起高矿浆浓度下氧化速率减慢的原因。对于含硫低的物料（等外矿）矿浆浓度高到 60%，OTP 仍然高于其氧化耗氧速率。

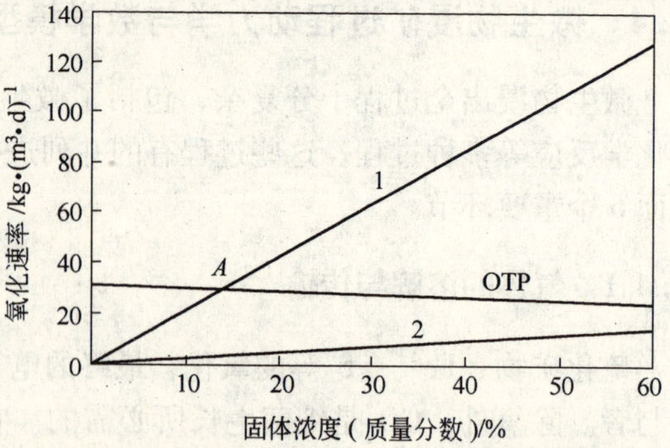

图 14-43　生物氧化速率与 OTP 及矿浆浓度的关系

1—含 S 为 28%；2—含 S 为 1%

在流态化床浸出时，流出液的氧含量低于 $0.7\times10^{-4}\%$，生物氧化过程即受氧气传输控制。

14.4.2　细菌的繁殖[1,2]

细菌发挥作用，无论是好的（如细菌浸出）或是坏的（细菌导致的疾病的发生）都靠细菌数量的快速增长，这种增长是靠细菌的繁殖来实现的。细菌的繁殖是通过细胞的分裂——裂殖。大多数细菌表现为横分裂（垂直于其长轴方向分裂），分裂后形成的两个细胞大小相等，称为同型分裂。这一过程分为 3 步来实现。

第一步是核的分裂和隔膜的形成。细菌从周围环境中吸收营养物质，随之发生一系列生物化合反应，把进入细胞的营养物转变成新的细胞物质——DNA、RNA、蛋白质、酶及其他分子。细菌染色体 DNA 的复制往往先于细胞分裂并随着细胞的生长而分开。与此同时，细胞中部的细胞膜从外向中心做环状推进，逐步闭合形成一垂直于细胞长轴的细胞质隔膜，使细胞质与细胞核均分为二。

第二步是横隔壁的形成。随着细胞膜的向内推进，母细胞的细胞壁也跟着由四周向中心逐渐延伸，把新生成的细胞质膜分为两层，每层分别为两个子细胞的细胞膜，横隔壁也逐渐分为两层，使得每个子细胞各自有自己完整的细胞壁。

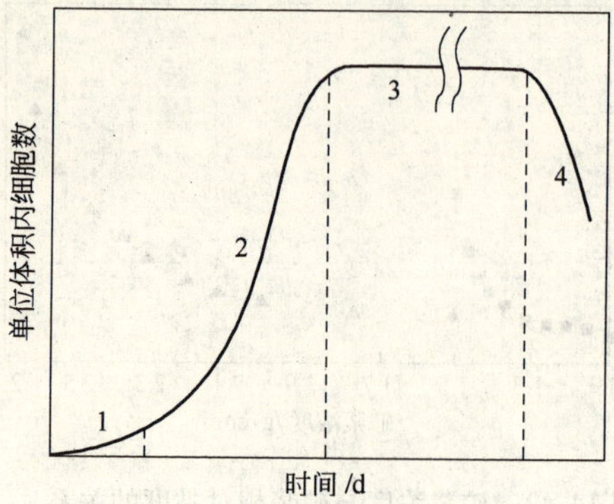

图 14-44　细菌生长曲线

第三步是子细胞分离。在纯培养条件下细菌群体生长规律一般具有图 14-44 所示的规律。全过程分 4 个阶段。第 1 阶段为延迟期，又称为迟缓期、调整期或滞留适应期。在此阶段，细胞代谢活跃，细胞体积增长较快，但分裂迟缓。第 2 阶段为对数期。这一阶段细胞代谢活性最强，生长十分迅速，以对数增长速率繁殖。第 3 阶段为稳定生长期，在细菌的生长与死亡之间达到动态平衡。此时培养基中细菌浓度最大，但活性较差。在进行生产接种时应取处于稳定期但尽量靠近对数期的细菌。第 4

阶段为衰亡期。细菌生长速率可用 Monod 方程表述，见式（14-66）。

14.4.3 细菌在矿物表面的吸附[1,2]

细菌吸附在固体反应物表面是微生物浸出过程最重要的环节。细菌在浸出中的作用有两种，一种是游离细菌，另一种是吸附细菌。在很多情况下吸附细菌在浸出中起主要作用。有人用 Sulfobacillus thermosulfidooxidans 浸出镍黄铁矿，做了两个对比试验，其他条件均一样（$T = 50℃$，浸矿液铁浓度为 2.39g/L，矿浆浓度 1%，pH = 2.0，加细菌），其区别仅在于一个试验中矿样直接投入浸矿液，细菌能与矿粒接触，另一试验用透析袋（分子截留量为8000）将矿粒与细菌隔离。浸出 4 天，前者镍浸出率达 52.2%，而后者仅为 14.32%。类似的实验，用 0.22μm 厚的疏水的半渗透过滤膜将反应器分为两隔，做两个对比试验，一是把黄铁矿粒与细菌置于同一隔中，另一是分放于两隔，其他条件均一样，其结果是细菌直接接触矿粒的浸出速率比细菌不与矿粒接触时的浸出速率高得多[20]。

在硫化锌矿细菌浸出时有 65% 的氧化亚铁硫杆菌吸附在硫化锌矿的表面。据文献[21] 报道细菌浸出时有 65% 氧化亚铁硫杆菌吸附在各种颗粒（包括元素硫与黄铁矿）表面。在类似的实验中有 96% ~98% 的氧化亚铁硫杆菌吸附在黄铜矿表面，77% 吸附在元素硫的表面。细菌在矿粒表面上的分布与细菌生长阶段以及矿物氧化程度有关。经测定表明，在生长缓慢期氧化亚铁硫杆菌有约 70% 吸附在元素硫表面，而在 168h 后仅有 40%。总的来说约 60% ~90% 氧化亚铁硫杆菌吸附在被浸的硫化矿表面。在矿浆和矿粒表面存在着细菌的吸附与脱附的动态平衡。建立平衡所需时间与菌种，矿物性质与细菌的驯化有关。邓敬石的试验表明[20]，中等嗜热菌 Sulfobacillus thermosulfidooxidans 在黄铁矿表面的吸附 0.5h 即可达到平衡，而在镍黄铁矿表面则需 1.5h。经驯化过的氧化亚铁硫杆菌菌株与硫化矿表面之间的吸附平衡只要 1 ~5h 即可达到，而未经驯化的则需 120 ~300h。工业实践也充分证明了细菌在矿物表面的吸附。Sao Bento 难处理金矿细菌氧化预处理的 BIOX®工业反应槽中发现有 48% 的氧化亚铁微螺菌，34% 氧化硫硫杆菌和 10% 未被吸附的氧化亚铁硫杆菌，其余 90% 的氧化亚铁硫杆菌则吸附于矿物表面。随着反应槽数的增加，浸出时间的延长，未被吸附的氧化亚铁硫杆菌下降到 5%，然后保持相对稳定，而氧化亚铁微螺菌的吸附比例则不断下降。细菌与矿粒表面的相互作用是分阶段进行的。曾发现在铜-锌精矿上第一小时吸附上去的细菌很易洗脱，吸附时间更长后则不易洗脱，（如果不考虑细菌通过扩散、对流与活性运动抵达固体表面这一步的话，细菌在固体表面吸附可分为两步：

第一步，一些研究人员称之为初级吸附，此阶段主要是物理吸附。物理吸附主要靠两种力，一为静电吸引，二为疏水力（范德华力）。曾提出过各种吸附机理，没有一个已提出的机理能充分说明自养微生物与基体的相互作用。

细菌与硫化矿表面的静电作用取决于二者表面电荷的符号与大小，若电荷符号相反则有静电吸引，若符号相同则产生排斥。表面电荷的符号是容易确定的，但其大小（以表面电位表征）则无法用现有的任何方法来测定，只能用另外一个物理量来代表，这就是电泳淌度，即在溶液中建立一电位梯度并测定质点在溶液中的移动速度，此速度即为电泳淌度，单位为 $m^2/(s \cdot V)$。疏水力代表物质疏水性的强弱，可以用接触角 θ 来表征，如图 14-45 所示，接触角愈大，则疏水性愈强。

矿物中只有石英是亲水的，其余均是疏水的，因而细菌的疏水性愈强（其接触角愈大），愈有利于细菌在硫化矿表面的吸附。表 14-24 中给出了若干微生物的电泳淌度与接触角数据，表 14-25 给出了某些矿物的接触角与细菌对其表面的吸附覆盖率。

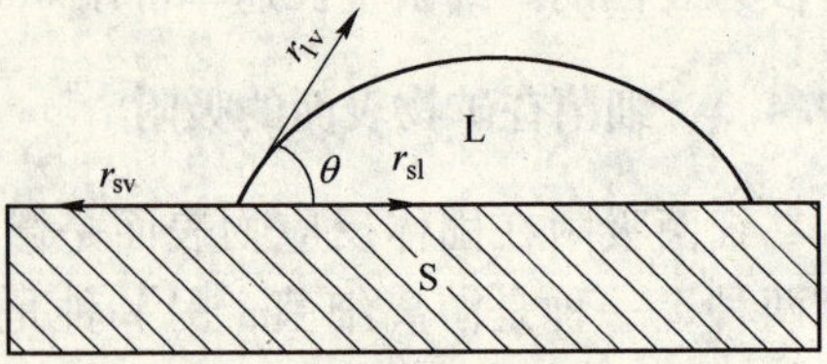

图 14-45　表征固体表面疏水性的接触角示意图

表 14-24　部分微生物的电泳淌度与接触角值[1,2]

微生物	电泳淌度/(10^{-8} m·(s·V)$^{-1}$)	接触角/(°)	微生物	电泳淌度/(10^{-8} m·(s·V)$^{-1}$)	接触角/(°)
Pseudomonas fluorescens	−2.36	21.22±1.5	Acinetobacter sp. strain 210A	−1.99	32.6±0.5
Pseudomonas aeruginosa	−1.07	25.7±0.9	Thiobacillus versutus	−2.97	26.8±0.8
Pseudomonas putida	−1.60	38.5±1.0	Alcaligenes sp. strain 175	−2.57	24.4±0.5
Pseudomonas sp. strain 26-3	−0.29	20.1±0.8	Rhodopseudomonas palustris	−2.68	34.4±0.5
Pseudomonas sp. strain 52	−2.67	19.0±1.0	Agrobacterium radiobacter	−1.48	44.1±0.5
Pseudomonas sp. strain 80	−1.74	29.5±0.5	Bacillus licheniformis	−2.40	32.6±0.5
Escherichia coli NCTC 9002	−0.42	15.7±1.2	Corynebacter sp. strain 125	−3.07	70.0±3.0
Escherichia coli K-12	−1.38	24.7±0.4	Azotobacter vinelandii	−2.45	43.8±0.5
Arthrobacter globiformis	−1.84	23.1±0.7	Rhizobium leguminosarum	−2.10	31.0±1.0
Arthrobacter simplex	−1.08	37.0±0.9	Mycobacter phlei	−3.09	70.0±5.0
Arthrobacter sp. strain 177	−3.24	60.0±1.5	Thiobacillus ferrooxidans	—	23
Arthrobacter sp. strain 127	−1.37	38.0±1.3	E. coli	—	31
Aficrococcus luteus	−1.62	44.7±0.9			

表 14-25　矿物的接触角（对 pH = 2 的水溶液）与细菌在其表面的附着覆盖率

矿物	接触角/(°)	覆盖率/%			矿物	接触角/(°)	覆盖率/%		
		E. coli	T. ferrooxidans				E. coli	T. ferrooxidans	
石英	28.4	9.9	4.7	9.8	黄铜矿	83.4	26.8	14.0	23.0
黄铁矿	68.9	18.9	24.0	20.0					

如上所述，细菌或微生物在固体表面的吸附，与疏水力和静电力均有关，其关系可用图 14-46 表示。疏水力愈大（接触角愈大）吸附愈强，电泳淌度负值愈小或正值愈大，吸附也愈强。对具体的矿物与微生物而言，这两种力谁起主导作用则呈多样性，对硫化矿的表面细菌的吸附出现了两种截然相反的观点。

一种观点认为细菌与硫化矿静电排斥，吸附主要是靠疏水力。总结前人发表的文献后提出细菌吸附的结论是：

（1）细菌吸附随细菌与固体表面疏水性的增加而上升；

（2）细菌吸附随细菌与固体表面的静电排斥力的增加而下降；

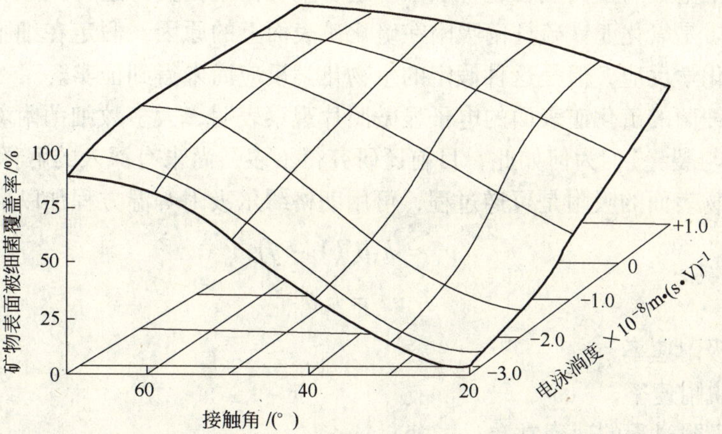

图 14-46 细菌附着覆盖率与其电泳淌度和接触角之间关系示意图

（3）疏水力比静电力更重要；

（4）吸附一般是可逆的；

（5）当静电作用（排斥）弱，疏水力强时吸附是不可逆的。

有若干试验结果支持这一观点。在 pH = 2 的介质中在有黄铁矿与 Fe(Ⅱ) 条件下生长的氧化亚铁硫杆菌带负电荷，而在元素硫上生长的细菌则接近等电点（电泳淌度为 0）(isoelectric point)，在 pH = 2 时黄铁矿与元素硫均带负电荷。氧化亚铁硫杆菌是弱疏水的，其接触角随 pH 由 3 降至 2 而升高，细菌优先吸附在疏水的硫化矿表面上，这种吸附是弱的，可逆的。疏水的界面作用在氧化亚铁硫杆菌吸附在硫化矿表面起决定作用。

另一种观点认为细菌带正电荷，硫化矿表面带负电荷，二者靠静电吸引而导致吸附，同时也不排除疏水力的作用。在 1976 年即报道过细胞与黄铁矿表面的静电吸附。细菌在培养与生长时，其代谢产物聚集于细胞壁四周形成外聚合层，又称胞外多糖层。胞外多糖层是细菌分泌的产物，又称外聚合层，它是附着于细胞壁外的一层松软透明、黏度极大、黏液状或胶质状的物质。外聚合层的成分因菌种而异，主要是多糖，有的也有多肽、蛋白质、脂肪以及它们组成的复合物——脂多糖、脂蛋白等。在吸附在黄铁矿表面的氧化亚铁硫杆菌上探测到这种外聚合层的存在；在吸附在镍黄铁矿表面的 Sulfobacillus thermosulfidooxidans 上也观察到这种外聚合层。当细胞置身于含 Fe^{3+} 离子的溶液中时，溶液中的 Fe^{3+} 与细胞外聚合层中的葡萄酸 H^+ 发生离子交换，铁离子进入外聚合层并与葡萄糖酸根配合生成配合物。

$$2GluH + Fe^{3+} \longrightarrow Fe(Glu)_2^+ + 2H^+ \tag{14-62}$$

GluH 为葡萄糖：$CH_2OH(HOH)_4COOH$。这样外聚合层即带正电荷，与带负电荷的硫化矿表面产生静电吸引而使细胞吸附，当然疏水力也同时起作用。只以硫为营养物质的细菌则有不同于上述成分的外聚合层，使细菌表面具有强烈的疏水性，这类细菌不能吸附在黄铁矿上，氧化亚铁微螺菌的外聚合层也含葡萄糖酸与 Fe^{3+}，其吸附机理与氧化亚铁硫杆菌相似。

吸附的第二步是二级吸附，一些人称其为化学吸附，在细胞与矿物之间形成了一种特别的联系，细胞壁上的蛋白质在这种联系中起着重要作用。支持这种观点者认为在细胞表面存在着蛋白质是氧化亚铁硫杆菌吸附在硫化矿表面上的原因。假定在细胞与矿物表面之间发生了生物化学反应，但是这种假定的生物化学反应尚未得到证实。

对吸附了细菌的硫化矿表面的电子显微照片观察表明，大多数细菌附着在可见的晶体缺陷处（位错与裂缝），为何如此，目前还研究得不多，尚未有深入的解释。

细菌在矿物表面的吸附是可逆过程，可用朗格缪尔吸附等温方程加以描述。

$$\nu_a = k_a B'(1 - \theta) \tag{14-63}$$

$$\nu_d = k_d \theta \tag{14-64}$$

式中　ν_a——吸附速率；

ν_d——脱附速率；

k_a——吸附过程的速率常数；

k_d——脱附过程的速率常数；

θ——被细菌占领的表面积的分数；

B'——溶液中细菌的浓度。

在平衡条件下 $\nu_a = \nu_d$ 可导出：

$$\theta = \frac{k_a B'}{k_a B' + k_d} \tag{14-65}$$

由式（14-65）看出，θ 随 B' 增大而增大，当 B' 足够大时 θ 趋近于 1。经驯化的细菌与矿物表面之间吸附-脱附平衡很快达到。

14.4.4　液相传质及反应[1,2]

在细菌浸出过程中需要考虑的液相传质物种有：（1）反应物，如 Fe^{3+} 等；（2）生成物，如 Fe^{2+}、SO_4^{2-}、As(Ⅲ)、As(Ⅴ)以及各种硫化物氧化后产生的金属阳离子；（3）营养物。这些水溶物种均需通过扩散达到细菌或固液反应物表面，或反之，从上述表面扩散到溶液本体。正如一切液固反应一样，扩散主要是在固液界面处的边界层中进行。当反应生成固体产物时，还有经过固体产物层的扩散。当固体产物是元素硫时，若元素硫层疏松多孔，经过此种层的扩散不会成为速率控制步骤。在一个充分搅拌、扩散物浓度足够高的液-固反应体系中，边界层扩散不会成为过程的速率控制步骤。在静态床浸出过程中，如堆浸、原位浸出等，低的 Fe^{3+} 与营养液浓度可能使扩散成为速率控制步骤。

这里的反应包括表面化学反应及生化反应，若浸出按各种最佳条件进行，排除了前述各环节成为速率控制步骤的可能性后，则浸出过程成为表面生物化学或化学反应控制。其中究竟何种反应起主要作用，这与所处的矿物原料情况有关，在 14.2 节有关机理的阐述中已进行了讨论。

14.4.5　动力学数学模型[1,2]

微生物浸出的日渐推广，自然产生了对这一过程数学模型的需要。先后从不同角度用不同的思路提出了多种数学模型，其中有建立在实验结果上的经验公式，也有从基本理论出发经过数学的推导而得出的。下面介绍几种数学模型[1,22]。

14.4.5.1 Monod 方程

细菌生长速率可用 Monod 方程来表述：

$$\mu = \frac{\gamma_x}{C_x} = \frac{\mu_{max} \cdot C_s}{K_s + C_s} \text{或} \frac{1}{\mu} = \frac{K_s}{\mu_{max} \cdot C_s} + \frac{1}{\mu_{max}} \tag{14-66}$$

式中 μ——单位细菌浓度的细菌生长速率（比速），个/h；

μ_{max}——细菌生长的最大比速，个/h；

γ_x——细菌生长速率，mol/(L · h)；

C_x——细菌浓度；

K_s——基质饱和常数；

C_s——抑制细菌生长的物质的浓度，mol/L，此处指 Fe(Ⅲ) 的摩尔浓度。

以$\frac{1}{\mu}$与$\frac{1}{C_s}$作图为一直线，由其截距可求μ_{max}，由其斜率与μ_{max}值可求出K_s。该方程适用于以显微镜下计数所表示的细菌浓度。

14.4.5.2 Hansford 逻辑方程

Hansford 逻辑方程是一经验公式。硫化矿氧化的速率

$$\frac{dX}{dt} = K_m X\left(1 - \frac{X}{X_{max}}\right) \tag{14-67}$$

式中 X——黄铁矿浸出分数，无量纲；

X_{max}——黄铁矿最大浸出分数，无量纲，为经验数据；

K_m——逻辑方程中的最大速率常数，1/h。

对周期性槽浸式（14-67）积分后得

$$X_t = \frac{X_0 \exp(K_m t)}{1 - \frac{X_0}{X_{max}}[1 - \exp(K_m t)]} \tag{14-68}$$

式中 X_t——时间为 t 时黄铁矿浸出的分数；

X_0——在时间为 0 时黄铁矿的浸出分数。

式（14-68）改变为对数方程

$$\ln\left(\frac{X}{X_{max} - X}\right) = K_m t + \ln\left(\frac{X_0}{X_{max} - X_0}\right) \tag{14-69}$$

可以由式（14-67）推导出适用于系列反应器连续浸出的更复杂的方程。在稳定态下单级浸出分数

$$X_t = X_{max}\left(1 - \frac{1}{K_1 t}\right) \tag{14-70}$$

对黄铁矿上述逻辑方程的计算与试验结果吻合甚好，如图 14-47 所示，而且也适用于计算砷黄铁矿-黄铁矿细菌浸出时铁与砷的浸出率。方程（14-70）用于计算 4 个反应器组成的串级浸出砷黄铁矿-黄铁矿的浸出率与试验结果也十分吻合。

上述逻辑方程比较简单，而且对影响过程速率的诸多因素（例如粒度、溶液成分、搅拌转速等）均无直接关系，所有这些因素的影响都反应在 X_{max} 与 K_m 两个经验参数上，在

不同的条件下，这两个参数的值自然是不同的。

14.4.5.3　Nagpal 模型

假定：

（1）黄铁矿、砷黄铁矿的氧化仅只靠 Fe^{3+}，其速率取决于溶液电位与矿物电位之差；

（2）细菌生长速率与 Fe^{2+} 氧化速率成正比；

（3）吸附与未吸附细菌均参与 Fe^{2+} 氧化。

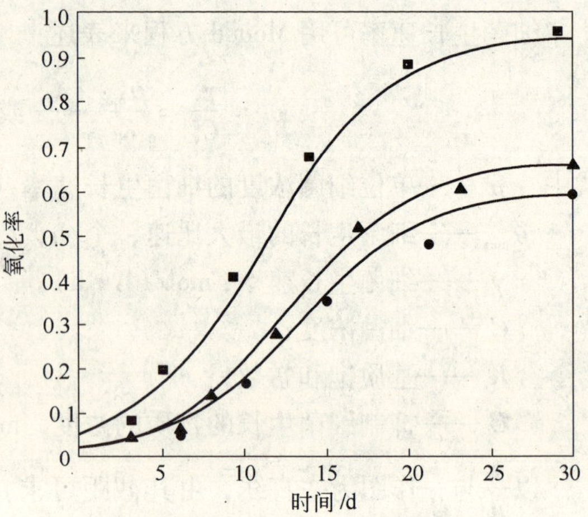

图 14-47　不同粒度的黄铁矿精矿细菌槽浸浸出率与时间的关系

●— +53 ~ -75μm；▲— +38 ~53μm；■— -38μm

（图中点为实验数据，线为按式（14-68）逻辑方程计算数据）

细菌生长速率：

$$\gamma_x = -Y_{sx} \cdot \gamma_{Fe^{2+}} \tag{14-71}$$

式中　γ_x——细菌生长速率，mol/(L·h)；

Y_{sx}——单位基质的细菌产出率，mol/(mol·h)；

$\gamma_{Fe^{2+}}$——Fe^{2+} 产出速度，mol/(L·h)。

Fe^{2+} 氧化而造成的 Fe^{2+} 消耗速率：

$$-\gamma_{Fe^{2+}} = \frac{q_{Fe^{2+}}^{max} \cdot C_x}{1 + \dfrac{K_s}{[Fe^{2+}]} + \dfrac{K_s}{K_i}\dfrac{[As^{5+}]^2}{[Fe^{2+}]}} \tag{14-72}$$

式中　$q_{Fe^{2+}}^{max}$——细菌氧化 Fe^{2+} 的最大比速率，mol/(mol·h)；

C_x——细菌浓度，mol/L；

K_s——基质饱和常数，mol/L；

K_i——Fe^{3+} 抑制常数，mol/L；

$[Fe^{2+}]$——Fe^{2+} 浓度，mol/L；

$[As^{5+}]$——As^{5+} 浓度，mol/L。

Fe^{3+} 浸出黄铁矿与砷黄铁矿的速率：

$$-\gamma_{FeS_2} = \xi_{FeS_2}^{max}\alpha_{FeS_2}[FeS_2](E_{aq} - E_{FeS_2}) \tag{14-73}$$

式中　γ_{FeS_2}——黄铁矿浸出速率，mmol/(L·h)；

$\xi_{FeS_2}^{max}$——单位面积黄铁矿最大浸出速率，mol/(m²·h)；

α_{FeS_2}——黄铁矿比表面积，m²/mol；

$[FeS_2]$——黄铁矿的浓度，mol/L；

E_{aq}——溶液电位（SHE），mV；

E_{FeS_2}——黄铁矿的静电位（SHE），mV。

砷黄铁矿的浸出速率：

$$-\gamma_{FeAsS}=\xi_{FeAsS}^{max}\alpha_{FeAsS}[FeAsS](E_{aq}-E_{FeAsS}) \tag{14-74}$$

式中 γ_{FeAsS}——黄铁矿浸出速率，mmol/(L·h)；

ξ_{FeAsS}^{max}——单位面积砷黄铁矿最大浸出速率，mol/(m^2·h)；

α_{FeAsS}——砷黄铁矿比表面积，m^2/mol；

[FeAsS]——砷黄铁矿的浓度，mol/L；

E_{aq}——溶液电位（SHE），mV；

E_{FeAsS}——砷黄铁矿的静电位（SHE），mV。

Nagpal 模型预测砷黄铁矿浸出时铁的浸出不是很准确，但预测砷的浸出则与试验结果吻合甚好。

14.4.5.4 Boon 两步反应模型

如第 14.2 节对浸出机理的认识那样，把浸出过程分成两步，以黄铁矿为例。第一步黄铁矿与 Fe^{3+} 作用（化学反应），Fe^{3+} 转化为 Fe^{2+}；第二步，所生成的 Fe^{2+} 在细菌的参与下氧化为 Fe^{3+}（电子受体为 O_2）。这两步通过 Fe^{3+} 与 Fe^{2+} 的互相转化而相关联，前一过程 Fe^{2+} 的生成速率：

$$\xi_{Fe^{2+}}=\frac{-\overrightarrow{\gamma}_{Fe^{2+}}}{\alpha[FeS_2]}=\frac{\xi_{Fe^{2+}}^{max}}{1+B\dfrac{[Fe^{2+}]}{[Fe^{3+}]}} \tag{14-75}$$

$$\overrightarrow{\gamma}_{Fe^{2+}}=\frac{\alpha[FeS_2]\xi_{Fe^{2+}}^{max}}{1+B\dfrac{[Fe^{2+}]}{[Fe^{3+}]}} \tag{14-76}$$

式中 $\xi_{Fe^{2+}}$——Fe^{3+} 氧化黄铁矿时单位面积 Fe^{2+} 的生成速率，mmol/(L·h)；

$\xi_{Fe^{2+}}^{max}$——单位面积黄铁矿表面上 Fe^{2+} 的最大生成速率，即 $Fe^{2+}=0$ 时之生成速率，mmol/(L·h)；

$\overrightarrow{\gamma}_{Fe^{2+}}$——Fe 的总生成速率，mmol/(L·h)；

$[FeS_2]$——黄铁矿的浓度；

α——固体浓度与其表面积浓度之间的转换系数；

B——溶液中细菌的初始浓度；

$[Fe^{2+}]$——溶液中 Fe^{2+} 的浓度，mol/L；

$[Fe^{3+}]$——溶液中 Fe^{3+} 的浓度，mol/L。

从式（14-76）可以看出 Fe^{2+} 的生成速率与 FeS_2 浓度、温度（与 $\xi_{Fe^{2+}}^{max}$ 有关）、α（与粒度有关）、溶液中 $[Fe^{2+}]$ 与 $[Fe^{3+}]$ 浓度有关。

第二步中 Fe^{2+} 在细菌参与下氧化为 Fe^{3+} 时 Fe^{2+} 的消耗速率：

$$q_{Fe^{2+}}=\frac{-\overleftarrow{\gamma}_{Fe^{2+}}}{C_x}=\frac{q_{Fe^{2+}}^{max}}{1+K\dfrac{[Fe^{3+}]}{[Fe^{2+}]}} \tag{14-77}$$

$$\overleftarrow{\gamma}_{Fe^{2+}}=\frac{C_x q_{Fe^{2+}}^{max}}{1+K\dfrac{[Fe^{3+}]}{[Fe^{2+}]}} \tag{14-78}$$

式中　$q_{Fe^{2+}}$——Fe^{2+}被氧化Fe^{3+}时单位浓度细菌造成的Fe^{2+}的消减速率，mmol/(L·h)；

$q_{Fe^{2+}}^{max}$——Fe^{2+}被氧化Fe^{3+}时单位浓度细菌造成的Fe^{2+}的最大消减速率，mmol/(L·h)；

C_x——细菌浓度；

$\overleftarrow{\gamma}_{Fe^{2+}}$——$Fe^{2+}$的总消耗速率，mmol/(L·h)。

从式（14-78）看出，Fe^{2+}消耗速率与细菌浓度、细菌种类与温度（决定$q_{Fe^{2+}}^{max}$）、溶液中［Fe^{3+}］与［Fe^{2+}］有关，由反应

$$Fe^{3+} + e \longrightarrow Fe^{2+} \tag{14-79}$$

的能斯特方程：

$$E = E^{\ominus} - \frac{RT}{F}\ln\frac{[Fe^{2+}]}{[Fe^{3+}]} \tag{14-80}$$

得：

$$\frac{[Fe^{3+}]}{[Fe^{2+}]} = \exp\frac{E - E^{\ominus}}{\frac{RT}{F}} \tag{14-81}$$

代入式（14-76）和式（14-78）得Fe^{3+}氧化黄铁矿时Fe^{2+}的生成速率：

$$\overrightarrow{\gamma}_{Fe^{2+}} = \frac{\alpha[FeS_2]\xi_{Fe^{2+}}^{max}}{1 + B\exp\frac{E^{\ominus} - E}{\frac{RT}{F}}} \tag{14-82}$$

Fe^{2+}被氧化为Fe^{3+}时Fe^{2+}的消耗速率：

$$\overleftarrow{\gamma}_{Fe^{2+}} = \frac{C_x q_{Fe^{2+}}^{max}}{1 + K\exp\frac{E^{\ominus} - E}{\frac{RT}{F}}} \tag{14-83}$$

当两种速率相等时，达到了浸出过程的假稳定态，此时的速率即为浸出过程的速率。

从式（14-82）看出Fe^{2+}的生成速率随着体系电位E的上升而上升，反之从式(14-83)看出，Fe^{2+}的消耗速率随体系电位E的上升而下降，将二者作为电位E的函数，两曲线的交点即为假稳定态，如图14-48所示。

图14-48表明，氧化亚铁微螺菌（Leptospirillum ferrooxidans）的$\overleftarrow{\gamma}_{Fe^{2+}}$-$E$曲线与黄铁矿的$\overrightarrow{\gamma}_{Fe^{2+}}$-$E$交点的电位与速率均比氧化亚铁硫杆菌高，这说明，在浸出黄铁矿时若两种菌均同时存在，则L. f菌有较高的速率，从而有较T. f高的生长率，它将逐渐占优势成为体系中的优势菌种。现在用GENCORBIOX®处理砷黄铁矿-黄铁矿精矿时反应器中氧化亚铁硫杆菌占优势，证明了类似的现象。

假定用Fe(Ⅲ)浸出的过程是一电化学过程，根据Bulter-Volmer方程：

$$i = i_0\left(\exp\frac{\beta nF\eta}{RT} - \exp\frac{-\alpha nF\eta}{RT}\right) \tag{14-84}$$

式中　η——过电位。

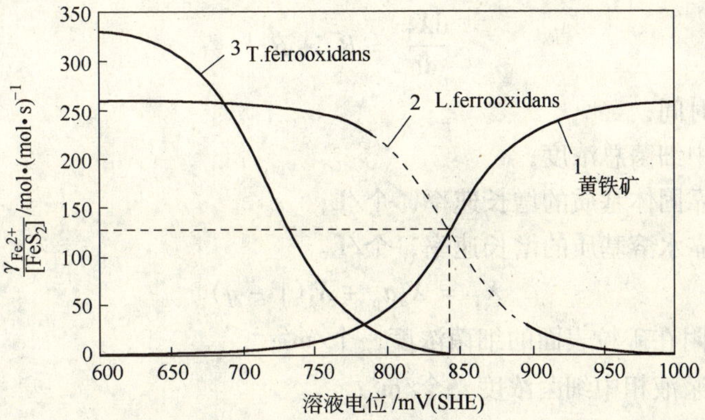

图 14-48 T. ferrooxidans 与 L. ferrooxidans 氧化 Fe^{2+} 时 $\overleftarrow{\gamma}_{Fe^{2+}}$ 与黄铁矿被 Fe^{3+} 氧化时 Fe^{2+} 生成速率 $\overrightarrow{\gamma}_{Fe^{2+}}$ 与体系电位 E 的关系曲线

试验条件：1—黄铁矿粒度：+53 ~ −75μm，黄铁矿浓度：10g/L；

2，3—细菌浓度：150mg/L，总铁浓度：12g/L

电化学反应速率与电流之间的关系：

$$i = nF\gamma_{FeS_2} \tag{14-85}$$

$$\gamma_{FeS_2} = \frac{i}{nF} \tag{14-86}$$

最后可导出：

$$-\gamma_{FeS_2} = \gamma_0\{\exp[\alpha\beta(E - E^{\ominus})] - \exp[(1-\alpha)\beta(E - E^{\ominus})]\} \tag{14-87}$$

绘出的黄铁矿浸出速率与溶液电位的关系线与实践数据相吻合，如图 14-49 所示。黄铁矿在生物浸出速率与电位的关系也与用 Fe(Ⅲ) 的化学浸出的结果相吻合。初步的研究表明，用上述速率方程可解释用 Fe(Ⅲ) 浸出砷黄铁矿的动力学。

上述两步机理可以用来解释为什么在黄铁矿与砷黄铁矿细菌浸出时 L. f 成为主要菌种，为什么砷黄铁矿在黄铁矿之前优先浸出。这种理论处理已受到广泛的检验，得到了严谨的验证，是建立生物浸出工业化应用中的动力学模型的十分有用的思路。

14.4.5.5 Yasuhiro Konishi 模型

Yasuhiro Konishi 给出了氧化亚铁硫杆菌浸出黄铁矿周期性与连续性槽浸出作业的数学模型，与前面的 Boon 等建模的思路相反，在建立模型时，他们认为 Fe^{3+} 对 FeS_2 的化学氧化作用与细菌对 FeS_2 的直接氧化作用相比可忽略不计。

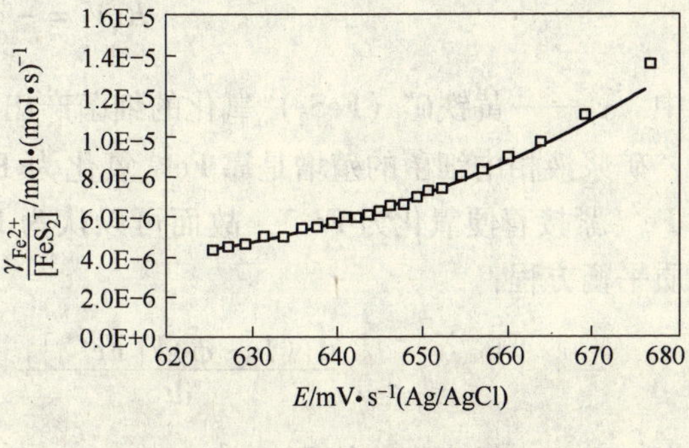

图 14-49 Fe^{3+} 浸出黄铁矿时 γ_{FeS_2} 与电位的关系（按式（14-87）计算）

□—实验结果

在槽浸时，细菌的增长速率是吸附在矿粒表面的细菌增长速率与在矿浆液中的细菌增长速率之和。

$$\frac{dX_T}{dt} = R_A + R_1 \tag{14-88}$$

式中 t——反应时间；

X_T——矿浆中细菌总浓度；

R_A——细菌靠固体基质的增长速率，个/L；

R_1——细菌靠水溶基质的增长速率，个/L。

$$X_T = X_a a_p + X_1(1 - q) \tag{14-89}$$

式中 X_a——吸附在矿粒表面的细菌浓度，个/m²；

X_1——矿浆液相中细菌浓度，个/m³；

a_p——矿粒总表面积，m²；

q——矿浆中固体物料所占体积分数。

$$X_a = K_A X_{am} X_1/(1 + K_A X_1) \tag{14-90}$$

式中 K_A——细菌在矿粒表面吸附平衡常数；

X_{am}——细菌在矿粒表面的最大吸附量，个/m²。

$$a_p = a_{p\cdot0}(1 - \alpha)^{2/3} \tag{14-91}$$

式中 $a_{p\cdot0}$——单位体积内矿粒总表面积的起始值；

α——反应率（氧化率或浸出率）。

$$a_{p\cdot0} = \frac{\phi W_0}{\rho_p D_{p\cdot0} V_0} \tag{14-92}$$

式中 W_0——矿物的起始重量，kg；

V_0——矿浆的起始体积，m³；

ρ_p——矿浆的密度；

$D_{p\cdot0}$——矿粒的起始直径，m³；

ϕ——反应矿粒偏离球体程度的形状系数。

细菌殖增速率与浸出速率成正比：

$$R_A V = -\gamma_A\left(\frac{dW}{dt}\right) \tag{14-93}$$

式中 γ_A——黄铁矿（FeS_2）氧化的细菌产出率，个/ kg。

矿浆液相中细菌的殖增是靠 Fe^{2+} 氧化为 Fe^{3+} 获得能量而产生的。细菌直接作用产出的 Fe^{2+} 紧接着便氧化为 Fe^{3+}，故而可以认为 Fe^{2+} 浓度的增长速率为 0。则可导出 Fe^{2+} 的物质平衡方程：

$$\frac{d\{(1-\phi)V[Fe^{2+}]\}}{dt} = -f\frac{dW}{dt} - \frac{R_1 V}{\gamma_1} = 0 \tag{14-94}$$

式中 V——槽内矿浆体积，m³；

f——黄铁矿中铁的质量分数；

γ_1——水溶基质［Fe(Ⅲ)］氧化的细菌产出率，个/kg。

联立式（14-93）和式（14-94）可得：

$$R_1 = f\frac{y_1}{y_A}R_A \tag{14-95}$$

将式(14-95)代入式(14-88)得：

$$\frac{dX_T}{dt} = R_A\left(1+\frac{fy_1}{y_a}\right) \tag{14-96}$$

吸附在矿粒表面上的细菌殖增速率可用下式表示：

$$R_A = \mu_A x_a \theta_v a_p \tag{14-97}$$

式中 $\theta_v = (X_{am} - X_a)/X_{am}$；

μ_A——吸附在矿粒表面上的细菌的比殖增速率，d^{-1}。

槽浸时生物浸出速率与细菌生长速率成正比，令 α 为浸出率，则有：

$$\alpha = 1 - \frac{W}{W_0} \tag{14-98}$$

$$\frac{d\alpha}{dt} = \frac{d(W/W_0)}{dt} = -\frac{1}{W_0}\cdot\frac{dW}{dt} \tag{14-99}$$

由式(14-94)、式(14-95)、式(14-96)得出

$$\frac{dW}{dt} = -\frac{R_1 V}{y_1}f \tag{14-100}$$

经整理最后可得到浸出速率的微分方程

$$\frac{d\alpha}{dt} = \frac{1}{W_0(y_A + fy_1)}\cdot\frac{d(VX_T)}{dt} \tag{14-101}$$

对式(14-101)积分得到

$$y_A = \frac{(X_T V - X_{T0}V_0) - \alpha W_0 f y_1}{\alpha W_0} \tag{14-102}$$

用数值积分求解式（14-96）和式（14-101）可得出浸出率与时间的关系如图 14-50 所示。上述数学模型需要一系列参数，Konishi 等[24]通过氧化亚铁硫杆菌的吸附研究得出细菌在黄铁矿表面的吸附-脱附平衡常数，$K_A = 4.40\times10^{-15}\,m^3$/个，与矿物的粒度无关；最大吸附能力 $X_{am} = (7.3/\phi)\times10^{12}$ 个/m^2 与矿物的粒度无关，ϕ 取值为 6.0；$y_A = (3.30\sim3.88)\times10^{14}$ 个/kg，$\mu_A = 2.5d^{-1}$，$y_A = 3.19\times10^{13}$ 个/kg。

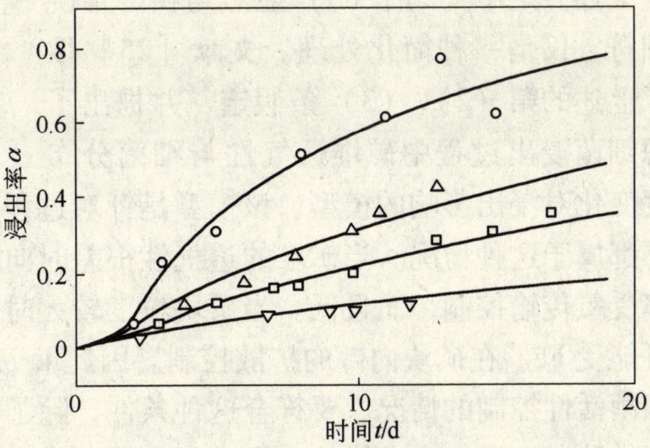

图 14-50 氧化亚铁硫杆菌浸出黄铁矿（槽浸）浸出率与时间的关系曲线为按数学模型计算值（各点为实测值）

○—矿物起始粒度为 25 ~44μm；△—矿物起始粒度为 53 ~63μm；□— 矿物起始粒度为 63 ~88μm；▽— 矿物起始粒度为 149 ~177μm

Nagpal 等[23]推导出黄铁矿连续式槽浸公式：

$$\alpha_m = 3(t_m/\tau) - 6(t_m/\tau)^2 + 6(t_m/\tau)^3[1 - \exp(-\tau/t_m)] \quad (14\text{-}103)$$

式中　α_m ——黄铁矿的平均浸出率，%；

t_m——矿粒在槽中的平均停留时间，h；

τ——矿粒（直径为 d）完全消失所需时间，h。

14.4.5.6　堆浸数学模拟

原矿堆浸与废石堆浸的数学模型近 25 年来受到很大的关注，先后有众多的学者提出不同的建模思路与方法，在此主要介绍建模的方法与数学模型。

堆浸是一个复杂的综合过程，包括了下列各个方面的过程。

（1）化学反应，电化学反应过程：酸溶、Fe^{3+} 的氧化硫化矿、氧的氧化反应。

（2）微生物过程：吸附、生长、催化作用。

（3）传质过程：通过空气的扩散与自然对流而引起的矿堆中氧的传输；水溶物种在矿块内部的扩散。

（4）传热过程：因吸热与放热反应而引起的矿堆的加热或冷却以及与环境的热交换。

这一总过程涉及很多变量，数学模拟有很大的难度。为了使建模工作具有较好的可操作性，尽量做一些简化处理。

首先比较容易的是建立二维数学模型。假若矿堆底部是一狭长的矩形，垂直其长边的矿堆横截面为一梯形，沿长边方向的此种横截面的浸出具有同一性。横截面梯形上下两边中点的连线为其轴线，此截面呈轴对称，只对其半边建立二维数学模型，如图 14-51 所示。

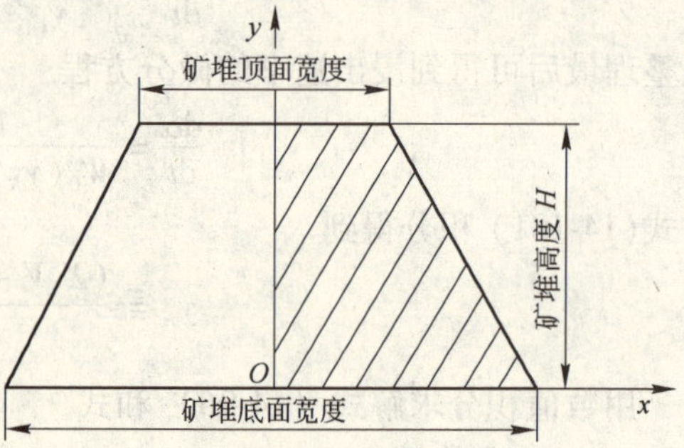

图 14-51　矿石堆浸二维数学模型示意图

对辉铜矿堆浸的二维数学模型假定：

（1）铜的浸出过程受细菌活性控制；

（2）矿堆各处透气性一样；

（3）矿堆各处细菌分布是均匀的。

上述假定中（2）、（3）显然与实际情况不相符，仅是一种简化处理。文献［25］取消了上述的第（2）、（3）条假定，并提出了考虑细菌浸出过程中矿堆透气性与细菌分布密度变化对浸出影响的模型。该模型是针对过程受细菌活性控制的情况，事实上矿石堆浸并不都属于这种情况。当矿堆的透气性很差时向矿堆内部供氧主要靠扩散，此时浸出过程速率受氧传输控制，而且低。当矿块粒度较大时，除了浸出的初始阶段外，浸出过程速率也可能受 Fe^{3+} 在矿块内部的扩散控制。因此 L. Moreno 等[25] 的模型的适用范围是浸出速率受细菌活性控制的情况。要符合这种条件，除了矿堆透气性外还必须具有下列情况：浸出的初始阶段，浸出在矿块的表面进行；脉石渗透性好；矿块粒度不太大。矿块的粒度应该多大才使这一条件成立，可通过一定的计算进行估计。L. Moreno 等[25] 的计算表明，矿堆细菌密度为 10^{11} 个/m^2（10^{10} 个/kg），矿块粒度应小于 2cm。

除开这一假定外，建模是针对下列特点的矿堆：

（1）矿石含辉铜矿、黄铁矿与脉石（惰性的）；

（2）参与的细菌仅有氧化亚铁硫杆菌；

(3) 从矿堆顶部与侧面灌淋稀硫酸溶液，稀硫酸溶液渗透经过矿堆；

(4) 矿堆内部矿块之间的空穴充满了空气与溶液；

(5) 矿堆内的空气流动靠氧浓度与空气密度梯度引起的扩散与对流。

二维数学模型可计算出任意一点 (X_i, Y_i) 的 4 个重要变量的值：气流速度、气相氧浓度、温度以及指定时间的浸出率。为此必须要有 4 个方程。

(1) 表述细菌浸出速率的 Michails-Menten 方程：

$$\frac{d\alpha}{dt} = \frac{\sigma_1}{\rho_B G^{\ominus}}\left(\frac{C_1}{K_m + C_1}\right)XV_m \tag{14-104}$$

式中 α——铜的浸出率，%；

t——时间，d；

ρ_B——矿石密度，kg/m^3；

$G^{\ominus}$——矿石中辉铜矿含量，%；

X——矿堆中细菌个数，个/m^3；

C_1——矿堆中的溶液中的氧浓度，kg/m^3；

V_m——每个细菌的最大耗氧比速率，kg/(个·s)；

K_m——Michaelis 常数，kg/m^3；

σ_1——浸出反应氧的总计量系数。

浸出过程中除辉铜矿氧化外，同时发生黄铁矿的氧化：

$$Cu_2S + 2.5O_2 + H_2SO_4 \longrightarrow 2CuSO_4 + H_2O \tag{14-105}$$

$$FeS + 3.5O_2 + H_2O \longrightarrow FeSO_4 + H_2SO_4 \tag{14-106}$$

浸出时，浸出一定量的铜必然有一定量的黄铁矿同时被浸出，设 FPY 代表被浸出的黄铁矿与辉铜矿的质量比，则：

$$\sigma_1 = \frac{M_{ch}M_{PY}}{\frac{5}{2}M_{OX}M_{PY} + \frac{7}{2}(FPY)M_{OX}M_{ch}} \tag{14-107}$$

式中 M_{ch}——辉铜矿的分子量；

M_{PY}——黄铁矿的分子量；

M_{OX}——气的分子量。

式 (14-104) 中的 C_1 为矿堆中某一点的溶液中氧浓度，认为在矿堆各点氧在气相中与溶液中处于热力学平衡，C_1 可由亨利定律求得：

$$C_1 = C_g \cdot H_e \tag{14-108}$$

式中 C_g——气相中的氧浓度，kg/m^3；

H_e——亨利系数。

氧的亨利系数与温度的关系为：

$$H_e = 21.312 + 0.784T - 0.00383T^2 \tag{14-109}$$

式中，温度为℃。式 (14-104) 中的 V_m 值与菌种和温度有关，对氧化亚铁硫杆菌有：

$$V_m = \frac{6.8 \times 10^{-13} T\exp\left(-\frac{7000}{T}\right)}{1 + \exp\left(236 - \frac{74000}{T}\right)} \tag{14-110}$$

图 14-52 为实测与计算得到的单个氧化亚铁硫杆菌活性与温度的关系。

(2) 自然对流产生的空气流。气体流经矿堆的流速可用 Darcy 定律表述:

$$\varepsilon_g v_g = q_g = -\frac{KK_{rg}}{\mu_g}(\nabla P - \rho_g g) \tag{14-111}$$

式中 ε_g——矿堆中流相所占的体积比，m^3/m^3；

v_g——气体流速，m/s；

q_g——单位矿堆面积上的气体体积流量，$m^3/(m^2 \cdot s)$；

K——矿堆渗透性，m^2；

K_{rg}——相对渗透性；

μ_g——气体黏度，$kg/(m \cdot s)$；

∇P——压力梯度，Pa/m；

ρ_g——气体密度，kg/m^3；

g——重力加速度，m/s^2。

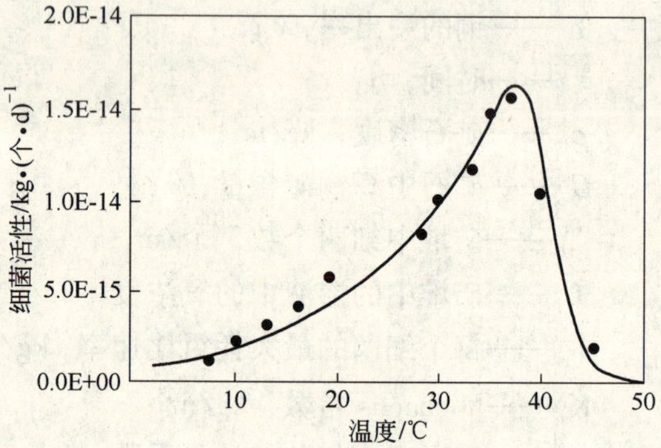

图 14-52 氧化亚铁硫杆菌活性与温度的关系

pH = 2；$C_{O_2l} = 6.5 \times 10^{-4}\%$；$K_m = 10^{-4}\%$

矿堆内部空气流动的动力是由于气体密度降低而引发的对流。密度改变则是由于气体的加湿与氧的消耗。矿堆内部的气流分布可用气流函数 $\psi(x,y)$ 表述:

$$q_x = -\frac{\partial \psi}{\partial y}, \quad q_y = \frac{\partial \psi}{\partial x} \tag{14-112}$$

式中 q_x——沿 y 轴（x = const）方向气体在单位面积上的体积流量，$m^3/(m^2 \cdot s)$；

q_y——沿 x 轴（y = const）方向气体在单位面积上的体积流量，$m^3/(m^2 \cdot s)$。

联立式（14-111）和式（14-112）可得:

$$gKK_{rg}\frac{\partial \rho_g}{\partial x} = -\mu_g\left(\frac{\partial^2 \psi}{\partial x^2} + \frac{\partial^2 \psi}{\partial y^2}\right) \tag{14-113}$$

(3) 气体氧的质量平衡。在一个单元体积内氧的输入有扩散输入与对流输入，而支出则为氧的消耗（细菌），对一个单元体积可写出氧的质量平衡方程

$$\varepsilon_g D_g\left(\frac{\partial^2 C_g}{\partial x^2} + \frac{\partial^2 C_g}{\partial y^2}\right) - \varepsilon_g\left(\frac{\partial(v_g C_g)}{\partial x} + \frac{\partial(v_g C_g)}{\partial y}\right) = \frac{\rho_B G^{\ominus}}{\sigma_1}\frac{d\alpha}{dt} \tag{14-114}$$

式中 ε_g——矿堆中气体所占的体积比，m^3/m^3；

D_g——氧在气相中的扩散系数，m^2/s；

C_g——气相中氧的浓度，kg/m^3；

v_g——气体的流速，m/s；

$G^{\ominus}$——矿石中辉铜矿含量，%；

ρ_B——矿石密度，kg/m^3；

σ_1——浸出反应计量系数，见式（14-107）；

α——铜的浸出率，%。

（4）热平衡。参与矿堆热交换的有：浸出液自上而下的渗透（只考虑垂直流动）；气相流动并包括水分的蒸发；浸出反应放出的热。

假定在每一局部，固、液、气之间均处于热平衡状态，可对单元矿堆列出平衡方程：

$$K_B\left(\frac{\partial^2 T}{\partial x^2}+\frac{\partial^2 T}{\partial y^2}\right)-\frac{\partial h_1}{\partial y}-\left(\frac{\partial h_g}{\partial x}+\frac{\partial h_g}{\partial y}\right)=(-\Delta H_R)\frac{\rho_B G^{\ominus}}{\sigma_1}\frac{d\alpha}{dt} \tag{14-115}$$

式中 K_B——矿堆的导热系数，$kJ/(m \cdot K \cdot s)$；

h_1——单位面积上的水相热焓流量，$kJ/(m^2 \cdot s)$；

h_g——单位面积上的气相热焓流量，$kJ/(m^2 \cdot s)$；

ΔH_R——浸出反应的平均反应热，kJ/kg。

式（14-115）右端为反应放出的热，左端各项代表对流、传导造成的热流失。

$$\Delta H_R = \Delta H_{ch} + FPY \cdot \Delta H_{PY} \tag{14-116}$$

式中，ΔH_{ch}代表辉铜矿的浸出反应的反应热；ΔH_{PY}代表黄铁矿浸出反应的反应热。

$$h_g = G[-\lambda H_{air} + (C_{pg} + C_{pv}H_{air})(T - T_{ref})] \tag{14-117}$$

$$h_1 = -q_1\rho_1 C_{pl}(T - T_{ref}) \tag{14-118}$$

式中 G——单位面积上干空气质量流速，$kg/(m^2 \cdot s)$；

λ——水的蒸发热，kJ/kg；

H_{air}——空气湿度（干空气中的水含量），kg/kg；

C_{pg}——空气热容，$kJ/(kg \cdot K)$；

C_{pv}——水蒸气的热容，$kJ/(kg \cdot K)$；

C_{pl}——水的热容，$kJ/(kg \cdot K)$；

T_{ref}——参比温度，可用矿堆表面温度作参比温度；

q_1——单位面积上液体的体积流速，$m^3/(m^2 \cdot s)$；

ρ_1——液体密度，kg/m^3。

对于边界条件有如下假定：

（1）矿堆与地表是绝热的，不渗透的。

在矿堆底部，$y=0$ 处

$$\psi = 1$$

$$\frac{\partial C_g}{\partial y}=\frac{\partial T}{\partial y}=0 \tag{14-119}$$

无氧流与热经过底部。

（2）在矿堆轴心，$x=0$ 处，由于矿堆轴对称，无气流、液流与热流经过中轴线

$$\psi = 1$$

$$\frac{\partial C_g}{\partial x} = \frac{\partial T}{\partial x} = 0 \tag{14-120}$$

（3）矿堆顶部，$y = H$ 处与矿堆侧表面

$$\frac{\partial \psi}{\partial n} = 0 \quad \text{（垂直于表面的气流速度）}$$

$$T = T_1 \cdot C_g = C_{air} \quad \text{（温度与氧浓度为常数）}$$

计算所需要的传输与热力学数据。

（4）液体流速：

$$q_1 = \frac{Kg\rho_1}{\mu_1}(S_{ef})^4 \tag{14-121}$$

$$\varepsilon_g = 1 - \varepsilon_s - \phi S_w \tag{14-122}$$

$$K_{rg} = (1 - S_{ef}^2) - (1 - S_{ef})^2 \tag{14-123}$$

式中　q_1——单位面积上液体的体积流速，$m^3/(m^2 \cdot s)$；

K——矿堆的渗透性，m^2；

ρ_1——液体密度，kg/m^3；

μ_1——液体黏度，$kg/(m \cdot s)$；

S_{ef}——矿堆中液体的有效填充量。

$$S_{ef} = \frac{[S_w - S_{wr}]}{[1 - S_{wr}]} \tag{14-124}$$

式中　S_w——空穴中液体含量，m^3/m^3；

S_{wr}——空穴中残留液体量，m^3/m^3。

$$S_w = \frac{\varepsilon_w}{\phi} \tag{14-125}$$

式中　ε_w——矿堆内水所占的体积比，m^3/m^3；

ϕ——矿堆的空穴度，m^3/m^3（每立方米矿堆中空穴所占体积）。

（5）空气湿度，认为矿堆中的空气为水蒸气所饱和

$$H_{air} = \frac{[M_w/M_{air}] \cdot p_{sat}}{[p - p_{sat}]} \tag{14-126}$$

式中　H_{air}——空气湿度，kg/kg；

M_w——水的分子量，kg/kmol；

M_{air}——空气的分子量，kg/kmol；

p_{sat}——水蒸气的饱和压力，Pa；

p——气体压力，Pa。

$$\lg p_{sat} = 8.07 - 1730/[T - 39.75] \tag{14-127}$$

按式（14-127）所得出的 p_{sat} 以 mmHg 为单位，使用时应换算成 Pa。

（6）C_1 溶液中氧的氧浓度以亨利定律计算

$$C_1 = C_g \cdot H_e \tag{14-128}$$

式中 C_g——空气中的氧浓度，kg/m³；

H_e——亨利系数。

$$H_e = 21.312 + 0.784T - 0.00383T^2 \tag{14-129}$$

式中，温度单位为℃。

由上述方程表示的数学模型可变换为一无量纲方程组，并用有限差分法进行离散化，得到一组非线性代数方程，该方程可用逐次张弛迭法在微机上求解。第一步，需要对气体密度的分布作假设，然后解方程式（14-112）和式（14-113）得到气流函数的估计以及通过矿床的空气流速。通过解方程式（14-114）和式（14-115）分别得到氧气的浓度和温度的分布图。最后，利用已解出的氧的浓度和温度值，获得气体密度值，接着再次解方程式（14-112）和式（14-113）得到气流函数和空气速度。反复重复以上过程，直至达到所希望的收敛性。求解各方程需要的参数值列入表14-26。所模拟的矿堆的条件列入表14-27。

表14-26 堆浸数学模型需要的参数值[1,2]

符号	参数名称	单位	参数值
ρ_{air}	空气密度	kg/m³	1.16
ρ_l	溶液密度	kg/m³	1050
ρ_s	矿石密度	kg/m³	2700
ρ_B	矿堆体积密度	kg/m³	1800
C_{pg}	空气平均热容	kJ/(kg·K)	1.0
C_{pl}	溶液平均热容	kJ/(kg·K)	4.0
C_{ps}	矿石平均热容	kJ/(kg·K)	1.172
C_{pv}	水蒸气平均热容	kJ/(kg·K)	1.864
μ_g	气体黏度	kg/(m·s)	1.85×10^{-5}
μ_l	溶液黏度	kg/(m·s)	9×10^{-4}
ϕ	矿堆孔隙率	m³/m³	0.3
ΔH_{cn}	辉铜矿氧化反应热	kJ/kg	-6000
ΔH_{py}	黄铁矿氧化反应热	kJ/kg	-1260
D_g	氧的气相扩散系数	m²/s	1.5×10^{-5}
λ	水的蒸发潜热	kJ/kg	583
S_{wr}	矿堆空隙残留水量	m³/m³	0.27
K_m	常 数	kg/m³	10^{-3}
K_B	矿堆导热系数	kJ/(m·K·s)	2.1×10^{-3}
ε_1	矿堆中液相所占体积比	m³/m³	0.12

表14-27 模拟矿堆的条件[1,2]

符号	项目名称	单位	数值
T	环境温度	K	298
p	大气压力	kPa	101
X	细菌密度	个/m³	5×10^{13}
K	矿堆透气性	m²	5×10^{-11}

续表 14-27

符　号	项 目 名 称	单　位	数　值
G_{Cu}	矿石中铜品位	%	0.063
FPY	被浸出的黄铁矿辉铜矿之质量比		2.5
K_m	Michaelis 常数	kg/m^3	10^{-3}
T_1	溶液温度	℃	25
q_1	单位面积上液体的体积流速（喷淋强度）	$m^3/(m^2 \cdot s)$	1.4×10^{-4}
O_{2g}	环境氧浓度	kg/m^3	0.26

在计算时若要考虑细菌分布与矿堆透气性的变化，前述公式中 X 与 K 值也是变量。由于矿堆各点温度、氧气浓度等不同，其细菌密度也不同。硫化铜矿工业堆浸时矿堆内细菌密度实测的最大值在 $10^9 \sim 5\times10^{10}$ 个/kg（约 $10^{12} \sim 10^{14}$ 个/ m^3）。对实际铜矿堆的检测表明，细菌在矿堆内的分布确实是不均匀的。密度最大的是在堆表面层，其深度不超过 2.4m。在这一层内细菌密度为 4.5×10^{10} 个/kg 干矿重。数学模拟时可用下面的方法将细菌密度也作为一个变量来考虑。

$$X_{act} = X_{opt} \cdot F_T \cdot F_{OX} \qquad (14\text{-}130)$$

式中　X_{act}——矿堆内某一点的细菌密度，个/kg；

F_T——温度函数；

F_{OX}——氧浓度函数；

X_{opt}——在最佳条件下，矿堆的细菌密度，个/ kg（最佳条件为 $T = 30$℃，氧浓度等于堆外大气中的氧浓度）。

F_T与 F_{OX}值可由图 14-53 与图 14-54 确定。

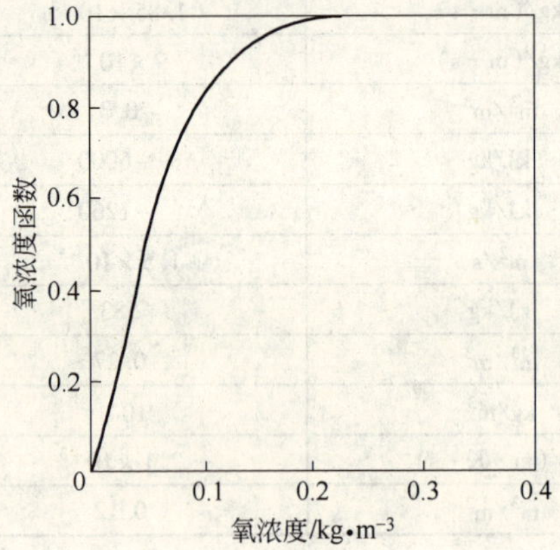

图 14-53　F_{OX}值

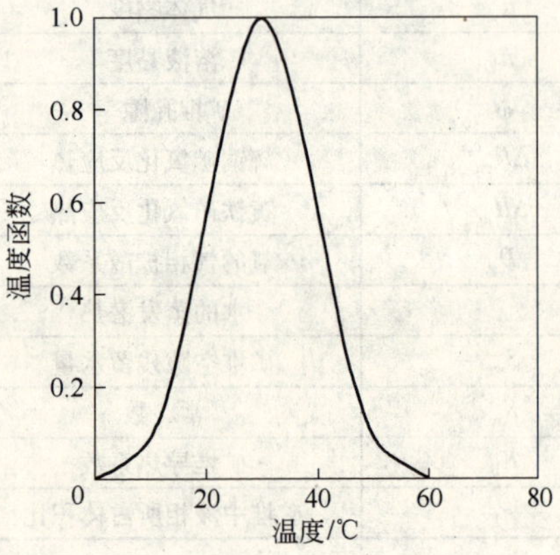

图 14-54　F_T值

实际矿堆的透气性是不均匀的。堆底部的透气性比堆顶部高，这是由于在筑堆过程中大的矿块趋向于聚集在下部。因此矿堆透气性从堆顶至底自上而下连续上升。把透气性作为常量模拟时，透气性取值为 $5\times10^{-11}m^2$，矿堆底部透气性为此值的 3.3 倍，即 $1.65\times10^{-10}m^2$，而堆顶的透气性则为 $1.5\times10^{-11}m^2$。堆底透气性为堆顶透气性的 10.89 倍。

对于一个高度为6m，顶部宽度为18m的矿堆数学模拟的结果示于图14-55、图14-56、图14-57。图14-55所示的是矿堆透气性为常数（$5\times10^{-11}m^2$）时的计算结果。图14-56所示的是矿堆透气性为变量，堆底为$3.3\times5\times10^{-11}m^2$，为堆顶比$5\times10^{-11}m^2$小3.3倍时的计算结果。而图14-57为细菌个数为变量的计算结果。

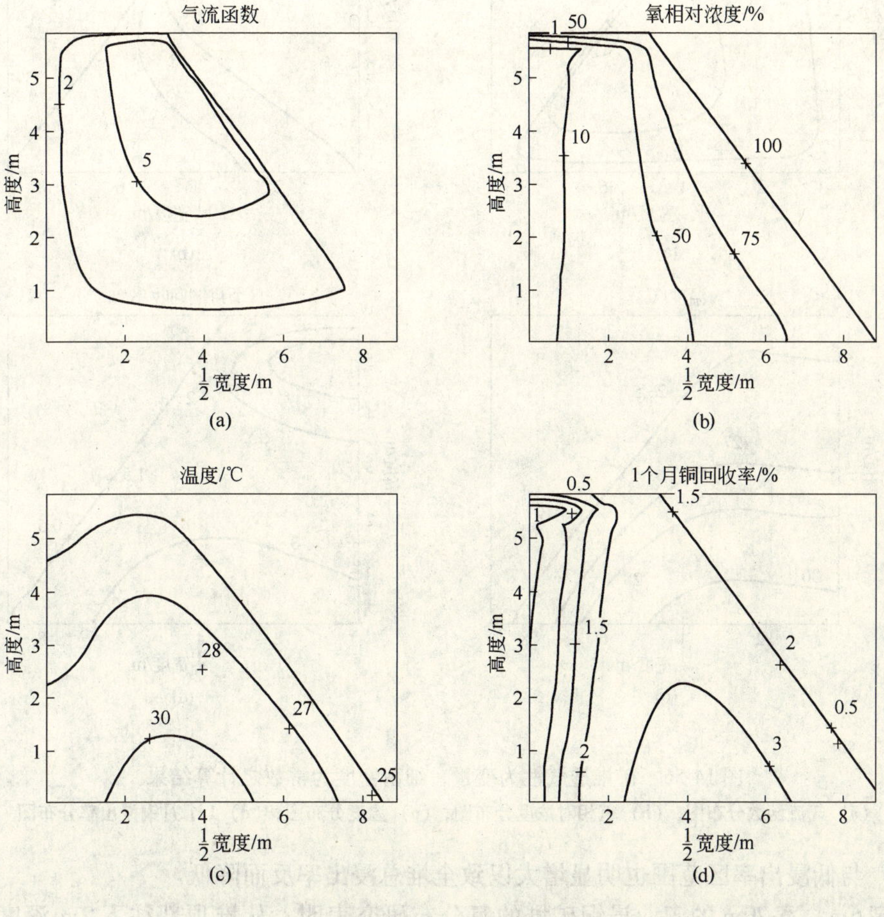

图14-55　矿堆透气性与细菌密度为常数之计算结果

（a）气流函数分布图；（b）氧相对浓度分布图；（c）温度分布图；（d）1个月铜浸出率分布图

计算结果表明：

（1）矿堆透气性对矿堆内气流函数、氧浓度、温度、浸出率分布影响十分显著。用不变的矿堆透气性与可变的透气性两种方法计算，结果差别很大。底部透气性大于顶部，矿堆其中心部分的浸出效果明显改善。

（2）在矿堆细菌总量一样的情况下，认为细菌均匀分布或不均匀分布模拟结果差别不大，细菌分布对浸出效果影响不大。

（3）矿堆内部温度由外及里逐步升高，温度最高的部分在靠近底部的中部，6m高，底部宽18m的堆，最高温度可到30℃，此部分也是浸出率最高的。

（4）氧浓度由外及里逐步降低，最低的区域在轴线四周靠近矿堆底部。

（5）随矿堆宽度的增大高温区温度升高，高温区浸出率也升高，但同时低氧区（围

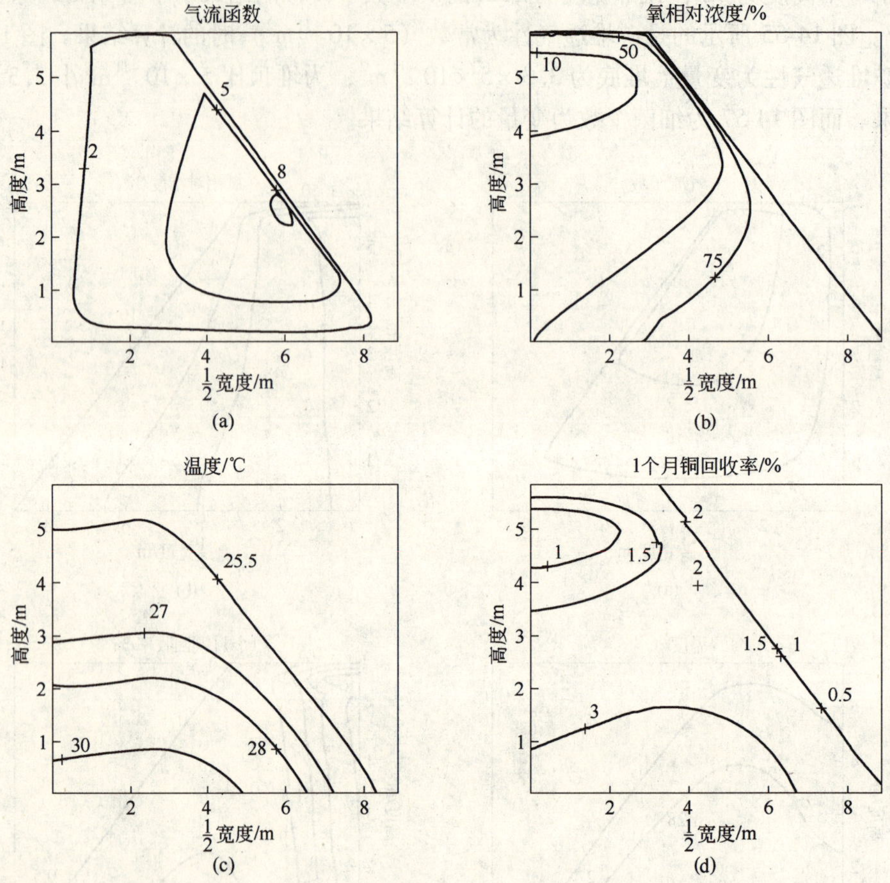

图 14-56　矿堆透气性为变量，细菌密度为常数之计算结果

（a）气流函数分布图；（b）氧相对浓度分布图；（c）温度分布图；（d）1 个月铜浸出率分布图

绕轴线）与低浸出率区范围也明显增大以致全堆总浸出率反而降低。

在高 6m，宽 20m 的工业浸铜矿堆的氧分布研究表明，从堆顶部往下 2m 深度以下氧已全部耗尽，这同样证明对于大矿堆，对流传质只在靠近侧表面的区域进行，对整个浸出过程不能起主要作用。唯一主要供氧途径是从矿堆表面向堆内的扩散，在此种情况下浸出速率受堆内氧传输控制。

基于这样的认识，为取得良好的浸出结果，矿堆高度不宜大于 6m，底宽不宜大于 20m，此时对流是主要的供氧方式。但是小矿堆需要大的底垫面积以及安排操作上的诸多问题。

改善大型矿堆供氧的重要措施是防止矿堆底层被溶液浸没。底层浸没造成在矿堆底部形成一个连续的液池，大大妨碍气体的流通。

6m 高的硫化铜矿柱浸试验表明，排除底层浸没时的浸出率比有底层浸没高 25%，或者达到同样的浸出率的时间缩短 50%。

（6）灌淋强度对浸出效果影响显著，如图 14-58 所示。

随着灌淋强度增大（从 5 到 40L/(h·m^2)），单位时间内流出矿堆的液体量愈大，带走

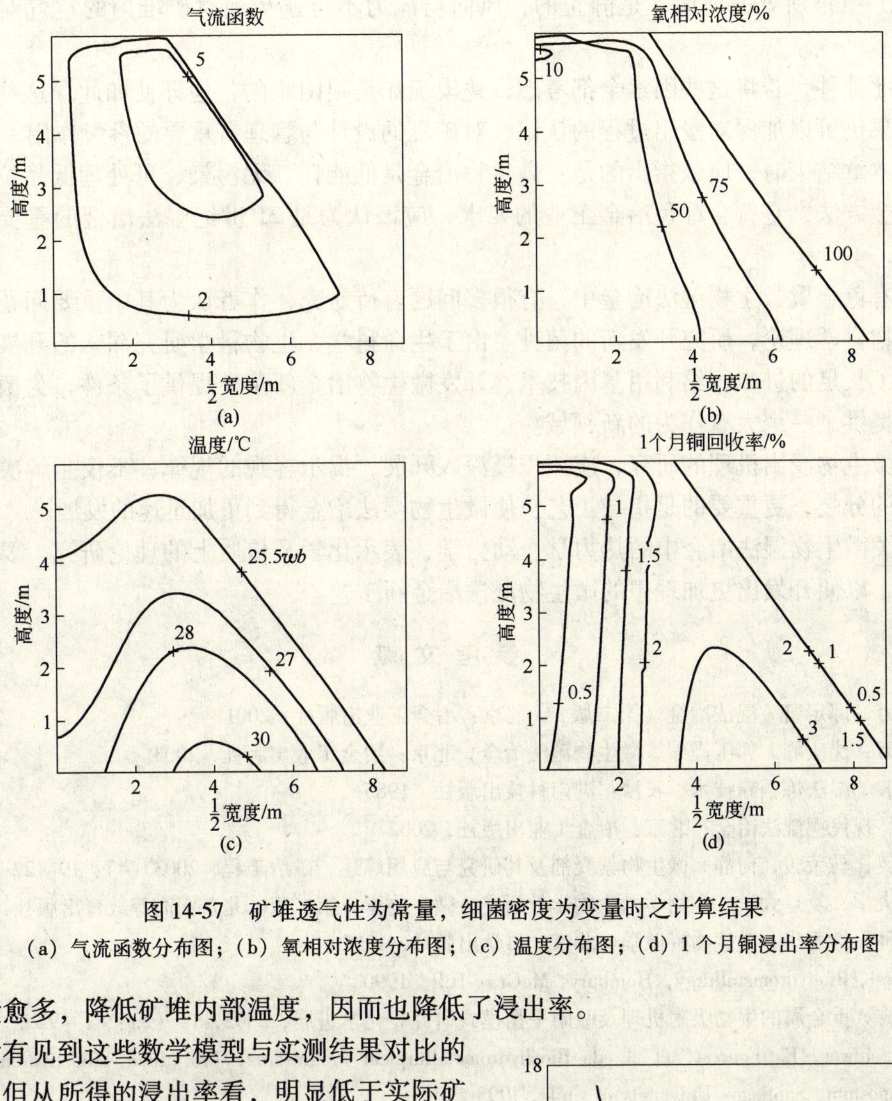

图 14-57　矿堆透气性为常量，细菌密度为变量时之计算结果

（a）气流函数分布图；（b）氧相对浓度分布图；（c）温度分布图；（d）1 个月铜浸出率分布图

的热量愈多，降低矿堆内部温度，因而也降低了浸出率。

没有见到这些数学模型与实测结果对比的报道，但从所得的浸出率看，明显低于实际矿堆。事实上这些数学模型依然是建立在一系列假定上的，这些假定与实际情况不符，因而其计算结果与实际结果很难吻合。可以想到至少有以下几种情况与实际不符。

（1）矿物中很难只有一种含铜矿物，常常是多种含铜矿物共生，特别是一般硫化矿也常含氧化矿，而氧化矿的浸出机理与速率与硫化矿大相径庭。

（2）矿堆内的细菌也不可能是单一的氧化亚铁矿杆菌，而必然是多种细菌同时存在，很多研究与事实表明，多种菌的浸矿效果比单一菌种好。

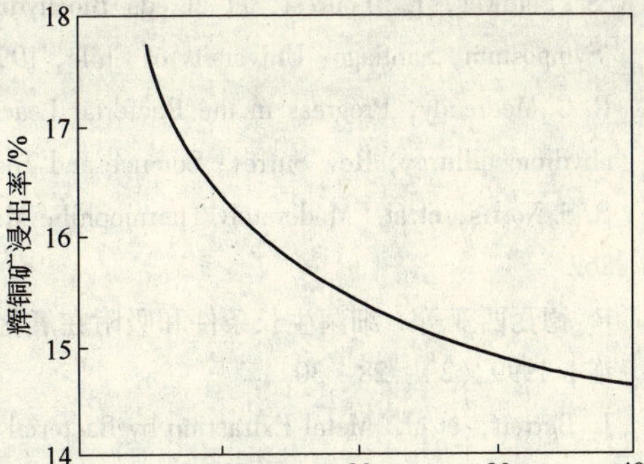

图 14-58　灌淋强度对铜年浸出率的影响

辉铜矿，含铜品位 0.5%，堆高 10m，底宽 30cm，溶液温度 20℃浸出 1 年（其余条件列入表 14-27，*FPY* 为 5）

(3) 矿堆所处的环境不是静止的，风向与风力不可避免地对矿堆内的空气对流有影响。

凡此种种，若将这些因素全都考虑，建模工作是很困难的，但即使如此，这些模型给出的结果仍可以加深对浸出过程的认识，对矿堆的设计与管理有重要的参考作用。

在本章结束时，应该指出的是：微生物冶金是低能耗、无污染、可处理低品位贫矿的重要冶金方法，它符合绿色冶金工业的要求，应该认为是21世纪湿法冶金的重要发展方向[26]。

在有色金属微生物湿法冶金中，有很多问题有待研究，作者认为其中重要问题之一是借助生物科学理论，研究开发新的菌种。由于生命科学、生物科学研究深入的开展，基因研究有了长足的进步，给利用基因技术，开发微生物冶金新菌种提供了条件，为菌种的微观研究提供了一个大有作为的新领域。

对微生物浸出机理的研究，应该积极深入开展，揭示客观的规律，不仅是解决当前一些观点的分歧，更重要的是指导工艺，使微生物湿法冶金得到更加迅速的发展。

有关微生物湿法冶金中的热力学、动力学、表示化学及传质上的理论研究，要不断深入开展，以便开发出更加理想的微生物湿法冶金新工艺。

参 考 文 献

1　杨显万，邱定蕃．湿法冶金（第二版）．北京：冶金工业出版社，2001

2　杨显万，沈庆峰，郭玉霞编．微生物湿法冶金．北京：冶金工业出版社，2003

3　马荣骏．湿法炼铜新技术．长沙：湖南科技出版社，1985

4　朱屯．现代铜湿法冶金．北京：冶金工业出版社，2002

5　朱超英，马荣骏，何静．微生物絮凝剂及其研究与应用综述．矿冶工程，2003（4）：19～22

6　武汉大学，复旦大学，生物学微生物学教研室．微生物学．第二版．北京：高等教育出版社，1987

7　姜成林，徐丽华．微生物资源学．北京：科学出版社，1997

8　G. Rossi，Biohydrometallurgy，Hombury，McGraw-Hill，1990

9　汤鸿霄．重金属的生物吸附机理及吸附平衡模式研究．化学进展，2002，14（2）：87～92

10　S. Schiwer，E. Fourest，et al. eds Biochydrometallurgical Progressing，Pro. Inter. Biochydrometallurgy Symposium，Santiago：University of Chile，1995

11　R. G. Mecready，Progress in the Bacterial Leaching of Metals in Canada，Norris PK，Kelly DP，eds，Biochydrometallurgy，Rew Surrey；Science and Technology Letters，1988：177～195

12　R. S. Norris，et al. Moderately Thermophilie Mineral-oxdizing Bacterial Bioeng Sym.，1986，(16)：253～262

13　P. 德瓦西亚等．细菌生长条件和吸附在氧化硫杆菌生物浸出黄铜矿中的作用．陈谦译．国外金属选矿，1999（2）：28～30

14　J. Barrett，et al. Metal Extraction by Bacterial Oxidation of Minerals，New York，London，Toronto，Sydney，Tokyo，Singapore，Ellis Horwood，1993

15　E. Llgar，et al. Kinetics of Lithium Extraction form Spodumne by Organic Acid Produced by Aspergilles Niger，In：Torma AE，Wey JE，Laksmanan Ⅵ，eds，Biohydrometallurgical Technologies，Vol. 1，Warrendate，Pengylvania，TMS Press，1993，293～301

16　W. Sand，T. Gehrke，G. Josea，A Schipper Direct Versus Indirect Hioleaching，In：R. Amils，A. Ballester eds.，Biohydrometallurgy and the Environment Toward the Mining of the 21st Century，Part A，Amsterdam

Lausanne, New York, Oxford, Shannon, Singapor, Tokyo, Elsevier, 1999, 27

17 R. P. Hackl, et al. Hydrometallurgy, 1995, 39: 25

18 I. Suzuki, Biochim. Biophys. Acta, 1965, 104: 359~371

19 M. S. R. Liu, et al. The Effects of Ferrous Iron Dissolved Oxygen and Inert Solids Concentrations on the Growth of T. Ferrooxidous (Canodian), Jornal Chemical Eng., 1988, 66: 445~451

20 邓敬石．中等嗜热菌强化镍黄铁矿浸出的研究：[学位论文]．昆明：昆明理工大学，2002

21 A. A. Disprito, et al. Biotechnol Bioeng., 1981, 23: 2761

22 G. Rossi, Biohydrometallurgy, McGrow Hill, 1990

23 S. Nagpal, D. Dahlatrom, T. A. Oohlman, Mathematical Model for the Bacterial oxidation of Sulfid Ore Concentrate, Biotechnol Bioeng., 1994, 43 (5): 357~384

24 Yasuhiro Konishi, Satoru Asai, A Biochemical Engineering Approach to the Bioeacging of Pyrite Batch Continuous Tank Reactors, In: Torma AE, Wey JE, Laksmanan Ⅳ eds. Biohydrometallurgical Technologies, Vol. 1, Warrendate, Pensylvania TMS Press. 1993, 259~268

25 L. Moreno, J. Martines, J. Casas, Modeling of Bioleaching Copper Sulphide Ores in Heap or Dumps, In: R. Amils A. Ballester eds. Biohydrometallurgy and the Environment Toward the Mining of the 21st Century, Part A, Amsterdam, Lausanne, New York, Oxford, Channon, Singapore, Tokyo, Elsevier, 1999, 443~452

26 马荣骏，肖松文，邱冠周．21世纪生物冶金展望．见：邱定蕃主编．有色金属科学技术进步与展望——纪念《有色金属》创刊50周年专辑．北京：冶金工业出版社，1999

27 B. Volesky, The Mechanism of Uranium Biosorption by Rhizopus and Arhizus, Biotechnol Bioeng., 1982, 24: 385~401

28 况金荣．生物吸附技术重金属废水的应用．武汉理工大学学报，2002，26 (3)：400~403

29 田立光，张长铠等．氧化亚铁硫杆菌铁氧化系统分子生物学研究进展．微生物学通报，2002，29 (1)：85~88

30 陈铭，周晓云．固定化细胞技术在有机废水处理中的应用与前景．水处理技术，1997，23 (2)：98~103

31 马荣骏．工业废水的治理．长沙：中南工业大学出版社，1991

32 T. Sakguchi, A. Nakajima, In: R. W. Smith and M. Sisra, eds. Mineral Bioprocessing, TMS, 1991, 309~322

33 A. Ballester, et al. The influence of different Variables on the bioleaching of Suphalerite, Biorecovery, 1989, (1): 127~144

15 湿法冶金电化学及电积过程的理论

主要符号表

i_0——交换电流密度

α、β——电子传递系数，动力学系数

D——扩散系数

k_0（或 K）——速度常数

$\hat{O}$——氧化态物质

$\hat{R}$——还原态物质

R——气体常数

η_K——阴极极化电位

η_A——阳极极化电位

E——电位

T——温度

A——电极表面积

K——溶液的比电导

t——时间

θ——膜的覆盖度

R_P——微孔中溶液电阻

R_1——膜外溶液电阻

σ——膜厚度

δ——扩散层厚度

F——扩散层面积

φ——电极上施加的电位

v——速度

ρ——密度

M——分子量

N——晶核数

S——晶核生成面积

C——浓度，

Z——反应级数

ε——电位降

$\vec{\alpha}$——阴极反应表观传递系数

$\overleftarrow{\alpha}$——阳极反应表观传递系数

D_A——阳极电流密度

D_K——阴极电流密度

D_d——扩散电流密度

D_m——迁移电流密度

z——离子的价数

W——电能，活化能

η——电流效率

ω——电能效率

J_0——中间产物生成的电流

15.1 湿法冶金电化学理论[1,4~13]

15.1.1 极化曲线及其应用[4~8]

原电池或电解反应中，两极的电流密度与电位差的关系曲线称为极化曲线，这种曲线表示了电极电位与电流密度之间的关系。极化曲线是研究电极过程动力学的重要方法，在电化学基础理论研究方面，稳态极化曲线是不可缺少的手段。从极化曲线可求电极过程动力学参数，如交换电流密度 i_0 、电子传递系数 α 、β 、标准速度常数 k_0 以及扩散系数 D，还可以利用稳态极化曲线测定反应级数、电化学反应活化能等。

在电镀、电解等电冶金的生产和实践中，通过测定稳态极化曲线可找出最佳电解液配方、最佳工艺条件及添加剂浓度范围。在金属的腐蚀与钝化的研究中，通过测定极化曲线可以研究腐蚀速度、筛选、鉴定金属材料和缓蚀剂，找出最佳阴、阳极保护电位。根据阳极钝化曲线，可以找出临界钝化电流密度、维钝电流、稳定钝化电位范围等。下面主要介绍稳态极化曲线在冶金电化学领域中的应用。

15.1.1.1 测定电极过程动力学参数

对于一个完全不可逆的电极反应：

$$\hat{O} + ne^- \rightarrow \hat{R}$$

当极化过电位 $\eta \geqslant \frac{120}{n}$mV 时，电极过程受电化学步骤控制，这时极化过电位与电流密度之间的关系应服从塔非尔公式，对于阴极极化则有：

$$\eta_k = -\frac{2.303RT}{\alpha nF}\lg i_0 + \frac{2.303RT}{\alpha nF}\lg i_k \tag{15-1}$$

同理对于阳极过程则有：

$$\eta_A = -\frac{2.303RT}{\beta nF}\lg i_0 + \frac{2.303RT}{\beta nF}\lg i_A \tag{15-2}$$

式中，i_0 为交换电流密度；α、β 为电子传递系数。由上两式可以看出，$\eta - \lg i$ 成直线关系（见图 15-1），由直线的斜率与截距可求出 i_0 及 αn 或 βn，若已知 n 可求出 α 或 β。标准速度常数可由下式求得：

$$i_0 = nFk_s C_O^{1-\alpha} C_R^{\alpha} \tag{15-3}$$

式中，C_O、C_R 分别为氧化态与还原态物质的浓度，单位为 mol/cm³。

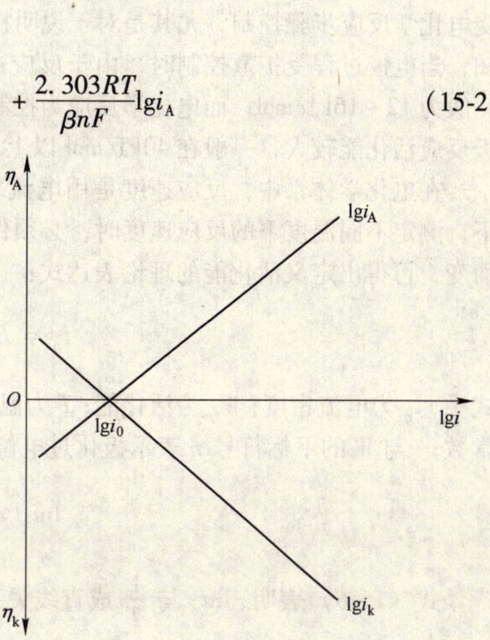

图 15-1 $\eta - \lg i$ 关系示意图

因此，测出稳态极化曲线后就可以求得电极过程动力学参数。图 15-2 为镍阴极在硫酸镍体系中的稳态极化曲线及半对数关系直线。由图 15-2（b）的斜率与截距求得镍在硫酸镍体系中的 $i_0 = 7.4 \times 10^{-5}$ A/cm²，$\alpha n = 0.6$。若已知 n 可求出 α。

在放电电子数 n 未知的情况下，可由下面的方法单独求出 α。将式（15-3）两边取对数得：

$$\lg i_0 = \lg nFk_s + \alpha \lg C_R + (1-\alpha)\lg C_O \tag{15-4}$$

式（15-4）表明 $\lg i_0$ 与 $\lg C_O$ 成直线关系，其斜率为 $1-\alpha$，因此，无须知道放电电子数就可以很方便求出 α。

15.1.1.2 活化能测定

在电化学研究中，通过测定电极反应活化能可以判断电极过程是受扩散步骤控制还是

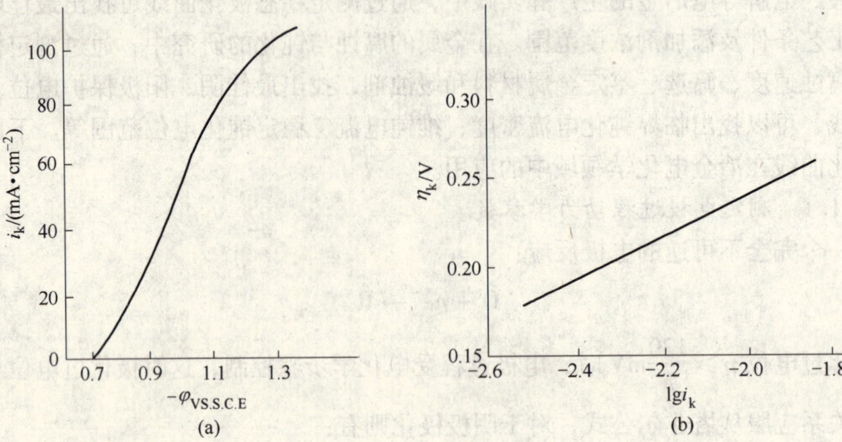

图 15-2　镍阴极在硫酸镍体系中的稳态极化曲线（a）及半对数关系（b）示意图

受电化学反应步骤控制，尤其是对于说明扩散是控制步骤，是很有效的。由电化学原理可知，当电极过程受扩散控制时，由于反应速度的温度系数较小，故电极反应活化能较低，一般为 12 ~ 16kJ/mol；而电化学反应为控制步骤时，其反应速度的温度系数较大，所以电极反应活化能较大，一般在 40kJ/mol 以上。

在电化学体系中，反应速度是用电流密度来表示的，同时考虑到在给定反应物浓度下，测定不同温度下的反应速度时，必须保持极化过电位恒定，如假定传递系数不随温度而变，可得出定义活化能的理论表达式：

$$i_\eta = B\exp\left(-\frac{W_\eta}{RT}\right) \tag{15-5}$$

式中，i_η 为电流密度；W_η 为活化能；T 为温度；R 为气体常数；对于一定的电极反应 B 也是常数；i 与 W 的下标符号 η 表示极化过电位恒定不变。将式（15-5）两边取对数得：

$$\ln i_\eta = \ln B - \frac{W_\eta}{RT} \tag{15-6}$$

式（15-6）表明，$\ln i_\eta$ 与 $\frac{1}{T}$ 成直线关系，其斜率为 $-\frac{W_\eta}{R}$，只要测出不同温度下的稳态极化曲线，然后绘成不同温度下的 $\eta - \ln i$ 曲线，在同一过电位下，以 $\ln i_\eta$ 对 $\frac{1}{T}$ 作图，可求出电极反应活化能。

另外，从理论上可以推导出：

$$W = W^0 - \alpha nF\eta \tag{15-7}$$

当过电位 $\eta = 0$ 时，$W = W^0$，此时电极反应的活化能 W^0 称为平衡电位下的活化能。只要测出不同温度下的塔非尔曲线，找出不同温度下的 i_0，以 $\ln i_0$ 对 $\frac{1}{T}$ 作图，由斜率可求出平衡电位下活化能 W^0。

虽然利用稳态极化曲线可以很方便地测出电极反应活化能，而且活化能的测定对于说明扩散是控制步骤，是很有效的，但是必须指出，活化能的测定无法提供反应机理的信息。

15.1.1.3 电解生产条件的确定

在湿法冶金电解生产中，为了确定生产过程中应该控制的最佳电流密度，必须确定电解体系的塔非尔区，通过测定稳态极化曲线可以找出塔非尔区，从而为确定生产条件提供理论依据。

塔非尔区是指过电位与电流密度对数成直线关系的电流密度范围。在塔非尔区，电极过程受电化学步骤控制，那么在电解生产中如将电流密度控制在塔非尔区，则可得到结晶细小，致密的阴极产物；如在生产中将电流密度控制在非塔非尔区，即电流密度处于扩散控制区或混合控制区，那么只能得到粉状、疏松或带刺的阴极沉积物。因此，生产中为了获得合格的阴极产物，必须将电流密度控制在塔非尔区，即电化学极化范围。确定塔非尔区的具体做法步骤是：首先测出稳态极化曲线，然后将极化曲线所提供的数据以过电位对电流密度的对数作图，如图 15-3 所示。图上 *MN* 段所对应的电流密度范围就是塔非尔区。*N* 点所对应的电流密度为塔非尔区的最大电流密度，因此在电解生产中，电流密度不宜大于 i_N。例如，在硫酸盐体系中电解生产金属镍时，测得镍离子放电塔非尔区的最大电流密度 $i_N = 230\text{A/m}^2$，工厂实际控制的电流密度为 220A/m^2，因此能得到高质量的阴极镍板。如果将大于 *N* 点的电流密度及相应的过电位用混合控制动力学方程式进行处理，发现 $\eta - \lg\dfrac{i_k i_d}{i_d - i_k}$ 成直线关系，如图 15-4 所示，表明电流密度高于 *N* 点时，出现了混合控制。因此实际生产中，当电流密度大于塔非尔区最大电流密度时，不利于得到合格的产品。

依上讨论而存在以下关系式：

$$\eta = \frac{-2.303RT}{\alpha nF}\lg i_0 + \frac{2.303RT}{\alpha nF}\lg\frac{i_k i_d}{i_d - i_k} \tag{15-8}$$

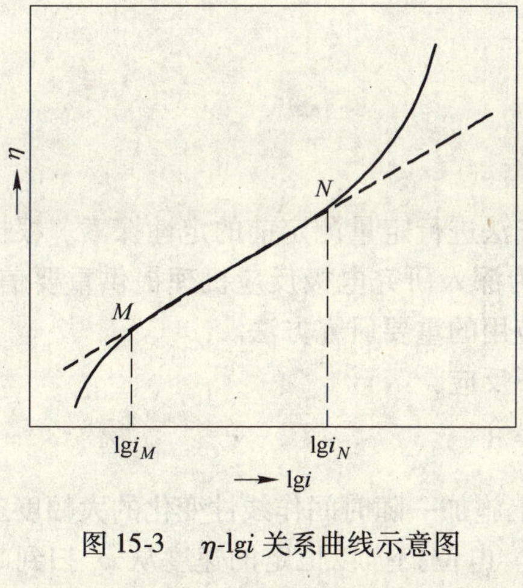

图 15-3 η-lg$i$ 关系曲线示意图

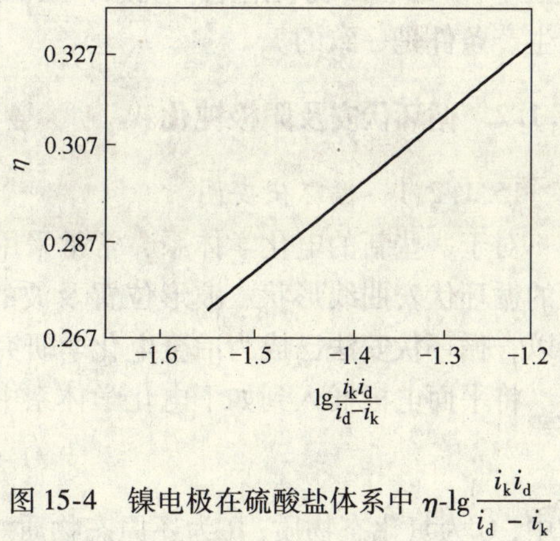

图 15-4 镍电极在硫酸盐体系中 η-lg$\dfrac{i_k i_d}{i_d - i_k}$ 关系曲线示意图

15.1.1.4 添加剂研究

在电解生产中，往往要加入一定量的添加剂，其原因之一就是为了增加电化学极化。例如，在铜的电解精炼中，测得塔非尔区的最大电流密度仅为 100A/m^2，如果生产中控制电流密度低于 100A/m^2，虽然也能得到合格的阴极产物，但生产能力低。为了提高生产率，必须设法扩大塔非尔区，增加电化学极化范围。所以在铜的电解精炼中一般都要加入明胶等添加剂。实验发现在电解液中添加一定浓度的明胶，可使塔非尔区的最大电流密度达到220～230A/m^2，这与实际的生产条件相一致。那么添加剂的用量为多少呢？因此确定添加剂的最佳浓度也是冶金工作者的重要任务。

利用稳态极化曲线确定添加剂的最佳用量是简便有效的方法。具体步骤是：首先测出不同添加剂浓度时的稳态极化曲线，然后以极化曲线提供的数据，在恒电流密度下以过电位 η 对添加剂浓度作图（如图15-5所示），即可确定添加剂最佳浓度。图15-5表示不同电流密度下，明胶浓度对铜离子放电过电位的影响，每条曲线都可分成两段，当添加剂浓度小于C点时，随添加剂浓度的增加，电化学极化过电位明显增加；当添加剂浓度大于C点时，曲线上出现了近乎平台的直线，表明这时的添加剂浓度就是最佳浓度。

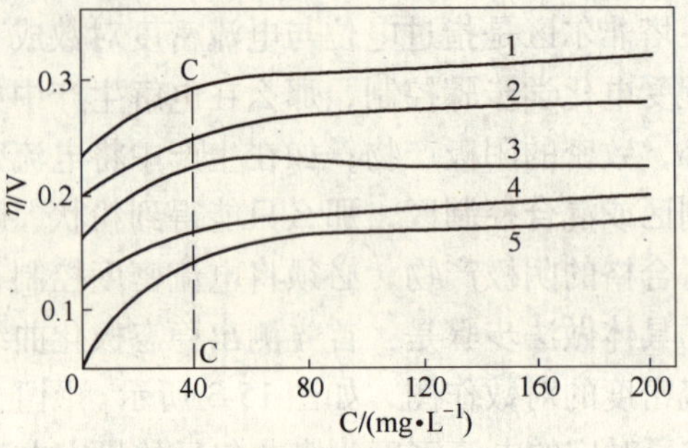

图15-5　不同电流密度下明胶浓度对过电位的影响示意图

1—0.0275A/m^2；2—0.0220A/m^2；3—0.0165A/m^2；4—0.0110A/m^2；5—0.0033A/m^2

众所周知，有机表面活性剂对电极过程的影响，是通过其能在电极表面吸附来实现的。那么，当添加剂浓度小于C点时，随添加剂浓度增加，添加剂在电极表面吸附量逐渐增大，因而电化学极化逐渐增加，当添加剂浓度等于C点浓度时，电极表面几乎全部被添加剂覆盖，电化学反应受到的阻力达到最大值，因而电化学极化也达到最大，此后再增加添加剂的用量已无意义，因为吸附已经达到饱和。由图15-5可看出，明胶浓度为每升电解液40mg时已出现吸附饱和现象，故明胶的最佳用量为每升电解液40mg左右，这与实际的生产条件是一致的。

15.1.2　循环伏安及阳极钝化

15.1.2.1　循环伏安图

对于一些新的电化学体系，常常采用循环伏安法进行定量测定前的定性探索。根据得到的循环伏安曲线形状、波形位置及波的数目，为深入研究电极反应机理提供重要信息。所以，循环伏安法已成为冶金电化学研究中广泛应用的重要研究方法。

将平面电极插入到如下电化学体系中，有如下反应：

$$\hat{O} + ne^- \rightleftharpoons \hat{R}$$

式中，$\hat{O}$ 为氧化态物质；$\hat{R}$ 为还原态物质。在电极上施加一随时间作线性变化的大幅度三角波电位，如图15-6所示，这一电位叫做电位扫描。电位扫描以恒定的速度从 φ_i 扫到 φ_λ，然后再从 φ_λ 返回到 φ_i。在电位扫描作用下，通过电极的电流随电位而变，用示波器或 *X-Y* 函数记录仪自动记录得到电流-电位曲线，这个图叫循环伏安曲线图。电位扫描向正方向扫描时，反应物 $\hat{O}$ 发生还原反应，$\hat{O} + ne^- \rightarrow \hat{R}$，得到的电流与电位曲线，叫做阴极极化曲线；电位扫描返扫时，由于还原产物 $\hat{R}$ 来不及向溶液内部扩散（或向电极内部），仍然保

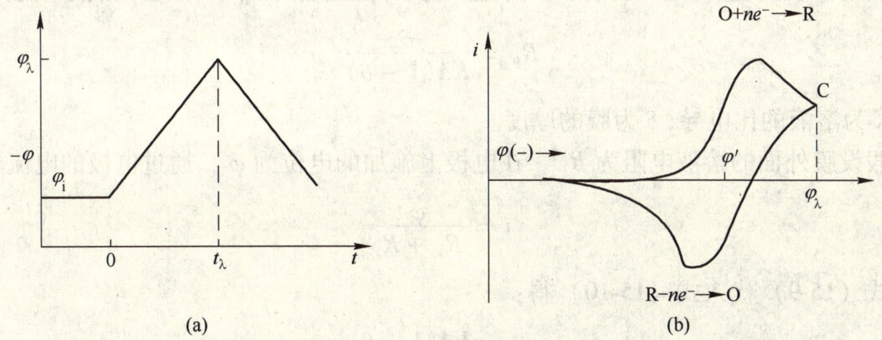

图 15-6 在电极上施加随时间作线性变化的三角波电位示意图

（a）循环电位扫描；（b）循环伏安图

留在电极表面上，因而，产物 $\hat{R}$ 重新氧化为氧化态，$\hat{R} - ne^- \rightarrow \hat{O}$，得到的电流-电位曲线叫阳极极化曲线。两根极化曲线，组成了循环伏安图。文献中称上述方法为循环伏安法。

由得到的电流-电位曲线看到，随着电位向阴极方向移动，电流逐渐增加，通过极大值后，电流又下降，形成了一个峰电流 i_p。可以这样来解释，在电位 φ' 以前，是非法拉第电流，电位达到 φ' 时，反应物开始放电，随着电位的负移，反应物放电电流随着增加。当反应物在电极表面浓度达到零时，便得到极大电流值。极大值出现后，如电位继续向负方移动，由于浓度梯度变小，电流相应也变小，这样便得到峰电流 i_p。电位扫描返扫时，也得到阳极峰电流，其原因与阴极峰电流形成原因相同。

循环伏安法电位扫描速度快，一般从 0.04 ~ 1000V/s，所以能在很短的时间内观察到宽广电位范围内电极过程变化，测得的循环伏安曲线完全不同于稳态的极化曲线。对循环伏安曲线进行数学解析处理，可以推导得峰电流、峰电位、扫描速度、反应粒子浓度及动力学参数等之间的一系列特征关系，从而为研究冶金电极反应规律提供相当丰富的电化学信息。

如将扫描进行多次循环，这样便得到多次往复循环伏安图。通过观察多次循环伏安图，可以发现反应中的中间产物。

15.1.2.2 阳极钝化

金属阳极钝化给冶金电解生产带来了能耗增加，因而研究工作者常常给予很大的关注。最近 30 年来，对金属阳极钝化机理进行了许多研究，线性电位扫描法及循环伏安法在这方面研究工作中得到广泛的应用。这里，只介绍一个简单的钝化机理。

1931 年，Muller 在控制电位暂态研究的基础上指出，许多金属钝化是由于在金属表面上形成了不溶的膜，反应如下：

$$M + X^- \longrightarrow MX + ne^-$$

在膜生成过程中，首先在某些点上成核，然后沿着表面横向扩展生长。当表面只剩下很小部分未覆盖面积时，便停止生长，这样，在膜上形成了微孔。根据这种模型可以预料，可溶的金属表面积随着时间的增加而减少，最后，微孔中的溶液电阻控制了电极反应速度。因此，当进行线性电位扫描时，起初，电流上升，然后由于溶液的欧姆极化，电流下降。

假设电极表面积为 A，时间为 t 时，生成膜的覆盖度为 θ_R。微孔中溶液电阻为：

$$R_P = \frac{\delta}{KA(1-\theta)} \tag{15-9}$$

式中，K 为溶液的比电导；δ 为膜的厚度。

又假设膜外面的溶液电阻为 R_1，在电极上施加的电位为 φ，通过电极的电流应为

$$i = \frac{\varphi}{R_P + R_1} \tag{15-10}$$

将式（15-9）代入式（15-10）得：

$$i = \frac{\varphi KA(1-\theta)}{\delta + R_1 KA(1-\theta)} \tag{15-11}$$

钝化膜是由于电化学反应生成的，因而，通过电极的电流与膜的生成速度有关。根据法拉第定律得：

$$i = \frac{nF\rho\delta A}{M} \cdot \frac{d\theta}{dr} = K_0 \frac{d\theta}{dt} \tag{15-12}$$

式中，M 为膜的分子量；ρ 为膜的密度。

对于线性电位扫描实验，电位应由下式表示：

$$\varphi = \varphi_1 + vt \tag{15-13}$$

式中，φ_1 为扫描起点电位；v 为电位扫描速度。将式（15-13）代入式（15-11），再令式（15-11）与式（15-12）相等得：

$$\frac{d\vartheta}{dt} = \frac{KA(1-\theta)(\varphi_i + vt)}{K_0[\delta + R_1 KA(1-\theta)]} \tag{15-14}$$

电流为最大时，应有：

$$\frac{d^2\theta}{dt^2} = 0 \tag{15-15}$$

将方程式（15-14）对 t 求导，并代入式（15-15）得：

$$\frac{d\theta_m}{dt} = \frac{\delta(1-\theta_m)v + R_1 KA(1-\theta_m)^2 v}{\delta(\varphi_i + vt_m)} \tag{15-16}$$

式中，注脚 m 表示最大。为了消除 $\varphi_i + vt_m$，由式（15-11）解出 φ，代入到式（15-16），所得结果再代入到式（15-14），最后得：

$$i_m = A(1-\theta_m)\left(\frac{nF\rho K}{M}\right)^{1/2} v^{1/2} \tag{15-17}$$

式（15-17）为最大电流表示式。

将式（15-17）代入到式（15-11），得到最大电流相应的电位：

$$\varphi_m = \left(\frac{nF\rho K}{M}\right)^{1/2}\left[\left(\frac{\delta}{K}\right) + R_1 A(1-\theta_m)\right] v^{1/2} \tag{15-18}$$

式（15-17）及式（15-18）是阳极发生钝化的特征方程式。它们表达了阳极钝化的规律。方程式表明，如果 θ_m 与电位扫描速度无关则峰电流 i_m 与峰电位 φ_m 及 $v^{1/2}$ 成线性关系。

根据方程式（15-11）及式（15-13），从理论上计算得电流电位曲线。计算时，v、R_1、A、δ 及 K 等参数取各种值。计算结果表示在图15-7中。

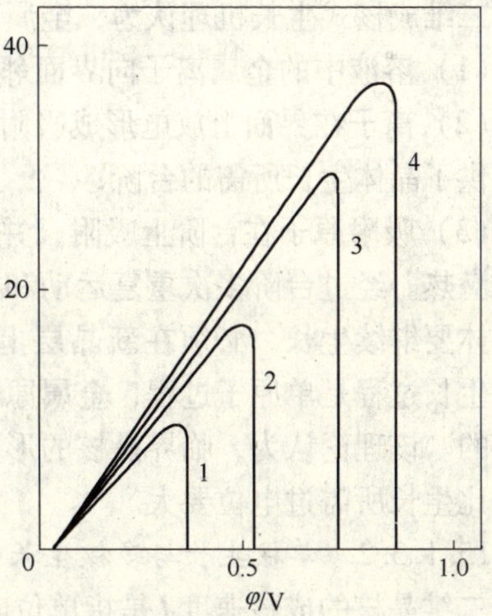

图 15-7 欧姆极化控制时钝化电流与电位曲线示意图

1—$v=0.005\text{V/s}$，$R_1=22\Omega$，$\delta=7.1\times10^{-8}\text{m}$；
2—$v=0.015\text{V/s}$，$R_1=21.5\Omega$，$\delta=9.56\times10^{-8}\text{m}$；
3—$v=0.05\text{V/s}$，$R_1=18.5\Omega$，$\delta=9.86\times10^{-8}\text{m}$；
4—$v=0.08\text{V/s}$，$R_1=17.5\Omega$，$\delta=1.0\times10^{-5}\text{m}$
$A=9.74\times10^{-6}\text{m}^2$，$K=2.5/(\Omega\cdot\text{m})$

Calandra 等研究者发现，铜电极在盐酸溶液中阳极沉积 CuCl 服从上述机理：

$$Cl^- + Cu \longrightarrow CuCl + e^-$$

Ambrose 等研究者发现铅阳极在盐酸溶液中生成 $PbCl_2$ 也服从这一机理。在 NaOH 溶液中，对铜电极进行阳极电位线性扫描也得到上述规律。

15.1.3 金属电结晶成核生长机理

15.1.3.1 二维成核式生长机理

金属电沉积过程是相当复杂的，金属离子首先在电极上还原为吸附原子，然后再经历由单个吸附原子组成为晶体形成金属沉积层，称其为电结晶，由于这一过程是在电场中完成的，故其过程称为电结晶过程。

金属在阴极上电积形成晶体，由于电积条件不同，可以形成不同的晶体结构。公认为其影响因素较多，经过研究认为主要影响因素有：极化、电流密度、放电离子的浓度、温度、表面活性剂、电解液中电解质的本性等。在工业上，每种金属的电积条件均有研究和优化，不多赘言。我们只对晶体生长成核机理加以讨论。金属电结晶可能按两种不同的机理进行：成核式生长机理及螺旋位错生长机理。这里，只讨论成核式生长机理，也就是二维成核式生长机理。这一理论认为，晶核生长过程，晶面上不同位置原子的成键能力是不同的。图 15-8 所示的是简单立方晶体的（001）晶面，每个小立方体代表晶面上的一个原子。由该图看出，不同位置上的原子其最近邻的原子数目是不同的。新原子进入界面晶格的最适宜位置应是成键数目最多的位置。图中原子 d 的位置应是结合新原子的最有利位置，因为它可以与周围的三个最近邻原子成键，所以这个位置叫做扭结。除了扭结位置是成键数目最多的外，台阶的前沿也是结合新原子较有利的位置。图中原 c 所在位置属于台阶前沿。在这个位置上，原子 c 与两个最邻近的原子成键。相比之下，最不利的结合位置是理想晶面上的位置，如孤立原子 b 的位置。

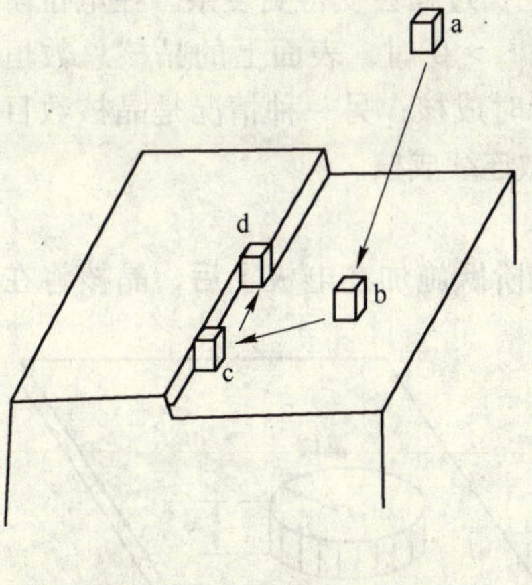

图 15-8 电结晶过程示意图

原子位置：a—电解液中离子；b—晶格平面上的吸附原子；c—台阶位置；d—扭结位置

二维成核式生长机理认为，金属理想界面上的电结晶生长包括 3 个主要步骤：

（1）溶液中的金属离子向界面邻近转移；

（2）离子在界面上放电形成吸附原子，然后聚集一起形成二维临界晶核，所生成的晶核提供了晶体生长所需的台阶；

（3）吸附原子在台阶上吸附，并沿台阶一维地扩散到扭结，最后进入晶格座位并析出结晶潜热。经过台阶多次重复运动和扭结的不断延伸，生长面终于被一个新晶面覆盖。如果晶体要继续生长，必须在新晶层上再一次形成二维临界晶核以便提供新的台阶源。可见，生长过程是单原子过程，金属原子是一个接着一个堆积成晶体，而且晶体是分层进行生长的。该理论认为，临界晶核的形成是这一生长过程的速度控制步骤，而且成核所需过电位比生长所需过电位要大。

15.1.3.2　单核生长与多核生长的条件

二维晶核的成核速度 I 是指单位时间内在单位面积上形成二维晶核的数目，$cm^{-2}\cdot s^{-1}$ 。二维晶核生成速度由下式表示：

$$I = a\exp\left(-\frac{b}{\eta}\right) \tag{15-19}$$

式中，a 及 b 均为常数；η 为结晶过电位。式（15-19）表明，生成晶核速度与过电位有关。过电位大，可得到较大的晶核生成速度；过电位小，可得到较小的生成速度。

为了较深入说明问题，引入两个概念：一个是成核周期 t_n，它是指相继的两个成核作用的时间间隔；另一个是指单个二维晶核的台阶扫过电极表面所需的时间 t_s。下面根据这两个概念讨论两种极端生长情况：

（1）如果控制过电位较小，使 $t_n \gg t_s$，这表明，等到第二个晶核生成时，第一个晶核已经长大，这种情况属于单核生长；

（2）如果控制过电位较大，使 $t_n \ll t_s$，这表明，在生长着的晶层铺满电极表面之前，已有新的晶核产生，这叫做多核生长。

当电极表面上同时存在多个生长中心时，晶核的生长过程会变得更复杂。在电位阶跃下，把这种多核生长归纳为两种情况来研究。一种是 $t>0$ 时，表面上的晶核总数恒为 N_0，在晶粒生长过程中没有新的晶核生成，这叫做瞬时成核；另一种情况是晶核数目是时间的函数，晶核生长过程中有新的晶核生成，这叫做连续成核。

15.1.3.3　电位阶跃上单核生长电流-时间的关系

图 15-9 所示是圆盘状二维晶核示意图。假设电位阶跃施加在电极上后，晶核将在电极表面上出现，并横过表面侧向生长，生长速度 i（电流）与生长台阶长度 $2\pi r$ 成正比

$$i = nFkh(2\pi r) \tag{15-20}$$

式中，k 为速度常数，mol/（$m^2\cdot s$）；r 为半径；h 为高度。

晶核的体积为：

$$V = \pi r^2 h$$

将 r 对 t 求导得：

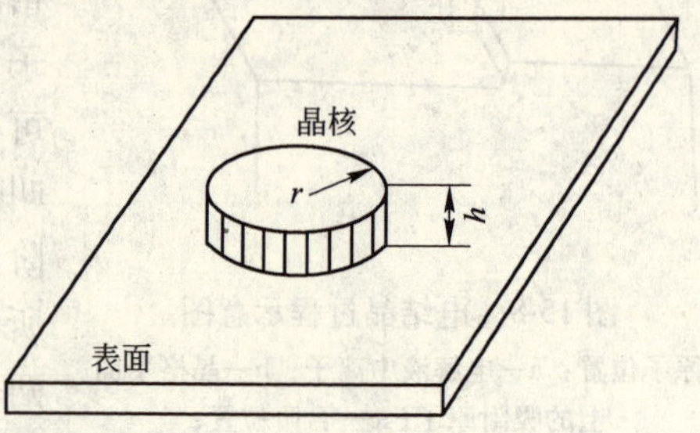

图 15-9　圆形晶核模型示意图

$$\frac{\mathrm{d}r}{\mathrm{d}t} = \frac{1}{2\pi rh} \cdot \frac{\mathrm{d}V}{\mathrm{d}t} \tag{15-21}$$

将式（15-20）代入式（15-21）得：

$$\frac{\mathrm{d}r}{\mathrm{d}t} = \frac{nFk}{i} \cdot \frac{\mathrm{d}V}{\mathrm{d}t} \tag{15-22}$$

根据 Faraday 定律得：

$$i = \frac{nF\rho(\mathrm{d}V/\mathrm{d}t)}{M} \tag{15-23}$$

式中，ρ 及 M 分别为沉积相的密度及原子量。将式（15-23）代入式（15-22）得：

$$\frac{\mathrm{d}r}{\mathrm{d}t} = k\frac{M}{\rho} \tag{15-24}$$

积分得（假设 $t=0$ 时，$r=0$）：

$$r = \frac{Mkt}{\rho} \tag{15-25}$$

将式（15-25）代入式（15-20）得：

$$i = 2nF\pi h\frac{M}{\rho}k^2 t \tag{15-26}$$

式（15-26）为单核生长时电流－时间关系式，表达了单核生长的规律性。

15.1.3.4 电位阶跃下连续成核生长的动力学公式

前面已经指出，过电位比较大时，会出现连续成核生长。Fleischmann 假设连续成核时的晶核数目 N 与时间 t 的关系服从一级定律：

$$N = N_0(1 - \mathrm{e}^{-bt}) \tag{15-27}$$

式中，b 为晶核生成反应速度常数；N_0 为最大可能形成的晶核总数。如果 $bt<0.1$ 时，式（15-27）可以简化为：

$$N = bN_0 t \tag{15-28}$$

在 $\mathrm{d}t$ 时间内，晶核增加数为 $\mathrm{d}N$，则电流的增量 $\mathrm{d}i$，由式（15-26）求得：

$$\mathrm{d}i = 2nF\pi h\frac{M}{\rho}k^2 t\mathrm{d}N \tag{15-29}$$

将式（15-28）全微分，并代入式（15-29）得：

$$\mathrm{d}i = 2nF\pi h\frac{M}{\rho}k^2 bN_0 t\mathrm{d}t \tag{15-30}$$

积分式（15-30）得：

$$i = nF\pi h\frac{M}{\rho}k^2 bN_0 t^2 \tag{15-31}$$

式（15-31）为连续成核时电流-时间关系式，该式只适用电解初期。随着电解的进行，晶核不断长大，晶粒边界开始相联结，出现晶核生长中心重叠。当出现晶粒重叠时，式（15-31）则不能用。因此有必要修正晶核生长中心重叠的影响。

参看图 15-10，假设 S_1 为所有不受重叠影响的生长区的面积（图中圆圈内的空白部分），S_2 为两个生长中心相重叠的面积（划阴影的部分），S_3 为三个生长中心相重叠的面积（涂黑部分），而 S_m 为 m 个生长中心相重叠的面积（未划出），由此可见，表面上实际的生长区面积 S 为

$$S = S_1 + S_2 + S_3 + \cdots + S_m \tag{15-32}$$

而不考虑重叠时的生长区总面积，即“展开面积” $S_{1,ex}$ 为：

$$S_{1,ex} = S_1 + 2S_2 + 3S_3 + \cdots + mS_m \tag{15-33}$$

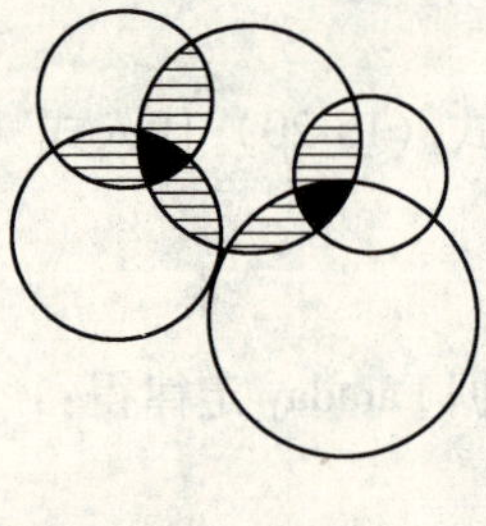

图 15-10　晶核生长中心重叠示意图

S 与 $S_{1,ex}$ 的关系，由统计学得：

$$S = 1 - \exp(-S_{1,ex}) \tag{15-34}$$

对圆盘状晶核生长区面积有：

$$dS_{1,ex} = \pi r^2 bN_0 dt \tag{15-35}$$

积分得：

$$S_{1,ex} = \pi r^2 bN_0 t \tag{15-36}$$

将式（15-25）代入上式得：

$$S_{1,ex} = \pi N_0 b\left(\frac{M}{\rho}\right)^2 k^2 t^3 \tag{15-37}$$

将式（15-37）代入式（15-34）得：

$$S = 1 - \exp\left[-\pi N_0 b\left(\frac{M}{\rho}\right)^2 k^2 t^3\right] \tag{15-38}$$

所以圆盘二维晶核体积为

$$V = h \cdot S = h\left[1 - \exp\left(-\pi N_0 b\frac{M^2}{\rho^2}k^2 t^3\right)\right] \tag{15-39}$$

式（15-39）对 t 求导得：

$$\frac{dV}{dt} = 3\pi N_0 b\left(\frac{M}{\rho}\right)^2 k^2 t^2 h\exp\left[-\pi N_0 b\left(\frac{M}{\rho}\right)^2 k^2 t^3\right]$$

将上式代入式（15-23）得：

$$i = 3nF\pi\frac{M}{\rho}N_0 bk^2 ht^2\exp\left[-\pi\left(\frac{M}{\rho}\right)^2 N_0 bk^2 t^3\right] \tag{15-40}$$

式（15-40）为连续成核生长动力学公式。这一方程式考虑了晶核生长中心重叠的影响。由方程式看出，i-t 曲线具有极大值，利用 $di/dt = 0$ 求极值，可得电流峰值 i_{max} 和出现峰的时间 t_{max}：

$$i_{max} = nFh\sqrt[3]{\frac{12\pi\rho N_0 bk^2}{M}} \cdot e^{-2/3} \tag{15-41}$$

$$t_{max} = \sqrt[3]{\frac{2\rho^2}{3\pi N_0 bk^2 M^2}} \tag{15-42}$$

而在 $t=0$ 及 $t\to\infty$ 时, $i=0$ ，如图 15-11 所示。为了得到判断二维连续成核生长机理的判据，将式（15-40）两边分别除以 t^2 。然后取对数得：

$$\ln\frac{i}{t^2}=A-Bt^3 \tag{15-43}$$

式中, A 和 B 是与式（15-40）中的参数有关的常数。

Ag_2O 在 KOH 溶液中阴极还原为银时，服从连续成核生长机理，其电流-时间曲线如图 15-11 所示。如果用 $\lg(i/t^2)$ 对 t^3 作图，得到一直线，如图 15-12 所示，符合式（15-43）。

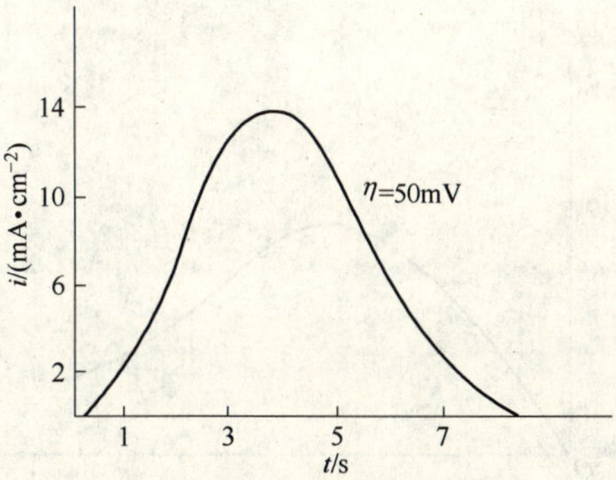

图 15-11 Ag_2O 在 KOH 溶液中阴极还原成 Ag 时 i-t 曲线示意图

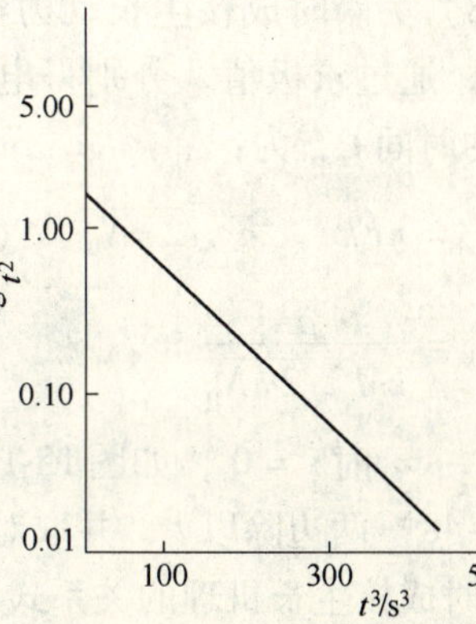

图 15-12 Ag_2O 还原为银时 $\lg\frac{i}{t^2}$ 与 t^3 关系示意图

15.1.3.5 电位阶跃下瞬时成核生长的动力学公式

由式（15-27）得知，当晶核生成反应速度常数 b 很大时，则得 $N=N_0$ 。这表明, $t>0$ 时，晶核的数目保持恒定，不随时间变化，出现了瞬时成核生长模式。对于瞬时成核生长模式，用前面相同的方法，可推导出动力学方程式。首先导出电解初期的电流-时间关系式，因为在该种条件下，不需要考虑晶核生长中心相互重叠影响。所以，将 N_0 与式（15-26）相乘便得：

$$i=2nF\pi h\frac{M}{\rho}N_0k^2t \tag{15-44}$$

式（15-44）为没有考虑生长中心重叠影响的电流与时间的关系式。随着电解的进行，晶核生长中心发生相互重叠，此时，需要考虑晶核生长中心相互重叠对电流－时间关系式的影响。

对于圆盘状二维晶核，当不考虑重叠影响时，瞬时成核生长区总面积应为

$$S_{1,ex}=N_0\pi r^2$$

将式（15-25）代入上式得：

$$S_{1,ex}=\pi N_0\left(\frac{M}{\rho}\right)^2k^2t^2 \tag{15-45}$$

将式（15-45）代入式（15-34）得电极表面实际生长区面积为：

$$S = 1 - \exp\left[-\pi N_0\left(\frac{M}{\rho}\right)^2 k^2 t^2\right] \tag{15-46}$$

所以圆盘状晶核体积为：

$$V = hS = h\left[1 - \exp\left(-\pi N_0 \frac{M^2}{\rho^2} k^2 t^2\right)\right] \tag{15-47}$$

将式（15-47）对 t 求导，并代入式（15-23）得：

$$i = 2nF\pi \frac{M}{\rho} N_0 k^2 ht \exp\left[-\pi\left(\frac{M}{\rho}\right)^2 N_0 k^2 t^2\right] \tag{15-48}$$

式（15-48）为瞬时成核生长动力学方程式。像连续成核生长动力学方程式那样，i-t 曲线出现极大，通过求极值，分别得电流峰值 i_{max} 和出现峰的时间 t_{max} 为：

$$i_{max} = nFke^{-1/2}h\sqrt{2\pi N_0} \tag{15-49}$$

$$t_{max} = \frac{\rho}{kM\sqrt{2\pi N_0}} \tag{15-50}$$

而在 $t=0$ 及 $t \to \infty$ 时 $i=0$，如图 15-13 所示。如果将式（15-48）两边除以 t，并取对数，可得判断二维瞬时成核生长机理的关系式：

$$\ln\frac{i}{t} = A' - B't^2 \tag{15-51}$$

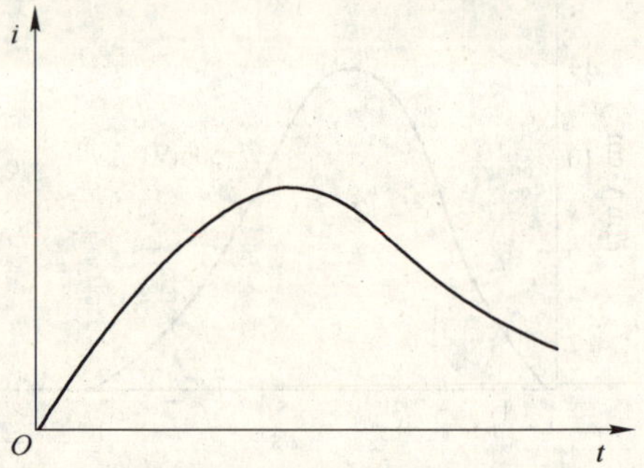

图 15-13　瞬时成核生长电流-时间曲线示意图

式中，A' 及 B' 均为常数，由方程式（15-48）中有关参数确定。

15.1.4　湿法冶金电极反应机理

15.1.4.1　电极反应机理的概念

电解在有色金属生产中得到广泛的应用。铜、铅、锌、镍、钴、铝、镁及钛等金属均可用电解法制取或提纯。电解生产总希望产品质量好，产量大，能耗低。电极反应机理的知识可为选择合理的电解生产条件提供理论依据。

所谓湿法冶金电极反应机理，通常包括两个方面的内容。首先是指总的电极反应所包括的连续的并按一定顺序排列的步骤，这些按一定顺序排列的连续步骤，叫做冶金电极反应历程。现代电化学指出，多电子反应不是一步完成，而是分步进行的。这些分步骤中，有电子传递反应，也有表面转化反应。而且，在每个电子传递反应中，一般只有一个电子参加。这些电子传递反应和表面转化反应都按本身的内在规律排列成一定的顺序，构成了电极反应历程。电极反应机理包含的第二个含意是指电极反应历程。电极反应的速度是由控制步骤决定的，因此，控制步骤是电极反应机理的重要内涵。可见，只有查明电极反应历程，又查明速度控制步骤，才能认为电极反应的机理被确定。

根据电极反应机理的概念，不难理解到有关电极过程机理的知识，对指导电解生产过程的重要作用。为了理解这一问题，举例说明如何由电极反应机理来认识合理的电解工艺条件。

例如对铜在碱性氯化钠溶液中阳极氧化形成 Cu_2O 的机理研究结果表明，铜生成氧化亚铜按照下列机理进行：

$$Cu + Cl^- \rightleftharpoons CuCl^-_{吸} \qquad (\text{I})$$

$$(CuCl^-)_{吸} + (n-1)Cl^- - e^- \rightleftharpoons CuCl_n^{1-n} \qquad (\text{II})$$

$$CuCl_n^{1-n} + 2OH^- \rightleftharpoons Cu(OH)_2^- + nCl^- \qquad (\text{III})$$

$$Cu(OH)_2^- \longrightarrow \frac{1}{2}Cu_2O + \frac{1}{2}H_2O + OH^- \qquad (\text{IV})$$

最后一步为控制步骤。

根据上述机理可得到对生产有指导作用的重要结论：

(1) NaCl 的存在是得到氧化亚铜的关键，由反应历程看出，Cl^- 离子将固态铜以可溶配合物的形态转移到溶液中，然后再通过中间配合离子 $Cu(OH)_2^-$ 的分解得到氧化亚铜。如果没有 Cl^- 离子的存在，铜阳极将很快被钝化，因而可以得到这样的结论，NaCl 越多对生产更有利。这与生产实际符合；

(2) 这个反应机理的控制步骤是最后一步，可见提高温度有利于 $Cu(OH)_2^-$ 的分解，可以提高速度，这一结论与生产上要求温度大于 80℃ 相一致；

(3) 生产实际表明，当溶液 pH 值大于 12 时，常常使产品纯度降低，根据上述机理可以解释这一现象，OH^- 离子也是活性离子，容易吸附在电极表面上，故 pH 高，OH^- 离子要与 Cl^- 离子在电极表面上的吸附进行竞争，这势必影响到 Cl^- 对产生氧化亚铜的促进作用，可见生产采用高 pH 值是不可取的。

由上面分析不难得到这样的结论：湿法冶金电极反应机理的知识对研究电解生产新工艺和完善电解生产工艺条件起着重要的指导作用。

15.1.4.2 电极反应机理的研究方法

迄今为止，仍然没有有效的数学方法从理论上求出电极反应机理，只能用实验方法进行测定。最近几十年的研究表明，研究电极反应机理有两种途径：一种用瞬态电化学研究方法，采用数学模拟确定电化学反应机理；另一种用稳态极化曲线法，通过直觉和推证确定电极反应机理。在此只讨论稳态极化曲线法。

A 确定总的电极反应式

为了确定总的电极反应，这里讨论两种方法。

(1) 分析法 可以采用各种分析法，如有机、无机化学分析、电化学分析、紫外光谱、色谱等，检测电流通过电极后，溶液中反应物及产物的种类。再根据通过电极电量的法拉第数、反应物的消耗量及产物的增加量，计算出参加电极反应的电子数及各种反应离子的反应数。最后，根据上述数据，推算总的电极反应式。

(2) 平衡电位法 平衡电极电位也是确定总电极反应最常用的依据。具体做法是根据热力学数据，列出可能发生的所有电极反应，由这些反应式计算平衡电极电位 $\varphi_{平}$，将这些理论值与实验测定值比较。如果根据某一反应，计算得到的 $\varphi_{平}$ 与实验测定值接近，可以认为该电极反应可能就是实际的电极反应。

采用这种方法比较简便，但使用时要注意以下三点：

1) 由于计算值与实验值总难免有偏差，因此，即使二者比较符合，也还不能认为所假设的反应式就一定正确。为了进一步验证，最好还要校核 $\varphi_{平}$ 随体系组分浓度的变化与理论所预测的是否相同。

2）在无外电流时测得的电极电位是否为平衡电极电位也需要校验。如果测量时，搅拌溶液及改变电极表面状态，不引起测量数值的漂移，所测值为平衡电极电位。因为这些因素不会改变反应离子的热力学参数，故不会影响热力学平衡电极电位。如果出现漂移，表明所测值为某种稳定电极电位。

3）即使找到了相应于平衡电极电位的电极反应式，若通过外电流时引起的过电位比较大，实际反应式还可能与平衡电位下的反应式有所不同。只有仔细考虑了上述 3 方面问题后，才能正确应用平衡电极反应式。

B　多电子反应控制步骤的化学计量数测定

多电子电极反应总量是分步进行的，其中有电传递反应也有表面转化反应。一般情况下，一个电子传递步骤只有一个电子参加。在许多连续步骤中，常常存在着一个速度控制步骤。有时，速度控制步骤还需要重复 v 次，下一步才能进行。总的电极反应发生一次，速度控制步骤重复的次数叫做控制步骤的化学计量数，用 v 表示。

假设整个电极反应有 n 个电子参加，并分成 n 个电子传递步骤，一个接一个地进行：

$$A + e^- \rightleftharpoons B \qquad (步骤 1)$$

$$B + e^- \rightleftharpoons C \qquad (步骤 2)$$

$$\vdots \qquad \vdots$$

$$P + e^- \rightleftharpoons vR \qquad (步骤 \vec{\gamma})$$

$$v(R + ne^- \longrightarrow S) \qquad (速度控制步骤,重复 v 次)$$

$$vS + e^- \rightleftharpoons T \qquad (步骤 n - \vec{\gamma} - rv = \overleftarrow{\gamma})$$

$$\vdots \qquad \vdots$$

$$Y + e^- \rightleftharpoons Z \qquad (步骤 n)$$

总电极反应为：

$$A + ne^- \rightleftharpoons Z$$

上述连续步骤中的速度控制步骤，可以是电子传递反应（$r = 1$），也可以是电极表面转化步骤（$r = 0$）。可以认为速度控制步骤以外的各步骤均处于平衡，因此，总的电极反应速度可由控制步骤推导出来。

上述连续步骤中控制步骤的动力学方程式：

$$\vec{i} = Fk_R^0 C_R \exp\left(-\frac{\alpha rF\varphi}{RT}\right) \tag{15-52}$$

$$\overleftarrow{i} = Fk_S^0 C_S \exp\left[\frac{(1-\alpha)rF\varphi}{RT}\right] \tag{15-53}$$

式中，α 为控制步骤的传递系数；C_R 及 C_S 都是中间产物的浓度，它们分别由速度控制步骤前后的各电子传递反应的平衡决定。这里应当分别求出最初反应物 A 的浓度 C_A 与速度控制步骤的反应物 R 的浓度 C_R 的关系，以及最终产物 Z 的浓度 C_Z 与速度控制步骤的产物 S 的浓度 C_S 的关系。

当步骤 1 处于平衡时，可得到 A 的浓度 C_A 与 B 的浓度 C_B 之间的关系：

$$k_A^0 C_A \exp\left(-\frac{\alpha_1 F\varphi}{RT}\right) = k_B^0 C_B \exp\left[\frac{(1-\alpha_1)F\varphi}{RT}\right]$$

式中，α_1 为步骤 1 传递系数。

所以得：

$$C_B = \frac{k_A^0}{k_B^0} C_A \exp\left(-\frac{F\varphi}{RT}\right) = K_1 C_A \exp\left(-\frac{F\varphi}{RT}\right) \tag{15-54}$$

对于步骤 2 用同样方法得：

$$C_C = \frac{k_B^0}{k_C^0} C_B \exp\left(-\frac{F\varphi}{RT}\right) = K_2 C_B \exp\left(-\frac{F\varphi}{RT}\right)$$

将式（15-54）代入上式得：

$$C_C = K_1 K_2 C_A \exp\left(-\frac{2F\varphi}{RT}\right)$$

由上式看出，在步骤 2 的产物 C_C 浓度公式中，有两个常数相乘（$K_1 K_2$），并且指数中 $F\varphi/RT$ 前的系数为 2。依此推理，在以 C_A 表示步骤 $\vec{\gamma}$ 的产物 R 浓度时，公式中应有 $\vec{\gamma}$ 个 K 相乘，可以用 $\prod_{i=1}^{\vec{\gamma}} K_i$ 表示，而且 $F\varphi/RT$ 前的系数应当为 $\vec{\gamma}$，即：

$$C_R^v = \left(\prod_{i=1}^{\vec{\gamma}} K_i\right) C_A \exp\left(\frac{\vec{\gamma} F\varphi}{RT}\right)$$

或

$$C_R = \left(\prod_{i=1}^{\vec{\gamma}} K_i^{1/v}\right) C_A^{1/v} \exp\left[-\left(\frac{\vec{\gamma}}{v}\right)\frac{F\varphi}{RT}\right]$$

将上式代入式（15-52）得：

$$\vec{i} = Fk_R^0 \left(\prod_{i=1}^{\vec{\gamma}} K_i^{1/v}\right) C_A^{1/v} \exp\left[-\left(\frac{\vec{\gamma}}{v} + \alpha r\right)\frac{F\varphi}{RT}\right] \tag{15-55}$$

因为

$$\Delta\varphi = \varphi - \varphi_{平} \tag{15-56}$$

式（15-56）代入式（15-55）得：

$$\vec{i} = i_0' \exp\left[-\left(\frac{\vec{\gamma}}{v} + \alpha r\right)\frac{F\Delta\varphi}{RT}\right] \tag{15-57}$$

式中

$$i_0' = Fk_R^0 \left(\prod_{i=1}^{\vec{\gamma}} K_i^{1/v}\right) C_A^{1/v} \exp\left[-\left(\frac{\vec{\gamma}}{v} + \alpha r\right)\frac{F\varphi}{RT}\right] \tag{15-58}$$

式中，i_0' 为交换电流密度，不过它不是以速度控制步骤的反应物浓度 C_R 来表示，而是以总反应的最初反应物浓度 C_A 表示。

对于速度控制步骤的逆反应，由于步骤 $\overleftarrow{\gamma}$ 以下各步骤均处于平衡状态，用上述相同的方法也可导出速度控制步骤的产物浓度 C_S 与总反应的最终产物浓度 C_Z 关系为：

$$C_S = \left(\prod_{i=\gamma}^{Z} K_i^{1/v}\right) C_Z^{1/v} \exp\left[\left(\frac{\overleftarrow{\gamma}}{v}\right)\frac{F\varphi}{RT}\right] \tag{15-59}$$

式（15-59）及式（15-56）代入式（15-53）得：

$$\overleftarrow{i} = i_0'\exp\left[\left(\frac{\overleftarrow{\gamma}}{v} + r - \alpha r\right)\frac{F\Delta\varphi}{RT}\right] \tag{15-60}$$

在电极极化条件下，速度控制步骤的净电流密度为

$$i' = \overrightarrow{i} - \overleftarrow{i} \tag{15-61}$$

根据总反应式，每消耗1个A粒子需要 n 个电子，而速度控制步骤只消耗1个电子。由于在稳态下各个单元步骤的速度均与速度控制步骤相等，所以，电极上通过的总电流密度 i 应当是速度控制步骤的净电密度 i' 的 n 倍。

$$i = ni' = n(\overrightarrow{i} - \overleftarrow{i}) \tag{15-62}$$

将式（15-57）及式（15-60）代入式（15-62）得：

$$i = ni_0'\left\{\exp\left[-\left(\frac{\overrightarrow{\gamma}}{v} + \alpha r\right)\frac{F\Delta\varphi}{RT}\right] - \exp\left[\left(\frac{\overleftarrow{\gamma}}{v} + r - \alpha r\right)\frac{F\Delta\varphi}{RT}\right]\right\} \tag{15-63}$$

式中，$\overleftarrow{\gamma}$ 表示控制步骤后面的步骤序号（以步骤 n 作为步骤1），故得：

$$n - \overrightarrow{\gamma} - rv = \overleftarrow{\gamma}$$

$$\frac{\overleftarrow{\gamma}}{v} + r - \alpha r = \frac{n - \overrightarrow{\gamma}}{v} - \alpha r$$

若取 $i_0 = ni_0$，并代入式（15-63）得：

$$i = i_0\left\{\exp\left[-\left(\frac{\overrightarrow{\gamma}}{v} + \alpha r\right)\frac{F\Delta\varphi}{RT}\right] - \exp\left[\left(\frac{n - \overrightarrow{\gamma}}{v}\right) - \alpha r\right]\frac{F\Delta\varphi}{RT}\right\} \tag{15-64}$$

令

$$\overrightarrow{\alpha} = \frac{\overrightarrow{\gamma}}{v} + \alpha r \tag{15-65}$$

$$\overleftarrow{\alpha} = \frac{n - \overrightarrow{\gamma}}{v} - \alpha r \tag{15-66}$$

式中，数值 $\overrightarrow{\alpha}$ 和 $\overleftarrow{\alpha}$ 叫做表观传递系数，它们与控制步骤的传递系数 α 和 $(1-\alpha)$ 是有区别的。表观传递系数是确定电极反应机理的第一位重要参数。

将式（15-65）及式（15-66）代入式（15-64）得：

$$i = i_0\left[\exp\left(-\frac{\overrightarrow{\alpha}F\Delta\varphi}{RT}\right) - \exp\left(\frac{\overleftarrow{\alpha}F\Delta\varphi}{RT}\right)\right] \tag{15-67}$$

式（15-67）是能用于多电子反应的巴特勒-伏尔摩公式，过电位很大时，式（15-67）中某指数项可略去。例如，阴极极化时得：

$$-\Delta\varphi = -\frac{2.3RT}{\overrightarrow{\alpha}F}\lg i_0 + \frac{2.3RT}{\overrightarrow{\alpha}F}\lg i \tag{15-68}$$

阳极极化时得：

$$\Delta\varphi = -\frac{2.3RT}{\overleftarrow{\alpha}F}\lg i_0 + \frac{2.3RT}{\overleftarrow{\alpha}F}\lg(-i) \tag{15-69}$$

显然，式（15-68）及式（15-69）为塔非尔公式。从半对数阴极和阳极极化曲线的斜

率可以求出表观传递系数 $\vec{\alpha}$ 及 $\overleftarrow{\alpha}$。式（15-69）中（$-i$）表示阳极电流为负值。

将式（15-65）及式（15-66）合并得：

$$v = \frac{n}{\vec{\alpha} + \overleftarrow{\alpha}} \tag{15-70}$$

由式（15-70）可求化学计量数 v。

在许多情况下，难以同时得到大极化下的阴极和阳极极化曲线，这时，可利用小极化下的极化行为求化学计量数。当过电位很小时，方程式（15-67）线性化得：

$$i = -i_0 \frac{nF\Delta\varphi}{vRT}$$

式中，“－”号表示阳极电流为负，阴极电流为正。因此有：

$$v = -i_0 \frac{nF}{RT}\left[\frac{\partial(\Delta\varphi)}{\partial i}\right]_{\Delta\varphi\to 0} \tag{15-71}$$

利用大极化下测得的阴极或阳极半对数极化曲线求出整个电极反应的 i_0，再将在平衡电极电位下测得的 $[\partial(\Delta\varphi)/\partial i]_{\Delta\varphi\to 0}$ 一起代入到式（15-71），可以求得化学计量数 v。

前面讨论了化学计量数的物理含意及测定方法。现在需要说明控制步骤化学计量数，再确定电化学反应机理的作用，可以氢离子放电为例说明。

假设氢析出反应按照下列步骤进行：

$$M(e) + H_3O^+ \longrightarrow MH + H_2O$$

$$2MH \rightleftharpoons 2M + H_2$$

如果认为第一步是控制步骤，随后步骤是化学脱附。对于这种机理，显然总反应发生一次，控制步骤要发生两次，氢原子才复合成氢分子，故化学计量数为2。

如果氢离子按照下列机理放电：

$$M(e) + H_3O^+ \longrightarrow MH + H_2O$$

$$M(e) + MH + H_3O^+ \rightleftharpoons 2M + H_2O + H_2$$

这里仍然假设第一步为控制步骤，而随后步骤为电化学脱附反应。对于这一机理化学计量数为1。

由上述看出，所讨论的两个有关氢离子放电机理，控制步骤均为同一反应式，只是控制步骤的随后反应不同。这表明，具有完全相同的控制步骤，而反应历程不同的电化学反应机理可以有不同的化学计量数。可见，每种可能的电化学反应机理，都可能有一个化学计量数。因而根据化学计量数可以推证反应历程和控制步骤。但是也应注意到，化学计量数毕竟本身还不具有单值性和特征性。例如，下面两个机理：$H_3O^+ \rightleftharpoons MH \rightarrow H_2$ 及 $H_3O^+ \rightarrow MH \rightleftharpoons H_2$，它们的控制步骤化学计量数都是1。这表明，不同的机理可以有相同的化学计量数。因而，也就不能把化学计量数作为判断电极反应机理的唯一依据，一定要与其他参数联合使用，判断机理所得结论才可靠。

C 表观传递系数的测定

为了说明表观传递系数在判断电化学反应机理的作用，现根据式（15-65）及式（15-66），即阴极反应表观传递系数　$\vec{\alpha} = \dfrac{\vec{\gamma}}{v} + \alpha r$

阳极反应表观传递系数　$\overleftarrow{\alpha} = \dfrac{n - \vec{\gamma}}{v} - \alpha r$

分析表观传递系数所包括的内涵：

（1）方程式中含有 r 值，$r = 0$ 时，表明速度控制步骤是表面转化步骤，$r = 1$ 时，速度控制步骤为电荷传递反应，可见，r 值说明速度控制步骤的性质；

（2）方程式中的传递系数 α，它是描述速度控制步骤动力学特性的重要参数，与电极反应的本性有关；

（3）方程式中的化学计量数 v，从另一角度（反应发生的次数）描述控制步骤的性质。

上述分析表明，表观传递系数用特征值说明速度控制步骤的性质，它是电极反应机理的象征。不同的电化学反应机理，具有不同的传递系数值，因而可以认为，表观传递系数是测定电极反应机理的第一位重要参数，也是判断电极反应必须遵守的准则。

为了求得表观传递系数，分别测出阴极和阳极的稳态极化曲线，然后根据式（15-68）得：

$$\frac{d(-\Delta\varphi)}{d\lg i} = \frac{2.3RT}{\vec{\alpha}F} \tag{15-72}$$

由式（15-72）可求得阴极反应表观传递系数 $\vec{\alpha}$。

再根据式（15-69）得：

$$\frac{d(\Delta\varphi)}{d\lg(-i)} = \frac{2.3RT}{\overleftarrow{\alpha}F} \tag{15-73}$$

由式（15-73）可求得阳极反应表观传递系数。

D　电化学反应级数的测定

电化学反应级数是解决电极反应机理的关键参数之一。对一些简单电极反应，仅仅使用电化学反应级数法就能确定其电极反应的机理。对于复杂的多电子电极反应，在研究电极反应机理时，是必不可少的重要参数，是判断电极反应机理的主要依据之一，电化学反应级数之所以如此重要，因为它是由速度控制步骤的反应物（实际上是中间产物）浓度决定的，而速度控制步骤的反应物浓度又取决于它前面的一系列步骤的平衡，故与总反应的最初反应浓度存在着一定关系，这种关系会在反应级数中反映出来。即电化学反应级数把电极反应历程中的有关步骤联系在一起。这种内在联系，导致电极反应级数必然成为电化学反应机理的重要判断依据。

在一般化学动力学中，反应速度由下式表示（假设只有 i 和 j 两种组分）。

$$v = kC_i^{Z_i}C_j^{Z_j}$$

取对数得：

$$\lg v = \lg k + Z_i \lg C_i + Z_j \lg C_j$$

将组分 i 的反应级数定义为

$$\left(\frac{\partial \lg v}{\partial \lg C_i}\right)_{C_j,T} = Z_i$$

但是，对于电化学反应，电极反应速度用电流密度表示，所以，需要用 i 代替 v 后再定义电化学反应级数。当过电位足够大时 $\left(\eta \geqslant \frac{120}{n}\text{mV}\right)$，逆反应可以略去，阴极过程和阳极过程的某一组分的电化学反应级数 $Z_{i,\mathrm{c}}$ 和 $Z_{i,\mathrm{a}}$ 分别定义为

$$\left(\frac{\partial \lg \vec{i}}{\partial \lg C_i}\right)_{C_{j\neq i},\varphi,T} = Z_{i,\mathrm{c}} \tag{15-74}$$

$$\left(\frac{\partial \lg \overleftarrow{i}}{\partial \lg C_i}\right)_{C_{j\neq i},\varphi,T} = Z_{i,\mathrm{a}} \tag{15-75}$$

式中，$Z_{i,\mathrm{c}}$ 为阴极电化学反应级数；$Z_{i,\mathrm{a}}$ 为阳极电化学反应级数。

根据定义式求电化学反应级数应遵守下列条件：

（1）由电流密度求 i 组分电化学反应级数时，除 i 组分外的其他组分的浓度应保持恒定；

（2）与一般化学动力学不同，电极反应速度是电极电位的函数，因此，求电化学反应级数时，电极电位应保持不变；

（3）温度明显的影响电化学反应速度，所以实验时，温度也应恒定；

（4）测定时，要考虑消除 φ 电位对实验结果的影响，因此，在实验溶液中要添加一定量的支持电解质。

根据电化学反应级数的概念，级数可以按如下方法求得：首先由实验直接测出 i 组分在不同浓度下的稳态极化曲线，由这些曲线可得某电位下电流密度与浓度的关系数据，再用 $\lg i$ 对 $\lg C_i$ 作图得直线，斜率为 i 组分的电化学反应级数。

应该理解到，电化学反应级数不等于多电子反应的反应分子数，因而绝不能随便用反应分子数代替级数。一个明显的例子，Fe^{2+} 阴极还原时，在总电极反应中 $Fe^{2+} + 2e^- = Fe$ 并没有 H^+ 离子或 OH^- 离子，可是实验测得 OH^- 离子的电化学反应级数为 1。同时还应注意到，常常有这样的情况出现：同一组分的阳极极化和阴极极化的电化学反应级数，可能有明显的差异，这说明阳极过程和阴极过程的机理不一样。

前面测定电化学反应级数方法只有当交换电流密度比较小时才适用。如果交换电流密度很大，就不能采用上述方法。因为交换电流密度大。将电极电位极化到 $\frac{120}{n}\text{mV}$ 时，无法保证不出现浓差极化。在这种情况下，可根据交换电流密度 i_0 和平衡电极电位 $\varphi_{平}$ 与组分浓度的关系求电化学反应级数。

假设总的电极反应为

$$Z_0\mathrm{A} + Z_0\mathrm{B} + \cdots + ne^- \rightleftharpoons Z_{a'}\mathrm{A}' + Z_{b'}\mathrm{B}' + \cdots \tag{15-76}$$

交换电流密度为

$$i_0 = nFk_\mathrm{c}^0 C_\mathrm{A}^{Z_a} C_\mathrm{B}^{Z_b} \cdots \exp\left(-\frac{\vec{\alpha}F\varphi_{平}}{RT}\right) = nFk_\mathrm{a}^0 C_{\mathrm{A}'}^{Z'_{a'}} C_{\mathrm{B}'}^{Z_{b'}} \cdots \exp\left(\frac{\overleftarrow{\alpha}F\varphi_{平}}{RT}\right) \tag{15-77}$$

式中，k_c^0 和 k_a^0 分别为 $\varphi = 0$ 时阴极反应和阳极反应速度常数。

将式（15-77）取对数

$$\lg i_0 = \lg nFk_c^0 + Z_{i,c} - \sum_{i=1}^{i=j} \lg C_i - \frac{\vec{\alpha} F}{2.3RT}\varphi_{平}$$

由上式得：

$$\left(\frac{\partial \lg i_0}{\partial \lg C_i}\right) C_{j\neq i,T} = Z_{i,c} - \frac{\vec{\alpha} F}{2.3RT}\left(\frac{\partial \varphi_{平}}{RT}\right)_{C_{j\neq i,T}} \tag{15-78}$$

所以得：

$$Z_{i,c} = \left(\frac{\partial \lg i_0}{\partial \lg C_i}\right) C_{j\neq i,T} + \frac{\vec{\alpha} F}{2.3RT}\left(\frac{\partial \varphi_{平}}{\partial \lg C_i}\right)_{C_{j\neq i,T}} \tag{15-79}$$

式（15-79）为组分 i 阴极反应的电化学反应级数反应式。

用类似方法，同样可以导出组分 i 阳极反应的电化学反应级数为

$$Z_{i,\alpha} = \left(\frac{\partial \lg i_0}{\partial \lg C_i}\right)_{C_{j\neq i,T}} - \frac{\overleftarrow{\alpha} F}{2.3RT}\left(\frac{\partial \varphi_{平}}{\partial \lg C_i}\right)_{C_{j\neq i,T}} \tag{15-80}$$

由式（15-79）及式（15-80）看出，只要实验测出 $\vec{\alpha}$、$\overleftarrow{\alpha}$，$\left(\frac{\partial \lg i_0}{\partial \lg C_i}\right)_{C_{j\neq i,T}}$ 及 $\left(\frac{\partial \varphi_{平}}{\partial \lg C_i}\right)_{C_{j\neq i,T}}$ 就可以求电化学反应级数。

E　中间产物的检测

多电子电极反应是分步进行的，因此在反应进行过程会产生中间产物。为了确定电极反应历程，最重要的要查明这些中间产物的种类和性质，这为准确确定电极反应历程提供了实验依据，而不至于停留在假设基础上。可见，查明中间产物是研究电极反应机理的重要工作。所以，在确定电极反应历程之前，需要采用各种研究方法（电化学的，非电化学的）对实验体系进行广泛的研究，以便发现可能存在的中间产物。

电极反应生成的中间产物，有些是稳定的，在溶液中可以富集到一定的浓度。对于这种情况，可用分析化学方法进行检测。这是极简单的情况。但是，实际情况往往要比这复杂得多。有些中间产物寿命极短，在电解液中不能富集，这就需要采用就地检测法，要求能在中间产物生成后极短时间内检测到。能够进行这种检测的有电化学方法和非电化学方法。这里只讨论电化学方法。

a　旋转圆盘-圆环电极法

旋转圆盘-圆环电极法是研究中间产物有效的方法。

在研究复杂的电极反应机理时，常常要求检测中间产物。这一课题首先是由 Frumkin 解决的，他采用的方法是旋转圆盘-圆环电极。但是，如何判断主要电极反应的中间产物与平行反应的副产物却是另一课题。下面讨论这一问题。

（1）捕集系数与环电流的关系　如果在圆盘电极上发生如下电极反应：

$$\hat{O} + me^- \xrightarrow{k_1} \hat{R} \tag{15-81}$$

$$\hat{O} + (m-n)e^- \xrightarrow{k_2} O^* \tag{15-82}$$

$$\hat{O}^* + ne^- \xrightarrow{k_3} \hat{R} \tag{15-83}$$

式中，O 为反应物；R 为最终产物；O^* 为中间产物；k 为电极反应速度常数。

上述反应式表明，在圆盘电极上同时进行两个平行还原反应历程，最终产物均为 R。第一个历程式（15-81）不同于第二个历程式（15-82）及式（15-83），第二个历程中间产物可以由环电极检测。所以，假设中间产物 O^* 在圆环电极上发生如下反应：

$$\hat{O}^* - (m-n)e^- \longrightarrow \hat{O} \tag{15-84}$$

根据伊凡诺夫（Ivanov）和列维奇（Levlch）严密的数学推导，环电极的极限电流密度与捕集系数 N 可用下式表示：

$$i_R = \frac{J_0 N}{1 + k_3\delta/D_{O^*}} \tag{15-85}$$

式中，i_R 为圆环电极上的电流密度，它是由于中间产物在环电极上发生反应而产生的电流；J_0 是盘电极生成中间产物产生的电流；N 是捕集系数；δ 为扩散层厚度，是中间产物由电极表面向溶液内部扩散时相应的扩散层厚度；D_O^* 是中间产物的扩散系数；k_3 由下式定义：

$$i_3 = nFk_3 C^S_{O^*} \tag{15-86}$$

式中，$C^S_{O^*}$ 为中间产物在圆盘电极表面上的浓度；因而 k_3 应理解为中间产物在圆盘电极上进一步反应的速度常数；i_3 为相应电极反应在圆盘电极上产生的电流。

（2）特征方程式的推导　为了研究问题的方便，将式（15-81）、式（15-82）及式（15-83）改写成下列形式：

$$\hat{O} \xrightarrow{i_1} \hat{R} \tag{15-87}$$

$$\hat{O} \xrightarrow{i_2} O^* \xrightarrow{i_3} \hat{R} \quad (O^* \xrightarrow{i_4} \downarrow) \tag{15-88}$$

式中，i_1、i_2 及 i_3 为相应电极反应在盘电极上产生的电流；i_4 为中间产物从圆盘电极向溶液内扩散所产生的电流。应该理解到 i_2 与方程式（15-85）中 J_0 是相等的：

$$J_0 = i_2 \tag{15-89}$$

如果在圆盘电极上同时发生反应式（15-87）及式（15-88），则圆盘电极电流密度为

$$i_D = i_1 + i_2 + i_3 \tag{15-90}$$

电极反应达到稳态时，圆盘电极上中间产物浓度应为常数。因而可以认为，中间产物的生成速度应该等于中间产物在圆盘电极上进一步反应的速度与中间产物由圆盘表面向溶液本体扩散速度之和。如果速度用电流密度表示应得下式：

$$i_2 = i_3 + i_4 \tag{15-91}$$

或

$$i_2 = nFk_3 C^S_{O^*} + nFD_{O^*}\frac{C^S_{O^*}}{\delta} \tag{15-92}$$

由方程式（15-92）可以导得中间产物扩散电流密度与中间产物生成电流密度之比为

$$\frac{nFD_{O^*}C^S_{O^*}/\delta}{i_2} = \frac{1}{1 + k_3\delta/D_{O^*}} \tag{15-93}$$

其中

$$nFD_{O*}C_{O*}^{S}/\delta = i_4 \tag{15-94}$$

将式（15-93）与式（15-94）合并得：

$$i_2 = i_4[1 + (k_3\delta/D_{O*})] \tag{15-95}$$

将方程式（15-85）与式（15-95）合并，并考虑到 $i_2 = J_0$ 得：

$$i_R = Ni_4 \tag{15-96}$$

式（15-96）表明，圆环电极上的电流与中间产物由圆盘电极表面向溶液本体扩散电流成正比。

将方程式（15-91）及式（15-96）代入式（15-90）得：

$$i_D = i_1 + 2i_2 - (i_R/N) \tag{15-97}$$

为了导出特征方程式，定义下式：

$$x = \frac{i_1}{i_2} \tag{15-98}$$

式中，x 与电极反应式（15-81）及式（15-82）速度常数有关。因此，它是圆盘电极电位的函数，与电极的旋转速度无关。

将方程式（15-98）代入式（15-97），并解出 i_2 得：

$$i_2 = \frac{i_D + i_R/N}{x + 2} \tag{15-99}$$

由方程式（15-99）、式（15-85）及式（15-89）得：

$$\frac{i_D}{i_R} = \frac{x+1}{N} + \frac{(x+2)k_3\delta}{ND_{O*}} \tag{15-100}$$

式中，δ 由下式给出：

$$\delta = 1.61D_{O*}^{1/3}v^{1/6}\omega^{-1/2} \tag{15-101}$$

将式（15-101）代入式（15-100）得：

$$\frac{i_D}{i_R} = \frac{x+1}{N} + \frac{(x+2)k'}{N\omega^{1/2}} \tag{15-102}$$

式中，k' 由下式表示：

$$k' = 1.61D_{O*}^{-2/3}v^{1/6}k_3 \tag{15-103}$$

方程式（15-102）为特征方程式。式中 x 及 k' 是未知量；i_D、i_R 及 ω 为实验已知量。如果以 i_D/i_R 对 $\omega^{-1/2}$ 作图，得到直线，其截距为 $(x+1)/N$，斜率为 $[(x+2)k']/N$。由这一特征方程式，可以判断在平行反应中，中间产物是否形成。

（3）特征方程式的讨论　根据反应式（15-81）、式（15-82）及式（15-83）可能有下列几种情况出现。

1）如只发生反应（15-81），在该种情况下，无中间产物存在，因此，没有环电流。

2）若只发生反应（15-82），且中间产物又不进一步反应，则 $k_1 = 0$ 及 $k_3 \approx 0$。在该种情况下，式（15-102）变为：

$$\frac{i_D}{i_R} = \frac{1}{N} \tag{15-104}$$

式（15-104）表示环电流与转速无关。如果用 i_D/i_R 对 $\omega^{-1/2}$ 作图，得到平行 $\omega^{-1/2}$ 坐标轴的直线，如图 15-14（a）所示。

3）若只发生反应式（15-82）及式（15-83），而反应式（15-81）不发生。此时 $x = 0$，则由式（15-102）得下列方程式：

$$\frac{i_D}{i_R} = \frac{1}{N} + \frac{2k'}{N\omega^{1/2}} \tag{15-105}$$

式（15-105）表明，i_D/i_R 与 $\omega^{-1/2}$ 成线性关系。用 i_D/i_R 对 $\omega^{-1/2}$ 作图，得直线，截距为 $1/N$，斜率等于 $2k'/N$。由于反应式（15-83）与圆盘电极电位有关，所以，直线的斜率是电位的函数。这样，可以得到一簇截距为 $1/N$ 的直线。由截距求得捕集系数 N，如图 15-14（b）所示。这种情况，在文献中经常遇到。

4）如果反应（15-81）及式（15-82）同时发生，但反应（15-83）不发生。这意味着能产生中间产物，但中间产物不进一步在圆盘电极上反应。在该种情况下，由式（15-102）得：

$$\frac{i_D}{i_R} = \frac{x+1}{N} \tag{15-106}$$

式（15-106）表明，盘电极电位一定时，i_D/i_R 与 $\omega^{-1/2}$ 无关，用 i_D/i_R 对 $\omega^{-1/2}$ 作图得到平行

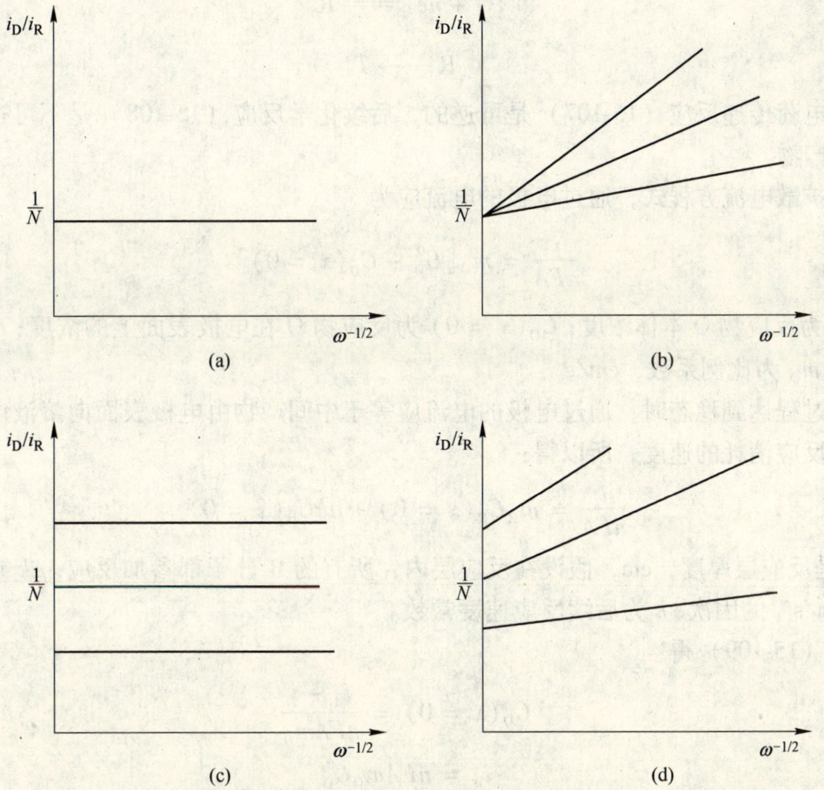

图 15-14　$i_D i_R$ 与 $\omega^{1/2}$ 的关系

$\omega^{-1/2}$ 轴的直线。因为 x 与圆盘电极电位有关，故可以得到一簇平行 $\omega^{-1/2}$ 轴的直线，如图 15-14（c）所示。

5）如果反应式（15-81）、式（15-82）及式（15-83）都发生，在该种情况下，方程式（15-102）不能简化。这时直线的截距等于 $(x+1)/N$，斜率为 $(x+2)k'/N$。由于 x 与 k' 与圆盘电极电位有关，所以可得一簇不同截距和不同斜率的直线，如图 15-14（d）所示。

上述讨论表明，方程式（15-102）为判断中间产物的存在提供了依据。根据这一方程式可以计算单个电极反应速度常数和研究有中间产物存在时的电化学反应机理。文献中曾经利用上述原理研究了酸性和碱性溶液中氧还原机理，查明其还原历程。研究表明，氧在许多电极上还原不是直接还原为 H_2O 或 OH^-，而是分步进行的。在酸性溶液中，历程为：

$$O_2 + 2H^+ + 2e^- \Longrightarrow H_2O_2 \qquad \varphi^0 = +0.682V$$

$$H_2O_2 + 2H^+ + 2e^- \Longrightarrow 2H_2O \qquad \varphi^0 = +0.38V$$

在碱性溶液中，历程为：

$$O_2 + H_2O + 2e^- \Longrightarrow HO_2^- + OH^- \qquad \varphi^0 = -0.076V$$

$$HO_2^- + H_2O + 2e^- \Longrightarrow 3OH^- \qquad \varphi^0 = +0.38V$$

b　旋转圆盘电极法

如果在电极上发生如下反应

$$\hat{O} + ne^- \rightleftharpoons \hat{R} \tag{15-107}$$

$$R \xrightarrow{k} T \tag{15-108}$$

假设电荷传递反应（15-107）是可逆的，后续化学反应（15-108）是不可逆的。式中 R 为中间产物。

根据扩散电流方程式，通过电极的电流应为

$$\frac{i}{nFA} = m_O[C_O^0 - C_O(x=0)] \tag{15-109}$$

式中，C_O^0 为反应物 O 本体浓度；$C_O(x=0)$ 为反应物 O 在电极表面上的浓度；A 为电极面积，cm^2；m_O 为比例系数，cm/s^{-1}。

电极过程达到稳态时，通过电极的电流应等于中间产物由电极表面向溶液内部扩散和后续化学反应消耗的速度，所以得：

$$\frac{i}{nFA} = m_R C_R(x=0) + \mu k C_R(x=0) \tag{15-110}$$

式中，μ 是反应层厚度，cm，假设在反应层内，所有的 R 分子都参加反应；μk 乘积具有所要求的 cm/s^{-1} 的因次；k 为后续反应速度常数。

由式（15-109）得：

$$C_O(x=0) = \frac{i_d - i}{nFAm_O} \tag{15-111}$$

$$i_d = nFAm_O C_O^0 \tag{15-112}$$

式中，i_d 称为极限电流。

由式（15-110）得：

$$C_R(x=0)=\frac{i}{nFA(m_R-\mu k)} \tag{15-113}$$

因为电荷传递反应为可逆，所以，可将式（15-111）及式（15-113）代入能斯特方程式，得：

$$\varphi=\varphi^0+\frac{RT}{nF}\ln\frac{m_R+\mu k}{m_O}+\frac{RT}{nF}\ln\left(\frac{i_d-i}{i}\right) \tag{15-114}$$

由式（15-114）得：

$$\varphi'_{1/2}=\varphi^0+\frac{RT}{nF}\ln\frac{m_R+\mu k}{m_O} \tag{15-115}$$

当25℃时，如在上式引入半波电位 $\varphi_{1/2}$，得：

$$\varphi'_{1/2}=\varphi_{1/2}+\frac{0.059}{n}\lg\left(1+\frac{\mu k}{m_R}\right) \tag{15-116}$$

式中，$\varphi_{1/2}=\varphi^0+\frac{RT}{nF}\ln\frac{m_R}{m_O}$，为未受动力学干扰的半波电位，即无后续化学反应存在时反应半波电位；$\varphi'_{1/2}$ 是有后续化学反应存在的反应半波电位。

现在研究两种极限情况：

（1）当 $\mu k \ll m_R$ 时，后续反应式（15-108）的速度与中间产物 R 离开电极表面的物质传递速度相比可以忽略，可得到未受干扰的 i-φ 曲线，如图 15-15 所示；

（2）当 $\mu k \gg m_R$ 时，由式（15-116）得：

$$\varphi'_{1/2}=\varphi_{1/2}+\frac{0.059}{n}\lg\frac{\mu k}{m_R} \tag{15-117}$$

对于旋转圆盘电极，$m_R=0.62D_R^{2/3}\omega^{1/2}\nu^{-1/6}$，将此值代入式（15-117）得：

$$\varphi'_{1/2}=\varphi_{1/2}+\frac{0.059}{n}\lg\frac{\mu k}{0.62D_R^{2/3}\nu^{-1/6}}-\frac{0.059}{2n}\lg\omega \tag{15-118}$$

式中，ν 为动力学黏度系数；D_R 为中间产物 R 扩散系数。式（15-118）表明，当电极的电荷传递反应伴随有不可逆后续反应时，$\varphi'_{1/2}$ 与 $\lg\omega$ 成线性关系，且旋转电极的转速每增加 10 倍，$\varphi'_{1/2}$ 向阴极方向移动 $0.03/n$(mV)(25℃)。这可作为判断后续反应是否存在的依据。

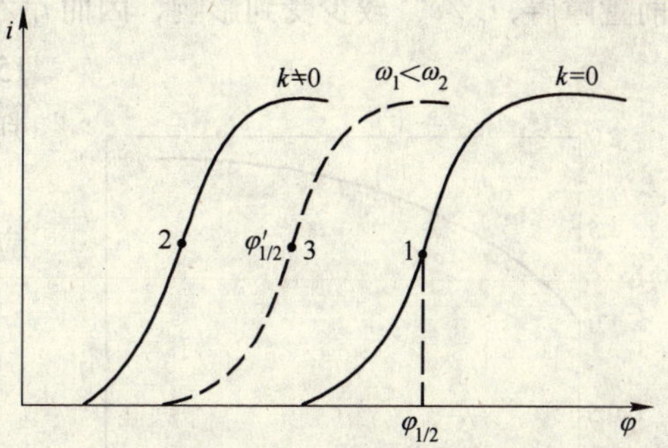

图 15-15 具有不可逆后续反应的 i-φ 曲线示意图

1—未受干扰的曲线；2，3—在两种旋转速度有后续反应的曲线

c 循环伏安法

循环伏安法是发现中间产物存在的重要手段。我们在这里阐述用循环伏安法研究 3 种电极反应机理。

（1）分步反应。假设反应物 Ô 按下列步骤分步还原：

$$\hat{O} + n_1 e^- \longrightarrow \hat{R}_1 \qquad \varphi_1^0$$

$$\hat{R}_1 + n_2 e^- \longrightarrow \hat{R} \qquad \varphi_2^0$$

在这种情况下，循环伏安图谱形状本质上取决于 $\Delta\varphi^0 = \varphi_2^0 - \varphi_1^0$ 及每步反应的可逆性以及 n_1 和 n_2。计算表明，如果每步为单电子反应，当 $\Delta\varphi^0$ 在 0 ~ 100mV 之间时，两个反应相应的波合并为一个宽波，且峰电位 φ_p 与电位扫描速度无关；当 $\Delta\varphi^0 = 0$ 时，只出现一个峰，峰电流在 1e 和 2e 单一步骤反应之间，且 $\varphi_p - \varphi_{p/2} =$ 21mV；当 $\Delta\varphi^0 > 180$mV 时，即第二步比第一步容易还原，观察到直接 2e 还原单一峰（O + 2$e \rightarrow$ R）的特征；如果 $\varphi_1^0 > \varphi_2^0$，即 $\hat{O}$ 在 $\hat{R}_1$ 前还原，可观察到两个分离波。第一波相应于在 n_1 电子反应中 O 还原到 $\hat{R}_1$，当波过去以后，$\hat{R}_1$ 扩散到溶液中。在第二个波，$\hat{O}$ 在电极上以（$n_1 + n_2$）个电子反应连续还原和 $\hat{R}_1$ 扩散回到电极上以 n_2 个电子反应还原为 $\hat{R}$。上述电极反应的循环伏安图谱表示在图 15-16 中。

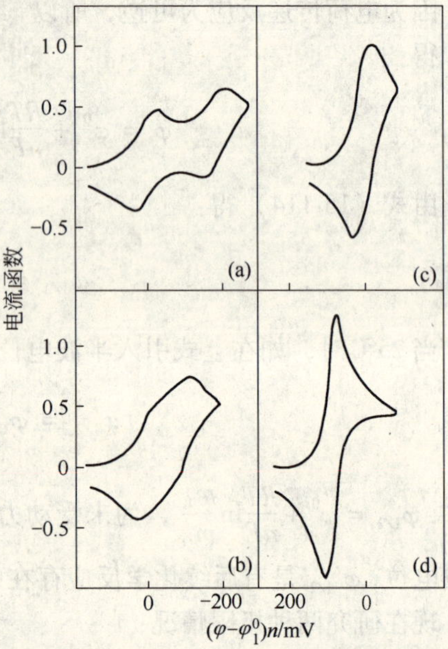

图 15-16　可逆体系的循环伏安图谱

（a）$\Delta\varphi^0 = -180$mV；（b）$\Delta\varphi^0 = -90$mV；（c）$\Delta\varphi^0 = 0$mV；（d）$\Delta\varphi^0 = 180$mV

（2）前置反应。假设在电极上发生如下反应：

$$\hat{O} \rightleftharpoons \hat{O}^*（\hat{O}^* \text{ 为中间产物}）$$

$$\hat{O}^* + ne^- \rightleftharpoons R$$

第一步化学反应发生在电荷传递反应之前，故称为前置反应。对于这种反应机理有如下特征：由于前置转化反应的障碍，正向扫描时出现的峰电流 i_{pc} 有所降低而且 $\varphi_{p/2}$ 负移。扫描速度愈快，i_{pc}/v 下降和 $\varphi_{p/2}$ 负移愈明显。另一方面，由于反向扫描时电化学步骤不存在前置障碍，$i_{pa}/v^{1/2}$ 较少受到影响，因而 $i_{pa}/i_{pc} > 1$。扫描速度愈快，其比值也愈大，如图 15-17所示。这一特征可以作为前置反应存在的判断准则。

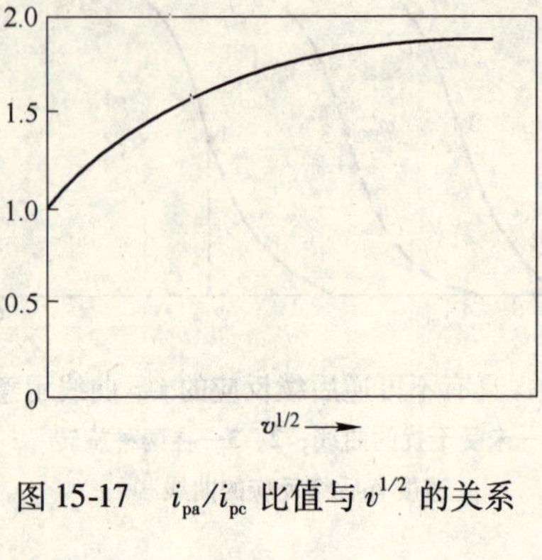

图 15-17　i_{pa}/i_{pc} 比值与 $v^{1/2}$ 的关系

（3）后续反应。假设在电极上发生如下反应：

$$\hat{O} + ne^- \rightleftharpoons \hat{R}$$

$$\hat{R} \longrightarrow X$$

第二步化学反应发生在电荷传递反应之后，所以叫做后续反应。如果 $\hat{O} + ne^- \rightleftharpoons \hat{R}$ 可逆，而 $\hat{R} \rightarrow X$ 不可逆，不仅可以用旋转电极来研究，而且还可以用循环伏安法来研究后续反应的动力学。当扫描中重新被氧化，$\hat{R}$ 就好像是稳定的反应物，因而曲线具有可逆的特征。反之，如果电位扫描足够慢，以致阴极电位扫描中形成的 $\hat{R}$ 几乎完全转化为 X，并又在反向扫描中重新被氧化，因而 R 曲线具有可逆的特征。则峰电流 i_{pc} 会出现在较正的电位，且反向电位扫描时 $\hat{R}$ 不能再被检测出。因此，电位扫描速度增大时 i_{pa}/i_{pc}（i_{pc} 为阳极峰电流，i_{pa} 为阴极峰电流）值也增大，终致接近于 1。如图15-18所示。这一特征可以作为后续反应存在的判断准则。

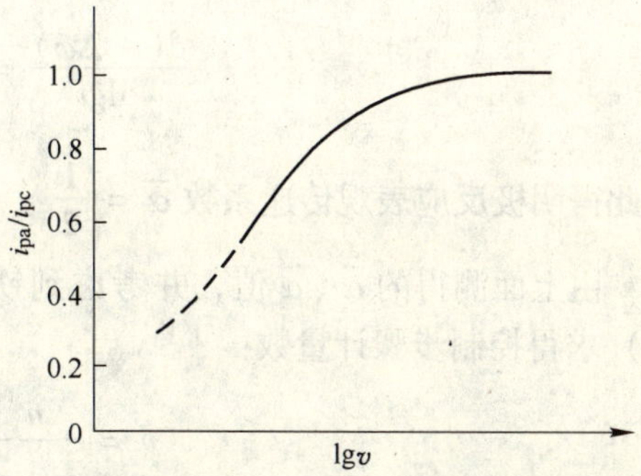

图 15-18　i_{pa}/i_{pc} 与 $\lg v$ 的关系

F　电极反应历程和控制步骤的确定

测定电极反应机理要进行两个方面的工作。一是确定电极反应历程，二是确定电极过程有控制步骤。但是，这两方面的工作是结合在一起进行的，相互论证，不能分开。具体做法如下：

（1）根据总的电极反应式，中间产物的形态以及控制步骤的性质（由 $\vec{\alpha}$、$\overleftarrow{\alpha}$、Z、v 及 r 值）拟定出电极反应历程的初步方案；

（2）假设此历程中某一步为控制步骤，由此控制步骤可以导出稳态极化曲线的表示式。根据理论上得到的极化曲线方程式求出各组分的电化学反应级数、表观传递系数及化学计量数。

（3）将理论上得到的这些参数值与实验上已经测得的相应参数值比较。如果理论值与实验值吻合，表明所假设的电极反应历程和控制步骤为电极反应的机理；如果理论值与实验值只有一个主要参数不符，则不能认为所假设的机理成立，需要另行拟定电极反应机理，反复推论直至主要参数的理论值与实验值一致为止。

15.1.4.3　实例：Fe^{2+} 离子电极还原机理的研究

A　电极总反应式的确定

化学分析实验发现，铁阳极溶解后，溶液中富集二价铁离子，这表明电极反应为二电子反应。同时又观察到，阳极溶解一个摩尔铁，外电路通过两个法拉第电量。这进一步证明铁的阳极溶解为二电子反应。因此，总电极反应式为：

$$Fe \longrightarrow Fe^{2+} + 2e^- \tag{15-119}$$

阴极还原反应为：

$$Fe^{2+} + 2e^- \longrightarrow Fe \tag{15-120}$$

B　电极反应参数的测定

由稳态阳极极化曲线求得阳极塔非尔斜率为（25℃）

$$\frac{d(\Delta\varphi)}{d\lg i} = \frac{2.3RT}{\overleftarrow{\alpha}F} = 0.04(V) \tag{15-121}$$

因此，得到阳极反应表观传递系数 $\overleftarrow{\alpha} = \frac{3}{2}$。

阴极过程很复杂，铁离子沉积时伴随有氢离子放电，妨碍塔非尔斜率测定。尽管如此，但还是由阳极极化曲线测量推断出阴极塔非尔斜率为（25℃）

$$\frac{\mathrm{d}(-\Delta\varphi)}{\mathrm{dlg}i} = \frac{2.2RT}{\vec{\alpha}F} = 0.12(\mathrm{V}) \tag{15-122}$$

因此得阴极反应表观传递系数 $\vec{\alpha} = \frac{1}{2}$。

由上面测得的 $\vec{\alpha}$、$\overleftarrow{\alpha}$ 值，并考虑到铁阳极溶解或 Fe^{2+} 还原为二电子反应，由式（15-70）求得控制步骤计量数：

$$v = \frac{n}{\vec{\alpha} + \overleftarrow{\alpha}} = \frac{2}{3/2 + 1/2} = 1 \tag{15-123}$$

根据二价铁离子浓度对稳态极化曲线的影响，由式（15-74）求得二价铁离子阴极反应电化学反应级数

$$Z_{\mathrm{Fe^{2+}},c} = \left(\frac{\mathrm{dlg}i}{\mathrm{dlg}C_{\mathrm{Fe^{2+}}}}\right)_{\varphi,\mathrm{pH},T} = 1 \tag{15-124}$$

实验还发现，溶液的 pH 值对电极反应速度有影响，用稳态极化曲线求得 OH^- 离子阴极电化学反应级数为

$$Z_{\mathrm{OH^-}} = \left(\frac{\mathrm{dlg}i}{\mathrm{dlg}C_{\mathrm{OH^-}}}\right)_{\varphi,C\mathrm{Fe^{2+}},T} = 1 \tag{15-125}$$

上面用实验方法测得了表观传递系数、电化学反应级数、化学计量数等参数值。下面在这些实验基础上对电化学反应机理进行推断。

C　电极反应历程的拟定

首先根据已知的实验事实，拟定出 Fe^{2+} 离子还原历程。

在考虑一个简单的设想，认为电极反应历程就是电极总反应，这样一来，控制步骤也是总电极反应。显然，这种方案不正确。因为总反应有两个电子传递。要两个电子在同一瞬间同时穿过离子与金属之间的能垒，在能量方面不利。基于能量有利观点，电极反应每进行一步只能有一个电子转移。因而，可以考虑 Fe^{2+} 离子阴极还原反应分两步进行：

$$Fe^{2+} + e^- \longrightarrow Fe^+$$

$$Fe^+ + e^- \longrightarrow Fe$$

但是根据这一电极反应历程，可导致 OH^- 离子电化学反应级数为零。这与实验测得的 $Z_{\mathrm{OH^-}} = 1$ 事实不符。因而这一历程也是不正确的。

根据 OH^- 离子阴极电化学反应级数为 1 这一事实，可以设想，Fe^{2+} 离子与 H^+ 或 OH^- 离子之间发生反应生成某种中间产物，而这种中间产物的浓度和电极反应速度都与溶液的 pH 值有关。根据化学知识知道，$FeOH^+$ 离子在溶液中能稳定存在。因此，可以设想按如下反应生成中间产物 $FeOH^+$：

$$Fe^{2+} + H_2O \longrightarrow FeOH^+ + H^+ \tag{15-126}$$

生成的中间产物 $FeOH^+$ 再发生如下的电荷传递反应：

$$FeOH^+ + e^- \longrightarrow FeOH \tag{15-127}$$

生成的 FeOH 吸附在电极表面上，它需要进一步发生第二个电子传递反应，最后生成铁。这一步反应式可以这样得到，由总电极反应式（15-120）减式（15-126）及式（15-127）得：

$$FeOH + H^+ + e^- \longrightarrow Fe + H_2O \tag{15-128}$$

由此可见，Fe^{2+} 离子阴极还原时，可能的电极反应历程由式(15-126)～式(15-128)三步组成：

$$Fe^{2+} + H_2O \longrightarrow FeOH^+ + H^+$$

$$FeOH^+ + e^- \longrightarrow FeOH$$

$$FeOH + H^+ + e^- \longrightarrow Fe + H_2O$$

D 电极反应机理的确定

确定电极反应机理，实质上要确定电极反应历程和速度控制步骤。前面已提出了 Fe^{2+} 离子沉积时的反应历程，那么，所假设的历程是否正确呢？其中哪一步为速度控制步骤呢？这些问题都需要根据实验数据进行论证，具体做法如下：

首先假设第三步为速度控制步骤，则电极反应机理表示为：

$$Fe^{2+} + H_2O \rightleftharpoons FeOH^+ + H^+$$

$$FeOH^+ + e^- \rightleftharpoons FeOH$$

$$FeOH + H^+ + e^- \longrightarrow Fe + H_2O$$

由于式（15-128）是速度控制步骤，则电流密度与电位关系为

$$i = 2F\left\{k_3^0\theta_{FeOH}C_{H^+}\exp\left(-\frac{\alpha F}{RT}\varphi\right) - k_{-3}^0(1-\theta_{FeOH})\exp\left[\frac{(1-\alpha)F\varphi}{RT}\right]\right\} \tag{15-129}$$

式中，θ_{FeOH}为 FeOH 在电极表面上覆盖度，可由其他步骤求得。

因为步骤 2，亦即式（15-127）是非控制步骤，故认为处于平衡状态，则得：

$$k_{-2}^0\theta_{FeOH}\exp\left[\frac{(1-\alpha)F\varphi}{RT}\right] = k_2^0C_{FeOH^+}(1-\theta_{FeOH})\exp\left(-\frac{\alpha F}{RT}\right)\frac{\theta_{FeOH}}{1-\theta_{FeOH}}$$

$$= K_2C_{FeOH^+}\exp\left(-\frac{F\varphi}{RT}\right) \tag{15-130}$$

步骤 1，亦即式（15-126）也处于平衡状态，故得

$$k_1C_{Fe^{2+}} = k_{-1}C_{FeOH^+}CH^+ \qquad C_{FeOH^+} = K_1\frac{C_{Fe^{2+}}}{C_{H^+}} \tag{15-131}$$

将式（15-131）代入式（15-130）得：

$$\frac{\theta_{FeOH}}{1-\theta_{FeOH}} = K_1K_2C_{Fe^{2+}}(C_{H^+})^{-1}\exp\left(-\frac{F\varphi}{RT}\right)$$

$$= K'C_{Fe^{2+}}(C_{H^+})^{-1}\exp\left(-\frac{F\varphi}{RT}\right) \tag{15-132}$$

假设中间产物在电极表面上覆盖度很小，即 $\theta_{FeOH} \ll 1$，则 $(1-\theta_{FeOH}) \approx 1$，因此式(15-132)变为

$$\theta_{FeOH} = K'C_{Fe^{2+}}(C_{H^+})^{-1}\exp\left(-\frac{F\varphi}{RT}\right) \tag{15-133}$$

将式（15-133）代入式（15-129）

$$i = 2F\left\{k_3^0 K' C_{Fe^{2+}} \exp\left[-\frac{(1+\alpha)F\varphi}{RT}\right] - k_{-3}^0 \exp\left[\frac{(1-\alpha)F\varphi}{RT}\right]\right\} \tag{15-134}$$

上式是假设第三步作为控制步骤而得到的稳态电流与电位关系方程式。

假设电极电位相对平衡电极电位足够的负，即 $\eta \geqslant 120/n(\mathrm{mV})$，可以忽略阳极反应，则得阴极反应电流密度

$$i = 2Fk_3^0 K' C_{Fe^{2+}} \exp\left[-\frac{(1-\alpha)F\varphi}{RT}\right] \tag{15-135}$$

由上式看出，OH^-离子阴极反应电化学反应级数为零，但实验得到的值为1。可见理论值与实验值不符，表明假设第三步作为控制步骤不正确。因此，需要考虑另外方案。

现在假设第二步，即式（15-127）作为速度控制步骤，则电流密度与电位关系为

$$i = 2F\left\{k_2^0 C_{FeOH^+}(1-\theta_{FeOH})\exp\left[-\frac{\alpha F\varphi}{RT}\right] - k_{-2}^0 \theta_{FeOH} \exp\left[\frac{(1-\alpha)F\varphi}{RT}\right]\right\} \tag{15-136}$$

步骤3，亦即式（15-128）为非控制步骤，因此处于平衡状态得：

$$k_{-3}^0(1-\theta_{FeOH})\exp\left[\frac{(1-\alpha)F\beta\varphi}{RT}\right] = k_3^0 \theta_{FeOH} C_H + \exp\left(-\frac{\alpha F\varphi}{RT}\right)$$

由上式得：

$$\frac{\theta_{FeOH}}{1-\theta_{FeOH}} = \frac{1}{K_\theta}(C_{H^+})^{-1}\exp\left(\frac{F\varphi}{RT}\right) \tag{15-137}$$

像前面一样，假设 $1-\theta_{FeOH} \approx 1$，因此得：

$$\theta_{FeOH} = \frac{1}{K_\theta}(C_{H^+})^{-1}\exp\left(\frac{F\varphi}{RT}\right) \tag{15-138}$$

因为

$$C_{H^+} \cdot C_{OH^-} = K_\omega \tag{15-139}$$

将式（15-139）代入式（15-138）得：

$$\theta_{FeOH} = \frac{1}{K_\theta K_\omega} C_{OH^-} \exp\left(\frac{F\varphi}{RT}\right) \tag{15-140}$$

步骤1，亦即式（15-126）也处于平衡状态，将式（15-139）代入式（15-131）得：

$$C_{FeOH^+} = \frac{K_1}{K_\omega} C_{Fe^2} + C_{OH^-} \tag{15-141}$$

将式（15-140）及式（15-141）代入式（15-136）得：

$$i = 2F\left\{k_2^0 \frac{K_1}{K_\omega} C_{Fe^{2+}} C_{OH^-} \exp\left(-\frac{\alpha F\varphi}{RT}\right) - k_{-2}^0 \frac{1}{K_\theta K_\omega} C_{OH^-} \exp\left[\frac{(2-\alpha)F\varphi}{RT}\right]\right\} \tag{15-142}$$

令

$$k_c^0 = \frac{k_2^0 K_1}{K_\omega};\qquad k_a^0 = \frac{k_{-2}^0}{K_\theta K_\omega}$$

所以得：

$$i = 2F\left\{k_c^0 C_{Fe^2} + C_{OH^-}\exp\left(-\frac{\alpha F\varphi}{RT}\right) - k_a^0 C_{OH^-}\exp\left[\frac{(2-\alpha)F\varphi}{RT}\right]\right\} \tag{15-143}$$

式（15-143）即为第二步作为控制步骤时的电化学动力学方程式，由该式从理论上可求得电化学反应级数、塔非尔斜率、表观传递系数及化学计算量数。

如果极化足够大时，设 $\eta \geqslant \frac{120}{n}$mV，则逆反应可以忽略，对于阴极极化可得阴极电流近似表示式为

$$i = 2Fk_c^0 C_{Fe^{2+}} C_{OH^-}\exp\left(-\frac{\alpha F\varphi}{RT}\right) \tag{15-144}$$

将 $\Delta\varphi = \varphi - \varphi_{平}$ 代入上式得：

$$i = 2Fk'_c C_{Fe^{2+}} C_{OH^-}\exp\left(-\frac{\alpha F\Delta\varphi}{RT}\right) \tag{15-145}$$

其中

$$k'_c = k_c^0\exp\left(-\frac{\alpha F\varphi_{平}}{RT}\right) \tag{15-146}$$

式中，k'_c为平衡电极电位时阴极反应速度常数。

阳极极化足够大时，满足 $\eta \geqslant \frac{120}{n}$mV，阴极电流可以忽略，得阳极反应电流与电位近似关系式：

$$i = -2Fk_a^0 C_{OH^-}\exp\left[\frac{(2-\alpha)F\varphi}{RT}\right] \tag{15-147}$$

将 $\Delta\varphi = \varphi - \varphi_{平}$ 代入上式得：

$$i = -2Fk'_a C_{OH^-}\exp\left[\frac{(2-\alpha)F\Delta\varphi}{RT}\right] \tag{15-148}$$

$$k'_a = k_a^0\exp\left[\frac{(2-\alpha)F\varphi_{平}}{RT}\right] \tag{15-149}$$

式中，k_a^0 为平衡电极电位时阳极反应速度常数。

现在可以由式（15-145）及式（15-148）求各种参数。

假设温度为25℃，$\alpha = \frac{1}{2}$，阴极反应塔非尔斜率

$$\frac{d(-\Delta\varphi)}{d\lg i} = \frac{2.303RT}{F}\cdot\frac{1}{\alpha}$$

$$= \frac{2\times 2.303\times 8.134\times 298.2}{96500} = 0.12\text{V} \tag{15-150}$$

将式（15-72）与式（15-150）合并得阴极反应表观传递系数

$$\vec{\alpha} = \frac{1}{2}$$

阳极反应塔非尔斜率（25℃）

$$\frac{d(\Delta\varphi)}{d\lg(-i)} = \frac{1}{2-\alpha}\cdot\frac{2.303RT}{F}$$

$$= \frac{2}{3} \times \frac{2.303 \times 8.314 \times 298.2}{96500} = 0.04\text{V} \tag{15-151}$$

将式（15-73）代入式（15-151），可得阳极反应表观传递系数

$$\overleftarrow{\alpha} = \frac{3}{2}$$

根据式（15-70）求得控制步骤化学计量数

$$v = \frac{n}{\overrightarrow{\alpha} + \overleftarrow{\alpha}} = \frac{2}{\frac{1}{2} + \frac{3}{2}} = 1$$

由方程式（15-145）分别求得阴极反应的 Fe^{2+} 离子及 OH^- 离子的电化学反应级数

$$Z_{Fe^{2+},C} = \left(\frac{\mathrm{dlg}i}{\mathrm{dlg}C_{Fe^{2+}}}\right)_{\varphi OH^-} = 1$$

$$Z_{OH^-,C} = \left(\frac{\mathrm{dlg}i}{\mathrm{dlg}C_{OH^-}}\right)_{\varphi,C_{Fe^{2+}}} = 1$$

上述根据假设的机理，从理论上导出了动力学方程式，然后由方程式计算出电化学反应级数、表观传递系数、塔非尔斜率及化学计量数。将理论计算值与实验测定值比较，它们完全一致，表明所假设的机理确为所求。可以认为下列机理是正确的。

$$Fe^{2+} + H_2O \rightleftharpoons FeOH^+ + H^+$$

$$FeOH^+ + e^- \longrightarrow FeOH$$

$$FeOH + H^+ + e^- \rightleftharpoons Fe + H_2O$$

第二步为速度控制步骤。

E　用表观传递系数论证电极反应机理

根据假设的机理，由式（15-65）及式（15-66）可分别计算出阳极和阴极的表观传递系数。计算时，首先，由假设的机理直接读出 $\overrightarrow{\gamma}$、v、n 及 r 值，并假设 $\alpha = 0.5$。

对于第三步式（15-128）为控制步骤时，$\overrightarrow{\gamma} = 1$、$v = 1$、$r = 1$。故得：

$$\overrightarrow{\alpha}_3 = \frac{3}{2},\qquad \overleftarrow{\alpha}_3 = \frac{1}{2}$$

对第二步式（15-127）为控制步骤时，$\overrightarrow{\gamma} = 0$、$v = 1$、$r = 1$。所以得：

$$\overrightarrow{\alpha}_2 = \frac{1}{2},\qquad \overleftarrow{\alpha}_2 = \frac{3}{2}$$

对第一步式（15-126）为控制步骤时，$\overrightarrow{\gamma} = 0$、$v = 1$、$r = 0$。所以得：

$$\overrightarrow{\alpha}_1 = 0,\qquad \overleftarrow{\alpha}_1 = 2$$

如果将上述表观传递系数的计算值与实验测定值进行比较发现，把第二步作控制步骤计算所得的表观传递系数与实验值完全一致。这进一步证明上述所确定的电极反应机理是正确的。

15.2　电极过程的动力学[4,5,11~13]

电极过程的速度，可利用固相与液相界面上发生的多相化反应的普遍规律来研究。

所谓电极过程，是指在与平衡电位不同的电位下随着时间在电极表面上发生的各种变化的综合而言。很明显，电极过程是很复杂的过程，可以分成几个阶段进行，例如，有离子参与而在电极上导致新物质生成的过程，其进行可分成下列各个阶段。

（1）离子由溶液本体向双电层外界移动并继续经双电层分散部分（其中，双电层电位已经对离子发生影响）向电极表面靠近，在这里，离子已经是包括在与电极表面相距 δ 的双电层密集部分之中，也就是说，离子在这里可以发生电化学氧化或还原反应。

这个阶段在很大程度上靠扩散来实现，扩散则是由于溶质在溶液本体和双电层外界的浓度差而发生。在双电层外界，物质的浓度由于物质参与反应被消耗而比其在溶液本体的浓度为小。

反应离子的移向电极表面，应该被认为是过程的阶段之一，因为没有离子向电极表面供应，电极过程就不可能进行。

（2）有双电层密集部分的离子参与的电化学反应本身，是过程的另一阶段。电化学反应可归结于离子失去溶剂化外壳以及改变其电荷。在阴极上，电子由电极向离子越过，使其还原；在阳极上，离子给出电子而发生氧化。

（3）最后是与电极过程最终产物的形成有关的阶段。如果产物是气体（例如氢），那么最后阶段包括由原子生成分子，而后成为气泡由电极表面排除；如果过程的产物是固体（例如还原出来的金属），则应考虑其晶格的形成；最后，如果过程的产物是留在溶液中的离子（例如 Fe^{3+} 还原为 Fe^{2+}），那么最终阶段应包括这个产物由其生成的地方（电极表面）向溶液本体的排开。

根据对化学动力学的研究，我们知道，最慢阶段的速度对整个过程的速度起着决定性的影响。因此，如果电化学反应的速度与扩散速度相比很小的话，那么电极过程的总速度主要决定于反应速度；相反，在扩散缓慢的情况下，电极过程的速度将决定于扩散速度。

电极过程的动力学视何种阶段是缓慢的阶段而定，可以分为电化学动力学和扩散动力学。

15.2.1　电化学动力学

现来讨论浸入在盐溶液中的金属电极上发生的电化学反应速度。为了介绍电化学动力学的一般原理，研究这类电化学反应是恰当的。根据现代的观点，当将一金属浸在含有该金属离子的溶液中时，在溶液与金属之间便开始有离子交换。在浸入的最初时刻，金属离子化及离子中和的速度一般都彼此不相等。如果说在最初时候金属离子化的速度大于离子中和的速度，那么金属的表面便荷有负电并立即开始吸引符号相反的离子。因此，在电极附近比在溶液本体就有某些过剩的阳离子，以抵消电极表面的过剩电荷。

随着时间的消逝，由于表面负电荷增多，金属离子化过程的速度将减慢，相反，该金属阳离子中和的速度将增大，直到这两种速度相等为止。在此情况下，金属表面原子与溶液中离子之间建立起动平衡，并在金属表面与溶液之间存在着电位差，这种电位差就是通常所谓的可逆（平衡）电极电位。

在平衡电位下，以电流密度（A/cm^2）表示的中和离子反应的速度叫做交换电流。某些电极在室温下的交换电流值如表 15-1 所示。

表 15-1　某些电极在室温下的交换电流

电　极	溶 液 成 分	交换电流/($A \cdot cm^{-2}$)
镍	$1mol/L\ NiCl_2 + 2\%\ H_3BO_3$	$10^{-8} \sim 10^{-9}$
纯铁（在真空中重熔化）	$1.25mol/L\ FeSO_4$	10^{-8}
铜	$1mol/L\ CuSO_4 + 0.05mol/L\ H_2SO_4$	10^{-5}
纯锌（单晶）	$0.25mol/L\ ZnSO_4$，用 H_2SO_4 酸化	10^{-5}
汞齐中的锌[0.983%（原子）]	$1.0mol/L\ ZnSO_4$	8×10^{-2}
汞齐中的锌[0.983%（原子）]	$0.33mol/L\ ZnSO_4$	5×10^{-2}
汞齐中的铅[0.587%（原子）]	$0.2mol/L\ Pb(NO_3)_2$	4×10^{-2}
汞齐中的铋[0.7（原子）]	$0.23mol/L\ BiCl_3 + 1mol/L\ HCl_4$	10^{-1}
汞齐中的铋[0.7（原子）]	$0.023mol/L\ BiCl_3 + 1mol/L\ HCl_4$	1.42×10^{-2}
汞齐中的铋[0.7%（原子）]	$0.0023mol/L\ BiCl_3 + 1mol/L\ HCl_4$	1.4×10^{-3}
H_2（在锌上）	$1.0mol/L\ H_2SO_4$	10^{-11}
H_2（在镍上）	$0.5mol/L\ H_2 + 1mol/L\ NiSO_4$	10^{-7}
H_2（在钯上）	$0.1mol/L\ H_2SO_4$	2×10^{-5}
H_2（在汞上）	$0.1mol/L\ H_2SO_4$	6×10^{-12}
Fe^{3+}/Fe^{2+}（在铂上）	各离子的活度均等于 1	5×10^{-1}
Eu^{3+}/Eu^{2+}（在汞上）	各离子的活度均等于 1	2×10^{-2}

如果在最初时候，原子离子化的速度小于离子中和的速度，那么也会完全类似地产生离子双电层。与上述不同之处在于：在第一种情况下金属表面相对溶液荷有负电，而在第二种情况下荷有正电。

假使将相对溶液荷正电的金属表面进行阴极极化，那么其正电荷便开始减少。在对该溶液和金属为特征的某种极化值下，表面电荷将变得等于零。在这些条件下，将没有离子电位跳跃。并且金属电位将决定于金属中的电子电位跳跃以及整个在溶液中的溶液分子的定向电位跳跃。在延续极化的情况下，将发生金属表面的过电荷并且金属荷有负电。如果将荷负电的金属进行阳极极化，也可以发生同样的情况。金属在无离子双电层存在时的电位，叫做金属的表面零电荷电位，它是金属非常重要的电化学特性参数，某些电极的表面零电荷电位如表 15-2 所示。

设离子中和的阴极反应的活化能以 W_K 表示，而在表面零电荷电位下的活化能以 W_K^0 表示；金属原子离子化的阳极反应的活化能以 W_A 表示。离子双电层以及与表面零电荷电位相距一个 ε' 值的电极电位，可使电极反应中的一个反应加速，使另一个反应减缓，这相当于设想离子双电层的能量 $zF\varepsilon'$ 会使电极反应的活化能降低或者是使之增大。然而，电极反应的活化能变化，在双电层的影响下，是等于双电层总能量的某种分数。因此，活化能在从零电荷电位算起的电位 ε' 下，可用下列各方程表示：

$$W_K = W_K^0 + \alpha z_K F\varepsilon' \tag{15-152}$$

以及
$$W_A = W_A^0 - \beta z_K F\varepsilon' \tag{15-153}$$

式中 α,β——动力学系数，其值在0与1之间，并且 $\alpha+\beta=1$ 。

表 15-2 某些电极在室温的表面零电荷电位（相对于标准氢电极）

电 极	ε_0'/V	溶液成分	测量方法
镉 Cd	-0.9	5×10^{-3}mol KCl	电容法
铊 Tl	-0.8	0.5×10^{-3}mol KCl	电容法
铅 Pb	-0.67	0.5×10^{-3}mol H_2SO_4	电容法
锌 Zn	-0.63	0.5mol H_2SO_4	硬度法
铁 Fe	-0.37	0.5×10^{-3}mol H_2SO_4	电容法
汞 Hg	-0.19	稀溶液	电毛细法等
石墨 C	-0.07	0.05mol NaCl	硬度法
银 Ag	0.05	0.1mol KNO_3	吸附法
活性炭 C	0~0.2	0.5mol Na_2SO_4 +0.5mol H_2SO_4	吸附法
铂			
(1) 在氢气氛中 Pt (H_2)	0.11~0.27	0.5mol Na_2SO_4 +0.01mol SO_4	吸附法
(2) 在氧气氛中 Pt (O_2)	0.4~1.0	0.5mol Na_2SO_4 +0.01mol SO_4	吸附法
碲 Te	0.61	0.5mol Na_2SO_4	硬度法
二氧化铅 PbO_2	1.8	0.5×10^{-2}mol H_2SO_4	电容法

方程式（15-152）和式（15-153）右边的符号是这样选择的，当电位由零电荷电位向负的（阴极的）方面移动时，$\varepsilon'<0$ 以及阴极反应的活化能降低，而阳极反应的活化能则增高。如果电位向正的（阳极的）方面移动，则 $\varepsilon'>0$ 以及阳极过程的活化能降低，而阴极过程的活化能将增大。

在阳极反应属于阴离子氧化类型的情况下，则式（15-153）具有以下形式：

$$W_A = W_A^0 - \beta z_A F\varepsilon' \tag{15-154}$$

如果将化学动力学方程 $V = ka_1a_2\cdots e^{-\frac{W}{RT}}$ 应用于电化学反应，并将式（15-152）、式（15-153）、式（15-154）中的活化能代入和以电流密度 d 表示电化学电极反应的速度，便可得到电极反应速度的各种基本方程式。

对阴极反应 $M^{z_K+} + z_{Ke} = M$ 则得到：

$$d_K = K_1' a_K e^{-\frac{W_K^0 + \alpha z_K F\varepsilon'}{RT}} \tag{15-155}$$

而对 $M \rightarrow M^{z_K+} + z_{Ke}$ 型的阳极反应来说，因为金属表面原子的活度为定值，故得到：

$$d_A = K_1' a_K e^{-\frac{W_A^0 - \beta z_K F\varepsilon'}{RT}} \tag{15-156}$$

在阳极反应属于 $A_A^{z-} - z_A e = A$ 型的情况下，设 a_A 为阴离子的活度和 z_A 为其价，则得到：

$$d_A = K_3' a_A e^{-\frac{W_A^0 - \beta z_A F\varepsilon'}{RT}} \tag{15-157}$$

因为 W_K^0 和 W_A^0 皆是定值，故式（15-156）和式（15-157）可分别改写为

$$d_K = k_1 a_K e^{-\frac{\alpha z_K F \varepsilon'}{RT}} \quad (15\text{-}158)$$

$$d_A = k_2 e^{-\frac{\beta z_K F \varepsilon'}{RT}} \quad (15\text{-}159)$$

式（15-158）和式（15-159）不便于用来比较几种电极反应的速度，因为其中包括了由零电荷电位算起的电极电位 ε'，而不同电极的零电荷电位是不相同的。因此，希望得到含有由某个共同零算起的电极电位的电化学反应动力学方程。

将由零电荷电位算起的电极电位表示为以氢标表示的电极电位 ε 和表面零电荷电位 $\varepsilon_{(0)}$ 的代数差：

$$\varepsilon' = \varepsilon - \varepsilon_{(0)}$$

把 ε' 值代入方程式（15-158）和式（15-159）中，便得到：

$$d_K = k_1 a e^{-\frac{\alpha z_K F \varepsilon}{RT}} e^{\frac{\alpha z_K F \varepsilon_{(\varepsilon)}}{RT}}$$

$$d_A = k_2 e^{-\frac{\beta z_K F \varepsilon}{RT}} e^{-\frac{\beta z_K F \varepsilon_{(\varepsilon)}}{RT}}$$

因为零电荷电位是个定值，所以各方程式中右边第二个指数可与常数项合并。由此，得到：

$$d_K = k_1 a_K e^{-\frac{\alpha z_K F \varepsilon}{RT}} \quad (15\text{-}160)$$

以及

$$d_A = k_2 e^{\frac{\beta z_K F \varepsilon}{RT}} \quad (15\text{-}161)$$

在上式中，电位 ε 是由通用的共同的电位标度零——标准氢电极电位算起的。

方程式（15-160）和式（15-161）的图解表示在图 15-19 中。如果把不同的电位值代入上述各指数方程中，便可得到关于指数曲线形状的概念。当 $\varepsilon = -\infty$ 时，$d_K = +\infty$，而 $d_A = 0$；当 $\varepsilon = 0$ 时，$d_K = k_1 a_K$，而 $d_A = k_2$（从这里可以再一次看出，系数 k_1 和 k_2 的数值与计算电位所选择的零有关）。当 $\varepsilon = +\infty$ 时，$d_K = 0$，而 $d_A = +\infty$。

图 15-19 中的实线，表示电流密度 d_A 和 d_K 随 ε 变化的关系，并可称之为分极化曲线。从图可以看出：在平衡电位 ε_e 时，$d_K = d_A = d_0$，其中 d_0 为交换电流。平衡电位点把图分成两半。在平衡电位点的右边，$d_K > d_A$ 并且总的还原速度 $D_K = d_K - d_A$；在 ε_e 的左边，则 $d_A > d_K$ 并且总的氧化速度 $D_A = d_A - d_K$。

电流 i_K 和 i_A 不能用实验方法直接测出。接在电极电路中电流计，在 ε_e 及 $i_K = i_A = i_0$ 时，指出无电流存在，而在其他电位值的情况下则将测出 I_K 或是 I_A（知道电极的表面大小以后，即可算出 D_K 和 D_A）。

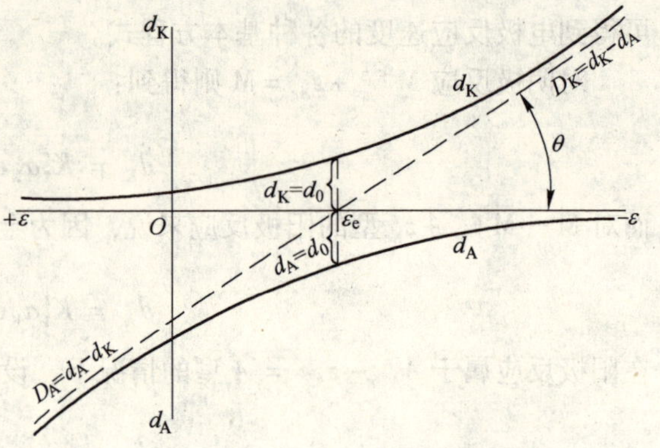

图 15-19 电化学反应的极化曲线

实线—分极化曲线；虚线—总极化曲线

如果将分极化曲线纵坐标的代数和求出，便可绘出表示 D_K 和 D_A 与 ε 关系的总极化曲线，如图 15-19 中虚线所示。总极化曲线表明：电化学过程，只有在电位由平衡值作适当位移的情况下，才可能以一定的速度进行。这就是说：在电极电位未达到给定条件下的平衡电位值以前，阴极上或阳极上便不可能开始有物质的析出或溶解的过程发生（列布拉定律）。

这个以 $\varepsilon - \varepsilon_e = \Delta\varepsilon$ 表示的电位位移（对平衡电位的偏离），称之为电极反应的超电位。根据图 15-19 可以推出：$\Delta\varepsilon$ 对阳极过程来说为正值，而对阴极过程来说为负值。因此，在文献中又常常把 $-\Delta\varepsilon = \eta_{阴}$ 当作是阴极还原反应的超电位（极化值），这在以后讨论阳离子在阴极上还原时应用起来较为方便。

对给定的电极反应来说，超电位不是一个定值，而是与电极的电流密度有关。因此，两个电极反应的超电位只有在同一电流密度下才可能进行比较。

总极化曲线可以根据实验数据绘出。为此，必须找出 D_K 或 D_A 和 ε 或 $\Delta\varepsilon$ 之间的关系，绘制极化曲线是研究电极过程动力学的最重的方法之一。

电极反应的速度与超电位之间的关系可由式（15-160）和式（15-161）导出。如果在方程式（15-160）中以 $e^{\frac{\beta z_K F\varepsilon_e}{RT}}$ 乘和除之，便得到：

$$d_K = K_1 e^{-\frac{\alpha z_K F\varepsilon_e}{RT}} a_K e^{-\frac{\alpha z_K F(\varepsilon-\varepsilon_e)}{RT}}$$

以及

$$d_A = K_2 e^{\frac{\beta z_K F\varepsilon_e}{RT}} e^{\frac{\beta z_K F(\varepsilon-\varepsilon_e)}{RT}}$$

如果考虑到 $(\varepsilon - \varepsilon_e) = \Delta\varepsilon$，则得到：

$$d_K = K_1 e^{-\frac{\alpha z_K F\varepsilon_e}{RT}} a_K e^{-\frac{\alpha z_K F\Delta\varepsilon}{RT}} = K_1^0 a_K e^{-\frac{\alpha z_K F\Delta\varepsilon}{RT}} \tag{15-162}$$

以及

$$d_A = K_2 e^{\frac{\beta z_K F\varepsilon_e}{RT}} e^{\frac{\beta z_K F\Delta\varepsilon}{RT}} = K_2^0 e^{\frac{\beta z_K F\Delta\varepsilon}{RT}} \tag{15-163}$$

式中，$K_1^0 = K_1 e^{-\frac{\alpha z_K F\varepsilon_e}{RT}}$ 和 $K_2^0 = K_2 e^{\frac{\beta z_K F\varepsilon_e}{RT}}$。

如果将平衡电位 $\varepsilon_e = \varepsilon_e^0 + \frac{RT}{zF}\ln a_K$ 值代入方程式（15-162）和式（15-163）右边的第一个指数中，便可导出另一种形式的电化学反应动力学方程：

$$d_K = K_1 e^{-\frac{\alpha z_K F\varepsilon_e^0}{RT}} a_K^{1-\alpha} e^{-\frac{\alpha z_K F\Delta\varepsilon}{RT}}$$

以及

$$d_A = K_2 e^{\frac{\beta z_K F\varepsilon_e^0}{RT}} a_K^{\beta} e^{\frac{\beta z_K F\Delta\varepsilon}{RT}}$$

但是

$$K_1 e^{-\frac{\alpha z_K F\varepsilon_e^0}{RT}} = K_2 e^{\frac{\beta z_K F\varepsilon_e^0}{RT}} = d_0$$

也就是说，d_0 等于离子活度为 1 时的交换电流（标准交换电流）。因此

$$d_K = d_0 a_K^{1-\alpha} e^{-\frac{\alpha z_K F\Delta\varepsilon}{RT}}$$

以及

$$d_A = d_0 a_K^{\beta} e^{\frac{\beta z_K F\Delta\varepsilon}{RT}}$$

但是，

$$d_0 a_K^{1-\alpha} = d_0 a_K^{\beta} = D_0$$

式中 D_0 ——离子活度等于 a_K 时的交换电流。

因此

$$d_K = D_0 e^{-\frac{\alpha z_K F\Delta\varepsilon}{RT}}$$

以及

$$d_A = D_0 e^{-\frac{\beta z_K F\Delta\varepsilon}{RT}}$$

根据以上所述，可以得到下列各关系式：

$$-\Delta\varepsilon_K = \frac{RT}{\alpha ZF}\ln\frac{d_K}{D_0} \quad (15\text{-}164)$$

$$\Delta\varepsilon_A = \frac{RT}{\beta ZF}\ln\frac{d_A}{D_0} \quad (15\text{-}165)$$

由式（15-164）和式（15-165）可以看出，为了要达到一定的电流密度（速度），交换电流密度愈大，所必需的电位位移（极化值）就愈小。应该指出，以上所导出的各种电化学反应动力学方程，对于把双电层看作是平板电容器结构的情况说（见图 15-20（a）），是正确的。这种推测在浓溶液中完全得到证实。但是，在稀溶液中以及在有表面活性物质存在的情况下，双电层的结构变得更为复杂，如图 15-20(b)和图 15-20(c)所示。在这些情况下，电位降是由金属表面与紧靠金属的第一离子层中心之间的电位降 ε_1^* 以及第一离子层中心与溶液本体之间的电位降 ε^* 构成。

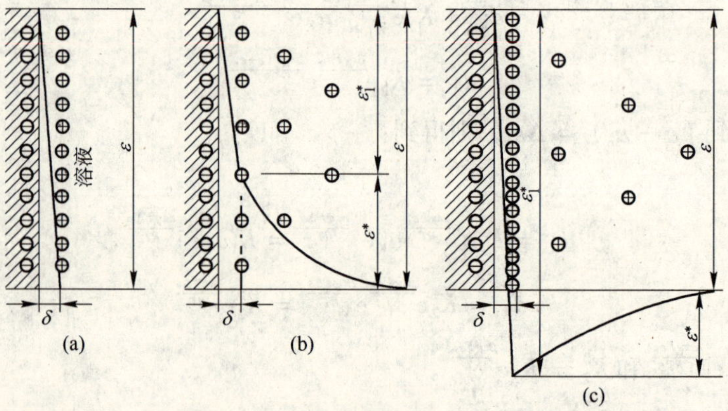

图 15-20 离子双电层的各种结构示意图

总的电位降 ε 以代数和 $\varepsilon = \varepsilon_1^* + \varepsilon^*$ 表示。但是，因为在放电过程中只有紧靠金属表面的离子参与，而在原子化过程中原子由多种表面进入到第一离子层中，所以并不是全部的电位降都对电极反应的速度有影响，而只是第一离子层中的那部分才发生作用。因此，对所讨论的情况来说，方程式（15-160）应改写为

$$d_K = K_1 a_{S(K)} e^{-\frac{\alpha z_K F(\varepsilon-\varepsilon^*)}{RT}} = K_1^0 a_{S(K)} e^{-\frac{\alpha z_K F(\Delta\varepsilon-\varepsilon^*)}{RT}} \quad (15\text{-}166)$$

式中 $a_{S(K)}$ ——放电离子在紧靠金属表面处的活度，与溶液本体中的离子活度 a_K 不同。

$a_{S(K)}$ 与 a_K 之间的关系，遵循下列玻耳兹曼方程：

$$a_{S(K)} = a_K e^{-\frac{z_K F\varepsilon^*}{RT}} \quad (15\text{-}167)$$

根据式（15-166）和式（15-167），可导出考虑了双电层分散部分电位的阴极反应速度方程如下：

$$d_K = K_1 a_K e^{-\frac{\alpha z_K F\varepsilon^*}{RT}} e^{-\frac{\alpha z_K F(\varepsilon-\varepsilon^*)}{RT}}$$

$$= K_1^0 a_K e^{-\frac{\alpha z_K F \varepsilon^*}{RT}} e^{-\frac{\alpha z_K F(\Delta\varepsilon - \varepsilon^*)}{RT}} \tag{15-168}$$

从式（15-168）可以看出：由于不同表面活性物质的加入而可改变其值的 ε^* 电位，对电化学反应的速度会发生很大的影响。

同样地，对阳极反应来说，在考虑到上述情况以后，d_A 可表示如下：

$$d_A = K_2 e^{\frac{\beta z_K F(\varepsilon - \varepsilon^*)}{RT}} = K_2^0 e^{\frac{\beta z_K F(\Delta\varepsilon - \varepsilon^*)}{RT}} \tag{15-169}$$

当然，双电层的结构对平衡电位不会发生影响。

应该指出：对电极电位偏离平衡值足够远的情况来说，表示阴极过程速度 D_K 和阳极过程速度 D_A 的各种动力学方程，直接将 D_K 和 D_A 代替式（15-162）~式（15-169）中的 d_K 和 d_A 即可得到，因为在此情况下，$D_K \approx d_K$ 和 $D_A \approx d_A$（见图 15-19）。如果电位移动不大，则阴极过程和阳极过程的电化学动力学方程须从 $D_K = d_K - d_A$ 以及 $D_A = d_A - d_K$ 的关系式中导出。

15.2.2 扩散动力学

前面对电极过程的进行，只限于讨论过程的速度受到电化学反应本身限制时的情况。既然这个过程是化学反应，所以可用已知的化学动力学方程作为基础对超电位与电流密度之间的定量关系进行了理论推导。在此情况下，反应速度（电流密度）通过反应离子的活度、活化能和温度等来表示。

前面已指出：活化能随着电极电位由平衡值移动的变化而变化，即活化能是 $\Delta\varepsilon$ 的函数。显然，电极过程的这种研究方法，只能用在扩散作用保持不变以及扩散速度相当大的场合。只有在这种情况下，电化学反应本身才进行很缓慢，从而其速度决定整个过程的动力学。

很明显，这种速度关系只有在电流密度比较小时才可能存在。在此情况下，电极上被氧化或被还原的离子的消耗不大，而且扩散能保证向表面供应反应物质以及使反应产物排开。

但是，在电流密度大的情况下，反应速度增大很多，以致扩散已经不能保证向电极供应离子。结果，传质的困难限制着反应的速度。扩散变成了比电化学氧化或还原慢得多的过程，并且过程的速度整个地决定于扩散的速度。当电化学反应转入扩散区时，电位的继续移动已不能引起过程的速度增大。极化曲线在相当小的电流密度下遵循已知的指数定值，决定于离子到达电极表面的速度，也就是决定于扩散速度。这个最大的电流密度称为极限电流密度 D_C。

图 15-21 表示了描述阴离子还原速度与电位关系的示范性阴极极化曲线。电化学动力学区大致以图中 aa 线为界，其中 D_K 与 $-\Delta\varepsilon_K$ 之间主要存在着指数关系。纯扩散动力学区则以 bb 线为界。在 aa 线与 bb 线之间存在着混合动力学区域，其中电化学中反应速度和扩散速度具有可相比拟的数值。纯电化学动力学区和纯扩散动力学区只有在这两个过程的速度相差很大的极限情况下才会出现。

从图 15-21 可以看出：在电位偏离平衡电位很小的情况下，电极过程服从电化学动力学定律。随着阴极极化的增大，反应的速度也增大并且扩散由于不能在单位时间内向电极表面供应足够数量的离子而开始使反应速度变慢。这种阻碍作用随着阴极极化的增大而愈益强烈，从而电极反应速度也愈来愈受着扩散的限制。最后，达到极限电流密度的条件，在此情况下，扩散速度已达到最大可能的数值。在这里，极化曲线与横轴平行，表明用增大极化的办法已不可能使反应速度改变。在这些条件下，$\frac{dD_K}{d\varepsilon}=0$。

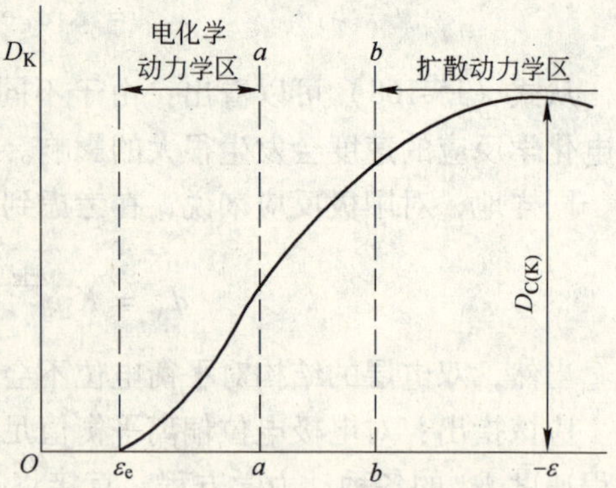

图 15-21　电化学动力学区和扩散动力学区的阴极极化曲线

如果在溶液中只有一种能在阴极上还原的阳离子，那么极化的进一步增大不会引起任何电化学过程，以致电场电压增大至某个更大的数值，便可能开始发生水分子分解而析出氢的作用。

假使溶液中有两种不同金属的盐存在，它们的阳离子都可能在阴极上还原，那么极化曲线将具有如图 15-22 所示的形状。按照金属 M_I 和 M_{II} 的本性以及它们的离子在溶液中的活度，它们具有不同的平衡电位，如图 15-22 所示。可以看出：M_I 的平衡电位比 M_{II} 的更正些（负值更小些或代数值更大些）。

当逐渐增大电极的阴极极化时，首先是达到平衡电位 $\varepsilon_{e(I)}$。而当电极电位逐步移向负的一方并变得比 M_I 的平衡电位更负时，阳离子 M_I^{2+} 便开始还原，并有衡量还原速度的电流密度 D_K 通过。在极化很小的情况下，过程将遵循电化学动力学方程，但当其增大时，从某个电位开始，过程的速度开始受扩散限制。表示电化学动力学定律的曲线（虚线Ⅰ）和测出的极化曲线（实线表示）分道而行。最后，在对阳离子 M_{II}^{2+} 而言的某个极化值下出现极限电流密度 $D_{C(I)}$ 的条件。所有这些都是在比 $\varepsilon_{e(I)}$ 更负而比 $\varepsilon_{e(II)}$ 更正的电位下发生的。因此阳离子 M_{II}^{2+} 不参与反应。

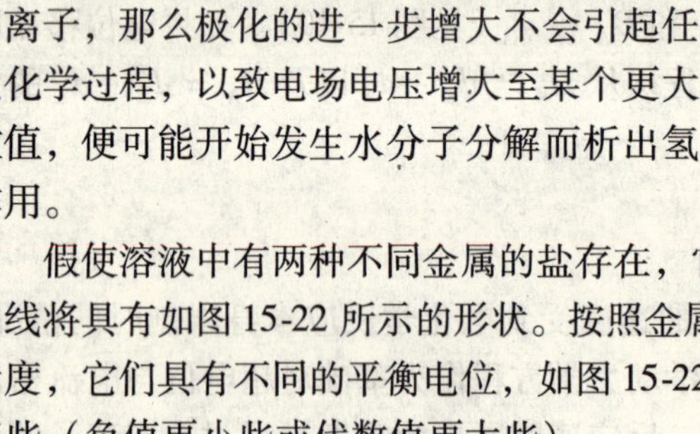

图 15-22　两种阳离子还原的极化曲线

A—阳离子 M_I^{2+} 还原电化学动力学区；

B—阴离子 M_I^{2+} 还原混合动力学区；

C—阳离子 M_I^{2+} 还原扩散动力学区；

D—阳离子 M_{II}^{2+} 还原电化学动力学区；

E—阳离子 M_{II}^{2+} 还原混合动力学区；

F—阳离子 M_{II}^{2+} 还原扩散动力学区

当电极电位变得比阳离子 M_{II}^{2+} 的平衡电位更负时，这些离子便开始还原。在此 $\varepsilon_{e(II)}$ 只稍为更负的电位下，离子 M_{II}^{2+} 还原的速度服从电化学动力学方程。紧靠电极的溶液层中含 M_I^{2+} 离子极少而含 M_{II}^{2+} 离子还很多，从而反应 $M_{II}^{2+}\to M_{II}$ 自由地发展。在这个电位下，电极上有两种离子还原：M_I^{2+} 离子以极限速度（以 $D_{C(I)}$ 值衡量）还原；M_{II}^{2+} 离子以遵循电化学动力学定律的速度还原。这个规律在图 15-22 上虚线Ⅱ表示，所观测到的电流密度乃是虚线Ⅱ的纵坐标和

$D_{C(\mathrm{I})}$之和。因此，当电位变得比 $\varepsilon_{e(\mathrm{II})}$ 更负时，可观察到电流密度增大。如果电位继续向负的一方增大，将会导致像上面对 M_{I}^{2+} 所述那样的 M_{I}^{2+} 还原速度的变化。最终将出现对 M_{II}^{2+} 离子而言的极限电密度 $D_{C(\mathrm{II})}$ 的条件。在此情况下 $D_{C(K)} = D_{C(\mathrm{I})} + D_{C(\mathrm{II})}$。

在图 15-22 上部已分别标出了电化学动力学、混合动力学和扩散动力学的各个区域。因此，对两种能还原的阳离子来说，在极化曲线上有两个波出现，每个波分别通过相当于这些离子各自的极限电流的水平线段。如果溶液中有更多种的离子，则在极化曲线上将会出现更多的波。

原则上类似的情况也会在惰性电极（例如铂电极）阳极极化下出现，如果溶液中有多种能氧化的阴离子存在的话。在这里，也可以出现在阳极极化增大时转入扩散动力学以及有关极限电流的情况。

下面进行有关扩散动力学问题的数学分析和推导。

在扩散区域中，电流密度决定于单位时间内到达单位电极表面上的离子摩尔数。离子到达电极表面是由于两种原因而引起：（1）由于电极表面附近浓度变化而发生的扩散作用；（2）离子在电场影响下的迁移作用。

扩散速度可以通过由扩散所决定的电流密度来表示。

离子在电场影响下的迁移速度，视其淌度而定。由该种离子（阳离子或阴离子）迁移所决定的电流分数，就是所谓离子迁移数。

在初步近似计算中可以认为：由于电极表面附近和溶液本体浓度差而引起的扩散以及离子的电迁移是两种独立的现象。也就是说，电极的电流密度可以认为是由扩散电流密度和迁移电流密度组成。这样，对冶金有重要意义的 3 种电极过程，即：（1）阳离子在阴极的还原；（2）阴离子在不溶性阳极的氧化；（3）金属的阳极氧化，分别对应得到：

（1） $$D_K = D_d + D_m = D_d + D_K t_K \text{ 或 } D_K(1 - t_K) = D_d \tag{15-170}$$

（2） $$D_A = D_d + D_m = D_d + D_A t_A \text{ 或 } D_A(1 - t_A) = D_d \tag{15-171}$$

（3） $$D_A = D_d + D_m = D_d + D_A t_K \text{ 或 } D_A(1 - t_K) = D_d \tag{15-172}$$

式中 D_K，D_A——阴极和阳极的总电流密度；

D_d——由阳离子或阴离子进到阴极或阳极所决定的扩散电流密度；

D_m——由离子电迁移所决定的迁移电流密度；

t_K，t_A——阳离子和阴离子的迁移数。

从电化学知道，扩散电流密度对过程（1）和过程（2）来说是以下式表示：

$$D_d = k_D z F(a - a_S) \tag{15-173}$$

对过程（3）来说，则得到：

$$D_d = k_D z F(a_S - a) \tag{15-174}$$

式中 k_D——在一定的对流和搅拌条件下的扩散速度常数；

a——溶液本体中扩散离子的活度；

a_S——电极表面处扩散离子的活度；

z——反应离子的价。

根据方程式（15-170）和式（15-173），得到：

$$a_{S(K)} = a_K - \frac{D_K(1 - t_K)}{k_D z_K F} \tag{15-175}$$

以及

$$D_K = \frac{k_D z_K F}{1 - t_K}[a_K - a_{S(K)}] \tag{15-176}$$

从方程式（15-175）可以看出：由于阴极附近的浓度变化，通过电极的电流密度不可能是无穷大。当 $a_{S(K)}$ 变得等于零时，电流密度（阴极过程的速度）将整个受扩散速度的限制。因此，电流密度不能提高到超过相当于 $a_{S(K)}=0$ 时的极限值：

$$D_{C(K)} = \frac{k_D z_K F}{1 - t_K} a_K \tag{15-177}$$

将上式中的 $D_{C(K)}$ 代入式（15-176）中，得到：

$$a_{S(K)} = a_K \left[1 - \frac{D_K}{D_{C(K)}}\right] \tag{15-178}$$

同样地，根据式（15-171）和式（15-173），对阴离子在阳极的氧化来说，可得到：

$$D_{C(A)} = \frac{k_D z_A F}{1 - t_A} a_A \tag{15-179}$$

以及

$$a_{S(A)} = a_A \left[1 - \frac{D_A}{D_{C(A)}}\right] \tag{15-180}$$

应该指出：如果溶液中有两种或几种盐，并且其中一种盐的离子参与电极反应，而其余盐的离子只参与电荷的迁移，那么由参与反应的离子所迁移的电流就较小，在此情况下，上述各方面的 t 都需要用 γt 代替，其中 γ 为有离子参与电极反应的那种盐的比电导对溶液中存在的所有物质的比电导总和之比，亦即 $\gamma = ki/\Sigma ki$ 。

据据式（15-172）和式（15-178），对金属的阳极溶解过程来说，得到：

$$D_A = \frac{k_D z_K F}{1 - t_K}[a_{S(K)} - a_K] \tag{15-181}$$

式（15-181）与式（15-176）相似，但有另外的物理意义。式（15-176）表明：阳离子视其扩散速度而定在稳定状态下，在阴极上的还原可按何种速度实现。换句话说，这个方程表示电极反应速度与扩散速度之间的关系。但是，在金属阳极溶解的情况下，转入溶液中的阳离子的扩散速度不可能限制电极反应的速度。从而，改变极化值，可以改变过程的速度 D_A ，而不必考虑（在一定的范围）电极附近溶液中的情况。因此，式（15-182）不是表示反应速度与扩散速度的关系，而是用来求得在稳定状态下阳极附近溶液层中阳离子的活度 $a_{S(K)}$ 与过程速度 D_A 以及决定扩散速度的因素（k_D、a_K）之间的关系。这种关系是：

$$a_{S(K)} = a_K + \frac{D_A(1 - t_K)}{k_D z_K F} \tag{15-182}$$

此外，还应该指出：在某些场合下，在电极上发生反应的离子不是在电流影响下朝向电极而是离开电极迁移的离子。例如，阴离子可以在阴极上还原，如反应 $CuCl_4^{2-} + 2e \rightarrow Cu + 4Cl^-$ 就是例子之一；阳离子也在阳极发生氧化，反应 $F^{2+} \rightarrow Fe^{3+} + e$ 可以作为其实例。

在这些场合下，离子的电迁移不仅不能有助于反应物质趋向电极，而是相反地阻止其进入。如此，对阴离子在阴极上的还原来说，有以下关系：

$$D_K = D_d - D_m = D_d - D_K t_A$$

从而

$$D_d = D_K(1 + t_A) \tag{15-183}$$

以及

$$D_{C(K)} = \frac{k_D zF}{1 + t_A} a_A \tag{15-184}$$

同理，在阳离子阳极氧化的情况下，得到：

$$D_A = D_d - D_m = D_d - D_A t_K$$

从而

$$D_d = D_A(1 + t_K) \tag{15-185}$$

以及

$$D_{C(A)} = \frac{k_D zF}{1 + t_K} a_K \tag{15-186}$$

15.2.3 各类电极过程的全极化曲线方程

对类型（1）的阳离子阴极还原过程来说，在比较小的阴极极化下，过程遵循电化学动力学方程。如果极化值很大，那么扩散动力学便占优势。在一定的条件下，可以实现由一个类型的动力学过渡到另一个类型的动力学（混合动力学）。这一点已在前面用图 15-3 表述过。下面我们来推导能描述由电化学动力学转到扩散动力学的整个极化过程的方程式。

在任何的极化条件下，实际的扩散速度等于实际的电极反应速度。因此，靠扩散在双电层外界建立起来的浓度同时也决定电极反应的速度。所以，在电化学动力学方程和扩散动力学方程中应该代入给定极化下的相同的浓度（活度）值，这个活度就是能被扩散所保持以及决定反应速度的那个活度。在过程稳定进行的情况下，这个活度应该是定值。

对类型（1）的阳离子阴极还原过程来说，电极过程的速度可写成下列一般形式：

$$D_K = d_K - d_A$$

如果为了简化推导，设 $\varepsilon^* = 0$ 以及 d_K 和 d_A 分别用式（15-166）和式（15-169）来表示，那么对上述情况可得到：

$$D_K = K_1^0 a_{S(K)} e^{-\frac{\alpha z_K F \Delta\varepsilon}{RT}} - K_2^0 e^{-\frac{\beta z_K F \Delta\varepsilon}{RT}} \tag{15-187}$$

与此同时，D_K 也可以用扩散动力学方程式（15-176）来表示，即

$$D_K = \frac{k_D z_K F}{1 - t_K}[a_K - a_{S(K)}] \tag{15-188}$$

使式（15-187）与式（15-188）相等，从而求得：

$$a_{S(K)} = \frac{\frac{k_D z_K F}{1 - t_K} a_K + K_2^0 e^{-\frac{\beta z_K F \Delta\varepsilon}{RT}}}{K_1^0 e^{-\frac{\alpha z_K F \Delta\varepsilon}{RT}} + \frac{k_D z_K F}{1 - t_K}} \tag{15-189}$$

式（15-189）中的 $a_{S(K)}$ 可以代入电化学动力学方程式（15-187）或是代入扩散动力学方程式（15-188），在两种情况下其结果相同。较方便的办法是将 $a_{S(K)}$ 代入式（15-178）。由此，最后可得到：

$$D_K = \frac{\frac{k_D z_K F}{1-t_K}\left(K_1^0 a_K e^{-\frac{\alpha z_K F \Delta\varepsilon}{RT}} - K_2^0 e^{-\frac{\beta z_K F \Delta\varepsilon}{RT}}\right)}{K_1^0 e^{-\frac{\alpha z_K F \Delta\varepsilon}{RT}} + \frac{k_D z_K F}{1-t_K}} \tag{15-190}$$

式（15-190），就是要求得的在决定于 $\frac{k_D z_K F}{1-t_K}$ 值的给定扩散条件下，D_K 与 $\Delta\varepsilon$ 之间的关系方程式。

根据式（15-190）可以导出：在电极反应速度和扩散速度相差很大的情况下，式（15-190）或将变为式（15-187）或将变为方程式（15-188）。

事实上，如果扩散速度比电反应速度大得多，那么 k_D 就是个很大的数值，同时，电极反应速度很小，也就是 $K_1^0 e^{-\frac{\alpha z_K \Delta\varepsilon}{RT}}$ 的值很小。在此情况下，$\frac{k_D z_K F}{1-t_K} \gg K_1^0 e^{-\frac{\alpha z_K F \Delta\varepsilon}{RT}}$，并且式（15-190）右边分母中的第一项可以略去不计。由此，得到：

$$D_K = K_1^0 a_K e^{-\frac{\alpha z_K F \Delta\varepsilon}{RT}} - K_2^0 e^{-\frac{\beta z_K F \Delta\varepsilon}{RT}} \tag{15-191}$$

可以看出：式（15-191）与式（15-187）相符合。不同之点仅在于：其中所包括的活度是阳离子在溶液本体中的活度 a_K 而不是 $a_{S(K)}$。但是，很明显，在扩散速度很大而反应速度很小的情况下，a_K 应等于 $a_{S(K)}$。

相反，如果 $\frac{k_D z_K F}{1-t_K} \ll K_1^0 e^{-\frac{\alpha z_K F \Delta\varepsilon}{RT}}$，则式（15-190）右边分母中的第二项可以略去不计，并由此可以导出：

$$D_K = \frac{k_D z_K F}{1-t_K}\left[a_K - a_{S(K)} e^{\frac{z_K F \Delta\varepsilon}{RT}}\right] \tag{15-192}$$

式中　$\Delta\varepsilon$——超电位，也就是电位由平衡值的位移。

应该知道，超电位愈大，电极上进行的电化学反应也就愈慢。反之，亦然。在导出式（15-192）时，我们假设了扩散速度比还原反应速度要小得多。但是，在电极反应速度很大的情况下，超电位应该是很小的，并且在极限时等于零。这意味着：反应在电位偏离平衡电位很小的情况下，能十分迅速地进行。因此，在式（15-192）中可设 $\Delta\varepsilon = 0$。由此，得到与纯扩散动力学式（15-188）完全相符合的结果。

然而，如果借助于很强烈的阴极极化迫使电位由平衡值发生很大的位移，那么在极限情况下 $\Delta\varepsilon = -\infty$，这样从式（15-192）可得到与式（15-177）相同的结果：

$$D_{C(K)} = \frac{k_D z_K F}{1-t_K} a_K$$

在这里，阴极电流密度达到了最大可能值。很明显，极限电流密度与溶质在溶液本体内的活度 a_K 以及与影响 k_D 值的搅拌速度有关。

对阴离子在不溶性阳极上氧化的过程来说，用类似的方法可以导出阴离子阳极氧化过程的速度与电位位移 $\Delta\varepsilon$ 、阴离子在溶液本体中的活度 a_K 以及与阴离子的扩散速度常数 k_D 之间的关系如下：

$$D_A = \frac{\frac{k_D z_A F}{1 - t_A} K_2^0 a_A e^{\frac{\beta z_A F \Delta\varepsilon}{RT}}}{K_2^0 e^{\frac{\beta z_A F \Delta\varepsilon}{RT}} + \frac{k_D z_A F}{1 - t_A}} \tag{15-193}$$

如果扩散速度很大而电化学反应速度相当小，那么 $k_D \gg K_2^0$。并且式（15-193）右边分母中的第一项可以略去不计。由此得到：

$$D_A = K_2^0 a_A e^{\frac{\beta z_A F \Delta\varepsilon}{RT}} \tag{15-194}$$

相反，如果电化学反应速度很大，而扩散速度很小，那么式（15-193）右边分母中的第二项可以略去不计。如此，得到与式（15-179）相同的结果：

$$D_A = \frac{k_D z_A F}{1 - t_A} a_A = D_{C(A)}$$

即表明，电流密度等于极限电流密度。

对类型（3）的金属阳极氧化（溶解）过程，如果考虑到 $D_A = d_A - d_K$，并运用上述表示 d_A 和 d_K 的电化学反应动力学方程与以式（15-181）表示的扩散动力学方程。便可以导出这个过程的全极化曲线方程如下：

$$D_A = \frac{\frac{k_D z_A F}{1 - t_A}\left(K_2^0 e^{\frac{\beta z_A F \Delta\varepsilon}{RT}} - K_1^0 a_K e^{-\frac{\alpha z_K F \Delta\varepsilon}{RT}}\right)}{K_1^0 e^{-\frac{\alpha z_K F \Delta\varepsilon}{RT}} + \frac{k_D z_K F}{1 - t_K}} \tag{15-195}$$

如果扩散速度很大而进入溶液的阳离子逆还原的速度很小，也就是说，如果

$$\frac{k_D z_K F}{1 - t_K} \ll K_1^0 e^{-\frac{\alpha z_K F \Delta\varepsilon}{RT}}$$

那么式（15-195）右边分母中的第一项可以略去不计，从而得到

$$D_A = K_1^0 e^{\frac{\beta z_K F \Delta\varepsilon}{RT}} - K_1^0 a_K e^{-\frac{\alpha z_K F \Delta\varepsilon}{RT}} \tag{15-196}$$

式（15-196）表明，在扩散速度很大的条件下，阳离子在溶解阳极表面附近的活度将保持着和溶液本体中相同的活度 a_K。

如果扩散速度比起阳离子的逆还原速度小得多的话，那么式（15-195）右边分母中的第二项可以略去不计。在此情况下，得到：

$$D_A = \frac{k_D z_K F}{1 - t_K}\left(\frac{K_2^0}{K_1^0} e^{-\frac{z_K F \Delta\varepsilon}{RT}} - a_K\right) \tag{15-197}$$

因为$\frac{K_2^0}{K_1^0} = a_{S(K)}$，故代入式（15-197）后得到：

$$D_A = \frac{k_D z_K F}{1 - t_K}\left[a_{S(K)} e^{-\frac{z_K F \Delta\varepsilon}{RT}} - a_K\right] \tag{15-198}$$

式中 $\Delta\varepsilon$——金属阳极氧化（溶液）反应的超电位。

如果溶液过程以很小的超电位进行，并在极限时 $\Delta\varepsilon = 0$，那么便得到形式上与扩散动力学方程式（15-181）相符合的方程。

$$D_{\mathrm{A}} = \frac{k_{\mathrm{D}} z_{\mathrm{K}} F}{1 - t_{\mathrm{K}}}[a_{\mathrm{S(K)}} - a_{\mathrm{K}}]$$

从式（15-198）可以清楚地看出：增大阳极极化值 $\Delta\varepsilon$ 不能达到为扩散速度所决定的极限电流。极限电流系发生在与电极附近溶液层中离子消耗有关的过程中。但是，在金属阳极溶液的情况下，电极本身提供自己的阳离子给溶液，并且将阳离子自电极表面排开到溶液本体中的扩散作用，不能像在阴极还原的情况下那样阻碍电极反应的进行。

式（15-198）也表明：增大电位由平衡值向正值方向的位移，只可能使过程的速度增大。但是，这个方程没有反映由于电极附近溶液层的过饱和而使过程缓慢或几乎停止的可能性。

如果扩散速度比电极反应速度小，那么单位时间内进入电极附近溶液层中的阳离子比往溶液本体排开的更多，阳离子浓度随着时间而增大。与此同时，阴离子也向阳极移动。因此，在电极附近溶液层中，盐的浓度增大起来。当溶液达到必要的过饱和程度时，便可能发生盐的结晶作用。在这些条件下，阳离子的继续进入溶液便会导致在阳极上生成一薄层的固体盐。在此情况下，电极表面（如果盐是大片的）将与电解液隔离，并且在此表面上欧姆电阻也急剧增大。由于这些变化的结果，电流密度急剧降低，并且电极停止供应其离子给溶液。当然，式（15-198）没有估计到这种可能性，因为在其推导过程中没有考虑到能引起电极附近溶液层饱和（或过饱和）的各种因素。

还应该指出：当阳离子不再从阳极进入溶液时，如果继续进行极化，便会引起电位急剧向正值方面变化。在此情况下，可能达到这样一个电位，在此电位下，溶液中的任何阴离子都可能发生氧化。

15.3 阴极过程[1,6,10,12]

在湿法电化学冶金中，工业上通常是用固体阴极进行电解，其主要阴极过程乃是金属离子的中和反应：

$$\mathrm{M}^{z+} + ze \longrightarrow \mathrm{M} \tag{15-199}$$

但是，除了主要过程以外，还可能发生氢的析出、由于氧的离子化而形成氢氧化物、杂质离子的放电以及高价离子还原为低价离子等过程，可用以下各反应式所示：

$$\mathrm{H_3O^+} + e \longrightarrow \frac{1}{2}\mathrm{H_2} + \mathrm{H_2O} \quad \text{（在酸性介质中）} \tag{15-200}$$

$$\mathrm{H_2O} + e \longrightarrow \frac{1}{2}\mathrm{H_2} + \mathrm{OH^-} \quad \text{（在碱性介质中）} \tag{15-201}$$

$$\mathrm{O_2} + 2\mathrm{H_2O} + 4e \longrightarrow 4\mathrm{OH^-} \tag{15-202}$$

$$\mathrm{M}_i^{z_i+} + z_i e \longrightarrow \mathrm{M} \tag{15-203}$$

$$\mathrm{M}^{z_h+} + (z_h - z_1)e \longrightarrow \mathrm{M}^{z_1+} \tag{15-204}$$

上述电化学过程可以分为3个类型，(1) 在阴极析出的产物，呈气泡形态从电极表面移去，并在电解液中呈气体分子形态溶解，(2) 中性分子转变为离子状态，属于第二类的是在阴极上析出形成晶体结构物质的过程；(3) 在阴极上不析出物质而只是离子价降低的过程。

下面分别着重讨论关于氢和金属在阴极上析出的基本原理及其有关应用问题。

15.3.1 氢在阴极上的析出

按照现代的观点，作为物理质点存在水溶液中的氢离子，系由与水分子化学结合着的阳离子组合而成：

$$H \longrightarrow H^+ + e$$

$$H^+ + H_2O \longrightarrow (H_3O)^+$$

这种荷正电的质点 $(H_3O)^+$ 称为浒离子，并可由于静电作用而吸引几个水分子。因此，在水及溶液中存在着水化浒离子，这种离子也可把它简称为氢离子。

氢在阴极上的析出分为下列4个过程：

(1) 浒离子的去水化，可以设想，在阴极的电场中，浒离子从其水化分子中游离出来：

$$[(H_3O)\cdot xH_2O]^+ \longrightarrow (H_3O)^+ + xH_2O$$

(2) 去水化后的浒离子的放电，也就是质子与水分子之间的化合终止，以及阴极表面上的电子与其相结合，结果便有为金属（电极）所吸附的氢原子生成：

$$(H_3O)^+ \longrightarrow H_2O + H^+; \quad H^+ + e \longrightarrow H_{(M)}$$

(3) 吸附在阴极表面上的氢原子相互结合为分子：

$$H + H \longrightarrow H_{2(M)}$$

(4) 氢分子的解吸及其进入溶液，由于溶液过饱和的结果，以致引起在阴极表面上生成氢气泡而析出：

$$xH_{2(M)} \longrightarrow M + xH_{2(溶解)}$$

$$xH_{2(溶解)} \longrightarrow xH_{2(气体)}$$

如果上述过程之一的速度受到限制，那么便会发生氢在阴极上析出时的超电位现象。加速这个过程需要消耗附加的能量（活化能），同时因为活化能在上述情况下等于电量（广度因素）和电位（强度因素）的乘积，故可用下列方程表示：

$$W_{活化} = -2F\Delta\varepsilon_H \tag{15-205}$$

式中 $-\Delta\varepsilon_H$——氢离子的还原超电位，V；

$2F$——对生成1mol氢分子而言的常数，$F = 96500$ C（库仑）。

由此，认识到上述第二个过程需要活化能。

为了使阴极上只析出金属而不析出氢，就必须要求氢的电位在电解的条件下比金属的电位更负。如果电流密度不超过一定的界限，那么正电性金属（如铜）的析出没有任何困难，但负电性金属（如锌和镉）的沉积则只有当电解中氢离子浓度很小或者氢离子的还原超电位很大时才可能顺利地进行。

氢的超电位与许多因素有关，其中主要是阴极材料、电流密度、电解液温度、溶液的成分等。

如上所述，氢在金属上阴极析出时产生超电位的原因，在于氢离子放电阶段缓慢，并且这一点对大多数金属来说已经得到实证。因此，式（15-162）可应用于氢的析出过程。根据式（15-162），可以得到下列塔非尔方程：

$$-\Delta\varepsilon_{H} = a + b\ln D_{K} \tag{15-206}$$

式中　D_K——阴极电流密度，A/m^2；

$$a = -\frac{RT}{\alpha F}\ln K_1^0 - \frac{RT}{\alpha F}\ln a_{H^+};$$

$$b = \frac{RT}{\alpha F}。$$

从方程式（15-206）可以看出：在 $-\Delta\varepsilon_H$-$\ln D_K$ 坐标系中，超电位与电流密度应成直线关系。对大多数金属电极来说，在电流密度不很小的情况下，这种关系已经实验证实。表15-3所列为方程式（15-206）中对各种阴极而言的常数 a 和 b 是在25℃下的实验数据。由表15-3可以看出 a 值与金属的本性有很大的关系，而系数 b 的值几乎保持不变。这证明 $\alpha = \frac{1}{2}$ 的实际恒定性。此外，还可以看出：氢离子在通常电流密度下，在锌、镉等比氢更负电性的金属上还原的超电位都相当大。

在锌电积时，所采用的铝阴极板很快地被一薄层锌所覆盖，实际上已变为锌阴极，保证了相当大的氢离子还原超电位。

按照 a 值的大小，可将常用的电极材料大致分成3类：

（1）高超电位金属（a=1.0~1.5V），主要有Pb、Cd、Hg、Tl、Zn、Ga、Bi、Sn等；

（2）中超电位金属（a=0.5~0.7V），其中最主要的是Fe、Co、Ni、Cu、W、Au等；

（3）低超电位金属（a=0.1~0.3V），其中最主要的是Pt和Pd等铂族元素。

阴极表面的结构也对氢的超电位发生间接的影响，阴极表面愈粗糙，其真实表面愈大。这就意味着真实电流密度愈小，从而氢的超电位愈小；反之，超电位就愈大。

表15-3　对氢离子在各种金属阴极上还原反应而言的塔非尔方程中常数 a 和 b 的数值

电极	溶液的成分	常数		电极	溶液的成分	常数	
		a	b			a	b
Pb	0.5mol H_2SO_4	1.56	0.110	Fe	1.0mol HCl	0.70	0.125
Hg	0.5mol H_2SO_4	1.415	0.113	Fe	2.0mol NaOH	0.76	0.112
Cd	0.65mol H_2SO_4	1.40	0.120	Ni	0.11mol NaOH	0.64	0.100
Zn	0.5mol H_2SO_4	1.24	0.118	Co	1.0mol HCl	0.62	0.140
Sn	0.5mol HCl	1.24	0.116	Pd	1.1mol KOH	0.53	0.130
Cu	0.5mol H_2SO_4	0.80	0.115	Pt	1.0mol HCl	0.10	0.130
Ag	1.0mol HCl	0.95	0.116	Pt	1.0mol NaOH	0.31	0.097

随着电解温度的升高，氢的析出电位经常降低，也就是氢离子放电更容易。这是由于

可逆电位会向正的方向移动以及超电位降低的缘故。超电位的温度系数，随着电流密度的增大而减小，并且对实际上通常采用的电流密度来说等于：

$$\frac{-\mathrm{d}(-\Delta\varepsilon_{\mathrm{H}})}{\mathrm{d}T}=0.002\sim0.003\mathrm{V}/℃。$$

表面活性物质的加入，对氢还原超电位所起影响可用由方程（15-168）导出的方程说明。如果考虑到 $z_{\mathrm{H}^+}=1$ 以及 $\varepsilon_{\mathrm{c}}^{0}$（$\mathrm{H}^+/\mathrm{H}_2$）$=0$，这个方程可表示如下：

$$-\Delta\varepsilon_{\mathrm{H}}=-\frac{RT}{\alpha F}\ln K_1-\frac{(1-\alpha)RT}{\alpha F}\ln a_{\mathrm{H}^+}+\frac{(1-\alpha)}{a}\varepsilon^*+\frac{RT}{\alpha F}\ln D_{\mathrm{K}} \qquad (15\text{-}207)$$

从式（15-207）可以看出：由于表面活性物质（被吸附在电极上）的加入而引起的 ε^* 电位的变化，使氢的还原超电位发生变化。视被电极吸附的离子的电荷符号而定，双电层分散部分的电位值可以向正的或负的方向变化。因此，氢的还原超电位可以由于吸附作用而增大或者减小。

溶液的 pH 值对氢离子还原超电位的影响，可用下列各关系来说明。

对酸性溶液来说，在 $\alpha=\frac{1}{2}$ 及 $T=298\mathrm{K}$ 时，根据方程（15-207）可导出

$$-\Delta\varepsilon_{\mathrm{H}}=\mathrm{const}+0.0591\mathrm{pH}+\varepsilon^*+0.1182\ln D_{\mathrm{K}} \qquad (15\text{-}208)$$

也就是说，在其他条件相同的情况下，酸性溶液中氢的超电位随着 pH 值增大而增大。

在碱性溶液中，决定氢的析出动力学的不是反应式（15-200）而是式（15-201）。很明显，在此情况下，不是氢离子 H^+ 在阴极上放电而是水分子还原，这里反应物在电极附近的活度与 ε^* 无关。双电层分散部分的电位跳跃 ε^*，只对决定过程速度（活化能）的双电层密集部分的电位跳跃（$\varepsilon_1^*=\varepsilon-\varepsilon^*$）的大小发生影响。因此，对碱性溶液来说，方程（15-168）中不应包括 $\mathrm{e}^{-\frac{z_{\mathrm{K}}F\varepsilon^*}{RT}}$ 一项，从而得到：

$$D_{\mathrm{K}}=K_1a_{\mathrm{H_2O}}\mathrm{e}^{-\frac{\alpha F(\varepsilon-\varepsilon^*)}{RT}} \qquad (15\text{-}209)$$

式中 $a_{\mathrm{H_2O}}$——与 ε^* 无关的水的活度。

考虑到 $\varepsilon=\varepsilon_{\mathrm{e}}+\Delta\varepsilon$ 以及 $\varepsilon_{\theta}=\frac{RT}{F}\ln a_{\mathrm{H}^+}$ 的关系，并把它们代入式（15-207）便可导出：

$$-\Delta\varepsilon_{\mathrm{H}}=-\frac{RT}{\alpha F}\ln K_1-\frac{RT}{\alpha F}\ln a_{\mathrm{H_2O}}+\frac{RT}{F}\ln a_{\mathrm{H}^+-\varepsilon^*}+\frac{RT}{\alpha F}\ln D_{\mathrm{K}} \qquad (15\text{-}210)$$

如果仍然设 $\alpha=\frac{1}{2}$ 和 $T=298\mathrm{K}$，并考虑到 $a_{\mathrm{H_2O}}$ 实际上为定值，则最后得到：

$$-\Delta\varepsilon_{\mathrm{H}}=\eta_{\mathrm{H}}=\mathrm{const}-0.0591\mathrm{pH}-\varepsilon^*+0.1182\ln D_{\mathrm{H}} \qquad (15\text{-}211)$$

由此可见，在碱性溶液中，超电位随着 pH 值增大而减小。这些规律性（见图 15-23）已经实验证实。从而，在其他条件相同的情况下，可得出以下结论：

（1）在酸性电解液中，为了减小氢的析出，也就是为了提高电流效率，应尽可能使 pH 保持更高的数值；

（2）对碱性电解液来说，为了减少氢的析出，必须使 pH 值尽可能的低。

15.3.2　金属在阴极上的析出

在湿法电化学冶金中，主要的阴极过程是欲提取的金属从含其离子的溶液中，在阴极上析出的过程。金属从溶液析出的过程大致由以下 3 个阶段组成：

（1）阳离子由溶液本体迁移到双电层中；

（2）放电过程，其时在双电层密集部分发生阴离子的脱水，并吸附在电极表面以及与电子结合而转变为原子；

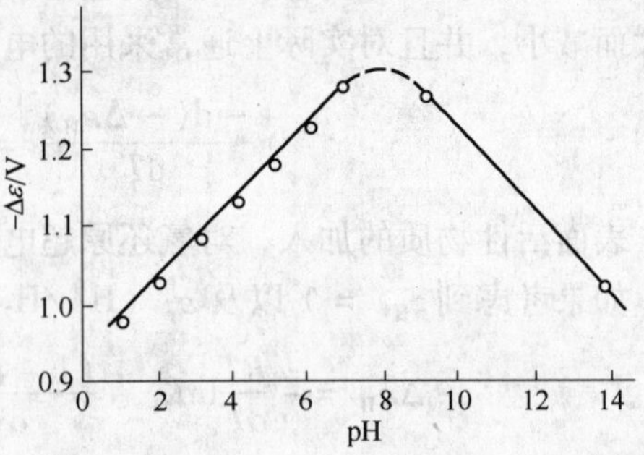

图 15-23　pH 值对氢析出超电位的影响
（$D_K = 10^{-4}$ A/cm² 在汞阴极上测出的实验数据）

（3）金属中性原子进入金属晶格中或者是生成新的晶核。

不同金属在阴极上析出的极化值，与其一系列的性质（交换电流的大小、零电荷电位的位置、表面状况等）有关，也可受电解条件（电解液的成分和温度等）的影响。

从图 15-24 和图 15-25 可以看出：诸如 Hg、Cu、Pb、Zn 等一类交换电流较大的金属的阳离子放电速度甚至在极化值很小的情况下都急剧增大，而为了提高交换电流小的铁族金属（Fe、Co、Ni）的阳离子放电速度，则要求更大的极化值。某些金属在电极上的交换值已在前面的表 15-1 中列出。

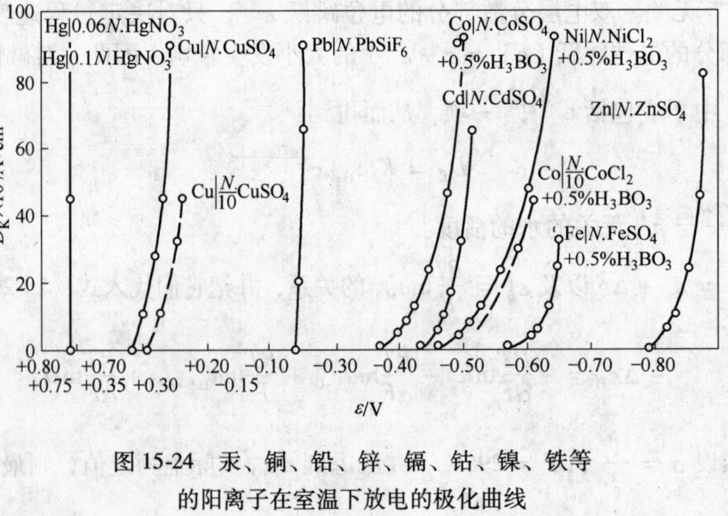

图 15-24　汞、铜、铅、锌、镉、钴、镍、铁等的阳离子在室温下放电的极化曲线

如果金属在溶液中呈诸如 $Cu(CN)_3^{2-}$、$Ag(CN)_2^-$、$Zn(CN)_4^{2-}$ 等配合离子形态存在，为了提高电流密度，亦即为了提高阴离子在阴极上还原的速度，甚至要求特别大的极化，如图 15-26 所示。

关于金属的简单离子和配合离子在阴极上还原的过程动力学，其中包括电化学动力学和扩散动力学，已在 15.2 节中进行过详细的理论分析，这里不再重复。下面讨论一下关于金属电结晶的问题，也就是关于阴极沉积物的生成机理及其结构问题。

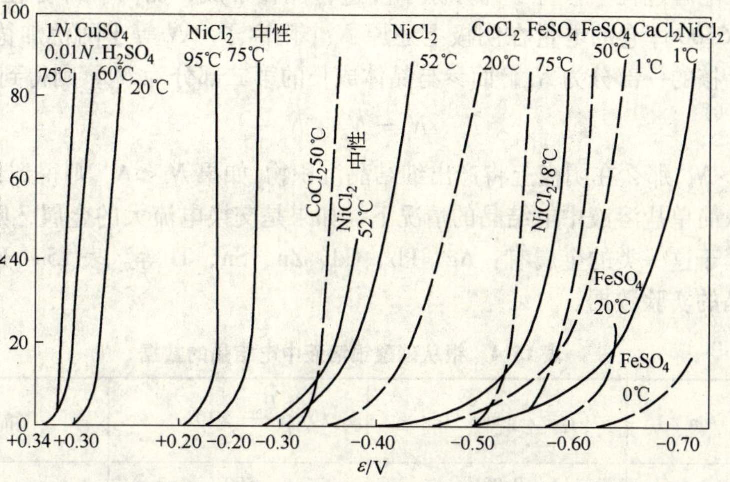

图 15-25　铜、镍、钴、铁等阳离子在不同温度下放电的极化曲线

在有色金属的水溶液电解过程中，要求得到致密平整的阴极沉积表面。前已述及，粗糙的阴极表面对电解过程产生不良的影响，因为这会降低氢的超电位和加速已沉积金属的逆溶解作用。此外，由于沉积表面不平而会产生许多凸出部分，容易造成电极之间的短路。所有这些影响的结果，都会引起电流效率降低。

如果电解条件不适当，便会产出一种海绵状的疏松沉积物。海绵状沉积物的生成是我们所不希望的，因为这种沉积物重熔时容易氧化而增大金属的损失。此外，在生成海绵状沉积物的情况下，电流效率会降低、电能消耗增大以及容易造成短路。因此，了解阴极沉积物形成的条件以及各种影响因素，对于研究采取措施以保证产出合乎质量要求的产物来说具有重要的意义。

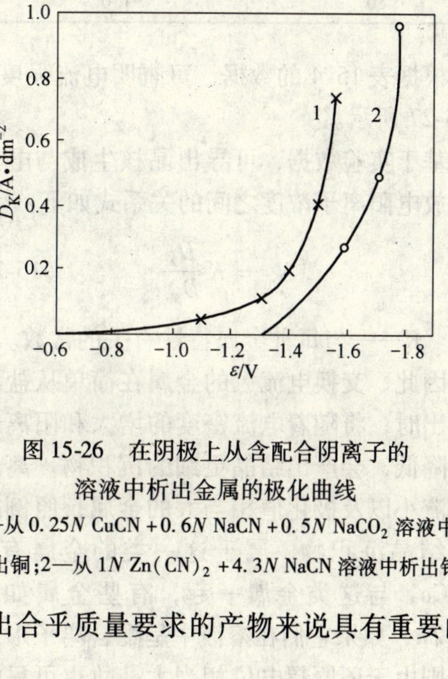

图 15-26　在阴极上从含配合阴离子的溶液中析出金属的极化曲线

1—从 0.25N CuCN + 0.6N NaCN + 0.5N $NaCO_2$ 溶液中析出铜；2—从 1N $Zn(CN)_2$ + 4.3N NaCN 溶液中析出锌

在阴极沉积物形成的过程中，有两个平行进行的过程：（1）晶核的形成；（2）晶体的成长。在结晶开始时，金属并不在阴极整个表面上沉积，而只是在对阳离子放电需要最小活化能的个别点上沉积。被沉积金属的晶体，首先在阴极主体金属晶体的棱角上生成。电流只通过这些点传送，这些点上的实际电流密度比整个表面的平均电流密度要大得多。

在靠近已生成晶体的阴极部分的电解液中，被沉积金属的离子浓度贫化，于是在阴极主体金属晶体的边缘上产生新晶核。分散的晶核数量逐步增加，直到阴极的整个表面为沉积物所覆盖时为止。

实际上在电解过程中，有一部分原子在进行晶核形成，而另一部分在进行晶体成长。因此，如果96500库仑的电量在阴极上还原 N 个阳离子（N 等于阿伏加德罗数除以价），那么设形成晶核的一部分为 N_n，而参与晶体成长的第二部分为 N_g，则得到：

$$N = N_n + N_g \tag{15-212}$$

如果 $N_n > N_g$，那么在阴极上将产出细结晶沉积物；如果 $N_n \ll N_g$，则得到粗结晶沉积物。

在金属从简单盐溶液中电结晶的情况下，如果是交换电流大的金属，则照例产出粗结晶沉积物。属于这一类的金属有：Ag、Pb、Cd、Zn、Sn、Tl 等。表 15-4 列出了银从硝酸溶液中电结晶的实验数据。

表 15-4　银从硝酸银溶液中电结晶的数据

$D_K \times 10^7/(A \cdot cm^{-2})$	$C_{AgNO_3}/(mol \cdot L^{-1})$	$\frac{D_K}{C_{AgNO_3}} \times 10^6$	晶　核　数
5	0.001	500	270
17	0.01	170	250
65	0.1	65	170
80	1.0	8	25

根据表 15-4 的数据，可查明电流强度和 $AgNO_3$ 浓度对形成的晶核数所起的影响，如图 15-27 所示。

基于实验数据，可导出晶核生成与电流密度和放电阳离子浓度之间的关系式如下：

$$N_n = K \frac{D_K}{D_{Me}} \tag{15-213}$$

式中　K——与每种金属特性有关的常数。

因此，交换电流大的金属在简单从盐溶液中析出时，将随着电流密度的增大和阳离子浓度的降低，会产出结晶更细的沉积物。离子交换电流小以及极化值相当大的金属，照例是形成细结晶沉积物。属于这一类的金属有 Fe、Ni、Co，与这类金属一起，有些金属如 Ag、Cu、Zn，如果它们在溶液中呈配合离子形态存在，则由于还原超电位相当大，故也可呈极细结晶沉积物形态析出。对这类情况来说，晶核数与极化值的关系似乎更具有特征：极化值愈大，沉积物析出的结晶颗粒便愈细。

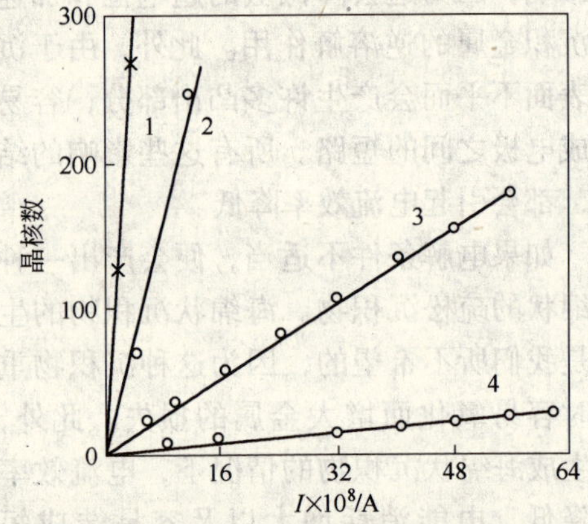

图 15-27　电流强度和 $AgNO_3$ 浓度对在 0.528mm² 阴极面积上形成的晶核数所起的影响

总的说来，已生成的晶体的成长和沉积物的结构与许多因素有关，其中对电解过程有影响的主要因素是：（1）电流密度；（2）电解液的温度；（3）溶液的搅拌；（4）氢离子的浓度；（5）添加剂的作用等等。

（1）电流密度的影响　在电流密度小的情况下，靠近已生成晶体的地方，由于扩散作用能及时补充由放电引起的离子减少，从而溶液中阳离子的贫化现象不甚显著，因此已生成的晶体能无阻地继续成长，结果得到由分散的粗粒结晶所组成的沉积物。

当电流密度高的时候，在晶体生成以后不久，靠近晶体部分的电解液就会发生局部贫化现象，晶体的成长暂时停止而产生新的晶核，在此情况下得到细结晶的沉积物。

然而，当电流密度很高时，阴极附近的电解液发生急剧的贫化现象，从而可能引起其他阳离子特别是引起氢离子开始强烈的放电，这时所得沉积物为松软和海绵状的物质，含有多量的氢气。极限电流密度是允许获得合乎要求的沉积物时的电流密度，如果温度愈高，放电阳离子的起始浓度愈高以及搅拌愈强烈时，也就是这些能导致靠近阴极的溶液尝试恢复的因素显得愈强烈时，则允许的极限电流浓度也可以愈高。但是，应考虑到，这种从获得致密沉积物的观点来看，所允许的更高的电流密度，可能造成其他缺点。因此，最适宜的电流密度应考虑到过程的所有其他条件来综合优化选定。

（2）温度的影响　温度的提高会引起溶液的许多性质改变：比电导提高、溶液中离子活度改变（通常为减小）、所有存在的离子的放电电位改变、金属析出和氢气放出的超电位都降低。在一些情况下，提高温度会导致溶液中胶状组织（如镍的氢氧化物等）的生成或消失。因为其中每一改变，同样地会影响阴极沉积物的特性，故温度的影响极为复杂，在不同情况下表现亦不相同。

应当注意到，作为一般规律的最重要的情况，即扩散随温度的提高而加速，这使得阴极附近溶液不易产生贫化层。此外，金属的超电位也降低。这两种情况都导致极化曲线有更陡峭上升的趋势。这能促使获得粗结晶和沉积物。因此，当温度提高时，必须采用提高了的电流密度，以使温度的影响变为不显著，以获得细结晶的沉积物。

氢的超电位随温度升高而降低，致使氢的析出变得容易（可是，对于需要高的超电位才析出的镍来说，超电位随温度升高而降低的程度比氢的超电位强烈得多，在此情况下氢的析出甚至会减弱）。氢在金属中的溶解度随温度升高而降低。因此，在高温度下，可能得到含氢低的沉积物。

同样可作为一般规律指出的是当温度升高时所得沉积物较为松软。

（3）搅拌的影响　搅拌溶液能使阴极附近的浓度均衡。因而使极化降低，极化曲线有更陡峭的趋势，所有这些情况都导致形成颗粒较粗的沉积物。在另一方面，搅拌电解液可以消除浓度的局部不均衡、局部过热等现象，可以提高电流密度而不会发生沉积物成块和不整齐的危险。电流密度的提高，也就可以消除由搅拌引起的粗晶性。

采用高的电流密度在工业上是有利的，因为这样可以加速过程的进行和减缩设备的容量。在此情况下，就必须加强电解液的循环。

（4）氢离子浓度的影响　氢离子的浓度或溶液的 pH 值是影响电结晶进行的极其重要因素。pH 值首先决定了在阴极过程中氢渗入晶体的分数。当然，这个分数是按照 pH 值的减小而增加的。根据 pH 值的大小，析出的氢原子在或大或小的程度上渗入到晶体中。例如，会在成长着的晶体组成中形成氢化物。这种情形也强烈地影响到整个电结晶过程和超电位上。此外，在通常有空气存在的电解过程中，或者由于水的氧化作用的结果，也可得到金属氢氧化物，这种氢氧化合物在某一 pH 值时变为不溶物，或者是呈胶体分散的形态或是呈悬浮的形态存在，具有被吸附在沉积晶体上的能力，沉积晶体的个别区域便可能直接被氧化。不管怎样的氧化物落到晶体的表面上，都强烈地影响到整个结晶过程的进行。例如，当氢离子活度足够大和当覆盖层发生的可能性小时，便可得到有光泽的、均匀的沉积物；当氢离子浓度降低（pH 值增大）时，则形成海绵状沉积物，不能很好地粘附到阴极上，有时甚至从阴极上掉下来。因此，调整 pH 值（缓冲作用），对于控制电结晶过程具有极其重要的意义。

（5）添加剂的影响　为了获得致密而平整的阴极沉积物，常常在电解液中加入少量作为添加剂的物质，如树胶、动物胶和硅酸胶以及 α-萘酚、苯磺酸、胺盐等表面活性物质。

在电解过程中，许多胶体添加剂可以看作是两性电解质。在 pH 值低的介质中，它们离解为阳离子［胶质根］$^+$与阴离子 OH^- 或 Cl^- 等，荷正电的胶质根向阴极转移，并在阴极上放电，对电解过程发生强烈的影响，在 pH 值高的介质中，则形成阴离子［胶质根］$^-$与阳离子 H^+、Na^+ 等，荷负电的胶质根便移向阳极，其影响甚小。

胶质微粒也可能使金属阳离子溶剂化，与它们一起向阴极转移，在阳离子放电后，便游离出来而被吸附在阴极上。

各种添加剂对于阴极沉积物质量的有利影响，在于胶质主要是被吸附在阴极表面的凸出部分，形成导电不良的保护膜，使这些凹入部分与阳极凸出部分之间的电阻增大。结果，使阴极表面上各点的电流分布均匀，所产出的阴极沉积物也就较为致密而平整。

15.3.3　阳离子在阴极上的共同放电

金属的还原常常由于有其他金属（杂质）或氢伴随还原而变得复杂化。金属的电解精炼（除去杂质）问题、电解沉积问题以及其他许多问题（如电镀）都与几种不同的阳离子同时还原的问题有关系。可以举出锌盐水溶液的电解作为例子，在此情况下就必须考虑锌与氢离子在阴极上共同放电的问题。

在几种离子共同放电的情况下，每种离子的还原速度相当于一定的电流密度 D_i。总的电流密度 D_K（即测出的电流强度除以阴极面积得到的商）等于所有在阴极上进行还原反应的电流密度之和，亦即

$$D_K = \Sigma D_i$$

15.3.3.1　金属离子与氢离子的共同放电

首先讨论有关阴极电流效率的基础理论问题。如果以 η_M 表示金属的阴极电流效率（以分数表示），显然可得到：

$$\eta_M = \frac{D_M}{D_K} \tag{15-214}$$

同理，氢的电流效率以下式表示：

$$\eta_H = \frac{D_H}{D_K} \tag{15-215}$$

如果只限讨论主要金属与氢的离子共同放电的问题，则

$$\eta_M + \eta_H = 1 \tag{15-216}$$

以式（15-215）除式（15-214）并将式（15-216）中的 η_H 代入，则得到：

$$\frac{\eta_M}{1-\eta_M} = \frac{D_M}{D_H} \tag{15-217}$$

利用式（15-217）可将金属和氢的离子在阴极上放电的速度与金属的电流效率联系起来。

为了便于说明问题，设锌或其他负电性金属与氢在一定条件下的极化曲线表示在图 15-28 中。

从图 15-28 可以看出：在所讨论的场合下，金属的平衡电位比氢的平衡电位更负。氢离子还原的超电位很大（曲线 2 的斜率大），这种情况可在锌从水溶液还原的场合下见到。

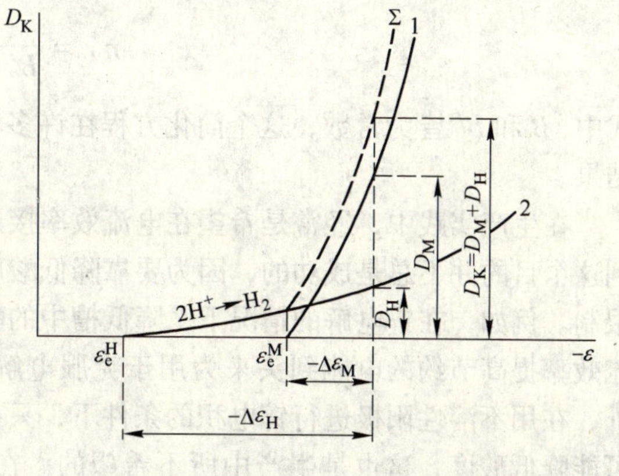

图 15-28 金属和氢离子共同还原的极化曲线
1—氢的极化曲线；2—金属的极化曲线；Σ—总的极化曲线

当电极电位比 ε_e^H 更正的时候，既没有氢也没有锌可能析出；如果电位取 ε_e^H 与 ε_e^M 之间的值，应只有氢析出，而金属仍不可能还原；在电位比 ε_e^M 更负的情况下，则金属和氢两者都可以析出。在这些条件下，$D_K = D_M + D_H$ 表示总电流密度的极化曲线，可由加和曲线 1 和 2 的纵坐标绘出（图中标出的虚线 Σ）。在工作阴极电位 ε 的条件下，金属和氢将分别以电流密度 D_M 和 D_H 实测的速度进行还原。这样一来，式（15-217）的关系也可根据图解法求得。

从图 15-28 可以看出：因为曲线 1 向上的走向比曲线 2 更陡，所以增大极化（电位 ε 向左移动）应导致析出金属的电流效率提高。如果通过实验，将对给定成分的溶液而言的极化曲线测出，则类似于图 15-28 上所示的图形，可用于定量地确定 D_M 与 D_H 之间的关系如何随电位 ε 的改变而改变。从图还可以看出：电流效率应与溶液成分——M^{2+} 和 H^+ 的浓度（活度）有关，改变 α_M^{2+} 和 α_{H^+} 可改变各自的平衡电位，从而改变各自极化曲线的位置。α_{H^+} 减小，亦即 pH 值增大，将使 ε_e^H 向更负的一方移动（在图上向右位移）；而增大 $\alpha_{M^{2+}}$ 则使 ε_e^M 向更正的一方移动（在图上向左移动）。

为了查明电流效率与各种电解参数（电位、温度、电解液成分等）的关系，必须知道这些因素是如何对金属和氢离子放电速度发生影响的。

有充分依据可证明：氢在大多数金属上析出时的极化基本上是由于离子放电阶段缓慢所致。金属析出时的极化也决定于离子的缓慢放电。因此，缓慢放电理论的基本方程对反应速度（电流密度）应该是正确的。这样一来，将金属和氢离子缓慢放电方程（参阅式(15-166)）在此进行简化，设 $\varepsilon^* = 0$，将其代入式（15-217），并注意到 $z = 1$ 以及 α_M 和 α_H 在一般情况下不相等，而且电位 ε 在两个速度方程中是一样的，因为这个电位是两个还原过程同时在其上进行的阴极电位。从而，可导出金属的阴极电流效率 η_M 与阴极电位、溶液中的离子活度、温度以及动力学系数 α 的关系式如下：

$$\frac{\eta_M}{1 - \eta_M} = \frac{K_M a_{M^{2+}}}{K_H a_{H^+}} e^{-\frac{(z_M\alpha_M - \alpha_H)F\varepsilon}{RT}} \tag{15-218}$$

上式已在许多场合下得到定量的证实。该式表明：在其他条件相等的情况下，氢离子在酸性溶液中的活度增大会使金属的电流效率降低。

如果阴极上占优势的电位是决定于金属离子的放电过程，而金属和氢的离子活度系数变化不大并可认为是常数，那么式（15-218）中唯一的变量是酸的浓度。这样，式

(15-218) 可改写为以下的形式：

$$\eta_M = \frac{B}{B' + C_{H^+}} \tag{15-219}$$

式中，B 和 B' 皆为常数，这个简化方程在许多场合下得出与实验数据相符合的令人满意的结果。

在生产实践中，经常是希望在电流效率接近于1的条件下进行电解过程。但是，要达到这个目的并不总是成功的，因为要靠降低酸度来提高电流效率实际上受到一系列因素的限制。例如，在锌电解的情况下，降低槽中的酸度会伴随着溶液比电导的降低，从而由电流效率提高节约的电能到头来为用于克服电解液电阻升高而额外消耗的电能所抵消。此外，在用不溶性阳极进行锌电积的条件下，只有靠提高电解液的流速或者降低装槽量才有可能降低酸度，这也是生产中所不希望的。在镍电解的情况下，特别是在未加入缓冲剂时，要使酸度降低到低于一定的值，这将导致在阴极处形成胶体颗粒，而使沉积物夹杂着氢氧化物。

提高电解液中金属离子的活度，如式 (15-218) 所示，将会使金属的电流效率提高。从定性上讲，这个原理在生产实践中是大家所熟知的，而在定量上却尚未得到验证。

然而，为了提高主要金属离子的活度而提高它在电解液中的浓度，也受到几点理由的限制：第一，由电解液泄漏而造成的不可回收的损失增大；第二，未完成生产（电解液中）的金属量增大。从经济的观点看来，含在电解液中的金属愈少愈好。但是这个趋势受到电流效率的降低以及阴极沉积物质量变坏的制约。因此，在实践中，通常要根据实验来确定主要金属在电解液中最佳的浓度，其中包括对每个具体情况综合地考虑到上述各种因素。

关于电极电位（电流密度）对金属电流效率所起影响的问题是比较复杂的。随着电流在阴极上的提高，阴极电位总是向更负的一方移动；相反，电流密度的降低会使电位向正的一方位移。因此，要一方面讨论电极电位对电流效率的影响，另一方面也同时涉及到电流密度对电流效率的影响。

对方程 (15-218) 的分析表明：电位向负的一方移动可导致阴极电流效率提高或降低或者也可以对电流效率不起影响。实际上，如果 $\alpha_M z_M > \alpha_H$，亦即如果金属的极化曲线向上升起比氢的极化曲线更陡（见图15-28）则 $(\alpha_M z_M - \alpha_H) > 0$，并由于阴极电位为负 ($\varepsilon < 0$)，故方程(15-218)的指数为正。因此，随着阴极电位（电流密度）升高，金属的电流效率将增大，这一点已在镍和锌等金属的电解过程得到证实。相反，如果 $\alpha_M z_M < \alpha_H$（金属的极化曲线比氢的极化曲线更倾斜）（参见图15-29），则 $(\alpha_M z_M - \alpha_H) < 0$，而指数为负。因此，电流密度的升高将导致金属的电流效率降低。这种情况对金属的还原来说是非常不利的。最后，如果 $\alpha_M z_M = \alpha_H$，则指数变为零，而整个指数项变为1，在这种

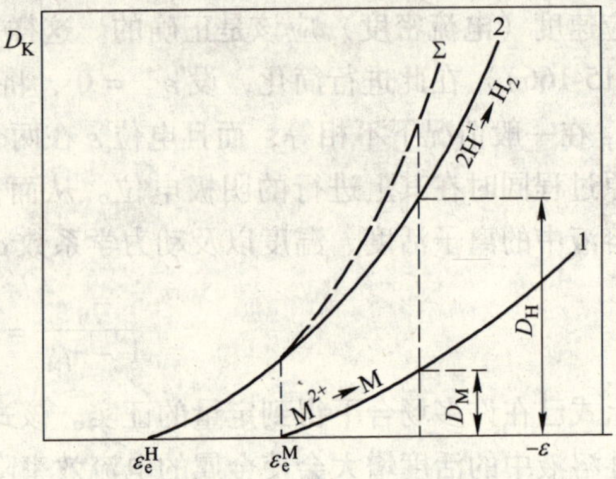

图 15-29　在 $\alpha_M z_M < \alpha_H$ 的条件下对金属和氢的共同还原而言的极化曲线

特殊情况下，金属的电流效率变得与阴极电流密度和电位无关。

为了分析温度的影响，必须将方程式（15-218）改写为以下形式：

$$\frac{\eta_{M}}{1-\eta_{M}}=\frac{K_{M}a_{M^{2+}}}{K_{H}a_{H^{+}}}e^{-\frac{|(W_{M}^{0}+\alpha_{M}F\varepsilon)-(W_{H}^{0}+\alpha_{H}F\varepsilon)|}{RT}} \tag{15-220}$$

从上式可以看出：温度的影响也可能是多种多样的，不仅与电位对金属和氢离子放电过程活化能的影响程度有关，而且与这些过程在表面零电荷电位下的活化能大小也有关。

如果（$W_{M}^{0}+\alpha_{M}F\varepsilon$）>（$W_{H}^{0}+\alpha_{H}F\varepsilon$），则式（15-220）中的指数为负值，从而电流效率随着温度升高而增大，这种情况可在铁族金属电解时见到；相反的，如果（$W_{M}^{0}+\alpha_{M}F\varepsilon$）<（$W_{H}^{0}+\alpha_{H}F\varepsilon$），则指数为正值，从而电流效率随着温度升高而降低，例如在锌的电积过程中便遇到这种情况；最后，如果指数的分子等于零，则在这种特殊情况下电流效率将与温度无关。

以上所列举的各种简化关系式，在氢和金属的离子放电速度仅决定于放电阶段缓慢的情况下是正确的。不过，在这一类极化上也往往会重叠发生浓差极化。

浓差极化在工业电解析出金属的过程中，由于金属盐的浓度为 1～2mol，而电流密度约为每平方米几百个安培，通常是不大的，也可略去不计。但是，浓差极化在接近中性的溶液中析出氢的情况下则可能相当大。

如果单位时间内由电流迁移的氢离子或氢氧化物的数量小于在阴极上析出的氢原子的数量，那么紧靠阴极的电解液层便不可避免地会开始碱化；相反，如果氢离子的供应速度大于放电速度，则阴极层中的电解液会酸化。阴极层中 pH 值的变化，必然会牵涉到力求使溶液本体和阴极层中离子活度均衡化的扩散过程。如果扩散速度不能使溶液本体和阴极层中的浓度均衡，则在以恒定电流密度进行长期电解时，要建立起与氢在阴极上析出速度等于氢离子向阴极输送速度相适应的稳定状态，便既要计算电迁移又要计算对流扩散。随着电流密度升高，阴极层中和溶液本体 pH 值之差应该增大，这个与溶液成分有关的差值，或者可能达到一定的极限，或者是继续增大。在纯酸溶液中，碱化显然不可能达到大于 7 的 pH 值。在不形成难溶氢氧化物或碱式盐的碱和金属盐溶液中，碱化原则上限制在以碱使溶液饱和。在这里，限制因素实际上可能是电解液由于在阴极上析出的氢，而发生剧烈搅动的作用。

但是，如果溶液中存在的金属离子形成难溶的氢氧化物或盐，则碱化受到一定限度的限制，这个限度等于在阴极层中金属离子给定溶液浓度下形成难溶盐的 pH 值。

电解过程发生的阴极层酸化作用，在氢离子供应速度不等于其放电速度以前一直增大。电解液阴极层中酸度的变化，当然要在氢离子放电速度上反映出来，因为在方程式(15-166)中有氢离子的活度一项。

前面已提到，双电层的结构，或者更准确地说，双电层紧密部分与吸附和扩散电位降之间的电位降分布，对决定于离子缓慢放电的电极反应速度有很大的影响。在实际采用浓溶液进行电解的场合下，扩散电位降影响很小。但是，由于表面活性离子或分子所引起的吸附电位降，却可能对金属和氢在阴极上析出速度的相互关系起着很大的影响。

如果考虑到吸附电位（即在距阴极表面的一个离子半径处的电位），那么氢和金属的离子共同放电的方程不用式（15-218），而改用下式表示：

$$\frac{\eta_M}{1-\eta_M}=\frac{K_M a_{M^{2+}}}{K_H a_{H^+}}e^{-\frac{|(\alpha_M z_M-\alpha_H)F\varepsilon-(z_M\beta_M-\beta_H)F\varepsilon^*|}{RT}} \tag{15-221}$$

其推导则根据式（15-168）及式（15-217）进行。对讨论在恒定的其他各条件下的过程来说，式（15-221）可以写为以下的对数式：

$$\ln\frac{\eta_M}{1-\eta_M}=\text{const}-\varepsilon^*\left[\frac{F}{RT}(z_M\beta_M-\beta_H)\right] \tag{15-222}$$

从上式可以看出：吸附电位 ε^* 的形成可以对电流的分布发生强烈的影响。视 ε^* 的符号及 $(z_M\beta_M-\beta_H)$ 的差值而定，在添加表面活性物质时的电流效率或是增大，或是减小或是保持不变。这个效应，譬如说可在镍电解中添加表面活性氯离子时清楚地表现出来，如图 15-30 所示。阴离子的特殊吸附作用，导致二价金属的电流效率提高，因为 $(z_M\beta_M-\beta_H)>0$，而 ε^* 在阴离子吸附时带负号。添加表面活性阳离子，则由于 ε^* 为正，故使二价金属的电流效率降低。这一点也可从式(15-222)看出。

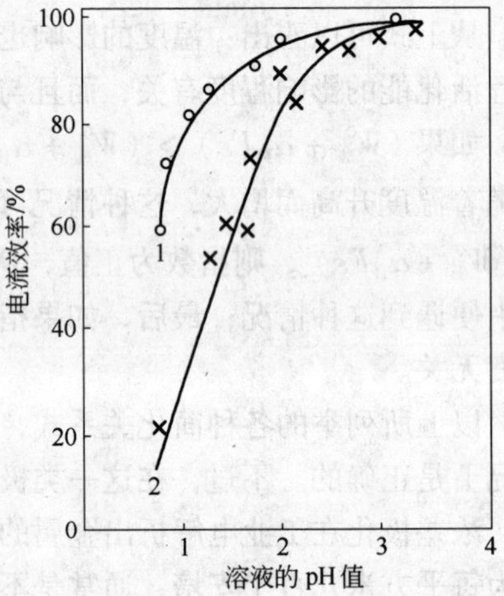

图 15-30　镍的电流效率与 pH 值及氯离子浓度的关系

1—加有表面活性氯离子；2—未加入添加剂

如果知道了交换电流密度（D_0）的值，则可利用式（15-164）通过以下推导求出电流效率。根据式（15-164）得到：

$$\Delta\varepsilon_M=-\frac{RT}{\alpha_M z_M F}\ln\frac{D_M}{D_0^M},$$

以及

$$\Delta\varepsilon_H=-\frac{RT}{\alpha_H F}\ln\frac{D_e^H}{D_0^H}。$$

简化这些方程，设 $\alpha_M=\alpha_H=\frac{1}{2}$。这个简化只可能带来较小的误差，因为 α_M 和 α_H 相互很接近，并接近于1/2。从而，得到：

$$\Delta\varepsilon_M=-\frac{2RT}{z_M F}\ln\frac{D_M}{D_0^M} \tag{15-223}$$

$$\Delta\varepsilon_H=-\frac{RT}{F}\ln\frac{D_e^H}{D_0^H} \tag{15-224}$$

式中，$\Delta\varepsilon_M$ 和 $\Delta\varepsilon_H$ 是不同的量，但是过程进行的电位对两个反应来说却是一样的。因此

$$\varepsilon=\varepsilon_e^M+\Delta\varepsilon_M=\varepsilon_e^H+\Delta\varepsilon_H$$

将式（15-223）和式（15-224）以及 25℃下各有关常数值代入上式，便可导出以下关系：

$$\lg\frac{D_H}{(D_M)^{\frac{1}{z_M}}}=\frac{\varepsilon_0^H-\varepsilon_0^M}{0.1182}+\lg\frac{D_0^H}{(D_0)^{\frac{1}{z_M}}} \tag{15-225}$$

上式可用于计算 D_H/D_M 比值，也就是求得消耗于析出氢的电流分数。

现以锌从硫酸锌溶液中的还原过程作为例子。设溶液含锌 0.25mol/L，并以硫酸酸化至 pH =0。在此情况下，$\varepsilon_e^{Zn} \approx -0.78V$，$\varepsilon_e^H = 0$；在这种溶液中，锌的交换电流 $D_0^{Zn} = 10^{-5}A/cm^2$，氢在锌上的交换电流 $D_0^H = 10^{-11}A/cm^2$。将这些数据代入式（15-225），得到：

$$D_H = 10^{-1.9}(D_{Zn})^{\frac{1}{2}}$$

若取 $D_{Zn} = 100A/m^2$。得到 $D_H = 10^{-0.9}A/m^2$，约为 D_{Zn} 的 0.13%。知道了 D_H 和 D_{Zn} 以后，便可利用式（15-217）求得 η_{Zn}。

最后还应该指出：如果在阴极上析出能溶解原子氢的金属，则会发生金属吸收氢的作用。例如，在用电解法制取铁时，发现铁中含有达 9.2%（原子）的氢。金属吸收氢的作用可造成晶格严重变形并使金属的机械性质急剧变坏。后续的加热能除去大部分吸收的氢。由水溶液电解产出的铁和镍的电化学行为与重熔除氢后的同一金属的行为显著不同。

15.3.3.2 主要金属离子与杂质金属离子的共同放电

两种金属在阴极上共同还原的相互关系，从定性上讲，与上面讨论过的有关金属和氢共同析出的情况基本相类似。有一点不同的是：两种金属的共同还原无疑会导致在阴极上形成合金。所产合金的结构决定于体系的状态图，当然也与各种金属在合金时的含量有关。

我们知道，反应 $M^{z+} + ze = M$（纯）的 $\varepsilon_e^M = -\dfrac{\Delta G_1}{zF}$。但在形成合金的情况下，离子开始还原的电位 ε_e'（有关文献中也将这个电位称为金属在合金中的平衡电位）与 ε_e^M 不一样。在此情况下，反应可表示如下：

$$\left.\begin{array}{ll} M^{z+} + ze = M(纯) & \Delta G_1 \\ \underline{M(纯) = M(合)} & \underline{\Delta G_2} \\ M^{z+} + ze = M(合) & \Delta G = \Delta G_1 + \Delta G_2 \end{array}\right\} \text{两式相加}$$

从而

$$\varepsilon_e' = \frac{-\Delta G}{zF} = \frac{(\Delta G_1 + \Delta G_2)}{zF}$$

由于形成合金时总有能量放出，亦即 $\Delta G_2 < 0$，故 $\varepsilon_e' > \varepsilon_e^M$。当阴极电位比 ε_e' 更负时，就可能发生金属伴随形成合金的还原过程，金属相互作用的亲和力愈大，它们共同放电就愈益容易。

碱金属离子在汞阴极上的还原可作为一个典型的例子。如果按照析出纯态金属的电位关系来判断，负电性很大的碱金属似乎不可能在汞阴极上析出。但事实上由于这些金属对汞的亲和力很大，它们的还原电位显著地向正一方移动，故可在汞阴极上呈合金形态析出，在采用固体金属作阴极的电解过程中，也有类似情况发生，锌在铁族金属电解中在阴极上析出，就是一个实例。应该指出：上述原理无论对理论研究或生产实践都具有重要意义。

下面利用极化曲线讨论某些金属共同还原的问题。设溶液含 M_i^{2+} 离子多，而含 M_i^{2+}（杂质）离子少。金属 M_i 比 M 更正电性（见图 15-31）。在阴极电位 ε 下，金属 M_i 在极限电流条件下还原，而 M（曲线 1）由于离子的浓度高，故离极限电流尚远。在此情况下，提高极化应该使金属 M 的电流效率增大，因为 M_i 离子的还原速度不可能更大地升高。如果金属 M 在电化学动力学区还原，而 M_i 在极限电流条件下还原，则增大溶液的流速可使金属 M_i 极限电流提高（曲线 2 的位置向上移动），但不能改变金属 M 的还原速度。这样会导致金属 M 的电流效率降低。

对两种以上更多的阳离子共同还原的更为复杂的情况，也可用类似方法进行分析，这里不再讨论。从冶金原理的观点看来，讨论关于杂质金属在阴极沉积物中的含量问题具有重要的意义。

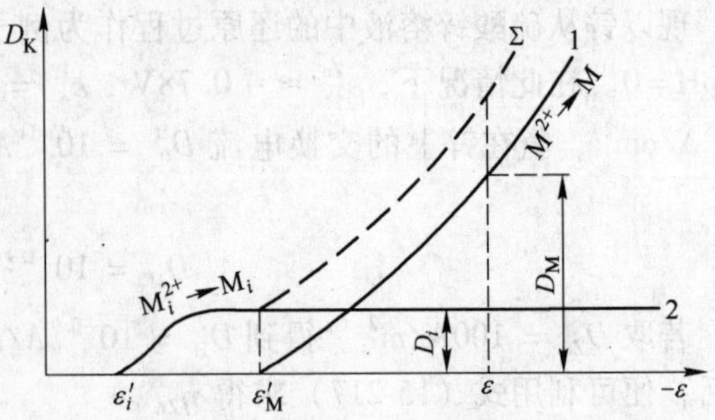

图 15-31　两种金属共同还原的极化曲线

设第 i 种杂质在阴极沉积物中的含量（%）为 $[M_i]$。若考虑到 $D_M > D_{Mi}$，则 $[M_i]$ 可表示为：

$$[M_i] = \frac{D_i 100}{D_M} = \frac{D_i 100}{\eta_M D_K} \tag{15-226}$$

为了便于讨论问题，可把共同放电的规律分成以下 4 个类型：

(1) 杂质的析出决定于扩散阶段，而主要金属的析出决定于放电阶段；

(2) 杂质和主要金属的析出均决定于扩散阶段；

(3) 杂质和主要金属的析出均决定于放电阶段；

(4) 杂质的析出决定于放电阶段，主要金属的析出决定扩散阶段。

在第一种类型中，杂质的析出决定于扩散阶段，也就是说第 i 杂质的放电在极限电流密度下进行，从而 D_i 可表示如下：

$$D_i = D_{i(c)} = zFC_i\frac{K_d}{\delta} = K_c C_i \tag{15-227}$$

式中　K_c——对流扩散速度常数；

C_i——第 i 种离子在溶液中的浓度。

将式（15-227）代入式（15-226）得到

$$[M_i] = \frac{K_c C_i 100}{\eta_M D_K} \tag{15-228}$$

从上式可以看出：

在遵循第一类共同放电规律的情况下，杂质在电解液中的浓度愈高，那么它在阴极沉积物中的含量愈大。所有提高对流扩散速度的因素，其中包括温度的提高和溶液循环速度的增大等因素，都会使主要金属含杂质更多。相反，提高阴极电流密度和电流效率则可提高金属的纯度。这些基本关系的图示见图 15-32。

主要金属愈负电性和它放电的极化值愈大，则杂质在阴极电流下放电的机会便愈多。例如，在镍电解时，诸如铜、铅、镉、钴和锌等按各自电化学性质不相同的杂质，都是在极限电流下放电，只有在锰作为杂质在阴极上沉积的情况下，杂质的析出速度才决定于放电缓慢阶段。相反，在锡电解时，只有铜是在极限电流下析出。

从式（15-228）还可得出两条非常重要的结论。已经证实：几乎所有二价金属的对流扩散速度常数实际上可认为是相等的。这样，既然式（15-228）中没有其他说明个别杂质本性的变量，所以应该指出各种在极限电流下放电的杂质夹入金属的程度，在其他条件相同的情况下，对所有杂质来说都是一样的。此外，式（15-228）未含有决定于主要金属特性的变量，因此，主要金属的本性及其浓度对阴极沉积物的夹杂程度不应该发生影响。

在第二种类型中，应该指出，对［M_i］来说，其表达式与第一类放电规律相同，亦即式（15-228）对第二种情况也是正确的。

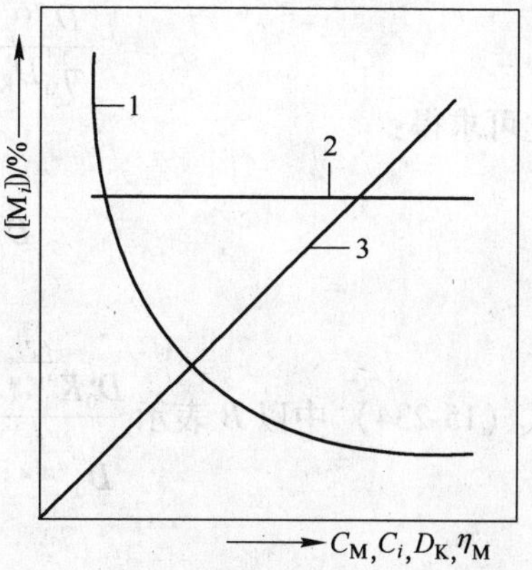

图 15-32 极限电流下放电的杂质在阴极沉积物中的含量与各种因素的基本关系示意图
1—［M_i］$= f(D_K, \eta_M)$；2—［M_i］$= f(C_M)$；3—［M_i］$= f(C_i)$

对遵循第三种类型放电规律的各种过程来说，［M_i］与一系列因素的关系式要经过相当复杂的推导才求得。现来分析这个问题。

为了求出［M_i］，必须确定 D_i 和 D_M 与一系列因素的关系。考虑到在共同放电时 $\varepsilon_M = \varepsilon_i$，从而得到：

$$\varepsilon_M^0 + \frac{RT}{\alpha_M z_M F}\ln C_M - \frac{RT}{\alpha_M z_M F}\ln\frac{D_M}{D_0^M}$$

$$= \varepsilon_i^0 + \frac{RT}{\alpha_i z_i F}\ln C_i - \frac{RT}{\alpha_i z_i F}\ln\frac{D_i}{D_0^i} \tag{15-229}$$

以 $RT/(\alpha_M z_M F)$ 去除式（15-229），则求得：

$$\frac{\alpha_M z_M F}{RT}\varepsilon_M^0 + \ln C_M - \ln D_M + \ln D_0^M = \frac{\alpha_M z_M F}{RT}\varepsilon_i^0 + \frac{\alpha_M z_M}{\alpha_i z_i}\ln C_i - \frac{\alpha_M z_M}{\alpha_i z_i}\ln D_i + \frac{\alpha_M z_M}{\alpha_i z_i}\ln D_0^M \tag{15-230}$$

对式（15-229）进行整理，可找出：

$$\frac{C_M D_0^M}{D_M}e^{\frac{\alpha_M z_M F\varepsilon_M^0}{RT}} = \frac{C_i^{\frac{\alpha_M z_M}{\alpha_i z_i}} D_0^{i\frac{\alpha_M z_M}{\alpha_i z_i}}}{D_i^{\frac{\alpha_M z_M}{\alpha_i z_i}}}e^{\frac{\alpha_i z_i F\varepsilon^0}{RT}} \tag{15-231}$$

由此可导出：

$$\frac{D_i^{\frac{\alpha_M z_M}{\alpha_i z_i}}}{D_M} = \frac{C_i^{\frac{\alpha_M z_M}{\alpha_i z_i}} D_0^{i\frac{\alpha_M z_M}{\alpha_i z_i}}}{C_M D_0^M}e^{\left[\frac{\alpha_M z_M F}{RT}(\varepsilon_i^0 - \varepsilon_M^0)\right]} \tag{15-232}$$

以 K 表示式（15-232）右边的整个指数项和以 $\eta_M D_K$ 表示式中的 D_M，则得到：

$$\frac{D_i^{\frac{\alpha_M z_M}{\alpha_i z_i}}}{\eta_M D_K} = \frac{C_i^{\frac{\alpha_M z_M}{\alpha_i z_i}} D_0^{i\frac{\alpha_M z_M}{\alpha_i z_i}} K}{C_M D_0^M} \tag{15-233}$$

由此可求得：

$$D_i = \frac{C_i(\eta_M D_K)^{\frac{\alpha_i z_i}{\alpha_M z_M}} D_0^i K^{\frac{\alpha_i z_i}{\alpha_M z_M}}}{C_M^{\frac{\alpha_M z_M}{\alpha_i z_i}} D_0^{M\frac{\alpha_M z_M}{\alpha_i z_i}}} \tag{15-234}$$

在式（15-234）中以 B 表示 $\frac{D_0^i K^{\frac{\alpha_i z_i}{\alpha_M z_M}}}{D_0^{M\frac{\alpha_i z_i}{\alpha_M z_M}}}$，则得到：

$$D_i = \frac{BC_i(\eta_M D_K)^{\frac{\alpha_i z_i}{\alpha_M z_M}}}{C_M^{\frac{\alpha_i z_i}{\alpha_M z_M}}} \tag{15-235}$$

将式（15-235）代入式（15-226）便可求得：

$$[M_i] = \frac{100BC_i(\eta_M D_K)^{\frac{\alpha_i z_i}{\alpha_M z_M}}}{C_M^{\frac{\alpha_i z_i}{\alpha_M z_M}} \eta_M D_K} \tag{15-236}$$

从而，最后导出第3类型规律中 $[M_i]$ 与一系列因素的关系式如下：

$$[M_i] = \frac{100BC_i(\eta_M D_K)^{\frac{\alpha_i z_i}{\alpha_M z_M}-1}}{C_M^{\frac{\alpha_i z_i}{\alpha_M z_M}}} \tag{15-237}$$

式中　B——与杂质和主要金属本性有关的常数。

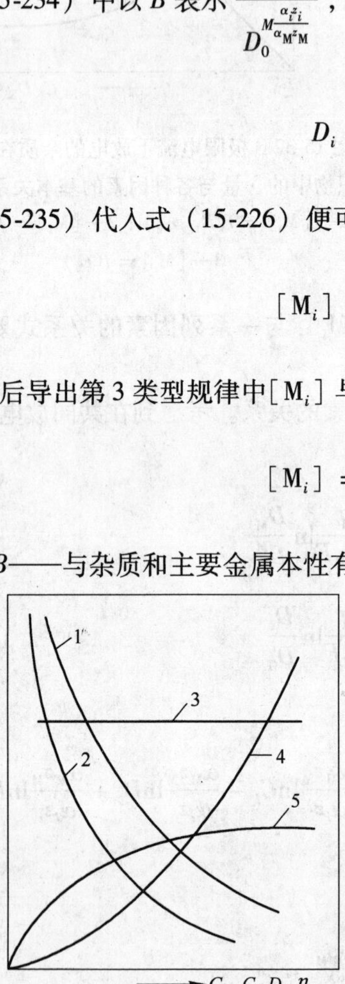

图 15-33　在杂质和主要金属的析出均决定于放电阶段的规律下杂质在阴极沉积物中的含量与各种因素的基本关系示意图

1—$[M_i] = f(C_M)$；2—$[M_i] = f(D_K, \eta_M)$，当 $\alpha_i z_i < \alpha_M z_M$ 时；3—$[M_i] = f(D_K, \eta_M)$，当 $\alpha_i z_i = \alpha_M z_M$ 时；4—$[M_i] = f(D_K, \eta_M)$，当 $\alpha_i z_i > \alpha_M z_M$ 时；5—$[M_i] = f(C_i)$

方程式(15-237)指出了 $[M_i]$ 与电流效率的关系。在其他条件相等的情况下，如果 $\alpha_M z_M > \alpha_i z_i$，则 $[M_i]$ 随着电流效率的升高而降低；如果 $\alpha_M z_M < \alpha_i z_i$ 则增大。若 $\alpha_M z_M = \alpha_i z_i$，则阴极沉积物的夹杂程度与电流效率无关。

从式（15-237）可以看出：随着溶液中杂质浓度升高，阴极沉积物中的杂质含量会增大；而随着主要金属在电解液中的浓度升高，在其他条件相等的情况下，$[M_i]$ 或多或少地迅速降低。

电流密度的影响可能是不相同的，如果 $\alpha_M z_M = \alpha_i z_i$，则 $[M_i]$ 与电流密度无关。而如果 $\alpha_M z_M < \alpha_i z_i$，则随着电流密度升高 $[M_i]$ 将增大。最后，如果 $\alpha_M z_M > \alpha_i z_i$，则 $[M_i]$ 随着电流密度升高而降低。

所有以各种关系，可用图 15-33 表明清楚。

应该指出：如果主要金属和杂质金属的价

相同，譬如说都是 2 价，那么式（15-237）中的指数值，仅决定于动力学系数的比值 α_i/α_M。

还应该指出：已经证明，锡电解时某些杂质的析出以及镍电解时锰的夹杂都可以作为遵循第 3 类型共同放电的规律的实例。

在第 4 类型共同放电的规律中，经过推导可求得［M_i］的表示式如下：

$$[M_i] = \frac{100B'C_i}{\eta_M D_K C_M^{\frac{\alpha_i z_i}{\alpha_M z_M}}} \tag{15-238}$$

式中　B'——常数。

在此情况下，从等式 $\varepsilon_i = \varepsilon_M$ 出发，根据以下原始方程

$$\varepsilon_1^0 + \frac{RT}{\alpha_i z_i F}\ln C_i + \frac{RT}{\alpha_i z_i F}\ln D_0^1 - \frac{RT}{\alpha_i z_i F}\ln D_1 = \varepsilon_M^0 + \frac{RT}{z_M F}\ln C_M + \frac{RT}{z_M F}\ln\left(1 - \frac{D_K}{K_C C_M}\right)$$

式中，求得 D_i，而后将 D_i 的关系式代入式（15-226），最后经过整理便可导出式（15-238）。这类规律的示意图如图 15-34 所示。

从式（15-238）可以看出：金属的纯度将随着杂质浓度 C_e 的升高和主要金属浓度 C_M 的减小而降低。不过，阴极沉积物中杂质的含量是 C_M 的指数函数。

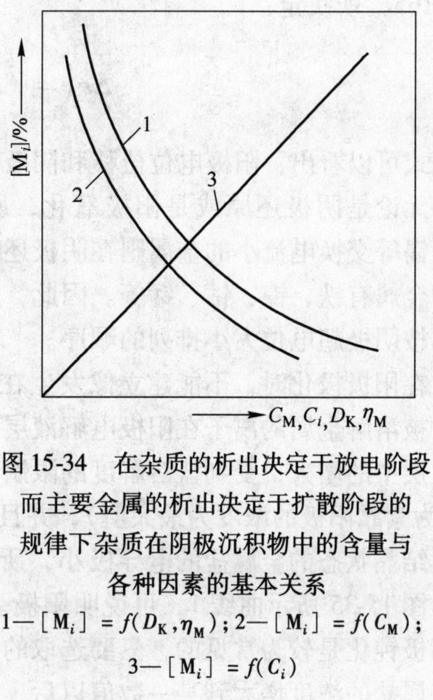

图 15-34　在杂质的析出决定于放电阶段而主要金属的析出决定于扩散阶段的规律下杂质在阴极沉积物中的含量与各种因素的基本关系

1—［M_i］$= f(D_K, \eta_M)$；2—［M_i］$= f(C_M)$；3—［M_i］$= f(C_i)$

15.4　阳极过程[1,2,6,8,12]

无论是电解精炼过程还是电解沉积过程，都不可避免会联系到分别在各个电极上进行的阳极反应和阴极反应。因此，为了掌握电解过程，就必须对说明阴极反应和阳极反应特征的各种规律进行研究和了解。此外，还常常遇到不少阳极过程具有重要意义的场合，并可举出硫化物（或其他半产品）阳极的电化学溶解以及溶液中某些离子的阳极氧化等作为例子。

在水溶液中可能发生的阳极反应，可分成以下几个基本类型：

（1）金属的溶解：

$$M - ze \longrightarrow M^{2+} \quad （在溶液中） \tag{15-239}$$

（2）金属氧化物的形成：

$$M + zH_2O - ze = M(OH)_z + zH^+ = MO_{\frac{z}{2}} + zH^+ + \frac{z}{2}H_2O \tag{15-240}$$

（3）氧的析出：

$$2H_2O - 4e = O_2 + 4H^+ \tag{15-241}$$

或

$$4OH^- - 4e \longrightarrow O_2 + 2H_2O \tag{15-242}$$

（4）离子价升高：

$$M^{2+} - ne \longrightarrow M^{(z+a)+} \tag{15-243}$$

（5）阴离子的氧化：

$$2Cl^- - 2e \longrightarrow Cl_2 \tag{15-244}$$

$$S^{2-} - 2e \longrightarrow S \tag{15-245}$$

$$S^{2-} + 4H_2O - 8e \longrightarrow SO_4^{2-} + 8H^+ \tag{15-246}$$

下面将分别对有关各种阳极反应的基本原理进行分析和讨论。

15.4.1　金属的阳极溶解

金属转为离子状态的过程本身以终端速度进行，电位位移与电流密度的关系由式（15-165）所决定：

$$\Delta\varepsilon_A = (\varepsilon - \varepsilon_e) = \frac{RT}{\beta z_K F}\ln\frac{D_A}{D_0}$$

由上式可以看出：阳极电位位移和阴极电位位移一样，与交换电流有关。交换电流大的金属，无论是阴极还原或是阳极氧化，所需极化都很小。作为例子，可举出银、铜、锌、镉、锡等交换电流小的金属则在阴极还原和在阳极氧化时皆须加以强烈极化。属于这类情况的金属有铁、镍、钴、锰等。因此，金属按阳极极化（超电位）大小排列的顺序类似于金属按阴极超电位大小排列的顺序。

在阳极极化时，不能建立像发生在阴极过程那样的浓度极限电流。随着电流密度升高，被溶解金属的离子在阳极电解液层中的活度（浓度）应该连续地增大。金属盐浓度在阳极层中的增大，受到盐溶解度的限制。达到溶解度极限后，盐便开始在阳极表面上结晶（因为紧靠阳极的浓度为最大值），并且阳极表面迅速被一致密薄盐层覆盖着。

结晶状态的金属盐的电导极小，所形成的薄盐层将阳极与电解液隔离，阻止电流通过。图 15-35 所示曲线 1，可说明阳极受盐钝化时，极化曲线走向的情况。应该指出：这类阳极钝化是较为常见的，只要选取的阳极电流密度比较大。对许多金属来说，随着溶液中金属盐的浓度增大到某一数值以后，电导便显著降低。在这些情况下，阳极层中盐浓度的增大可导致盐的电阻，在溶液被盐饱和以前就显著升高，结果在极化曲线上出现独特的极限电流的线段，如曲线 2 所示。

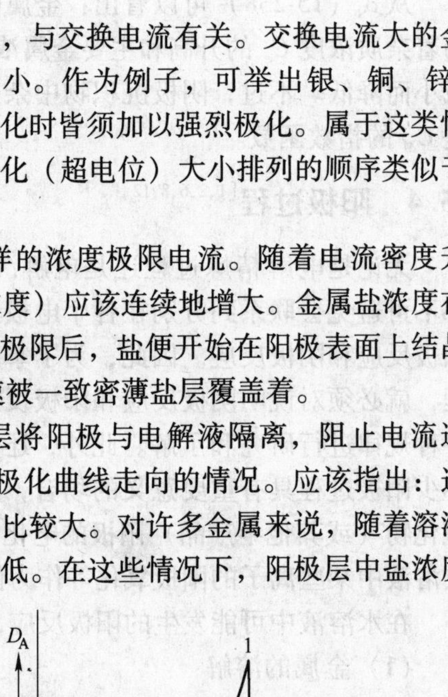

图 15-35　阳极极化曲线

15.4.2　合金的阳极溶解

为了查明各种含有杂质的金属在阳极上的行为，必须研究合金的电化学性质。在这里只讨论有关二元合金体系的问题。二元合金大致可分为 3 类：（1）两种金属晶体形成机械混合物的合金；（2）形成连续固溶体的合金；（3）形成金属化合物的合金。在电解精炼实践中，照例要处理第一和第二类合金体系。

在第一类合金中，可以举出形成共晶混合物的 Sn-Bi 二元系作为例子。图 15-36 所示为 Sn-Bi 合金的电位随其成分变化的关系曲线。从图可以看出：含铋达 95%（原子）的合金保持着锡的电位。在此情况下，锡的晶体看来未完全被铋屏蔽，从而保持了较负电性相（在这里指锡）的电位。铋含量进一步的提高便使得合金的电位向正的一方发生急剧的变化。

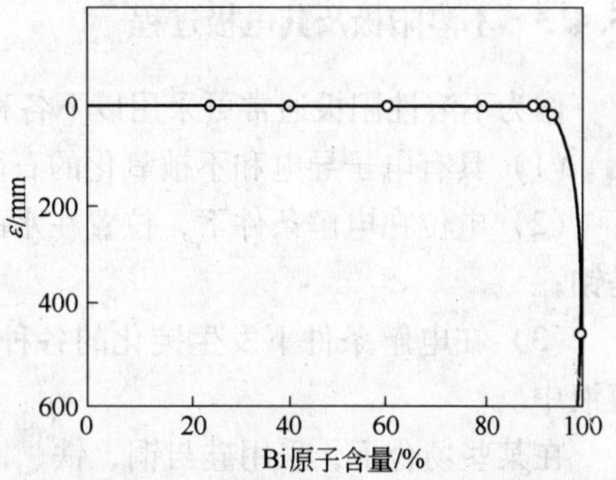

图 15-36 Sn-Bi 合金在 0.1*N* 的 HCl 溶液中的电位随组分含量变化的关系

Sn-Bi 合金的阳极行为与它们在合金中的含量比值有关。为了说明这类合金阳极溶解的特点，可归结成以下两条：

（1）如果合金含较正电性相很少，则在阳极上进行较负电性金属的溶解过程。同时，较正电性金属则形成所谓的阳极泥。如果这种泥能从阳极掉下或者是多孔质，则溶解可无阻地进行。

（2）如果经受溶解的阳极是含较负电性相很少的合金，则表面层中的较负电性金属便迅速溶解，表面变得充满着较正电性金属的晶体，阳极电位升高到开始两种金属溶解的数值，而且两种金属按合金成分成比例地转入溶液中。

对形成固溶体的合金（例如 Cu-Au 二元系）来说，其特征是每个合金成分具有它自己所固有的电位。这个电位介于形成合金的两种纯金属电位之间。较负电性金属的含量高时，固溶体的电位与这种金属在纯态时的电位差别甚小；随着较正电性组分含量的增大，固溶体就得到更正的电位。

在上述情况下，含较正电性金属占优势的合金（例如少量铜的 Cu-Au 合金）的阳极溶解过程很简单。相当于贵金属电位值的电位立即在阳极上建立起来。两种金属由于阳极氧化的结果，便将自己的离子转入溶液中。在有配位体（例如氯离子）存在的情况下，金的配合离子便在阴极上放电并析出金属，而铜离子则在电解液中积累。

如果合金含较负电性金属占优势，则其溶解机理较复杂，可用不同的模型进行解释。例如，有一种模型认为合金溶解的机理是在一个给定成分的合金所固有的电位下进行；同时两种组分按照合金成分比例地转入溶液。溶液中较正电性组分离子的浓度可按下列方程计算：

$$\varepsilon_0 = \varepsilon_{PM}^{\ominus} + \frac{RT}{zF}\ln C_{PM} \tag{15-247}$$

式中 ε_0 ——合金的阳极电位；

$\varepsilon_{PM}^{\ominus}$ ——贵金属的标准电位；

C_{PM}——贵金属离子的浓度。

溶解过程中形成的所有过剩量的较正电性离子，受阳极合金的接触取代作用，又呈金属析出而成为阳极泥。在含金和银的铜及含铂族金属的镍进行电解精炼时，便有类似情况发生。通常，这些贵金属和铂族金属在粗金属中的含量有 98% 以上进入阳极泥，在生产中需要另外进行回收处理。

对 Ni-Cu 合金来说，这类固溶体的溶解机理认为，是较负电位的金属首先进行溶解。随着电解过程的进行，阳极表面含铜增多，电位就由镍的电位向铜的电位变化。在达到铜的电位时便开始铜的溶解。最后，镍和铜进行共同溶解。

15.4.3　不溶阳极及其电极过程

作为不溶性阳极通常可采用以下各种材料：

（1）具有电子导电和不被氧化的石墨（碳）；

（2）电位在电解条件下，位置在水的稳定状态图中，氧线以上的各种金属，其中首先是铂；

（3）在电解条件下发生钝化的各种金属，如铅在硫酸盐溶液中；又如镍和铁在碱性溶液中。

在某些场合下，采用硅与铜、铁、镍以及钛与锰组成的合金作为不溶性阳极，最后，作为不溶性阳极还可采用诸如熔化后的磁性氧化铁、氧化钌等氧化物。

下面分别讨论在不溶性阳极上进行的各种过程。首先讨论如反应式（15-240）所示的金属氧化物形成的过程，这对了解第 3 类不溶性阳极材料的特性来说具有重要的意义。

目前，在湿法冶金中，通常采用铅或铅合金作为电积过程的阳极。在此情况下，硫酸盐溶液的电积体系可用下列形式表示：

$$\mathrm{M}\ominus\left|\begin{array}{cc}[\mathrm{M}\cdot x\mathrm{H_2O}]^{2+} & [\mathrm{SO_4}\cdot x\mathrm{H_2O}]^{2-}\\ [\mathrm{H}\cdot\mathrm{H_2O}]^{+} & \mathrm{H_2O}[\mathrm{OH}\cdot\mathrm{H_2O}]^{-}\\ [\mathrm{Pb}\cdot x\mathrm{H_2O}]^{2+} & [\mathrm{Pb}\cdot x\mathrm{H_2O}]^{2+}\end{array}\right\|\begin{array}{l}\mathrm{PbO_2}\\ \oplus\,\mathrm{Pb}\end{array}$$

当铅在酸性盐溶液中发生阳极极化时，便可能进行下列各阳极过程：

（1）金属铅按下列反应氧化成二价状态：

$$\mathrm{Pb}+\mathrm{SO_4^{2-}}-2e=\!=\!=\mathrm{PbSO_4}$$

$$\varepsilon^{\ominus}=-0.356\mathrm{V}$$

（2）二价氧化成四价铅：

$$\mathrm{PbSO_4}+2\mathrm{H_2O}-2e=\!=\!=\mathrm{PbO_2}+\mathrm{H_2SO_4}+2\mathrm{H^+}$$

$$\varepsilon^{\ominus}=+1.685\mathrm{V}$$

（3）金属铅直接氧化成四价状态，随伴形成二氧化铅：

$$\mathrm{Pb}+2\mathrm{H_2O}-4e=\!=\!=\mathrm{PbO_2}+4\mathrm{H^+}$$

$$\varepsilon^{\ominus}=+0.655\mathrm{V}$$

（4）氧的析出：

$$4\mathrm{OH^-}-4e=\!=\!=\mathrm{O_2}+2\mathrm{H_2O}$$

$$\varepsilon^{\ominus}=+0.401\mathrm{V}$$

（5）$\mathrm{SO_4^{2-}}$ 放电，随伴形成过硫酸：

$$2SO_4^{2-} - 2e \xlongequal{} S_2O_8^{2-}$$

$$\varepsilon^{\ominus} = +2.01V$$

铅在硫酸溶液中阳极极化的行为，曾经过实验研究，如图 15-37 所示：当阳极电流密度 D_A 为 0.2A/m^{2}时，全部电流均用于铅溶解成二价离子。当 D_A 增大到 0.2A/m^{2}以上时，阳极电位 ε_A 急剧增大，同时硫酸铅转变为二氧化铅。当电流密度继续增大时，才有氧析出。因此，铅阳极在电流作用下的行为可表述如下：当电流通过时，铅便溶解，但由于硫酸铅的溶解度很小，故在阳极迅速出现电解液为硫酸铅过饱和现象，于是硫酸铅便开始在阳极表面上结晶。

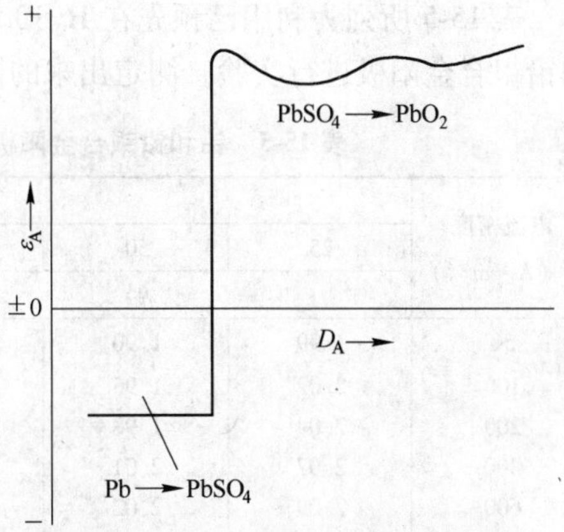

图 15-37 铅在电流密度增大时的阳极氧化

这样一来，与电解液相接触的金属铅的表面减小，就使得铅离子转入电解液增多，并且也使得有更多的硫酸铅在阳极上结晶，直到比电导很小的硫酸铅膜几乎覆盖整个阳极表面时为止，结果铅阳极上的实际电流密度增大，从而阳极电位便急剧地增大。

根据标准电极电位（还原电位）来判断，阳极上首先应该进行氢氧离子的放电，但因为氧的析出伴随着很大的超电位，故实际上首先是进行二价铅离子和铅本身的氧化作用，伴随生成四价铅的盐，此盐发生水解而生成二氧化铅。二氧化铅开始系在由硫酸铅组成的阳极膜的孔隙中生成，然后硫酸铅逐步为二氧化铅膜所代替。最后，这个二氧化铅乃成为阳极基本过程，即成为氧析出过程的工作表面。由于二氧化铅膜的形成，电积时铅阳极被破坏的过程不会终止。

铅阳极由于二氧化铅膜的多孔性而受到破坏，经由这些孔隙，电解液可直接通向铅的表面。在这些孔隙中，进行着所有上述各种氧化和离子放电的过程。

在孔隙中发生和消失的二氧化铅及铅的其他化合物具有很不相同的比容（铅的比容为 0.09、硫酸铅为 0.16、二氧化铅的为 0.11cm^3/g）。由于比容的剧烈变化，致使二氧化铅膜变得松散，甚至可以脱离阳极，这在生产实践中也会发生。

根据以上分析，知道铅阳极的稳定性较差，从而要求寻找更稳定的阳极材料，其中包括铅基合金。许多冶金工作者曾从事了这方面的研究工作。研究的结果，认为含 1% 银的铅银合金比较稳定。

铅和铅银合金的稳定度与电积的条件有关。例如，温度的升高会引起阳极被破坏的程度增大。随着溶液酸度的增大，也可能增大阳极被破坏的程度，因为在此情况下生成二氧化铅的水解反应的速度会降低。

下面来讨论一下关于氧在铅和铅-银阳极上析出的问题。

很早以前，就已经知道：在阳极上，氧的析出是在比氧电极平衡电位更正得多的电位下发生。这个实际的电极电位与氧电极平衡电位之差，便是氧的超电位。氧的超电位在很多以工业规模进行的电解过程（其中也包括有色金属的电解沉积）中表现出来。但是，氧析出时的超电位现象的研究工作，现在还远远没有完成。研究氧的超电位现象最大的障碍是氧电极平衡电位的不可重现性，这样就阻碍了氧超电位的测定。所以，在很多情况下都是利用实测的阳极电位。

表 15-5 所列为利用已预先在 H_2SO_4 溶液中进行阳极极化，并已覆盖二氧化铅膜的铅和铅银合金阳极进行实验，测定出来的阳极电位数据。

表 15-5 铅和铅银合金阳极的电位（V）与电流密度和温度的关系

电流密度 /（$A\cdot m^{-2}$）	温度/℃					
	25	50	75	25	50	75
	铅			铅-1%银合金		
50	1.99	1.90	1.83	1.91	1.86	1.82
100	2.02	1.95	1.86	1.94	1.89	1.85
200	2.04	1.98	1.90	1.99	1.92	1.88
400	2.07	2.01	1.95	2.02	1.96	1.90
600	2.09	2.02	1.96	2.03	1.97	1.92
1000	2.12	2.05	1.98	2.05	2.00	1.94
2000	2.15	2.09	2.01	2.10	4.05	1.96
3000	2.18	2.12	2.03	2.15	2.09	1.96
4000	2.23	2.18	2.06	—	—	—
5000	2.27	2.20	2.09	2.19	2.17	1.99

从表 15-5 可以看出：铅和铅银合金在硫酸溶液中的阳极电位数值都相当高，这证明氧在覆盖着二氧化铅的阳极上的超电位很大。铅银阳极的电位稍低于铅阳极的电位（视条件而定差额在 0.01～0.1V 之间），这是由于氧在铅银阳极上更容易析出的缘故。

氧在阳极上通常认为是由于氢氧离子按下列反应放电：

$$4OH^- - 4e \longrightarrow 2H_2O + O_2$$

该反应在含 5% H_2SO_4 的溶液中发生，当硫酸浓度增大到 13%～19% 时，阳极上便开始 SO_4^{2-} 离子的放电，并很可能有 $S_2O_8^{2-}$ 形成，如以下反应所示：

$$2SO_4^{2-} - 2e \longrightarrow S_2O_8^{2-}$$

关于文献上记载的，氧在各种阳极材料上析出的超电位数据，列举在表 15-6 中，以供参考和查用。

表 15-6 25℃下，氧化在不同电极材料上的超电位与电流密度的关系

电流密度 /$A\cdot m^{-2}$	超电位/V							
	石 墨	Au	Cu	Ag	光铂（Pt）	铂黑（Pt）	光镍（Ni）	海绵镍（Ni）
10	0.525	0.673	0.442	0.58	0.721	0.398	0.353	0.414
50	0.705	0.927	0.546	0.674	0.80	0.480	0.461	0.511
100	0.896	0.963	0.580	0.729	0.85	0.521	0.519	0.563
200	0.963	0.996	0.605	0.813	0.92	0.561	—	—
500	—	1.064	0.637	0.912	1.16	0.605	0.670	0.653
1000	1.091	1.244	0.660	0.984	1.28	0.638	0.726	0.687
2000	1.142	—	0.687	1.038	1.34	—	0.775	0.714
5000	1.186	1.527	0.735	1.080	1.43	0.705	0.821	0.740
10000	1.240	1.63	0.793	1.131	1.49	0.766	0.853	0.762
15000	1.282	1.68	0.836	1.14	1.38	0.786	0.871	0.759

15.4.4 硫化物的阳极行为

研究硫化物的电化学行为，在硫化物阳极进行电解中有重要意义，就是在金属阳极进行电化溶解时也应加以考虑，因为其中经常含有某种数量的硫。

在硫化物阳极上（如果不考虑自动溶解反应），可以发生以下各种电化学反应：

(1) $$MS - 2e = M^{2+} + S$$

这反应同时发生金属的离子化和离子进入溶液以及析出元素硫。所形成的元素硫一部分呈阳极泥形态从阳极掉下，一部分呈壳状物留在阳极上；

(2) $$MS + 4H_2O - 8e = M^{2+} + SO_4^{2-} + 8H^+$$

当这个反应在溶液中进行时，溶液的酸度会增高并有 SO_4^{2-} 积累，这个反应在有 1mol 金属溶解时要消耗四倍的能量（8 个电子），如果反应以显著的速度进行，则体系的状况在很大程度上受到破坏，电解液的成分和酸度均发生变化；

(3) 在硫化物阳极上也可能发生如式（15-241）和式（15-244）所示的氧和氯析出的过程，这两个反应白白浪费了能耗，对生产毫无意义，而且还会使电解液成分发生变化，不过，它们实际上不会起很大的作用。

在实际条件下问题还要更加复杂，这是因为进行溶解的电极通常是一系列金属硫化物的固溶体，或者是由某些金属硫化物组成的多相体系。不同硫化物的溶解顺序由各自的电极电位决定。

硫化物通常是电子导体，这一点与金属相类似。但是，由于金属与硫的化学作用，硫化物电极上发生的过程、性质起了重大变化。几乎不可设想在金属硫化物与金属离子溶液界面上会建立平衡电位，因为在此情况下，金属转为离子状态与硫氧化成原子状态的过程，在某种程度上是共轭进行的。

金属硫化物在金属离子溶液中的电位虽然不是可逆的，但仍可通过实验测出，并称之为安定电位，亦即无电流通过，不随时间改变的电位。通常，也可测出硫化物的阳极极化曲线（见图 15-38）。

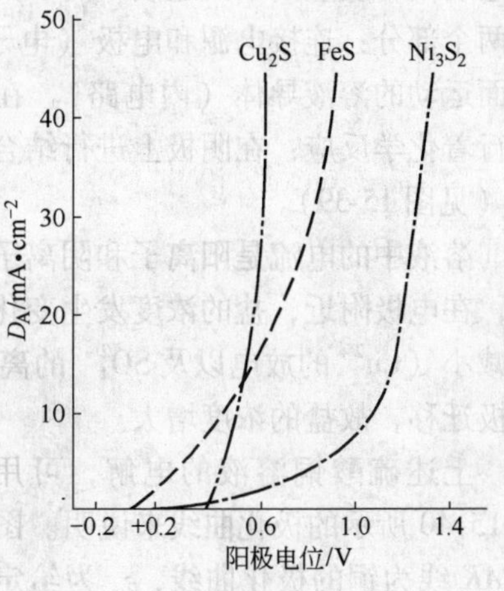

图 15-38 某些硫化物的阳极极化曲线

根据硫化物电极的阳极极化曲线，就有可能判断各个硫化物的溶解顺序。从图 15-38 所示的铜、铁、镍的硫化物阳极极化曲线可以看出：在多相硫化物进行溶解时，铜和铁的硫化物将比镍的硫化物更早地溶解。如果电极是多相的，那么就会有周期性溶解的现象发生。当电极表面存在可在较负电性电位下溶解的相，则在给定电流密度下将使这些相溶解。在它们消失之后，电位乃升高并且较正电性的相开始溶解。当由于较正电性相的溶解再在电极表面上出现较负电性的晶体时，这些晶体又开始溶解，并且电位下降。如此周而复始。如果从阳极溶解的是两种硫化物组成的固溶体，则会出现类似于前面已讨论过的金属固溶体阳极溶解时发生的规律性。

15.5　电解过程进行的分析[1,2,6~13]

为了在前面已述原理的基础上对电解过程有个完整的了解，下面以硫酸铜水溶液用两个铜电极进行的电解（图 15-39）作为例子，对电解过程的进行做一分析。

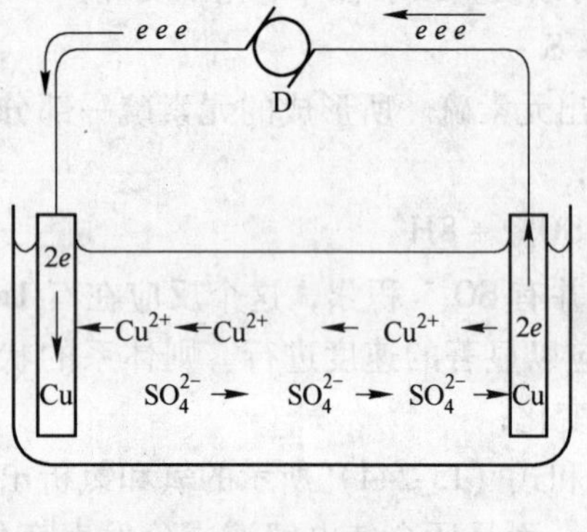

图 15-39　$CuSO_4$ 水溶液用两个铜电极的电解

很明显，如果在未接上电源以前没有任何因素使平衡破坏，那么两个铜电极的平衡电位 ε_e 应该相同。在每个电极表面上建立起与平衡相适应的电位跳跃以及一定的交换电流，这种交换电流表示铜离子进入溶液的速度等于其逆向还原的速度。

当把电极接上电源以后，电极电位便发生变化，并且在电路中有电流通过。电源的负极向其所连的阴极输入电子，使电极电位向负的方向移动；正极则从其所连的阳极抽走电子，使电极电位向正的方向移动。

电极电位对平衡值的偏离引起电极过程的进行：在阴极上发生铜阳离子的还原，而在阳极上发生铜的氧化，也就是其阳离子转入溶液中。最小的电位位移就足以使这两个过程以一定的速度（决定于电极过程动力学方程）开始进行。与此同时，在由外电压产生的两电极之间的电场中，发生离子的运动，离子的运动也靠扩散发生。因此，在电解的情况下，电路分为两个部分：连接电源和电极（电子沿着其上移动）的金属导体（外电路）及有离子在里面运动的溶液导体（内电路）。在这两个电路接触的界面上，也就是在电极的表面上，进行着化学反应：在阴极上进行结合电子的还原反应，而在阳极上发生释放电子的氧化反应（见图 15-39）。

溶液中的电流是阳离子和阴离子迁移，可是在每个电极上只有一种离子参与反应。因此，在电极附近，盐的浓度发生变化。例如，对所讨论的例子来说，在阴极附近，盐的浓度减小（Cu^{2+}的放电以及 SO_4^{2-} 的离开）；在阳极附近，由于有 Cu^{2+} 进入溶液以及 SO_4^{2-} 向阳极迁移，故盐的浓度增大。

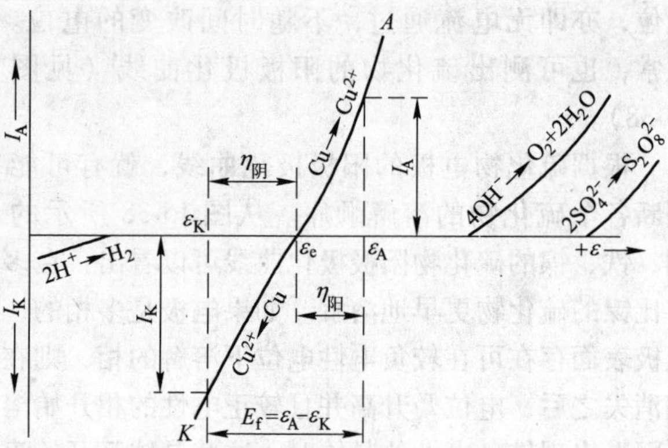

图 15-40　$CuSO_4$ 水溶液用两个铜电极电解的极化曲线

上述硫酸铜溶液的电解，可用图 15-40 所示的极化曲线来说明。图中 AK 线为铜的极化曲线，ε_e 为给定浓度下铜在溶液中的平衡电位。当电解电路未接通以前，没有电流通过，并且两个电极的电位相同并都等于 ε_e。在电路接通以后，（阴极电位取 ε_K 值，而阳极电位取 ε_A 值），在电极上开始有反应进行，其速度决定于阴极电流强度 I_K 和阳极电流强度 I_A。显然，电流强度 I_K 和 I_A 应该相等，因为电极是串联的。因此，在所有情况下，阴极电流都应该等于阳极电流，并且也就是等于由连在电解电路中的电流计测出的电流强度。

在已建立的电解过程中，两个电极的电位虽然是不平衡的电位，但并不随时间而改变。电位由平衡值向阴极电位和向阳极电位方面的位移，在一般情况下是彼此不相等的；电位的位移与阴极极化曲线和阳极极化曲线的斜率有关，电位的位移总是保持着阳极电流强度和阴极电流强度相等。

因为考虑到阴极表面和阳极表面的大小一般可以不同，所以在本例中是讨论电位与电流强度的关系而不是讨论电位与电流密度的关系。但是，因为动力学方程表示的是电位与电流密度之间的关系，所以在表面小的电极上，电流密度将更大，从而此电极将发生更大的极化。

在图 15-40 中铜极化曲线的左边，表示了氢的极化曲线，此曲线位在左边，因为在溶液的给定 pH 值下氢电极的平衡电位比铜的 ε_e 更负；右边则绘出了 SO_4^{2-} 和 OH^- 的阳极极化曲线，其平衡电位比铜的 ε_e 更正。从图 15-40 可以看出：在两电极之间的某种电位差下（这种电位差决定 $\eta_{阴}$ 和 $\eta_{阳}$ 的值并等于 $E_f = \varepsilon_A - \varepsilon_K$），唯一可能的阴极反应是铜的还原，而阳极反应则是铜的氧化，其他的电极反应（H^+ 的还原以及 OH^- 或 SO_4 的氧化）只有在更高的电极极化下才可能发生。如果已知溶液中所存在的各种离子的平衡电位及其相应的极化曲线，那么就有可能预见在给定的 $\eta_{阴}$ 和 $\eta_{阳}$ 值下电解产物将是什么。

由外电源给予电极的电压 E_t 应比电位差（$\varepsilon_A - \varepsilon_K$）大过一个 E_0 值，这个 E_0 值为溶液中的欧姆电压降，与溶液本体及电极附近溶液层的比电阻、电池的形状以及与电极间的距离有关。因此 $E_t = (\varepsilon_A - \varepsilon_K) + E_\Omega = E_f + E_\Omega$。

阴极过程和阳极过程的动力学特征可以是不同的。例如，在一个电极上过程可以在电化学动力学区进行，而在另一电极上可以在扩散动力学区进行。尤其可能的是，阴极会处在极限电流的条件下，这种情况可用图 15-41 来说明，

为了简化起见，设溶液中的欧姆电压降等于零，那么，在保证极限电流 I_K（阴极曲线）的某种溶液运动的条件下，电位 ε_K 和 ε_A 将决定于两极电位差。因为两极电流强度的相等性提出电解稳定进行的一定条件以及因为 I_K = 常数，所以两极电位差由 E_f 增大到 E'''_f 值和只能使阴极电位移至 ε'''_K。I_K 不因此而发生变化。同时，阳极电位应保持恒定，因为阳极电流强度 I_A 不可能变化。

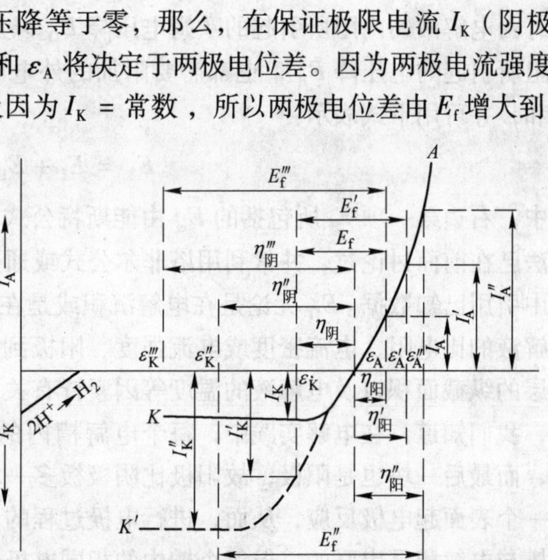

图 15-41　$CuSO_4$ 水溶液用两个铜电极在阴极极限电流的条件下进行电解的极化曲线

当两极有足够大的电位差时，阴极极化可以增大到这种程度，以致金属和氢开始一起还原。这将使得阴极上的总电流增大，从而应引起阳极电位向更正的一方移动，以保持阴极电流和阳极电流相等。

如果使溶液进行更强烈的搅拌，那么极限电流增大，并且阴极极化曲线取如虚线 K' 所示的走向。在阴极电

位 ε_K 不变的情况下，电流强度增大到 I'_K，阳极电位相应地取 ε'_A 值，而其位移增到 $\eta'_{阳}$，以便在阳极建立更大的等于 I'_K 的电流强度 I'_A。为此，两极电位差须增大到 E'_f。因为在新的溶液运动的条件下，阴极电位 ε_K 已经不与极限电流相适应，所以有可能靠提高外电压来使电流强度增大，直至阴极电流达到在电位 ε_K 下的新的极限值 I''_K 为止（新的电位位移为 $\eta''_{阴}$）。与此同时，阳极电位也应变到 ε''_A，以使阳极电流强度增大到与 I''_K 相等的 I''_A 值。这时，与这些条件相适应的两极电位差为 E''_f。

在所讨论的例子中，阳极上发生金属的氧化，也就是发生金属的离子转入到溶液中。然而，如果由于这种或那种原因致使阳极电位得到足够高的正值，那么金属离子的转入溶液就可能非常缓慢甚至完全停止。在这样情况下，便开始 OH^- 离子的氧化，并且阳极转入钝化状态。当阳极发生钝化时，电流强度便降低，阴极电流强度从而也减小。应该指出：阳极的钝化，对金属精炼的可溶性阳极电解过程常常造成困难，但是，在金属硫酸盐溶液以铅作不溶性阳极的电解过程中，由于阳极钝化而铅表面上形成的二氧化铅薄膜，则有利于过程的进行。

15.6 槽电压、电流效率和电能效率[1,2,6]

15.6.1 槽电压

对于一个电解槽来说，为了电解反应的进行所必须外加的总电压，通常称之为槽电压。

阳极实际电位（ε_A）与阴极实际电位（ε_K）之差，即电解两极端点电位差或所谓电解电动势 E_f，是槽电压的一个组成部分，E_f 由两部分组成，即 $E_f = E_{ef} + E_\eta = (\varepsilon_{e(A)} - \varepsilon_{e(K)}) + (\eta_{阴} + \eta_{阳})$。$E_{ef}$ 是为了电解的进行而必须施加于电极上的最小外电压，也可称之为相应原电池的电动势。$E_\eta = \eta_{阳} + \eta_{阴}$ 这部分外加电动势，叫做极化电动势。除此以外，还有由电解液的内阻所引起的欧姆电压降 E_Ω 以及由电解槽各接触点、导电体和阳极泥等外阻所引起的电压降 E_R，也都需要附加的外电压补偿。因此，槽电压是所有这些项目的总和，并可用下式表示：

$$E_T = E_f + E_\Omega + E_R \tag{15-248}$$

式中，右边第一项 E_f 所包括的 E_{ef} 由能斯特公式求出；E_η 中的 $\eta_{阳}$ 和 $\eta_{阴}$ 的理论分析和计算方法已在前面讨论过，并常利用塔非尔公式或通过交换电流数据进行计算，也可从有关书刊中引用已知数据。E_Ω 无论是在电解沉积或是在电解精炼中都是槽电压的组成部分。它与电解液的比电阻、电流密度或电流强度、阳极到阴极的距离（即极距）、两极之间的电解液层的纵截面积以及电解液的温度等因素皆有关系。现就以上有关问题分别讨论如下：

我们知道，在电解实践中，每个电解槽内的电极是按一块阳极一块阴极相间地排列着，而最后一块也是阳极，故阳极比阴极板多一块。但是，靠电解槽两边的两块阳极各只有一个表面起电极反应，从而，进行电极过程的阳极表面和阴极表面的数目是相等的。电解槽与电解槽是串联的，但每个槽内的相同电极则是并联的，从而构成了一个所谓的复联电解体系。在这样的电解体系中，每个电解槽内全部电解液所呈现的电阻与一个极间电解液层所呈现的电阻彼此有以下的关系：

$$\frac{1}{R} = \frac{1}{r_1} + \frac{1}{r_2}\cdots = \frac{n_d}{r} \tag{15-249}$$

式中 R——一个电解槽内全部电解液的电阻，Ω；

r_1，r_2，…——第一个、第二个…极间的电解液层的电阻，并且 $r_1 = r_2\cdots = r$，Ω；

n_d——一个电解槽内的极间数目，等于起反应的电极表面的数目，亦即 $n_d = 2n_{阴} = 2(n_{阳} - 1)$，其中 $n_{阴}$ 和 $n_{阳}$ 各为每个电解槽内的阴极板和阳极板的块数。

每个极间电解液层所呈现的电阻与极距成正比，而与其纵截面积（实际上可以电极表面积替代）成反比，亦即 $r \propto \frac{l}{A}$。由此，得到以下的关系。

$$r = \rho_r \times \frac{l}{A} \tag{15-250}$$

式中 ρ_r——比例系数，也叫做比电阻，Ω·cm；从其物理意义来说，所谓比电阻就是当 $l = 1$ cm 和 $A = 1\text{cm} \times 1\text{cm}$ 时的 1cm^3 的电解液所呈现的阻力；

l——两极之间的距离，简称极距，cm；

A——起反应的电极的表面积，cm^2。

将式（15-250）代入式（15-249）便可得到：

$$R = \frac{r}{n_d} = \frac{1}{n_d} \times \rho_r \times \frac{l}{A} \tag{15-251}$$

温度对 R 的影响是，随着温度的升高，电解液的电阻降低。它们的关系可以下式表示：

$$R_t = R_{t0}\left[1 - \frac{dR}{dt}(t - t_0)\right] \tag{15-252}$$

式中 $\frac{dR}{dt}$——电解液电阻的温度系数。

至此，可得到用于计算一个电解槽内电解液欧姆电压降的关系式如下：

$$E_\Omega = IR = I \times \frac{1}{n_d} \times \rho_r \times \frac{l}{A} \tag{15-253}$$

式中 I——通入电解槽电流强度，A。

若不用电流强度而用电流密度，而且往往是指阴极电流密度，则在此情况下，$D_K = \frac{I}{2n_{阴} A_{阴}} = \frac{I}{n_d A_{阴}}$，其中 D_K 的单位通常是以 A/m 表示。这样一来，式（15-253）可改写成以下的形式：

$$E_\Omega = \frac{D_K}{10000} \times \rho_r \times l \tag{15-254}$$

式（15-254）使用起来比式（15-253）更方便，因为除了极距以外不知道其他电解槽参数也可用来进行计算（如果已知 ρ_r 的实测值）。ρ_r 也可以由计算求出，其计算方法及实例可参考有关专著。

至于槽电压的组成部分 E_R 通常不用公式计算，而分别取以下各数值：阳极上的电压降可取 0.02V，接触点上的电压降取 0.03V，阴极棒中的电压降取 0.02V，而槽帮导电板的电压取0.03V，阳极泥中的电压降可取其等于电解液欧姆电压降的25%～35%。

15.6.2　电流效率

对一切电解反应来说，法拉第定律皆是正确的。但是，实际上，析出1*N*物质所需要通过电解液的电量往往大于1F（96500C）。这一事实，并没有违背法拉第定律，而正说明阴极上不仅有金属析出，还有氢析出、阴极沉积物发生氧化和溶解、电解液中存在的杂质起作用以及电路上有漏电、短路等现象发生，致使通入的电量未能全部用于析出金属。于是，提出了关于有效利用电流亦即电流效率的问题。所谓电流效率，是指金属在阴极上沉积的实际量在与相同条件下按法拉第定律计算得出的理论量之比（以百分数表示）而言。

在大多数情况下，金属的电流效率为90%～95%，只有在实验室条件下（库仑计）才能达到100%。实际上，阴极电流效率与阳极电流率并不相同。这种差别对可溶性阳极电解有一定的意义。在此情况下，测出的阳极电流效率，是指金属从阳极上溶解的实际量与相同条件下按法拉第定律计算应该从阳极上溶解的理论量或应该在阴极上沉积的理论量之比值（以百分数表示）而言。

一般说来，在可溶液性阳极的电解过程中，阳极电流效率稍高于阴极电流效率，在此情况下电解液中被精炼金属的浓度逐渐增加，如在铜的电解精炼中就有此种现象发生。必须指出：在湿法冶金中，所谓电流效率通常是指阴极电流效率而言，因为阴极沉积物是主要的生产成品。因此，金属的电流效率按下式计算：

$$\eta(\%) = \frac{b}{qI\tau} \times 100 \tag{15-255}$$

式中　$\eta(\%)$——以百分数表示的电流效率；

b——阴极沉积物的重量，g；

I——电流强度，A；

τ——通电时间，h；

q——电化当量，g/（A·h）。

根据15.3节所作理论分析可见，为了提高电流效率，应尽可能控制或减少副反应的发生，防止漏电和短路。为此，加强对诸如电解液的浓度和温度等技术条件的控制，使电解液中的有害杂质尽量除去，适当加入某些添加剂以保持良好的阴极表面状态以及选择适当的电流密度等，都是值得注意的途径。

15.6.3　电能效率

电能效率是电解生产中一项重要的技术经济指标。所谓电能效率，是指在电解过程中为生产单位重量的金属理论上所必需的电能W^0与实际消耗的电能W之比值（以百分数表示）而言，亦即：

$$\omega(\%) = \frac{W^0}{W} \times 100 \tag{15-256}$$

因为电能＝电量×电压，所以得到：

$$W^0 = I_0\tau \times E_{ef}$$

$$W = I\tau \times E_T$$

以上述各关系代入式（15-256），便得到：

$$\omega(\%) = \frac{I_0 E_{ef}}{I E_T} \times 100 \tag{15-257}$$

式中，$\frac{I_0}{I} = \eta$，即电流效率。

因此，式（15-257）可改写成以下的形式：

$$\omega(\%) = \eta \frac{E_{ef}}{E_T} \times 100 \tag{15-258}$$

必须指出：电流效率和电能效率是有差别的，不要混为一谈。电流效率是指电量利用的情况，在工作情况良好的工厂，很容易达到90%～95%，在电解精炼中则可达到95%以上，并在特殊条件（库仑计）下可达100%。而电能效率所考虑的则是电能的利用，由于实际电解过程的不可逆性以及不可避免地在电解槽内会产生电压降，所以它在任何情况下都不能达到100%。

从式（15-258）可以看出：若提高电能效率，除了靠提高电流效率以外，还可能通过降低槽电压的途径。为此，降低电解液的电阻、提高电解液的比电导、适当提高电解液的温度、缩短极间距离以及减少电极的极化以降低槽电压，是降低电能消耗，提高电能效率的一些常用措施。

但是，应当指出：通用的“电能效率”这一概念，不能完全正确地说明给定电解过程的特征，因为电能效率计算式的分子部分并未考虑到电能消耗不可避免的极化作用。因此，在确切计算电能效率时，应当以消耗于所有电化学过程的电能 W' 替代 W^0。在此情况下，得到：

$$\omega'(\%) = \frac{W'}{W} \times 100 = \eta \frac{E_f}{E_T} \times 100 \tag{15-259}$$

参考文献

1 傅崇说．有色金属原理．北京：冶金工业出版社，1983

2 傅崇说．湿法冶金原理（内部资料）．长沙：中南矿冶学院情报科，1983

3 陈新民．冶金物理化学．北京：冶金工业出版社，1983

4 舒余德，陈白珍．冶金电化学研究方法．长沙：中南工业大学出版社，1998

5 田昭武．电化学研究方法．北京：冶金工业出版社，1983

6 蒋汉瀛．冶金电化学．北京：冶金工业出版社，1983

7 D. J. G. Ives, G. J. Jong, Reference Electrocles, New York, Academic Press, 1961

8 J. O. M. Bockris, A. K. N. Reddy, Modern Electrochemistry, Plenum Press, 1970

9 J. O. M. Bockris, Quantam Electrochemistry, Plenum Press, 1979

10 宋诗哲．腐蚀电化学研究方法．北京：化学工业出版社，1989

11 查全性．电极过程动力学导论．北京：科学出版社，1987

12 郭鹤桐，刘淑兰．理论电化学．北京：宇航出版社，1984

13 H. R. Thirsk, J. A. Harrison, A Guide to the Study of Electrode Kineties, London and New York, Akademie Press, 1972

后　记

随着科学发展及学科之间的互相渗透，湿法冶金的应用范围不断扩大。在金属提取、化工产品的生产、环境保护的治理及冶金新材料的制备上都应用了湿法冶金的理论及工艺。

在金属提取方面，湿法冶金理论及工艺在有色重金属（Cu、Pb、Zn、Ni、Co、Sn、Bi、Cr、Cd、As、Sb）、轻金属（Al、Mg、Ti、Be、Li、Rb、Cs）、稀有高熔点金属（W、Mo、V、Zr、Hf、Nb、Ta）、贵金属（Au、Ag）、稀散金属（In、Ge、Ga、Tl、Re）、铂族元素（Pt、Pd、Ir、Ru、Os）、稀土金属（RE、Sc）及放射性元素（U、Th）的提取上得到了广泛的应用[1~24,33,34]。

湿法冶金工艺过程可概括于下图中。

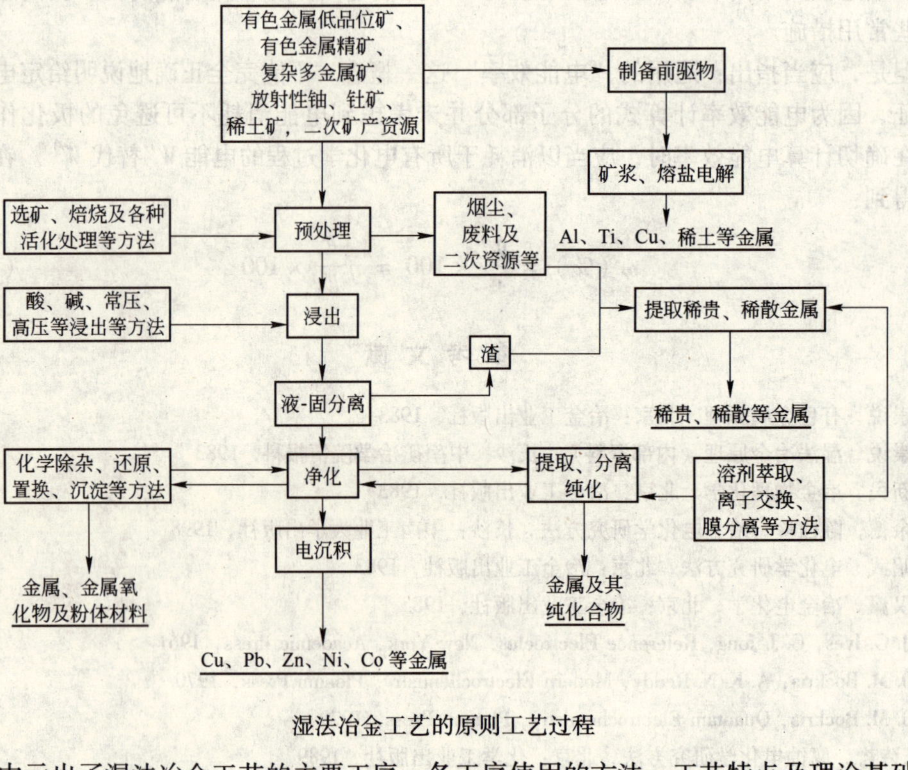

湿法冶金工艺的原则工艺过程

图中示出了湿法冶金工艺的主要工序，各工序使用的方法、工艺特点及理论基础。

在湿法冶金发展中，从 20 世纪 50 年代起，最引人注意的是离子交换、溶剂萃取及膜分离等一些新技术在湿法冶金中的应用[1,4,7,11,13]。现在又开拓了微生物冶金及处理大洋结核方法研究的新领域[1,9,10,14,15,28~30]。

在环境保护方面，湿法冶金在废渣、废气及废水的治理上发挥了很好的作用[25,26,31,32]。

在化工产品生产上，由于学科间的互相渗透，化工与湿法冶金生产一些精细化工冶金产品的生产方法，已紧密的融合为一体。现在一些精细化工产品的生产方法，可称为化工方法，也可称为湿法冶金方法。

特别引起人们关注的是：在粉体材料的制备上越来越多地使用了湿法冶金工艺[27]。

综上所述，我们可以认为湿法冶金的理论及工艺应用广泛，而今后其应用范围还会有更大的扩展。

通过对湿法冶金应用概述及对湿法冶金理论的系统阐述可以看到湿法冶金理论相当丰富，所涉及的学科较多，其内容今后还需要不断地深入与发展。湿法冶金理论有许多问题仍有待进行研究。现就作者所想到的，提出以下有待理论研究的方向。

A　开展改进现行湿法冶金工艺的基础理论研究

理论是指导实践的依据，为了改进现有的湿法冶金工艺，需要在湿法冶金工艺中，开展具有深层次的理论研究工作。例如，如何简化流程，提高金属收得率及综合回收能力，并不是一个单纯技术问题，而必须要有相应的理论指导。在理论基础上提出和建立具有创新性的措施，才能有效地达到改进工艺的目的。现行的湿法冶金工艺中，预处理、浸出、净化、电沉积、溶剂萃取、离子交换、膜分离等单元操作中，要达到改进的目的，还有许多基础理论工作需要积极地开展研究。

B　开展无污染绿色湿法冶金的基础理论研究

在无污染绿色湿法冶金中，有两方面的基础理论，需要大力开展：

（1）使现有湿法冶金工艺达到环境保护的要求；（2）建立新的具有开创性的符合绿色冶金的新工艺。这两方面的研究工作都有很大的难度。必须以现在湿法冶金理论为基础，使用新的学术思想，从更高层次上开展湿法冶金基础理论研究工作。当前亟待解决的问题是废渣、废液、废气中有害元素 As、Hg、Cr、Cd、S 等控制问题，要研究使其在环境保护上达到绿色无污染冶金的要求，建立既无污染又能有效提取金属的湿法冶金新工艺。

C　开辟处理新资源工艺的基础理论研究

矿产资源的贫化和枯竭已经来临，因此，生产有色金属、金属化合物及冶金新材料，必须要考虑利用新资源。现在把新资源注意到二次资源及海洋矿产资源上，有望未来还可能要利用其他星球的矿产资源。因此，处理这些资源的基础理论研究是不可缺少的工作。

D　进行新能源、低能耗、无污染处理复杂贫矿的基础理论研究

目前人类可利用的能源有限，尤其是我国的能源一直处于紧张状态。因此，在湿法冶金中，除了考虑绿色无污染外，还要考虑如何利用新能源及建立低能耗的湿法冶金新工艺。在新能源上，要研究风能、地热、原子能、太阳能在湿法冶金中应用的基础理论。在低能耗上，要考虑节能问题。目前，微生物湿法冶金是一个需要重视的方向，其中许多理论问题需要开展研究。

E 在湿法冶金理论中，要充分注意学科之间互相参透、交叉和借鉴，使其促进和深化湿法冶金的基础理论研究工作

湿法冶金理论主要是以化学理论为依据发展起来的，随着湿法冶金的发展，现在湿法冶金理论涉及到了化学、物理、数学等许多学科。所以，在湿法冶金研究中，要注意其他学科的新成果，把其他学科中适合湿法冶金的新成就引用到湿法冶金基础理论中来。在湿法冶金理论研究中，要有创新性的高起点，尽力使用新的测试方法和手段。目前新的测试仪器不断出现，使湿法冶金研究可以快速得到实验数据和从微观（纳米、分子、原子水平）上考察分析问题。现代计算机有了快速的发展，使用计算机不但能快速地归纳总结和分析实验数据，还可借助于计算机优化工艺条件、调控工艺过程、提高自动化水平以及获得科学上的新信息。

综合以上所述，应认识到理论与实践是并存于一体的，湿法冶金工艺与基础理论也是一体不可分的，在研究工艺中，必须要注意研究基础理论，而在研究基础理论中，也必须紧密联系生产工艺，实现理论指导生产实践，而生产实践又促进理论的发展。可以预计，在我国非常重视发展科学技术的方针指导下，在湿法冶金上会有新的创新，无论工艺或是理论研究都会有新的快速发展。

最后还要指出，湿法冶金的文献非常丰富，要全面了解和掌握湿法冶金，除可参阅中文文献 1 ~44 外，还可以阅读一些重要的外国文献 45 ~49，陈家镛院士对中国湿法冶金的全面评述[50]以及在我国召开的四届国际湿法冶金会议文集[51~53]。

参 考 文 献

1 陈家镛．湿法冶金手册．北京：冶金工业出版社，2005
2 李洪桂等．湿法冶金学．长沙：中南大学出版社，2002
3 杨显万，邱定蕃．湿法冶金．北京：冶金工业出版社，2001
4 姜志新．湿法冶金分离工程．北京：原子能出版社，1993
5 陈家镛，杨守志，柯家骏，毛铭华等．湿法冶金的研究与发展．北京：冶金工业出版社，1998
6 《稀有金属手册》编委会．稀有金属手册．北京：冶金工业出版社，1992
7 汪家鼎，陈家镛．溶剂萃取手册．北京：化学工业出版社，2001
8 周令治．邹家炎．稀散金属手册．长沙：中南工业大学出版社，1993
9 马荣骏．湿法炼铜新技术．长沙：湖南科技出版社，1985
10 朱屯．现代铜湿法冶金．北京：冶金工业出版社，2002
11 马荣骏．溶剂萃取在湿法冶金中的应用．北京：冶金工业出版社，1979
12 张启修．冶金分离科学与工程．北京：科学出版社，2004
13 马荣骏．离子交换在湿法冶金中的应用．北京：冶金工业出版社，1991
14 谭柱中，梅光贵等编著．锰冶金学．长沙：中南大学出版社，2004
15 李先柏，马荣骏．锰的湿法冶金．见：陈家镛主编．湿法冶金手册．北京：冶金工业出版社，2005：1242 ~1296
16 黎鼎鑫等．贵金属提取与精炼．长沙：中南工业大学出版社，1991
17 赵捷，乔繁盛．黄金冶金．北京：原子能出版社，1988
18 马荣骏．湿法冶金新进展．长沙：中南工业大学出版社，1996
19 马荣骏．湿法冶金新研究．长沙：湖南科技出版社，1999

20 梅光贵等编．湿法炼锌学．长沙：中南工业大学出版社，2001
21 陈景．铂族金属化学冶金．昆明：云南科技出版社，1995
22 徐光宪．稀土（第2版）．北京：冶金工业出版社，1995
23 刘余九．稀土．北京：冶金工业出版社，1983
24 沈朝纯．铀及其化合物的化学与工艺．北京：原子能出版社，1991
25 马荣骏．工业废水的治理．长沙：中南工业大学出版社，1991
26 李家瑞．工业企业环境保护．北京：冶金工业出版社，1992
27 毛铭华．金属及金属氧化物粉末材料的制备．见：陈家镛主编．湿法冶金手册．北京：冶金工业出版社，2005：1607～1647
28 杨显万，沈庆峰，郭玉霞编．微生物湿法冶金．北京：冶金工业出版社，2003
29 马荣骏．对开发大洋锰结核的几点意见．海洋信息，1993（9）：11～12
30 肖松文，马荣骏，邱冠周．21世纪生物冶金展望．见：有色金属科学技术与展望．北京：冶金工业出版社，1991：247～257
31 马荣骏．海洋锰结核的处理方法．有色金属，1980，(1)：41
32 马荣骏．开发研究大洋锰结核的进展，有色金属（冶金部分）1984，(5)：51
33 张懿，陈家镛．发展中的绿色湿法冶金过程．见：陈家镛主编．湿法冶金手册．北京：冶金工业出版社，2005：1693～1698
34 赵天从．无污染有色冶金．北京：科学出版社，1992
35 杨天足．贵金属冶金及产品深加工．长沙：中南大学出版社，2005
36 刘时杰．铂族金属矿冶学．北京：冶金工业出版社，2001
37 柯家骏．提取冶金概述．见：陈家镛主编．湿法冶金手册．北京：冶金工业出版社，2005
38 马荣骏．湿法冶金新发展．湿法冶金，2007，(1)：1～12
39 钟竹前，梅光贵．湿法冶金过程．长沙：中南工业大学出版社，1988
40 任鸿九等．有色金属清洁生产．见：纪念赵天从教授100周年诞辰文集．长沙：中南大学出版社，2006
41 唐谟堂，李洪桂．无污染冶金．见：纪念赵天从教授100周年诞辰文集．长沙：中南大学出版社，2006
42 徐光宪．袁承业等．稀土的溶剂萃取．北京：科学出版社，1987
43 钟竹前．梅光贵．化学位图在湿法冶金和废水净化中的应用．长沙：中南工业大学出版社，1986
44 杨显万．20世纪的中国湿法冶金．见：邱定蕃．有色金属科技进步与展望（纪念《有色金属》创刊50周年专辑）．北京：冶金工业出版社，1999
45 A. R. Burkin，The Chemistry of Hydrometallurgical Processes，London：Spon. 1966
46 F. Habashi，Principle of Extractive Vol. 2，Hydrometallurgy，New York：Gorden & Breach Science Pub.，1969
47 J. J. Moore，Chemical Metallurgy，London：Butteworths，1981
48 ed. by K. Osseo-Asare，J. D. Miller，Hydrometallurgy-Research，Development and Plant Practice，New York：AIME，1983
49 W. C. Cooper et al.，Hydrometallurgy，Theory and Practice，Amsterdam：Elsevier，1992
50 Chen Jiayong，Hydrometallurgy in China，In：Hydrometallurgy-Research，Development and plant Practice，ed. by K. Osseo-Asare，J. D. Miller，New York：AIME，1983
51 Zhen Yulian，Xu Jiazhong ed. Proc of ICHM'88，Beijing：Inter. Academic Pub.，1988
52 Chen Jiayong，Yang Songying et al.，ed. Proc of ICHM'92，Beijing：Inter. Academic Pub.，1992
53 Yang Xianwan et al.，Proc. of ICHM'98，Beijing：Inter. Academic Pub.，1998